B. A. KOSLOW · I. A. USCHAKOW

HANDBUCH ZUR BERECHNUNG DER ZUVERLÄSSIGKEIT

ELEKTRONISCHES RECHNEN UND REGELN

Herausgegeben von

Prof. Dr. HANS FRÜHAUF · Prof. Dr. WILHELM KÄMMERER
Prof. Dr. KURT SCHRÖDER† · Prof. Dr. HELMUT THIELE
Prof. Dr. HORST VÖLZ

Sonderband 25

HANDBUCH ZUR BERECHNUNG DER ZUVERLÄSSIGKEIT IN ELEKTRONIK UND AUTOMATENTECHNIK

von

B. A. KOSLOW · I. A. USCHAKOW

AKADEMIE-VERLAG · BERLIN
1978

Berichtigung

S. 64, 3. Spalte, 6. Zeile:

Statt $(V + ue^{-(\lambda+\mu)t}(1 - \lambda t_0)$ lies $(V + Ue^{-(\lambda+\mu)t})(1 - \lambda t_0)$

S. 64, 2. Spalte, 8. Zeile:

Statt u lies U

S. 65, 4. Zeile v. u.:

Statt U lies $\widetilde{U}$

S. 86, Tabelle 3.1.1., 2. Spalte, 5. Zeile, linke Summe:

Statt α_j lies α_i

S. 86, Tabelle 3.1.1., 2. u. 3. Spalte, 5. u. 6. Zeile:

α_i muß unmittelbar rechts neben dem Summenzeichen (als Argument der Summe) stehen und ist in dieser Form Exponent von t_0.

S. 146, Tabelle, 2. Spalte, Teile $T^{(0)}$:

Lies γ^i nicht als Exponent, sondern als Faktor der Klammer.

S. 158, Tabelle, 2. Spalte, 2. u. 3. Zeile im Zähler des Exponenten:

Statt n_{3t_0} lies $n_3 t_0$

S. 213, 3. Spalte, 3. ... 6. Zeile:

Statt T_u lies $\overline{T}$, statt $\overline{T}$ lies T_u

S. 213, 5. Spalte, 3. u. 6. Zeile:

Statt $e^{-\frac{t_0}{T_u}}$ lies $e^{-\frac{t_0}{\overline{T}}}$

S. 327, 7. Zeile:

Statt $= ((1 - p_1^n)^{-p_1^n} \ldots$ lies $= ((1 - p_1^n)^{-p_1^{-n}}$

S. 486, 12. Zeile:

Statt $S(\boldsymbol{x}) = [1 - x_1(1 - x_2)]\,[(1 - x_3) \cdot 1 - \ldots$
lies $S(\boldsymbol{x}) = [1 - x_1(1 - x_2)\,(1 - x_3)] \cdot [1 - \ldots$

S. 538, 20. Zeile:

Statt $M_2\{z_4\}$ lies $M_2 = \{z_4\}$

S. 573, 6. Zeile:

Statt $\ldots f(\alpha)\,(y), y)$ lies $\ldots f(\alpha(y), y)$

S. 577 Mitte, Anmerkung:

Statt $\underbrace{0{,}0 \ldots 0}_{k}a$ bzw. $\underbrace{0{,}9 \ldots 9}_{k}a$ lies $0{,}\underbrace{0 \ldots 0}_{k}a$ bzw. $0{,}\underbrace{9 \ldots 9}_{k}a$

S. 594, 596, 597, Sachwortverzeichnis:

Folge, eingebettete zufällige 519
Reduktionssatz 485
Verteilung, Student- 469, 587

B. A. KOSLOW · I. A. USCHAKOW

HANDBUCH ZUR BERECHNUNG DER ZUVERLÄSSIGKEIT IN ELEKTRONIK UND AUTOMATENTECHNIK

In deutscher Sprache herausgegeben und ergänzt
von

Kurt Reinschke

Zentralinstitut für Kybernetik und Informationsprozesse
der
Akademie der Wissenschaften der DDR

Mit 158 Abbildungen und 188 Tabellen

AKADEMIE-VERLAG · BERLIN
1978

Козлов Б. А., Ушаков И. А.
Справочник по расчету надежности аппаратуры радиоэлектроники и автоматики.

Deutsche Übersetzung: Dr. Kurt Reinschke, Dresden

Erschienen im Akademie-Verlag, 108 Berlin, Leipziger Straße 3—4

Lizenznummer: 202 · 100/562/78
Gesamtherstellung: VEB Druckerei „Thomas Müntzer", 582 Bad Langensalza
Bestellnummer: 762 3467 (6300) · LSV 3555, 1075
Printed in GDR
DDR 78,— M

VORWORT ZUR DEUTSCHEN AUSGABE

Die Zuverlässigkeit als wesentlicher Teil der Gebrauchseigenschaften gewinnt unter den Bedingungen der gegenwärtigen technischen Möglichkeiten und der hohen Kompliziertheit moderner Produkte und auch der Produktionsprozesse selbst entscheidende Bedeutung. Ihre wissenschaftliche Begründung und ihre Berücksichtigung bereits in den produktionsvorbereitenden Phasen werden zum objektiven Erfordernis, weil die steigende Qualität der materiellen Erzeugnisse eine notwendige Voraussetzung ist, um die wachsenden Bedürfnisse der entwickelten sozialistischen Gesellschaft zu befriedigen.

Die Übersetzung der 1975 in Moskau erschienenen zweiten, vollständig überarbeiteten Auflage des Handbuches von B. A. Koslow und I. A. Uschakow hilft, eine Lücke in unserer Fachliteratur zu schließen, um jedem Ingenieur und Konstrukteur ein umfassendes Nachschlagewerk und zugleich Orientierungen für weitergehende Studien in die Hand zu geben. Die sachkundige Bearbeitung der vorliegenden deutschen Fassung durch Dr. K. Reinschke konnte durch einen erfreulichen Umstand in direktem Kontakt mit einem der Autoren erfolgen: Prof. B. A. Koslow war längere Zeit Botschaftsrat der Botschaft der UdSSR in der DDR. Möge das Buch viele Leser finden und damit auch einen Beitrag für die weitere Entwicklung der sozialistischen Forschungskooperation darstellen.

Berlin, im August 1978

Claus Grote

Akademiemitglied und Generalsekretär
der Akademie der Wissenschaften der DDR

Die Zuverlässigkeitsberechnungen machen naturgemäß im Rahmen der gesamten praktischen Zuverlässigkeitsarbeit nur einen relativ bescheidenen Anteil aus. Doch kommt man ohne „Zuverlässigkeitsmathematik“ nicht aus. Sie wird benötigt

zum Meßbarmachen der Zuverlässigkeit, indem geeignete Zuverlässigkeitskenngrößen festgelegt werden,
bei der Zuverlässigkeitsanalyse gefertigter oder konzipierter technischer Systeme und zum Vergleich verschiedener Systemvarianten,
beim Entwurf von Systemen mit optimaler Zuverlässigkeit,
bei der Festlegung optimaler Instandhaltungsstrategien,
zum experimentellen Zuverlässigkeitsnachweis bei der Planung von Versuchen und der Auswertung der Ergebnisse des Einsatzverhaltens.

Werden die rechnerischen Zuverlässigkeitsabschätzungen weggelassen oder unzulänglich durchgeführt, so kann das erhebliche volkswirtschaftliche Schäden zur Folge haben.

Immer mehr Techniker sehen sich — nicht zuletzt durch staatliche Standards und betriebliche Vorschriften — veranlaßt, Zuverlässigkeitsberechnungen durchzuführen und suchen dazu nach geeigneten Methoden und Anweisungen zum Handeln. Leider fehlt bisher ein deutschsprachiges Nachschlagewerk zum praktischen Gebrauch für Fachleute mit unterschiedlichem Spezialgebiet und Ausbildungsniveau.

Ausgehend von den guten praktischen Erfahrungen, die ich innerhalb von 10 Jahren mit dem „Kleinen Handbuch zur Berechnung der Zuverlässigkeit" der sowjetischen Professoren Boris Anatoljewitsch Koslow und Igor Aleksejewitsch Uschakow gesammelt habe, erscheint mir das 1975 in der Sowjetunion erschienene verbesserte und wesentlich erweiterte „Handbuch . . ." der gleichen Autoren sehr geeignet, um dem genannten Mangel abzuhelfen. Während der Vorbereitung der deutschen Ausgabe habe ich mich darum bemüht, bei Wahrung der Besonderheiten im Aufbau und in der Darstellungsform des Originals eine stärkere Anpassung an den Wissensstand und die Erfordernisse der Zuverlässigkeitspraxis in der DDR zu erreichen. Dabei ließ ich mich im wesentlichen von zwei Gesichtspunkten leiten. Einerseits mußte berücksichtigt werden, daß den Fachkollegen in der Sowjetunion sehr viel mehr gute einführende Darstellungen und spezielle Monographien über ausgewählte Zuverlässigkeitsprobleme zur Verfügung stehen als in unserer Republik. Deshalb wurden vor allem die methodischen Abschnitte des Handbuches erweitert und ergänzt. Andererseits sollte ein Beitrag zur Beseitigung der von Akademiemitglied Boris Wladimirowitsch Gnedenko im „Geleitwort" genannten „Schwachstellen" des Buches geleistet werden — soweit mir das vom Fachwissen her und in der gebotenen kurzen Bearbeitungszeit überhaupt möglich war.

Sehr herzlich möchte ich in diesem Zusammenhang Herrn Professor Peter Franken, Berlin, für seine Mitwirkung und Hilfe danken. Zahlreiche Probleme bei der Festlegung der deutschen Bezeichnungen und Begriffe der Zuverlässigkeitstechnik, die im Kapitel 1 dieses Handbuchs zusammengestellt sind und die größtenteils eine Übertragung der GOST 13377-75 darstellen, haben wir durch gemeinsame Diskussionen zu lösen gesucht. Wir teilen uns in die Verantwortung für den vorliegenden Wortlaut der Begriffserklärungen und Definitionen. Das Kapitel 13 über statistische Methoden des Zuverlässigkeitsnachweises, einschließlich des zugehörenden Anhanges 2, wurde unter alleiniger Verantwortung von P. Franken bearbeitet und dabei von insgesamt 24 auf 35 Druckseiten erweitert.

Auf alle größeren Zusätze und Veränderungen macht jeweils eine Fußnote an der betreffenden Textstelle aufmerksam. Die wesentlichen Abweichungen der deutschen Ausgabe vom russischsprachigen Original bestehen in Folgendem:

Ein Abriß der Booleschen Zuverlässigkeitstheorie von Systemen (Anhang 4) wurde neu aufgenommen.

Die analytischen Methoden zur Beschreibung von Systemen, deren Zuverlässigkeitsverhalten sich durch einen zufälligen Prozeß mit endlich vielen Zuständen beschreiben läßt (Anhang 5), werden umfassender behandelt; u. a. wurden Abschnitte über die Klassifizierung der Zustände, über die Anwendung Markowscher Ketten und über eingebettete Semi-Markowsche Prozesse hinzugefügt. Lediglich die Abschnitte A 5.5

(Geburt- und Tod-Prozesse) und A 5.6 (Einführung fiktiver Zustände) dieses Anhangs wurden dem Original quasi unverändert entnommen.

Von den verschiedenen Möglichkeiten des Einbaus von Redundanz zum Zwecke der Zuverlässigkeitserhöhung behandelt das Original nur die diversen Arten der Reservierung, und zwar umfassend. Zur Einführung in einen weiteren Zweig der Redundanztheorie wurde das Kapitel 3 um einen Abschnitt 3.5. über redundante Modifikationen logischer Schaltungen ergänzt. Ihrer großen praktischen Bedeutung wegen betrachtet ein separater Abschnitt 3.4. die besonderen Eigenschaften der k-aus-n Wertungssysteme. Auch auf Fragen der Belastungsredundanz („derating") wurde im Rahmen des Kapitels 14 hingewiesen.

Im Kapitel 10 über Zuverlässigkeitsoptimierung und im Kapitel 11 über optimale Instandhaltung wurde jeweils ein größerer Abschnitt eingefügt, in dem die Grundgedanken der Lösungsmethoden dargelegt und dabei zugleich die Grenzen ihrer Anwendbarkeit aufgezeigt werden.

Schließlich erläutert ein neues Kapitel 14 kurz die mathematischen Ansätze und Methoden, mit deren Hilfe man den Einfluß von Umgebungsparametern (Temperatur, Luftfeuchte, Druck, . . .) und der speziellen Einsatzbedingungen technischer Erzeugnisse auf ihr Zuverlässigkeitsverhalten abschätzen und vorhersagen kann.

Am Ende der einzelnen Kapitel werden — ebenso wie beim Original — jeweils Hinweise auf die zugehörende grundlegende und weiterführende Literatur gegeben. Zusätzlich zu den durchweg russischsprachigen Titeln des Originals enthält die deutsche Ausgabe weitere Bücher und in begrenztem Umfange auch Zeitschriftenartikel. Dabei wurden neben deutschen, englischsprachigen und französischen Veröffentlichungen weitere sowjetische Arbeiten berücksichtigt, die in den letzten beiden Jahren erschienen sind. Der Abschnitt des Originals, der die wichtigsten Bücher, die in der Sowjetunion in den Jahren 1954—1971 über Zuverlässigkeitstechnik veröffentlicht wurden, kurz kommentiert, wurde nach Abstimmung mit den Autoren fortgelassen. Damit konnte auch das Namensverzeichnis der Verfasser und Herausgeber der zitierten Bücher entfallen. Stattdessen enthält die deutsche Ausgabe ein Sachwortverzeichnis, das von Mitarbeitern des Verlages angefertigt wurde und bei der praktischen Arbeit mit dem Buch sicherlich nützlich ist.

Zum Schluß möchte ich Frau Chr. Meissner für die Reinschrift des Buchmanuskripts herzlich danken. Dem Verlag, namentlich der Lektorin, Frau Dipl.-Phys. G. Lagowitz, gebührt Dank für die vertrauensvolle Zusammenarbeit und für die Sorgfalt bei der Herstellung und Ausstattung des Buches.

Dresden, im Juni 1976 Kurt Reinschke

GELEITWORT

Seit dem Erscheinen der ersten Auflage des „Kleinen Handbuches zur Berechnung der Zuverlässigkeit“ von B. A. Koslow und I. A. Uschakow sind schon fast acht Jahre vergangen. Während dieser Zeitspanne wurde es zu einer bibliographischen Seltenheit. Heutzutage sind Zuverlässigkeitsfragen ein fester Bestandteil der ingenieurtechnischen Praxis. Aus diesem Grunde steht die Notwendigkeit von Handbüchern dieser Art außer Frage. Die Autoren haben eine gewaltige Arbeit geleistet. Sie sind zu Pionieren auf dem Gebiet der Auswahl und der Systematisierung von Aufgabenstellungen und der zugehörenden Lösungsmethoden geworden, die sich in der Zuverlässigkeitstheorie und bei ihrer praktischen Anwendung herausgebildet haben. Gerade deshalb ließen sich gegen die erste Auflage des Handbuches zahlreiche Einwände vorbringen — sowohl ungenügende Vollständigkeit des Stoffumfanges als auch übermäßiges Verhaftetsein mit der Exponentialverteilung und vieles andere. Die Arbeit der Autoren fand jedoch auch ihre verdiente positive Würdigung. Dafür spricht zumindestens die Tatsache, daß das Buch bereits im Jahre 1970, das heißt dreieinhalb bis vier Jahre nach dem Erscheinen in der Sowjetunion, in die englische Sprache übersetzt worden war und in den USA herauskam.

Wenn man den Zeitpunkt berücksichtigt, zu dem die Autoren die erste Auflage des Handbuches und dessen Publikation vorbereitet haben, so ist anzuerkennen, daß sich das in ihm enthaltene Material etwa bis auf das Jahr 1965 bezieht. Spätere Ergebnisse und Aufgabenstellungen konnten verständlicherweise noch nicht ihren Niederschlag im Handbuch finden. Deshalb kann man sagen, daß die Zeit für eine neue Auflage des Handbuches zur Berechnung der Zuverlässigkeit herangereift ist, und zwar schon lange.

Ich denke, daß die Fachleute die Arbeit zu schätzen wissen, die die Autoren zusätzlich in die Vorbereitung dieser Auflage hineingesteckt haben. Es genügt, darauf hinzuweisen, daß das Handbuch jetzt 13 Kapitel enthält anstelle von 9 Kapiteln in der ersten Auflage. Allein das zeigt schon, daß im Buch wesentlicher neuer Stoff verarbeitet wurde. Darüber hinaus sind alle Kapitel, beginnend mit dem ersten, grundlegend überarbeitet worden.

Das Hauptanliegen der zweiten Auflage blieb gegenüber der ersten unverändert: Definition der Grundbegriffe, Angabe von Berechnungsformeln, Hinweis auf wesentliche Literatur in Monographien und Zeitschriften, Anwendung der Berechnungsverfahren an Beispielen. Meines Erachtens sind diese Beispiele von besonderem Wert, weil sie den Leser an typische Situationen heranführen und ihn den Umgang mit den im Buch angegebenen Formeln lehren.

Es versteht sich von selbst, daß bei der Ausarbeitung des Handbuches zahlreiche Schwierigkeiten aufgetreten sind. Eine von ihnen besteht darin, aus der Flut der Zeitschriften- und monographischen Literatur das wirklich notwendige auszuwählen und nicht irgendetwas Wichtiges und Zukunftweisendes, das noch nicht Allgemeingut geworden ist, zu übersehen. In den Fragen der Stoffauswahl kann man mit den Autoren übereinstimmen oder nicht, weil jeder Leser und jeder Autor von seinen eigenen beruflichen Interessen ausgeht und seine eigenen Ansichten besitzt. Zum Inhalt der vorliegenden Auflage kann man auch mehrere und durchaus schwerwiegende Bedenken äußern. So sind in dem Buch zum Beispiel Empfehlungen zur Fehlerprognose nicht explizit enthalten; der den Zuverlässigkeitstests gewidmete Teil ist sehr eingeschränkt; die Angaben darüber, wie man die Zuverlässigkeit durch Unterlastung erhöhen kann, fehlen praktisch ganz. Diese Aufzählung könnte man noch fortsetzen. Weiterhin scheint mir, daß die Autoren auch in dieser Auflage den Fragen der Reservierung etwas mehr Aufmerksamkeit gewidmet haben, als man tun sollte. (Ich meine damit nicht den absoluten Umfang der zugehörenden Ausführungen, sondern die Relation zur Gesamtheit der Aufgaben und Methoden der Zuverlässigkeitstheorie.) Ich weiß sehr wohl, daß es immer leichter ist, in den Arbeiten anderer Mängel zu finden als selbst etwas Positives und Nützliches zu leisten. Gerade deshalb tragen meine Bemerkungen auch nicht allzu kategorischen Charakter. Ich verstehe recht gut, daß sich beispielsweise die Theorie der Prognose von Ausfällen noch in einem embryonalen Zustand befindet und die in ihr enthaltenen Voraussetzungen noch einer längeren Erörterung und der experimentellen Überprüfung bedürfen.

Mir ist auch bekannt, daß zahlreiche Aufgaben der Reservierungstheorie nur unter der sehr engen Voraussetzung gelöst werden können, daß wenigstens eine Verteilung exponentiell ist. Ebenso erfordern auch die beschleunigten Tests eine systematische und langwierige Forschungsarbeit, bevor ihre Theorie einen mehr oder weniger breiten Kreis praktisch wichtiger Situationen zu erfassen gestattet.

Für mich gibt es keinen Zweifel darüber, daß das Handbuch in der vorgelegten Form Nutzen bringen wird. Das bedeutet jedoch durchaus nicht, daß die Arbeit am Handbuch abgeschlossen ist. Es wäre zu wünschen, daß die Leser den Autoren ihre Wünsche für die Zukunft mitteilen, ebenso auch die Quellen nützlicher Erkenntnisse, die bisher nicht in das Gesichtsfeld der Autoren gerückt sind. Eine wohlmeinende Kritik hilft nicht nur bei der Präzisierung des Umfangs des Wissens, das der Leser benötigt, sondern auch bei der Verbesserung der Wiedergabe- und Darstellungsform von gespeichertem Wissen.

B. W. Gnedenko

Mitglied der AWdUSSR

INHALTSVERZEICHNIS

EINFÜHRUNG

Im Jahre 1966 brachte der Verlag ,,Sowjetskoje Radio" unser ,,Kleines Handbuch zur Berechnung der Zuverlässigkeit radioelektronischer Geräte" heraus. Seit dem Zeitpunkt des Erscheinens dieser Ausgabe sind fast acht Jahre vergangen. Im Verlauf dieser Zeit ist die Tendenz deutlich sichtbar geworden, die wissenschaftlichen und methodologischen Ergebnisse der Zuverlässigkeitstheorie in allen Etappen der Entwicklung, der Fertigung und des Einsatzes moderner technischer Systeme mit praktischem Nutzeffekt anzuwenden. Das führte zur Formulierung neuer Aufgabenstellungen und zur Ausarbeitung zugehörender Lösungsmethoden.

Während der Jahre 1968–1970 wurde das dreibändige amerikanische ,,Zuverlässigkeitshandbuch" ins Russische übersetzt und herausgegeben (Verlag ,,MIR"). Dieses Werk stellt unseres Erachtens kein Handbuch im üblichen Sinne des Wortes dar, sondern vielmehr eine thematisch zusammengestellte Sammlung von achtzehn umfangreichen Artikeln verschiedener Autoren.

Fast im gleichen Zeitabschnitt gab der Verlag ,,Sowjetskoje Radio" in der ,,Bibliothek des Ingenieurs für Zuverlässigkeit" annähernd zwanzig Bücher angewandten Charakters zu einzelnen eng begrenzten Themen heraus. Die Thematik dieser Bücher ist wesentlich umfassender als der Problemkreis, der im amerikanischen Handbuch berührt wird.

Unserer Meinung nach geht jedoch durch Ausgaben dieser Art die Aktualität eines Werkes mit echtem Handbuchcharakter nicht verloren. Im Grunde genommen muß ein Handbuch ein solches Buch darstellen, dessen Benutzung für jeden beliebigen Fachmann zugänglich ist, der das Problem im Prinzip versteht und fähig ist, die vor ihm stehende Aufgabe hinreichend klar zu formulieren und die im Handbuch angegebenen Ergebnisse zur Lösung dieser Aufgabe anzuwenden. Bei der Benutzung eines Handbuches kann ersichtlich nicht davon ausgegangen werden, daß derjenige, der die angegebenen Ergebnisse anwendet, verstehen muß, wie diese Ergebnisse gewonnen wurden. Er muß jedoch in der Lage sein, seine reale technische Aufgabe zu dem im Handbuch enthaltenen mathematischen Modell in Beziehung zu setzen und die Einschränkungen zu begreifen, unter denen dieses Modell gültig ist.

Bekanntlich ist die Zuverlässigkeitstheorie eine junge Wissenschaft. Sie ist noch nicht einmal zwanzig Jahre alt. Obwohl sie zu den technischen Disziplinen gehört, steht sie in enger Verbindung zur modernen angewandten Mathematik, benutzt ausgiebig deren vielfältige Methoden – sowohl zur Lösung ihrer Aufgaben als auch zur exakten Formulierung ihrer Grundbegriffe. Schon die Definitionen und der Inhalt des Zuverlässigkeitsbegriffs bedingen, daß für die Zuverlässigkeitstheorie die Wahrscheinlichkeitsrechnung und die mathematische Statistik als grundlegende Methoden dienen. Es versteht sich von selbst, daß Umfang und Tiefe des benutzten mathematischen Apparats in der Zuverlässigkeitstheorie diese nicht zu einem Zweig der angewandten Mathematik machen. Sie bleibt eine technische Disziplin, weil dafür diejenigen realen Aufgaben maßgebend sind, die von der Praxis gestellt werden, und nicht die Methoden, die zur Lösung der Aufgaben herangezogen werden.

Eines der kompliziertesten (und bisher nicht befriedigend gelösten) Probleme in der Zuverlässigkeitstheorie ist die Vorgabe zweckentsprechender oder wenigstens angemessener quantitativer Zuverlässigkeitsforderungen für Geräte und Systeme mit unterschiedlicher Zweckbestimmung.

Gegenwärtig ist die Vorgabe quantitativer Zuverlässigkeitsforderungen (sie schließen verschiedene Parameter der Ausfallfreiheit, der Langlebigkeit und der Reparaturfähigkeit ein) ein unbedingtes Erfordernis während des Prozesses der Schaffung irgendeines technischen Systems oder einer speziellen Einrichtung. Eine fundierte Entwicklung setzt eine derartige Vorgabe voraus. Die Bedeutung und die Konsequenzen, die aus der Arbeitsweise eines Erzeugnisses erwachsen, stellen die Zweckmäßigkeit der Vorgabe quantitativer Zuverlässigkeitsforderungen nicht nur außer Frage, sondern erzwingen umgekehrt deren Vorgabe.

Bisher haben die Versuche, diese Aufgabe zum Zwecke ihrer mathematisch begründeten Lösung zu formulieren, nur dazu geführt, daß die Willkür bei der Festlegung quantitativer Forderungen durch verschiedene mathematische Konstruktionen mehr oder weniger glaubwürdig getarnt und eine gewisse Illusion über die Stichhaltigkeit der Lösung erzeugt wurde. Man wird eine Zuverlässigkeitsvorgabe offenbar dann als begründet ansehen dürfen, wenn sie zweckentsprechend und damit in einem bestimmten Sinne optimal ist. Die Erhöhung der Zuverlässigkeit einer ausgereiften technischen Entwicklung ist — ebenso wie die Verbesserung der übrigen technischen Parameter — in irgendeiner Hinsicht mit einer Vergrößerung des Aufwandes zur Herstellung der entsprechenden Erzeugnisse verbunden. (Wenn wir von einer ausgereiften technischen Entwicklung sprechen, so meinen wir damit solche Systeme, die sich nicht dadurch wesentlich verbessern lassen, daß z. B. das Schaltungsprinzip verändert, die Zahl der verwendeten Einzelteile verkleinert oder die Arbeitsweise vereinfacht wird. Es wird vorausgesetzt, daß das System keine unnützen oder gar schädlichen Bestandteile enthält.) So erweist es sich, daß eine begründete Vorgabe der Zuverlässigkeitsforderungen mit einer optimalen (oder wenigstens rationellen) Verteilung der Mittel auf die Systeme verknüpft ist.

Nicht weniger wichtig als die Festlegung des Zuverlässigkeitsniveaus ist die Wahl der geeignetsten Kenngröße, die die Zuverlässigkeit des Systems am vollständigsten charakterisiert. Die Auswahl der Art der grundlegenden Zuverlässigkeitskenngröße (oder einer Gruppe derartiger Kenngrößen) wird durch verschiedene Faktoren beeinflußt, zum Beispiel durch die Zweckbestimmung des Systems, durch den Charakter des Funktionsablaufes (oder der Benutzung) und durch bestimmte Forderungen an die Kenngröße selbst (einfache physikalische Interpretierbarkeit, Möglichkeit der a-priori-Überprüfung oder wenigstens einer Bestätigung u. ä.).

Die größere Kompliziertheit moderner technischer Systeme führte zwangsläufig dazu, daß zur Beschreibung der Qualität ihrer Arbeitsweise neue, umfassendere und kompliziertere Kenngrößen angewendet werden müssen. Häufig reicht uns die Antwort darauf, ob das System arbeitet oder nicht, schon nicht mehr aus. Wir müssen darüber hinaus noch wissen, wie es arbeitet. Mit anderen Worten, es wird nach den vorgegebenen Forderungen über die Effektivität der Arbeitsweise des Systems unter Berücksichtigung der Zuverlässigkeit gefragt.

Für komplizierte Systeme läßt sich die Zuverlässigkeit der Arbeitsweise nicht in Gestalt einer erschöpfenden oder für sich tragfähigen Charakteristik erfassen. Weiterhin kann man für viele Systeme überhaupt nicht definieren, was die Zuverlässigkeit ist, weil während des Betriebsprozesses zahlreiche Zustände des Systems nicht allein auf die Zustände Ausfall oder Arbeitsfähigkeit reduziert werden können. Normalerweise kann man bei komplizierten Systemen über die Zustände Arbeitsfähigkeit und Ausfall nur für die Einzelgeräte, Teilsysteme usw. sprechen. Diese Zuverlässigkeitskenngrößen der einzelnen Teile des Systems müssen in bestimmter Weise bei der Analyse und Abschätzung anderer, naturgemäßerer Charakterisierungen der Qualität und Effektivität der Arbeitsweise des Gesamtsystems berücksichtigt werden.

Während der frühen Entwicklungsetappen von Systemen besteht die Hauptaufgabe in der Festlegung der Struktur und der Funktionsabläufe. Beide Aufgaben werden in erster Linie von den Systemkonstrukteuren auf der Grundlage ihrer Intuition und reichen praktischen Erfahrungen gelöst. Jedoch gelingt es bei der Entwicklung komplizierter Systeme in der Regel nicht, eine eindeutig bestimmte Lösung zu finden. Immer gibt es mehrere Alternativ-Varianten, wobei jede Variante die Möglichkeit wesentlicher Modifikationen offenläßt. So wird die Analyse des optimalen Systems faktisch auf dem Wege des Durchmusterns und des sukzessiven Vergleichs verschiedener Varianten erreicht. (Richtiger sollte man von einem Systemkonzept sprechen, weil die Ausgangsdaten und die Vorstellung über das System nicht immer so genau sind, um von einem optimalen System im exakten Sinne des Wortes sprechen zu können.)

Während dieser Etappe besteht eine sehr wichtige Aufgabe darin, ein hinreichend einfaches und zugleich ausreichend genaues mathematisches Modell des realen Systems zu schaffen. Die erforderliche Genauigkeit des mathematischen Modells wird natürlich zum Teil durch die Genauigkeit und Glaubwürdigkeit der Ausgangsdaten bestimmt. Die Ungenauigkeit von statistischen und anderen Ausgangsdaten kann jedoch niemals als Begründung dafür dienen, daß die verschiedenen Kenngrößen der Zuverlässigkeit und der Effektivität der Arbeitsweise von Systemen nicht abgeschätzt werden; denn die Mehrzahl der Berechnungen und Abschätzungen während der frühen Entwicklungsetappen ist auf den relativen Vergleich zwischen mehreren konkurrierenden Varianten gerichtet. Dabei werden in der Regel die Ergebnisse für alle zu vergleichenden Varianten auf Grund der Ungenauigkeit der Ausgangsdaten in ein und derselben Richtung verfälscht. (Natürlich sind auch Abweichungen anderer Art möglich. Jedoch kann man sich nur dann für die falsche Variante entscheiden, wenn die absoluten Werte der abzuschätzenden Kenngrößen ziemlich dicht beieinander liegen. Also wird sogar bei einem solchen Fehler zwar nicht die optimale Variante selbst ausgewählt, aber doch eine Variante, die ziemlich dicht an der optimalen Variante liegt.) In vielen Fällen ist es bereits ausreichend, rein parametrische Berechnungen durchzuführen, wobei gewisse Parameter, die in die Ausdrücke für die endgültigen Kenngrößen der Zuverlässigkeit und Effektivität der Arbeitsweise von Systemen eingehen, zunächst ganz offen bleiben. Die Berechnungen dienen dazu, die zulässigen Wertebereiche dieser Parameter festzulegen.

Im Entwicklungsablauf komplizierter technischer Systeme besteht eine der Hauptbedingungen für das Ermitteln zweckentsprechender Lösungen darin, einen systematischen Zugang bei der Betrachtung der verschiedenen Charakteristiken, einschließlich der Zuverlässigkeitskenngrößen, zu finden. Dabei zeigt sich, daß die Forderungen, die an ein System während der Entwicklung gestellt werden, häufig widersprüchlich sind. (Ein typisches Beispiel für derartige widersprüchliche Forderungen ist die Forderung nach hoher Zuverlässigkeit und die gleichzeitige Forderung nach einer Senkung des Aufwandes für die Entwicklung und Fertigung des Systems.) Das Vorhandensein derartiger Widersprüche führt dazu, daß der Konstrukteur des Systems Kompromisse suchen muß, weil eine separate, aus dem gemeinsamen Zusammenhang gerissene Lösung der Einzelprobleme nicht in jeder Hinsicht befriedigend sein kann. Während der Aufstellung des mathematischen Modells für das Gesamtsystem muß man ständig die Wechselwirkung der einzelnen Systemparameter, die Wechselwirkung der einzelnen Bestandteile, die Reihenfolge und die gegenseitige Abhängigkeit verschiedener Abläufe, die den Gesamtprozeß der Arbeitsweise ausmachen, analysieren. Der Prozeß der Aufgabenstellung und -präzisierung spielt sich faktisch während der gesamten Entwicklungsetappe ab, obwohl zahlreiche Beziehungen, die im System existieren, bereits bei der Untersuchung erster grober mathematischer Modelle aufgedeckt werden.

Die Hauptaufgabe der Zuverlässigkeitstheorie besteht während der Etappe der technischen Vorbereitung darin, dem Entwickler bei der Auffindung begründeter Lösungen zu helfen, und zwar hinsichtlich der Wahl der Systemstruktur, der Notwendigkeit und des Umfanges einzuführender Redundanz, des Aufbaus eines optimalen Kontrollsystems usw. Genauer wird hier von der Zuverlässigkeitstheorie erwartet, daß sie bei der Lösung der folgenden zweifachen Aufgabe mithilft, die (explizit oder noch häufiger implizit) stets vor den Schöpfern von Anlagen und Systemen steht:

— bei vorgegebenen Systemcharakteristiken, zu denen auch die Zuverlässigkeit gehört, ist ein System mit minimalem „Preis" zu schaffen;
— bei vorgegebenem „Preis" des Systems sind die besten (maximalen) technischen Parameter, zu denen wiederum auch die Zuverlässigkeit gehört, zu erreichen.

Unter dem „Preis" werden hier der Preis des Systems selbst oder sein Gewicht, seine Abmessungen oder irgendeine andere oder mehrere fachspezifische Kenngrößen verstanden.

Eine ganz wichtige Frage, die während der technischen Vorbereitung geklärt werden muß und bei der die Zuverlässigkeitstheorie dem Entwickler eine wesentliche Hilfe leisten kann, ist das Problem der Ausarbeitung eines rationellen Systems der Kontrolle und Fehlersuche. Bekanntlich werden etwa 70% der gesamten Reparaturzeit benötigt, um einen Fehler zu suchen und bis auf das Austauschelement bzw. zur Feststellung des Charakters des Fehlers zu lokalisieren. Deshalb muß man sich darum bemühen, durch Anwendung rationeller Systeme der Kontrolle und Fehlersuche die Zuverlässigkeit von Erzeugnissen mit Erneuerung zu erhöhen. Mit den Methoden der Zuverlässigkeitstheorie kann man dazu die zum Erreichen einer vorgegebenen Zuverlässigkeit erforderliche Vollständigkeit und Tiefe der Überprüfung berechnen, eine Prioritäten-Reihenfolge der Überprüfung der Elemente bei Ausfall des Systems aufstellen, Empfehlungen zur Zweckmäßigkeit der Anwendung und zu den Wechselbeziehungen einer eingebauten inneren und einer von außen gesteuerten Kontrolle, einer automatischen oder einer halbautomatischen Kontrolle herausgeben.

Die Hauptaufgabe der Zuverlässigkeitstheorie während der „Etappe der Versuchsmuster" ist die allseitige Analyse der Fragen der künftigen Nutzung des Systems: Festlegung der Häufigkeit und Tiefe der prophylaktischen und vorgeschriebenen Überprüfungen; Begründung der Ausstattung mit Ersatzelementen und -Geräten, erste Ausarbeitung zu Fragen einer rationellen Organisation der Versorgung mit Ersatzteilen; Abschätzung der Zweckmäßigkeit verschiedener Arbeitsregime während des technischen Einsatzes des Systems usw. Während der „Etappe der Versuchsmuster" können Zuverlässigkeitsexperten die Zweckmäßigkeit und Effektivität der Verwendung des entwickelten Systems zur Lösung verschiedener taktischer Aufgaben abschätzen und den Einfluß des Arbeitsregimes des Systems (Häufigkeit des Einschaltens, Zulässigkeit von Unterbrechungen des Funktionsablaufes usw.) untersuchen.

Während der Überleitung von der Erprobung der Versuchsmuster bis zur Ausarbeitung der Fertigungsunterlagen, die für die Schaffung eines hochzuverlässigen Erzeugnisses sehr wichtig ist, erweist sich die Anwendung von Methoden der Zuverlässigkeitstheorie und der Statistik ebenfalls als sehr effektiv. In der Tat beschäftigt sich die Zuverlässigkeitstheorie hier mit der Versuchsplanung, mit der Einschätzung der Versuchsergebnisse von Systemen und Anlagen, der Abschätzung der Zuverlässigkeit einer komplexen Einrichtung aus den Versuchsergebnissen seiner Komponenten, der Ausarbeitung ökonomischer Pläne der Zuverlässigkeitskontrolle usw.

Ein sehr wichtiges Problem, das zu einem wesentlichen Teil in die Zukunft der Technik weist, besteht in der Vorhersage von Ausfällen und der Steuerung des Betriebsregimes, um einen maximalen ökonomischen Effekt über die gesamte Lebensdauer des Erzeugnisses zu erzielen. Wie muß man das Betriebsregime von Erzeugnissen ändern, um Ausfallerscheinungen hinauszuzögern oder mit großer Wahrscheinlichkeit in einer bestimmten Periode zu vermeiden? Die Lösung dieser Aufgaben ist mit einem neuen Teilgebiet der mathematischen Statistik verknüpft, mit der Theorie der gesteuerten zufälligen Prozesse.

Das Aufkommen neuer Forschungs- und Entwicklungsmethoden für moderne technische Systeme und die Vielzahl neuer konstruktiver Ergebnisse, die in der Zuverlässigkeitstheorie erhalten wurden — Abschätzung der Effektivität, der Zuverlässigkeit und der Lebensfähigkeit von Kommunikationsnetzen, Methoden zur Abschätzung des Einflusses von Kontrollen, von vorgeschriebenen Überprüfungen und prophylaktischen Erneuerungen, Abschätzung der Zuverlässigkeit „alternder" Elemente und von Systemen, die aus „alternden" Elementen bestehen, Methoden zur Abschätzung der Zuverlässigkeit von Systemen mit Erneuerung bei nicht exponentialverteilten Zufallsgrößen usw. — all das führte uns zu der Ansicht, daß das frühere „Kleine Handbuch" durch ein neues „Handbuch zur Berechnung der Zuverlässigkeit" abgelöst werden muß.

Das vorliegende Handbuch ist ebenso wie sein Vorläufer für Fachleute, die auf dem Gebiet der Zuverlässigkeit arbeiten, gedacht und soll als praktischer Ratgeber bei den täglichen Arbeiten zur Gewährleistung der Zuverlässigkeit von elektronischen und anderen komplizierten Systemen dienen. Obwohl der gesamte Stoff des Handbuches ausgesprochen rezeptartig dargelegt wird, möchten die Autoren den Leser vor fehlerhaften Schlußfolgerungen warnen, die sich auf die unzulässig vereinfachte und gedankenlose Anwendung der vorgestellten Ergebnisse beziehen. Es werden beim Leser bereits gewisse Kenntnisse der Zuverlässigkeitstheorie vorausgesetzt. Der Leser muß in der Lage sein, seine Aufgabenstellung richtig zu formulieren und anschließend das ihr adäquate mathematische Modell, das im Handbuch betrachtet wird, zu finden.

Bei der Niederschrift des Handbuches haben sich die Autoren darum bemüht, daß bestimmte Kapitel und Abschnitte für sich allein nutzbar sind. Jedoch empfehlen wir dem Leser, das Handbuch beim ersten Kennenlernen zumindest flüchtig von vorn bis hinten durchzusehen. Die Autoren hielten es für notwendig, den gesamten Stoff von einer einheitlichen Position aus nach einem einheitlichen Plan darzulegen. Dabei mußten wir die Mehrzahl der Ergebnisse neu herleiten, viele von ihnen sind original. Außerdem sind für die Praxis Näherungsmethoden zur Berechnung von Zuverlässigkeitskenngrößen sowie die Abschätzung der Berechnungsfehler von Interesse. Die zahlreichen Äußerungen von Meinungen und Wünschen, die die Autoren während der Vorbereitung des neuen Handbuches erhielten, aber auch unsere eigene Arbeitserfahrung in der Industrie verhalfen uns zu den Kriterien der Stoffauswahl und zum Aufbau des Buches. Im Interesse der Leser wurde auch im vorliegenden Handbuch das von B. V. Gnedenko vorgeschlagene Grundprinzip der komprimierten Stoffdarstellung in Form von Tabellen beibehalten, ohne dabei auf die — für die Autoren — erheblichen Schwierigkeiten einer solchen Darstellungsart Rücksicht zu nehmen.

Im Kapitel 1 des Handbuches werden die Grundbegriffe und Bezeichnungen der Zuverlässigkeit, die im Buch verwendet werden, in Übereinstimmung mit der GOST 13377-75, die 1975 bestätigt wurde, zusammengestellt. Außerdem werden in diesem Kapitel einige neue Begriffe und Bezeichnungen definiert, die im wesentlichen mit solchen Größen zusammenhängen, wie der kumulativen Arbeitsmenge einer Einrichtung mit Erneuerung während der Zeit t, der Wahrscheinlichkeit dafür, daß während der Zeit t ein Abschnitt der Arbeitsfähigkeit mit vorgegebener Mindestlänge eintritt und so weiter. Die Praxis zeigt, daß sich derartige Zuverlässigkeitskenngrößen bei der Analyse von Rechner- und Informationssystemen als recht nützlich und konstruktiv erweisen.

Im Kapitel 2 werden die grundlegenden Zuverlässigkeitskenngrößen eines Elements betrachtet. Es werden die mathematischen Definitionen der allgemein üblichen und der (im Kap. 1) neu eingeführten Kenngrößen gebracht. Hier werden auch Zuverlässigkeitskenngrößen von Elementen (von Systemen) gebracht, bei denen unterschiedliche Arbeitsweisen möglich sind: veränderliches Arbeitsregime, zulässige kurzzeitige Unterbrechungen der Arbeit und so weiter. Die Werte von Kenngrößen, für die man analytische Ausdrücke in expliziter Form nicht angeben kann, werden für einen großen Parameterbereich in Zahlentafeln zusammengestellt.

Im Kap. 3 werden die Zuverlässigkeitskenngrößen typischer Systeme mit Reserve, die nicht erneuert werden, angegeben. Es werden auch zahlreiche prinzipielle Fragen der Reservierung behandelt.

Das Kap. 4 ist Systemen mit Reserve, die erneuert werden können, gewidmet. Neben den Modellen auf der Grundlage der Exponentialverteilung werden auch andere Problemkreise angeschnitten: Systeme mit einer sogenannten „raschen" Erneuerung und Systeme, bei denen sowohl die Arbeitszeit als auch die Erneuerungszeit einem beliebigen Verteilungsgesetz genügen.

Das Kap. 5 beschäftigt sich mit einer Reihe spezieller Aufgaben der Reservierung.

Im Kap. 6 wird für verschiedene Modelle von Seriensystemen die Zuverlässigkeit abgeschätzt, u. a. auch für Systeme mit „alternden" Elementen.

Der Einfluß einer Überprüfung auf die Zuverlässigkeit von Systemen mit Reserve, die erneuert werden können, wird im Kap. 7 abgeschätzt.

Das Kap. 8 ist der Abschätzung spezieller Zuverlässigkeitskenngrößen für eine Reihe typischer Systeme mit komplizierter Struktur gewidmet.

Im Kap. 9 sind Ergebnisse zur Abschätzung der Effektivität von Kommunikationsnetzen, von Systemen mit Verzweigungen u. a. enthalten.

Das Kap. 10 ist den Aufgaben der optimalen Reservierung gewidmet. Hier werden auch einige typische Schemata betrachtet, mit deren Hilfe eine optimale Bedienung komplizierter Systeme aufgebaut werden kann.

Im Kap. 11 werden typische Aufgaben zur Auswahl einer sinnvollen Periodendauer für Instandhaltung und Ersetzung betrachtet. Es werden Zahlentafeln angegeben.

Im Kap. 12 werden typische Algorithmen zur optimalen Fehlererkennung konstruiert.

Im Kap. 13 werden die einfachsten Methoden der statistischen Bearbeitung von Zuverlässigkeitsdaten dargelegt.

Grundsätzliche methodische Fragen werden in einem gesonderten Teil des Handbuches (Anhänge 1–8) behandelt. Er hat das Ziel, dem Buch den Charakter eines echten Nachschlagewerkes zu geben, das zum praktischen Gebrauch für Fachleute mit unterschiedlichem Spezialgebiet und Ausbildungsniveau geeignet ist. Unseres Erachtens sollte sich der Leser (besser gesagt, der „Nachschlagende"), der im Haupttext des Handbuches auf seine konkrete Frage keine Antwort gefunden hat, den Anhängen zuwenden, wo in knapper Form diejenigen mathematischen Methoden dargestellt sind, durch deren Benutzung er die gewünschten Ergebnisse erhalten kann. Im Handbuch sind viele Zahlentabellen enthalten, die für die Durchführung konkreter Berechnungen benötigt werden, aber auch Tabellen mit mathematischen Ergebnissen allgemeiner Art, die für Zuverlässigkeitsaufgaben spezifisch sind. Daraus ergibt sich die Möglichkeit, das Handbuch für sich zu benutzen, ohne auf weitere Quellen angewiesen zu sein.

In einem bibliographischen Register werden russisch-sprachige Bücher zu Zuverlässigkeitsproblemen kurz kommentiert. Zur Mehrzahl der Kapitel wurden Verzeichnisse grundlegender Zeitschriftenartikel angegeben. Die Autoren glauben, daß der Leser dadurch einen schnelleren Zugang zu den Originalarbeiten des ihn interessierenden Fragenkomplexes erhält[1]).

Bei der Vorbereitung des Handbuches erfuhren die Autoren eine wesentliche Unterstützung durch Kollegen und Mitarbeiter. An erster Stelle möchten wir unserer großen Dankbarkeit gegenüber den Begründern der sowjetischen Schule der mathematischen Zuverlässigkeitstheorie, den Professoren an der Moskauer Staatlichen Universität, Boris Wladimirowitsch Gnedenko, Juri Konstantinowitsch Beljajew und Alexander Dmitrijewitsch Solowjow, Ausdruck verleihen, denen wir uns hinsichtlich fast aller Vorzüge unseres Buches verpflichtet fühlen. Ihre strenge, aber wohlwollende Kritik ermöglichte es uns, das fertiggestellte Manuskript wesentlich zu verbessern. Wir denken auch mit großer Dankbarkeit an die zahlreichen Gespräche mit Professor Jakob Borisowitsch Schor, dessen Ratschläge uns stets halfen, eine für den Leser bequeme Darstellungsform zu finden.

Drei Abschnitte des Handbuches — das Kap. 8, das der Abschätzung von Wahrscheinlichkeitscharakteristiken von Systemen mit komplizierter Struktur gewidmet ist; der Abschnitt 10.6, der der Ersatzteilhaltung gewidmet ist; und das Kap. 13, in dem Methoden der statistischen Datenverarbeitung betrachtet werden — basieren auf Material, das von W. A. Gadasin, G. B. Rubalski und J. A. Wasiljew zusammengestellt wurde. Während der Arbeit am Buch war die Mitwirkung von E. M. Wolo-

[1]) Anmerkung des Herausg.: Dieses Register wurde in die deutsche Ausgabe nicht aufgenommen.

WIK und G. S. PASCHKOWSKI nützlich. Für das Kap. 11 wurden Ergebnisse von E. J. BARSILOWITSCH und W. N. KASCHTANOW verwendet.

Ein Teil der numerischen Berechnungen wurde von M. W. TOPOLSKI und A. N. DAZENKO-TSCHIGORIN ausgeführt.

Eine unauffällige, aber ganz notwendige Arbeit bei der Gestaltung des Manuskriptes leisteten M. W. BARSUKOWA, N. A. DJAKUNOWA, W. A. GAWRILINA und N. S. JEREMEJEWA.

Das neue Zuverlässigkeitshandbuch wurde — ebenso wie die erste Auflage — von A. A. ALEXANDROWA redigiert. Ihrer unendlichen Geduld und Genauigkeit ist es zu verdanken, daß das Buch ohne die zahlreichen Schnitzer, die den Autoren unterlaufen waren, erscheint.

Abschließend halten wir es für erforderlich darauf hinzuweisen, daß zwei ausgezeichnete Bücher über Zuverlässigkeitstheorie großen Einfluß auf die Vorbereitung dieses Handbuches hatten: das Buch ,,Mathematische Methoden der Zuverlässigkeitstheorie" von B. W. GNEDENKO, J. K. BELJAJEW und A. D. SOLOWJOW und das Buch ,,Mathematische Zuverlässigkeitstheorie" von R. BARLOW und F. PROSCHAN.

Nachdem nun die ganze Verantwortung für die Vorzüge des Buches auf die Schultern der Kollegen und Helfer gelegt wurde, bitten die Autoren darum, alle kritischen Bemerkungen und Wünsche an ihre Adresse (Moskau, Hauptpostamt, PSF 693) zu richten, denn sie haben niemanden, dem sie die unterlaufenen Fehler zuschieben könnten.

B. KOSLOW
I. USCHAKOW

1. BEZEICHNUNGEN UND BEGRIFFE DER ZUVERLÄSSIGKEIT ZUVERLÄSSIGKEITSKENNGRÖSSEN

1.1. Grundlegende Bezeichnungen und Begriffe der Zuverlässigkeit

1.1.0. Vorbemerkungen

In diesem Abschnitt werden die Grundbegriffe und Bezeichnungen, die im vorliegenden Handbuch verwendet werden, eingeführt. Zugrundegelegt wurde der Staatliche Standard GOST 13377-75 „Zuverlässigkeit in der Technik. Begriffe und Definitionen" (Moskau 1975), in dem die in Wissenschaft und Technik verwendeten Begriffe und Definitionen auf dem Gebiet der Zuverlässigkeit fixiert werden. Dieser Standard enthält jedoch nicht alle Begriffe, die im vorliegenden Handbuch benutzt werden. Daher mußten weitere Begriffe eingeführt werden. Diese neuen Begriffe mit ihren zugehörenden Definitionen wurden durch ein Sternchen gekennzeichnet. Alle angegebenen Begriffe und zugehörenden Definitionen sind in thematischer Ordnung zusammengestellt worden. Die erforderlichen Anmerkungen und Erklärungen wurden im Kleindruck gesetzt. Grundlegende Bezeichnungen und Begriffe der Wahrscheinlichkeitsrechnung und mathematischen Statistik wurden — soweit sie in diesem Handbuch verwendet werden — im Anhang 1 zusammengestellt.

1.1.1. Allgemeine Begriffe

Objekt (Betrachtungseinheit) — Gegenstand mit festgelegter Zweckbestimmung, der während der Projektierung, der Fertigung, der Nutzung, des Studienentwurfs, der Entwicklung und der Zuverlässigkeitstests betrachtet wird.

Als Objekte kommen Systeme und ihre Elemente in Betracht. Insbesondere kann es sich um Anlagen, Aufbauten, technische Erzeugnisse, Einrichtungen, Maschinen, Apparate, Geräte und ihre Teile, Aggregate und deren Bestandteile handeln.

Zuverlässigkeit — Eigenschaft des Objektes, die in dessen Fähigkeit besteht, festgelegte Aufgaben unter bestimmten Betriebsbedingungen zu erfüllen.[1])

In Abhängigkeit von der Zweckbestimmung des Objektes und dessen Einsatzbedingungen kann die Zuverlässigkeit folgendes einschließen: die Ausfallfreiheit, die Langlebigkeit, die Reparaturfähigkeit, die Lagerungs- und Transporteignung oder eine Kombination dieser Eigenschaften des Objekts.

Unter der Qualität eines technischen Erzeugnisses versteht man die Gesamtheit seiner Eigenschaften, die die Eignung des Produkts zur Gewährleistung bestimmter Forderungen in Übereinstimmung mit seiner Zweckbestimmung bedingen. Eine dieser Eigenschaften ist die Zuverlässigkeit. Sie ist eine komplexe Eigenschaft, die ihrerseits solche Eigenschaften wie Ausfallfreiheit, Langlebigkeit, Reparaturtauglichkeit, Lager- und Transporteignung einschließt.

---

[1]) Anmerkung d. Herausg.: Da zur Erfüllung jeder Aufgabe in der Regel eine bestimmte Zeit benötigt wird, folgt aus der angegebenen Erklärung, daß das Objekt seinem Verwendungszweck unter bestimmten Betriebsbedingungen während einer gewissen Zeitdauer genügen soll.

Für konkrete Objekte und Bedingungen ihres Einsatzes können diese Eigenschaften unterschiedliche relative Bedeutung besitzen. Quantitativ wird die Zuverlässigkeit eines Objektes mit Hilfe von Kenngrößen abgeschätzt, die unter Berücksichtigung der Besonderheiten des Objektes, der Bedingungen seines Einsatzes und der Auswirkungen von Ausfällen ausgewählt werden.

Die Werte der Zuverlässigkeitskenngrößen eines Objektes können sich auf den verschiedenen Stadien seiner Herstellung und Existenz ändern, so während der Entwicklung, der Fertigung und des Einsatzes. Das hängt vom Qualitätsniveau dieser Prozesse, der Qualifikation des Personals u. ä. ab.

System — Objekt, das aus einer Menge von Elementen besteht, die während der Erfüllung eines bestimmten Aufgabenkomplexes miteinander in Wechselwirkung stehen und funktionell gekoppelt sind.

Element (eines Systems) — Objekt, das einen Teil eines Systems darstellt und dessen Bestandteile im Rahmen der konkreten Betrachtung keine selbständige Bedeutung besitzen.

Die Begriffe System und Element sind relativ: Ein Objekt, das bei einer Untersuchung als System behandelt wurde, kann als Element angesehen werden, wenn ein Objekt größeren Umfanges untersucht wird. Außerdem hängt selbst die Einteilung des Systems in Elemente vom Charakter der Betrachtung (Funktions-, Konstruktions-, Schaltungs- oder Operationselemente), von der geforderten Genauigkeit der durchgeführten Untersuchung, vom Niveau unserer Kenntnisse, vom Objekt im ganzen und letztlich sogar vom technischen und wissenschaftlichen „Geschmack" des Untersuchenden ab.

Ausfallfreiheit — Eigenschaft des Objektes, seine Arbeitsfähigkeit ununterbrochen zu behalten.

Langlebigkeit — Eigenschaft des Objektes, seine Arbeitsfähigkeit bis zum Eintritt eines Grenzzustandes — bei Berücksichtigung der notwendigen Unterbrechungen für die technische Wartung und Reparaturen — zu behalten.

Reparatureignung — Eigenschaft des Objektes, die in der Eignung zur Durchführung von Reparaturen an ihm und der technischen Wartung besteht.

Lager- und Transporteignung (Haltbarkeit) — Eigenschaft des Objektes, die Werte seiner festgelegten Qualitätskenngrößen während und nach der Lagerung und (oder) des Transportes in angegebenen Grenzen zu behalten.

Intaktheit (= volle Funktionsfähigkeit, Unversehrtheit[1]) — Zustand des Objektes, bei dem es **allen** Forderungen genügt, die durch die normativ-technische Dokumentation festgelegt werden.

Nicht-Intaktheit — Zustand des Objektes, bei dem es wenigstens einer der Forderungen, die durch die normativ-technische Dokumentation festgelegt werden, nicht genügt.

---

[1]) Anmerkung d. Herausg.: In der TGL 26096, Blatt 1, wird das Wort „Funktionsfähigkeit" für diesen Begriff verwendet.

Arbeitsfähigkeit[1]) (= teilweise Funktionsfähigkeit) — Zustand des Objektes, bei dem es vorgeschriebene Funktionen erfüllen kann und die Werte der Hauptparameter in Grenzen bleiben, die durch die normativ-technische Dokumentation festgelegt wurden.

Die Hauptparameter charakterisieren die Arbeitsweise des Objektes bei der Erfüllung gestellter Aufgaben und werden in der normativ-technischen Dokumentation festgelegt.

Arbeitsunfähigkeit — Zustand des Objektes, bei dem es wenigstens eine der vorgeschriebenen Funktionen nicht normal erfüllen kann.

Der Begriff „Intaktheit" ist umfassender als der Begriff „Arbeitsfähigkeit". Ein arbeitsfähiges Objekt genügt im Unterschied zu einem intakten nur solchen Forderungen der normativ-technischen Dokumentation, die sein normales Funktionieren bei der Erfüllung gestellter Aufgaben sichern. Dabei braucht es z. B. Forderungen, die sich nur auf das äußere Aussehen beziehen, nicht zu genügen. Ein arbeitsfähiges Objekt braucht nicht intakt zu sein, doch sind seine Beschädigungen dabei nicht so wesentlich, daß sie das normale Funktionieren stören könnten.

Grenzzustand — Zustand des Objektes, in welchem — bedingt durch die technischen Sicherheitsforderungen oder eine nicht zu beseitigende Effektivitätsminderung — dessen weiterer Betrieb technisch unmöglich oder unzweckmäßig ist.

Ein Objekt ohne Erneuerung erreicht den Grenzzustand mit Eintritt des Ausfalls oder bei Erreichen eines vorher festgelegten zulässigen Grenzwertes der Nutzungsdauer oder der kumulativen Arbeitsmenge (vgl. mit den Definitionen auf S. 12ff). Die zulässigen Grenzwerte der Nutzungsdauer und der Arbeitsmenge werden festgelegt aus Erwägungen der Betriebssicherheit, in Verbindung mit der irreversiblen Minderung der Einsatzeffektivität, wenn diese ein zulässiges Maß unterschreitet, oder bei Vergrößerung der Ausfallrate, die für bestimmte Objekte nach Ablauf der festgelegten Betriebsdauer gesetzmäßig erfolgt.

Bei Objekten mit Erneuerung erfolgt der Übergang in den Grenzzustand in dem Augenblick, zu dem der weitere Betrieb aus folgenden Gründen unmöglich oder unzweckmäßig wird:

— es wird unmöglich, die Betriebssicherheit des Objektes aufrechtzuerhalten; Betriebssicherheit oder Effektivität haben das minimal zulässige Niveau erreicht;
— durch Verschleiß und (oder) Alterung ist das Objekt in einen solchen Zustand gelangt, in dem eine Reparatur unvertretbar hohe Aufwendungen erfordert oder eine ausreichende Wiederherstellung der Funktionsfähigkeit nicht garantieren kann.

Für einige Objekte mit Erneuerung wird der Grenzzustand dann erreicht, wenn die notwendige Wiederherstellung der Funktionsfähigkeit nur über eine Generalreparatur erfolgen kann.

Beschädigung — Ereignis, das in der Verletzung der Intaktheit des Objektes besteht.

Ausfall — Ereignis, das in der Verletzung der Arbeitsfähigkeit des Objektes besteht.

---

[1]) Anmerkung d. Herausg.: In den späteren Kapiteln werden die Begriffe „Intaktheit", „Funktionsfähigkeit" und „Arbeitsfähigkeit" nicht unterschieden, sondern als Synonyme verwendet.

Eine Beschädigung kann wesentlich oder unwesentlich sein. Letzteres bedeutet Verletzung der Intaktheit bei Erhaltung der Arbeitsfähigkeit, ersteres bedeutet Ausfall. Jedoch können gewisse unwesentliche Beschädigungen mit der Zeit in wesentliche übergehen und damit zum Ausfall des Objektes führen. So wird z. B. ein Kratzer auf dem Metallgehäuse eines Hochspannungstransformators dessen Arbeitsfähigkeit in der ersten Zeit nicht beeinträchtigen. Aber nach hinreichend langer Zeit kann die Korrosion des Gehäuses an dieser Stelle zur Ausfallursache werden. Gewisse Ausfälle von Objekten gehen nicht mit deren Beschädigung einher; z. B. kann die fehlerhafte Bedienung von Steuergliedern des Objektes die Inbetriebsetzung von bestimmten Anlagen im erforderlichen Augenblick unmöglich machen (Betriebsausfall). Doch dabei weist das Objekt keinerlei Beschädigungen auf.

Erneuerung — Vorgang des Auffindens und der Beseitigung eines Ausfalls (einer Beschädigung) zur Wiederherstellung der Arbeitsfähigkeit (der Intaktheit).

Objekt mit Erneuerung (wiederherstellbare Betrachtungseinheit) — Objekt, dessen Arbeitsfähigkeit in der betrachteten Situation im Falle eines Ausfalls wiederhergestellt wird.

Objekt ohne Erneuerung (nicht wiederherstellbare Betrachtungseinheit) — Objekt, dessen Arbeitsfähigkeit in der betrachteten Situation im Falle eines Ausfalls nicht wiederhergestellt wird.

Bei der Zuverlässigkeitsanalyse, insbesondere bei der Auswahl der Zuverlässigkeitskenngrößen des Objektes, spielt die Entscheidung, die beim Ausfall des Objektes getroffen werden muß, eine wesentliche Rolle. Wenn sich in der betrachteten Situation die Wiederherstellung der Arbeitsfähigkeit des gegebenen Objektes im Falle seines Ausfalls aus irgendwelchen Gründen als unzweckmäßig oder unausführbar erweist (z. B., wenn eine Unterbrechung der gerade auszuführenden Funktion unmöglich ist), so ist ein solches Objekt in der vorliegenden Situation als nicht wiederherstellbar anzusehen. Somit kann ein und dasselbe Objekt in Abhängigkeit von den Besonderheiten oder den einzelnen Etappen des Einsatzes als Objekt mit Erneuerung oder als Objekt ohne Erneuerung betrachtet werden.

Beispielsweise gehört die Apparatur eines meteorologischen Sputniks während der Lagerung zu den Objekten mit Erneuerung, aber während des Fluges im Kosmos ist sie natürlich ein Objekt ohne Erneuerung. Darüber hinaus kann sogar ein und dasselbe Objekt in Abhängigkeit von der Zweckbestimmung zu der einen oder anderen Klasse gehören: eine EDVA, die nicht im Echtzeitbetrieb arbeitet, ist ein Objekt mit Erneuerung, weil im Falle ihres Ausfalls jede beliebige Operation wiederholt werden kann. Aber die gleiche EDVA — zur Steuerung komplizierter technologischer Prozesse in der Metallurgie oder Chemie eingesetzt — ist ein Objekt ohne Erneuerung, weil Ausfall oder Störung zu nichtwiedergutzumachende Folgen haben.

Zuverlässigkeitskenngröße — quantitative Charakteristik einer oder mehrerer Eigenschaften, die die Zuverlässigkeit des Objektes bestimmen.

Arbeitsmenge (Arbeitsumfang) — zeitliche Dauer oder ein anderes Maß der Arbeit, das vom Objekt geleistet wird.

---

[1]) Anmerkung d. Herausg.: Ein Zahlenwert, der eine Zuverlässigkeitskenngröße annehmen kann, wird als „Zuverlässigkeitskennwert" bezeichnet.

Das Objekt kann kontinuierlich oder mit Unterbrechungen arbeiten. Im zweiten Falle berücksichtigt man die kumulative Arbeitsmenge. Die Arbeitsmenge kann man in Zeiteinheiten, in Schaltzyklen, in Produktionseinheiten (anzugeben zum Beispiel in Hektar, Kubikmeter) und in anderen Einheiten messen. Während des Einsatzes und der Prüfungen unterscheidet man ,,24-Stunden-Arbeitsmenge", ,,monatliche Arbeitsmenge", ,,Arbeitsmenge bis zum ersten Ausfall", ,,Arbeitsmenge zwischen Ausfällen", ,,vorgeschriebene Arbeitsmenge" usw.

Wenn das Objekt in verschiedenen Beanspruchungsarten betrieben wird, so kann zum Beispiel die Arbeitsmenge unter ,,erleichterter" Belastung eventuell für sich betrachtet und von der bei Nennbelastung unterschieden werden.

Ressource — Arbeitsmenge des Objektes von einem bestimmten Augenblick an gerechnet bis zum Eintritt des Grenzzustandes.

Nutzungsdauer — kalendermäßige Dauer des Einsatzes des Objektes von einem bestimmten Augenblick an gerechnet bis zum Eintritt des Grenzzustandes.

In den beiden letzten Definitionen wird unter ,,einem bestimmten Augenblick" der Beginn des Einsatzes oder der Zeitpunkt der Wiederherstellung der Einsatzfähigkeit nach einer Generalreparatur verstanden.

Lagerungsfrist (Haltbarkeitsdauer) — Dauer der Lagerung des Objektes unter bestimmten Bedingungen, während der die festgelegten Qualitätskenngrößen des Objektes erhalten bleiben.

1.1.2. Klassifizierung der Ausfälle (Tabelle 1.1.1)

Spontanausfall (Sprungausfall) — Ausfall, der durch sprunghafte Änderung der Werte eines oder mehrerer grundlegender Parameter des Objektes charakterisiert wird.

Allmählicher Ausfall (Driftausfall) — Ausfall, der durch allmähliche Änderung der Werte eines oder mehrerer grundlegender Parameter des Objektes charakterisiert wird.

Unabhängiger Ausfall eines Elements — Ausfall eines Elements des Objekts, der nicht durch Beschädigungen oder Ausfälle anderer Elemente des Objekts bedingt ist.

Abhängiger Ausfall eines Elements — Ausfall eines Elements des Objektes, der durch Beschädigungen oder Ausfälle anderer Elemente des Objekts bedingt ist.

Totalausfall — Ausfall, nach dessen Eintreten eine Verwendung des Objekts gemäß seiner Zweckbestimmung (bis zur Wiederherstellung seiner Arbeitsfähigkeit) unmöglich ist.

Teilausfall — Ausfall, nach dessen Eintreten eine Verwendung des Objekts gemäß seiner Zweckbestimmung noch möglich ist, wobei sich aber die Werte eines oder mehrerer grundlegender Parameter außerhalb der zulässigen Grenzen befinden.

Störung (Fehlfunktion) — sich selbst behebender (selbstheilender) Ausfall, der zu einem kurzzeitigen Verlust der Arbeitsfähigkeit führt.

Tabelle 1.1.1. Klassifizierung der Ausfälle

Klassifizierungsmerkmal		Ausfallart	
I. Charakter der Änderung eines grundlegenden Parameters des Objektes bis zum Ausfallzeitpunkt		Sprungausfall Driftausfall	
II. Möglichkeit der Benutzung des Objektes nach Eintritt des Ausfalls		Totalausfall Teilausfall	
III. Zusammenhang zwischen verschiedenen Ausfällen		unabhängiger Ausfall abhängiger Ausfall	
IV. Stabilität der Arbeitsunfähigkeit		andauernder Ausfall selbstheilender Ausfall	Störung intermittierender Ausfall
V. Vorhandensein äußerer Kennzeichen des Ausfalls		offensichtlicher (expliziter) Ausfall verdeckter (impliziter) Ausfall	
VI. Ursache für das Eintreten eines Ausfalls			
Konstruktion	Fehler des Konstrukteurs Unvollkommenheit der angewandten Konstruktionsverfahren	Konstruktionsausfall	
Fertigung	Fehler bei der Fertigung — Verletzung der angewandten Technologie Unvollkommenheit der Technologie	Fertigungsbedingter Ausfall	
Nutzung	Verletzung der Bedienungsregeln Äußere Einwirkungen, die nicht den normalen Betriebsbedingungen entsprechen	nutzungsbedingter Ausfall	
VII. Art der Entstehung		natürlicher Ausfall künstlicher Ausfall (Ausfall, der absichtlich hervorgerufen wird)	
VIII. Zeitpunkt des Ausfalleintritts		Ausfall bei Erprobungen Ausfall während der Einlaufphase (Frühausfall) Ausfall während der Phase der normalen Nutzung Ausfall während der letzten Phase der Nutzung	
IX. Möglichkeit der Beseitigung des Ausfalls		Ausfall, der sich beseitigen läßt Ausfall, der sich nicht beseitigen läßt	

Intermittierender Ausfall — wiederholt auftretende Störung ein und desselben Typs.

Konstruktionsbedingter Ausfall — Ausfall, der sich als Folge von Fehlern des Konstrukteurs oder einer Unzulänglichkeit der Konstruktionsverfahren ergibt.

Fertigungsbedingter Ausfall — Ausfall, der sich als Folge eines Fehlers oder einer Unzulänglichkeit des technologischen Prozesses bei der Fertigung oder Reparatur des Objektes ergibt.

Nutzungsbedingter Ausfall — Ausfall, der sich als Folge einer Verletzung der Bedienungsanweisungen oder als Folge des Einflusses unvorhergesehener äußerer Einwirkungen ergibt.

1.1.3. Reservierung (Tabelle 1.1.2)

Redundanz — zusätzliche Mittel oder Möglichkeiten, die die zur Erfüllung aller vorgegebenen Funktionen des Objektes minimal notwendigen übersteigen.

Strukturelle Redundanz (z. B. Reservierung) — Methode zur Erhöhung der Zuverlässigkeit des Objektes, die die Verwendung von redundanten Strukturelementen vorsieht.

Zeitliche Redundanz — Methode zur Erhöhung der Zuverlässigkeit des Objektes, die die Verwendung einer redundanten Zeitdauer vorsieht.

Informationelle Redundanz — Methode zur Erhöhung der Zuverlässigkeit des Objektes, die die Verwendung einer redundanten Information vorsieht.

Funktionelle Redundanz — Methode zur Erhöhung der Zuverlässigkeit des Objektes, die die Verwendung von Elementen, die in der Lage sind, zusätzliche Funktionen zu erfüllen, vorsieht.

Belastungsredundanz — Methode zur Erhöhung der Zuverlässigkeit des Objektes, die die Verwendung von Redundanz zur Aufnahme von Belastungen vorsieht.

Grundelement — Strukturelement des Objektes, das zur Gewährleistung der Arbeitsfähigkeit des Objektes unbedingt erforderlich ist.

Reserveelement — Element, das bei Ausfall des Grundelements zur Gewährleistung der Arbeitsfähigkeit des Objektes vorgesehen ist.

Tabelle 1.1.2. Klassifizierung der Reservierung

Klassifizierungsmerkmal	Art der Reservierung und der Reserve
Verfahren des Zuschaltens der Reserveelemente	ständige Reservierung Reservierung durch Ersetzen
Vielfachheit der Reservierung	einfache Reservierung mehrfache Reservierung
Prinzip des Reserveanschlusses	Gesamt-Reservierung Einzel-Reservierung
Zustand der Reserveelemente	unbelastete Reserve erleichterte Reserve belastete Reserve
Charakterisierung der Reserve	Reserve mit Erneuerung Reserve ohne Erneuerung
Festlegung des Einsatzes der Reserveelemente	fixierte Reserve gleitende Reserve
Homogenität der Reserve	homogene Reservierung gemischte Reservierung

Reservierung — Methode zur Erhöhung der Zuverlässigkeit mit Hilfe von Reserveelementen.

Gesamtreservierung — Reservierung, bei der die Reserve für den Fall des Ausfalls des Objektes im ganzen vorgesehen wird.

Einzelreservierung — Reservierung, bei der die Reserve für Ausfälle einzelner Elemente des Objektes oder von Baugruppen vorgesehen wird.

Gemischte Reservierung — Reservierung, bei der verschiedene Arten der Reservierung in einem Objekt vereinigt sind.

Homogene Reservierung — Reservierung, bei der in einem Objekt nur eine Art der Reservierung verwendet wird.

Ständige Reservierung — Reservierung, bei der die Reserveelemente gleichberechtigt mit dem Grundelement zur Arbeitsweise des Objektes beitragen.

Reservierung durch Ersetzen — Reservierung, bei der die Funktion des Grundelements der Reserve erst nach Ausfall des Grundelements übertragen wird.

Gleitende Reservierung — Reservierung durch Ersetzen, bei der eine Gruppe von Grundelementen des Objektes „verstärkt" wird durch ein oder mehrere Reserveelemente, die jeweils ein beliebiges ausgefallenes Grundelement ersetzen können.

Fixierte Reservierung — Reservierung, bei der die Anschlußstelle für jedes Reserveelement streng vorherbestimmt ist.

Belastete (heiße) Reserve — Reserveelement befindet sich im gleichen Betriebsregime wie das Grundelement.

Erleichterte (warme) Reserve — Reserveelement befindet sich in einem Betriebsregime, bei dem es weniger beansprucht wird als das Grundelement.

Unbelastete (kalte) Reserve — Reserveelement wird praktisch nicht belastet.

Reserve mit Erneuerung — Reserveelement, dessen Arbeitsfähigkeit bei Ausfall wiederhergestellt wird.

Reserve ohne Erneuerung — Reserveelement, dessen Arbeitsfähigkeit bei Ausfall nicht wiederhergestellt wird.

Vielfachheit der Reservierung — Verhältnis der Zahl der Reserveelemente zur Zahl der Elemente des Objektes, für die eine Reservierung vorgesehen ist.

Einfache Reservierung (Dublierung) — Reservierung der Vielfachheit 1.

Mehrfache Reservierung — Reservierung einer Vielfachheit > 1.

Reservierung mit Erneuerung — Reservierung, bei der die Arbeitsfähigkeit jedes beliebigen Grund- und Reserveelements bei Ausfall wiederhergestellt wird.

Reservierung ohne Erneuerung — Reservierung, bei der die Arbeitsfähigkeit jedes beliebigen Grund- und Reserveelements des Objektes im Falle seines Ausfalls nicht wiederhergestellt wird.

1.1.4. Kenngrößen der Ausfallfreiheit und der Reparatureignung (Tabelle 1.1.3)

Wahrscheinlichkeit der ausfallfreien Arbeit (Überlebenswahrscheinlichkeit) — Wahrscheinlichkeit dafür, daß innerhalb einer vorgegebenen Arbeitsmenge kein Ausfall des Objektes eintritt.

Bei Lagerung und Transport kann man die analog zu definierende Bezeichnung „Wahrscheinlichkeit für das Nichteintreten eines Ausfalls" verwenden.

(Technische) **Effektivität der Arbeitsweise** — Maß für die Qualität der Arbeitsweise des Objektes oder für die Zweckmäßigkeit der Verwendung des Objektes zur Erfüllung der vorgegebenen Funktionen.

Quantitativ kann die technische Effektivität der Arbeitsweise des Objektes als Erwartungswert des Ausgangseffektes des Objektes definiert werden, d. h., in Abhängigkeit von der Zweckbestimmung des Systems wird sie konkretisiert. Oft wird die Effektivität der Arbeitsweise als totale Wahrscheinlichkeit der Aufgabenerfüllung durch das Objekt definiert. Dabei wird die mögliche Erniedrigung der Arbeitsqualität des Objektes, die durch Teilausfälle bedingt wird, berücksichtigt.

Tabelle 1.1.3. Grundlegende Zuverlässigkeitskenngrößen

Eigenschaft	Kenngröße
Ausfallfreiheit	Wahrscheinlichkeit der ausfallfreien Arbeit mittlere Arbeitsmenge bis zum Ausfall mittlere Arbeitsmenge zwischen Ausfällen Ausfallrate Leitfunktion des Ausfallstromes Parameter des Ausfallstromes
Reparatureignung	Erneuerungswahrscheinlichkeit mittlere Stillstandszeit mittlere Erneuerungszeit Erneuerungsrate
Ausfallfreiheit und Reparatureignung	Verfügbarkeit Nicht-Verfügbarkeit technischer Nutzungsgrad Intervall-Verfügbarkeit
Langlebigkeit	Gamma-prozentuale Ressource mittlere Ressource mittlere kumulative Ressource Gamma-prozentuale Nutzungsdauer mittlere Nutzungsdauer mittlere Nutzungsdauer bis zur Abschreibung mittlere Ressource zwischen Reparaturen Median der Ressource Median der Nutzungsdauer mittlere Nutzungsdauer zwischen Reparaturen
Lagerungseignung	mittlere Lagerungsfrist Ausfallrate bei Lagerung Parameter des Ausfallstromes bei Lagerung Gamma-prozentuale Lagerungsfrist Median der Lagerungsfrist

Mittlere Arbeitsmenge bis zum Ausfall — Erwartungswert der Arbeitsmenge des Objektes bis zum ersten Ausfall.

Mittlere Arbeitsmenge zwischen Ausfällen — Erwartungswert der Arbeitsmenge des Objektes zwischen Ausfällen für den eingeschwungenen stationären Betriebsablauf.

Wenn das Objekt ein System aus mehreren Elementen darstellt und jedes Element unabhängig von den anderen nach einem Ausfall erneuert wird, so hängt die mittlere Arbeitsmenge zwischen zwei Ausfällen im Prinzip von der Anzahl der vorangehenden Ausfälle ab. Doch strebt diese Größe mit wachsender Ausfallzahl (d. h. mit Vergrößerung der Nutzungsdauer) gegen einen bestimmten konstanten Wert — man nennt diesen ihren stationären Wert.

Mittlere Arbeitsmenge pro Ausfall — Verhältnis der Arbeitsmenge des Objektes zum Erwartungswert der Anzahl der Ausfälle innerhalb dieser Arbeitsmenge.

Diesen Terminus kann man kurz als mittlere Arbeitsmenge bis zum Ausfall und als mittlere Arbeitsmenge zwischen Ausfällen bezeichnen, wenn diese beiden Kenngrößen übereinstimmen. Um diese Gleichheit zu erreichen, muß das Objekt nach jedem Ausfall durch vollständige Erneuerung in seinen ursprünglichen Zustand versetzt werden.

Zufällige Arbeitsmenge — zufällige Dauer oder ein anderes Maß der Arbeit, die beziehungsweise das von dem Objekt bis zum Eintritt eines gewissen Ereignisses oder Zeitpunktes geleistet wird.

Vorgegebene Arbeitsmenge — Arbeitsmenge, während der das Objekt zur Erfüllung seiner Funktionen ausfallfrei arbeiten muß.

Arbeitsmenge zwischen Ausfällen — zufälliger Wert der Arbeitsmenge des Objektes zwischen Ausfällen.

Wenn die Arbeitsmenge in Zeiteinheiten ausgedrückt wird, so werden die entsprechenden Bezeichnungen benutzt: „vorgegebene Zeit der (ausfallfreien) Arbeit“, „Arbeitszeit bis zum Ausfall“[1]), „Arbeitszeit zwischen Ausfällen“.

Vorgegebene Zeit der (ausfallfreien) Arbeit — siehe „vorgegebene Arbeitsmenge“.

Arbeitszeit bis zum Ausfall — siehe „Arbeitsmenge bis zum Ausfall“.

Arbeitszeit zwischen Ausfällen — siehe „Arbeitsmenge zwischen Ausfällen“.

Stillstandszeit — zufällige Zeit des notgedrungenen und nicht vereinbarten Aufenthalts des Objektes im nichtarbeitsfähigen Zustand. Dieser Aufenthalt wird bestimmt durch die Dauer bis zur Entdeckung des Ausfalls, die in Erwartung des Reparaturbeginns vergehende Zeit und die Dauer der Reparatur des Objektes selbst.

Erneuerungszeit[2]) — zufällige Zeit der eigentlichen Reparatur; das heißt Zeit für das Herausfinden und die Beseitigung eines Ausfalls.

Wenn die Arbeitsmenge in Zeiteinheiten ausgedrückt wird, so werden die entsprechenden Bezeichnungen benutzt: „Mittlere Arbeitszeit bis zum Ausfall“, „Mittlere Arbeitszeit zwischen Ausfällen“ und „Mittlere Zeit der ausfallfreien Arbeit“.

---

[1]) Anmerkung d. Herausg.: Die Arbeitszeit bis zum Ausfall wird häufig auch als **Lebensdauer** des Objekts bezeichnet;

[2]) Die Begriffe „Stillstandszeit“ und „Erneuerungszeit“ werden im folgenden häufig als Synonyme verwendet.

Mittlere Arbeitszeit bis zum Ausfall — siehe „mittlere Arbeitsmenge bis zum Ausfall".

Mittlere Arbeitszeit zwischen Ausfällen — siehe „mittlere Arbeitsmenge zwischen Ausfällen".

Mittlere Stillstandszeit — Erwartungswert der Zeit des notgedrungenen, nicht vereinbarten Aufenthaltes des Objektes im nichtarbeitsfähigen Zustand.

Mittlere Erneuerungszeit — Erwartungswert der Zeit zur Wiederherstellung der Arbeitsfähigkeit (der Reparatur im eigentlichen Sinne).

Erneuerungswahrscheinlichkeit — Wahrscheinlichkeit dafür, daß die tatsächliche Dauer der Arbeiten zur Wiederherstellung der Arbeitsfähigkeit eine vorgegebene Dauer nicht überschreitet.

Augenblickliche (momentane, instationäre) **Verfügbarkeit** — Wahrscheinlichkeit dafür, daß sich das Objekt in einem vorgegebenen Zeitpunkt als arbeitsfähig erweist. Dabei wird die Zeit vom Arbeitsbeginn (oder einem anderen fest definierten Zeitpunkt) an gerechnet.

Mittlere Verfügbarkeit — über ein vorgegebenes Zeitintervall gebildeter Mittelwert der augenblicklichen (instationären) Verfügbarkeit.

(Stationäre) **Verfügbarkeit (Dauerverfügbarkeit)** — Wahrscheinlichkeit dafür, daß sich das Objekt zu einem willkürlich gewählten Zeitpunkt während des eingeschwungenen (stationären) Betriebsablaufes als arbeitsfähig erweist.

Die Dauerverfügbarkeit kann auch als Zeitanteil definiert werden, während dessen sich das Objekt bei eingeschwungenem (stationären) Betriebsablauf im arbeitsfähigen Zustand befindet. Die Dauerverfügbarkeit stellt einen Grenzwert dar, zu dem sowohl die augenblickliche als auch die mittlere Verfügbarkeit bei Vergrößerung des betrachteten Zeitintervalls konvergieren.

Häufig werden Kenngrößen benutzt, die den Stillstand des Objektes charakterisieren — die sogenannten Unverfügbarkeits- oder Nichtverfügbarkeits-Kenngrößen des entsprechenden Typs. Jeder Verfügbarkeits-Kenngröße kann man eine bestimmte Verfügbarkeits-Kenngröße gegenüberstellen. Sie ergibt sich zahlenmäßig aus der Ergänzung des entsprechenden Verfügbarkeits-Kennwertes zu Eins. In den entsprechenden Definitionen hat man das Wort Arbeitsfähigkeit durch Arbeitsunfähigkeit zu ersetzen.

Augenblickliche (instationäre) **Unverfügbarkeit** — siehe „augenblickliche (instationäre) Verfügbarkeit" unter Berücksichtigung der letzten Anmerkung.

Mittlere Unverfügbarkeit — siehe „mittlere Verfügbarkeit" unter Berücksichtigung der letzten Anmerkung.

(Stationäre) **Unverfügbarkeit** (Dauerunverfügbarkeit) — siehe „(stationäre) Verfügbarkeit" unter Berücksichtigung der letzten Anmerkung.

Intervallverfügbarkeit (Missions-, Aufgaben-, Operationsverfügbarkeit) — Wahrscheinlichkeit dafür, daß sich das in Betriebsbereitschaft befindliche Objekt zu einem beliebigen Zeitpunkt während des eingeschwungenen (stationären) Betriebsablaufes als arbeitsfähig erweist und — mit diesem Zeitpunkt beginnend — während eines vorgegebenen Zeitintervalls ausfallfrei arbeitet.

Dabei wird vorausgesetzt, daß ein eingeschwungener (stationärer) Betriebsablauf betrachtet wird.

Augenblickliche (instationäre) **Intervallverfügbarkeit** — Wahrscheinlichkeit dafür, daß sich das in Betriebsbereitschaft befindliche Objekt zu einem vorgegebenen Zeitpunkt, der vom Arbeitsbeginn (oder einem anderen fest definierten Zeitpunkt) an gezählt wird, als arbeitsfähig erweist und — mit diesem Zeitpunkt beginnend — während eines vorgegebenen Zeitintervalls ausfallfrei arbeitet.

Technischer Nutzungsgrad — Verhältnis der in Zeiteinheiten ausgedrückten mittleren Arbeitsmenge des Objektes während einer gewissen Betriebsperiode zur Summe aus den Werten der Arbeitsmenge, der durch technische Wartung bedingten Stillstandszeit und der Reparaturzeit für dieselbe Betriebsperiode.

Ausfallrate[1]) — Verteilungsdichte der Arbeitsmenge des Objektes bis zum Ausfall, die unter der Bedingung bestimmt wird, daß bis zum betrachteten Zeitpunkt kein Ausfall eintrat.

Für die Bedingungen der Lagerung und des Transportes kann man den analog zu definierenden Begriff „Ausfallrate bei Lagerung (bei Transport)“ verwenden.

Leitfunktion des Ausfallstromes — Erwartungswert der Anzahl von Ausfällen eines Objektes mit Erneuerung während einer vorgegebenen Arbeitszeit.

Parameter des Ausfallstromes — erste Ableitung der Leitfunktion des Ausfallstromes.

Erneuerungsrate[1]) — Wahrscheinlichkeitsdichte der Erneuerungsdauer unter der Bedingung, daß bis zu dem gegebenen Zeitpunkt die Erneuerung nicht abgeschlossen ist.

1.1.5. Kenngrößen der Langlebigkeit und der Lagerungseignung

(siehe Tabelle 1.1.3)

Gamma-prozentuale Ressource[2]) — Arbeitsmenge, während der das Objekt den Grenzzustand mit der vorgegebenen Wahrscheinlichkeit γ nicht erreicht.

Mittlere Ressource — Erwartungswert der Ressource.

Festgelegte Ressource — kumulative Arbeitsmenge des Objektes, bei deren Erreichen der Einsatz des Objektes eingestellt werden muß, unabhängig vom Zustand des Objektes.

Mittlere Ressource zwischen Reparaturen — mittlere Ressource zwischen aufeinanderfolgenden Generalreparaturen des Objektes.

Mittlere kumulative Ressource — mittlere Ressource des Objektes von seinem Einsatzbeginn bis zu seiner Abschreibung.

---

[1]) Anmerkung d. Herausg.: Diese Definition ist leicht mißverständlich, vgl. Abschnitt 1.2.

[2]) Anmerkung d. Herausg.: Gemäß dem Sprachgebrauch der Wahrscheinlichkeitsrechnung würde man diese Kenngröße als $(1 - \gamma)$-Quantil der zufälligen Größe Arbeitsmenge bezeichnen.

Mittlere Ressource bis zur Generalreparatur — mittlere Ressource vom Einsatzbeginn des Objektes bis zu seiner ersten Generalreparatur.

Gamma-prozentuale Nutzungsdauer — Nutzungsdauer, in der das Objekt den Grenzzustand mit einer Wahrscheinlichkeit γ nicht erreicht.

Mittlere Nutzungsdauer — Erwartungswert der Nutzungsdauer.

Mittlere Nutzungsdauer zwischen Reparaturen — mittlere Nutzungsdauer zwischen aufeinanderfolgenden Generalreparaturen des Objektes.

Mittlere Nutzungsdauer bis zur Generalreparatur — mittlere Nutzungsdauer vom Einsatzbeginn des Objektes bis zu seiner ersten Generalreparatur.

Mittlere Nutzungsdauer bis zur Abschreibung — mittlere Nutzungsdauer vom Einsatzbeginn des Objektes bis zu seiner Abschreibung.

Gamma-prozentuale Lagerungsfrist — Dauer der Lagerung, während der das Objekt die festgelegten Kenngrößen mit der vorgegebenen Wahrscheinlichkeit γ beibehält.

Mittlere Lagerungsfrist — Erwartungswert der Lagerungsfrist.

1.2. Mathematische Definition der grundlegenden Zuverlässigkeitskenngrößen für Objekte ohne Erneuerung

1.2.0. Vorbemerkungen

Ein Objekt ohne Erneuerung ist so beschaffen, daß seine Arbeit nach einem Ausfall gänzlich unmöglich oder unzweckmäßig ist. Typische Beispiele für Objekte, die überhaupt nicht wiederhergestellt werden können, sind Röhren- und Halbleitergeräte, verschiedene Erzeugnisse mit einmaliger Wirkung (meteorologische Raketen oder gesteuerte Geschosse im Bereich des Militärwesens).

Zu den Objekten ohne Erneuerung zählen nicht nur diejenigen, die grundsätzlich nicht repariert werden können. Selbst der Begriff „Objekt ohne Erneuerung" wird in erster Linie nicht durch die Art des gegebenen Erzeugnisses bestimmt, sondern vielmehr durch dessen spezielle Zweckbestimmung.

Im Grunde hat man in der Praxis unter Objekten ohne Erneuerung solche Erzeugnisse zu verstehen, deren Ausfall während des Einsatzes nichtwiedergutzumachende Folgen mit sich bringt. Mit anderen Worten: Die Wiederherstellung dieser Erzeugnisse führt nicht zu einer Annullierung der Folgen des Ausfalls. In diesem Sinne können z. B. elektronische Rechenmaschinen, die eine komplizierte chemische Anlage steuern, für die beliebige Unterbrechungen im normalen technologischen Ablauf zu einem Abbruch der Arbeit führen, bei der Zuverlässigkeitsanalyse dieses technologischen Prozesses als Objekt ohne Erneuerung betrachtet werden. (Zugleich ist klar, daß der Rechner selbst nach Auftreten des Ausfalls repariert wird und damit erneut zum weiteren Gebrauch geeignet ist.)

Bei der Betrachtung von statistischen Zuverlässigkeitskenngrößen für Objekte ohne Erneuerung planen wir die Erprobung oder den Einsatz dieser Erzeugnisse so, daß einige Muster dieser Erzeugnisse bis zum Totalausfall arbeiten. In diesem Falle werden die statistischen Kenngrößen mit wachsender Zahl der erprobten Exemplare (der Wahrscheinlichkeit nach) gegen die entsprechenden Wahrscheinlichkeitskenngrößen konvergieren, die in gewissem Sinne eine mathematische Abstraktion sind. Etliche Zuverlässigkeitskenngrößen kann man jedoch verständlicher in der Sprechweise der Wahrscheinlichkeitstheorie definieren als in der Sprechweise der Statistik, was sich in der technischen Praxis als sehr nützlich erweist. Außerdem müssen alle a-priori-Berechnungen der Zuverlässigkeit während der Entwicklungsstufen elektronischer und anderer Geräte und Systeme in Form von Wahrscheinlichkeitsberechnungen durchgeführt werden.

1.2.1. Grundlegende Zuverlässigkeitskenngrößen

1. Wahrscheinlichkeit der ausfallfreien Arbeit des Objektes im Zeitintervall von 0 bis t_0

a) Wahrscheinlichkeitsdefinition

$$P(t_0) = P(0; t_0) = \mathcal{P}\{\theta_1 \geqq t_0\} = 1 - F_1(t_0) , \tag{1.2.1}$$

wobei θ_1 die zufällige Arbeitszeit des Objektes bis zum Ausfall ist; $F_1(t)$ ist die Verteilungsfunktion der Zufallsgröße θ_1. $P(t_0)$ ist die Wahrscheinlichkeit dafür, daß das Objekt, das im Zeitpunkt $t = 0$ zu arbeiten begann, bis zum vorgegebenen Zeitpunkt t_0 ohne Ausfall funktioniert, oder die Wahrscheinlichkeit dafür, daß die Arbeitszeit bis zum Ausfall größer als der vorgegebene Zeitpunkt t_0 ausfällt.[1])

b) Statistische Definition (Punktschätzung)

$$\hat{P}(t_0) = N(t_0)/N(0) = 1 - n(t_0)/N(0) . \tag{1.2.2}$$

Dabei ist $N(t_0)$ die Anzahl der intakten Exemplare im Zeitpunkt t_0. $N(0)$ ist die Anzahl der intakten Exemplare zum Anfangszeitpunkt $t = 0$; $n(t_0)$ ist die Anzahl von Exemplaren, die bis zum Zeitpunkt t_0 ausgefallen sind.

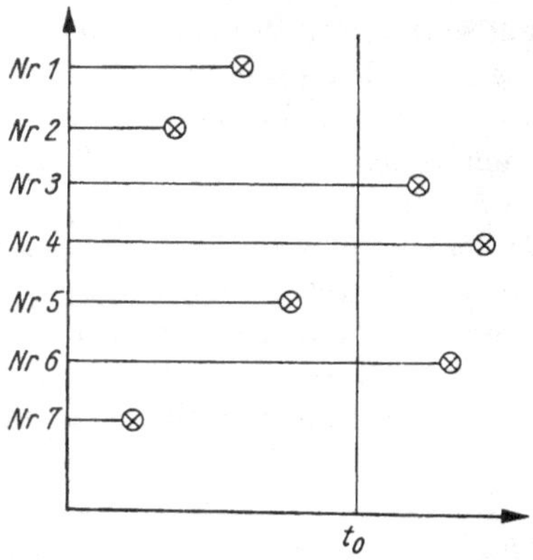

Abb. 1.2.1. Zeitdiagramm zur Erläuterung der statistischen Definition der Begriffe $\hat{P}(t_0)$ und $\hat{Q}(t_0)$

Die Realisierungen Nr. *1*–*7* entsprechen den $N(0)$ Exemplaren, die Realisierungen Nr. *1, 2, 5, 7* entsprechen den $n(t_0)$ Exemplaren, die Realisierungen Nr. *3, 4, 6* entsprechen den $N(t_0)$ Exemplaren

---

[1]) Anmerkung d. Herausg.: Wenn man die Arbeitszeit bis zum Ausfall als Lebensdauer des Objekts bezeichnet, dann heißt die Kenngröße $P(t_0)$ meist Überlebenswahrscheinlichkeit.

$\hat{P}(t_0)$ ist also das Verhältnis der Anzahl von Exemplaren, die bis zum Zeitpunkt t_0 ausfallfrei gearbeitet haben, zur Anzahl der im Anfangszeitpunkt $t = 0$ intakten Exemplare; oder die Häufigkeit des Ereignisses, daß sich eine Realisierung der Arbeitszeit des Objektes bis zum Ausfall größer als die vorgegebene Zeit t_0 erweist (Abb. 1.2.1).

Anmerkung: Manchmal besitzt die vom Objekt zu erfüllende Aufgabe selbst eine zufällige Dauer ζ, die durch die Verteilungsfunktion $W(t) = \mathcal{P}\{\zeta \leqq t\}$ mit der Dichte $w(t)$ charakterisiert wird. In diesem Falle ist die „Wahrscheinlichkeit P_0 der ausfallfreien Arbeit des Objektes" (Wahrscheinlichkeit für das Erfüllen der Aufgabe) nach der Formel der totalen Wahrscheinlichkeit gleich

$$P_0 = \int_0^\infty P(t)\,\mathrm{d}W(t) = \int_0^\infty P(t)\,w(t)\,\mathrm{d}t\,.$$

2. Wahrscheinlichkeit der ausfallfreien Arbeit des Objektes im Zeitintervall von t bis $t + t_0$

a) Wahrscheinlichkeitsdefinition

$$P(t, t + t_0) = \mathcal{P}\{\theta_1 \geqq t + t_0 \mid \theta_1 > t\} = P(0, t + t_0)/P(0, t) = P(t + t_0)/P(t)\,.$$

$P(t, t + t_0)$ ist die Wahrscheinlichkeit dafür, daß das zur Zeit t noch intakte Objekt ausfallfrei während der vorgegebenen Arbeitsdauer t_0, die mit dem Zeitpunkt t beginnt, funktioniert; oder es ist die bedingte Wahrscheinlichkeit, daß sich die zufällige Arbeitszeit des Objektes bis zum Ausfall größer als $t + t_0$ erweist unter der Bedingung, daß das Objekt bereits bis zum Zeitpunkt t ausfallfrei gearbeitet hat.

b) Statistische Definition (Punktschätzung)

$$\hat{P}(t, t + t_0) = N(t + t_0)/N(t)\,,$$

wobei $N(t)$ die Anzahl der zum Zeitpunkt t intakten Exemplare ist; $\hat{P}(t, t + t_0)$ ist das Verhältnis der Anzahl der Exemplare, die ausfallfrei bis zum Zeitpunkt $t + t_0$ gearbeitet haben, zur Anzahl der Exemplare, die im Zeitpunkt t intakt sind; oder die Häufigkeit des Ereignisses, daß sich eine Realisierung der Arbeitszeit des Objektes bis

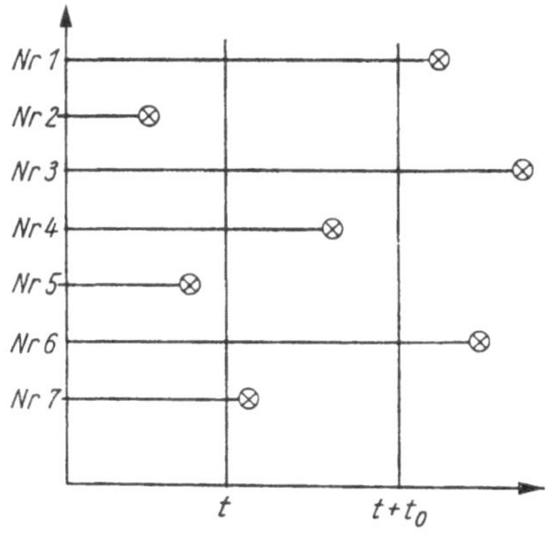

Abb. 1.2.2. Zeitdiagramm zur Erläuterung der statistischen Definition der Begriffe $\hat{P}(t, t + t_0)$, $\hat{Q}(t, t + t_0)$, $\hat{f}(t)$ und $\hat{\lambda}(t)$

Die Realisierungen Nr. *1*–*7* entsprechen den $N(0)$ Exemplaren, die Realisierungen Nr. *2*, *5* entsprechen den $n(t)$ Exemplaren, die Realisierungen Nr. *2*, *4*, *5*, *7* entsprechen den $n(t + t_0)$ Exemplaren, die Realisierungen Nr. *1*, *3*, *4*, *6*, *7* entsprechen den $N(t)$ Exemplaren, die Realisierungen Nr. *1*, *3*, *6* entsprechen den $N(t + t_0)$ Exemplaren zum Ausfall größer als $t + t_0$ erweist unter der Bedingung, daß diese Realisierung größer als t ist (Abb. 1.2.2).

3. Ausfallwahrscheinlichkeit des Objektes im Zeitintervall von 0 bis t_0

a) Wahrscheinlichkeitsdefinition

$$Q(t_0) = Q(0, t_0) = \mathcal{P}\{\theta_1 < t_0\} = F_1(t_0) .$$

$Q(t_0)$ ist die Wahrscheinlichkeit dafür, daß das Objekt im Laufe der vorgegebenen Arbeitszeit t_0 ausfällt, wenn es im Anfangszeitpunkt $t = 0$ zu arbeiten begonnen hat; oder die Wahrscheinlichkeit dafür, daß sich die zufällige Arbeitszeit des Objektes bis zum Ausfall kleiner als die vorgegebene Arbeitszeit t_0 erweist.

Offenbar gilt

$$Q(t_0) = 1 - P(t_0) .$$

b) Statistische Definition (Punktschätzung)

$$\hat{Q}(t_0) = n(t_0)/N(0) .$$

Dabei ist $N(0)$ die Anzahl der intakten Exemplare im Anfangszeitpunkt $t = 0$, und $n(t_0)$ ist die Anzahl der bis zum Zeitpunkt t_0 ausgefallenen Exemplare.

$Q(t_0)$ ist das Verhältnis der Anzahl der Exemplare, die bis zum Zeitpunkt t_0 ausgefallen sind, zur Anzahl der im Anfangszeitpunkt $t = 0$ intakten Exemplare; oder die Häufigkeit des Ereignisses, daß sich eine Realisierung der Arbeitszeit des Objektes bis zum Ausfall kleiner als eine vorgegebene Arbeitszeit t_0 erweist (s. Abb. 1.2.1). Offenbar gilt

$$\hat{Q}(t_0) = 1 - \hat{P}(t_0) .$$

4. Ausfallwahrscheinlichkeit des Objektes im Zeitintervall von t bis $t + t_0$

a) Wahrscheinlichkeitsdefinition

$$Q(t, t + t_0) = 1 - P(t, t + t_0) = 1 - P(t + t_0)/P(t) .$$

$Q(t, t + t_0)$ ist die Wahrscheinlichkeit dafür, daß das (zur Zeit t noch intakte) Objekt während einer vorgegebenen Arbeitszeitdauer t_0, die zum Zeitpunkt t beginnt, ausfällt; oder die bedingte Wahrscheinlichkeit dafür, daß sich die zufällige Arbeitszeit des Objektes bis zum Ausfall kleiner als $t + t_0$ erweist unter der Bedingung, daß das Objekt bis zum Zeitpunkt t ausfallfrei gearbeitet hat.

b) Statistische Definition (Punktschätzung)

$$\hat{Q}(t, t + t_0) = \frac{n(t + t_0) - n(t)}{N(t)} = 1 - \frac{N(t + t_0)}{N(t)} = \frac{\Delta n(t, t_0)}{N(t)} .$$

Dabei ist $N(t)$ die Anzahl der Exemplare, die zum Zeitpunkt t intakt sind; $n(t)$ ist die Anzahl der bis zum Zeitpunkt t ausgefallenen Exemplare; $\Delta n(t, t_0)$ ist die Anzahl der Exemplare, die gerade im Zeitintervall $[t, t + t_0)$ ausgefallen sind (in praxi muß $\Delta n(t, t_0)$ hinreichend groß sein).

$\hat{Q}(t, t + t_0)$ ist das Verhältnis der Anzahl der Exemplare, die im Intervall $[t, t + t_0)$ ausgefallen sind, zur Anzahl der Exemplare, die zum Zeitpunkt t intakt sind; oder die Häufigkeit des Ereignisses, daß sich eine Realisierung der Arbeitszeit des Objektes bis zum Ausfall kleiner als $t + t_0$ erweist unter der Bedingung, daß diese Realisierung größer als t ist.

5. Verteilungsdichte der Arbeitszeit des Objektes

a) Wahrscheinlichkeitsdefinition

$$f(t) = \frac{\mathrm{d}}{\mathrm{d}t} F(t) = \frac{\mathrm{d}}{\mathrm{d}t} Q(t) = -\frac{\mathrm{d}}{\mathrm{d}t} P(t) .$$

$f(t)$ ist also die der Verteilungsfunktion $F(t)$ der Arbeitszeit bis zum Ausfall θ_1 entsprechende Wahrscheinlichkeitsdichte. Der Begriff der Wahrscheinlichkeitsdichte ist nur für differenzierbare $F(t)$ sinnvoll.

b) Statistische Definition (Punktschätzung)

$$\hat{f}(t) = \frac{n(t + \Delta t) - n(t)}{N(0)\,\Delta t} = -\frac{N(t + \Delta t) - N(t)}{N(0)\,\Delta t} = \frac{\Delta n(t, \Delta t)}{N(0)\,\Delta t} .$$

Dabei ist $n(t)$ die Anzahl der Exemplare, die bis zum Zeitpunkt t ausgefallen sind; $N(0)$ ist die Anzahl der im Anfangszeitpunkt $t = 0$ intakten Exemplare; $\Delta n(t, \Delta t)$ ist die Anzahl der Exemplare, die genau im Zeitintervall $[t, t + \Delta t]$ ausfallen (in praxi muß einerseits Δt hinreichend klein und andererseits $\Delta n(t, \Delta t)$ hinreichend groß sein);

$\hat{f}(t)$ ist die Ausfallhäufigkeit im Zeitintervall $[t, t + \Delta t]$ oder das Verhältnis der Ausfallanzahl im Zeitintervall $[t, t + \Delta t]$ zum Produkt aus der Zahl der intakten Exemplare im Anfangszeitpunkt $t = 0$ und der Dauer Δt des Zeitintervalls (s. Abb. 1.2.2, und ersetze t_0 durch Δt).

6. Ausfallrate des Objektes im Zeitpunkt t

a) Wahrscheinlichkeitsdefinition

$$\lambda(t) = \frac{1}{1 - F(t)} \frac{\mathrm{d}}{\mathrm{d}t} F(t) = \frac{f(t)}{P(t)} .$$

$\lambda(t)$ ist der Wert der bedingten Ausfalldichte — unter der Bedingung, daß bis zum Zeitpunkt t der Ausfall des Erzeugnisses nicht eingetreten ist — im Zeitpunkt t. Der Begriff der Ausfallrate ist nur für differenzierbare $F(t)$ sinnvoll.

b) Statistische Definition (Punktschätzung)

$$\hat{\lambda}(t) = \frac{n(t + \Delta t) - n(t)}{N(t)\,\Delta t} = \frac{N(t) - N(t + \Delta t)}{N(t)\,\Delta t} = \frac{\Delta n(t, \Delta t)}{N(t)\,\Delta t} .$$

Dabei ist $N(t)$ die Anzahl der zum Zeitpunkt t intakten Exemplare; $n(t)$ ist die Anzahl der bis zum Zeitpunkt t ausgefallenen Exemplare; $\Delta n(t, \Delta t)$ ist die Anzahl der Exemplare, die gerade im Zeitintervall $[t, t + \Delta t]$ ausgefallen sind (in praxi muß einerseits Δt hinreichend klein und andererseits $n(t, \Delta t)$ hinreichend groß sein).

$\hat{\lambda}$ ist das Verhältnis der Ausfallanzahl im Zeitintervall $[t, t + \Delta t]$ zum Produkt aus der Anzahl der intakten Exemplare im Zeitpunkt t und der Dauer Δt des Zeitintervalls (s. Abb. 1.2.2, und ersetze t_0 durch Δt).

7. Mittlere Arbeitszeit bis zum Ausfall

a) Wahrscheinlichkeitsdefinition

$$T_1 = M\{\theta_1\} = \int_0^\infty x f(x)\,\mathrm{d}x = \int_0^\infty x\,\mathrm{d}Q(x) = \int_0^\infty P(x)\,\mathrm{d}x .$$

T_1 ist der Erwartungswert (Mittelwert) der Arbeitszeit des Objektes bis zum Ausfall.

b) Statistische Definition (Punktschätzung)

$$\hat{T}_1 = \frac{1}{N(0)} (\theta_1^{(1)} + \theta_1^{(2)} + \dots + \theta_1^{[N(0)]}) = \frac{1}{N(0)} \sum_{i=1}^{N(0)} \theta_1^{(i)}$$

oder

$$\hat{T}_1 = \theta_1^{(1)} + \frac{N(0)-1}{N(0)} [\theta_2^{(2)} - \theta_1^{(1)}] + \dots + \frac{1}{N(0)} [\theta_1^{[N(0)]} - \theta_1^{[N(0)-1]}]$$

$$= \sum_{i=1}^{N(0)} \frac{N(0)-i+1}{N(0)} [\theta_1^{(i)} - \theta_1^{(i-1)}] .$$

(Dabei wurde $\theta_1^{(1)} \leqq \theta_1^{(2)} < \dots \leqq \theta_1^{[N(0)]}$ und $\theta_1^{(0)} = 0$ angesetzt.) Hier ist $N(0)$ die Anzahl der zum Anfangszeitpunkt $t=0$ intakten Exemplare; $\theta_1^{(i)}$ ist die Realisierung der Arbeitszeit bis zum Ausfall des i-ten Exemplars (in der Reihenfolge des Eintretens der Ausfälle).

T_1 ist das arithmetische Mittel der $N(0)$ Realisierungen der Arbeitszeit des Objektes bis zum Ausfall (Abb. 1.2.3). Bei Kenntnis irgendeiner der Funktionen $P(t)$, $Q(t)$, $f(t)$, $\lambda(t)$ lassen sich die übrigen drei daraus ermitteln (Tabelle 1.2.1).

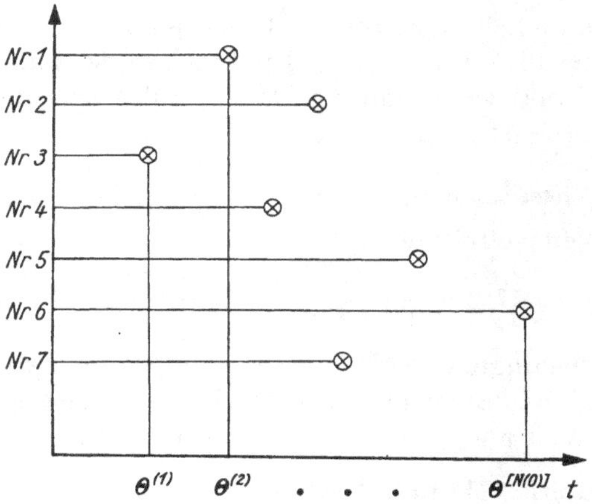

Abb. 1.2.3. Zeitdiagramm zur Erläuterung der statistischen Definition des Begriffes $\hat{T}_1$

Tabelle 1.2.1. Funktionaler Zusammenhang zwischen Zuverlässigkeitskenngrößen

Bekannte Funktion	Formeln zur Berechnung der drei übrigen Funktionen			
	$P(t)$	$Q(t)$	$f(t)$	$\lambda(t)$
$P(t)$	—	$1 - P(t)$	$-\frac{d}{dt} P(t)$	$-\frac{1}{P(t)} \frac{d}{dt} P(t)$
$Q(t)$	$1 - Q(t)$	—	$\frac{d}{dt} Q(t)$	$\frac{1}{1 - Q(t)} \cdot \frac{d}{dt} Q(t)$
$f(t)$	$\int_t^\infty f(x)\,dx$	$\int_0^t f(x)\,dx$	—	$\frac{f(t)}{\int_t^\infty f(x)\,dx}$
$\lambda(t)$	$e^{-\int_0^t \lambda(x)\,dx}$	$1 - e^{-\int_0^t \lambda(x)\,dx}$	$\lambda(t)\,e^{-\int_0^t (x)\,dx\lambda}$	—

1.3. Mathematische Definition grundlegender Zuverlässigkeitskenngrößen für Objekte mit Erneuerung

1.3.0. Vorbemerkungen

Ein Objekt mit Erneuerung kann seine Arbeit nach einem Ausfall wieder aufnehmen, nachdem die notwendigen Erneuerungsarbeiten ausgeführt wurden. Es sei jedoch daran erinnert, daß der Begriff „Objekt mit Erneuerung" in erster Linie nicht durch die Art der vorliegenden Apparatur selbst, sondern vielmehr durch deren spezifische Zweckbestimmung charakterisiert wird. Im Grunde hat man in praxi darunter solche Objekte zu verstehen, die ihre Funktion nach Beseitigung des Ausfalls, der ein Aufhören der Funktionsfähigkeit hervorrief, erneut erfüllen können. Dabei meint man mit Erneuerung nicht nur die Reparatur des einen oder anderen Bestandteils des Objektes, sondern in einer Reihe von Fällen auch dessen vollständigen Ersatz durch ein ganz neues Exemplar. (In diesem Sinne können einige Objekte, die prinzipiell nicht reparierbar sind, als Objekte mit Erneuerung betrachtet werden.)

Den Betriebsablauf eines Objektes mit Erneuerung kann man als Folge von Arbeitsintervallen θ_i, die sich mit Stillstandsintervallen ξ_i abwechseln, darstellen: θ_1, ξ_1, θ_2, ξ_2, ... , θ_n, ξ_n, ...

Als **mathematisches Modell des Betriebsablaufes** kann ein entsprechender zufälliger Prozeß (Abb. 1.3.1) dienen.

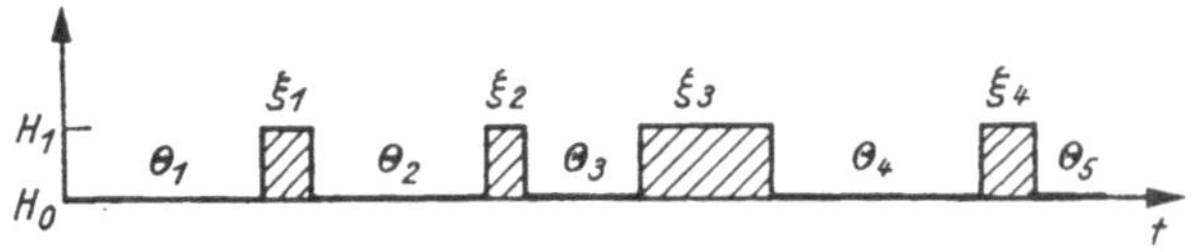

Abb. 1.3.1. Zufälliger Prozeß, der einer Folge sich abwechselnder Intervalle der Arbeitsfähigkeit und des Stillstandes der Einrichtung entspricht

Für Objekte mit Erneuerung ist eine spezifische Art des zufälligen Prozesses charakteristisch, der ihre Arbeitsweise während des Betriebes beschreibt. Die grundlegende Besonderheit dieses zufälligen Prozesses besteht darin, daß im allgemeinen die Verteilungsfunktionen $F_1(t)$, $F_2(t)$, $F_3(t)$, ... der korrespondierenden Zufallsgrößen θ_1, θ_2, θ_3, ... voneinander verschieden sind. Das erklärt sich dadurch, daß zum Zeitpunkt $t = 0$ das Objekt durch einen wohlbestimmten Anfangszustand charakterisiert wird.

Wenn z. B. das zu betrachtende System aus zwei sich wechselseitig dublierenden, unabhängigen Elementen mit Erneuerung besteht, so gilt als Anfangszustand des Systems $H_0(0)$ üblicherweise derjenige, bei dem beide Elemente intakt sind. Andererseits beginnt nach dem ersten Ausfall eines solchen Systems das zweite Intervall der ausfallfreien Arbeit θ_2 mit einem Zustand $H_1(\theta_1, \xi_1)$, bei dem stets nur ein Element des Systems arbeitsfähig ist, während das zweite noch ausgefallen ist. (Es wird angenommen, daß die Wahrscheinlichkeit dafür, daß bei unabhängiger Erneuerung der Elemente beide zu ein und demselben Zeitpunkt wiederhergestellt werden, praktisch gleich Null ist.) Das zeitliche Diagramm einer möglichen Realisierung der Übergänge eines solchen Systems aus einem Zustand in den anderen im Laufe der Zeit zeigt die Abb. 1.3.2a. Allerdings kann man sich einen solchen Reparaturplan vorstellen, bei dem das nachfolgende Arbeitsintervall des Systems stets nur in einem solchen Zustand beginnt, in dem beide Elemente des Systems arbeitsfähig sind (siehe $H_0(\theta_1 + \xi_1)$ in Abb. 1.3.2b).

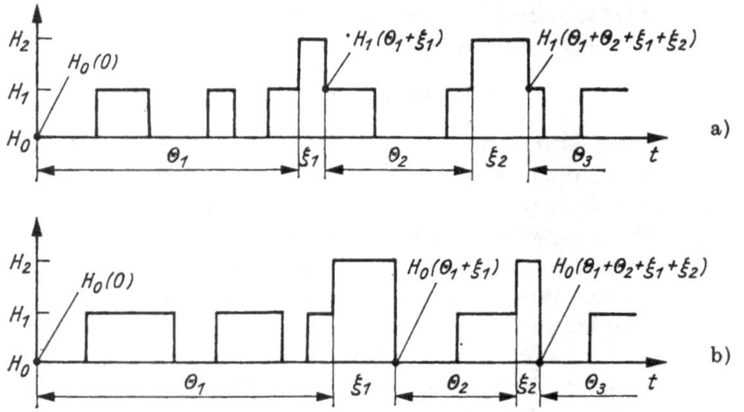

Abb. 1.3.2. Zeitdiagramme für die möglichen Übergänge eines Systems, das aus zwei dublierten Elementen besteht

Grundsätzlich können im allgemeinen die Ausgangszustände vor jedem nachfolgenden Arbeitsabschnitt verschieden sein. Im folgenden werden jedoch im wesentlichen solche Objekte betrachtet, bei denen die Anfangszustände vor dem zweiten, dem dritten usw. Abschnitt der ausfallfreien Arbeit dieselben sind. Folglich haben alle Zufallsgrößen θ_2, θ_3, usw. die gleiche Verteilung. Darüber hinaus sind in einer Reihe von Fällen überhaupt alle Zufallsgrößen $\theta_1, \theta_2, \ldots$ identisch verteilt. Diese Fälle sind von sehr großer praktischer Bedeutung.

Außerdem werden wir für die zu untersuchenden Objekte voraussetzen, daß sämtliche Erneuerungszeitdauern $\xi_1, \xi_2, \ldots$ identisch verteilt sind. (Ein solcher zufälliger Prozeß wird als **alternierender Erneuerungsprozeß** bezeichnet.)[1])

1.3.1. Grundlegende Zuverlässigkeitskenngrößen[2])

1. ***Wahrscheinlichkeit der ausfallfreien Arbeit des Objektes im Zeitintervall von 0 bis t_0*** (siehe Abschnitt 1.2.1)

2. ***Wahrscheinlichkeit der ausfallfreien Arbeit des Objektes während einer vorgegebenen Zeitdauer t_0, die im Augenblick der Beendigung der $(k-1)$-ten Erneuerung beginnt***

a) Wahrscheinlichkeitsdefinition

$$P_k(t_0) = \mathcal{P}\left\{t + t_0 \leqq \sum_{i=1}^{k-1} (\theta_i + \xi_i) + \theta_k \,\middle|\, \sum_{i=1}^{k-1} (\theta_i + \xi_i) = t\right\}$$
$$= \mathcal{P}\{\theta_k \geqq t_0\} = 1 - F_k(t_0)\,.$$

[1]) Anmerkung d. Herausg.: Bei der Beschreibung des Modells wurde eine wesentliche Forderung nicht explizit aufgeführt: Alle auftretenden Zufallsgrößen θ_i, ξ_i müssen voneinander unabhängig sein. In den folgenden Darlegungen wird diese Forderung wiederholt benutzt, vgl. z. B. die Definition 2 im Abschnitt 1.3.1.

[2]) Für Objekte mit Erneuerung werden nur die Kenngrößen erläutert, die für diese Objekte spezifisch sind. Alle Kenngrößen für Objekte ohne Erneuerung, die auch für Objekte mit Erneuerung anwendbar sind, werden nicht nochmals erklärt. Für sie wird nur die entsprechende Bezugsstelle angegeben.

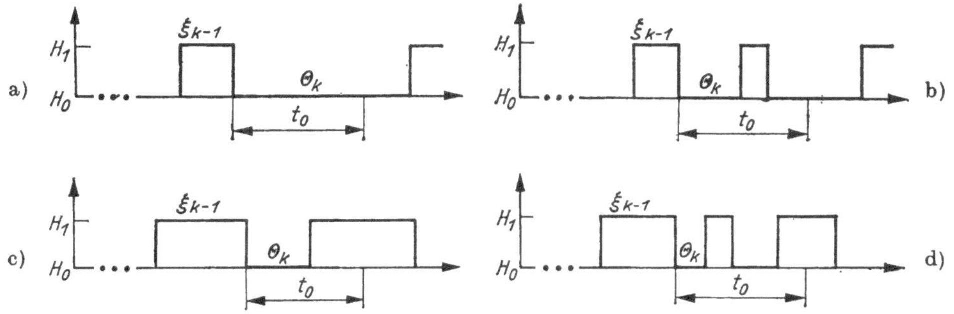

Abb. 1.3.3. Zeitdiagramme zur Erläuterung der Wahrscheinlichkeitsdefinitionen der Begriffe $P_k(t_0)$ und $Q_k(t_0)$

a) Beispiel für ein günstiges Ereignis
b) Ungünstiges Ereignis erster Art
c) Ungünstiges Ereignis zweiter Art
d) Ungünstiges Ereignis dritter Art

$P_k(t_0)$ ist die Wahrscheinlichkeit dafür, daß das Objekt während des vorgegebenen Zeitintervalls t_0 ausfallfrei arbeitet unter der Bedingung, daß der Anfang dieses Intervalls mit dem Zeitpunkt der Beendigung der $(k - 1)$-ten Erneuerung des Objektes zusammenfällt (Abb. 1.3.3).

b) Statistische Definition (Punktschätzung)

$$\hat{P}_k(t_0) = \frac{N_k(t_0)}{N_k(0)} = 1 - \frac{n_k(t_0)}{N_k(0)}.$$

Dabei ist $N_k(0)$ die Anzahl der intakten Exemplare zum Zeitpunkt $t' = 0$; $N_k(t_0)$ ist die Anzahl der Exemplare, die bis zum Zeitpunkt $t' = t_0$ nicht ein einziges Mal ausgefallen sind; $n_k(t_0)$ ist die Anzahl der Exemplare, die bis zum Zeitpunkt $t' = t_0$ wenigstens einmal ausgefallen sind.

Anmerkung: Hier wurde der Einfachheit halber eine neue Zeitzählung eingeführt. Für jedes Exemplar beginnt sie mit dem Ende der $(k - 1)$-ten Erneuerung, das heißt, für jedes Exemplar ist $t' = 0$ der Zeitpunkt $t = \sum_{i=1}^{k-1} (\theta_i + \xi_i)$. Eine Erläuterung dieser Vorgehensweise zeigt Abb. 1.3.4.

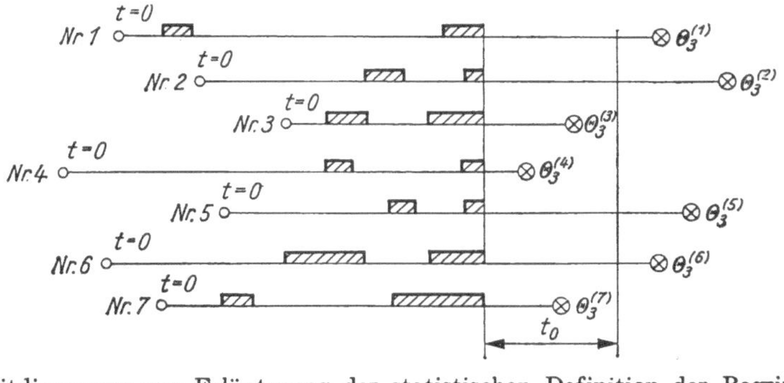

Abb. 1.3.4. Zeitdiagramm zur Erläuterung der statistischen Definition der Begriffe $\hat{P}_k(t_0)$ und $\hat{Q}_k(t_0)$ für $k = 3$

Die Realisierungen Nr *1–7* entsprechen den $N_3(0)$ Exemplaren, die Realisierungen Nr *1, 2, 5, 6* entsprechen den $N_3(t_0)$ Exemplaren, die Realisierungen Nr. *3, 4, 7* entsprechen den $n_3(t_0)$ Exemplaren

$\hat{P}_k(t_0)$ ist das Verhältnis der Anzahl von Exemplaren, bei denen die Arbeitsdauer von der Beendigung der $(k - 1)$-ten Erneuerung bis zum Eintritt des k-ten Ausfalls größer als die vorgegebene Zeitdauer t_0 ist, zur Gesamtzahl der Exemplare (Abb. 1.3.4).

3. Instationäre Intervallverfügbarkeit oder Wahrscheinlichkeit der ausfallfreien Arbeit des Objektes im Zeitintervall von t bis $t + t_0$

Anmerkung: Diese Kenngröße für Objekte mit Erneuerung wird ganz anders definiert als die Wahrscheinlichkeit der ausfallfreien Arbeit im Zeitintervall von t bis $t + t_0$ für Objekte ohne Erneuerung.

a) Wahrscheinlichkeitsdefinition

$$R(t, t + t_0) = \sum_{k=1}^{\infty} \mathcal{P}\left\{\sum_{i=0}^{k} (\theta_i + \xi_i) < t < t + t_0 \leqq \theta_{k+1} + \sum_{i=1}^{k} (\theta_i - \xi_i)\right\}$$

$$= \sum_{k=1}^{\infty} \mathcal{P}\{[t, t + t_0] \subset \theta_k\} .$$

$R(t, t + t_0)$ ist die Wahrscheinlichkeit dafür, daß das Objekt während der vorgegebenen Zeitdauer t_0, die im Zeitpunkt t beginnt, ausfallfrei arbeitet; oder die Wahrscheinlichkeit dafür, daß das Zeitintervall $[t, t + t_0]$ vollständig in eines der Intervalle θ_k, $k = 1, 2, \ldots,$ hineinfällt (Abb. 1.3.5).

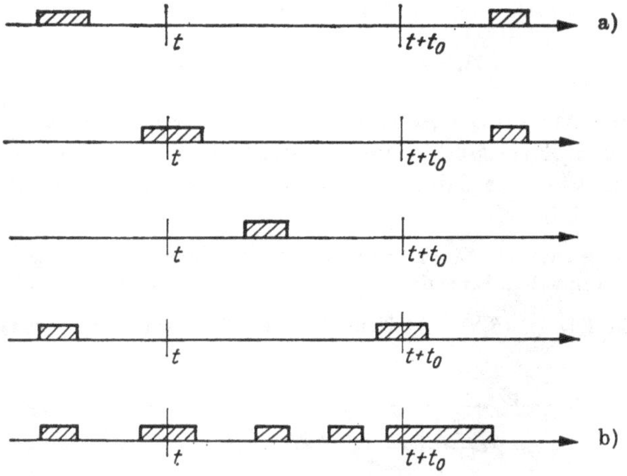

Abb. 1.3.5. Zeitdiagramme zur Erläuterung der Wahrscheinlichkeitsdefinition des Begriffs $R(t, t_0)$

a) Beispiel für ein günstiges Ereignis

b) Möglichkeiten für ungünstige Ereignisse

b) Statistische Definition (Punktschätzung)

$$\hat{R}(t, t + t_0) = \frac{N(t) - n(t, t + t_0)}{N(0)} = \frac{N(t, t + t_0)}{N(0)} .$$

Dabei ist $n(t, t + t_0)$ die Anzahl von Exemplaren, die zum Zeitpunkt t nicht intakt sind oder die wenigstens einmal im Intervall von t bis $t + t_0$ ausfallen; $N(t, t + t_0)$ ist die Anzahl von Exemplaren, die im Augenblick t intakt sind und im Zeitintervall von t bis $t + t_0$ kein einziges Mal ausfallen; $N(0) = N(t)$ ist die Gesamtzahl der Exemplare.

$\hat{R}(t, t + t_0)$ ist das Verhältnis der Anzahl von Exemplaren, die im Augenblick t intakt sind und bis zum Zeitpunkt $t + t_0$ ausfallfrei arbeiten, zur Gesamtzahl der unter Beobachtung stehenden Exemplare (Abb. 1.3.6).

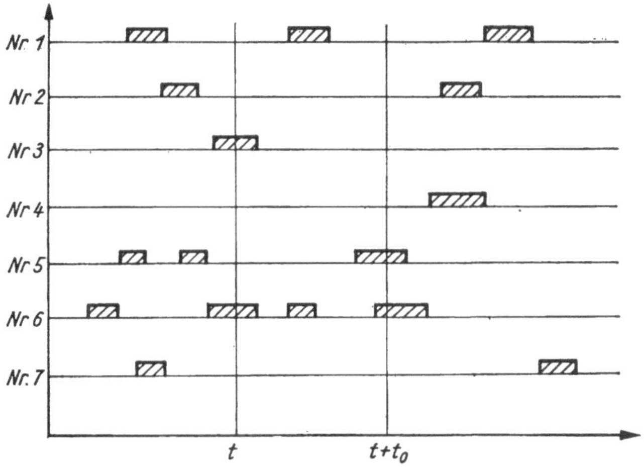

Abb. 1.3.6. Zeitdiagramm zur Erläuterung der statistischen Definition des Begriffs $\hat{R}(t, t_0)$
Die Realisierungen Nr. *1* – *7* entsprechen den $N(0)$ Exemplaren, die Realisierungen Nr. *2*, *4*, *7* entsprechen den $N(t, t + t_0)$ Exemplaren

4. ***Intervallverfügbarkeit oder stationäre Wahrscheinlichkeit der ausfallfreien Arbeit des Objektes während einer vorgegebenen Arbeitszeit*** t_0

a) Wahrscheinlichkeitsdefinition

$$R(t_0) = \lim_{t \to \infty} R(t, t + t_0) .$$

$R(t_0)$ ist die Wahrscheinlichkeit dafür, daß das Objekt in der vorgegebenen Arbeitszeit t_0, die mit einem beliebigen „hinreichend fernen Zeitpunkt t" beginnt, ausfallfrei arbeitet.

Anmerkung: Für beliebige Verteilungen der Arbeitszeit zwischen 2 Ausfällen und der Erneuerungszeit, die endliche Erwartungswerte T beziehungsweise τ besitzen, kann man stets schreiben:

$$R(t_0) = \frac{1}{T + \tau} \int_{t_0}^{\infty} P_\infty(t) \, dt$$

mit

$$P_\infty(t) = \lim_{k \to \infty} P_k(t) = 1 - F_\infty(t) ,$$

wobei $F_\infty(t)$ die Verteilungsfunktion der Arbeitszeit von der $(k - 1)$-ten Erneuerung bis zum k-ten Ausfall bei unbeschränktem Anwachsen des Numerierungsindex k darstellt, d. h., die Verteilungsfunktion der Arbeitszeit zwischen 2 Ausfällen.

b) Statistische Definition (Punktschätzung)

$$\hat{R}(t_0) = \frac{N(t_\infty, t_\infty + t_0)}{N(0)}.$$

Dabei ist $N(0)$ die Gesamtzahl der Exemplare; $N(t_\infty, t_\infty + t_0)$ ist die Anzahl von Exemplaren, die zu einem beliebigen „hinreichend fernen" Zeitpunkt t_∞ intakt sind und anschließend während der vorgegebenen Arbeitszeit t_0 ausfallfrei arbeiten.

$\hat{R}(t_0)$ ist das Verhältnis der Anzahl von Exemplaren, die in einem beliebigen „hinreichend fernen" Zeitpunkt intakt sind und anschließend während der vorgegebenen Arbeitszeit t_0 ausfallfrei arbeiten, zur Gesamtzahl der Exemplare (Abb. 1.3.7).

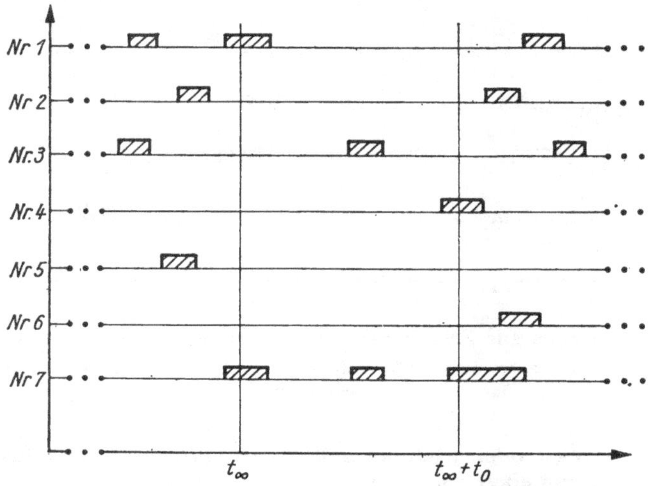

Abb. 1.3.7. Zeitdiagramm zur Erläuterung der statistischen Definition des Begriffs $R(t_0)$
Die Realisierungen Nr. *1*–*7* entsprechen den $N(0)$ Exemplaren, die Realisierungen Nr *2*, *5*, *6* entsprechen den $N(t_\infty, t_\infty + t_0)$ Exemplaren

5. ***Ausfallwahrscheinlichkeit des Objektes im Zeitintervall von 0 bis*** t_0
(s. Abschnitt 1.2.1)

6. ***Ausfallwahrscheinlichkeit des Objektes während einer vorgegebenen Arbeitszeit*** t_0***, die im Augenblick der Beendigung der (k — 1)-ten Erneuerung beginnt***

a) Wahrscheinlichkeitsdefinition

$$Q_k(t_0) = \mathcal{P}\{\theta_k < t_0\} = F_k(t_0) = 1 - P_k(t_0).$$

$Q_k(t_0)$ ist die Wahrscheinlichkeit dafür, daß das Objekt während einer vorgegebenen Zeitdauer t_0 ausfällt — unter der Bedingung, daß der Anfang dieses Zeitintervalls mit dem Zeitpunkt der $(k - 1)$-ten Erneuerung des Objektes zusammenfällt (siehe Abb. 1.3.3).

b) Statistische Definition (Punktschätzung)

$$\hat{Q}_k(t_0) = \frac{n_k(t_0)}{N_k(0)} = 1 - \frac{N_k(t_0)}{N_k(0)}.$$

Dabei ist $N_k(0)$ die Anzahl der intakten Exemplare zum Zeitpunkt $t' = 0$; $N_k(t_0)$ ist die Anzahl der Exemplare, die bis zum Zeitpunkt $t' = t_0$ kein einziges Mal ausgefallen sind; $n_k(t_0)$ ist die Anzahl von Exemplaren, die bis zum Zeitpunkt $t' = t_0$ mindestens einmal ausgefallen sind.

Anmerkung: Hier wurde der Einfachheit halber eine neue Zeitzählung eingeführt. Für jedes Exemplar beginnt sie mit dem Zeitpunkt der Beendigung der $(k - 1)$-ten Erneuerung, das heißt, für jedes Exemplar ist $t' = 0$ der Zeitpunkt

$$t = \sum_{i=1}^{k-1} (\theta_i + \xi_i) .$$

Diese Vergehensweise wird durch Abb. 1.3.4 erläutert.

$\hat{Q}_k(t_0)$ ist das Verhältnis der Anzahl von Exemplaren, bei denen die Arbeitszeit von der Beendigung der $(k - 1)$-ten Erneuerung bis zum Eintreten des k-ten Ausfalls kleiner als die vorgegebene Arbeitszeit t_0 ist, zur Gesamtzahl der Exemplare (s. Abb. 1.3.4).

7. ***Verteilungsdichte der Arbeitszeit des Objektes*** (s. Abschn. 1.2.2.)

8. ***Ausfallrate des Objektes zum Zeitpunkt t*** (s. Abschn. 1.2.2.)

9. ***Mittlere Arbeitszeit des Objektes bis zum Ausfall*** (s. Abschn. 1.2.2)

10. ***Mittlere Zeit der ausfallfreien Arbeit des Objektes vom Beendigungszeitpunkt der (k — 1)-ten Erneuerung bis zum k-ten Ausfall***

a) Wahrscheinlichkeitsdefinition

$$T_k = M\{\theta_k\} = \int_0^\infty t f_k(t)\, \mathrm{d}t = \int_0^\infty t\, \mathrm{d}Q_k(t) = \int_0^\infty P_k(t)\, \mathrm{d}t .$$

T_k ist der Erwartungswert (Mittelwert) der Zeit θ_k der ausfallfreien Arbeit des Objektes vom Beendigungszeitpunkt der $(k - 1)$-ten Erneuerung bis zum Eintritt des k-ten Ausfalls.

b) Statistische Definition (Punktschätzung)

$$\hat{T}_k = \frac{1}{N(0)} (\theta_k^{(1)} + \theta_k^{(2)} + \dots + \theta_k^{[N(0)]}) = \frac{1}{N(0)} \sum_{i=1}^{N(0)} \theta_k^{(i)}$$

oder

$$\hat{T}_k = \theta_k^{(1)} + \frac{N(0) - 1}{N(0)} [\theta_k^{(2)} - \theta_k^{(1)}] + \dots + \frac{1}{N(0)} [\theta_k^{[N(0)]} - \theta_k^{[N(0)-1]}]$$

$$= \sum_{i=1}^{N(0)} \frac{N(0) - i + 1}{N(0)} [\theta_k^{(i)} - \theta_k^{(i-1)}] ,$$

wobei $\theta_k^{(1)} \leqq \theta_k^{(2)} \leqq \dots \leqq \theta_k^{[N(0)]}$ und $\theta_k^{(0)} = 0$ gesetzt wurde.

Hier ist $N(0)$ die Gesamtzahl der Exemplare, die nach der $(k - 1)$-ten Erneuerung zu arbeiten begannen; $\theta_k^{(i)}$ ist die Realisierung der Arbeitszeit zwischen $(k - 1)$-ter Erneuerung und k-tem Ausfall beim i-tem Exemplar. (Die Indizierung erfolgt in der Reihenfolge des Ausfalleintritts.)

$\hat{T}_k$ ist der arithmetische Mittelwert der Realisierungen der ausfallfreien Arbeitszeit des Objektes vom Beendigungszeitpunkt der $(k - 1)$-ten Erneuerung bis zum k-ten Ausfall (Abb. 1.3.8).

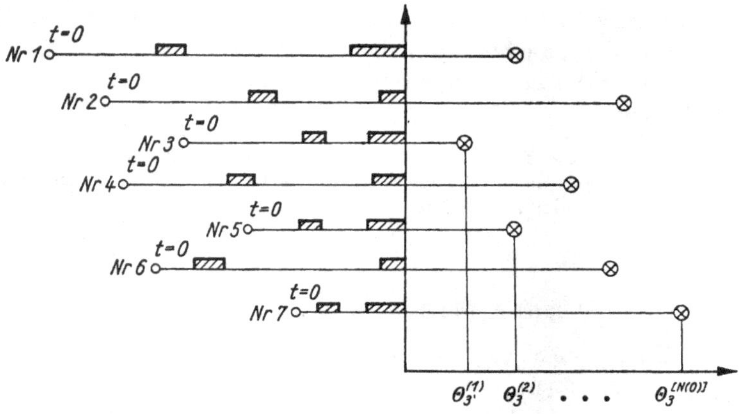

Abb. 1.3.8. Zeitdiagramm zur Erläuterung der statistischen Definition des Begriffs $\hat{T}_k$ für $k = 3$

Anmerkung zu Punkt 10 und 11: Bereits im Abschnitt 1.1 wurde darauf hingewiesen, daß wir im weiteren den Begriff der mittleren ausfallfreien Arbeitszeit auch dann verwenden werden, wenn die mittlere Arbeitszeit bis zum Ausfall und die mittlere Arbeitszeit zwischen zwei Ausfällen vollständig äquivalent sind.

11. Erneuerungsrate des Objektes zur Zeit t, gerechnet vom Augenblick des Stillstandsbeginns an

a) Wahrscheinlichkeitsdefinition

$$\mu(t) = \frac{1}{1 - F_E(t)} \frac{1}{\mathrm{d}t} F_E(t) = \frac{f_E(t)}{1 - F_E(t)},$$

wobei $F_E(t) = \mathcal{P}\{\xi \leqq t\}$ die Verteilungsfunktion der Erneuerungszeit und $f_E(t)$ die zugehörende Verteilungsdichte sind.

$\mu(t)$ ist der Wert der bedingten Erneuerungsdichte im Zeitpunkt t — vom Augenblick des Stillstandsbeginns an gerechnet — unter der Bedingung, daß bis zum Zeitpunkt t das Objekt noch nicht wiederhergestellt wurde.

b) Statistische Definition (Punktschätzung)

$$\hat{\mu}(t) = \frac{n_E(t + \Delta t) - n_E(t)}{N_E(t)\,\Delta t} = \frac{N_E(t + \Delta t) - N_E(t)}{N_E(t)\,\Delta t} = \frac{\Delta n_E(t, t + \Delta t)}{N_E(t)\,\Delta t},$$

wobei $N_E(t)$ die Anzahl von Exemplaren ist, die nach der Zeit t noch nicht wiederhergestellt sind; $n_E(t)$ ist die Anzahl von Exemplaren, deren Erneuerung bis zum Zeitpunkt t vollzogen wurde (die Zeit wird vom Augenblick des Stillstandsbeginns an gezählt); $\Delta n_E(t, \Delta t)$ ist die Anzahl von Objekten, die gerade im Zeitintervall $[t, t + \Delta t]$ wiederhergestellt werden.

Anmerkung: In der Praxis muß einerseits Δt hinreichend klein und andererseits $\Delta n_E(t, \Delta t)$ hinreichend groß sein.

$\hat{\mu}(t)$ ist das Verhältnis der im Zeitintervall $[t, t + \Delta t]$ abgeschlossenen Erneuerungen zum Produkt aus der Anzahl von Exemplaren, die bis zum Zeitpunkt t noch nicht erneuert wurden, und der Länge Δt des Zeitintervalls (Abb. 1.3.9).

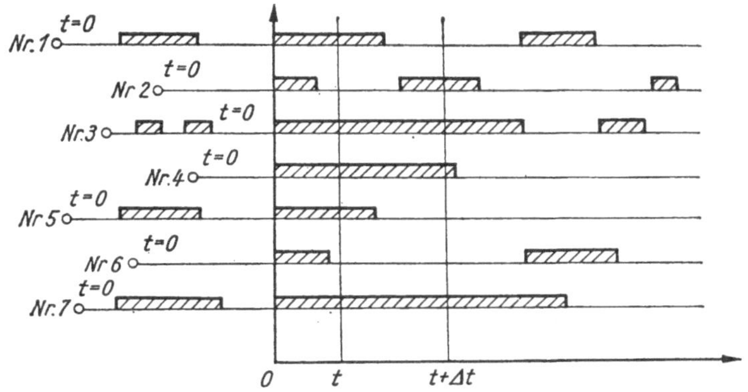

Abb. 1.3.9. Zeitdiagramm zur Erläuterung der statistischen Definition des Begriffs $\hat{\mu}(t)$

Die Realisierungen Nr. *2*, *6* entsprechen den $n_E(t)$ Exemplaren, die Realisierungen Nr. *1*, *3*, *4*, *5*, *7* entsprechen den $N_E(t)$ Exemplaren, die Realisierungen Nr. *1*, *2*, *5*, *6* entsprechen den $n_E(t + \Delta t)$ Exemplaren, die Realisierungen Nr. *3*, *4*, *7* entsprechen den $N_E(t + \Delta t)$ Exemplaren

12. Mittlere Erneuerungszeit des Objektes

a) Wahrscheinlichkeitsdefinition

$$\tau = M\{\xi\} = \int_0^\infty t f_E(t)\,\mathrm{d}t = \int_0^\infty t\,\mathrm{d}F_E(t) = \int_0^\infty [1 - F_E(t)]\,\mathrm{d}t\,.$$

τ ist der Erwartungswert (Mittelwert) der Erneuerungszeit des Objektes.

b) Statistische Definition (Punktschätzung)

$$\hat{\tau} = \frac{1}{N(0)}\left(\xi^{(1)} + \xi^{(2)} + \dots + \xi^{[N(0)]}\right) = \frac{1}{N(0)}\sum_{i=1}^{N(0)} \xi^{(i)}$$

oder

$$\hat{\tau} = \xi^{(1)} + \frac{N(0)-1}{N(0)}\left[\xi^{(2)} - \xi^{(1)}\right] + \dots + \frac{1}{N(0)}\left[\xi^{[N(0)]} - \xi^{[N(0)-1]}\right]$$

$$= \sum_{i=1}^{N(0)} \frac{N(0) - i + 1}{N(0)}\left[\xi^{(i)} - \xi^{(i-1)}\right],$$

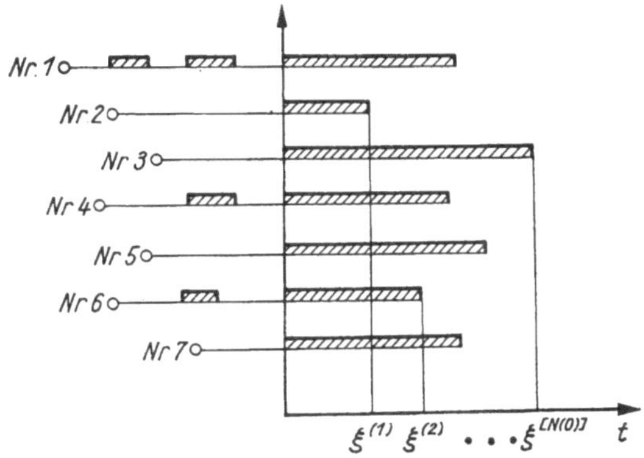

Abb. 1.3.10. Zeitdiagramm zur Erläuterung der statistischen Definition des Begriffs $\hat{\tau}$

wobei $\xi^{(1)} \leqq \xi^{(2)} \leqq \dots \leqq \xi^{[N(0)]}$ und $\xi^{(0)} = 0$ gesetzt wurde. Hier ist $N(0)$ die Gesamtzahl von Exemplaren (oder die Zahl der beobachteten Realisierungen an ein und demselben Exemplar); $\xi^{(i)}$ ist die Realisierung der Erneuerungszeit für das i-te Exemplar (oder die i-te Realisierung der Erneuerungszeit für ein und dasselbe Exemplar).

$\hat{\tau}$ ist das arithmetische Mittel der realisierten Erneuerungszeiten aller Exemplare oder das arithmetische Mittel mehrerer Realisierungen bei ein und demselben Exemplar (Abb. 1.3.10).

13. Instationäre (augenblickliche, momentane) Verfügbarkeit des Objektes

a) Wahrscheinlichkeitsdefinition

$$V(t) = \sum_{i=1}^{\infty} \mathcal{P}\left\{\sum_{k=0}^{i} (\theta_k + \xi_k) < t < \sum_{k=0}^{i} (\theta_k + \xi_k) + \theta_{i+1}\right\}$$

oder

$$V(t) = R(t, t_0 = 0) .$$

$V(t)$ ist die Wahrscheinlichkeit dafür, daß sich das Objekt zum Zeitpunkt t im Zustand der Arbeitsfähigkeit befindet.

b) Statistische Definition (Punktschätzung)

$$\hat{V}(t) = N(t)/N(0) = 1 - n(t)/N(0) .$$

Dabei ist $N(0)$ die Gesamtzahl der Exemplare; $N(t)$ ist die Anzahl der Exemplare, die zum Zeitpunkt t intakt sind; $n(t)$ ist die Anzahl der Exemplare, die zum Zeitpunkt t ausgefallen sind.

$\hat{K}(t)$ ist das Verhältnis aus der Anzahl von Objekten, die sich zum Zeitpunkt t im Zustand der Arbeitsfähigkeit befinden, und der Gesamtzahl von Exemplaren (Abb. 1.3.11).

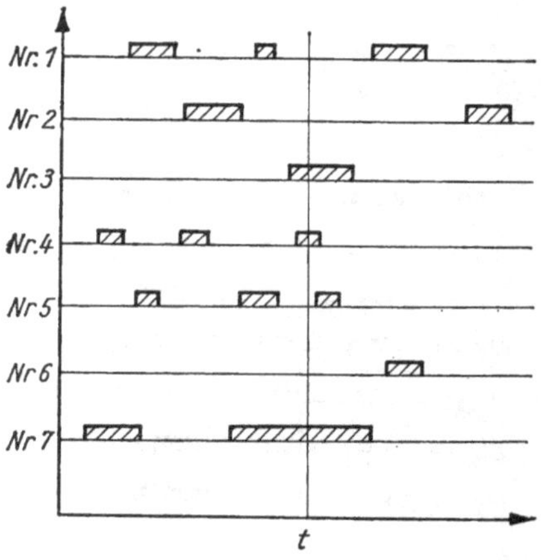

Abb. 1.3.11. Zeitdiagramm zur Erläuterung der statistischen Definition der Begriffe $\hat{V}(t)$ und $\hat{U}(t)$
Die Realisierungen Nr. *1* u. *7* entsprechen den $N(0)$ Exemplaren, die Realisierungen Nr. *1, 2, 5, 6* entsprechen den $N(t)$ Exemplaren, die Realisierungen Nr. *3, 4, 7* entsprechen den $n(t)$ Exemplaren

14. Instationäre mittlere Verfügbarkeit des Objektes

a) Wahrscheinlichkeitsdefinition

$$V^*(t) = \frac{1}{t}\int\limits_0^t V(x)\,dx\,,$$

wobei $V^*(t)$ der Erwartungswert des Zeitanteils innerhalb des Zeitintervalls $[0, t]$ ist, während dessen sich das Objekt im Zustand der Arbeitsfähigkeit befindet.

b) Statistische Definition (Punktschätzung)

$$\hat{V}^*(t) = \frac{1}{t}\sum_{i=1}^{N(0)} S_i(t)\,,$$

wobei $N(0)$ die Gesamtzahl der Exemplare und $S_i(t)$ die kumulative Arbeitszeit des i-ten Exemplars im Zeitintervall $[0, t]$ sind.

15. Verfügbarkeit des Objektes

a) Wahrscheinlichkeitsdefinition

$$V = \lim_{t\to\infty} V(t) = \lim_{t\to\infty} V^*(t)$$

oder

$$V = R(t_0 = 0)\,.$$

V ist die Wahrscheinlichkeit dafür, das Objekt unter der Voraussetzung eines stationären zufälligen Prozesses (das heißt praktisch für einen „hinreichend fernen" Zeitpunkt) im Zustand der Arbeitsfähigkeit vorzufinden; oder der Erwartungswert des Zeitanteils, während dessen das Objekt (im stationären Regime) intakt ist.

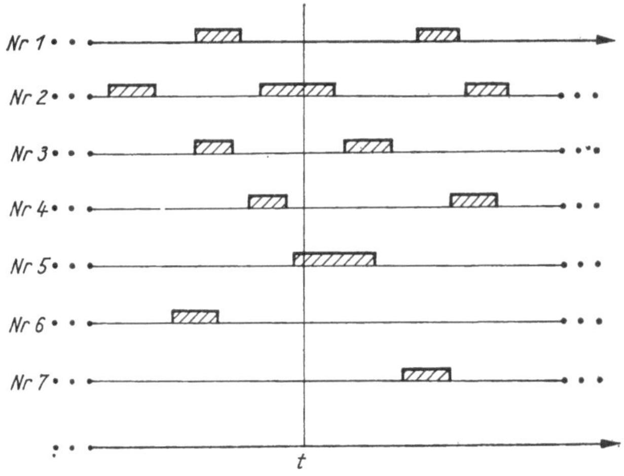

Abb. 1.3.12. Zeitdiagramm zur Erläuterung der statistischen Definition der Begriffe $\hat{V}$ und $\hat{U}$

Die Realisierungen Nr. *1*.. *7* entsprechen den $N(0)$ Exemplaren, die Realisierungen Nr. *1*, *3*, *4*, *6*, *7* entsprechen den $n(t_\infty)$ Exemplaren, die Realisierungen Nr *2*, *5* entsprechen den $n(t_\infty)$ Exemplaren

Anmerkung: Für beliebige Wahrscheinlichkeitsverteilungen der Arbeitszeit zwischen aufeinanderfolgenden Ausfällen und der Erneuerungszeit, die endliche Erwartungswerte T beziehungsweise τ besitzen, gilt die folgende Beziehung:

$$V = T/(T + \tau)\,.$$

b) Statistische Definition (Punktschätzung)

$$\hat{V} = \frac{N(t_\infty)}{N(0)} = 1 - \frac{n(t_\infty)}{N(0)}\,.$$

Dabei ist $N(0)$ die Gesamtzahl der Exemplare; $N(t_\infty)$ ist die Anzahl der Exemplare, die sich zu einem beliebigen „hinreichend fernen" Zeitpunkt im Zustand der Arbeitsfähigkeit befinden; $n(t_\infty)$ ist die Anzahl von Exemplaren, die zu einem beliebigen „hinreichend fernen" Zeitpunkt ausgefallen sind.

$\hat{V}$ ist das Verhältnis der Anzahl von Exemplaren, die sich zu einem beliebigen „hinreichend fernen" Zeitpunkt im Zustand der Arbeitsfähigkeit befinden, zur Gesamtzahl der Exemplare (Abb. 1.3.12).

16. Instationäre (augenblickliche, momentane) Unverfügbarkeit des Objektes

a) Wahrscheinlichkeitsdefinition

$$U(t) = \sum_{i=0}^{\infty} \mathcal{P}\left\{\sum_{k=0}^{i} (\theta_k + \xi_n) + \theta_{i+1} < t < \sum_{k=0}^{i+1} (\theta_k + \xi_k)\right\}.$$

$U(t)$ ist die Wahrscheinlichkeit dafür, daß sich das Objekt zum Zeitpunkt t im Zustand des Ausfalls (des Wiederhergestelltwerdens) befindet.

Offensichtlich gilt $U(t) = 1 - V(t)$.

b) Statistische Definition (Punktschätzung)

$$\hat{U}(t) = n(t)/N(0)\,.$$

Dabei sind $N(0)$ die Gesamtzahl der Exemplare und $n(t)$ die Anzahl von Exemplaren, die zum Zeitpunkt t ausgefallen sind. $\hat{U}(t)$ ist das Verhältnis der Anzahl von Exemplaren, die sich zum Zeitpunkt t im Zustand des Ausfalls befinden, zur Gesamtzahl der Exemplare (s. Abb. 1.3.10).

17. Unverfügbarkeit des Objektes

a) Wahrscheinlichkeitsdefinition

$$U = \lim_{t \to \infty} U(t)\,.$$

U ist die Wahrscheinlichkeit dafür, das Objekt unter der Voraussetzung eines stationären zufälligen Prozesses (das heißt für einen beliebigen „hinreichend fernen" Zeitpunkt) im Zustand des Ausfalls anzutreffen.

Offenbar gilt

$$U = 1 - V\,.$$

b) Statistische Definition (Punktschätzung)

$$\hat{U} = n(t_\infty)/N(0)\,,$$

wobei $N(0)$ die Gesamtzahl der Exemplare und $n(t_\infty)$ die Anzahl der Exemplare sind, die zu einem beliebigen „hinreichend fernen" Zeitpunkt t_∞ ausgefallen sind.

$\hat{U}$ ist das Verhältnis der Anzahl von Exemplaren, die sich zu einem beliebigen „hinreichend fernen“ Zeitpunkt t_∞ im Zustand des Ausfalls befinden, zur Gesamtzahl der Exemplare (s. Abb. 1.3.11).

1.3.2. Spezielle Kenngrößen

In der letzten Zeit, insbesondere im Zusammenhang mit der Entwicklung moderner komplizierter Systeme, die rechentechnische Hilfsmittel benutzen, wurde für etliche praktische Zuverlässigkeitsberechnungen eine Reihe spezieller Kenngrößen verwendet. Die wichtigsten sind

— die Wahrscheinlichkeit für eine vorgegebene kumulative Arbeitszeit während einer festgelegten Kalenderzeit t;
— Wahrscheinlichkeit für das Vorhandensein eines vorgegebenen Mindestintervalls der ausfallfreien Arbeit während einer festgelegten kumulativen Arbeitszeit t;
— die Wahrscheinlichkeit für das Vorhandensein eines vorgegebenen Mindestintervalls der ausfallfreien Arbeit während einer festgelegten Kalenderzeit t;
— die Wahrscheinlichkeit für das Nichtvorhandensein eines Stillstandsintervalls, das eine zulässige Größe überschreitet, während einer festgelegten kumulativen Stillstandszeit t;
— die Wahrscheinlichkeit für das Nichtvorhandensein eines Stillstandsintervalls, das eine zulässige Größe überschreitet, während einer festgelegten Kalenderzeit t.

Die erste Größe ist für solche Systeme wichtig, bei denen Arbeitsunterbrechungen zugelassen sind und die mit der Fortsetzung ihres Funktionsablaufes zu einem beliebigen Zeitpunkt beginnen können. Diese Systeme haben eine für sie typische zeitliche Redundanz: Für solche Systeme ist wesentlich, daß die kumulative Arbeitszeit des Systems während einer geforderten Zeit eine vorgegebene Mindestgröße erreicht (mit anderen Worten, daß die kumulative Stillstandszeit eine bestimmte Größe nicht überschreitet). Zu dieser Art von Systemen kann man auch solche zählen, die irgendeine homogene Massenfertigung realisieren, wenn der Betrag des Produktionsausstoßes nur von der Dauer der kumulativen Arbeitszeit abhängt.

Die dritte Kenngröße wird zur Zuverlässigkeitsabschätzung von Systemen benutzt, die die Möglichkeit haben, ihre Aufgabe durch wiederholte Versuche zu erfüllen. Diese Systeme werden auch durch eine bestimmte zeitliche Redundanz charakterisiert: Das System muß während der geforderten Zeit t wenigstens einmal für ein Zeitintervall, das zur Erfüllung der Aufgabe ausreicht, ohne Unterbrechung arbeiten.

Die zweite Kenngröße stellt einen Spezialfall der dritten dar. Man erhält sie aus der dritten unter der Annahme vernachlässigbarer Kleinheit der kumulativen Ausfallzeit im Vergleich mit der Periode t. Im mathematischen Modell nimmt man in diesem Falle eine augenblickliche Erneuerung des Objektes nach einem Ausfall an.

Diese beiden Kenngrößen kann man zur Bewertung von EDVA verwenden, bei denen es möglich ist, das vorige Programm nach einer Störung oder einem Ausfall erneut zu starten.

Die zweite Kenngröße ist für die Beschreibung von Systemen nützlich, denen eine gewisse „Trägheit“ im Funktionsablauf eigen ist: Diese Systeme sind nicht empfindlich gegenüber hinreichend kurzzeitigen Unterbrechungen. Als Beispiele für solche

Systeme können Geräte zur Auswertung der Bahnkurven gesteuerter Objekte dienen, bei denen bei Verlust einer beschränkten Menge von Daten eine Extrapolation der Koordinaten zulässig ist.

1. *Wahrscheinlichkeit einer vorgegebenen kumulativen Arbeitszeit a während einer festgelegten Zeit t*

a) Wahrscheinlichkeitsdefinition

$$A(a, t) = \mathcal{P}\{s(t) \geqq a\} .$$

Dabei ist a der vorgegebene Betrag der kumulativen Arbeitszeit und $s(t)$ die kumulative Arbeitszeit nach der Zeit t.

$A(a, t)$ ist die Wahrscheinlichkeit dafür, daß die kumulative Arbeitszeit des Objektes nach Ablauf der Zeit t die vorgegebene Größe a überschreitet.

b) Statistische Definition (Punktschätzung)

$$\hat{A}(a, t) = \frac{1}{N(0)} \sum_{i=1}^{N(0)} [s_i(t)]_a .$$

Dabei sind $N(0)$ die Gesamtzahl der Exemplare und $s_i(t)$ die kumulative Arbeitszeit des i-ten Exemplars nach der Zeit t.

Die Schreibweise $[s_i(t)]_a$ bedeutet folgendes:

$$[s_i(t)]_a = \begin{cases} 1, & \text{falls } s_i(t) \geqq a , \\ 0, & \text{falls } s_i(t) < a . \end{cases}$$

$\hat{A}(a, t)$ ist das Verhältnis der Anzahl von Exemplaren, deren kumulative Arbeitszeit nach der Zeit t die Größe a übersteigt, zur Gesamtzahl der Exemplare.

2. *Wahrscheinlichkeit für das Vorhandensein eines Intervalls der ausfallfreien Arbeit einer vorgegebenen Mindestlänge b während einer festgelegten kumulativen Arbeitszeit t*

a) Wahrscheinlichkeitsdefinition

$$B^*(b, t) = \mathcal{P}\ \{\text{es existiert ein } \theta_i \geqq b \mid s(t) = t\} .$$

Dabei ist θ_i ein beliebiges Intervall der ausfallfreien Arbeit oder der Teil des noch nicht abgeschlossenen letzten Intervalls θ_i^*.

$B^*(b, t)$ ist die Wahrscheinlichkeit dafür, daß nach Ablauf der kumulativen Arbeitszeit t wenigstens ein Intervall der ausfallfreien Arbeit θ_i, einschließlich des Anteils des noch nicht beendeten letzten Intervalls θ_i^* (Abb. 1.3.13 und 1.3.14), vorgekommen ist, dessen Länge den vorgegebenen Wert b übersteigt.

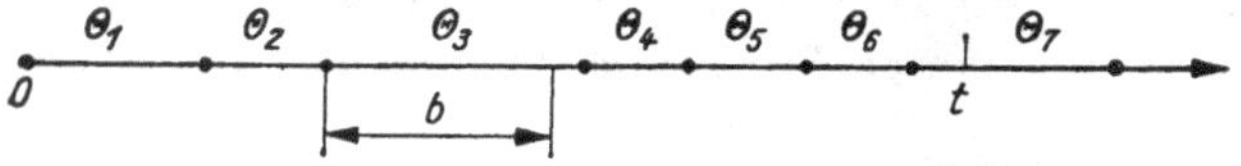

Abb. 1.3.13. Zeitdiagramm zur Erläuterung der Wahrscheinlichkeitsdefinition des Begriffs $B^*(b,t)$. (Nach dem erstmaligen Eintreten eines Intervalls der ausfallfreien Arbeit mit $\theta_i \geqq b$ ist die Länge der übrigen Intervalle ohne Bedeutung.)

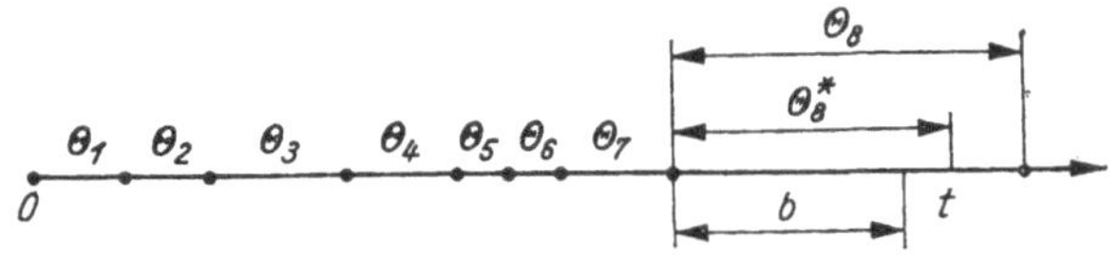

Abb. 1.3.14. Zeitdiagramm zur Erläuterung folgender Situation: Der Teil des unvollendeten letzten Intervalls der ausfallfreien Arbeit, der in das vorgegebene Intervall $[0, t]$ der kumulativen Arbeitszeit fällt, ist größer als ein vorgegebener Wert b

b) Statistische Definition (Punktschätzung)

$$\hat{B}^*(b, t) = \frac{1}{N(0)} \sum_{i=1}^{N(0)} [\{\theta\}_i]_b \, .$$

Dabei ist $N(0)$ die Gesamtzahl der Exemplare.

$\{\theta\}_i$ ist die zum i-ten Exemplar gehörende Realisierung der Folge von Intervallen der ausfallfreien Arbeit während der Zeit t und unter der Bedingung, daß die Erneuerungen zeitlos erfolgen.

Die Schreibweise $[\{\theta\}_i]_b$ bedeutet folgendes:

$$[\{\theta\}_i]_b = \begin{cases} 1, & \text{falls während der kumulativen Laufzeit } t \text{ die Folge } \{\theta\}_i \text{ wenigstens ein Intervall (einschließlich des Anteils des noch nicht beendeten letzten) mit einer Länge größer } b \text{ enthält,} \\ 0 & \text{sonst.} \end{cases}$$

$\hat{B}^*(b, t)$ gibt den Anteil der Exemplare wieder, bei denen sich bei der Realisierung des Funktionsablaufes während der kumulativen Laufzeit t wenigstens ein Intervall θ_i der ausfallfreien Arbeit (einschließlich des Teils des noch nicht abgeschlossenen letzten Intervalls) befindet, dessen Länge den vorgegebenen Wert b übersteigt.

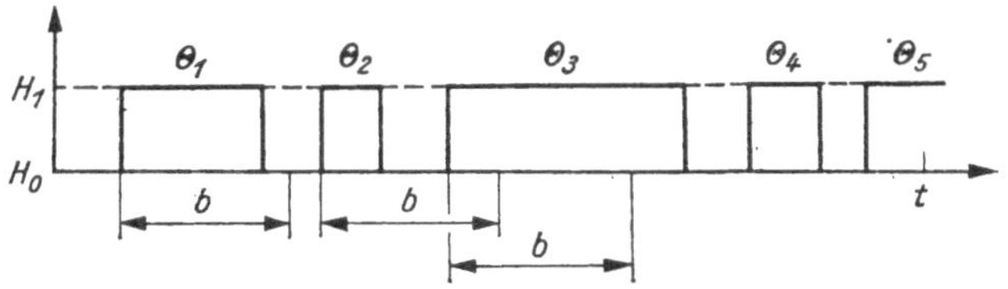

Abb. 1.3.15. Zeitdiagramm zur Erläuterung der Wahrscheinlichkeitsdefinition des Begriffs $B(b, t)$. (Nach dem erstmaligen Eintreten eines Intervalls der ausfallfreien Arbeit mit $\theta_i \geqq b$ ist die Länge der übrigen Intervalle ohne Bedeutung.)

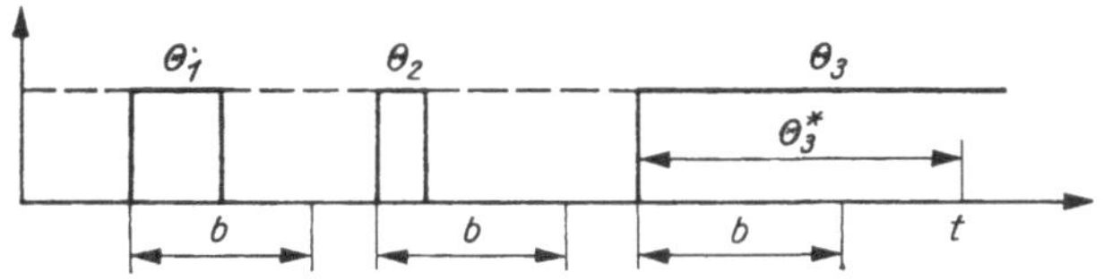

Abb. 1.3.16. Zeitdiagramm zur Erläuterung folgender Situation: Der Teil des unvollendeten letzten Intervalls, der in das vorgegebene Zeitintervall $[0, t]$ fällt, ist größer als ein vorgegebener Wert b

3. Wahrscheinlichkeit für das Vorhandensein eines Intervalls der ausfallfreien Arbeit von einer vorgegebenen Mindestlänge b während einer festgelegten Kalenderzeit t

a) Wahrscheinlichkeitsdefinition (Abb. 1.3.15)

$$B(b, t) = \mathcal{P}\,\{\text{in } [0, t] \text{ existiert ein } \theta_i > b\}\ .$$

Dabei ist θ_i ein beliebiges Intervall der ausfallfreien Arbeit innerhalb des Zeitraumes $[0, t]$, einschließlich des Teils θ_i^* des noch nicht abgeschlossenen letzten Intervalls, falls $[0, t]$ während eines Intervalls der ausfallfreien Arbeit abbricht (Abb. 1.3.16).

$B(b, t)$ ist die Wahrscheinlichkeit dafür, daß in der Kalenderzeit t wenigstens ein Intervall θ_i der ausfallfreien Arbeit, einschließlich des möglichen Anteils des noch nicht abgeschlossenen letzten Intervalls θ_i^*, größer als der vorgegebene Wert b ausfällt.

b) Statistische Definition (Punktschätzung)

$$\hat{B}(t_0, t) = \frac{1}{N(0)} \sum_{i=1}^{N(0)} [\{\theta, \xi\}_i]_b\ .$$

Dabei sind $N(0)$ die Gesamtzahl der Exemplare und $\{\theta, \xi\}_i$ die zum i-ten Exemplar gehörende Realisierung der Folge von Intervallen der ausfallfreien Arbeit und des Stillstandes in der Zeit t.

Die Schreibweise $[\{\theta, \xi\}_i]_b$ bedeutet folgendes:

$$[\{\theta, \xi\}_i]_b = \begin{cases} 1, & \text{wenn im Laufe der Zeit } t \text{ in } \{\theta, \xi\}_i \text{ wenigstens ein Intervall } \theta_j \text{ (den Anteil des noch nicht beendeten letzten eingeschlossen) größer als } b \text{ vorkommt,} \\ 0 & \text{anderenfalls.} \end{cases}$$

$\hat{B}(b, t)$ gibt den Anteil von Exemplaren an, bei denen sich bei der Realisierung des Funktionsablaufes in der Zeit t wenigstens ein Intervall θ_j (den Anteil θ_j^* des noch nicht beendeten letzten Intervalls eingeschlossen) größer als b ergibt (s. Abb. 1.3.15 und 1.3.16).

4. Wahrscheinlichkeit für das Nichtvorhandensein eines Stillstandsintervalls, das eine zulässige Größe c überschreitet, während einer festgelegten kumulativen Ausfallzeit t

a) Wahrscheinlichkeitsdefinition

$$C^*(t_0, t) = \mathcal{P}\{\text{es existiert kein } \xi_i > 0 \mid s_A(t) = t\}\ .$$

Dabei ist ξ_i ein beliebiges Ausfallintervall einschließlich des Teiles des noch nicht abgeschlossenen letzten Intervalls, $s_A(t)$ ist die kumulative Ausfallzeit.

$C^*(c, t)$ ist die Wahrscheinlichkeit dafür, daß während der kumulativen Ausfallzeit kein einziges Ausfallintervall ξ_i (den Anteil ξ_i^* des noch nicht beendeten letzten Intervalls eingeschlossen) vorkommt, das größer als der vorgegebene Wert c ist (in Analogie zu den Abb. 1.3.13 und 1.3.14).

b) Statistische Definition (Punktschätzung)

$$\hat{C}^*(c, t) = \frac{1}{N(0)} \sum_{i=1}^{N(0)} [\{\xi\}_i]_c\ .$$

Dabei ist $N(0)$ die Gesamtzahl der Exemplare und $\{\xi\}_i$ die zum i-ten Exemplar gehörende Realisierung der Folge von Ausfallintervallen im Laufe der Zeit t unter der Bedingung, daß die Perioden der Arbeitsfähigkeit aus der Betrachtung ausgeschlossen werden.

Die Schreibweise $[\{\xi\}_i]_c$ bedeutet folgendes:

$$[\{\xi\}_i]_c = \begin{cases} 1, & \text{falls während der Zeit } t \text{ in } \{\xi\}_i \text{ kein einziges Intervall } \xi_j \text{ (einschließlich des angefangenen letzten) existiert, das größer als } c \text{ ist,} \\ 0 & \text{andernfalls.} \end{cases}$$

$\hat{C}^*(c, t)$ ist der Anteil von Exemplaren, bei denen sich in der Realisierung der Ausfallzeit während der kumulativen Ausfallzeit t kein einziges Ausfallintervall (einschließlich des Anfangsteiles des letzten Intervalls) größer als der vorgegebene Wert c erweist.

5. Wahrscheinlichkeit für das Nichtvorhandensein eines Stillstandsintervalls, das eine zulässige Größe c überschreitet, während einer festgelegten Kalenderzeit t

a) Wahrscheinlichkeitsdefinition

$$C(c, t) = \mathcal{P}\,\{\text{in } [0, t] \text{ sind alle } \xi_i \leqq c\}\,.$$

Dabei ist ξ_i ein beliebiges Ausfallintervall innerhalb des Zeitraumes $[0, t]$, einschließlich des Anfangsteils des nicht abgeschlossenen letzten Intervalls, falls $[0, t]$ während eines Ausfallintervalls endet.

$C(c, t)$ ist die Wahrscheinlichkeit dafür, daß während der Zeit t kein einziges Ausfallintervall (den Anfangsteil des nicht abgeschlossenen letzten Intervalls eingeschlossen) auftaucht, das größer als c ist.

b) Statistische Definition (Punktschätzung)

$$\hat{C}(c, t) = \frac{1}{N(0)} \sum_{i=1}^{N(0)} [\{\theta, \xi\}_i]_c\,.$$

Dabei ist $N(0)$ die Gesamtzahl von Exemplaren, $\{\theta, \xi\}_i$ die zum i-ten Exemplar gehörende Realisierung der Folge von Intervallen der ausfallfreien Arbeit und des Stillstandes während der Zeit t.

Die Schreibweise $[\{\theta, \xi_i]_c$ bedeutet folgendes:

$$[\{\theta, \xi\}_i]_c = \begin{cases} 1, & \text{falls im Laufe der Zeit } t \text{ in } \{\theta, \xi\}_i \text{ kein einziges Intervall } \xi_j \text{ (einschließlich des Anfangsteiles des letzten) existiert, das größer als } c \text{ ist,} \\ 0 & \text{andernfalls.} \end{cases}$$

$\hat{C}(c, t)$ ist der Anteil von Exemplaren, in deren Realisierung des Funktionsablaufes während der Zeit t kein einziges Ausfallintervall (gegebenenfalls einschließlich des Anfangsteiles des letzten) größer als c vorkommt.

Literatur

[1] Brujewitsch, N. G. — Бруевич Н. Г.: Вопросы надежности и точности электронных устройств в машиностроении и приборостроении. — «Известия АН СССР, ОТН. Энергетика и автоматика», 1961, № 1.

[2] Gnedenko, B. W., Koslow, B. A., Uschakow, I. A. — Гнеденко Б. В., Козлов Б. А., Ушаков И. А.: О роли и месте теории надежности в процессе создания сложных систем. — В кн.: Теория надежности и массовое обслуживание. Под. ред. Б. В. Гнеденко М., «Наука», 1969.

[3] Drushinin, G. W. – Дужинин Г. В.: О методах расчета надежности систем. — В кн.: Надежность ради электронной аппаратуры, 1958.
[4] Lewin, B. R. – Левин Б. Р.: О некоторых вопросах теории надежности радиоэлектронного оборудования. — «Радиотехника», 1960, № 2.
[5] Lewin, B. R., Uschakow, I. A. – Левин Б. Р., Ушаков И. А.: Некоторые аспекты современного состояния проблемы надежности. — «Радиотехника», 1965, т. 20, № 4.
[6] Maiorow, A. W. – Майоров А. В.: К теории резервирования в системах автоматики. — «Известия АН СССР, ОТН», 1956, № 9.
[7] Siniza, M. A. – Синица М. А.: К вопросам резервирования радиоэлектронных устройств. — В кн.: Надежность радиоэлектронной аппаратуры, 1958.
[8] Uschakow, I. A. – Ушаков И. А.: Основные принципы и методы теории надежности. — «Вопросы философии», 1967, № 6.
[9] Fischbein, F. I. – Фишбейн Ф. И.: Об отказах, не имеющих отношения к свойству «надежность». — «Надежность и контроль качества», 1971, № 1.
[10] Schischonok, N. A., Neledwa, W. A. – Шишонок Н. А., Неледва В. А.: Ряды показателей восстанавливаемости и обобщенных показателей. — «Надежность и контроль качества», 1971, № 9.

Ergänzungsliteratur

[1] DDR-Standard TGL 26096 „Zuverlässigkeit in der Technik".
[2] Französische Vorschrift CCTU 01-09 „Fiabilité".
[3] IEC-Empfehlung 271: Preliminary List of Basis Terms and Definitions for the Reliability of Electronic Equipment and the Components (or Parts) used therein (Englisch, Französisch).
[4] RGW-Standard ST-RGW 292-76 „Zuverlässigkeit in der Technik".
[5] US-Norm Mil-Std-721B „Definition of Effectiveness Terms of Reliability, Maintainability, Human Factors and Safety".

2. ZUVERLÄSSIGKEIT EINES ELEMENTS

2.0. Vorbemerkungen

Die Begriffe **Element und System** stehen in einem sehr engen Zusammenhang. Die Wechselbeziehungen zwischen ihnen sind äquivalent den Wechselbeziehungen zwischen einem Ganzen und dessen Teil. Normalerweise versteht man in der Zuverlässigkeitstheorie unter einem Element eines Systems ein hinreichend selbständiges und klar abgrenzbares Teil (bezüglich der Konstruktion, der Schaltung oder der Funktion), dessen weitere Details im Rahmen der durchzuführenden Analyse uninteressant sind.

Deshalb ist der Begriff Element außerordentlich relativ und hängt von dem Untersuchungsgegenstand im ganzen ab. So kann man bei der Zuverlässigkeitsanalyse komplizierter elektronischer Anlagen als Element eine ganze Radarstation, ein Datenübertragungssystem, eine elektronische Rechenmaschine, ein Energiesystem usw. betrachten. Bei der Zuverlässigkeitsanalyse einer Radarstation kann man als Element einen einzelnen Kanal, einen Block oder einen ganzen Schrank der Station auffassen. Bei der Zuverlässigkeitsanalyse irgendeines Blockes kann man als Element einzelne Module, Zellen, passive elektronische Bauelemente, Elektronenröhren, Transistoren usw. betrachten.

2.1. Element ohne Erneuerung

2.1.1. Beliebige Wahrscheinlichkeitsverteilung der Arbeitszeit

Es wird vorausgesetzt, daß das Verteilungsgesetz der Arbeitszeit eines Elements bis zum Ausfall bekannt ist, $F(t) = \mathcal{P}\{\theta \leqq t\}$. Die Zuverlässigkeitskenngrößen des Elements werden durch das bekannte Verteilungsgesetz oder dessen Parameter ausgedrückt.

In Tabelle 2.1.1 wurden die grundlegenden Zuverlässigkeitskenngrößen für eine beliebige Wahrscheinlichkeitsverteilung der Zeit bis zum Ausfall angeführt. Eine

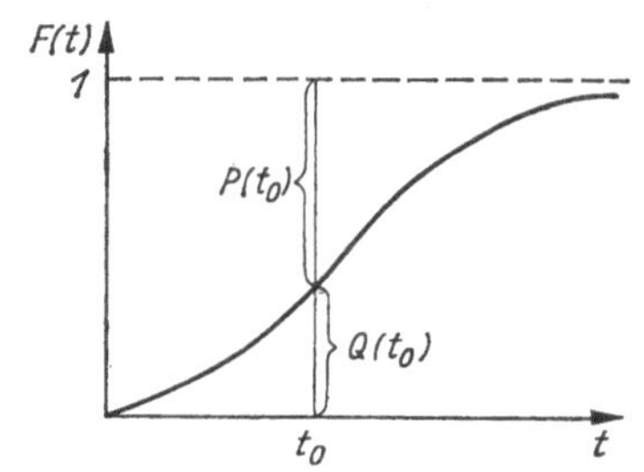

Abb. 2.1.1. Erläuterung der Formeln für $P(t_0)$ und $Q(t_0)$

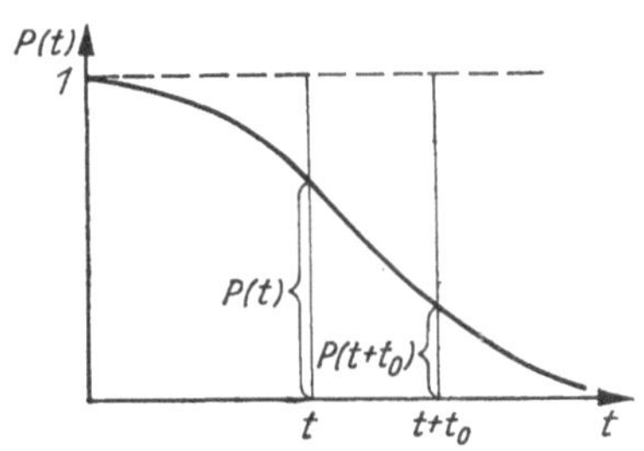

Abb. 2.1.2. Erläuterung der Formeln für $P(t, t + t_0)$ und $Q(t, t + t_0)$

Tabelle 2.1.1. Element ohne Erneuerung. Beliebige Verteilungsfunktion $F(t)$ der Arbeitszeit bis zum Ausfall

Kenngröße	exakter Ausdruck	Kenngröße	exakter Ausdruck
stetige Verteilung		diskretisierte Verteilung	
$P(t_0)$	$1 - F(t_0)$	$P(t_0)$	$1 - \sum_{i=1}^{k(t_0)} f(\Delta_i) = \sum_{i=k(t_0)+1}^{N} f(\Delta_i)$
$Q(t_0)$	$F(t_0)$	$Q(t_0)$	$\sum_{i=1}^{k(t_0)} f(\Delta_i)$
$P(t, t + t_0)$	$\frac{1 - F(t + t_0)}{1 - F(t)}$	$P(t, t + t_0)$	$\frac{\sum_{i=k(t+t_0)+1}^{N} f(\Delta_i)}{\sum_{i=k(t)+1}^{N} f(\Delta_i)}$
$Q(t, t + t_0)$	$\frac{F(t + t_0) - F(t)}{1 - F(t)}$	$Q(t, t + t_0)$	$\frac{\sum_{i=k(t)+1}^{k(t+t_0)} f(\Delta_i)}{\sum_{i=k(t)+1}^{N} f(\Delta_i)}$
T	$\int_0^\infty tf(t)\,dt = \int_0^\infty P(t)\,dt$	T	$\sum_{i=1}^{N} f(\Delta_i)\, t_i$
$\lambda(t)$	$\frac{f(t)}{P(t)} = \frac{f(t)}{1 - F(t)}$		

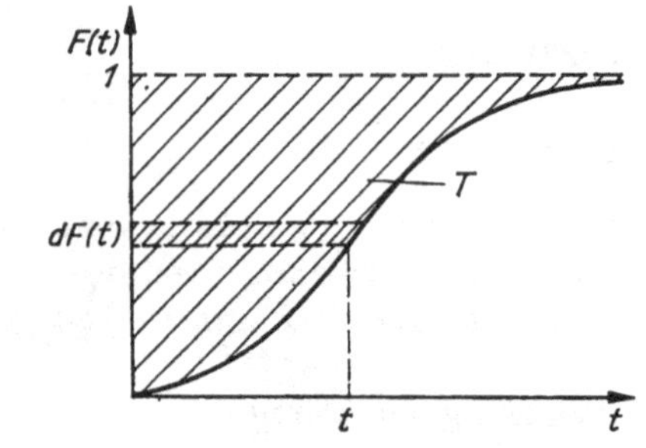

Abb. 2.1.3. Prinzipielle Erläuterung der Integration auf der Grundlage der Formel

$$T = \int_0^\infty t\,dF(t)$$

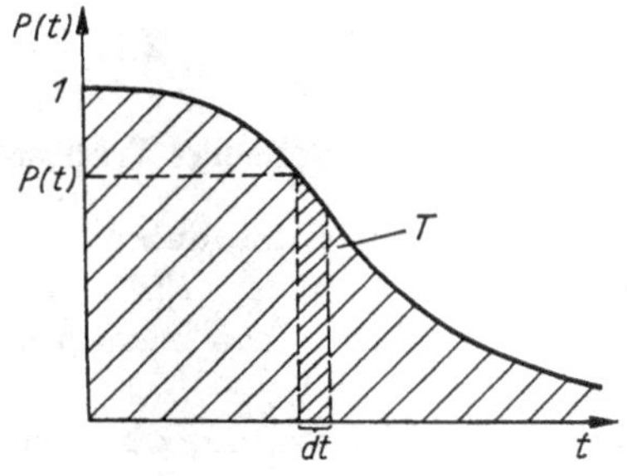

Abb. 2.1.4. Prinzipielle Erläuterung der Integration auf der Grundlage der Formel

$$T = \int_0^\infty P(t)\,dt$$

Erklärung der grundlegenden Formeln dieser Tabelle geben die Abbildungen 2.1.1 bis 2.1.4.

Wenn $F(t)$ in Form einer Treppenfunktion vorgegeben ist, so kann die Formel für T wie folgt niedergeschrieben werden (zur Erläuterung s. Abb. 2.1.5):

$$T = \sum_{i=0}^{\infty} [F(t_{i+1}) - F(t_i)]\, t_i \tag{2.1.1}$$

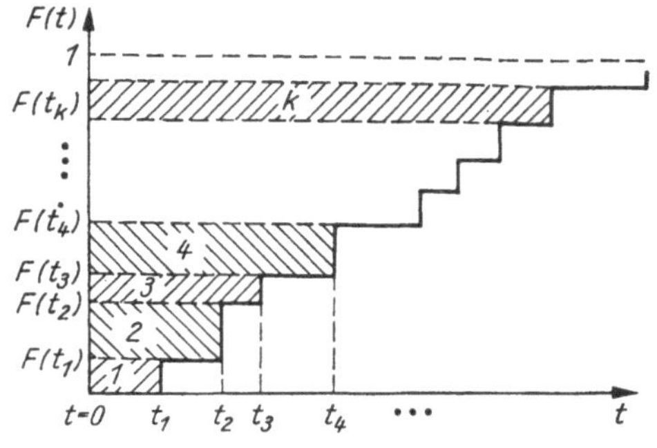

Abb. 2.1.5. Erläuterung der Formel (2.1.1)

1, .. , *k* ist eine Fläche, die mit der Summe in Formel (2.1 1) übereinstimmt, wenn die ersten *k* Summanden berücksichtigt werden

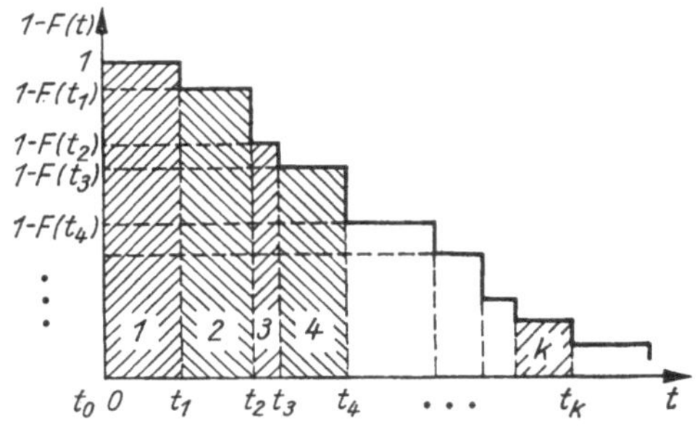

Abb. 2.1.6. Erläuterung der Formel (2.1.2)

1, , *k* ist eine Fläche, die zahlenmäßig mit der Summe in Formel (2.1 2) übereinstimmt, wenn die ersten *k* Summanden berücksichtigt werden

oder in der Form (zur Erläuterung s. Abb. 2.1.6)

$$T = \sum_{i=0}^{\infty} P(t_i)\,(t_{i+1} - t_i)\,. \tag{2.1.2}$$

Für $\lambda(t)$ mit $t_i \leqq t < t_{i+1}$ erhalten wir in diesem Falle

$$\lambda(t) = \frac{F(t_{i+1}) - F(t_i)}{(t_{i+1} - t_i)\,[1 - F(t_i)]}\,.$$

Beispiel 2.1.1

Beim Testen von $N = 35$ Elementen werden nach jeder Stunde die Zahl der erfolgten Ausfälle festgehalten und die Ergebnisse in einer Tabelle zusammengefaßt:

Zeitpunkt t_i	1	2	3	4	5	6	7	8	9	10
Zahl der Ausfälle $n(t_i)$	0	3	3	5	8	7	6	2	1	0

Es sollen die empirische Verteilungsfunktion konstruiert und die grundlegenden Zuverlässigkeitskenngrößen des Elements berechnet werden, wenn die empirische Verteilungsfunktion als wahre Verteilungsfunktion angesetzt wird.

Lösung

1. Für diesen Fall kann man die empirische Verteilungsfunktion aus der Formel

$$F(t_i) = \frac{1}{N} \sum_{k=1}^{i} n(t_k)$$

berechnen und in Form der folgenden Tabelle darstellen:

t_i	1	2	3	4	5	6	7	8	9	10
$F(t_i)$	0	0,086	0,172	0,314	0,543	0,743	0,914	0,971	1,00	1,00

2. Wahrscheinlichkeit der ausfallfreien Arbeit für $t_0 = 4$ h:

$$P(4) = 1 - F(4) = 1 - 0{,}314 = 0{,}686 .$$

3. Ausfallwahrscheinlichkeit nach Ablauf von $t_0 = 4$ h:

$$Q(4) = F(4) = 0{,}314 .$$

4. Wahrscheinlichkeit der ausfallfreien Arbeit im Zeitintervall von $t = 2$ h bis $t + t_0 = 6$ h unter der Bedingung, daß das Element bis zur Zeit $t = 2$ h ausfallfrei gearbeitet hat:

$$P(2; 6) = \frac{1 - F(6)}{1 - F(2)} = \frac{1 - 0{,}743}{1 - 0{,}086} \approx 0{,}28 .$$

5. Ausfallwahrscheinlichkeit im Zeitintervall von $t = 2$ h bis $t + t_0 = 6$ h unter der Bedingung, daß das Element bis zur Zeit $t = 2$ h ausfallfrei gearbeitet hat:

$$Q(2; 6) = 1 - P(2, 6) = 1 - 0{,}28 = 0{,}72 .$$

6. Die mittlere Arbeitszeit bis zum Ausfall erhalten wir aus den Formeln (2.1.2) beziehungsweise (2.1.1) zu

$$T = \Delta t \sum_{i=1}^{10} P(t_i) = 1 + 0{,}914 + 0{,}828 + 0{,}686 + 0{,}457 + 0{,}257 + 0{,}086 + 0{,}029 = 4{,}257 \text{ h} ,$$

beziehungsweise

$$T = \sum_{i=1}^{10} [F(t_{i+1}) - F(t_i)]\, t_i = 2 \cdot 0{,}086 + 3(0{,}172 - 0{,}086) + 4(0{,}314 - 0{,}172)$$
$$+ 5(0{,}543 - 0{,}314) + 6(0{,}743 - 0{,}543) + 7(0{,}914 - 0{,}743)$$
$$+ 8(0{,}971 - 0{,}914) + 9(1 - 0{,}971) \approx 4{,}257 \text{ h} .$$

7. Die Ausfallrate (als Zeitfunktion) berechnet man in diesem Falle am zweckmäßigsten unmittelbar aus den Versuchsdaten gemäß der Formel

$$\lambda(t_i) = \frac{n(t_i)}{\left[N - \sum_{j=1}^{i-1} n(t_j)\right] (t_i - t_{i-1})} ,$$

wobei $t_0 = 0$ gilt. Die Berechnungsergebnisse werden in der folgenden Tabelle zusammengefaßt:

t_i/h	1	2	3	4	5	6	7	8	9
$\lambda(t_i)/\text{h}^{-1}$	0	3/35 = = 0,086	3/32 = = 0,095	5/29 = = 0,172	8/24 = = 0,333	7/16 = = 0,437	6/9 = = 0,667	2/3 = = 0,667	1,00

Beispiel 2.1.2

Die Arbeitszeit des Elements bis zum Ausfall sei normalverteilt mit dem Mittelwert $T = 100$ h und der Streuung $\sigma^2 = 1000\ \text{h}^2$. Es sollen die grundlegenden Zuverlässigkeitskenngrößen des Elements berechnet werden.

Lösung

1. Wahrscheinlichkeit der ausfallfreien Arbeit bis zur Zeit $t_0 = 70$ h und $t_0 = 130$ h:

$$P(t_0) = \mathcal{P}\{\theta \geqq t_0 \mid T, \sigma\} = \mathcal{P}\left\{\frac{\theta - T}{\sigma} \geqq \frac{t_0 - T}{\sigma}\right\}$$

$$= 1 - \mathcal{P}\left\{\frac{\theta - T}{\sigma} \leqq \frac{t_0 - T}{\sigma}\right\} = 1 - \Phi\left(\frac{t_0 - T}{\sigma}\right),$$

wobei $\Phi(y)$ die Verteilungsfunktion der Standard-Normalverteilung ist.

Gemäß Tabelle A 8.4 des Anhangs finden wir

$$P(70) = 1 - \Phi\left(\frac{70 - 100}{31{,}6}\right) = 1 - \Phi(-0{,}95) = \Phi(0{,}95) = 0{,}829\,,$$

$$P(130) = 1 - \Phi\left(\frac{130 - 100}{31{,}6}\right) = 1 - \Phi(0{,}95) = 0{,}171\,.$$

2. Die Ausfallwahrscheinlichkeit in der Zeit $t_0 = 70$ h und $t_0 = 130$ h:

$$Q(70) = 1 - 0{,}829 = 0{,}171\,; \qquad Q(130) = 1 - 0{,}171 = 0{,}829\,.$$

3. Wahrscheinlichkeit der ausfallfreien Arbeit im Zeitintervall von $t = 70$ h bis $t + t_0 = 90$ h unter der Bedingung, daß das Element bis $t = 70$ h ausfallfrei gearbeitet hat:

$$P(70; 90) = \frac{1 - \Phi\left(\frac{90 - 100}{31{,}6}\right)}{1 - \Phi\left(\frac{70 - 100}{31{,}6}\right)} = \frac{\Phi(0{,}32)}{\Phi(0{,}95)}\,.$$

Aus Tabelle A 8.4 finden wir $\Phi(0{,}32) = 0{,}626$[1]) und daraus $P(70; 90) = 0{,}626 : 0{,}829 \approx 0{,}755$.

4. Die Ausfallwahrscheinlichkeit im Zeitintervall von $t = 70$ h bis $t + t_0 = 90$ h unter der Bedingung, daß das Element bis $t = 70$ h ausfallfrei gearbeitet hat:

$$Q(70; 90) = 1 - P(70; 90) = 0{,}245\,.$$

5. Die mittlere Arbeitszeit bis zum Ausfall ist durch die Aufgabenstellung gegeben: $T = 100$ h.

6. Die Ausfallrate für $t = 70$ h und $t = 130$ h. Zunächst ermitteln wir aus Tabelle A 8.3 des Anhangs die Werte für die Dichte der Normalverteilung

$$\varphi\left(\frac{70 - 100}{31{,}6}\right) = \varphi\left(\frac{130 - 100}{31{,}6}\right) = \varphi(0{,}95) = 0{,}254$$

und daraus

$$\lambda(70) = \frac{\varphi(0{,}95)}{1 - \Phi(-0{,}95)} = \frac{\varphi(0{,}95)}{\Phi(0{,}95)} = \frac{0{,}254}{0{,}829} = 0{,}306\,,$$

$$\lambda(130) = \frac{\varphi(0{,}95)}{1 - \Phi(0{,}95)} = \frac{0{,}254}{0{,}171} = 1{,}485\,.$$

2.1.2. Zur numerischen Auswertung von experimentell ermittelten Versuchsergebnissen[2])

Verhältnisse, wie sie im Beispiel 2.1.1 beschrieben wurden, sind in der Praxis häufig anzutreffen. Die Zahl der Ausfälle wird zu bestimmten diskreten Zeitpunkten registriert. Es wird nur festgehalten, wieviele Ausfälle in einer Zeiteinheit aufgetreten sind.

---

[1]) Der Wert wurde durch lineare Interpolation gewonnen.

[2]) Anmerkung d. Herausg.: Dieser Abschnitt 2.1.2 ist im sowjetischen Original des Handbuches nicht enthalten und wurde vom Herausgeber für die deutsche Ausgabe hinzugefügt.

Eine genauere Information, wie sich die Ausfälle über die Zeiteinheit verteilen, fehlt. Bei der Auswertung eines solchen Zahlenmaterials geht man in der Regel so vor, daß man — zumindestens implizit — eine Annahme über diese Verteilung macht. Dadurch können die Auswertungsergebnisse erheblich beeinflußt werden.

Bei der Lösung des Beispiels 2.1.1 wurde (stillschweigend) unterstellt, daß die Ausfälle innerhalb einer Zeiteinheit gerade zu Beginn dieser Zeiteinheit auftreten. Mit dem gleichen Recht hätte man ansetzen können, daß sämtliche Ausfälle stets am Ende der betreffenden Zeiteinheit auftreten. Eine andere — im allgemeinen sinnvollere — Annahme geht davon aus, daß die Ausfälle über die Zeiteinheiten jeweils gleichmäßig verteilt sind. Bei den beiden erstgenannten Annahmen wird die Überlebenswahrscheinlichkeit $P(t)$ jeweils durch eine Treppenfunktion widergespiegelt. Bei der dritten Annahme stellt sie sich als Polygonzug dar. In Abb. 2.1.7 werden die Verhältnisse anhand des Zahlenbeispiels 2.1.1 erläutert.

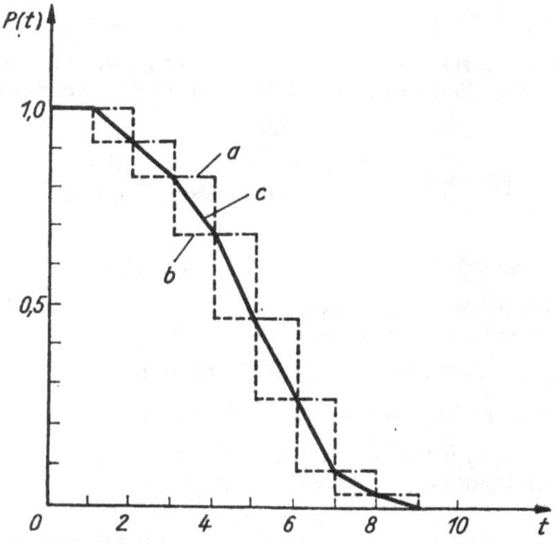

Abb. 2.1.7. Überlebenswahrscheinlichkeit $P(t)$ für das Beispiel 2.1.1 unter drei verschiedenen Annahmen für die Ausfallverteilung innerhalb der Zeiteinheiten

a – Ausfälle liegen jeweils am Ende der Zeiteinheit
b – Ausfälle liegen jeweils am Anfang de r Zeiteinheit
c – Ausfälle sind über die Zeiteinheit gleichmäßig verteilt

Unter den getroffenen Annahmen läßt sich die mittlere Arbeitszeit in jedem Falle durch Auswertung des Integrals

$$T = \int_0^\infty P(t)\,\mathrm{d}t$$

mit Hilfe der Rechteck- oder Trapezregel exakt berechnen und ergibt für das Beispiel die Zahlenwerte:

$$\text{a) } T = 5{,}257\ \text{h}\,, \quad \text{b) } T = 4{,}257\ \text{h}\,, \quad \text{c) } T = 4{,}757\ \text{h}.$$

Der Wert der mittleren Arbeitszeit wird offenbar durch die getroffenen Annahmen stark beeinflußt, im Beispiel um etwa 20%. Daraus wird deutlich, daß man bei der

Festlegung entsprechender Annahmen sehr sorgfältig vorgehen muß. Insbesondere sollte man **bei der Berechnung verschiedener Zuverlässigkeitskenngrößen stets die gleiche Annahme zugrunde legen.**

Für das Beispiel erscheint der Ansatz c) am günstigsten. Mit der zugehörenden Polygonzug-Darstellung der Überlebenswahrscheinlichkeit $P(t)$ ist auch der Verlauf der Ausfalldichte $f(t)$ und der Ausfallrate $\lambda(t)$ für jeden Zeitpunkt exakt festgelegt. Die

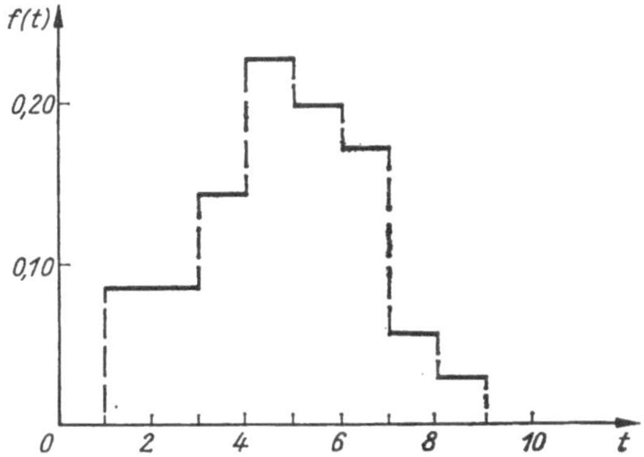

Abb. 2.1.8. Verteilungsdichte $f(t)$ der Arbeitszeit unter der Annahme, daß die Ausfälle über die Zeiteinheiten jeweils gleichmäßig verteilt sind

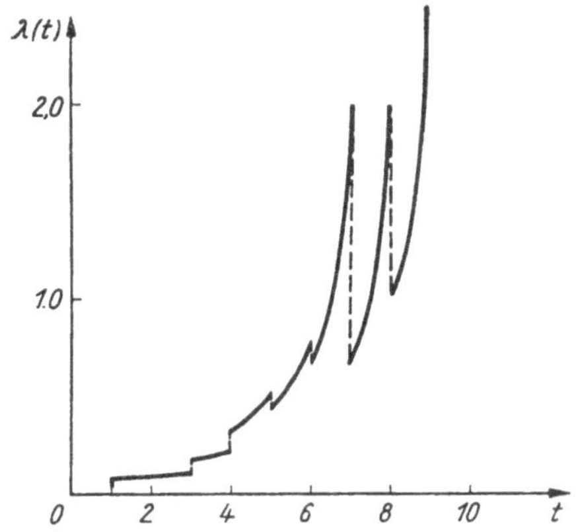

Abb. 2.1.9. Ausfallrate $\lambda(t)$ unter der Annahme, daß die Ausfälle jeweils gleichmäßig über die Zeiteinheiten verteilt

Grundlage der Umrechnung bilden die Formeln der Tabelle 1.2.1. Die Ausfalldichte $f(t)$ wird in diesem Falle eine Treppenfunktion (vgl. Abb. 2.1.8) und die Ausfallrate $\lambda(t)$ setzt sich aus Hyperbelstücken zusammen (vgl. Abb. 2.1.9).

Setzt man für jede der Funktionen $P(t)$, $f(t)$, $\lambda(t)$ eine Treppenfunktion an, so sind damit ganz unterschiedliche Ansätze über die Verteilung der Ausfälle innerhalb der Zeitintervalle verknüpft:

> Stellt man $P(t)$ als Treppenfunktion dar, so nimmt man damit an, daß die Ausfälle jeweils an den Intervallgrenzen liegen.

Stellt man $f(t)$ als Treppenfunktion dar, so nimmt man damit an, daß die Ausfälle innerhalb der Zeitintervalle gleichmäßig verteilt sind.
Stellt man $\lambda(t)$ als Treppenfunktion dar, so nimmt man damit an, daß die Ausfalldichte innerhalb der Zeitintervalle gemäß einer Exponentialfunktion abfällt.

2.1.3. Exponentialverteilung

In Tabelle 2.1.2 werden die grundlegenden Zuverlässigkeitskenngrößen eines Elements bei Exponentialverteilung der Zeit bis zum Ausfall angegeben. Eine Erläuterung der Hauptformeln dieser Tabelle wird in Abb. 2.1.10 gegeben.

Tabelle 2.1.2. Element ohne Erneuerung. Exponentialverteilung der Zeit bis zum Ausfall: $F(t) = 1 - e^{-\lambda t}$

Kenngröße	exakter Ausdruck	Näherungs-ausdruck	Fehler
$P(t_0)$	$e^{-\lambda t_0}$	$1 - \lambda t_0$	$\delta_+ < \frac{(\lambda t_0)^2}{2}$
$Q(t_0)$	$1 - e^{-\lambda t_0}$	λt_0	$\delta_- < \frac{(\lambda t_0)^2}{2}$
$P(t, t + t_0)$	$e^{-\lambda t_0}$	$1 - \lambda t_0$	$\delta_+ < \frac{(\lambda t_0)^2}{2}$
$Q(t, t + t_0)$	$1 - e^{-\lambda t_0}$	λt_0	$\delta_- < \frac{(\lambda t_0)^2}{2}$
T	$\frac{1}{\lambda}$	—	—
$\lambda(t)$	λ	—	—

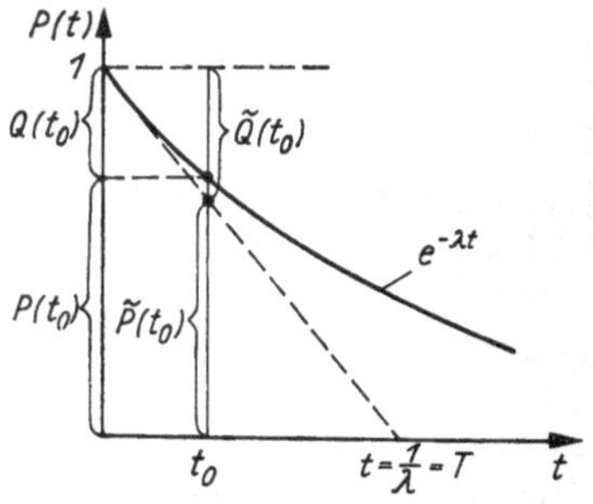

Abb. 2.1.10. Erläuterung der wichtigsten Formeln aus Tabelle 2.1.2

Beispiel 2.1.3

Das Element möge eine exponentialverteilte Arbeitszeit bis zum Ausfall mit dem Parameter

$$\lambda = 2{,}5 \cdot 10^{-5}\ \mathrm{h}^{-1}$$

besitzen.
Es sollen die grundlegenden Zuverlässigkeitskenngrößen des Elements berechnet werden.

Lösung

1. Wahrscheinlichkeit der ausfallfreien Arbeit bis zur Zeit $t_0 = 2000$ h:

$$P(2000) = \exp(-2{,}5 \cdot 10^{-5} \cdot 2000) = e^{-0{,}05} = 0{,}9512 .$$

Näherungswert

$$\tilde{P}(2000) = 1 - 2{,}5 \cdot 10^{-5} \cdot 2000 = 0{,}95 .$$

2. Ausfallwahrscheinlichkeit bis zur Zeit $t_0 = 2000$ h:

$$Q(2000) = 1 - 0{,}9512 = 0{,}0488 .$$

Näherungswert

$$\tilde{Q}(2000) = 2{,}5 \cdot 10^{-5} \cdot 2000 = 0{,}05 .$$

3. Wahrscheinlichkeit der ausfallfreien Arbeit im Zeitintervall von $t = 500$ h bis $t + t_0 = 2500$ h unter der Bedingung, daß das Element bis zur Zeit 500 h ausfallfrei gearbeitet hat:

$$P(500; 2500) = \exp(-2{,}5 \cdot 10^{-5} \cdot 2000) = e^{-0{,}05} = 0{,}9512 .$$

Näherungswert

$$\tilde{P}(500; 2500) = 1 - 2{,}5 \cdot 10^{-5} \cdot 2000 = 0{,}95 .$$

4. Ausfallwahrscheinlichkeit im Zeitintervall von $t = 500$ h bis $t + t_0 = 2500$ h unter der Bedingung, daß das Element bis zur Zeit $t = 500$ h ausfallfrei gearbeitet hat:

$$Q(500; 2500) = 1 - 0{,}9512 = 0{,}0488 .$$

Näherungswert

$$\tilde{Q}(500; 2500) = 2{,}5 \cdot 10^{-5} \cdot 2000 = 0{,}05 .$$

5. Mittlere Arbeitszeit bis zum Ausfall

$$T = \frac{\text{h}}{2{,}5 \cdot 10^{-5}} = 40000 \text{ h} .$$

2.1.4. Wahrscheinlichkeit der ausfallfreien Arbeit bei zufälliger Zeitdauer zur Aufgabenerfüllung

Wenn die geforderte Arbeitszeit des Elements oder die Zeit t_0 der Aufgabenerfüllung durch das Element selbst eine Zufallsgröße ist, so läßt sich die Wahrscheinlichkeit der ausfallfreien Arbeit des Elements (Wahrscheinlichkeit der erfolgreichen Ausführung der Aufgabe) in der Form

$$P = \int_0^\infty P(t)\, dG(t) = \int_0^\infty P(t)\, g(t)\, dt$$

schreiben. Dabei ist $P(t)$ die Wahrscheinlichkeit der ausfallfreien Arbeit des Elements bis zur Zeit t (Wahrscheinlichkeit der Aufgabenerfüllung während der Zeitdauer t); $G(t)$ ist die Wahrscheinlichkeit dafür, daß die Aufgabendauer die Größe t nicht überschreitet (Verteilungsfunktion der Aufgabendauer); $g(t)$ ist die Verteilungsdichte von $G(t)$.

In Tabelle 2.1.3 sind für wichtige Fälle Ausdrücke für P angegeben $\left(P(t) = e^{-\lambda t}\right)$.

Beispiel 2.1.4

Eine elektronische Rechenmaschine, die durch einen POISSONschen Strom der Fehlfunktionen mit der Intensität $\lambda = 0{,}1$ h^{-1} charakterisiert wird, wurde zur Lösung von Aufgaben vorgesehen, deren Dauer eine normalverteilte Zufallsgröße mit dem Mittelwert $t_0 = 3$ h und der Standardabweichung $\sigma = 0{,}5$ h ist. Gesucht wird die Wahrscheinlichkeit dafür, daß bei der Lösung einer beliebig herausgegriffenen Aufgabe keine Fehlfunktion eintritt.

Lösung

Gemäß der Formel, die in Tabelle 2.1.3 für die Normalverteilung angegeben wurde, finden wir

$$P = 1 - 0{,}3 + \frac{0{,}01(9 + 0{,}25)}{2} = 0{,}74625 \approx 0{,}75 .$$

Wir bemerken, daß bei konstanter Dauer zur Lösung der Aufgabe gelten würde

$$P = e^{-0{,}1 \cdot 3} = 0{,}7408 \approx 0{,}74 .$$

Tabelle 2.1.3. Element ohne Erneuerung. Wahrscheinlichkeit der ausfallfreien Arbeit, wenn die zur Aufgabenerfüllung notwendige Zeitdauer eine Zufallsgröße ist

Verteilungsgesetz $G(t)$	exakter Ausdruck	Näherungsausdruck	Fehler	Anmerkung
Exponentialverteilung $g(t) = \frac{1}{t_0} e^{-\frac{t}{t_0}}$	$\frac{1}{1 - \lambda t_0}$	$1 - \lambda t_0 + (\lambda t_0)^2$	$\delta_+ < (\lambda t_0)^3$	
Normalverteilung $g(t) = \frac{1}{\sqrt{2\pi\sigma^2}} e^{-\frac{(t_0-t)^2}{2\sigma^2}}$	$e^{-\lambda t_0 + \frac{\sigma^2\lambda^2}{2}}$	$1 - \lambda t_0 + \frac{\lambda^2(t_0^2 + \sigma^2)}{2}$	$\delta_+ < \frac{\lambda^3}{2}\left[t_0\sigma^2 + \frac{t_0^3}{6}\right]$ für $\lambda t_0 \ll 1$	
Beliebige Verteilung $G(t)$	$1 - \sum_{k=1}^{\infty} (-1)^k \frac{\lambda^k m_k}{k!}$	$1 - \lambda t_0 + \frac{\lambda^2[t_0^2 + \sigma^2]}{2!}$	$\delta_+ < \frac{\lambda^3 m_3}{3!}$ für $\frac{m_k}{k!} > k \frac{m_{k+1}}{(k+1)!}$	m_k ist das k-te gewöhnliche Moment der Verteilung $G(t)$ $m_1 = t_0$ $m_2 = t_0^2 + \sigma^2$

2.1.5. „Alternde“ Verteilung

In der Praxis hat man oft mit verschiedenen Erzeugnissen zu tun, die eine sehr naturgemäße Eigenschaft besitzen: ein Erzeugnis, daß eine bestimmte Zeit hindurch gearbeitet hat, besitzt im Vergleich mit einem ganz neuen oder erst kürzere Zeit arbeitenden Erzeugnis schlechtere Wahrscheinlichkeitscharakteristiken. Eine solche Verschlechterung der Wahrscheinlichkeitscharakteristiken kann sich auf verschiedene Weise zeigen. So kann z. B. im Laufe der Zeit die Ausfallrate des Erzeugnisses anwachsen oder die sogenannte restliche Lebensdauer (im Mittel) fallen u. ä. (Es existieren auch andere ähnliche Kennzeichen der Alterung, obwohl sie sich, streng gesprochen, im mathematischen Sinne unterscheiden.)

Es zeigt sich, daß man auf Grund der Information — das Element besitzt eine „alternde“ Verteilung — die klassischen Abschätzungen für die Quantile der Verteilung, die aus den bekannten Werten für Erwartungswert und Streuung gewonnen werden, wesentlich verbessern kann. (Anmerkung d. Herausg.: Grundlagen für diese Abschätzungen, s. Ergänzungsliteratur [5], Kap. 2.4.)

Tabelle 2.1.4. Obere und untere Grenzen für die Wahrscheinlichkeit der ausfallfreien Arbeit $P(t)$ und Quantile für „alternde“ Verteilungen

Kenngröße	untere Grenze	obere Grenze	Gültigkeitsbereich der Abschätzung	Anmerkung
$P(t)$	$e^{-\frac{t}{T}}$	1	$0 \leqq t < T$	ω_t hängt von t ab und wird für alle $t > T$ aus der Gleichung
	0	$e^{-\omega_t t}$	$t \geqq T$	$1 - \omega_t T = e^{-\omega_t t}$ bestimmt
	$e^{-\alpha t}$	—	$t \leqq \xi_p$	ξ_p wird aus der Gleichung $F(\xi_p) = p$ bestimmt; $\alpha = -\frac{\ln(1-p)}{\xi_p}$
	—	$e^{-\alpha t}$	$t \geqq \xi_p$	
ξ_p	$-\ln(1-p)\,T$	$-\frac{\ln(1-p)}{p}\,T$	$p \leqq 1 - e^{-1}$	
	T	$-\frac{\ln(1-p)}{p}\,T$	$p \geqq 1 - e^{-1}$	

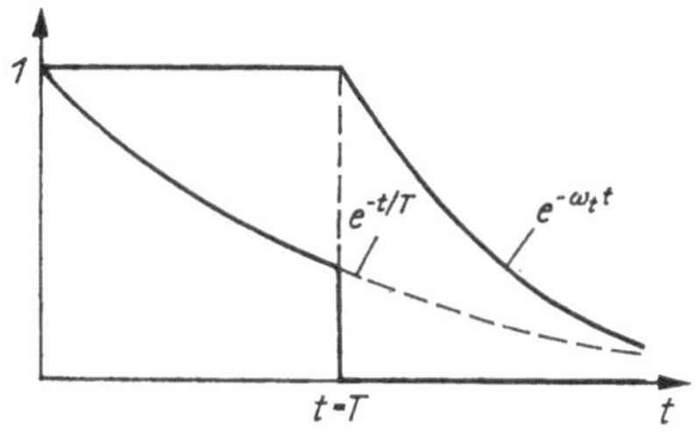

Abb. 2.1.11. Prinzipieller Verlauf der oberen und unteren Grenze für eine „alternde“ Verteilung bei bekanntem Erwartungswert

In Tabelle 2.1.4 werden die Formeln zur Ermittlung oberer und unterer Grenzen für die Wahrscheinlichkeit der ausfallfreien Arbeit und die Quantile ξ_p bei bekanntem Erwartungswert der Verteilung, die eine wachsende Ausfallrate $\lambda(t)$ besitzt, angegeben. Der Gesamtcharakter der oberen und unteren Grenze von $P(t)$ für diesen Fall wird in Abb. 2.1.11 illustriert. Der Bequemlichkeit für praktische Abschätzungen halber wurde die obere Grenze tabelliert (Tabelle 2.1.5).

Tabelle 2.1.5. Obere Grenzen für $P(t) = 1 - F(t)$, wenn $F(t)$ eine „alternde" Verteilung mit dem bekannten Erwartungswert $T = 1$ ist

t/T	00	02	04	06	08
1,0	1,000	0,961	0,924	0,889	0,856
1,1	0,824	0,794	0,765	0,738	0,711
1,2	0,686	0,662	0,640	0,618	0,597
1,3	0,577	0,558	0,540	0,522	0,505
1,4	0,489	0,474	0,459	0,444	0,430
1,5	0,417	0,404	0,392	0,380	0,369
1,6	0,358	0,348	0,337	0,328	0,318
1,7	0,309	0,300	0,292	0,283	0,275
1,8	0,268	0,260	0,253	0,246	0,239
1,9	0,233	0,226	0,220	0,214	0,209
2,0	0,203	0,198	0,193	0,188	0,183

Wenn außer dem Erwartungswert auch die Streuung der Verteilung bekannt ist, können die Grenzen wesentlich eingeengt werden. In Tabelle 2.1.6 werden Zahlenwerte für die obere Grenzen und in Tabelle 2.1.7 für die unteren Grenzen gebracht — jeweils für den Fall wachsender Ausfallraten.

Tabelle 2.1.6. Obere Grenzen für $P(t) = 1 - F(t)$, wenn $F(t)$ eine „alternde" Verteilung mit dem bekannten Erwartungswert $T = 1$ und der Streuung σ^2 ist

t/T	σ^2/T^2				
	0,10	0,20	0,30	0,40	0,50
0,30	1,000	1,000	1,000	1,000	0,993
0,33	1,000	1,000	1,000	1,000	0,964
0,36	1,000	1,000	1,000	1,000	0,936
0,39	1,000	1,000	1,000	0,978	0,909
0,42	1,000	1,000	1,000	0,951	0,883
0,45	1,000	1,000	1,000	0,924	0,857
0,48	1,000	1,000	0,974	0,897	0,833
0,51	1,000	1,000	0,947	0,872	0,809
0,54	1,000	1,000	0,921	0,847	0,785
0,57	1,000	0,985	0,896	0,823	0,763
0,60	1,000	0,959	0,871	0,800	0,741
0,63	1,000	0,933	0,847	0,777	0,719
0,66	1,000	0,909	0,824	0,755	0,699
0,69	0,995	0,885	0,801	0,734	0,678
0,72	0,972	0,862	0,779	0,713	0,659

Fortsetzung der Tabelle 2.1.6

t/T	σ^2/T^2				
	0,10	0,20	0,30	0,40	0,50
0,75	0,949	0,840	0,758	0,693	0,640
0,78	0,927	0,819	0,737	0,674	0,622
0,81	0,906	0,798	0,718	0,655	0,604
0,84	0,887	0,778	0,698	0,636	0,587
0,87	0,868	0,758	0,680	0,619	0,570
0,90	0,850	0,740	0,661	0,601	0,554
1,00	0,796	0,682	0,608	0,548	0,503
1,05	0,774	0,656	0,579	0,523	0,479
1,10	0,756	0,632	0,554	0,499	0,457
1,15	0,742	0,609	0,531	0,476	0,435
1,20	0,633	0,588	0,509	0,455	0,415
1,25	0,514	0,570	0,488	0,435	0,396
1,30	0,411	0,554	0,469	0,416	0,377
1,35	0,326	0,519	0,451	0,397	0,360
1,40	0,258	0,444	0,434	0,380	0,343
1,50	0,163	0,321	0,405	0,348	0,313

t/T	σ^2/T^2				
	0,60	0,70	0,80	0,90	1,00
0,05	1,000	1,000	1,000	1,000	0,951
0,10	1,000	1,000	1,000	0,952	0,905
0,15	1,000	1,000	0,957	0,906	0,861
0,20	1,000	0,964	0,910	0,862	0,819
0,25	0,976	0,917	0,866	0,820	0,779
0,30	0,930	0,873	0,824	0,780	0,741
0,35	0,884	0,831	0,784	0,742	0,705
0,40	0,842	0,790	0,746	0,706	0,670
0,45	0,801	0,752	0,709	0,671	0,638
0,50	0,762	0,716	0,675	0,639	0,606
0,55	0,726	0,681	0,642	0,608	0,577
0,60	0,691	0,648	0,611	0,578	0,549
0,65	0,658	0,616	0,581	0,550	0,522
0,70	0,626	0,587	0,553	0,523	0,497
0,75	0,596	0,558	0,526	0,497	0,472
0,80	0,567	0,531	0,500	0,473	0,450
0,85	0,540	0,506	0,476	0,450	0,427
0,90	0,514	0,481	0,453	0,428	0,407
0,95	0,490	0,458	0,431	0,407	0,387
1,00	0,467	0,436	0,410	0,388	0,368
1,05	0,444	0,415	0,390	0,369	0,350
1,10	0,423	0,395	0,371	0,351	0,333
1,15	0,402	0,376	0,353	0,334	0,317
1,20	0,383	0,358	0,336	0,317	0,301
1,25	0,365	0,340	0,320	0,302	0,286
1,30	0,348	0,324	0,304	0,287	0,272
1,35	0,331	0,308	0,289	0,273	0,259
1,40	0,316	0,293	0,275	0,260	0,247
1,45	0,300	0,279	0,262	0,247	0,235
1,50	0,286	0,266	0,249	0,235	0,223

Tabelle 2.1.7. Untere Grenzen für $P(t) = 1 - F(t)$, wenn $F(t)$ eine „alternde" Verteilung mit dem bekannten Erwartungswert $T = 1$ und der Streuung σ^2 ist

t/T	σ^2/T^2				
	0,10	0,20	0,30	0,40	0,50
0,05	0,987	0,978	0,970	0,965	0,961
0,10	0,974	0,956	0,941	0,931	0,923
0,15	0,962	0,934	0,913	0,893	0,886
0,20	0,949	0,913	0,886	0,866	0,851
0,25	0,937	0,892	0,860	0,836	0,818
0,30	0,925	0,872	0,834	0,806	0,686
0,35	0,913	0,853	0,810	0,778	0,755
0,40	0,901	0,834	0,786	0,751	0,725
0,45	0,886	0,813	0,762	0,724	0,696
0,50	0,868	0,790	0,737	0,698	0,669
0,55	0,847	0,763	0,709	0,671	0,642
0,60	0,819	0,731	0,677	0,639	0,613
0,65	0,787	0,695	0,643	0,608	0,583
0,70	0,747	0,655	0,605	0,574	0,551
0,75	0,699	0,609	0,567	0,538	0,518
0,80	0,640	0,562	0,524	0,502	0,486
0,85	0,569	0,510	0,482	0,466	0,454
0,90	0,502	0,460	0,411	0,431	0,424
0,95	0,452	0,412	0,403	0,399	0,395
1,00	0,368	0,368	0,368	0,368	0,368
1,05	0,315	0,329	0,336	0,340	0,342
1,10	0,270	0,292	0,305	0,312	0,318
1,15	0,230	0,264	0,280	0,290	0,298
1,20	0	0,236	0,256	0,268	0,277
1,25	0	0,211	0,233	0,248	0,258
1,30	0	0,188	0,213	0,229	0,241
1,35	0	0	0,194	0,212	0,224
1,40	0	0	0,177	0,196	0,209
1,45	0	0	0,162	0,181	0,195
1,50	0	0	0,146	0,167	0,182

t/T	σ^2/T^2				
	0,60	0,70	0,80	0,90	1,00
0,05	0,957	0,955	0,953	0,952	0,951
0,10	0,917	0,912	0,909	0,906	0,905
0,15	0,878	0,871	0,866	0,863	0,861
0,20	0,840	0,832	0,826	0,821	0,819
0,25	0,804	0,794	0,787	0,782	0,779
0,30	0,770	0,758	0,750	0,744	0,741
0,35	0,737	0,724	0,715	0,708	0,705
0,40	0,706	0,692	0,682	0,674	0,670
0,45	0,676	0,660	0,650	0,642	0,638
0,50	0,647	0,631	1,619	0,611	0,606

Fortsetzung der Tabelle 2.1.7

t/T	σ^2/T^2				
	0,60	0,70	0,80	0,90	1,00
0,55	0,619	0,602	0,590	0,582	0,577
0,60	0,592	0,575	0,563	0,554	0,549
0,65	0,564	0.548	0.536	0.527	0.522
0,70	0.534	0.521	0,511	0,502	0,497
0,75	0,505	0,494	0,485	0,478	0,472
0,80	0,475	0,466	0,460	0,454	0,449
0,85	0,446	0,440	0,435	0,431	0,427
0,90	0,419	0,415	0,411	0,409	0,407
0,95	0,392	0,390	0,389	0,388	0,387
1,00	0,368	0,368	0,368	0,368	0,368
1,05	0,345	0,347	0,348	0,349	0,350
1,10	0,324	0,326	0,329	0,331	0,333
1,15	0,303	0,308	0,311	0,314	0,317
1,20	0,284	0,290	0,294	0,298	0,301
1,25	0,266	0,273	0,278	0,283	0,286
1,30	0,250	0,257	0,263	0,268	0,272
1,35	0,234	0,242	0,249	0,254	0,259
1,40	0,220	0,228	0,235	0,241	0,247
1,45	0,206	0,215	0,222	0,299	0,235
1,50	0,193	0,202	0,210	0,217	0,223

Beispiel 2.1.5

Das Element möge eine „alternde" Verteilung der Arbeitszeit bis zum Ausfall mit dem Erwartungswert $T = 100$ h besitzen. Es sollen Grenzen für die Wahrscheinlichkeit der ausfallfreien Arbeit zu den Zeitpunkten $t_0 = 70$ h und $t_0 = 130$ h berechnet werden.

Lösung

Aus Tabelle A 8.1 der Exponentialverteilung finden wir eine untere Grenze für $t_0 = 70$ h:

$$0{,}4966 = e^{-0{,}7} \leqq P(70) \leqq 1 \,.$$

Aus Tabelle 2.1.5 finden wir eine obere Grenze für $t_0 = 130$ h:

$$0 \leqq P(130) \leqq 0{,}577 \,.$$

Beispiel 2.1.6

Es möge das Element eine „alternde" Verteilung der Arbeitszeit bis zum Ausfall mit dem Erwartungswert $T = 100$ h und der Streuung $\sigma^2 = 1000$ h^2 besitzen. Es sollen Grenzen für die Wahrscheinlichkeit der ausfallfreien Arbeit an den Zeitpunkten $t_0 = 70$ h und $t_0 = 130$ h ermittelt werden.

Lösung

Aus Tabelle 2.1.7 finden wir untere Grenzen und aus Tabelle 2.1.6 obere Grenzen, wenn das Verhältnis $t = t_0/T$ gleich 0,7 beziehungsweise 1,3 wird:

$$0{,}747 \leqq P(0{,}7) \leqq 0{,}988^{1)}$$

$$0 \leqq P(1{,}3) \leqq 0{,}411 \,.$$

---

[1]) Der Wert wurde durch lineare Interpolation erhalten. In der Tafel ist der Wert 0,995 für $t = 0{,}69$ und der Wert 0,972 für $t = 0{,}72$ enthalten.

Anmerkung: Im Beispiel 2.1.2 war bekannt, daß die Arbeitszeit bis zum Ausfall normalverteilt ist. Die Normalverteilung gehört zur Klasse der „alternden" Verteilungen. Wir erinnern daran, daß im erwähnten Beispiel $P(0{,}7) = 0{,}829$ und $P(1{,}3) = 0{,}171$ gilt.

2.2. Element mit Erneuerung

2.2.0. Vorbemerkungen

Der Funktionsablauf eines Elementes mit Erneuerung kann als Folge sich abwechselnder Intervalle der Arbeitsfähigkeit und des Stillstandes (Abb. 2.2.1) beschrieben werden:

$$\theta_1, \xi_1, \theta_2, \xi_2, \ldots$$

Im vorliegenden Abschnitt wird der Fall betrachtet, daß alle θ_i ein und dieselbe Verteilung $F(t) = \mathcal{P}\{\theta \leq t)$ besitzen, und alle ξ_i ein und dieselbe Verteilung $F_E(t) = \mathcal{P}\{\xi \leq 1)$, wobei alle Größen θ_i und ξ_i voneinander unabhängig sind. (Ein solcher zufälliger Prozeß heißt **alternierender Erneuerungsprozeß**.) Den gleichen Funktionsablauf eines Elementes mit Erneuerung kann man bequem beschreiben durch einen Graphen (Abb. 2.2.2) der Übergänge zwischen dem Zustand der Arbeitsfähigkeit H_0 und dem Ausfallzustand H_1.

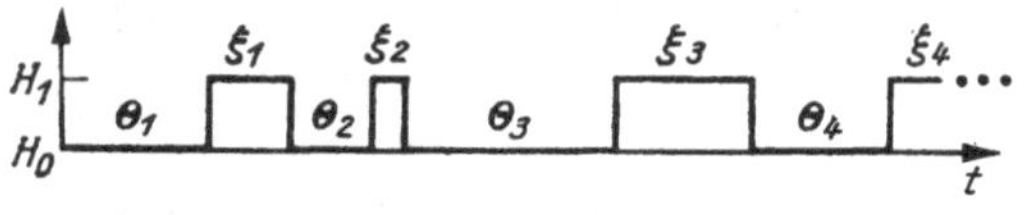

Abb. 2.2.1. Zufälliger Prozeß, der der Folge der sich gegenseitig abwechselnden Intervalle der Arbeitsfähigkeit und des Ausfalls eines Elements mit Erneuerung entspricht

Abb. 2.2.2. Graph der Übergänge für ein Element mit Erneuerung aus einem Zustand in einen anderen

2.2.1. Beliebige Verteilungen der ausfallfreien Arbeitszeit und der Erneuerungszeit

In Tabelle 2.2.1 werden die grundlegenden Zuverlässigkeitskenngrößen für beliebige Verteilungen der ausfallfreien Arbeitszeit $F(t)$ und der Erneuerungszeit $F_E(t)$ angegeben.

Anmerkung: Die manchmal als „exakter" Ausdruck für die Intervallverfügbarkeit verwendete Beziehung

$$R(t_0) = VP(t_0) \tag{2.2.1}$$

ist im allgemeinen nicht richtig. Diese Formel gilt nur bei exponentialverteilter Zeit der ausfallfreien Arbeit des Elements, d. h. bei

$$P(t_0) = e^{-\lambda t_0}.$$

Wenn bekannt ist, daß die Verteilung der Arbeitszeit zwischen Ausfällen „altert", so besitzt die Intervallverfügbarkeit folgende obere und untere Schranken

$$V\left(1 - \frac{t_0}{T}\right) \leqq R(t_0) \leqq V\, e^{-\frac{t_0}{T}}. \tag{2.2.2}$$

Tabelle 2.2.1. Element mit Erneuerung. Beliebiges Verteilungsgesetz $F(t)$ der Zeit zwischen den Ausfällen und beliebiges Verteilungsgesetz $F_E(t)$ der Erneuerungszeit $\gamma = \tau/T$

Kenngröße	exakter Ausdruck	Näherungsausdruck	Fehler
T	$\int_0^\infty xf(x)\,dx = \int_0^\infty x\,dF(x) = \int_0^\infty P(x)\,dx$	–	–
τ	$\int_0^\infty xf_E(x)\,dx = \int_0^\infty x\,dF_E(x) = \int_0^\infty [1 - F_E(x)]\,dx$	–	–
$P(t_0)$	$1 - F(t_0)$	–	–
$Q(t_0)$	$F(t_0)$	–	–
V	$\frac{T}{T + \tau} = \frac{1}{1 + \gamma}$	$1 - \gamma$	$\delta_+ < \gamma^2$
U	$\frac{\tau}{T + \tau} = \frac{\gamma}{1 + \gamma}$	γ	$\delta_- < \gamma^2$
$R(t_0)$	$V \frac{1}{T} \int_{t_0}^\infty [1 - F(x)]\,dx = \frac{1}{T + \tau} \int_{t_0}^\infty P(x)\,dx$	Siehe die Anmerkung im Text zu den Formeln (2.2.2) und (2.2.3)	

Für den Fall $t_0 \ll T$ und $\tau \ll T$ kann man einen Näherungsausdruck

$$R(t_0) \approx 1 - \frac{t_0 + \tau}{T} \tag{2.2.3}$$

notieren, der mit einem Fehler $\delta_+ < 2{,}5 \left[\frac{\max(t_0, \tau)}{T}\right]^2$ behaftet ist.

Beispiel 2.2.1

Die Verteilung $F(t)$ der Arbeitszeit der Elemente bis zum Ausfall sei durch folgende Tabelle gegeben

t_i	1	2	3	4	5	6	7	8	9
$F(t_i)$	0	0,086	0,172	0,314	0,543	0,743	0,914	0,971	1,00

Wir setzen an, daß die Arbeitszeit zwischen Ausfällen jeweils der gleichen Verteilung $F(t)$ genügt. Die Erneuerungszeit ist eine diskrete Zufallsgröße, die den Wert 0,1 h mit der Wahrscheinlichkeit $p_1 = 0{,}6$, den Wert 0,2 h mit der Wahrscheinlichkeit $p_2 = 0{,}3$ und den Wert 1,5 h mit der Wahrscheinlichkeit $p_3 = 0{,}1$ annimmt. Es sollen die grundlegenden Zuverlässigkeitskenngrößen des Elements berechnet werden.

Lösung

Da die Verteilungsfunktion $F(t)$ des Elements mit derjenigen aus Beispiel 2.1.1 zusammenfällt, kann man auf die Ergebnisse aus diesem Beispiel zurückgreifen: $P(4) = 0{,}686$, $Q(4) = 0{,}314$,

$P(2; 6) = 0{,}28$, $Q(2; 6) = 0{,}72$, $T = 4{,}257$ h $\approx 4{,}26$ h. Wir gehen nun über zur Berechnung der für Elemente mit Erneuerung charakteristischen Zuverlässigkeitskenngrößen.

1. Mittlere Erneuerungszeit. Im vorliegenden Falle kann τ durch folgende Summe ausgedrückt werden:

$$\tau = \sum_{i=1}^{n} x_i p_i .$$

Gemäß dem gegebenen konkreten Beispiel wird

$$\tau = x_1 p_1 + x_2 p_2 + x_3 p_3 = 0{,}1 \cdot 0{,}6 + 0{,}2 \cdot 0{,}3 + 0{,}15 \cdot 0{,}1 = 0{,}27 .$$

2. Verfügbarkeit

$$V = \frac{4{,}26}{4{,}26 + 0{,}27} = 0{,}942 ,$$

Näherungswert

$$\widetilde{V} = 1 - \frac{0{,}27}{4{,}26} = 0{,}938 .$$

3. Unverfügbarkeit

$$U = \frac{0{,}27}{4{,}26 + 0{,}27} = 0{,}058 ,$$

Näherungswert

$$\widetilde{U} = \frac{0{,}27}{4{,}26} = 0{,}062 .$$

4. Intervallverfügbarkeit für $t_0 = 2$ h
Für den Fall der im Beispiel vorgegebenen diskreten Verteilung nimmt der Ausdruck für die Intervallverfügbarkeit folgende Gestalt an:

$$R(t_0) = V \frac{1}{T} \sum_{i=3}^{11} P(t_i)\,(t_{i+1} - t_i) ,$$

d. h.

$$R(2) = \frac{0{,}942}{4{,}26}\,(0{,}828 + 0{,}786 + 0{,}457 + 0{,}257 + 0{,}086 + 0{,}029) = 0{,}525 .$$

Anmerkung: Bei Verwendung der Formel (2.2.1) würde sich ein Resultat ergeben, das sich wesentlich vom richtigen unterscheidet:

$$R(2) = V P(2) = 0{,}942 \cdot 0{,}914 \approx 0{,}861 .$$

(Hier wurde der Wert $P(2) = 1 - F(2)$ aus der Tabelle der Aufgabenstellung des vorliegenden Beispiels entnommen.)

2.2.2. Exponentialverteilungen für $F(t)$ und $F_E(t)$

In Tabelle 2.2.2 werden die grundlegenden Zuverlässigkeitskenngrößen eines Elements für exponentialverteilte Zeit der ausfallfreien Arbeit $F(t) = 1 - e^{-\lambda t}$ und der Erneuerungszeit $F_E(t) = 1 - e^{-\mu t}$ angegeben.

Die Näherungswerte für $P(t_0)$ und $Q(t_0)$ gelten unter der Bedingung $\lambda t_0 \ll 1$ und für die übrigen Kenngrößen unter der Bedingung $\gamma = \lambda/\mu \ll 1$. Die Koeffizienten $V(t)$ und $u(t)$ entsprechen dem Fall, daß sich zum Zeitpunkt $t = 0$ das Element im Zustand der Arbeitsfähigkeit befindet. Die Koeffizienten $V^\circ(t)$ und $U^\circ(t)$ gelten, wenn das Element z. Z. $t = 0$ ausgefallen ist. Die Formeln für die Verfügbarkeit und die Unverfügbarkeit werden in den Abbildungen 2.2.3 und 2.2.4 erläutert.

Die Formel der instationären Intervallverfügbarkeit für den Fall, daß das Element zum Anfangszeitpunkt ausgefallen ist, wird nicht angegeben, weil sie nur ganz selten praktisch angewendet wird.

Tabelle 2.2.2. Element mit Erneuerung. Exponentialverteilung $F(t) = 1 - e^{-\lambda t}$ der ausfallfreien Arbeitszeit und Exponentialverteilung $F_E(t) = 1 - e^{-\mu t}$ der Erneuerungszeit

$\gamma = \frac{\lambda}{\mu} = \frac{\tau}{T}$

Kenngröße	exakter Ausdruck	Näherungsausdruck	Gültigkeitsbereich	Fehler
$P(t_0)$	$e^{-\lambda}$	$1 - \lambda t_0$	$\gamma t_0 \ll 1$	$\delta_+ < \frac{1}{2}(\lambda t_0)^2$
$Q(t_0)$	$1 - e^{-\lambda t_0}$	λt_0	$\lambda t_0 \ll 1$	$\delta_- < \frac{1}{2}(\lambda t_0)^2$
T	$\frac{1}{\lambda}$	–	–	–
τ	$\frac{1}{\mu}$	–	–	–
V	$\frac{\mu}{\lambda + \mu} = \frac{T}{T + \tau} = \frac{1}{1 + \gamma}$	$1 - \gamma$	$\gamma \ll 1$	$\delta_+ < \gamma^2$
U	$\frac{\lambda}{\lambda + \mu} = \frac{\tau}{T + \tau} = \frac{\gamma}{1 + \gamma}$	γ	$\gamma \ll 1$	$\delta_- < \gamma^2$
$V(t)$	$V + U e^{-(\lambda + \mu)t}$	$1 - \gamma(1 - e^{-\mu t})$	$\gamma \ll 1$	$\delta_+ \sim \gamma^2(1 - e^{-\mu t})$
$V_0(t)$	$V(1 - e^{-(\lambda + \mu)t})$	$(1 - \gamma)(1 - e^{-\mu t})$	$\gamma \ll 1$	$\delta_- \sim \gamma^2(1 - e^{-\mu t})$

Tabelle 2.2.2 (Fortsetzung)

Kenngröße	exakter Ausdruck	Näherungsausdruck	Gültigkeitsbereich	Fehler
$U(t)$	$U(1 - e^{-(\lambda+\mu)t})$	$\gamma(1 - e^{-\mu t})$	$\gamma \ll 1$	$\delta_- \sim \gamma^2(1 - e^{-\mu t})$
$U^0(t)$	$U + V e^{-(\lambda+\mu)t}$	$e^{-\mu t} + \gamma(1 - e^{-\mu t})$	$\gamma \ll 1$	$\delta_+ \sim \gamma^2(1 - e^{-\mu t})$
$R(t_0)$	$V e^{-\lambda t_0}$	$1 - \lambda(\tau + t_0) = 1 - \gamma - \lambda t_0$	$\gamma \ll 1,\ \lambda t_0 \ll 1$	$\delta_+ < 2{,}5\,[\lambda \max(t_0, \tau)]^2$
$R(t, t_0)$	$(V + u\, e^{-(\lambda+\mu)t})\, e^{-\lambda t_0}$	$[1 - \gamma(1 - e^{-\lambda t})]\, e^{-\lambda t_0}$	$\gamma \ll 1$	$\delta_+ < \gamma^2(1 - e^{-\mu t})\, e^{-\lambda t_0}$
		$(V + u\, e^{-(\lambda+\mu)t}(1 - \lambda t_0)$	$\lambda t_0 \ll 1$, γ beliebig	$\delta_+ < \frac{(\lambda t_0)^2}{2}(V + U e^{-(\lambda+\mu)t})$
		$(1 - \lambda t)\, e^{-\lambda t_0}$	$\gamma \ll 1,\ \mu t \ll 1$	$\delta_+ < \gamma \lambda t\, e^{-\lambda t_0}$
		$[1 - \gamma(1 - e^{-\mu t})]\,(1 - \lambda t_0)$	$\gamma \ll 1,\ \lambda t_0 \ll 1$	$\delta_+ < \gamma^2(1 - e^{-\mu t}) + \frac{(\lambda t_0)^2}{2}$
		$1 - \lambda(t_0 + t)$	$\gamma \ll 1,\ \lambda t_0 \ll 1,\ \mu t \ll 1$	$\delta_+ < \lambda^2 t_0\left(t + \frac{t_0}{2}\right) + \lambda(\mu t + \gamma)$

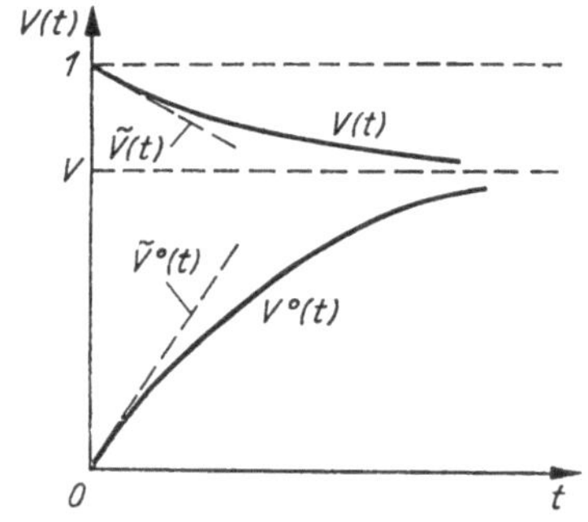

Abb. 2.2.3. Erläuterung der Formeln für die Verfügbarkeit

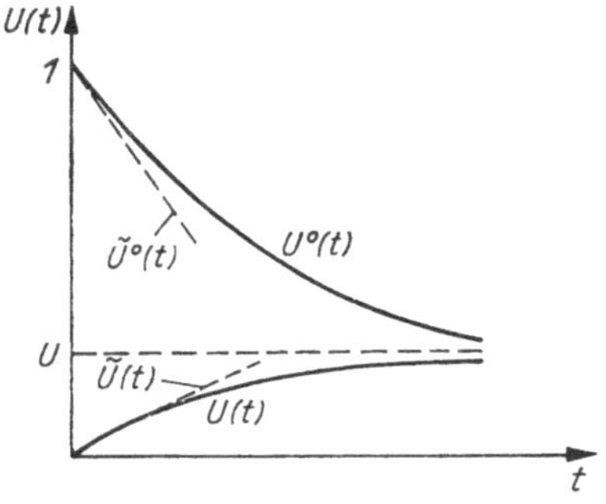

Abb. 2.2.4. Erläuterung der Formeln für die Unverfügbarkeit

Beispiel 2.2.2

Das Element möge jeweils Exponentialverteilungen der Arbeitszeit bis zum Ausfall und der Erneuerungszeit mit den Parametern $\lambda = 0{,}04\ \mathrm{h}^{-1}$ beziehungsweise $\mu = 2\ \mathrm{h}^{-1}$ besitzen. Es sollen die Grundkenngrößen berechnet werden.

Lösung

1. Wahrscheinlichkeit der ausfallfreien Arbeit für $t_0 = 2$ h:

$$P(2) = \mathrm{e}^{-0{,}04 \cdot 2} = 0{,}923\,.$$

Näherungswert

$$\tilde{P}(2) = 1 - 0{,}04 \cdot 2 = 0{,}92\,.$$

2. Wahrscheinlichkeit des Ausfalls bis zur Zeit $t_0 = 2$ h:

$$Q(2) = 1 - 0{,}923 = 0{,}077\,.$$

Näherungswert

$$\tilde{Q}(2) = 0{,}04 \cdot 2 = 0{,}08\,.$$

3. Mittlere Zeit der ausfallfreien Arbeit

$$T = \frac{1}{0{,}04\ \mathrm{h}^{-1}} = 25\ \mathrm{h}\,.$$

4. Mittlere Erneuerungszeit

$$\tau = \frac{1}{2\ \mathrm{h}^{-1}} = 0{,}5\ \mathrm{h}\,.$$

5. Verfügbarkeit

$$V = \frac{2}{2 + 0{,}04} = 0{,}9804\,.$$

Näherungswert

$$\tilde{V} = 1 - \frac{0{,}04}{2} = 0{,}98\,.$$

6. Unverfügbarkeit

$$U = \frac{0{,}04}{2 + 0{,}04} = 0{,}0196\,.$$

Näherungswert

$$U = \frac{0{,}04}{2} = 0{,}02\,.$$

7. Instationäre Verfügbarkeit für $t = 2$ h, falls sich das Element im Augenblick $t = 0$ im arbeitsfähigen Zustand befindet:

$$V(2) = 0{,}9804 + 0{,}0196 \cdot \mathrm{e}^{-(2+0{,}04) \cdot 2} = 0{,}9808\,.$$

Näherungswert

$$\tilde{V}(2) = 1 - \frac{0,04}{2(1 - e^{-2 \cdot 2})} = 0,9804 .$$

8. Instationäre Nichtverfügbarkeit für den gleichen Fall

$$U(2) = 0,0196(1 - e^{-(2+0,04) \cdot 2}) = 0,0192 .$$

Näherungswert

$$\tilde{U}(2) = \frac{0,04}{2} (1 - e^{-2 \cdot 2}) = 0,0196 .$$

9. Intervallverfügbarkeit für $t_0 = 2$ h:

$$R(2) = \frac{2}{2 + 0,04} e^{-0,04 \cdot 2} = 0,9146 .$$

Näherungswert

$$\tilde{R}(2) = 1 - \frac{0,5 + 2}{25} = 0,9 .$$

10. Instationäre Intervallverfügbarkeit für das Zeitintervall von $t = 1$ h bis $t + t_0 = 3$ h:

$$R(1; 3) = (0,9804 + 0,0196\, e^{-(0,04+2) \cdot 1})\, e^{-0,04 \cdot 2} = 0,906 .$$

Näherungswert

$$\tilde{R}(1; 3) = 1 - 0,04 \cdot (2 + 1) = 0,88 .$$

2.3. Spezielle Kenngrößen für ein Element mit Erneuerung

2.3.1. Wahrscheinlichkeit für eine vorgegebene kumulative Arbeitszeit während einer fixierten Kalenderzeit

In der Praxis führen oftmals **Ausfälle**, die im System (im Element) auftreten, nicht zum vollständigen Ausfall, sondern **bewirken** nur eine bestimmte **Verzögerung bei der Erfüllung der geforderten Aufgabe.** Eine solche Verzögerung kann sich sowohl im direkten, infolge notwendiger Erneuerungsarbeiten bedingten Stillstand des Systems zeigen, als auch in anderen Folgeerscheinungen von Ausfällen. (So kann z. B. ein kurzzeitiger Ausfall oder eine Fehlfunktion in einer EDVA dazu führen, daß ein Teil des Programms wiederholt werden muß. Betrachtet man die für die Lösung der Gesamtaufgabe erforderliche Zeit, so ist das einem unproduktiven Stillstand im Laufe dieser Zeit gleichwertig.)

Mathematisch kann dieses Problem auf folgende Weise formuliert werden. Man hat einen alternierenden Erneuerungsprozeß, der durch eine abwechselnde Folge der zufälligen Zeiten der ausfallfreien Arbeit und der zufälligen Erneuerungszeiten gebildet wird:

$$\theta_1, \xi_1, \theta_2, \xi_2, \ldots, \theta_n, \xi_n, \ldots$$

Dieser Prozeß wird auf dem Zeitintervall $[0, t]$ betrachtet. In dieses Intervall kann eine bestimmte zufällige Anzahl k von Intervallen der ausfallfreien Arbeit fallen. Wenn sich dabei das System z. Z. t im arbeitsfähigen Zustand befindet, so wird nicht das ganze letzte Intervall θ_k, sondern nur dessen Teil θ_k', der zum Intervall $[0, t]$ gehört, betrachtet.

Es soll die Wahrscheinlichkeit $A(t_0, t)$ dafür ermittelt werden, daß nach der festgelegten Zeit t die kumulative Arbeitszeit des Systems $S(t) = \theta_1 + \theta_2 + \dots + \theta_{k-1} + \theta_k'$ eine vorgegebene Größe t_0 nicht überschreitet, d. h.

$$A(t_0, t) = \mathcal{P}\{S(t) \leqq t_0\} .$$

1. *Beliebige Verteilungen*

Für beliebige Verteilungsfunktionen der ausfallfreien Arbeitszeit und der Erneuerungszeit

$$F(t) = \mathcal{P}\{\theta \leqq t\} , \qquad F_E(t) = \mathcal{P}\{\xi \leqq t\}$$

kann man schreiben

$$A(t_0, t) = \sum_{k=0}^{\infty} [F_E^{*k}(t - t_0) - F_E^{*(k+1)}(t - t_0)] \, F^{*k}(t_0) ,$$

wobei der obere Index $*n$ die n-fache Faltung bedeutet, d. h.

$$Z^{*n}(x) = \int_0^x Z^{*(n-1)}(x - y) \, \mathrm{d}Z(y)$$

mit $F^{*0}(x) = F_E^{*0}(x) \equiv 1$ für alle $x \geqq 0$.

Es ist ein ziemlich aufwendiger Weg, um für hinreichend große t die Werte von $A(t_0, t)$ nach der angegebenen Formel zu berechnen. Man kann jedoch in diesem Falle folgende asymptotische Formel benutzen:

$$A(t_0, t) \approx \Phi\left(\frac{t_0 - M_{S(t)}}{\sigma_{S(t)}}\right)$$

mit

$$M_{S(t)} \approx \frac{T}{T + \tau} \, t , \qquad \sigma_{S(t)}^2 \approx \frac{T^2 \tau^2 \left(\dfrac{\sigma^2}{T^2} + \dfrac{\sigma_E^2}{\tau^2}\right)}{(T + \tau)^3} \, t .$$

Hier ist T die mittlere ausfallfreie Arbeitszeit des Systems; σ^2 ist die Streuung der ausfallfreien Arbeitszeit; τ ist die mittlere Erneuerungszeit des Systems und σ_E^2 die Streuung der Erneuerungszeit und $\Phi(x)$ die Verteilungsfunktion der Standard-Normalverteilung, deren Zahlenwerte in Tabelle 8.3 des Anhangs gebracht werden.

2. *Exponentialverteilungen*

Im Falle der Exponentialverteilungen $F(t) = 1 - \mathrm{e}^{-\lambda t}$ und $F_E(t) = 1 - \mathrm{e}^{-\mu t}$ vereinfacht sich die Formel zur Berechnung von $A(t_0, t)$ nicht prinzipiell, sondern nimmt nur eine konkrete Gestalt an:

$$A(t_0, t) = \mathrm{e}^{-\lambda t_0 - \mu(t - t_0)} \sum_{k=1}^{\infty} \frac{[\mu(t - t_0)]^k}{k!} \sum_{j=k}^{\infty} \frac{(\lambda t_0)^j}{j!} .$$

Direkte Auswertungen dieser Formel erweisen sich auch als schwierig. Deshalb wurden in Tabelle 2.3.1 die Zahlenwerte von $1 - A(t_0, t)$ für den praktisch wichtigsten Bereich der Werte $1 - A(t_0, t)$ und t_0/t, λt, λ/μ zusammengestellt.

Tabelle 2.3.1. Wahrscheinlichkeit $1 - A(\lambda/\mu, \lambda/t, t_0/t)$ dafür, daß für ein Element mit der Ausfallrate λ und der Erneuerungsrate μ auf dem Intervall $(0, \lambda t)$ die kumulative Arbeitzeit t_0 größer als $0{,}8t$ wird (d. h. $t_0/t = 0{,}8$)

λt	λ/μ													
	0,01	0,02	0,03	0,04	0,05	0,06	0,07	0,08	0,09	0,1	0,2	0,3	0,4	0,5
0,1	0,843	0,603	0,460	0,370	0,309	0,265	0,232	0,206	0,186	0,169	0,088	0,060	0,045	0,036
0,2	0,969	0,821	0,682	0,576	0,496	0,435	0,386	0,348	0,316	0,289	0,157	0,107	0,082	0,066
0,3	0,993	0,912	0,800	0,699	0,616	0,549	0,494	0,449	0,411	0,378	0,211	0,146	0,112	0,090
0,4	0,998	0,955	0,869	0,779	0,698	0,630	0,572	0,523	0,482	0,446	0,254	0,177	0,136	0,110
0,5	—	0,976	0,911	0,833	0,757	0,690	0,631	0,581	0,537	0,499	0,289	0,202	0,155	0,126
0,6	—	0,987	0,939	0,871	0,801	0,736	0,678	0,626	0,581	0,542	0,317	0,223	0,172	0,139
0,7	—	0,993	0,957	0,900	0,835	0,773	0,715	0,664	0,618	0,577	0,341	0,240	0,185	0,150
0,8	—	0,996	0,970	0,921	0,862	0,803	0,746	0,695	0,648	0,606	0,360	0,254	0,195	0,159
0,9	—	0,998	0,978	0,937	0,884	0,828	0,773	0,721	0,674	0,632	0,377	0,265	0,204	0,166
1	—	0,999	0,984	0,950	0,902	0,849	0,795	0,744	0,697	0,654	0,391	0,275	0,211	0,171
1,5	—	—	0,997	0,983	0,955	0,917	0,873	0,826	0 781	0,737	0,441	0,305	0,231	0,185
2	—	—	0,999	0.994	0,979	0,952	0,917	0,877	0,834	0,791	0,473	0,319	0,237	0,187
2,5	—	—	—	0,998	0,989	0,972	0,945	0,911	0,872	0,831	0,496	0,326	0,236	0,183
3	—	—	—	0,999	0,995	0,983	0,963	0,934	0,900	0,862	0,514	0,330	0,233	0,176
4	—	—	—	—	0,999	0,994	0,982	0,964	0,937	0,905	0,543	0,332	0,224	0,162
5	—	—	—	—	—	0,998	0,992	0,979	0,960	0,934	0,565	0,331	0,213	0,148
6	—	—	—	—	—	0,999	0,996	0,988	0,974	0,953	0,583	0,329	0,202	0,135
7	—	—	—	—	—	—	0,998	0,993	0,983	0,966	0,599	0,326	0,192	0,123
8	—	—	—	—	—	—	0,999	0,996	0,989	0,975	0,614	0,323	0,182	0,112
9	—	—	—	—	—	—	0,999	0,998	0,992	0,982	0,626	0,319	0,172	0,102
10	—	—	—	—	—	—	—	0,999	0,925	0,987	0,638	0,315	0,164	0,093

Tabelle 2.3.1 (Fortsetzung)

$t_0/t = 0{,}85$

λt	λ/μ													
	0,01	0,02	0,03	0,04	0,05	0,06	0,07	0,08	0,09	0,1	0,2	0,3	0,4	0,5
0,1	0,749	0,498	0,368	0,292	0,241	0,205	0,179	0,158	0,142	0,129	0,067	0,045	0,034	0,027
0,2	0,924	0,721	0,572	0,471	0,398	0,345	0,304	0,272	0,246	0,224	0,119	0,081	0,061	0,049
0,3	0,974	0,833	0,694	0,587	0,506	0,444	0,395	0,356	0,323	0,296	0 160	0,110	0,084	0,067
0,4	0,991	0,896	0,773	0,668	0,584	0,517	0,463	0,419	0,383	0,352	0,194	0,133	0,102	0,082
0,5	0,997	0,933	0,827	0,727	0,643	0,573	0,516	0,469	0,429	0,396	0,220	0,152	0,116	0,094
0,6	0,999	0,955	0,866	0,772	0,688	0,618	0,559	0,509	0,467	0,431	0,242	0,167	0,128	0,103
0,7	—	0,970	0,895	0,807	0,725	0,654	0,594	0,542	0,498	0,461	0,259	0,179	0,137	0,111
0,8	—	0,980	0,916	0,835	0,756	0,685	0,623	0,570	0,525	0,485	0,273	0,189	0,144	0,117
0,9	—	0,986	0,933	0,858	0,781	0,711	0,648	0,594	0,547	0,507	0,285	0,197	0,150	0,121
1	—	0,991	0,946	0,878	0,803	0,733	0,671	0,615	0,567	0,525	0,295	0,203	0,155	0,125
1,5	—	0,999	0,981	0,938	0,879	0,815	0,752	0,694	0,641	0,594	0,326	0,219	0,164	0,131
2	—	—	0,993	0,967	0,922	0 866	0,806	0,747	0,692	0,641	0,341	0,222	0,162	0,127
2,5	—	—	0,997	0 982	0,949	0,901	0,845	0 787	0,731	0,677	0,349	0,219	0,156	0,119
3	—	—	0,999	0,990	0,966	0,926	0,875	0,819	0,762	0,707	0,354	0,214	0,148	0,111
4	—	—	—	0,997	0 984	0,957	0,916	0,866	0,810	0,754	0,359	0,202	0,131	0,094
5	—	—	—	0,999	0,993	0,975	0,943	0,898	0,846	0,790	0,360	0,189	0,116	0,079
6	—	—	—	—	0,996	0,985	0,960	0,922	0,874	0,819	0,360	0,177	0,102	0,066
7	—	—	—	—	0,998	0,991	0,972	0,940	0,896	0,843	0,359	0,165	0,090	0,056
8	—	—	—	—	0,999	0,994	0,980	0,953	0,913	0,863	0,357	0,155	0,080	0,047
9	—	—	—	—	—	0,997	0,986	0,964	0,927	0,880	0,355	0,145	0,071	0,040
10	—	—		—	—	0,998	0,990	0,971	0,939	0,894	0,353	0,135	0,062	0,033

Tabelle 2.3.1 (Fortsetzung)

$t_0/t = 0{,}9$

λt	λ/μ													
	0,01	0,02	0,03	0,04	0,05	0,06	0,07	0,08	0,09	0,1	0,2	0,3	0,4	0,5
0,1	0,600	0,367	0,263	0,204	0,167	0,141	0,122	0,108	0,097	0,087	0,045	0,030	0,023	0,018
0,2	0,816	0,569	0,429	0,342	0,285	0,244	0,213	0,189	0,170	0 154	0,080	0,054	0,041	0,033
0,3	0,907	0,690	0,539	0,440	0,370	0,319	0,281	0,250	0,226	0,206	0,108	0,074	0,056	0,045
0,4	0,951	0,768	0,618	0,511	0,434	0,377	0,333	0,298	0,269	0,246	0,131	0,089	0,068	0,054
0,5	0,973	0,822	0,676	0,566	0,484	0,422	0,374	0,335	0,304	0,278	0,149	0,102	0,077	0,062
0,6	0,985	0,861	0,721	0,609	0,524	0,459	0,407	0,366	0,332	0,303	0,163	0,111	0,084	0,068
0,7	0,991	0,890	0,757	0,645	0,557	0,489	0,434	0,390	0,354	0,324	0,174	0,119	0,090	0,073
0,8	0,995	0,912	0,786	0,674	0,585	0,514	0,457	0,411	0,373	0,341	0,183	0,125	0,095	0,076
0,9	0,997	0,929	0,811	0,700	0,609	0,536	0,477	0,429	0,389	0,356	0,190	0,129	0,098	0,079
1	0,998	0,942	0,832	0,722	0,630	0,555	0,494	0,444	0,402	0,368	0,195	0,132	0,100	0,080
1,5	—	0,979	0,903	0,803	0,708	0,625	0,556	0,498	0,450	0,409	0,208	0,137	0,102	0,081
2	—	0,992	0,941	0,855	0,761	0,674	0,598	0,534	0,480	0,433	0,208	0,132	0,096	0,075
2,5	—	0,997	0,963	0,891	0,801	0,712	0,631	0,561	0,502	0,451	0,203	0,124	0,088	0,067
3	—	0,999	0,977	0,916	0,832	0,742	0,658	0,584	0,519	0,464	0,197	0,115	0,079	0,059
4	—	—	0,991	0,950	0,878	0,790	0,701	0,619	0,547	0,484	0,182	0,097	0,062	0,044
5	—	—	0,996	0,969	0,909	0,826	0,735	0,648	0,568	0,499	0,168	0,082	0,049	0,033
6	—	—	0,998	0,981	0,932	0,854	0,763	0,672	0,587	0,511	0,155	0,069	0,039	0,025
7	—	—	0,999	0,988	0,948	0,877	0,787	0,692	0,602	0,521	0,142	0,058	0,030	0,019
8	—	—	—	0,992	0,960	0,895	0,807	0,711	0,616	0,530	0,131	0,049	0,024	0,014
9	—	—	—	0,995	0,969	0,911	0,825	0,727	0,629	0,538	0,121	0,041	0,019	0,010
10	—	—	—	0,997	0,976	0,924	0,841	0,742	0,640	0,545	0,112	0,035	0,015	0,008

Tabelle 2.3.1 (Fortsetzung)

$t_0/t = 0,95$

λt	λ/μ													
	0,01	0,02	0,03	0,04	0,05	0,06	0,07	0,08	0,09	0,1	0,2	0,3	0,4	0,5
0,1	0,366	0,203	0,141	0,107	0,087	0,073	0,063	0,055	0,049	0,044	0,022	0,015	0,011	0,009
0,2	0,565	0,340	0,242	0,187	0,153	0,129	0,112	0,098	0,088	0,079	0,041	0,027	0,020	0,016
0,3	0,685	0,435	0,316	0,247	0,203	0,172	0,149	0,132	0,118	0,107	0,055	0,037	0,028	0,022
0,4	0,763	0,505	0,372	0,293	0,242	0,206	0,179	0,158	0,142	0,129	0,066	0,045	0,034	0,027
0,5	0,816	0,558	0,415	0,329	0,272	0,232	0,202	0,179	0,161	0,146	0,075	0,051	0,038	0,031
0,6	0,855	0,601	0,450	0,358	0,297	0,253	0,220	0,195	0,175	0,159	0,082	0,055	0,042	0,033
0,7	0,884	0,635	0,479	0,382	0,316	0,270	0,235	0,208	0,187	0,169	0,087	0,059	0,044	0,036
0,8	0,907	0,664	0,503	0,401	0,332	0,283	0,246	0,218	0,196	0,177	0,091	0,061	0,046	0,037
0,9	0,925	0,689	0,524	0,418	0,345	0,294	0,256	0,226	0,202	0,183	0,094	0,063	0,047	0,038
1	0,938	0,711	0,542	0,432	0,357	0,303	0,263	0,232	0,208	0,188	0,096	0,064	0,048	0,039
1,5	0,977	0,791	0,610	0,482	0,394	0,330	0,284	0,248	0,220	0,197	0,096	0,063	0.047	0,037
2	0,991	0,843	0,656	0,515	0,415	0,343	0,290	0,251	0,220	0,195	0,089	0,056	0,041	0,032
2,5	0,996	0,880	0,693	0,540	0,429	0,350	0,292	0,248	0,215	0,189	0,080	0,049	0,035	0.027
3	0,998	0,907	0,722	0,560	0 440	0,354	0,291	0,244	0,209	0,181	0,070	0,041	0,029	0,022
4	—	0,942	0,769	0,592	0,456	0,357	0,286	0,233	0,194	0,164	0,054	0,029	0,019	0,014
5	—	0,963	0,805	0,618	0,467	0,357	0,278	0,222	0,180	0,149	0,042	0,020	0,013	0,009
6	—	0,976	0,833	0,639	0,476	0,356	0,271	0,210	0,167	0,135	0,032	0,014	0 008	0,005
7	—	0,985	0,856	0,658	0,483	0,354	0,263	0,200	0,155	0,122	0,024	0,010	0,005	0,003
8	—	0,990	0,876	0,675	0,489	0,351	0,255	0,189	0,143	0,111	0,019	0,007	0,004	0,002
9	—	0,993	0,892	0.689	0,495	0,349	0,248	0,180	0,133	0,101	0,015	0,005	0,002	0,001
10	—	0,996	0,906	0,703	0,500	0,346	0,241	0,171	0,123	0,091	0,011	0,003	0,002	0,001

Tabelle 2.3.1 (Fortsetzung)

$t_0/t = 0,99$

λt	λ/μ													
	0,01	0,02	0,03	0,04	0,05	0,06	0,07	0,08	0,09	0,1	0,2	0,3	0,4	0,5
0,1	0,087	0,044	0,030	0,022	0,018	0,015	0,013	0,011	0,010	0,009	0,005	0,003	0,002	0,002
0,2	0,152	0,079	0,053	0,040	0,032	0,027	0,023	0,020	0,018	0,016	0,008	0,005	0,004	0,003
0,3	0,201	0,106	0,072	0,054	0,044	0,037	0,031	0,027	0,024	0,022	0,011	0,007	0,006	0,004
0,4	0,239	0 127	0,086	0,065	0,053	0,044	0,038	0,033	0,030	0,027	0,013	0,009	0,007	0,005
0,5	0,268	0,143	0,097	0 074	0,059	0,050	0,043	0,038	0,033	0,030	0,015	0,010	0,008	0,006
0,6	0,291	0,156	0,106	0,080	0,065	0,054	0,047	0,041	0,036	0,033	0,016	0,011	0,008	0,007
0,7	0,310	0,165	0,112	0,085	0,068	0,057	0,049	0,043	0,038	0,035	0,017	0,012	0,009	0,007
0,8	0,325	0,173	0,117	0,089	0,071	0,060	0,051	0,045	0,040	0,036	0,018	0,012	0,009	0,007
0,9	0,338	0,178	0,120	0,091	0,073	0,061	0,052	0,046	0,041	0,037	0,018	0,012	0,009	0,007
1	0,348	0,182	0,123	0,092	0,074	0,062	0,053	0,046	0,041	0,037	0,019	0,012	0,009	0,007
1,5	0,381	0,189	0,123	0,091	0,072	0,060	0,051	0,044	0,039	0,035	0,017	0,011	0,009	0,007
2	0,400	0,185	0,116	0,083	0,065	0,053	0,044	0,038	0,034	0,030	0,014	0,009	0,007	0,006
2,5	0,412	0,177	0,106	0,074	0,056	0,045	0,037	0,032	0,028	0,025	0,011	0,007	0,005	0,004
3	0,421	0,169	0,096	0,064	0,048	0,038	0,031	0,026	0,023	0,020	0,009	0,006	0,004	0,003
4	0,434	0,151	0,078	0,049	0,034	0,026	0,020	0,017	0,014	0,012	0,005	0,003	0,002	0,002
5	0,442	0,135	0,063	0,036	0,024	0,018	0,013	0,011	0,009	0,007	0,003	0,002	0,001	0,001
6	0,448	0,121	0,050	0,027	0,017	0,012	0,009	0,007	0,005	0,005	0,001	0,001	0,001	—
7	0,453	0,108	0,041	0,021	0,012	0,008	0,006	0,004	0,003	0,003	0,001	—	—	—
8	0,458	0,096	0,033	0,015	0,009	0,005	0,004	0,003	0,002	0,002	—	—	—	—
9	0,461	0,086	0,027	0,012	0,006	0,004	0,002	0,002	0,001	0,001	—	—	—	—
10	0,464	0,078	0,022	0,009	0,004	0,003	0,002	0,001	0,001	0,001	—	—	—	—

Für hinreichend große t ist es auch in diesem Fall zweckmäßig, die asymptotische Formel

$$A(t_0, t) \approx \Phi\left(\frac{t_0 - M_{S(t)}}{\sigma_{S(t)}}\right)$$

zu benutzen, wobei

$$M(S(t)) \approx \frac{\mu}{\lambda + \mu} t\,, \qquad \sigma_S^2 \approx \frac{2\lambda\mu}{(\lambda + \mu)^3} t\,.$$

Hier ist $\Phi(x)$ die Verteilungsfunktion der Normalverteilung, deren Zahlenwerte in Tabelle A 8.3 gebracht werden.

2.3.2. Wahrscheinlichkeit für das Vorhandensein eines vorgeschriebenen Mindestintervalls der ausfallfreien Arbeit innerhalb einer festgelegten kumulativen Arbeitszeit

In vielen Fällen führt der Ausfall eines Systems (Elements) wohl zu einer Nichterfüllung der Aufgabe während der Zeit t_0, aber man kann im Laufe einer bestimmten, vorher fixierten Zeit t, die mit dem Ausfallzeitpunkt beginnt, die Lösung der gleichen Aufgabe wiederholen. Häufig wird ein solches Arbeitsregime als **zeitliche Redundanz** bezeichnet.

Im einfachsten Falle kann man eine solche Situation betrachten, bei der die von Ausfällen herrührenden Stillstandszeiten des Systems eigentlich vernachlässigbar klein sind. Der betrachtete Prozeß stellt sich dann als gewöhnlicher Erneuerungsprozeß dar. In der Praxis entspricht diesem Fall z. B. der Prozeß kurzzeitiger selbstheilender Ausfälle und Fehlfunktionen in EDVA bei der Abarbeitung eines Programms.

Wenn wir als Anfangszustand z. Z. $t = 0$ ein ganz neues System haben, so schreibt sich die uns interessierende Zuverlässigkeitskenngröße in der Form

$$B^*(t_0, t) = \mathcal{P}\left\{\theta_i \geqq t_0 \text{ oder } \theta_k' \geqq t_0 \,\middle|\, \sum_{i=1}^{k-1} \theta_i < t \leqq \sum_{i=1}^{k} \theta_i\right\},$$

wobei θ_k' derjenige Teil von θ_k ist, der zum Intervall $[0, t]$ gehört.

1. Beliebige Verteilung

Im Falle einer beliebigen Verteilung kann man für $B^*(t_0, t)$ die folgende Integralgleichung schreiben,

$$B^*(t_0, t) = [1 - F(t_0)]\,\delta(t) + \int_0^{t_0} B^*(t - x)\,\delta(t - x)\,\mathrm{d}F(x)\,,$$

wobei $F(x)$ die Verteilungsfunktion der Zufallsgröße θ_i und $\delta(t)$ die Einheitssprungfunktion sind,

$$\delta(t) = \begin{cases} 1, & \text{falls } t \geqq t_0\,, \\ 0, & \text{falls } t < t_0\,. \end{cases}$$

Für eine beliebige Verteilungsfunktion $F(t)$ kann man die angegebene Beziehung für $B^*(t_0, t)$ nur mit numerischen Methoden auflösen.

Falls $t \gg t_0$ gilt und $F(t_0)$ hinreichend dicht bei Eins liegt, d. h. $P(t_0) \ll 1$, so kann man eine asymptotische Formel

$$B^*(t_0, t) \approx 1 - \exp\left(-\frac{t}{T^*} P(t_0)\right) \qquad \text{mit} \qquad T^* = [F(t_0)]^{-1} \int_0^{t_0} x\,\mathrm{d}F(x)$$

angeben. T^* ist der Erwartungswert der abgeschnittenen Zufallsgröße θ ($\theta < t_0$). Unter den gemachten Voraussetzungen gilt praktisch $T^* \approx T$. (Die Funktionswerte von e^{-x} können Tabelle A 8.1 entnommen werden.)

2. *Exponentialverteilung*

Für den Fall einer exponentialverteilten Zeit der ausfallfreien Arbeit $F(t) = 1 - e^{-\lambda t}$ kann man eine Lösung der oben notierten Integralgleichung in Form einer Reihe gewinnen,

$$B^*(t_0, t) = e^{-t} \sum_{k=0}^{\infty} \frac{(\lambda t)^k}{k!} \sum_{j=0}^{k+1} (-1)^j \binom{k+1}{j} \left(1 - \frac{(k+1)\, t_0}{t}\right)_+^k ,$$

wobei der Operator $(x)_+$ bedeutet

$$(x)_+ = \begin{cases} x, & \text{falls } x \geqq 0\,, \\ 0, & \text{falls } x < 0\,. \end{cases}$$

Die Berechnung von $B^*(t_0, t)$ aus der angegebenen Reihe kann auch bestimmte numerische Schwierigkeiten mit sich bringen. Deshalb sind die Zahlenwerte der Funktion $B^*(t_0, t)$ für die praktisch wichtigen Parameterbereiche in Tabelle 2.3.2 gebracht worden. Wenn $t \gg t_0$ gilt und die Größe λt hinreichend groß ist, kann man eine asymptotische Formel

$$B^*(t_0, t) \approx 1 - e^{-\lambda t\, e^{-\lambda t_0}}$$

notieren. Zahlenwerte der Funktion e^{-x} finden sich in Tabelle A 8.1.

Tabelle 2.3.2. Werte von $B^*(t_0, t)$ bei vorgegebenem Parameter λt

t_0/t	λt								
	0,1	0,2	0,3	0,4	0,5	0,6	0,7	0,8	0,9
0,1	1	1	1	1	1	1	1	1	1
0,2	1	1	1	1	$0,9^{6}88$	$0,9^{6}70$	$0,9^{6}32$	$0,9^{5}87$	$0,9^{5}75$
0,3	$0,9^{5}86$	$0,9^{4}88$	$0,9^{4}57$	$0,9^{3}89$	$0,9^{3}79$	$0,9^{3}62$	$0,9^{3}38$	$0,9^{3}05$	$0,9^{2}86$
0,4	$0,9^{3}79$	$0,9^{3}12$	$0,9^{2}80$	$0,9^{2}62$	$0,9^{2}40$	$0,9^{2}11$	0,988	0,984	0,979
0,5	$0,9^{2}88$	$0,9^{2}53$	$0,9^{2}00$	0,982	0,974	0,963	0,951	0,938	0,925
0,7	0,979	0,958	0,936	0,912	0,889	0,865	0,841	0,817	0,793
0,6	0,960	0,922	0,884	0,846	0,810	0,775	0,741	0,708	0,676
0,8	0,942	0,886	0,843	0,784	0,737	0,693	0,651	0,612	0,574
0,9	0,923	0,852	0,786	0,726	0,670	0,618	0,570	0,526	0,485

t_0/t	λt									
	1	2	3	4	5	6	7	8	9	10
0,05	1	1	1	1	1	1	1	1	1	1
0,10	1	1	1	1	1	$0,9^{6}45$	$0,9^{5}73$	$0,9^{4}89$	$0,9^{4}67$	$0,9^{4}09$
0,15	1	$0,9^{6}28$	$0,9^{4}05$	$0,9^{4}87$	$0,9^{3}58$	$0,9^{2}87$	$0,9^{2}66$	$0,9^{2}27$	0,986	0,976
0,20	$0,9^{5}56$	$0,9^{3}84$	$0,9^{2}87$	$0,9^{2}50$	0,987	0,971	0,947	0,914	0,873	0,824
0,25	$0,9^{3}81$	$0,9^{2}70$	0,987	0,963	0,925	0,873	0,808	0,736	0,660	0,583
0,30	$0,9^{2}81$	0,983	0,946	0,886	0,807	0,716	0,622	0,531	0,445	0,369
0,35	$0,9^{2}14$	0,950	0,873	0,771	0,659	0,549	0,447	0,357	0,282	0,220
0,40	0,974	0,892	0,773	0,641	0,514	0,402	0,307	0,231	0,172	0,127
0,45	0,946	0,817	0,664	0,516	0,388	0,285	0,206	0,147	0,103	0,072
0,50	0,910	0,736	0,558	0,406	0,287	0,199	0,136	0,092	0,061	0,040

2.3.3. Wahrscheinlichkeit für das Vorhandensein eines vorgegebenen Mindestintervalls der ausfallfreien Arbeit innerhalb einer festgelegten Kalenderzeit

Diese Kenngröße kann aus den beiden vorangegangenen speziellen Größen $A(t_0, t)$ und $B^*(t_0, t)$ gewonnen werden.

Für die Wahrscheinlichkeit, daß ein vorgegebenes Mindestintervall der ausfallfreien Arbeit innerhalb einer festgelegten Kalenderzeit t vorhanden ist, ergibt sich im allgemeinen folgender Ausdruck:

$$B(t_0, t) = \int\limits_{y=b}^{t} B^*(t_0, y)\, \mathrm{d}[1 - A(y, t)]\,.$$

Zur Ermittlung von $B(t_0, t)$ können nur numerische Methoden benutzt werden.

Für praktische Zwecke kann die Integration durch eine Summation ersetzt werden:

$$B(t_0, t) \approx \sum_{t_0 = y_k < \quad < y_n = t} B^*\left(t_0, \frac{y_{k+1} + y_k}{2}\right) [A(y_k, t) - A(y_{k+1}, t)]\,.$$

Falls $t \gg t_0$ und dabei $P(t_0) \ll 1$ gilt, so kann man die folgende asymptotische Formel verwenden:

$$B(t_0, t) \approx 1 - \exp\left(- \frac{1}{T^* + \tau} P(t_0)\right),$$

wobei T^* und τ der Erwartungswert der abgeschnittenen Zufallsgröße θ beziehungsweise die mittlere Erneuerungszeit sind (praktisch gilt $T^* \approx T$).

Zahlenwerte für die Funktion e^{-x} wurden in Tabelle A 8.1 gebracht.

2.3.4. Wahrscheinlichkeit für das Nichtvorhandensein eines unzulässig großen Stillstandsintervalls innerhalb einer festgelegten kumulativen Stillstandszeit

Wir betrachten die Folge der Stillstandsintervalle des Systems (des Elements):

$$\xi_1, \xi_2, \dots, \xi_k, \dots$$

Die Ermittlung der Wahrscheinlichkeit $b^*(\tau_0, t)$ für das Nichtvorhandensein eines unzulässig großen Stillstandsintervalls innerhalb einer festgelegten kumulativen Stillstandszeit t ist eine Aufgabe, die — vollständig bis auf die Bezeichnungen — der Ermittlung der Wahrscheinlichkeit für das Vorhandensein wenigstens eines Intervalls der ausfallfreien Arbeit, das eine vorgegebene Größe überschreitet, äquivalent ist.

Wir bezeichnen mit $\tilde{b}^*(\tau_0, t)$ die Wahrscheinlichkeit dafür, daß in der kumulativen Stillstandszeit t wenigstens ein Stillstandsintervall ξ_i, das größer als τ_0 ist, liegt.

Die Größe $\tilde{b}^*(\tau_0, t)$ wird ebenso bestimmt wie die Größe $B^*(t_0, t)$. Man ersetzt die Bezeichnungen t_0 durch τ_0 und die Verteilungsfunktion der ausfallfreien Arbeitszeit $F(t)$ durch die Verteilungsfunktion der Erneuerungszeit $F_E(t)$. Die gesuchte Wahrscheinlichkeit wird gleich

$$b^*(\tau_0, t) = 1 - \tilde{b}^*(\tau_0, t) = 1 - B(\tau_0, t)\,.$$

1. Beliebige Verteilung[3]

Für eine beliebige Verteilungsfunktion $F_E(t)$ kann man die angegebene Beziehung für $b^*(\tau_0, t)$ nur mit numerischen Methoden auflösen. Falls $t \gg \tau_0$ gilt und $F_B(\tau_0)$ hinreichend dicht bei Eins liegt, so kann man eine asymptotische Formel anschreiben,

$$b^*(\tau_0, t) \approx \exp\left\{-\frac{t}{\tau^*}[1 - F_E(\tau_0)]\right\},$$

wobei τ^* der Erwartungswert der abgeschnittenen Zufallsgröße ξ (bei $\xi < \tau_0$) ist. Unter den gemachten Voraussetzungen gilt praktisch $\tau^* \approx \tau$.

Zahlenwerte für die Funktion e^{-x} werden in Tabelle A 8.1 gebracht.

2. Exponentialverteilung

Die Erneuerungszeit sei exponentialverteilt: $F_E(t) = 1 - e^{-\mu t}$. In diesem Falle kann man unter Berücksichtigung der oben gemachten Bemerkungen die Zahlentabelle 2.3.2 benutzen, in der die Funktionswerte von $B^*(\tau_0, t) = 1 - b^*(\tau_0, t)$ für die praktisch wichtigen Parameterbereiche angegeben sind. Wenn $t \gg \tau_0$ gilt und die Größe $\mu\tau_0$ hinreichend groß ist, so kann man eine asymptotische Formel folgender Gestalt notieren:

$$b^*(\tau_0, t) \approx 1 - \exp\left(-\mu t\, e^{-\mu\tau_0}\right).$$

Zahlenwerte der Funktion e^{-x} werden in Tabelle A 8.1 gebracht.

2.3.5. Wahrscheinlichkeit für das Nichtvorhandensein eines unzulässig großen Stillstandsintervalls innerhalb einer festgelegten Kalenderzeit

Wir betrachten den Funktionsablauf des Systems (Elements), der durch einen alternierenden Erneuerungsprozeß beschrieben wird. Dieser wird durch eine sich abwechselnde Folge von Intervallen der ausfallfreien Arbeit und Erneuerungsintervallen

$$\theta_1, \xi_1, \theta_2, \xi_2, \ldots, \theta_k, \xi_k, \ldots$$

dargestellt.

Uns interessiert die Wahrscheinlichkeit dafür, daß während der Zeit t im betrachteten Prozeß nicht ein einziges Mal eine Zufallsgröße ξ_i, die größer als ein zugelassener Wert τ_0 ist, auftritt. Eine derartige Zuverlässigkeitskenngröße erweist sich bei der Bewertung der ‚Funktionsqualität' von Systemen als zweckmäßig, die ihre eigene „zeitliche Trägheit" besitzen. Solche Systeme können hinreichend unempfindlich gegenüber kurzzeitigen Unterbrechungen in der Arbeit sein.

Für praktische Zwecke hat es nur Sinn, den Fall zu betrachten, bei dem die mittlere Zeit der ausfallfreien Arbeit wesentlich größer ist als die mittlere Erneuerungszeit, d. h. $T \gg \tau$. In diesem Falle kann zur Abschätzung der gesuchten Wahrscheinlichkeit $b(\tau_0, t)$ die folgende asymptotische Formel mit Erfolg verwendet werden:

$$b(\tau_0, t) \approx \exp\left\{-\frac{t}{T + \tau^*}[1 - F_B(\tau_0)]\right\}.$$

Zahlenwerte für die Funktion e^{-x} bringt Tabelle A 8.1.

Literatur

[1] Akulinitschew, N, M., Koslow, B. A. — Акулиничев Н. М., Козлов Б. А.: Об асимптотическом распределении суммарного времени работы резервированной системы — «Надежность и контроль качества», 1970, № 7.

[2] Kowalenko, I. N. – Коваленко И. Н.: Некоторые вопросы теории надежности сложных систем. — В кн.: Кибернетику — на службу коммунизму. Под ред. А. И. Берга, Н. Г. Бруевича, Б. В. Гнеденко. Т. II, М. «Энергия», 1964.
[3] Kolegajew, R. N. – Колегаев Р. Н.: О показателях для оценки надежности машин. — «Стандарты и качество», 1968, № 2.
[4] Solowjew, A. D. – Соловьев А. Д.: Математическое обоснование теории надежности. — «Радиоэлектронная промышленность», 1958, № 4.
[5] Ulinitsch, R. B. – Улинич Р. Б.: К вопросу о методе выбора критериев надежности. — «Стандарты и качество», 1966, № 1.
[6] Tscherkassow, G. N. – Черкасов Г. Н.: Оценка надежности систем с временной избыточностью. — В кн.: Основные вопросы теории и практики надежности. М., «Сов. радио», 1971.

Ergänzungsliteratur

[1] Cox, D. R., Smith, W. L. – Кокс Д. Р., Смит, В. Л.: Теория восстрановления. Москва: Советское радио — 1967 г.
[2] Reinschke, K.: Zuverlässigkeit von Systemen. Band 1: Systeme mit endlich vielen Zuständen. Berlin: VEB Verlag Technik 1973.
[3] Störmer, H.: Mathematische Theorie der Zuverlässigkeit. Berlin: Akademie-Verlag 1970.
[4] Tscherkessow, G. N. – Черкесов Г. Н.: Надежность технических систем с временной избыточностью. Москва: Советское радио — 1974 г.
[5] Barlow, R. E., Proschan, F.: Mathematical Theory of Reliability. New York: John Wiley & Sons 1965 (dt. Übersetzung: Statistische Theorie der Zuverlässigkeit, Berlin, Akademie-Verlag 1978).

3. STRUKTURELLE REDUNDANZ BEI SYSTEMEN OHNE ERNEUERUNG

3.0. Vorbemerkungen

In den Abschnitten 3.1 bis 3.3 werden die grundlegenden Zuverlässigkeitskenngrößen solcher Systeme mit Reserve abgeschätzt, die entweder überhaupt nicht wiederherstellbar sind, z. B. Systeme für einen einmaligen Einsatz, oder solcher wiederherstellbarer Systeme, deren sofortige Erneuerung in der betrachteten Zeitperiode aus gewissen Gründen nicht möglich ist. Es wird vorausgesetzt, daß alle Elemente, die das System mit Reserve bilden, voneinander unabhängig sind.

In den Abschnitten 3.4 und 3.5 werden weitere Möglichkeiten der strukturellen Redundanz diskutiert.

3.1. Beliebige Wahrscheinlichkeitsverteilung der Arbeitszeit bis zum Ausfall

Im vorliegenden Abschnitt wird vorausgesetzt, daß die Zeit des Zuschaltens eines Reserveelementes an die Stelle des ausgefallenen Arbeitselementes klein ist, so daß man sie vernachlässigen kann. Der Umschalter selbst wird als praktisch absolut zuverlässig betrachtet.

Für dieses Modell reservierter Systeme werden die grundlegenden Zuverlässigkeitscharakteristiken gebracht.

3.1.1. Reservierung eines Elements durch n Reserveelemente (Abb. 3.1.1), die im belasteten Regime arbeiten

1. Die **Wahrscheinlichkeit der ausfallfreien Arbeit** des Systems wird im Falle des unabhängigen Funktionierens aller seiner $n + 1$ Elemente gemäß der Formel

$$P(t_0) = 1 - \prod_{i=1}^{n+1} [1 - r_i(t_0)] , \tag{3.1.1}$$

bestimmt, wobei $r_i(t_0)$ die Wahrscheinlichkeit für die ausfallfreie Arbeit des i-ten Elements ist.

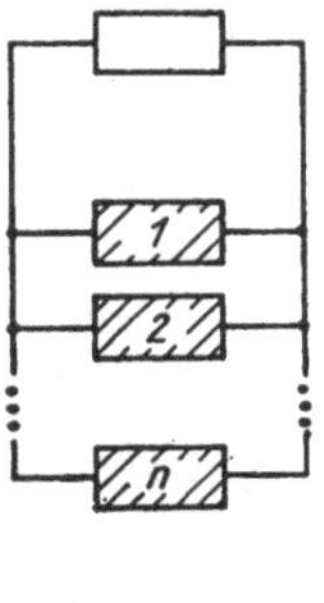

Abb. 3.1.1. Ersatzschaltbild eines Systems aus einem Arbeitselement und n Reserveelementen

2. Die **mittlere Arbeitszeit bis zum Ausfall** des Systems findet man aus der Formel

$$T = \int_0^\infty P(t)\,\mathrm{d}t\,, \tag{3.1.2}$$

wobei $P(t)$ aus (3.1.1) bestimmt wird.

Im Falle der Exponentialverteilung

$$r_i(t_0) = \mathrm{e}^{-\lambda_i t_0}\,, \qquad 1 \leqq i \leqq n+1\,, \tag{3.1.3}$$

gilt für die Wahrscheinlichkeit der ausfallfreien Arbeit $P(t_0)$ des Systems folgende Abschätzung $\widetilde{P}(t_0)$ nach unten:

$$\widetilde{P}(t_0) = 1 - t_0^{n+1} \prod_{i=1}^{n+1} \lambda_i\,. \tag{3.1.4}$$

Der Fehler $\delta(t_0)$ in der Formel (3.1.4) überschreitet nicht die Größe

$$P(t_0) - \widetilde{P}(t_0) = \delta(t_0) \leqq \frac{t_0^{n+2}}{2} \prod_{j=1}^{n+1} \lambda_j \sum_{i=1}^{n+1} \lambda_i\,. \tag{3.1.5}$$

Die mittlere Laufzeit bis zum Ausfall bestimmt man in diesem Falle aus der Formel

$$T = \sum_{j=1}^{n+1} (-1)^{j-1} \sum_{i_1=1}^{n-j} \sum_{i_2=i_1+1}^{n-(j-1)} \cdots \sum_{i_j=i_{j-1}+1}^{n+1} \frac{1}{\lambda_{i_1} + \lambda_{i_2} + \dots + \lambda_{i_j}}\,, \tag{3.1.6}$$

wobei $i_0 = 0$.

Bei **Exponentialverteilung und gleichzuverlässigen Elementen** (s. auch Abschnitt 3.2)

$$r_i(t_0) = r(t_0) = \mathrm{e}^{-\lambda t_0}\,, \qquad 1 \leqq i \leqq n+1\,, \tag{3.1.7}$$

gilt für die Wahrscheinlichkeit der ausfallfreien Arbeit $P(t_0)$ des Systems die folgende Abschätzung $\widetilde{P}(t_0)$ nach unten:

$$\widetilde{P}(t_0) = 1 - (\lambda t_0)^{n+1}\,. \tag{3.1.8}$$

Der Fehler $\delta(t_0)$ in der Formel (3.1.8) überschreitet nicht die Größe

$$\delta(t_0) \leqq \frac{n+1}{2} (\lambda t_0)^{n+2}\,. \tag{3.1.9}$$

Die mittlere Laufzeit bis zum Ausfall bestimmt man aus der Formel

$$T = \frac{1}{\lambda} \sum_{i=1}^{n+1} \frac{1}{i}\,. \tag{3.1.10}$$

Wenn $(n+1)$ groß ist, so kann man die mittlere Laufzeit bis zum Ausfall näherungsweise aus der Formel

$$\widetilde{T} = \frac{1}{\lambda}\left[0{,}58 + \ln(n+1) + \frac{1}{2(n+1)}\right] \tag{3.1.11}$$

berechnen.

Im Falle der **Weibull-Verteilung und gleichzuverlässigen Elementen**

$$r_i(t_0) = r(t_0) = \exp(-\lambda t_0^\alpha)\,, \qquad 1 \leqq i \leqq n+1\,, \tag{3.1.12}$$

bestimmt man die mittlere Arbeitszeit bis zum Ausfall des Systems aus der Formel

$$T = \lambda^{-1/\alpha}\Gamma\left(1 + \frac{1}{\alpha}\right)\sum_{i=1}^{n+1} (-1)^{i-1}\binom{n+1}{i} i^{-1/\alpha} \approx \left[\frac{\ln(n+2)}{\lambda}\right]^{1/\alpha}. \quad (3.1.13)$$

Im Falle des **Potenzgesetzes und gleichzuverlässiger Elemente**

$$r_i(t_0) = r(t_0) = \frac{1}{(1 + t_0/\bar{t})^{\varrho}}, \quad 1 \leqq i \leqq n+1,\ \varrho > 1, \quad (3.1.14)$$

bestimmt man die mittlere Arbeitszeit bis zum Ausfall des Systems aus der Formel

$$T = \bar{t}\left[\frac{(n+1)!}{\prod_{i=1}^{n+1}(i - 1/\varrho)} - 1\right] \approx \bar{t}[(n+2)^{1/\varrho} - 1]. \quad (3.1.15)$$

Wenn das System aus **gleichzuverlässigen „alternden" Elementen** mit einer nach unten konvexen Funktion $r(t)$ besteht, d. h., wenn

$$0 < r''(t) < \frac{(r'(t))^2}{r(t)}, \quad (3.1.16)$$

so gilt für die mittlere Arbeitszeit T bis zum Systemausfall die folgende (grobe) Abschätzung:

$$\frac{0{,}56}{n+2} \leqq r(T) \leqq \frac{1}{n+2}. \quad (3.1.17)$$

Die Ungleichung (3.1.17) zeigt, daß man eine Abschätzung nach oben für die mittlere Arbeitszeit bis zum Systemausfall aus der Näherungsformel

$$r(t_0 = T) \approx \frac{1}{n+2}. \quad (3.1.18)$$

erhalten kann.

Die Näherungswerte für T in den Formeln (3.1.13) und (3.1.15) wurden aus (3.1.18) gewonnen.

In einem **System aus k Arbeits- und n Reserveelementen** (Abb. 3.1.2) tritt der Ausfall des redundanten Systems im Augenblick des $(n+1)$-ten Ausfalls ein.

Wenn in diesem System alle Elemente voneinander verschieden sind, so ist es zweckmäßig, zur Bestimmung der Wahrscheinlichkeit der ausfallfreien Arbeit ein erzeugendes Polynom der Gestalt

$$\pi(x) = (r_1x + q_1)(r_2x + q_2)\dots(r_Nx + q_N)$$
$$= B_Nx^N + B_{N-1}x^{N-1} + \dots + B_ix^i + \dots + B_0x^0,$$

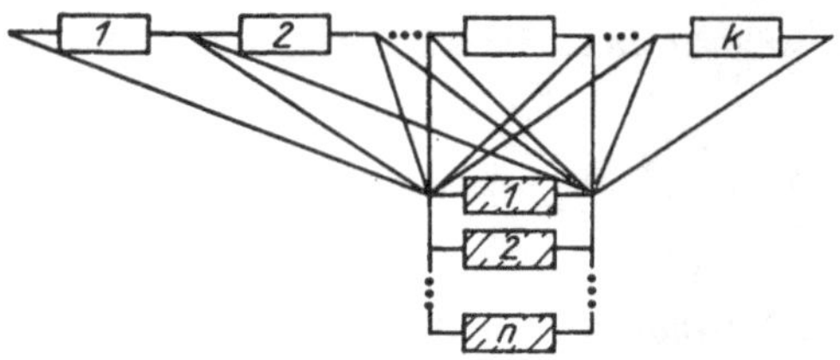

Abb. 3.1.2. Ersatzschaltbild eines Systems aus k Arbeits- und n Reserveelementen

zu betrachten, wobei

$$r_i = r_i(t_0); \qquad q_i = q_i(t_0) = 1 - r_i(t_0)$$

und $N = k + n$ die Gesamtzahl der Elemente im System sind.

Der Koeffizient $B_i = B_i(t)$ bei x^i ist offenbar die Wahrscheinlichkeit dafür, daß zum Zeitpunkt t von den N Elementen genau i Elemente noch nicht ausgefallen sind. Dann gilt:

1. Die **Wahrscheinlichkeit der ausfallfreien Arbeit** des Systems bestimmt sich aus der Formel

$$P(t_0) = \sum_{i=k}^{N} B_i(t_0) . \tag{3.1.19}$$

Wenn alle Elemente gleichzuverlässig sind, wird

$$P(t_0) = \sum_{i=k}^{N} \binom{N}{i} [r(t_0)]^i \, [1 - r(t_0)]^{N-i} . \tag{3.1.20}$$

2. Die **mittlere Arbeitszeit bis zum Systemausfall** bestimmt man aus der Formel

$$T = \int_0^\infty P(t) \, \mathrm{d}t , \tag{3.1.21}$$

wobei $P(t)$ durch die Formeln (3.1.19) und (3.1.20) für die entsprechenden Fälle gegeben wird.

So wird z. B. für ein System aus zwei arbeitenden und zwei Reserveelementen im belasteten Regime die Wahrscheinlichkeit der ausfallfreien Arbeit bestimmt aus der Formel

$$\begin{aligned} P(t_0) &= \sum_{i=2}^{4} B_i(t_0) = B_2(t_0) + B_3(t_0) + B_4(t_0) \\ &= (r_1r_2q_3q_4 + r_1r_3q_2q_4 + r_1r_4q_2q_3 + r_2r_3q_1q_4 + r_2r_4q_1q_3 + r_3r_4q_1q_2) \\ &\quad + (r_1r_2r_3q_4 + r_1r_2r_4q_3 + r_1r_3r_4q_2 + r_2r_3r_4q_1) + r_1r_2r_3r_4 . \end{aligned}$$

Speziell wollen wir den Fall eines reservierten Systems betrachten, dessen Elemente im belasteten Regime arbeiten und die auf zweierlei Weise ausfallen können: durch „Kurzschluß" und „Leerlauf". Um den Einfluß des Elementeausfalls auf das System auszuschließen, müssen die Elemente für die Ausfallart „Kurzschluß" in Serie geschaltet und für die Ausfallart „Leerlauf" parallel geschaltet werden. Um gleichzeitig den Einfluß beider **Ausfallarten** auszuschließen, muß man eine Parallel-Serien-Schaltung der Elemente (Abb. 3.1.3) anwenden.

Es mögen die in Serie geschalteten „Ketten" jeweils k Elemente enthalten und $n + 1$ derartige Ketten parallel geschaltet sein. Wir setzen voraus, daß die Kurz-

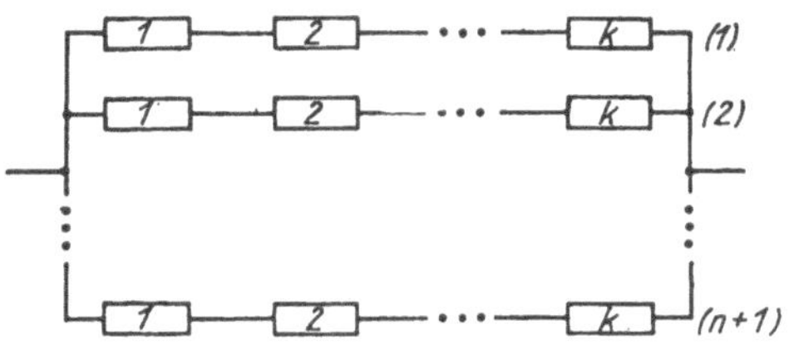

Abb. 3.1.3. Ersatzschaltbild eines Systems mit parallel-serieller Anordnung der Elemente

schlüsse und Leerläufe die Zuverlässigkeit der noch arbeitenden Elemente nicht ändern, und daß ein durch Kurzschluß ausgefallenes Element nicht mehr durch Leerlauf ausfallen kann und umgekehrt.

Damit bestimmt sich die **Wahrscheinlichkeit der ausfallfreien Arbeit** des betrachteten Systems aus der Formel

$$P(t_0) = [1 - q_{\mathrm{ku}}^k(t_0)]^{n+1} - \{1 - [1 - q_{\mathrm{le}}(t_0)]^k\}^{n+1}, \tag{3.1.22}$$

wobei $q_{\mathrm{ku}}(t_0)$ die Wahrscheinlichkeit für den Ausfall eines Elements durch Kurzschluß und $q_{\mathrm{le}}(t_0)$ die Wahrscheinlichkeit für den Ausfall eines Elements durch Leerlauf sind.

Die **mittlere Arbeitszeit bis zum Ausfall** findet man aus der Formel

$$T = \int_0^\infty P(t)\, \mathrm{d}t, \tag{3.1.23}$$

wobei $P(t)$ aus (3.1.22) bestimmt wird.

Um die Anwendung einer Parallel-Serien-Schaltung im Sinne der Zuverlässigkeit zu rechtfertigen, muß offenbar die Bedingung

$$W(t_0, k, n+1) = \frac{P(t_0, k, n+1)}{P(t_0, k = 1, n+1 = 1)} > 1$$

erfüllt sein. Mit (3.1.22) geht sie über in

$$q_{\mathrm{ku}} + (1 - q_{\mathrm{ku}}^k)^{n+1} > (1 - q_{\mathrm{le}}) + [1 - (1 - q_{\mathrm{le}})^k]^{n+1}. \tag{3.1.24}$$

3.1.2. Reservierung eines Elements durch *n* Reserveelemente, die im erleichterten Regime arbeiten

Bei erleichtertem Arbeitsregime der Reserveelemente wird jedes Reserveelement in dem Augenblick zugeschaltet, wenn das letzte der vorangehenden Elemente (der Zeit und nicht der Nummer nach!) ausfällt.

1. Die **Wahrscheinlichkeit für den Systemausfall** wird durch die folgende Rekursionsbeziehung bestimmt:

$$Q_{(n+1)}(t_0) = \int_0^{t_0} [1 - r_{n+1}^{(0)}(\theta)\, r_{n+1}^{(a)}(\theta, t_0)]\, \mathrm{d}Q_n(\theta), \quad Q_{(1)}(t_0) = 1 - r_1^{(a)}(0, t_0) = 1 - r_1^{(a)}(t_0). \tag{3.1.25}$$

Dabei symbolisieren $r_{n+1}^{(0)}(\theta)$ die Wahrscheinlichkeit der ausfallfreien Arbeit des $(n+1)$-ten Elements im erleichterten Regime, $r_{n+1}^{(a)}(\theta, t_0)$ die bedingte Wahrscheinlichkeit dafür, daß das $(n+1)$-te Element nicht ausfällt, während es sich im Zeitabschnitt (θ, t_0) im Arbeitszustand befindet, unter der Bedingung, daß es im Zeitabschnitt $(0, \theta)$, während dessen es sich im erleichterten Regime befand, nicht ausfiel. (θ ist der Zeitpunkt, an dem das Element in den Arbeitszustand übergeht!) $Q_n(\theta)$ ist die Ausfallwahrscheinlichkeit eines Systems, das aus einem Grundelement besteht und $(n-1)$ Reserveelementen im erleichterten Regime.

2. Die **mittlere Arbeitszeit** $T_{(n+1)}$ bis zum Systemausfall findet man aus der Formel

$$T_{(n+1)} = \int_0^\infty t Q'_{(n+1)}(t)\, \mathrm{d}t, \tag{3.1.26}$$

wobei $Q_{(n+1)}(t)$ aus (3.1.25) bestimmt wird.

Wir betrachten einen **Sonderfall** des beschriebenen Systems. Die Wahrscheinlichkeit der ausfallfreien Arbeit der Elemente genüge im arbeitenden und im nichtarbeitenden Zustand jeweils einer **Exponentialverteilung.** (Folglich hängt die Wahrscheinlichkeit der ausfallfreien Arbeit eines Elements im arbeitenden Zustand nicht von seiner Verweilzeit im nichtarbeitenden Zustand ab.) Dabei mögen λ_k die Ausfallrate des k-ten Elements im arbeitenden Zustand und $\nu_k \lambda_k$ die Ausfallrate des k-ten Elements im nichtarbeitenden Zustand sein. Für die Gewichtsfaktoren ν_k wird man natürlicherweise voraussetzen

$$\nu_1 = 1\,, \qquad 0 \leqq \nu_k \leqq 1\,, \qquad 2 \leqq k \leqq n+1\,.$$

Für unseren Fall wird nun

$$r_k^{(0)}(\theta) = \mathrm{e}^{-\nu_k \lambda_k \Theta}\,;$$

$$r_k^{(a)}(\theta, t_0) = \mathrm{e}^{-\lambda_k (t_0 - \Theta)}\,.$$

Unter Verwendung von (3.1.25) und (3.1.26) kann man z. B. bei $n + 1 = 2$ für $P_{(2)}(t_0) = 1 - Q_{(2)}(t_0)$ und $T_{(2)}$ die folgenden Ausdrücke erhalten:

$$P_{(2)}(t_0) = \mathrm{e}^{-\lambda_1 t_0} + \frac{\lambda_1}{\lambda_1 - \lambda_2(1 - \nu_2)}\,\mathrm{e}^{-\lambda_2 t_0}\{1 - \mathrm{e}^{-[\lambda_1 - \lambda_2(1-\nu_2)]t_0}\}\,,$$

$$T_{(2)} = \frac{1}{\lambda_1} + \frac{\lambda_1}{\lambda_2(\lambda_1 + \nu_2 \cdot \lambda_2)}\,. \qquad (3.1.27)$$

Bei kleinen Ausfallraten λ_k gilt für die Wahrscheinlichkeit der ausfallfreien Arbeit des Systems die folgende Näherungsformel:

$$\widetilde{P}_{(n+1)}(t_0) = 1 - \frac{t_0^{n+1}}{(n+1)!} \prod_{i=1}^{n+1} \lambda_i[1 + (i-1)\,\nu_i]\,. \qquad (3.1.28)$$

Im Gegensatz zum belasteten und unbelasteten Arbeitsregime der Reserveelemente existiert **beim erleichterten Regime** eine **optimale Reihenfolge für das Zuschalten der Reserveelemente.** Aus (3.1.28) folgt nämlich, daß die Wahrscheinlichkeit der ausfallfreien Arbeit des Systems dann am größten wird, wenn die Elemente in folgender Reihenfolge zugeschaltet werden:

$$\nu_2 \geqq \nu_3 \geqq \dots \geqq \nu_{n+1}\,. \qquad (3.1.29)$$

Das heißt, zuerst müssen diejenigen Elemente benutzt werden, deren Gewichtsfaktoren größer sind.

Beispiel 3.1.1

Wir betrachten ein dubliertes System identischer Elemente. Die Ausfallraten jedes Elements seien λ_a im arbeitenden Zustand und λ_{la} im nichtarbeitenden Zustand (bei Lagerung), wobei $\lambda_a > \lambda_{la}$.

Das im Zeitabschnitt t_0 betrachtete System soll sich im Laufe der Zeit t_a ununterbrochen im arbeitenden Zustand und im Laufe der Zeit t_{la} (ebenfalls ununterbrochen) im nichtarbeitenden Zustand befinden (gelagert werden). Dabei gilt natürlich

$$t_0 = t_a + t_{la} = t_{la} + t_a\,.$$

Bei normaler Funktion des Systems ist es belanglos, ob es im Laufe der Zeit t_0 zuerst arbeitet und dann gelagert wird oder umgekehrt.

Aus den beiden möglichen Funktionsregimen des Systems $\{(t_a, t_{la}), (t_{la}, t_a)\}$ soll das beste im Sinne der Zuverlässigkeit ausgewählt werden. Das ist dasjenige Regime, das über die Zeit t_0 die größte Wahrscheinlichkeit für die Bereitschaft des Systems zur Wiederherstellung seiner Funktionstüchtigkeit gewährleisten würde.

Lösung

In dieser Aufgabe kann man die Beziehung (3.1.29) nicht unmittelbar anwenden, und deshalb ist ihre Lösung im allgemeinen nicht offensichtlich.

In Übereinstimmung mit den Abbildungen 3.1.4 und 3.1.5 haben wir für die gesuchte Wahrscheinlichkeit der ausfallfreien Arbeit des Systems

für das Regime (t_a, t_{la})

$$P(t_a + t_{la}) = e^{-(\lambda_a t_a + \lambda_{la} t_{la})}\,[1 - (1 - e^{-\lambda_{la} t_{la}})^2] + \int\limits_0^{t_a} (\lambda_a + \lambda_{la})\, e^{-(\lambda_a + \lambda_{la}) t}\, e^{-\lambda_a (t_a - t)}\, dt\, e^{-\lambda_{la} t_{la}}$$

$$= e^{-(\lambda_a t_a + \lambda_{la} t_a)}[1 - (1 - e^{-\lambda_{la} t_{la}})^2] + \frac{\lambda_a + \lambda_{la}}{\lambda_{la}}\, e^{-\lambda_a t_a}\, e^{-\lambda_{la} t_{la}}\,(1 - e^{-\lambda_{la} t_a});$$

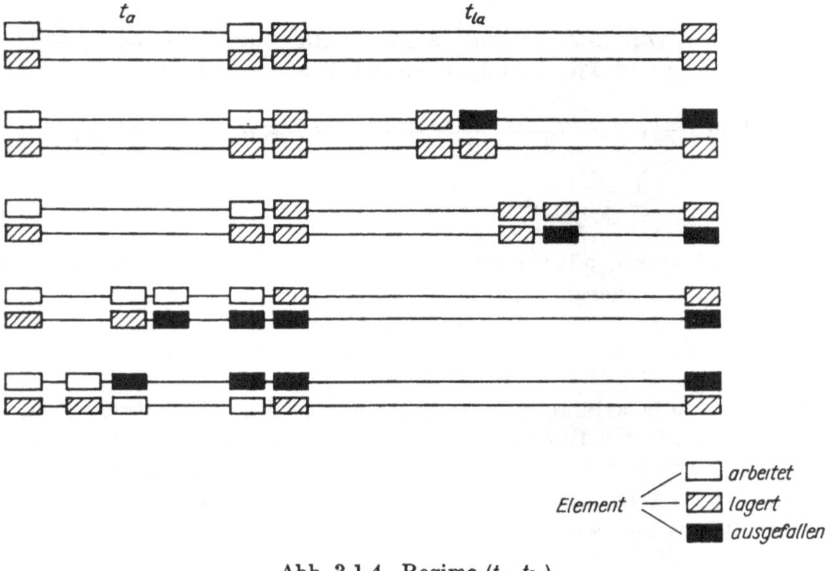

Abb. 3.1.4. Regime (t_a, t_{la})

für das Regime (t_{la}, t_a)

$$P(t_{la} + t_a) = e^{-2\lambda_{la} t_{la}} \left[e^{-\lambda_a t_a} + \int\limits_0^{t_a} \lambda_a\, e^{-(\lambda_a + \lambda_{la}) t}\, e^{-\lambda_a (t_a - t)}\, dt \right] + \int\limits_0^{t_{la}} 2\lambda_{la}\, e^{-2\lambda_{la} t}\, e^{-\lambda_{la}(t_{la} - t)}\, dt\, e^{-\lambda_a t_a}$$

$$= e^{-2\lambda_{la} t_{la}} \left[e^{-\lambda_a t_a} + e^{-\lambda_a t_a} \frac{\lambda_a}{\lambda_{la}} (1 - e^{-\lambda_{la} t_a}) \right] + 2 e^{-\lambda_{la} t_{la}}\, e^{-\lambda_a t_a}\,(1 - e^{-\lambda_{la} t_{la}}) .$$

Jetzt bilden wir die Differenz

$$\beta \doteq P(t_a + t_{la}) - P(t_{la} + t_a)$$

und erhalten

$$\beta = \frac{\lambda_a - \lambda_{la}}{\lambda_{la}}\, e^{-\lambda_a t_a - \lambda_{la} t_{la}}\,(1 - e^{-\lambda_{la} t_a})\,(1 - e^{-\lambda_{la} t_{la}}) .$$

Solange $\lambda_a > \lambda_{la}$ gilt, wird $\beta > 0$ bei $(t_a \neq 0,\ t_{la} \neq 0)$. Wenn also im Funktionsablauf das System sowohl gelagert als auch in Betrieb genommen werden muß, so ist es im Sinne der Zuverlässigkeit besser, es zuerst in Betrieb zu nehmen und danach zu lagern, aber nicht umgekehrt.

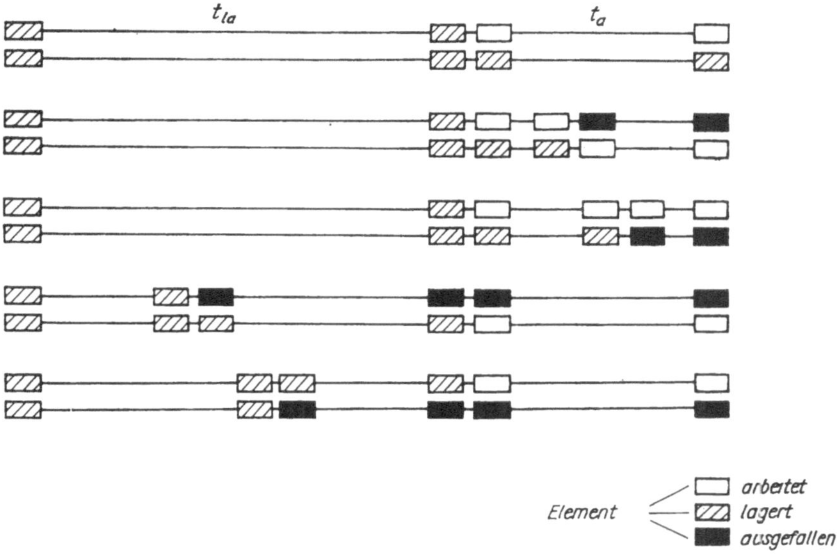

Abb. 3.1.5. Regime (t_{la}, t_a)

3.1.3. Reservierung eines Elements durch n Reserveelemente, die sich im unbelasteten Regime befinden

1. Die **Wahrscheinlichkeit $Q_{n+1}(t_0)$ für den Systemausfall** bestimmt sich aus folgender Rekursionsbeziehung:

$$Q_{(n+1)}(t_0) = \int_0^{t_0} q_{n+1}(t_0 - \theta)\, \mathrm{d}Q_n(\theta); \qquad Q_{(1)}(t_0) = q_1(t_0)\,, \tag{3.1.30}$$

wobei $q_{n+1}(\theta)$ die Wahrscheinlichkeit für den Ausfall des $(n+1)$-ten Elements ist und $Q_n(\theta)$ die Ausfallwahrscheinlichkeit eines Systems ist, das aus einem Grund- und $(n-1)$ Reserveelementen in unbelasteter Reserve besteht.

2. Die **mittlere Arbeitszeit** $T_{(n+1)}$ bis zum Systemausfall bestimmt sich aus der Formel

$$T_{(n+1)} = \sum_{i=1}^{n+1} T_i\,, \tag{3.1.31}$$

wobei T_i die mittlere Laufzeit bis zum Ausfall des i-ten Elements ist. Im Gegensatz zur mittleren Laufzeit $T_{(n+1)}$ bis zum Systemausfall, die sehr einfach zu ermitteln ist, kann die Ausfallwahrscheinlichkeit des Systems $Q_{(n+1)}(t_0)$ in der Mehrzahl der Fälle nicht in geschlossener Form berechnet werden. Deshalb gewinnen verschiedene Näherungsformeln und Abschätzungen, die in Tabelle 3.1.1 zusammengestellt wurden, beachtliches Interesse.

Im Falle der **Exponentialverteilung**

$$q_i(t_0) = 1 - \mathrm{e}^{-\lambda_i t_0}\,, \qquad 1 \leqq i \leqq n+1\,, \tag{3.1.32}$$

bestimmt man die mittlere Laufzeit bis zum Ausfall aus der Formel

$$T_{(n+1)} = \sum_{i=1}^{n+1} \frac{1}{\lambda_i}\,. \tag{3.1.33}$$

Tabelle 3.1.1. Abschätzung der Wahrscheinlichkeit für den Ausfall eines Systems, das aus einem Arbeits- und n Reserveelementen besteht. Unbelastete Reserve

$$A_s = \sum_{s_1+s_2+\dots+s_{n+1}=s} \lambda_1^{s_1}\lambda_2^{s_2}\dots\lambda_{n+1}^{s_{n+1}}, \; s_i \geqq 0$$

$\Gamma(x)$ ist die (vollständige) Gamma-Funktion

Nr. p/p	$\underline{Q}_{n+1}(t_0)$	$\bar{Q}_{n+1}(t_0)$	Bedingungen, die an die Ausfallwahrscheinlichkeiten $q_i(t_0)$ und Ausfallraten $\lambda_i(t_0)$ der Elemente des Systems gestellt werden
1	$\frac{t_0^{n+1}}{(n+1)!}\prod_{j=1}^{n+1}\underline{\lambda}_j$	$\frac{t_0^{n+1}}{(n+1)!}\prod_{j=1}^{n+1}\bar{\lambda}_j$	$\underline{\lambda}_i t_0 \leqq q_i(t_0) \leqq \bar{\lambda}_i t_0$, $1 \leqq i \leqq n+1$
2	$\prod_{j=1}^{n+1}\underline{\lambda}_j \sum_{s=0}^{\infty}(-1)^s A_s \frac{t_0^{n+s+1}}{(n+s+1)!}$	$\prod_{j=1}^{n+1}\bar{\lambda}_j \sum_{s=0}^{\infty}(-1)^s \bar{A}_s \frac{t_0^{n+s+1}}{(n+s+1)!}$	$\underline{\lambda}_i \leqq \lambda_i(t_0) \leqq \bar{\lambda}_i$,
	–	$\frac{t_0^{n+1}}{(n+1)!}\prod_{j=1}^{n+1}\bar{\lambda}_j$	$1 \leqq i \leqq n+1$
3	$\frac{t_0^{\sum_{i=1}^{n+1}\alpha_j}\prod_{j=1}^{n+1}\underline{\lambda}_j\Gamma(\alpha_j+1)}{\Gamma\left(1+\sum_{i=1}^{n+1}\alpha_i\right)}$	$\frac{t_0^{\sum_{i=1}^{n+1}\alpha_i}\prod_{j=1}^{n+1}\bar{\lambda}_j\Gamma(\alpha_i+1)}{\Gamma\left(1+\sum_{i=1}^{n+1}\alpha_i\right)}$	$\underline{\lambda}_i t_0^{\alpha_i} \leqq q_i(t_0) \leqq \bar{\lambda}_i t_0^{\alpha_i}$, $1 \leqq i \leqq n+1$
	–	$\frac{t_0^{\sum_{i=1}^{n+1}\alpha_i}\prod_{j=1}^{n+1}\bar{\lambda}_j}{(n+1)!}$	
	–	$\frac{1}{(n+1)!}\prod_{j=1}^{n+1}\int_0^{t_0}\lambda_i(\theta)\,d\theta$	$\lambda_i'(t_0) > 0$, $t_0 > 0$, $1 \leqq i \leqq n+1$
	–	$1 - \sum_{i=0}^{n}\frac{1}{i!}\left[\int_0^{t_0}\lambda(\theta)\,d\theta\right]^i \times e^{-\int_0^{t_0}\lambda(\theta)\,d\theta}$	$\lambda_i(t_0) = \lambda(t_0)$, $\lambda'(t_0) > 0$, $t_0 > 0$, $1 \leqq i \leqq n+1$

Exakte und Näherungswerte für die Ausfallwahrscheinlichkeit des Systems wurden in Tabelle 3.1.2 gebracht.

Im Falle der Normalverteilung

$$1 - q_i(t_0) = \frac{1}{\sigma_i\sqrt{2\pi}}\int_{t_0}^{\infty} e^{-\frac{(x-a_i)^2}{2\sigma_i^2}}\,dx\,, \quad 1 \leqq i \leqq n+1\,, \tag{3.1.34}$$

Tabelle 3.1.2. Ausfallwahrscheinlichkeit eines Systems aus einem Arbeits- und n Reserveelementen. Unbelastete Reserve. Exponentialverteilung

$$\delta(t_0) = \tilde{Q}(t_0)^{-1}\,[\tilde{Q}(t_0) - Q(t_0)];$$
$$A_s = \sum_{s_p + s_2 + \dots + s_{n+1} = s} \lambda_1^{s_1}\lambda_2^{s_2} \dots \lambda_{n+1}^{s_{n+1}}, \quad s_i \geqq 0$$

Exakter Ausdruck	Näherungsausdruck	Voraussetzung für die Näherung	Fehler
$1 - \prod_{j=1}^{n+1} \lambda_j \sum_{i=1}^{n+1} \frac{e^{-\lambda_i t_0}}{\lambda_i \prod_{l=1, l \neq i}^{n+1} (\lambda_l - \lambda_i)}$	$\prod_{j=1}^{n+1} \lambda_j \sum_{s=0}^{2l} (-1)^s A_s \frac{t_0^{n+s+1}}{(n+s+1)!}$	Die Werte von $\lambda_i t_0$ sind im Mittel klein, $i \leqq i \leqq n + 1.$	—
	$\frac{t_0^{n+1}}{(n+1)!} \prod_{j=1}^{n+1} \lambda_j$		$\delta(t_0) \leqq \frac{t_0}{n+2} \sum_{i=1}^{n+1} \lambda_i$
$\prod_{j=1}^{n+1} \lambda_j \sum_{s=0}^{\infty} (-1)^s A_s \frac{t_0^{n+s+1}}{(n+s+1)!}$	$\frac{t_0^{n+1}}{(n+1)!} \prod_{j=1}^{n+1} \lambda_j \, e^{-\frac{t_0}{n+1} \sum_{i=1}^{n+1} \lambda_i}$	$\lim_{n \to \infty} \frac{1}{(n+1)^2} \sum_{i=0}^{n+1} (\lambda_i t_0)^2 = 0,$ die $\lambda_i t_0$ sind endlich, $1 \leqq i \leqq n + 1;$ n ist groß.	$\delta(t_0) \sim \frac{1}{2(n+1)^2} \sum_{i=1}^{n+1} (\lambda_i t_0)^2$
	$\Phi\left(\frac{t_0 - \sum_{i=1}^{n+1} \frac{1}{\lambda_i}}{\sqrt{\sum_{l=1}^{n+1} \frac{1}{\lambda_i^2}}}\right)$	$\lim_{n \to \infty} \frac{\sum_{i=1}^{n+1} \frac{1}{\lambda_i^3}}{\left(\sum_{i=1}^{n+1} \frac{1}{\lambda_i^2}\right)^{3/2}} = 0,$ $\frac{t_0 - \sum_{i=1}^{n+1} \frac{1}{\lambda_i}}{\sqrt{\sum_{i=1}^{n+1} \frac{1}{\lambda_i^2}}} < \infty$, n ist groß	

wird die Ausfallwahrscheinlichkeit des betrachteten Systems bei

$$\sigma_i/a_i \ll 1\,, \qquad 1 \leqq i \leqq n+1\,, \tag{3.1.35}$$

aus der folgenden Näherungsformel bestimmt:

$$\tilde{Q}_{(n+1)}(t_0) = \frac{1}{\sqrt{2\pi \sum\limits_{i=1}^{n+1} \sigma_i^2}} \int\limits_0^{t_0} e^{-\left(x - \sum\limits_{i=1}^{n+1} a_i\right)^2 \Big/ \sum\limits_{i=1}^{n+1} \sigma_i^2} \, dx\,. \tag{3.1.36}$$

Wenn die Ausfallwahrscheinlichkeiten für alle Elemente gleich sind,

$$q_i(t_0) = q(t_0) = \frac{\gamma(\alpha, \lambda t_0)}{\Gamma(\alpha)}\,; \qquad 1 \leqq i \leqq n+1\,, \tag{3.1.37}$$

mit der unvollständigen Gammafunktion

$$\gamma(\alpha, \lambda t_0) = \int\limits_0^{\lambda t_0} z^{\alpha-1}\, e^{-z}\, dz\,,$$

so ergibt sich die Ausfallwahrscheinlichkeit des betrachteten Systems aus der Formel

$$Q_{(n+1)}(t_0) = \gamma[(n+1)\,\alpha, \lambda t_0]/\Gamma[(n+1)\,\alpha]\,. \tag{3.1.38}$$

Wir bemerken abschließend, daß in fast allen Fällen die Größe

$$\frac{1}{(n+1)!} \prod_{j=1}^{n+1} q_j(t_0) \tag{3.1.39}$$

entweder eine gute Näherung für die Ausfallwahrscheinlichkeit $Q_{(n+1)}(t_0)$ des Systems oder eine Abschätzung von oben für sie ist.

3.2. Exponentialverteilung der Arbeitszeit bis zum Ausfall. „Tod-Prozeß“

Ein in den technischen Anwendungen weit verbreiterter Spezialfall eines Systems mit Reserve, dessen einzelne Elemente eine exponentialverteilte Arbeitszeit besitzen, ist ein System, dessen Zeitverhalten durch einen sogenannten **„Tod-Prozeß“** (oder „Tod-Prozeß“) beschrieben wird. In der Zuverlässigkeitstheorie wird im Rahmen eines solchen „Prozesses“ gewöhnlich ein System betrachtet, das aus k Arbeits- und n Reserveelementen besteht. Alle $N = k + n$ Elemente können ausfallen. Der dabei entstehende Ausfallstrom ist folgenden **Bedingungen** unterworfen:

1. Wenn der j-te Ausfall zum Zeitpunkt t stattfand, so ist unabhängig vom Eintrittszeitpunkt aller vorangehenden Ausfälle die Wahrscheinlichkeit dafür, daß im unendlich kleinen Zeitabschnitt $(t, t + \Delta t)$ ein Ausfall stattfindet, gleich $\Lambda_j\,\Delta t + o(\Delta t)$, und die Wahrscheinlichkeit dafür, daß in diesem Abschnitt kein Ausfall stattfindet, gleich $1 - \Lambda_j\,\Delta t + o(\Delta t)$.
2. Nachdem der $(n+1)$-te Ausfall eingetreten ist, fällt das nicht wiederherstellbare System in den Ausfallzustand, und im weiteren gehen im System keine Änderungen mehr vor sich. Deshalb wird $\Lambda_{n+1} = 0$.

Wenn im Augenblick t der j-te Ausfall eingetreten ist, so wird vorausgesetzt, daß das System in den Zustand H_j übergeht. Mit anderen Worten, das System kann in eine endliche Anzahl von Zuständen gelangen, die mit der Zahl der ausgefallenen Elemente korrespondieren: $H_0, H_1, \ldots, H_j, \ldots, H_n, H_{n+1}$. Dabei ist der letzte Zustand H_{n+1} gemäß Bedingung 2 ein („absorbierender") Ausfallzustand. Der Zustand H_j ist derjenige Systemzustand, bei dem im System j ausgefallene Elemente vorhanden sind.

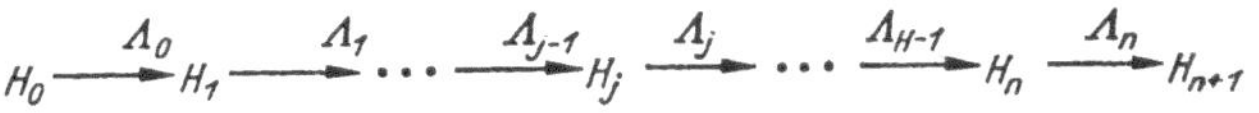

Abb. 3.2.1. Graph der Übergänge von einem Zustand in einen anderen bei einem System, das aus k Arbeits- und n Reserveelementen besteht

Der **Graph der Übergänge** ist für betrachtete Systeme in Abb. 3.2.1 dargestellt worden. In Übereinstimmung mit diesem Graphen erhalten wir ein System von Differentialgleichungen folgender Gestalt (vgl. Abschnitt A 5.4):

$$p_j'(t) = \Lambda_{j-1}p_{j-1}(t) - \Lambda_j p_j(t)\,, \qquad 0 \leqq j \leqq n+1\,, \qquad \Lambda_{-1} = \Lambda_{n+1} = 0\,. \tag{3.2.1}$$

Hier ist $p_j(t)$ die Wahrscheinlichkeit dafür, daß sich das System zum Zeitpunkt t im Zustand H_j befindet. Diese Wahrscheinlichkeiten mögen folgenden Anfangsbedingungen genügen:

$$p_0(0) = 1\,; \qquad p_j(0) = 0 \quad \text{für } 1 \leqq j \leqq n+1\,, \tag{3.2.2}$$

d. h., das System ist zum Zeitpunkt t vollständig intakt.

Die entsprechenden Ausdrücke für die **Wahrscheinlichkeit der ausfallfreien Arbeit** des Systems $P(t_0)$ sind in Tabelle 3.2.1 dargestellt.

Die **mittlere Arbeitszeit** T bis zum Systemausfall wird durch die Formel

$$T = \sum_{i=0}^{n} 1/\Lambda_i \tag{3.2.3}$$

bestimmt.

Wir geben noch eine, im Falle der maschinellen Berechnung besonders zweckmäßige Darstellung für die Wahrscheinlichkeit der ausfallfreien Arbeit des Systems an:

$$P(t_0) = \frac{\begin{vmatrix} e^{-\Lambda_0 t} & e^{-\Lambda_1 t} & \ldots & e^{-\Lambda_n t} \\ \Lambda_0 & \Lambda_1 & \ldots & \Lambda_n \\ \Lambda_0^2 & \Lambda_1^2 & \ldots & \Lambda_n^2 \\ \cdot & \cdot & \ldots & \cdot \\ \Lambda_0^n & \Lambda_1^n & \ldots & \Lambda_n^n \end{vmatrix}}{\begin{vmatrix} 1 & 1 & \ldots & 1 \\ \Lambda_0 & \Lambda_1 & \ldots & \Lambda_n \\ \Lambda_0^2 & \Lambda_1^2 & \ldots & \Lambda_n^2 \\ \cdot & \cdot & \ldots & \cdot \\ \Lambda_0^n & \Lambda_1^n & \ldots & \Lambda_n^n \end{vmatrix}}\,. \tag{3.2.4}$$

Tabelle 3.2.1 Wahrscheinlichkeit für die ausfallfreie Arbeit eines Systems, dessen zeitliches Verhalten durch einen „Tod-Prozeß“ beschrieben wird

$$\delta(t_0) = \frac{P(t_0) - \widetilde{P}(t_0)}{\widetilde{P}(t_0)};$$

$$A_s = \sum_{s_0+s_1+\dots+s_n=s} \Lambda_0^{s_0}\Lambda_1^{s_1}\dots\Lambda_n^{s_n},\; s_i \geqq 0$$

Exakter Ausdruck	Näherungsausdruck	Voraussetzung für die Näherung	Fehler
$\prod_{j=0}^{n}\Lambda_j \sum_{i=0}^{n} \frac{e^{-\Lambda_i t_0}}{\Lambda_i \prod_{l=0, l\neq i}^{n}(\Lambda_l - \Lambda_i)}$	$1 - \prod_{j=0}^{n}\Lambda_j \sum_{s=0}^{2l}(-1)^s A_s \frac{t_0^{n+s+1}}{(n+s+1)!}$	Die Werte von $\Lambda_i t_0$ sind im Mittel klein, $0 \leqq i \leqq n$.	—
	$1 - \frac{t_0^{n+1}}{(n+1)!}\prod_{j=0}^{n}\Lambda_j$		$\delta(t_0) \leqq \frac{t_0^{n+2}}{(n+2)!}\prod_{j=0}^{n}\Lambda_j \sum_{i=0}^{n}\Lambda_i$
	$1 - \frac{t_0^{n+1}}{(n+1)!}\prod_{j=0}^{n}\Lambda_j e^{-\frac{t_0}{n+1}\sum_{i=0}^{n}\Lambda_i}$	$\lim_{n\to\infty}\frac{1}{(n+1)^2}\sum_{i=0}^{n}(\Lambda_i t_0)^2 = 0$, die $\Lambda_i t_0$ sind endlich, n ist groß.	$\delta(t_0) \sim \frac{t_0^{n+1}}{(n+1)!}\frac{\sum_{i=0}^{n}(\Lambda_i t_0)^2}{2(n+1)^2} \times \prod_{j=0}^{n}\Lambda_j e^{-\frac{t_0}{n+1}\cdot\sum_{k=0}^{n}\Lambda_k}$
	$1 - \Phi\left(\frac{t_0 - \sum_{i=0}^{n}\frac{1}{\Lambda_i}}{\sqrt{\sum_{i=0}^{n}\frac{1}{\Lambda_i^2}}}\right)$	$\lim_{n\to\infty}\frac{\sum_{i=0}^{n}\frac{1}{\Lambda_i^3}}{\left(\sum_{i=0}^{n}\frac{1}{\Lambda_i^2}\right)^{3/2}} = 0$, $\frac{t_0 - \sum_{i=0}^{n}\frac{1}{\Lambda_i}}{\sqrt{\sum_{i=0}^{n}\frac{1}{\Lambda_i^2}}} < \infty$, n ist groß.	—

Tabelle 3.2.2. System mit n Reserveelementen, die sich in verschiedenen Regimen befinden

System	Kenngröße	belastetes Regime	erleichtertes Regime	unbelastetes Regime
k Arbeitselemente und 1 Reserveelement	T	$\frac{1}{\lambda} \cdot \frac{2k+1}{k(k+1)}$	$\frac{1}{\lambda} \cdot \frac{2k+\nu}{k(k+\nu)}$	$\frac{1}{\lambda} \cdot \frac{2}{k}$
	$P(t_0)$	$(k+1)\,\mathrm{e}^{-k\lambda t_0} - k\,\mathrm{e}^{-(k+1)\lambda t_0}$	$\frac{1}{\nu}\,(k+\nu-k\,\mathrm{e}^{-\nu\lambda t_0})\,\mathrm{e}^{-k\lambda t_0}$	$(1+k\lambda t_0)\,\mathrm{e}^{-k\lambda t_0}$
k Arbeits- und n Reserveelemente, $N = k + n$	T	$\frac{1}{\lambda} \sum_{j=0}^{n} \frac{1}{N-j}$	$\frac{1}{\lambda} \sum_{j=0}^{N-k} \frac{1}{k+\nu j}$	$\frac{1}{\lambda} \cdot \frac{n+1}{k}$
	$P(t_0)$	$(N-k+1)\binom{N}{k-1} \sum_{j=k}^{N} \frac{(-1)^{j-k}}{j} \times \binom{N-k}{j-k}\,\mathrm{e}^{-j\lambda t_0}$	$\frac{\prod_{j=0}^{N-k}(k+\nu j)}{\nu^{N-k}(N-k)!} \sum_{i=0}^{N-k} \frac{(-1)^i\binom{N-k}{i}}{k+\nu i} \times \mathrm{e}^{-(k+\nu i)\lambda t_0}$	$\mathrm{e}^{-k\lambda t_0} \sum_{j=0}^{n} \frac{(k\lambda t_0)^j}{j!}$

Tabelle 3.2.3. Näherungsausdruck für die Wahrscheinlichkeit der ausfallfreien Arbeit eines Systems aus einem Arbeitselement und n Reserveelementen, die sich in verschiedenen Regimen befinden

Regime	Näherungsausdruck: $\widetilde{P}(t_0)$	Voraussetzung für die Näherung	Fehler
belastet	$1 - (\lambda t_0)^{n+1}$	$\lambda t_0 \ll 1$	$\delta(t_0) \leqq \frac{n+1}{2} \lambda t_0$
erleichtert	$1 - \frac{(\lambda t_0)^{n+1}}{(n+1)!} \prod_{i=0}^{n} (1 + \nu i)$	$\lambda t_0 \ll 1$	$\delta(t_0) \leqq \left(\frac{1}{2} + \frac{n}{2} \nu\right) \lambda t_0$
unbelastet	$1 - \frac{(\lambda t_0)^{n+1} e^{-\lambda t_0}}{(n+1)! \left(1 - \frac{\lambda t_0}{n+2}\right)}$	$\lambda t_0 \ll 1$	$\delta(t_0) \sim \frac{(\lambda t_0)^2}{n^2(n+1)}$

Wenn das betrachtete System aus n identischen Elementen besteht, so gilt im Falle des belasteten, erleichterten und unbelasteten Arbeitsregimes der Reserveelemente folgendes:

Belastetes Regime:

$$\Lambda_j = k\lambda + (n - j)\lambda = (N - j)\lambda, \qquad 0 \leqq j \leqq n,$$

wobei $N = k + n$ und λ die Ausfallrate eines Elements ist.

Erleichtertes Regime:

$$\Lambda_j = k\lambda + (n - j)\nu\lambda, \qquad 0 \leqq j \leqq n,$$

wobei $\nu\lambda$ die Ausfallrate eines Reserveelementes und ν, $0 < \nu < 1$, der Belastungskoeffizient der Reserve ist.

Unbelastetes Regime:

$$\Lambda_j = k\lambda, \qquad 0 \leqq j \leqq n.$$

In Tabelle 3.2.2 werden die genauen Werte der Zuverlässigkeitskenngrößen eines Systems mit n Reserveelementen angegeben. In Tabelle 3.2.3 werden Näherungswerte für die Wahrscheinlichkeit der ausfallfreien Arbeit eines Systems aus einem Arbeits- und n Reserveelementen, die sich in den verschiedenen Regimen befinden, gebracht.

Beispiel 3.2.1

Es möge ein System vorliegen, das aus $k = 2$ Arbeits- und $n = 2$ Reserveelementen besteht. Von den Reserveelementen befindet sich das erste im belasteten und das zweite im unbelasteten Regime. Nach dem Ausfall eines beliebigen der drei arbeitenden Elemente (der beiden Arbeits- und des einen belasteten Reserveelements) wird das Reserveelement, das sich im unbelasteten Regime befindet, in das belastete Regime überführt. Die Elemente sind identisch und werden durch die Ausfallrate λ charakterisiert. Es sollen der exakte und ein Näherungswert für die Wahrscheinlichkeit der ausfallfreien Arbeit des Systems bestimmt werden.

Lösung

Für das betrachtete System haben wir

$$\Lambda_0 = \Lambda_1 = \Lambda = 3\lambda; \qquad \Lambda_2 = 2\lambda.$$

Unter Verwendung von Tabelle 3.2.1 finden wir:

1. Der exakte Wert für die Wahrscheinlichkeit der ausfallfreien Arbeit bestimmt sich aus der Formel

$$P(t_0) = \prod_{j=0}^{2} \Lambda_j \sum_{i=0}^{2} \frac{e^{-\Lambda_i t_0}}{\Lambda_i \prod\limits_{\substack{l=0\\ l\neq i}}^{2} (\Lambda_l - \Lambda_i)}$$

$$= \frac{\Lambda_1\Lambda_2(\Lambda_1 - \Lambda_2)\, e^{-\Lambda_0 t_0} - \Lambda_0\Lambda_2(\Lambda_0 - \Lambda_2)\, e^{-\Lambda_1 t_0}}{(\Lambda_0 - \Lambda_1)(\Lambda_0 - \Lambda_2)(\Lambda_1 - \Lambda_2)} + \frac{\Lambda_0\Lambda_1\, e^{-\Lambda_2 t_0}}{(\Lambda_0 - \Lambda_2)(\Lambda_1 - \Lambda_2)}.$$

In unserem Falle wird

$$\Lambda_0 = \Lambda_1 = \Lambda ,$$

und deshalb stellt der erste Summand der erhaltenen Beziehung einen unbestimmten Ausdruck dar. Wir entwickeln ihn nach der Regel von BERNOULLI-L'HOSPITAL:

$$\frac{\Lambda_1\Lambda_2(\Lambda_1 - \Lambda_2)\, e^{-\Lambda_0 t_0} - \Lambda_0\Lambda_2(\Lambda_0 - \Lambda_2)\, e^{-\Lambda_1 t_0}}{(\Lambda_0 - \Lambda_1)(\Lambda_0 - \Lambda_2)(\Lambda_1 - \Lambda_2)} = - \frac{\Lambda_2\, e^{-\Lambda t_0}\, [(2\Lambda - \Lambda_2) + \Lambda(\Lambda - \Lambda_2)\, t_0]}{(\Lambda - \Lambda_2)^2}.$$

Damit wird

$$P(t_0) = \frac{\Lambda^2\, e^{-\Lambda_2 t_0}}{(\Lambda - \Lambda_2)^2} - \frac{\Lambda_2[(2\Lambda - \Lambda_2) + \Lambda(\Lambda - \Lambda_2)\, t_0]\, e^{-\Lambda t_0}}{(\Lambda - \Lambda_2)^2}.$$

Wir setzen in diesen Ausdruck die Werte $\Lambda_0 = \Lambda_1 = \Lambda = 3\lambda$ und $\Lambda_2 = 2\lambda$ ein und erhalten

$$P(t_0) = 9e^{-2\lambda t_0} - 2(4 + 3\lambda t_0)\, e^{-3\lambda t_0}.$$

2. Als Näherungswert für die Wahrscheinlichkeit der ausfallfreien Arbeit des Systems bei $l = 1$ notieren wir

$$\tilde{P}(t_0) = 1 - \prod_{j=0}^{2} \Lambda_j \sum_{s=0}^{2} (-1)^s A_s \frac{t_0^{3+s}}{(3 + s)!} = 1 - \Lambda_0\Lambda_1\Lambda_2 \left[A_0 \frac{t_0^3}{3!} - A_1 \frac{t_0^4}{4!} + A_2 \frac{t_0^5}{5!}\right],$$

$$A_0 = \sum_{s_0+s_1+s_2=0} \Lambda_0^{s_0}\Lambda_1^{s_1}\Lambda_2^{s_2} = 1;$$

$$A_1 = \sum_{s_0+s_1+s_2=1} \Lambda_0^{s_0}\Lambda_0^{s_1}\Lambda_0^{s_2} = \Lambda_0 + \Lambda_1 + \Lambda_2;$$

$$A_2 = \sum_{s_0+s_1+s_2=2} \Lambda_0^{s_0}\Lambda_1^{s_1}\Lambda_2^{s_2} = \Lambda_0^2 + \Lambda_1^2 + \Lambda_2^2 + \Lambda_0\Lambda_1 + \Lambda_0\Lambda_2 + \Lambda_1\Lambda_2.$$

Damit wird

$$\tilde{P}(t_0) = 1 - \Lambda_0\Lambda_1\Lambda_2 \left[\frac{t_0^3}{6} - (\Lambda_0 + \Lambda_1 + \Lambda_2)\frac{t_0^4}{24} + (\Lambda_0^2 + \Lambda_1^2 + \Lambda_2^2 + \Lambda_0\Lambda_1 + \Lambda_0\Lambda_2 + \Lambda_1\Lambda_2)\frac{t_0^5}{120}\right].$$

Wir setzen in diesen Ausdruck die Werte Λ_0, Λ_1 und Λ_2 ein und erhalten

$$\tilde{P}(t_0) = 1 - 3(\lambda t_0)^3 \left[1 - 2\lambda t_0 + \frac{43}{20}(\lambda t_0)^2\right].$$

3.3. Einige allgemeine Gesichtspunkte zur Reservierung von Systemen ohne Erneuerung

1. Je feiner der Maßstab der Reservierung, um so höher die Zuverlässigkeit des Systems

Das Niveau (der Maßstab der Reservierung), auf dem die Reservierung vorgenommen wird, kann verschieden sein: man kann einzelne Elemente, Modulen, Blöcke, Chassis, Schränke und schließlich das Gesamtsystem als Ganzes reservieren. Wir wollen vereinbaren, daß der Maßstab um so feiner ist, je kleiner der Teil des Systems ist, der als einheitliches Ganzes reserviert wird.

Wir wollen den Einfluß des Reservemaßstabes auf die Systemzuverlässigkeit am Beispiel eines dublierten Systems erläutern, das aus zwei Einheiten besteht, die sich im belasteten Regime befinden. Dubliert man eine Einheit als Ganzes, so wird die Wahrscheinlichkeit $P^{(1)}(t_0)$ der ausfallfreien Arbeit des Systems im Intervall $(0, t_0)$ gleich

$$P^{(1)}(t_0) = 1 - [1 - r(t_0)]^2 ,$$

wobei $r(t_0) = r_0$ die Wahrscheinlichkeit für die ausfallfreie Arbeit einer Einheit im gleichen Zeitintervall $(0, t_0)$ ist (mit $0 < r_0 < 1$). Wenn eine Einzelteildublierung vorgenommen wird (der Einfachheit halber wird vorausgesetzt, daß jede Einheit aus k gleichzuverlässigen Teilen besteht, d. h. die Wahrscheinlichkeit für die ausfallfreie Arbeit jedes Teiles wird $\sqrt[k]{r_0}$), so erhält man als Wahrscheinlichkeit $P^{(k)}(t_0)$ für die ausfallfreie Arbeit des so dublierten Systems

$$P^{(k)}(t_0) = [1 - (1 - \sqrt[k]{r_0})^2]^k .$$

Man kann sich unschwer davon überzeugen, daß die Wahrscheinlichkeit $P^{(k)}(t_0)$ mit Vergrößerung von k wächst und daß gilt

$$\lim_{k\to\infty} P^{(k)}(t_0) \sim \lim_{k\to\infty} e^{-\frac{(1-r_0)^2}{k}} = 1 . \qquad (3.3.1)$$

Da die letzte Beziehung für den Fall des belasteten (des härtesten) Regimes der Arbeit des Systems erfüllt wird, ist sie um so mehr für das erleichterte und das unbelastete Regime richtig.

Wir bemerken, daß sowohl (3.3.1) als auch alles früher Gesagte nur bei ganz hochzuverlässigen Kontroll- und Umschalteinrichtungen in den reservierten Systemen gilt. Wenn das aber nicht der Fall ist und sich — beispielsweise — die Zuverlässigkeit der Kontroll- und Umschalteinrichtung bei Verkleinerung des Reservemaßstabes verringert (bedingt durch die Kompliziertheit der Kontroll- und Umschalteinrichtung), so wird

$$\lim_{k\to\infty} P^{(k)}(t_0) \neq 1 .$$

Dabei gilt eine Beziehung

$$\max_k P^{(k)}(t_0) = P^{(k_0)}(t_0) ,$$

wobei k_0 der optimale Reservemaßstab ist.

In praxi ist k_0 nicht allzu groß, weil die Kontroll- und Umschalteinrichtung mit Verkleinerung des Dublierungsmaßstabes rasch komplizierter wird (vgl. auch Beispiel 3.4.1). Wir bemerken ferner, daß es praktisch selten gelingt, die zu dublierende Einrichtung in gleichzuverlässige Teile zu „zerlegen". Doch sollte man danach streben, weil bei der Dublierung gleichzuverlässiger Teile der größte Gewinn erzielt wird.

2. *Durch Vereinigung der Reserven für die einzelnen Gruppen des Systems läßt sich dessen Zuverlässigkeit erhöhen*

Wir betrachten ein System, das aus k gleichzuverlässigen (zur Vereinfachung der Berechnungen) Arbeitsblöcken besteht. Wir mögen noch k zusätzliche Blöcke haben, die zur unbelasteten Reservierung des Systems bestimmt sind. Die Reservierung soll auf zweierlei Weise durchgeführt werden können:

- sämtliche k Arbeitsblöcke des Systems besitzen eine individuelle Reserve,
- sämtliche k Arbeitsblöcke besitzen eine vereinigte Reserve.

Es läßt sich unschwer zeigen, daß die mittlere Arbeitszeit bis zum Ausfall für diese beiden Modifikationen des Systems gleich

$$T^{(1)} = \frac{1}{\lambda} \frac{(k-1)!}{k^k} \sum_{i=0}^{k} \frac{k^i}{i!}, \qquad T^{(2)} = \frac{1}{\lambda} \frac{k+1}{k} \tag{3.3.2}$$

wird, wobei λ die Ausfallrate eines Blockes ist.

Aus (3.3.2) folgt

$$W_k = \frac{T^{(2)}}{T^{(1)}} = \frac{(k+1)\,k^k}{k! \sum_{i=0}^{k} \frac{k^i}{i!}}. \tag{3.3.3}$$

Daraus erhalten wir leicht

$W_1 = 1{,}00$; $W_2 \approx 1{,}20$; $W_3 \approx 1{,}38$; $W_4 \approx 1{,}55$; $W_5 \approx 1{,}71$ usw.

Aus (3.3.3) folgt

$$\lim_{k\to\infty} W_k \sim \lim_{k\to\infty} \sqrt{\frac{k}{2\pi}},$$

d. h., der aus der Vereinigung der Gruppen resultierende Gewinn wächst bei Vergrößerung der Anzahl der Gruppen unbeschränkt.

3. *Die Anteile der Reserveeinheiten, die zur mittleren Arbeitszeit bis zum Systemausfall beitragen, werden bestenfalls addiert*

Der Vorteil, der aus der Reservierung ohne Erneuerung resultiert, ist relativ gering (sogar bei Nichtberücksichtigung der beschränkten Zuverlässigkeit der Kontroll- und Umschalteinrichtungen!) und die mittlere Arbeitszeit bis zum Ausfall wächst — bestenfalls — linear mit der Anzahl der Reserveeinheiten. Tatsächlich finden wir für das leichteste Einsatz-Regime der Reserveeinrichtungen, für die unbelastete Reserve, aus (3.1.3) die Beziehung

$$T = \sum_{i=1}^{n+1} T_i \leqq \bar{T}(n+1), \tag{3.3.4}$$

wobei

$$\bar{T} = \max_{1 \leqq i \leqq n+1} T_i .$$

Wenn die Wahrscheinlichkeiten für die ausfallfreie Arbeit der Einrichtungen, aus denen sich das System zusammensetzt, der Exponentialverteilung genügen, so erhalten wir mit (3.1.10), (3.1.11) und (3.1.33)

$$\lambda T|_{\nu=1} = \sum_{i=1}^{n+1} \frac{1}{i} \approx C + \ln(n+1) + \frac{1}{2(n+1)} \tag{3.3.5}$$

beziehungsweise

$$\lambda T|_{\nu=0} = n + 1,$$

wobei C die Eulersche Konstante ist: $C = 0{,}577 \ldots$

Aus (3.3.5) folgt für den betrachteten Fall, daß bei großen n die Größe λT (für beliebiges ν) mit Vergrößerung von n nicht langsamer als eine logarithmische Funktion und nicht schneller als eine lineare wächst (Abb. 3.3.1).

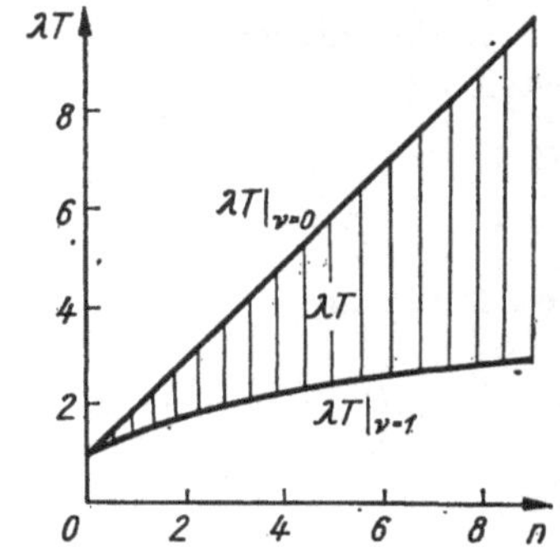

Abb. 3.3.1. Verlängerung der mittleren Laufzeit bis zum Systemausfall bei Vergrößerung der Anzahl der Reserveelemente

4. Ein reserviertes System, dessen Verhalten durch einen „Geburt- und Tod-Prozeß" beschrieben wird, ist „echt alternd"

Ein System nennt man „echt alternd", wenn seine Ausfallrate $\lambda(t)$ eine wachsende Zeitfunktion ist, d. h.,

$$\lambda'(t) > 0 \quad \text{für } t > 0\,. \tag{3.3.6}$$

Wenn das Verhalten des Systems durch einen „Geburt- und Tod-Prozeß" (vgl. Abschnitt A 5.5) beschrieben werden kann, so ist ein solches System „echt alternd", d. h., seine Ausfallrate genügt der Bedingung (3.3.6).

5. Bei Anwendung einer Einzeldublierung von n Teilen des Systems anstelle einer Gesamtdublierung ist der Gewinn hinsichtlich der mittleren Zeit der ausfallfreien Arbeit von der Ordnung $\frac{1}{2}\sqrt{n}$

Zur Erhöhung der Funktionssicherheit einer Einrichtung sei eine Dublierung vorgesehen, die auf zweierlei Art realisiert werden kann:

– die Einrichtung wird als Ganzes dubliert (Abb. 3.3.2),
– die Einrichtung wird in ihren Bestandteilen getrennt dubliert (eine gleichzuverlässige Zerlegung wird vorausgesetzt) (Abb. 3.3.3).[1])

Wir setzen voraus, daß die Wahrscheinlichkeit der ausfallfreien Arbeit der zu dublierenden Einrichtung einer Exponentialverteilung genügt. Dabei sei die Ausfall-

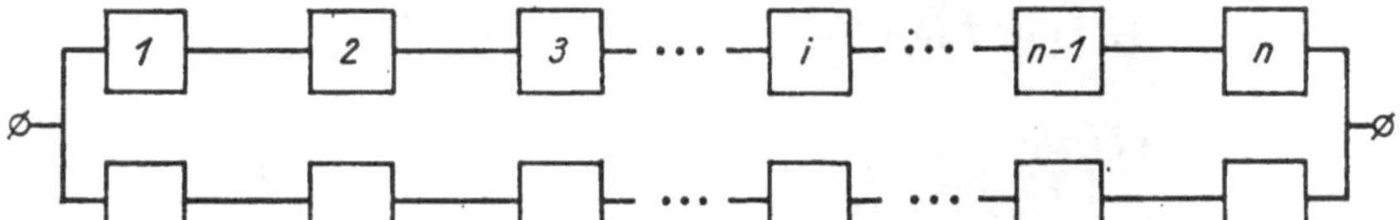

Abb. 3.3.2. Gesamtdublierung einer Einrichtung aus n Elementen

[1]) Der Fall der „Zerlegung" der Einrichtung bei Einzeldublierung in gleichzuverlässige Teile – das ist in Wirklichkeit schwer realisierbar – wird hier betrachtet, weil gerade in diesem Falle aus der Anwendung der Einzeldublierung der größte Gewinn resultiert und weil man in der Praxis gerade nach einer „gleichzuverlässigen" Zerlegung streben sollte.

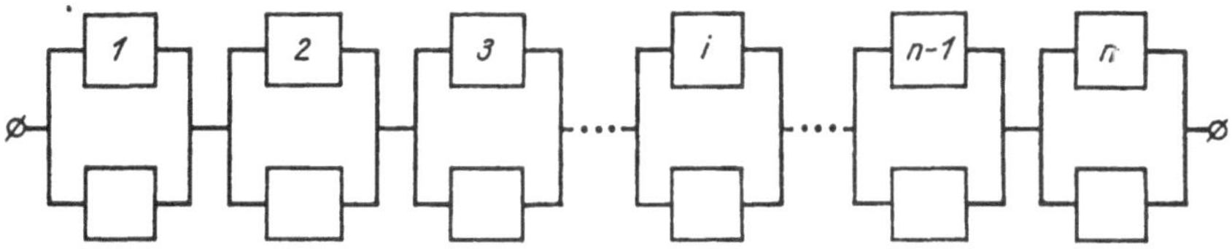

Abb. 3.3.3. Einzeldublierung einer Einrichtung aus n Elementen

rate der Einrichtung im Arbeitsregime gleich λ und im Reserveregime gleich $\nu\lambda$, $0 \leqq \nu \leqq 1$. Dann erhält man eine Abschätzung $\underline{T}_{(n)}$ von unten für die mittlere Laufzeit bis zum Ausfall des Systems mit Einzeldublierung (Abb. 3.3.3) aus der Beziehung

$$\lambda \underline{T}_{(n)} = \sqrt{\frac{\pi n}{2(1+\nu)}}\,. \tag{3.3.7}$$

Da im betrachteten Falle bei Gesamtdublierung (s. Abb. 3.3.2) der exakte Wert der mittleren Laufzeit T bis zum Ausfall gleich

$$\lambda T = \frac{2+\nu}{1+\nu} \tag{3.3.8}$$

wird, so erhalten wir daraus die folgende Abschätzung von unten für den Gewinn $W_{(n)}^{(\nu)}$, der aus der Einzelreservierung resultiert

$$\underline{W}_{(n)}^{(\nu)} = \frac{\underline{T}_{(n)}}{T} = \sqrt{\frac{\pi(1+\nu)}{2(2+\nu)^2}}\,\sqrt{n}\,. \tag{3.3.9}$$

Wegen $0 \leqq \nu \leqq 1$ folgt aus (3.3.9)

$$\underline{W}_{(n)}^{(\nu)} > \frac{1}{2}\sqrt{n}\,. \tag{3.3.10}$$

Daher kann die elementweise Dublierung in einer Einrichtung, die aus $n = 2000$ identischen Elementen besteht (z. B. mikroelektronischen Schaltungen), einen Gewinn mit sich bringen von

$$\underline{W}_{(2000)}^{(\nu)} > \frac{1}{2}\sqrt{2000} \approx 22\,.$$

3.4. Majoritätsorgane und Wertungsschaltungen[1])

3.4.0. Vorbemerkungen

Schon vor ca. 25 Jahren wurde systematisch nach Möglichkeiten gesucht, um aus unzuverlässigen Elementen ein zuverlässiges System aufzubauen. Wesentliche Anregungen brachte das Studium des Aufbaus und der Wirkungsweise des menschlichen Nervensystems. Den bereits seinerzeit ersonnenen Grundbausteinen zum Aufbau zuverlässiger Systeme diente das idealisierte Neuron als Vorbild. Ein solcher Grundbau-

---

[1]) Anmerkung d. Herausg.: Der Abschnitt 3.4 ist im sowjetischen Original des Handbuches nicht enthalten und wurde vom Herausgeber für die deutsche Ausgabe hinzugefügt.

stein besitzt mehrere binäre Eingänge aber nur einen binären Ausgang, der durch die Eingänge und die Charakteristik des Grundbausteins bestimmt wird.

Spezielle solche Bausteine sind die sogenannten „**Majoritätsorgane**" (vgl. Abb. 3.4.1). Der Ausgang erhält den binären Zustand, den die Mehrzahl der Eingänge aufweist. (Die Gesamtzahl der Eingänge wird als ungerade vorausgesetzt!) Insbesondere erhält man bei 3 Eingängen e_1, e_2, e_3 als Ausgang

$$a = MO(e_1, e_2, e_3) = e_1e_2 \vee e_2e_3 \vee e_1e_3 \,. \tag{3.4.1}$$

Eine technische Realisierung zeigt Abb. 3.4.2.

Im folgenden wird über den Aufbau zuverlässiger Systeme mit Hilfe der Majoritätsorgane und anderer Wertungsschaltungen gesprochen.

Abb. 3.4.1. Prinzipdarstellung eines Majoritätsorgans mit drei Eingängen

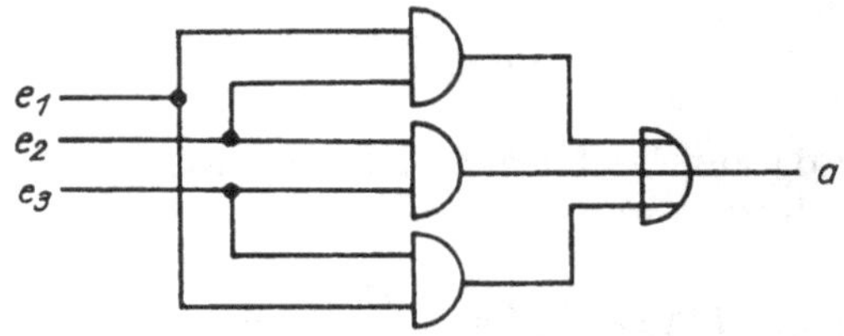

Abb. 3.4.2. Technische Realisierung eines Majoritätsorgans mit drei Eingängen

3.4.1. Majoritätslogik

Wir betrachten ein Booleсches Seriensystem im Sinne der Zuverlässigkeit, das aus n Elementen $x_1, \ldots, x_n$ bestehen möge (vgl. Abschn. A 4). Es soll untersucht werden, inwieweit sich die Zuverlässigkeit des Systems durch Anwendung der sogenannten Majoritätslogik erhöhen läßt. Dazu denken wir uns jedes Element x_ν durch eine (ungerade) Anzahl m_ν gleichartiger Elemente $x_{\nu 1}, x_{\nu 2}, \ldots, x_{\nu m_\nu}$ ersetzt. Mit anderen Worten: Jedem Element x_ν werden $(m_\nu - 1)$ heiße Reserveelemente hinzugefügt. Ein Majoritätsorgan MO_ν ermittelt den Zustand der Mehrzahl der Elemente $x_{\nu 1}, \ldots, x_{\nu m_\nu}$.

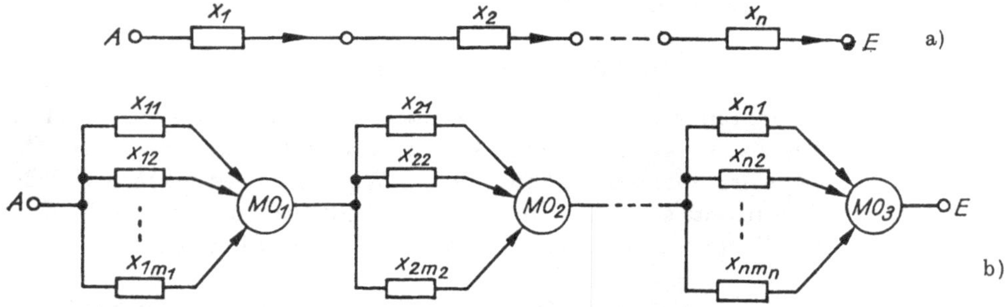

Abb. 3.4.3. Ein Seriensystem und dessen redundante Modifikation mit Majoritätsorganen

Das Seriensystem (Abb. 3.4.3a) geht über in das in Abb. 3.4.3b gezeichnete redundante System. Erscheint am Ausgang des Majoritätsorgans MO_ν ($\nu = 1, \dots, n$) die Binärzahl 1 bzw. 0, so entspricht dem der Binärzustand 1 ($\triangleq$ Arbeitsfähigkeit) bzw. 0 ($\triangleq$ Ausfall) des Elements x_ν im nichtredundanten System. Der gewünschte Zuverlässigkeitszuwachs des redundanten Systems kann nur dadurch zustande kommen, daß bis zu $\frac{1}{2}(m_\nu - 1)$ der insgesamt m_ν Elemente $x_{\nu 1}, \dots, x_{\nu m_\nu}$ ausfallen können, ohne daß dadurch der Systemausfall verursacht wird.

Wir wollen die Verhältnisse genauer untersuchen. Die Überlebenswahrscheinlichkeiten der Elemente x_ν und $x_{\nu\mu}$ ($\nu = 1, \dots, n$; $\mu = 1, \dots, m$) werden mit $P_\nu(t)$, die der Majoritätsorgane MO_ν mit $P_{M_\nu}(t)$ bezeichnet. Der ν-te Abschnitt des in Abb. 3.4.3b dargestellten redundanten Systems ist im binären Zustand 1 (Arbeitsfähigkeit), wenn sowohl das Majoritätsorgan M_ν als auch wenigstens $\frac{1}{2}(m_\nu + 1)$ Elemente $x_{\nu\mu}$ den Zustand 1 aufweisen. Mithin ergibt sich die Überlebenswahrscheinlichkeit $P_{S_\nu}(t)$ des ν-ten Teilsystems zu

$$P_{S_\nu}(t) = \left(\sum_{\mu = 1/2(m_\nu + 1)}^{m_\nu} \binom{m_\nu}{\mu} (P_\nu(t))^\mu \left(1 - P_\nu(t)\right)^{m_\nu - \mu} \right) P_{M_\nu}(t) \tag{3.4.2}$$

und damit die Zuverlässigkeitsfunktion des gesamten redundanten Systems

$$P_{S_{\text{rdd}}}(t) = \prod_{\nu=1}^{n} P_{S_\nu}(t) \,. \tag{3.4.3}$$

Das nichtredundante Seriensystem genügt hingegen der Zuverlässigkeitsfunktion

$$P_S(t) = \prod_{\nu=1}^{n} P_\nu(t) \,. \tag{3.4.4}$$

Durch Auswertung der Formeln und Vergleich der Ergebnisse kann man auf die Wirksamkeit der Majoritätslogik schließen.

Hier soll nur der Fall $m_\nu = m$, $MO_\nu = MO$ und $P_\nu(t) = P(t)$ für $\nu = 1, \dots, m$ diskutiert werden. Mit diesen Vereinfachungen wird

$$P_{S_\nu}(t) = P_M(t) \left(\sum_{\mu = 1/2(m_\nu + 1)}^{m} \binom{m}{\mu} (P(t))^\mu \left(1 - P(t)\right)^{m - \mu} \right). \tag{3.4.2'}$$

Bei der Behandlung der Eigenschaften der Funktion (3.4.2') kann man den Einfluß der Funktion $P_M(t)$ offenbar getrennt betrachten. Mit den Abkürzungen $P(t) = P$, $P_S(t) = P_S$ usw. ergeben sich aus (3.4.2') folgende Ausdrücke für

$$\begin{aligned} m = 1:&\quad P_S = P_M P \,, \\ m = 3:&\quad P_S = P_M(3P^2 - 2P^3) \,, \\ m = 5:&\quad P_S = P_M(10P^3 - 15P^4 + 6P^5) \,. \end{aligned}$$

Mit den bisher eingeführten Abkürzungen erhält man weiter für das nichtredundante und das redundante System (Abb. 3.4.3):

$$P_S = P^n \,, \tag{3.4.4'}$$

$$\begin{aligned} P_{S_{\text{rdd}}} &= P_M^n \left(\sum_{\mu = (m+1)/2}^{m} \binom{m}{\mu} P^\mu (1 - P)^{m-\mu} \right)^n \\ &= P_M^n \left(\sum_{\mu = (m+1)/2}^{m} \binom{m}{\mu} P_S^{\mu/n} (1 - P_S^{1/n})^{m-\mu} \right)^n . \end{aligned} \tag{3.4.3'}$$

Gleichung (3.4.3′) liefert die Überlebenswahrscheinlichkeit des redundanten Systems in Abhängigkeit von der Überlebenswahrscheinlichkeit des nichtredundanten Systems.

In Abb. 3.4.4 wurde Gleichung (3.4.3′) für den praktisch bedeutsamen Spezialfall $m = 3$, $n = 1, 2, \ldots$ graphisch ausgewertet. (Jedes Element des nichtredundanten Seriensystems wurde durch ein sogenanntes 2-aus-3-System ersetzt!) Die Überlebenswahrscheinlichkeit des redundanten Systems wurde (für eine feste Zeit $t > 0$) in Abhängigkeit von der Anzahl der Systemkomponenten n aufgetragen. Die Überlebenswahrscheinlichkeit des korrespondierenden nichtredundanten Systems P_S und die Überlebenswahrscheinlichkeit P_M des Majoritätsorgans wurden als Parameter gewählt. Abb. 3.4.4 zeigt deutlich den Einfluß der Überlebenswahrscheinlichkeit des Majoritätsorgans.

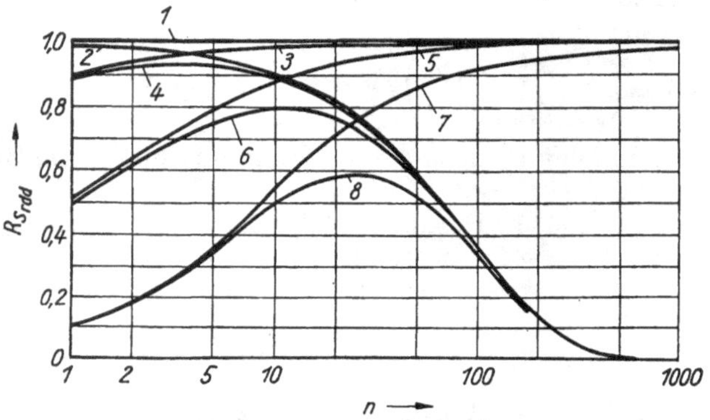

Abb. 3.4.4. Einfluß idealer und realer Majoritätsorgane auf die Systemzuverlässigkeit

Kurve 1 ÷ $P_M = 1$, $P_S = 1$;
Kurve 2 ÷ $P_M = 0{,}99$, $P_S = 1$;
Kurve 3 ÷ $P_M = 1$, $P_S = 0{,}8$;
Kurve 4 ÷ $P_M = 0{,}99$, $P_S = 0{,}8$;
Kurve 5 ÷ $P_M = 1$, $P_S = 0{,}5$;
Kurve 6 ÷ $P_M = 0{,}99$, $P_S = 0{,}5$;
Kurve 7 ÷ $P_M = 1$, $P_S = 0{,}2$;
Kurve 8 ÷ $P_M = 0{,}99$, $P_S = 0{,}2$.

Unter der Annahme ideal zuverlässiger Majoritätsorgane, d. h. $P_M = 1$, wächst die Überlebenswahrscheinlichkeit des redundanten Systems mit wachsendem n monoton und nähert sich schließlich asymptotisch der Eins, unabhängig davon, welche Überlebenswahrscheinlichkeit P_S das korrespondierende nichtredundante System besitzt. Bei realer Überlebenswahrscheinlichkeit der Majoritätsorgane, d. h. $P_M < 1$, ergibt sich im $(n, P_{S_{rdd}})$-Koordinatensystem eine Grenzkurve für $P_S = 1$, die nicht überschritten werden kann. Für $P_S < 1$ gibt es eine optimale Anzahl n_{opt} von Systemabschnitten, bei der die Majoritätsredundanz den größten Nutzen bringt. Die Zahl n_{opt} steigt monoton in Abhängigkeit von P_M und fällt monoton in Abhängigkeit von P_S.

Beim tatsächlichen Entwurf eines Systems mit Majoritätslogik muß man sich wieder vergegenwärtigen, daß P_S und P_M meist nicht als konstant angesetzt werden dürfen, sondern fallende Zeitfunktionen sind. Die vorstehende Kurvendiskussion zur Abb. 3.4.4 gilt also nur für einen festen Zeitpunkt. Die optimale Anzahl n_{opt} der Systemabschnitte

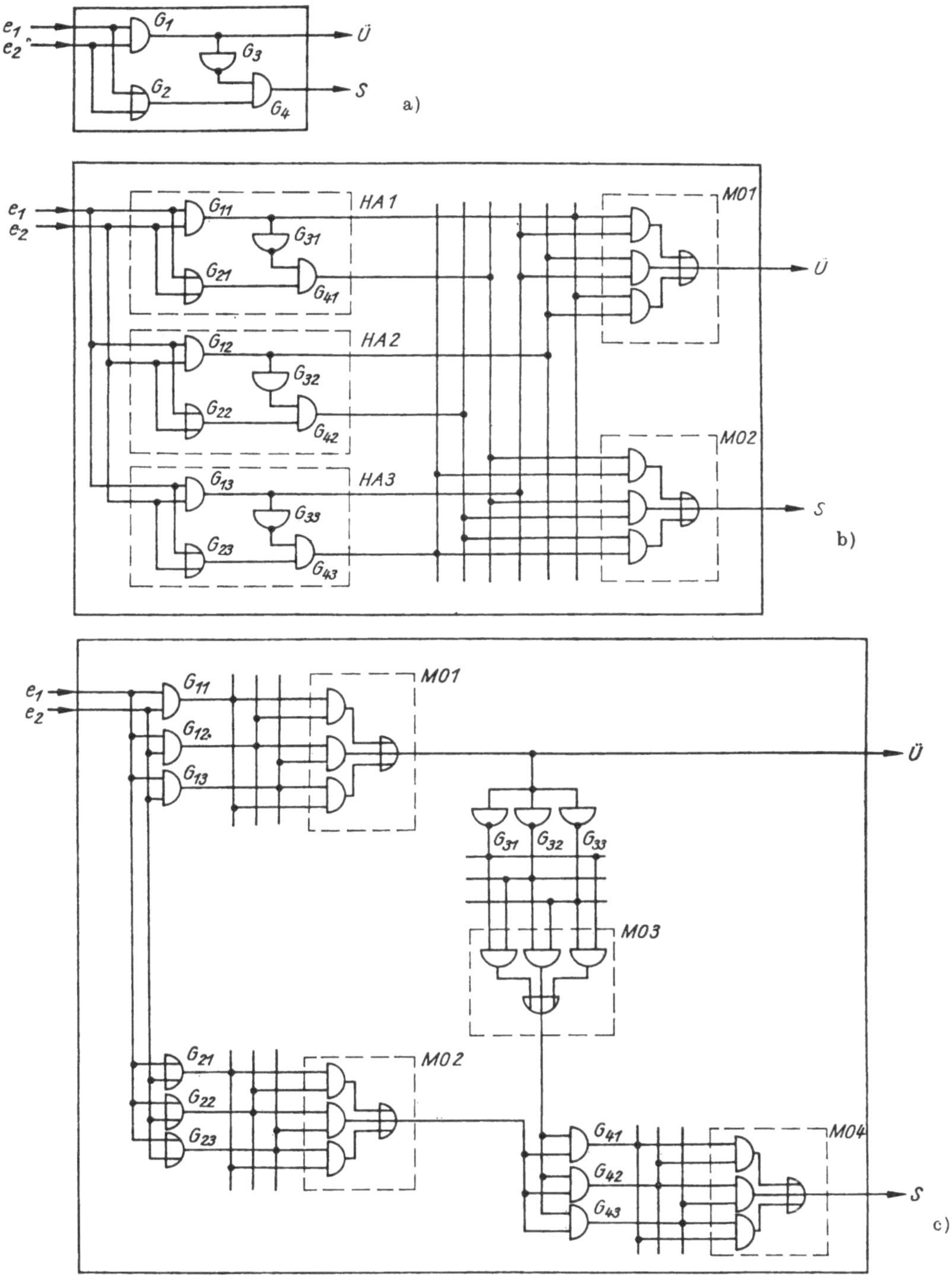

Abb. 3.4.5. Nichtredundanter Halbadder und redundante Modifikationen mit unterschiedlichem Reservemaßstab

ist eine Funktion der Zeit. Zweckmäßig legt man die Anzahl so fest, daß sie beim voraussichtlich niedrigsten Wert von P_S und beim voraussichtlich niedrigsten Wert von P_M — diese Werte werden bei nicht gewarteten Anlagen am Ende der vorgesehenen Betriebszeit angenommen — gerade mit n_{opt} zusammenfallen. Dann kann man die zugehörende Überlebenswahrscheinlichkeit $P_{S_{\text{rdd}}}$ berechnen und ist sicher, daß die Überlebenswahrscheinlichkeit des redundanten Systems während der gesamten Betriebszeit nicht unter diesen Wert absinken kann.

Beispiel 3.4.1

Als Anwendung für die Dreifach-Modul-Redundanz mit Majoritätselementen in logischen Schaltungen möge ein Halbadder dienen. In Abb. 3.4.5a wurde eine mögliche Grundstruktur eines Halbadders gezeichnet. Die Gatter $G1$ und $G3$ sind und-Glieder, $G2$ ist ein oder-Glied und $G3$ ein Negator. Die Eingänge e_1 und e_2 des Halbadders sind zwei Dualziffern; am Ausgang erscheinen die Summe s und der Übertrag $ü$ auf die nächsthöhere Dualstelle. Die Abbildungen 3.4.5b und c zeigen zwei Versionen der dreifach-redundanten Auslegung des Halbadders. In Abb. 3.4.5b wurde die Redundanz auf dem Organisationsniveau vollständiger Halbadder, in Abb. 3.4.5c auf dem niedrigeren Organisationsniveau der einzelnen Gatter realisiert. Im ersten Falle werden zwei Majoritätsschaltungen $MO1$ und $MO2$, im zweiten Falle aber bereits vier Majoritätsschaltungen benötigt.

Zur Zuverlässigkeitsanalyse der angegebenen logischen Schaltungen kann die im Anhang A 4 dargestellte Boolesche Theorie herangezogen werden.

Lösung

Der nichtredundante Halbadder funktioniert nur dann, wenn alle vier Gatter ordnungsgemäß arbeiten. Mithin gilt für die Überlebenswahrscheinlichkeit P_{HA} des (nichtredundanten) Halbadders (zu einem bestimmten Zeitpunkt)

$$P_{HA} = P_{G1} P_{G2} P_{G3} P_{G4} .$$

Für die redundanten Halbadder erhält man leicht die in Abb. 3.4.6 fixierten Zuverlässigkeitsersatzschaltbilder.

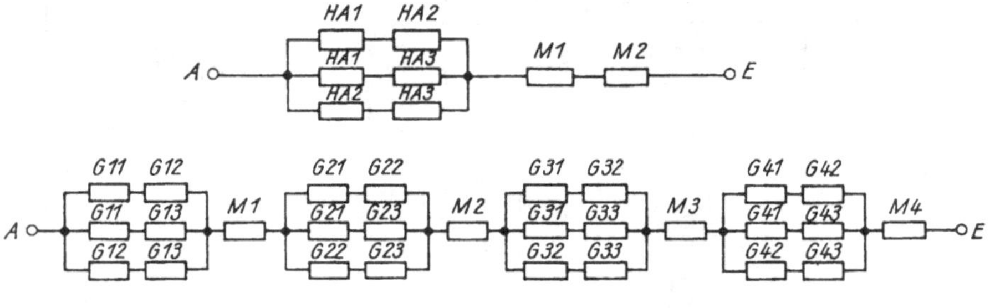

Abb. 3.4.6. Zuverlässigkeitsersatzschaltungen für die in den Abbildungen 3.4.5 b und c dargestellten redundanten Halbadder

Der Einfachheit halber wollen wir annehmen, daß alle Gatter übereinstimmend die Überlebenswahrscheinlichkeit $P_G = 1 - Q_G$ (mit $Q_G \ll 1$) und die Majoritätsschaltungen jeweils die gleiche Überlebenswahrscheinlichkeit P_M besitzen. Dann folgt nach kurzer Rechnung für die Überlebenswahrscheinlichkeit P_{I} bzw. P_{II} der in Abb. 3.4.5b bzw. in Abb. 3.4.5c dargestellten Schaltungen

$$P_{\text{I}} = (3P_{HA}^2 - 2P_{HA}^3)\, P_M^2 = (3P_G^8 - 2P_G^{12})\, P_M^2 = \left(1 - 48Q_G^2 + o(Q_G^2)\right) P_M^2$$

bzw.

$$P_{\text{II}} = \left((3P_G^2 - 2P_G^3)\, P_M\right)^4 = P_G^8 (3 - 2P_G)^4\, P_M^4 = \left(1 - 12Q_G^2 + o(Q_G)\right) P_M^4 .$$

Für $P_M = 1$, d. h. ideal zuverlässige Majoritätselemente, gilt unter der praktisch immer erfüllten Voraussetzung $Q_G \ll 1$:

$$P_{HA} = P_G^4 = 1 - 4Q_G + o(Q_G) < P_{\mathrm{I}} < P_{\mathrm{II}} < 1\,.$$

Erwartungsgemäß arbeiten die redundanten Halbadder bei idealen Majoritätselementen zuverlässiger als die nichtredundanten. Die Zuverlässigkeitserhöhung wächst mit fallendem Redundanz-Organisationsniveau (vgl. Abschn. 3.3).

Bei den abgebildeten redundanten Schaltungen ist die Annahme $P_M = 1$ jedoch nicht gerechtfertigt. Natürlicher ist der Ansatz, daß die Gatter in den Majoritätsschaltungen nicht zuverlässiger sind als die übrigen Gatter. Dann wird

$$P_M = P_G^4 = 1 - 4Q_G + o(Q_G)$$

und damit

$$P_{\mathrm{I}} = (3P_G^8 - 2P_G^{12})\,P_G^8 = 1 - 8Q_G + o(Q_G)\,,$$

$$P_{\mathrm{II}} = (3 - 2P_G)^4\,P_G^{24} = 1 - 16Q_G + o(Q_G)\,.$$

Der durch die Redundanz erzielte Effekt wird nun durch die endliche Zuverlässigkeit der Majoritätselemente mehr als kompensiert,

$$P_{HA} > P_{\mathrm{I}} > P_{\mathrm{II}}\,.$$

Unsere Analyse zeigt, daß die Dreifach-Modul-Redundanz mit Majoritätselementen nur dann einen zuverlässigeren Halbadder liefern kann, wenn günstigere technische Realisierungen für die Majoritätselemente benutzt werden.

3.4.2. Theorie der Wertungsschaltungen

Die Wertungsschaltungen — mitunter auch Entscheidungselemente genannt — verallgemeinern das Konzept der Majoritätsorgane. Den prinzipiellen Aufbau einer **Wertungsschaltung** zeigt Abb. 3.4.7. Am Eingang der Wertungsschaltung liegen die m binären Signale $e_1, \ldots, e_m$. (Es handelt sich um gleichzeitig anstehende Signale. Eine von der gleichen Quelle stammende Information wird auf m verschiedenen Signalwegen (Kanälen) übertragen. Diese Redundanz soll es ermöglichen, auf einzelnen Kanälen evtl. auftretende Übertragungsfehler mit Hilfe der Wertungsschaltung zu beseitigen.) Die Eingangssignale werden mit den Faktoren $c_1, \ldots, c_m$ gewichtet. Am

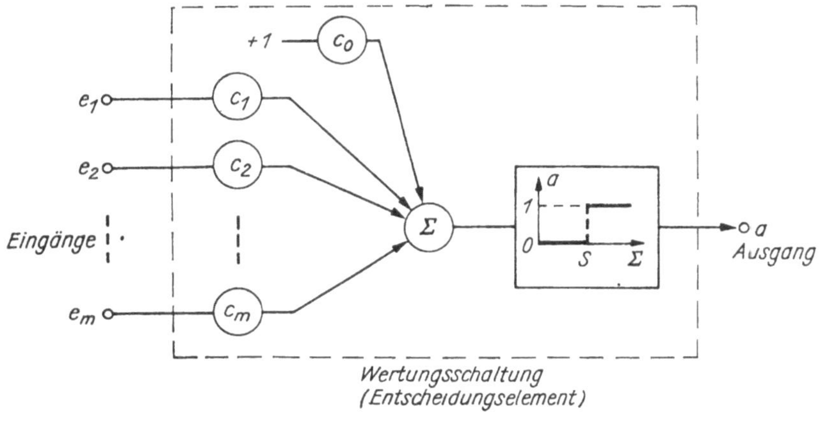

Abb. 3.4.7. Prinzipieller Aufbau einer Wertungsschaltung

Ausgang eines Summators ergibt sich

$$\Sigma = c_0 + \sum_{\mu=1}^{m} c_\mu e_\mu = c_0 + \sum_{\mu \text{ mit } e_\mu = 1} c_\mu \,. \tag{3.4.5}$$

Der Wert Σ wird mit einem vorgeschriebenen Schwellwert S verglichen und am Ausgang der Wertungsschaltung erscheint

$$a = \begin{cases} 0, & \text{falls } \Sigma < S\,, \\ 1, & \text{falls } \Sigma \geqq S\,. \end{cases} \tag{3.4.6}$$

Das Majoritätsorgan ergibt sich als Spezialfall der beschriebenen Wertungsschaltung für ungerades m, $c_0 = 0$, $c_1 = c_2 = \dots = c_m = 1$, $S = \frac{m}{2}$.

Bei der Konzipierung einer Wertungsschaltung müssen die Größen $c_0, c_1, \dots, c_m$ und S festgelegt werden. Da sich c_0 und S additiv überlagern, kann man o. B. d. A. eine dieser beiden Größen zu Null festlegen. Hier sei $c_0 = 0$ vereinbart. Zur optimalen Festsetzung der Koeffizienten $c_1, \dots, c_m$ und S gilt die folgende Aussage:

> Die Fehler der an den Eingängen anstehenden Signale seien unabhängige Zufallsgrößen. Die Wahrscheinlichkeit F_μ eines Fehlers am μ-ten Eingang ($\mu = 1, \dots, m$) sei bekannt, ebenso die Wahrscheinlichkeiten $P(+1)$ bzw. $P(0)$, daß sich die Signalquelle im Zustand 1 bzw. 0 befindet.
> Dann sind die Koeffizienten
>
> $$c_\mu = c \ln \frac{1 - F_\mu}{F_\mu}\,, \qquad \mu = 1, \dots, m\,,$$
>
> und
>
> $$S = c\left(\ln \frac{P(+1)}{P(0)} + \sum_{\mu' \text{ mit } e_{\mu'} = 0} \ln \frac{F_{\mu'}}{1 - F_{\mu'}}\right)$$
>
> bei beliebiger Wahl von $c > 0$ im folgenden Sinne optimal:
> Die Wertungsschaltung setzt $a = 1$ bzw. $a = 0$ fest, wenn $P(+1) > P(0)$ bzw. $P(0) > P(+1)$ gilt.

Die gefundenen Gewichte c_μ sind um so relativ größer je zuverlässiger der μ-te Übertragungskanal arbeitet. Die Wahrscheinlichkeit F_μ des Auftretens eines Fehlers stimmt mit dem Erwartungswert des Fehlers überein. Oben wurden die F_μ ($\mu = 1, \dots, m$) als bekannt angenommen. Diese Voraussetzung ist normalerweise nicht erfüllt. Die Fehlerwahrscheinlichkeiten stellen sich oft erst während eines längeren Betriebes der Übertragungskanäle ein und können sich im Laufe der Zeit ändern. Man muß daher versuchen, die Gewichte c_μ den tatsächlichen Gegebenheiten anzupassen. Es gibt verschiedene Möglichkeiten, um **selbstanpassende Wertungsschaltungen** aufzubauen. Eine erste Möglichkeit wurde in Abb. 3.4.8 skizziert. Sämtliche Eingangssignale der Wertungsschaltung werden auf ein Adaptionsnetzwerk gebracht und mit dem tatsächlichen Zustand e der Quelle, der als externes Signal dem Adaptionsnetzwerk zugeführt wird, verglichen. Nach Ablauf einer gewissen Testzeit können durch das Adaptionsnetzwerk Näherungswerte für die Fehlerwahrscheinlichkeiten F_μ und damit für die optimalen Gewichte c_μ bereitgestellt werden. In gewissen Zeitabständen sollten „Testrechnungen" durchgeführt, dabei die Fehlerwahrscheinlichkeiten abgeschätzt und die Gewichte c_μ ($\mu = 1, \dots, m$) ggf. neu eingestellt werden.

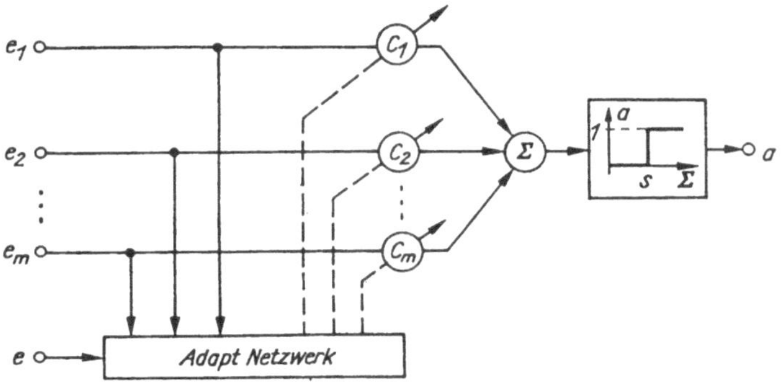

Abb. 3.4.8. Wertungsschaltung mit adaptiver Einstellung der Gewichtsfaktoren

Die „Schwachstelle" des besprochenen Adaptionsverfahrens besteht natürlich in der Bereitstellung des fehlerfreien Signales e. Es sind verschiedene modifizierte Adaptionsverfahren entwickelt worden, die das garantiert fehlerfreie Signal e nicht benötigen. Hier soll nur eine Möglichkeit erwähnt werden: Man kann den Ausgang a der Bewertungsschaltung statt des fehlerfreien Signals e als Eingang auf das adaptive Netzwerk geben. Da die Fehlerwahrscheinlichkeit F_a des Ausgangssignals als klein gegenüber den durchschnittlichen Fehlerwahrscheinlichkeiten F_μ angesetzt werden kann, kommt man auch so zu brauchbaren Näherungen der optimalen Gewichte c_μ $(\mu = 1, \dots, m)$.

Bisher wurde stillschweigend vorausgesetzt, daß die Bewertungsschaltung selbst absolut zuverlässig arbeitet. Andererseits war bereits am Beispiel 3.4.1 deutlich geworden, daß die endliche Zuverlässigkeit der Bewertungsschaltungen die Zuverlässigkeit des Gesamtsystems entscheidend bestimmen kann. Bei unzuverlässigen Wertungsschaltungen kann man auch diese mehrfach und damit redundant auslegen.

In der Praxis trifft man häufig heiße Redundanz im Zusammenhang mit Wertungsschaltungen als zentralen Bestandteil vieler Sicherungs- und Überwachungssysteme für Anlagen an, bei deren Ausfall Menschenleben oder/und hohe Sachwerte auf dem Spiel stehen. Wir denken beispielsweise an das Schutzsystem von Kernreaktoren.

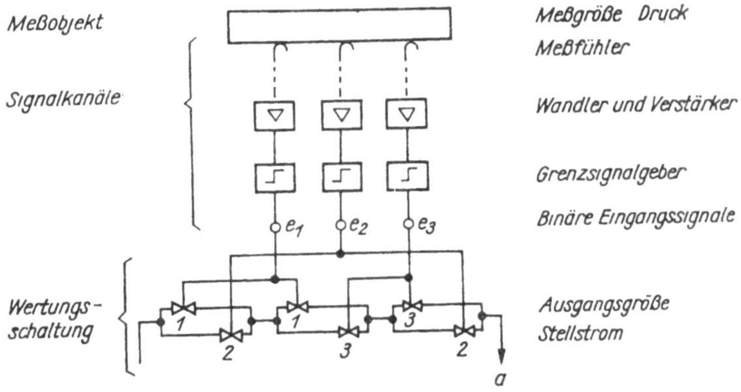

Abb. 3.4.9. Automatische Drucküberwachung mit einem 2-aus-3 Wertungssystem

Meist werden als Wertungsschaltungen die sogenannten **k-aus-n-Schaltungen**, $1 \leqq k \leqq n$, eingesetzt. Am Ausgang der Wertungsschaltung erscheint das binäre Signal 1 (Arbeitsfähigkeit), wenn sich wenigstens k der insgesamt n binären Eingänge im Zustand 1 (Arbeitsfähigkeit) befinden.

Beispiel 3.4.2

Wir betrachten eine automatische Drucküberwachungseinrichtung mit einer 2-aus-3-Wertungsschaltung (Abb. 3.4.9).

Befinden sich die Meßwerte (nicht) im zulässigen Bereich, so liefern die Ausgänge der Grenzsignalgeber bei fehlerfreier Übertragung das binäre Signal $o(1)$. Wird $e_\nu = 0$, so stehen die mit ν gekennzeichneten Magnetventile ($\nu = 1, 2, 3$) auf Durchlaß. Es müssen wenigstens zwei der binären Eingangssignale im Zustand 1 sein, um den Stellstrom zu unterbrechen ($a = 1$).

In den Signalkanälen eines Schutzsystems können zwei Arten von Fehlern auftreten:

1. Der gefährliche Zustand der zu schützenden Anlage (z. B. Druck hat den zulässigen Bereich überschritten) wird nicht angezeigt (sogenannter **gefährlicher Fehler**).
2. Das binäre Eingangssignal entspricht einem gefährlichen Zustand, obwohl in der Anlage kein gefährlicher Zustand eingetreten ist (sogenannter **ungefährlicher Fehler**).

Das Schutzsystem muß naturgemäß in erster Linie unempfindlich gegenüber gefährlichen Fehlern sein. Das ist am besten bei der 1-aus-n-Bewertung erfüllt. Eine solche Bewertung ist jedoch besonders empfindlich gegenüber ungefährlichen Fehlern. Es kommt ggf. zu Abschaltungen und längeren Betriebsunterbrechungen der Anlage und damit zu erheblichen ökonomischen Verlusten, obwohl es nicht erforderlich ist. Daher muß das Schutzsystem auch gegen ungefährliche Fehler unempfindlich gemacht werden. Am besten ist das bei den n-aus-n-Bewertungen erfüllt.

Einen Schutz gegen beide Fehlerarten liefern die k-aus-n-Systeme mit $1 < k < n$. In den praktischen Anwendungen findet man häufig Wertungsschaltungen mit Relais.

Beispiel 3.4.3

In Abb. 3.4.10 sind zwei Realisierungen von 2-aus-3-Wertungsschaltungen mit Ruhestromrelais skizziert worden. Werden in Abb. 3.4.10a wenigstens zwei der Kontakte e_1, e_2, e_3 geöffnet (Die Kontakte befinden sich über den entsprechenden Widerständen R_1, R_2, R_3.), so wird das Relais H entregt und die zu überwachende Anlage abgeschaltet. (H könnte beispielsweise der Haltemagnet für die durch Schwerkraft angetriebenen Schnellabschaltstäbe eines Kernreaktors sein. (Die

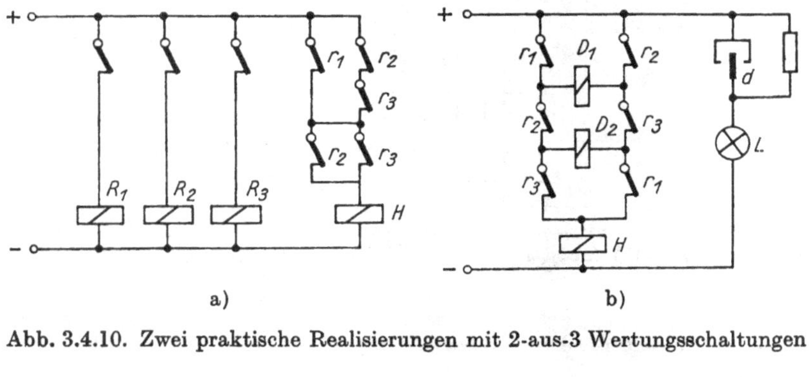

Abb. 3.4.10. Zwei praktische Realisierungen mit 2-aus-3 Wertungsschaltungen

Stromunterbrechung in einem R-Relais oder das Entfernen eines R-Relais bei der Reparatur führt die 2-aus-3-Schaltung in eine 1-aus-2-Schaltung über.

Abb. 3.4.10b zeigt eine 2-aus-3-Bewertungsschaltung mit gleichzeitiger Prüfschaltung. In den Querzweigen der 2-aus-3-Schaltung liegen die niederohmigen Wicklungen D_1, D_2 eines polarisierten Relais mit mittlerer Ruhelage des Ankers. Bei Normalbetrieb sind alle drei Kontaktpaare r_1, r_2, r_3 geschlossen und die Kontrollampe L zeigt dunkles Dauerlicht. Wird ein Kontaktpaar geöffnet, so fließt durch D_1 oder/und D_2 der Ruhestrom und über den Kontakt d wird die Lampe L von dunklem auf helles Dauerlicht geschaltet. Auf Grund dieses Meldesignals kann eine Überprüfung der Übertragungskanäle veranlaßt werden.

Bei umfangreichen Prozessen müssen oft mehrere Größen gemessen werden, um eine Aussage über den Betriebszustand der zu schützenden Anlage zu bekommen.

Beispiel 3.4.4

In Anlehnung an die zahlreiche kerntechnische Literatur zeigt Abb. 3.4.11 das Prinzip eines vereinfachten Schutzsystems eines Kernreaktors. Die Hauptabschaltleitung gibt Abb. 3.4.12 wieder. Dabei wurde wieder vorausgesetzt, daß die Wertungsschaltungen mit Ruhestromrelais realisiert werden.

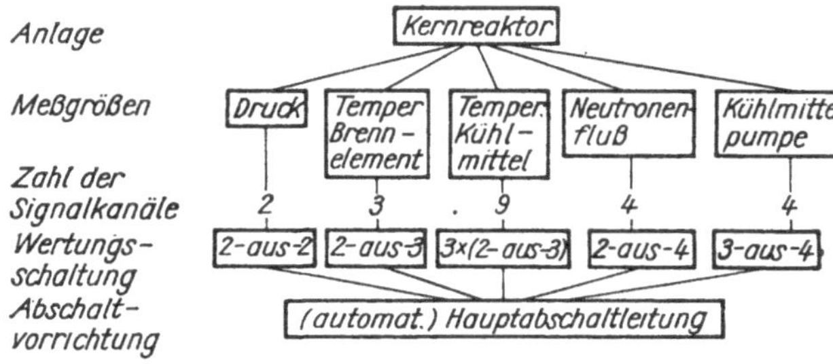

Abb. 3.4.11. Prinzipieller Aufbau eines Kernreaktor-Schutzsystems

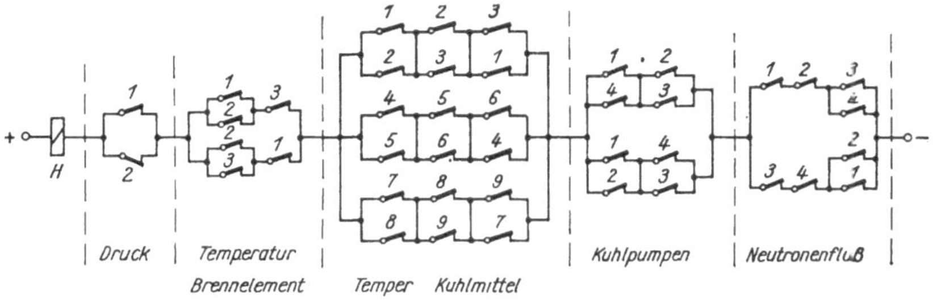

Abb. 3.4.12. Hauptabschaltleitung eines Kernreaktors

Wir wollen nun noch die im Abschnitt A 4.4 eingeführte **Systemfunktion** $S(p)$, vgl. S. 503ff., **für k-aus-n-Systeme** untersuchen. Wie im Abschnitt A 4.4 wird vorausgesetzt, daß die n Elemente gleichartig sind und sich in ihrem Ausfallverhalten nicht beeinflussen. Die für alle Elemente gleiche Wahrscheinlichkeit, einen festen Zeitpunkt $t > 0$ zu überleben, wird mit p bezeichnet. Gemäß der Definition der k-aus-n Systeme ergibt sich die Systemüberlebenswahrscheinlichkeit $S(p; k, n)$ zu

$$S(p; k, n) = \sum_{\nu=k}^{n} \binom{n}{\nu} p^{\nu}(1-p)^{n-\nu} . \tag{3.4.7}$$

Tabelle 3.4.1. Nichttriviale Lösungen $p_{k,n}$ der Gleichung $S(p; k, n) = p$ für $n = 3, 4, \dots, 25$ und $k = 2, 3, \dots, 24$

n	k											
	2	3	4	5	6	7	8	9	10	11	12	13
3	0,500											
4	0,232											
5	0,131	0,500										
6	0,083	0,347										
7	0,058	0,256	0,500									
8	0,042	0,197	0,395									
9	0,032	0,158	0,322	0,500								
10	0,025	0,129	0,268	0,421								
11	0,020	0,108	0,228	0,361	0,500							
12	0,016	0,092	0,197	0,314	0,437							
13	0,013	0,080	0,172	0,276	0,387	0,500						
14	0,011	0,070	0,152	0,246	0,345	0,448						
15	0,010	0,062	0,136	0,222	0,311	0,405	0,500					
16	0,010	0,055	0,122	0,199	0,282	0,368	0,456					
17	0,008	0,050	0,111	0,181	0,257	0,337	0,418	0,500				
18	0,007	0,045	0,101	0,166	0,236	0,310	0,385	0,462				
19	0,006	0,041	0,092	0,153	0,218	0,286	0,356	0,428	0,500			
20	0,006	0,037	0,085	0,141	0,202	0,266	0,331	0,398	0,466			
21	0,005	0,034	0,079	0,131	0,188	0,247	0,309	0,372	0,436	0,500		
22	0,005	0,032	0,073	0,122	0,175	0,231	0,289	0,349	0,409	0,470		
23	0,004	0,030	0,068	0,114	0,164	0,217	0,272	0,328	0,385	0,442	0,500	
24	0,004	0,027	0,064	0,107	0,154	0,204	0,256	0,309	0,363	0,418	0,473	
25	0,004	0,025	0,060	0,101	0,145	0,193	0,242	0,292	0,343	0,395	0,448	0,500

Für $k < \frac{n}{2}$ gilt: $p_{k,n} = 1 - p_{n+1-k,n}$

Für $k = n$ bzw. $k = 1$ ergeben sich aus (3.4.7) die bekannten Formeln für ein Seriensystem bzw. für ein Parallelsystem aus n gleichen Elementen. Für $1 < k < n$ schneidet die Funktion $S(p; k, n)$ die Gerade p über dem Intervall (0, 1). Die Lösungen $p_{k,n}$ der Gleichung

$$S(p; k, n) = p \quad \text{mit} \quad p \in (0, 1)$$

werden in Tabelle 3.4.1 angegeben. Die Tabelle zeigt bei vorgegebenem n und k und angenommener Elementezuverlässigkeit p auf den ersten Blick, ob das k-aus-n-System zuverlässiger oder unzuverlässiger arbeitet als die einzelnen Komponenten.

Weiter kann man zeigen, daß $S(p; k, n)$ an der Stelle $p = \frac{k-1}{n-1}$ einen Wendepunkt besitzt. Im Bereich $0 \leqq p < \frac{k-1}{n-1}$ bzw. $\frac{k-1}{n-1} < p \leqq 1$ ist $S(p; k, n)$ konvex bzw. konkav.

Zum Schluß dieses Abschnittes sollen die Zuverlässigkeitsfunktionen $S(p; k, n)$ mit den Zuverlässigkeitsfunktionen anderer Systeme mit n gleichen Komponenten verglichen werden. Dabei zeigt sich, daß die Zuverlässigkeitsfunktionen $S(p; k, n)$ „schärfer" sind — d. h. einen steileren Anstieg haben — als alle Vergleichsfunktionen, die nicht zur Klasse der k-aus-n-Systeme gehören:

Es sei $S(p; k, n)$ die Zuverlässigkeitsfunktion eines k-aus-n-Systems, $S(p)$ eine beliebige Zuverlässigkeitsfunktion eines n-elementigen Systems, das kein k-aus-n-System darstellt. Dann schneiden sich die Funktionen $S(p)$ und $S(p; k, n)$ höchstens einmal im Bereich (0, 1). Im Schnittpunkt kreuzt die Funktion $S(p; k, n)$ die Funktion $S(p)$ von unten.

3.5. Redundante Modifikationen logischer Schaltungen[1]

3.5.1. Grundgedanken und Begriffe

Bereits zu Beginn der fünfziger Jahre hat J. von Neumann eine weitere wichtige Methode zur Einführung nützlicher Redundanz in informationsverarbeitenden Systemen angegeben und sie als **„multiple line trick"** bezeichnet. Die einzelnen Übertragungsstränge werden durch Bündel von Übertragungssträngen ersetzt. Die einzelnen Stränge eines Bündels sollen das gleiche, aber unabhängig verarbeitete Signal übertragen. Die Bündel bilden die Eingänge entsprechend redundant-modifizierter logischer Elemente. Die in den einzelnen Bündeln vorhandene überschüssige Information kann dazu ausgenutzt werden, um die in den Bündeln enthaltene Information „zuverlässiger" zu machen. (Die in einzelnen Übertragungssträngen des Bündels vorhandenen Fehlinformationen sollen beseitigt werden.) Das geschieht mit Hilfe sog. **Erneuerungselemente** (engl.: restoring organs, russ.: восстанавливающие органы). Als spezielle Erneuerungselemente kann man z. B. die im vorhergehenden Abschnitt 3.4 besprochenen Majoritätselemente benutzen; siehe die beiden in Abb. 3.5.1 skizzierten Beispiele.

In diesem Abschnitt soll gezeigt werden, daß die Aufgabe der Erneuerungselemente (d. i. im wesentlichen Fehlerkorrektur) auch von redundant modifizierten logischen

[1]) Anmerkung d. Herausg.: Der Abschnitt 3.5 ist im sowjetischen Original des Handbuches nicht enthalten und wurde vom Herausgeber für die deutsche Ausgabe hinzugefügt.

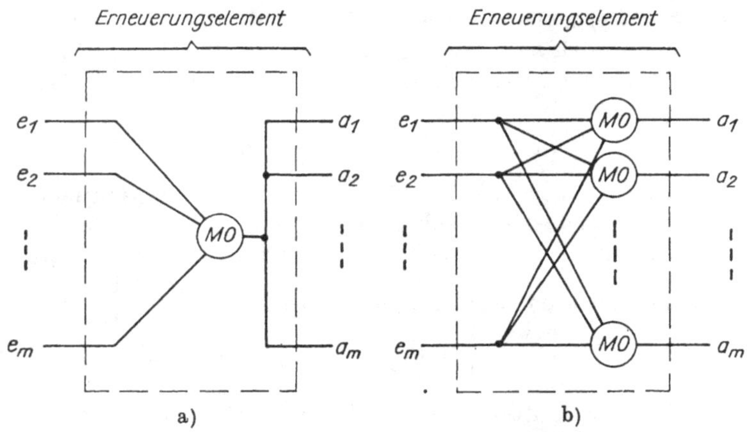

Abb. 3.5.1. Erneuerungselemente auf der Basis von Majoritätsorganen

Elementen, die die logischen Operationen und die Fehlerkorrektur gleichzeitig ausführen, wahrgenommen werden kann. Dabei sollen lediglich einige wichtige, technisch realisierbare Möglichkeiten des Aufbaus redundant modifizierter logischer Schaltungen in groben Zügen vorgestellt werden.

Wir wollen uns die Auswirkungen von Eingangsfehlern auf das Ergebnis der logischen Operationen UND, ODER, NAND, NOR ansehen. Der **Fehler** eines Eingangssignales e_j, d. h., statt e_j liegt $\bar{e}_j$ an, kurz $e_j \to \bar{e}_j$, heißt **kritisch**, wenn sich auf Grund nur dieses Fehlers das Ergebnis der logischen Operation ändert. Ein Eingangsfehler heißt **unkritisch**, wenn dadurch das Ergebnis der logischen Operation nicht beeinflußt wird.

Man überzeugt sich leicht von der Richtigkeit der nachstehenden Tabelle:

Logische Funktion	Kritischer Eingangsfehler	Unkritischer Eingangsfehler	Ausgangsfehler bei kritischem Eingangsfehler
UND	$1 \to 0$	$0 \to 1$	$1 \to 0$
ODER	$0 \to 1$	$1 \to 0$	$0 \to 1$
NAND	$1 \to 0$	$0 \to 1$	$0 \to 1$
NOR	$0 \to 1$	$1 \to 0$	$1 \to 0$

Die Tabelle zeigt, daß ein Ausgangsfehler im UND-Glied, der durch einen kritischen Eingangsfehler bedingt wurde, einen unkritischen Eingangsfehler für das ODER-Glied darstellt. Mithin können alternierende Lagen von UND- und ODER-Gliedern zur Fehlerkorrektur benutzt werden. Das gleiche gilt für jeweils zwei Lagen von NOR-Gliedern. In Abb. 3.5.2 wurden zwei Beispiele von Erneuerungselementen dargestellt, die auf diesem Effekt der Fehlerkorrektur aufbauen. In Abb. 3.5.2a ist die Verknüpfung der einzelnen UND- und ODER-Glieder fest verdrahtet, während in Abb. 3.5.2b die Eingänge der ersten und der zweiten Lage der NAND-Glieder nach einem Zufallsmechanismus vertauscht werden.

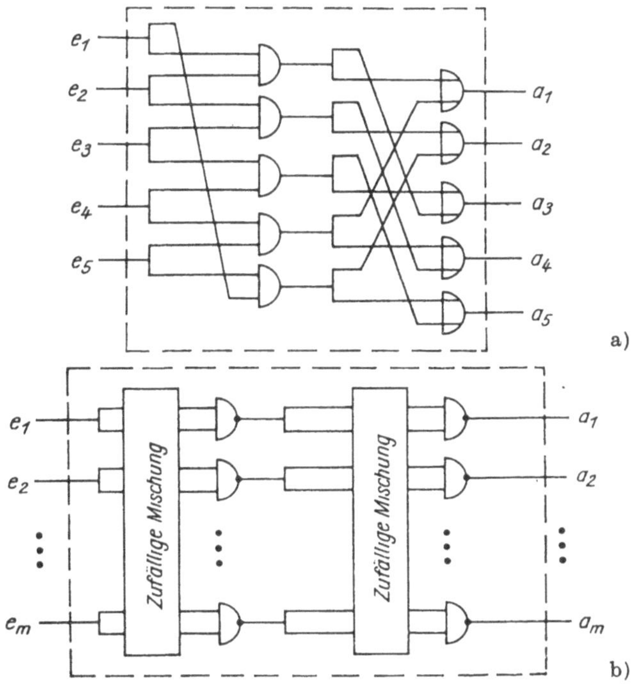

Abb. 3.5.2. Erneuerungselemente, die nicht aus Wertungsschaltungen aufgebaut sind

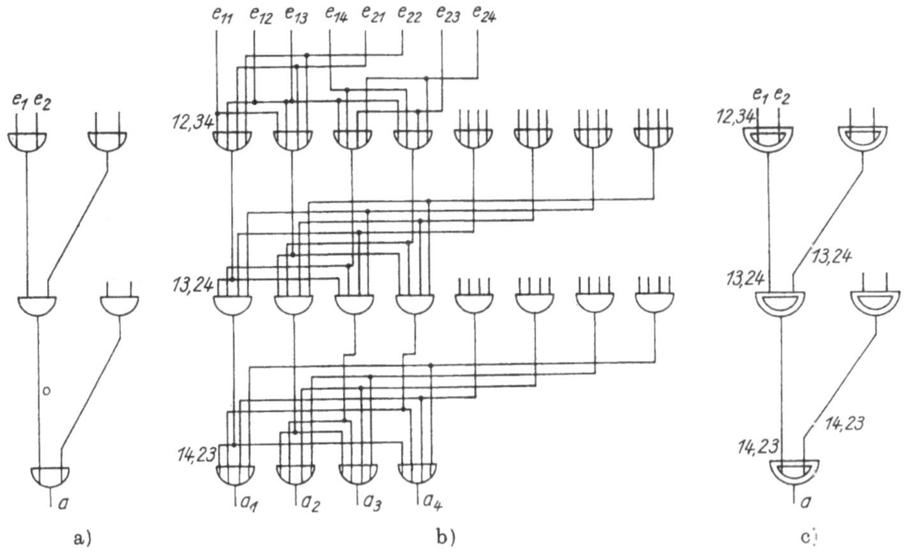

Abb. 3.5.3. a) Teil einer logischen Schaltung; b) Redundante Modifikation der Schaltung a) gemäß den Prinzipien der Vierfach-Logik; c) Abkürzende Darstellung der Schaltung b)

3.5.2. Vierfach-Logik

Der von TRYON geprägte Begriff „quadded logic“ (russ. Übers.: учетверенная логика) läßt sich nur schwer ins Deutsche übersetzen. Hier wurde versuchsweise die Bezeichnung **Vierfach-Logik** gewählt.

Die Grundidee besteht darin, alle einzelnen Elemente einer logischen Schaltung durch vier gleichartige Elemente zu ersetzen und anschließend die Verknüpfung so vorzunehmen, daß die fehlerkorrigierenden Eigenschaften alternierender Lagen von UND- und ODER-Gliedern möglichst gut wirksam werden.

Beispiel 3.5.1

Wir betrachten eine Schaltung (Abb. 3.5.3a), die lediglich aus UND- und ODER-Gliedern besteht und geben dazu die nach dem Verfahren der Vierfach-Logik entstandene redundante Schaltung an (Abb. 3.5.3b), und schließlich eine abkürzende Darstellungsform (Abb. 3.5.3c).

Die Verknüpfungen bei Schaltungen, in denen UND- und ODER-Glieder einander abwechseln, sind so auszulegen, daß (im Sinne des Signaldurchlaufes) aufeinander folgende Verknüpfungsstrukturen nicht übereinstimmen. Insgesamt gibt es nur 3 **verschiedene Verknüpfungsstrukturen** (in Abb. 3.5.3 symbolisch mit (12, 34), 13, 24), (14, 23) bezeichnet). Folgen mehrere logische Elemente gleicher Art hintereinander, so wird der Typ der Verknüpfungsstruktur beibehalten.

Vierfach-redundante Strukturen aus UND- und ODER-Elementen haben folgende fehlerkorrigierende Eigenschaft. Wenn am Ausgang eines der logischen Elemente (UND- bzw. ODER-Glied) der redundanten Schaltung ein **falsches Signal** entsteht, so **wird** dieses **spätestens im übernächsten nachfolgenden Glied korrigiert.** Man überzeugt sich von der Richtigkeit dieser Aussage, indem man die vier möglichen Fälle durchdiskutiert:

Eine fälschliche 1 am Ausgang eines ODER-Gliedes wird am nachfolgenden UND-Glied kompensiert; eine fälschliche 1 am Ausgang eines UND-Gliedes kann in die nächste Lage der ODER-Glieder zwei fälschliche Einsen bringen. Deren Einfluß wird jedoch in der nächsten UND-Lage (dank dem Verknüpfungsstrukturwechsel der Signalwege zwischen den einzelnen Lagen) liquidiert usw.

Es wurden auch Varianten der Vierfach-Redundanz für logische **Schaltungen mit Negatoren** und Multivibratoren angegeben. Enthält die ursprüngliche nichtredundante Schaltung neben UND- und ODER-Gliedern auch noch Negatoren, so kommt man folgendermaßen zur vierfach-redundanten Entsprechung: Man schiebt zunächst die Negatoren an den „Anfang“ oder das „Ende“ der Schaltung, wandelt anschließend die nichtredundante Schaltung in der oben beschriebenen Weise in eine redundante um und schiebt schließlich die Negatoren an ihre ursprünglichen Plätze zurück (Abb. 3.5.4). Das Symbol „dir“ als spezielle Verknüpfungsstruktur soll andeuten, daß die entsprechenden vier Eingangssignale der vier einzelnen Negatoren sich direkt aus den vier Ausgängen des vorangehenden logischen Elementes oder den vier Exemplaren des Eingangssignales der Gesamtschaltung ergeben.

In vierfach-redundanten Schaltungen aus UND-, ODER-Gliedern und Negatoren werden aufgetretene einzelne Fehler spätestens in vierten (auf das den Fehler verursachende) folgende Element (im Sinne der Signalverarbeitung) annulliert. (Der komplizierteste Fall tritt ein, wenn am Ausgang eines UND-Elementes fälschlich eine 1 entsteht.)

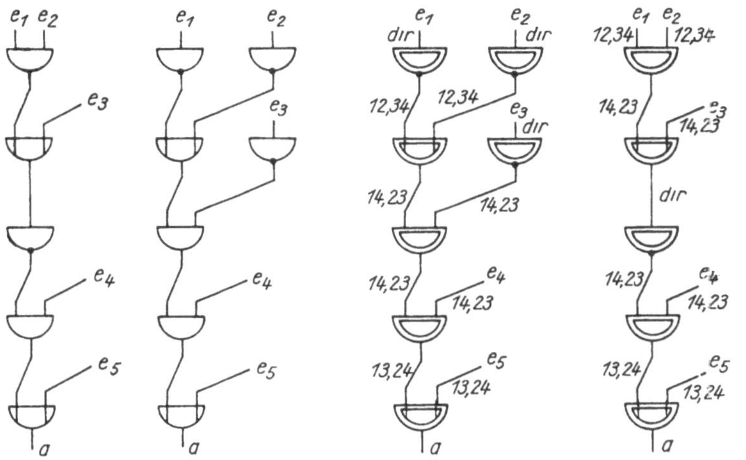

Abb. 3.5.4. Anwendung der Vierfach-Logik auf eine Schaltung mit einem Negator

Allgemein gilt für den Aufbau vierfach-redundanter Schaltungen mit den gewünschten fehlerkorrigierenden Eigenschaften die folgende Regel:

> Verfolgt man den Signalweg vom Eingang eines beliebigen UND- oder ODER-Elementes, so müssen die auf dem Wege durchlaufenen Verknüpfungsstrukturen ihren Typ k mal ändern. Dabei ergibt sich k als Summe der Anzahl der durchlaufenen Negatoren und der Anzahl der UND/ODER- oder ODER/UND-Übergänge.

Bei den in den Abbildungen 3.5.3 und 3.5.4 skizzierten Beispielen ist die Regel offensichtlich erfüllt. Die Regel bleibt auch dann anwendbar, wenn in der logischen Schaltung geschlossene Signalwege vorkommen, beispielsweise bei Triggern aus UND-, ODER-Gliedern und Negatoren.

Vierfach-redundante NOR-Schaltungen wurden ebenfalls in der Literatur beschrieben.

Zusammenfassend kann man sagen, daß bei den vierfach-redundanten logischen Schaltungen im Laufe der Informationsverarbeitung entstehende einzelne Fehler in der „näheren Umgebung" der Fehlerentstehungsstelle in ihrer Wirkung annulliert werden. In größeren (räumlichen) „Abständen" entstehende Fehler können sich gegenseitig nicht beeinflussen und werden unabhängig voneinander beseitigt. Ein fehlerhaftes Arbeiten der Gesamtschaltung ist nur dann möglich, wenn mehrere Fehler in dicht benachbarten logischen Elementen entstehen und sie sich außerdem in ungünstiger Weise überlagern. Wegen der genannten fehlerkorrigierenden Eigenschaften ist es einleuchtend, daß vierfach-redundante logische Schaltungen sehr „zuverlässig" arbeiten werden, wenn die einzelnen logischen Elemente eine gewisse Mindestzuverlässigkeit besitzen.

3.5.3. Verwendung redundant-modifizierter logischer Elemente

Wir gehen nun nicht mehr von redundanten Anordnungen der üblichen logischen Grundelemente, sondern von sog. **redundant-modifizierten logischen Elementen** aus

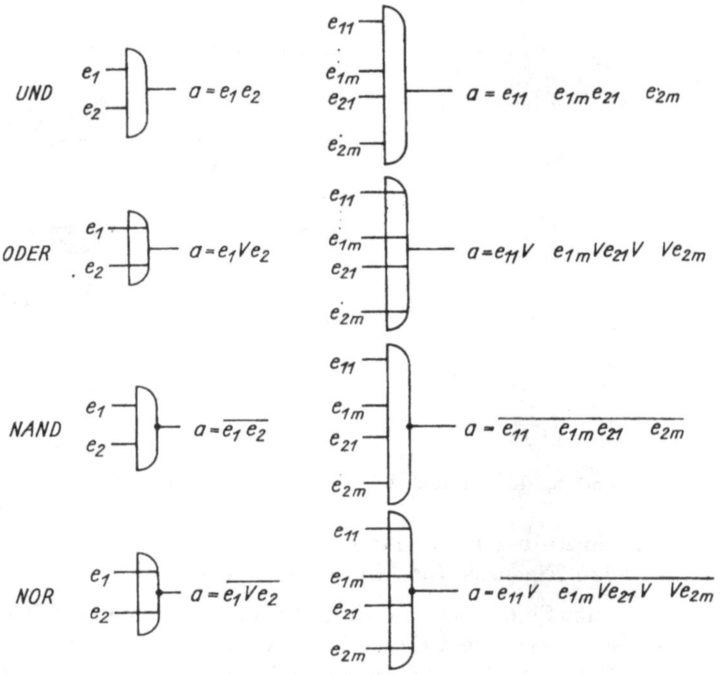

Abb. 3.5.5. Redundant-modifizierte logische Elemente

(Abb. 3.5.5). Das einzelne digitale Eingangssignal wird durch ein Bündel von m digitalen Signalen ersetzt. Der Träger des Ausgangssignals a der redundant-modifizierten logischen Elemente kann erforderlichenfalls wieder in ein Bündel mit m-Strängen aufgespalten werden.

Man läßt aus ursprünglich nichtredundanten logischen Schaltungen redundante entstehen, indem man jedes nichtredundante logische Element durch r redundant-modifizierte Elemente ersetzt, die statt der einzelnen Eingänge Bündel von je m Strängen besitzen. Es wurden Entwurfsverfahren zum Aufbau redundanter Schaltungen angegeben, die nur gewisse Typen logischer Elemente als Grundbausteine verwenden (entweder jeweils nur Schwellwertelemente oder jeweils nur NAND-Glieder oder jeweils nur NOR-Glieder . . .). Dabei geht es – ähnlich wie im Abschnitt 3.5.4 –

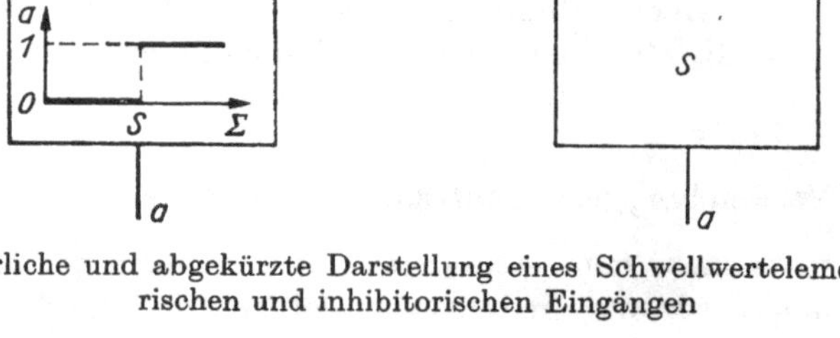

Abb. 3.5.6. Ausführliche und abgekürzte Darstellung eines Schwellwertelementes mit exzitatorischen und inhibitorischen Eingängen

um Möglichkeiten der **Fehlerkorrektur**, die von den redundanten Schaltungen **zugleich mit der Durchführung der eigentlichen logischen Operationen** geleistet werden können.

Hier sollen lediglich logische Schaltungen, die aus Schwellwertelementen aufgebaut sind, als einfachste Musterbeispiele für den Aufbau redundanter logischer Schaltungen mit redundant-modifizierten Elementen betrachtet werden.

Zur Charakterisierung eines einfachen Schwellwertelementes (ausführliches und abgekürztes Symbol siehe Abb. 3.5.6) genügt der Schwellwert S. Hat das Schwellwertelement die exzitatorischen Eingänge $e_1, \dots, e_k$ und die inhibitorischen Eingänge $h_1, \dots, h_l$, so ergibt sich als Ausgangssignal a des Elementes

$$a = \begin{cases} 1 \quad \text{falls} \quad \sum_{\varkappa=1}^{k} e_\varkappa - \sum_{\lambda=1}^{l} h_\lambda \geqq S \\ 0 \quad \text{falls} \quad \sum_{\varkappa=1}^{k} e_\varkappa - \sum_{\lambda=1}^{l} h_\lambda < S \,. \end{cases}$$

Die theoretische Grundlage der Anwendung der redundant-modifizierten Schwellwertelemente bildet die folgende Aussage:

Ein redundant-modifiziertes Schwellwertelement möge die exzitatorischen Eingangssignale $e_{11}, \dots, e_{m1}; \dots ; e_{k1}, \dots, e_{km}$ und die inhibitorischen Eingangssignale $h_{11}, \dots, h_{1m}; \dots ; h_{l1}, \dots, h_{lm}$ und den Schwellwert $S_r = S - m - \left[\frac{m}{2}\right]$ besitzen. $\left(\text{Das Symbol} \left[\frac{m}{2}\right] \text{steht hier für die größte ganze Zahl, die kleiner ist als } \frac{m}{2}.\right)$

Dann können durch das redundant-modifizierte Schwellwertelement wenigstens $\left[\frac{m}{2}\right]$ Fehler in den Eingangssignalen korrigiert werden.

Die Konstruktionsvorschrift der redundant-modifizierten Schwellwertschaltungen aus vorgegebenen nichtredundanten wird besonders einfach, wenn man die Zahl r der redundanten Elemente, die an die Stelle eines nichtredundanten Elementes treten, gleich der Zahl m der Stränge in einem Signalbündel setzt.

Die Vorgehensweise kann man ohne viele Worte an einem Beispiel klarmachen.

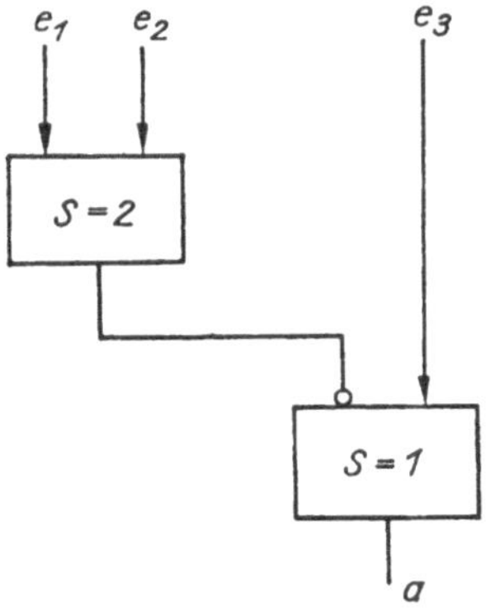

Abb. 3.5.7. Realisierung einer logischen Funktion mit Schwellwertelementen

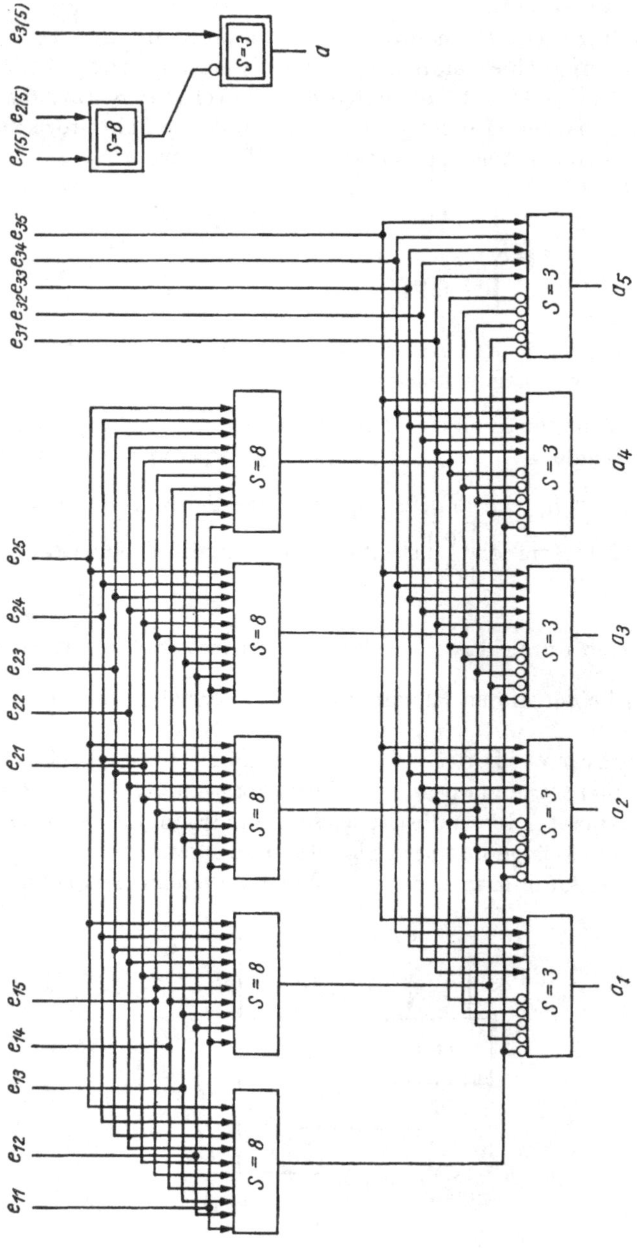

Abb. 3.5.8. a) Redundante Modifikation der in Abb. 3.5.7 dargestellten Schaltung; b) Abgekürzte Darstellung der Schaltung a)

Beispiel 3.5.2

Gesucht sei der Teil einer Schaltung, der die BOOLEsche Funktion y dreier BOOLEscher Variabler x_1, x_2, x_3 erzeugt,

$$y = f(x_1, x_2, x_3) = (\overline{x_1 x_2})\, x_3 .$$

Wir setzen $x_1 = e_1$, $x_2 = e_2$, $x_3 = e_3$ und $y = a$ und vergegenwärtigen uns, daß die in Abb. 3.5.7 dargestellte Schwellwertschaltung die gesuchte Funktion realisiert. Gefragt wird nach einer redundanten Schwellwertschaltung, die zwei Fehler in den (redundanten) Eingangssignalen jedes Schwellwertelementes mit Sicherheit korrigiert.

Lösung

Gemäß der Aussage müssen wir $m = 5$ wählen. Wegen der Vereinbarung $m = r$ wird auch $r = 5$. Die in Abb. 3.5.7 dargestellte Schaltung geht über in die redundant-modifizierte der Abbildung 3.5.8a. Die Abb. 3.5.8b gibt eine abkürzende Darstellung für die gleiche Schaltung an.

Literatur

[1] WASILJEW, J. A., KOSLOW, B. A. – Васильев Ю. А., Козлов Б. А.: Резервированная система — система стареющая. — В кн.: Теория надежности и массовое обслуживание. М., «Наука», 1969.
[2] Lewin, B. R. – Левин Б. Р.: О повышении надежности систем путем резервирования. — «Электросвязь», 1957, № 11.
[3] SINIZA, M. A. – Синица М. А.: Методы резервирования радиоаппаратуры. — «Электросвязь», 1958, № 7.
[4] SOLOWJEW, A. D. – Соловьев А. Д.: О резервировании без восстановления. — В кн.: Кибернетику — на службу коммунизму. Под ред. А. И. Берга, Н. Г. Бруевича, Б. В. Гнеденко. М., «Энергия», 1964.

Ergänzungsliteratur

[1] BOGOLJUBOV, I. N., OWSIEWITSCH, B. L., ROSENBLUM, L. J. – Боголюбов И. Н., Овсиевич Б. Л., Розенблюм Л. Я.: Синтез схем из пороговых и мажоритарных элементов. Сб. «Сети передачи информации и их автоматизация». Москва: Наука — 1965г.
[2] BARLOW, R. E., PROSCHAN, F.: Mathematical theory of reliability. New York: John Wiley & Sons. (dt. Übersetzung: Statistische Theorie der Zuverlässigkeit. Berlin, Akademie-Verlag 1978).
[3] DENNIS, N. G.: Probabilistic reliability of a canonical fault-tolerant standby redundancy. Proc. IEE **123** (1976) 2, 135–138.
[4] DOMANITZKIJ, S. M. – Доманицкий С. М.: Построение надежных логических устройств. Москва: Энергия — 1971г.
[5] FRANZIS, T. A., JANBYCH, G. F. – Францис Т. А., Янбых Г. Ф.: Избыточность в электронных дискретных устройствах. Ленинград: Энергия — 1969г.
[6] GOLDBERG, J.: A survey of the design and analysis of fault-tolerant computers. Proc. Confer. Reliab. & Fault Tree Analysis ed. by R. E. BARLOW, J. B. FUSSELL, N. D. SINGPURWALLA, p. 687–732, SIAM, Philadelphia 1975.
[7] GUTSCHIN, I. B., KUSITSCHEW, A. S. – Гутчин И. Б., Кузичев А. С.: Бионика и надежность. Москва: Наука — 1967г.
[8] HOFMANN, W.: Zuverlässigkeit von Meß-, Steuer-, Regel- und Sicherheitssystemen. Thiemig-Taschenbücher, Band 32. München 1968.
[9] JENSEN, P. A.: The design of multiple-line redundant networks. IEEE Trans. R-18 (1969) 1, 39–44.
[10] KUEHN, R. E.: Computer Redundancy: Design, Performance and Future. IEEE Trans. R-18 (1969) 1, 3–11.
[11] MOORE, E. E., SHANNON, C, E.: Reliable circuits using less reliable relays. Part I & II. J. Franklin Institute **262** (1956) 191–207, 281–297.

[12] NEUMANN, J. v.: Probability logics and synthesis of reliable organisms from unreliable components. Automatic Studies, Princeton Univ. Press 1956 (Collected Works, vol. V, pp. 329 to 378).

[13] PIERCE, W. H.: Failure-tolerant computer design. New York: Academic Press 1965 (Russ. Übers.: Moskau 1969).

[14] REINSCHKE, K.: Zuverlässigkeitserhöhung durch strukturelle Redundanz. Z. elektr. Inform.- u. Energietechnik 2 (1972), 33–48.

[15] STEPANOW, W. A.: Untersuchung von Methoden zur Synthese strukturell redundanter logischer Schaltungen. Dissertation A, TU Dresden 1973.

[16] TRYON, J. G.: Quadded logic. In "Redundancy techniques for computing systems", Washington: Spartan books 1962 (S. 241–265 der russ. Übers.: Moskau 1966).

[17] YOUNGBLOOD, J. L., BREIPOHL, A. M.: Distributed redundancy in twolayer threshold logic networks. IEEE Trans. R-18 (1969), 15–20.

4. RESERVIERUNG MIT ERNEUERUNG

4.0. Vorbemerkungen

Zur Berechnung der Zuverlässigkeit von Systemen mit Erneuerung, die aus identischen Elementen bestehen, gibt es ein umfangreiches Schrifttum.[1]) Es bezieht sich in der Mehrzahl der Fälle auf die sogenannten exponentiellen Modelle, das heißt auf solche Systeme, bei denen die Arbeitszeit und die Erneuerungszeit der Elemente Exponentialverteilungen genügen. Veröffentlichungen zur Berechnung der Systemzuverlässigkeit bei nichtexponentiellen Modellen gibt es verhältnismäßig wenige. Sie sind in der Regel recht speziellen Fällen gewidmet, in der Hauptsache den sogenannten Semi-Markowschen Modellen. Deshalb erfordert die systematische Darstellung der hier vorliegenden Ergebnisse eine Klassifizierung der reservierten Systeme mit Erneuerung. Einer solchen **Klassifizierung** muß unseres Erachtens im Interesse des Lesers eine Einteilung **der Systeme nach Strukturmerkmalen und den Modellen für Ausfälle und Erneuerungen** zugrunde liegen und nicht nach den mathematischen Methoden zur Ermittlung der Zuverlässigkeitskenngrößen dieser Systeme.

Tabelle 4.0.1

Verteilungsgesetze	Anzahl k der arbeitenden Elemente	Anzahl n_1 der belasteten Reserveelemente	Anzahl n_2 der erleichterten Reserveelemente	Anzahl n_3 der unbelasteten Reserveelemente	Anzahl l der Reparaturorgane
Verteilungsfunktionen der Arbeitszeit $F(t)$, $F_\nu(t)$ und der Erneuerungszeit $G(t)$ der Elemente	$F(t)$	$F(t)$	$F(t)$	0*	$G(t)$

*) Die Verteilungsfunktion $\psi(t)$ der Arbeitszeit bis zum Ausfall eines Reserveelements im unbelasteten Regime wird per definitionem $\psi(t) = 0$ gesetzt.

Die unten vorgestellte Klassifizierung (wie übrigens auch jede andere) gilt natürlich unter Vorbehalt. Ihre Anwendbarkeit besitzt Grenzen und sie ist nur für einen bestimmten Kreis von Problemen zweckmäßig. Gemäß dieser Klassifizierung wird ein reserviertes System mit Erneuerung durch ein Pentupel von Zahlen k, n_1, n_2, n_3, l und drei Funktionen $F(t)$, $F_\nu(t)$, $G(t)$ (Tabelle 4.0.1) beschrieben. Dabei wird vorausgesetzt, daß die m-parametrischen Verteilungsgesetze der Arbeitszeit bis zum Ausfall der Elemente, die sich im Arbeits- beziehungsweise erleichterten Regime befinden (Verteilungsfunktionen $F(t; a_1, a_2, \ldots, a_m)$ beziehungsweise $F_\nu(t; a_1^{(\nu)}, a_2^{(\nu)}, \ldots, a_m^{(\nu)})$), zu ein und derselben Klasse von Verteilungsgesetzen gehören und sich nur durch die Werte der Parameter $(a_1, a_2, \ldots, a_m)$ beziehungsweise $(a_1^{(\nu)}, a_2^{(\nu)}, \ldots, a_m^{(\nu)})$ unterscheiden können.

[1]) Eine Bibliographie derartiger Arbeiten mit mehr als 200 Titeln enthält das Buch von B. A. Koslow: Reservierung mit Erneuerung. Moskau: Sowjetskoje Radio 1969.

Zum Beispiel wird im Fall der Exponentialverteilung

$$F(t) = E(t) = 1 - e^{-\lambda t},$$

$$F_\nu(t) = E_\nu(t) = 1 - e^{-\lambda_\nu t}, \qquad \lambda_\nu \neq \lambda;$$

Im Fall der WEIBULL-Verteilung

$$F(t) = e^{-\lambda t^\alpha}, \qquad F_\nu(t) = e^{-\lambda_\nu t^{\alpha_\nu}} \nu,$$

wobei die Parameter in wenigstens einem der Paare $\lambda, \lambda_\nu; \alpha, \alpha_\nu$ voneinander verschieden sind.

Tabelle 4.0.1 kann man abgekürzt in der Form

k	n_1	n_2	n_3	l
F	F	F_ν	0	G

darstellen. Die Reihenfolge des Ersetzens eines an beliebiger Stelle ausgefallenen Elementes durch ein intaktes muß offenbar in jedem konkreten Falle speziell vereinbart werden, obwohl der Grundgedanke des Ersetzens in allen Fällen ein und derselbe bleibt. Er wird in Abb. 4.0.1 illustriert.

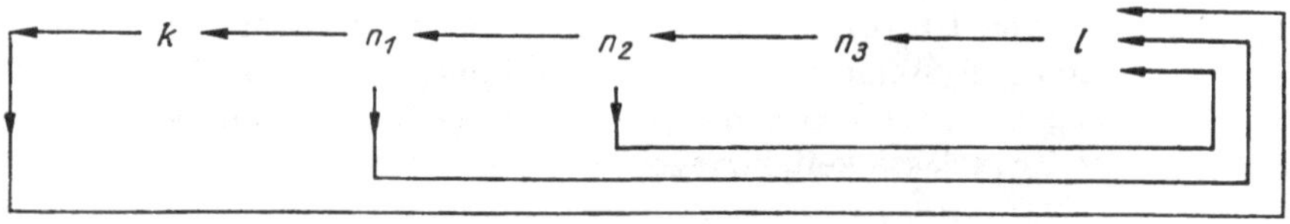

Abb. 4.0.1. Schema, nach dem ein ausgefallenes Element durch ein intaktes ersetzt wird

In Tabelle 4.0.2 sind die nach unserer Ansicht für die Anwendungen interessantesten Spezialfälle der Klassifizierungstabelle 4.0.1 dargestellt. In Tabelle 4.0.2 versteht man unter $E(t)$ die Exponentialverteilung und unter $G^*(t)$ die Verteilungsfunktion einer „schnellen" Erneuerung (s. Abschn. 4.2).

Tabelle 4.0.2

k	n_1		n_2		n_3		l		$F(t)$	$F_\nu(t)$	$G(t)$	
1	0	1	0	1	0	1	1	$n = n_1 + n_2 + n_3 + 1$	$E(t)$	$E_\nu(t)$	$E(t)$	$G^*(t)$

Wenn man jetzt Spezialfälle der Klassifizierungstabelle 4.0.1 in Gestalt eines „Baumes" von Modellen notiert und als Tabellenschlüssel Tabelle 4.0.2 benutzt, so ist bei diesem Baum nur ein Zweig-Modell „ganz mit Früchten behängt" (den Ergebnissen gelöster Aufgaben), nämlich das Zweig-Modell

k	n_1	n_2	n_3	l
E	E	E_ν	0	E

Aber auf den übrigen Zweig-Modellen dieses Klassifizierungsbaumes wird es wenige „Früchte" (= Ergebnisse) geben, und sie werden ziemlich hoch „hängen". Das heißt, gemäß unserer Klassifizierung werden nur ganz spezielle Fälle gelöst.

In Übereinstimmung damit werden wir in der weiteren Darlegung im Detail vor allem das Zweig-Modell

k	n_1	n_2	n_3	l
E	E	E_ν	0	E

betrachten und erst danach die übrigen Fälle (s. Abschn. 4.2).

4.1. Exponentialverteilungen der Arbeitszeit bis zum Ausfall und der Erneuerungzeit: „Geburt- und Tod-Prozeß"

Gemäß der eingeführten Klassifizierung wird im vorliegenden Abschnitt das System-Modell

k	n_1	n_2	n_3	l
E	E	E_ν	0	E

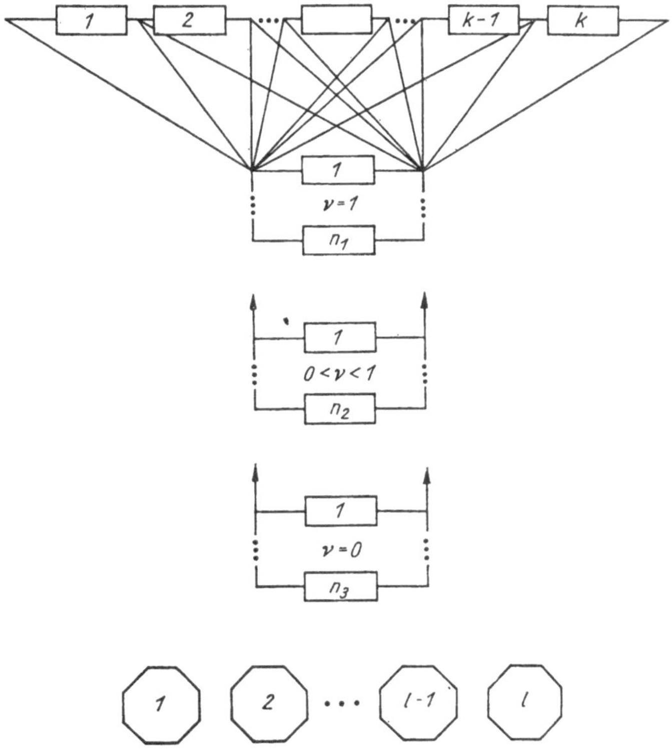

Abb. 4.1.1. Ersatzschaltbild für das System

k	n_1	n_2	n_3	l
E	E	E_ν	0	E

betrachtet. Es wird also ein System (Abb. 4.1.1) betrachtet, das aus k arbeitenden und $n = n_1 + n_2 + n_3$ Reserveelementen besteht, von denen sich n_1 Elemente im belasteten, n_2 im erleichterten und n_3 im unbelasteten Regime befinden. (Als Elemente kann man hier — wie früher — ein einzelnes Bauteil, einen Baustein, einen Block, einen Versuchsstand, in gewissen Fällen ein ganzes System und so weiter auffassen.) Das betrachtete System gilt in einem beliebigen Zeitpunkt als arbeitsfähig, wenn nicht weniger als k von seinen insgesamt $N = k + n$ Elementen arbeitsfähig sind.

Es wird vorausgesetzt, daß der Ausfallzeitpunkt irgendeines Arbeitselementes sofort erkannt und das ausgefallene Element augenblicklich durch ein intaktes aus der Menge der Reserveelemente ersetzt wird. Die Intaktheit der Reserveelemente selbst wird ständig kontrolliert. Diese Voraussetzungen entsprechen praktisch dem Fall, daß in einer Apparatur mit Reserve eine hundertprozentige fehlerfreie Kontrolle der Arbeitsfähigkeit aller Elemente stattfindet und alle Umschalteinrichtungen, die für das Zuschalten der Reserveelemente benutzt werden, durch ganz kleine Umschaltzeiten und hohe Zuverlässigkeit charakterisiert sind.

Es mögen zu einem beliebigen Zeitpunkt im System gleichzeitig l ausgefallene Elemente erneuert werden können, wobei $1 \leqq l \leqq n + 1$. Wir wollen 3 **Arten der Erneuerung** von ausgefallenen Elementen im System unterscheiden:

$l = 1$ — vollständig beschränkte Erneuerung,

$1 < l < n + 1$ — beschränkte Erneuerung,

$l = n + 1$ — unbeschränkte Erneuerung.

Die vollständig beschränkte Erneuerung stellt also ein solches Erneuerungsregime dar, bei dem zu einem beliebigen Zeitpunkt nicht mehr als ein ausgefallenes Element erneuert werden kann, das heißt, es wird angenommen, daß genau ein reparierendes Organ vorhanden ist.

Die beschränkte Erneuerung ist ein solches Erneuerungsregime, bei dem zu einem beliebigen Zeitpunkt nicht mehr als l, $1 < l < n + 1$, ausgefallene Elemente erneuert werden können.

Die unbeschränkte Erneuerung ist ein solches Erneuerungsregime, bei dem ein beliebiges ausgefallenes Element sogleich in die Reparatur eintritt, das heißt, es wird vorausgesetzt, daß die Zahl der reparierenden Organe für die gleichzeitige Erneuerung aller ausgefallenen Elemente des Systems ausreicht. Wir bemerken, daß im System mehr als $n + 1$ ausgefallene Elemente nach Voraussetzung nicht möglich sind, da — wenn im System die notwendige Anzahl von k intakten Arbeitselementen nicht vorhanden ist — dann das System nicht arbeitet und die Ressource der verbliebenen $k - 1$ intakten Elemente nicht aufgebraucht wird.

Das **zeitliche Verhalten des** von uns betrachteten **Systems** wird durch folgende Bedingungen charakterisiert. (Der Zustand, in dem das System j ausgefallene Elemente besitzt, wird durch H_j bezeichnet.) Wenn sich das System zum Zeitpunkt t im Zustand H_j befindet, so geht es im nachfolgenden Zeitintervall Δt mit der Wahrscheinlichkeit $\Lambda_j \Delta t + o(\Delta t)$ in den Zustand H_{j+1} über (das heißt, im System fällt noch ein intaktes Element aus), mit der Wahrscheinlichkeit $M_j \Delta t + o(\Delta t)$ in den Zustand H_{j-1} über (das heißt, es wird eines der zuvor ausgefallenen Elemente erneuert), und mit der Wahrscheinlichkeit $1 - \Lambda_j \Delta t - M_j \Delta t + o(\Delta t)$ verbleibt das System im Zustand H_j. Alle Λ_j, M_j sind konstante Größen, die eine einfache physikalische Bedeutung besitzen.

Wenn das System aus k Arbeitselementen, n_1 belasteten Reserveelementen, n_2 Elementen in erleichterter Reserve (mit einem Belastungskoeffizienten ν, $0 < \nu < 1$), n_3 unbelasteten Reserveelementen und l Reparatur-Organen zur Erneuerung der ausgefallenen Elemente des Systems besteht, so erhalten wir

— als Übergangsraten Λ_j (Ausfallraten), $0 \leqq j \leqq n = n_1 + n_2 + n_3$

$$\begin{aligned}
\Lambda_0 &= k\lambda + n_0\lambda + n_2\nu\lambda \\
\Lambda_1 &= k\lambda + n_1\lambda + n_2\nu\lambda = \Lambda_0 \\
&\cdots\cdots\cdots\cdots \\
\Lambda_{n_3} &= \Lambda_0 \\
\Lambda_{n_3+1} &= k\lambda + n_1\lambda + (n_2 - 1)\,\nu\lambda \\
\Lambda_{n_3+2} &= k\lambda + n_1\lambda + (n_2 - 2)\,\nu\lambda \\
&\cdots\cdots\cdots\cdots \\
\Lambda_{n_3+n_2} &= k\lambda + n_1\lambda \\
\Lambda_{n_3+n_2+1} &= k\lambda + (n_1 - 1)\,\lambda\,, \\
\Lambda_{n_3+n_2+2} &= k\lambda + (n_2 - 2)\,\lambda\,, \\
&\cdots\cdots\cdots\cdots \\
\Lambda_{n_3+n_2+n_1} &= k\lambda;
\end{aligned}$$

— als Übergangsraten M_j (Erneuerungsraten), $1 \leqq j \leqq n$

$$\begin{aligned}
M_1 &= \mu\,, & M_2 &= 2\mu\,, \ldots\,, \\
M_l &= l\mu\,, & M_{l+1} &= l\mu, \ldots\,, M_n = l\mu\,.
\end{aligned}$$

Offensichtlich kann sich im vorliegenden Falle das System mit n Reserveelementen in einer **endlichen Anzahl von Zuständen** befinden, die durch die Anzahl der ausgefallenen Elemente bestimmt sind:

$$H_0, H_1, H_2, \ldots, H_j, \ldots, H_n, H_{n+1}\,.$$

Der Zustand H_{n+1}, in dem das System $n + 1$ ausgefallene Elemente enthält (das heißt, es sind alle n Reserveelemente und noch ein Arbeitselement ausgefallen), ist der Zustand des Systemausfalls. Für das gegebene System werden zwei Modelle betrachtet, die Problemstellungen entsprechen, in denen der Ausfallzustand des Systems ein absorbierender beziehungsweise ein reflektierender Zustand ist.

Im ersten Falle wird der „Lebensprozeß" des Systems nur bis zu dessen Ausfall betrachtet. Das heißt, es wird vorausgesetzt, daß das System den einmal erreichten Zustand H_{n+1} nicht wieder verlassen kann.

Im zweiten Falle kann ein System, nachdem es in den Zustand H_{n+1} gelangt war, anschließend in den Zustand H_n und so weiter übergehen. (Wie schon gezeigt wurde, kann es im System nicht mehr als $n + 1$ ausgefallene Elemente geben.)

In der Zuverlässigkeitstheorie ist das erste Modell zur Ermittlung der Wahrscheinlichkeit der ausfallfreien Arbeit des Systems, der mittleren Arbeitsmenge bis zum Ausfall und so weiter geeignet. Mit dem zweiten Modell können die augenblickliche Verfügbarkeit, die Dauerverfügbarkeit und ähnliche Größen bestimmt werden.

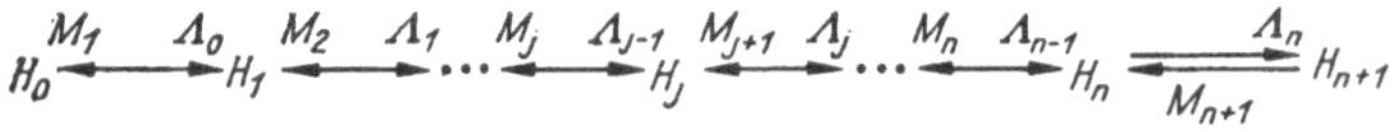

Abb. 4.1.2. Übergangsgraph für ein System, das n Reserveelemente enthält

Der **Übergangsgraph des Systems** wird (für beide Fälle) in Abb. 4.1.2 dargestellt. Dabei symbolisiert

H_j den Systemzustand, bei dem von den insgesamt $N = k + n$ Systemelementen j ausgefallen sind, $0 \leqq j \leqq n + 1$;

Λ_j die Übergangsrate des Systems (Ausfallrate für den Ausfall eines der intakten Elemente) aus einem Zustand mit j ausgefallenen Elementen in einen Zustand mit $j + 1$ ausgefallenen Elementen, $0 \leqq j \leqq n$;

M_j die Übergangsrate des Systems (Erneuerungsrate für die Wiederherstellung eines der ausgefallenen Elemente) aus einem Zustand mit j ausgefallenen Elementen in einen Zustand mit $j - 1$ ausgefallenen Elementen, $1 \leqq j \leqq n + 1$.

Das Verhalten eines Systems, bei dem der Zustand H_{n+1} absorbierend ist, wird durch das folgende **Differential-Gleichungssystem** beschrieben (vgl. Abschn. A 5.4):

$$\dot{p}_j(t) = \Lambda_{j-1} p_{j-1}(t) - (\Lambda_j + M_j)\, p_j(t) + M_{j+1} p_{j+1}(t);$$
$$0 \leqq j \leqq n + 1,\ \Lambda_{-1} = \Lambda_{n+1} = M_0 = M_{n+1} = M_{n+2} = 0\,, \qquad (4.1.1)$$

wobei $p_j(t)$ die Wahrscheinlichkeit dafür ist, daß sich das System zum Zeitpunkt t im Zustand H_j befindet. Es gilt

$$\sum_{j=0}^{n+1} p_j(t) = 1\,. \qquad (4.1.2)$$

Das Verhalten eines Systems, bei dem der Zustand H_{n+1} reflektierend ist, wird durch (4.1.2) und das Differential-Gleichungssystem (4.1.1) beschrieben – mit Ausnahme der letzten beiden Gleichungen, die hier so aussehen:

$$\dot{p}_n(t) = \Lambda_{n-1} p_{n-1}(t) - (\Lambda_n + M_n)\, p_n(t) + M_{n+1} p_{n+1}(t);$$
$$\dot{p}_{n+1}(t) = \Lambda_n p_n(t) - M_{n+1} p_{n+1}(t)\,, \qquad M_{n+1} \neq 0\,. \qquad (4.1.3)$$

In Tabelle 4.1.1 wurden die **exakten Werte** für die grundlegenden Zuverlässigkeitskenngrößen eines Systems (aus k Arbeits- und n Reserveelementen) zusammengestellt. Sie wurden durch Lösung der oben genannten Differential-Gleichungen erhalten. In der ersten Tafel bedeuten

1. $$P(t_0) = \sum_{j=0}^{n} p_j(t_0) = 1 - p_{n+1}(t_0)$$

die Wahrscheinlichkeit für die ausfallfreie Arbeit des Systems, das seine Arbeit bei beliebigen Anfangsbedingungen $p_j(0)$, $0 \leqq j \leqq n + 1$, begann;

2. $$P^{(0)}(t_0)$$

die Wahrscheinlichkeit für die ausfallfreie Arbeit des Systems, das seine Arbeit bei vollständiger Intaktheit, das heißt bei den Anfangsbedingungen $p_0(0) = 1$, $p_j(0) = 0$, $1 \leqq j \leqq n + 1$, begann;

3. $$P^{(n)}(t_0)$$

die Wahrscheinlichkeit für die ausfallfreie Arbeit des Systems, das seine Arbeit begann, nachdem es gerade den Ausfallzustand verlassen hatte, das heißt bei den Anfangsbedingungen $p_n(0) = 1$, $p_j(0) = 0$, $0 \leqq j \leqq n - 1, n + 1$;

4. $$R(t_0) = \frac{V}{T^{(n)}} \int_{t_0}^{\infty} P^{(n)}(\theta)\, \mathrm{d}\theta$$

Tabelle 4.1.1. System mit n Reserveelementen. Allgemeiner Fall

$$\prod_{m=i+1}^{i} (x_m^{(i)} - x_s^{(n+1)}) = 1, \quad \Theta_i = \frac{\Lambda_0\Lambda_1 \ldots \Lambda_{i-1}}{M_1 M_2 \ldots M_i}, \quad \Theta_0 = 1;$$

$$x_s^{(m)} = -\varkappa_s^{(m)}, \quad 1 \leqq s \leqq m; \quad 0 \leqq m \leqq n+1,$$

wobei $\varkappa_s^{(m)}$ die s-te Nullstelle des Polynoms $\Delta_m(\varkappa)$ ist. Das Polynom $\Delta_m(\varkappa)$ wird definiert durch die rekursive Beziehung:

$$\Delta_m(\varkappa) = -(\Lambda_{m-1} + M_{m-1} + \varkappa)\,\Delta_{m-1}(\varkappa) - \Lambda_{m-2} M_{m-1} \Delta_{m-2}(\varkappa); \quad \Delta_1(\varkappa) = -(\Lambda_0 + \varkappa), \quad \Delta_0(\varkappa) = 1\,.$$

Kenngröße	exakter Ausdruck
$P(t_0)$	$\sum_{i=0}^{n} p_i(0) \prod_{j=i}^{n} \Lambda_j \sum_{s=1}^{n+1} \frac{\prod_{m=1}^{i} (x_m^{(i)} - x_s^{(n+1)})}{x_s^{(n+1)} \prod_{r=1, r \neq s}^{n+1} (x_r^{(n+1)} - x_s^{(n+1)})} e^{-x_s^{(n+1)} t_0}$
$P^{(0)}(t_0)$	$\prod_{j=0}^{n} \Lambda_j \sum_{i=1}^{n+1} \frac{e^{-x_i^{(n+1)} t_0}}{x_i^{(n+1)} \prod_{s=1, s \neq i}^{n+1} (x_s^{(n+1)} - x_i^{(n+1)})}$
$P^{(n)}(t_0)$	$\sum_{i=1}^{n+1} \frac{\Lambda_n}{x_i^{(n+1)}} \frac{\prod_{\alpha=1}^{i-1} (x_i^{(n+1)} - x_\alpha^{(n)}) \prod_{\beta=i}^{n} (x_\beta^{(n)} - x_i^{(n+1)})}{\prod_{\gamma=1}^{i-1} (x_i^{(n+1)} - x_\gamma^{(n+1)}) \prod_{\delta=i+1}^{n+1} (x_\delta^{(n+1)} - x_i^{(n+1)})} e^{-x_i^{(n+1)} t_0}$
$R(t_0)$	$\frac{\Theta_n}{\sum_{r=0}^{n+1} \Theta_r} \sum_{i=1}^{n+1} \left(\frac{\Lambda_n}{x_i^{(n+1)}} \right)^2 \frac{\prod_{\alpha=1}^{i-1} (x_i^{(n+1)} - x_\alpha^{(n)}) \prod_{\beta=i}^{n} (x_\beta^{(n)} - x_i^{(n+1)})}{\prod_{\gamma=1}^{i-1} (x_i^{(n+1)} - x_\gamma^{(n+1)}) \prod_{\delta=i+1}^{n+1} (x_\delta^{(n+1)} - x_i^{(n+1)})} e^{-x_i^{(n+1)} t_0}$

$$\pi_j(0) = \sum_{s=0}^{j} p_s(0)$$

T	$\sum_{j=0}^{n} \frac{\pi_j(0) \sum_{r=0}^{j} \Theta_r}{\Lambda_j \Theta_j}$
$T^{(0)}$	$\sum_{j=0}^{n} \frac{\sum_{r=0}^{j} \Theta_r}{\Lambda_j \Theta_j}$
$T^{(n)}$	$\left(\sum_{r=0}^{n} \Theta_r \right) \Big/ \Lambda_n \Theta_n$

Fortsetzung Tabelle 4.1.1

$$\pi_j(0) = \sum_{s=0}^{j} p_s(0)$$

Kenngröße	exakter Ausdruck
$T^{(R)}$	$\frac{1}{\sum_{s=0}^{n+1} \Theta_s} \sum_{j=0}^{n} \frac{\left(\sum_{r=0}^{j} \Theta_r\right)^2}{\Lambda_j \Theta_j}$
p_j	$\Theta_s \Big/ \sum_{i=0}^{n+1} \Theta_i$
V	$\left[1 + \left(\Theta_{n+1} \Big/ \sum_{i=0}^{n} \Theta_i\right)\right]^{-1}$
τ	$1/M_{n+1}$

Tabelle 4.1.2. System mit n Reserveelementen. Allgemeiner Fall

$$\beta = \Lambda_n \Theta_n \sum_{j=1}^{n} \frac{1}{M_j}, \quad \Theta_n = \frac{\Lambda_0 \Lambda_1 \dots \Lambda_{n-1}}{M_1 M_2 \dots M_n}$$

Die Formeln für $T^{(0)}$, $T^{(n)}$, T, V wurden in Tab. 4.1.1 angegeben. Der Fehler $\delta(t_0)$ einer der folgenden Kenngrößen $S(t_0)$ ist jeweils so definiert:

$$\delta(t_0) \approx |S(t_0) - \tilde{S}(t_0)| .$$

Kenngröße	Näherungsformel	Fehler (Größenordnung)
$P(t_0)$	$\frac{T}{T^{(0)}} e^{-\frac{t_0}{T^{(0)}}}$	β
$P^{(0)}(t_0)$	$e^{-\frac{t_0}{T^{(0)}}}$	β
$P^{(n)}(t_0)$	$\frac{T^{(n)}}{T^{(0)}} e^{-\frac{t_0}{T^{(0)}}}$	β
$R(t_0)$	$V e^{-\frac{t_0}{T^{(0)}}}$	β

Fortsetzung Tabelle 4.1.2

Der Fehler jeder der folgenden Kenngrößen M ist jeweils so definiert:

$$\delta \approx M - \tilde{M} .$$

Kenngröße	Näherungsformel	Fehler (Größenordnung)
T	$\frac{\pi_n(0)}{\Lambda_n \Theta_n}$	$\frac{\pi_{n-1}(0) + \frac{\Lambda_0 M_n}{\Lambda_n M_1} \pi_n(0)}{\Lambda_{n-1} \Theta_{n-1}}$
$T^{(0)}$	$\frac{1}{\Lambda_n \Theta_n}$	$\frac{1 + \frac{\Lambda_0 M_n}{\Lambda_n M_1}}{\Lambda_{n-1} \Theta_{n-1}}$
$T^{(n)}$	$\frac{1}{\Lambda_n \Theta_n}$	$\frac{\Lambda_0}{\Lambda_n M_1 \Theta_n}$
$T^{(R)}$	$\frac{1}{\Lambda_n \Theta_n}$	$\frac{1 + \frac{\Lambda_0 M_n}{\Lambda_n M_1}}{\Lambda_{n-1} \Theta_{n-1}}$
p_j	$\Theta_j(1 - \Theta_1)$	$-\Theta_j(\Theta_2 - \Theta_1^2)$
V	$1 - \Theta_{n+1}$	$\Theta_1 \Theta_{n+1}$

Tabelle 4.1.3. System mit n Reserveelementen. Allgemeiner Fall

$$\Lambda = \max_{0 \leq i \leq n} \Lambda_i ; \quad \mu = \min_{1 \leq i \leq n+1} M_i$$

Kenngröße	grobe Abschätzung	Fehler (Größenordnung)
$P(t_0)$	$e^{-\Lambda_n \Theta_n t_0}$	$\frac{\Lambda}{\mu}$
$P^{(0)}(t_0)$	$e^{-\Lambda_n \Theta_n t_0}$	$\frac{\Lambda}{\mu}$
$P^{(n)}(t_0)$	$e^{-\Lambda_n \Theta_n t_0}$	$\frac{\Lambda}{\mu}$
$R(t_0)$	$(1 - \Theta_{n+1})\, e^{-\Lambda_n \Theta_n t_0}$	$\frac{\Lambda}{\mu}$

die Intervallverfügbarkeit;

5. $$T,\ T^{(0)},\ T^{(n)},\ T^{(R)}$$

die mittleren Arbeitszeiten zu den vorgenannten Fällen 1. bis 4.

In Tabelle 4.1.2 sind **Näherungswerte** für diese Kenngrößen angegeben. Bei der Herleitung der Näherungen wurde die folgende Grundannahme gemacht:

$$\mu = \min_{1 \leq j \leq n+1} M_j \gg n \cdot \max_{0 \leq j \leq n} \Lambda_j = n\Lambda . \tag{4.1.4}$$

Als Ergänzung zu Tabelle 4.1.2 werden in der Tabelle 4.1.3 grobe Abschätzungen für die Intervall-Zuverlässigkeitskenngrößen des Systems gebracht.

Anmerkung: Wenn nicht nur der $(n + 1)$-te Zustand ein Ausfallzustand ist, sondern auch die Zustände mit den Indizes $n + 2, n + 3, \ldots, N - 1, N$, so entspricht das dem Fall, daß das ausgefallene System nicht „abgeschaltet" wird. Man sieht leicht ein, daß die Verfügbarkeit und die mittlere Erneuerungszeit dann gegeben sind durch (Tabelle 4.1.1)

$$V = \sum_{s=0}^{n} \Theta_s \Big/ \sum_{s=0}^{N} \Theta_s\,, \qquad \tau = \frac{1}{\Lambda_n \Theta_n} \sum_{s=n+1}^{N} \Theta_s\,. \tag{4.1.5}$$

Beispiel 4.1.1

Als Beispiel für ein System der Art

k	n_1	n_2	n_3	l
F	F	F_ν	0	G

betrachten wir das System

3	1	1	1	2
E	E	E_ν	0	E

.

Wir betrachten also ein System, das besteht aus

$k = 3$ Arbeitselementen;
$n_1 = 1$ Reserveelement im belasteten Regime;
$n_2 = 1$ Reserveelement im erleichterten Regime mit dem Belastungsfaktor $\nu = 0{,}5$;
$n_3 = 1$ Reserveelement im unbelasteten Regime.

Wir wollen voraussetzen, daß die Erneuerung im System beschränkt ist ($l = 2$), und daß die Elemente durch die Ausfallrate $\lambda = 0{,}1\ \mathrm{h}^{-1}$ und die Erneuerungsrate $\mu = 1\ \mathrm{h}^{-1}$ charakterisiert werden.

Wir nehmen weiter an, daß bei Ausfall des Arbeitselementes dessen Funktion vom belasteten Reserveelement übernommen wird. Dabei geht das bisher im erleichterten Regime betriebene Element in das belastete Regime über und das bisher unbelastete Reserveelement in das erleichterte Regime. Im Falle des Ausfalls des belasteten Reserveelements wird dessen Funktion von dem bisher im erleichterten Regime betriebenen Element übernommen, das von nun an voll belastet wird. Das bisher unbelastete Reserveelement geht in das erleichterte Arbeitsregime über. Bei Ausfall des Reserveelements im erleichterten Regime wird dessen Funktion von dem bisher unbelasteten Reserveelement übernommen, das von nun an im erleichterten Regime betrieben wird. Der gleiche Algorithmus führt auch dann zum Ziel, wenn das System mehr als einen Ausfallzustand besitzt. In Übereinstimmung damit hat der Graph der Übergänge des betrachteten Systems das folgende Aussehen:

$$H_0 \underset{M_1}{\overset{\Lambda_0}{\rightleftarrows}} H_1 \underset{M_2}{\overset{\Lambda_1}{\rightleftarrows}} H_2 \underset{M_3}{\overset{\Lambda_2}{\rightleftarrows}} H_3 \underset{M_4}{\overset{\Lambda_3}{\rightleftarrows}} H_4\,.$$

In unserem Falle wird

$$\Lambda_0 = \Lambda_1 = 3\lambda + \lambda + 0{,}5\lambda = 4{,}5\lambda = 0{,}45\ \mathrm{h}^{-1}\,,$$
$$\Lambda_2 = 3\lambda + \lambda = 4\lambda = 0{,}4\ \mathrm{h}^{-1}\,, \qquad \Lambda_3 = 3\lambda = 0{,}3\ \mathrm{h}^{-1}\,,$$
$$M_1 = \mu = 1\ \mathrm{h}^{-1}\,, \qquad M_2 = M_3 = M_4 = 2\mu = 2\ \mathrm{h}^{-1};$$
$$n = n_1 + n_2 + n_3 = 3\,.$$

Die Struktur des Systems wurde in Abb. 4.1.3 schematisch dargestellt. Es sind die Hauptkenngrößen der Systemzuverlässigkeit zu bestimmen.

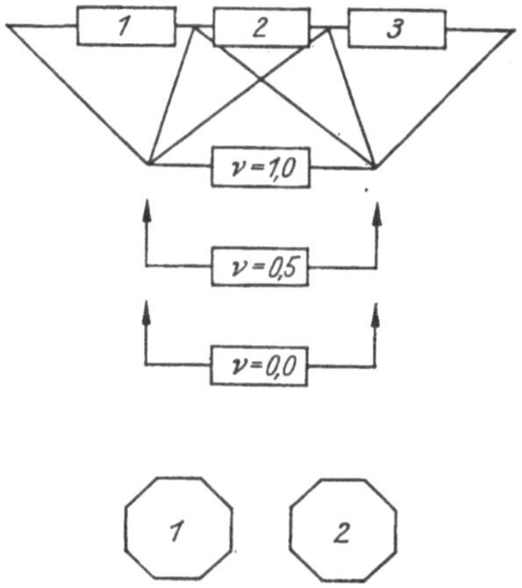

Abb. 4.1.3. Ersatzschaltbild für das System

3	1	1	1	2
E	E	E_ν	0	E

Lösung

Für das betrachtete System wird, wie man leicht sieht, die Bedingung (4.1.4) nicht erfüllt:

$$\mu = \min_{1 \leq i \leq 4} M_i = 1\ \mathrm{h}^{-1},$$

$$n \max_{0 \leq j \leq 3} \Lambda_j = n\Lambda_0 = 1{,}35\ \mathrm{h}^{-1}.$$

Deshalb ermitteln wir die genauen Werte der Kenngrößen mit Hilfe der Tabelle 4.1.1.

1. Wahrscheinlichkeit der ausfallfreien Arbeit (vgl. Abschn. A 5.5):

$$P(t_0) = \sum_{i=0}^{3} p_i(0) \prod_{j=i}^{3} \Lambda_j \sum_{s=1}^{4} \frac{\prod\limits_{m=1}^{i} (x_m^{(i)} - x_s^{(4)})\, \mathrm{e}^{-x_s^{(4)} t_0}}{x_s^{(4)} \prod\limits_{\substack{\nu=1 \\ \nu \neq s}}^{4} (x_\nu^{(4)} - x_s^{(4)})}.$$

Aus der angegebenen Formel folgt, daß man zur Berechnung der Wahrscheinlichkeit der ausfallfreien Arbeit des Systems die Größen

$$x_1^{(1)},\ x_1^{(2)},\ x_2^{(2)},\ x_1^{(3)},\ x_2^{(3)},\ x_3^{(3)},\ x_1^{(4)},\ x_2^{(4)},\ x_3^{(4)},\ x_4^{(4)}$$

kennen muß, die die Dimensionen h^{-1} besitzen. (Im weiteren wird die Dimension fortgelassen.)

Aus Tabelle 4.1.1 ermitteln wir sukzessive[1])

1) $$\Delta_1(\varkappa) = -(\Lambda_0 + \varkappa) = -(0{,}45 + \varkappa),$$

daraus $x_1^{(1)} = 0{,}45$;

2) $$\Delta_2(\varkappa) = -(\Lambda_1 + M_1 + \varkappa)\,\Delta_1(\varkappa) - \Lambda_0 M_1 \Delta_0(\varkappa) = \varkappa^2 + 1{,}9\varkappa + 0{,}2025\,;$$

daraus $x_1^{(2)} = 0{,}113340$, $x_2^{(2)} = 1{,}786660$;

[1]) Wir merken an, daß das Verfahren zur Nullstellenbestimmung verhältnismäßig einfach ist, solange alle Wurzeln $\varkappa_s^{(m)} = -x_s^{(m)}$, $1 \leq s \leq m$, $0 \leq m \leq n+1$, reell, verschieden und negativ sind und sich die Wurzeln (hinsichtlich m) benachbarter Polynome $\Delta_m(\varkappa)$ abwechseln.

3) $\Delta_3(\varkappa) = -(\Lambda_2 + M_2 + \varkappa)\,\Delta_2(\varkappa) - \Lambda_1 M_2 \Delta_1(\varkappa) = -(\varkappa^3 + 4{,}3\varkappa^2 + 3{,}8625\varkappa + 0{,}081)$,

daraus $x_1^{(3)} = 0{,}021482$, $x_2^{(3)} = 1{,}241573$, $x_3^{(3)} = 3{,}036945$;

4) $$\Delta_4(\varkappa) = -(\Lambda_3 + M_3 + \varkappa)\,\Delta_3(\varkappa) - \Lambda_2 M_3 \Delta_2(\varkappa) = \varkappa^4 + 6{,}6^3\varkappa + 12{,}9525\varkappa^2 + 7{,}44475\varkappa + 0{,}0243\,,$$

daraus $x_1^{(4)} = 0{,}003283$, $x_2^{(4)} = 1{,}025771$, $x_3^{(4)} = 2{,}048906$, $x_4^{(4)} = 3{,}522040$.

Die Anfangsbedingungen für die Arbeit des Systems seien wie folgt gegeben:

$$p_0(0) = \frac{1}{3}\,; \qquad p_1(0) = \frac{1}{3}\,; \qquad p_2(0) = \frac{1}{4}\,; \qquad p_3(0) = \frac{1}{12}\,.$$

Damit erhalten wir nach Einsetzen der gefundenen Polynom-Nullstellen in den Ausdruck für die Wahrscheinlichkeit der fehlerfreien Arbeit[1]):

$$P(t_0) = 0{,}982\,\mathrm{e}^{-0{,}003t_0} + 0{,}013\,\mathrm{e}^{-1{,}026t_0} + 0{,}006\,\mathrm{e}^{-2{,}049t_0} - 0{,}001\,\mathrm{e}^{-3{,}522t_0}\,.$$

2. Wahrscheinlichkeit der ausfallfreien Arbeit des Systems, das seine Arbeit vollständig intakt, das heißt unter der Anfangsbedingung $p_0(0) = 1$, beginnt:

$$P^{(0)}(t_0) = \prod_{j=0}^{3} \Lambda_j \sum_{i=1}^{4} \frac{\mathrm{e}^{-x_i^{(4)} t_0}}{x_i^{(4)} \prod\limits_{\substack{s=1\\ s\neq i}}^{4} (x_s^{(4)} - x_i^{(4)})}\,.$$

Nach Einsetzen von Zahlenwerten in den angegebenen Ausdruck erhalten wir

$$P^{(0)}(t_0) = 1{,}006\,\mathrm{e}^{-0{,}003t_0} - 0{,}009\,\mathrm{e}^{-1{,}026t_0} + 0{,}004\,\mathrm{e}^{-2{,}049t_0} - 0{,}001\,\mathrm{e}^{-3{,}522t_0}\,.$$

3. Wahrscheinlichkeit der ausfallfreien Arbeit des Systems, das seine Arbeit unmittelbar nach Verlassen des Ausfallzustandes, das heißt unter der Anfangsbedingung $p_3(0) = 1$, beginnt:

$$P^{(3)}(t_0) = \Lambda_3 \sum_{i=1}^{4} \frac{\mathrm{e}^{-x_i^{(4)} t_0}}{x_i^{(4)}} \, \frac{\prod\limits_{\alpha=1}^{i-1} (x_i^{(4)} - x_\alpha^{(3)}) \prod\limits_{\beta=i}^{3} (x_\beta^{(3)} - x_i^{(4)})}{\prod\limits_{\gamma=1}^{i-1} (x_i^{(4)} - x_\gamma^{(4)}) \prod\limits_{\delta=i+1}^{4} (x_\delta^{(4)} - x_i^{(4)})}\,.$$

Nach Einsetzen von Zahlenwerten in diesen Ausdruck erhalten wir

$$P^{(3)}(t_0) = 0{,}849\,\mathrm{e}^{-0{,}003t_0} + 0{,}049\,\mathrm{e}^{-1{,}026t_0} + 0{,}076\,\mathrm{e}^{-2{,}049t_0} + 0{,}026\,\mathrm{e}^{-3{,}522t_0}\,.$$

4. Intervallverfügbarkeit $R(t_0)$ des betrachteten Systems:

$$R(t_0) = \frac{\Theta_3}{\sum\limits_{\nu=0}^{4} \Theta_\nu} \sum_{i=1}^{4} \left(\frac{\Lambda_3}{x_i^{(4)}}\right)^2 \frac{\prod\limits_{\alpha=1}^{i-1} (x_i^{(4)} - x_\alpha^{(3)}) \prod\limits_{\beta=1}^{3} (x_\beta^{(3)} - x_i^{(4)})}{\prod\limits_{\gamma=1}^{i-1} (x_i^{(4)} - x_\gamma^{(4)}) \prod\limits_{\delta=i+1}^{4} (x_\delta^{(4)} - x_i^{(4)})}\, \mathrm{e}^{-x_i^{(4)} t_0}\,.$$

Wir berechnen zunächst

$\Theta_1 = \Lambda_0/M_1 = 0{,}45$, $\quad \Theta_2 = \Lambda_0\Lambda_1/M_1M_2 = 0{,}10125$,

$\Theta_3 = \Lambda_0\Lambda_1\Lambda_2/M_1M_2M_3 = 0{,}02025$, $\quad \Theta_4 = \Lambda_0\Lambda_1\Lambda_2\Lambda_3/M_1M_2M_3M_4 = 0{,}003038$,

$$\Theta_3 \Big/ \sum_{r=0}^{4} \Theta_r = 0{,}012061\,.$$

---

[1]) Die unangenehme Notwendigkeit, die Rechnung mit einer Genauigkeit, die die des Endergebnisses um mehrere Größenordnungen übertrifft, durchführen zu müssen, ist charakteristisch für die Ermittlung von exakten Werten für die Intervallkenngrößen der Zuverlässigkeit. So muß man in unserem Beispiel die Rechnung mit einer Genauigkeit von 10^{-6} durchführen (und auch die Nullstellen $x_s^{(m)}$ so genau kennen), um die Werte der gesuchten Kenngrößen mit einer Genauigkeit von 10^{-3} zu erhalten.

Nach Einsetzen der erhaltenen Werte und der Nullstellen finden wir

$$R(t_0) = 0{,}998\ \mathrm{e}^{-0{,}003 t_0} + c_0\,,$$

wobei $c_0 \ll 10^{-3}$.

5. Mittlere Arbeitszeit des Systems:

$$T = \sum_{j=0}^{3} \frac{\pi_j(0) \sum\limits_{r=0}^{j} \Theta_r}{\Lambda_j \Theta_j}\,.$$

Wegen $\pi_j(0) = \sum\limits_{s=0}^{j} p_s(0)$ wird:

$$\pi_0(0) = p_0(0) = \frac{1}{3}\,,$$

$$\pi_1(0) = p_0(0) + p_1(0) = \frac{2}{3}\,,$$

$$\pi_2(0) = p_0(0) + p_1(0) + p_2(0) = \frac{11}{12}\,,$$

$$\pi_3(0) = p_0(0) + p_1(0) + p_2(0) + p_3(0) = 1\,.$$

Unter Verwendung der unter Pkt. 4 des vorliegenden Beispiels erhaltenen Werte findet man

$$T = 299\ \mathrm{h}\,.$$

6. Mittlere Arbeitszeit des Systems bis zum Ausfall:

$$T^{(0)} = \sum_{j=0}^{3} \frac{\sum\limits_{r=0}^{j} \Theta_r}{\Lambda_j \Theta_j}\,.$$

Durch Einsetzen der Zahlenwerte erhalten wir hier

$$T_0 = 306\ \mathrm{h}\,.$$

7. Mittlere Arbeitszeit des Systems zwischen den Ausfällen:

$$T^{(3)} = \frac{\sum\limits_{r=0}^{3} \Theta_r}{\Lambda_3 \Theta_3} = 259\ \mathrm{h}\,.$$

8. Mittlere stationäre Arbeitszeit des Systems:

$$T^{(R)} = \frac{1}{\sum\limits_{s=0}^{4} \Theta_s} \sum_{j=0}^{3} \frac{\left(\sum\limits_{r=0}^{j} \Theta_r\right)^2}{\Lambda_j \Theta_j}\,.$$

Daraus erhält man

$$T^{(R)} = 304\ \mathrm{h}\,.$$

9. Die stationären Aufenthaltswahrscheinlichkeiten p_j des Systems im Zustand H_j, $0 \leqq j \leqq 4$, ergeben sich aus

$$p_j = \frac{\Theta_j}{\sum\limits_{i=0}^{4} \Theta_i} = \frac{\Theta_j}{1{,}574538}\,.$$

Daraus erhält man

$$p_0 = 0{,}635\,, \qquad p_1 = 0{,}286\,, \qquad p_2 = 0{,}065\,, \qquad p_3 = 0{,}012\,, \qquad p_4 = 0{,}002\,,$$

10. Die Verfügbarkeit wird

$$V = \left(1 + \frac{\Theta_4}{\sum_{i=0}^{3} \Theta_i}\right)^{-1} = 0{,}998 .$$

11. Die mittlere Erneuerungszeit ergibt sich zu

$$\tau = \frac{1}{M_4} = 0{,}5 \text{ h} .$$

Zum Abschluß dieses Abschnitts 4.1 werden die Tabellen 4.1.4 bis 4.1.29 gebracht. In ihnen werden für einige Spezialfälle des im Abschnitt 4.1 betrachteten Systemtyps die Zuverlässigkeitskenngrößen angegeben. Es wurden diejenigen Fälle ausgewählt, die unseres Erachtens in der technischen Praxis am verbreitetsten sind.

Tabelle 4.1.4. Dubliertes System. Belastete Reserve. Unbeschränkte Erneuerung

1.	1	0	0	2
E	E	0	0	E

$$x_{1,2} = \frac{\lambda}{2\gamma}\left(1 + 3\gamma \pm \sqrt{1 + 6\gamma + \gamma^2}\right);$$
$$\varepsilon_{1,2} = \frac{\lambda}{2\gamma}(1 + \gamma)(3 \pm 1);$$
$$\gamma_c = \frac{\gamma^2}{1 + 2\gamma}; \quad \gamma = \frac{\lambda}{\mu} .$$

Kenngröße	exakter Ausdruck	Näherungsausdruck	Fehler
$T^{(0)}$	$\frac{1}{\lambda}\frac{1 + 3\gamma}{2\gamma}$	$\frac{1}{\lambda}\frac{1}{2\gamma}$	$\delta_+ = \frac{3}{2}\frac{1}{\lambda}$
$T^{(1)}$	$\frac{1}{\lambda}\frac{1 + 2\gamma}{2\gamma}$	$\frac{1}{\lambda}\frac{1}{2\gamma}$	$\delta_+ = \frac{1}{\lambda}$
τ	$\frac{1}{2\mu}$	–	–
$P^{(0)}(t_0)$	$\frac{1}{x_1 - x_2}(x_1 \mathrm{e}^{-x_2 t_0} - x_2 \mathrm{e}^{-x_1 t_0})$	$\mathrm{e}^{-\frac{2\gamma}{1+3\gamma}\lambda t_0}$	$\delta \sim 2\gamma^2$
$V(t)$	$1 - \frac{2\lambda^2}{\varepsilon_1\varepsilon_2}\left[1 - \frac{1}{\varepsilon_1 - \varepsilon_2}(\varepsilon_1 \mathrm{e}^{-\varepsilon_2 t} - \varepsilon_2 \mathrm{e}^{-\varepsilon_1 t})\right]$	$1 - \gamma^2\left[1 - \left(2 - \mathrm{e}^{-\frac{\lambda t}{\gamma}}\right)\mathrm{e}^{-\frac{\lambda t}{\gamma}}\right]$	$\delta \sim 8\gamma^3$
V	$\frac{1}{1 + \gamma_c}$	$1 - \gamma^2$	$\delta_+ \sim 2\gamma^3$
$R(t_0)$	$\frac{x_2(\lambda - x_2)\mathrm{e}^{-x_1 t_0} - x_1(\lambda - x_1)\mathrm{e}^{-x_2 t_0}}{\mu(x_1 - x_2)(1 + \gamma)^2}$	$\frac{1}{1 + \gamma_c}\mathrm{e}^{-\frac{2\gamma}{1+3\gamma}\lambda t_0}$	$\delta \sim 2\gamma^2$

Tabelle 4.1.5. Dubliertes System. Belastete Reserve. Vollständig beschränkte Erneuerung

1	1	0	0	1
E	E	0	0	E

$$x_{1,2} = \frac{\lambda}{2\gamma}\left[(1 + 3\gamma) \pm \sqrt{1 + 6\gamma + \gamma^2}\right];$$

$$\varepsilon_{1,2} = \frac{\lambda}{2\gamma}\left[(2 + 3\gamma) \pm \sqrt{4\gamma + \gamma^2}\right];$$

$$\gamma_c = \frac{2\gamma^2}{1 + 2\gamma}; \quad \gamma = \frac{\lambda}{\mu}.$$

Kenngröße	exakter Ausdruck	Näherungsausdruck	Fehler
$T^{(0)}$	$\frac{1}{\lambda}\frac{1 + 3\gamma}{2\gamma}$	$\frac{1}{\lambda}\frac{1}{2\gamma}$	$\delta_+ = \frac{3}{2}\frac{1}{\lambda}$
$T^{(1)}$	$\frac{1}{\lambda}\frac{1 + 2\gamma}{2\gamma}$	$\frac{1}{\lambda}\frac{1}{2\gamma}$	$\delta_+ = \frac{1}{\lambda}$
τ	$\frac{1}{\mu}$	—	—
$P^{(0)}(t_0)$	$\frac{1}{x_1 - x_2}(x_1 e^{-x_2 t_0} - x_2 e^{-x_1 t_0})$	$e^{-\frac{2\gamma}{1+3\gamma}\lambda t_0}$	$\delta \sim 2\gamma^2$
$V(t)$	$1 - \frac{2\lambda^2}{\varepsilon_1\varepsilon_2}\left[1 - \frac{1}{\varepsilon_1 - \varepsilon_2}(\varepsilon_1 e^{-\varepsilon_2 t} - \varepsilon_2 e^{-\varepsilon_1 t})\right]$	$1 - 2\gamma^2\left[1 - \left(1 + \frac{\lambda}{\gamma}t\right)e^{-\frac{\lambda}{\gamma}t}\right]$	$\delta \sim 8\gamma^3$
V	$\frac{1}{1 + \gamma_c}$	$1 - 2\gamma^2$	$\delta_+ \sim 4\gamma^3$
$R(t_0)$	$\frac{x_2(\lambda - x_2)\,e^{-x_1 t_0} - x_1(\lambda - x_1)\,e^{-x_2 t_0}}{\mu(x_1 - x_2)(1 + 2\gamma + 2\gamma^2)}$	$\frac{1}{1 + \gamma_c}e^{-\frac{2\gamma}{1+3\gamma}\lambda t_0}$	$\delta \sim 2\gamma^2$

Tabelle 4.1.6. Dubliertes System. Erleichterte Reserve. Unbeschränkte Erneuerung

1	0	1	0	2
E	0	E_ν	0	E

$$x_{1,2} = \frac{\lambda}{2\gamma}\left\{[1 + (2+\nu)\gamma] \pm \pm \sqrt{1 + 2(2+\nu)\gamma + \nu^2\gamma^2}\right\};$$

$$\varepsilon_{1,2} = \frac{\lambda}{2\gamma}\left\{[3 + (2+\nu)\gamma] \pm \pm \sqrt{1 + 2(2-\nu)\gamma + \nu^2\gamma^2}\right\};$$

$$\gamma_c = \frac{(1+\nu)\gamma^2}{2[1 + (1+\nu)\gamma]}; \quad \gamma = \frac{\lambda}{\mu}.$$

Kenn-größe	exakter Ausdruck	Näherungsausdruck	Fehler
$T^{(0)}$	$\frac{1}{\lambda}\frac{1 + (2+\nu)\gamma}{(1+\nu)\gamma}$	$\frac{1}{\lambda}\frac{1}{(1+\nu)\gamma}$	$\delta_+ = \frac{2+\nu}{1+\nu}\frac{1}{\lambda}$
$T^{(1)}$	$\frac{1}{\lambda}\frac{1 + (1+\nu)\gamma}{(1+\nu)\gamma}$	$\frac{1}{\lambda}\frac{1}{(1+\nu)\gamma}$	$\delta_+ = \frac{1}{\lambda}$
τ	$\frac{1}{2\mu}$	–	–
$P^{(0)}(t_0)$	$\frac{1}{x_1 - x_2}(x_1 e^{-x_2 t_0} - x_2 e^{-x_1 t_0})$	$e^{-\frac{(1+\nu)\gamma}{1+(2+\nu)\gamma}\lambda t_0}$	$\delta \sim (1+\nu)\gamma^2$
$V(t)$	$1 - \frac{(1+\nu)\lambda^2}{\varepsilon_1\varepsilon_2} \times \left[1 - \frac{1}{\varepsilon_1 - \varepsilon_2}(\varepsilon_1 e^{-\varepsilon_2 t} - \varepsilon_2 e^{-\varepsilon_1 t})\right]$	$1 - \frac{(1+\nu)}{2}\gamma^2 \times \left[1 - \left(2 - e^{-\frac{\lambda}{\gamma}t}\right) e^{-\frac{\lambda}{\gamma}t}\right]$	$\delta \sim (1+\nu)^3\gamma^3$
V	$\frac{1}{1+\gamma_c}$	$1 - \frac{1+\nu}{2}\gamma^2$	$\delta_+ \sim \frac{(1+\nu)^2}{2}\gamma^3$
$R(t_0)$	$\frac{2[x_2(\lambda - x_2) e^{-x_1 t_0} - x_1(\lambda - x_1) e^{-x_2 t_0}]}{\mu(x_1 - x_2)[2 + 2(1+\nu)\gamma + (1+\nu)\gamma^2]}$	$\frac{1}{1+\gamma_c} e^{-\frac{(1+\nu)\gamma}{1+(2+\nu)\gamma}\lambda t_0}$	$\delta \sim (1+\nu)\gamma^2$

Tabelle 4.1.7. Dubliertes System. Erleichterte Reserve. Vollständig beschränkte Erneuerung

1	0	1	0	1
E	0	E_ν	0	E

$$x_{1,2} = \frac{\lambda}{2\gamma}\left\{[1 + (2 + \nu)\gamma] \pm \sqrt{1 + 2(2 + \nu)\gamma + \nu^2\gamma^2}\right\};$$

$$\varepsilon_{1,2} = \frac{\lambda}{2\gamma}\left\{[2 + (2 + \nu)\gamma] \pm \sqrt{4\gamma + \nu^2\gamma^2}\right\};$$

$$\gamma_c = \frac{(1 + \nu)\gamma^2}{1 + (1 + \nu)\gamma}; \quad \gamma = \frac{\lambda}{\mu}.$$

Kenngröße	exakter Ausdruck	Näherungsausdruck	Fehler
$T^{(0)}$	$\frac{1}{\lambda}\frac{1 + (2 + \nu)\gamma}{(1 + \nu)\gamma}$	$\frac{1}{\lambda}\frac{1}{(1 + \nu)\gamma}$	$\delta_+ = \frac{1}{\lambda}\frac{2 + \nu}{1 + \nu}$
$T^{(1)}$	$\frac{1}{\lambda}\frac{1 + (1 + \nu)\gamma}{(1 + \nu)\gamma}$	$\frac{1}{\lambda}\frac{1}{(1 + \nu)\gamma}$	$\delta_+ = \frac{1}{\lambda}$
τ	$\frac{1}{\mu}$	—	—
$P^{(0)}(t_0)$	$\frac{1}{x_1 - x_2}(x_1 e^{-x_2 t_0} - x_2 e^{-x_1 t_0})$	$e^{-\frac{(1+\nu)\gamma}{1+(2+\nu)\gamma}\lambda t_0}$	$\delta \sim (1 + \nu)\gamma^2$
$V(t)$	$1 - (1 + \nu)\gamma^2\left[1 - \left(1 + \frac{\lambda}{\gamma}t\right)e^{-\frac{\lambda}{\gamma}t}\right]$	$1 - (1 + \nu)\gamma^2 \times \left[1 - \left(1 + \frac{\lambda}{\gamma}t\right)e^{-\frac{\lambda}{\gamma}t}\right]$	$\delta \sim (1 + \nu)^3\gamma^3$
V	$\frac{1}{1 + \gamma_c}$	$1 - (1 + \nu)\gamma^2$	$\delta_+ \sim (1 + \nu)^2\gamma^3$
$R(t_0)$	$\frac{x_2(\lambda - x_2)e^{-x_1 t_0} - x_1(\lambda - x_1)e^{-x_2 t_0}}{\mu(x_1 - x_2)[1 + (1 + \nu)\gamma + (1 + \nu)\gamma^2]}$	$\frac{1}{1 + \gamma_c}e^{-\frac{(1+\nu)\gamma}{1+(2+\nu)\gamma}\lambda t_0}$	$\delta \sim (1 + \nu)\gamma^2$

Tabelle 4.1.8. Dubliertes System. Unbelastete Reserve. Unbeschränkte Erneuerung

1	0	0	1	2
E	0	0	0	E

$$x_{1,2} = \frac{\lambda}{2\gamma}\left[(1 + 2\gamma) \pm \sqrt{1 + 4\gamma}\right];$$

$$\varepsilon_{1,2} = \frac{\lambda}{2\gamma}\left[(3 + 2\gamma) \pm \sqrt{1 + 4\gamma}\right];$$

$$\gamma_c = \frac{\gamma^2}{2(1 + \gamma)}; \quad \gamma = \frac{\lambda}{\mu}.$$

Kenngröße	exakter Ausdruck	Näherungsausdruck	Fehler
$T^{(0)}$	$\frac{1}{\lambda}\left(2 + \frac{1}{\gamma}\right)$	$\frac{1}{\lambda\gamma}$	$\delta_+ = \frac{2}{\lambda}$
$T^{(1)}$	$\frac{1}{\lambda}\left(1 + \frac{1}{\gamma}\right)$	$\frac{1}{\lambda\gamma}$	$\delta_+ = \frac{1}{\lambda}$
τ	$\frac{1}{2\mu}$	—	—
$P^{(0)}(t_0)$	$\frac{1}{x_1 - x_2}\left(x_1 e^{-x_2 t_0} - x_2 e^{-x_1 t_0}\right)$	$e^{-\frac{1}{2+\frac{1}{\gamma}}\lambda t_0}$	$\delta \sim \gamma^2$
$V(t)$	$1 - \frac{\lambda^2}{\varepsilon_1\varepsilon_2}\left[1 - \frac{1}{\varepsilon_1 - \varepsilon_2}\left(\varepsilon_1 e^{-\varepsilon_2 t} - \varepsilon_2 e^{-\varepsilon_1 t}\right)\right]$	$1 - \frac{\gamma^2}{2} \times \left[1 - \left(2 - e^{-\frac{\lambda}{\gamma}t}\right) e^{-\frac{\lambda}{\gamma}t}\right]$	$\delta \sim \gamma^3$
V	$\frac{1}{1 + \gamma_c}$	$1 - \frac{\gamma^2}{2}$	$\delta_+ \sim \frac{\gamma^3}{2}$
$R(t_0)$	$\frac{2[x_2(\lambda - x_2) e^{-x_1 t_0} - x_1(\lambda - x_1) e^{-x_2 t_0}]}{\mu(x_1 - x_2)(2 + 2\gamma + \gamma^2)}$	$\frac{1}{1 + \gamma_c} e^{-\frac{1}{2+\frac{1}{\gamma}}\lambda t_0}$	$\delta \sim \gamma^2$

Tabelle 4.1.9. Dubliertes System. Unbelastete Reserve. Vollständig beschränkte Erneuerung

1	0	0	1	1
E	0	0	0	E

$$x_{1,2} = \frac{\lambda}{2\gamma}\left[(1 + 2\gamma) \pm \sqrt{1 + 4\gamma}\right];$$

$$\varepsilon_{1,2} = \frac{\lambda}{\gamma}\left[(1 + \gamma) \pm \sqrt{\gamma}\right];$$

$$\gamma_c = \frac{\gamma^2}{1 + \gamma}; \quad \gamma = \frac{\lambda}{\mu}.$$

Kenngröße	exakter Ausdruck	Näherungsausdruck	Fehler
$T^{(0)}$	$\frac{1}{\lambda}\left(2 + \frac{1}{\gamma}\right)$	$\frac{1}{\lambda\gamma}$	$\delta_+ = \frac{2}{\lambda}$
$T^{(1)}$	$\frac{1}{\lambda}\left(1 + \frac{1}{\gamma}\right)$	$\frac{1}{\lambda\gamma}$	$\delta_+ = \frac{1}{\lambda}$
τ	$\frac{1}{\mu}$	—	—
$P^{(0)}(t_0)$	$\frac{1}{x_1 - x_2}\left(x_1 e^{-x_2 t_0} - x_2 e^{-x_1 t_0}\right)$	$e^{-\frac{1}{2 + \frac{1}{\gamma}}\lambda t_0}$	$\delta \sim \gamma^2$
$V(t)$	$1 - \frac{\lambda^2}{\varepsilon_1\varepsilon_2}\left[1 - \frac{1}{\varepsilon_1 - \varepsilon_2}\left(\varepsilon_1 e^{-\varepsilon_2 t} - \varepsilon_2 e^{-\varepsilon_1 t}\right)\right]$	$1 - \gamma^2 \times \left[1 - \left(1 + \frac{\lambda}{\gamma}t\right)e^{-\frac{\lambda}{\gamma}t}\right]$	$\delta \sim \gamma^3$
V	$\frac{1}{1 + \gamma_c}$	$1 - \gamma^2$	$\delta_+ \sim \gamma^3$
$R(t_0)$	$\frac{x_2(\lambda - x_2)\, e^{-x_1 t_0} - x_1(\lambda - x_1)\, e^{-x_2 t_0}}{\mu(x_1 - x_2)\,(1 + \gamma + \gamma^2)}$	$\frac{1}{1 + \gamma_c} e^{-\frac{1}{2 + \frac{1}{\gamma}}\lambda t_0}$	$\delta \sim \gamma^2$

Tabelle 4.1.10. System aus k arbeitenden und einem Reserveelement. Belastete Reserve. Unbeschränkte Erneuerung

k	1	0	0	2
E	E	0	0	E

$$x_{1,2} = \frac{\lambda}{2\gamma} \{[1 + (2k + 1)\gamma] \pm \sqrt{1 + 2(2k + 1)\gamma + \gamma^2}\};$$

$$\varepsilon_{1,2} = \frac{\lambda}{2\gamma} \{[3 + 2k + 1)\gamma] \pm \sqrt{1 + 2(2k - 1)\gamma + \gamma^2}\};$$

$$\gamma_c = \frac{k(k + 1)\gamma^2}{2[1 + (k + 1)\gamma]}; \quad \gamma = \frac{\lambda}{\mu}.$$

Kenngröße	exakter Ausdruck	Näherungsausdruck	Fehler
$T^{(0)}$	$\frac{1}{k\lambda} \frac{1 + (2k + 1)\gamma}{(k + 1)\gamma}$	$\frac{1}{k\lambda} \frac{1}{(k + 1)\gamma}$	$\delta_+ = \frac{1}{k\lambda} \frac{1 + 2k}{k + 1}$
$T^{(0)}$	$\frac{1}{k\lambda} \frac{1 + (k + 1)\gamma}{(k + 1)\gamma}$	$\frac{1}{k\lambda} \frac{1}{(k + 1)\gamma}$	$\delta_+ = \frac{1}{k\lambda}$
τ	$\frac{1}{2\mu}$	—	—
$P^{(0)}(t_0)$	$\frac{1}{x_1 - x_2} (x_1 e^{-x_2 t_0} - x_2 e^{-x_1 t_0})$	$e^{-\frac{(k+1)\gamma}{1+(2k+1)\gamma} k\lambda t_0}$	$\delta \sim k(k + 1)\gamma^2$
$V(t)$	$1 - \frac{k(k + 1)\lambda^2}{\varepsilon_1 \varepsilon_2} \times \left[1 - \frac{1}{\varepsilon_1 - \varepsilon_2} (\varepsilon_1 e^{-\varepsilon_2 t} - \varepsilon_2 e^{-\varepsilon_1 t})\right]$	$1 - \frac{k(k + 1)}{2} \gamma^2 \times \left[1 - \left(2 - e^{-\frac{\lambda}{\gamma} t}\right) e^{-\frac{\lambda}{\gamma} t}\right]$	$\delta \sim (k + 1)^3 \gamma^3$
V	$\frac{1}{1 + \gamma_c}$	$1 - \frac{k(k + 1)}{2} \gamma^2$	$\delta_+ \sim \sim \frac{k(k + 1)^2}{2} \gamma^3$
$R(t_0)$	$\frac{2[x_2(k\lambda - x_2) e^{-x_1 t_0} - x_1(k\lambda - x_1) e^{-x_2 t_0}]}{\mu(x_1 - x_2)[2 + 2(k + 1)\gamma + k(k + 1)\gamma^2]}$	$\frac{1}{1 + \gamma_c} e^{-\frac{(k+1)\gamma}{1+(2k+1)\gamma} k\lambda t_0}$	$\delta \sim k(k + 1)\gamma^2$

Tabelle 4.1.11. System aus k arbeitenden und einem Reserveelement. Belastete Reserve. Vollständig beschränkte Erneuerung

k	1	0	0	1
E	E	0	0	E

$$x_{1,2} = \frac{\lambda}{2\gamma}\{[1 + (2k+1)\gamma] \pm \sqrt{1 + 2(2k+1)\gamma + \gamma^2}\};$$

$$\varepsilon_{1,2} = \frac{\lambda}{2\gamma}\{[2 + (2k+1)\gamma] \pm \sqrt{4k\gamma + \gamma^2}\};$$

$$\gamma_c = \frac{k(k+1)\gamma^2}{1 + (k+1)\gamma}; \quad \gamma = \frac{\lambda}{\mu}.$$

Kenngröße	exakter Ausdruck	Näherungsausdruck	Fehler
$T^{(0)}$	$\frac{1}{k\lambda}\frac{1 + (2k+1)\gamma}{(k+1)\gamma}$	$\frac{1}{k\lambda}\frac{1}{(k+1)\gamma}$	$\delta_+ = \frac{1}{k\lambda}\frac{2k+1}{k+1}$
$T^{(1)}$	$\frac{1}{k\lambda}\frac{1 + (k+1)\gamma}{(k+1)\gamma}$	$\frac{1}{k\lambda}\frac{1}{(k+1)\gamma}$	$\delta_+ = \frac{1}{k\lambda}$
τ	$\frac{1}{\mu}$	—	—
$P^{(0)}(t_0)$	$\frac{1}{x_1 - x_2}(x_1 e^{-x_2 t_0} - x_2 e^{-x_1 t_0})$	$e^{-\frac{(k+1)\gamma}{1+(2k+1)\gamma}k\lambda t_0}$	$\delta \sim k(k+1)\gamma^2$
$V(t)$	$1 - \frac{k(k+1)\lambda^2}{\varepsilon_1\varepsilon_2} \times \left[1 - \frac{1}{\varepsilon_1\varepsilon_2}(\varepsilon_1 e^{-\varepsilon_2 t} - \varepsilon_2 e^{-\varepsilon_1 t})\right]$	$1 - k(k+1)\gamma^2 \times \left[1 - \left(1 + \frac{\lambda}{\gamma}t\right)e^{-\frac{\lambda}{\gamma}t}\right]$	$\delta \sim (k+1)^3\gamma^3$
V	$\frac{1}{1+\gamma_c}$	$1 - k(k+1)\gamma^2$	$\delta_+ \sim k(k+1)^2\gamma^3$
$R(t_0)$	$\frac{x_2(k\lambda - x_2)e^{-x_1 t_0} - x_1(k\lambda - x_1)e^{-x_2 t_0}}{\mu(x_1 - x_2)[1 + (k+1)\gamma + k(k+1)\gamma^2]}$	$\frac{1}{1+\gamma_c}e^{-\frac{(k+1)\gamma}{1+(2k+1)\gamma}k\lambda t_0}$	$\delta \sim k(k+1)\gamma^2$

Tabelle 4.1.12. System aus k arbeitenden und einem Reserveelement. Erleichterte Reserve. Unbeschränkte Erneuerung

k	0	1	0	2
E	0	E_ν	0	E

$$x_{1,2} = \frac{\lambda}{2\gamma}\{[1 + (2k+\nu)\gamma] \pm \sqrt{1 + 2(2k+\nu)\gamma + \nu^2\gamma^2}\};$$

$$\varepsilon_{1,2} = \frac{\lambda}{2\gamma}\{[3 + (2k+\nu)\gamma] \pm \sqrt{1 + 2(2k-\nu)\gamma + \nu^2\gamma^2}\};$$

$$\gamma_c = \frac{k(k+\nu)\gamma^2}{2[1 + (k+\nu)\gamma]}; \quad \gamma = \frac{\lambda}{\mu}.$$

Kenngröße	exakter Ausdruck	Näherungsausdruck	Fehler
$T^{(0)}$	$\frac{1}{k\lambda}\frac{1+(2k+\nu)\gamma}{(k+\nu)\gamma}$	$\frac{1}{k\lambda}\frac{1}{(k+\nu)\gamma}$	$\delta_+ = \frac{2k+\nu}{k\lambda(k+\nu)}$
$T^{(1)}$	$\frac{1}{k\lambda}\frac{1+(k+\nu)\gamma}{(k+\nu)\gamma}$	$\frac{1}{k\lambda}\frac{1}{(k+\nu)\gamma}$	$\delta_+ = \frac{1}{k\lambda}$
τ	$\frac{1}{2\mu}$	—	—
$P^{(0)}(t_0)$	$\frac{1}{x_1 - x_2}(x_1\,\mathrm{e}^{-x_2 t_0} - x_2\,\mathrm{e}^{-x_1 t_0})$	$\mathrm{e}^{-\frac{(k+\nu)\gamma}{1+(2k+\nu)\gamma}k\lambda t_0}$	$\delta \sim k(k+\nu)\gamma^2$
$V(t)$	$1 - \frac{k(k+\nu)\lambda^2}{\varepsilon_1\varepsilon_2} \times \left[1 - \frac{1}{\varepsilon_1 - \varepsilon_2}(\varepsilon_1\,\mathrm{e}^{-\varepsilon_2 t} - \varepsilon_2\,\mathrm{e}^{-\varepsilon_1 t})\right]$	$1 - \frac{k(k+\nu)}{2}\gamma^2 \times \left[1 - \left(2 - \mathrm{e}^{-\frac{\lambda}{\gamma}t}\right)\mathrm{e}^{-\frac{\lambda}{\gamma}t}\right]$	$\delta \sim (k+\nu)^3\gamma^3$
V	$\frac{1}{1+\gamma_c}$	$1 - \frac{k(k+\nu)}{2}\gamma^2$	$\delta_+ \sim \frac{k(k+\nu)^2}{2}\gamma^3$
$R(t_0)$	$\frac{2[x_2(k\lambda - x_2)\,\mathrm{e}^{-x_1 t_0} - x_1(k\lambda - x_1)\,\mathrm{e}^{-x_2 t_0}]}{\mu(x_1 - x_2)[2 + 2(k+\nu)\gamma + k(k+\nu)\gamma^2]}$	$\frac{1}{1+\gamma_c}\mathrm{e}^{-\frac{(k+\nu)\gamma}{1+(2k+\nu)\gamma}k\lambda t_0}$	$\delta \sim k(k+\nu)\gamma^2$

Tabelle 4.1.13. System aus k arbeitenden und einem Reserveelement. Erleichterte Reserve. Vollständig beschränkte Erneuerung

k	0	1	0	1
E	0	E_ν	0	E

$$x_{1,2} = \frac{\lambda}{2\gamma}\left\{[1 + (2k+\nu)\gamma] \pm \sqrt{1 + 2(2k+\nu)\gamma + \nu^2\gamma^2}\right\};$$

$$\varepsilon_{1,2} = \frac{\lambda}{2\gamma}\left\{[2 + (2k+\nu)\gamma] \pm \sqrt{4k\gamma + \nu^2\gamma^2}\right\};$$

$$\gamma_c = \frac{k(k+\nu)\gamma^2}{1 + (k+\nu)\gamma}; \quad \gamma = \frac{\lambda}{\mu}.$$

Kenngröße	exakter Ausdruck	Näherungsausdruck	Fehler
$T^{(0)}$	$\frac{1}{k\lambda}\frac{1+(2k+\nu)\gamma}{(k+\nu)\gamma}$	$\frac{1}{k\lambda}\frac{1}{(k+\nu)\gamma}$	$\delta_+ = \frac{2k+\nu}{k\lambda(k+\nu)}$
$T^{(1)}$	$\frac{1}{k\lambda}\frac{1+(k+\nu)\gamma}{(k+\nu)\gamma}$	$\frac{1}{k\lambda}\frac{1}{(k+\nu)\gamma}$	$\delta_+ = \frac{1}{k\lambda}$
τ	$\frac{1}{\mu}$	—	—
$P^{(0)}(t_0)$	$\frac{1}{x_1 - x_2}(x_1 e^{-x_2 t_0} - x_2 e^{-x_1 t_0})$	$e^{-\frac{(k+\nu)\gamma}{1+(2k+\nu)\gamma}k\lambda t_0}$	$\delta \sim k(k+\nu)\gamma^2$
$V(t)$	$1 - \frac{k(k+\nu)\lambda^2}{\varepsilon_1\varepsilon_2} \times \left[1 - \frac{1}{\varepsilon_1 - \varepsilon_2}(\varepsilon_1 e^{-\varepsilon_2 t} - \varepsilon_2 e^{-\varepsilon_1 t})\right]$	$1 - k(k+\nu)\gamma^2 \times \left[1 - \left(1 + \frac{\lambda}{\gamma}t\right)e^{-\frac{\lambda}{\gamma}t}\right]$	$\delta \sim (k+\nu)^3\gamma^3$
V	$\frac{1}{1+\gamma_c}$	$1 - k(k+\nu)\gamma^2$	$\delta^+ \sim k(k+\nu)^2\gamma^3$
$R(t_0)$	$\frac{x_2(k\lambda - x_2)e^{-x_1 t_0} - x_1(k\lambda - x_1)e^{-x_2 t_0}}{\mu(x_1 - x_2)[1 + (k+\nu)\gamma + k(k+\nu)\gamma^2]}$	$\frac{1}{1+\gamma_c}e^{-\frac{(k+\nu)\gamma}{1+(2k+\nu)\gamma}k\lambda t_0}$	$\delta \sim k(k+\nu)\gamma^2$

Tabelle 4.1.14. System aus k arbeitenden und einem Reserveelement. Unbelastete Reserve. Unbeschränkte Erneuerung

k	0	0	1	2
E	0	0	0	E

$$x_{1,2} = \frac{\lambda}{2\gamma}\left[(1 + 2k\gamma) \pm \sqrt{1 + 4k\gamma}\right];$$

$$\varepsilon_{1,2} = \frac{\lambda}{2\gamma}\left[(3 + 2k\gamma) \pm \sqrt{1 + 4k\gamma}\right];$$

$$\gamma_e = \frac{k^2\gamma^2}{2(1 + k\gamma)}; \quad \gamma = \frac{\lambda}{\mu}.$$

Kenngröße	exakter Ausdruck	Näherungsausdruck	Fehler
$T^{(0)}$	$\frac{1}{k\lambda}\left(2 + \frac{1}{k\gamma}\right)$	$\frac{1}{k\lambda}\frac{1}{k\gamma}$	$\delta_+ = \frac{2}{k\lambda}$
$T^{(1)}$	$\frac{1}{k\lambda}\left(1 + \frac{1}{k\gamma}\right)$	$\frac{1}{k\lambda}\frac{1}{k\gamma}$	$\delta_+ = \frac{1}{k\lambda}$
τ	$\frac{1}{2\mu}$	—	—
$P^{(0)}(t)$	$\frac{1}{x_1 - x_2}\left(x_1\,\mathrm{e}^{-x_2 t_0} - x_2\,\mathrm{e}^{-x_1 t_0}\right)$	$\mathrm{e}^{-\frac{1}{2+\frac{1}{k\gamma}}k\lambda t_0}$	$\delta \sim k^2\gamma^2$
$V(t)$	$1 - \frac{k^2\lambda^2}{\varepsilon_1\varepsilon_2} \times \left[1 - \frac{1}{\varepsilon_1 - \varepsilon_2}\left(\varepsilon_1\,\mathrm{e}^{-\varepsilon_2 t} - \varepsilon_2\,\mathrm{e}^{-\varepsilon_1 t}\right)\right]$	$1 - \frac{k^2}{2}\gamma^2 \times \left[1 - \left(2 - \mathrm{e}^{-\frac{k}{\gamma}t}\right)\mathrm{e}^{-\frac{\lambda}{\gamma}t}\right]$	$\delta \sim k^3\gamma^3$
V	$\frac{1}{1 + \gamma_e}$	$1 - \frac{k^2}{2}\gamma^2$	$\delta \sim \frac{k^3}{2}\gamma^3$
$R(t_0)$	$\frac{2[x_2(k\lambda - x_2)\,\mathrm{e}^{-x_1 t_0} - x_1(k\lambda - x_1)\,\mathrm{e}^{-x_2 t_0}]}{\mu(x_1 - x_2)\,[2 + 2k\gamma + k^2\gamma^2]}$	$\frac{1}{1 + \gamma_e}\,\mathrm{e}^{-\frac{1}{2+\frac{1}{k\gamma}}k\lambda t_0}$	$\delta \sim k^2\gamma^2$

Tabelle 4.1.15. System aus k arbeitenden und einem Reserveelement. Unbelastete Reserve. Vollständig beschränkte Erneuerung

k	0	0	1	1
E	0	0	0	E

$$x_{1,2} = \frac{\lambda}{2\gamma}\left[(1 + 2k\gamma) \pm \sqrt{1 + 4k\gamma}\right];$$

$$\varepsilon_{1,2} = \frac{\lambda}{\gamma}\left[1 + k\gamma) \pm \sqrt{k\gamma}\right];$$

$$\gamma_c = \frac{k^2\gamma^2}{1 + k\gamma}; \quad \gamma = \frac{\lambda}{\mu}.$$

Kenngröße	exakter Ausdruck	Näherungsausdruck	Fehler
$T^{(0)}$	$\frac{1}{k\lambda}\left(2 + \frac{1}{k\gamma}\right)$	$\frac{1}{k\lambda}\frac{1}{k\gamma}$	$\delta_+ = \frac{2}{k\lambda}$
$T^{(1)}$	$\frac{1}{k\lambda}\left(1 + \frac{1}{k\gamma}\right)$	$\frac{1}{k\lambda}\frac{1}{k\gamma}$	$\delta_+ = \frac{1}{k\lambda}$
τ	$\frac{1}{\mu}$	—	—
$P^{(0)}(t_0)$	$\frac{1}{x_1 - x_2}(x_1 \mathrm{e}^{-x_2 t_0} - x_2 \mathrm{e}^{-x_1 t_0})$	$\mathrm{e}^{-\frac{1}{2+\frac{1}{k\gamma}}k\lambda t_0}$	$\delta \sim k^2\gamma^2$
$V(t)$	$1 - \frac{k^2\lambda^2}{\varepsilon_1\varepsilon_2} \times \left[1 - \frac{1}{\varepsilon_1 - \varepsilon_2}(\varepsilon_1 \mathrm{e}^{-\varepsilon_2 t} - \varepsilon_2 \mathrm{e}^{-\varepsilon_1 t})\right]$	$1 - k^2\gamma^2 \times \left[1 - \left(1 + \frac{\lambda}{\gamma}t\right)\mathrm{e}^{-\frac{\lambda}{\gamma}t}\right]$	$\delta \sim k^3\gamma^3$
V	$\frac{1}{1 + \gamma_c}$	$1 - k^2\gamma^2$	$\delta_+ \sim k^3\gamma^3$
$R(t_0)$	$\frac{x_2(k\lambda - x_2)\mathrm{e}^{-x_1 t_0} - x_1(k\lambda - x_1)\mathrm{e}^{-x_2 t_0}}{\mu(x_1 - x_2)(1 + k\gamma + k^2\gamma^2)}$	$\frac{1}{1 + \gamma_c}\mathrm{e}^{-\frac{1}{2+\frac{1}{k\gamma}}k\lambda t_0}$	$\delta \sim k^2\gamma^2$

Tabelle 4.1.16. System mit einem Reserveelement. Allgemeiner Fall

k	$n = 1$		l	
E	E	E_ν	0	E

$$x_{1,2} = \frac{1}{2}\left[(\Lambda_0 + \Lambda_1 + M_1) \pm \sqrt{(\Lambda_0 + \Lambda_1 + M_1)^2 - 4\Lambda_0\Lambda_1}\right];$$

$$\varepsilon_{1,2} = \frac{1}{2}\left[(\Lambda_0 + \Lambda_1 + M_1 + M_2) \pm \sqrt{(\Lambda_0 + \Lambda_1 + M_1 + M_2)^2 - 4(\Lambda_0\Lambda_1 + \Lambda_0 M_2 + M_1 M_2)}\right];$$

$$\gamma_c = \frac{\Lambda_0\Lambda_1}{M_2(\Lambda_0 + M_1)}.$$

Kenn-größe	exakter Ausdruck	Näherungsausdruck	Fehler
$T^{(0)}$	$\frac{\Lambda_0 + \Lambda_1 + M_1}{\Lambda_0\Lambda_1}$	$\frac{M_1}{\Lambda_0\Lambda_1}$	$\delta_+ = \frac{\Lambda_0 + \Lambda_1}{\Lambda_0\Lambda_1}$
$T^{(1)}$	$\frac{\Lambda_0 + M_1}{\Lambda_0\Lambda_1}$	$\frac{M_1}{\Lambda_0\Lambda_1}$	$\delta_+ = \frac{1}{\Lambda_1}$
τ	$\frac{1}{M_2}$	–	–
$P^{(0)}(t_0)$	$\frac{1}{x_1 - x_2}(x_1\,e^{-x_2 t_0} - x_2\,e^{-x_1 t_0})$	$e^{-\frac{\Lambda_0\Lambda_1}{\Lambda_0 + \Lambda_1 + M_1} t_0}$	$\delta \sim \frac{\Lambda_0\Lambda_1}{M_1^2}$
$V(t)$	$1 - \frac{\Lambda_0\Lambda_1}{\varepsilon_1\varepsilon_2}\left[1 - \frac{1}{\varepsilon_1 - \varepsilon_2}(\varepsilon_1 e^{-\varepsilon_2 t} - \varepsilon_2 e^{-\varepsilon_1 t})\right]$	$1 - \frac{\Lambda_0\Lambda_1}{M_1 M_2} \times \left[1 - \frac{1}{M_2 - M_1} \times (M_2 e^{-M_1 t} - M_1 e^{-M_2 t})\right]$; für $M_1 = M_2 = M$ ergibt sich $1 - \frac{\Lambda_0\Lambda_1}{M^2} \times [1 - (1 + Mt)\,e^{-Mt}]$	$\delta \sim \left(\frac{\Lambda_0}{M_1}\right)^3$ $\delta \sim \left(\frac{\Lambda_0}{M}\right)^3$
V	$\frac{1}{1 + \gamma_c}$	$1 - \frac{\Lambda_0\Lambda_1}{M_1 M_2}$	$\delta_+ \sim \frac{\Lambda_0^2\Lambda_1}{M_1^2 M_2}$
$R(t_0)$	$\frac{M_2[x_2(\Lambda_1 - x_2)\,e^{-x_1 t_0} - x_1(\Lambda_1 - x_1)\,e^{-x_2 t_0}]}{(x_1 - x_2)(\Lambda_0\Lambda_1 + \Lambda_0 M_2 + M_1 M_2)}$	$\frac{1}{1 + \gamma_c} e^{-\frac{\Lambda_0\Lambda_1}{\Lambda_0 + \Lambda_1 + M_1} t_0}$	$\delta \sim \frac{\Lambda_0\Lambda_1}{M_1^2}$

Tabelle 4.1.17. System aus einem arbeitenden und n Reserveelementen. Belastete Reserve. Unbeschränkte Erneuerung

1	n	0	0	$n+1$
E	E	0	0	E

$$\gamma = \frac{\lambda}{\mu}; \quad \binom{m}{r} = \frac{m!}{r!(m-r)!}; \quad \gamma_c = \frac{1}{\sum_{i=1}^{n+1} \frac{\binom{n+1}{i}}{\gamma^i}}.$$

Kenngröße	exakter Ausdruck	Näherungsausdruck	Fehler
$T^{(0)}$	$\frac{1}{(1+n)\lambda} \sum_{s=0}^{n} \frac{\sum_{i=0}^{s} \binom{n+1}{i} \gamma^i}{\binom{n}{s} \gamma^n}$	$\frac{1}{(1+n)\lambda\gamma^n}$	$\delta_+ \sim \frac{1+n(n+1)}{\lambda(n+1)\,n\gamma^{n-1}}$
$T^{(n)}$	$\frac{1}{(1+n)\lambda\gamma^n} \sum_{i=0}^{n} \binom{n+1}{i} \gamma^i$	$\frac{1}{(1+n)\lambda\gamma^n}$	$\delta_+ \sim \frac{1}{\lambda\gamma^{n-1}}$
τ	$\frac{1}{(1+n)\mu}$	—	—
$P^{(0)}(t_0)$	s. Tafel 4.1.1	$\exp\left\{-\frac{(1+n)\lambda t_0}{\sum_{s=0}^{n} \frac{\sum_{i=0}^{s} \binom{n+1}{i}\gamma^i}{\binom{n}{s}\gamma^s}}\right\}$	$\delta \sim (n+1)\gamma^{n+1} \times$ $\times \sum_{j=1}^{n} \frac{1}{j}$
V	$\frac{1}{1+\gamma_c}$	$1-\gamma^{n+1}$	$\delta_+ \sim (n+1)\gamma^{n+2}$
$R(t_0)$	s. Tafel 4.1.1	$\frac{1}{1+\gamma_c} \times$ $\times \exp\left\{-\frac{(1+n)\lambda t_0}{\sum_{s=0}^{n} \frac{\sum_{i=0}^{s} \binom{n+1}{i}\gamma^i}{\binom{n}{s}\gamma^s}}\right\}$	$\delta \sim (n+1)\gamma^{n+1} \times$ $\times \sum_{j=1}^{n} \frac{1}{j}$

Tabelle 4.1.18. System aus einem arbeitenden und n Reserveelementen. Belastete Reserve. Vollständig beschränkte Erneuerung

1	n	0	0	1
E	E	0	0	E

$$C_m^r = \frac{m!}{r!\,(m-r)!}\,;$$

$$\gamma = \frac{\lambda}{\mu}\,;$$

$$\gamma^c = \frac{1}{\sum\limits_{i=1}^{n+1} \frac{1}{i!\,\gamma^i}}$$

Kenngröße	exakter Ausdruck	Näherungsausdruck	Fehler
$T^{(0)}$	$\frac{1}{\lambda}\sum\limits_{s=0}^{n}\sum\limits_{i=0}^{s}\frac{1}{(i+1)!\binom{n-s+i+1}{i+1}\gamma^i}$	$\frac{1}{\lambda}\,\frac{1}{\gamma^n(n+1)!}$	$\delta_+ \sim \frac{1}{\lambda}\,\frac{n+2}{\gamma^{n-1}(n+1)!}$
$T^{(n)}$	$\frac{1}{\lambda}\sum\limits_{i=0}^{n}\frac{1}{(i+1)!\,\gamma^i}$	$\frac{1}{\lambda}\,\frac{1}{n!\,\gamma^n(n+1)!}$	$\delta_+ \sim \frac{1}{\lambda}\,\frac{1}{n!\,\gamma^{n-1}}$
τ	$\frac{1}{\mu}$	–	–
$P^{(0)}(t_0)$	s. Tafel 4.1 1	$\exp\left\{-\frac{\lambda t_0}{\sum\limits_{s=0}^{n}\sum\limits_{i=0}^{s}\frac{1}{(i+1)!\times\binom{n-s+i+1}{i+1}\gamma^i}}\right\}$	$\delta \sim \gamma^{n+1}(n+1)!\,n$
V	$\frac{1}{1+\gamma_c}$	$1-\gamma^{n+1}(n+1)!$	$\delta_+ \sim \gamma^{n+2}(n+1)\,(n+1)!$
$R(t_0)$	s. Tafel 4.1.1	$\frac{1}{1+\gamma_c}\times\exp\left\{-\frac{\lambda t_0}{\sum\limits_{s=0}^{n}\sum\limits_{i=0}^{s}\frac{1}{(i+1)!\times\binom{n-s+i+1}{i+1}\gamma^i}}\right\}$	$\delta \sim \gamma^{n+1}(n+1)!\,n$

Tabelle 4.1.19. System aus einem arbeitenden und n Reserveelementen. Erleichterte Reserve. Unbeschränkte Erneuerung

1	0	n	0	$n+1$
E	0	E_ν	0	E

$$\gamma_e = \frac{\dfrac{\gamma^{n+1}}{(1+n)!}\prod_{r=1}^{n+1}[1+(n+1-r)\nu]}{\sum_{i=0}^{n}\dfrac{\gamma^i}{i!}\prod_{r=1}^{i}[1+(n+1-r)\nu]}$$

$$\gamma = \frac{\lambda}{\mu}\,; \qquad \prod_{r=1}^{0}[1+(n+1-r)\nu] = 1\,.$$

Kenngröße	exakter Ausdruck	Näherungsausdruck	Fehler
$T^{(0)}$	$\frac{1}{\lambda}\sum_{s=0}^{n}\frac{s!\sum_{i=0}^{s}\frac{\gamma^i}{i!}\prod_{r=1}^{i}[1+(n+1-r)\nu]}{\gamma^s\prod_{r=1}^{s+1}[1+(n+1-r)\nu]}$	$\frac{1}{\lambda}\frac{n!}{\gamma^n}\frac{1}{\prod_{r=1}^{n+1}[1+(n+1-r)\nu]}$	$\delta_+ \sim \frac{1}{\lambda}\frac{(n-1)!}{\gamma^{n-1}} \times$ $\times \frac{n+1+n^2\nu}{\prod_{r=1}^{n+1}[1+(n+1-r)\nu]}$
$T^{(n)}$	$\frac{1}{\lambda}\frac{n!}{\gamma^n}\frac{\sum_{i=0}^{n}\frac{\gamma^i}{i!}\prod_{r=1}^{i}[1+(n+1-r)\nu]}{\prod_{r=1}^{n+1}[1+(n+1-r)\nu]}$	$\frac{1}{\lambda}\frac{n!}{\gamma^n}\frac{1}{\prod_{r=1}^{n+1}[1+(n+1-r)\nu]}$	$\delta_+ \sim \frac{1}{\lambda}\frac{n!}{\gamma^{n-1}} \times$ $\times \frac{1+n^2\nu}{\prod_{r=1}^{n+1}[1+(n+1-r)\nu]}$
τ	$\frac{1}{(n+1)\mu}$	–	–
$P^{(0)}(t_0)$	s. Tafel 4.1.1	$e^{-\frac{t_0}{T^{(0)}}}$	$\delta \sim [1+n\nu]\gamma^{n+1}\sum_{j=1}^{n}\frac{1}{j} \times$ $\times \prod_{i=1}^{n}\frac{[1+(n-l)\nu]}{i}$
V	$\frac{1}{1+\gamma_e}$	$1-\frac{\gamma^{n+1}}{(n+1)!} \times$ $\times \prod_{r=1}^{n+1}[1+(n+1-r)\nu]$	$\delta_+ \sim \frac{\gamma^{n+2}}{(n+1)!}[1+n\nu] \times$ $\times \prod_{r=1}^{n+1}[1+(n+1-r)\nu]$
$R(t_0)$	s. Tafel 4.1.1	$\frac{1}{1+\gamma_e}e^{-\frac{t_0}{T^{(0)}}}$	$\delta \sim [1+n\nu]\gamma^{n+1}\sum_{j=1}^{n}\frac{1}{j} \times$ $\times \prod_{i=1}^{n}\frac{[1+(n-i)\nu]}{i}$

Tabelle 4.1.20. System aus einem arbeitenden und n Reserveelementen. Erleichterte Reserve. Vollständig beschränkte Erneuerung

1	0	n	0	1
E	0	E_ν	0	E

$$\gamma_c = \frac{\gamma^{n+1} \prod_{r=1}^{n+1} [1 + (n + 1 - r)\nu]}{\sum_{i=0}^{n} \gamma^i \prod_{r=1}^{i} [1 + (n + 1 - r)\nu]}$$

$$\gamma = \frac{\lambda}{\mu}\,; \qquad \prod_{r=1}^{0} [1 + (n + 1 - r)\nu] = 1\,.$$

Kenn-größe	exakter Ausdruck	Näherungsausdruck	Fehler
$T^{(0)}$	$\frac{1}{\lambda} \sum_{s=0}^{n} \frac{\sum_{i=0}^{s} \gamma^i \prod_{r=1}^{i} [1 + (n + 1 - r)\nu]}{\gamma^s \prod_{r=1}^{s+1} [1 + (n + 1 - r)\nu]}$	$\frac{1}{\lambda} \frac{1}{\gamma^n \prod_{r=1}^{n+1} [1 + (n + 1 - r)\nu]}$	$\delta_+ \sim \frac{1}{\lambda} \times$ $\times \frac{2 + n\nu}{\gamma^{n-1} \prod_{r=1}^{n+1} [1 + (n + 1 - r)\nu]}$
$T^{(n)}$	$\frac{1}{\lambda} \frac{\sum_{i=0}^{n} \gamma^i \prod_{r=1}^{i} [1 + (n + 1 - r)\nu]}{\gamma^n \prod_{r=1}^{n+1} [1 + (n + 1 - r)\nu]}$	$\frac{1}{\lambda} \frac{1}{\gamma^n \prod_{r=1}^{n+1} [1 + (n + 1 - r)\nu]}$	$\delta_+ \sim \frac{1}{\lambda} \times$ $\times \frac{1 + n\nu}{\gamma^{n-1} \prod_{r=1}^{n+1} [1 + (n + 1 - r)\nu]}$
τ	$\frac{1}{\mu}$	–	–
$P^{(0)}(t_0)$	s. Tafel 4.1.1	$e^{-\frac{t_0}{T^{(0)}}}$	$\delta \sim n\gamma^{n+1} \times$ $\times \prod_{i=0}^{n} [1 + (n - i)\nu]$
V	$\frac{1}{1 + \gamma_c}$	$1 - \gamma^{n+1} \times$ $\times \prod_{r=1}^{n+1} [1 + (n + 1 - r)\nu]$	$\delta_+ \sim \gamma^{n+2}(1 + n\nu) \times$ $\times \prod_{r=1}^{n+1} [1 + (n + 1 - r)\nu]$
$R(t_0)$	s. Tafel 4.1.1	$\frac{1}{1 + \gamma_c} e^{-\frac{t_0}{T^{(0)}}}$	$\delta_+ \sim n\gamma^{n+1} \times$ $\times \prod_{i=0}^{n} 1 + (n - i)\nu]$

Tabelle 4.1.21. System aus einem arbeitenden und n Reserveelementen. Unbelastete Reserve. Unbeschränkte Erneuerung

1	0	0	n	$n+1$
E	0	0	0	E

$$\gamma_c = \frac{1}{\sum_{i=1}^{n+1} \binom{n+1}{i} \frac{i!}{\gamma^i}}.$$

$$\gamma = \frac{\lambda}{\mu}; \quad \binom{m}{r} = \frac{m!}{r!(m-r)!}.$$

Kenngröße	exakter Ausdruck	Näherungsausdruck	Fehler
$T^{(0)}$	$\frac{1}{\lambda} \sum_{i=0}^{n} \binom{n+1}{i+1} \frac{i!}{\gamma^i}$	$\frac{1}{\lambda} \frac{n!}{\gamma^n}$	$\delta_+ \sim \frac{1}{\lambda} \frac{(1+n)!}{n\gamma^{n-1}}$
$T^{(n)}$	$\frac{1}{\lambda} \sum_{i=0}^{n} \binom{n}{i} \frac{i!}{\gamma^i}$	$\frac{1}{\lambda} \frac{n!}{\gamma^n}$	$\delta_+ \sim \frac{1}{\lambda} \frac{n!}{\gamma^{n-1}}$
τ	$\frac{1}{(1+n)\mu}$	—	—
$P^{(0)}(t_0)$	s. Tafel 4.1.1	$\exp\left\{-\frac{\lambda t_0}{\sum_{i=0}^{n} \binom{n+1}{i+1} \frac{i!}{\gamma^i}}\right\}$	$\delta \sim \frac{\gamma^{n+1}}{n!} \sum_{j=1}^{n} \frac{1}{j}$
V	$\frac{1}{1+\gamma_c}$	$1 - \frac{\gamma^{n+1}}{(n+1)!}$	$\delta_- \sim \frac{\gamma^{n+2}}{(n+1)!}$
$R(t_0)$	s. Tafel 4.1.1	$\frac{1}{1+\gamma_c} \times$ $\times \exp\left\{-\frac{\lambda t_0}{\sum_{i=0}^{n} \binom{n+1}{i+1} \frac{i!}{\gamma^i}}\right\}$	$\delta \sim \frac{\gamma^{n+1}}{n!} \sum_{j=1}^{n} \frac{1}{j}$

Tabelle 4.1.22. System aus einem arbeitenden und n Reserveelementen. Unbelastete Reserve. Vollständig beschränkte Erneuerung

1	0	0	n	1
E	0	0	0	E

$$\gamma_c = \frac{\gamma^{n+1}(1-\gamma)}{1-\gamma^{n+1}}\,;$$

$$\gamma = \frac{\lambda}{\mu} < 1\,.$$

Kenngröße	exakter Ausdruck	Näherungsausdruck	Fehler
$T^{(0)}$	$\frac{1}{\lambda}\frac{1-\gamma^{n+1}[1+(n+1)(1-\gamma)]}{\gamma^n(1-\gamma)^2}$	$\frac{1}{\lambda}\frac{1}{\gamma^n}$	$\delta_+ \sim \frac{2}{\lambda\gamma^{n-1}}$
$T^{(n)}$	$\frac{1}{\lambda}\frac{1-\gamma^{n+1}}{\gamma^n(1-\gamma)}$	$\frac{1}{\lambda}\frac{1}{\gamma^n}$	$\delta_+ \sim \frac{1}{\lambda\gamma^{n-1}}$
τ	$\frac{1}{\mu}$	—	—
$P^{(0)}(t_0)$	s. Tafel 4.1.1	$\exp\left\{-\frac{(1-\gamma)^2\gamma^n\lambda t_0}{1-\gamma^{n+1}[1+(n+1)(1-\gamma)]}\right\}$	$\delta \sim n\gamma^{n+1}$
V	$\frac{1}{1+\gamma_c}$	$1-\gamma^{n+1}$	$\delta_+ \sim \gamma^{n+2}$
$R(t_0)$	s. Tafel 4.1.1	$\frac{1}{1+\gamma_c}\exp\left\{-\frac{(1-\gamma)^2\gamma^n\lambda t_0}{1-\gamma^{n+1}[1+(n+1)(1-\gamma)]}\right\}$	$\delta \sim n\gamma^{n+1}$

Tabelle 4.1.23. System aus k arbeitenden und n Reserveelementen. Belastete Reserve. Unbeschränkte Erneuerung

k	n	0	0	$n+1$
E	E	0	0	E

$$N = k + n\,, \quad \binom{m}{r} = \frac{m!}{r!(m-r)!}\,;$$

$$\gamma = \frac{\lambda}{\mu}\,; \quad \gamma_e = \frac{\binom{N}{n+1}\gamma^{n+1}}{\sum_{i=0}^{n}\binom{N}{i}\gamma^i}\,.$$

Kenngröße	exakter Ausdruck	Näherungsausdruck	Fehler
$T^{(0)}$	$\frac{1}{N\lambda}\sum_{s=0}^{n}\frac{\sum_{i=0}^{s}\binom{N}{i}\gamma^i}{\binom{N-1}{s}\gamma^s}$	$\frac{1}{k\lambda\binom{N}{k}\gamma^n}$	$\delta_+ \sim \frac{1+\frac{Nn}{k}}{(k+1)\binom{N}{k+1}\gamma^{n-1}}$
$T^{(n)}$	$\frac{1}{k\lambda\binom{N}{k}\gamma^n}\sum_{i=0}^{n}\binom{N}{i}\gamma^i$	$\frac{1}{k\lambda\binom{N}{k}\gamma^n}$	$\delta_+ \sim \frac{1}{\lambda\binom{N-1}{k-1}\gamma^{n-1}}$
τ	$\frac{1}{(n+1)\mu}$	–	–
$P^{(0)}(t_0)$	s. Tafel 4.1.1	$\exp\left\{-\frac{N\lambda t_0}{\sum_{s=0}^{n}\frac{\sum_{i=0}^{s}\binom{N}{i}\gamma^i}{\binom{N-1}{s}\gamma^s}}\right\}$	$\delta \sim k\binom{N}{k}\gamma^{n+1}\sum_{j=1}^{n}\frac{1}{j}$
V	$\frac{1}{1+\gamma_e}$	$1-\binom{N}{n+1}\gamma^{n+1}$	$\delta_+ \sim N\binom{N}{n}\gamma^{n+2}$
$R(t_0)$	s. Tafel 4.1.1	$\frac{1}{1+\gamma_e}\exp\left\{-\frac{N\lambda t_0}{\sum_{s=0}^{n}\frac{\sum_{i=0}^{s}\binom{N}{i}\gamma^i}{\binom{N-1}{s}\gamma^s}}\right\}$	$\delta \sim k\binom{N}{k}\gamma^{n+1}\sum_{j=1}^{n}\frac{1}{j}$

Tabelle 4.1.24. System aus k arbeitenden und n Reserveelementen. Belastete Reserve. Vollständig beschränkte Erneuerung

k	n	0	0	1
E	E	0	0	E

$$N = k + n, \quad \binom{m}{r} = \frac{m!}{r!(m-r)!}$$

$$\gamma = \frac{\lambda}{\mu}; \quad \gamma_c = \frac{1}{\sum\limits_{i=1}^{n+1} \frac{1}{i!\binom{N-n+i+1}{i}\gamma^i}}$$

Kenngröße	exakter Ausdruck	Näherungsausdruck	Fehler
$T^{(0)}$	$\frac{1}{\lambda}\sum\limits_{s=0}^{n}\sum\limits_{i=0}^{s}\frac{1}{(i+1)!\binom{N-s+i}{i+1}\gamma^i}$	$\frac{1}{\lambda}\frac{1}{\gamma^n(n+1)!\binom{N}{n+1}}$	$\delta_+ \sim \frac{1}{\lambda} \times$ $\times \frac{N+k}{\gamma^{n-1}(n+1)!\binom{N}{n+1}}$
$\dot{T}^{(n)}$	$\frac{1}{\lambda}\sum\limits_{i=0}^{n}\frac{1}{(i+1)!\binom{k+i}{i+1}\gamma^i}$	$\frac{1}{\lambda}\frac{1}{\gamma^n(n+1)!\binom{N}{n+1}}$	$\delta_+ \sim \frac{1}{\lambda} \times$ $\times \frac{1}{\gamma^{n-1}n!\binom{N-1}{n}}$
τ	$\frac{1}{\mu}$	–	–
$p^{(0)}(t_0)$	s. Tafel 4.1 1	$\exp\left\{-\frac{\lambda t_0}{\sum\limits_{s=0}^{n}\sum\limits_{i=0}^{s}\frac{1}{(i+1)!\binom{N-s+i}{i+1}\gamma^i}}\right\}$	$\delta \sim (n+1)! \times$ $\times n\binom{N}{n+1}\gamma^{n+1}$
V	$\frac{1}{1+\gamma_c}$	$1-(n+1)!\binom{N}{n+1}\gamma^{n+1}$	$\delta_+ \sim (n+1)! \times$ $\times N\binom{N}{n+1}\gamma^{n+2}$
$R(t_0)$	s. Tafel 4.1.1	$\frac{1}{1+\gamma_c} \times$ $\times \exp\left\{-\frac{\lambda t_0}{\sum\limits_{s=0}^{n}\sum\limits_{i=0}^{s}\frac{1}{(i+1)!\binom{N-s+i}{i+1}\gamma^i}}\right\}$	$\delta \sim (n+1)! \times$ $\times n\binom{N}{n+1}\gamma^{n+1}$

Tabelle 4.1.25. System aus k arbeitenden und n Reserveelementen. Erleichterte Reserve. Unbeschränkte Erneuerung

k	0	n	0	$n+1$
E	0	E_ν	0	E

$$\gamma_c = \frac{\dfrac{\gamma^{n+1}}{(1+n)!}\prod\limits_{r=1}^{n+1} k + (n+1-r)\nu]}{\sum\limits_{i=0}^{n}\dfrac{\gamma^i}{i!}\prod\limits_{r=1}^{i}[k+(n+1-r)\nu]}$$

$$\gamma = \frac{\lambda}{\mu}, \quad \prod_{r=1}^{0}[k+(n+1-r)\nu] = 1$$

Kenngröße	exakter Ausdruck	Näherungsausdruck	Fehler
$T^{(0)}$	$\frac{1}{\lambda}\sum\limits_{s=0}^{n}\frac{s!\sum\limits_{i=0}^{s}\frac{\gamma^i}{i!}\prod\limits_{r=1}^{i}[k+(n+1-r)\nu]}{\gamma^s\prod\limits_{r=1}^{s+1}[k+(n+1-r)\nu]}$	$\frac{1}{\lambda}\frac{n!}{\gamma^n}\times \frac{1}{\prod\limits_{r=1}^{n+1}[k+n+1-r)\nu]}$	$\delta_+ \sim \frac{1}{\lambda}\frac{(n-1)!}{\gamma^{n-1}}\times \times\frac{n^2\nu+(n+1)k}{\prod\limits_{r=1}^{n+1}[k+(n+1-r)\nu]}$
$T^{(n)}$	$\frac{1}{\lambda}\frac{n!}{\gamma^n}\frac{\sum\limits_{i=0}^{n}\frac{\gamma^i}{i!}\prod\limits_{r=1}^{i}[k+(n+1-r)\nu]}{\prod\limits_{r=1}^{n+1}[k+(n+1-r)\nu]}$	$\frac{1}{\lambda}\frac{n!}{\gamma^n}\times \times\frac{1}{\prod\limits_{r=1}^{n+1}[k+(n+1-r)\nu]}$	$\delta_+ \sim \frac{1}{\lambda}\frac{n!}{\gamma^{n-1}}\times \times\frac{k+nv}{\prod\limits_{r=1}^{n+1}[k+(n+1-r)\nu]}$
τ	$\frac{1}{(n+1)\mu}$	–	–
$P^{(0)}(t_0)$	s. Tafel 4.1.1	$e^{-\frac{t_0}{T^{(0)}}}$	$\delta \sim [k+n\nu]\gamma^{n+1}\times \times\sum\limits_{j=1}^{n}\frac{1}{j}\prod\limits_{i=1}^{n}\frac{[k+(n-i)\nu]}{i}$
V	$\frac{1}{1+\gamma_c}$	$1-\frac{\gamma^{n+1}}{(1+n)!}\times \times\prod\limits_{r=1}^{n+1}[k+(n+1-r)\nu]$	$\delta_+ \sim \frac{\gamma^{n+2}}{(1+n)!}[k+n\nu]\times \times\prod\limits_{r=1}^{n+1}[k-(n+1-r)\nu]$
$R(t_0)$	s. Tafel 4.1.1	$\frac{1}{1+\gamma_c}e^{-\frac{t_0}{T^{(0)}}}$	$\delta \sim [k+n\nu]\gamma^{n+1}\times \times\sum\limits_{j=1}^{n}\frac{1}{j}\prod\limits_{i=1}^{n}\frac{[k+(n-i)\nu]}{i}$

Tabelle 4.1.26. System aus k arbeitenden und n Reserveelementen. Erleichterte Reserve. Vollständig beschränkte Erneuerung

k	0	n	0	1
E	0	E_ν	0	E

$$\gamma_e = \frac{\gamma^{n+1} \prod_{r=1}^{n+1} [k + (n+1-r)\nu]}{\sum_{i=0}^{n} \gamma^i \prod_{r=1}^{i} [k + (n+1-r)\nu]} .$$

$$\gamma = \frac{\lambda}{\mu} ; \quad \prod_{r=1}^{0} [k + (n+1-r)\nu] = 1 .$$

Kenngröße	exakter Ausdruck	Näherungsausdruck	Fehler
$T^{(0)}$	$\frac{1}{\lambda} \sum_{s=0}^{n} \frac{\sum_{i=0}^{s} \gamma^i \prod_{r=1}^{i} [k+(n+1-r)\nu]}{\gamma^s \prod_{r=1}^{s+1} [k+(n+1-r)\nu]}$	$\frac{1}{\lambda} \frac{1}{\gamma^n \prod_{r=1}^{n+1} [k+(n+1-r)\nu]}$	$\delta_+ \sim \frac{1}{\lambda} \times$ $\times \frac{2k + n\nu}{\gamma^{n-1} \prod_{r=1}^{n+1} [k+(n+1-r)\nu]}$
$T^{(n)}$	$\frac{1}{\lambda} \frac{\sum_{i=0}^{n} \gamma^i \prod_{r=1}^{i} [k+(n+1-r)\nu]}{\gamma^n \prod_{r=1}^{n+1} [k+(n+1-r)\nu]}$	$\frac{1}{\lambda} \frac{1}{\gamma^n \prod_{r=1}^{n+1} [k+(n+1-r)\nu]}$	$\delta_+ \sim \frac{1}{\lambda} \times$ $\times \frac{k + n\nu}{\gamma^{n-1} \prod_{r=1}^{n+1} [k+(n+1-r)\nu]}$
τ	$\frac{1}{\mu}$	–	–
$P^{(0)}(t_0)$	s. Tafel 4.1.1	$e^{-\frac{t_0}{T^{(0)}}}$	$\delta \sim n\gamma^{n+1} \times$ $\times \prod_{i=0}^{n} [k + (n-i)\nu]$
V	$\frac{1}{1+\gamma_e}$	$1 - \gamma^{n+1} \times$ $\times \prod_{r=1}^{n+1} [k+(n+1-r)\nu]$	$\delta_+ \sim \gamma^{n+2} [k + n\nu] \times$ $\times \prod_{r=1}^{n+1} [k+(n+1-r)\nu]$
$R(t_0)$	s. Tafel 4.1.1	$\frac{1}{1+\gamma_e} e^{-\frac{t_0}{T^{(0)}}}$	$\delta \sim n\gamma^{n+1} \times$ $\times \prod_{i=0}^{n} [k + (n-i)\nu]$

Tabelle 4.1.27. System aus k arbeitenden und n Reserveelementen. Unbelastete Reserve. Unbeschränkte Erneuerung

k	0	0	n	$n+1$
E	0	0	0	E

$$\gamma_c = \frac{1}{\sum_{i=1}^{n+1} \binom{n+1}{i} \frac{i!}{(k\gamma)^i}} ;$$

$$\gamma = \frac{\lambda}{\mu} ; \quad \binom{m}{r} = \frac{m!}{r!(m-r)!} .$$

Kenngröße	exakter Ausdruck	Näherungsausdruck	Fehler
$T^{(0)}$	$\frac{1}{k\lambda} \sum_{i=0}^{n} \binom{n+1}{i+1} \frac{i!}{(k\gamma)^i}$	$\frac{1}{k\lambda} \frac{n}{(k\gamma)^n}$	$\delta_+ \sim \frac{1}{k\lambda} \frac{(1+n)!}{n(k\gamma)^{n-1}}$
$T^{(n)}$	$\frac{1}{k\lambda} \sum_{i=0}^{n} \binom{n}{i} \frac{i!}{(k\gamma)^i}$	$\frac{1}{k\lambda} \frac{n!}{(k\gamma)^n}$	$\delta_+ \sim \frac{1}{k\lambda} \frac{n!}{(k\gamma)^{n-1}}$
τ	$\frac{1}{(1+n)\mu}$	—	—
$P^{(0)}(t_0)$	s. Tafel 4.1.1	$\exp\left\{-\frac{k\lambda t_0}{\sum_{i=0}^{n} \binom{n+1}{i+1} \frac{i!}{(k\gamma)^i}}\right\}$	$\delta \sim \frac{(k\gamma)^{n+1}}{n!} \sum_{j=1}^{n} \frac{1}{j}$
V	$\frac{1}{1+\gamma_c}$	$1 - \frac{(k\gamma)^{n+1}}{(1+n)!}$	$\delta_+ \sim \frac{(k\gamma)^{n+2}}{(1+n)!}$
$R(t_0)$	s. Tafel 4.1.1	$\frac{1}{1+\gamma_c} \times \exp\left\{-\frac{k\lambda t_0}{\sum_{i=0}^{n} \binom{n+1}{i+1} \frac{i!}{(k\gamma)^i}}\right\}$	$\delta \sim \frac{(k\gamma)^{n+1}}{n!} \sum_{j=1}^{n} \frac{1}{j}$

Tabelle 4.1.28. System aus k arbeitenden und n Reserveelementen. Unbelastete Reserve. Vollständig beschränkte Erneuerung

k	0	0	n	1
E	0	0	0	E

$$\gamma_c = \frac{(k\gamma)^{n+1}(1-k\gamma)}{1-(k\gamma)^{n+1}}; \qquad \gamma = \frac{\lambda}{\mu} < \frac{1}{\varkappa}$$

Kenngröße	exakter Ausdruck	Näherungsausdruck	Fehler
$T^{(0)}$	$\frac{1}{k\lambda}\frac{1-(k\gamma)^{n+1}[1+(n+1)(1-k\gamma)]}{(k\gamma)^n(1-k\gamma)^2}$	$\frac{1}{k\lambda}\frac{1}{(k\gamma)^n}$	$\delta_+ \sim \frac{2}{k\lambda(k\gamma)^{n-1}}$
$T^{(n)}$	$\frac{1}{k\lambda}\frac{1-(k\gamma)^{n+1}}{(k\gamma)^n(1-k\gamma)}$	$\frac{1}{k\lambda}\frac{1}{(k\gamma)^n}$	$\delta_+ \sim \frac{1}{k\lambda(k\gamma)^{n-1}}$
τ	$\frac{1}{\mu}$	—	—
$P^{(0)}(t_0)$	s. Tafel 4.1.1	$\exp\left\{-\frac{(k\gamma)^n(1-k\gamma)^2 k\lambda t_0}{1-(k\gamma)^{n+1}[1+(n+1)(1-k\gamma)]}\right\}$	$\delta \sim n(k\gamma)^{n+1}$
V	$\frac{1}{1+\gamma_c}$	$1-(k\gamma)^{n+1}$	$\delta_+ \sim (k\gamma)^{n+2}$
$R(t_0)$	s. Tafel 4.1.1	$\frac{\exp\left\{-\frac{(k\gamma)^n(1-k\gamma)^2 k\lambda t_0}{1-(k\gamma)^{n+1}[1+(n+1)(1-k\gamma)]}\right\}}{1+\gamma_c}$	$\delta \sim n(k\gamma)^{n+1}$

Tabelle 4.1.29. System mit n Reserveelementen. Allgemeiner Fall

k	$n = n$			l
E	E	E_ν	0	E

$$\Theta_i = \frac{\Lambda_0 \Lambda_i \ldots \Lambda_{i-1}}{M_1 M_2 \ldots M_i}; \quad \Theta_0 = 1;$$

$$\gamma_c = \frac{\Theta_{n+1}}{\sum\limits_{i=0}^{n} \Theta}$$

Kenn-größe	exakter Ausdruck	Näherungsausdruck	Fehler
$T^{(0)}$	$\sum\limits_{s=0}^{n} \frac{\sum\limits_{i=0}^{s} \Theta_i}{\Lambda_s \Theta_s}$	$\frac{1}{\Lambda_n \Theta_n}$	$\delta_+ \sim \frac{1}{\Lambda_{n-1} \Theta_{n-1}} \times \times \left(1 + \frac{\Lambda_0 M_n}{\Lambda_n M_1}\right)$
$T^{(n)}$	$\frac{\sum\limits_{i=0}^{n} \Theta_i}{\Lambda_n \Theta_n}$	$\frac{1}{\Lambda_n \Theta_n}$	$\delta_+ \sim \frac{\Lambda_0}{\Lambda_n M_1 \Theta_n}$
τ	$\frac{1}{M_{n+1}}$	—	—
$P^{(0)}(t_0)$	s. Tafel 4.1.1	$\exp\left\{-\frac{t_0}{\sum\limits_{s=0}^{n} \frac{\sum\limits_{i=0}^{s} \Theta_i}{\Lambda_s \Theta_s}}\right\}$	$\delta \sim \Lambda_0 \prod\limits_{i=1}^{n} \frac{\Lambda_i}{M_i} \sum\limits_{j=1}^{n} \frac{1}{M_j}$
V	$\frac{1}{1 + \gamma_c}$	$1 - \Theta_{n+1}$	$\delta_+ \sim \Theta_1 \Theta_{n+1}$
$R(t_0)$	s. Tafel 4.1.1	$\frac{1}{1 + \gamma_c} \exp\left\{-\frac{t_0}{\sum\limits_{s=0}^{n} \frac{\sum\limits_{i=0}^{s} \Theta_i}{\Lambda_s \Theta_s}}\right\}$	$\delta \sim \Lambda_0 \prod\limits_{i=1}^{n} \frac{\Lambda_i}{M_i} \prod\limits_{j=1}^{n} \frac{1}{M_j}$

4.2. Systeme mit „rascher“ Erneuerung und einige andere Spezialfälle

Im vorliegenden Abschnitt werden die Zuverlässigkeitskenngrößen für einige Spezialfälle von Systemen mit einem „raschen“ Verteilungsgesetz $G(t)$ und einem beliebigen Verteilungsgesetz $G(t)$ für die Erneuerung gebracht.[1])

[1]) Zum Zeitpunkt der Manuskriptabgabe verfügten die Autoren — wenn man vom Inhalt dieses Abschnitts absieht — über keinerlei Informationen, die Systeme mit „rascher“ Erneuerung betreffen. Die Autoren sind allen Lesern sehr verbunden, die ihnen ihre eigenen oder auch einfach bekannt gewordenen Ergebnisse dazu mitteilen.

Die genaue Formulierung einer „raschen" Erneuerung und der zugehörenden Näherungsbedingungen (in Form gewisser Beschränkungen an Funktionale der Verteilungsfunktionen der Arbeitszeit $F(t)$ und der Erneuerungszeit $G^*(t)$ der Systemelemente) ist kompliziert und aufwendig. Grob gesprochen beinhaltet eine solche Aussage die Forderung, daß die Ausfallwahrscheinlichkeit eines Systemelements während der Zeit der Erneuerung eines (anderen) Systemelements klein sein soll.

In diesem Falle gilt eine asymptotische Darstellung für die Wahrscheinlichkeit der ausfallfreien Arbeit und die mittlere Arbeitsmenge bis zum Ausfall des Systems (Tabelle 4.2.1). (Genaueres, u. a. auch über die Näherungsbedingungen, kann in einer Arbeit von A. D. SOLOWJEW: Резервирование с быстрым восстановлением „Известия Академии наук СССР", Техническая кибернетика, 1970, № 1 nachgelesen werden.)

Tabelle 4.2.1. System mit „rascher" Erneuerung

$$T = \int_0^\infty t \,\mathrm{d}F(t)\,, \qquad m_k = \int_0^\infty t^k \,\mathrm{d}G(t)\,;$$

$$A = \frac{(k+n_1)!}{(k-1)!}\,[F'(0)]^{n_3-k+1} \times$$
$$\times \sum_{s=0}^{k-1} \binom{k-1}{s} n_1 + s + 1)^{n_3} \left(\frac{1}{T}\right)^{n_1+s+1} \times$$
$$\times \left[\frac{1}{T} - F'(0)\right]^{k-s-1}$$

System	$\widetilde{P}(t_0)$	$\widetilde{T}^{(0)}$
$\begin{array}{ccccc} k & n_1 & 0 & n_3 & 1 \\ F & F & 0 & 0 & G^* \end{array}$	$\mathrm{e}^{-\frac{Am^{n_1+n_3}t_0}{(n_1+n_3)!}}$	$\dfrac{(n_1+n_3)!}{Am^{n_1+n_2}}$
$\begin{array}{ccccc} k & n_1 & 0 & n_3 & n_1+n_3 \\ F & F & 0 & 0 & G^* \end{array}$	$\mathrm{e}^{-\frac{Am_1^{n_1+n_3}t_0}{(n_1+n_3)!}}$	$\dfrac{(n_1+n_3)!}{Am_1^{n_1+n_3}}$
$\begin{array}{ccccc} 1 & 0 & 0 & n & 1 \\ F & 0 & 0 & 0 & G^* \end{array}$	$\mathrm{e}^{-\frac{m_n[F'(0)]^n}{n!}\frac{t_0}{T}}$	$\dfrac{n!}{m_n[F'(0)]^n}\,T$
$\begin{array}{ccccc} 1 & 0 & 0 & n & n \\ F & 0 & 0 & 0 & G^* \end{array}$	$\mathrm{e}^{-\frac{[m_1F'(0)]^n}{n!}\frac{t_0}{T}}$	$\dfrac{n!}{[m_1F'(0)]^n}\,T$

System $\begin{array}{ccccc} k & 0 & 1 & 0 & 1\,(2) \\ E & 0 & E_\nu & 0 & G \end{array}$ **mit beliebig wählbarer Erneuerungsverteilung $G(t)$**

Der genaue Ausdruck für die Wahrscheinlichkeit der ausfallfreien Arbeit des Systems hat das folgende Aussehen:

$$P^{(0)}(t_0) = \sum_{i=0}^{\infty} B_i(t_0)\,. \tag{4.2.1}$$

Hierbei ist

$$B_i(t_0) = \int_0^{t_0} B_{i-1}(t_0 - x)\, B(x)\, \mathrm{d}x;$$

$$B_0(t_0) = \mathrm{e}^{-(k+\nu)\lambda t_0} + \mathrm{e}^{-k\lambda t_0}\, (k + \nu)\, \lambda \int_0^{t_0} \mathrm{e}^{-\nu\lambda x}\, [1 - G(t_0 - x)]\, \mathrm{d}x;$$

$$B(t_0) = \mathrm{e}^{-k\lambda t_0}\, (k + \nu)\, \lambda \int_0^{t_0} \mathrm{e}^{-k\lambda z}\, g(t_0 - z)\, \mathrm{d}z;$$

$$g(t) = G'(t)\,. \tag{4.2.2}$$

Wenn die Zeit t_0 klein gegenüber der mittleren Zyklendauer (mittlere Zeitdauer zwischen benachbarten Erneuerungspunkten) ist, das heißt

$$t_0 \ll \frac{1}{k\lambda} + \tau\,,$$

mit

$$\tau = \int_0^{\infty} t\, \mathrm{d}G(t)\,,$$

so benutzt man zur Berechnung der Wahrscheinlichkeit $P^{(0)}(t_0)$ zweckmäßig die Reihe (4.2.1) und (4.2.2), weil sie rasch konvergiert und die ersten zwei bis drei Summanden die Summe der Reihe bereits hinreichend genau ergeben. Der genaue Ausdruck für die

Tabelle 4.2.2. System

k	0	1	0	1
E	0	E_ν	0	G

$$\alpha = \int_0^{\infty} (1 - \mathrm{e}^{-k\lambda t})\, \mathrm{d}G(t);$$

$$\tau = \int_0^{\infty} t\, \mathrm{d}G(t);$$

$$\sigma_\tau = \sqrt{\int_0^{\infty} (t - \tau)^2\, \mathrm{d}G(t)}\,.$$

Kenn-größe	exakter Ausdruck	Näherungsausdruck	Näherungsbedingungen	Fehler
$T^{(0)}$	$\frac{1}{k\lambda} + \frac{1}{(k+\nu)\,\alpha}$	$\frac{1}{(k+\nu)\,\alpha\lambda}$	$\alpha \ll 1$	$\delta_+ = \frac{1}{k\lambda}$
$P^{(0)}(t_0)$	—	$\mathrm{e}^{-\frac{t_0}{T^{(0)}}}$	$\alpha \ll 1$	$\delta \sim O(\alpha^2)$
		$\mathrm{e}^{-(k+\nu)\,\alpha\lambda t_0}$		$\delta \sim O(\alpha)$
		$\mathrm{e}^{-(k+\nu)\,\lambda\tau k\lambda t_0}$	$\alpha \ll 1$, $k\lambda\tau\left(1 + \frac{\sigma_\tau^2}{\tau^2}\right) \ll 1$	—

mittlere Arbeitszeit bis zum Ausfall, aber auch die Näherungen für die Wahrscheinlichkeit der ausfallfreien Arbeit und für die mittlere Arbeitszeit bis zum Ausfall unter der Bedingung, daß die Wahrscheinlichkeit α des Systemausfalls in einem Zyklus

$$\alpha = \int_0^\infty (1 - e^{-k\lambda t})\, dG(t)$$

klein ist, wurden in Tabelle 4.2.2 zusammengestellt.

In der Praxis ist die Verteilungsfunktion $G(t)$ der Erneuerungszeit selbst oft nicht bekannt, sondern nur n ihrer ersten Momente, zum Beispiel $m_1, m_2, \ldots, m_n$. (Üblicherweise werden bei Versuchen ständig die ersten vier Momente beobachtet.) In diesem Fall lassen sich für die Größe $T^{(0)}$ die folgenden Abschätzungen nach unten $\underline{T}^{(0)}$ und nach oben $\overline{T}^{(0)}$ ermitteln (Tabelle 4.2.3).

Tabelle 4.2.3. Abschätzungen $\underline{T}^{(0)}$ und $\overline{T}^{(0)}$ für die mittlere Arbeitszeit bis zum Ausfall des Systems

k	0	1	0	1
E	0	E_ν	0	G

n	$\underline{T}^{(0)}$	$\overline{T}^{(0)}$
m_1	$\frac{1}{k\lambda} + [\lambda(k+\nu)(1 - e^{-km_1\lambda})]^{-1}$	∞
m_1, m_2	$\frac{1}{k\lambda} + [\lambda(k+\nu)(1 - e^{-km_1\lambda})]^{-1}$	$\frac{1}{k\lambda} + \left[\frac{m_1^2}{m_2}\lambda(k+\nu)\left(1 - e^{-\frac{km_2}{m_1}\lambda}\right)\right]^{-1}$
m_1, m_2, m_3	$\frac{1}{k\lambda} + [\lambda(k+\nu)(1 - p_0^{(3)} e^{-k\lambda t_0^{(3)}} - p_1^{(3)} e^{-k\lambda t_1^{(3)}})]^{-1}$	$\frac{1}{k\lambda} + \left[\frac{m_1^2}{m_2}\lambda(k+\nu)\left(1 - e^{-\frac{km_2}{m_1}\lambda}\right)\right]^{-1}$
m_1, m_2, m_3, m_4	$\frac{1}{k\lambda} + [\lambda(k+\nu)(1 - p_0^{(3)} e^{-k\lambda t_0^{(3)}} - p_1^{(3)} e^{-k\lambda t_1^{(3)}})]^{-1}$	$\frac{1}{k\lambda} + [\lambda(k+\nu)(1 - p_0^{(4)} - p_1^{(4)} e^{-k\lambda t_1^{(4)}} - p_2^{(4)} e^{-k\lambda t_2^{(4)}})]^{-1}$

Die Abkürzungen der Tabelle 4.2.3 haben folgende Bedeutung:

$$p_{0,1}^{(3)} = \frac{1}{2} \mp \frac{\alpha_3}{2\sqrt{4\alpha_2^3 + \alpha_3^2}};$$

$$t_{0,1}^{(3)} = m_1 + \frac{\alpha_3 \pm \sqrt{4\alpha_2^3 + \alpha_3^2}}{2\alpha_2};$$

$$p_0^{(4)} = 1 - p_1^{(4)} - p_2^{(4)}; \qquad p_{1,2}^{(4)} = \pm \frac{m_2 - m_1 t_{2,1}^{(4)}}{t_{1,2}^{(4)}(t_2^{(4)} - t_1^{(4)})};$$

$$t_{1,2}^{(4)} = [2(m_1 m_3 - m_2^2)]^{-1} [m_1 m_4 - m_2 m_3 \mp$$

$$\mp \sqrt{(m_1 m_4 - m_2 m_3)^2 - 4(m_1 m_3 - m_2^2)(m_2 m_4 - m_3^2)}];$$

$$\alpha_2 = m_2 - m_1^2; \qquad \alpha_3 = m_3 - 3m_2 m_1 + 2m_1^3.$$

Tabelle 4.2.4. Abschätzungen $\underline{T}^{(0)}$ und $\overline{T}^{(0)}$ bei $\lambda \to 0$ für die mittlere Arbeitszeit bis zum Ausfall des Systems

k	0	1	0	1
E	0	E_ν	0	G

$$\underline{m}_2 = m_1^2; \quad \lambda \to 0;$$
$$\underline{m}_3 = \frac{m_2^2}{m_1};$$
$$\underline{m}_4 = \frac{m_3^2 - 2m_1m_2m_3 + m_2^3}{m_2 - m_1^2}.$$

n	$\underline{\widetilde{T}}^{(0)}$	$\overline{\overline{T}}^{(0)}$
m_1	$\frac{1}{k\lambda} + [km_1\lambda(k + \nu)\,\lambda]^{-1}$	∞
m_1, m_2	$\frac{1}{k\lambda} + \left[km_1\lambda(k + \nu)\,\lambda\left(1 - \frac{k\underline{m}_2}{2m_1}\lambda\right)\right]^{-1}$	$\frac{1}{k\lambda} + \left[km_1\lambda(k + \nu)\,\lambda\left(1 - \frac{km_2}{2m_1}\lambda\right)\right]^{-1}$
m_1, m_2, m_3	$\frac{1}{k\lambda} + \left[km_1\lambda(k + \nu)\,\lambda \times \left(1 - \frac{km_2}{2m_1}\lambda + \frac{k^2m_3}{6m_1}\lambda^2\right)\right]^{-1}$	$\frac{1}{k\lambda} + \left[km_1\lambda(k + \nu)\,\lambda \times \left(1 - \frac{km_2}{2m_1}\lambda + \frac{k^2\underline{m}_3}{6m_1}\lambda^2\right)\right]^{-1}$
m_1, m_2, m_3, m_4	$\frac{1}{k\lambda} + \left[km_1\lambda(k + \nu)\,\lambda \times \left(1 - \frac{km_2}{2m_1}\lambda + \frac{k^2m_3}{6m_1}\lambda^2 - \frac{k^4\underline{m}_4}{24m_1}\lambda^4\right)\right]^{-1}$	$\frac{1}{k\lambda} + \left[km_1\lambda(k + \nu)\,\lambda \times \left(1 - \frac{km_2}{2m_1}\lambda + \frac{k^2m_3}{6m_1}\lambda^2 - \frac{k^4m_4}{24m_1}\lambda^4\right)\right]^{-1}$

Wenn die Größe λ klein ist, so kann man anstelle der Tabelle 4.2.3 die Tabelle 4.2.4 verwenden.

Für die Momente realistischer Verteilungsfunktionen wird oft eine Bedingung der sogenannten Quasialterung n-ter Ordnung erfüllt,

$$\frac{a_1}{a_0} \geqq \frac{a_2}{a_1} \geqq \dots \geqq \frac{a_k}{a_{k-1}} \geqq \dots \geqq \frac{a_n}{a_{n-1}},$$

wobei $a_k = \frac{m_k}{k!}$; $a_0 = 1$. In diesem Falle gelten die in Tabelle 4.2.5 zusammengestellten Abschätzungen. Dort wurden die Bezeichnungen

$$\tau_{0,1}^{(2)} = m_1 + \frac{m_1^3 \mp \sqrt{\alpha_2^3 + m_1^6}}{\alpha_2},$$

$$\pi_{0,1}^{(2)} = \frac{1}{2} \pm \frac{m_1^3}{2\sqrt{\alpha_2^3 + m_1^6}};$$

$$\tau_{1,2}^{(4)} = [2(m_1m_3 - m_2^2)]^{-1}\,[m_1m_4 - m_2m_3 \mp \sqrt{(m_1\overline{m}_4 - m_2m_3)^2 - 4(m_1m_3 - m_2^2)\,(m_2\overline{m}_4 - m_3^2)}\,];$$

$$\pi_0^{(4)} = 1 - \pi_1^{(4)} - \pi_2^{(4)}, \qquad \pi_{1,2}^{(4)} = \mp\frac{m_2 - m_1\tau_{2,1}^{(4)}}{\tau_{1,2}^{(4)}(\tau_2^{(4)} - \tau_1^{(4)})},$$

verwendet, wobei

$$\overline{m}_4 = 4 m_1 m_3 \,.$$

Wenn die Größe λ klein ist, so kann man anstelle der Tabelle 4.2.5 die Tabelle 4.2.6 verwenden.

Tabelle 4.2.5. Abschätzungen $\underline{T}^{(0)}$ und $\overline{T}^{(0)}$ für die mittlere Arbeitszeit bis zum Ausfall eines „alternden“ Systems

k	0	1	0	1
E	0	E_ν	0	G^*

n	$\underline{T}^{(0)}$	$\overline{T}^{(0)}$
m_1	$\frac{1}{k\lambda} + [(k+\nu)\,\lambda(1 - e^{-km_1\lambda})]^{-1}$	$\frac{1}{k\lambda} + \left[(k+\nu)\,\lambda\left(\frac{1}{2} - \frac{1}{2}\,e^{-2km_1\lambda}\right)\right]^{-1}$
m_1, m_2	$\frac{1}{k\lambda} + [(k+\nu)\,\lambda(1 - \pi_0^{(2)}\,e^{-k\tau_0^{(2)}\lambda} - \pi_1^{(2)}\,e^{-k\tau_1^{(2)}\lambda})]^{-1}$	$\frac{1}{k\lambda} + \left[\frac{m_1^2}{m_2}(k+\nu)\,\lambda\left(1 - e^{-\frac{km_2\lambda}{m_1}}\right)\right]^{-1}$
m_1, m_2, m_3	$\frac{1}{k\lambda} + [(k+\nu)\,\lambda(1 - p_0^{(3)}\,e^{-kt_0^{(3)}\lambda} - p_1^{(3)}\,e^{-kt_1^{(3)}\lambda})]^{-1}$	$\frac{1}{k\lambda} + [(k+\nu)\,\lambda(1 - \pi_0^{(4)} - \pi^{(4)}\,e^{-k\tau_1^{(4)}\lambda} - \pi_2^{(4)}\,e^{-k\tau_2^{(4)}\lambda})]^{-1}$

Tabelle 4.2.6. Abschätzungen $\underline{T}^{(0)}$ und $\overline{T}^{(0)}$ bei $\lambda \to 0$ für ein „alterndes“ System

k	0	1	0	1
E	0	E_ν	0	G^*

$$\underline{m}_2 = m_1^2; \quad \lambda \to 0;$$

$$\underline{m}_3 = \frac{m_2^2}{m_1};$$

$$\underline{m}_4 = \frac{m_3^2 - 2m_1m_2m_3 + m_2^3}{m_2 - m_1^2};$$

$$\overline{m}_n = n m_1 m_{n-1} \,.$$

n	$\underline{\widetilde{T}}^{(0)}$	$\overline{\widetilde{T}}^{(0)}$
m_1	$\frac{1}{k\lambda} + \left[km_1\lambda(k+\nu)\left(1 - \frac{k\underline{m}_2}{2m_1}\lambda\right)\right]^{-1}$	$\frac{1}{k\lambda} + \left[km_1\lambda(k+\nu)\,\lambda\left(1 - \frac{k\overline{m}_2}{2m_1}\right)\right]^{-1}$
m_1, m_2	$\frac{1}{k\lambda} + \left[km_1\lambda(k+\nu)\,\lambda \times \left(1 - \frac{km_2}{2m_1}\lambda + \frac{k^2\overline{m}_3}{6m_1}\lambda^2\right)\right]^{-1}$	$\frac{1}{k\lambda} + \left[km_1\lambda(k+\nu)\,\lambda \times \left(1 - \frac{km_2}{2m_1}\lambda + \frac{k^2\underline{m}_3}{6m_1}\lambda^2\right)\right]^{-1}$
m_1, m_2, m_3	$\frac{1}{k\lambda} + \left[km_1\lambda(k+\nu)\,\lambda\left(1 - \frac{km_2}{2m_1}\lambda + \frac{k^2m_3}{6m_1}\lambda^2 - \frac{k^4\underline{m}_4}{24m_1}\lambda^4\right)\right]^{-1}$	$\frac{1}{k\lambda} + \left[km_1\lambda(k+\nu)\,\lambda\left(1 - \frac{km_2}{2m_1}\lambda + \frac{k^2m_3}{6m_1}\lambda^2 - \frac{k^4\overline{m}_4}{24m_1}\lambda^4\right)\right]^{-1}$

Die Kenngrößen für zwei weitere reservierte Systeme mit beliebigem Ausfallverteilungsgesetz $F(t)$ und Erneuerungsgesetz $G(t)$ werden in den Tabellen 4.2.7 und 4.2.8 gebracht.

Tabelle 4.2.7. System $\begin{array}{ccccc} 1 & 0 & 0 & 1 & 1 \\ F & 0 & 0 & 0 & G \end{array}$

$$\alpha = \int_0^\infty F(t)\,\mathrm{d}G(t);$$

$$T = \int_0^\infty t\,\mathrm{d}F(t)\,.$$

Kenngröße	exakter Ausdruck	Näherungsausdruck	Näherungsbedingungen	Fehler
$T^{(0)}$	$\frac{1+\alpha}{\alpha} T$	$\frac{T}{\alpha}$	$\alpha \ll 1$	$\delta_+ = T$
$P^{(0)}(t_0)$	—	$e^{-\frac{\alpha t_0}{T}}$		—

Tabelle 4.2.8. System $\begin{array}{ccccc} 1 & n & 0 & 0 & n+1 \\ F & F & 0 & 0 & G \end{array}$

$$T = \int_0^\infty t\,\mathrm{d}F(t);$$

$$\tau = \int_0^\infty t\,\mathrm{d}G(t)\,.$$

Kenngröße	exakter Ausdruck	Näherungsausdruck	Näherungsbedingungen	Fehler
$T^{(n)}$	$\frac{\tau}{n+1} \times \left[\left(1+\frac{T}{\tau}\right)^{n+1} - 1\right]$	$\tau \frac{\left(\frac{T}{\tau}\right)^{n+1}}{n+1}$	$\frac{\tau}{T} \ll 1$	$\delta_+ \sim \tau\left(\frac{T}{\tau}\right)^n$
$P^{(0)}(t_0)$	—	$e^{-\frac{t_0}{T^{(n)}}}$	$\left(1+\frac{T}{\tau}\right)^{n+1} \geqq 1$	—

Literatur

[1] WASSILJEW, J. A., KOSLOW, B. A. – Васильев Ю. А., Козлов Б. А.: О влиянии вида закона распределения времени восстановления на надежность дублированной системы. — В кн.: «Теория надежности и массовое обслуживание». Под ред. Б. В. Гнеденко. М., «Наука», 1969.

[2] WASSILJEW, J. A., KOSLOW, B. A. – Васильев Ю. А., Козлов Б. А.: Резервированная система — система «стареющая». — В кн.: Теория надежности и массовое обслуживание. Под ред. Б. В. Гнеденко. М., «Наука», 1969.

[3] Gnedenko, B. W. – Гнеденко Б. В.: О дублировании с восстановлением. — «Известия АН СССР. Техническая кибернетика», 1964, № 5.

[4] Gnedenko, B. W. – Гнеденко Б. В.: О ненагруженном дублировании. — «Известия АН СССР. Техническая кибернетика», 1964, № 4.

[5] Gnedenko, B. W., Nasr, J. – Гнеденко Б. В., Наср Ю.: О ненагруженном резервировании с восстановлением. — «Автоматика и телемеханика», 1968, № 7.

[6] Gnedenko, B. W. – Гнеденко Б. В.: Об эффективности восстановления резервированных устойств. — В кн.: Предельные теоремы и статистические выводы. АН УзССР. Институт математики им. В. И. Романовского. Под ред. С. Х. Сираждинова. Ташкент, «Фан», 1966.

[7] Klamko, E. I. – Клямко Э. И.: Надежность систем с восстанавливаемым резервом. — «Известия АН СССР, ОТН, Энергия и автоматика», 1961, № 3.

[8] Kowalenko, I. N. – Коваленко И. Н.: Об условии независимости вероятности состояний системы от вида распределения времени облсуживания. — «Проблемы передачи информации», 1962, вып. II.

[9] Koslow, B. A. – Козлов Б. А.: Об определении математического ожидания времени попадания системы в поглощающее состояние. — «Известия АН СССР. Техническая кибернетика», 1966, № 4.

[10] Marjanowitsch, T. P. – Марьянович Т. П.: Надежность системы при наличии резерва. — «Доклады АН УССР», 1961, № 7.

[11] Marjanowitsch, T. P. – Марьянович Т. П.: Некоторые вопросы надежности резервированных систем. — «Украинский математический журнал», 1963, т. XV, № 2.

[12] Solowjew, A. D. – Соловьев А. Д.: Асимптотическое поведение больших отклонений в процессе гибели и размножения. — В кн.: Кибернетику — на службу коммунизму. Под ред. А. И. Берга, Н. Г. Бруевича, Б. В. Гнеденко. Т. II. М., «Энергия», 1964.

[13] Solowjew, A. D. – Соловьев А. Д.: Асимптотическое поведение момента первого наступления редкого события в регенерирующем процессе. — «Известия АН СССР. Техническая кибернетика», 1971, № 6.

[14] Solowjew, A. D. – Соловьев А. Д.: Надежность систем с восстановлением. — В кн.: Кибернетику — на службу коммунизму. Под ред. А. И. Берга, Н. Г. Бруевича, Б. В. Гнеденко. Т. II. М., «Энергия», 1964.

[15] Solowjew, A. D. – Соловьев А. Д.: Об определении резервов для систем многократного действия. — «Известия АН СССР, ОТН. Энергетика и автоматика», 1962, № 2.

[16] Solowjew, A. D. – Соловьев А. Д.: Одно комбинаторное тождество и его применение к задаче о первом наступлении редкого события. — «Теория вероятностей и ее применения», 1966, т. XI, вып. 2.

[17] Solowjew, A. D. – Соловьев А. Д.: Предельные теоремы для процесса гибели и размножения. — «Теория вероятностей и ее применения», 1969, № 4.

[18] Solowjew, A. D. – Соловьев А. Д.: Резервирование с быстрым восстановлением — «Известия АН СССР. Техническая кибернетика», 1970, № 1.

[19] Solowjew, A. D. – Соловьев А. Д.: Эвристический вывод характеристик надежности резервных систем с быстрым восстановлением. М., «Знание», 1968.

[20] Uschakow, I. A. – Ушаков И. А.: Об оценке одного показателя надежности системы с восстановлением. — В кн.: Прикладные задачи технической кибернетики. Под ред. Л. С. Гурина, И. А. Ушакова, Б. С. Флейшмана. М., «Сов. радио», 1966.

5. EINIGE SPEZIELLE KLASSEN VON SYSTEMEN MIT ERNEUERUNG UND RESERVE

5.0. Vorbemerkungen

Das vorliegende Kapitel ist der Abschätzung der Zuverlässigkeitskenngrößen für einige spezielle Klassen von Systemen mit Reserve gewidmet. Dabei wird vorausgesetzt, daß **sowohl** die **Arbeitszeiten als auch** die **Erneuerungszeiten** jedes Systemelements **exponentialverteilt** sind.

Eine detaillierte Beschreibung der betrachteten Systemklassen wird in den entsprechenden Abschnitten gebracht.

5.1. Reserviertes System mit Erneuerung, das aus $n + 1$ Elementen mit unterschiedlichen Zuverlässigkeitsparametern besteht[1])

Betrachtet wird ein reserviertes System, das aus $n + 1$ Elementen mit unterschiedlichen Zuverlässigkeitsparametern besteht. Diese werden durch die entsprechend indizierten Ausfall- und Erneuerungsraten $\lambda_1, \mu_1; \lambda_2, \mu_2; \ldots; \lambda_i, \mu_i; \ldots; \lambda_{n+1}, \mu_{n+1}$ charakterisiert. Das reservierte System arbeitet kontinuierlich. Dabei wird vorausgesetzt, daß die Kontrolle der Arbeitsfähigkeit der Elemente vollständig und fehlerlos erfolgt. Weiterhin wird die Umschalteinrichtung des Systems durch hohe Zuverlässigkeit und eine ganz kleine Umschaltzeit charakterisiert.

Das System wird in einem bestimmten Zeitpunkt t als ausgefallen angesehen, wenn in diesem Augenblick alle $n + 1$ Systemelemente nicht intakt sind und sich im Zustand des Erneuertwerdens befinden (Abb. 5.1.1).

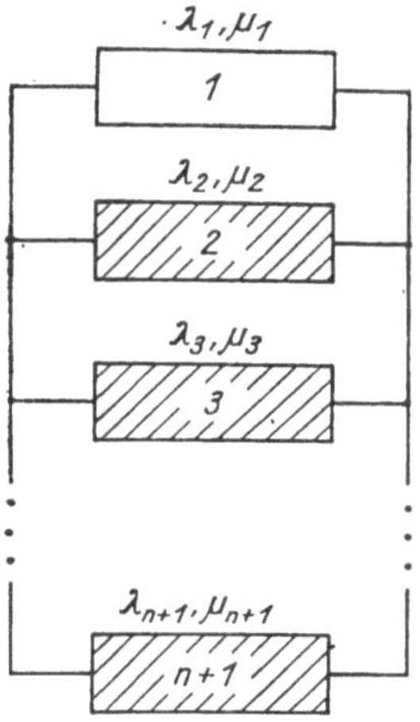

Abb. 5.1.1. Zuverlässigkeitsstruktur eines Systems mit Reserve, dessen $n + 1$ Elemente unterschiedliche Zuverlässigkeitsparameter besitzen

[1]) In diesem Kapitel wollen wir Elemente mit unterschiedlichen Zuverlässigkeitskenngrößen kurz als unterschiedliche Elemente bezeichnen.

Obere und untere Schätzwerte für alle Zuverlässigkeitsparameter des betrachteten Systems lassen sich leicht erhalten, indem man ein „oberes" und ein „unteres" System in die Betrachtung einbezieht.

Das „obere" System ist ein System aus $n + 1$ identischen Elementen mit den Parametern $\underline{\lambda}$, $\bar{\mu}$, die wie folgt bestimmt werden:

$$\underline{\lambda} = \min_{1 \leq i \leq n+1} \lambda_i\,,$$

$$\bar{\mu} = \max_{1 \leq i \leq n+1} \mu_i; \qquad \underline{\gamma} = \underline{\lambda}/\bar{\mu}\,.$$

Das „untere" System ist ein System aus $n + 1$ identischen Elementen mit den Parametern $\bar{\lambda}$, $\underline{\mu}$, die wie folgt bestimmt werden:

$$\bar{\lambda} = \max_{1 \leq i \leq n+1} \lambda_i\,,$$

$$\underline{\mu} = \min_{1 \leq i \leq n+1} \mu_i; \qquad \bar{\gamma} = \bar{\lambda}/\underline{\mu}\,.$$

Für den Fall einer unbeschränkten (vollständig beschränkten) Erneuerung kann man leicht obere und untere Schätzwerte für alle Zuverlässigkeitsparameter des betrachteten Systems aus Tabelle 4.1.17 (bzw. 4.1.18) erhalten. Dabei muß man anstelle der Größen λ, μ, γ die Größen

$$\underline{\lambda},\ \bar{\mu},\ \underline{\gamma} \quad \text{für die oberen Schätzwerte}$$

beziehungsweise

$$\bar{\lambda},\ \underline{\mu},\ \bar{\gamma} \quad \text{für die unteren Schätzwerte}$$

einsetzen.

Tabelle 5.1.1. Reserviertes System mit $n + 1$ unterschiedlichen Elementen. Unbeschränkte Erneuerung

Kenngröße	Exakter Ausdruck	Näherungsausdruck	Fehler
$T^{(0)}$	–	$\dfrac{1}{\sum_{i=1}^{n+1} \mu_i \prod_{j=1}^{n+1} \gamma_j}$	$\delta_+ \sim \dfrac{\sum_{i=1}^{n+1} \gamma_i}{\sum_{i=1}^{n+1} \mu_i \prod_{j=1}^{n+1} \gamma_j}$
$T^{(n)}$	$\dfrac{1}{\sum_{i=1}^{n+1} \mu_i} \left[\dfrac{\prod_{j=1}^{n+1} (1 + \gamma_j)}{\sum_{j=1}^{n+1} \gamma_j} - 1 \right]$	$\dfrac{1}{\sum_{i=1}^{n+1} \mu_i \prod_{j=1}^{n+1} \gamma_j}$	$\delta_+ \sim \dfrac{\sum_{i=1}^{n+1} \gamma_i}{\sum_{i=1}^{n+1} \mu_i \prod_{j=1}^{n+1} \gamma_j}$
τ	$\dfrac{1}{\sum_{i=1}^{n+1} \mu_i}$	–	–
V	$1 - \prod_{i=1}^{n+1} \dfrac{\gamma_i}{1 + \gamma_i}$	$1 - \prod_{i=1}^{n+1} \gamma_i$	$\delta_+ \sim \sum_{i=1}^{n+1} \gamma_i \prod_{j=1}^{n+1} \gamma_j$

Für den Fall der unbeschränkten Erneuerung im betrachteten System wurden einige Zuverlässigkeits-Kenngrößen in Tabelle 5.1.1 gebracht, in der $\gamma_i = \lambda_i/\mu_i$ bedeutet.

5.2. Reserviertes System mit Erneuerung, das aus abhängigen Elementen mit unterschiedlichen Zuverlässigkeitsparametern besteht

Zur Erhöhung der Zuverlässigkeit extrem komplizierter oder besonders wichtiger Einrichtungen muß man nicht selten die sogenannte **funktionelle Reservierung** anwenden. Sie besteht darin, daß der (für die eigentliche Aufgabenerfüllung vorgesehenen) Grundeinrichtung Reserveeinrichtungen beigegeben werden, die nicht analog aufgebaut sind und häufig sogar auf ganz anderen Grundprinzipien basieren. So kann zum Beispiel eine elektronische Einrichtung durch ein mechanisches oder ein optisches System reserviert werden.

Derartige Einrichtungen, die die eigentliche Arbeitseinrichtung nur im Sinne ihrer funktionellen Zweckbestimmung ersetzen können, werden durch sehr unterschiedliche Ausfall- und Erneuerungsraten charakterisiert und sind oft von der Belastung (von den Eingangsparametern) abhängig, die sich bei Ausfall einer Einrichtung auf die noch verbliebenen intakten Einrichtungen verteilt.

In diesem Abschnitt werden nur zwei Spezialfälle für ein System mit funktioneller Reservierung betrachtet: Es werden zunächst die Zuverlässigkeitsparameter eines dublierten Systems abgeschätzt und dann die eines dreielementigen Systems, bei dem der Ausfall zweier beliebiger Elemente zum Systemausfall führt. (Letzteres System stellt den Typus des einfachsten Majoritätsorgans (vgl. Abschn. 3.4) dar.)

5.2.1. Dubliertes System

Für dieses System (Abb. 5.2.1) bezeichnen wir mit

$\lambda_1^{(2)}(\lambda_2^{(1)})$ — die Ausfallrate des ersten (zweiten) Elements unter der Bedingung, daß das zweite (erste) Element bereits ausgefallen ist;

$\mu_1^{(2)}(\mu_2^{(1)})$ — die Erneuerungsrate des ersten (zweiten) Elements unter der Bedingung, daß das zweite (erste) Element auch schon erneuert wird.

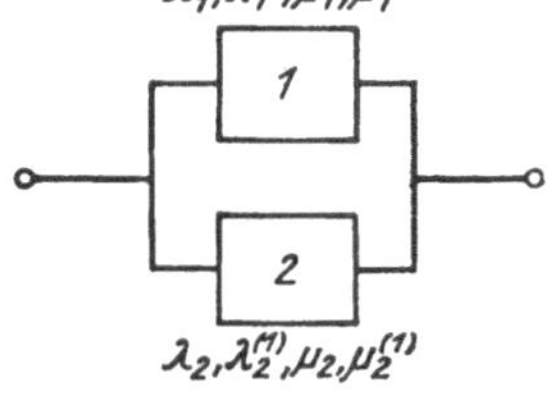

Abb. 5.2.1. Zuverlässigkeitsstruktur eines dublierten Systems, dessen Elemente unterschiedliche Zuverlässigkeitsparameter besitzen

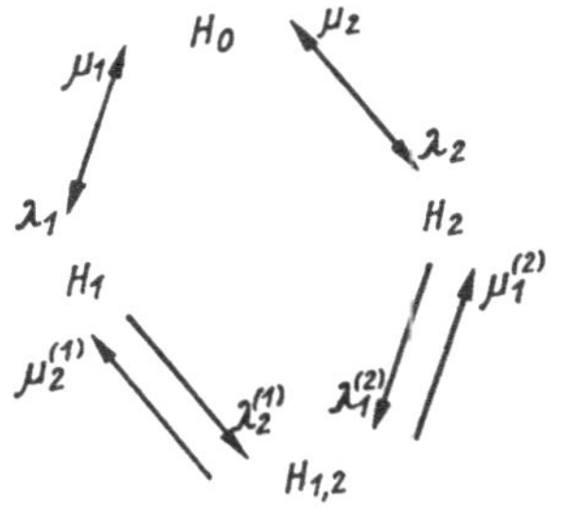

Abb. 5.2.2. Graph der Zustandsübergänge in einem dublierten System mit abhängigen Elementen, die unterschiedliche Zuverlässigkeitsparameter besitzen

Der Graph der Übergänge des dublierten Systems von einem Zustand in den anderen wurde in Abb. 5.2.2 dargestellt. Darin bedeuten

H_0 — den Systemzustand, in dem es keine ausgefallenen Elemente gibt;
$H_1(H_2)$ — den Systemzustand, in dem das erste (zweite) Element ausgefallen ist;
$H_{1,2}$ — den Systemzustand, in dem beide Elemente ausgefallen sind.

In Tabelle 5.2.1 werden exakte und Näherungsformeln für die grundlegenden Zuverlässigkeitsparameter eines dublierten Systems gebracht.

Tabelle 5.2.1. Dubliertes System aus verschiedenen abhängigen Elementen. Unbeschränkte Erneuerung

$$\alpha_1 = \frac{\lambda_2^{(1)}}{\lambda_2^{(1)} + \mu_1}; \qquad \alpha_2 = \frac{\lambda_1^{(2)}}{\lambda_1^{(2)} + \mu_2};$$

$$\beta_1 = \frac{\lambda_1}{\lambda_2^{(1)}}; \qquad \beta_2 = \frac{\lambda_2}{\lambda_1^{(2)}};$$

$$\psi_1 = (1 - \alpha_2)(1 + \alpha_1\beta_1) + \alpha_2\beta_2\left(1 + \alpha_1\frac{\lambda_1}{\lambda_2}\right);$$

$$\psi_2 = (1 - \alpha_1)(1 + \alpha_2\beta_2) + \alpha_1\beta_1\left(1 + \alpha_2\frac{\lambda_2}{\lambda_1}\right).$$

Kenngröße	Exakter Ausdruck	Näherungsausdruck	Fehler
$T^{(0)}$	$\dfrac{1 + \alpha_1\beta_1 + \alpha_2\beta_2}{\alpha_1\lambda_1 + \alpha_2\lambda_2}$	$\dfrac{\mu_1\mu_2}{\lambda_2\lambda_1^{(2)}\mu_1 + \lambda_1\lambda_2^{(1)}\mu_2}$	$\delta_+ \sim \dfrac{3}{2\bar{\lambda}}$
$T^{(1)}$	$\dfrac{\mu_1^{(2)}\psi_1 + \mu_2^{(1)}\psi_2}{(\mu_1^{(2)} + \mu_2^{(1)})(\alpha_1\lambda_1 + \alpha_2\lambda_2)}$	$\dfrac{\mu_1\mu_2}{\lambda_2\lambda_1^{(2)}\mu_1 + \lambda_1\lambda_2^{(1)}\mu_2}$	$\delta_+ \sim \dfrac{1}{\bar{\lambda}}$
τ	$(\mu_1^{(2)} + \mu_2^{(1)})^{-1}$	—	—
V	$\left(1 + \dfrac{\alpha_1\lambda_1 + \alpha_2\lambda_2}{\mu_1^{(2)}\psi_1 + \mu_2^{(1)}\psi_2}\right)^{-1}$	$\left[1 + \dfrac{\lambda_2\lambda_1^{(2)}\mu_1 + \lambda_1\lambda_2^{(1)}\mu_2}{\mu_1\mu_2(\mu_1^{(2)} + \mu_2^{(1)})}\right]^{-1}$	$\delta_+ \sim 2\bar{\gamma}^3$

Die Näherungsformeln von Tabelle 5.2.1 gelten unter der Bedingung

$$\bar{\gamma} = \bar{\lambda}/\underline{\mu} \ll 1/2\,, \tag{5.2.1}$$

wobei

$$\bar{\lambda} = \max(\lambda_1, \lambda_2, \lambda_1^{(2)}, \lambda_2^{(1)});$$

$$\underline{\mu} = \min(\mu_1, \mu_2, \mu_1^{(2)}, \mu_2^{(1)})\,.$$

Für die Wahrscheinlichkeit der ausfallfreien Arbeit und für die Aufgabenverfügbarkeit des Systems haben wir folgende unteren (groben) Schätzwerte:

$$\widetilde{P}(t_0) = e^{-2\bar{\gamma}\bar{\lambda}t_0/(1+3\bar{\gamma})}\,, \tag{5.2.2}$$

$$\widetilde{R}(t_0) = \left(1 + \frac{\alpha_1\lambda_1 + \alpha_2\lambda_2}{\mu_1^{(2)}\psi_1 + \mu_2^{(1)}\psi_2}\right)^{-1} e^{-\frac{2\bar{\gamma}\bar{\lambda}t_0}{1+3\bar{\gamma}}}\,, \tag{5.2.3}$$

wobei die Größen $\alpha_1, \alpha_2, \psi_1$ und ψ_2 der Tabelle 5.2.1 zu entnehmen sind.

5.2.2. System, das aus drei unterschiedlichen, abhängigen Elementen besteht

Für das vorliegende System (Abb. 5.2.3) wollen wir doppelt indizierte Bezeichnungen für die Ausfall- und die Erneuerungsraten benutzen, zum Beispiel:

$\lambda_3^{(1)}$ – Ausfallrate des dritten Elements unter der Bedingung, daß das erste Element bereits ausgefallen ist;

$\mu_1^{(2)}$ – Erneuerungsrate des ersten Elements unter der Bedingung, daß das zweite Element bereits erneuert wird und so weiter (s. Abschn. 5.2.1).

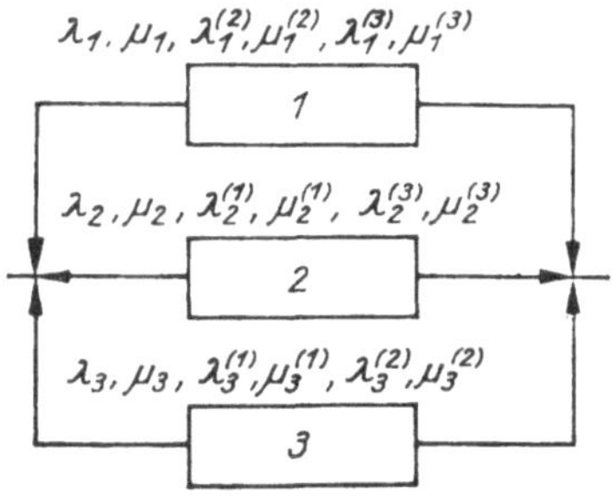

Abb. 5.2.3. Zuverlässigkeitsstruktur eines Systems, dessen drei Elemente unterschiedliche Zuverlässigkeitsparameter besitzen

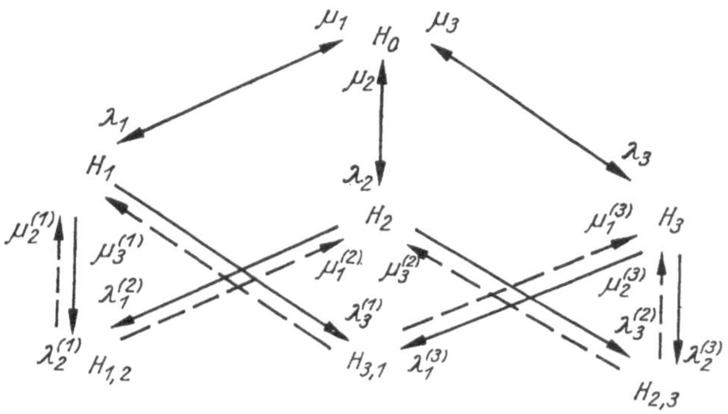

Abb. 5.2.4. Graph der Zustandsübergänge in einem System mit drei abhängigen Elementen, die unterschiedliche Zuverlässigkeitsparameter besitzen. Der Ausfall von jeweils zwei Elementen führt zum Systemausfall

Der Ausfall zweier beliebiger Systemelemente zählt als Systemausfall. Ein Einzelbetrieb des verbliebenen intakten (dritten) Elements wird nicht durchgeführt.

Der Graph der Übergänge des Systems von einem Zustand in den anderen wurde in Abb. 5.2.4 dargestellt. Darin bedeuten

H_0 – den Systemzustand, in dem es keine ausgefallenen Elemente gibt;

H_2 – den Systemzustand, in dem das zweite Element ausgefallen ist;

$H_{1,3}$ – denjenigen der drei Ausfallzustände des Systems, bei dem das erste und das dritte Element ausgefallen sind

und so weiter.

Die mittlere Laufzeit bis zum Ausfall des betrachteten Systems ergibt sich aus dem Ausdruck

$$T^{(0)} = \frac{b_1 b_2 b_3 + \lambda_1 b_2 b_3 + \lambda_2 b_1 b_3 + \lambda_3 b_1 b_2}{\lambda_1 \lambda^{(1)} b_2 b_3 + \lambda_2 \lambda^{(2)} b_1 b_3 + \lambda_3 \lambda^{(3)} b_1 b_2}. \tag{5.2.4}$$

wobei

$$\lambda^{(1)} = \lambda_2^{(1)} + \lambda_3^{(1)}; \qquad \lambda^{(2)} = \lambda_1^{(2)} + \lambda_3^{(2)}; \qquad \lambda^{(3)} = \lambda_1^{(3)} + \lambda_2^{(3)}. \tag{5.2.5}$$

$$b_1 = \lambda^{(1)} + \mu_1; \qquad b_3 = \lambda^{(2)} + \mu_2; \qquad b_3 = \lambda^{(3)} + \mu_3.$$

Unter der Bedingung

$$\bar{\gamma} = \bar{\lambda}/\underline{\mu} \ll 1/3, \tag{5.2.6}$$

wobei

$$\bar{\lambda} = \max(\lambda_1, \lambda_2, \lambda_3, \lambda_1^{(2)}, \lambda_1^{(3)}, \lambda_2^{(1)}, \lambda_2^{(3)}, \lambda_3^{(1)}, \lambda_3^{(2)});$$

$$\underline{\mu} = \min(\mu_1, \mu_2, \mu_3, \mu_1^{(2)}, \mu_1^{(3)}, \mu_2^{(1)}, \mu_2^{(3)}, \mu_3^{(1)}, \mu_3^{(2)})$$

kann man die folgende Näherungsformel ableiten:

$$\tilde{T}^{(0)} = \tilde{T}^{(1)} = \frac{\mu_1 \mu_2 \mu_3}{\lambda_1 \lambda^{(1)} \mu_2 \mu_3 + \lambda_2 \lambda^{(2)} \mu_1 \mu_3 + \lambda_3 \lambda^{(3)} \mu_1 \mu_2}. \tag{5.2.7}$$

Der absolute Fehler der Beziehung (5.2.7) besitzt die Größenordnung

$$\delta_+ \sim 5/6\bar{\lambda} \qquad \text{für } T^{(0)} \tag{5.2.8}$$

beziehungsweise

$$\delta_+ \sim 1/2\bar{\lambda} \qquad \text{für } T^{(1)}. \tag{5.2.9}$$

Für die mittlere Erneuerungszeit des Systems gilt die obere Abschätzung

$$\tau = 1/\underline{\mu}. \tag{5.2.10}$$

In Tabelle 5.2.2 werden untere grobe Abschätzungen für die grundlegenden Zuverlässigkeitsparameter des Systems gebracht.

Tabelle 5.2.2. System mit Erneuerung, das aus drei unterschiedlichen abhängigen Elementen besteht, wobei der Ausfall von je zwei Elementen zum Systemausfall führt

Kenngröße	Grobe untere Abschätzung
$\tilde{P}(t_0)$	$e^{-\frac{6\bar{\gamma}\bar{\lambda}t_0}{1+5\bar{\gamma}}}$
$\tilde{V}$	$\frac{1 + 3\bar{\gamma}}{1 + 3\bar{\gamma} + 3\bar{\gamma}^2}$
$\tilde{R}(t_0)$	$\frac{1 + 3\bar{\gamma}}{1 + 3\bar{\gamma} + 3\bar{\gamma}^2} e^{-\frac{6\bar{\gamma}\bar{\lambda}t_0}{1+5\bar{\gamma}}}$

5.3. System mit Erneuerung und „Kanal“-Zuverlässigkeit

5.3.1. Aufgabenstellung

In der Praxis begegnet man häufig Fällen, bei denen die **gleitende Reserve** zur Erhöhung der Systemzuverlässigkeit ausgenutzt wird. Wir haben im Kapitel 4 die Zuverlässigkeitskenngrößen eines Systems aus k in Reihe geschalteten (arbeitenden) Elementen mit gleitender Reserve aus n Elementen für das übliche Ausfallkriterium (Ausfall von beliebigen $n + 1$ Elementen bedeutet Systemausfall) abgeschätzt. Hier wird ein ebensolches System aus k arbeitenden und n Reserveelementen betrachtet, aber die Aufgabe wird spezieller formuliert.

Es mögen k gleichberechtigte „Arbeitsplätze“ gegeben sein, zur Absicherung deren Funktionsfähigkeit $N = k + n$ Elemente vorgesehen sind (Abb. 5.3.1). Eine Wechselwirkung zwischen den Elementen, die an den Arbeitsplätzen stehen, kommt nur durch die gemeinsame Reserve und das Erneuerungsorgan zustande. Im übrigen aber erfüllt

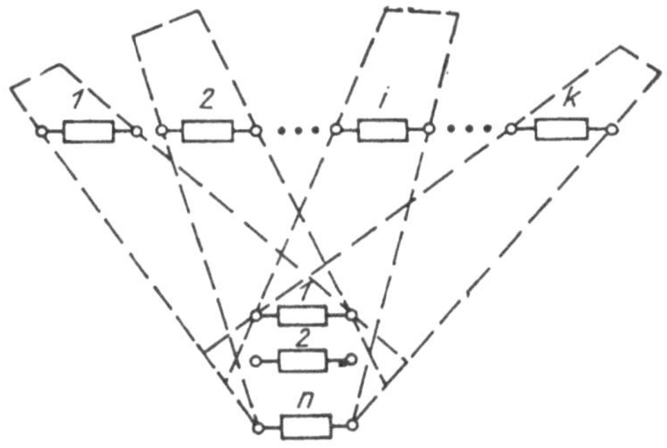

Abb. 5.3.1. Zuverlässigkeitsstruktur eines Systems mit $N = k + n$ Elementen, wobei k gleichberechtigte Teilsysteme hervorgehoben wurden

jedes Element seine eigenen Aufgaben, die möglicherweise funktionell ganz unterschiedlich sind. Wir interessieren uns für die Zuverlässigkeit eines bestimmten, beliebig herausgegriffenen Arbeitsplatzes des Systems. Das heißt, wir wollen feststellen, was die gleitende Reserve und die Erneuerung gerade für den von uns ausgewählten Arbeitsplatz einbringen.

Eine ähnliche Aufgabe tritt häufig beim Aufbau einer Nachrichtenverbindung (oder einer Steuerung) in k Richtungen, den sogenannten Kanälen, auf. In diesem Falle haben wir k isolierte Nachrichtenkanäle (möglicherweise territorial getrennt). Zur Erhöhung der Zuverlässigkeit des ganzen Systems und jedes einzelnen der k Kanäle können wir noch n (Umgehungs-) Kanäle als Reserve einsetzen. Die Aufgabe der Zuverlässigkeitsabschätzung eines beliebig herausgegriffenen Kanals unter der Bedingung, daß die Reservekanäle zum Ersatz irgendeines ausgefallenen Arbeitskanals vorgesehen sind, wollen wir als Aufgabe zur Abschätzung der „Kanal“-Zuverlässigkeit bezeichnen. Der vorliegende Abschnitt ist ausschließlich dieser Aufgabe gewidmet.

5.3.2. Mittlere Laufzeit bis zum Ausfall eines herausgegriffenen Teilsystems eines Systems, das aus N identischen Elementen besteht

Wir betrachten zwei Arten der Erneuerung innerhalb des Systems:

1. die vollständig beschränkte Erneuerung (falls bei einer beliebigen Anzahl ausgefallener Elemente im System zur gleichen Zeit höchstens ein Element erneuert werden kann),
2. die unbeschränkte Erneuerung (falls die Zahl der ausgefallenen Elemente und die Zahl der Elemente, die zur gleichen Zeit erneuert werden, übereinstimmt).

1. Vollständig beschränkte Erneuerung

Zu Beginn betrachten wir ein System, das aus $N = k + 1$ identischen Elementen besteht (das heißt, mit einem Reserveelement ausgestattet ist), die für k Arbeitsplätze vorgesehen sind (Abb. 5.3.2). Jedes Element wird durch seine Ausfallrate λ und seine

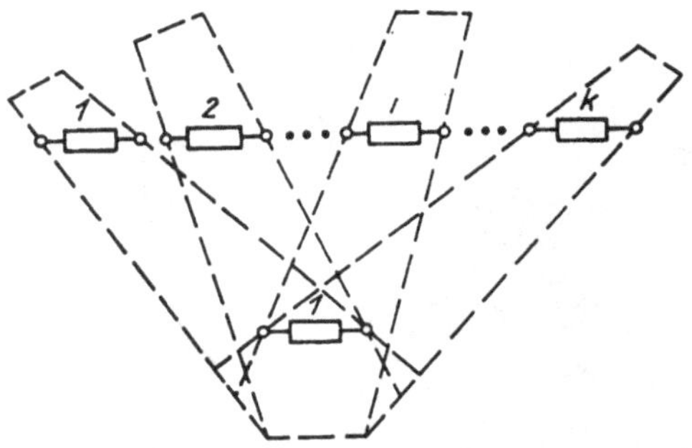

Abb. 5.3.2. Zuverlässigkeitsstruktur eines Systems mit $N = k + 1$ Elementen, wobei k gleichberechtigte Teilsysteme hervorgehoben wurden

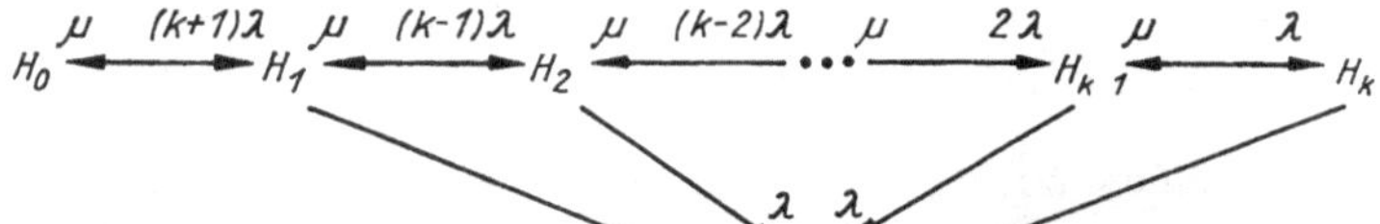

Abb. 5.3.3. Graph der Zustandsübergänge eines Systems mit $N = k + 1$ Elementen und k ausgewählten gleichberechtigten Teilsystemen, der zur Ermittlung der mittleren Arbeitszeit bis zum Ausfall eines beliebig herausgegriffenen Teilsystems bei vollständig beschränkter Erneuerung dient

Erneuerungsrate μ charakterisiert. Der Graph der Übergänge des Systems von einem Zustand in einen anderen zur Ermittlung der mittleren Laufzeit bis zum Ausfall eines herausgegriffenen Teilsystems (auf Grund der Identität der Elemente spielt es dabei keine Rolle, welches Teilsystem wir herausgreifen) wurde in Abb. 5.3.3 dargestellt. Dabei symbolisiert

H_0 — den Zustand, in dem es im System keine ausgefallenen Elemente gibt;
H_1 — den Zustand, in dem im System irgendeines der N Elemente ausgefallen ist;

H_2 — den Zustand, in dem es im System zwei ausgefallene Elemente gibt, aber am herausgegriffenen Arbeitsplatz ein intaktes Element steht;

. . .;

H_k — den Zustand, in dem es im System k ausgefallene Elemente gibt, aber am herausgegriffenen Arbeitsplatz ein intaktes Element steht;

H_{aus} — den Zustand des Ausfalls des herausgegriffenen Teilsystems, das heißt, einen solchen Systemzustand, bei dem am herausgegriffenen Arbeitsplatz kein intaktes Element vorhanden ist.

Für die mittlere Arbeitszeit bis zum Ausfall des herausgegriffenen Teilsystems erhalten wir

$$T^{(0)} = \frac{1}{\lambda} \frac{\frac{k}{k+1} \sum_{i=0}^{k} \frac{1}{i!\,\gamma^i} + \sum_{j=0}^{k-1} \sum_{i=0}^{j} \frac{1}{i!\,\gamma^i}}{\sum_{i=0}^{k-1} \frac{k-i}{i!\,\gamma^i}}. \tag{5.3.1}$$

Falls die Bedingung $(k+1)\gamma \ll 1$ erfüllt ist, so ergibt sich aus (5.3.1) näherungsweise

$$\widetilde{T}^{(0)} = \frac{1}{\lambda} \frac{1+3\gamma}{(k+1)\gamma}. \tag{5.3.2}$$

Der absolute Fehler der Formel (5.3.2) besitzt die Größenordnung

$$\delta_- \sim \frac{1}{\lambda} \frac{2\gamma(-2k^2+5k-3)}{k+1}. \tag{5.3.3}$$

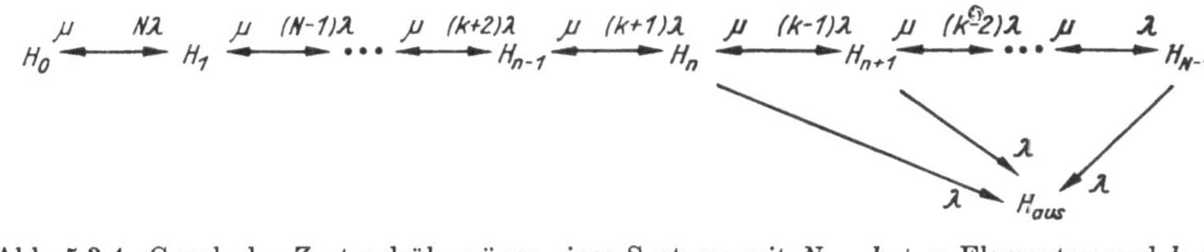

Abb. 5.3.4. Graph der Zustandsübergänge eines Systems mit $N = k + n$ Elementen und k ausgewählten gleichberechtigten Teilsystemen, der zur Ermittlung der mittleren Arbeitszeit bis zum Ausfall eines beliebig herausgegriffenen Teilsystems bei vollständig beschränkter Erneuerung dient

Wir wollen nun ein System aus $N = k + n$ Elementen (davon n Reserveelemente) betrachten, die für k Arbeitsplätze vorgesehen sind (siehe Abb. 5.3.1), und zwar bei vollständig beschränkter Erneuerung (Abb. 5.3.4). Für diesen Fall wird

$$\begin{aligned} T^{(0)} = {} & \left(\lambda \sum_{i=0}^{k-1} \frac{k-i}{i!\,\gamma^i}\right)^{-1} \left\{ \sum_{j=0}^{k-1} \sum_{i=0}^{j} \frac{1}{i!\,\gamma^i} + k!\,k\gamma^{k+1} \sum_{j=0}^{k} \frac{1}{j!\,\gamma^j} \sum_{i=k+1}^{N} \frac{1}{i!\,\gamma^i} \right. \\ & \left. + \gamma \sum_{s=0}^{k-1} \frac{k-s}{s!\,\gamma^s} \sum_{j=k+2}^{N} \frac{1}{j!\,\gamma^j} \sum_{i=k+1}^{j-1} i!\,\gamma^i \right\}. \end{aligned} \tag{5.3.4}$$

Falls die Bedingung $N\gamma \ll 1$ (wobei wie früher $\gamma = \lambda/\mu$) erfüllt wird, so läßt sich aus (5.3.4) die folgende Abschätzung gewinnen:

$$\widetilde{T}^{(0)} = \frac{1}{\lambda} \frac{k!}{N!\,\gamma^n} [1 + (n+2)\gamma]. \tag{5.3.5}$$

Der absolute Fehler der Formel (5.3.5) besitzt folgende Größenordnung:

— Bei $n = 1$ wird er durch die Formel (5.3.3) festgelegt.

— Bei $n = 2$ wird

$$\delta \sim \frac{1}{\lambda} \frac{-3k^2 + 17k + 3}{(k + 1)(k + 2)}.$$

— Bei $n > 2$ wird

$$\delta \sim \frac{1}{\lambda} \frac{k!\,[n^2 + n(k + 1) - 4k^2 + 12k - 5]}{N!\,\gamma^{n-2}}.$$

2. Unbeschränkte Erneuerung

Wir wollen jetzt den Fall der unbeschränkten Erneuerung eines Systems aus $N = k + n$ identischen Elementen betrachten, die für k Arbeitsplätze vorgesehen sind. Der Graph der Übergänge des Systems zur Ermittlung der mittleren Laufzeit bis zum Ausfall des herausgegriffenen Teilsystems wurde in Abb. 5.3.5 dargestellt. Das System der Differentialgleichungen, die zu diesem Graphen gehören, hat folgendes Aussehen:

$$\dot p_0(t) = -N\lambda p_0(t) + \mu p_1(t);$$
$$\dot p_1(t) = N\lambda p_0(t) - [(N - 1)\lambda + \mu]\, p_1(t) + 2\mu p_2(t);$$
$$\cdots\cdots\cdots\cdots\cdots\cdots\cdots\cdots$$
$$p_n(t) = (k + 1)\lambda p_{n-1}(t) - (k\lambda + n\mu)\, p_n(t) + (n + 1)\mu p_{n+1}(t),$$
$$\dot p_{n+1}(t) = (k - 1)\lambda p_n(t) - [(k - 1)\lambda + (n + 1)\mu]\, p_{n+1}(t) + (n + 2)\mu p_{n+2}(t);$$
$$\cdots\cdots\cdots\cdots\cdots\cdots\cdots\cdots$$
$$p_{N-2}(t) = 2\lambda p_{N-3}(t) - [2\lambda + (N - 2)\mu]\, p_{N-2}(t) + (N - 1)\mu p_{N-1}(t);$$
$$\dot p_{N-1}(t) = \lambda p_{N-2}(t) - [\lambda + (N - 1)\mu]\, p_{N-1}(t);$$
$$\sum_{i=0}^{N-1} p_i(t) + p_{\text{aus}}(t) = 1.$$

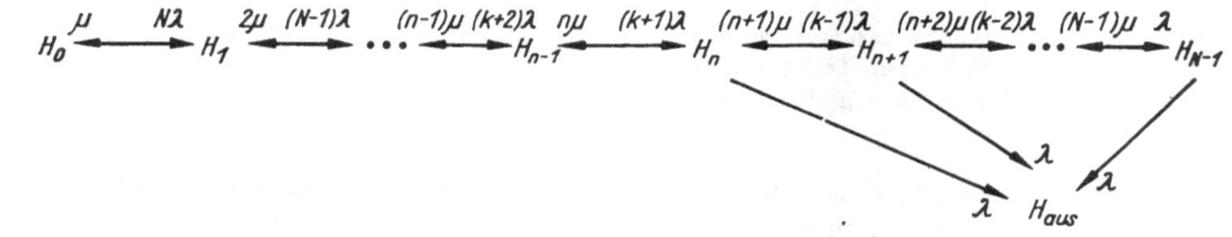

Abb. 5.3.5. Graph der Zustandsübergänge eines Systems mit $N = k + n$ Elementen und k ausgewählten gleichberechtigten Teilsystemen, der zur Ermittlung der mittleren Arbeitszeit bis zum Ausfall eines beliebig herausgegriffenen Teilsystems bei unbeschränkter Erneuerung dient

Die mittlere Laufzeit bis zum Ausfall des herausgegriffenen Teilsystems wird in diesem Falle aus der Formel

$$T^{(0)} = -\frac{1}{\mu} \frac{F_N}{G_N}$$

bestimmt, wobei die Zeilen der Determinante F_N bis auf die erste Zeile mit den Zeilen der Determinante G_N übereinstimmen. Alle Elemente der ersten Zeile der Determinante F_N sind Eins. Die Determinante G_N wird durch die folgende Formel gegeben:

$$G_N = \begin{vmatrix} -N\gamma & 1 & \cdot & 0 & 0 & 0 & \cdot & 0 \\ N\gamma & -[1 + (N-1)\gamma] & \cdot & 0 & 0 & 0 & \cdot & 0 \\ \cdot & \cdot & \cdot & \cdot & \cdot & \cdot & \cdot & \cdot \\ 0 & 0 & \cdot & -(n + k\gamma) & n+1 & 0 & \cdot & 0 \\ 0 & 0 & \cdot & (k-1)\gamma & -[(n+1) + (k-1)\gamma] & n+2 & \cdot & 0 \\ 0 & 0 & \cdot & 0 & (k-2)\gamma & -[(n+2) + (k-2)\gamma] & \cdot & 0 \\ \cdot & \cdot & \cdot & \cdot & \cdot & \cdot & \cdot & \cdot \\ 0 & 0 & \cdot & 0 & 0 & 0 & \cdot & -[(N-1) + \gamma] \end{vmatrix} \qquad (5.3.6)$$

5.3.3. Stationäre Zuverlässigkeitskenngrößen des herausgegriffenen Teilsystems

Für die betrachtete Aufgabenstellung sind folgende Fälle der Erneuerung innerhalb des Systems möglich:

1. Zur gleichen Zeit können im System nicht mehr als l $(1 \leqq l \leqq n)$ ausgefallene Elemente erneuert werden. Das heißt, die Zahl der Elemente im System, die gleichzeitig erneuert werden können, ist nicht größer als die Zahl der Reserveelemente.
2. Zur gleichen Zeit können im System nicht mehr als l $(n \leqq l \leqq N)$ ausgefallene Elemente erneuert werden. Das heißt, die Zahl der Elemente im System, die gleichzeitig erneuert werden können, ist nicht kleiner als die Zahl der Reserveelemente.

Wir wollen nacheinander diese beiden Fälle betrachten.

1. Die Zahl der Elemente im System, die gleichzeitig erneuert werden können, ist l $(1 \leqq l \leqq n)$

Der Graph der Übergänge des Systems aus einem Zustand in den anderen wurde in Abb. 5.3.6 dargestellt. $H_{i\mathrm{I}}$ ist dort ein Zustand, bei dem es im System $i + 1$ ausgefallene Elemente gibt und am herausgegriffenen Arbeitsplatz kein intaktes Element ist.

Nachdem man das Gleichungssystem, das zu diesem Graphen gehört, aufgestellt hat, ist es nicht schwer, die folgende Lösung zu erhalten:

$$p_j = \binom{N}{j} \gamma^j p_0, \qquad 1 \leqq j \leqq l; \qquad p_j = \frac{N!\, l^l \omega^j p_0}{(N-j)!\, l!}, \qquad l \leqq j \leqq n;$$

$$p_{n+i} = \frac{N!\, l^l \omega^{n+i} p_0}{(k-i-1)!\, l!\, k}, \qquad 0 \leqq i \leqq k-1;$$

$$p_{n+i,I} = \frac{N!\, l^l (i+1)\, \omega^{n+i+1} p_0}{(k-i-1)!\, l!\, k}, \qquad 0 \leqq i \leqq k-1;$$

$$\omega = \frac{\gamma}{l} = \frac{\lambda}{l\mu}. \qquad (5.3.7)$$

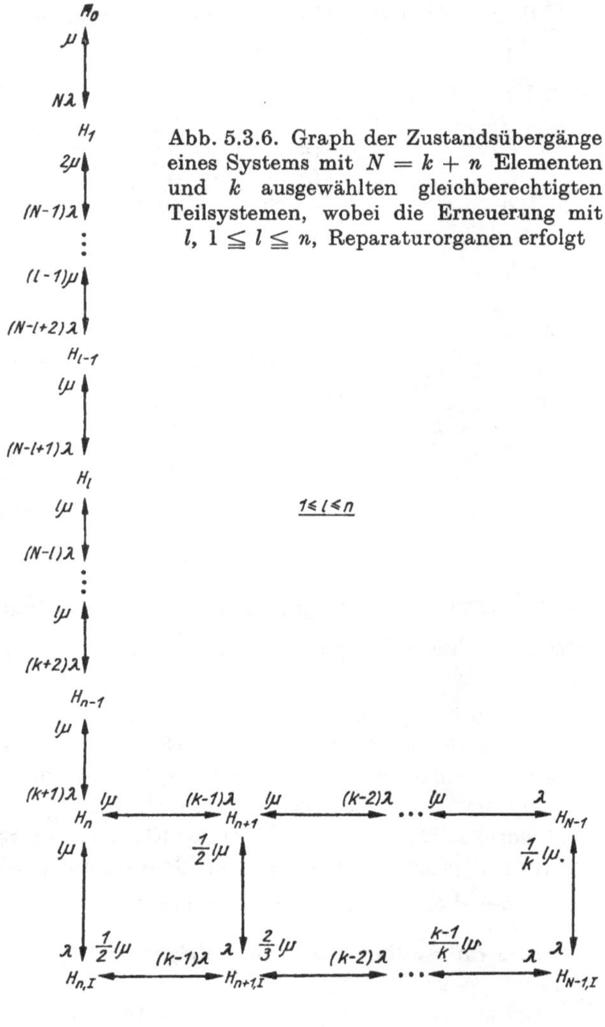

Abb. 5.3.6. Graph der Zustandsübergänge eines Systems mit $N = k + n$ Elementen und k ausgewählten gleichberechtigten Teilsystemen, wobei die Erneuerung mit l, $1 \leqq l \leqq n$, Reparaturorganen erfolgt

Die Wahrscheinlichkeit p_0 bestimmt sich aus der Normierungsbedingung zu

$$\frac{1}{p_0} = \sum_{j=0}^{l} \binom{N}{j} \gamma^j + \frac{N!\, l^l \omega^N}{l!} \left\{ \sum_{j=k}^{N-l-1} \frac{1}{j!\, \omega^j} + \frac{1}{k} \left[\frac{1}{(k-1)!\, \omega^{k-1}} + \sum_{i=0}^{k-2} \frac{\left(k + \frac{1}{\omega}\right) - i}{i!\, \omega^i} \right] \right\}. \tag{5.3.8}$$

2. Die Zahl der Elemente im System, die gleichzeitig erneuert werden können, ist l ($n \leqq l \leqq N$)

Der Graph der Übergänge des Systems aus einem Zustand in den anderen wurde in Abb. 5.3.7 dargestellt. Nach Aufstellung des Gleichungssystems, das zu diesem Graphen

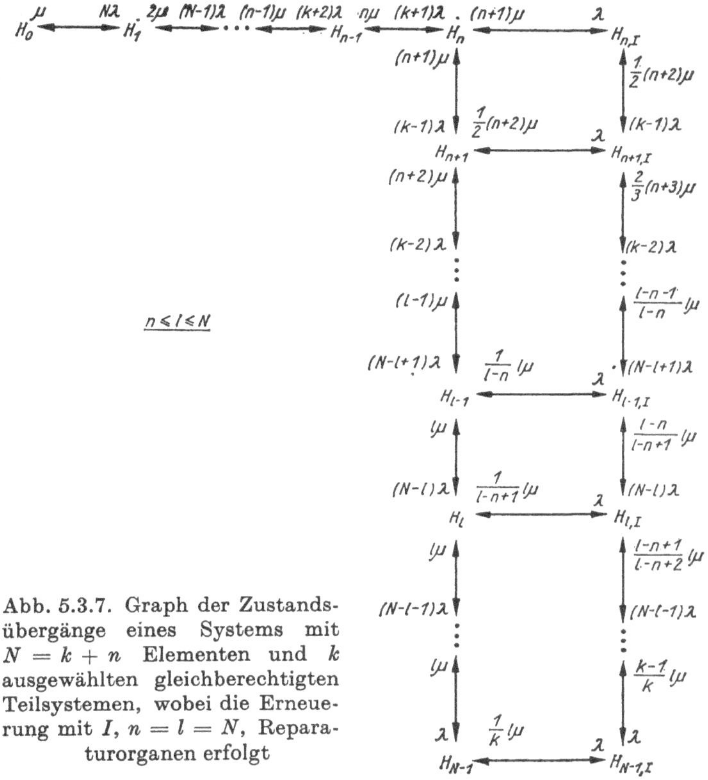

Abb. 5.3.7. Graph der Zustandsübergänge eines Systems mit $N = k + n$ Elementen und k ausgewählten gleichberechtigten Teilsystemen, wobei die Erneuerung mit I, $n = l = N$, Reparaturorganen erfolgt

gehört, erhält man unschwer die Beziehungen

$$\left.\begin{aligned}
p_j &= \binom{N}{j} \gamma^j p_0, & 0 &\leqq j \leqq n;\\
p_{n+i} &= \frac{k-i}{k}\binom{N}{k-i}\gamma^{n+i}p_0, & 1 &\leqq i \leqq l-n;\\
p_{n+i,I} &= \frac{i+1}{k}\binom{N}{k-i-1}\gamma^{n+i+1}p_0, & 0 &\leqq i \leqq l-n;\\
p_{l+i} &= \frac{N!\, l^l \omega^{l+i} p_0}{l!\,(N-l-i-1)!\,k}, & 1 &\leqq i \leqq N-l-1;\\
p_{l+i,I} &= \frac{N!\, l^l (l-n+i+1)\, \omega^{l+i+1} p_0}{l!\,(N-l-i-1)!\,k}; & 1 &\leqq i \leqq N-l-1.
\end{aligned}\right\} \tag{5.3.9}$$

Die Wahrscheinlichkeit p_0 bestimmt sich aus der Normierungsbedingung zu

$$\frac{1}{p_0} = \sum_{j=0}^{n} \binom{N}{j}\gamma^j + \frac{1}{k}\left\{\binom{N}{n+1}\gamma^{n+1} + \sum_{i=1}^{l-n} [(n+1+\gamma) + i(1+\gamma)]\binom{N}{n+i+1}\gamma^{n+i} \right.$$
$$\left. + \frac{N!\, l^l}{l!} \sum_{i=1}^{N-l-1} [1 + (l-n+1)\,\omega + i\omega]\,\frac{\omega^{l+i}}{(N-l-i-1)!}\right\}. \tag{5.3.10}$$

Mit den erhaltenen stationären Wahrscheinlichkeiten (5.3.7), (5.3.8) und (5.3.9), (5.3.10) kann man die Verfügbarkeit V, die mittlere Laufzeit zwischen zwei Ausfällen $T^{(n)}$ und die mittlere Erneuerungszeit τ des herausgegriffenen Teilsystems bestimmen. Die exakten Ausdrücke und Näherungen (für $N\omega \ll 1$) für diese Kenngrößen wurden in Tabelle 5.3.1 zusammengestellt.

In Tabelle 5.3.1 werden folgende Bezeichnungen benutzt:

$$a_l = \begin{cases} n+1, & \text{falls } l > n\,, \\ l, & \text{falls } l = n; \end{cases}$$

$$b_l = \begin{cases} n+2, & \text{falls } l > n+1\,, \\ a_l, & \text{falls } l \leqq n+1; \end{cases}$$

$$c_l = \begin{cases} n+3, & \text{falls } l > n+2, \\ b_l, & \text{falls } l \leqq n+2; \end{cases}$$

$$d_l = \begin{cases} 2, & \text{falls } l \geqq 2\,, \\ 1, & \text{falls } l = 1; \end{cases}$$

$$\sigma_{11} = \begin{cases} \sum\limits_{j=0}^{l} \binom{N}{j} \gamma^j + \dfrac{N!\, l^l}{l!} \sum\limits_{i=l+1}^{n-1} \dfrac{\omega^i}{(N-i)!}, & l \leqq n-3\,, \\ \sum\limits_{j=0}^{l} \binom{N}{j} \gamma^j, & l = n-2\,, \\ \sum\limits_{j=0}^{l-1} \binom{N}{j} \gamma^j, & l = n-1; \end{cases}$$

$$\sigma_{12} = \frac{N!\, l^l}{l!\, k} \sum_{j=0}^{k-1} \frac{\omega^{n+j}}{(k-j-1)!}\,;$$

$$\sigma_{13} = \frac{N!\, l^l}{l!\, k} \sum_{j=0}^{k-1} \frac{(j+1)\,\omega^{n+j+1}}{(k-j-1)!}\,;$$

$$\sigma_{21} = \sum_{j=0}^{n-1} \binom{N}{j} \gamma^j\,;$$

$$\sigma_{22} = \frac{N!}{k}\left[\sum_{i=0}^{l-n} \frac{\gamma^{n+i}}{(k-i-1)!\,(n+i)!} + \frac{l^l}{l!} \sum_{i=1}^{N-l-1} \frac{\omega^{l+i}}{(N-l-i-1)!}\right];$$

$$\sigma_{23} = \frac{N!}{k}\left[\sum_{i=0}^{l-n-1} \frac{(i+1)\,\gamma^{n+i+1}}{(k-i-1)!\,(n+1+i)!} + \frac{l^l}{l!} \sum_{i=0}^{N-l-1} \frac{(l+i-n+1)\,\omega}{(N-l-i-1)!}\right].$$

Für $n = 1$, $l \geqq 1$ gilt näherungsweise

$$\tilde{T}^{(n)} = \frac{1}{\lambda N \gamma}\left[1 + \left(N - \frac{k-1}{f_l}\right)\gamma\right],$$

wobei der Fehler die Größenordnung

$$\delta \sim \frac{(k-1)\,\gamma}{\lambda N f_l}\left(\frac{k-1}{f_l} - \frac{k-2}{g_l}\right)$$

besitzt. Hierbei ist

$$f_l = \min\{2, l\}; \qquad g_l = \min\{f_l, 3\}\,.$$

Tabelle 5.3.1. Stationäre Zuverlässigkeitskenngrößen für ein herausgegriffenes Teilsystem

l	Kenngröße	Exakter Ausdruck	Näherungsausdruck	Fehler
$1 \leqq l \leqq n$	V	$\frac{\sigma_{11} + \sigma_{12}}{\sigma_{11} + \sigma_{12} + \sigma_{13}}$	$1 - \frac{N!\, l^l \omega^{n+1}}{k!\, l!}$	$\delta < \frac{N!\, \gamma^{n+2} \left(N - 2\,\frac{k-1}{l}\right)}{k!\, l!\, l^{n-1}}$
	$T^{(n}$	$\frac{1}{\lambda} + \frac{\sigma_{11}}{\lambda \sigma_{12}}$	$\frac{k! \left[1 + \left(N - \frac{k-1}{l}\right) \gamma\right]}{\lambda l^l N!\, \omega^n}$	$\delta \sim \frac{k!\, l!\, l^{n-1} \left[\frac{N(N-1)}{d_l} - N\,\frac{k-1}{l} + \frac{k-1}{l^2}\right]}{\lambda \gamma^{n-2} N!}$
	τ	$\frac{\sigma_{13}}{\lambda \sigma_{12}}$	$\frac{\omega}{\lambda}\,[1 + (k-1)\,\omega]$	$\delta_+ \sim \frac{\omega}{\lambda}\,(k^2 - 4k + 3)$
$n \leqq l \leqq N$	V	$\frac{\sigma_{21} + \sigma_{22}}{\sigma_{21} + \sigma_{22} + \sigma_{23}}$	$1 - \binom{N}{k} \frac{\gamma^{n+1}}{a_l}$	$\delta < \frac{\binom{N}{k} \gamma^{n+2}}{a_l} \left(N - 2\,\frac{k-1}{b_l}\right)$.
	$T^{(n)}$	$\frac{1}{\lambda} + \frac{\sigma_{21}}{\lambda \sigma_{22}}$	$\frac{1 + \left(N - \frac{k-1}{a_l}\right) \gamma}{\lambda \binom{N}{k} \gamma^n}$	$\delta \sim \frac{\frac{N(N-1)}{2} + \frac{k-1}{a_l}\left(\frac{k-1}{a_l} - N - \frac{k-2}{b_l}\right)}{\lambda \binom{N}{k} \gamma^{n-2}}$
	τ	$\frac{\sigma_{23}}{\lambda \sigma_{22}}$	$\frac{\gamma}{\lambda a_l}\left[1 + (k-1)\left(\frac{2}{b_l} - \frac{1}{a_l}\right)\gamma\right]$	$\delta_+ \sim \frac{(k-1)\,\gamma^3}{\lambda a_l}\left[\frac{3(k-2)}{b_l c_l} + \frac{k-1}{a_l^2} - \frac{3k-4}{a_l b_l}\right]$

Wir wollen nun ein **System aus Elementen mit** unterschiedlichen Zuverlässigkeits-Parametern und **beliebigen Verteilungsgesetzen für** deren **Arbeits- und Erneuerungszeit** betrachten. Das System möge aus N Elementen bestehen. Wir treffen folgende **Voraussetzungen:**

a) Für jedes α-te Element $(1 \leqq \alpha \leqq N)$ sind die zu diesem Element gehörenden Arbeitszeiten zwischen aufeinanderfolgenden Ausfällen

$$\theta_{\alpha 1},\ \theta_{\alpha 2},\ \dots,\ \theta_{\alpha, x-1},\ \theta_{\alpha x},\ \dots$$

($\theta_{\alpha x}$ ist die Arbeitszeit des α-ten Elements zwischen dem $(x - 1)$-ten und dem x-ten Ausfall) unabhängige und identisch verteilte Zufallsgrößen mit den Erwartungswerten

$$T_\alpha\,, \qquad 1 \leqq \alpha \leqq N\,.$$

Die Erneuerungsdauern des betreffenden α-ten Elements

$$\xi_{\alpha 1},\ \xi_{\alpha 2},\ \dots,\ \xi_{\alpha, x-1},\ \xi_{\alpha x},\ \dots,$$

($\xi_{\alpha x}$ ist die Dauer der Erneuerung des α-ten Elements nach seinem x-ten Ausfall) sind ebenfalls unabhängige und identisch verteilte Zufallsgrößen mit den Erwartungswerten

$$\tau_\alpha\,, \qquad 1 \leqq \alpha \leqq N\,.$$

b) Für zwei beliebige Elemente α und β $(\alpha, \beta, = 1, 2, \dots, N)$ hängen die Größen $\theta_{\alpha 1}, \theta_{\alpha 2}, \dots, \theta_{\alpha, x-1}, \theta_{\alpha x}, \dots$ sowohl von

$$\xi_{\alpha 1},\ \xi_{\alpha 2},\ \dots,\ \xi_{\alpha, x-1},\ \xi_{\alpha x},\ \dots,$$

als auch von

$$\theta_{\beta 1}, \theta_{\beta 2}, \dots, \theta_{\beta, x-1}, \theta_{\beta x}, \dots,$$

und

$$\xi_{\beta 1}, \xi_{\beta 2}, \dots, \xi_{\beta, x-1}, \xi_{\beta x}, \dots$$

den entsprechenden Größen des Elements mit der Nummer β, nicht ab.

c) Alle betrachteten Zufallsgrößen besitzen nicht-„gitterförmige" Verteilungen. Das heißt, es existieren keine solchen Zahlen, a, h derart, daß alle möglichen Realisierungen der Zufallsgröße in der Form $a + mh$ mit einem ganzzahligen Parameter m dargestellt werden können.

Unter den oben formulierten Bedingungen stimmen die Verfügbarkeit und alle anderen **stationären** Charakteristiken für alle k arbeitenden Teilsysteme überein. Unsere Aufgabe besteht in der Ermittlung der **Verfügbarkeit** V, der **mittleren Arbeitszeit** zwischen zwei Ausfällen T und der **mittleren Erneuerungszeit** τ eines (willkürlich) herausgegriffenen Teilsystems.

Wir wollen die Ergebnisse, die im Anhang A 4.4 hergeleitet wurden, benutzen:

$$T = V/\Lambda\,, \tag{5.3.11}$$

$$\tau = (1 - V)/\Lambda\,, \tag{5.3.12}$$

$$V = \frac{T}{T + \tau} = 1 - \sum_{i \in \left\{\substack{\text{Ausfall-}\\ \text{zustände}}\right\}} p(H_i)\,, \tag{5.3.13}$$

$$\Lambda = \frac{1}{T + \tau} = \sum_{i \in \left\{\substack{\text{Ausfall-}\\ \text{vorgänger}}\right\}} \frac{1}{T_i} p(H_i)\,. \tag{5.3.14}$$

Hier wird unter einem „Ausfallvorgänger" ein solcher Zustand des herausgegriffenen Teilsystems verstanden, aus dem es schon im nächsten Schritt in den Ausfallzustand gelangen kann. Das ist der Fall, wenn bei nicht vorhandenen Reserveelementen dasjenige Element, das an dem herausgegriffenen Arbeitsplatz steht, ausfällt. Dabei ist die Größe T_i die mittlere Arbeitszeit zwischen zwei Ausfällen dieses Elements.

Wir wollen Λ, die Häufigkeit der Übergänge des herausgegriffenen Teilsystems aus Ausfallvorgänger-Zuständen in Ausfallzustände, bestimmen. In dem herausgegriffenen Teilsystem können Ausfallvorgänger-Zustände offenbar realisiert werden, wenn die Anzahl der intakten Elemente des Systems gleich $i = 1, 2, \dots, k$ ist.

Bei beliebigem i ist der Summand $\frac{1}{T_i} p(H_i)$ der in der Formel (5.3.14) stehenden Summe offensichtlich gleich

$$\frac{Q}{k} \sum_{a_1=1}^{N-(i-1)} \sum_{a_2=a_1+1}^{N-(i-2)} \cdots \sum_{a_i=a_{i-1}+1}^{N} \left(\frac{1}{T_{a_1}} + \frac{1}{T_{a_2}} + \dots + \frac{1}{T_{a_i}}\right) \frac{1}{\gamma_{a_1}\gamma_{a_2} \cdots \gamma_{a_i}}\,,$$

worin

$$Q = \prod_{\alpha=1}^{N} \frac{\gamma_\alpha}{1 + \gamma_\alpha}\,; \qquad \gamma_\alpha = \frac{\tau_\alpha}{T_\alpha}\,.$$

Den letzten Summanden erhält man für $i = k$. Damit ergibt sich

$$\Lambda = \frac{Q}{k} \sum_{i=1}^{k} \sum_{a_1=1}^{N-(i-1)} \sum_{a_2=a_1+1}^{N-(i-2)} \cdots \sum_{a_i=a_{i-1}+1}^{N} \left(\frac{1}{T_{a_1}} + \frac{1}{T_{a_2}} + \dots + \frac{1}{T_{a_i}}\right) \frac{1}{\gamma_{a_1}\gamma_{a_2} \cdots \gamma_{a_i}}\,; \qquad a_0 = 0\,. \tag{5.3.15}$$

Auf analoge Weise wird auch die Größe V, die Verfügbarkeit des (beliebig) herausgegriffenen Teilsystems, gefunden,

$$V = 1 - \sum_{i \in \left\{\substack{\text{Ausfall-}\\ \text{zustände}}\right\}} p(H_i) = 1 - \frac{Q}{k} \times$$

$$\times \left[k + \sum_{i=1}^{k-1} (k - i) \sum_{a_1=1}^{N-(i-1)} \sum_{a_2=a_1+1}^{N-(i-2)} \cdots \sum_{a_i=a_{i-1}+1}^{N} \frac{1}{\gamma_{a_1}\gamma_{a_2} \cdots \gamma_{a_i}}\right]. \quad (5.3.16)$$

Bisher wurden die Größen Λ und V ermittelt (siehe Formeln (5.3.15) und (5.3.16)). Mit ihrer Hilfe kann man unter Ausnutzung der Formeln (5.3.11) und (5.3.12) die mittlere Arbeitszeit T zwischen zwei Ausfällen des herausgegriffenen Teilsystems und dessen mittlere Erneuerungszeit τ finden.

Es sei bemerkt, daß man für identische Elemente, das heißt, falls alle $T_\alpha = T$ und $\tau_\alpha = \tau$ sind, aus (5.3.16) und (5.3.15) die Beziehungen

$$V = \frac{\gamma^N}{(1 + \gamma)^N} \left(\sum_{i=k}^{N} \frac{\binom{N}{i}}{\gamma^i} + \frac{N}{k\gamma} \sum_{i=0}^{k-2} \frac{\binom{N-1}{i}}{\gamma^i} \right) \quad (5.3.17)$$

und

$$\Lambda = \frac{N\gamma^{N-1}}{Tk(1 + \gamma)^N} \sum_{i=0}^{k-1} \frac{\binom{N-1}{i}}{\gamma^i} \quad (5.3.18)$$

erhält, wobei wie früher $\gamma = \tau/T$ ist.

Beispiel 5.3.1

Gegeben ist ein System aus $N = 5$ unterschiedlichen Elementen, und zwar $k = 4$ arbeitenden Elementen und einem Reserveelement. Die Ausfallraten und Erneuerungsraten der Systemelemente sind gleich

$$\lambda_1, \mu_1; \quad \lambda_2, \mu_2; \quad \lambda_3, \mu_3; \quad \lambda_4, \mu_4; \quad \lambda_5, \mu_5 .$$

Detailliert niederzuschreiben sind die Formeln für K und Λ.

Lösung

1. Gemäß (5.3.16) haben wir

$$V = 1 - \frac{Q}{4} \left[4 + 3 \sum_{i=1}^{5} \frac{1}{\gamma_i} + 2 \sum_{j=1}^{4} \sum_{i>j}^{5} \frac{1}{\gamma_j\gamma_i} + \sum_{m=1}^{3} \sum_{j>m}^{4} \sum_{i>j}^{5} \frac{1}{\gamma_m\gamma_j\gamma_i}\right],$$

wobei

$$Q = \prod_{\alpha=1}^{5} \frac{\gamma_\alpha}{1 + \gamma_\alpha}, \qquad \gamma_\alpha = \frac{\lambda_\alpha}{\mu_\alpha}.$$

2. Die Größe Λ wird aus der Formel (5.3.15) bestimmt zu

$$\Lambda = \frac{Q}{4} \left[\sum_{i=1}^{5} \frac{\lambda_i}{\gamma_i} + \sum_{j=1}^{4} \sum_{i>j}^{5} \frac{\lambda_j + \lambda_i}{\gamma_j\gamma_i} + \sum_{m=1}^{3} \sum_{j>m}^{4} \sum_{i>j}^{5} \frac{\lambda_m + \lambda_j + \lambda_i}{\gamma_m\gamma_j\gamma_i}\right.$$

$$\left. + \sum_{n=1}^{2} \sum_{m>n}^{3} \sum_{j>m}^{4} \sum_{i>j}^{5} \frac{\lambda_n + \lambda_m + \lambda_j + \lambda_i}{\gamma_n\gamma_m\gamma_j\gamma_i}\right].$$

3. Kennt man V und Λ, so kann man aus den Formeln (5.3.11) und (5.3.12) die mittlere Arbeitszeit T zwischen Ausfällen des Systems und dessen mittlere Erneuerungszeit τ leicht berechnen. Es sei bemerkt, daß die Mehrfachsummen, die in die Ausdrücke für V und Λ eingehen, in der

üblichen Reihenfolge aufgelöst werden können. Zum Beispiel:

$$\sum_{j=1}^{4}\sum_{i>j}^{5}\frac{\lambda_j+\lambda_i}{\gamma_j\gamma_i} = \sum_{i>1}^{5}\frac{\lambda_1+\lambda_i}{\gamma_1\gamma_i} + \sum_{i>2}^{5}\frac{\lambda_2+\lambda_i}{\gamma_2\gamma_i} + \sum_{i>3}^{5}\frac{\lambda_3+\lambda_i}{\gamma_3\gamma_i} + \sum_{i>4}^{5}\frac{\lambda_4+\lambda_i}{\gamma_4\gamma_i}$$

$$= \left(\frac{\lambda_1+\lambda_2}{\gamma_1\gamma_2} + \frac{\lambda_1+\lambda_3}{\gamma_1\gamma_3} + \frac{\lambda_1+\lambda_4}{\gamma_1\gamma_4}\frac{\lambda_1+\lambda_5}{\gamma_1\gamma_5}\right) + \left(\frac{\lambda_2+\lambda_3}{\gamma_2\gamma_3} + \frac{\lambda_2+\lambda_4}{\gamma_2\gamma_4} + \frac{\lambda_2+\lambda_5}{\gamma_2\gamma_5}\right)$$

$$+ \left(\frac{\lambda_3+\lambda_4}{\gamma_3\gamma_4} + \frac{\lambda_3+\lambda_5}{\gamma_3\gamma_5}\right) + \frac{\lambda_4+\lambda_5}{\gamma_4\gamma_5}.$$

5.4. System mit Erneuerung bei Reserve ohne Erneuerung

Betrachtet wird ein System aus $n + 1$ identischen Elementen. Davon ist ein Element ein arbeitendes Element und die übrigen n sind unbelastete Reserveelemente. Das System funktioniert derart, daß nach Ausfall des arbeitenden Elements dieses durch ein Reserveelement ersetzt wird (Erneuerung des Systems). Dabei erfolgt die Erneuerung (Reparatur) des ausgefallenen Elements weder sogleich noch später. Sie ist für die weitere Arbeit des Systems ohne Belang. Das System funktioniert solange bis das letzte der $n + 1$ Elemente ausgefallen ist. Der Sinn einer solchen Art der Reservierung besteht im folgenden: Es wird zwar jeder Ausfall eines Elements, das gerade am Arbeitsplatz steht, als Systemausfall registriert, aber das rasche Ersetzen des ausgefallenen Elements gestattet es, das System schnell wieder in den arbeitsfähigen Zustand zu überführen und damit dessen hohe Funktionsbereitschaft aufrechtzuerhalten.

Nachdem das System zu arbeiten begonnen hat, gelangt es nacheinander aus dem Zustand der Arbeitsfähigkeit in den Ausfallzustand, dann wieder in den Zustand der Arbeitsfähigkeit und so weiter. Dabei kann sich das System während der Zeit seines Funktionsablaufes offenbar nur in einer endlichen Anzahl von Zuständen befinden: $H_0, H_1, H_2, \ldots, H_{2n}, H_{2n+1}$. Wir wollen vereinbaren, daß sich das System im arbeitsfähigen Zustand befindet, wenn es einen der Zustände $H_0, H_2, \ldots, H_{2j}, \ldots, H_{2n}$ angenommen hat, und umgekehrt, daß sich das System im Ausfallzustand befindet, wenn es einen der Zustände $H_1, H_3, \ldots, H_{2j+1}, \ldots, H_{2n+1}$ angenommen hat. Auf diese Weise entspricht die eingeführte Indizierung der Zustände dem folgenden Sachverhalt:

H_{2j} ist der Zustand der Arbeitsfähigkeit, in den das System nach dem j-ten Ausfall und dem zugehörenden j-ten Einsatz (der j-ten Erneuerung) gelangt;

H_{2j+1} ist der Ausfallzustand, in den das System nach dem j-ten Ersatz und dem nachfolgenden $(j + 1)$-ten Ausfall gelangt.

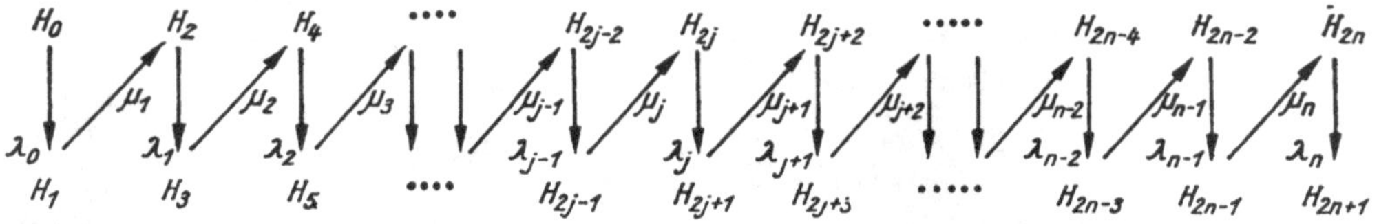

Abb. 5.4.1. Graph der Zustandsübergänge eines reservierten Systems mit Erneuerung, wobei die Reserveelemente nicht erneuert werden

Der Graph der Übergänge des beschriebenen Systems wurde in Abb. 5.4.1 dargestellt. In diesem Graphen entsprechen alle unteren (ungeraden) Zustände dem Zustand des Systemausfalls, alle oberen (geraden) Zustände dem Zustand der Arbeitsfähigkeit. Wenn die Bezeichnungen

$$N = 2n + 1; \qquad \lambda_j = \omega_{2j}; \qquad \mu_j = \omega_{2j-1}; \qquad 0 \leqq j \leqq n; \qquad \mu_{-1} = 0\,,$$

eingeführt werden, so kann man den Graphen der Übergänge in anderer Form darstellen (Abb. 5.4.2). Dieser Graph stimmt völlig mit dem Graphen der Systemübergänge für einen sogenannten **Tod-Prozeß** (s. Kap. 3) überein.

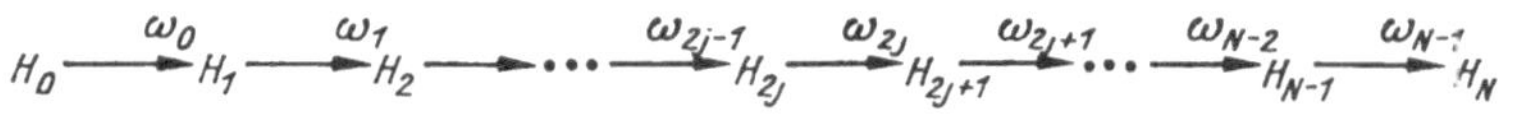

Abb. 5.4.2. Transformierter Graph der Zustandsübergänge – Tod-Prozeß

Wir lösen das (zum Graphen der Abb. 5.4.2 gehörende) Differentialgleichungssystem für die Wahrscheinlichkeiten $p_k(t)$, daß sich das System zum Zeitpunkt t im Zustand H_k befindet, unter den (offensichtlichen) Anfangsbedingungen

$$p_0(0) = 1; \qquad p_k(0) = 0\,, \qquad 1 \leqq k \leqq N\,.$$

Falls alle ω_i voneinander verschieden sind, so erhalten wir

$$p_k(t) = \prod_{j=0}^{k-1} \omega_j \sum_{j=0}^{k} \frac{e^{-\omega_i t}}{\prod\limits_{\substack{l=0\\ l \neq i}}^{k} (\omega_l - \omega_i)}\,, \qquad 0 \leqq k \leqq N - 1; \tag{5.4.1}$$

$$p_N(t) = 1 - \prod_{j=0}^{N-1} \omega_j \sum_{i=0}^{N-1} \frac{e^{-\omega_i t}}{\omega_i \prod\limits_{\substack{l=0\\ l \neq i}}^{N-1} (\omega_l - \omega_i)}\,. \tag{5.4.2}$$

Wenn das Ersetzen eines ausgefallenen Elements durch ein Reserveelement mit ein und derselben Erneuerungsrate μ erfolgt und auch die Ausfallraten übereinstimmen und den Wert λ besitzen, das heißt, sowohl μ als auch λ hängen nicht von der Nummer des Ausfalls ab, also

$$\omega_{2j+1} = \mu\,, \qquad 0 \leqq j \leqq \frac{N-3}{2}\,; \qquad \omega_{2j} = \lambda\,, \qquad 0 \leqq j \leqq \frac{N-1}{2}\,,$$

dann erhalten wir in diesem (für die Praxis offenbar typischsten) Fall

$$p_k(t) = \frac{(\lambda\mu)^{\frac{k}{2}}}{(\mu-\lambda)^k} \left\{ e^{-\lambda t} \sum_{i=0}^{\frac{k}{2}} (-1)^i \binom{\frac{k}{2} - 1 + i}{\frac{k}{2} - 1} \frac{[(\mu-\lambda)\,t)]^{\frac{k}{2}-1}}{\left(\frac{k}{2} - i\right)!} + (-1)^{\frac{k}{2}-1} e^{-\mu t} \times \right.$$
$$\left. \times \sum_{i=0}^{\frac{k}{2}-1} \binom{\frac{k}{2} + i}{\frac{k}{2}} \frac{[(\mu-\lambda)\,t]^{\frac{k}{2}-i-1}}{\left(\frac{k}{2} - i - 1\right)!} \right\}, \tag{5.4.3}$$

falls k gerade, $0 \leqq k \leqq N-1$;

$$p_k(t) = \frac{\lambda(\lambda\mu)^{\frac{k-1}{2}}}{(\mu-\lambda)^k} \left\{ e^{-\lambda t} \sum_{i=0}^{\frac{k-1}{2}} (-1)^i \binom{\frac{k-1}{2}+i}{\frac{k-1}{2}} \frac{[(\mu-\lambda)\,t]^{\frac{k-1}{2}-i}}{\left(\frac{k-1}{2}-i\right)!} + e^{-\mu t} \cdot (-1)^{\frac{k+1}{2}} \right.$$

$$\left. \times \sum_{i=0}^{\frac{k-1}{2}} \binom{\frac{k-1}{2}+i}{\frac{k-1}{2}} \frac{[(\mu-\lambda)\,t]^{\frac{k-1}{2}-i}}{\left(\frac{k-1}{2}-i\right)!} \right\}, \tag{5.4.4}$$

falls k ungerade, $1 \leqq k \leqq N$

$$p_N(t) = 1 - \frac{1}{(\mu-\lambda)^n} \left[\mu^n e^{-\lambda t} \sum_{l=0}^{n} \frac{(\lambda t)^{n-i}}{(n-i)!} \sum_{j=0}^{i} (-1)\, j \binom{n-1+i}{n-1} \left(\frac{\lambda}{\mu-\lambda}\right)^j + (-1)^{n+1} \right.$$

$$\left. \times \frac{\lambda^{n+1}}{\mu-\lambda} e^{-\mu t} \sum_{i=0}^{n-1} \frac{(\mu t)^{n-i-1}}{(n-i-1)!} \sum_{j=0}^{i} \binom{n+j}{n} \left(\frac{\mu}{\mu-\lambda}\right)^j \right]. \tag{5.4.5}$$

Mit den Formeln (5.4.1) bis (5.4.5) kann man die Wahrscheinlichkeit $V(t)$, daß sich das System zur Zeit t in einem arbeitsfähigen Zustand befindet, leicht bestimmen:

$$V(t) = \sum_{\substack{k=0 \\ k \text{ gerade}}}^{N-1} p_k(t)\,. \tag{5.4.6}$$

Es ist offensichtlich, daß sich unter den Bedingungen des betrachteten Modells für die Dauerverfügbarkeit ergibt

$$V = \lim_{t\to\infty} V(t) = 0\,. \tag{5.4.7}$$

Die mittlere Zeit T_N der Funktionsfähigkeit des Systems bis zum Erreichen des Endzustandes (bis das System in den Zustand H_N gelangt ist) und die mittlere Verweilzeit T_Σ des Systems in arbeitsfähigen Zuständen ergeben sich aus den offensichtlichen Beziehungen

$$T_N = \sum_{i=0}^{N-1} \frac{1}{\omega_i}\,; \tag{5.4.8}$$

$$T_\Sigma = \sum_{\substack{i=0 \\ i \text{ gerade}}}^{N-1} \frac{1}{\omega_i}\,. \tag{5.4.9}$$

Die Wahrscheinlichkeit, daß das System nach Ablauf des Zeitintervalls $[0; t]$ noch nicht in den letzten Zustand H_N gelangt ist, das heißt, zum Zeitpunkt t ist das System entweder arbeitsfähig oder ein ausgefallenes Element wird gerade ersetzt, bestimmt man aus der Formel

$$S_N(t) = 1 - p_N(t)\,. \tag{5.4.10}$$

Die Wahrscheinlichkeiten $p_N(t)$ ergeben sich für die entsprechenden Fälle aus den Formeln (5.4.2) und (5.4.5).

Beispiel 5.4.1

Gegeben sei ein System, bestehend aus einem Grundgerät und einem Reservegerät, das sich im unbelasteten Regime befindet. Die Ausfallrate des arbeitenden Geräts ist $\lambda = 0{,}02\ \mathrm{h}^{-1}$ und die Zuschaltrate des Reservegerätes auf den Platz des arbeitenden (Erneuerungsrate) ist $\mu = 2\ \mathrm{h}^{-1}$.

Zu ermitteln ist die Wahrscheinlichkeit, daß das System zum Zeitpunkt $t = 24$ h arbeitsfähig ist.

Lösung

Das System kann sich in 4 Zuständen befinden:

H_0, H_2 — Zustände der Arbeitsfähigkeit,
H_1, H_3 — Ausfallzustände.

Dabei ist

H_0 — der Systemzustand, der durch ausfallfreie Arbeit des Grundgeräts charakterisiert wird,
H_1 — der Systemzustand, in dem das Grundgerät ausgefallen ist und das Zuschalten des Reservegerätes (die Systemerneuerung) eingeleitet wurde,
H_2 — der Systemzustand, in dem das Zuschalten des Reservegerätes beendet wurde und das Reserveelement noch immer ausfallfrei arbeitet,
H_3 — der endgültige Ausfallzustand des Systems, wenn das am Arbeitsplatz stehende Reservegerät ausgefallen ist.

Weil in unserem Falle $n = 1$, $N = 2n + 1 = 3$ gilt, erhalten wir die Wahrscheinlichkeiten $p_k(t)$, daß sich das System zum Zeitpunkt t im Zustand H_k befindet ($k = 0, 1, 2, 3$), unter Ausnutzung der Formeln (5.4.3) bis (5.4.5) zu

$$p_0(t) = \mathrm{e}^{-\lambda t}, \qquad p_1(t) = \frac{\lambda}{\mu - \lambda} (\mathrm{e}^{-\lambda t} - \mathrm{e}^{-\mu t}),$$

$$p_2(t) = \frac{\lambda\mu}{(\mu - \lambda)^2} \{\mathrm{e}^{-\lambda t}[(\mu - \lambda)\, t - 1] + \mathrm{e}^{-\mu t}\},$$

$$p_3(t) = 1 - \frac{1}{\mu - \lambda} \left[\mu\, \mathrm{e}^{-\lambda t} \left(1 + \lambda t - \frac{\lambda}{\mu - \lambda}\right) + \frac{\lambda^2}{\mu - \lambda} \mathrm{e}^{-\mu t}\right].$$

Die Wahrscheinlichkeit, daß das System zum Zeitpunkt t arbeitsfähig ist, wird in Übereinstimmung mit der Formel (5.4.6) gleich

$$V(t) = p_0(t) + p_2(t) = \mathrm{e}^{-\lambda t} + \frac{\lambda\mu}{(\mu - \lambda)^2} \{\mathrm{e}^{-\lambda t}[(\mu - \lambda)\, t - 1] + \mathrm{e}^{-\mu t}\}.$$

Für $t = 24$ h nimmt diese Wahrscheinlichkeit den Wert

$$V\,(t = 24 \text{ h}) \approx 0{,}91$$

an.

Die Wahrscheinlichkeit, daß das System zum Zeitpunkt $t = 24$ h bereits in den endgültigen Ausfallzustand (den Zustand H_3) gelangt ist, wird

$$p_N\,(t) = p_3(t = 24 \text{ h}) = 1 - \frac{1}{\mu - \lambda} \left[\mu\, \mathrm{e}^{-\lambda t} \left(1 + \lambda t - \frac{\lambda}{\mu - \lambda}\right) + \frac{\lambda^2}{\mu - \lambda} \mathrm{e}^{-\mu t}\right] \approx 0{,}08.$$

5.5. Bedienungssystem mit Verlusten der Forderungen im Falle beschränkter Zuverlässigkeit der Bedienungsgeräte

5.5.1. Bedienungssystem, das aus n Geräten besteht, die unabhängig voneinander ausfallen

In ein Bedienungssystem mit n Bedienungsgeräten läuft ein Forderungsstrom von N Abonnenten ein. Die zufälligen Bearbeitungsdauern η der zu bedienenden Forderungen sind unabhängig und genügen einer Verteilungsfunktion $H(x)$. Die Geräte können während des Bedienens von Forderungen ausfallen. Wenn zu einem bestimmten Zeitpunkt eine Forderung ein Gerät „beschäftigt", so besitzt die zufällige Dauer θ des intakten Zustands des Geräts, die von diesem Zeitpunkt an gerechnet wird, die Verteilungsfunktion $A(x)$ unter der Bedingung, daß das Gerät „beschäftigt" bleibt.

Ein ausgefallenes Gerät wird erneuert. Die zufällige Erneuerungszeit ξ hat die Verteilungsfunktion $G(x)$. Es werden zwei Arten der Erneuerung betrachtet, die vollständig beschränkte und die unbeschränkte. Die Erwartungswerte der Zufallsgrößen η, θ, ξ werden als endlich vorausgesetzt.

Es wird ein **Verlustsystem** betrachtet, das heißt, eine eingehende Forderung wird nicht bedient und geht verloren, wenn die Forderung das System in einer der folgenden Situationen antrifft:

> Alle n Geräte sind mit der Bedienung von Forderungen beschäftigt; ein Gerät ist ausgefallen und die übrigen $n - 1$ Geräte sind mit Bedienung beschäftigt; zwei Geräte sind ausgefallen und die übrigen Geräte bedienen Forderungen und so weiter.

Forderungen, bei denen die Geräte während der Bedienung ausfallen, gehen ebenfalls verloren.

Das beschriebene Bedienungssystem kann durch folgende Größen charakterisiert werden:

V — die Verfügbarkeit des Bedienungssystems; das ist die Wahrscheinlichkeit dafür, daß es im System mindestens ein intaktes und nicht bedienendes Gerät gibt;

T — der Erwartungswert zwischen zwei benachbarten Zeitpunkten, zu denen das System in den Zustand des Verlusts von Forderungen gelangt;

τ — der Erwartungswert der Verweilzeit des Systems im Zustand des Verlusts von Forderungen.

Ferner werden untere und obere Abschätzungen für die Effektivitätsparameter des Systems angegeben. Eine untere Abschätzung erhalten wir unter der Bedingung, daß der von den Abonnenten ausgehende kumulative Forderungenstrom POISSONsch ist mit dem konstanten Parameter $\Lambda = N\Lambda_0$, der nicht von der Zahl der schon im System bedienten Forderungen abhängt. Diese Abschätzung wird um so genauer, je größer die Gesamtzahl N der Abonnenten ist. Eine obere Abschätzung erhalten wir aus der Bedingung, daß der Parameter des von den Abonnenten ausgehenden kumulativen

Tabelle 5.5.1. Bedienungssystem mit Verlusten der Forderungen bei beschränkter Zuverlässigkeit der Bedienungsgeräte. Allgemeiner Fall. Unbeschränkte Erneuerung

$$a = N\Lambda_0 \int_0^\infty \big(1 - H(x)\big)\big(1 - A(x)\big)\,\mathrm{d}x$$

$$b = N\Lambda_0 \int_0^\infty \big(1 - H(x)\big)\,\mathrm{d}A(x)$$

$$c = N\Lambda_0 \int_0^\infty \big(1 - G(x)\big)\,\mathrm{d}x$$

Kenngröße	Untere Abschätzung
V	$1 - \dfrac{\dfrac{(a + bc)^n}{n!}}{\sum\limits_{i=0}^{n} \dfrac{(a + bc)^i}{i!}}$

Tabelle 5.5.2. Bedienungssystem mit Verlusten der Forderungen bei beschränkter Zuverlässigkeit der Bedienungsgeräte. Fall der Exponentialverteilung. Unbeschränkte Erneuerung

$$\gamma = \frac{\lambda}{\mu}; \quad \varrho = \frac{\Lambda}{M + \lambda}$$
$$p_{00}^{-1} = \sum_{i=0}^{n} \frac{(\gamma\varrho)^i}{i!} \sum_{k=0}^{n-l} \frac{\varrho^k}{k!}$$

$$\gamma = \frac{\lambda}{\mu}; \quad \varrho = \frac{\Lambda_0}{M + \lambda}$$
$$p_{00}^{-1} = \sum_{i=0}^{n} (\gamma\varrho)^i \sum_{k=0}^{n-l} \binom{k+l}{k} \binom{N}{k+l} \varrho^k$$

Kenngröße	Untere Abschätzung	Obere Abschätzung
T	$\dfrac{1 - \frac{\varrho^n}{n!}(1+\gamma)^n p_{00}}{\Lambda \frac{\varrho^{n-1}}{(n-1)!}(1+\gamma)^{n-1} p_{00}}$	$\dfrac{1 - \binom{N}{n} \varrho^n (1+\gamma)^n p_{00}}{(N-n+1)\Lambda_0 \binom{N}{n-1} \varrho^{n-1}(1+\gamma)^{n-1} p_{00}}$
τ	$\dfrac{\varrho(1+\gamma)}{n\Lambda}$	$\dfrac{\varrho(1+\gamma)}{n\Lambda_0}$
V	$1 - \frac{\varrho^n}{n!}(1+\gamma)^n p_{00}$	$1 - \binom{N}{n} \varrho^n (1+\gamma)^n p_{00}$

Tabelle 5.5.3. Bedienungssystem mit Verlust der Forderungen bei beschränkter Zuverlässigkeit der Bedienungsgeräte. Fall der Exponentialverteilung. Vollständig beschränkte Erneuerung

$$\gamma = \frac{\lambda}{\mu}; \quad \varrho = \frac{\Lambda}{M + \lambda}$$
$$p_{00}^{-1} = \sum_{k=0}^{n} \frac{\varrho^k}{k!} \frac{1 - (\gamma\varrho)^{n-k+1}}{1 - \gamma\varrho}$$

$$\gamma = \frac{\lambda}{\mu}; \quad \varrho = \frac{\Lambda_0}{M + \lambda}$$
$$p_{00}^{-1} = \sum_{k=0}^{n} l!\,(\gamma\varrho)^l \sum_{k=0}^{n-l} \binom{k+l}{k} \binom{N}{k+l} \varrho^k$$

Kenngröße	Untere Abschätzung	Obere Abschätzung
T	$\dfrac{1 - (\gamma\varrho)^n p_{00} \sum_{k=0}^{n} \frac{1}{k!\,\gamma^k}}{\Lambda(\gamma\varrho)^{n-1} p_{00} \sum_{k=0}^{n-1} \frac{1}{k!\,\gamma^k}}$	$\dfrac{1 - n!\binom{N}{n} (\gamma\varrho)^n p_{00} \sum_{k=0}^{n} \frac{1}{k!\,\gamma^k}}{(N-n+1)\Lambda_0(n-1)!\binom{N}{n-1} (\gamma\varrho)^{n-1} p_{00} \sum_{k=0}^{n-1} \frac{1}{k!\,\gamma^k}}$
τ	$\frac{\gamma\varrho}{\Lambda}\left[1 + \left(n!\,\gamma^n \sum_{k=0}^{n-1} \frac{1}{k!\,\gamma^k}\right)^{-1}\right]$	$\frac{\gamma\varrho}{\Lambda_0}\left[1 + \left(n!\,\gamma^n \sum_{k=0}^{n-1} \frac{1}{k!\,\gamma^k}\right)^{-1}\right]$
V	$1 - (\gamma\varrho)^n p_{00} \sum_{k=0}^{n} \frac{1}{k!\,\gamma^k}$	$1 - n!\binom{N}{n} (\gamma\varrho)^n p_{00} \sum_{k=0}^{n} \frac{1}{k!\,\gamma^k}$

Forderungenstroms zu einem Zeitpunkt, wenn im System k Forderungen bedient werden und l Geräte ausgefallen sind, gleich $\Lambda_{kl} = (N - k - l)\,\Lambda_0$ wird, wobei Λ_0 der Parameter des von einem Abonnenten ausgehenden Forderungenstroms ist. Diese Abschätzung ist um so besser, je stärker die Ungleichung $N > n$ gilt.

Für den allgemeinen Fall wird nur eine untere Abschätzung der Größe V unter der Bedingung einer unbeschränkten Erneuerung der Geräte angegeben. Unter der Voraussetzung, daß die Verteilungsfunktionen der Zufallsgrößen die Gestalt

$$H(x) = 1 - e^{-Mx}, \qquad A(x) = 1 - e^{-\lambda x}, \qquad G(x) = 1 - e^{-\mu x}$$

haben, werden untere und obere Abschätzungen für unbeschränkte und vollständig beschränkte Erneuerung gebracht.

In den Tabellen 5.5.1 bis 5.5.3 wurden die oben genannten Abschätzungen für die grundlegenden Effektivitätskenngrößen des Systems zusammengestellt.

5.5.2. Bedienungssystem, das aus n Geräten besteht, die gleichzeitig ausfallen

In ein mehrkanaliges System aus n Geräten gelangt ein Forderungenstrom von N Abonnenten. Alle n Kanäle sind ständig angeschlossen und fallen gleichzeitig mit einer Ausfallrate λ aus. Die Erneuerungsrate des Systems ist μ. Die Bedienungsrate für die Forderungen ist M. Forderungen, während deren Bedienung der Systemausfall eintritt, verlassen das Bedienungssystem. Es wird ein Verlustsystem betrachtet, das heißt, eine eingehende Forderung wird nicht bedient, wenn sie das System in einer der folgenden Situationen antrifft: entweder alle Geräte sind mit der Bedienung von Forderungen beschäftigt oder das System ist ausgefallen. Der Graph der Übergänge für das beschriebene System wurde in Abb. 5.5.1 angegeben.

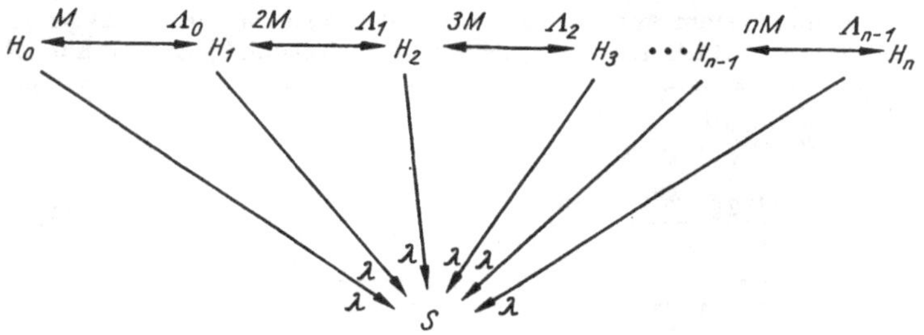

Abb. 5.5.1. Graph der Zustandsübergänge eines Bedienungssystems mit n Geräten

Die Verfügbarkeit V des Bedienungssystems wird in diesem Falle aus der Formel

$$V = 1 - \frac{\lambda}{\lambda + \mu} - (-1)^{n+1} \frac{\lambda\mu\Lambda_0^n N(N-1)\dots(N-n+1)}{R_n(\lambda+\mu)} \tag{5.5.1}$$

ermittelt, wobei

$$\left.\begin{aligned} R_n &= -(\lambda + nM)\,Q_{n-1} - nM\Lambda_0(N-n+1)\,Q_{n-2}\,, \\ Q_n &= -\left(\lambda + \Lambda_0(N-n) + nM\right)Q_{n-1} - nM\Lambda_0(N-n+1)\,Q_{n-2}\,, \\ Q_{-1} &= 1\,, \quad Q_0 = -(\lambda + \Lambda_0 N)\,, \quad n = 1, 2, \dots \end{aligned}\right\} \tag{5.5.2}$$

Literatur

[1] Koslow, B. A. — Козлов Б. А.: О канальной надежности. — В кн.: О надежности сложных технических систем. М., «Сов. радио», 1966.

[2] Koslow, B. A. — Козлов Б. А.: Надежность выделенных подсистем в резервированной системе с восстановлением. — «Известия АН СССР. Техническая кибернетика», 1966, № 4.

6. SERIENSYSTEM IM SINNE DER ZUVERLÄSSIGKEIT

6.0. Vorbemerkungen

Im Rahmen von Zuverlässigkeitsuntersuchungen versteht man unter einem **Seriensystem** eine solche **Vereinigung von Elementen, bei der der Ausfall eines einzigen Elements** bereits **zum Ausfall des Gesamtsystems führt.** Die Zuverlässigkeitsersatzschaltung eines Seriensystems wurde in Abb. 6.0.1 angegeben.

Abb. 6.0.1. Zuverlässigkeitsersatzschaltung eines Seriensystems

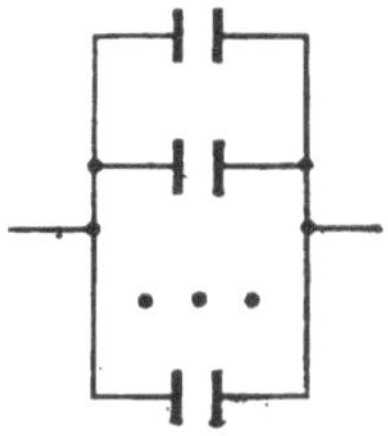

Abb. 6.0.2. Gruppe parallel geschalteter Kondensatoren (Stromlaufplan)

Ein Seriensystem im genannten Sinne braucht keine körperliche Reihenanordnung der entsprechenden Elemente darzustellen. Wenn wir zum Beispiel den Stromlaufplan einer Gruppe parallel geschalteter Kondensatoren (Abb. 6.0.2) betrachten, so hat sie in bezug auf die Ausfallart „Kurzschluß" eine Zuverlässigkeitsersatzschaltung gemäß Abb. 6.0.1, weil der Kurzschluß irgendeines Kondensators zum Gesamtkurzschluß führt. Andererseits stimmt ein Seriensystem im Sinne der Zuverlässigkeit in bezug auf die Ausfallart „Unterbrechung" mit einer körperlichen Reihenschaltung der Kondensatoren überein.

Im weiteren werden die Ausfälle der **Elemente**, soweit nicht ausdrücklich etwas anderes vereinbart wird, als **unabhängig** vorausgesetzt. Das bedeutet, daß der Ausfall einer beliebigen Gruppe von Elementen keinerlei Einfluß auf die Wahrscheinlichkeits-Charakteristiken der übrigen Elemente hat.

6.1. Seriensystem mit Elementen ohne Erneuerung

6.1.1. Beliebige Verteilung der Arbeitszeit bis zum Ausfall

Die Arbeitszeit bis zum Systemausfall für ein Seriensystem aus m Elementen ohne Erneuerung wird durch das Minimum der ausfallfreien Arbeitszeit der Systemelemente (Abb. 6.1.1) bestimmt. Das heißt,

$$\Theta^{(1)} = \min_{1 \leq i \leq m} \Theta_i^{(1)} ,$$

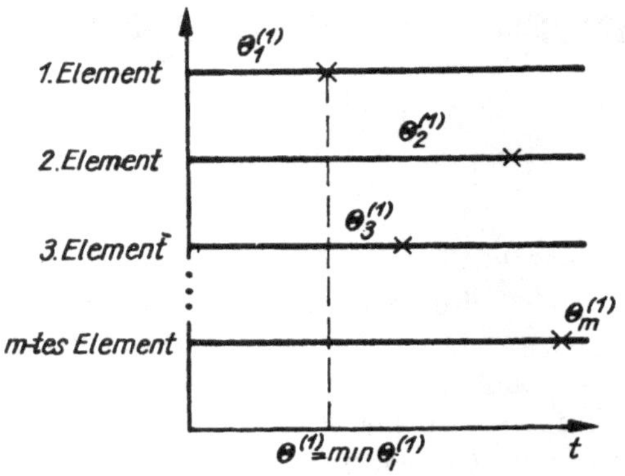

Abb. 6.1.1. Zeitdiagramm zur Erläuterung des Begriffs der ausfallfreien Arbeitszeit eines Seriensystems aus m Elementen ohne Erneuerung

wobei $\Theta^{(1)}$ die Arbeitszeit bis zum Systemausfall und $\Theta_i^{(1)}$ die Arbeitszeit bis zum Ausfall des i-ten Elements ist.

Es wird angenommen, daß analytische Ausdrücke für die Wahrscheinlichkeit $P_i(t)$ der ausfallfreien Arbeit der einzelnen Elemente oder Abschätzungen für diese Funktionen bekannt sind.

Außerdem wird vorausgesetzt, daß alle Elemente des Systems voneinander unabhängig sind. Das heißt, der Ausfall irgendeines Elements hängt nicht vom Zustand irgendwelcher anderen Systemelemente ab.

Tabelle 6.1.1. Seriensystem aus Elementen ohne Erneuerung. Beliebiges Verteilungsgesetz der Arbeitszeit bis zum Ausfall der einzelnen Elemente

Kenngröße	Exakter Ausdruck	Näherungsausdruck	Fehler
$P(t_0)$	$\prod_{i=1}^{m} P_i(t_0)$	$1 - \sum_{i=1}^{m} Q_i(t_0)$	$\delta_+ < \frac{m^2}{2}\left[\max_{1\le i\le m} Q_i(t_0)\right]^2$
$Q(t_0)$	$1 - \prod_{i=1}^{m} P_i(t_0)$	$\sum_{i=1}^{m} Q_i(t_0)$	$\delta_- < \frac{m^2}{2}\left[\max_{1\le i\le m} Q(t_0)\right]^2$
$P(t, t + t_0)$	$\prod_{i=1}^{m} P_i(t, t + t_0) = \frac{\prod_{i=1}^{m} P_i(t + t_0)}{\prod_{i=1}^{m} P_i(t)} = \frac{P(t + t_0)}{P(t)}$	$1 - Q(t + t_0) + Q(t)$	$\delta_+ < Q(t)\,[Q(t) - Q(t + t_0)]$
$Q(t, t + t_0)$	$1 - \prod_{i=1}^{m} P_i(t, t + t_0) = 1 - \frac{P(t + t_0)}{P(t)}$	$Q(t + t_0) - Q(t)$	$\delta_- < Q(t)\,[Q(t) - Q(t + t_0)]$
T	$\int_0^{\infty} P(t)\,dt$	–	–

In Tabelle 6.1.1 wurden die grundlegenden Zuverlässigkeitskenngrößen für ein Seriensystem mit Elementen ohne Erneuerung bei beliebigen Verteilungen der Arbeitszeit bis zum Ausfall, das heißt bei beliebigen Verteilungsfunktionen $P_i(t)$, gebracht. Die Näherungsausdrücke für die Zuverlässigkeitskenngrößen wurden unter der Bedingung

$$\max_{1 \leq i \leq m} Q_i(t_0) \ll \frac{1}{m}$$

gewonnen.

Beispiel 6.1.1

Gegeben ist ein System aus zwei Elementen, dessen Zuverlässigkeits-Ersatzschaltung Abb. 6.1.2 zeigt. Das erste Element besteht seinerseits aus zwei in Serie geschalteten Komponenten und einer gleitenden Reservekomponente, die im belasteten Regime arbeitet. Das zweite Element entsteht durch eine Dublierung, wobei sich die Reservekomponente im unbelasteten Regime befindet. Alle Komponenten (= Bestandteile von Elementen) sind einander gleich und haben eine exponentialverteilte Arbeitszeit mit dem Parameter $\lambda = 0{,}005\ \mathrm{h}^{-1}$. Zu bestimmen sind die grundlegenden Zuverlässigkeitskenngrößen dieses Systems.

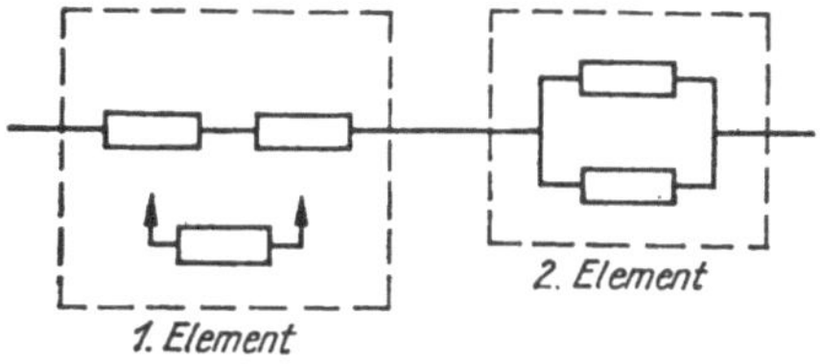

Abb. 6.1.2. Zuverlässigkeitsersatzschaltung für das zweielementige System des Beispiels 6.1.1

Lösung

1. Die Wahrscheinlichkeit der ausfallfreien Arbeit des Systems bis zur Zeit $t_0 = 50$ h. Es gilt

$$P(t_0) = P_1(t_0) \cdot P_2(t_0) .$$

Analytische Ausdrücke für $P_1(t)$ und $P_2(t)$ können den Formeln der Tabelle 3.2.2 entnommen werden,

$$P_1(t_0) = \mathrm{e}^{-3\lambda t_0} + 3\,\mathrm{e}^{-2\lambda t_0}(1 - \mathrm{e}^{-\lambda t_0}) = 3\,\mathrm{e}^{-2\lambda t_0} - 2\,\mathrm{e}^{-3\lambda t_0},$$

$$P_2(t_0) = \mathrm{e}^{-\lambda t_0}(1 + \lambda t_0) .$$

Daraus erhalten wir

$$P_1(50) = 3\,\mathrm{e}^{-2 \cdot 0{,}005 \cdot 50} - 2\,\mathrm{e}^{-3 \cdot 0{,}005 \cdot 50} = 0{,}8743 ,$$

$$P_2(50) = \mathrm{e}^{-0{,}005 \cdot 50}(1 + 0{,}005 \cdot 50) = 0{,}9735 ,$$

und damit

$$P(50) = 0{,}8743 \cdot 0{,}9735 = 0{,}8511 .$$

Näherungswert:

$$\tilde{P}(50) = 1 - [Q_1(50) + Q_2(50)] .$$

Die Größen $Q_1(50)$ und $Q_2(50)$ ergeben sich wie folgt:

$$Q_1(50) = 1 - P_1(50) = 1 - 0{,}8743 = 0{,}1257 ,$$

$$Q_2(50) = 1 - P_2(50) = 1 - 0{,}9735 = 0{,}0265 .$$

Daraus finden wir

$$\tilde{P}(50) = 1 - (0{,}1257 + 0{,}0265) = 0{,}8478 .$$

2. Wahrscheinlichkeit des Systemausfalls bis zum Zeitpunkt $t_0 = 50$ h.

Wir können die vorstehenden Ergebnisse benutzen:

$$Q(50) = 1 - P(50) = 1 - 0{,}8511 = 0{,}1489\,.$$

Näherungswert:

$$\tilde{Q}(50) = Q_1(50) + Q_2(50) = 0{,}1257 + 0{,}0265 = 0{,}1522\,.$$

3. Wahrscheinlichkeit für die ausfallfreie Arbeit des Systems im Zeitintervall von $t = 25$ h bis $t + t_0 = 50$ h unter der Bedingung, daß das System die ersten 25 h hindurch ausfallfrei gearbeitet hat.

Zunächst wollen wir den Wert $P(25)$ berechnen. Für ihn finden wir

$$P_1(25) = 3\,\mathrm{e}^{-2\;0{,}005\cdot 25} - 2\,\mathrm{e}^{-3\cdot 0{,}005\cdot 25} = 0{,}9618\,,$$

$$P_2(25) = \mathrm{e}^{-0{,}005\cdot 25}\,(1 + 0{,}005\cdot 25) = 0{,}9934$$

und damit

$$P(25) = P_1(25)\cdot P_2(25) = 0{,}9618\cdot 0{,}9934 = 0{,}9552\,.$$

Der gesuchte Wert folgt aus der Beziehung

$$P(25;\,50) = 0{,}8511 : 0{,}9552 = 0{,}8893\,.$$

Näherungswert:

$$\tilde{P}(25;\,50) = 0{,}8511(1 + 0{,}0448) = 0{,}8892\,.$$

4. Wahrscheinlichkeit für den Systemausfall im Zeitintervall von $t = 25$ h bis $t + t_0 = 50$ h unter der Bedingung, daß das System die ersten 25 h hindurch ausfallfrei gearbeitet hat. Wir können die vorstehenden Ergebnisse benutzen:

$$Q(25;\,50) = 1 - P(25;\,50) = 1 - 0{,}8893 = 0{,}1107\,.$$

Näherungswert:

$$\tilde{Q}(25;\,50) = Q(50) - Q(25) = 0{,}1489 - 0{,}0448 = 0{,}1041.$$

5. Mittlere Arbeitszeit bis zum Systemausfall.

Zur Ermittlung von T formen wir zunächst $P(t)$ zweckmäßig um:

$$P(t) = (3\,\mathrm{e}^{-2\lambda t} - 2\,\mathrm{e}^{-3\lambda t})\,\mathrm{e}^{-\lambda t}\,(1 + \lambda t) = 3\,\mathrm{e}^{-3\lambda t} - 2\,\mathrm{e}^{-4\lambda t} + 3\lambda t\,\mathrm{e}^{-3\lambda t} - 2\lambda t\,\mathrm{e}^{-4\lambda t}\,.$$

Gemäß der bekannten Formel

$$T = \int_0^\infty P(t)\,\mathrm{d}t$$

erhalten wir

$$T = 3\int_0^\infty \mathrm{e}^{-3\lambda t}\,\mathrm{d}t - 2\int_0^\infty \mathrm{e}^{-4\lambda t}\,\mathrm{d}t + 3\lambda\int_0^\infty t\,\mathrm{e}^{-3\lambda t}\,\mathrm{d}t - 2\lambda\int_0^\infty t\,\mathrm{e}^{-4\lambda t}\,\mathrm{d}t$$

und daraus (s. die Integraltafeln im Anhang A 7.6)

$$T = \frac{1}{\lambda} - \frac{1}{2\lambda} + \frac{1}{3\lambda} - \frac{1}{8\lambda} = \frac{17}{24\lambda}\,.$$

Nach Einsetzen des Zahlenwertes $\lambda = 0{,}005\ \mathrm{h}^{-1}$ ergibt sich

$$T = 17 : (24\cdot 0{,}005) \approx 144\ \mathrm{h}\,.$$

Beispiel 6.1.2

Gegeben ist ein Seriensystem mit drei unabhängigen Elementen. Die Arbeitszeiten bis zum Ausfall der Elemente genügen jeweils einer Normalverteilung mit folgenden Parametern

$$T_1 = 100\ \mathrm{h}\,,\qquad \sigma_1 = 1\ \mathrm{h};$$
$$T_2 = 100\ \mathrm{h}\,,\qquad \sigma_2 = 5\ \mathrm{h};$$
$$T_3 = 120\ \mathrm{h}\,,\qquad \sigma_3 = 10\ \mathrm{h}.$$

Es sind die grundlegenden Zuverlässigkeitsparameter des Systems zu bestimmen.

Tabelle 6.1.2. Wertetabelle der Wahrscheinlichkeiten der ausfallfreien Arbeit für die Elemente und das System des Beispiels 6.1.2

$P(t)$	t							
	80	85	90	91	92	93	94	95
$P_1(t)$	$\sim 1{,}0$	~ 1	~ 1	~ 1	~ 1	~ 1	~ 1	~ 1
$P_2(t)$	$\sim 1{,}0$	0,9987	0,977	0,964	0,945	0,919	0,885	0,841
$P_3(t)$	$\sim 1{,}0$	0,9998	0,9987	0,9981	0,9974	0,9965	0,9953	0,9938
$P(t)$	~ 1	0,9985	0,976	0,962	0,941	0,916	0,881	0,835

Fortsetzung der Tabelle 6.1.2

$P(t)$	t						
	96	97	98	99	100	101	105
$P_1(t)$	0,9998	0,9987	0,977	0,841	0,5	0,159	~ 0
$P_2(t)$	0,788	0,724	0,655	0,579	0,5	0,421	0,159
$P_3(t)$	0,9918	0,981	0,986	0,982	0,977	0,971	0,933
$P(t)$	0,780	0,714	0,633	0,478	0,245	0,067	~ 0

Lösung

Dieses Beispiel erlaubt nur eine numerische Lösung. Zunächst wollen wir in Tabelle 6.1.2 die Werte für $P_1(t)$, $P_2(t)$ und $P_3(t)$ unter Verwendung der Tabelle A 8.4 des Anhangs und die daraus resultierenden Werte für $P(t)$ notieren.

Die Werte $P(t_0)$ für einen interessierenden Zeitpunkt t_0 findet man unmittelbar aus Tabelle 6.1.2. Zum Beispiel:

$$P(95) = 0{,}835;$$

$$P(94; 95) = 0{,}835:0{,}881 = 0{,}949\,.$$

Der Wert der mittleren Arbeitszeit bis zum Ausfall wird durch numerische Integration der Funktion $P(t)$ bestimmt. Wenn wir der Einfachheit halber annehmen, daß für alle $t < 90$ h die Werte $P(t) \approx 1$ sind, dann ergibt sich

$$T \approx 1{,}89 + 0{,}976 + 0{,}962 + 0{,}941 + 0{,}916 + 0{,}881 + 0{,}835 + 0{,}780 + 0{,}714 + 0{,}633 + 0{,}478 + 0{,}245 + 0{,}067 = 97{,}332\,\text{h}.$$

6.1.2. Exponentialverteilung

In Tabelle 6.1.3 wurden die grundlegenden Zuverlässigkeitskenngrößen für ein Seriensystem mit Elementen ohne Erneuerung unter der Voraussetzung angegeben, daß jedes Element eine exponentialverteilte Arbeitszeit bis zum Ausfall besitzt, das heißt,

$$P_i(t) = \mathrm{e}^{-\lambda_i t}\,.$$

Die Näherungsausdrücke für die Zuverlässigkeitskenngrößen gelten unter der Bedingung

$$\Lambda t_0 = t_0 \sum_{i=1}^{m} \lambda_i \ll 1\,.$$

Beispiel 6.1.3

Gegeben ist ein Seriensystem aus fünf unabhängigen Elementen. Jedes Element besitzt eine exponentialverteilte Arbeitszeit bis zum Ausfall mit den Parametern

$$\lambda_1 = 0{,}05\ \text{h}^{-1}; \quad \lambda_2 = 0{,}02\ \text{h}^{-1}; \quad \lambda_3 = 0{,}01\ \text{h}^{-1}; \quad \lambda_4 = 0{,}01\ \text{h}^{-1}; \quad \lambda_5 = 0{,}08\ \text{h}^{-1}\,.$$

Es sind die grundlegenden Zuverlässigkeitsparameter des Systems zu bestimmen.

Tabelle 6.1.3. Seriensystem mit Elementen ohne Erneuerung. Exponentialverteilung der Arbeitszeit der einzelnen Elemente bis zum Ausfall

$$\Lambda = \sum_{i=1}^{m} \lambda_i$$

Kenngröße	exakter Ausdruck	Näherungsausdruck	Fehler
$P(t_0)$	$\prod_{i=1}^{m} e^{-\lambda_i t} = e^{-t_0 \sum_{i=1}^{m} \lambda_i} = e^{-\Lambda t_0}$	$1 - \Lambda t_0$	$\delta + < \frac{(\Lambda t_0)^2}{2}$
$Q(t_0)$	$1 - e^{-\Lambda t_0}$	Λt_0	$\delta - < \frac{(\Lambda t_0)^2}{2}$
$P(t, t + t_0)$	$e^{-\Lambda t_0}$	$1 - \Lambda t_0$	$\delta + < \frac{(\Lambda t_0)^2}{2}$
$Q(t; t + t_0)$	$1 - e^{-\Lambda t^0}$	Λt_0	$\delta - < \frac{(\Lambda t_0)^2}{2}$
T	$\frac{1}{\Lambda}$	—	—

Lösu ng

Zunächst finden wir den Wert für Λ:

$$\Lambda = (0{,}05 + 0{,}02 + 0{,}01 + 0{,}01 + 0{,}08)\ \mathrm{h}^{-1} = 0{,}17\ \mathrm{h}^{-1}\,.$$

1. Wahrscheinlichkeit für die ausfallfreie Arbeit des Systems innerhalb von $t_0 = 0{,}5$ h:

$$P(0{,}5) = e^{-0{,}17 \cdot 0{,}5} = e^{-0{,}085} = 0{,}9187\,.$$

Näherungswert:

$$\tilde{P}(0{,}5) = 1 - 0{,}085 = 0{,}915\,.$$

2. Wahrscheinlichkeit für einen Systemausfall innerhalb von $t_0 = 0{,}5$ h:

$$Q(0{,}5) = 1 - 0{,}9187 = 0{,}0813\,.$$

Näherungswert:

$$\tilde{Q}(0{,}5) = 0{,}17 \cdot 0{,}5 = 0{,}085\,.$$

3. Mittlere Arbeitszeit bis zum Ausfall

$$T = \frac{1}{0{,}17}\ \mathrm{h} = 5{,}9\ \mathrm{h}\,.$$

6.1.3. „Alternde" Verteilung

In Tabelle 6.1.4 wurden eine untere und eine obere Abschätzung einiger Zuverlässigkeitskenngrößen für ein Seriensystem angegeben, dessen Elemente einer „alternden" Verteilung der Arbeitszeit bis zum Ausfall genügen. Dabei wird vorausgesetzt, daß die Erwartungswerte T_i der Arbeitszeit bis zum Ausfall für jedes Element bekannt sind.

Anmerkung: Die Werte $e^{-\omega_i t}$ wurden tabelliert und in Tabelle 2.1.5 zusammengestellt.

Tabelle 6.1.4. Untere und obere Grenzen der Zuverlässigkeitsparameter für ein Seriensystem mit „alternden" Elementen

Kenngröße	untere Grenze	obere Grenze	Geltungsbereich der Grenze	Anmerkung
$P(t)$	$e^{-t\sum\limits_{i=1}^{m}\frac{1}{T_i}}$	1	$t < \min\limits_{1\leqq i\leqq m} T_i$	$\omega_t^{(1)}$ hängt von t ab und ergibt sich aus der Gleichung $1-\omega_t^{(1)}\min\limits_{1\leqq i\leqq m} T_i = e^{-\omega_t^{(1)}t}$;
	0	$e^{-k\omega_t^{(1)}t}$	$t \geqq \min\limits_{1\leqq i\leqq m} T_i$	k ist die Anzahl der Elemente, für die die mittlere Arbeitszeit bis zum Ausfall mit dem kleinsten Wert der T_i übereinstimmt.
		genauere Begrenzung $e^{-\omega_t^{(1)}t}$ $e^{-[\omega_t^{(1)}+\omega_t^{(2)}]t}$ . . . $e^{-\sum\limits_{j=1}^{m}\omega_t^{(j)}t}$	$T_1 \leqq t < T_2$ $T_2 \leqq t < T_3$ . . . $T_m \leqq t$	$T_1 < T_2 < T_3 < \ldots < T_m$ $\omega_t^{(j)}$ hängt von t ab und ergibt sich aus der Gleichung $1-\omega_t^{(j)}T_j = e^{-\omega_t^{(j)}t}$
T	$\dfrac{1}{\sum\limits_{i=1}^{m}\frac{1}{T_i}}$	$\min T_i$		

Wenn außerdem die Streuungen σ_i^2 für jedes Element bekannt sind, so können eine obere und eine untere Schranke für die Wahrscheinlichkeit $P(t)$ der ausfallfreien Arbeit des Seriensystems durch Multiplikation der Zahlenwerte der entsprechenden oberen und unteren Schranken der Elemente (s. Tab. 2.1.6 und Tab. 2.1.7) errechnet werden.

Numerische Eingrenzungen für die mittlere Arbeitszeit T bis zum Ausfall kann man durch numerische Integration über die entsprechenden Eingrenzungen für die Wahrscheinlichkeit der ausfallfreien Arbeit erhalten.

Beispiel 6.1.4

Gegeben ist ein Seriensystem aus drei unabhängigen Elementen. Jedes Element hat eine „alternde" Verteilung der Arbeitszeit bis zum Ausfall mit folgenden mittleren Zeiten der ausfallfreien Arbeit:

$$T_1 = 100\text{ h}, \quad T_2 = 100\text{ h} \quad \text{und} \quad T_3 = 120\text{ h}.$$

Es sollen die grundlegenden Zuverlässigkeitsparameter des Systems abgeschätzt werden.

Lösung

1. Untere Abschätzung der Wahrscheinlichkeit der ausfallfreien Arbeit des Systems für $t_0 = 95$ h:

$$P(95) = e^{-95\left(\frac{1}{100}+\frac{1}{100}+\frac{1}{120}\right)} = e^{-2{,}8}.$$

Aus der Tabelle A 8.1 des Anhangs entnehmen wir $e^{-2} = 0{,}135$. Also wird $P(0{,}95) < 0{,}135$. (Der genaue Wert ist $e^{-2{,}8} \approx 0{,}06$.)

2. Untere Abschätzung der mittleren Zeit bis zum Ausfall

$$\underline{T} = 1 : \left(\frac{1}{100} + \frac{1}{100} + \frac{1}{120}\right) \approx 35\ \mathrm{h}\,.$$

Obere Abschätzung der mittleren Zeit bis zum Ausfall

$$\overline{T} = \min\,(100\ \mathrm{h},\ 100\ \mathrm{h},\ 120\ \mathrm{h}) = 100\ \mathrm{h}\ .$$

(Vgl. mit dem Ergebnis des Beispiels 6.1.2)

6.2. Seriensystem, das aus Elementen mit Erneuerung besteht

6.2.0. Vorbemerkungen

Die Zuverlässigkeitskenngrößen eines Seriensystems, das aus Elementen mit Erneuerung besteht, hängen von verschiedenen Faktoren ab. Auf einen Teil von ihnen wird unten eingegangen.

1. Abhängigkeit der Zuverlässigkeits-Kenngrößen von der Verteilungsfunktion der Arbeitszeit bis zum Ausfall der Elemente

Wenn die einzelnen Systemelemente eine beliebige Verteilung der Arbeitszeit bis zum Ausfall besitzen und beim Systemausfall nur das ausgefallene Element erneuert wird, so wird sich die Arbeitszeit bis zum ersten Systemausfall unterscheiden von der Arbeitszeit zwischen dem ersten und zweiten Systemausfall und so weiter. Dabei werden nicht nur die mittleren Intervallängen der ausfallfreien Arbeit differieren, sondern auch die Verteilungsgesetze der entsprechenden Zufallsgrößen.

Wir wollen das an einem Beispiel für den Fall illustrieren, daß die Erneuerung der ausgefallenen Systemelemente augenblicklich erfolgt. (Das heißt, mit der Erneuerung ist kein Zeitaufwand verbunden.) Wir betrachten ein System, das der Einfachheit

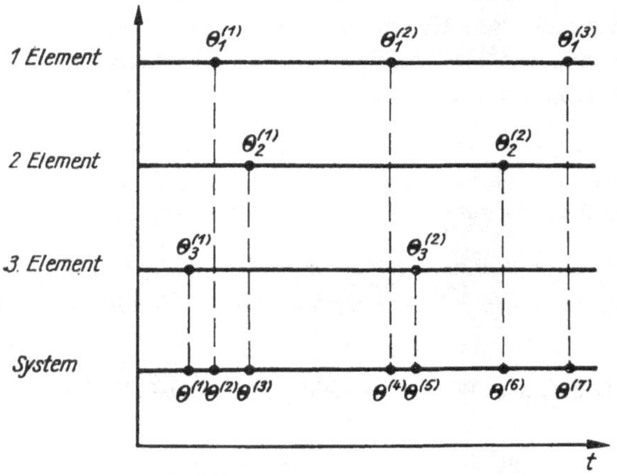

Abb. 6.2.1. Erläuterung des Ausfallmechanismus in einem Seriensystem aus drei Elementen mit (augenblicklicher) Erneuerung

halber nur aus drei Elementen besteht. Alle Elemente sollen identisch sein und eine normalverteilte Arbeitszeit bis zum Ausfall mit verhältnismäßig kleiner Streuung besitzen. (Mit anderen Worten: Jedes Element arbeitet bis zum Ausfall im wesentlichen eine konstante Zeit mit einer geringfügigen Abweichung vom Mittelwert.) Es ist einleuchtend, daß das System zunächst arbeiten und dann zu einem Zeitpunkt erstmalig ausfallen wird, der in der Nähe der mittleren Arbeitszeit bis zum Ausfall eines Elements liegt. Anschließend werden innerhalb eines verhältnismäßig kurzen Zeitintervalls auch die beiden anderen Systemelemente ausfallen (Abb. 6.2.1). Danach wird in einem Zeitintervall, dessen Länge etwa der mittleren Arbeitszeit eines Elements bis zu dessen Ausfall entspricht, kein Ausfall stattfinden. Aber dann werden ziemlich dicht hintereinander wieder drei Ausfälle auftreten. Es sei auf die Erfahrungstatsache hingewiesen, daß sich im Laufe der Zeit die Systemausfälle mehr und mehr gleichmäßig entlang der Zeitachse verteilen werden (vgl. Anhang 3). Bei kleiner Streuung der Verteilung der Elemente wird dieser Ausgleichsvorgang jedoch recht lange dauern.

Auf diese Weise erkennt man, daß die Wahrscheinlichkeitsverteilungen der Zufallsgrößen $\Theta^{(i)}$ wesentliche Unterschiede besitzen.

Die Untersuchung beliebiger Verteilungsgesetze für die zufälligen Intervalle der ausfallfreien Arbeit und des Stillstandes der einzelnen Elemente führt zu aufwendigen Ergebnissen, die für praktische Berechnungen im wesentlichen nicht mehr anwendbar sind. Im folgenden wird die Aufmerksamkeit hauptsächlich dem Fall gewidmet, in dem alle Elemente eine exponentialverteilte Arbeitszeit und eine exponentialverteilte Erneuerungszeit besitzen:

$$F_i(t) = \mathcal{P}\{\Theta_i \leqq t\} = 1 - e^{-\lambda_i t},$$

$$F_{Ei}(t) = \mathcal{P}\{\xi_i \leqq t\} = 1 - e^{-\mu_i t}.$$

Dabei sind λ_i und μ_i die Parameter der entsprechenden Verteilungen, die sogenannte Ausfallrate und die sogenannte Erneuerungsrate.

2. *Abhängigkeit der Zuverlässigkeitskenngrößen von der Erneuerungscharakteristik des Systems*

Die Zuverlässigkeitskenngrößen hängen davon ab, in welchem Regime sich die intakten Systemelemente bei der Erneuerung des ausgefallenen Elements befinden.

Man kann die beiden folgenden Grundarbeitsregime des Systems beobachten:

— Bei Ausfall eines beliebigen Elements werden die übrigen Systemelemente abgeschaltet. Das heißt, die Ausfallraten $\lambda_i(t)$ der intakten Elemente werden von diesem Zeitpunkt an als verschwindend angesehen (Abb. 6.2.2). Das bedeutet, daß während der Erneuerung eines Elements keines der übrigen Systemelemente ausfallen kann. In diesem Falle reicht zur Systemerneuerung eine einzige Reparaturbrigade aus.

— Bei Ausfall eines beliebigen Elements verbleiben die übrigen Systemelemente im Arbeitsregime. Das heißt, die Zuverlässigkeitscharakteristik jedes einzelnen Systemelements hängt vom Zustand der anderen Elemente nicht ab (Abb. 6.2.3).

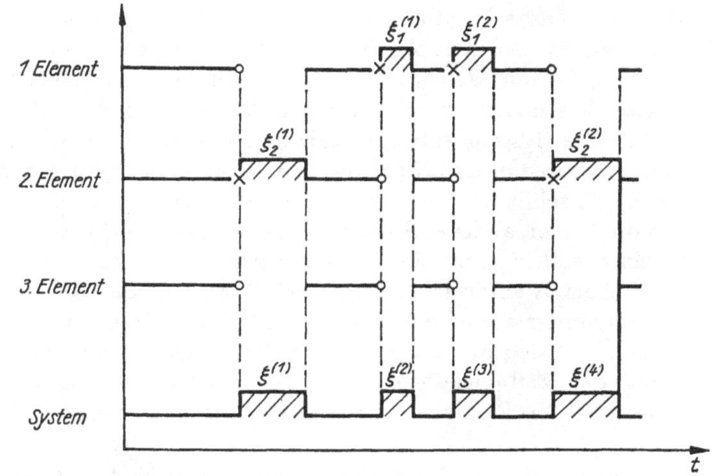

Abb. 6.2.2. Zeitdiagramm für folgendes Arbeitsregime des Systems: bei Ausfall eines Elements werden die übrigen Elemente abgeschaltet

× – Ausfallzeitpunkt eines Elements; o – Abschaltzeitpunkt eines Elements, das für die Dauer der Reparatur des ausgefallenen Elements abgeschaltet wird; $\xi_i^{(k)}$ – k-tes Erneuerungsintervall des i-ten Elements, $\xi^{(k)}$ – k-tes Erneuerungsintervall des Systems

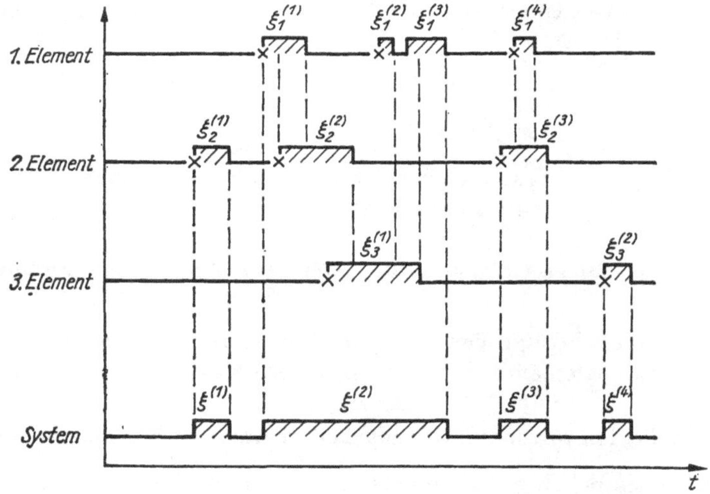

Abb. 6.2.3. Zeitdiagramm für folgendes Arbeitsregime des Systems: bei Ausfall eines Elements verbleiben die übrigen Elemente im arbeitenden Zustand. (Die Symbole haben die gleiche Bedeutung wie in Abb. 6.2.2.)

6.2.1. Exponentialverteilte Arbeitszeit und exponentialverteilte Erneuerungszeit der Elemente

In den Tabellen 6.2.1 und 6.2.2 wurden die Zuverlässigkeitskenngrößen für ein Seriensystem, das aus n unterschiedlichen Elementen besteht, zusammengestellt. Die Ausfall- und Erneuerungsraten werden entsprechend der Nummer i des Elements

Tabelle 6.2.1. Seriensystem aus n unterschiedlichen Elementen mit den Ausfallraten λ_i und den Erneuerungsraten μ_i (exponentialverteilte Arbeits- und Erneuerungszeiten). Bei einem Ausfall wird das System abgeschaltet

$$\gamma_i = \frac{\lambda_i}{\mu_i}\,; \qquad \Lambda = \sum_{i=1}^{n} \lambda_i$$

Kenngröße	exakter Ausdruck	Näherungsausdruck	Näherungsbedingung	Fehler
T	$\frac{1}{\Lambda} = \left(\sum_{i=1}^{n} \lambda_i\right)^{-1}$	–	–	–
τ	$\frac{1}{\Lambda} \sum_{i=1}^{n} \gamma_i$	–	–	–
$P(t_0)$	$e^{-\Lambda t_0}$	$1 - \Lambda t_0$	$\Lambda t_0 \ll 1$	$\delta_+ < \frac{(\Lambda t_0)^2}{2}$
V	$\left(1 + \sum_{i=1}^{n} \gamma_i\right)^{-1}$	$1 - \sum_{i=1}^{n} \gamma_i$	$\max_i \gamma_i \ll \frac{1}{n}$	$\delta_+ < n^2 \left(\max_i \gamma_i\right)^2$
$V(t)$	$V + (1 - V)\, e^{-t\left(\Lambda + \frac{1}{\tau}\right)}$	$1 - \Lambda\tau\left(1 - e^{-\frac{t}{\tau}}\right)$	$\Lambda\tau \ll 1$	$\delta_+ \sim (\Lambda\tau)^2 \left(1 - e^{-\frac{t}{\tau}}\right)$
$R(t_0)$	$V\, e^{-\Lambda t_0}$	$1 - \Lambda(\tau + t_0)$	$\Lambda t_0 \ll 1\,, \quad \Lambda\tau \ll 1$	$\delta_+ < 2{,}5[\Lambda \max(t_0, \tau)]^2$

Tabelle 6.2.2. Seriensystem aus n unterschiedlichen Elementen mit den Ausfallraten λ_i und den Erneuerungsraten μ_i (exponentialverteilte Arbeits- und Erneuerungszeiten). Bei einem Ausfall wird das System nicht abgeschaltet

$$\gamma_i = \frac{\lambda_i}{\mu_i}; \quad \Lambda = \sum_{i=1}^{n} \lambda_i$$

Kenngröße	exakter Ausdruck	Näherungsausdruck	Näherungsbedingung	Fehler
T	$\frac{1}{\Lambda} = \left(\sum_{i=1}^{n} \lambda_i\right)^{-1}$	–	–	–
τ^*	$\frac{1}{\Lambda}\left(\prod_{i=1}^{n} (1+\gamma_i) - 1\right)$	$\frac{1}{\Lambda} \sum_{i=1}^{n} \gamma_i$	$\max_i \gamma_i \ll \frac{1}{n}$	$\delta_- < \frac{n^2}{2\Lambda}\left(\max_i \gamma_i\right)^2$
$P(t_0)$	$e^{-\Lambda t_0}$	$1 - \Lambda t_0$	$\Lambda t_0 \ll 1$	$\delta_+ < \frac{(\Lambda t_0)^2}{2}$
V^*	$\prod_{i=1}^{n} (1+\gamma_i)^{-1}$	$1 - \sum_{i=1}^{n} \gamma_i$	$\max_i \gamma_i \ll \frac{1}{n}$	$\delta_+ < \frac{n^2}{2}\left(\max_i \gamma_i\right)^2$
$V(t)$	Der exakte Ausdruck wird nicht angegeben	$1 - \Lambda\tau^*\left(1 - e^{-\frac{t}{\tau^*}}\right)$	$\Lambda\tau^* \ll 1$	$\delta_+ \sim (\Lambda\tau^*)^2\left(1 - e^{-\frac{t}{\tau^*}}\right)$
$R(t_0)$	$V^* e^{-\Lambda t_0}$	$1 - \Lambda(\tau^* + t_0)$	$\Lambda t_0 \ll 1, \quad \Lambda\tau^* \ll 1$	$\delta^+ < 2{,}5[\Lambda \max(t_0, \tau^*)]^2$

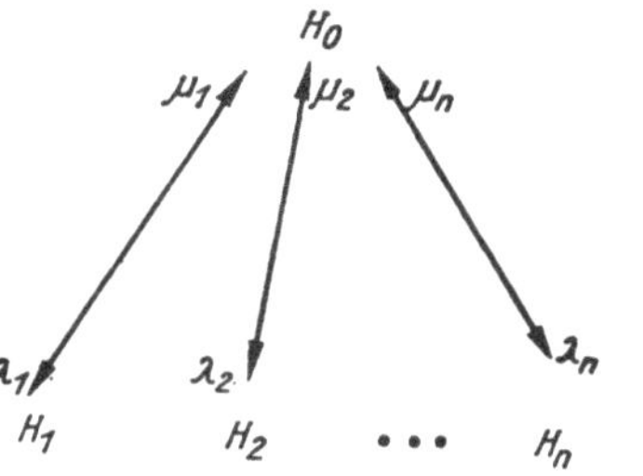

Abb. 6.2.4. Übergangsgraph für ein System gemäß Tab. 6.2.1

H_0 – arbeitsfähiger Zustand des Systems; H_i – Ausfallzustand des Systems, der durch das i-te Element hervorgerufen wird

mit λ_i und μ_i bezeichnet. In Tabelle 6.2.1 wurden die Zuverlässigkeitskenngrößen für den Fall angegeben, daß bei Ausfall eines beliebigen Elements das System abgeschaltet wird. (Den Graphen der Zustandsübergänge des Systems zeigt Abb. 6.2.4.) Tabelle 6.2.2 gilt für den Fall, daß die intakten Elemente des Systems ihre Arbeit während der Erneuerung von ausgefallenen Elementen fortsetzen. Dabei wird eine unbeschränkte Erneuerung vorausgesetzt. (Den Graphen der Zustandsübergänge des Systems zeigt Abb. 6.2.5.) Im Fall einer beschränkten Erneuerung entsteht das Problem der Prioritäten bei der Erneuerung von ausgefallenen Elementen. Bei Zugrundelegung einer bestimmten Wartungsordnung führt die Berechnung der Zuverlässigkeitskenngrößen jedoch im allgemeinen zu sehr komplizierten Ausdrücken, wobei meistens die LAPLACE-Transformierten benutzt werden. Die Rücktransformation kann nur mit numerischen Methoden erfolgen.

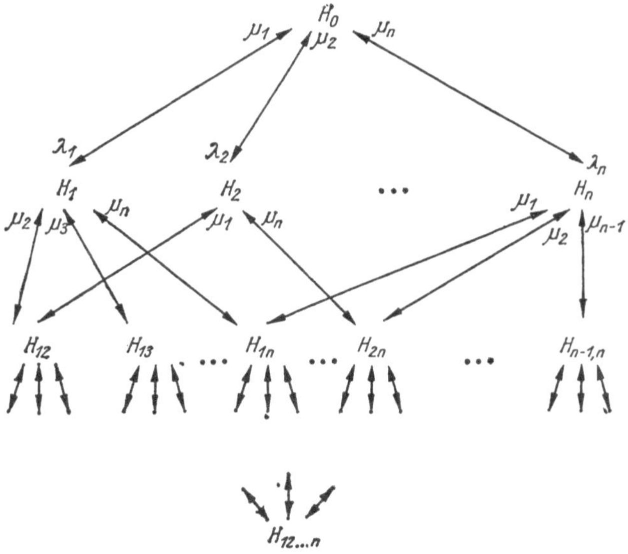

Abb. 6.2.5. Übergangsgraph für ein System gemäß Tab. 6.2.2

H_0 – arbeitsfähiger Zustand des Systems; $H_{i,j,\ldots,k}$ – Ausfallzustand des Systems, wenn gerade die Elemente $i, j, \ldots, k$ erneuert werden

Tabelle 6.2.3. Seriensystem aus n gleichartigen Elementen mit den Ausfallraten λ und den Erneuerungsraten μ (exponentialverteilte Arbeits- und Erneuerungszeiten). Bei einem Ausfall wird das System abgeschaltet

$\gamma = \lambda/\mu$

Kenngröße	exakter Ausdruck	Näherungsausdruck	Näherungsbedingung	Fehler
T	$\frac{1}{n\lambda}$	—	—	—
τ	$\frac{1}{\mu}$	—	—	—
$P(t_0)$	$e^{-n\lambda t_0}$	$1 - n\lambda t_0$	$n\lambda t_0 \ll 1$	$\delta_+ < \frac{(n\lambda t_0)^2}{2}$
V	$(1 + n\gamma)^{-1}$	$1 - n\gamma$	$\gamma \ll \frac{1}{n}$	$\delta_+ < (n\gamma)^2$
$V(t)$	$V + (1 - V)\, e^{-t\left(n\lambda + \frac{1}{\tau}\right)}$	$1 - n\lambda\tau\left(1 - e^{-\frac{t}{\tau}}\right)$	$n\lambda\tau \ll 1$	$\delta_+ \sim (n\lambda\tau)^2\left(1 - e^{-\frac{t}{\tau}}\right)$
$R(t_0)$	$V\, e^{-n\lambda t_0}$	$1 - n\lambda(\tau + t_0)$	$n\lambda t_0 \ll 1$, $n\lambda\tau \ll 1$	$\delta + < 2{,}5 \times$ $\times\, [n\lambda \max(t_0, \tau)]^2$

Tabelle 6.2.4. Seriensystem aus n gleichartigen Elementen mit den Ausfallraten λ und den Erneuerungsraten μ (exponentialverteilte Arbeits- und Erneuerungszeiten). Unbeschränkte Erneuerung. Bei einem Ausfall wird das System nicht abgeschaltet

$\gamma = \lambda/\mu$

Kenngröße	Exakter Ausdruck	Näherungsausdruck	Näherungsbedingung	Fehler
T	$\frac{1}{n\lambda}$	—	—	—
τ^*	$\frac{1}{n\lambda}[(1 + \gamma)^n - 1]$	$\frac{1}{\mu}$	$\gamma \ll \frac{1}{n}$	$\delta_+ < \frac{n-1}{2}\frac{\gamma}{\mu}$
$P(t_0)$	$e^{-n\lambda t_0}$	$1 - n\lambda t_0$	$n\lambda t_0 \ll 1$	$\delta_+ < \frac{(n\lambda t_0)^2}{2}$
V^*	$(1 + \gamma)^{-n}$	$1 - n\gamma$	$\gamma \ll \frac{1}{n}$	$\delta_+ < \frac{n(n-1)}{2}\gamma^2$
$V(t)$	Der exakte Ausdruck wird nicht angegeben.	$1 - n\lambda\tau^* \times$ $\times \left(1 - e^{-\frac{t}{\tau^*}}\right)$	$n\lambda\tau^* \ll 1$	$\delta_+ \sim (n\lambda\tau^*)^2\left(1 - e^{-\frac{t}{\tau^*}}\right)$
$R(t_0)$	$V\, e^{-n\lambda t_0}$	$1 - n\lambda(\tau^* + t_0)$	$n\lambda t_0 \ll 1$, $n\lambda\tau^* \ll 1$	$\delta_+ < 2{,}5 \times$ $\times\, [n\lambda \max(t_0, \tau^*)]^2$

In den Tabellen 6.2.3 und 6.2.4 werden die Zuverlässigkeitskenngrößen für zwei verwandte Systemklassen mit jeweils n gleichartigen Elementen angegeben: einmal mit Abschalten des Systems bei Ausfall von Elementen (den Übergangsgraphen für dieses System zeigt Abb. 6.2.6) und einmal ohne Abschalten des Systems bei unbeschränkter Erneuerung (den Übergangsgraphen für dieses System zeigt die Abb. 6.2.7).

Abb. 6.2.6. Übergangsgraph für ein System gemäß Tab. 6.2.3

H_0 – arbeitsfähiger Zustand des Systems;
H_1 – Ausfallzustand des Systems

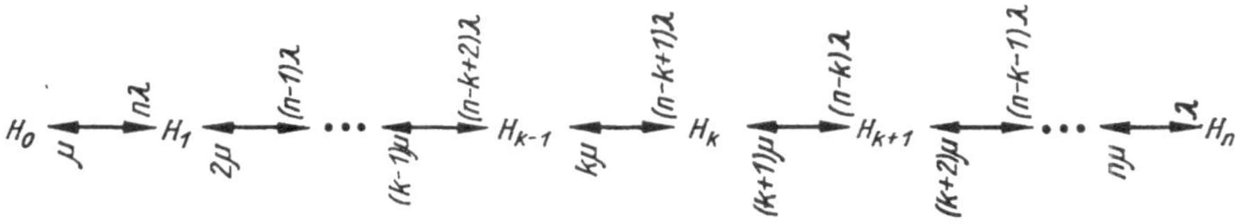

Abb. 6.2.7. Übergangsgraph für ein System gemäß Tab. 6.2.4

H_0 – arbeitsfähiger Zustand des Systems; H_k – Ausfallzustand des Systems, bei dem genau k Systemelemente erneuert werden

Tabelle 6.2.5. Seriensystem aus n gleichartigen Elementen mit den Ausfallraten λ und den Erneuerungsraten μ (exponentialverteilte Arbeits- und Erneuerungszeiten). Beschränkte Erneuerung. Bei einem Ausfall wird das System nicht abgeschaltet

$$\gamma = \lambda/\mu$$

Kenngröße	exakter Ausdruck	Näherungsausdruck	Näherungsbedingung	Fehler
T	$1/n\lambda$	—	—	—
τ	$\frac{(n-1)!}{\lambda} \sum_{i=1}^{n} \frac{\gamma^i}{(n-i)!}$	$\frac{1}{\mu}$	$\frac{(n-1)\gamma}{\mu} \ll 1$	$\delta_+ \sim \frac{(n-1)\gamma}{\mu}$
$P(t_0)$	$e^{-n\lambda t_0}$	$1 - n\lambda t_0$	$n\lambda t_0 \ll 1$	$\delta_+ < \frac{1}{2}(n\lambda t_0)^2$
V	$\left[n! \sum_{i=0}^{n} \frac{\gamma^i}{(n-i)!}\right]^{-1}$	$1 - n\gamma$	$n\gamma \ll 1$	$\delta_+ < n\gamma^2$
$R(t_0)$	$V\, e^{-n\lambda t_0}$	$1 - n(\lambda t_0 + \gamma)$	$n^2\lambda\gamma t_0 \ll 1$	$\delta_+ \sim n^2\lambda\gamma t_0$

In Tabelle 6.2.5 wurden die Zuverlässigkeitskenngrößen für ein System gleichartiger Elemente, das nicht abgeschaltet wird, für den Fall einer vollständig beschränkten Erneuerung angegeben. (Den Übergangsgraphen für dieses System zeigt die Abb. 6.2.8.)

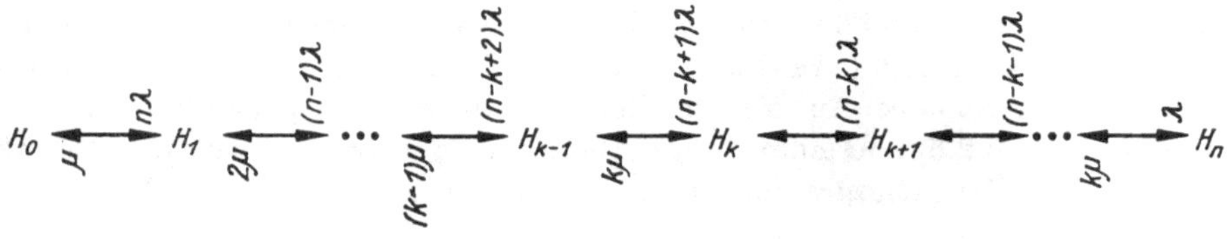

Abb. 6.2.8. Übergangsgraph für ein System gemäß Tab. 6.2.5

H_0 – arbeitsfähiger Zustand des Systems; H_i – Ausfallzustand des Systems, bei dem genau i Systemelemente erneuert werden; k – Anzahl der Reparaturbrigaden

Beispiel 6.2.1

Gegeben ist ein Seriensystem, das aus drei unabhängigen Elementen besteht. Jedes Element besitzt sowohl eine exponentialverteilte Arbeitszeit als auch eine exponentialverteilte Erneuerungszeit. Die entsprechenden Werte der Ausfall- und Erneuerungsraten der Elemente sind bekannt:

$$\lambda_1 = 0{,}05\ \text{h}^{-1}; \quad \mu_1 = 1\ \text{h}^{-1}; \quad \lambda_2 = 0{,}02\ \text{h}^{-1}; \quad \mu_2 = 0{,}5\ \text{h}^{-1};$$

$$\lambda_3 = 0{,}01\ \text{h}^{-1}; \quad \mu_3 = 1\ \text{h}^{-1}.$$

Zu berechnen sind die folgenden Zuverlässigkeitskenngrößen: T, τ, $P(t_0)$ für $t_0 = 0{,}5$ h, V und $R(t_0) = R(0{,}5\ \text{h})$ für ein Arbeitsregime, das bei Ausfall eines Elements das System abschaltet.

Lösung

Wir bestimmen zunächst die Werte

$$\Lambda = \lambda_1 + \lambda_2 + \lambda_3 = (0{,}05 + 0{,}02 + 0{,}01)\ h^{-1} = 0{,}08\ \text{h}^{-1},$$

$$\gamma_1 = \lambda_1/\mu_1 = 0{,}05, \quad \gamma_2 = \lambda_2/\mu_2 = 0{,}04, \quad \gamma_3 = \lambda_3/\mu_3 = 0{,}01.$$

1. Mittlere Zeit der ausfallfreien Arbeit:

$$T = 1/\Lambda = 12{,}5\ \text{h}.$$

2. Mittlere Erneuerungszeit:

$$\tau = \frac{1}{\Lambda}(\gamma_1 + \gamma_2 + \gamma_3) = \frac{1}{0{,}08}(0{,}05 + 0{,}04 + 0{,}01) = 1{,}23\ \text{h}.$$

3. Wahrscheinlichkeit der ausfallfreien Arbeit des Systems bis zum Zeitpunkt $t_0 = 0{,}5$ h:

$$P(t_0) = \text{e}^{-\Lambda t_0} = \text{e}^{-0{,}08 \cdot 0{,}5} = 0{,}962.$$

Näherungswert:

$$\widetilde{P}(t_0) = 1 - \Lambda t_0 = 1 - 0{,}08 \cdot 0{,}5 = 0{,}96.$$

4. Dauerverfügbarkeit des Systems:

$$V = \frac{1}{1 + \gamma_1 + \gamma_2 + \gamma_3} = \frac{1}{1 + 0{,}05 + 0{,}04 + 0{,}01} = 0{,}909.$$

Näherungswert für die Dauerverfügbarkeit:

$$\widetilde{V} = 1 - (\gamma_1 + \gamma_2 + \gamma_3) = 1 - (0{,}05 + 0{,}04 + 0{,}01) = 0{,}90.$$

Anmerkung: Wenn man zunächst die Werte von Λ und τ berechnet hat, so ergibt sich der Wert für die Verfügbarkeit oft bequemer aus der Beziehung

$$V = 1/(1 + \Lambda\tau) \approx 1 - \Lambda\tau.$$

(Die Näherung gilt für $\Lambda\tau \ll 1$.)

5. Intervallverfügbarkeit des Systems für $t_0 = 0{,}5$ h:

$$R(t_0) = V\,\text{e}^{-\Lambda t_0} = VP(t_0) = 0{,}909 \cdot 0{,}962 = 0{,}874.$$

Näherungswert für die Intervallverfügbarkeit:

$$\widetilde{R}(t_0) = 1 - \Lambda(\tau + t_0) = 1 - 0{,}08(1{,}25 + 0{,}5) = 0{,}86.$$

Beispiel 6.2.2

Gegeben ist ein Seriensystem aus 100 unabhängigen Elementen. Alle Elemente sind identisch. Sie besitzen jeweils eine exponentialverteilte Arbeits- und Erneuerungszeit mit den Parametern

$$\lambda = 1 \cdot 10^{-5}\,\mathrm{h}^{-1} \quad \text{und} \quad \mu = 0{,}2\,\mathrm{h}^{-1}\,.$$

Zu berechnen sind die folgenden Zuverlässigkeitskenngrößen:

$$T, \tau^*, P(t_0) \text{ für } t_0 = 10\,\mathrm{h}\,,\ V^* \text{ und } R^*(t_0) = R^*(10\,\mathrm{h})$$

für ein Arbeitsregime, in dem bei Ausfall eines Elements die übrigen ihre Arbeit fortsetzen.

Lösung

Wir bestimmen zunächst den Wert $\gamma = 1 \cdot 10^{-5}/0{,}2 = 5 \cdot 10^{-5}$.

1. Mittlere Zeit der ausfallfreien Arbeit:

$$T = \frac{1}{n\lambda} = \frac{1}{100 \cdot 10^{-5}} = 1000\,\mathrm{h}\,.$$

2. Mittlere Erneuerungszeit:

$$\tau^* = \frac{1}{n\lambda}[(1+\gamma)^n - 1] = \frac{1}{100 \cdot 10^{-5}}[(1 + 5 \cdot 10^{-5})^{100} - 1] = 5{,}01\,\mathrm{h}\,.$$

Näherungswert:

$$\tilde{\tau}^* = 1/\mu = 1/0{,}2 = 5\,\mathrm{h}\,.$$

3. Wahrscheinlichkeit der ausfallfreien Arbeit des Systems zum Zeitpunkt $t_0 = 10\,\mathrm{h}$:

$$P(t_0) = \mathrm{e}^{-n\lambda t_0} = \mathrm{e}^{-100 \cdot 10^{-5} \cdot 10} = \mathrm{e}^{-0{,}01} = 0{,}9901\,.$$

Näherungswert:

$$\tilde{P}(t_0) = 1 - n\lambda t_0 = 1 - 100 \cdot 10^{-5} \cdot 10 = 0{,}99\,.$$

4. (Dauer-)Verfügbarkeit des Systems:

$$V^* = \frac{1}{(1+\gamma)^n} = \frac{1}{(1 + 5 \cdot 10^{-5})^{100}} = 0{,}99503\,.$$

Näherungswert der (Dauer-)Verfügbarkeit:

$$\tilde{V}^* = 1 - n\gamma = 1 - 100 \cdot 5 \cdot 10^{-5} = 0{,}995\,.$$

Anmerkung: Wenn zunächst der Wert τ^* berechnet wurde, so ergibt sich der Wert der Verfügbarkeit oft bequemer aus der Beziehung

$$V = 1/(1 + n\lambda\tau^*) \approx 1 - n\lambda\tau^*\,.$$

(Die Näherung gilt für $n\lambda\tau^* \ll 1$.)

5. Intervallverfügbarkeit des Systems für $t_0 = 10\,\mathrm{h}$:

$$R^*(t_0) = V^*\,\mathrm{e}^{-n\lambda t} = V^* P(t_0) = 0{,}9950 \cdot 0{,}9901 = 0{,}9851\,.$$

Näherungswert:

$$\tilde{R}^*(t_0) = 1 - n\lambda(\tau + t_0) = 1 - 100 \cdot 10^{-5}(5 + 10) = 0{,}985\,.$$

6.3. Seriensystem mit abhängigen Elementen

Die Voraussetzung der **Unabhängigkeit der Systemelemente trifft** in der Praxis oft **nicht zu.** Eine Abhängigkeit kann zum Beispiel auf folgende Weise zustande kommen:

1. Auf alle Elemente wirkt zur gleichen Zeit ein und derselbe äußere Einflußfaktor (Temperatur, Schwingungen, Strahlung und ähnliches). Deshalb werden alle Elemente gleichzeitig mehr oder weniger zuverlässig.

2. Die Berechnung wird für ein System durchgeführt, zu dem Elemente des gleichen Typs gehören. Der Rechnung werden ein und dieselben statistischen Anfangsdaten zugrunde gelegt. Das führt entweder zu einer gleichzeitigen Verbesserung oder zu einer gleichzeitigen Verschlechterung der Zuverlässigkeits-Parameter für alle Elemente des gleichen Typs.

Daraus läßt sich schließen, daß in der Praxis die Elemente meistens nicht unabhängig sind, sondern abhängig, und zwar mit positiver Korrelation. Für zwei abhängige zufällige Ereignisse A und B gilt die Beziehung

$$\mathcal{P}(AB) = \mathcal{P}(A)\,\mathcal{P}(B) + \varrho(A, B)\,,$$

wobei $\varrho(A, B)$ der Korrelationskoeffizient ist.

Für ein Seriensystem mit abhängigen Elementen (positiver Korrelation) folgt daraus die Abschätzung

$$P(t_0) \geqq \prod_{i=1}^{m} P_i(t_0)$$

$$\left(V \geqq \prod_{i=1}^{m} V_i;\; R(t_0) \geqq \prod_{i=1}^{m} R_i(t_0)\right).$$

Also ist die tatsächliche Wahrscheinlichkeit der ausfallfreien Arbeit (der Dauerverfügbarkeit, der Intervallverfügbarkeit) eines Seriensystems aus abhängigen Elementen größer als die entsprechenden Werte, die unter der Voraussetzung der Unabhängigkeit berechnet werden.

Analog ergibt sich

$$T_1 = \int_0^\infty P(t)\,\mathrm{d}t \geqq \int_0^\infty \prod_{i=1}^{m} P_i(t)\,\mathrm{d}t\,.$$

Das heißt, die tatsächliche mittlere Arbeitszeit bis zum Ausfall eines Seriensystems aus abhängigen Elementen ist größer als der mit der Unabhängigkeitsvoraussetzung berechnete Mittelwert.

Beispiel 6.3.1

Ein Seriensystem besteht aus $m = 10$ identischen Elementen. Jedes Element hat eine exponentialverteilte Arbeitszeit bis zum Ausfall. Das System soll mit wechselnder Belastung betrieben werden, deren Intensität auf zufällige Weise variiert. Die Belastung α genügt einer Exponentialverteilung mit dem Erwartungswert α_0, das heißt

$$\mathcal{P}\{\alpha \geqq x\} = \mathrm{e}^{-x/\alpha_0}\,.$$

Es wird vorausgesetzt, daß die Ausfallraten der Belastungsintensität α proportional sind, wobei sich für $\alpha = \alpha_0$ der Wert $\lambda_0 = 10^{-3}\,\mathrm{h}^{-1}$ ergibt. Das bedeutet $\mathcal{P}\{\lambda \geqq x\} = \exp(-x/\lambda_0)$.

Zu berechnen sind die Wahrscheinlichkeit der ausfallfreien Arbeit des Systems bis zum Zeitpunkt $t = 10$ h und die mittlere Arbeitszeit bis zum Ausfall.

Lösung

Die Wahrscheinlichkeit der ausfallfreien Arbeit eines Elements ist

$$P_1(10) = \mathrm{e}^{-10^{-3}\,10} = \mathrm{e}^{-10^{-2}}\,.$$

Eine untere Abschätzung für die Wahrscheinlichkeit der ausfallfreien Arbeit des Seriensystems ergibt sich zu

$$P(10) \geqq (\mathrm{e}^{-10^{-2}})^{10} = 0{,}905\,.$$

Die untere Abschätzung für die mittlere Arbeitszeit bis zum Ausfall wird

$$T = 1/m\lambda_0 = 100\ \mathrm{h}\,.$$

Der tatsächliche Wert für die Wahrscheinlichkeit der ausfallfreien Arbeit kann wie folgt ermittelt werden:

$$P(t_0) = \int_0^\infty e^{-mxt_0} \frac{1}{\lambda_0} e^{-x/\lambda_0} \, dx = \frac{1}{1 + \lambda_0 t_0 m} .$$

Daraus erhält man

$$P(10) = \frac{1}{1 + 10 \cdot 10 \cdot 10^{-3}} = \frac{1}{1 + 0{,}1} = 0{,}909 .$$

Der exakte Wert für die mittlere Arbeitszeit bis zum Ausfall ergibt sich aus der Beziehung

$$T = \int_0^\infty P(t) \, dt = \int_0^\infty \frac{dt}{1 + m\lambda_0 t} .$$

Das zuletzt notierte Integral divergiert. Also ist der tatsächliche Wert von T unendlich.

Literatur

[1] Drushinin, G. W. — Дружинин Г. В.: Метод расчета надежности работы аппаратуры. — «Автоматика и телемеханика», 1967, № 12.

[2] Siniza, M. A. — Синица М. А.: Расчет среднего времени безотказной работы аппаратуры. — «Радиотехника», 1960, № 3.

[3] Siforow, W. I. — Сифоров В. И.: О методах расчета надежности работы систем, содержащих большое число элементов. — «Известия АН СССР, ОТН», 1954, № 6.

[4] Solowjew, A. D., Uschakow, I. A. — Соловьев А. Д., Ушаков И. А.: Некоторые оценки для систем из «стареющих» элементов. — «Автоматика и вычислительная техника», 1967, № 6.

[5] Stscherbakow, O. W. — Щербаков О. В.: К оценке надежности последовательных систем с восстановлением. — «Известия АН СССР, Техническая кибернетика», 1966, № 1.

Ergänzungsliteratur

[1] Barlow, R. E., Proschan, F.: Statistical theory of reliability and life testing. New York: Holt, Rinehart & Winston 1975.

[2] Esary, J. D., Proschan, F., Walkup, D. W.: Association of random variables, with applications. Ann. Math. Statist. 38 (1967) 1466–74.

7. BERÜCKSICHTIGUNG DES EINFLUSSES VON KONTROLL- UND UMSCHALTEINRICHTUNGEN AUF DIE ZUVERLÄSSIGKEIT

7.0. Einführung

Oft liefern die a-priori-Berechnungen der Zuverlässigkeit diverser Systeme, vor allem bei Systemen mit Reserve, wesentlich höhere Zuverlässigkeitskennwerte als diejenigen, die im praktischen Einsatz oder bei speziellen Zuverlässigkeitstests gewonnen werden. Diese Diskrepanz ergibt sich in erster Linie daraus, daß die Berechnungsformeln gewisse Charakteristiken von anscheinend sekundären Einrichtungen, wie Umschalt- und Überwachungsgeräten, nicht berücksichtigen. Diese können im Endeffekt einen ganz wesentlichen Einfluß auf die Zuverlässigkeit haben.

In diesem Kapitel werden nur **dublierte Systeme** betrachtet, da sie den häufigsten Fall der Reservierung darstellen. Allein schon die Dublierung führt auf eine sehr große Zahl spezieller Anordnungen, für die die Berechnung unterschiedlich erfolgen muß. Im Rahmen dieses Kapitels werden nur die grundlegenden Fälle betrachtet. Es erscheint nicht sinnvoll, ein für praktische Berechnungen bestimmtes Handbuch mit Formeln zur Berechnung der Zuverlässigkeitsparameter für zahlreiche ausgefallene und selten vorkommende Anordnungen anzufüllen. (Das gleiche gilt auch für Systeme mit einer großen Zahl von Reserveelementen.)

Alle Berechnungsformeln wurden ausschließlich mittels einer heuristischen Methode (s. Anhang 6) gewonnen. Sie gelten nur unter den jeweils angegebenen einschränkenden Voraussetzungen für die entsprechenden Parameter. Die Fehler werden weder ihrer Größe noch ihrem Vorzeichen nach ermittelt. Das gleiche gilt auch für die angegebenen oberen und unteren Abschätzungen.

7.1. Dubliertes System mit endlicher Umschaltzeit

Wir betrachten ein dubliertes System mit einem **absolut zuverlässigen Umschalter**, aber unter der Bedingung, daß bei Ausfall des Grundelements die **Umschaltung in einer endlichen Zeit** t_u erfolgt. Für alle Zuverlässigkeitskenngrößen werden **Näherungsformeln** angegeben, die **unter der Bedingung** gelten, daß die mittlere ausfallfreie Arbeitszeit (T) der Elemente viel größer ist als die mittlere Stillstandszeit (τ) und die Umschaltzeit (t_u); das heißt $T \gg \tau$ und $T \gg t_u$. Für das Verhältnis von τ und t_u werden keine Einschränkungen gemacht.

Es sei darauf hingewiesen, daß grundsätzlich jeder Ausfall des Grundelements einen Aufsall des Systems bedingt. Wenn zu diesem Zeitpunkt eine arbeitsfähige Reserve vorhanden ist, so kann dadurch lediglich die Zeit zur Wiederherstellung der Arbeitsfähigkeit des Systems abgekürzt werden.

Formeln für die Zuverlässigkeitskenngrößen eines dublierten Systems bei verschiedenen Arbeits- und Erneuerungsregimen wurden in den Tabellen 7.1.1 bis 7.1.4 zusammengestellt. Dabei wird $P(t)$ als „alternde“ Verteilung vorausgesetzt.

Tabelle 7.1.1. Belastete Reserve. Unbeschränkte Erneuerung

$$\gamma = \lambda\tau \text{ oder } \gamma = \tau/T; \quad \gamma_0 = t_0/T \text{ oder } \gamma_0 = \lambda t_0; \quad \gamma_u = t_u T \text{ oder } \gamma_u = \lambda t_u .$$

Kenngröße	Exponentialverteilung	beliebige Verteilung $P(t)$	
		untere Abschätzung	obere Abschätzung
T_S	$\frac{1}{\lambda}$	$\frac{T}{2}$	T
τ_S	$t_u + \gamma\tau$	$t_u + 0{,}5\gamma\tau$	$t_u + \gamma\tau$
$P_S(t_0)$	$e^{-\gamma_0}$	$1 - 2\gamma_0$	$e^{-\gamma_0}$
V	$1 - (\gamma_u + \gamma^2)$	$1 - 2(\gamma + 0{,}5\gamma^2)$	$1 - (\gamma_u + \gamma^2)$
$R(t_0)$	$[1 - (\gamma_u + \gamma^2)]\, e^{-\gamma_0}$	$[1 - (2\gamma_u + \gamma^2)]\,(1 - \gamma_0)^2$	$[1 - (\gamma_u + \gamma^2)]\, e^{-\gamma_0}$

Tabelle 7.1.2. Belastete Reserve. Beschränkte Erneuerung

$$\gamma = \lambda\tau \text{ oder } \gamma = \tau/T; \quad \gamma_0 = t_0/T \text{ oder } \gamma_0 = \lambda t_0; \quad \gamma_u = t_u/T \text{ oder } \gamma_u = \lambda t_u .$$

Kenngröße	Exponentialverteilung	beliebige Verteilung $P(t)$	
		untere Abschätzung	obere Abschätzung
T_S	$\frac{1}{\lambda}$	$0{,}5T$	T
τ_S	$t_u + 2\gamma\tau$	$t_u + 0{,}5\gamma\tau$	$t_u + 2\gamma\tau$
$P_S(t_0)$	$e^{-\gamma_0}$	$1 - 2\gamma_0$	$e^{-\gamma_0}$
V	$1 - (\gamma_u + 2\gamma^2)$	$1 - (2\gamma_u + \gamma^2)$	$1 - (\gamma_u + 2\gamma^2)$
$R(t_0)$	$[1 - (\gamma_u + 2\gamma^2)]\, e^{-\gamma_0}$	$[1 - (2\gamma_u + \gamma^2)]\,(1 - \gamma_0)^2$	$[1 - (\gamma_u + 2\gamma^2)]\, e^{-\gamma_0}$

Tabelle 7.1.3. Unbelastete Reserve. Unbeschränkte Erneuerung

$\gamma = \lambda\tau$ oder $\gamma = \tau/T$;
$\gamma_0 = t_0/T$ oder $\gamma_0 = \lambda t_0$;
$\gamma_u = t_u/T$ oder $\gamma_u = \lambda t_u$.

Kenngröße	Exponentialverteilung	beliebige Verteilung $P(t)$	
		untere Abschätzung	obere Abschätzung
T_S	$\frac{1}{\lambda}$	T	T
τ_S	$t_u + 0{,}5\gamma\tau$	$t_u + 0{,}5\gamma\tau$	$t_u + 0{,}5\gamma\tau$
$P_S(t_0)$	$e^{-\gamma_0}$	$P(t_0)$	$P(t_0)$
V	$1 - (\gamma_u + 0{,}5\gamma^2)$	$1 - (\gamma_u + 0{,}5\gamma^2)$	$1 - (\gamma_u + 0{,}5\gamma^2)$
$R(t_0)$	$[1 - (\gamma_u + 0{,}5\gamma^2)]\, e^{-\gamma_0}$	$[1 - (\gamma_u + 0{,}5\gamma^2)]\,(1 - \gamma_0)$	$[1 - (\gamma_u + 0{,}5\gamma^2)]\, e^{-\gamma_0}$

Tabelle 7.1.4. Unbelastete Reserve. Beschränkte Erneuerung

$\gamma = \lambda\tau$ oder $\gamma = \tau/T$;
$\gamma_0 = t_0/T$ oder $\gamma_0 = \lambda t_0$;
$\gamma_u = t_u/T$ oder $\gamma_u = \lambda t_u$.

Kenngröße	Exponentialverteilung	beliebige Verteilung $P(t)$	
		untere Abschätzung	obere Abschätzung
T_S	$\frac{1}{\lambda}$	T	T
τ_S	$t_u + \gamma\tau$	$t_u + 0{,}5\gamma\tau$	$t_u + \gamma\tau$
$P_S(t_0)$	$e^{-\gamma_0}$	$P(t_0)$	$P(t_0)$
V	$1 - (\gamma_u + \gamma^2)$	$1 - (\gamma_u + 0{,}5\gamma^2)$	$1 - (\gamma_u + \gamma^2)$
$R(t_0)$	$[1 - (\gamma_u + \gamma^2)]\, e^{-\gamma_0}$	$[1 - (\gamma_u + 0{,}5\gamma^2)]\,[1 - \gamma_0]$	$[1 - (\gamma_u + \gamma^2)]\, e^{-\gamma_0}$

Tabelle 7.2.1. Dubliertes System mit unzuverlässigem Umschalter, der im Laufe der Zeit ausfallen kann (der Ausfall wird sofort entdeckt)

$\gamma = \tau/T$ oder $\gamma = \lambda\tau$;
$\gamma^u = \tau_u/T_u$ oder $\gamma^u = \lambda_u\tau_u$;
$\tilde{\gamma}^u = \tau_u/T$ oder $\tilde{\gamma}^u = \lambda\tau_u$;
$\gamma_0 = t_0/T$ oder $\gamma_0 = \lambda t_0$;
$\gamma^* = \tau^*/T$ oder $\gamma^* = \lambda\tau^*$

Kenngröße		belastete Reserve		unbelastete Reserve	
		$P(t)$, $P_u(t)$	$e^{-\lambda t}$, $e^{-\lambda_u t}$	$P(t)$, $P_u(t)$	$e^{-\lambda t}$, $e^{-\lambda_u t}$
T_S	untere Abschätzung obere Abschätzung	$\frac{T}{2\gamma + \gamma^u}$	$\frac{1}{\lambda(2\gamma + \gamma^u)}$	$\frac{T}{Q(\tau) + \gamma^u}$	$\frac{1}{\lambda(\gamma + \gamma^u)}$
τ_S	untere Abschätzung	$\frac{\tau^*\gamma + 0{,}5\tau_u\gamma^u}{2\gamma + \gamma^u}$	$\frac{\tau^*\gamma + 0{,}5\tau_u\gamma^u}{2\gamma + \gamma^u}$	$\frac{\tau^*Q(\tau) + 0{,}5\tau_u\gamma^u}{Q(\tau) + \gamma^u}$	$\frac{\tau^*\gamma + 0{,}5\tau_u\gamma^u}{\gamma + \gamma^u}$
	obere Abschätzung	$\frac{\tau^*\gamma + \tau_u\gamma^u}{2\gamma + \gamma^u}$	$\frac{\tau^*\gamma + \tau_u\gamma^u}{2\gamma + \gamma^u}$	$\frac{\tau^*Q(\tau) + \tau_u\gamma^u}{Q(\tau) + \gamma^u}$	$\frac{\tau^*\gamma + \tau_u\gamma^u}{\gamma + \gamma^u}$
$P_S(t_0)$	untere Abschätzung	$1 - \gamma_0(2\gamma + \gamma^u)$	$e^{-\gamma_0(2\gamma+\gamma^u)}$	$e^{-\gamma_0[Q(\tau)+\gamma^u]}$	$e^{-\gamma_0(\gamma+\gamma^u)}$
	obere Abschätzung	$e^{-\gamma_0(2\gamma+\gamma^u)}$			
V	untere Abschätzung	$1 - (\gamma\gamma^* + \tilde{\gamma}^u\gamma^u)$	$1 - (\gamma\gamma^* + \tilde{\gamma}^u\gamma^u)$	$1 - [\gamma^*Q(\tau) + \tilde{\gamma}^u\gamma^u]$	$1 - (\gamma^*\gamma + \tilde{\gamma}^u\gamma^u)$
	obere Abschätzung	$1 - (\gamma\gamma^* + 0{,}5\tilde{\gamma}^u\gamma^u)$	$1 - (\gamma\gamma^* + 0{,}5\tilde{\gamma}^u\gamma^u)$	$1 - [\gamma^*Q(\tau) + 0{,}5\tilde{\gamma}^u\gamma^u]$	$1 - (\gamma^*\gamma + 0{,}5\tilde{\gamma}^u\gamma^u)$
$R(t_0)$	untere Abschätzung	$1 - \gamma_0(2\gamma + \gamma^u)] \times$ $\times [1 - (\gamma\gamma^* + \tilde{\gamma}^u\gamma^u)]$	$[1 - (\gamma\gamma^* + \tilde{\gamma}^u\gamma^u)]\, e^{-\gamma_0(2\gamma+\gamma^u)}$	$\{1 - [\gamma^*Q(\tau) + \tilde{\gamma}^u\gamma^u]\} \times$ $\times e^{-\gamma_0[Q(\tau)+\gamma^u]}$	$[1 - (\gamma^*\gamma + \tilde{\gamma}^u\gamma^u)] \times$ $\times e^{-\gamma_0(\gamma+\gamma^u)}$
	obere Abschätzung	$[1 - (\gamma\gamma^* + 0{,}5\tilde{\gamma}^u\gamma^u)] \times$ $\times e^{-\gamma_0(2\gamma+\gamma^u)}$	$[1 - (\gamma\gamma^* + 0{,}5\tilde{\gamma}^u\gamma^u)]\, e^{-\gamma_0(2\gamma+\gamma^u)}$	$\{1 - [\gamma^*Q(\tau) + 0{,}5\tilde{\gamma}^u\gamma^u]\} \times$ $\times e^{-\gamma_0[Q(\tau)+\gamma^u]}$	$[1 - (\gamma^*\gamma + 0{,}5\tilde{\gamma}^u\gamma^u)] \times$ $\times e^{-\gamma_0(\gamma+\gamma^u)}$

Tabelle 7.2.2. Dubliertes System mit unzuverlässigem Umschalter, der im Laufe der Zeit ausfallen kann (der Ausfall wird im Umschaltzeitpunkt entdeckt)

$$\gamma = \tau/T \quad \text{oder } \gamma = \lambda\tau;$$
$$\gamma^u = \tau_u/T_u \quad \text{oder } \gamma^u = \lambda_u\tau_u;$$
$$\tilde{\gamma}^u = \tau_u/T \quad \text{oder } \tilde{\gamma}^u = \lambda\tau_u;$$
$$\gamma_0 = t_0/T \quad \text{oder } \gamma_0 = \lambda t_0;$$
$$\gamma^* = \tau^*/T \quad \text{oder } \gamma^* = \lambda\tau^* .$$

Kenngröße		belastete Reserve		unbelastete Reserve	
		$P(t)$, $P_u(t)$	$e^{-\lambda t}$, $e^{-\lambda_u t}$	$P(t)$, $P_u(t)$	$e^{-\lambda t}$, $e^{-\lambda_u t}$
T_S	untere Abschätzung	$\underline{T} = \left(1 - e^{-\gamma \frac{T_u}{T}}\right) T_u$	$\frac{1}{\lambda_u + 2\gamma\lambda}$	$\underline{T}' = \left(1 - e^{-\gamma \frac{T_u}{T}}\right) T_u$	$\frac{1}{\lambda_u + \gamma\lambda}$
	obere Abschätzung	$\overline{T} = \frac{T T_u}{T + 2\gamma T_u}$		$\overline{T}' = \frac{T T_u}{T + \gamma T_u}$	
τ_S	untere Abschätzung	$\underline{\tau} = \min\left\{\left(1 - e^{-2\gamma \frac{T_u}{T}}\right)\tau^* + \tau_u e^{-2\gamma \frac{T_u}{T}} \frac{T T_u}{T + 2\gamma T_u} (\gamma^u + 2\gamma\gamma^*)\right\}$	$\frac{2\gamma\gamma^* + \gamma^u}{2\gamma\lambda + \lambda_u}$	$\underline{\tau}' = \min\left\{\left(1 - e^{-\gamma \frac{T_u}{T}}\right)\tau^* + \tau_u e^{-\gamma \frac{T_u}{T}} \frac{T T_u}{T + \gamma T_u} (\gamma^u + \gamma\gamma^*)\right\}$	$\frac{\gamma\gamma^* + \gamma^u}{\gamma\lambda + \lambda_u}$
	obere Abschätzung	$\bar{\tau} = \max\left\{\left(1 - e^{-2\gamma \frac{T_u}{T}}\right)\tau^* + \tau_u e^{-2\gamma \frac{T_u}{T}} \frac{T T_u}{T + 2\gamma T_u} (\gamma^u + 2\gamma\gamma^*)\right\}$		$\bar{\tau}' = \max\left\{\left(1 - e^{-\gamma \frac{T_u}{T}}\right)\tau^* + \tau_u e^{-\gamma \frac{T_u}{T}} \frac{T T_u}{T + T\gamma_u} (\gamma^u + \gamma\gamma^*)\right\}$	

Tabelle 7.2.2 (Fortsetzung)

Kenngröße		belastete Reserve		unbelastete Reserve	
		$P(t)$, $P_u(t)$	$e^{-\lambda t}$, $e^{-\lambda_u t}$	$P(t)$, $P_u(t)$	$e^{-\lambda t}$, $e^{-\lambda_u t}$
$P_S(t_0)$	untere Abschätzung	$\underline{P} = \begin{cases} e^{-\frac{t_0}{T_u}} & \text{für } t_0 < \overline{T}, \\ 0 & \text{für } t_0 \geqq \overline{T} \end{cases}$	$e^{-t_0(\lambda_u + 2\gamma\lambda)}$	$\underline{P}'(t_0) = \begin{cases} e^{-\frac{t_0}{T_u}} & \text{für } t_0 < T_u, \\ 0 & \text{für } t_0 \geqq T_u \end{cases}$	$e^{-t_0(\lambda_u + \gamma\lambda)}$
	obere Abschätzung	$\overline{P} = \begin{cases} e^{-2\gamma\gamma_0} & \text{für } t_0 < \overline{T}, \\ e^{-\frac{t_0}{T_u}} & \text{für } t_0 \geqq \overline{T} \end{cases}$		$\overline{P}'(t_0) = \begin{cases} e^{-\gamma\gamma_0} & \text{für } t_0 < T_u, \\ e^{-\frac{t_0}{T_u}} & \text{für } t_0 \geqq T_u \end{cases}$	
V	untere Abschätzung	$\underline{V} = 1 - \max\left\{\frac{\tau^*}{T_u} + \gamma^u \times \times \left(e^{2\gamma\frac{T_u}{T}} - 1\right)^{-1}, \gamma^u + 2\gamma\gamma^*\right\}$	$1 - (\gamma^u + 2\gamma\gamma^*)$	$\underline{V}' = 1 - \max\left\{\frac{\tau^*}{T_u} + \gamma^u \times \times \left(e^{\gamma\frac{T_u}{T}} - 1\right)^{-1}, \gamma^u + \gamma\gamma^*\right\}$	$1 - (\gamma^u + \gamma\gamma^*)$
	obere Abschätzung	$\overline{V} = 1 - \min\left\{\frac{\tau^*}{T_u} + \gamma^u \times \times \left(e^{2\gamma\frac{T_u}{T}} - 1\right)^{-1}, \gamma^u + 2\gamma\gamma^*\right\}$		$\overline{V}' = 1 - \min\left\{\frac{\tau^*}{T_u} + \gamma^u \times \times \left(e^{\gamma\frac{T_u}{T}} - 1\right)^{-1}, \gamma^u + \gamma\gamma^*\right\}$	
$R(t_0)$	untere Abschätzung	$\underline{V}\,\underline{P}(t_0)$	$[1 - (\gamma^u + 2\gamma\gamma^*)] \times \times e^{-t_0(\lambda_u + 2\gamma\lambda)}$	$\underline{V}'\,\underline{P}'(t_0)$	$[1 - (\gamma^u + \gamma\gamma^*)] \times \times e^{-t_0(\lambda_u + \lambda)}$
	obere Abschätzung	$\overline{V}\,\overline{P}(t_0)$		$\overline{V}'\,\overline{P}'(t_0)$	

Tabelle 7.2.3. Dubliertes System mit einem unzuverlässigen Umschalter, der beim Umschalten mit einer Wahrscheinlichkeit q ausfällt

Kenngröße		belastete Reserve		unbelastete Reserve	
		$P(t)$	$e^{-\lambda t}$	$P(t)$	$e^{-\lambda t}$
T_S	untere Abschätzung	$\frac{T}{2(\gamma + q)}$	$\frac{T}{2\gamma + q}$	$\frac{T}{Q(\tau) + q}$	$\frac{T}{\gamma + q}$
	obere Abschätzung	$\frac{T}{2\gamma + q}$			
τ_S	untere Abschätzung	$\min\left\{\frac{\gamma\tau^* + q\tau_u}{\gamma + q}, \frac{2\gamma\tau^* + q\tau_u}{2\gamma + q}\right\}$	$\frac{2\gamma\tau^* + q\tau_u}{2\gamma + q}$	$\frac{\tau^* Q(\tau) + \tau_u q}{Q(\tau) + q}$	$\frac{\gamma\tau^* + \tau_u q}{\gamma + q}$
	obere Abschätzung	$\max\left\{\frac{\gamma\tau^* + q\tau_u}{\gamma + q}, \frac{2\gamma\tau^* + q\tau_u}{2\gamma + q}\right\}$			
$P_S(t_0)$	untere Abschätzung	$e^{-2\gamma_0(\gamma + q)}$	$e^{-\gamma_0(2\gamma + q)}$	$\underline{P}(t_0) = \min\{P(t_0), e^{-\gamma_0[Q(\tau) + q]}\}$	$e^{-\gamma_0(\gamma + q)}$
	obere Abschätzung	$e^{-\gamma_0(2\gamma + q)}$		$\overline{P}(t_0) = \max\{P(t_0), e^{-\gamma_0[Q(\tau) + q]}\}$	
V	untere Abschätzung	$1 - 2(\gamma\gamma^* + q\tilde{\gamma}^u)$	$1 - (2\gamma\gamma^* + q\tilde{\gamma}^u)$	$1 - \left(\frac{\tau^* Q(\tau)}{T} + q\tilde{\gamma}^u\right)$	$1 - (\gamma\gamma^* + q\tilde{\gamma}^u)$
	obere Abschätzung	$1 - (2\gamma\gamma^* + q\tilde{\gamma}^u)$			
$R(t_0)$	untere Abschätzung	$[1 - 2(\gamma\gamma^* + q\tilde{\gamma}^u)]\, e^{-2\gamma_0(\gamma + q)}$	$[1 - (2\gamma\gamma^* + q\tilde{\gamma}^u)] \times$ $\times\, e^{-\gamma_0(2\gamma + q)}$	$\left[1 - \left(\frac{\tau^* Q(\tau)}{T} + q\tilde{\gamma}^u\right)\right] e^{-\gamma_0[Q(\tau) + q]}$	$[1 - (\gamma\gamma^* + q\tilde{\gamma}^u)] \times$ $\times\, e^{-\gamma_0(\gamma + q)}$
	obere Abschätzung	$[1 - (2\gamma\gamma^* + q\tilde{\gamma}^u)]\, e^{-\gamma_0(2\gamma + q)}$			

7.2. Dubliertes System mit unzuverlässigem Umschalter

Betrachtet wird ein dubliertes System, das aus zwei identischen Elementen besteht. Bei Ausfall des Grundelements erfolgt das Umschalten mit Hilfe eines Umschalters, der selbst auch ausfallen kann. Die **Ausfälle des Umschalters** können folgender Art sein:

- Der Umschalter fällt im Laufe der Zeit aus. (Die Wahrscheinlichkeit der ausfallfreien Arbeit des Umschalters wird mit $P_u(t)$ bezeichnet.)
- Der Umschalter fällt nur während des Umschaltvorgangs mit einer Wahrscheinlichkeit q aus.

Im erstgenannten Fall kann man zwei grundsätzlich verschiedene Möglichkeiten betrachten:

- Der Ausfall des Umschalters wird sofort nach seinem Eintritt entdeckt.
- Der Ausfall des Umschalters wird erst unmittelbar im Zeitpunkt des Umschaltens entdeckt, das heißt mit dem Ausfall des Grundelements.

Bei der zweiten Möglichkeit führt der Ausfall des Umschalters unweigerlich zum Ausfall des Gesamtsystems. Auch bei Vorhandensein eines intakten Reserveelements kann dieses nicht so angeschlossen werden, daß es die grundlegenden Systemfunktionen übernehmen kann. Alle in den Tabellen 7.2.1 bis 7.2.3 angegebenen Formeln zur Berechnung von Zuverlässigkeitskenngrößen wurden mit einer heuristischen Methode ermittelt. Deshalb wurden auch keine Fehlerabschätzungen gebracht. Diese **Formeln gelten unter den** folgenden **Bedingungen:**

- Die mittlere ausfallfreie Arbeitszeit für jedes der beiden Systemelemente (T) beziehungsweise des Umschalters (T_u) ist viel größer als die mittlere Erneuerungszeit τ beziehungsweise τ_u dieser Komponenten, das heißt $T \gg \tau$ und $T_u \gg \tau_u$.
- Alle nicht festgelegten Verteilungen $P(t)$ und $P_u(t)$ werden als „alternd" vorausgesetzt.

7.3. Element mit Erneuerung, das partiell kontrolliert wird

Betrachtet wird ein Element, von dem **ein Teil** (der $\alpha \cdot 100\%$ des Gesamtumfangs ausmacht) **nur periodisch überprüft** wird. Nach der Entdeckung eines Ausfalls beginnt die Erneuerung des Elements, wobei die Erneuerung selbst im Mittel eine Zeit τ dauert. Wenn der Ausfall im nicht kontrollierten Teil erfolgt, so befindet sich das Element von diesem Augenblick an bis zum Zeitpunkt der Überprüfung in einem Zustand des unentdeckten Ausfalls.

Näherungsausdrücke für Zuverlässigkeitskenngrößen, die mit Hilfe einer heuristischen Methode (s. Anhang 6) gewonnen wurden, sind in Tabelle 7.3.1 zusammengestellt worden. Die **Formeln gelten nur unter der Bedingung** $\gamma \ll 1$.

In der Kopfzeile der Tabelle 7.3.1 bedeuten die Symbole $P(t)$ beziehungsweise $e^{-\lambda t}$ die Wahrscheinlichkeit der ausfallfreien Arbeit für eine beliebige Verteilung beziehungsweise die Exponentialverteilung; t^γ bedeutet die konstante Überprüfungsperiode des nicht kontrollierten Teils und ν die Überprüfungsrate unter der Voraussetzung, daß die Überprüfungszeitpunkte einen poissonschen Strom bilden.

Tabelle 7.3.1. Element mit Erneuerung, das partiell kontrolliert wird

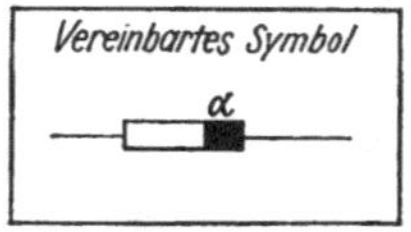

$\gamma_0 = t_0/T$ oder $\gamma_0 = \lambda t_0$;
$\gamma = \tau/T$ oder $\gamma = \lambda\tau$;
$\gamma_\nu = t_\nu/T$ oder $\gamma = 1/\nu T$.

Kenngröße		$P(t), t_\nu$	$P(t), \nu$	$e^{-\lambda t}, t_\nu$	$e^{-\lambda t}, \nu$
$T_S^{\bullet}$		T	T	$\frac{1}{\lambda}$	$\frac{1}{\lambda}$
τ_S	untere Abschätzung	$0{,}5t_\nu\alpha + \tau$	$\frac{\alpha}{\nu} + \tau$	$0{,}5t_\nu\alpha + \tau$	$\frac{\alpha}{\nu} + \tau$
	obere Abschätzung	$\alpha t_\nu + \tau$		$t_\nu\alpha + \tau$	
$P_S(t_0)$		$P(t_0)$	$P(t_0)$	$e^{-\gamma_0}$	$e^{-\gamma_0}$
V	untere Abschätzung	$1 - (\alpha\gamma_\nu + \gamma)$	$1 - (\alpha\gamma_\nu + \gamma)$	$1 - (\alpha\gamma_\nu + \gamma)$	$1 - (\alpha\gamma_\nu + \gamma)$
	obere Abschätzung	$1 - (0{,}5\alpha\gamma_\nu + \gamma)$		$1 - (0{,}5\alpha\gamma_\nu + \gamma)$	
$R(t_0)$	untere Abschätzung	$(1 - \gamma_0)[1 - (\alpha\gamma_\nu + \gamma)]$	$(1 - \gamma_0)[1 - (\alpha\gamma_\nu + \gamma)]$	$(1 - \gamma_0)[1 - (\alpha\gamma_\nu + \gamma)]$	$[1 - (\alpha\gamma_\nu + \gamma)]\,e^{-\gamma_0}$
	obere Abschätzung	$[1 - (0{,}5\alpha\gamma_\nu + \gamma)]\,e^{-\gamma_0}$	$[1 - (0{,}5\alpha\gamma_\nu + \gamma)]\,e^{-\gamma_0}$	$[1 - (0{,}5\alpha\gamma_\nu + \gamma)]\,e^{-\gamma_0}$	

7.4. Dublierte Systeme mit partieller Kontrolle

In der Praxis gelingt es bei der Dublierung in vielen Fällen nicht, für das Grund- und Reserveelement ein und dieselbe Kontrolle zu verwirklichen. Zum Beispiel ist manchmal nur die Kontrolle des Grundelements möglich, wenn sie mittels funktioneller Tests während der Erfüllung der Arbeitsaufgaben des Systems erfolgt. In anderen Fällen ist eine apparative Kontrolle nur für das Element möglich, das sich im Reservezustand befindet, also keine Arbeitsaufgaben erfüllt. Es erweist sich als ganz wesentlich, welches Element vollständig und welches Element partiell kontrolliert wird. (So ist es sehr wichtig, eine möglichst vollständige ständige Kontrolle des Grundelements zu realisieren.) Aber auch die Reserveart und die Form der Erneuerung sind von Bedeutung (s. Tab. 7.4.1).

Tabelle 7.4.1. Näherungswerte für τ^*

Erneuerungsregime	Belastete Reserve			Unbelastete Reserve		
	beliebige Verteilung der Erneuerungszeit		exponentialverteilte Erneuerungszeit	beliebige Verteilung der Erneuerungszeit		exponentialverteilte Erneuerungszeit
beschränkte Erneuerung	τ		τ	$0{,}5\tau$		τ
unbeschränkte Erneuerung	untere Abschätzung	obere Abschätzung	$0{,}5\tau$	untere Abschätzung	obere Abschätzung	$0{,}5\tau$
	0,5	τ		$0{,}5\tau$	τ	

Zur Erläuterung des Kontrollregimes der Systemelemente wurden in den Tabellen 7.4.2 bis 7.4.8 Ersatzschaltbilder angegeben. In ihnen symbolisiert der geschwärzte Teil des Elements denjenigen Anteil, der nicht ständig kontrolliert wird (also nur periodisch kontrolliert wird). Stets wird vorausgesetzt, daß der **Übergang vom** ausgefallenen **Grundelement auf das Reserveelement nur mit Hilfe des Umschalters** erfolgen kann. Es wird also eine Reservierung durch Ersetzen realisiert, aber keine ständige Reservierung. (Der Umschalter wird als absolut zuverlässig angenommen.) Ein Ausfall im nicht kontrollierten Teil des Grundelements führt immer zum Systemausfall, weil das Element bis zur nächsten periodischen Überprüfung im Zustand des unentdeckten Ausfalls verbleibt.

In den Kopfzeilen der Tabellen 7.4.2 bis 7.4.8 wurden die folgenden Bezeichnungen verwendet:

$P(t)$ – Wahrscheinlichkeit der ausfallfreien Arbeit eines einzelnen Elements bei beliebiger Verteilung der Arbeitszeit bis zum Ausfall,

$e^{-\lambda t}$ – die gleiche Wahrscheinlichkeit bei zugrunde gelegter Exponentialverteilung,

t_ν – der konstante Wert der Überprüfungsperiode für den nicht kontrollierten Teil,

ν – Überprüfungsrate der zufälligen Kontrollen für den nicht kontrollierten Teil. (Hier wird vorausgesetzt, daß die Kontrollen jeweils nach exponentialverteilten zufälligen Zeitintervallen erfolgen.)

Tabelle 7.4.2. Vollständig unkontrollierte Elemente mit gleichzeitigen periodischen Überprüfungen

Vereinbartes Symbol

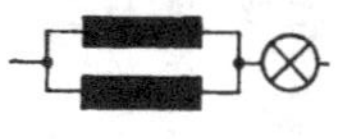

$$\gamma_0 = t_0/T;\ \gamma^* = \tau^*/T;$$
$$\gamma_\nu = t_\nu/T \text{ oder } \gamma_\nu = \frac{1}{\nu T}.$$

Kenngröße		$P(t), t_\nu$	$P(t), \nu$	$e^{-\lambda t}, t_\nu$	$e^{-\lambda t}, \nu$
T_S	untere Abschätzung	$0{,}5T$	$0{,}5T$	$\frac{1}{\lambda}$	$\frac{1}{\lambda}$
	obere Abschätzung	T	T		
τ_S	untere Abschätzung	$0{,}5t_\nu(1 + 2\gamma^*)$	$t_\nu(1 + \gamma^*)$	$0{,}5t_\nu(1 + 2\gamma^*)$	$t_\nu(1 + \gamma^*)$
	obere Abschätzung	$t_\nu(1 + \gamma^*)$		$t_\nu(1 + \gamma^*)$	
$P_S(t_0)$	untere Abschätzung	$1 - \gamma_0$	$1 - \gamma_0$	$e^{-\gamma_0}$	$e^{-\gamma_0}$
	obere Abschätzung	$e^{-\gamma_0}$	$e^{-\gamma_0}$		
V	untere Abschätzung	$1 - \gamma_\nu(1 + \gamma^*)$	$1 - \gamma_\nu(1 + \gamma^*)$	$1 - \gamma_\nu(1 + \gamma^*)$	$1 - \gamma_\nu(1 + \gamma^*)$
	obere Abschätzung	$1 - 0{,}5\gamma_\nu(1 + 2\gamma^*)$		$1 - 0{,}5\gamma_\nu(1 + 2\gamma^*)$	
$R(t_0)$	untere Abschätzung	$(1 - \gamma_0)^2\,[1 - \gamma_\nu(1 + \gamma^*)]$	$(1 - \gamma_0)\,[1 - \gamma_\nu(1 + \gamma^*)]$	$[1 - \gamma_\nu(1 + \gamma^*)]\,e^{-\gamma_0}$	$[1 - \gamma_\nu(1 + \gamma^*)]\,e^{-\gamma_0}$
	obere Abschätzung	$[1 - 0{,}5\gamma_\nu(1 + 2\gamma^*)]\,e^{-\gamma_0}$	$[1 - \gamma_\nu(1 + \gamma^*)\,e^{-\gamma_0}$	$[1 - 0{,}5\gamma_\nu(1 + 2\gamma^*)]\,e^{-\gamma_0}$	

Tabelle 7.4.3. Vollständige unkontrollierte Elemente mit unabhängigen periodischen Überprüfungen

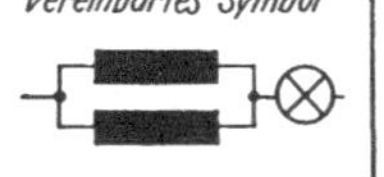

$$\gamma = \frac{\tau}{T} \text{ oder } \gamma = \frac{\lambda}{\mu} \text{ oder } \gamma = \lambda\tau;$$
$$\gamma_0 = t_0/T;\ \gamma^* = \tau^*/T;$$
$$\gamma_\nu = t_\nu/T \text{ oder } \gamma_\nu = \frac{1}{\nu T}.$$

Kenngröße		$P(t), t_\nu$	$P(t), \nu$	$e^{-\lambda t}, t_\nu$	$e^{-\lambda t}, \nu$
T_S	untere Abschätzung	$0{,}5T$	$0{,}5T$	$\frac{1}{\lambda}$	$\frac{1}{\lambda}$
	obere Abschätzung	T	T		
τ_S	untere Abschätzung	$0{,}5t_\nu(1 + 0{,}5\gamma_\nu + \gamma^*)$	$t_\nu(1 + \gamma_\nu + \gamma^*)$	$0{,}5t_\nu(1 + 0{,}5\gamma_\nu + \gamma^*)$	$t_\nu(1 + \gamma_\nu + \gamma^*)$
	obere Abschätzung	$t_\nu(1 + \gamma_\nu + \gamma^*)$		$t_\nu(1 + \gamma_\nu + \gamma^*)$	
$P(t_0)$	untere Abschätzung	$1 - \gamma_0$	$1 - \gamma_0$	$e^{-\gamma_0}$	$e^{-\gamma_0}$
	obere Abschätzung	$e^{-\gamma_0}$	$e^{-\gamma_0}$		
V	untere Abschätzung	$1 - 2\gamma_\nu(1 + \gamma_\nu + \gamma^*)$	$1 - 2\gamma_\nu(1 + \gamma_\nu + \gamma^*)$	$1 - \gamma_\nu(1 + \gamma_\nu + \gamma^*)$	$1 - \gamma_\nu(1 + \gamma_\nu + \gamma^*)$
	obere Abschätzung	$1 - 0{,}5\gamma_\nu(1 + 0{,}5\gamma_\nu + \gamma^*)$	$1 - \gamma_\nu(1 + \gamma_\nu + \gamma^*)$	$1 - 0{,}5\gamma_\nu(1 + 0{,}5\gamma_\nu + \gamma^*)$	
$R(t_0)$	untere Abschätzung	$(1 - \gamma_0)^2 \times$ $\times [1 - 2\gamma_\nu(1 + \gamma_\nu + \gamma^*)]$	$(1 - \gamma_0)[1 - 2\gamma_\nu \times$ $\times (1 + \gamma_\nu + \gamma^*)]$	$[1 - \gamma_\nu(1 + \gamma_\nu + \gamma^*)]e^{-\gamma_0}$	$[1 - \gamma_\nu(1 + \gamma_\nu + \gamma^*)]e^{-\gamma_0}$
	obere Abschätzung	$[1 - 0{,}5\gamma_\nu \times$ $\times (1 + 0{,}5\gamma_\nu + \gamma^*)]e^{-\gamma_0}$	$[1 - \gamma_\nu \times$ $\times (1 + \gamma_\nu + \gamma^*)]e^{-\gamma_0}$	$[1 - 0{,}5\gamma_\nu \times$ $\times (1 + 0{,}5\gamma_\nu + \gamma^*)]e^{-\gamma_0}$	

Tabelle 7.4.4. Vollständig unkontrolliertes Reserveelement mit periodischen Überprüfungen

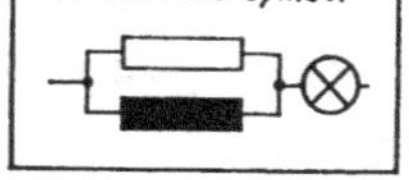

$\gamma = \tau/T$ oder $\gamma = \lambda\tau$ oder
$\gamma = \lambda/\mu$; $\gamma^* = \tau^*/T$;
$\gamma_\nu = t_\nu/T$; $\gamma_0 = t_0/T$

Kenngröße		$P(t), t_\nu$	$P(t), \nu$	$e^{-\lambda t}, t_\nu$	$e^{-\lambda t}, \nu$
T_S	untere Abschätzung	$\frac{T}{\gamma_\nu + \gamma}$	$\frac{T}{\gamma_\nu + \gamma}$	$\frac{1}{\lambda(\gamma_\nu + \gamma)}$	$\frac{1}{\lambda(\gamma_\nu + \gamma)}$
	obere Abschätzung	$\frac{T}{0{,}5\gamma_\nu + \gamma}$		$\frac{T}{0{,}5\gamma_\nu + \gamma}$	
τ_S		τ^*	τ^*	τ^*	τ^*
$P_S(t_0)$	untere Abschätzung	$\max\{P(t_0), e^{-\gamma_0(\gamma_\nu+\gamma)}\}$	$\max\{P(t_0), e^{-\gamma_0(\gamma_\nu+\nu)}\}$	$e^{-\gamma_0(\gamma_\nu+\gamma)}$	$e^{-\gamma_0(\gamma_\nu+\lambda)}$
	obere Abschätzung	$\max\{P(t_0), e^{-\gamma_0(0{,}5\gamma_\nu+\gamma)}\}$		$e^{-\gamma_0(0{,}5\gamma_\nu+\gamma)}$	
V	untere Abschätzung	$1 - \gamma^*(\gamma_\nu + \gamma)$	$1 - \gamma^*(\gamma_\nu + \gamma)$	$1 - \gamma^*(\gamma_\nu + \gamma)$	$1 - \gamma^*(\gamma_\nu + \gamma)$
	obere Abschätzung	$1 - \gamma^*(0{,}5\gamma_\nu + \gamma)$		$1 - \gamma^*(0{,}5\gamma_\nu + \gamma)$	
$R(t_0)$	untere Abschätzung	$[1 - \gamma^*(\gamma_\nu + \gamma)] \times$ $\times [1 - \gamma_0(\gamma_\nu + \gamma)]$	$[1 - \gamma^*(\gamma_\nu + \gamma)] \times$ $\times [1 - \gamma_0(\gamma_\nu + \gamma)]$	$[1 - \gamma^*(\gamma_\nu + \gamma)] \times$ $\times e^{-\gamma_0(\gamma_\nu+\gamma)}$	$[1 - \gamma^*(\gamma_\nu + \gamma)] \times$ $\times e^{-\gamma_0(\gamma_\nu+\lambda)}$
	obere Abschätzung	$[1 - \gamma^*(0{,}5\gamma_\nu + \gamma)] \times$ $\times e^{-\gamma_0(0{,}5\gamma_\nu+\gamma)}$	$[1 - \gamma^*(\gamma_\nu + \gamma)] \times$ $\times e^{-\gamma_0(\gamma_\nu+\gamma)}$	$[1 - \gamma^*(0{,}5\gamma_\nu + \gamma)] \times$ $\times e^{-\gamma_0(0{,}5\gamma_\nu+\gamma)}$	

Tabelle 7.4.5. Vollständig unkontrolliertes Grundelement mit periodischen Überprüfungen

Vereinbartes Symbol

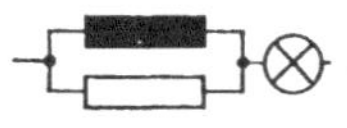

$\gamma = \tau/T$ oder $\gamma = \lambda\tau$ oder $\gamma = \lambda/\mu$,
$\gamma_0 = t_0/T$; $\gamma^* = \tau^*/T$,
$\gamma_\nu = t_\nu/T$ oder $\gamma_\nu = 1/\nu T$.

Kenngröße		$P(t), t_\nu$	$P(t), \nu$	$e^{-\lambda t}, t_\nu$	$e^{-\lambda t}, \nu$
T_S	untere Abschätzung	$0{,}5T$	$0{,}5T$	$\frac{1}{\lambda}$	$\frac{1}{\lambda}$
	obere Abschätzung	T	T		
τ_S	untere Abschätzung	$0{,}5t_\nu + \gamma\tau^*$	$t_\nu + \gamma\tau^*$	$0{,}5t_\nu + \gamma\tau^*$	$t_\nu + \gamma\tau^*$
	obere Abschätzung	$t_\nu + \gamma\tau^*$		$t_\nu + \gamma\tau^*$	
$P_S(t_0)$	untere Abschätzung	$1 - \gamma_0$	$1 - \gamma_0$	$e^{-\gamma_0}$	$e^{-\gamma_0}$
	obere Abschätzung	$e^{-\gamma_0}$	$e^{-\gamma_0}$		
V	untere Abschätzung	$1 - 2\gamma_\nu - 2\gamma\gamma^*$	$1 - 2\gamma_\nu - 2\gamma\gamma^*$	$1 - \gamma_\nu - \gamma\gamma^*$	$1 - \gamma_\nu - \gamma\gamma^*$
	obere Abschätzung	$1 - 0{,}5\gamma_\nu - \gamma\gamma^*$	$1 - \gamma_\nu - \gamma\gamma^*$	$1 - 0{,}5\gamma_\nu - \gamma\gamma^*$	
$R(t_0)$	untere Abschätzung	$(1 - \gamma_0)^2 (1 - 2\gamma\nu - 2\gamma\gamma^*)$	$(1 - \gamma_0)(1 - 2\gamma_\nu - 2\gamma\gamma^*)$	$(1 - \gamma_\nu - \gamma\gamma^*) e^{-\gamma_0}$	$(1 - \gamma_\nu - \gamma\gamma^*) e^{-\gamma_0}$
	obere Abschätzung	$[1 - 0{,}5\gamma_\nu - \gamma\gamma^*] e^{-\gamma_0}$	$(1 - \gamma_\nu - \gamma\gamma^*) e^{-\gamma_0}$	$(1 - 0{,}5\gamma_\nu - \gamma\gamma^*) e^{-\gamma_0}$	

Tabelle 7.4.6. Partiell kontrolliertes Reserveelement mit periodischer Überprüfung

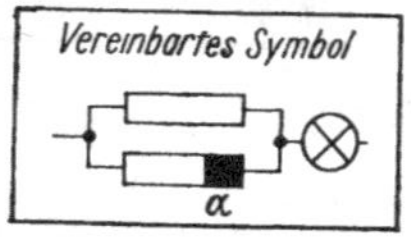

$$\gamma = \tau/T \text{ oder } \gamma = \lambda\tau \text{ oder } \gamma = \lambda/\mu;$$
$$\gamma^* = \tau^*/T;\ \gamma_0 = t_0/\nu T;$$
$$\gamma_\nu = t_\nu T \text{ oder } \gamma_\nu = 1/\nu T;$$
$$\underline{A} = 2\gamma + \alpha\gamma_\nu;\ \bar{A} = 2\gamma + 0{,}5\alpha\gamma_\nu .$$

Kenngröße		$P(t), t_\nu$	$P(t), \nu$	$e^{-\lambda t}, t_\nu$	$e^{-\lambda t}, \nu$
T_S	untere Abschätzung	$\frac{T}{\underline{A}}$	$\frac{T}{\underline{A}}$	$\frac{1}{\lambda\underline{A}}$	$\frac{1}{\lambda\underline{A}}$
	obere Abschätzung	$\frac{T}{\bar{A}}$		$\frac{1}{\gamma\bar{A}}$	
τ_S	untere Abschätzung	$\frac{2\gamma\tau^* + 0{,}5\alpha t_\nu\gamma_\nu}{\bar{A}}$	$\frac{2\gamma\tau^* + \alpha t_\nu\gamma_\nu}{\underline{A}}$	$\tau^* + 0{,}5\alpha t_\nu\gamma_\nu$	$\tau^* + \alpha\gamma_\nu t_\nu$
	obere Abschätzung	$\frac{2\gamma\tau^* + a t_\nu\gamma_\nu}{\underline{A}}$		$\tau^* + \alpha t_\nu\gamma_\nu$	
$P_S(t_0)$	untere Abschätzung	$\max\{P(t_0), e^{-\gamma_0\underline{A}}\}$	$\max\{P(t_0), e^{-\gamma_0\underline{A}}\}$	$e^{-\gamma_0\underline{A}}$	$e^{-\gamma_0\underline{A}}$
	obere Abschätzung	$\max\{P(t_0), e^{-\gamma_0\bar{A}}\}$		$e^{-\gamma_0\bar{A}}$	
V	untere Abschätzung	$1 - (2\gamma\gamma^* + \alpha\gamma_\nu^*)$	$1 - (2\gamma\gamma^* + \alpha\gamma_\nu^*)$	$1 - (2\gamma\gamma^* + \alpha\gamma_\nu^2)$	$1 - (2\gamma\gamma^* + \alpha\gamma_\nu^2)$
	obere Abschätzung	$1 - (2\gamma\gamma^* + 0{,}5\alpha\gamma_\nu^2)$		$1 - (2\gamma\gamma^* + 0{,}5\alpha\gamma_\nu^2)$	
$R(t_0)$	untere Abschätzung	$[1 - (2\gamma\gamma^* + \alpha\gamma_\nu^2)] \times$ $\times (1 - \gamma_0\underline{A})$	$[1 - (2\gamma\gamma^* + \alpha\gamma_\nu^2)] \times$ $\times (1 - \gamma_0\underline{A})$	$[1 - (2\gamma\gamma^* + \alpha\gamma_\nu^2)] \times$ $\times (1 - \gamma_0\underline{A})$	$[1 - (2\gamma\gamma^* + \alpha\gamma_\nu^2)] \times$ $\times e^{-\gamma_0\underline{A}}$
	obere Abschätzung	$[1 - (2\gamma\gamma^* + 0{,}5\alpha\gamma_\nu^2)] \times$ $\times e^{-\gamma_0\bar{A}}$	$[1 - (2\gamma\gamma^* + \alpha\gamma_\nu^2)] \times$ $\times e^{-\gamma_0\underline{A}}$	$[1 - (2\gamma\gamma^* + 0{,}5\alpha\gamma_\nu^2)] \times$ $\times e^{-\gamma_0\bar{A}}$	

Tabelle 7.4.7. Partiell kontrolliertes Grundelement mit periodischer Überprüfung

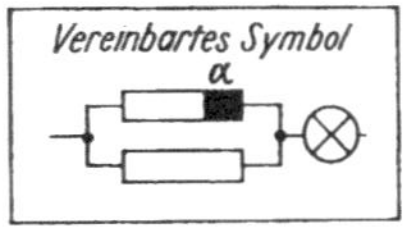

$\gamma = \tau/_T$ oder $\gamma = \lambda/\mu$;
$\gamma^* = \tau^*/T$; $\gamma_0 = t_0/T$;
$\gamma_\nu = t_\nu/T$ oder $\gamma_\nu = 1/\nu T$;
$A = \alpha + \gamma(2 - \alpha)(1 - \alpha)$.

Kenngröße		$P(t), t_\nu$	$P(t), \nu$	$e^{-\lambda t}, t_\nu$	$e^{-\lambda t}, \nu$
T_S	exakt	$\frac{T}{A}$	$\frac{T}{A}$	$\frac{1}{\lambda A}$	$\frac{1}{\lambda A}$
τ_S	untere Abschätzung	$\frac{1}{A}[0{,}5\alpha t_\nu + \tau^*\gamma(2 + \alpha) \times \alpha(1 - \alpha)]$	$\frac{1}{A}[\alpha t_\nu + \tau^*\gamma(2 - \alpha) \times (1 - \alpha)]$	$\frac{1}{A}[0{,}5\alpha t_\nu + \tau^*\gamma(2 - \alpha) \times (1 - \alpha)]$	$\frac{1}{A}[\alpha t_\nu + \tau^*\gamma(2 - \alpha) \times (1 - \alpha)]$
	obere Abschätzung	$\frac{1}{A}[\alpha t_\nu + \tau^*\gamma(2 - \alpha)(1 - \alpha)]$		$\frac{1}{A}[\alpha t_\nu + \tau^*\gamma(2 - \alpha)(1 - \alpha)]$	
$P(t_0)$		$\max\{P(t_0), e^{-\gamma_0 A}\}$	$\max\{P(t_0), e^{-\gamma_0 A}\}$	$e^{-\gamma_0 A}$	$e^{-\gamma_0 A}$
V	untere Abschätzung	$1 - [\alpha\gamma_\nu + \gamma\gamma^*(2 - \alpha) \times (1 - \alpha)]$	$1 - [\alpha\gamma_\nu + \gamma\gamma^*(2 - \alpha) \times (1 - \alpha)]$	$1 - [\alpha\gamma_0 + \gamma\gamma^*(2 - \alpha) \times (1 - \alpha)]$	$1 - [\alpha\gamma_\nu + \gamma\gamma^*(2 - \alpha) \times (1 - \alpha)]$
	obere Abschätzung	$1 - [0{,}5\alpha\gamma_\nu + \gamma\gamma^*(2 - \alpha) \times (1 - \alpha)]$		$1 - [0{,}5\alpha\gamma_\nu + \gamma\gamma^*(2 - \alpha) \times (1 - \alpha)]$	
$R(t_0)$	untoro Abschätzung	$\{1 - [\alpha\gamma_\nu + \gamma\gamma^*(2 - \alpha) \times (1 - \alpha)]\}(1 - \gamma_0 A)$	$\{1 - [\alpha\gamma_\nu + \gamma\gamma^*(2 - \alpha) \times (1 - \alpha)]\}(1 - \gamma_0 A)$	$(1 - [\alpha\gamma_0 + \gamma\gamma^*(2 - \alpha) \times (1 - \alpha)]\}e^{-\gamma_0 A}$	$\{1 - [\alpha\gamma_\nu + \gamma\gamma^* \times (2 - \alpha)(1 - \alpha)]\} \times e^{-\gamma_0 A}$
	obere Abschätzung	$\{1 - [0{,}5\alpha\gamma_\nu + \gamma\gamma^*(2 - \alpha) \times (1 - \alpha)]\}e^{-\gamma_0 A}$	$\{1 - [\alpha\gamma_\nu + \gamma\gamma^*(2 - \alpha) \times (1 - \alpha)]\}e^{-\gamma_0 A}$	$\{1 - [0{,}5\alpha\gamma_0 + \gamma\gamma^* \times (2 - \alpha)(1 - \alpha)]\}e^{-\gamma_0 A}$	

Tabelle 7.4.8. Partiell kontrollierte identische Elemente mit gleichzeitigen periodischen Überprüfungen

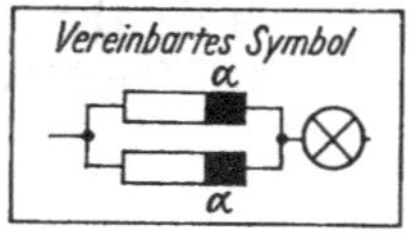

$$\gamma = \tau/T \text{ oder } \gamma = \lambda/\mu$$
$$\gamma^* = \tau^*/T,\ \gamma_\nu = t_\nu/T;\ \gamma_0 = t_0/T;$$
$$\underline{A} = \alpha + (1-\alpha)(2\gamma_\nu + \gamma);$$
$$\bar{A} = \alpha + (1-\alpha)(\gamma_\nu + \gamma).$$

Kenngröße		$P(t), t_\nu$	$P(t), \nu$	$e^{-\lambda t}, t_\nu$	$e^{-\lambda t}, \nu$
T_S	untere Abschätzung	$\frac{T}{\underline{A}}$	$\frac{T}{\underline{A}}$	$\frac{1}{\lambda\underline{A}}$	$\frac{1}{\lambda\underline{A}}$
	obere Abschätzung	$\frac{T}{\bar{A}}$		$\frac{1}{\lambda\bar{A}}$	
τ_S	untere Abschätzung	$\frac{1}{\bar{A}}\left\{\frac{t_\nu}{2}[\alpha + (1-\alpha)\gamma_\nu] + (1-\alpha)\tau^*(\gamma_\nu+\gamma)\right\}$	$\frac{1}{\underline{A}}\{t_\nu[\alpha + 2(1-\alpha)\gamma_\nu] + (1-\alpha)\tau^*(2\gamma_\nu+\gamma)\}$	$\frac{1}{\bar{A}}\left\{\frac{t_\nu}{2}[\alpha + (1-\alpha)\gamma_\nu] + (1-\alpha)\tau^*(\gamma_\nu+\gamma)\right\}$	$\frac{1}{\underline{A}}\{t_\nu[\alpha + 2(1-\alpha)\gamma_\nu] + (1-\alpha)\tau^*(2\gamma_\nu+\gamma)\}$
	obere Abschätzung	$\frac{1}{\underline{A}}\left\{t_\nu[\alpha + 2(1-\alpha)\gamma_\nu] + (1-\alpha)\tau^*(2\gamma_\nu+\gamma)\right\}$		$\frac{1}{\underline{A}}\left\{t_\nu[\alpha + 2(1-\alpha)\gamma_\nu] \times (1-\alpha)\tau^*(2\gamma_\nu+\gamma)\right\}$	

Tabelle 7.4.8 (Fortsetzung)

Kenngröße		$P(t),\ t_v$	$P(t),\ v$	$e^{-\lambda t},\ t_v$	$e^{-\lambda t},\ v$
$P_S(t)$	untere Abschätzung	$\max\{P(t_0),\ e^{-\gamma_0 \underline{A}}\}$	$\max\{P(t_0),\ e^{-\gamma_0 \underline{A}}\}$	$e^{-\gamma_0[\alpha+(1-\alpha)(2\gamma_v+\gamma)]}$	$e^{-\gamma_0[\alpha+(1-\alpha)(2\gamma_v+\gamma)]}$
	obere Abschätzung	$\max\{P(t_0),\ e^{-\gamma_0 \bar{A}}\}$		$e^{-\gamma_0[\alpha+(1-\alpha)(\gamma_v+\gamma)]}$	
V	untere Abschätzung	$1-\{\gamma_v[\alpha+2(1-\alpha)\gamma_v] + (1-\alpha)\gamma^*(2\gamma_v+\gamma)\}$	$1-\{\gamma_v[\alpha+2(1-\alpha)\gamma_v] + (1-\alpha)\gamma^*(2\gamma_v+\gamma)\}$	$1-\{\gamma_v[\alpha+2(1-\alpha)\gamma_v] + (1-\alpha)\gamma^*(2\gamma_v+\gamma)\}$	$1-\{\gamma_v[\alpha+2(1-\alpha)\gamma_v] + (1-\alpha)\gamma^*(2\gamma_v+\gamma)\}$
	obere Abschätzung	$1-\{0{,}5\gamma_v[\alpha+(1-\alpha)\gamma_v] + (1-\alpha)\gamma^*(\gamma_v+\gamma)\}$		$1-\{0{,}5\gamma_v[\alpha+(1-\alpha)\gamma_v] + (1-\alpha)\gamma^*(\gamma_v+\gamma)\}$	
$R(t_0)$	untere Abschätzung	$\big(1-\{\gamma_v[\alpha+2(1-\alpha)\gamma_v] + (1-\alpha)\gamma^*(2\gamma_v+\gamma)\}\big)\times \times(1-\gamma_0\underline{A})$	$\big(1-\{\gamma_v[\alpha+2(1-\alpha)\gamma_v] + (1-\alpha)\gamma^*(2\gamma_v+\gamma)\}\big)\times \times(1-\gamma_0\underline{A})$	$\big(1-\{\gamma_v[\alpha+2(1-\alpha)\gamma_v] + (1-\alpha)\gamma^*(2\gamma_v+\gamma)\}\big)\times \times e^{-\gamma_0[\alpha+(1-\alpha)(2\gamma_v+\gamma)]}$	$\big(1-\{\gamma_v[\alpha+2(1-\alpha)\gamma_v] + (1-\alpha)\gamma^*(2\gamma_v+\gamma)\}\big)\times \times e^{-\gamma_0[\alpha+(1-\alpha)(2\gamma_v+\gamma)]}$
	obere Abschätzung	$\big(1-\{0{,}5\gamma_v[\alpha+(1-\alpha)\gamma_v] + (1-\alpha)\gamma^*(\gamma_v+\gamma)\}\big)\times \times e^{-\gamma_0\bar{A}}$	$\big(1-\{\gamma_v[\alpha+2(1-\alpha)\gamma_v] + (1-\alpha)\gamma^*(2\gamma_v+\gamma)\}\big)\times \times e^{-\gamma_0\underline{A}}$	$\big(1-\{0{,}5\gamma_v[\alpha+(1-\alpha)\gamma_v] + (1-\alpha)\gamma^*(\gamma_v+\gamma)\}\big)\times \times e^{-\gamma_0[\alpha+(1-\alpha)(\gamma_v+\gamma)]}$	

Alle **Formeln** sind Näherungen und **gelten** nur **unter den Voraussetzungen:** $\gamma \ll 1$, $\gamma_0 \ll 1$, $\gamma^* \ll 1$, $\gamma_v \ll 1$.

Da sie mit Hilfe einer heuristischen Methode (s. Anhang 6) gewonnen wurden, konnten keine Fehlerabschätzungen angegeben werden. Die mittlere ausfallfreie Arbeitszeit (T_s) und die Wahrscheinlichkeit der ausfallfreien Arbeit ($P_s(t)$) wurden für das stationäre Regime angegeben.

Die unteren und oberen Abschätzungen ergeben sich für den Fall, daß die einen oder anderen Verteilungen als „alternd" vorausgesetzt werden.

Für alle Fälle der Dublierung mit unvollständiger Kontrolle wird für die mittlere Erneuerungszeit des Systems in den Tabellen das Symbol τ^* verwendet. Der Ausdruck für τ^* hängt von der Reserveart, der Form der Verteilung der Erneuerungszeit für ein einzelnes Element und vom Charakter der Erneuerung (beschränkt oder unbeschränkt) ab. Werden Systeme betrachtet, die aus hochzuverlässigen Elementen bestehen, das heißt, falls $\tau/T \ll 1$ gilt, so lassen sich die Näherungswerte für τ^* aus Tabelle 7.4.1 entnehmen.

Literatur

[1] Wesselow, W. N. – Веселов В. Н.: Оценка показателей надежности дублированной системы с неполным контролем при учете периодических проверок. — «Надежность и контроль качества», 1969, № 8.

[2] Jepischin, Ju. G. – Епишин Ю. Г.: Зависимость надежности от полноты контроля резерва. — В кн.: Кибернетику — на службу коммунизму. Под ред. А. И. Берга, Н. Г. Бруевича, Б. В. Гнеденко. М., «Энергия», 1964.

[3] Iwanzow, W. M. – Иванцов В. М.: Об одной модели оптимизации контроля при наличии ошибок. — «Надежность и контроль качества», 1971, № 5.

[4] Iwnizki, W. A. – Ивницкий В. А.: Об одной задаче резервирования с переключением. — В кн.: Кибернетику — на службу коммунизму. Под ред. А. И. Берга, Н. Г. Бруевича, Б. В. Гнеденко. М., «Энергия», 1964.

[5] Iwnizki, W. A., Danilow, K. P. – Ивницкий В. А., Данилов К. П.: Учет контроля в задаче надежности. — В кн.: Теория надежности и массовое обслуживание. Под ред. Б. В. Гнеденко. М., «Наука», 1969.

Ergänzungsliteratur

[1] Störmer, H.: Mathematische Theorie der Zuverlässigkeit. Berlin: Akademie-Verlag 1970.

8. SYSTEM MIT KOMPLIZIERTER STRUKTUR

8.0. Vorbemerkungen

Sehr viele reale Systeme haben bezüglich der Verknüpfung (oder Wechselwirkung) der Elemente im Sinne der Zuverlässigkeit eine Struktur, die weder ein Parallel-Serien- noch ein Serien-Parallel-System darstellt (Abb. 8.0.1).

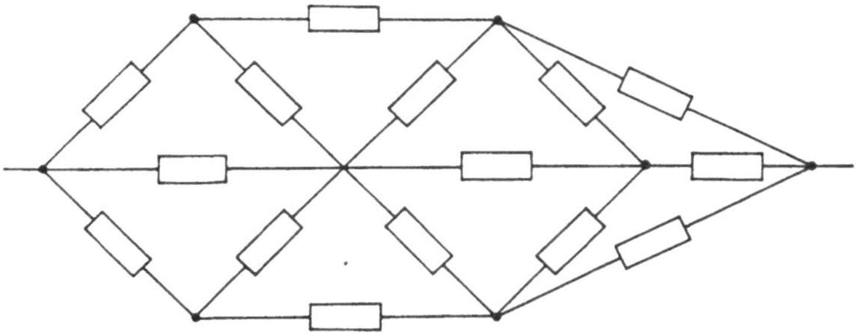

Abb. 8.0.1. Beispiel für ein System mit komplizierter Struktur

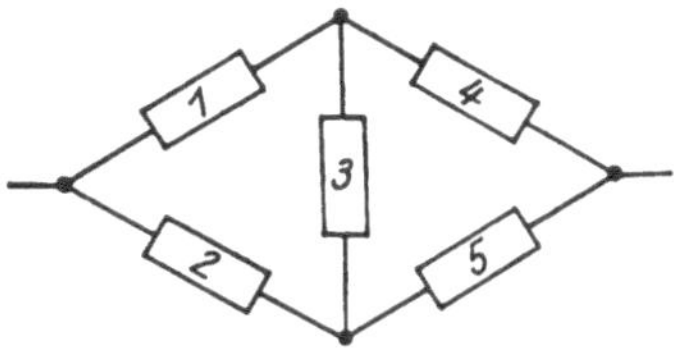

Abb. 8.0.2. Brückenschaltung

Das einfachste Beispiel für derartige Systeme, die sogenannte Brückenschaltung, wird in Abb. 8.0.2 gezeigt. Im allgemeinen können solche Systeme Netze mit einer sehr komplizierten Struktur sein. In der Praxis stößt man auf derartige Zuverlässigkeitsersatzschaltungen bei diversen Systemen der Nachrichtentechnik, bei Informationssystemen, bei Systemen zur Steuerung territorial zersplitterter Objekte u. ä.

Es gibt ganz spezifische Methoden zur Abschätzung der verschiedenen Zuverlässigkeitsparameter von Systemen mit komplizierter Struktur, vgl. auch Abschnitt A 4.

8.1. Methode des unmittelbaren Durchmusterns

Wenn ein beliebiges **System aus *n* Elementen** besteht, von denen sich jedes **entweder** im Zustand der **Arbeitsfähigkeit oder** im Zustand des **Ausfalls** befinden kann, so gibt es 2^n unterschiedliche Systemzustände:

H_0 — alle n Elemente sind arbeitsfähig;
H_i — das i-te Element ist ausgefallen, die übrigen Elemente sind arbeitsfähig;
H_{ij} — das i-te und das j-te Element sind ausgefallen, die übrigen Elemente sind arbeitsfähig;
$\vdots$
$H_{1,2\ldots n}$ — alle Elemente sind ausgefallen.

Wenn das Ausfallkriterium des Systems auf irgendeine Weise definiert wurde, kann man es auf jeden Zustand anwenden und dadurch die Menge aller Zustände in zwei Teilmengen einteilen: die Teilmenge $\mathcal{F}$ der Zustände der Arbeitsfähigkeit des Systems und die Teilmenge $\mathcal{S}$ der Ausfallzustände des Systems. Falls zu jedem Zustand H_α die Wahrscheinlichkeit P_α seines Eintretens berechnet werden kann, so gilt für die Wahrscheinlichkeit der Arbeitsfähigkeit des Systems insgesamt

$$P = \mathcal{P}\{\alpha \in \mathcal{F}\} = \sum_{\alpha\in\mathcal{F}} P_\alpha . \tag{*}$$

Besteht das System aus voneinander unabhängigen Elementen, so wird

$$P_0 = \prod_{i=1}^{n} p_i , \qquad P_i = q_i \prod_{\substack{k=1\\k\neq 1}}^{n} p_k = \frac{q_i}{p_i} P_0 = \gamma_i P_0 ,$$

$$P_{i,j} = q_i q_j \prod_{\substack{k=1\\k\neq i,j}}^{n} p_k = \gamma_i\gamma_j P_0 , \qquad P_{1,2,\ldots,n} = P_0 \prod_{i=1}^{n} \gamma_i = \prod_{i=1}^{n} q_i .$$

Dabei ist

p_i die Intaktwahrscheinlichkeit des i-ten Elements,
$q_i = 1 - p_i$ die Ausfallwahrscheinlichkeit des i-ten Elements und

$$\gamma_i = q_i/p_i .$$

Normalerweise besitzen die Systeme eine charakteristische **Monotonie-Eigenschaft**, die in folgendem besteht: Wenn H_α ein Ausfallzustand des Systems ist (das heißt $\alpha \in \mathcal{S}$), so ist H_{α^*} ebenfalls ein Ausfallzustand, falls $\alpha^* \supset \alpha$. (Das Inklusionszeichen soll hier symbolisieren, daß in α^* notwendigerweise die gleichen Elementeindizes wie in α vorkommen, gegebenenfalls aber noch weitere.) Das erleichtert die Einteilung der Menge aller Zustände in die beiden Teilmengen $\mathcal{F}$ und $\mathcal{S}$ wesentlich.

Wenn p_i die Überlebenswahrscheinlichkeit des i-ten Elements bedeutet, das heißt genauer

$$p_i(t) = \mathcal{P}\{\xi_i \geqq t\} ,$$

wobei ξ_i die zufällige Arbeitszeit bis zum Ausfall des i-ten Elements ist, so läßt sich mit der Formel (*) die Überlebenswahrscheinlichkeit des Systems berechnen, genauer

$$P(t) = \mathcal{P}\{\xi \geqq t\} ,$$

wobei ξ die zufällige Arbeitszeit bis zum Ausfall des Systems ist.

In diesem Falle kann man auch die mittlere Arbeitszeit bis zum Systemausfall nach der allgemeingültigen Formel

$$T = \int_0^\infty P(t)\,\mathrm{d}t$$

berechnen.

Wenn p_i einen Verfügbarkeitsparameter des i-ten Elements (augenblickliche Verfügbarkeit, stationäre und augenblickliche Intervallverfügbarkeit) bedeutet, so wird P der entsprechende Verfügbarkeitsparameter (augenblickliche Verfügbarkeit, stationäre und augenblickliche Intervallverfügbarkeit) des Systems.

Beispiel 8.1.1

Eine Brückenschaltung (Abb. 8.0.2) besteht aus identischen Elementen, die jeweils durch die Wahrscheinlichkeit der ausfallfreien Arbeit $p(t) = e^{-\lambda t}$ mit dem Parameter $\lambda = 0{,}01\ h^{-1}$ charakterisiert werden. Gesucht werden die Wahrscheinlichkeit, daß die Brückenschaltung während eines Zeitintervalls von $t = 10$ h ausfallfrei funktioniert, und die mittlere Arbeitszeit bis zum Ausfall.

Lösung

Wir stellen eine Tabelle aller möglichen Zustände auf (Tab. 8.1.1) und bestimmen unmittelbar aus Abb. 8.0.2, zu welcher Teilmenge der jeweilige Zustand gehört.

Tabelle 8.1.1. Zustandstabelle für Brückenschaltung

Zustandsmatrix	Zustand der Elemente					Art der Teilmenge	Zustandswahrscheinlichkeit
α	x_1	x_2	x_3	x_4	x_5	$\mathcal{F}, \mathcal{S}$	P_α
0	1	1	1	1	1	$\mathcal{F}$	p^5
1	0	1	1	1	1	$\mathcal{F}$	qp^4
2	1	0	1	1	1	$\mathcal{F}$	qp^4
3	1	1	0	1	1	$\mathcal{F}$	qp^4
4	1	1	1	0	1	$\mathcal{F}$	qp^4
5	1	1	1	1	0	$\mathcal{F}$	qp^4
12	0	0	1	1	1	$\mathcal{S}$	q^2p^3
13	0	1	0	1	1	$\mathcal{F}$	q^2p^3
14	0	1	1	0	1	$\mathcal{F}$	q^2p^3
15	0	1	1	1	0	$\mathcal{F}$	q^2p^3
23	1	0	0	1	1	$\mathcal{F}$	q^2p^3
24	1	0	1	0	1	$\mathcal{F}$	q^2p^3
25	1	0	1	1	0	$\mathcal{F}$	q^2p^3
34	1	1	0	0	1	$\mathcal{F}$	q^2p^3
35	1	1	0	1	0	$\mathcal{F}$	q^2p^3
45	1	1	1	0	0	$\mathcal{S}$	q^2p^3
134	0	1	0	0	1	$\mathcal{F}$	q^3p^2
135	0	1	0	1	0	$\mathcal{S}$	q^3p^2
145	0	1	1	0	0	$\mathcal{S}$	q^3p^2
234	1	0	0	0	1	$\mathcal{S}$	q^3p^2
235	1	0	0	1	0	$\mathcal{F}$	q^3p^2
245	1	0	1	0	0	$\mathcal{S}$	q^3p^2
345	1	1	0	0	0	$\mathcal{S}$	q^3p^2
1345	0	1	0	0	0	$\mathcal{S}$	q^3p^2

In der Tabelle bedeutet $x_i = 1$, daß das i-te Element intakt ist, und $x_i = 0$, daß es ausgefallen ist. Die Zustandsindizes wurden in Übereinstimmung mit der Regel gewählt, daß die Ziffern innerhalb des Index in aufsteigender Reihenfolge angeordnet sind.

Es sei darauf hingewiesen, daß wir bei der Aufstellung der Tabelle die Monotonieeigenschaft ausgenutzt haben: Bei der Zusammenstellung der Kombinationen aus drei Indizes wurde die Teilfolge „1, 2“ (die bekanntlich bereits für sich zum Ausfall führt) nicht benutzt. Beim Aufbau der Kombinationen aus vier Indizes haben wir nur das Zahlentripel „1, 3, 4“ benutzt. (Es ist der einzige Zustand der Arbeitsfähigkeit, dessen Index als Grundstock noch ein weiteres Element mit einer größeren laufenden Nummer hinzugefügt werden kann. Andererseits konnten Kombinationen aus drei Indizes, die die Teilfolge „4, 5" enthalten (zu Beispiel „1, 4, 5" oder „2, 4, 5") sogleich der Teilmenge $\mathcal{S}$ zugeschlagen werden (ohne erst Abb. 8.0.2 heranzuziehen), weil bereits $\alpha = (4, 5)$ für sich der Teilmenge $\mathcal{S}$ angehört.

Aus den letzten beiden Spalten der Tabelle 8.1.1 erhalten wir

$$P(t) = p^5(t) + 5q(t)\,p^4(t) + 8q^2(t)\,p^3(t) + 2q^3(t)\,p^2(t)\,. \tag{8.1.1}$$

Manchmal ist es bei der Berechnung von $P(t)$ für kleine Werte von t bequemer, die Substitution $p = 1 - q$ vorzunehmen und P als Funktion von q auszudrücken:

$$\begin{aligned} p^5 &= 1 - 5q + 10q^2 - 10q^3 + 5q^4 - q^5 \\ 5qp^4 &= \phantom{1 - {}} 5q - 20q^2 + 30q^3 - 20q^4 + 5q^5 \\ 8q^2p^3 &= \phantom{1 - 5q - 20q^2 +{}} 8q^2 - 24q^3 + 24q^4 - 8q^5 \\ 2q^3q^2 &= \phantom{1 - 5q - 20q^2 + 8q^2 - {}} 2q^3 - 4q^4 + 2q^5 \\ \hline P &= 1 - 2q^2 - 2q^3 + 5q^4 - 2q^5 \end{aligned} \tag{8.1.2}$$

Für $q(t = 10\ \mathrm{h}) = 1 - \mathrm{e}^{-0,1} \approx 0,1$ erhalten wir

$$P(t = 10\ \mathrm{h}) = 1 - 2 \cdot 0,01 - 2 \cdot 0,001 + \ldots \approx 0,978\,.$$

Bei der Berechnung der mittleren Arbeitszeit bis zum Ausfall wird $P(t)$ zweckmäßig als Funktion von p dargestellt, weil sich die Integration dann leichter ausführen läßt.

In zusammengefaßter Form wird

$$P(t) = 2p^5(t) - 5p^4(t) + 2p^3(t) + 2p^2(t)\,. \tag{8.1.3}$$

Wir integrieren nun über $P(t)$ und erhalten unter Beachtung der Relation $p^k(t) = \exp(-k\lambda t)$ den Ausdruck

$$T = \int_0^\infty P(t)\,\mathrm{d}t = \frac{2T}{5} - \frac{5T}{4} + \frac{2T}{3} + \frac{2T}{2} = \frac{24 - 75 + 40 + 60}{60}\,T = \frac{49}{60}\,T \approx 0,82T = 82\ \mathrm{h}\,.$$

8.2. Methode der Zerlegung bezüglich eines speziellen Elements

In manchen Fällen kann man einen aus der mathematischen Logik bekannten **Satz über die Zerlegung einer logischen Funktion** nach irgendeinem Argument ausnutzen. Auf Zuverlässigkeitsproblemstellungen angewandt läßt sich dieser Satz wie folgt formulieren:

$$P = p_i \mathcal{P}\{x_i = 1\} + q_i \mathcal{P}\{x_i = 0\}\,.$$

Dabei ist $\mathcal{P}\{x_i = 1\}$ die Wahrscheinlichkeit dafür, daß sich das System unter der Nebenbedingung — das i-te Element ist absolut zuverlässig — im Zustand der Arbeitsfähigkeit befindet, und $\mathcal{P}\{x_i = 0\}$ ist die gleiche Wahrscheinlichkeit unter der Nebenbedingung — das i-te Element ist ausgefallen.

Auch bezüglich mehrerer Elemente kann man eine derartige Zerlegung der Funktion P vornehmen. Das Verfahren führt zu einem charakteristischen Durchmustern der Elementezustände. Zum Beispiel liefert eine Zerlegung nach 2 Elementen den Ausdruck

$$\begin{aligned} P = {} & p_i p_j \mathcal{P}\{x_i = 1, x_j = 1\} + p_i q_j \mathcal{P}\{x_i = 1, x_j = 0\} \\ & + q_i p_j \mathcal{P}\{x_i = 0, x_j = 1\} + q_i q_j \mathcal{P}\{x_i = 0, x_j = 0\}\,. \end{aligned}$$

Es sei bemerkt, daß sich irgendwelche klaren Hinweise, nach welchem Element man die Zerlegung zweckmäßig durchführen sollte, im allgemeinen nicht angeben lassen (weiteres s. Abschn. A 4).

Beispiel 8.2.1

Wir betrachten die gleiche Brückenschaltung wie im vorangehenden Beispiel und ermitteln einen Ausdruck für die Wahrscheinlichkeit der ausfallfreien Arbeit. Wir wählen x_3 als das Element, bezüglich dessen die Zerlegung durchgeführt wird.

Für $x_3 = 1$ entsteht aus der Brückenschaltung ein Parallel-Serien-System (Abb. 8.2.1). Der Linienzug anstelle des Elements x_3 bedeutet, daß die entsprechende Verbindung stets existiert, das Element x_3 also absolut zuverlässig ist. Für diesen Fall gilt

$$\mathcal{P}\{x_3 = 1\} = (1 - q_1q_2)\,(1 - q_3q_4)\,.$$

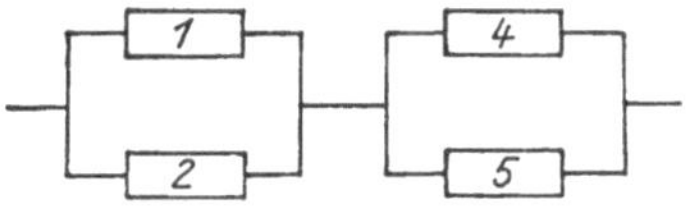

Abb. 8.2.1. Transformation der Brückenschaltung in ein Parallel-Serien-System, falls das Diagonalelement mit Sicherheit intakt ist ($x_3 = 1$)

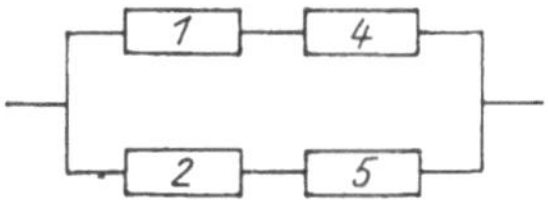

Abb. 8.2.2. Transformation der Brückenschaltung in ein Serien-Parallel-System, falls das Diagonalelement mit Sicherheit ausfällt ($x_3 = 0$)

Für $x_3 = 0$ entsteht aus der Brückenschaltung ein Serien-Parallel-System (Abb. 8.2.2). Das Fehlen des Elements x_3 ist mit der Aussage, daß dieses Element ständig ausgefallen ist, gleichwertig. Für diesen Fall gilt

$$\mathcal{P}\{x_3 = 0\} = 1 - (1 - p_1p_4)\,(1 - p_2p_5)\,.$$

Zusammengefaßt erhalten wir schließlich

$$P = p_3(1 - q_1q_2)\,(1 - q_3q_4) + q_3[1 - (1 - p_1p_4)\,(1 - p_2p_5)]\,.$$

Bei identischen Elementen ergibt sich daraus

$$P = p(1 - q^2)^2 + q[1 - (1 - p^2)^2]\,.$$

Man überzeugt sich leicht davon, daß dieser Ausdruck den Beziehungen (8.1.1) bis (8.1.3) gleichwertig ist

8.3. Methode der Minimalwege und der Minimalschnitte

Wir müssen zwei neue Begriffe einführen:

1. Ein **Minimalweg** in einer Zuverlässigkeits-Ersatzschaltung beliebiger Struktur ist eine minimale Teilmenge arbeitsfähiger Elemente. Durch Ausfall eines einzigen Elements dieser Teilmenge geht das System aus dem Zustand der Arbeitsfähigkeit in den Zustand des Ausfalls über.

2. Ein **Minimalschnitt** in einer Zuverlässigkeits-Ersatzschaltung beliebiger Struktur ist eine minimale Teilmenge ausgefallener Elemente. Durch Erneuerung eines einzigen Elements dieser Teilmenge geht das System aus dem Zustand des Ausfalls in den Zustand der Arbeitsfähigkeit über.

Systeme beliebiger Struktur besitzen im allgemeinen mehrere Minimalwege und Minimalschnitte. Ein Seriensystem aus n Elementen besitzt n Minimalschnitte, die jeweils ein Element erfassen, aber insgesamt nur einen Minimalweg. Ein Parallelsystem aus n Elementen hat n Minimalwege, die jeweils ein Element erfassen, und insgesamt einen Minimalschnitt. (Eine ausführlichere Darstellung bringt der Abschn. A 4.)

Für ein System beliebiger Struktur wollen wir den j-ten Minimalweg mit α_j ($j = 1, 2, \dots, n_\alpha$) und den k-ten Minimalschnitt mit β_k ($k = 1, 2, \dots, n_\beta$) bezeichnen. Dann lassen sich für die Wahrscheinlichkeit P die folgenden unteren und oberen Abschätzungen angeben, die durch die Intaktwahrscheinlichkeiten der Elemente der Minimalschnitte und Minimalwege ausgedrückt werden:

$$\prod_{k=1}^{n_\beta} [1 - \prod_{i\in\beta_k} (1 - p_i)] \leqq P \leqq 1 - \prod_{j=1}^{n_\alpha} (1 - \prod_{i\in\alpha_j} p_i) .$$

Wenn die Überlebenswahrscheinlichkeit des i-ten Elements einer Exponentialverteilung genügt, das heißt $p_i(t) = e^{-\lambda_i t}$, so erhält man nach Integration der rechten Ungleichung die folgende obere Abschätzung für die mittlere Arbeitszeit bis zum Ausfall des Gesamtsystems

$$T \leqq \sum_{1\leqq j\leqq n_\alpha} T_{\alpha_j} - \sum_{1\leqq j<k\leqq n_\alpha} \frac{1}{\Lambda_{\alpha_j} + \Lambda_{\alpha_k}}$$
$$+ \sum_{1\leqq j<k<l\leqq n_\alpha} \frac{1}{\Lambda_{\alpha_j} + \Lambda_{\alpha_k} + \Lambda_{\alpha_l}} + \dots + (-1)^{n_\alpha+1} \frac{1}{\sum\limits_{1\leqq j\leqq n_\alpha} \Lambda_{\alpha_j}} .$$

Dabei ist $T_{\alpha_j} = \dfrac{1}{\sum\limits_{i\in\alpha_j} \lambda_i}$ die mittlere Arbeitszeit bis zum Ausfall des j-ten Minimalweges und $\Lambda_{\alpha_j} = 1/T_{\alpha_j}$.

Beispiel 8.3.1

Wir betrachten die in Abb. 8.0.2 dargestellte Brückenschaltung. Alle Elemente dieses Systems werden durch die Wahrscheinlichkeit $p(t) = e^{-\lambda t}$ mit dem Parameter $\lambda = 0{,}01\ \mathrm{h}^{-1}$ für eine ausfallfreie Arbeit in der Zeit t charakterisiert. Es soll eine Abschätzung für die Wahrscheinlichkeit der ausfallfreien Arbeit des Systems in der Zeit $t_0 = 10$ h und eine obere Abschätzung der mittleren Arbeitszeit bis zum Systemausfall angegeben werden.

Lösung

Für dieses System erhalten wir die Minimalwege

$$\alpha_1 = \{x_1, x_4\}, \quad \alpha_2 = \{x_1, x_3, x_5\}, \quad \alpha_3 = \{x_2, x_5\}, \quad \alpha_4 = \{x_2, x_3, x_4\}$$

und die Minimalschnitte

$$\beta_1 = \{x_1, x_2\}, \quad \beta_2 = \{x_1, x_3, x_5\}, \quad \beta_3 = \{x_4, x_5\}, \quad \beta_4 = \{x_2, x_3, x_4\} .$$

Wir setzen

$$p(t = 10\ \mathrm{h}) = e^{-0{,}1} = p \quad \text{und} \quad q = 1 - p$$

und können damit für das Beispiel die obere und untere Abschätzung wie folgt notieren:

$$(1 - q^2)^2 (1 - q^3)^2 \leqq P \leqq 1 - (1 - p^2)^2 (1 - p^3)^2 .$$

Nach Einsetzen des Zahlenwertes $q \approx 0{,}1$ erhält man

$$0{,}978 \leqq P \leqq 0{,}9976 .$$

(Es sei daran erinnert, daß der wahre Wert 0,978 bereits im Beispiel 8.1.1 berechnet wurde.)

Zur Abschätzung der mittleren Arbeitszeit bis zum Ausfall berechnen wir zunächst die Ausfallraten für jeden Minimalweg:

$$\Lambda_{\alpha_1} = 0{,}02\ \mathrm{h}^{-1}, \quad \Lambda_{\alpha_2} = 0{,}03\ \mathrm{h}^{-1}, \quad \Lambda_{\alpha_3} = 0{,}02\ \mathrm{h}^{-1}, \quad \Lambda_{\alpha_4} = 0{,}03\ \mathrm{h}^{-1} .$$

Damit erhalten wir schließlich

$$T \leqq 50 + 50 + 33{,}3 + 33{,}3 - 20 - 25 - 20 - 20 - 16{,}7 - 20 + 14{,}1$$
$$+ 12{,}5 + 14{,}1 + 12{,}5 - 10 = 97{,}2\ \mathrm{h} .$$

(Es sei daran erinnert, daß im Beispiel 8.1.1 der wahre Wert 82 h berechnet wurde.)

8.4. Analytisch-statistische Methode

8.4.1. Allgemeine Beschreibung der Methode

Bei der Untersuchung komplizierter Kommunikationsnetze, in denen die Zahl der Elemente und der zwischen ihnen bestehenden Verbindungslinien sehr groß ist, erweist sich keine der erwähnten Methoden als genügend effektiv. Wenn die Verbindungskanäle zwischen den Elementen hinreichend zuverlässig sind und das Netz eine bestimmte Redundanz besitzt, so erweist sich auch die direkte Anwendung der Methode der statistischen Erprobungen als wenig effektiv, weil viele Realisierungen keine Information liefern. (Es treten sehr oft Realisierungen auf, bei denen kein einziger Kanal ausgefallen ist; oder es ist genau ein Ausfall aufgetreten, der normalerweise die Arbeitsfähigkeit des Gesamtnetzwerkes noch nicht verletzt.)

In diesem Fall empfiehlt sich für **isotrope Netze**, bei denen alle Verbindungskanäle gleich zuverlässig sind, ein kombiniertes Verfahren zur Abschätzung von P:

1. Es sind die Wahrscheinlichkeiten für die verschiedenen Zustandstypen des Netzes, das die Elemente durch n Verbindungskanäle miteinander verknüpft, zu berechnen.

$H_{(0)}$ bedeutet die Arbeitsfähigkeit aller Verbindungskanäle des Netzes,
$H_{(1)}$ den Ausfall genau eines Verbindungskanals,
$\ldots, H_{(k)}$ den Ausfall von genau k Verbindungskanälen innerhalb des Netzes.

Die Wahrscheinlichkeit für das Eintreten des Ereignisses $H_{(k)}$ ist gleich

$$P_{(k)} = \binom{n}{k} q^k p^{n-k},$$

wobei p die Wahrscheinlichkeit des arbeitsfähigen Zustandes eines Verbindungskanals des Netzes ist und $q = 1 - p$ gilt.

2. Mit Hilfe der Methode der statistischen Erprobungen sind die bedingten Wahrscheinlichkeiten Φ_k dafür, daß das Netz, das sich im Zustand $H_{(k)}$ befindet, gemäß dem gewählten Kriterium arbeitsfähig ist, abzuschätzen.

3. Es ist die totale Wahrscheinlichkeit für die Arbeitsfähigkeit des Netzes aus der Formel

$$P = P_{(0)} + \sum_{k=1}^{n} \Phi_k P_{(k)}$$

zu berechnen.

Anmerkung: Wenn das Netz so aufgebaut ist, daß der Ausfall von j beliebigen Verbindungskanälen nicht zum Ausfall des Gesamtnetzes führt, so wird

$$P = \sum_{k=0}^{j} P_{(k)} + \sum_{k=j+1}^{n} \Phi_k P_{(k)}.$$

Je größer dabei j ist, um so effektiver ist die kombinierte analytisch-statistische Abschätzungsmethode.

Üblicherweise wird das Vorhandensein einer (eventuell indirekten) Verbindung zwischen allen Elementen als Kriterium für die Arbeitsfähigkeit des Netzes gewählt. Das heißt, das Netz soll streng zusammenhängend bleiben (vgl. Abschn. A 5.2). In diesem Falle ist Φ_k die bedingte Wahrscheinlichkeit dafür, daß das Netz bei Ausfall von genau k Verbindungskanälen streng zusammenhängend ist. Diese Wahrscheinlichkeit kann man wie folgt ermitteln. Mit Hilfe der Methode der statistischen Erprobungen wird der Ausfall von genau k Verbindungskanälen realisiert. (Dazu werden zum Beispiel k verschiedene Realisierungen von ganzen Zufallszahlen, die im Bereich $[1, n]$ gleichmäßig verteilt sind, ausgewählt.) Anschließend wird kontrolliert, ob die zugehörende Realisierung des Kommunikationsnetzes streng zusammenhängend ist. Ist das der Fall, so wird in einem Zähler, der die Anzahl der erfolgreichen Erprobungsresultate aufsummiert, der Zählerstand um eine Einheit erhöht. Die bedingte Wahrscheinlichkeit Φ_k wird durch die Schätzung

$$\hat{\Phi}_k = \frac{\nu_k(N_k)}{N_k}$$

ermittelt. Dabei ist N_k die Gesamtzahl der Realisierungen mit k ausgefallenen Verbindungskanälen; $\nu(N_k)$ ist die Anzahl der erfolgreichen Erprobungsresultate innerhalb der Gesamtzahl N_k.

Unten geben wir einen Algorithmus an, mit dem man prüfen kann, ob ein Netz mit einer konkreten realisierten Struktur zusammenhängend ist.

Beispiel 8.4.1

Wir betrachten wieder eine Brückenschaltung (s. Abb. 8.0.2) mit den gleichen Zuverlässigkeitscharakteristiken wie im vorangehenden Beispiel. Bei Ausfall eines beliebigen Elements der Brückenschaltung bleibt deren Arbeitsfähigkeit noch erhalten. Also wird $\Phi_0 = \Phi_1 = 1$. Der Ausfall von vier Elementen führt in jedem Falle zum Systemausfall. (Denn es gibt keinen Minimalweg, der nur aus einem Element besteht.) Also wird $\Phi_4 = 0$. Natürlich gilt auch $\Phi_5 = 0$.

Die Größen Φ_2 und Φ_3 finden wir mit Hilfe einer Zufallszahlentabelle (Tab. A 8.18). Wir wollen vereinbaren, daß

die Ziffern 0 und 1 dem Ausfall des Elements x_1,
die Ziffern 2 und 3 dem Ausfall des Elements x_2,
die Ziffern 4 und 5 dem Ausfall des Elements x_3,
die Ziffern 6 und 7 dem Ausfall des Elements x_4,
die Ziffern 8 und 9 dem Ausfall des Elements x_5

entsprechen.

Wir nehmen der Reihe nach alle Zahlen der ersten Spalte her (218155512 und so weiter) und kodieren sie in eine Folge „ausgefallener" Elemente um ($x_2x_1x_5x_1x_3x_3x_3x_1x_2$ und so weiter). Wir teilen die letzte Folge in Paare ein und achten dabei darauf, daß in keinem Paar zweimal dasselbe Element vorkommt (verbotene Kombination). In die Tab. 8.4.1 werden die ersten zwanzig Realisierungen solcher Paare eingetragen. Wenn der Ausfall der Elemente eines solchen Paares nicht zum Systemausfall führt, so kennzeichnen wir diesen Tatbestand durch eine Eins. Führt der Ausfall der Elemente eines solchen Paares zum Systemausfall, so wird das durch eine Null gekennzeichnet.

Weiterhin nehmen wir die zweite Spalte der Zufallszahlentabelle (Tab. A 8.18) und geben zu jedem Zahlen-Tripel den zugehörenden Satz „ausgefallener" Elemente an, und zwar nach der gleichen Regel und unter Ausschluß derjenigen Elemente-Tripel, in denen ein und dasselbe Element wenigstens zweimal vorkommt (verbotene Kombination). Die zwanzig ersten Realisierungen nicht verbotener Kombinationen solcher Tripel tragen wir in die gleiche Tabelle 8.4.1 ein und ordnen ihnen die Eins oder Null nach demselben Schema wie oben zu (Spalte 6 der Tabelle 8.4.1). (In der Tabelle wurden auch Beispiele für verbotene Kombinationen angegeben.) Die Überprüfung, ob eine Realisierung ein streng zusammenhängendes Netz ergibt, kann für diese einfachen Beispiele durch eine leichte Analyse der Abb. 8.0.2 erfolgen.

Mit Hilfe der Tabelle 8.4.1 können nun die Schätzwerte für Φ_2 und Φ_3 berechnet werden:

$$\hat{\Phi}_2 = 14:20 = 0{,}70 \quad \text{und} \quad \hat{\Phi}_3 = 3:20 = 0{,}15\,.$$

Tabelle 8.4.1. Ermittlung von Schätzwerten für die bedingten Wahrscheinlichkeiten Φ_k

Nummer einer nicht verbotenen Kombination	Realisierung von zwei ausgefallenen Elementen	Indikator für die Arbeitsfähigkeit des Systems	Nummer einer nicht verbotenen Kombination	Realisierung von drei ausgefallenen Elementen	Indikator für die Arbeitsfähigkeit des Systems
1	x_2x_1	0		$x_1x_4x_4$	—
2	x_5x_1	1		$x_5x_3x_3$	—
	x_3x_3	—	1	$x_3x_5x_1$	0
3	x_3x_1	1		$x_2x_3x_2$	—
4	x_2x_4	1		$x_3x_3x_5$	—
5	x_2x_3	1	2	$x_2x_4x_1$	0
	x_2x_2	—		$x_4x_4x_3$	—
6	x_1x_2	0	3	$x_1x_2x_3$	0
7	x_1x_3	1	4	$x_4x_2x_5$	0
8	x_4x_5	0	5	$x_2x_3x_5$	1
9	x_2x_5	1	6	$x_3x_2x_5$	1
10	x_2x_1	0	7	$x_1x_4x_5$	0
11	x_4x_1	1	8	$x_2x_3x_5$	1
	x_3x_3	—	9	$x_4x_3x_5$	0
12	x_4x_3	1	10	$x_5x_1x_3$	0
13	x_5x_2	1	11	$x_3x_4x_5$	0
14	x_3x_4	1	12	$x_5x_2x_4$	0
15	x_1x_2	0	13	$x_5x_1x_2$	0
16	x_1x_2	0	14	$x_2x_5x_1$	0
17	x_1x_3	1	15	$x_5x_1x_4$	0
18	x_1x_3	1	16	$x_5x_2x_1$	0
19	x_3x_2	1	17	$x_3x_4x_2$	0
20	x_3x_2	1	18	$x_4x_5x_2$	0
			19	$x_3x_1x_5$	0
			20	$x_2x_5x_1$	0

Die Wahrscheinlichkeiten $P_{(k)}$ ergeben sich zu

$$P_{(0)} = 0{,}9^5 = 0{,}5905\,, \qquad P_{(1)} = 5 \cdot 0{,}1 \cdot 0{,}9^4 = 0{,}3281\,,$$

$$P_{(2)} = 10 \cdot 0{,}1^2 \cdot 0{,}9^3 = 0{,}0729\,, \qquad P_{(3)} = 5 \cdot 0{,}1^3 \cdot 0{,}9^2 = 0{,}041\,.$$

Daraus erhalten wir schließlich

$$P = 0{,}5905 + 0{,}3281 + 0{,}70 \cdot 0{,}0729 + 0{,}15 \cdot 0{,}0041 = 0{,}9758\,.$$

(Es sei daran erinnert, daß der wahre Wert im Beispiel 8.1.1 berechnet wurde und 0,978 ergab. Der Fehler wird durch die „Unzuverlässigkeit" der Schätzwerte $\hat{\Phi}_2$ und $\hat{\Phi}_3$ hervorgerufen.)

8.5. Einführungsbemerkungen über Systeme mit rekurrenter Struktur

Den im folgenden betrachteten Klassen der sogenannten rekurrenten Strukturen werden eine Reihe von Beschränkungen auferlegt. Diese betreffen im wesentlichen eine bestimmte **Homogenität der Struktur** (Rekurrenz) **und** die Gleichheit der Wahrscheinlichkeitsparameter von ihrer Zweckbestimmung nach **identischen Systemelementen** (Isotropie). Genauer wird das etwas später erklärt. Es wird vorausgesetzt, daß die Ausfälle der Systemelemente — zu ihnen gehören die Objekte und die Verbindungskanäle — **voneinander unabhängige** Ereignisse sind, deren Wahrscheinlichkeiten vorgegeben sind. Die Wechselwirkung zwischen zwei beliebigen Objekten soll durch Verwendung der übrigen Objekte des Systems als Zwischenstellen, die über die an sie angeschlossenen Verbindungskanäle „senden", erreicht werden können. Bei Ausfall eines Objektes kann es nicht mehr als Zwischensender verwendet werden, und die an dieses Objekt angeschlossenen Verbindungskanäle können nicht mehr benutzt werden.

Die Probleme der Zuverlässigkeitsberechnung derartiger Strukturen entstehen bei der Projektierung und während des Betriebes von komplizierten Systemen zur Sammlung und Übertragung von Informationen, von Nachrichtensystemen und von automatisierten Steuerungssystemen.

Wir bringen nun die erforderlichen Grundbegriffe und Definitionen.

Das System ist vorgegeben und wird in den Abbildungen durch eine Gesamtheit von Elementen — **Knoten und** diese verbindende **Linien** — dargestellt. Die Knoten entsprechen den Objekten des Systems, die Linien mit einem Pfeil den orientierten (simplexen) Verbindungskanälen, die Linien ohne Pfeil den nicht orientierten (duplexen) Verbindungskanälen. Die Objekte des Systems werden mit arabischen oder römischen Ziffern durchnumeriert. Das Numerierungsprinzip ist aus der graphischen Darstellung der Struktur zu ersehen.

Zur Beschreibung des Ausmaßes eines Systems wird der Begriff **Systemrang** eingeführt. Der Zusammenhang zwischen Systemrang und der Anzahl der Systemelemente wird der Kürze halber graphisch festgelegt: Die Darstellung der Struktur und die Numerierung der Objekte führt man für ein System n-ten Ranges so durch, daß die Struktur und die Numerierung der Objekte für ein System $(n + 1)$-ten Ranges offensichtlich werden.

Die betrachteten Klassen von Systemen sollen in ihrem Aufbau einer **Rekurrenzbedingung** genügen: Es kann eine allgemeine Regel, die nicht vom konkreten Wert n des Systemranges abhängt, formuliert werden, gemäß der man ein System n-ten Ranges aus einem System $(n - 1)$-ten Ranges durch Einführen „neuer" Elemente und Fortlassen „alter" Elemente bilden kann.

Beispiel 8.5.1

Für das in Abb. 8.5.1 dargestellte System gibt es eine Rekurrenzbedingung: Zusätzlich eingeführt werden ein Objekt (Nummer n) und Verbindungskanäle, die dieses mit dem Objekt, das im

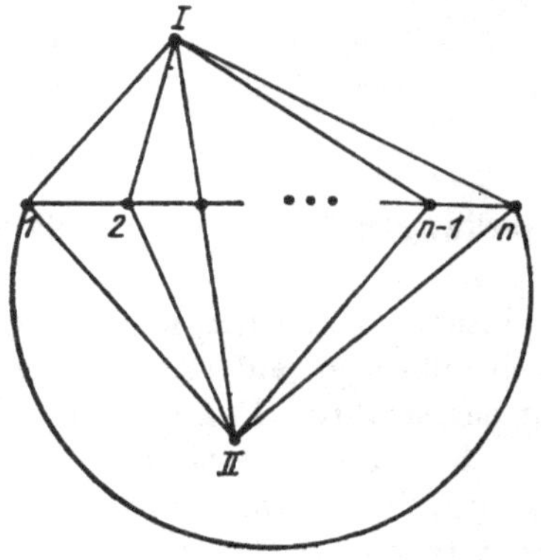

Abb. 8.5.1. Geschlossenes rekurrentes Radialring-System

vorangehenden Schritt eingeführt wurde (Nummer $(n-1)$), und mit den Objekten I, II, 1 verbinden. Fortgelassen wird der Verbindungskanal zwischen dem Objekt 1 und dem Objekt, das im vorangehenden Schritt eingeführt wurde (Nummer $(n-1)$).

Da aus der Darstellung der Struktur offensichtlich wird, wie man die Rekurrenzbedingung formulieren kann, wird diese Bedingung der Kürze halber künftig nicht angegeben.

Einen Verbindungskanal zwischen den Objekten α und β des Systems wollen wir mit $[\alpha, \beta]$ bezeichnen. Falls der Kanal orientiert ist, so wird vereinbart, daß er vom Objekt α ausgeht und zum Objekt β führt.

Als **Kommunikations- oder Zusammenhangswahrscheinlichkeit zwischen den Objekten** γ und β des Systems wird die Wahrscheinlichkeit des folgenden Ereignisses bezeichnet: „Die Objekte α und β sind selbst intakt, und es existiert mindestens ein Verbindungspfad (Folge intakter Objekte $\alpha_1, \alpha_2, \ldots, \alpha_k$ und intakter Kanäle $[\alpha, \alpha_1]$, $[\alpha_1, \alpha_2], \ldots, [\alpha_{k-1}, \alpha_k]$, $[\alpha_k, \beta]$, die diese Objekte verbinden)."

Wenn zur Gesamtheit der Verbindungskanäle $[\alpha, \alpha_1]$, $[\alpha_1, \alpha_2], \ldots, [\alpha_{k-1}, \alpha_k]$, $[\alpha_k, \beta]$ mindestens ein orientierter Kanal gehört, so wird auch der Begriff „Wahrscheinlichkeit für die Existenz eines Pfades vom Objekt α zum Objekt β" benutzt.

Als Wahrscheinlichkeit für eine **Verbindung** zwischen den Objekten α und β bezeichnet man die Wahrscheinlichkeit des Ereignisses: „Es existiert gleichzeitig ein Pfad vom Objekt α zum Objekt β und, umgekehrt, ein Pfad vom Objekt β zum Objekt α".

Die Wahrscheinlichkeit dafür, daß eine Teilmenge A von Objekten des Systems streng zusammenhängend (= verbunden) ist, wird definiert als Wahrscheinlichkeit des folgenden Ereignisses: „Mit irgendeinem gegebenen Objekt der Teilmenge sind alle übrigen Objekte der Teilmenge verbunden (streng zusammenhängend)." Falls alle im System vorhandenen Verbindungskanäle nicht orientiert sind, so ist diese Wahrscheinlichkeit offenbar gleich der Kommunikationswahrscheinlichkeit zwischen zwei beliebigen Objekten dieser Teilmenge.

Die Wahrscheinlichkeit dafür, daß die Menge aller Objekte des Systems zusammenhängend ist, wird gleich der Wahrscheinlichkeit der ausfallfreien Arbeit des Systems.

Das System heißt **isotrop**, wenn die Ausfallwahrscheinlichkeiten der Systemelemente, die ihrer Zweckbestimmung nach identisch sind, übereinstimmen.

In den folgenden Teilabschnitten werden Relationen zur Berechnung der Zusammenhangs-Charakteristiken (der Wahrscheinlichkeiten, daß gewisse Teilmengen von Objekten zusammenhängend sind) für isotrope Systeme mit rekurrenter Struktur gebracht.

8.6. Zuverlässigkeitskenngrößen für isotrope Systeme mit rekurrenter Struktur

Bei der Niederschrift der erhaltenen Beziehungen (vgl. Abschn. 8.7) werden im wesentlichen die folgenden Bezeichnungen verwendet:

$Q\{\alpha\}$ ist die Ausfallwahrscheinlichkeit des Objektes α.

$Q\{[\alpha, \beta]\}$ ist die Ausfallwahrscheinlichkeit des Verbindungskanals $[\alpha, \beta]$ zwischen den Objekten α und β. (Für einen orientierten Kanal wird vereinbart, daß er vom Objekt α zum Objekt β führt.)

Die Bezeichnungen $s = 1 - r$, $\hat{s} = 1 - \hat{r}$ werden für die Ausfallwahrscheinlichkeiten eines Objektes verwendet.

Die Bezeichnungen $q = 1 - p$, $\hat{q} = 1 - \hat{p}$, $z = 1 - y$, $\sigma = 1 - \pi$, $\sigma = 1 - \pi$ werden für die Ausfallwahrscheinlichkeiten von Verbindungskanälen verwendet.

$P_n\{\alpha, \beta\}$, $P_n\{\alpha, \beta, \gamma\}$ ist die Wahrscheinlichkeit für die Existenz eines Pfades zwischen den Objekten α und β (α und β, α und γ, β und γ) in einem System n-ten Ranges.

$P_n\{\alpha, \beta; \beta, \alpha\}$ ist die Wahrscheinlichkeit einer Verbindung zwischen den Objekten α und β in einem orientierten System n-ten Ranges.

$P_n\{\alpha, m \div k\}$ ist die Wahrscheinlichkeit für die Existenz eines Pfades zwischen dem Systemobjekt α und den Objekten $m, m + 1, \ldots, k - 1, k$.

Π_n ist die Wahrscheinlichkeit für die ausfallfreie Arbeit eines Systems n-ten Ranges.

$P_\infty\{\alpha, \beta\}$ ist der asymptotische Wert für die Wahrscheinlichkeit eines Pfades zwischen den Objekten α und β in einem System unendlichen Ranges.

$P_{-\infty,\infty}\{\alpha, I\}$ ist der asymptotische Wert für die Wahrscheinlichkeit eines Pfades zwischen dem Objekt I und dem Objekt α, das von den „Rändern" des Systems unendlichen Ranges gleichweit entfernt ist.

$\Phi_n^{(\alpha)}(t)$ ist die erzeugende Funktion der Anzahl von Objekten, mit denen das Objekt α in einem System n-ten Ranges (direkt oder indirekt) zusammenhängend ist,

$$\Phi_n^{(\alpha)}(t) = \sum_{i=0}^{\infty} P\{\xi_n = k\}\, t^k ,$$

wobei $P\{\xi_n = k\}$ die Wahrscheinlichkeit des folgenden Ereignisses bezeichnet: „Mit dem Objekt α sind genau k Objekte des Systems n-ten Ranges (direkt oder indirekt) zusammenhängend".

$\Phi_n^{(\alpha)}(\tau)$ ist der Wert der erzeugenden Funktion im Punkte τ. $M_n^{(\alpha)}(D_n^{(\alpha)})$ ist der Erwartungswert (die Streuung) der Anzahl von Objekten, mit denen das Objekt α in einem System n-ten Ranges (direkt oder indirekt) zusammenhängend ist.

8.7. Wahrscheinlichkeitscharakteristiken von Systemen mit Netzwerkstruktur

8.7.1. Isotropes System mit offener Radialring-Struktur (Abb. 8.7.1)

Wahrscheinlichkeiten für den Ausfall der Systemelemente:

$$Q\{I\} = 0\,, \quad Q\{i\} = s = 1 - r\,, \quad Q\{|I, i]\} = q = 1 - p\,,$$
$$Q\{[i-1, i]\} = \sigma = 1 - \pi; \quad i - 1, i \in \{1, \ldots, n\}\,.$$

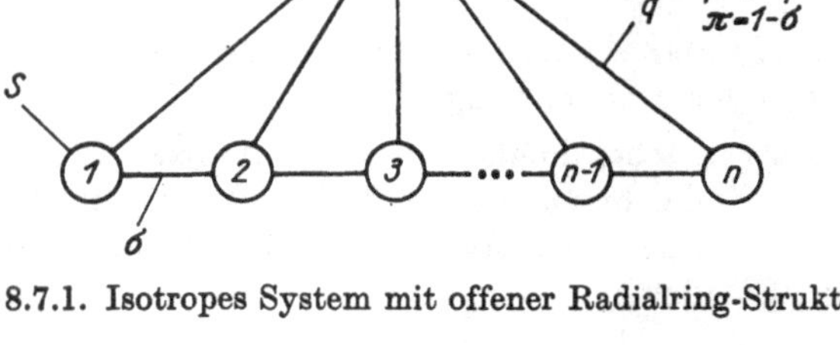

Abb. 8.7.1. Isotropes System mit offener Radialring-Struktur

Charakteristiken des Systems (s. Abschn. 8.6):

$$P_n\{I, 1\} = rp \frac{1 - (r\pi q)^n}{1 - r\pi q};$$

$$P_n\{I, m\} = P_m\{I, 1\} + \pi(r - P_m\{I, 1\}) P_{n-m}\{I, 1\};$$

$$P_{-\infty, \infty}\{I, 1\} = r - rq \frac{(1 - r\pi)^2}{(1 - r\pi q)^2};$$

$$\frac{1}{n} M_n^{(I)} = r - rq \frac{(1 - r\pi)^2}{(1 - r\pi q)^2} - 2rp(1 - r\pi) \frac{1 - (r\pi q)^n}{n(1 - r\pi q)^3} - 2r^2\pi p \frac{(r\pi q)^n}{(1 - r\pi q)^2};$$

$$\lim_{n - \infty} \frac{1}{n} D_n^{(I)} = \frac{rpq(1 - r\pi)^2}{(1 - r\pi q)^2} [1 + 3r\pi q(1 - r\pi) - r^3\pi^3 q^2]$$
$$+ rsp^2 \frac{1 - r^2\pi^2 q}{(1 - r\pi q)^5} [(1 - r\pi q)(1 - r^2\pi^2 q) + 4r\pi q(1 - r\pi)];$$

$$\Pi_n = rp \frac{\mu_1^n - \mu_2^n}{\mu_1 - \mu_2};$$

wobei

$$\mu_{1,2} = \frac{r}{2}(p + 2\pi q \pm \sqrt{p^2 + 4\pi\sigma pq}).$$

Falls $4\pi\sigma q \ll p$ gilt, so wird

$$\mu_1 \approx r(1 - \sigma^2 q), \qquad \mu_2 \approx r\pi^2 q,$$

$$\Phi_n^{(1)}(t) = \sum_{i=1}^{3} \left(\frac{\partial f}{\partial \lambda}\bigg|_{\lambda = \lambda_i}\right)^{-1} [(\lambda_i - r\pi q t)^2 - r^2\pi^2 pqt(1 - t)] \lambda_i^n,$$

wobei λ_i die Wurzeln der Gleichung $f(\lambda) = 0$ sind mit

$$f(\lambda) = \lambda^3 - (1 - rp + rpt + 2r\pi q t)\lambda^2$$
$$+ r\pi q t(2 - r\pi p + r\pi t)\lambda - r^2\pi^2 qt(qt + spt - sp).$$

8.7.2. Isotropes System mit geschlossener Radialring-Struktur (Abb. 8.7.2)

Wahrscheinlichkeiten für den Ausfall der Systemelemente:

$$Q\{I\} = 0, \qquad Q\{[I, i]\} = q = 1 - p,$$
$$Q\{[i - 1, i]\} = Q\{[n, 1]\} = \sigma = 1 - \pi; \qquad i - 1, i \in \{1, \dots, n\}.$$

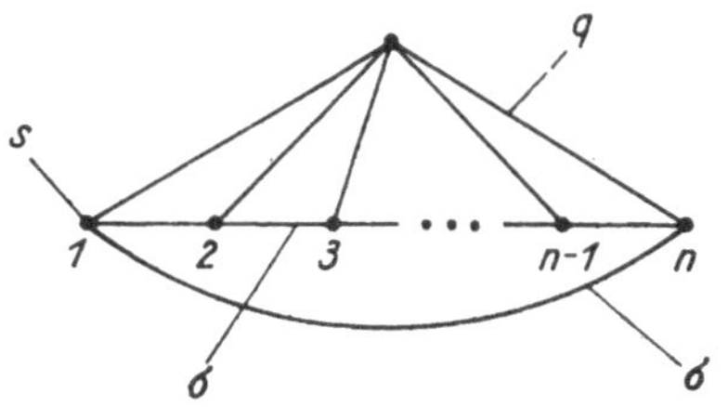

Abb. 8.7.2. Isotropes System mit geschlossener Radialring-Struktur

Charakteristiken des Systems (s. Abschn. 8.6)

$$P_n\{I, m\} = \frac{1}{n} M_n^{(I)} = r - rq \frac{(1 - r\pi)^2}{(1 - r\pi q)^2} - rp \frac{2 - r\pi - r\pi q}{(1 - r\pi q)^2} (r\pi q)^n$$
$$- (n - 1)\, rp\pi \frac{s + r\sigma q}{1 - r\pi q} (r\pi q)^{n-1};$$

$$\Pi_n = \mu_1^n + \mu_2^n - 2(r\pi q)^n ,$$

wobei

$$\mu_{1,2} = \frac{r}{2} (p + 2\pi q \pm \sqrt{p^2 + 4\pi\sigma pq}) .$$

Falls $4\pi\sigma q \ll p$ gilt, so wird

$$\mu_1 \approx r(1 - \sigma^2 q) , \qquad \mu_2 \approx r\pi^2 q ,$$
$$\Phi_n(t) = \lambda_1 + \lambda_2 + \lambda_3 - 2(rqt)^n ,$$

wobei λ_i die Wurzeln der Gleichung $f(\lambda) = 0$ sind mit

$$f(\lambda) = \lambda^3 - (1 - rp + rpt + 2r\pi qt)\, \lambda^2$$
$$+ r\pi qt(2 - r\pi p + r\pi t)\, \lambda - r^2\pi^2 qt(qt + spt - sp) .$$

Der asymptotische Wert der Streuung, $\lim\limits_{n\to\infty} \frac{1}{n} D_n^{(I)}$, stimmt überein mit dem im Abschnitt 8.7.1 angegebenen.

8.7.3. Isotropes System mit offener symmetrischer Radialring-Struktur (Abb. 8.7.3)

Wahrscheinlichkeiten für den Ausfall der Systemelemente:

$$Q\{I\} = 0 , \quad Q\{i\} = s = 1 - r , \quad Q\{[I, i]\} = Q\{[i, I]\} = q = 1 - p ,$$
$$Q\{[i = 1, i]\} = Q\{[i, i - 1]\} = \sigma = 1 - \pi; \quad i, i - 1 \in \{1, \dots, n\} .$$

Charakteristiken des Systems (s. Abschn. 8.6):

$$P_n\{I, 1\} = P_n\{1, I\} = rp \frac{1 - (r\pi q)^n}{1 - r\pi q} ;$$

$$P_n\{I, m\} = P_n\{m, I\} = P_m\{I, 1\} + (r + P_m\{I, 1\})\, \pi P_{n-m}\{I, 1\};$$

$$P_n\{I, 1; 1, I\} = \frac{rp^2(1 + r\pi q)}{(1 - r\pi q)(1 - r^2\pi^2 q^2)} - \frac{2rp^2(r\pi q)^n}{(1 - r\pi q)(1 - \pi q)}$$
$$- \frac{rp^2(1 + \pi q)(r\pi^2 q^2)^n}{(1 - r\pi^2 q^2)(1 - \pi q)} ;$$

$$P_n\{I, m; m, I\} = rp^2 \frac{(1 - r\pi^2 q^2)(1 - r^2\pi^2 q^2)^2}{(1 - r\pi q)^4 (1 - r\pi^2 q^2)^2}$$
$$+ \frac{2rs\pi^2 p^2 q}{(1 - r\pi q)^2 (1 - r\pi^2 q^2)} + O[(r\pi q)^{m-1}] + O[(r\pi q)^{n-m}];$$

$$\Pi_n = r^n p^2 \sum_{i=1}^{3} \left(\frac{\partial\varphi}{\partial\mu}\bigg|_{\mu=\mu_i} \right)^{-1} (\mu_i - q\pi)\, \mu_i^n ,$$

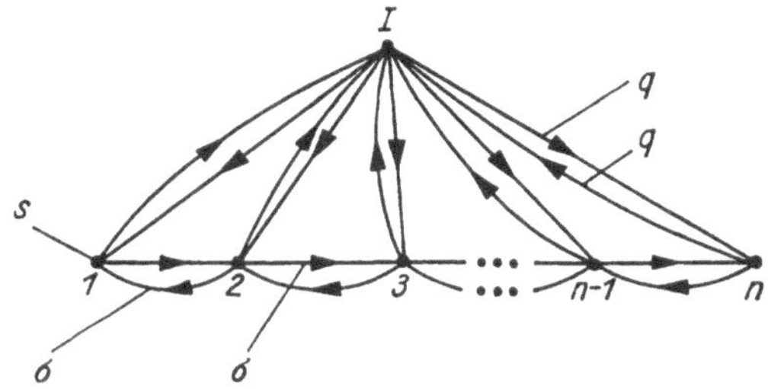

Abb. 8.7.3. Isotropes System mit offener symmetrischer Radialring-Struktur

wobei μ_i die Wurzeln der Gleichung $\varphi(\mu) = 0$ sind mit

$$\varphi(\mu) = \mu^3 - [q\pi(1 + q\pi) + (1 - q\sigma)^2]\,\mu^2 + q\pi[\pi^2(1 + q^2 + q\pi) - p\sigma(p\sigma - 2q\pi^2)]\,\mu - q^3\pi^5 .$$

8.7.4. Isotropes System mit offener Radialring-Struktur, die zwei Zentren besitzt (Abb. 8.7.4)

Wahrscheinlichkeiten für den Ausfall der Systemelemente:

$Q\{I\} = Q\{II\} = 0$; $Q\{i\} = s = 1 - r$; $Q\{[I, i]\} = q = 1 - p$;
$Q\{[II, i]\} = z = 1 - y$; $Q\{[i - 1, i]\} = \sigma = 1 - \pi$; $i - 1, i \in \{1, \ldots, n\}$.

Systemcharakteristiken (s. Abschn. 8.6):

$$P_n\{I, II\} = 1 - \sum_{i=1}^{3} \left(\frac{\partial f}{\partial \lambda}\bigg|_{\lambda=\lambda_i}\right) [(\lambda_i - r\pi qz)^2 - r^2\pi^2 qpzy]\,\lambda_i^n ,$$

wobei λ_i die Wurzeln der Gleichung $f(\lambda) = 0$ sind mit

$$f(\lambda) = \lambda^5 - (1 - rpy + 2r\pi qz)\,\lambda^2 + r\pi qz(2 - r\pi p + r\pi z)\,\lambda - r^2\pi^2 qz(qz - spy) .$$

$$\Pi_n = r^n(1 - qz)\,\frac{\mu_1^n - \mu_2^n}{\mu_1 - \mu_2} - r^n \sum_{i=3}^{5} \left(\frac{\partial \varphi}{\partial \mu}\bigg|_{\mu=\mu_i}\right)^{-1} [(qy + pz)\,\mu_i - \pi qz(p + y)]\,\mu_i^n ,$$

wobei

$$\mu_{1,2} = \frac{1}{2}\left[1 - qz + 2\pi qz \pm \sqrt{4\pi\sigma qz(1 - qz) + (1 - qz)^2}\right]$$

und μ_3, μ_4, μ_5 die Wurzeln der Gleichung $\varphi(\mu) = 0$ sind mit

$$\varphi(\mu) = \mu^3 - (qy + pz + 3\pi qz)\,\mu^2 + \pi qz(\pi + \pi q + \pi z + \sigma p + \sigma y)\,\mu - \pi^2 q^3 z^2 .$$

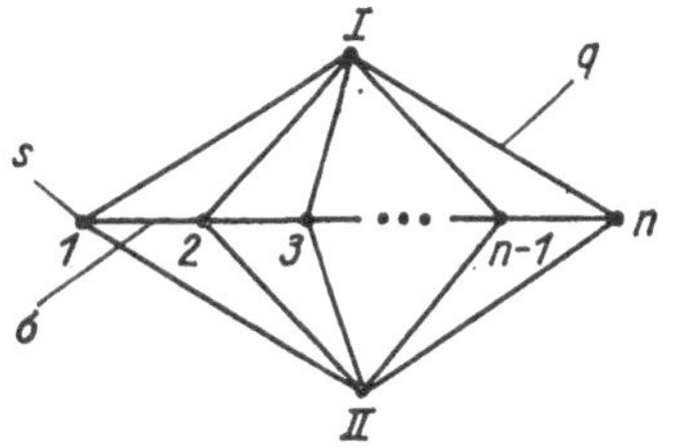

Abb. 8.7.4. Isotropes System mit offener Radialring-Struktur, die zwei Zentren besitzt

8.7.5. Isotropes System mit geschlossener Radialring-Struktur, die zwei Zentren besitzt (Abb. 8.7.5)

Wahrscheinlichkeiten für den Ausfall der Systemelemente:

$$Q\{\mathrm{I}\} = Q\{\mathrm{II}\} = 0; \quad Q\{i\} = s - 1 - r; \quad Q\{[\mathrm{I}, i]\} = q = 1 - p;$$
$$Q\{[\mathrm{II}, i]\} = z = 1 - y; \quad Q\{[i-1, i]\} = Q\{[n, 1]\} = \sigma = 1 - \pi;$$
$$i - 1, i \in \{1, \dots, n\}.$$

Systemcharakteristiken (s. Abschn. 8.6):

$$P_n\{\mathrm{I}, \mathrm{II}\} = 1 - \lambda_1^n - \lambda_2^n - \lambda_3^n,$$

wobei λ_i die Wurzeln der Gleichung $f(\lambda) = 0$ sind mit

$$f(\lambda) = \lambda^3 - (1 - rpy + 2r\pi qz)\,\lambda^2 + r\pi qz(2 - r\pi p + r\pi z)\,\lambda - r^2\pi^2 qz(qz - spy).$$

$$\Pi_n = \mu_1^n + \mu_2^n - \mu_3^n - \mu_4^n - \mu_5^n + (r\pi qz)^n,$$

wobei

$$\mu_{1,2} = \frac{r}{2}\left[1 - qz + 2\pi qz \pm \sqrt{4\pi\sigma qz(1 - qz) + (1 - qz)^2}\right]$$

und μ_3, μ_4, μ_5 die Wurzeln der Gleichung $\varphi(\mu) = 0$ sind mit

$$\varphi(\mu) = \mu^3 - r(qy + pz + 3\pi qz)\,\mu^2 + r^2\pi qz(\pi + \pi q + \pi z + \sigma p + \sigma y)\,\mu - r^3\pi^3 q^2 z^2.$$

$$\lim_{n\to\infty} \frac{1}{n} M_n^{(\mathrm{I})} = r - rqz\,\frac{(1 - r\pi)^2}{(1 - r\pi qz)^2}.$$

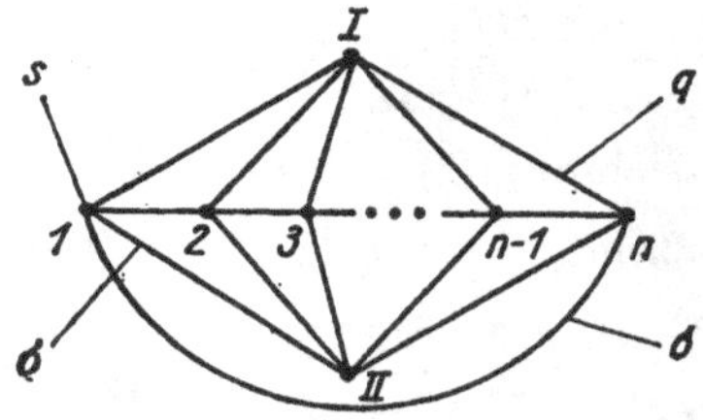

Abb. 8.7.5. Isotropes System mit geschlossener Radialring-Struktur, die zwei Zentren besitzt

8.7.6. Isotropes System mit einer schachbrettförmigen offenen Radialring-Struktur, die zwei Zentren besitzt (Abb. 8.7.6)

Wahrscheinlichkeiten für den Ausfall der Systemelemente:

$$Q\{\mathrm{I}\} = Q\{\mathrm{II}\} = 0; \quad Q(i) = s = 1 - r; \quad Q\{[\mathrm{I}, i]\} = q = 1 - p;$$
$$Q\{\hat{i}\} = s = 1 - r; \quad Q\{[\mathrm{II}, \hat{i}]\} = z = 1 - y;$$
$$Q\{[i, \hat{i}]\} = Q\{[\hat{i}, i+1]\} = \sigma = 1 - \pi; \quad i, i+1 \in \{1, \dots, n\}.$$

Systemcharakteristiken (s. Abschn. 8.6):

$$P_n\{\mathrm{I}, \mathrm{II}\} = \sum_{i=1}^{3} \left(\frac{\partial f}{\partial \lambda}\bigg|_{\lambda=\lambda_i}\right)^{-1} [(\lambda_i - r^2\pi^2 qz)^2 + r^2\pi py(\sigma\lambda_i - r^2\pi^2 qz)]\,\lambda_i^n,$$

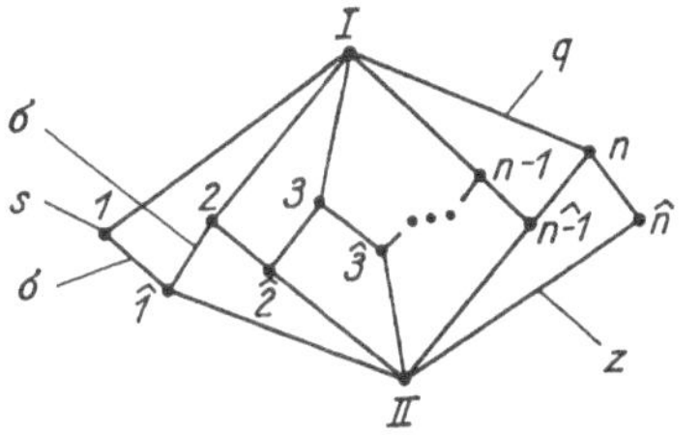

Abb. 8.7.6. Isotropes System mit einer schachbrettförmigen offenen Radialring-Struktur

wobei λ_i die Wurzeln der Gleichung $f(\lambda) = 0$ sind mit

$$f(\lambda) = \lambda^3 - (1 + 2r^2\pi^2qz - r^2\pi py - r^2\pi\sigma py)\,\lambda^2 + r^2\pi^2[qz(2 + r^2\pi^2qz - 2r^2\pi py) + py(1 - rp)\,(1 - ry)]\,\lambda - r^4\pi^4q^2z^2\,,$$

$$P_{-\infty,\infty}\{\mathrm{I},1\} = P_{-\infty,\infty}\{\mathrm{I},\mathrm{II},1\} = r - rq\,\frac{(1 - r\pi)^2\,(1 + r\pi z)^2}{(1 - r^2\pi^2qz)^2}\,;$$

$$\lim_{n\to\infty}\frac{1}{n}\,M_n^{(\mathrm{I})} = 2r - r\,\frac{(1 - r\pi)^2}{(1 - r^2\pi^2qz)^2}\,[q(1 + r\pi z)^2 + z(1 + r\pi q)^2]\,.$$

$$\Pi_n = r^{2n}\pi py\sum_{i=1}^{5}\left[\frac{\partial(\varphi_1\varphi_2)}{\partial\mu|_{\mu=\mu_i}}\right]^{-1}[(\mu_i^2 - \pi^4qz)\,(\mu_i - \pi^2qz) + \sigma py\mu_i(\mu_i - \pi^3qz + \pi^2\sigma qz)]\,\mu_i^n\,,$$

wobei μ_1, μ_2 die Wurzeln der Gleichung $\varphi_1(\mu) = 0$ sind mit

$$\varphi_1(\mu) = \mu^2 - (\pi + \pi\sigma + 2\pi\sigma qz + \pi^2qz + \sigma^2py)\,\mu + \pi^4qz$$

und μ_3, μ_4, μ_5 die Wurzeln der Gleichung $\varphi_2(\mu) = 0$ sind mit

$$\varphi_2(\mu) = \mu^3 - [\pi^2(q + z) + 2\pi\sigma(pz + qy) + \pi^2qz + \sigma^2py]\,\mu^2 - \pi^2qz[\pi^2 + \pi^2(q + z) + 2\pi\sigma(p + y) + \sigma^2py]\,\mu + \pi^6q^2z^2 = 0\,.$$

8.7.7. Isotropes System mit einer schachbrettförmigen geschlossenen Radialring-Struktur, die zwei Zentren besitzt (Abb. 8.7.7)

Wahrscheinlichkeiten für den Ausfall der Systemelemente:

$$Q\{\mathrm{I}\} = Q\{\mathrm{II}\} = 0; \quad Q\{i\} = Q\{\hat{i}\} = s = 1 - r; \quad Q\{[\mathrm{I}, i]\} = q = 1 - p;$$
$$Q\{[\mathrm{II}, \hat{i}]\} = z = 1 - y; \quad Q\{[i, \hat{i}]\} = Q\{[\hat{i}, i + 1]\} = \sigma = 1 - \pi;$$
$$i, i + 1 \in \{1, \dots, n\}; \quad Q\{[\hat{n}, 1]\} = \sigma = 1 - \pi\,.$$

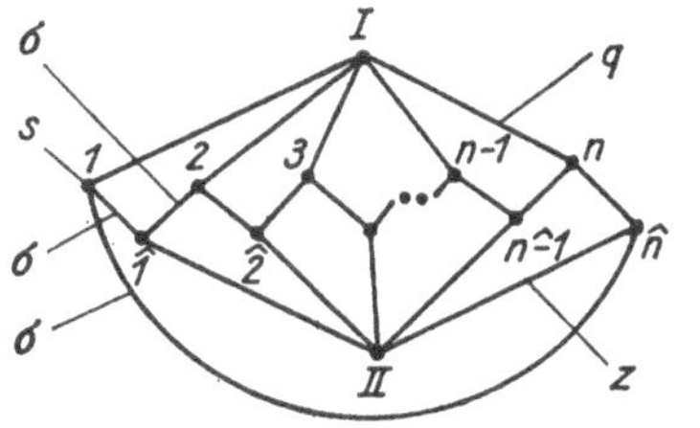

Abb. 8.7.7. Isotropes System mit einer schachbrettförmigen geschlossenen Radialring-Struktur

Systemcharakteristiken (vgl. Abschn. 8.6):

$$P_n\{\mathrm{I}, \mathrm{II}\} = 1 - \lambda_1^n - \lambda_2^n - \lambda_3^n + 2(r^2\pi^2 qz)^n ,$$

wobei λ_i die Wurzeln der Gleichung $f(\lambda) = 0$ sind mit

$$f(\lambda) = \lambda^3 - (1 + 2r^2\pi^2 qz - r^2\pi py - r^2\pi\sigma py)\,\lambda^2$$
$$+ r^2\pi^2[qz(2 + r^2\pi^2 qz - 2r^2\pi py) + py(1 - rp)\,(1 - ry)]\,\lambda - r^4\pi^4 q^2 z^2$$
$$\Pi_n = r^{2n}[\mu_1^n + \mu_2^n + \mu_3^n - \mu_4^n - \mu_5^n + (\pi^2 qz)^n] ,$$

wobei μ_1, μ_2 die Wurzeln der Gleichung $\varphi_1(\mu) = 0$ sind mit

$$\varphi_1(\mu) = \mu^2 - (\pi^2 + \pi\sigma + 2\pi\sigma qz + \pi^2 qz + \sigma py)\,\mu + \pi^4 qz$$

und μ_3, μ_4, μ_5 die Wurzeln der Gleichung $\varphi_2(\mu) = 0$ sind mit

$$\varphi_2(\mu) = \mu^3 - [\pi^2(q + z) + 2\pi\sigma(pz + qy) + \pi^2 qz + \sigma^2 py]\,\mu^2$$
$$- \pi^2 qz[\pi^2 + \pi^2(q + z) + 2\pi\sigma(p + y) + \sigma^2 py]\,\mu + \pi^6 q^2 z^2 .$$

Die asymptotischen Charakteristiken $P_{-\infty,\infty}\{\mathrm{I}, 1\}$, $\lim\limits_{n\to\infty} \frac{1}{n} M_n^{(\mathrm{I})}$ stimmen mit den entsprechenden Charakteristiken, die im Abschnitt 8.7.6 für ein offenes System angegeben wurden, überein.

8.7.8. Isotropes System mit einer parallel-leiterförmigen Struktur (Abb. 8.7.8)

Wahrscheinlichkeiten für den Ausfall der Systemelemente:

$$Q\{i\} = s = 1 - r; \qquad Q\{\tilde{i}\} = \tilde{s} = 1 - \tilde{r}; \qquad Q\{[i, \tilde{i}]\} = q = 1 - p;$$
$$Q\{[i - 1, i]\} = \sigma = 1 - \pi; \qquad Q\{[\tilde{i} - 1, \tilde{i}]\} = \tilde{\sigma} = 1 - \tilde{\pi} ,$$
$$i \in \{1, \dots, n\},\ \tilde{i} \in \{\tilde{1}, \dots, \tilde{n}\} .$$

Systemcharakteristiken (s. Abschn. 8.6):

$$\Pi_n = r^n \tilde{r}^n p \,\frac{\mu_1^n - \mu_2^n}{\mu_1 - \mu_2} ,$$

wobei

$$\mu_{1,2} = \frac{1}{2}\left(p + 2\pi\tilde{\pi} q - \sigma\tilde{\sigma} p \pm \sqrt{(p + 2\pi\tilde{\pi} q - \sigma\tilde{\sigma} q)^2 - 4\pi^2\tilde{\pi}^2}\right);$$

$$P_n\{1, n\} = \sum_{i=1}^{3} \left(\pi \left.\frac{\partial f}{\partial \lambda}\right|_{\lambda=\lambda_i}\right)^{-1} [\lambda_i - \tilde{r}\tilde{\pi}(1 - r\pi - 2r\pi q)\,\lambda_i + r\tilde{r}^2\pi\tilde{\pi}^2(q^2 - sp)]\,\lambda_i^n;$$

$$P_n\{\tilde{1}, n\} = r\tilde{r}p \sum_{i=1}^{3} \left(\left.\frac{\partial f}{\partial \lambda}\right|_{\lambda=\lambda_i}\right)^{-1} (\lambda_i - 1 + r\pi + \tilde{r}\tilde{\pi} - r\pi\tilde{r}\tilde{\pi}p)\,\lambda_i^n ,$$

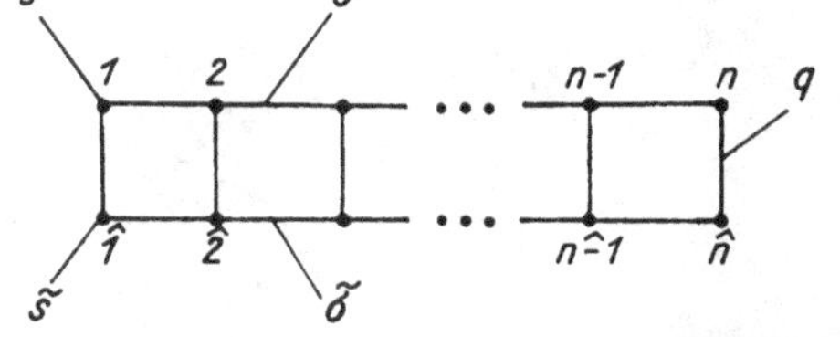

Abb. 8.7.8. Isotropes System mit parallel-leiterförmiger Struktur

wobei λ_i die Wurzeln der Gleichung $f(\lambda) = 0$ sind mit

$$f(\lambda) = \lambda^3 - (r\pi + \tilde{r}\tilde{\pi} - r\tilde{r}\pi\tilde{\pi} + 2r\tilde{r}\pi\tilde{\pi}q)\,\lambda^2$$
$$+ r\tilde{r}\pi\tilde{\pi}(1 + r\pi q^2 + \tilde{r}\tilde{\pi}q^2 - r\tilde{r}p^2 - r\tilde{s}\pi p^2 - \tilde{r}s\tilde{\pi}p^2)\,\lambda - r^2\tilde{r}^2\tilde{\pi}^2\pi^2(q^2 - s\tilde{s}p^2)\,.$$

Falls $1 \ll k < m - 1 \ll n$ ist, so gilt näherungsweise

$$P_n\{k, m\} \approx \sum_{i=1}^{3} \left(\pi \frac{\partial f}{\partial \lambda}\bigg|_{\lambda=\lambda_i}\right)^{-1} \left(1 - \frac{r^2\pi^2\tilde{r}\tilde{\pi}q}{\lambda_i}\right)^2 \times$$
$$\times\, [\lambda_i^2 - \tilde{r}\tilde{\pi} - r\pi - 2r\pi q)\,\lambda_i + r^2\tilde{r}^2\pi\tilde{\pi}^2(q^2 - sp)]\,\lambda^{1+m-k}\,,$$

wobei ein Fehler der Größenordnung

$$(rr\pi\tilde{\pi}\tilde{p})^{\min(k,\,n-m)}$$

gemacht wird.

$$P_n\{k, m\} = r\tilde{r}p \sum_{i=1}^{3} \left(\frac{\partial f}{\partial \lambda}\bigg|_{\lambda=\lambda_i}\right)^{-1} \left(1 - \frac{r^2\pi^2\tilde{r}\tilde{\pi}q}{\lambda_i}\right)\left(1 - \frac{r\pi\tilde{r}^2\tilde{\pi}^2q}{\lambda_i}\right) \times$$
$$\times\, (\lambda_i - 1 + r\pi + \tilde{r}\tilde{\pi} - r\pi\tilde{r}\tilde{\pi}p)\,\lambda_i^{m-k+1}\,.$$

8.7.9. Isotropes System mit einer diagonal-leiterförmigen Struktur (Abb. 8.7.9)

Wahrscheinlichkeiten für den Ausfall der Systemelemente:

$$Q\{i\} = s = 1 - r;\qquad Q\{[i-1, i]\} = q = 1 - p;\qquad Q\{[i-2, i]\} = \sigma = 1 - \pi;$$
$$i - 2,\, i - 1,\, i \in \{1, \ldots, n\}\,.$$

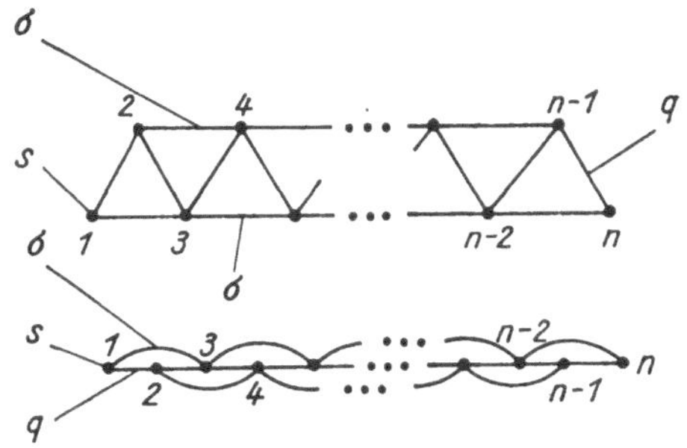

Abb. 8.7.9. Isotropes System mit diagonal-leiterförmiger Struktur (zwei Darstellungsvarianten)

Systemcharakteristiken (s. Abschn. 8.6):

$$\Pi_n = r^n p\,\frac{\mu_1^n - \mu_2^n}{\mu_1 - \mu_2}\,,$$

wobei

$$\mu_{1,2} = \frac{1}{2}\,(p + 2\pi q \pm \sqrt{p^2 + 4\pi\sigma pq})\,.$$

$$P_n\{1, n\} = r \sum_{i=1}^{4} \left(\frac{\partial f}{\partial \lambda}\bigg|_{\lambda=\lambda_i}\right)^{-1} (\lambda_i^2 - r\pi q\lambda_i + r^2\pi^2pq)\,\lambda_i^n\,,$$

wobei λ_i die Wurzeln der Gleichung $f(\lambda) = 0$ sind mit

$$f(\lambda) = \lambda^4 - r(1 - q\sigma)\,\lambda^3 - r\pi(1 - rp - r\pi pq)\,\lambda^2 + r^2\pi^2q(1 - rp)\,\lambda - r^3s\pi^3pq\,.$$

8.7.10. Isotropes System, das die Struktur eines orientierten, vollständigen Graphen besitzt (Abb. 8.7.10; der Anschaulichkeit halber wurde ein System vom Range 5 dargestellt)

Wahrscheinlichkeiten für den Ausfall der Systemelemente:

$$Q\{\mathrm{I}\} = 0; \qquad Q\{i\} = s = 1 - r\,,$$

$$Q\{[\mathrm{I}, i]\} = Q\{[j, i]\} = q = 1 - p; \qquad j < i; j, i \in \{1, \dots, n\}\,.$$

Systemcharakteristiken bei absolut zuverlässigen Objekten:

$$\Phi_n^{(\mathrm{I})}(t \mid s = 0) = q^n + t(1 - q^n)\, \Phi_{n-1}^{(\mathrm{I})}(t \mid s = 0)\,, \qquad \Phi_0^{(\mathrm{I})}(t \mid s = 0) = 1;$$

$$\Phi_n^{(\mathrm{I})}(t \mid s = 0) = q^n + \sum_{k=1}^{n} t^n q^{n-k}(1 - q^n)(1 - q^{n-1}) \dots (1 - q^{n-k+1});$$

$$P_n\{\mathrm{I}, m \mid s = 0\} = P_m\{\mathrm{I}, m \mid s = 0\} = p + (q - q^m)\, P_{m-1}(\mathrm{I}, m - 1 \mid s = 0\};$$

$$P_0\{I, 0 \mid s = 0\} = 0;$$

$$M_n^{(\mathrm{I})}(s = 0) = (1 - q^n) + (1 - q^n)\, M_{n-1}^{(\mathrm{I})}(s = 0)\,, \qquad M_0^{(\mathrm{I})}(s = 0) = 0;$$

$$D_n^{(\mathrm{I})}(s = 0) = (1 - q^n)\,[D_{n-1}^{(\mathrm{I})}(s = 0) + q^n(1 + M_{n-1}^{(\mathrm{I})}(s = 0))]\,, \qquad D_0^{(\mathrm{I})}(s = 0) = 0\,.$$

Abschätzungen der Charakteristiken für ein System n-ten Ranges mit absolut zuverlässigen Objekten ($s = 0$):

$$P_n\{\mathrm{I}, n \mid s = 0\} = 1 - nq^n - \frac{q^{n+1}}{p^2}(1 - q^n - nq^{n-1}p)\,.$$

Die Bezeichnungen $\Phi_n^{(\mathrm{I})}(t \mid s = 0)$; $P_n\{\mathrm{I}, n \mid s = 0\}$; $M_n^{(\mathrm{I})}$ $(s = 0)$ der Charakteristiken für ein System mit absolut zuverlässigen Objekten ($s = 0$) entsprechen denjenigen, die im Abschnitt 8.6 für Systeme mit unzuverlässigen Objekten ($s \neq 0$) vereinbart wurden:

$$M_n^{(\mathrm{I})}(s = 0) \approx n\,\frac{p^2(1 + q) - q(1 - q^n) + q^2(1 - q^{n+1})}{p^3(1 + q)}$$

$$- \frac{q(1 - q)^n}{p^2}\left[1 + \frac{1}{p(1 + q)} - \frac{(1 - q^3)(1 - q^{n+1})}{p^2(1 + q)^2}\right];$$

$$\Phi_n^{(\mathrm{I})}(t \mid s = 0) \approx \frac{t^{n+1} - q^{n+1}}{t - q}$$

$$- \frac{tq}{p(t - q)(t - q^2)}\,[t^n(t - q) + q^{n+2}(t^n - q^n) - q^n(t^{n+1} - q^{n+1})]\,.$$

Charakteristiken eines Systems mit unzuverlässigen Objekten ($s \neq 0$):

$$\Phi_n^{(\mathrm{I})} = \sum_{k=0}^{n} \binom{n}{k} r^k s^{n-k} \Phi_n^{(\mathrm{I})}(s = 0);$$

$$M_n^{(\mathrm{I})} = \sum_{k=0}^{n} \binom{n}{k} r^k s^{n-k} M_k^{(\mathrm{I})}(s = 0);$$

$$P_n\{\mathrm{I}, m\} = P_m\{\mathrm{I}, m\} = r - rq\Phi_{m-1}^{(\mathrm{I})}(t = q) = r \sum_{k=1}^{m} \binom{n-1}{k-1} r^{k-1} s^{m-k} P_k\{\mathrm{I}, k \mid s = 0\}\,.$$

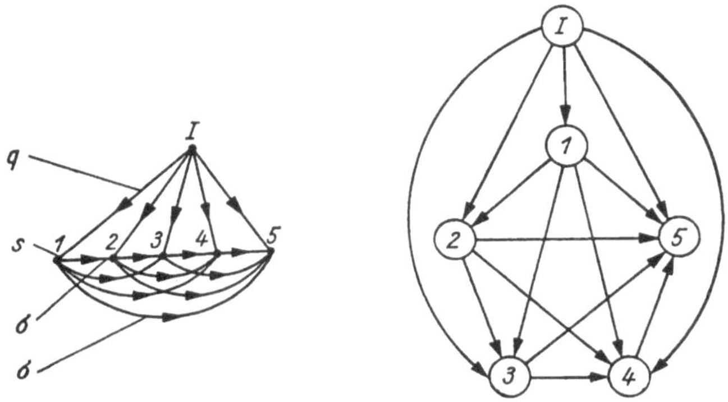

Abb. 8.7.10. Isotropes System, das die Struktur eines orientierten, vollständigen Graphen besitzt (zwei Darstellungsvarianten)

8.7.11. Isotropes System, das die Struktur eines nicht orientierten, vollständigen Graphen besitzt (Abb. 8.7.11; der Anschaulichkeit halber wurde ein System vom Range 5 dargestellt)

Wahrscheinlichkeiten für den Ausfall der Systemelemente:

$$Q\{\mathrm{I}\} = 0; \qquad Q\{i\} = s = 1 - r; \qquad Q\{[1, i]\} = q = 1 - p\,,$$

$$Q\{[j, i]\} = \sigma = 1 - \pi\,, \qquad i, j \in \{1, \dots, n\}\,.$$

Systemcharakteristiken (s. Abschn. 8.6):

$$\Pi_n = r^n - \sum_{k=0}^{n-1} \binom{n}{k} \sigma^{k(n-k)} (rq)^{n-k} \Pi_k\,, \qquad \Pi_0 = 1;$$

$$\Phi_n^{(\mathrm{I})}(t) = \sum_{k=0}^{n} t^k \binom{n}{k} (s + rq\sigma)^{n-k} \Pi_k, \qquad \Phi_0 = 1;$$

$$M_n^{(\mathrm{I})} = n \sum_{k=1}^{n} \binom{n-1}{k-1} (s + rq\sigma^k)^{n-k} \Pi_k = n P_n\{I, m\};$$

$$\frac{\partial^m \Phi_n^{(\mathrm{I})}(t = 1)}{\partial t^m} = n(n-1)\dots(n-m+1) \sum_{k=m}^{n} \binom{n-m}{k-m} (s + rq\sigma^k)^{n-k} \Pi_k$$

$$= n(n-1)\dots(n-m+1)\, P_n\{I + m\}\,,$$

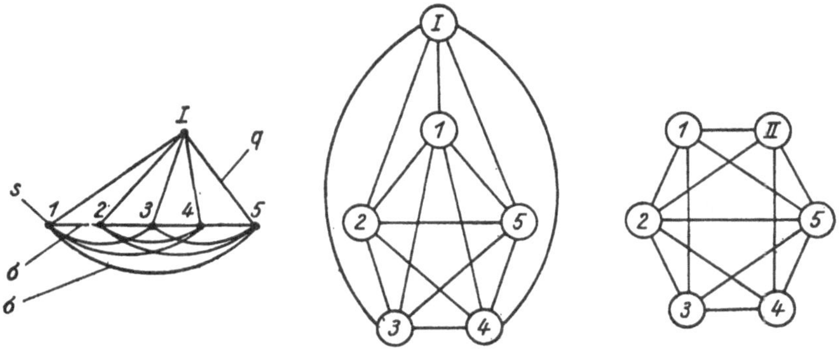

Abb. 8.7.11. Isotropes System, das die Struktur eines nicht orientierten, vollständigen Graphen besitzt (drei Darstellungsvarianten)

wobei $P_n\{I + m\}$ die Wahrscheinlichkeit für eine Verbindung von festgelegten m Objekten mit dem Objekt I eines Systems vom Range n bezeichnet.

$$D_n^{(I)} = n^2 \sum_{k=2}^{n} \binom{n-2}{k-2} (s + rq\sigma^k)^{n-k} \Pi_k + n \sum_{k=1}^{n-1} \binom{n-2}{k-1} (s + rq\sigma^k)^{n-k} \Pi_k - (M_n^{(I)})^2;$$

$$\Pi_n \approx r^n \exp[-(n+1) q\sigma^n] + O(n^{-1}).$$

8.8. Kurze Beschreibung der Methode zur Analyse von Systemen mit Netzstruktur

Zwei Objekte eines Systems heißen benachbart, wenn zwischen ihnen ein Verbindungskanal besteht.

Unter den Elementen n eines Systems n-ten Ranges versteht man diejenigen Elemente, die bei der Erzeugung des Systems n-ten Ranges aus einem System $(n - 1)$-ten Ranges zusätzlich eingeführt wurden.

Wir bezeichnen mit

X_n	die Menge aller Objekte eines Systems n-ten Ranges,
$\varkappa_n = X_n \setminus X_{n-1}$	die Menge der Objekte n,
$\varkappa = \bigcap_{n=1}^{\infty} X_n$	die für alle n gleichbleibend unveränderliche Menge von Objekten,
χ_n	die Menge der Objekte n und der mit ihnen benachbarten Objekte eines Systems n-ten Ranges.

Die Bedingungen für das Vorhandensein eines rekurrenten netzförmigen Systems lauten:

- Die Anzahl der Objekte, die neu eingeführt werden, ist konstant, das heißt $|\varkappa_n| = \text{const.}$
- Die Objekte, die in einem System n-ten Ranges den Objekten n benachbart sind, sind entweder Objekte $n - 1$ oder sie gehören zu der konstanten Objektmenge $\varkappa$, das heißt $\{\chi_n \setminus \varkappa_n\} \subset \{\varkappa_{n-1} \cup \varkappa\}$.
- Die Struktur des Teilsystems, das von der Objektmenge χ_n gebildet wird, ist für alle n gleich.
- Die Struktur des Teilsystems, das von der Objektmenge $\{X_n \setminus \chi_n\} \cup \varkappa$ (die offensichtlich in X_{n-1} enthalten ist) gebildet wird, ändert sich beim Übergang von einem System $(n - 1)$-ten Ranges zu einem System n-ten Ranges nicht.

Die Grundidee zur Berechnung der Wahrscheinlichkeitscharakteristiken eines Systems mit netzförmiger Struktur besteht darin, die Analyse eines Systems n-ten Ranges zurückzuführen auf die Untersuchung der Charakteristiken von Systemen niedrigeren Ranges.

Wir wollen die Hauptetappen der Analyse betrachten.

1. Es werden alle möglichen Zustände des Systems n-ten Ranges ermittelt, die durch Ausfall und (oder) Intaktheit der Elemente n bedingt sind. Wegen der Unabhängigkeit der Elementeausfälle werden die Wahrscheinlichkeiten der so gefundenen Zustände durch Produktbildung der entsprechenden Zuverlässigkeits-Charakteristiken der Elemente n bestimmt.

2. Jeder der gefundenen Zustände wird unter dem Gesichtspunkt analysiert, ob sich Übertragungspfade zwischen den Objekten des Systems $(n-1)$-ten Ranges, die zur Menge $X_n \setminus \varkappa_n$ gehören, herstellen lassen. Wenn ein solcher Pfad durch eine bestimmte Folge intakter Elemente n gebildet wird, so wird er durch einen Verbindungskanal ersetzt, der die entsprechenden Objekte des Systems $(n-1)$-ten Ranges verknüpft. Die Ausfallwahrscheinlichkeit dieses Verbindungskanals wird gleich Null gesetzt. Wenn gewisse Elemente n zur Schaffung keines einzigen Übertragungspfades beitragen können (zum Beispiel isolierte Objekte), so werden sie fortgelassen. Wenn ein zusätzlicher Pfad Objekte aus der Menge $X_n \setminus \varkappa_n$ verknüpft, die schon über einen Verbindungskanal zusammenhängen, so wird vereinbart, daß die genannten Objekte durch einen absolut zuverlässigen Verbindungskanal verknüpft werden.

Bei den durchgeführten Überlegungen und im folgenden wird angenommen, daß die Elemente n zu einer Objektmenge Y gehören, deren Kommunikationswahrscheinlichkeit festzustellen ist. Anderenfalls (zum Beispiel bei der Berechnung der Wahrscheinlichkeit für eine ausfallfreie Arbeit) bleibt die Methode in groben Zügen erhalten. Es muß jedoch berücksichtigt werden, daß ein Zusammenhang der Objekte n mit den übrigen Objekten der Menge Y abhängt vom Vorhandensein (oder Fehlen) eines Zusammenhangsder entsprechenden Objekte $n-1$ mit den Objekten der Menge Y. Da keine prinzipiellen Unterschiede vorliegen, wird diese Frage hier mit Rücksicht auf die erforderliche komprimierte Darstellungsform nicht betrachtet.

3. Auf diese Weise wird die Analyse des Systems n-ten Ranges für jeden Zustand der Elementemenge n auf die Analyse eines bestimmten deformierten Systems $(n-1)$-ten Ranges zurückgeführt. Der Charakter der Deformation wird durch das Vorhandensein zusätzlicher und (oder) absolut zuverlässiger Verbindungskanäle bestimmt.

Die Relation für die gesuchte Charakteristik eines Systems n-ten Ranges kann auf der Grundlage der Formel der totalen Wahrscheinlichkeit niedergeschrieben werden. Diese Formel besteht aus Summanden, die jeweils Produkte aus zwei Faktoren sind:

– der Wahrscheinlichkeit für einen konkreten Zustand der Elemente n,
– der gleichnamigen Charakteristik des entsprechenden deformierten Systems $(n-1)$-ten Ranges.

4. Zu jedem Typ eines deformierten Systems $(n-1)$ -ten Ranges wird analog ein deformiertes System n-ten Ranges konstruiert. Eine solche Konstruktion ist infolge der Rekurrenz des ursprünglichen Systems möglich. Dann wird eine Analyse der erhaltenen Systeme n-ten Ranges gemäß den Punkten 1 bis 4 durchgeführt. Die Untersuchung wird so lange fortgesetzt, bis keine neuen Typen deformierter Systeme gebildet werden.

5. Die gemäß Punkt 3 erhaltenen Beziehungen für das ursprüngliche und das deformierte System n-ten Ranges werden in Matrizendarstellung niedergeschrieben. Als Ergebnis erhält man einen Ausdruck der Gestalt

$$\boldsymbol{p}_{1,n} = \boldsymbol{A}_n \boldsymbol{p}_{1,n-1} = \dots = \boldsymbol{A}_n \boldsymbol{A}_{n-1} \dots \boldsymbol{A}_{m+1} \boldsymbol{p}_{1,m} \,. \tag{8.8.1}$$

Dabei ist $\boldsymbol{p}_{1,n}$ der Spaltenvektor gleichnamiger Charakterisierungen des ursprünglichen und des deformierten Systems n-ten Ranges. (Wenn man sich nicht speziell festlegt, so wird weiterhin vorausgesetzt, daß die gesuchte Charakteristik die erste Koordinate des Vektors ist.) $\boldsymbol{A}_n$ ist eine Matrix, deren Elemente Polynome ersten Grades in den Parametern der Elemente n sind.

6. Eine Analyse gemäß den Punkten 1 bis 5 ist normalerweise nur möglich, solange der Rang n des Systems nicht unter einem gewissen Wert m liegt. Falls $m > 1$ ist, so ist es in einer Reihe von Fällen möglich, eine analoge Untersuchung vom anderen „Rand" des Systems aus durchzuführen, und zwar bis zu einem Wert $k < m$. Als Ergebnis erhält man die allgemeine Beziehung

$$\boldsymbol{P}_{1,n} = \boldsymbol{A}_n \boldsymbol{A}_{n-1} \dots \boldsymbol{A}_{m+1} \boldsymbol{P}_{n,m} \boldsymbol{A}_{k-1}^{*T} \boldsymbol{A}_{k-2}^{*T} \dots \boldsymbol{A}_1^{*T} . \qquad (8.8.2)$$

Dabei ist $\boldsymbol{P}_{1,n}$ eine quadratische Matrix der gleichnamigen Charakteristiken der (von beiden „Rändern" aus) deformierten Systeme n-ten Ranges. Ferner wird vorausgesetzt, daß — falls keine besonderen Vereinbarungen getroffen werden — die gesuchte Charakteristik in der Matrix oben links erscheint.

$\boldsymbol{A}_i$, $\boldsymbol{A}_i^*$ sind gewisse quadratische Matrizen, deren Elemente Polynome ersten Grades in den Zuverlässigkeits-Parametern der Elemente i, $i + 1$ sind.

Die Startmatrix $\boldsymbol{P}_{k,m}$ kann entweder unmittelbar ermittelt werden (falls $|m - k|$ klein ist) oder durch eine analoge Methode, wobei berücksichtigt werden muß, daß die Objekte zu der Menge gehören können, deren Kommunikationswahrscheinlichkeit berechnet werden soll.

Die Charakteristiken isotroper Systeme lassen sich einfacher berechnen. Die Ausfallwahrscheinlichkeiten der Elemente n hängen nicht vom Wert n ab. Deshalb sind die Matrizen $\boldsymbol{A}_i$ und $\boldsymbol{A}_i^{*T}$ in den Formeln (8.8.1) und (8.8.2) konstant, und diese Relationen lassen sich umschreiben in

$$\boldsymbol{p}_n = \boldsymbol{A}^{n-m} \boldsymbol{p}_m \qquad (8.8.3)$$

beziehungsweise

$$\boldsymbol{P}_n = \boldsymbol{A}^{n-m} \boldsymbol{P}_{m-k+1} (\boldsymbol{A}^{*T})^{k-1} . \qquad (8.8.4)$$

Dabei sind $\boldsymbol{A}^i$, $(\boldsymbol{A}^{*T})^i$ die i-ten Potenzen der Matrizen $\boldsymbol{A}$ beziehungsweise $\boldsymbol{A}^{*T}$.

Zur Lösung der Gleichungen (8.8.3) und (8.8.4) müssen die Eigenwerte λ_i, λ_i^* der Matrizen $\boldsymbol{A}$, $\boldsymbol{A}^*$ bestimmt werden. Per definitionem sind die λ_i die Wurzeln der Gleichung

$$A(\lambda) = \det (\boldsymbol{A} - \lambda \boldsymbol{I}) = 0 , \qquad (8.8.5)$$

wobei $\boldsymbol{I}$ die Einheitsmatrix symbolisiert. Dann stellt sich die Charakteristik P_n als Linearkombination von Potenzen der Eigenwerte dar:

$$P_n = \sum_i C_i \lambda_i^{n-m} \sum_j C_j^* \lambda_j^{*k-1} \qquad (8.8.6)$$

Die Koeffizienten C_i, C_i^* werden aus den Werten der Startmatrix $\boldsymbol{P}_{m-k-1}$ berechnet.

Beispiel 8.8.1

Gegeben sei das System n-ten Ranges, das in Abb. 8.7.1 dargestellt wurde. Die Ausfallwahrscheinlichkeiten der Systemelemente seien bekannt:

$$Q\{\mathrm{I}\} = 0 , \quad Q\{i\} = s_i = 1 - r_i , \quad Q\{[\mathrm{I}, i]\} = q_i = 1 - p_i ,$$
$$Q\{[i - 1, i]\} = \pi_i = 1 - \pi_i , \quad i - 1 , \quad i \in \{1, \dots, n\} .$$

Zu bestimmen ist die Kommunikationswahrscheinlichkeit $P_{1,n}\{I, m\}$ zwischen den Objekten I und m.

Lösung

Wir führen die Analyse gemäß der dargelegten Methodik in Etappen durch.

1. Mögliche Zustände.

Zustand a: Ausgefallen ist mindestens eines der Elemente Objekt n, Verbindungskanal $[\mathrm{I}, n]$, Verbindungskanal $[n-1, n]$.

Zustand b: Das Objekt n und die Verbindungskanäle $[I, n]$, $[n-1, n]$ sind intakt. Die Wahrscheinlichkeit für diesen Zustand ist $r_n p_n \pi_n$.

2. Im Zustand a bilden sich keine zusätzlichen Übertragungspfade. Im Zustand b gibt es einen zusätzlichen Pfad zwischen den Objekten I und $n-1$. Wir setzen die Ausfallwahrscheinlichkeit des Verbindungskanals $[\mathrm{I}, n-1]$ im deformierten System $\mathcal{S}_{n-1}|_{q_{n-1}=0}$ gleich Null. Die Charakteristiken des deformierten Systems werden mit $P_{1,n-1}\{\mathrm{I}, m|_{q_{n-1}=0}\}$ bezeichnet.

3. $$P_{1,n}\{\mathrm{I}, m\} = \{1 - r_n p_n \pi_n\} P_{1,n-1}\{\mathrm{I}, m\} + r_n p_n \pi_n P_{1,n-1}\{\mathrm{I}, m|_{q_{n-1}=0}\}\,.$$

4. Die Menge der möglichen Zustände des deformierten Systems $\mathcal{S}_n|_{q_n=0}$ zerfällt in zwei Teilmengen. Die Charakteristik des deformierten Systems lautet:

$$P_{1,n}\{\mathrm{I}, m|_{q_n=0}\} = (1 - r_n \pi_n)\, P_{1,n-1}\{\mathrm{I}, m\} + r_n p_n \pi_n\, P_{1,n-1}\{\mathrm{I}, m|_{q_{n-1}=0}\}\,.$$

5. $$\boldsymbol{p}_{1,n}\{\mathrm{I}, m\} = (P_{1,n}\{\mathrm{I}, m\},\ P_{1,n}\{\mathrm{I}, m|_{q_n=0}\})'\,,$$

$$\boldsymbol{A}_n = \begin{bmatrix} 1 - r_n p_n \pi_n & r_n p_n \pi_n \\ 1 - r_n \pi_n & r_n \pi_n \end{bmatrix}.$$

6. $$\boldsymbol{A}_n^* = \boldsymbol{A}_n$$

$$\boldsymbol{P}_{1,n}\{\mathrm{I}, m\} = \begin{pmatrix} P_{1,n}\{\mathrm{I}, m\} & P_{1,n}\{\mathrm{I}, m \mid q_n = 0\} \\ P_{1,n}\{\mathrm{I}, m \mid q_1 = 0\} & P_{1,n}\{\mathrm{I}, m \mid q_1 = q_n = 0\} \end{pmatrix};$$

$$\boldsymbol{P}_{m,m}\ \{\mathrm{I}, m\} = \begin{pmatrix} r_m p_m & r_m \\ r_m & r_m \end{pmatrix}.$$

7. Das charakteristische Polynom und seine Wurzeln:

$$A(\lambda) = \lambda^2 - (1 + r\pi q)\,\lambda + r\pi q; \qquad \lambda_1 = 1; \qquad \lambda_2 = r\pi q\,.$$

8. Für das isotrope System n-ten Ranges erhalten wir das Endergebnis

$$P_n\{\mathrm{I}, m\} = \frac{rp}{1 - r\pi q}[1 - (r\pi q)^n] + r\pi\left[1 - p\,\frac{1 - (r\pi q)^m}{1 - r\pi q}\right] = \left[\frac{rp}{1 - r\pi q}[1 - (r\pi q)^{n-m}\right].$$

8.9. Systeme mit hierarchischer Struktur

8.9.0. Vorbemerkungen

Hierarchische Systeme sind daran zu erkennen, daß ein klar erkennbares **Hauptsteuerelement** und ein gerichtetes **System zur Steuerung der ausführenden Elemente** vorhanden ist. Die Güte des Funktionsablaufes in solchen Systemen wird durch die Anzahl der ausführenden Elemente, die normal arbeiten, bestimmt. Ein normaler Arbeitsablauf liegt vor, wenn das ausführende Element selbst intakt und von ihm eine intakte Verbindung zum Hauptsteuerelement vorhanden ist.

Der Bequemlichkeit halber führen wir für die weiteren Darlegungen die folgenden Bezeichnungen ein:

$\varphi(x)$ ist die erzeugende Funktion oder die momenterzeugende Funktion (je nach Kontext!) der Verteilung der Zahl der normal arbeitenden Ausgangselemente des Systems.

M ist der Erwartungswert der Zahl der normal arbeitenden Ausgangselemente.
D^2 ist die Streuung dieser Größe.
$M^{(k)}$ ist das gewöhnliche Moment k-ter Ordnung dieser Größe.

8.9.1. Hierarchisches System mit einer Ebene

Einfaches System mit einer Ebene. Die Struktur eines solchen Teilsystems wird in Abb. 8.9.1 dargestellt.

Für die Ausfallwahrscheinlichkeiten der Elemente dieses Teilsystems gilt

$$Q\{\mathrm{I}\} = 0\,, \qquad Q\{i\} = s = 1 - r\,, \qquad Q\{[\mathrm{I}, i]\} = q = 1 - p\,, \qquad i \in \{1, \dots, m\},$$
$$\varphi(x) = (1 - rp + rpx)^m; \qquad M = mrp; \qquad D^2 = mrp(1 - rp)\,.$$

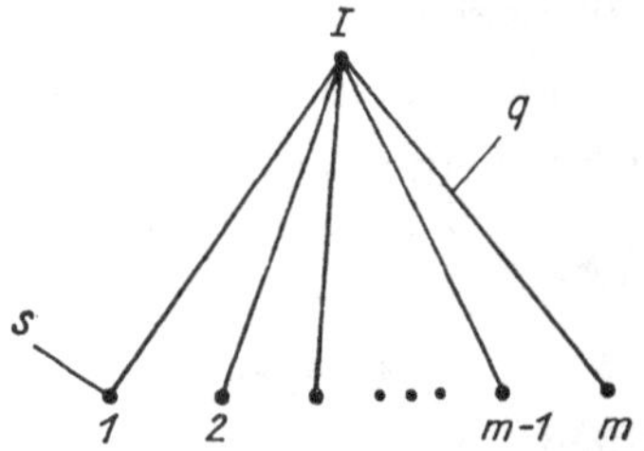

Abb. 8.9.1. Struktur eines einfachen Einebenen-Systems

Geschlossenes Radialring-System mit einer Ebene. Die Struktur eines solchen Teilsystems wird in Abb. 8.9.2 dargestellt.

Für die Ausfallwahrscheinlichkeiten dieses Teilsystems gilt

$$Q\{\mathrm{I}\} = 0\,, \qquad Q\{i\} = s = 1 - r\,, \qquad Q\{[\mathrm{I}, i]\} = q = 1 - p\,,$$
$$Q\{[i-1, i]\} = Q\{[m, 1]\} = \sigma = 1 - \pi\,, \qquad i - 1\,, \qquad i \in \{1, \dots, m\},$$
$$\varphi(\varkappa) = \lambda_1^m + \lambda_2^m + \lambda_3^m - 2(r\pi q\varkappa)^m\,,$$

Dabei sind λ_i die Wurzeln der Gleichung $f(\lambda) = 0$ mit

$$f(\lambda) = \lambda^3 - (1 - rp + rpt + 2r\pi qt)\,\lambda^2 + r\pi qt(2 - r\pi p + r\pi t)\,\lambda$$
$$- r^2\pi^2 qt(qt + spt - sp)$$

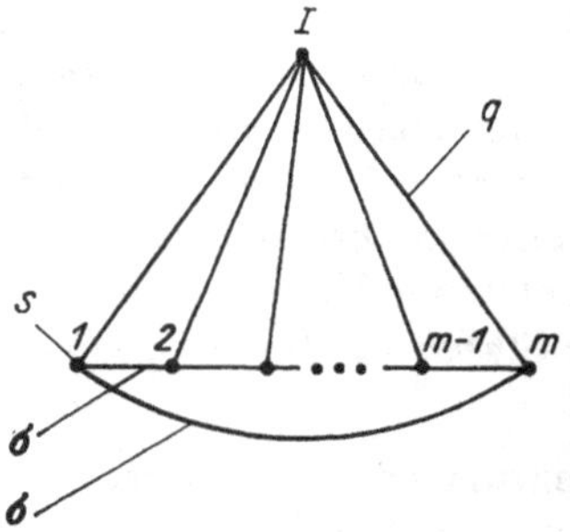

Abb. 8.9.2. Geschlossenes Radialring-System mit einer Ebene

Der Erwartungswert M wird

$$M = m\left[r - rq\frac{(1 - r\pi)^2}{(1 - r\pi q)^2} - rp\frac{2 - r\pi - r\pi q}{(1 - r\pi q)^2}(r\pi q)^m - (m - 1)\, rp\pi\frac{s + r\sigma q}{1 - r\pi q}(r\pi q)^{m-1}\right].$$

Einebenen-System, das die Struktur eines nicht orientierten vollständigen Graphen besitzt. Die Struktur eines solchen Teilsystems wird in Abb. 8.9.3 dargestellt.

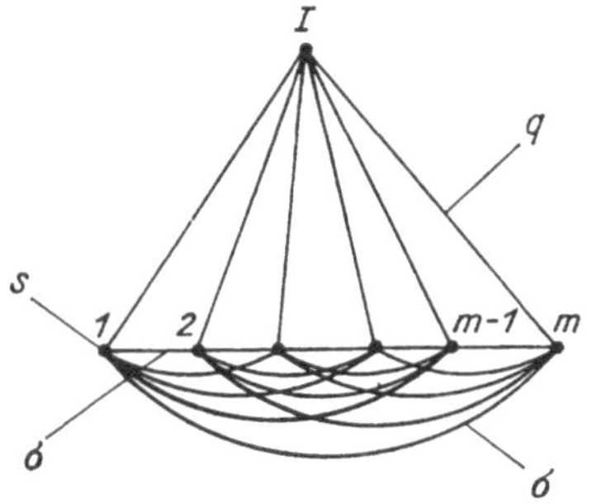

Abb. 8.9.3. Einebenen-System, das die Struktur eines nicht orientierten, vollständigen Graphen besitzt

Für die Ausfallwahrscheinlichkeiten der Elemente dieses Teilsystems gilt

$$Q\{\mathrm{I}\} = 0\,, \quad Q\{i\} = s = 1 - r\,, \quad Q\{[\mathrm{I}, i]\} = q = 1 - p\,,$$

$$Q\{[i, j]\} = \sigma = 1 - \pi\,, \quad i, j \in \{1, \ldots, m\}\,,$$

$$\varphi_n(x) = \sum_{k=0}^{m} x^k \binom{m}{k} (s + rq\sigma^k)^{m-k}\, \Pi_k\,,$$

$$M = m \sum_{k=1}^{m} \binom{m-1}{k-1} (s + rq\sigma^k)^{m-k}\, \Pi_k$$

mit

$$\Pi_k = r^k \sum_{\nu=0}^{k-1} \binom{k}{\nu} \sigma^{\nu(k-\nu)} (rq)^{k-\nu}\, \Pi_\nu\,, \qquad \Pi_0 = 1\,.$$

8.9.2. Hierarchisches System mit einer sich verzweigenden Struktur und einfachen Unterordnungsverhältnissen

Der strukturelle Charakter eines solchen Systems wird in Abb. 8.9.4 dargestellt. Als Beispiel wurde eine Struktur mit zwei Unterordnungsebenen gewählt. Ein System mit n Unterordnungsebenen wollen wir als ein **System n-ter Ordnung** bezeichnen. Das System ist **isotrop**, falls

- die Zuverlässigkeits-Parameter aller Elemente der gleichen Ebene übereinstimmen,
- alle Elemente ein und derselben Ebene die gleiche Anzahl von Elementen steuern (Gleichheit der Verzweigungskoeffizienten).

Die **Rekurrenz** im strukturellen Aufbau eines solchen Systems zeigt sich darin, daß jedes Systemelement (bis auf die Elemente der 0-ten und n-ten Ebene!) einem Element der vorangehenden Ebene untergeordnet ist und selbst als Steuerelement für eine bestimmte Elementegruppe der nachgeordneten Ebene wirkt. Wir bezeichnen mit a_i die Anzahl der Elemente in der $(i + 1)$-ten Ebene, die einem Element der i-ten Ebene untergeordnet sind (sogenannter **Verzweigungskoeffizient** der i-ten Ebene).

Wir verwenden wie früher die Bezeichnungen

$$Q\{i\} = s\,, \qquad r_i = 1 - s_i\,, \qquad Q\{i, i+1\} = q_i\,, \qquad p_i = 1 - q_i$$

und führen zusätzlich noch $\tilde{r}_i = r_i p_i$, $\tilde{s}_i = 1 - \tilde{r}_i$ ein. Außerdem bezeichnen wir mit N_i die Gesamtzahl der Elemente in der i-ten Ebene, das heißt,

$$N_i = \prod_{j=0}^{i} a_j\,.$$

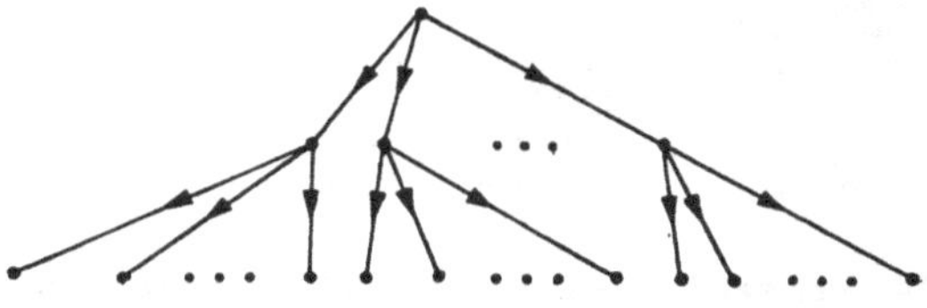

Abb. 8.9.4. Hierarchisches System mit einer sich verzweigenden Struktur und einfachen Unterordnungsverhältnissen

Wenn wir mit $P_m(z)$ die Wahrscheinlichkeit dafür bezeichnen, daß in der m-ten Ebene genau z Elemente normal funktionieren, so kann die momenterzeugende Funktion wie folgt geschrieben werden:

$$\varphi_m(x) = \sum_{z=0}^{N_m} P_m(z)\,\mathrm{e}^{xz}\,.$$

Für diese momenterzeugende Funktion erhält man unschwer die folgende Rekurrenzbeziehung:

$$\varphi_n(x) = \varphi_{n-1}(x^*)$$

mit

$$x^* = \tilde{r}_n\,\mathrm{e}^x + \tilde{s}_n\,.$$

Mit Hilfe dieser Relation kann man die Momente der **Verteilung der Anzahl der Elemente, die in einer** interessierenden **Ebene normal funktionieren,** berechnen. (Normalerweise ist die n-te Ebene, die die Ausgangselemente oder ausführenden Elemente des Systems enthält, von Interesse.) Wir wollen die ersten drei gewöhnlichen Momente der genannten Verteilung für die n-te Ebene explizit angeben:

$$M_n^{(1)} = M_{n-1}^{(1)} a_n \tilde{r}_n = r_0 \prod_{i=1}^{n} a_i \tilde{r}_i\,,$$

$$M_n^{(2)} = M_{n-1}^{(2)} (a_n \tilde{r}_n)^2 + M_{n-1}^{(1)} \tilde{r}_n \tilde{s}_n a_n = r_0 \prod_{i=1}^{n} a_i \tilde{r}_i \left(\prod_{i=1}^{n} a_i \tilde{r}_i + \prod_{i=1}^{n} s_i \prod_{k=i+1}^{n} a_k \tilde{r}_k \right),$$

woraus die Streuung zu

$$D_n^2 = M_n^{(2)} - (M_n^{(1)})^2 \text{ folgt,}$$

$$M_n^{(3)} = M_{n-1}^{(3)}(a_n\tilde{r}_n)^3 + 3M_{n-1}^{(2)}(a_n\tilde{r}_n)^2\,\tilde{s}_n + 2M_{n-1}^{(1)}a_n\tilde{r}_n\tilde{s}_n^2$$

$$= r_0\left(\prod_{i=1}^{n} a_i\tilde{r}_i\right)^3 + 3\sum_{i=1}^{n} M_{n-i-1}^{(2)}(a_{n-i}\tilde{r}_{n-i})^2\,s_{n-i}\,\times$$

$$\times\left(\prod_{k=0}^{i} a_{n-k}\tilde{r}_{n-k}\right)^2 + 2\prod_{i=1}^{n} a_i\tilde{r}_i\sum_{i=0}^{n}\tilde{s}_i^2\left(\prod_{k=i+1}^{n} a_k r_k\right)^2.$$

Die Ausdrücke für die Momente höherer Ordnung sehen zwar wesentlich komplizierter aus, doch bereitet ihre Ermittlung keine prinzipiellen Schwierigkeiten.

Die Wahrscheinlichkeit für das normale Funktionieren eines gegebenen Elements der m-ten Ebene berechnet man aus der Formel

$$P(I, m) = r_0\prod_{i=1}^{m}\tilde{r}_i\,.$$

Die Wahrscheinlichkeit für das normale Funktionieren aller Elemente der m-ten Ebene ergibt sich aus

$$P(I) = r_0\prod_{i=1}^{m}(r_i)^{N_i}\,.$$

Anmerkung: Manchmal werden hierarchische Systeme mit einer sich verzweigenden Struktur und einfachen Unterordnungsverhältnissen betrachtet, deren ausführende Elemente mit Reserve versehen sind. (Dann ist das normale Funktionieren mindestens eines dieser Elemente ausreichend.) In diesem Fall kann die Wahrscheinlichkeit für das normale Funktionieren des Gesamtsystems (die Wahrscheinlichkeit, daß das Gesamtsystem seine Aufgabe erfüllt) mit Hilfe eines Ausdrucks für die erzeugende Funktion bei entsprechender Substitution berechnet werden,

$$P = 1 - \varphi_n\,(\mathrm{e}^x = 0)$$

oder in ausgeschriebener Form

$$P = 1 - \left(\tilde{r}_0(\tilde{r}_1 \dots (\tilde{r}_{n-1}\tilde{s}_n^{a_n} + \tilde{s}_{n-1})^{a_{n-1}} \dots + \tilde{s}_1)^{a_1} + s_0\right).$$

8.9.3. Hierarchisches System mit einer sich verzweigenden Struktur und komplizierten Unterordnungsverhältnissen

Der strukturelle Charakter eines solchen Systems wird in Abb. 8.9.5 dargestellt. Als Beispiel wurde eine Struktur mit drei Unterordnungsebenen gewählt.

Die **Kompliziertheit in der Unterordnung** besteht darin, daß alle Elemente (bis auf die Elemente der 0-ten und 1. Ebene) eine zweifache Unterstellung aufweisen. Sie sind einem Element der Vorgänger-Ebene (= unmittelbar übergeordnete Ebene) und einem Element der Vorvorgänger-Ebene unterstellt. Ein System mit n Unterordnungsebenen soll ein System n-ter Ordnung heißen. Das System wird im folgenden Sinne als vollständig **isotrop** vorausgesetzt:

Alle kurzen Kommunikationslinien besitzen übereinstimmende Zuverlässigkeits-Parameter;

alle langen Kommunikationslinien besitzen übereinstimmende Zuverlässigkeits-Parameter und
der Verzweigungskoeffizient ist für alle Ebenen derselbe und wird gleich a gesetzt.

Infolge der Isotropie-Eigenschaft kann man relativ einfache Rekurrenzbeziehungen für die Momente der **Elementeanzahl, die innerhalb einer** ausgewählten **Ebene** des Systems **normal funktionieren,** erhalten. (Auch in diesem Falle ist normalerweise vor allem die n-te Ebene, die die Ausgangselemente des Systems enthält, von Interesse.)

Wir verwenden wie früher die Bezeichnungen

$$Q(i) = s\,, \qquad r = 1 - s\,,$$
$$Q(i, i+1) = q\,, \qquad p = 1 - q\,,$$
$$Q\{i, i+2\} = \sigma\,, \qquad \pi = 1 - \sigma$$

und führen zusätzlich noch

$$P_1 = r(1 - q\sigma)\,, \qquad p_2 = pr\,, \qquad p_3 = \pi r \quad \text{und} \quad q_i = 1 - p_i$$

ein.

Abb. 8.9.5. System mit einer sich verzweigenden Struktur und komplizierten Unterordnungsverhältnissen

Die momenterzeugende Funktion zur Verteilung der Anzahl der in der n-ten Ebene normal funktionierenden Elemente kann wie folgt als Rekurrenzbeziehung

$$\varphi_n^{(v)}(x) = [p_2\varphi_{n-1}^u(x) + q_2\varphi_{n-1}^w(x)]^a$$

niedergeschrieben werden, wobei wiederum

$$\varphi_n^u(x) = [p_1\varphi_{n-1}^u(x) + q_1\varphi_{n-1}^w(x)]^a\,, \qquad \varphi_n^w(x) = [p_3\varphi_{n-1}^v(x) + q_3]^a$$

gilt mit

$$\varphi_0^u(x) = \varphi_0^v(x) = e^x\,, \qquad \varphi_0^w(x) = 1\,.$$

Die Rekurrenzbeziehung zur Ermittlung des ersten gewöhnlichen Moments der Verteilung der Anzahl der in der n-ten Ebene normal funktionierenden Elemente hat die Gestalt

$$v_n = a(p_2u_{n-1} + q_2w_{n-1})\,,$$

wobei wiederum

$$u_n = a(p_1u_{n-1} + q_1w_{n-1})\,, \qquad w_n = ap_3v_{n-1}$$

gilt mit

$$u_0 = v_0 = 1\,, \qquad w_0 = 0\,.$$

Die Rekurrenzbeziehung zur Berechnung des zweiten gewöhnlichen Moments der gleichen Verteilung hat folgendes Aussehen:

$$V_n = a(p_2 U_{n-1} + q_2 W_{n-1}) + \frac{a-1}{a} v_n^2\,,$$

wobei wiederum

$$U_n = a(p_1 U_{n-1} + q_1 W_{n-1}) + \frac{a-1}{a} u_n^2\,, \qquad W_n = a p_3 V_{n-1} + \frac{a-1}{a} w_n^2$$

gilt mit

$$U_0 = V_0 = 1\,, \qquad W_0 = 0\,.$$

Literatur

[1] Gadassin, W. A. – Гадасин В. А.: Вероятностные характеристики полных систем с ненаправленными связями. — «Автоматика и вычислительная техника», 1970, № 3.

[2] Gadassin, W. A. – Гадасин В. А.: Вероятностные характеристики систем с радиальнокольцевой структурой (замкнутые системы). — В кн.: Теория надежности и массовое обслуживание. Под. ред. Б. В. Гнеденко. М., «Наука», 1969.

[3] Gadassin, W. A. – Гадасин В. А.: Вероятность связи в сложных радиальнокольцевых системах. — «Известия АН СССР. Техническая кибернетика», 1970, № 4.

[4] Gadassin, W. A. – Гадасин В. А.: Надежность связи в сложных системах ретрансляции. — «Проблемы передачи информации», 1972, вып. II.

[5] Gadassin, W. A., Uschakow, I. A. – Гадасин В. А., Ушаков И. А.: Вероятностные характеристики систем с радиально-кольцевой структурой (разомкнутые системы). — В кн.: Теория надежности и массовое обслуживание. Под ред. Б. В. Гнеденко. М., «Наука», 1969.

[6] Kelmans, A. K. – Кельманс А. К.: Некоторые вопросы анализа надежности сетей. — «Автоматика и телемеханика», 1965, т. 26, № 3.

[7] Kelmans, A. K. – Кельманс А. К.: Об оценке вероятностных характеристик случайных графов. — «Автоматика и телемеханика», 1970, № 11.

[8] Kelmans, A. K. – Кельманс А. К.: О связности вероятностных сетей. — «Автоматика и телемеханика», 1967, № 3.

[9] Kelmans, A. K. – Кельманс А. К.: Оценка надежности систем передачи информации произвольной структуры. — «Автоматика и телемеханика», 1963, т. 24, № 9.

[10] Kelmans, A. K. – Кельманс А. К.: Оценка надежности структуры связи и вопросы построения надежных систем. — В кн.: Теория и применение автоматических систем. М., «Наука», 1964.

[11] Wischnewskaja, A. M., Gerassimowa, R. I., Uschakow, I. A., Fomin, G. A. – Вишневская А. М., Герасимова Р. И., Ушаков И. А., Фомин Г. А.: О статистическом моделировании функционирования информационных сетей. — В кн.: Прикладные задачи технической кибернетики. Под ред. И. А. Ушакова, Б. С. Флейшмана. М., «Сов. радио», 1966.

[12] Stepanow, W. E. – Степанов В. Е.: Комбинаторная алгебра и случайные графы. — «Теория вероятностей и ее применение», 1969, т. XIV, № 3.

[13] Stepanow, W. E. – Степанов В. Е.: О вероятности связности случайного графа. — «Теория вероятностей и ее применение», 1970, т. XV, № 1.

[14] Uschakow, I. A. – Ушаков И. А.: Об оценке надежности функционирования иерархической ветвящейся системы с неравноценными исполнительными элементами. — «Известия АН СССР. Техническая кибернетика» 1967, № 5.

[15] USCHAKOW, I. A. — Ушаков И. А.: О надежности информационной системы с кольцевыми трактами передачи сообщений. — В кн.: Адаптивные системы. Большие системы. Под ред. В. С. Пугачева. М., «Наука», 1970.
[16] USCHAKOW, I. A., KONENKOW, J. K. — Ушаков И. А., Коненков Ю. К.: Одна задача резервирования в системах с ветвящейся структурой. — «Известия АН СССР. Техническая кибернетика», 1965, № 3.
[17] USCHAKOW, I. A., KONENKOW, J. K. — Ушаков И. А , Коненков. Ю К.: Оценка эффективности функционирования систем с ветвящейся структурой. — В кн.: Кибернетику — на службу коммунизму. Под ред. А. И. Берга, Н. Г. Бруевича, Б. В. Гнеденко. М., «Энергия», 1964.
[18] USCHAKOW, I. A. — Ушаков И. А.: Инженерные методы расчета надежности. М., «Знание», 1970.
[19] ESARY, J. D., PROSCHAN, F. — Эзари Дж., Прошан Ф.: Надежность связанных систем. — В кн.: Методы введения избыточности для вычислительных систем. Под ред. В. С. Пугачева. М., «Сов. радио», 1966.
[20] SOLOWJEW, A. D. — Соловьев А. Д.: Методы расчета эффективности ветвящихся систем. — «Вопросы радиоэлектроники», 1964, сер. XII, вып. 31.
[21] SOLOWJEW, A. D. — Соловьев А. Д.: Некоторые нестандартные задачи из теории резервирования. — «Вопросы радиоэлектроники», 1964, сер. XII, вып. 7.

Ergänzungsliteratur

[1] USCHAKOW, I. A., GADASSIN, W. A.: Analytical methods for investigation of probability properties of systems having hierarchical structure. Proc. 3rd Symp. Reliab. Electronics, Budapest 1973, pp. 935—54.
[2] GADASSIN, W. A., USCHAKOW, I. A. — Гадасин В. А., Ушаков И. А.: Надежность сложных информационно-управляющих систем. Москва: Советское радио — 1975 г.

9. ABSCHÄTZUNG DER EFFEKTIVITÄT DER ARBEITSWEISE VON SYSTEMEN

9.0. Vorbemerkungen

Bei den meisten komplizierten Systemen ist eine bestimmte funktionelle Redundanz vorhanden, die dazu führt, daß der Ausfall einzelner Elemente oder wesentliche Änderungen verschiedener Arbeitsparameter nicht notwendig das vollständige Versagen des Systems nach sich ziehen, sondern lediglich eine Verschlechterung in der Qualität der Arbeitsweise und eine Herabsetzung der Effektivität des Gesamtsystems bedingen. Zur Abschätzung der Qualität der Arbeitsweise solcher Systeme ist es zweckmäßig, eine quantitative Kenngröße für die Effektivität der Arbeitsweise einzuführen, die den Einfluß derartiger partieller Ausfälle berücksichtigt.

Die Auswahl einer entsprechenden Kenngröße für die Effektivität der Arbeitsweise hängt in jedem konkreten Falle ab von dem Typ des Systems, seiner Zweckbestimmung, der Art der zu lösenden Aufgaben, dem Charakter verschiedener Umgebungsbedingungen und anderen Faktoren.

Die Abschätzung der Effektivität der Arbeitsweise kann man für zwei Systemtypen durchführen:

1. Systeme für Dauer-Betrieb,
2. Systeme für Kurzzeit-Betrieb.

Ein **System für Dauer-Betrieb** erfüllt eine bestimmte, ihm gestellte Aufgabe im Laufe eines Zeitintervalls, das zu einem Zeitpunkt t beginnt und die Länge t_0 besitzt. Die Effektivität der Arbeitsweise eines solchen Systems hängt von der konkreten Realisierung des Prozesses, der die Systemzustandsänderungen im Verlauf dieses Zeitintervalls wiedergibt, ab.

Ein **System für Kurzzeit-Betrieb** erfüllt Aufgaben, deren Lösungsdauer t_0 so bemessen ist, daß das System während dieser Zeit ganz bestimmt in ein und demselben Zustand verbleibt. Praktisch kann man die Größe t_0 gleich Null setzen. Systeme für Kurzzeit-Betrieb kann man als Spezialfälle der Systeme für Dauer-Betrieb auffassen.

Jeder Zustand eines Systems für Kurzzeit-Betrieb kann vollständig durch eine bedingte Kenngröße der Effektivität der Arbeitsweise charakterisiert werden. Diese Kenngröße ist ein quantitatives Maß für die Qualität, mit der das System seinen Funktionsmerkmalen unter der Bedingung gerecht wird, daß es sich dabei gerade in einem vorgegebenen Zustand befindet.

Im Laufe der Zeit erfährt das System einen Zustandswandel infolge von Zustandsänderungen der zum System gehörenden Elemente (Ausfall und Erneuerung von Elementen und anderen). Jede Realisierung des Prozesses der Zustandsübergänge kann bei einem System für Dauer-Betrieb vollständig durch eine bestimmte bedingte Kenngröße der Effektivität der Arbeitsweise charakterisiert werden. Diese Kenngröße ist ein quantitatives Maß für die Qualität, mit der das System seinen Funktionsmerkmalen unter der Bedingung gerecht wird, daß das System während der Lösung der Aufgabe gerade die vorgegebene Realisierung des Prozesses der Zustandsübergänge durchläuft.

9.1. Allgemeines Schema zur Abschätzung der Effektivität der Arbeitsweise von Systemen für Kurzzeit-Betrieb

Wir bezeichnen mit $h_s(t)$ die Wahrscheinlichkeit dafür, daß sich ein System für Kurzzeit-Betrieb zum Zeitpunkt t im s-ten Zustand befindet, und mit Φ_s die bedingte Kenngröße für die Effektivität der Arbeitsweise des Systems ebenfalls im s-ten Zustand. Dann kann man die Kenngröße Effektivität der Arbeitweise eines Systems für Kurzzeit-Betrieb aus der Formel

$$E(t) = \sum_s h_s(t)\, \Phi_s \tag{9.1.1}$$

berechnen, wobei die Summation über alle Zustände des Systems zu erstrecken ist.

Für ein System, das aus n voneinander unabhängigen Elementen besteht, von denen sich jedes nur in zwei Zuständen befinden kann (Arbeitsfähigkeit oder Ausfall) lassen sich die Wahrscheinlichkeiten $h_s(t)$ leicht durch die Zuverlässigkeitskenngrößen der Systemelemente ausdrücken:

— Wahrscheinlichkeit dafür, daß alle Elemente des Systems arbeitsfähig sind,

$$h_0(t) = r_1(t)\, r_2(t) \dots r_n(t) = \prod_{i=1}^{n} r_i(t); \tag{9.1.2}$$

— Wahrscheinlichkeit dafür, daß sich nur das i-te Element des Systems im Zustand des Ausgefallenseins befindet,

$$h_i(t) = r_1(t) \dots r_{i-1}(t)\, q_i(t)\, r_{i+1}(t) \dots r_n(t) = \frac{q_i(t)}{r_i(t)} \prod_{k=1}^{n} r_k(t); \tag{9.1.3}$$

— Wahrscheinlichkeit dafür, daß sich nur das i-te und das j-te Element des Systems im Zustand des Ausgefallenseins befinden,

$$h_{ij}(t) = \frac{q_i(t)}{r_i(t)} \frac{q_j(t)}{r_j(t)} \prod_{k=1}^{n} r_k(t) \tag{9.1.4}$$

und so weiter.

Hier wird mit $r_i(t)$ die Wahrscheinlichkeit bezeichnet, daß sich das i-te Element des Systems zum Zeitpunkt t im Zustand der Arbeitsfähigkeit befindet, während $q_i(t) = 1 - r_i(t)$ ist. Falls die Bedingung

$$\max q_i(t) \ll 1/n \tag{9.1.5}$$

gilt, kann eine Abschätzung der Effektivität der Arbeitsweise des Systems aus der Näherungsformel

$$\tilde{E}(t) \approx \Phi_0 \left[1 - \sum_{i=1}^{n} q_i(t)\, (1 - \Phi_i^*)\right] \tag{9.1.6}$$

gewonnen werden, wobei

$$\Phi_i^* = \Phi_i / \Phi_0$$

gesetzt wurde. Die Formel liefert — im Vergleich mit dem wahren Wert — eine Abschätzung nach unten.

Der Fehler, den man mit der Abschätzung der Effektivität gemäß Formel (9.1.6) begeht, ist von der Ordnung (grobe Schätzung)

$$\delta \sim \frac{n(n-1)}{2} [\max q_i(t)]^2 \Phi_0 . \tag{9.1.7}$$

Beispiel 9.1.1

Das elektronische System eines zivilen Flughafens, das der Überwachung des Luftraumes in einem Bereich von 180° dient, wird durch zwei gleichartige Stationen a und b realisiert. Die Station a überdeckt den Raumsektor 0—110° und die Station b den Raumsektor 70—180°. Die mittlere Zeit der ausfallfreien Arbeit setzen wir für jede Station mit 95 h an, die mittlere Ausfallzeit mit 5 h. Damit wird die Verfügbarkeit der einzelnen Station $V = 0{,}95$. Die Wahrscheinlichkeit für das Erkennen eines Objektes innerhalb der Wirkungszone einer Station sei $p = 0{,}9$. Also wird die Wahrscheinlichkeit, daß ein Objekt in der Überdeckungszone, in der beide Stationen zugleich wirken, erkannt wird, gleich

$$P = 1 - (1 - p)^2 = 0{,}99 .$$

Gesucht wird die Wahrscheinlichkeit, daß ein sich näherndes Flugzeug, das zu einem beliebigen Zeitpunkt in irgendeiner azimutalen Richtung im Bereich des Sektors 0—180° auftaucht, auf eine festgelegte Entfernung erkannt wird.

Lösung

Wir betrachten den Zustand S_0. Die Wahrscheinlichkeit dafür, daß sich das System zu einem bestimmten Zeitpunkt in diesem Zustand befindet, wird $h_0 = V^2 = 0{,}9025$. Dabei wirken im Sektor von 70° bis 110°, das heißt in einem Bereich von 40°, beide Stationen zugleich, während in den verbleibenden Sektoren 0—70° und 110—180°, das heißt in einem Bereich von 140°, nur eine Station wirkt. Die bedingte Kenngröße für die Effektivität des Zustands S_0 ergibt sich daher als gewogenes Mittel zu

$$\Phi_0 = \frac{40°}{180°} \cdot 0{,}99 + \frac{140°}{180°} \cdot 0{,}9 = 0{,}92 .$$

Nach Multiplikationen der Werte h_0 und Φ_0 erhalten wir $h_0\Phi_0 = 0{,}828$. Die Wahrscheinlichkeit des Zustandes S_a ist gleich

$$h_a = V(1 - V) = 0{,}0495 .$$

In diesem Zustand wirkt im Sektor 0—110° eine Station, aber im Sektor 110—180° arbeitet keine Station. Also wird

$$\Phi_a = \frac{110°}{180°} \cdot 0{,}9 + \frac{70°}{180°} \cdot 0 = 0{,}55 .$$

Folglich gilt für das Produkt

$$h_a\Phi_a = 0{,}028 .$$

Weil die Zustände S_a und S_b absolut identisch sind, ergibt sich ebenso

$$h_b\Phi_b = 0{,}028 .$$

Als Endergebnis erhalten wir

$$E = h_0\Phi_0 + 2h_a\Phi_a = 0{,}828 + 0{,}056 = 0{,}883 .$$

9.2. Allgemeines Schema zur Abschätzung der Effektivität von Systemen für Dauer-Betrieb

Wir bezeichnen mit $\mathrm{d}h_\pi(t, t + t_0)$ die Wahrscheinlichkeit dafür, daß ein System für Dauer-Betrieb im Intervall $(t, t + t_0)$ die π-te Realisierung des Prozesses der Zustandsübergänge besitzt, und mit Φ_π die bedingte Kenngröße für die Effektivität der Arbeitsweise des Systems für dieselbe Realisierung des Prozesses. Dann kann man die Kenngröße Effektivität der Arbeitsweise eines Systems für Dauer-Betrieb aus der Formel

$$E(t, t + t_0) = \int_{G\pi} \Phi_\pi \, \mathrm{d}h_\pi(t, t + t_0) \tag{9.2.1}$$

berechnen, wobei die Integration über die Menge aller möglichen Realisierungen des Prozesses der Zustandsübergänge des Systems während des Zeitintervalls $(t, t + t_0)$ zu erstrecken ist.

Für ein System, das aus n unabhängigen Elementen ohne Erneuerung besteht, von denen sich jedes nur in zwei Zuständen (Arbeitsfähigkeit und Ausfall) befinden kann, läßt sich die Formel (9.2.1) wie folgt detailliert niederschreiben,

$$\begin{aligned} E(t, t + t_0) &= \Phi_0 h_0 + \sum_{i=1}^{n} h_i^* \int_t^{t+t_0} \Phi_i(x_i) f_i(x_i) \, \mathrm{d}x_i \\ &+ \sum_{1 \leq j < i \leq n} h_{ij}^* \int_t^{t+t_0} f_i(x_i) \, \mathrm{d}x_i \int_t^{t+t_0} \Phi_{ij}(x_i, x_j) f_j(x_j) \, \mathrm{d}x_j \\ &+ \sum_{1 \leq i < j < k \leq n} h_{ijk}^* \int_t^{t+t_0} f_i(x_i) \, \mathrm{d}x_i \int_t^{t+t_0} f_j(x_j) \, \mathrm{d}x_j \int_t^{t+t_0} \Phi_{ijk}(x_i, x_j, x_k) \\ &\times f_k(x_k) \, \mathrm{d}x_k + \dots . \end{aligned} \tag{9.2.2}$$

Dabei ist

$f_i(x_i)$ die Ausfalldichte des i-ten Elements zum Zeitpunkt x_i,

h_0 die Wahrscheinlichkeit dafür, daß kein Element des Systems während des Zeitintervalls $(t, t + t_0)$ ausfällt, das heißt,

$$h_0 = \prod_{i=1}^{n} r_i(t, t + t_0); \tag{9.2.3}$$

h_i^* die Wahrscheinlichkeit dafür, daß alle Elemente bis auf das i-te während des Zeitintervalls $(t, t + t_0)$ nicht ausfallen, das heißt,

$$h_i^* = \prod_{\substack{k=1 \\ k \neq i}}^{n} r_k(t, t + t_0) = \frac{1}{r_i(t, t + t_0)} h_0; \tag{9.2.4}$$

h_{ij}^* die Wahrscheinlichkeit dafür, daß alle Elemente bis auf das i-te und das j-te während des Zeitintervalls $(t, t + t_0)$ nicht ausfallen, das heißt,

$$h_{ij}^* = \frac{1}{r_i(t, t + t_0) \cdot r_j(t, t + t_0)} h_0; \tag{9.2.5}$$

Φ_0 die bedingte Kenngröße der Effektivität der Arbeitsweise des Systems unter der Bedingung, daß kein Element während des Zeitintervalls $(t, t + t_0)$ ausfällt;

$\Phi_i(x_i)$ die bedingte Kenngröße der Effektivität der Arbeitsweise des Systems unter der Bedingung, daß nur das i-te Element ausfällt, und zwar zu einem Zeitpunkt x_i mit $t < x_i < t + t_0$;

$\Phi_{ij}(x_i, x_j)$ die bedingte Kenngröße der Effektivität der Arbeitsweise des Systems unter der Bedingung, daß lediglich das i-te und das j-te Element ausfallen, und zwar zu einem Zeitpunkt x_i beziehungsweise x_j mit $t < x_i < t + t_0$, $t < x_j < t + t_0$.

Falls die Bedingung

$$\max_{1 \leq i \leq n} q_i(t, t + t_0) = \max_{1 \leq i \leq n} \int_t^{t+t_0} f_i(x_i) \, dx_i \ll 1/n \tag{9.2.6}$$

erfüllt wird, so kann man näherungsweise mit der Abschätzung

$$\widetilde{E} = \Phi_0 \left\{ 1 - \sum_{i=1}^{n} \left[q_i(t, t + t_0) - \int_t^{t+t_0} \Phi_i^*(x_i) \, f_i(x_i) \, dx_i \right] \right\}, \tag{9.2.7}$$

wobei

$$\Phi_i^*(x_i) = \Phi_i(x_i)/\Phi_0$$

ist, arbeiten.

Der Fehler dieser Abschätzung ist nicht größer als

$$\delta \sim \frac{n(n-1)}{2} \max_{1 \leq i \leq n} [q_i(t, t + t_0)]^2 \, \Phi_0 \, . \tag{9.2.8}$$

Beispiel 9.2.1

Es wird ein System zur Informationsspeicherung betrachtet, das aus zwei gleichartigen Empfängern a und b besteht. Im Falle der Arbeitsfähigkeit beider Empfänger wird die Durchlaßfähigkeit des Systems durch eine bestimmte Größe A abgeschätzt. Bei Ausfall eines Empfängers soll die Durchlaßfähigkeit des Systems fallen, zum Beispiel bis auf eine Größe $B = 0{,}3A$. Bei Ausfall beider Empfänger wird die Informationsspeicherung unterbrochen. Die Wahrscheinlichkeit der ausfallfreien Arbeit jedes Empfängers genügt einer Exponentialverteilung und wird durch die Ausfallrate λ charakterisiert, das heißt, $r = e^{-\lambda t}$. Die Dauer zur Erfüllung einer Aufgabe wird festgelegt mit $t = 0{,}1/\lambda$. Die Ausfälle der Empfänger werden als unabhängig angenommen. Für die verschiedenen Realisierungen des Prozesses der Zustandsübergänge des Systems werden die folgenden bedingten Kenngrößen der Effektivität angesetzt:

$$\Phi_0 = At \, ,$$

$$\Phi_i(x_i) = Bt + (A - B) \, x_i \qquad (i = a, b) \, .$$

$$\Phi_{ij}(x_i, x_j) = Bx_j + (A - B) \, x_i \qquad (x_j > x_i; \, i, j = a, b) \, .$$

Mit anderen Worten: die bedingte Kenngröße der Effektivität des Systems für jede Trajektorie wird durch die Menge der gespeicherten Information (Produkt aus Durchlaßfähigkeit und Zeitdauer der entsprechenden Arbeitsweise) bestimmt.

Zu berechnen ist die Kenngröße der Effektivität des Systems.

Lösung

Die Abschätzung der Effektivität wird gemäß der Formel (9.2.2) durchgeführt. Für den vorliegenden Fall nimmt diese Formel folgende Gestalt an:

$$E = r^2 At + 2r \int_0^t [Bt + (A - B) \, x] \, \lambda \, e^{-\lambda x} \, dx + 2 \int_0^t \lambda \, e^{-\lambda x} \, dx \int_0^t [Bx + (A - B) \, y] \, \lambda \, e^{-\lambda y} \, dy \, .$$

Nach Berechnung der Integrale erhalten wir

$$E = r^2 At + 2r \left\{ Btq + (A - B) \frac{1}{\lambda} [1 - r(1 + \lambda t)] \right\}$$

$$+ 2 \left\{ \frac{B}{\lambda} \left[\frac{3}{4} - r(1 + \lambda t) + \frac{1}{4} r^2 (1 + 2\lambda t) \right] + (A - B) \frac{1}{\lambda} \left[\frac{1}{4} - r + \left(\frac{3}{4} + \frac{1}{2} \lambda t \right) r^2 \right] \right\} .$$

Das Einsetzen von Zahlenwerten, zum Beispiel $r = 0{,}905$ und $rt = 0{,}1/\lambda$, liefert

$$E = (0{,}819 + 0{,}109 + 0{,}004) \, At = 0{,}932 At \, .$$

9.3. Abschätzung der Effektivität von Systemen mit einer additiven Effektivitätskenngröße

Eine Reihe von Systemen läßt sich durch einen sehr einfachen Aufbau der bedingten Kenngröße für die Effektivität der Arbeitsweise charakterisieren. Jedes Element des Systems trägt zum Gesamt-Ausgangseffekt einen wohldefinierten und unabhängigen Anteil bei. Bedingte Effektivitätskenngrößen dieser Art sind typisch für Systeme, die eine Gesamtheit von Einzelelementen darstellen, zum Beispiel Transportmittel.

Wenn irgendein Element i eines solchen Systems zum Gesamt-Ausgangseffekt einen bestimmten Anteil φ_i liefert, so gilt

$$\Phi_i = \Phi_0 - \varphi_i\,, \qquad \Phi_{ij} = \Phi_0 - (\varphi_i + \varphi_j)\,. \tag{9.3.1}$$

Sind derartige Systeme für Kurzzeit-Betrieb ausgelegt, so gilt zum Zeitpunkt t die Beziehung

$$E = \sum_{i=1}^{n} \varphi_i r_i(t)\,, \tag{9.3.2}$$

wobei $r_i(t)$ die Wahrscheinlichkeit dafür angibt, daß sich das i-te Element zum Zeitpunkt t im Zustand der Arbeitsfähigkeit befindet.

Für Systeme mit Dauer-Betrieb, bei denen das i-te Element im Falle seines Ausfalls zur Zeit t_i, $t \leqq t_i \leqq t + t_0$, einen „Beitrag" $\varphi_i(t_i)$ zum Gesamt-Ausgangseffekt des Systems liefert, kann man die Effektivität wie folgt ausdrücken:

$$E(t, t + t_0) = \sum_{i=1}^{n} \left[r_i(t, t + t_0)\, \varphi_{0i} + \int_t^{+t_0} \varphi_i(x_i)\, \mathrm{d}x_i \right].$$

Dabei ist φ_{0i} der „Beitrag" des im Intervall $[t, t + t_0]$ ausfallfrei arbeitenden i-ten Elements zum Gesamt-Ausgangseffekt des Systems.

Beispiel 9.3.1

Ein System zur Informationsspeicherung besteht aus drei Elementen, deren Durchlaßfähigkeit $\varphi_1 = 100$ bit/s, $\varphi_2 = 200$ bit/s beziehungsweise $\varphi_3 = 250$ bit/s beträgt, und deren Ausfallraten durch $\lambda_1 = 0{,}01\ \mathrm{h}^{-1}$, $\lambda_2 = 0{,}03\ \mathrm{h}^{-1}$ beziehungsweise $\lambda_3 = 0{,}04\ \mathrm{h}^{-1}$ gegeben sind. Die Wahrscheinlichkeit der ausfallfreien Arbeit jedes Elements genügt einer Exponentialverteilung.

Unter der Berücksichtigung von Ausfällen sollen die mittlere Durchlaßfähigkeit des Systems zum Zeitpunkt $t = 10$ h und die Menge der vom System innerhalb von $t_0 = 50$ h gespeicherten Information bei kontinuierlicher Arbeit und voller Belastung bestimmt werden.

Lösung

Die mittlere Durchlaßfähigkeit des Systems ergibt sich für einen beliebigen Zeitpunkt zu

$$E(t) = \sum_{i=1}^{3} \varphi_i\, \mathrm{e}^{-\lambda_i t}\,.$$

Für den Zahlenwert $t = 10$ h erhalten wir daraus

$$E\ (10\ \mathrm{h}) = (100 \cdot \mathrm{e}^{-0,1} + 200 \cdot \mathrm{e}^{-0,3} + 250 \cdot \mathrm{e}^{-0,4})\ \mathrm{bit/s} = 405{,}5\ \mathrm{bit/s}\,.$$

In der vorliegenden Aufgabe wird

$$\varphi_{0i} = \varphi_i t_0 \quad \text{und} \quad \varphi_i(t_i) = \varphi_i t_i\,.$$

Damit erhalten wir

$$E(0, t) = \sum_{i=1}^{3} \left(e^{-\lambda_i t_0} \varphi_i t_0 + \int_0^{t_0} \lambda_i \varphi_i x \, e^{-\lambda_i x} \, dx \right)$$

$$= \sum_{i=1}^{3} \left\{ e^{-\lambda_i t_0} \varphi_i t_0 + \frac{\varphi_i}{\lambda_i} [1 - e^{-\lambda_i t_0}(1 + \lambda_i t_0)] \right\} = \sum_{i=1}^{3} \frac{\varphi_i}{\lambda_i} (1 - e^{-\lambda_i t_0}) .$$

Es sei darauf hingewiesen, daß dann, wenn die Funktion $\varphi_i(t_i)$ linear ist, die Menge der zum Zeitpunkt t gespeicherten Information auch auf einfachere Weise bestimmt werden kann:

$$E(0, t) = \int_0^t E(x) \, dx = \int_0^t \sum_{i=1}^{3} \varphi_i \, e^{-\lambda_i x} \, dx = \sum_{i=1}^{3} \int_0^t \varphi_i \, e^{-\lambda_i x} \, dx = \sum_{i=1}^{3} \frac{\varphi_i}{\lambda_i} (1 - e^{-\lambda_i t}) .$$

Nach Einführen gleichartiger Zeiteinheiten für φ und λ und Einsetzen der Zahlenwerte erhalten wir

$$E\,(0{,}50\text{ h}) = \left(\frac{100}{0{,}01} 0{,}39 + \frac{200}{0{,}03} 0{,}78 + \frac{250}{0{,}04} 0{,}86 \right) \cdot 3600 \text{ bit} \approx 5{,}2 \cdot 10^7 \text{ bit} .$$

9.4. Abschätzung der Effektivität von Systemen mit Redundanz in der Arbeitsweise

Eine ganze Reihe von Systemen für Kurzzeit-Betrieb ist so beschaffen, daß ein und dieselbe Aufgabe von mehreren selbständigen ausführenden Elementen realisiert werden kann. Die Erfüllung der Aufgabe durch mindestens ein Element ist bereits ausreichend dafür, daß das Gesamtsystem seine Aufgabe erfüllt. Die Wahrscheinlichkeit der Aufgabenerfüllung durch ein Element unter der Bedingung, daß sich das System im s-ten Zustand befindet, sei φ_s. Zu bestimmen ist die Wahrscheinlichkeit der Aufgabenerfüllung durch mindestens eines von N ausführenden Elementen.

Eine solche Aufgabe kann für zwei grundlegende Fälle gelöst werden.

1. Die ausführenden Elemente erfüllen ihre Aufgabe gleichzeitig und unabhängig voneinander. Also ist die Wahrscheinlichkeit der Aufgabenerfüllung für alle Elemente übereinstimmend gleich φ_s. In diesem Falle kann man die Formel zur Abschätzung der Effektivität der Arbeitsweise wie folgt schreiben:

$$E = \sum_s H_s[1 - (1 - \varphi_s)^N] . \tag{9.4.1}$$

Dabei ist

H_s — die Wahrscheinlichkeit dafür, daß sich das System im s-ten Zustand befindet,

$1 - (1 - \varphi_s^N)$ — die bedingte Wahrscheinlichkeit der Aufgabenerfüllung durch das System bei N-facher Reservierung unter der Bedingung, daß sich das System im s-ten Zustand befindet.

Beispiel 9.4.1

Auf ein bestimmtes Ziel möge man eine Salve, die aus zwei Schüssen besteht, abgeben können. Wenn zur Zeit der Auslösung der Salve die Einrichtung zum genauen Richten der Geschütze intakt ist, so wird die Wahrscheinlichkeit, um mit einem Schuß einen Treffer zu erzielen, gleich $\varphi_1 = 0{,}85$. Ist diese Einrichtung aber ausgefallen, so wird die Trefferwahrscheinlichkeit je Schuß gleich $\varphi_2 = 0{,}58$. Die Wahrscheinlichkeit für ein ausfallfreies Funktionieren der Richteinrichtung sei gleich $r = 0{,}7$. (Es wird für jeden Schuß Unabhängigkeit der Treffer vorausgesetzt.)

Zu bestimmen ist die totale Trefferwahrscheinlichkeit.

Lösung

Die totale Trefferwahrscheinlichkeit wird

$$E = r[1 - (1 - \varphi_1)^2] + q[1 - (1 - \varphi_2)^2].$$

Nach Einsetzen der Zahlenwerte erhält man

$$E = 0{,}7(1 - 0{,}15^2) + 0{,}3(1 - 0{,}42^2) = 0{,}931.$$

2. Die ausführenden Elemente erfüllen ihre Aufgabe zu verschiedenen Zeitpunkten. Also wird die Wahrscheinlichkeit der Aufgabenerfüllung für jedes Element gleich einer Größe φ_s, die vom Systemzustand zur Zeit der Aufgabenerfüllung durch das vorgegebene Element abhängt.

In diesem Falle lautet die Formel zur Abschätzung der Effektivität

$$E = 1 - \left(1 - \sum_s H_s\varphi_s\right)^N. \tag{9.4.2}$$

Beispiel 9.4.2

Wir ändern einige Bedingungen des vorangehenden Beispiels. Auf das Ziel sollen jetzt zwei unabhängige Schüsse abgegeben werden. (Das kann zum Beispiel dadurch realisiert werden, daß zu ein und demselben Zeitpunkt zwei unabhängige Geschütze schießen.) Zu bestimmen ist die totale Wahrscheinlichkeit für einen Treffer.

Lösung

In diesem Falle wird die totale Trefferwahrscheinlichkeit

$$E = 1 - [1 - (r\varphi_1 + q\varphi_2)]^2.$$

Nach Einsetzen der gleichen Zahlenwerte wie im vorangehenden Beispiel erhalten wir

$$E = 1 - [1 - (0{,}7 \cdot 0{,}85 + 0{,}3 \cdot 0{,}58)]^2 = 0{,}947.$$

9.5. Abschätzung der Effektivität von Systemen mit mehreren Arbeitsweisen

Ein System mit mehreren Arbeitsweisen kann ein und dieselbe Aufgabe auf verschiedene Arten erfüllen, die durch unterschiedliche Effektivitätsparameter charakterisiert werden. Dabei wird bei einem beliebigen Systemzustand stets diejenige Arbeitsweise ausgewählt, die für den gegebenen Zustand am effektivsten ist. Wir betrachten ein System, das aus n Elementen besteht. Eine bestimmte Aufgabe möge auf m verschiedene Arten gelöst werden können, wobei bei der Aufgabenerfüllung nach der j-ten Art die bedingte Kenngröße der technischen Effektivität des Systems gleich Φ_j ist. Der Klarheit halber wollen wir noch vereinbaren, daß $\Phi_1 > \Phi_2 > \dots > \Phi_m$ gilt.

Wir zerlegen das System derart in m Teilsysteme $G_1, G_2, \dots, G_m$, daß zu jedem Teilsystem gerade diejenigen Elemente gehören, die die Aufgabenerfüllung im j-ten Zustand gewährleisten. (Im allgemeinen können einzelne Elemente zu mehreren Teilsystemen gehören, das heißt, sie können an der Erfüllung ein und derselben Aufgabe auf verschiedene Art und Weise beteiligt sein.)

Für zwei Spezialfälle können relativ einfache Ausdrücke zur Abschätzung der Effektivität der Arbeitsweise angegeben werden.

1. Jedes Element darf nur einem Teilsystem angehören. Dann ist die Wahrscheinlichkeit dafür, daß die Aufgabe auf die j-te Art erfüllt wird, gleich

$$H_j = P_j \prod_{k=1}^{j-1} Q_k . \tag{9.5.1}$$

Dabei sind

P_j — die Wahrscheinlichkeit der ausfallfreien Arbeit des j-ten Teilsystems,
Q_j — die Ausfallwahrscheinlichkeit des j-ten Teilsystems.

Die Formel zur Abschätzung der Effektivität der Arbeitsweise des Systems besitzt folgendes Aussehen

$$E = \sum_{j=1}^{m} \Phi_j P_j \prod_{k=1}^{j-1} Q_k . \tag{9.5.2}$$

2. Die Teilsysteme G_j sind „ineinander eingebettet". Das heißt, zur Aufgabenerfüllung auf die erste Art müssen alle Elemente arbeitsfähig sein; zur Aufgabenerfüllung auf die zweite Art nicht mehr alle Elemente, sondern nur noch ein Teil; zur Aufgabenerfüllung auf die dritte Art müssen noch weniger Elemente arbeitsfähig sein und so weiter. Mit anderen Worten:

$$G_1 \supset G_2 \supset \ldots \supset G_m .$$

Mit G^*_{j-1} bezeichnen wir die Menge derjenigen Systemelemente, die zum Teilsystem G_{j-1}, aber nicht zugleich zum Teilsystem G_j gehören.

Gemäß dem Funktionsprinzip des betrachteten Systems wird die Aufgabe gerade auf die j-te Art erfüllt, falls alle Elemente des Teilsystems G_j arbeitsfähig sind und wenigstens ein Element der Teilmenge G^*_{j-1} ausgefallen ist. (Dabei ist es wesentlich, ob die ausgefallenen Elemente zu den Teilmengen G^*_{j-2}, G^*_{j-3} und so weiter gehören.)

In diesem Falle ist die Wahrscheinlichkeit dafür, daß die Aufgabe durch das System auf die i-te Art erfüllt wird, gleich

$$H_j = P_j - P_{j-1} .$$

Die Formel zur Abschätzung der Effektivität der Arbeitsweise des Systems lautet

$$E = \sum_{j=1}^{m} \Phi_j (P_j - P_{j-1}) . \tag{9.5.3}$$

Beispiel 9.5.1

Es wird ein System betrachtet, das nacheinander drei Arbeitsetappen zu erfüllen hat: die Ortung, die Erkennung und die Begleitung eines Objektes. In jeder Etappe kann die Aufgabenerfüllung auf mehrere Arten erfolgen. Die möglichen Kombinationen zur Erfüllung jeder einzelnen Etappe, die gewährleisten, daß das System seine Aufgabe lösen kann, wurden zusammen mit den zugehörenden Kombinationen der Kenngrößen der technischen Effektivität in der Tabelle 9.5.1 zusammengestellt. Außerdem ist es für die Aufgabenerfüllung in jedem Falle erforderlich, daß ein Steuerpult intakt ist.

Die Wahrscheinlichkeiten der ausfallfreien Arbeit besitzen zu einem bestimmten Zeitpunkt für die einzelnen Elemente des Systems die folgenden Werte (die Indizes der Elemente wurden in Übereinstimmung mit der Abb. 9.5.1 gewählt):

$$r_1 = 0{,}80; \quad r_2 = 0{,}99; \quad r_3 = 0{,}80; \quad r_4 = 0{,}95; \quad r_5 = 0{,}90; \quad r_6 = 0{,}95 .$$

Es ist die totale Wahrscheinlichkeit der Aufgabenerfüllung durch das System zu berechnen.

Tabelle 9.5.1. Kenngrößen der technischen Effektivität bei verschiedenen Arten der Aufgabenerfüllung

laufende Nummer der Art der Aufgabenerfüllung	Etappe der			Kenngröße der technischen Effektivität
	Ortung	Erkennung	Begleitung	
1	Ortungsgerät	Anzeigegerät	Begleitgerät	1,00
2	Begleitgerät	Anzeigegerät	Begleitgerät	0,60
3	Ortungsgerät	Anzeigegerät	optische Einrichtung und Rechner	0,30
4	optische Einrichtung	optische Einrichtung	optische Einrichtung und Rechner	0,15
5	optische Einrichtung	optische Einrichtung	optische Einrichtung	0,10

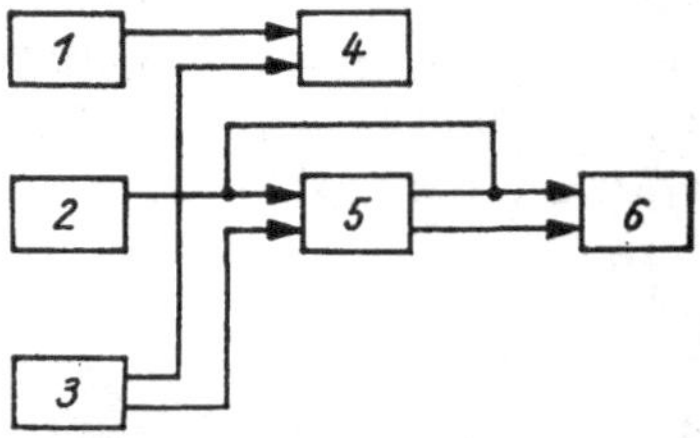

Abb. 9.5.1. Strukturschema eines Systems mit mehreren Arbeitsweisen

1 – Ortungsgerät, *6* – optische Einrichtung, *3* – Begleitgerät, *4* – Anzeigegerät, *5* – Schalter, *6* – Steuerpult

Lösung

Die Aufgabenerfüllung wird auf die erste Art mit der Wahrscheinlichkeit

$$h_1 = r_1 r_2 r_3 r_4 r_5 r_6 \approx 0{,}52$$

realisiert. (Ob die optische Einrichtung arbeitet oder nicht, spielt in diesem Falle keine Rolle.)

Die Aufgabenerfüllung wird nur dann auf die zweite Art erfolgen, wenn das Ortungsgerät ausgefallen ist; also mit einer Wahrscheinlichkeit

$$h_2 = q_1 r_3 r_4 r_5 r_6 \approx 0{,}13 .$$

Die Aufgabenerfüllung wird nur dann auf die dritte Art erfolgen, wenn das Begleitgerät ausgefallen ist, also mit einer Wahrscheinlichkeit

$$h_3 = q_3 r_1 r_4 r_5 r_6 \approx 0{,}13 .$$

Die Aufgabenerfüllung wird nur dann auf die vierte Art erfolgen, wenn wahlweise folgende Geräte ausgefallen sind:

- das Anzeigegerät,
- das Anzeige- und das Ortungsgerät,
- das Anzeige- und das Begleitgerät,
- das Anzeige-, das Ortungs- und das Begleitgerät,
- das Ortungs- und das Begleitgerät.

In all diesen Fällen werden die optische Einrichtung und der Rechner als intakt vorausgesetzt.

Die Wahrscheinlichkeit für dieses Ereignis wird

$$h_4 = r_2 r_5 r_6 (q_4 r_1 r_3 + q_4 q_1 r_3 + q_4 q_1 q_3 + q_4 q_1 q_3 r) \approx 0{,}08 .$$

Schließlich wird die Aufgabenerfüllung nur dann auf die fünfte Art erfolgen, wenn zusätzlich noch der Rechner ausgefallen ist, also mit einer Wahrscheinlichkeit

$$h_5 = r_2 q_5 r_6 (q_4 + q_1 q_3 r_4) \approx 0{,}01 .$$

Der endgültige Wert für die totale Wahrscheinlichkeit der Aufgabenerfüllung ergibt sich zu

$$E = 0{,}52 \cdot 1 + 0{,}13 \cdot 0{,}6 + 0{,}13 \cdot 0{,}3 + 0{,}08 \cdot 0{,}15 + 0{,}01 \cdot 0{,}1 = 0{,}66\,.$$

Aber die Berechnung der Wahrscheinlichkeit, daß in einem solchen System kein Ausfall stattfindet, liefert nur den Wert 0,51.

9.6. Abschätzung der Effektivität des Systems bei bekannten Momenten der zufälligen Anzahl der intakten ausführenden Elemente

Viele Systeme besitzen eine komplizierte innere Struktur, aber im Sinne der Effektivität ihrer Arbeitsweise bestehen sie aus zwei Teilen: dem Steuerteil und der Gesamtheit der ausführenden Elemente.

Wir wollen sagen, daß ein ausführendes Element des Systems normal funktioniert, wenn es selbst arbeitsfähig ist und auch alle die Elemente besitzt, die zu seiner Steuerung erforderlich sind.

Wenn die bedingte Effektivitätskenngröße eines solchen Systems nur von z, der Anzahl der normal funktionierenden Ausgangselemente, abhängt und als eine Funktion $\Phi(z)$ gegeben ist, so genügen zur Abschätzung der Effektivität die gewöhnlichen Momente der Verteilung.

Die Effektivität der Arbeitsweise eines derartigen Systems kann aus der Formel

$$E = \sum_{k=0}^{\infty} \frac{M^{(k)}}{k!} \left.\frac{\mathrm{d}^k \Phi(z)}{\mathrm{d}z^k}\right|_{z=0} \tag{9.6.1}$$

bestimmt werden. Dabei ist

$M^{(k)}$ — das k-te gewöhnliche Moment der zufälligen Anzahl der normal funktionierenden ausführenden Elemente,

$\left.\frac{d^k \Phi(z)}{\mathrm{d}z^k}\right|_{z=0}$ — die k-te Ableitung von $\Phi(z)$ nach z an der Stelle $z = 0$ (unter der stillschweigenden Voraussetzung, daß die Funktion $\Phi(z)$ differenzierbar ist).

Normalerweise kann die Funktion $\Phi(z)$ hinreichend gut durch ein Polynom niedrigen Grades approximiert werden.

Beispiel 9.6.1

Wir betrachten verschiedene Varianten sich verzweigender Systeme zweiter Ordnung, die jeweils sechs Ausgangselemente besitzen (Abb. 9.6.1). Wir setzen zunächst an, daß für die Funktion $\Phi(z)$ gilt

$$\Phi(z) = c_1 z\,.$$

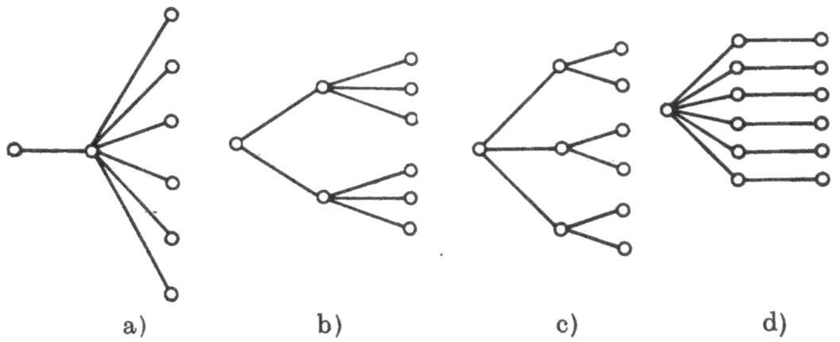

Abb. 9.6.1. Verschiedene Varianten für eine sich verzweigende Struktur zweiter Ordnung mit sechs Ausgangselementen

Das heißt, die Effektivität der Arbeitsweise des Systems ist proportional der Anzahl der normal funktionierenden Ausgangselemente. Zu solchen Systemen können Transportnetze, Nachrichtensysteme und ähnliche gezählt werden.

Dann wird die Effektivität des Systems — bei Berücksichtigung der Formel für $M^{(1)}$ (s. Abschn. 8.9.2) — gleich

$$E = c_1 M^{(1)} = c_1 r_0 \prod_{i=1}^{n} a_i r_i \,.$$

Da $\prod_{i=1}^{n} a_i = N_n$ die Anzahl aller ausführenden (Ausgangs-)Elemente ist, erhalten wir

$$E = c_1 N_n \prod_{i=1}^{n} r_i \,.$$

Aus dieser Formel läßt sich die interessante Schlußfolgerung ziehen, daß alle Systeme, die durch die Abb. 9.6.1 dargestellt werden, bei der hier ausgewählten Kenngröße $\Phi(z)$ bezüglich ihrer Effektivität äquivalent sind.

Wir setzen jetzt für $\Phi(z)$ den Ausdruck

$$\Phi(z) = c_2 z^2$$

an; das heißt, die Effektivität der Arbeitsweise des Systems ist dem Quadrat der Anzahl der normal funktionierenden Ausgangselemente proportional. Das gilt zum Beispiel für manche Spielsituation. In einem solchen Falle wird die Effektivität der Arbeitsweise gleich

$$E = c_2 M^{(2)} \,.$$

Für Systeme mit sich verzweigender Struktur wurde eine Formel für $M^{(2)}$ im Abschnitt 8.9.2 angegeben.

Wenn die Wahrscheinlichkeit dafür, daß sich die Elemente im Zustand der Arbeitsfähigkeit befinden, größere Werte annimmt (also für $q_i \ll 1/N_n$), dann kann man das gewöhnliche Moment zweiter Ordnung näherungsweise wie folgt berechnen:

$$M^{(2)} \approx 4N_n^2 \left[1 - \sum_{i=1}^{n} q_i \left(1 - \frac{1}{N_i}\right)\right].$$

Setzen wir der Einfachheit halber $q_0 = q_1 = q_2 = q$, so erhalten wir

$$E_a \approx 2c_2N^2(1 - 0{,}83q)\,, \qquad E_b \approx 2c_2N^2(1 - 1{,}33q)\,,$$
$$E_c \approx 2c_2N^2(1 - 1{,}5q)\,, \qquad E_d \approx 2c_2N^2(1 - 1{,}67q)\,.$$

Folglich erhält in diesem Falle das System den Vorrang, bei dem das Verhältnis a_2/a_1 am größten ist.

Literatur

[1] WARSHAPETJAN, A. G. — Варжапетян А. Г.: Техническая эффективность и ее исследование методом статистических испытаний. В кн.: Адаптивные системы. Большие системы. Труды 1-го всесоюзного симпозиума по статистическим проблемам технической кибернетики. М., «Наука», 1971.

[2] WASSILJEW, B. W. — Васильев Б. В.: Прогнозирование надежности и эффективности динамических систем. В кн.: О надежности сложных технических систем. М., «Сов. радио», 1966.

[3] WERTLIB, W. A., WISCHNEWSKI, W. M. — Вертлиб В. А., Вишневский В. М.: Эффективность иерархических систем с учетом надежности. — «Автоматика и телемеханика» 1970, № 11.

[4] MOSKATOW, G. K. — Москатов Г. К.: К вопросу об эффективности и инвариантности многофункциональных управляющих систем. В кн.: Кибернетику — на службу коммунизму. Под ред. А. И. Берга, Н. Г. Бруевича, Б. В. Гнеденко, Т. II, М., «Энергия», 1964.

[5] USCHAKOW, I. A., KONENKOW, J. K. — Ушаков И. А., Коненков Ю. К.: Оценка эффективности функционирования сложных ветвящихся систем с учетом надежности. В кн.: Кибернетику — на службу коммунизму. Под ред. А. И. Берга, Н. Г. Бруевича, Б. В. Гнеденко, Т. II., М., «Энергия», 1964.

[6] Uschakow, I. A. — Ушаков И. А.: Оценка надежности функционирования иерархической ветвящейся системы с неравноценными исполнительными элементами. — «Известия АН СССР. Техническая кибернетика», 1967, № 5.
[7] Uschakow, I. A. — Ушаков И. А.: Оценка эффективности сложных систем. В кн.: Надежность радиоэлектронной аппаратуры. М., «Сов. радио», 1960.
[8] Uschakow, I. A. — Ушаков И. А.: Эффективность систем с показателями качества функционирования, зависящими от длительности непрерывной работы. — «Радиотехника», 1967, т. 22, № 6.
[9] Uschakow, I. A. — Ушаков И. А.: Эффективность функционирования сложных систем. В кн.: О надежности сложных технических систем. М., «Сов. радио», 1966.
[10] Schastowa, G. A. — Шастова Г. А.: Критерий средних потерь для оценки надежности систем управления. — «Автоматика и телемеханика», 1962, № 6.

10. AUFGABEN DER OPTIMALEN RESERVIERUNG

10.0. Vorbemerkungen

10.0.1. Aufgabenstellung

Bei der Anwendung der Reservierung zur Zuverlässigkeitserhöhung diverser Systeme besteht die Aufgabe nicht nur darin, festgelegte Zuverlässigkeitsparameter zu gewährleisten. Vielmehr muß die Reservierung auch möglichst ökonomisch erfolgen, mit den geringsten Aufwendungen für alle Reserveelemente des Systems insgesamt, das heißt auf optimale Weise.

Als Aufwendungen in dem eben angesprochenen Sinne können in der Praxis verschiedene Systemcharakteristiken betrachtet werden, zum Beispiel die Kosten des Systems, sein Gewicht oder die Abmessungen. Die Wahl der Charakteristik wird durch das konkrete System selbst und seine Zweckbestimmung festgelegt. Normalerweise gelingt es, **eine** Charakteristik als die wichtigste auszuwählen. Der Kürze halber wollen wir diese — unabhängig von ihrem physikalischen Wesen — als „Gewicht" bezeichnen.

Wir betrachten ein System, das eine **Serienschaltung voneinander unabhängiger Abschnitte** ist. Als Abschnitt wollen wir hier einen solchen Teil des Systems verstehen, für dessen Reservierung jeweils gleichartige Komponenten eingesetzt werden können. Daher ist ein Abschnitt nicht unbedingt als eine konstruktive Teileinheit anzusehen. So können in Problemstellungen zur Sicherung der Ersatzteilversorgung in einem Systemabschnitt unter Umständen alle Komponenten vom gleichen Typ subsummiert werden, sogar dann, wenn sie konstruktive Unterschiede aufweisen und körperlich nicht miteinander verbunden sind.

Als grundlegende Kenngrößen der Systemzuverlässigkeit, die durch den Einsatz der Reservierung verbessert werden sollen, werden die Wahrscheinlichkeit der ausfallfreien Arbeit des Systems während einer Zeit t_0 oder die Verfügbarkeit genommen. Das sind gerade solche Kenngrößen der Systemzuverlässigkeit, die durch das Produkt der entsprechenden Zuverlässigkeitskenngrößen der einzelnen Systembestandteile ausgedrückt werden können. (Dabei wird für Systeme mit Erneuerung eine unbeschränkte „Bedienung" vorausgesetzt, das heißt, die Anzahl der Reparaturbrigaden ist gleich der Anzahl der seriell verknüpften Abschnitte des Systems. Das ist notwendig, um die Unabhängigkeit unter den Systemelementen im Verlauf der Erneuerung zu gewährleisten.)

Näherungsmethoden zur Lösung des Problems der optimalen Reservierung existieren auch dann, wenn als Zuverlässigkeitskenngröße des Systems die mittlere Arbeitszeit bis zum Ausfall gewählt wird. In der Praxis treten auch häufig Situationen auf, in denen die Zuverlässigkeit bezüglich mehrerer Beschränkungen (= Nebenbedingungen = Restriktionsbedingungen) gleichzeitig, zum Beispiel bezüglich Kosten, Gewicht, Abmessungen und anderer, optimiert werden soll. Oder es sollen die Aufwendungen für redundante Elemente bei Vorgabe unterschiedlicher Forderungen an die Zuverlässigkeit der verschiedenen Teilsysteme minimiert werden. Den Problemen der optimalen Reservierung sind bestimmte Aufgaben der Ersatzteilhaltung von Elementen wesensverwandt.

10.0.2. Wegweiser durch das Kapitel 10

Um das Suchen zu erleichtern und die Anwendung des im Kapitel 10 behandelten Stoffes zu vereinfachen, wurde in Abb. 10.0.1 ein Schema[1]) dargestellt, das den inhaltlichen Zusammenhang der einzelnen Abschnitte dieses Kapitels erläutert und gleichzeitig ihre Anordnung innerhalb dieses „Handbuches" angibt.

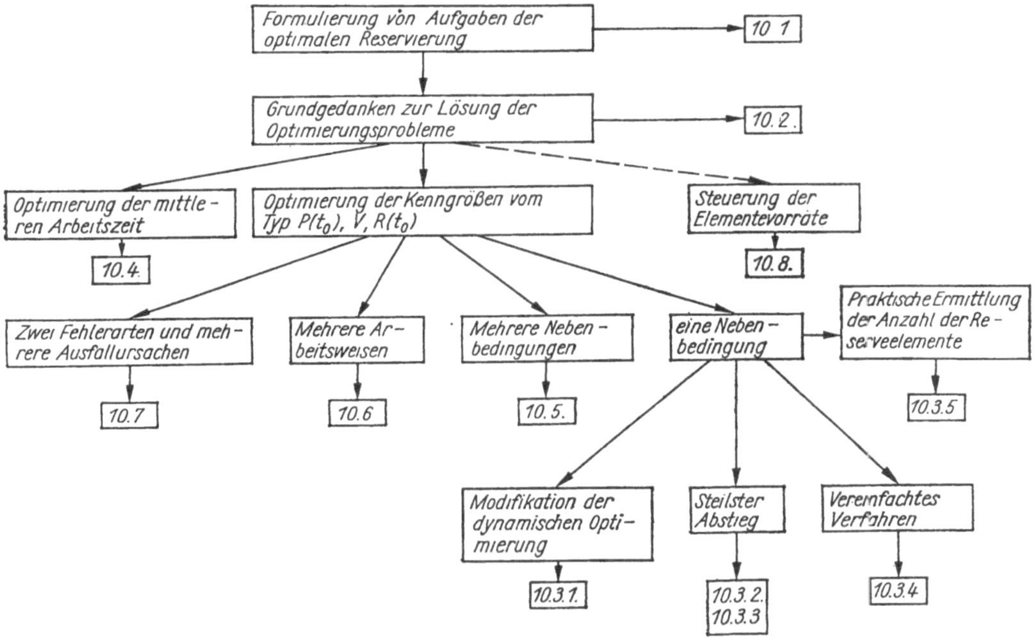

Abb. 10.0.1. Wegweise durch das Kapitel 10

10.0.3. Zusätzliche Bezeichnungen für das Kapitel 10

a — Parameter der Poissonschen Verteilung,

$g_i(x_i)$ — relativer Zuwachs der Zuverlässigkeitskenngröße des i-ten Systemabschnitts bezogen auf eine Aufwandseinheit;

$$L_0 = -\log R_0 ,$$
$$L(x_1, \ldots, x_m) = -\log R(x_1, \ldots, x_m) ,$$
$$L_i(x_i) = -\log R_i(x_i) ;$$

n_i — ursprüngliche Anzahl der Elemente des i-ten Abschnitts (ursprüngliche Anzahl der Elemente des i-ten Typs),

$P_i(t \mid x_i)$ — Wahrscheinlichkeit dafür, daß der i-te Systemabschnitt für eine Zeitdauer t ausfallfrei arbeitet unter der Bedingung, daß er x_i Reserveelemente besitzt,

---

[1]) Anmerkung d. Herausg.: Abb. 10.0.1 wurde gegenüber dem russischen Original des Handbuches verändert, um die für die deutsche Ausgabe ergänzten Abschnitte 10.2., 10.5.2. und 10.7. berücksichtigen zu können.

$p_k(a)$ — Wahrscheinlichkeit für das Eintreten von genau k Ereignissen; für eine POISSONsche Verteilung mit dem Parameter a wird

$$p_k(a) = \frac{a^k}{k!} e^{-a};$$

$P_k(a)$ — Wahrscheinlichkeit für das Eintreten von mindestens k Ereignissen; für eine POISSONsche Verteilung mit dem Parameter a wird

$$P_k(a) = \sum_{s=k}^{\infty} p_s(a) = \sum_{s=k}^{\infty} \frac{a^s}{s!} e^{-a};$$

$$Q_0 = 1 - R_0,$$

$$Q(x, \dots, x_m) = 1 - R(x_1, \dots, x_m),$$

$$Q_i(x_i) = 1 - R_i(x_i);$$

R_0 — vorgegebener Wert der Zuverlässigkeitskenngröße R,

$R(x_1, \dots, x_m)$ — Zuverlässigkeitskenngröße (vom Typ $P(t_0)$, $R(t_0)$ oder V) des Systems unter der Bedingung, daß im i-ten Abschnitt x_i Reserveelemente vorhanden sind,

$R_i(x_i)$ — Zuverlässigkeitskenngröße (vom Typ $P(t_0)$, $R(t_0)$ oder V) des i-ten Systemabschnitts unter der Bedingung, daß in ihm x_i Reserveelemente vorhanden sind,

$T(x_1, \dots, x_m)$ — mittlere Arbeitszeit bis zum Ausfall des Systems unter der Bedingung, daß im i-ten Abschnitt x_i Reserveelemente vorhanden sind,

T_0 — vorgegebener Wert der mittleren Arbeitszeit des Systems bis zum Ausfall,

w_i — „Gewicht" eines Elements des i-ten Systemabschnitts,

w_{ij} — Aufwendungen des j-ten Typs, die mit einem Element des i-ten Systemabschnitts verknüpft sind,

$W^{(0)}$ — ursprüngliches „Gewicht" des Systems (ohne Reserveelemente),

W_0 — vorgegebener (zulässiger) Wert des „Gewichts" des Systems,

W_0^j — vorgegebener (zulässiger) Wert der Aufwendungen vom j-ten Typ für das System,

$W(x_1, \dots, x_m)$ — „Gewicht" des Systems unter der Bedingung, daß im i-ten Abschnitt x_i Reserveelemente vorhanden sind,

$W^j(x_1, \dots, x_m)$ — Aufwendungen vom j-ten Typ für das System unter der Bedingung, daß im i-ten Abschnitt x_i Reserveelemente vorhanden sind,

$W_i(x_i)$ — „Gewicht" des i-ten Systemabschnitts unter der Bedingung, daß in ihm x_i Reserveelemente vorhanden sind,

x_i — Anzahl der Reserveelemente im i-ten Abschnitt des Systems,

λ_i — Ausfallrate eines Elements im i-ten Abschnitt,

ϱ_i — nichtnegative Gewichtsfaktoren: $\sum_i \varrho_i = 1$.

$\varphi(x)$ — Wahrscheinlichkeitsdichte der Standard-Normalverteilung,

$\Phi(x)$ — Verteilungsfunktion der Standard-Normalverteilung.

10.1. Formulierung einiger Aufgabenstellungen der optimalen Reservierung von Seriensystemen

10.1.1. Formulierung der Aufgabe für den Fall einer Nebenbedingung und der Zuverlässigkeitskenngröße vom Typ Wahrscheinlichkeit der ausfallfreien Arbeit (Verfügbarkeit, Intervallverfügbarkeit)

Die charakteristische Besonderheit dieser Aufgaben besteht darin, daß sich die Zuverlässigkeitskenngröße des Systems als Produkt der entsprechenden Zuverlässigkeitskenngrößen der einzelnen Abschnitte dieses Systems ausdrücken läßt:

$$R(x_1, \dots, x_m) = \prod_{i=1}^{m} R_i(x_i) . \tag{10.1.1}$$

Dabei ist

$R(x_1, \dots, x_m)$ – die Zuverlässigkeitskenngröße des Systems unter der Bedingung, daß im ersten Abschnitt x_1 Reserveelemente, ... , im m-ten Abschnitt x_m Reserveelemente vorhanden sind,

$R_i(x_i)$ – die Zuverlässigkeitskenngröße des i-ten Systemabschnitts unter der Bedingung, daß in ihm x_i Reserveelemente vorhanden sind ($i = 1, 2, \dots, m$),

m – die Gesamtzahl der Abschnitte des Systems.

Es sei darauf hingewiesen: Wenn man in diesem Falle die Logarithmen der angegebenen Größen betrachtet, $L(x_1, \dots, x_m) = -\log R(x_1, \dots, x_m)$ und $L_i(x_i) = -\log R_i(x_i)$, dann kann die Zuverlässigkeitskenngröße in der Form

$$L(x_1, \dots, x_m) = \sum_{i=1}^{m} L_i(x_i) \tag{10.1.2}$$

niedergeschrieben werden.

Wenn die Zuverlässigkeitskenngröße des Systems dicht bei Eins liegt, das heißt

$$1 - R(x_1, \dots, x_m) = Q(x_1, \dots, x_m) \ll 1 ,$$

so kann man außerdem näherungsweise schreiben:

$$Q(x_1, \dots, x_m) \approx \sum_{i=1}^{m} Q_i(x_i) , \tag{10.1.3}$$

wobei $Q_i(x_i) = 1 - R_i(x_i)$ ist.

Bei Vorliegen einer Nebenbedingung kann man die beiden folgenden Aufgabenstellungen der optimalen Reservierung formulieren. Normalerweise wird in den Aufgaben der optimalen Reservierung angenommen, daß sich das „Gewicht“ $W(x_1, \dots, x_m)$ des Gesamtsystems aus der Relation

$$W(x_1, \dots, x_m) = \sum_{i=1}^{m} W_i(x_i) \tag{10.1.4}$$

bestimmt, wobei $W_i(x_i)$ das „Gewicht“ des i-ten Systemabschnitts unter der Bedingung ist, daß in diesem Abschnitt x_i Reserveelemente vorhanden sind. Außerdem wird das „Gewicht“ des i-ten Systemabschnitts selbst gewöhnlich aus der Relation

$$W_i(x_i) = w_i x_i \tag{10.1.4'}$$

bestimmt, wobei w_i das Gewicht eines Reserveelements, das im i-ten Systemabschnitt verwendet wird, ist.

Bei Vorliegen **einer Restriktionsbedingung** kann man die beiden folgenden Aufgabenstellungen der optimalen Reservierung formulieren.

1. Durch Einzelreservierung des Systems, das aus m Abschnitten besteht, soll erreicht werden, daß die Zuverlässigkeitskenngröße nicht kleiner als ein Vorgabewert R_0 (oder nicht größer als ein vorgegebener Parameter Q_0 oder L_0) bei minimal möglichem „Gewicht" des Gesamtsystems.

Unter Verwendung der oben eingeführten Bezeichnungen läßt sich diese Aufgabe wie folgt notieren:

Bestimme

$$\min W(x_1, \dots, x_m)$$

unter der Bedingung

$$R(x_1, \dots, x_m) \geqq R_0$$

(oder $Q(x_1, \dots, x_m) \leqq Q_0$ oder $L(x_1, \dots, x_m) \leqq L_0$).

2. Durch Einzelreservierung des Systems, das aus m Abschnitten besteht, soll erreicht werden, daß bei maximal möglicher Zuverlässigkeitskenngröße R des Systems (oder minimal möglichen Kenngrößen L oder Q) das „Gewicht" des Gesamtsystems einen vorgegebenen Wert W_0 nicht überschreitet.

Unter Verwendung der oben eingeführten Bezeichnungen läßt sich diese Aufgabe wie folgt notieren:

Bestimme

$$\max R(x_1, \dots, x_m)$$

(oder $\min Q(x_1, \dots, x_m)$ oder $\min L(x_1, \dots, x_m)$) unter der Bedingung

$$W(x_1, \dots, x_m) \leqq W_0 .$$

Im folgenden werden wir als Terminus die Wahrscheinlichkeiten der ausfallfreien Arbeit für Systeme ohne Erneuerung verwenden. Durch einfaches Ersetzen dieser Größen durch die entsprechenden Verfügbarkeiten (oder Intervallverfügbarkeiten) kann das Optimalitätsproblem auch für Systeme mit Erneuerung gelöst werden.

10.1.2. Formulierung der Aufgabe für den Fall einer Nebenbedingung und der Zuverlässigkeitskenngröße vom Typ mittlere Arbeitszeit bis zum Ausfall

In diesem Falle ist die Zuverlässigkeitskenngröße des Systems

$$T(x_1, \dots, x_m) = \int_0^\infty P(t \mid x_1, \dots, x_m) \, dt , \tag{10.1.5}$$

wobei $P(t \mid x_1, \dots, x_m)$ die Wahrscheinlichkeit der ausfallfreien Arbeit des Systems für eine Zeitdauer t ist unter der Bedingung, daß im 1. Abschnitt x_1 Reserveelemente vorhanden sind, ..., im m-ten Abschnitt x_m Reserveelemente vorhanden sind, oder

$$T(x_1, \dots, x_m) = \int_0^\infty \prod_{i=1}^m P_i(t \mid x_i) \, dt , \tag{10.1.6}$$

wobei $P_i(t \mid x_i)$ die Wahrscheinlichkeit der ausfallfreien Arbeit des i-ten Systemabschnitts für eine Zeitdauer t ist unter der Bedingung, daß in ihm x_i Reserveelemente vorhanden sind.

Im gegebenen Falle können die beiden folgenden Optimierungsaufgaben formuliert werden:

1. Durch Einzelreservierung des Systems, das aus m Abschnitten besteht, soll erreicht werden, daß die mittlere Arbeitszeit bis zum Ausfall mindestens einen Vorgabewert T_0 erreicht bei möglichst minimalem „Gewicht" des Gesamtsystems.

Mit den eingeführten Bezeichnungen läßt sich diese Aufgabe wie folgt notieren:

Bestimme

$$\min W(x_1, \ldots, x_m)$$

unter der Bedingung

$$T(x_1, \ldots, x_m) \geqq T_0 .$$

2. Durch Einzelreservierung des Systems, das aus m Abschnitten besteht, soll erreicht werden, daß das „Gewicht" des Systems bei maximal möglicher mittlerer Arbeitszeit bis zum Ausfall einen Vorgabewert W_0 nicht überschreitet.

Mit den eingeführten Bezeichnungen läßt sich diese Aufgabe wie folgt notieren:

Bestimme

$$\max T(x_1, \ldots, x_m)$$

unter der Bedingung

$$W(x_1, \ldots, x_m) \leqq W_0 .$$

10.1.3. Formulierung der Aufgabe für den Fall mehrerer Nebenbedingungen und der Zuverlässigkeitskenngröße vom Typ Wahrscheinlichkeit der ausfallfreien Arbeit (Verfügbarkeit, Intervallverfügbarkeit)

Es mögen M Nebenbedingungen (zum Beispiel bezüglich der Kosten, des Gewichts, der Abmessungen) vorliegen, die gleichzeitig erfüllt werden müssen. Wir wollen mit $W^j(x_1, \ldots, x_m)$ die Aufwendungen vom j-ten Typ für das Gesamtsystem bezeichnen unter der Bedingung, daß im 1. Abschnitt x_1 Reserveelemente, ..., im m-ten Abschnitt x_m Reserveelemente vorhanden sind, und mit W^j eine vorgegebene Schranke für die Aufwendungen vom j-ten Typ.

Mit den eingeführten Bezeichnungen läßt sich folgende Aufgabe formulieren:

Bestimme

$$\max R(x_1, \ldots, x_m) \tag{10.1.7}$$

(oder min $Q(x_1, \ldots, x_m)$ oder min $L(x_1, \ldots, x_m)$) unter den Nebenbedingungen

$$W^1(x_1, \ldots, x_m) \leqq W_0^1 ,$$

$$\ldots$$

$$W^j(x_1, \ldots, x_m) \leqq W_0^j , \tag{10.1.8}$$

$$\ldots$$

$$W^M(x_1, \ldots, x_m) \leqq W_0^M .$$

Hierbei gilt

$$W^j(x_1, \dots, x_m) = \sum_{i=1}^{m} w_{ji} x_i \,, \tag{10.1.9}$$

wobei w_{ji} die Aufwendungen vom j-ten Typ sind, die mit einem Element des i-ten Systemabschnitts verbunden sind.[1])

10.1.4. Formulierung der Aufgabe für den Fall der Kostenminimierung eines Systems mit mehreren Arbeitsweisen, wenn mehrere Nebenbedingungen in Form vorgegebener Zuverlässigkeitskenngrößen für die Erfüllung jeder Arbeitsweise vorliegen

In der Praxis begegnet man oft Systemen mit mehreren Arbeitsweisen, für die die Zuverlässigkeitsanforderungen vorgegeben sind in Gestalt eines Wertesatzes für die Wahrscheinlichkeit der Aufgabenerfüllung in jeder möglichen Arbeitsweise. (Die Werte dieser Wahrscheinlichkeiten hängen von der Bedeutung dieser Arbeitsweise und den mit einem Versagen verbundenen Konsequenzen ab.) Die Realisierung jeder Arbeitsweise hängt von der Arbeitsfähigkeit bestimmter Systemelemente ab, wobei sich im allgemeinen die Teilmengen von Elementen, die zur Erfüllung unterschiedlicher Arbeitsweisen erforderlich sind, unterscheiden. Dabei kann es auch gemeinsame Teile (im Sinne einer Überdeckung) geben.

Für diesen Fall kann folgende Aufgabenstellung formuliert werden: Es sind die vorgegebenen Werte für die Wahrscheinlichkeit der Realisierung jeder Arbeitsweise zu erreichen bei gleichzeitiger Minimierung der Gesamtaufwendungen, die mit der Einführung von Reserveelementen verbunden sind.

Die mathematische Formulierung lautet:

Bestimme

$$\min \sum_{i=1}^{n} w_i x_i \tag{10.1.10}$$

unter den Nebenbedingungen

$$\left.\begin{aligned} \prod_{i \in G_1} R_i(x_i) &\geqq R_1 \,, \\ &\dots \\ \prod_{i \in G_j} R_i(x_i) &\geqq R_j \,, \\ &\dots \\ \prod_{i \in G_k} R_i(x_i) &\geqq R_k \,. \end{aligned}\right\} \tag{10.1.11}$$

Dabei ist

m — die Gesamtzahl der Systemabschnitte (der Elementetypen),
G_j — die Elementeteilmenge, deren Arbeitsfähigkeit zur Realisierung der j-ten Arbeitsweise ($j = 1, 2, \dots, k$) erforderlich ist,
w_i — die Kosten eines Elements vom i-ten Typ ($i = 1, 2, \dots, m$),
x_i — die Anzahl der Reserveelemente im i-ten Systemabschnitt,

[1] Anmerkung d. Herausg.: Der lineare Ansatz (10.1.9) für die Nebenbedingungen ist nicht immer gerechtfertigt, weil die mit der Verwendung von Reserveelementen notwendig werdenden Verbindungs-, Umschalt- und weiteren Hilfseinrichtungen nicht proportional mit der Anzahl der Reserveelemente wachsen (vgl. S. 287).

$R_i(x_i)$ — die Wahrscheinlichkeit der ausfallfreien Arbeit des i-ten Systemabschnitts unter der Bedingung, daß er x_i Reserveelemente enthält,

R_j — der geforderte Wert der Wahrscheinlichkeit dafür, daß die j-te Arbeitsweise erfüllt werden kann.

10.2. Grundgedanken zur Lösung von Problemen der optimalen Reservierung[1])

Im Abschnitt 10.1 war davon ausgegangen worden, daß sich das Problem der optimalen Reservierung auf folgende **mathematische Aufgabenstellung** zurückführen läßt:

Ein Parametervektor $\boldsymbol{x} = (x_1, x_2, \dots, x_m)$ ist derart festzulegen, daß ein Funktional maximiert oder minimiert wird (vergleiche zum Beispiel Formel (10.1.7)) bei gleichzeitiger Einhaltung exakt festgelegter Nebenbedingungen (vergleiche zum Beispiel Formeln (10.1.8)).

Diese mathematische Aufgabenstellung ist dem praktischen Problem nicht in jedem Falle adäquat. Die Nebenbedingungen sind oft nur qualitativ gegeben in dem Sinne, daß etwa Kosten, Gewicht und Volumenbedarf für alle Reserveeinrichtungen insgesamt „möglichst" klein zu halten sind. Der Ingenieur hat ein System — einschließlich Bedienungs-, Wartungs- und Instandhaltungsvorschriften! — zu konzipieren, daß die geforderte Systemfunktion mit ausreichender Zuverlässigkeit bei minimalen Aufwendungen gewährleistet.

In diesem Kapitel geht es nur um einen relativ gut überschaubaren Teilaspekt dieses Problemkomplexes. Die Systemstruktur im Sinne der Zuverlässigkeit steht schon fest — dabei beschränken wir uns fast durchweg auf den einfachsten Fall, nämlich eine Serienstruktur! — und zur Lösung des Problems werden nur die Möglichkeiten, die durch die Einführung von Reserveelementen gegeben sind, betrachtet. Es ist über die Anzahl der Reserveelemente zu entscheiden. Diese Parameter sind so zu wählen, daß ein technisch günstiger Kompromiß bezüglich mehrerer Kriterien — eine oder mehrere Zuverlässigkeits-Kenngrößen, Kosten, Abmessungen und andere Merkmale des Gesamtsystems — entsteht. Es handelt sich also um eine typische Aufgabenstellung der **Polyoptimierung**. Der Ingenieur sucht nur solche Realisierungen des Parametervektors $\boldsymbol{x} = (x_1, x_2, \dots, x_m)$, die gegenüber anderen Realisierungen im folgenden Sinne unübertreffbar sind:

Eine Realisierung $\boldsymbol{x}'$ übertrifft eine andere Realisierung $\boldsymbol{x}''$ bezüglich der Kriterien $(W^1, W^2, \dots, W^{M+1}) = \boldsymbol{W}$, falls durch $\boldsymbol{x}'$ wenigstens ein Kriterium günstiger gestaltet wird als durch $\boldsymbol{x}''$, ohne daß andere Kriterien dabei ungünstiger ausfallen. Nach Einführung einer passenden Halbordnungsrelation „$<$" im $\boldsymbol{W}$-Raum kann man diesen Sachverhalt in Kurzform schreiben:

Der Parametervektor $\boldsymbol{x}'$ übertrifft $\boldsymbol{x}''$, falls $\boldsymbol{W}(\boldsymbol{x}'') < \boldsymbol{W}(\boldsymbol{x}')$ gilt.

Ein Parametervektor heißt unübertreffbar (= übertreffend), wenn er von keinem anderen übertroffen werden kann.

Häufig wird die Aufgabenstellung der **Polyoptimierung auf ein Optimierungsproblem mit mehreren Restriktionsbedingungen zurückgeführt,** indem man für $M - 1$ Kriterien

[1]) Anmerkung d. Herausg.: Dieser Abschnitt 10.2 ist im russischen Original des Handbuches nicht enthalten und wurde vom Herausgeber hinzugefügt.

bestimmte Beschränkungen festsetzt, zum Beispiel $W_0^1, W_0^2, \ldots, W_0^M$ (vgl. Formel (10.1.8)), und unter diesen Bedingungen den optimalen Parametervektor bezüglich des verbliebenen Kriteriums, zum Beispiel W^{M+1}, sucht.

Jeder gefundene optimale Parametervektor für das genannte Optimierungsproblem gehört in der Regel zur Menge der unübertreffbaren Parametervektoren im Sinne der Polyoptimierung. (Genauer: Ein optimaler Parametervektor wird von keinem Parametervektor des Zulässigkeitsbereiches, der durch die vorgegebenen Nebenbedingungen festgelegt wird, übertroffen.) Umgekehrt ist jeder unübertreffbare Parametervektor ein optimaler Parametervektor für einen bestimmten Wertesatz der Beschränkungen $W_0^1, W_0^2, \ldots, W_0^M$. Es sind mehrere prinzipiell verschiedene Möglichkeiten entwickelt worden, um unübertreffbare Parametervektoren zu ermitteln.

Wir wollen zunächst die Vorgehensweise der sogenannten **dynamischen Optimierung** erläutern, mit der man sich eine vollständige Menge unübertreffbarer Parametervektoren für den in Betracht kommenden Schwankungsbereich der Beschränkungen der einzelnen Kriterien $W_0^1, W_0^2, \ldots$ verschaffen kann.

Wir gehen von der im Abschnitt 10.1.3 formulierten Aufgabenstellung aus.

Zur Maximierung des Zielfunktionals

$$R(\boldsymbol{x}) = R(x_1, x_2, \ldots, x_m) = \prod_{i=1}^{m} R_i(x_i) \tag{10.2.1}$$

unter den Restriktionen

$$W^j(\boldsymbol{x}) = \sum_{i=1}^{m} w_{ji} x_i \leqq W_0^j, \qquad j = 1, \ldots, M \tag{10.2.2}$$

sind m Einzelentscheidungen zu treffen, nämlich die Festlegung der Werte für $x_1, x_2, \ldots, x_m$. Die Gesamtheit dieser Entscheidungen wird oft als Entscheidungspolitik bezeichnet. In der Sprechweise der Theorie der dynamischen Optimierung sagt man, daß ein **m-stufiger Entscheidungsprozeß** durchzuführen ist, der sich zunächst im Anfangszustand $(x_1, \ldots, x_m) = (0, \ldots, 0)$ befindet. Sind bereits $k(< m)$ Entscheidungen gefallen, also die Zahlen $x_1, \ldots, x_k$ festgelegt, so befindet sich der Prozeß nach der k-ten Entscheidung im Zustand $(x_1, \ldots, x_k, 0, \ldots, 0)$. Der Einfluß der verbleibenden $m - k$ Entscheidungen auf den Wert des Zielfunktionals (10.2.1) hängt offensichtlich nur vom Zustand des Systems nach der k-ten Entscheidung und den restlichen $m - k$ Entscheidungen ab. Um diese Eigenschaft sinnfällig auszudrücken, spricht man auch von einem MARKOWschen Entscheidungsprozeß. Eine m-stufige Entscheidungspolitik, die dem Zielfunktional den Maximalwert erteilt, soll eine optimale Entscheidungspolitik heißen. Für sie gilt das Optimalitätsprinzip:

> „Eine optimale Entscheidungspolitik hat die Eigenschaft, daß — ungeachtet des Anfangszustandes und der ersten Entscheidung — die verbleibenden Entscheidungen eine optimale Entscheidungspolitik hinsichtlich des aus der ersten Entscheidung resultierenden Zustandes darstellen.“ (10.2.3)

Auf der Grundlage dieses Optimalitätsprinzips lassen sich Verfahren zur Lösung des Optimierungsproblems (10.2.1), (10.2.2) entwickeln.

Liegt nur **eine** Nebenbedingung vor ($M = 1$ im Ungleichungssystem (10.2.2)) oder kann man mehrere Nebenbedingungen durch geeignete Wichtung auf eine einzige Nebenbedingung zurückführen, so kann man das Optimierungsproblem in der folgenden Form schreiben:

$$F_m(W_0) = \max_{\substack{x_1, \dots, x_m \\ \text{mit } \sum_{i=1}^{m} w_i x_i \leqq W_0}} R(x_1, \dots, x_m) = \tag{10.2.4}$$

$$= \max_{\substack{x_m \\ \text{mit } 0 \leqq x_m \leqq \left[\frac{W_0}{W_m}\right]}} \left(R_m(x_m) \max_{\substack{x_1, \dots, x_{m-1} \\ \text{mit } \sum_{i=1}^{m-1} w_i x_i \leqq W_0 - w_m x_m}} \prod_{i=1}^{m-1} R_i(x_i) \right) =$$

$$= \max_{0 \leqq x_m \leqq \left[\frac{W_0}{w_m}\right]} \left(R_m(x_m)\, F_{m-1}(W_0 - w_m x_m)\right). \tag{10.2.5}$$

Die hier abgeleitete Funktionalgleichung (10.2.5) kann als Folgerung aus dem Optimalitätsprinzip (10.2.3) interpretiert werden. Für die Optimierungsaufgabe (10.2.4) sind (10.2.5) und (10.2.3) gleichwertige Aussagen. Ebenso wie (10.2.5) erhält man

$$F_i(Z_0) = \max_{0 \leqq x_i \leqq \left[\frac{Z_0}{w_i}\right]} \left(R_i(x_i)\, F_{i-1}(Z_0 - w_i x_i)\right) \tag{10.2.6}$$

für $i = 2, \dots, m-1$ und

$$F_1(Z_0) = \max_{0 \leqq x_1 \leqq \left[\frac{Z_0}{w_1}\right]} R_1(x_1),$$

wobei $Z_0 \in [0, W_0]$ gilt und für die gesuchten Parameter x_i ($i = 1, \dots, m$) nur ganzzahlige Werte in Betracht kommen.

Die übliche Methodik der dynamischen Optimierung schreibt in Übereinstimmung mit dem Optimalitätsprinzip folgende **Rechenschritte** zur Festlegung einer optimalen Entscheidungspolitik vor:

Es werden die Zahlenwerte $F_i(Z_0)$ für $i = 1, 2, \dots, m-1$ für alle potentiell möglichen Werte $Z_0 \in [0, W_0]$ und anschließend der Zahlenwert $F_m(W_0)$ (= Maximum des Zielfunktionals (10.2.1)) errechnet:

Aus $F_m(W_0)$ kann man ein optimales x_m^*,
aus $F_{m-1}(Z_0 = W_0 - w_m x_m^*)$ ein optimales x_{m-1}^*,
aus $F_{m-2}\left(Z_0 = W_0 - (w_m x_m^* + w_{m-1} x_{m-1}^*)\right)$ ein optimales x_{m-2}^*,
. . . (10.2.7)
aus $F_2\left(Z_0 = W_0 - \sum_{i=3}^{m} w_i x_i^*\right)$ ein optimales x_2^* und
aus $F_1\left(Z_0 = W_0 - \sum_{i=2}^{m} w_i x_i^*\right) = R_1(x_1^*)$ ein optimales x_1^* ablesen.

Die gefundenen Werte $(x_1^*, \dots, x_m^*)$ bilden eine optimale Entscheidungspolitik.

Zur Erläuterung werden in Abb. 10.2.1 die Verhältnisse für $m = 3$ geometrisch veranschaulicht. Der Bereich der zulässigen Entscheidungsvektoren wird durch die drei Koordinaten-Ebenen und die Ebene E begrenzt. Der Stellungsvektor der Ebene E wird durch die Koeffizienten w_1, w_2, w_3 festgelegt, der Abstand dieser Ebene vom

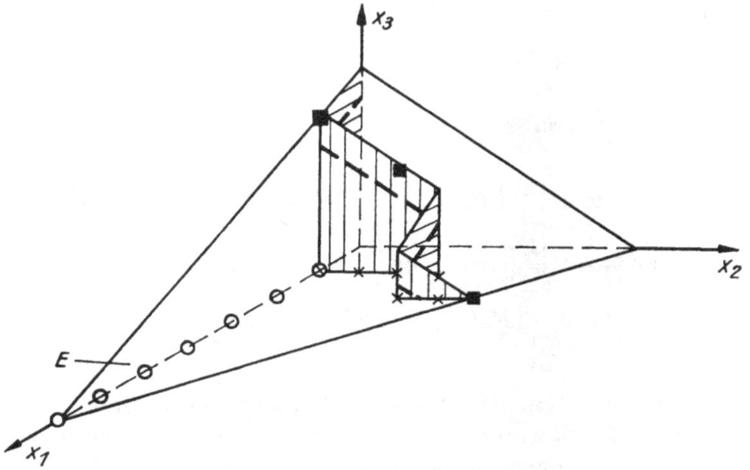

Abb. 10.2.1. Geometrische Veranschaulichung des Prinzips der dynamischen Optimierung bei einem dreistufigen Entscheidungsprozeß

○ – x_1-Werte, die zur Ermittlung der Zahlenwerte $F_1(Z_0)$ für $Z_0 \in [0, W_0]$ benötigt werden
× – (x_1, x_2)-Teilvektoren, die zur Ermittlung der Zahlenwerte $F_2(Z_0)$ für $Z_0 \in [0, W_0]$ benötigt werden
■ – (x_1, x_2, x_3)-Entscheidungsvektoren, die zur Ermittlung des Zahlenwertes $F_3(W_0)$ herangezogen werden

Koordinaten-Ursprung durch $W_0(w_1^2 + w_2^2 + w_3^2)^{-1/2}$. Alle übertreffenden Entscheidungsvektoren liegen auf der durch Schraffur hervorgehobenen „Wand". Man sucht zunächst auf — oder etwas unterhalb, falls in der Nebenbedingung $\sum_{i=1}^{3} w_i x_i \leqq W_0$ keine Gleichheit erreicht werden kann — der Schnittlinie, entlang der die Wand die Ebene E durchstößt, den optimalen Wert $F_3(W_0)$ und legt so x_3^* fest. Der zugehörende Fußpunkt in der (x_1, x_2)-Ebene ergibt die restlichen Komponenten (x_1^*, x_2^*) des optimalen Entscheidungvektors. Eine Änderung von W_0 führt nur zu einer neuen Schnittlinie zwischen der Wand und der Ebene E. In Abb. 10.2.1 wurde die abgeänderte Schnittlinie für einen kleineren Wert W_0 gestrichelt eingetragen.

Beispiel 10.2.1

Betrachtet wird ein Seriensystem im Sinne der Zuverlässigkeit, das aus 12 Elementen zusammengesetzt ist. Von diesen 12 Elementen mögen $n_1 = 3$ gleichartig sein mit der Ausfallrate $\lambda_1 = 2 \cdot 10^{-4}\,\mathrm{h}^{-1} = \mathrm{const.}$, $n_2 = 4$ gleichartig sein mit der Ausfallrate $\lambda_2 = 10^{-4}\,\mathrm{h}^{-1}$ und $n_3 = 5$ gleichartig sein mit der Ausfallrate $\lambda_3 = 0{,}5 \cdot 10^{-4}\,\mathrm{h}^{-1}$. Wir können die gleichartigen Elemente zu je einem Teilabschnitt zusammenfassen und das Gesamtsystem als Reihenschaltung von $m = 3$ Teilabschnitten auffassen. Das Gesamtsystem soll während einer Zeitdauer von $t_0 = 1000\,\mathrm{h}$ möglichst ohne Ausfall arbeiten. Da die Wahrscheinlichkeit, daß das System 1000 h ausfallfrei arbeitet, aber lediglich (vgl. Abschn. 6.1)

$$P\,(t_0 = 1000\,\mathrm{h}) = \prod_{i=1}^{3} \exp\,(-n_i \lambda_i t_0) = 0{,}288$$

beträgt, sollen Reserveelemente eingefügt werden.

Jedes Reserveelement vom Typ $i = 1, 2, 3$ soll an die Stelle jedes der n_i Elemente vom Typ i treten können (gleitende Reserve). Die Reserveelemente sollen vor ihrem Einsatz nicht belastet werden (unbelastete Reserve). Der Preis für die Anschaffung, die Lagerung und so weiter eines Reserveelements vom Typ 1, 2 beziehungsweise 3 möge 1, 2 beziehungsweise 1 Währungseinheit betragen. Insgesamt können für die Reservierung nicht mehr als 5 Währungseinheiten ausgegeben werden. Die optimale Entscheidungspolitik besteht in der Festlegung der Stückzahlen x_1, x_2 und x_3, die den Wert der Wahrscheinlichkeit der ausfallfreien Arbeit $R(x_1, x_2, x_3)$ für eine Zeit von $t_0 = 1000$ h maximieren.

Lösung

Im vorliegenden Falle erhält man als Zielfunktional (vgl. Abschn. 3.2)

$$R(x_1, x_2, x_3) = \prod_{i=1}^{3} R_i(x_i) = \prod_{i=1}^{3} \sum_{\mu=0}^{x_i} \frac{(n_i\lambda_i t_0)^\mu}{\mu!} \exp(-n_i\lambda_i t_0) \,. \qquad (10.2.8)$$

Das Zielfunktional (10.2.8) ist unter der Bedingung

$$\sum_{i=1}^{3} w_i x_i = x_1 + 2x_2 + x_3 \leqq 5 = W_0 \qquad (10.2.9)$$

zu maximieren. Gemäß (10.2.6) erhält man

$$F_1(0) = R_1(0) = \exp(-0{,}6) = 0{,}55\,,$$
$$F_1(1) = R_1(1) = (1 + 0{,}6)\exp(-0{,}6) = 0{,}88\,,$$
$$F_1(2) = R_1(2) = \left(1 + 0{,}6 + (0{,}6)^2/2\right)\exp(-0{,}6) = 0{,}98\,,$$
$$F_1(3) = R_1(3) = \sum_{\mu=0}^{3} \frac{(0{,}6)^\mu}{\mu!}\exp(-0{,}6) = 0{,}996\,,$$
$$F_1(4) = R_1(4) = \sum_{\mu=0}^{4} \frac{(0{,}6)^\mu}{\mu!}\exp(-0{,}6) \approx 1\,,$$
$$F_1(5) = R_1(5) = \sum_{\mu=0}^{5} \frac{(0{,}6)^\mu}{\mu!}\exp(-0{,}6) \approx 1\,;$$
$$F_2(0) = R_2(0)\,F_1(0) = 0{,}368\,,$$
$$F_2(1) = R_2(0)\,F_1(1) = 0{,}59\,,$$
$$F_2(2) = \max\left(R_2(1)\,F_1(0),\ R_2(0)\,F_1(2)\right) = \max(0{,}561;\ 0{,}656) = 0{,}656\,,$$
$$F_2(3) = \max\left(R_2(1)\,F_1(1),\ R_2(0)\,F_1(3)\right) = \max(0{,}828;\ 0{,}668) = 0{,}828\,,$$
$$F_2(4) = \max\left(R_2(2)\,F_1(0),\ R_2(1)\,F_1(2),\ R_2(0)\,F_1(4)\right) = R_2(1)\,F_1(2) = 0{,}92\,,$$
$$F_2(5) = \max\left(R_2(2)\,F_1(1),\ R_2(1)\,F_1(3),\ R_2(0)\,F_1(5)\right) = R_2(1)\,F_1(3) = 0{,}937\,;$$
$$F_3(5) = \max_{0 \leqq \varkappa \leqq 5} R_3(5-\varkappa)\,F_2(\varkappa) = R_3(1)\,F_2(4) = 0{,}897\,. \qquad (10.2.10)$$

Die skizzierte Rechnung liefert gemäß (10.2.7) als optimale Entscheidungspolitik für $W_0 = 5$:

$$x_3^* = 1 \ \left(\text{folgt aus } F_3(5)\right),$$
$$x_2^* = 1 \ \left(\text{folgt aus } F_2(4)\right),$$
$$x_1^* = 2 \ \left(\text{folgt aus } F_1(2)\right).$$

Der Maximalwert des Zielfunktionals (10.2.8) ergibt sich aus (10.2.10) zu 0,897. Die Rechnung zeigt, daß für den Preis von 5 Währungseinheiten für Reserveelemente die Zuverlässigkeit des Gesamtsystems von 0,288 auf 0,897 gesteigert werden kann. Nach der obigen Rechnung ist es nicht schwer zu zeigen, welche Zuverlässigkeitserhöhung sich beispielsweise mit $W_0 = 3$ Währungseinheiten erreichen läßt. Aus

$$F_3(3) = \max_{0 \leqq \varkappa \leqq 3} R_3(3-\varkappa)\,F_2(\varkappa) = R_3(0)\,F_2(3) = 0{,}645$$

ergibt sich eine maximale Zuverlässigkeitserhöhung des Gesamtsystems auf 0,645. Dieses Ergebnis wird erreicht mit der optimalen Entscheidungspolitik $\boldsymbol{x}^* = (1, 1, 0)$.

Weitere Ergebnisse wurden in einer Tabelle zusammengestellt (Tab. 10.2.1).

Bei der Lösung praktischer Optimierungsaufgaben der Gestalt (10.2.1), (10.2.2) hat sich eine spezielle **Modifikation des Lösungsschemas der dynamischen Optimierung** sehr bewährt (vgl. Abschnitte 10.3.1 und 10.5.1). Der Grundgedanke soll bereits jetzt unter Ausnutzung des vorstehenden Beispiels erläutert werden.

Tabelle 10.2.1. Optimale Entscheidungsvektoren und zugehörende Systemüberlebenswahrscheinlichkeit bei unterschiedlichen Kostenbeschränkungen

W_0	x_1^*	x_2^*	x_3^*	$F_3(W_0)$
0	0	0	0	0,288
1	1	0	0	0,459
2	1	0	1	0,575
3	1	1	0	0,645
4	1	1	1	0,808
5	2	1	1	0,897

Zunächst werden nur zwei Teilsysteme, sagen wir das Teilsystem 1 und das Teilsystem 2 betrachtet. Es wird ein Tableau aufgestellt, dessen Spalten mit dem Teilsystem 1 und dessen Zeilen mit dem Teilsystem 2 korrespondieren. In den Spaltenköpfen stehen untereinander die Zahlen w_1x_1 und $R_1(x_1)$ für $x_1 = 0, 1, 2, \ldots$, in den Zeilenköpfen stehen untereinander die Zahlen w_2x_2 und $R_2(x_2)$ für $x_2 = 0, 1, 2, \ldots$ In den Kreuzungspunkten zwischen Zeilen und Spalten werden untereinander die Zahlen $w_1x_1 + w_2x_2$ und $R_1(x_1) \cdot R_2(x_2)$, die sich aus den zugehörenden Spalten- und Zeilenköpfen ergeben, notiert. Für unser Beispiel erhält man das Tableau

		Teilsystem 1					
	w_ix_i $R_i(x_i)$	0 0,55	1 0,88	2 0,98	3 0,996	4 1	5 1
Teilsystem 2	0 0,67	0 0,368	1 0,59	2 0,656	3 0,668	4 0,67	5 0,67
	2 0,94	2 0,516	3 0,828	4 0,92	5 0,937	6 0,94	7 0,94
	4 0,992	4 0,546	5 0,873	6 0,972	7 0,988	8 0,992	9 0,992

Würde das Gesamtsystem nur aus den Teilsystemen 1 und 2 bestehen, so wären die im Tableau **halbfett** umrahmten Kästchen die zu optimalen Entscheidungspolitiken gehörenden.

In Abb. 10.2.1 entsprechen die durch ein Kreuz hervorgehobenen Punkte der (x_1, x_2)-Ebene den im Tableau doppelt umrahmten Kästchen. Sie repräsentieren diejenigen Entscheidungsvektoren (x_1, x_2), die bei gleichen Gesamtkosten $w_1x_1 + w_2x_2$ für Reserveelemente die maximale Systemzuverlässigkeit ergeben und in diesem Sinne alle anderen vergleichbaren Entscheidungsvektoren (die Werte $w_1x_1 + w_2x_2$ stimmen jeweils überein!) übertreffen. Aus dem Optimalitätsprinzip folgt unmittelbar, daß als Teilvektoren (x_1, x_2) einer optimalen Entscheidungspolitik $(x_1, \ldots, x_m)$ nur übertreffende Entscheidungsvektoren in Betracht kommen. Das gleiche gilt für einen beliebigen anderen zweikomponentigen Teilvektor von $(x_1, \ldots, x_m)$. Ein ähnliches Tableau wie für die Teilsysteme 1 und 2 kann man für die Teilsysteme 3 und 4, 5 und 6 und so weiter aufstellen. Anschließend kann man die übertreffenden Entscheidungsvektoren für größere Teilsysteme bestimmen, beispielsweise ergeben sich die übertreffenden Entscheidungsvektoren für das aus den Teilsystemen 1, 2, 3 und 4 zusammengesetzte System folgendermaßen. Als Spaltenköpfe beziehungsweise Zeilenköpfe werden die doppelt umrahmten Kästchen aus dem Tableau für die Teilsysteme 1 und 2 beziehungsweise 3 und 4 (jeweils in der Reihenfolge wachsender Kosten) verwendet. Das Ausfüllen der inneren Kästchen des Tableaus erfolgt nach der gleichen Vorschrift wie beim ersten Tableau (Addition der Kosten, Multiplikation der Zuverlässigkeitskennwerte).

In unserem Beispiel besteht das Gesamtsystem nur aus drei Teilsystemen, so daß nur noch ein einziges Tableau konstruiert zu werden braucht.

		Teilsysteme 1/2					
	W R	0 0,368	1 0,59	2 0,656	3 0,828	4 0,92	5 0,937
Teilsystem 3	0 0,799	0 0,288	1 0,459	2 0,511	3 0,645	4 0,717	5 0,730
	1 0,975	1 0,281	2 0,575	3 0,64	4 0,808	5 0,897	6 0,914
	2 ≈ 1	2 0,368	3 0,59	4 0,656	5 0,828	6 0,92	7 0,937

Aus den halbfett umrahmten Kästchen dieses Tableaus ergeben sich in Verbindung mit den halbfett umrahmten Kästchen des für die Teilsysteme 1 und 2 angefertigten Tableaus die schon in Tabelle 10.2.1 zusammengefaßten Ergebnisse.

Für Systeme mit sehr vielen Teilabschnitten (zum Beispiel $m = 20$) und Restriktionsbedingungen, die zahlreiche Reserveelemente zulassen (zum Beispiel $x_i = 5$) wächst die Anzahl der übertreffenden Entscheidungsvektoren $\boldsymbol{x}$ rasch stark an. Das erfordert erheblichen Rechenaufwand und für die Abspeicherung der Tableaus viel Speicherplatz. Wir weisen auf **zwei Möglichkeiten** hin, **um** diesen **Lösungsaufwand zu reduzieren.**

1. Es ist sinnvoll, für die einzelnen Beschränkungsarten und/oder die Zuverlässigkeitskenngröße gewisse Fehlerschranken vorzugeben und zu vereinbaren, daß übertreffende Entscheidungsvektoren, deren Charakteristiken sich um weniger als festgesetzte Fehlerschranken unterscheiden, für die weitere Rechnung nur noch durch einen einzigen Entscheidungsvektor vertreten werden. Durch verschiedene Wahl der Fehlerschranken kann man die Anzahl der übertreffenden Entscheidungsvektoren (auf Kosten der Genauigkeit der Lösung der Optimierungsaufgabe) mehr oder weniger stark reduzieren.

2. Es ist zweckmäßig, für die Reserveelemente von vornherein eine möglichst große Anzahl x_i festzusetzen und kleinere Werte während der gesamten Rechnung gar nicht zu berücksichtigen. Mindestwerte x_i^0 für die Komponente x_i des Entscheidungsvektors kann man so erhalten. Man läßt die Zahl der Reserveelemente in systematischer Weise durch Hinzufügen je eines weiteren Reserveelementes von Null beginnend so lange wachsen, bis alle Restriktionen (10.2.2) gerade noch erfüllt werden. Es ist das Ziel, einen solchen Satz zulässiger Reserveelemente zu finden, der den zugehörenden Wert R des Zielfunktionals (10.2.1) möglichst groß macht. Für die gesuchte optimale Entscheidungspolitik $(x_1^*, \ldots, x_m^*)$ gilt sicherlich

$$R(\boldsymbol{x}^*) = \prod_{i=1}^{m} R_i(x_i^*) \geqq R ,$$

also erst recht

$$R_i(x_i^*) \geqq R \qquad \text{für alle } i = 1, \dots, m\,. \tag{10.2.11}$$

Die kleinsten Werte für x_i, die (10.2.11) erfüllen und sich daher aus (10.2.11) bestimmen lassen, seien mit x_i^0 bezeichnet. Die i-te Komponente x_i^* des optimalen Entscheidungsvektors kann nicht kleiner sein als x_i^0. Mithin können die x_i^0 als die gesuchten Mindestwerte für die Anzahl der Reserveelemente benutzt werden.

Bisher wurden die Verfahren der dynamischen Optimierung als Grundlage gewählt, um sich eine vollständige Menge unübertreffbarer Entscheidungspolitiken für einen ausreichend groß gewählten Schwankungsbereich für die Beschränkungen zu verschaffen. Unter gewissen Einschränkungen lassen sich aber auch mit weit weniger Rechenaufwand Mengen unübertreffbarer Entscheidungspolitiken erzeugen. Dabei erweisen sich zweckmäßig angesetzte **Verfahren des stärksten Abstiegs** als nützlich. Zahlreiche Einzelfälle werden in den folgenden Abschnitten behandelt, so daß hier nur das Grundprinzip verständlich gemacht werden soll.

Es sei vorausgesetzt, daß die Funktionen $\ln R_i(x_i)$ für $i = 1, \dots, m$ konkave Funktionen in x_i sind. (Diese Voraussetzung ist bei Reserveelementen im belasteten Regime stets erfüllt und bei Reserveelementen im unbelasteten Regime dann, wenn die Ausfallraten der einzelnen Elemente konstant oder monoton wachsende Funktionen der Zeit sind.) Ausgehend von dem Entscheidungsvektor $(0, 0, \dots, 0)$ werden sukzessive neue Entscheidungsvektoren wie folgt ermittelt. Bei einem gegebenen Satz nichtnegativer Gewichte q_j mit der Eigenschaft $\sum_{j=1}^{M} q_j = 1$ und einem bereits vorliegenden Entscheidungsvektor $x = (x_1, \dots, x_m)$ erhält man den nächsten Entscheidungsvektor durch Vergleich der m Werte

$$\frac{1}{\sum_{j=1}^{M} q_j w_{ji}} \left(\ln R_i(x_i + 1) - \ln R_i(x_i)\right) \qquad \text{für } i = 1, \dots, m\,. \tag{10.2.12}$$

Nimmt (10.2.12) sein Maximum für den Index $i = i_0$ an – wenn das Maximum nicht eindeutig bestimmt ist, kann man den kleinsten der (10.2.12) maximierenden Indizes als i_0 festsetzen –, so wird als nächster Entscheidungsvektor $(x_1, \dots x_{i_0-1}, x_{i_0} + 1, x_{i_0+1}, \dots, x_m)^T$ gewählt. Man kann nun zeigen, daß alle in der beschriebenen Art entstehenden Entscheidungsvektoren eine unübertreffbare Entscheidungspolitik darstellen. Bei verschiedener Wahl der Entscheidungsvektoren $(q_1, \dots, q_M)$ ergeben sich im allgemeinen verschiedene Entscheidungsvektoren. Zur Erzeugung möglichst vieler unübertreffbarer Entscheidungsvektoren variiert man die Wahrscheinlichkeitsvektoren $(q_1, \dots, q_M)$ systematisch, indem jede Komponente q_j jeweils um einen festen Betrag Δ abgeändert wird, bis schließlich alle Möglichkeiten von $(1, 0, \dots, 0)$ bis $(0, 0, \dots, 1)$ erschöpft sind.

Das Verfahren liefert im allgemeinen nicht alle unübertreffbaren Entscheidungsvektoren. Die vom Verfahren erzeugten unübertreffbaren Entscheidungsvektoren liegen jedoch so „dicht“, daß sie bei praktischen Problemen eine hinreichend gute Entscheidungsgrundlage für den Projektierungsingenieur bieten dürften.

Bisher waren wir davon ausgegangen, daß die Zuverlässigkeits-Optimierung unter M Nebenbedingungen erfolgt, die sich in der Form der linearen Ungleichungen (10.2.2) aufschreiben lassen. Dieser einfache Ansatz ist nicht immer gerechtfertigt, da die für die optimierten Systeme zur Verfügung stehenden Beträge an Hilfsmitteln (Kosten, Volumen, Gewicht, ...) nicht nur durch die eigentlichen Systemelemente und ihre Reserveeinheiten, sondern zu einem Teil auch für Verbindungs-, Umschalt- und andere Hilfseinrichtungen verbraucht werden. Diese Anteile wachsen meist mit der Zahl der Reserveelemente und lassen sich daher nicht immer pauschal bei der Festlegung der Hilfsmittelschranken W_0^j $(j = 1, \dots, M)$ berücksichtigen. So werden mitunter als Restriktionsbedingungen für die Kosten beziehungsweise für das Gewicht die Ansätze

$$\sum_{i=1}^{m} W_i^1(x_i) = \sum_{i=1}^{m} w_{1i}\left(x_i + \exp\left(\frac{x_i}{4}\right)\right) \leqq W_0^1 \tag{10.2.13}$$

beziehungsweise

$$\sum_{i=1}^{m} W_i^2(x_i) = \sum_{i=1}^{m} w_{2i} x_i \exp\left(\frac{x_i}{4}\right) \leqq W_0^2 \tag{10.2.14}$$

benutzt. Gegenüber beliebigen Nebenbedingungen

$$W^j(x_1, \dots, x_m) \leqq W_0^j\,, \qquad j = 1, \dots, M \tag{10.2.15}$$

ist in (10.2.13), (10.2.14) die Separierbarkeit der Unbekannten $x_1, \dots, x_m$ wesentlich. Diese Voraussetzung der Separierbarkeit kann bei der optimalen Festlegung der Reserveelemente für Seriensysteme wohl stets akzeptiert werden.

Die **Optimierungsaufgabe mit nichtlinearen Nebenbedingungen** lautet dann:

$$R(x_1, \dots, x_m) = \sum_{i=1}^{m} R_i(x_i) \tag{10.2.1}$$

ist zu maximieren unter den Nebenbedingungen

$$\sum_{i=1}^{m} W_i^j(x_i) \leqq W_0^j\,, \qquad j = 1, \dots, M\,. \tag{10.2.16}$$

Die oben behandelten Verfahren der dynamischen Optimierung lassen sich nach leichter Modifikation auch auf diese Aufgabenstellung anwenden. In den letzten Jahren wurden fast alle **anderen** bekannten **Optimierungsmethoden** — so die ganzzahlige lineare Optimierung, die konvexe Optimierung, die Optimierung mit dem Maximumprinzip — auf die vorliegende Aufgabenstellung angewandt.

Wir wollen hier kurz vorführen, wie man die Aufgabenstellung (10.2.1), (10.2.16) in ein **lineares Optimierungsproblem** umwandeln kann. Man überzeugt sich leicht davon, daß die nachfolgend formulierte Optimierungsaufgabe die gewünschte Überführung leistet.

Maximiere

$$\begin{aligned} z &= \sum_{i=1}^{m}\left(\ln R_i(0) + \sum_{k_i=1}^{K_i} (\ln R_i(k_i) - \ln R_i(k_i - 1))\, y_{k_i}\right) \\ &= z_0 + \sum_{i=1}^{m} \sum_{k_i=1}^{K_i} (\ln R_i(k_i) - \ln R_i(k_i - 1))\, y_{k_i} \end{aligned} \tag{10.2.17}$$

unter den Nebenbedingungen

$$\sum_{i=1}^{m} W_i^j(0) + \sum_{i=1}^{m} \sum_{k_i=1}^{K_i} (W_i^j(k_i) - W_i(k_i - 1))\, y_{k_i} \leqq W_0^j\,, \qquad j = 1, \dots, M\,, \tag{10.2.18a}$$

$$-y_{k_i} + y_{k_i+1} \leqq 0\,, \qquad k_i = 1, \dots, K_i\,, \tag{10.2.18b}$$

$$y_{k_i} \in \{0, 1\}\,, \qquad i = 1, \dots, m\,. \tag{10.2.18c}$$

Die Beziehung (10.2.1) geht nach Logarithmierung in die Beziehung (10.2.17), die Beziehung (10.2.16) geht in die Beziehung (10.2.18a) über. Die neuen Unbekannten y_{k_i} können nur die Werte 0 oder 1 annehmen (Nebenbedingung (10.2.18c)). Die Zahlen K_i ($i = 1, \dots, m$) stellen von vornherein festzusetzende Schranken für die Maximalwerte von x_i dar, $x_i \leqq K_i$. Eine zu kleine Festsetzung der K_i kann bewirken, daß die eigentlichen Nebenbedingungen (10.2.18a) und damit (10.2.16) nicht voll ausgeschöpft werden. Dann liefert das lineare Optimierungsproblem lediglich eine zulässige, nicht aber die optimale Lösung der ursprünglichen Aufgabenstellung. Andererseits ist es zweckmäßig, die Zahlen K_i nicht allzu groß anzusetzen, da die Gesamtzahl der Unbekannten $\left(= \sum_{i=1}^{m} K_i\right)$ und damit der Umfang des linearen Optimierungsproblems davon abhängt.

Die Nebenbedingung (10.2.18b) sorgt dafür, daß aus $y_{k_i} = 0$ folgt $y_{k_i+l} = 0$ für alle $l = 1, 2, \dots$ Die in der ursprünglichen Aufgabenstellung gesuchten Unbekannten x_i ($i = 1, \dots, m$) ergeben sich aus der Lösung der linearen Optimierungsaufgabe zu

$$x_i = \sum_{k_i=1}^{K_i} y_{k_i} \,. \tag{10.2.19}$$

Die Aufgabe (10.2.17), (10.2.18) ist ein lineares 0-1-Optimierungsproblem. Lösungsalgorithmen finden sich in den Lehrbüchern über ganzzahlige lineare Optimierung. Hier wird auf eine Wiedergabe verzichtet.

Bisher wurde ausschließlich über die Zuverlässigkeits-Optimierung der einfachsten Systemklasse, nämlich der Optimierung von Seriensystemen durch Einführung von Reserveelementen, berichtet. Viel schwieriger erscheint die **Zuverlässigkeits-Optimierung von Systemen beliebiger Struktur.** Im Abschnitt A 4 werden Verfahren zur Analyse solcher Systeme und wesentliche Eigenschaften ihrer Zuverlässigkeitsfunktionen

$$R_S(t) = S\big(R_1(t), \dots, R_m(t)\big) \tag{10.2.20}$$

(vgl. Abschn. A 4.4) behandelt. Bei der Optimierung solcher Systeme spielt wieder die Betriebszeit eine Rolle, während der das System funktionieren soll. Zu einem festgelegten Zeitpunkt $t \geqq 0$ kann man statt (10.2.20) schreiben

$$R_S = S(R_1, \dots, R_m) \,. \tag{10.2.21}$$

Das Optimierungsproblem besteht in der Maximierung des Funktionals (10.2.21) unter einer Reihe von Nebenbedingungen

$$W^j(R_1, \dots, R_m) \leqq W_0^j \,, \qquad j = 1, \dots, M \,, \quad 0 \leqq R_i \leqq 1 \,, \quad i = 1, \dots, m \,, \tag{10.2.22}$$

die sich aus Beschränkungen in den Kosten, dem Gewicht, den Abmessungen und so weiter des Systems ergeben.

Bei sinnvoller Formulierung der Aufgabenstellung kann man annehmen, daß die Funktionale W^j, $j = 1, \dots, M$, monoton von ihren Argumenten $R_1, \dots, R_m$ abhängen. (Anschaulich bedeutet diese Annahme, daß für Komponenten mit erhöhter Zuverlässigkeit auch mit zum Beispiel erhöhten Kosten gerechnet werden muß.) Im Abschnitt A 4.4 wurde bewiesen, daß auch die Systemzuverlässigkeit R_S monoton mit den Komponenten-Zuverlässigkeiten $R_1, \dots, R_m$ wächst. Im allgemeinen sind das Zielfunktional R_S und die Funktionale W^j nichtlineare Funktionen ihrer Argumente. Beim Optimierungsproblem (10.2.21) bezüglich (10.2.22) handelt es sich also um die

Maximierung eines nichtlinearen Zielfunktionals unter nichtlinearen Nebenbedingungen. Über den durch (10.2.22) definierten Bereich der zulässigen Lösungen kann wenig gesagt werden. Auf die Konvexität des zulässigen Bereiches und auf die Eindeutigkeit der Lösung des Optimierungsproblems kann man von vornherein nicht hoffen.

Zur Lösung des Optimierungsproblems (10.2.21), (10.2.22) können zahlreiche Verfahren, die die numerische Mathematik in den letzten 15 Jahren entwickelt hat, angesetzt werden. Meist führen diese Verfahren allerdings nur zu einem lokalen Optimum. Es soll hier nicht versucht werden, die in Betracht kommenden Optimierungsverfahren wertend darzustellen. Einerseits würde ein solcher Versuch den Rahmen dieses Abschnitts sprengen. Andererseits erscheint die Unterlassung zulässig, da es im vorliegenden Handbuch vor allem auf die Zusammenstellung erprobter Berechnungsverfahren der Zuverlässigkeitstheorie ankommt. Statt dessen wollen wir noch einige Zusammenhänge aufzeigen, die man beim Entwurf technischer Systeme mit hohen Zuverlässigkeitsanforderungen ausnutzen kann.

Der Entwicklungsingenieur hat meist nur sehr wenige Möglichkeiten, sein System im Rahmen einer konzipierten Struktur zu verändern. Er kann nur zwischen wenigen Zweigrealisierungen auswählen, die wenigen diskreten Werten der Komponenten-Zuverlässigkeiten R_i entsprechen. In der Regel muß im Zuge der Systemoptimierung auch die Systemstruktur variiert werden. Dabei läßt sich der Entwickler von heuristischen Prinzipien leiten. Zur Beurteilung einer vorgesehenen Lösungsvariante muß der Entwickler unter anderem folgende Fragen beantworten können:

a) Welche Zuverlässigkeitscharakteristika hat das System?
b) Wo liegen die Schwachstellen des Systems?
c) Welche Veränderungen bringen technisch mögliche Varianten einzelner Abschnitte?

Zur Beantwortung der vorstehenden Fragen ist eine viel weniger aufwendige Rechnung erforderlich als zur Lösung des mathematischen Optimierungsproblems (10.2.21), (10.2.22). Gleichzeitig ergeben sich dabei Ergebnisse (z. B. die Ableitungen der Systemzuverlässigkeit nach den Komponentenzuverlässigkeiten), die auch bei üblichen strengen Optimierungsverfahren benötigt werden.

Die erste Frage kann meist mit den Abschnitten A 4 oder A 5 beantwortet werden. Potentielle Schwachstellen des Systems liegen in jenen Zweigen, deren Ausfall sich besonders stark auf die Systemzuverlässigkeit auswirkt. Für die Ableitung der Systemzuverlässigkeit R_S nach der Abschnittszuverlässigkeit R_i $(i = 1, \dots, m)$ gilt

$$\frac{\partial R_S}{\partial R_i} = S(R_1, \dots, R_{i-1}, 1, R_{i+1}, \dots, R_m) - S(R_1, \dots, R_{i-1}, 0, R_{i+1}, \dots, R_m)\,. \qquad (10.2.23)$$

Die Formel (10.2.23) folgt aus dem Reduktionssatz für BOOLEsche Funktionen und stimmt überein mit der Formel (A 4.5.2).

Der Wert der Ableitung ist von der Abschnittszuverlässigkeit R_i unabhängig. Durch Abänderung $\Delta R_i = R_i' - R_i$ der Abschnittszuverlässigkeit könnte man die Systemzuverlässigkeit steigern um

$$\Delta R_S = S(R_1, \dots, R_i', \dots, R_m) - S(R_1, \dots, R_i, \dots, R_m) = \frac{\partial R_S}{\partial R_i} \Delta R_i\,. \qquad (10.2.24)$$

Es sei ausdrücklich darauf hingewiesen, daß (10.2.24) exakt gilt. Durch Änderung der Abschnittszuverlässigkeit bis auf den Idealwert 1 erhält man die maximal mögliche Änderung der Systemzuverlässigkeit lediglich durch den i-ten Abschnitt:

$$\Delta R_{S_{\max}} = S(R_1, \dots, 1, \dots, R_m) - S(R_1, \dots, R_i, \dots, R_m) = \frac{\partial R_S}{\partial R_i}(1 - R_i) . \qquad (10.2.25)$$

Auch die höheren Ableitungen der Systemzuverlässigkeit nach den Abschnittszuverlässigkeiten lassen sich in geschlossener Form und exakt durch die Systemfunktion selbst ausdrücken. Für die zweiten und gemischten Ableitungen gilt

$$\frac{\partial^2 R_S}{\partial R_i^2} = 0 \qquad (j, i = 1, \dots, m) , \qquad (10.2.26)$$

$$\begin{aligned}\frac{\partial^2 R_S}{\partial R_j\, \partial R_i} &= \frac{\partial^2}{\partial R_i\, \partial R_j}\left(S(R_1, \dots, R_j, \dots, R_i, \dots, R_m)\right) \\ &= S(R_1, \dots, 1, \dots, 1, \dots, R_m) - S(R_1, \dots, 0, \dots, 1, \dots, R_m) \\ &\quad - S(R_1, \dots, 1, \dots, 0, \dots, R_m) + S(R_1, \dots, 0, \dots, 0, \dots, R_m) . \end{aligned} \qquad (10.2.27)$$

Die Beziehungen (10.2.26) und (10.2.27) folgen aus zweimaliger Anwendung des Reduktionssatzes (vgl. Abschn. A 4.2).

Die Ableitungen sind vom „Arbeitspunkt" R_j, R_i unabhängig. Eine gleichzeitige Änderung der Zuverlässigkeit zweier Abschnitte wirkt sich so auf die Systemzuverlässigkeit aus:

$$\begin{aligned} & S(R_1, \dots, R_j', \dots, R_i', \dots, R_m) - S(R_1, \dots, R_j, \dots, R_i, \dots, R_m) \\ &= (R_j'R_i' - R_jR_i)\, S(R_1, \dots, 1, \dots, 1, \dots, R_m) \\ &\quad + \left((1 - R_j')(1 - R_i') - (1 - R_j)(1 - R_i)\right) S(R_1, \dots, 0, \dots, 0, \dots, R_m) \\ &\quad + \left(R_j'(1 - R_i') - R_j(1 - R_i)\right) S(R_1, \dots, 1, \dots, 0, \dots, R_m) \\ &\quad + \left(R_i'(1 - R_j') - R_i(1 - R_j)\right) S(R_1, \dots, 0, \dots, 1, \dots, R_m) . \end{aligned} \qquad (10.2.28)$$

Mit (10.2.24) und (10.2.28) lassen sich die Einflüsse von Änderungen in einem oder zwei Abschnitten auf die Zuverlässigkeit des Gesamtsystems exakt ermitteln. Verschiedene, technisch mögliche Varianten lassen sich so schnell durchrechnen. Will man drei oder mehr Abschnitte gleichzeitig ändern, so sind auch dafür explizite Formeln angebbar. Bei k zu ändernden Abschnitten sind 2^k Funktionsauswertungen erforderlich. Bei drei und mehr Änderungen ist es daher vorzuziehen, die Änderungen sukzessive vorzunehmen. Wenn es sich herausstellen sollte, daß tatsächlich in gewissen Abschnitten noch starke „Reserven" für die Zuverlässigkeit des Systems stecken, so wird man diese Abschnitte so strukturieren und mit Bauelementen belegen, daß die resultierende Abschnittszuverlässigkeit dem Idealwert 1 nahekommt. Engere Schranken werden meist durch den für die technische Realisierung der Abschnitte erforderlichen Aufwand gesetzt. Mitunter ist es sinnvoll, als Maß für die Brauchbarkeit einer Änderung nicht den durch (10.2.24) gegebenen Zuwachs der Systemzuverlässigkeit zu wählen, sondern diese Größe zum zusätzlichen Aufwand ins Verhältnis zu setzen,

$$\frac{S(R_1, \dots, R_i', \dots, R_m) - S(R_1, \dots, R_i, \dots, R_m)}{\sum_{j=1}^{M} q_j\left(W^j(R_1, \dots, R_i', \dots, R_m) - W^j(R_1, \dots, R_i, \dots, R_m)\right)} \quad \text{mit } q_j \geqq 0, \ \sum_{j=1}^{M} q_i = 1 . \qquad (10.2.29)$$

Die Funktionale W^j wurden in (10.2.22) eingeführt.

Sind mehrere Abschnittsänderungen denkbar, so wird man denjenigen Abschnitt ändern, der dem Verhältnis (10.2.29) den größten Wert erteilt. Gegebenenfalls kann man auch mehrere Varianten von Wichtungen $q_1, \ldots, q_M$ der einzelnen Aufwandsarten anwenden.

Die relativ elementaren Überlegungen der letzten Seiten können dem Entwurfsingenieur bei der Analyse und Verbesserung der Zuverlässigkeit eines konzipierten Systems komplexer Struktur sehr helfen. Bei größeren Systemen und vielen Variationsmöglichkeiten für die einzelnen Abschnitte kann es aber durchaus vorkommen, daß die Fülle der zulässigen Kombinationen vom Entwurfsingenieur oder dem Entwicklungskollektiv nicht mehr übersehen werden kann. In solchen Fällen muß man versuchen, einen Algorithmus zum systematischen Sortieren und Aussuchen der Kombinationen zu finden und die Auswertung vom Rechner vornehmen zu lassen. Falls keinem auf die spezielle Problemstellung zugeschnittenen Verfahren der Vorzug gegeben wird, kann man auf einen lexikographischen Suchalgorithmus zur Lösung von allgemeinen diskreten (nicht nur ganzzahligen!) Optimierungsaufgaben, bei denen Zielfunktional und Restriktionen beliebige Funktionen sein können, zurückgreifen. Das sind Modifikationen von Branch-and-Bound Methoden, die auf Grund ihrer Allgemeinheit zur Bearbeitung der verschiedensten Problemklassen geeignet sind.

Als Ergebnis einer mit mehr oder minder großem Aufwand durchgeführten Untersuchung kann sich jedoch leider herausstellen, daß der Entwurf den an das zu schaffende technische System gestellten Wünschen nicht voll gerecht werden kann. Gegebenenfalls muß dann ein ganz neues Konzept ersonnen werden. Dabei ist die schöpferische Mitarbeit des Fachingenieurs — trotz der Möglichkeiten der automatischen Wahl verschiedener Konfigurationsvarianten des Systems und ihrer Zuverlässigkeitsanalyse durch den Rechner — unentbehrlich.

10.3. Ermittlung der optimalen Anzahl von Reserveelementen für den Fall einer Nebenbedingung und der Zuverlässigkeitskenngröße vom Typ Wahrscheinlichkeit der ausfallfreien Arbeit (Verfügbarkeit, Intervallverfügbarkeit)

10.3.1. Anwendung eines modifizierten Verfahrens der dynamischen Optimierung

In einer Reihe praktischer Fälle sind die statistischen Zuverlässigkeitscharakteristiken der einzelnen Systemelemente und auch die funktionelle Abhängigkeit der Zuverlässigkeitskenngrößen von der Anzahl der Reserveelemente relativ gut bekannt. In derartigen Situationen erweist es sich — soweit nicht Schwierigkeiten durch den erforderlichen numerischen Aufwand entstehen — als zweckmäßig, eine Methodik zur genauen Bestimmung der optimalen Anzahl der Reserveelemente zu verwenden, die auf einem modifizierten Verfahren der dynamischen Optimierung (vgl. Abschn. 10.2) basiert. Die **Methodik** besteht in folgendem:

1. Für jeden i-ten Systemabschnitt mit vorgesehener Reservierung werden für ein bestimmtes festes Zeitintervall t_0 und für verschiedene Anzahlen x_i der Reserveelemente die Wahrscheinlichkeiten der ausfallfreien Arbeit numerisch bestimmt. Wir bezeichnen sie mit $R_i(x_i)$, wobei $x_i = 0, 1, 2, \ldots$ gilt.

2. Der Bequemlichkeit halber wird eine Aufstellung der Werte $R_i(x_i)$ für die verschiedenen x_i angefertigt (Tabelle 10.3.1).

Tabelle 10.3.1. Aufstellung der Werte $R_i(x_i)$

x_i	$R_1(x_1)$	$R_2(x_2)$	...	$R_i(x_i)$	...	$R_m(x_m)$
0	$R_1(0)$	$R_2(0)$	...	$R_i(0)$	...	$R_m(0)$
1	$R_1(1)$	$R_2(1)$	...	$R_i(1)$	...	$R_m(1)$
2	$R_1(2)$	$R_2(2)$	...	$R_i(2)$	...	$R_m(2)$
...	...	...	...	...	...	...
x	$R_1(x)$	$R_2(x)$	...	$R_i(x)$	...	$R_m(x)$
...	...	...	...	...	...	...

3. Für zwei Systemabschnitte, zum Beispiel für den m-ten und den $(m - 1)$-ten, wird eine Tabelle der folgenden Art aufgestellt (Tabelle 10.3.2):

Tabelle 10.3.2. Gruppenbildung aus $(m - 1)$-tem und m-ten Abschnitt

x_{m-1}	x_m			
	0	1	2	...
0	$R^*_{m-1}(0, 0)$ $w^*_{m-1}(0, 0)$	$R^*_{m-1}(0, 1)$ $w^*_{m-1}(0, 1)$	$R^*_{m-1}(0, 2)$ $w^*_{m-1}(0, 2)$	... ...
1	$R^*_{m-1}(1, 0)$ $w^*_{m-1}(1, 0)$	$R^*_{m-1}(1, 1)$ $w^*_{m-1}(1, 1)$	$R^*_{m-1}(1, 2)$ $w^*_{m-1}(1, 2)$	...
2	$R^*_{m-1}(2, 0)$ $w^*_{m-1}(2, 0)$	$R^*_{m-1}(2, 1)$ $w^*_{m-1}(2, 1)$	$R^*_{m-1}(2, 2)$ $w^*_{m-1}(2, 2)$	...
...	...	...	...	...

In das Kästchen, das zur x_m-ten Spalte und zur x_{m-1}-ten Zeile gehört, werden die Werte

$$R^*_{m-1}(x_{m-1}, x_m) = R_{m-1}(x_{m-1})\, R_m(x_m)\,, \tag{10.3.1}$$

$$w^*_{m-1}(x_{m-1}, x_m) = w_{m-1}x_{m-1} + w_m x_m + W^0_{m-1} + W^0_m \tag{10.3.2}$$

eingetragen. Dabei ist W^0_i das ursprüngliche Gewicht des i-ten Abschnitts.

4. Die Werte $R_{m-1}(x_{m-1}, x_m)$ und die zugehörenden Werte $w^*_{m-1}(x_{m-1}, x_m)$ werden in Tabelle 10.3.3 in der Reihenfolge wachsender Größen $w^*_{m-1}(x_{m-1}, x_m)$ angeordnet.

5. Aus Tabelle 10.3.3 wurden alle Spalten eliminiert, die Werte R^*_{m-1} enthalten, die diejenigen der links davon stehenden Nachbarspalten nicht übertreffen.

Tabelle 10.3.3. Geordnete Paare $\{w^*_{m-1}, R^*_{m-1}\}$

w^*_{m-1}	$w^*_{m-1}(0, 0)$	$w^*_{m-1}(x^{\mathrm{I}}_{m-1}, x^{\mathrm{I}}_{m-1})$	$w^*_{m-1}(x^{\mathrm{II}}_{m-1}, x^{\mathrm{II}}_{m})$ ...
R^*_{m-1}	$R^*_{m-1}(0, 0)$	$R^*_{m-1}(x^{\mathrm{I}}_{m-1}, x^{\mathrm{I}}_{m-1})$	$R^*_{m-1}(x^{\mathrm{II}}_{m-1}, x^{\mathrm{II}}_{m-1})$ ...

6. Als Ergebnis der erläuterten Vorgehensweise bleibt eine Teilmenge übrig. Sie wird übertreffende Menge genannt (vgl. Abschn. 10.2) und in eine neue Tabelle 10.3.4 eingetragen. Hier ist y_{m-1} die Nummer eines Elements der übertreffenden Menge. Bei $y_{m-1} = 1$ gibt es im System x^1_{m-1} Reserveelemente im $(m - 1)$-ten Abschnitt und x^1_m im m-ten, bei $y_{m-1} = 2$ gibt es x^2_{m-1} Reserveelemente im $(m - 1)$-ten Ab-

Tabelle 10.3.4. $(m - 1)^*$-te übertreffende Folge

y_{m-1}	1	2	...
$w^*_{m-1}(y_{m-1})$	$w^*_{m-1}(x^1_{m-1}, x^1_m)$	$w^*_{m-1}(x^2_{m-1}, x^2_m)$	...
$R^*_{m-1}(y_{m-1})$	$R^*_{m-1}(x^1_{m-1}, x^1_m)$	$R^*_{m-1}(x^2_{m-1}, x^2_m)$	...

schnitt und x^2_m im m-ten und so weiter. Mit anderen Worten, $y_{m-1} = k$ ist ein Vektor mit den Komponenten x^k_{m-1} und x^k_m.

Durch die Vereinigung zweier Abschnitte zu einem einzigen verbleiben im betrachteten System nur noch $(m - 1)$ Abschnitte statt der ursprünglichen m. Der letzte Abschnitt des so modifizierten Systems ist der Vereinigung des m-ten und $(m - 1)$-ten äquivalent.

7. Die erhaltenen Werte für $R^*_{m-1}(y_{m-1})$ werden in die Tabelle 10.3.5 eingetragen, die analog zur Tabelle 10.3.2 aufgebaut ist. In das Kästchen, das zur y_{m-1}-ten Spalte und x_{m-2}-ten Zeile gehört, werden die Werte

$$R^*_{m-2}(x_{m-2}, y_{m-1}) = R_{m-2}(x_{m-2})\, R^*_{m-1}(y_{m-1})$$

und

$$w^*_{m-2}(x_{m-2}, y_{m-1}) = w_{m-2}x_{m-2} + w^*_{m-1}(y_{m-1}) + W^0_{m-2}$$

eingetragen. Dabei ist W^0_{m-2} das ursprüngliche Gewicht des $(m - 2)$-ten Abschnitts.

Tabelle 10.3.5. Gruppenbildung des $(m - 1)$-ten und $(m - 2)$-ten (Ersatz-)Abschnitts des Systems

x_{m-2}	y_{m-1}			
	1	2	3	...
0	$R^*_{m-2}(0, 1)$ $w^*_{m-2}(0, 1)$	$R^*_{m-2}(0, 2)$ $w^*_{m-2}(0, 2)$	$R^*_{m-2}(0, 3)$ $w^*_{m-2}(0, 3)$	...
1	$R^*_{m-2}(1, 1)$ $w^*_{m-2}(1, 1)$	$R^*_{m-2}(1, 2)$ $w^*_{m-2}(1, 2)$	$R^*_{m-2}(1, 3)$ $w^*_{m-2}(1, 3)$	... ...
2	$R^*_{m-2}(2, 1)$ $w^*_{m-2}(2, 1)$	$R^*_{m-2}(2, 2)$ $w^*_{m-2}(2, 2)$	$R^*_{m-2}(2, 3)$ $w^*_{m-2}(2, 3)$	... ...
...	...:	...	...	...

8. Wie in den Punkten 4 bis 6 beschrieben, wird eine neue übertreffende Folge konstruiert und in die Tabelle 10.3.6 eingetragen. Hier ist y_{m-2} wiederum die Nummer eines Elements der übertreffenden Menge. Es bedeutet $y_{m-2} = k$, daß es im $(m - 2)$-ten Systemabschnitt x^k_{m-2} Reserveelemente gibt und im $(m - 1)$-ten äquivalenten (Ersatz-)Abschnitt das k-te Element der übertreffenden Menge (y^k_{m-1}) verwendet wird.

Tabelle 10.3.6. $(m - 2)^*$-te übertreffende Folge

y_{m-2}	1	2	...
$w^*_{m-2}(y_{m-2}$	$w^*_{m-2}(x^1_{m-2}, y^1_{m-1})$	$w^*_{m-2}(x^2_{m-2}, y^2_{m-1})$	...
$R^*_{m-2}(y_{m-2})$	$R^*_{m-2}(x^1_{m-2}, y^1_{m-1})$	$R^*_{m-2}(x^2_{m-2}, y^2_{m-1})$	...

9. Das Verfahren wird solange fortgesetzt, bis schließlich durch den $(m-1)$-ten Schritt die endgültige übertreffende Menge $R_1^*(y_1)$ und die zugehörenden Größen $w_1^*(y_1)$ konstruiert sind.

10. In der endgültigen übertreffenden Menge wird eine Lösung x_1^* derart ausgesucht, daß sich für die erste Aufgabe der optimalen Reservierung

$$R_1^*(x_1^*-1) < R \leqq R_1^*(x_1^*) \tag{10.3.3}$$

ergibt, oder aber für die zweite Aufgabe

$$w_1^*(x_1^*) \leqq W_0 < w_1^*(x_1^*+1) \,. \tag{10.3.4}$$

11. Das gefundene x_1^* enthält in sich alle unbekannten optimalen Werte x_n, die wie folgt bestimmt werden können:

$$x_1^* = (x_1, x_2^*) \,,$$

das heißt, ausgehend von x_1^* kann man x_1 und x_2^* finden. Weiterhin wird

$$x_2^* = (x_2, x_3^*) \quad \text{und so weiter.}$$

Anmerkungen

1. Wenn die Aufgabe von Hand, das heißt mit Papier und Bleistift, gelöst wird, so erscheint es unter dem Gesichtspunkt des numerischen Aufwandes normalerweise günstiger, zu Beginn eine paarweise Gruppenbildung aller m Systemabschnitte vorzunehmen, dann eine Paarung der so erhaltenen Hyperabschnitte und so weiter. Das heißt, das Verfahren der Gruppenbildung gemäß Abb. 10.3.1 a kann sich im Vergleich mit der Gruppenbildung gemäß Abb. 10.3.1 b als ungünstiger erweisen. Löst man die Aufgabe mit Hilfe einer EDVA, so wird praktisch nur das Gruppenbildungsschema der Abb. 10.3.1 a angewendet.

2. Bei der Lösung der ersten Aufgabe der optimalen Reservierung muß die Konstruktion der übertreffenden Folge für jeden i-ten Systemabschnitt mit den Werten x_i beginnen, die sich aus der Bedingung

$$R_i(x_i-1) < R_0 \leqq R_i(x_i)$$

ergeben, weil die Zuverlässigkeitskenngröße eines beliebigen Teilsystems in jedem Falle größer sein muß als die geforderte Zuverlässigkeitskenngröße für das ganze System.

3. Bei den Berechnungen ist zu beachten, daß man die Tabellen 10.3.1 bis 10.3.5 entsprechend dem Ablauf des Lösungsprozesses nacheinander aufstellen kann.

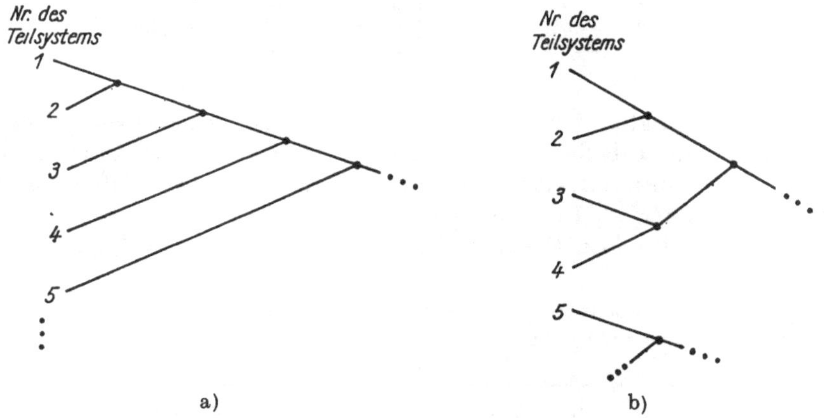

Abb. 10.3.1. Zwei mögliche Verfahren der Gruppenbildung innerhalb der Systemabschnitte bei der modifizierten Methode der dynamischen Optimierung

4. Bei der praktischen Durchführung der Berechnungen erweist es sich oft als nützlich, den Umfang der nachfolgenden Rechenschritte abzukürzen, indem man gewisse Elemente der übertreffenden Menge aus der Betrachtung ausschließt. Wenn sich zum Beispiel zwei benachbarte Elemente in ihrem Gewicht nur unwesentlich voneinander unterscheiden, so kann man von ihnen das Element, das durch die kleinere Zuverlässigkeitskenngröße charakterisiert wird, vernachlässigen. Analog kann man bei einem nur geringfügigen Unterschied in den Zuverlässigkeitskenngrößen zweier benachbarter Elemente der übertreffenden Menge das Element mit dem größeren Gewicht vernachlässigen.

Beispiel 10.3.1

Ein System möge aus Elementen mit unterschiedlichen Zuverlässigkeitskenngrößen bestehen. Zur Erhöhung der Zuverlässigkeit werden auf die verschiedenen Systemabschnitte unterschiedliche Reservierungsverfahren angewendet (Abb. 10.3.2).

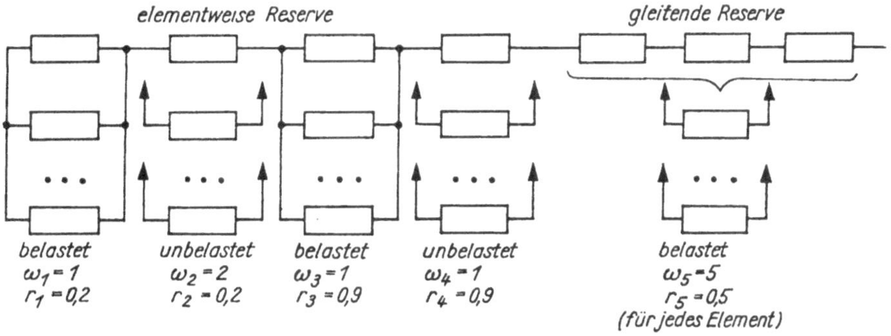

Abb. 10.3.2. Zuverlässigkeitsersatzschaltung des Systems im Beispiel 10.2.1

Es soll die optimale Reserve je Abschnitt für die beiden folgenden Fälle bestimmt werden:

a) Die Gesamtkosten des Systems sollen 50 Währungseinheiten nicht übersteigen.

b) Die Wahrscheinlichkeit der ausfallfreien Arbeit soll nicht kleiner als 0,45 sein.

Lösung

In Tabelle 10.3.7 wurden die Werte $R_i(x_i)$ für verschiedene x_i zusammengestellt.

Tabelle 10.3.7. Die Werte $R_i(x_i)$ für die verschiedenen Abschnitte

Anzahl der Reserveelemente pro Abschnitt	$R_i(x_i)$				
	$i = 1$	$i = 2$	$i = 3$	$i = 4$	$i = 5$
0	0,2000	0,2000	0,9000	0,9000	0,1250
1	0,3600	0,5219	0,9900	0,9948	0,3125
2	0,4880	0,7809	0,9990	0,9998	0,5000
3	0,5904	0,9199	0,9999	1	0,6563
4	0,6723	0,9758	1	–	0,7734
5	0,7379	0,9938	–	–	0,8555
6	0,7903	0,9986	–	–	0,9102
7	0,8322	0,9997	–	–	0,9453
8	0,8658	0,9999	–	–	0,9673
9	0,8926	1	–	–	0,9807
10	0,9141	–	–	–	0,9888

Tabelle 10.3.8. Gruppenbildung aus dem 4. und dem 5. Systemabschnitt

x_4	x_5						
	0	1	2	3	4	5	6
0	0,1125 16 Nr. 1	0,2812 21 Nr. 6	0,4500 26 Nr 11	0,5906 31 Nr. 16	0,6961 36 Nr. 21	0,7699 41	0,8191 46
1	0,1244 17 Nr. 2	0,3109 22 Nr. 7	0,4974 27 Nr. 12	0,6529 32 Nr. 17	0,7694 37 Nr. 22	0,8510 42 Nr. 27	0,9054 47 Nr. 32
2	0,1250 18 Nr. 3	0,3124 23 Nr 8	0,4999 28 Nr. 13	0,6561 33 Nr. 18	0,7733 38 Nr. 23	0,8553 43 Nr. 28	0,9100 48
3	0,1250 19 Nr. 4	0,3125 24 Nr. 9	0,5000 29 Nr. 14	0,6562 34 Nr. 19	0,7734 39 Nr. 24	0,8555 44 Nr. 29	0,9102 49
4	0,1250 20 Nr. 5	0,3125 25 Nr. 10	0,5000 30 Nr. 15	0,6562 35 Nr. 20	0,7734 40 Nr. 25	0,8555 45 Nr. 30	0,9102 50
5	0,1250 21	0,3125 26	0,5000 31	0,6562 36	0,7734 41 Nr. 26	0,8555 46 Nr. 31	0,9102 51
6	0,1250 22	0,3125 27	0,5000 32	0,6562 37	0,7734 42	0,8555 47	0,9102 52

Tabelle 10.3.9. Gruppenbildung aus dem 2. und dem 3. Systemabschnitt

x_2	x_3				
	0	1	2	3	4
0	0,1800 3 Nr. 1	0,1980 4 Nr. 2	0,1998 5	0,2000 6	0,2000 7
1	0,4697 5 Nr. 3	0,5166 6 Nr. 4	0,5214 7	0,5218 8	0,5219 0
2	0,7028 7 Nr. 5	0,7731 8 Nr. 6	0,7801 9	0,7808 10	0,7809 11
3	0,8279 9 Nr. 7	0,9107 10 Nr. 8	0,9190 11 Nr. 9	0,9198 12	0,9199 13
4	0,8782 11	0,9660 12 Nr. 10	0,9748 13 Nr. 11	0,9757 14	0,9758 15
5	0,8944 13	0,9839 14 Nr. 12	0,9928 15 Nr. 13	0,9937 16 Nr. 14	0,9938 17
6	0,8988 15	0,9886 16	0,9976 17 Nr. 15	0,9985 18 Nr. 16	0,9986 19 Nr. 17
7	0,8998 17	0,9897 18	0,9987 19	0,9996 20	0,9997 21
8	0,9000 19	0,9899 20	0,9990 21	0,9999 22	0,9999 23

Tabelle 10.3.10. Gruppenbildung der beiden neu gebildeten Systemabschnitte

y_1	y_2											
	3 0,4697 5	4 0,5166 6	5 0,7028 7	6 0,7731 8	7 0,8279 9	8 0,9107 10	9 0,9190 11	10 0,9660 12	11 0,9748 13	12 0,9839 14	13 0,9928 15	14 0,9937 16
11 0,4500 26	0,2114 31 Nr 1	0,2320 32	0,3163 33 Nr. 3	0,3479 34	0,7326 35 Nr. 5	0,4098 37	0,4136 37	0,4347 38	0,4387 39	0,4428 40	0,4468 41	0,4472 42
12 0,4974 27	0,2336 32 Nr 2	0,2570 33	0,3496 34 Nr. 4	0,3845 35	0,4118 36 Nr. 6	0,4530 37 Nr. 7	0,4571 38 Nr. 8	0,4805 39 Nr 9	0,4849 40	0,4894 41	0,4938 42	0,4942 43
13 0,4999 28	0,2348 33	0,2582 34	0,3513 35	0,3845 36	0,4139 37	0,3553 38	0,4594 39	0,4829 40	0,4873 41	0,4919 42	0,4963 43	0,4968 44
16 0,5906 31	0,2774 36	0,3051 37	0,4151 38	0,4566 39	0,4890 40	0,5379 41	0,5428 42	0,5705 43	0,5757 44	0,5811 45	0,5863 46	0,5869 47
17 0,6529 32	0,3067 37	0,3373 38	0,4589 39	0,5048 40 Nr 10	0,5405 41 Nr 11	0,5946 42 Nr. 12	0,6001 43 Nr 13	0,6307 44 Nr. 14	0,6364 45 Nr 15	0,6424 46 Nr. 16	0,6481 47	0,6488 48
18 0,6561 33	0,3081 38	0,3389 39	0,4611 40	0,5072 41	0,5432 42	0,5975 43	0,6029 44	0,6338 45	0,6396 46	0,6455 47	0,6482 48	0,6520 49
21 0,6961 36	0,3270 41	0,3596 42	0,4892 43	0,5382 44	0,5763 45	0,6339 46	0,6397 47	0,6724 48	0,6786 49	0,6849 50	0,6911 51	0,6917 52
22 0,7694 37	0,3613 42	0,3975 43	0,5407 44	0,5948 45	0,6370 46	0,7007 47 Nr. 17	0,7071 48 Nr. 18	0,7432 49 Nr. 19	0,7500 50 Nr. 20	0,7570 51	0,7639 52	0,7646 53
23 0,7733 38	0,3632 43	0,3995 44	0,5435 45	0,5978 46	0,6402 47	0,7042 48	0,7107 49	0,7470 50	0,7539 51	0,7608 52	0,7677 53	0,7684 54
27 0,8510 42	0,3997 47	0,4396 48	0,5981 49	0,6579 50	0,7045 51	0,7750 52	0,7821 53	0,8220 54	0,8296 55	0,8373 56	0,8449 57	0,8456 58

Tabelle 10.3.11. Endgültige übertreffende Folge

x_1	y_s										
	7 0,4530 37	8 0,4571 38	9 0,4805 39	10 0,5048 40	11 0,5405 41	12 0,5946 42	13 0,6001 43	14 0,6307 44	15 0,6364 45	16 0,6424 46	17 0,7007 47
2 0,4880 9	0,2211 46 Nr 1	0,2230 47 Nr 2	0,2345 48 Nr 3	0,2463 49	0,2637 50	0,2902 51 Nr 6	0,2928 52	0,3078 53	0,3106 54	0,3135 55	0,3419 56
3 0,5904 12	0,2674 49 Nr 4	0,2699 50 Nr 5	0,2837 51	0,2980 52 Nr 7	0,3191 53 Nr 8	0,3511 54 Nr 9	0,3543 55 Nr 10	0,3724 56 Nr 11	0,3757 57	0,3793 58	0,4137 59
4 0,6723 15	0,3046 52	0,3073 53	0,3230 54	0,3394 55	0,3634 56	0,3997 57 Nr. 12	0,4034 58 Nr. 13	0,4240 59 Nr 14	0,4279 60	0,4319 61	0,4711 62 Nr 17
5 0,7379 18	0,3343 55	0,3373 56	0,3546 57	0,3725 58	0,3988 59	0,4388 60 Nr 15	0,4428 61 Nr 16	0,4654 62	0,4636 63	0,4740 64	0,5170 65
6 0,7903 21	0,3580 58	0,3612 59	0,3797 60	0,3998 61	0,4272 62	0,4699 63	0,4742 64	0,4984 65	0,5029 66	0,5077 67	0,5538 68

Für den 1. und 3. Abschnitt (also für $i = 1$ und $i = 3$) wird $R_i(x_i)$ aus der Formel

$$R_i(x_i) = 1 - q_i^{x_i+1}$$

bestimmt; für den 2. und 4. Abschnitt (also für $i = 2$ und $i = 4$) aus der Formel

$$R_i(x_i) = e^{-\lambda_i t} \sum_{j=0}^{x_i} \frac{(\lambda_i t)^j}{j!}$$

und für den 5. Abschnitt (bei $n = 3$) aus der Formel

$$R_5(x_5) = \sum_{j=n}^{n+x_5} \binom{n+x}{j} r_5^j q_5^{n+x_5-j} .$$

Die Zahlenwerte sind: $q_1 = 0{,}8$; $q_3 = 0{,}1$; $e^{-\lambda_2 t} = 0{,}2$; $e^{-\lambda_4 t} = 0{,}9$ und $r_5 = 0{,}5$.

In den Tabellen 10.3.8 und 10.3.9 wurden jeweils der 5. mit dem 4. und der 2. mit dem 3. Abschnitt zu einem Paar zusammengefaßt. In jedem Kästchen der Tafel wurden die Werte für die Wahrscheinlichkeit der ausfallfreien Arbeit und für die Kosten angegeben. Die Ziffern in den rechten unteren Ecken geben die Ordnungsnummer dieses Kästchens in der übertreffenden Menge an.

Die Tabelle 10.3.10 gibt die Gruppenbildung von zwei der neu gebildeten Abschnitte wieder und in der Tabelle 10.3.11 wird die endgültige übertreffende Menge gebracht.

Für unser Beispiel wählen wir vereinbarungsgemäß die Bezeichnungen

$$y_1 = (x_4, x_5)\,, \qquad y_2 = (x_2, x_3)\,, \qquad y_3 = (y_1, y_2) \quad \text{und} \quad y_4 = (x_1, y_3)\,.$$

Somit sind die Nummern in den rechten unteren Ecken der Kästchen der Tabellen 10.3.8, 10.3.9, 10.3.10 beziehungsweise 10.3.11 gerade y_1, y_2, y_3 beziehungsweise y_4.

Anmerkung. Um den Berechnungsablauf besser nachprüfen zu können, wurden in den Tabellen 10.3.10 und 10.3.11 nicht nur die Nummern y_1, y_2 und y_3 angegeben, sondern auch die zugehörenden Werte der Wahrscheinlichkeit der ausfallfreien Arbeit und der Kosten.

Aus der Tabelle 10.3.11 finden wir als Lösung der ersten Aufgabe (Systemkosten $\leqq 50$ Währungseinheiten) $y_4 = 5$ und damit $x_1 = 3$, $y_3 = 8$. Dann suchen wir in Tabelle 10.3.8 den Wert $y_3 = 8$ auf und ermitteln sogleich $y_1 = 12$ und $y_2 = 9$. Aus $y_1 = 12$ ermitteln wir mit Tabelle 10.3.8 die Werte $x_4 = 1$ und $x_5 = 2$, aus $y_2 = 9$ mit Tabelle 10.3.9 die Werte $x_2 = 3$ und $x_3 = 2$. Die Wahrscheinlichkeit der ausfallfreien Arbeit des Systems wird 0,2699.

Analog finden wir aus Tabelle 10.3.11 die Lösung der zweiten Aufgabe (Wahrscheinlichkeit der ausfallfreien Arbeit $\geqq 0{,}45$) zu $y_4 = 17$. Daraus finden wir sukzessive, daß $y_4 = 17$ den Wert $x_1 = 4$, $x_2 = 3$, $x_3 = 1$, $x_4 = 1$ und $x_5 = 4$ entspricht. Dabei belaufen sich die Kosten des Systems auf 62 Währungseinheiten.

10.3.2. Anwendung der Methode des stärksten Abstiegs

Wenn keine genauen statistischen Charakterisierungen der einzelnen Elemente bekannt sind oder das benutzte mathematische Modell nur eine ganz grobe Annäherung an das reale System darstellt, so hat es keinen Sinn, zur Ermittlung der Anzahl der Reserveelemente exakte Berechnungsmethoden zu verwenden, weil eine Ungenauigkeit der Methode in diesem Falle keine Rolle spielt.

Mit der Methode des stärksten Abstiegs kann man im allgemeinen nicht alle möglichen Varianten einer optimalen Verteilung der Reserveelemente erhalten, jedoch ist gesichert, daß die mit Hilfe dieser Methode ermittelten Lösungen optimal sind. Diese Methode erweist sich als vorteilhaft, weil sie wesentlich weniger Rechenaufwand erfordert als die Methode der dynamischen Optimierung.

Die **Methode des stärksten Abstiegs** besteht in Folgendem:

1. Für jeden i-ten Systemabschnitt mit vorgesehener Reservierung werden für ein bestimmtes festes Zeitintervall t_0 bei verschiedener Anzahl der Reserveelemente x_i

die Werte für die Wahrscheinlichkeit der ausfallfreien Arbeit $R_i(x_i)$ berechnet, wobei $x_i = 0, 1, 2, \ldots$ gilt.

2. Es wird eine Aufstellung der Werte $L_i(x_i)$ für die verschiedenen x_i (Tabelle 10.3.12) angefertigt. (Der Logarithmus kann bezüglich irgendeiner geeigneten Basis, zum Beispiel 10 oder e, gebildet werden.)

Tabelle 10.3.12. Aufstellung der Werte $L_i(x_i)$

x_i	$L_1(x_1)$	$L_2(x_2)$	...	$L_i(x_i)$	...	$L_m(x_m)$
0	$L_1(0)$	$L_2(0)$	...	$L_i(0)$	...	$L_m(0)$
1	$L_1(1)$	$L_2(1)$	...	$L_i(1)$	...	$L_m(1)$
2	$L_1(2)$	$L_2(2)$	...	$L_i(2)$	...	$L_m(2)$
...	...	...	...	...	...	...
x	$L_1(x)$	$L_2(x)$	...	$L_i(x)$	...	$L_m(x)$
...	...	...	...	...	...	...

3. Auf der Grundlage der Tabelle 10.3.12 und bekannter Werte für die Gewichte w_i der Elemente wird eine Tabelle für die Werte $g_i(x_i)$ aufgestellt, die gemäß Formel

$$g_i(x_i) = [L_i(x_i) - L_i(x_i - 1)]/w_i \tag{10.3.5}$$

für alle i und die verschiedenen Werte x_i berechnet werden (Tabelle 10.3.13).

Tabelle 10.3.13. Aufstellung der Werte $g_i(x_i)$

x_i	$g_1(x_1)$	$g_2(x_2)$	...	$g_i(x_i)$	...	$g_m(x_m)$
0	—	—	...	—	...	—
1	$g_1(1)$	$g_2(1)$	...	$g_i(1)$	...	$g_m(1)$
2	$g_1(2)$	$g_2(2)$	...	$g_i(2)$	...	$g_m(2)$
...	...	...	...	...	...	
x	$g_1(x)$	$g_2(x)$	...	$g_i(x)$	...	$g_m(x)$
...	...	...	...	...	...	...

Anmerkung: Für die in der Nähe von Eins liegenden Werte $L_i(x_i)$ kann die Berechnung der Größen $g_i(x_i)$ gemäß der Näherungsformel

$$g_i(x_i) \approx [Q_i(x_i - 1) - Q(x_i)]/w_i \tag{10.3.6}$$

erfolgen.

4. Alle Werte $g_i(x_i)$ in Tabelle 10.3.13 werden in fallender Reihenfolge durchnumeriert.

5. Im weiteren wird ein Mehrschritt-Prozeß realisiert.

Erster Schritt:

— Es wird $g^{(1)} = g_j^{(1)}$, der Maximalwert der Größen $g_i(1)$, ausgewählt.
— In Tabelle 10.3.12 wird die zugehörende Größe $L_j(1)$ aufgesucht.
— Es wird der Wert

$$L^{(1)} = L^{(0)} - L_j(0) + L_j(1) \tag{10.3.7}$$

berechnet, wobei $L^{(0)} = \sum_{i=1}^{n} L_i(0)$ der ursprüngliche Wert der logarithmierten Wahrscheinlichkeit der ausfallfreien Arbeit des Systems ist.

— Es wird der Wert

$$W^{(1)} = W^{(0)} + w_j \qquad (10.3.8)$$

berechnet, wobei $W^{(0)}$ das ursprüngliche Gewicht des Systems ist.

Zweiter Schritt:

— Es wird $g^{(2)}$, der Maximalwert unter den restlichen $g_i(1)$ (für $i \neq j$) oder $g_j(2)$, ausgewählt.
— In Tabelle 10.3.12 wird die zugehörende Größe $L_i(1)$ aufgesucht (oder $L_j(2)$, falls oben $g_j(2)$ gewählt wurde).
— Es wird der Wert

$$L^{(2)} = L^{(1)} - L_i(0) + L_i(1) \quad \left(\text{oder} \quad L^{(2)} = L^{(1)} - L_j(1) + L_j(2)\right), \qquad (10.3.9)$$

berechnet.
— Es wird der Wert

$$W^{(2)} = W^{(1)} + w_i \quad (\text{oder } W^{(2)} = W^{(1)} + w_j) \qquad (10.3.10)$$

berechnet.

Der Prozeß wird nach demjenigen Schritt $N \left(N = \sum_{i=1}^{m} x_i\right)$ abgebrochen, bei dem für die erste Aufgabe der optimalen Reservierung die Bedingung

$$L^{(N-1)} < L_0 \leqq L^{(N)} \qquad (10.3.11)$$

oder aber für die zweite Aufgabe der optimalen Reservierung die Bedingung

$$W^{(N)} \leqq W_0 < W^{(N+1)} \qquad (10.3.12)$$

erfüllt wird.

Beispiel 10.3.2

Wir betrachten das gleiche System wie im Beispiel 10.3.1. Es soll die optimale Reserve je Abschnitt für die beiden folgenden Fälle bestimmt werden.

a) Die Gesamtkosten des Systems sollen 50 Währungseinheiten nicht übersteigen.
b) Die Wahrscheinlichkeit der ausfallfreien Arbeit des Systems soll nicht kleiner als 0,45 sein (beziehungsweise ihr Logarithmus nicht kleiner als −0,8).

Tabelle 10.3.14. Werte $L_i(x_i)$ für die verschiedenen Abschnitte

Zahl der Reserveelemente x_i pro Abschnitt	$L_i(x_i) = \ln R_i(x_i)$				
	$i = 1$	$i = 2$	$i = 3$	$i = 4$	$i = 5$
0	−1,6094	−1,6094	−0,1054	−0,1054	−2,0794
1	−1,0217	−0,6503	−0,0100	−0,0052	−1,1632
2	−0,7174	−0,2473	−0,0010	−0,0002	−0,6981
3	−0,5270	−0,0835	−0,0001	∼ 0	−0,4212
4	−0,3970	−0,0245	∼ 0	—	−0,2569
5	−0,3040	−0,0062	—	—	−0,1561
6	−0,2354	−0,0014	—	—	−0,0941
7	−0,1836	−0,0003	—	—	−0,0562
8	−0,1441	∼ 0	—	—	−0,0333
9	−0,1139	—	—	—	−0,0195
10	−0,0898	—	—	—	−0,0113

Tabelle 10.3.15. Tabelle der Werte $g_i(x_i)$ für die verschiedenen Abschnitte

x_i	$g_1(x_1)$	$g_1(x_2)$	$g_3(x_3)$	$g_4(x_4)$	$g_5(x_5)$
0	—	—	—	—	—
1	0,1959 (3)	0,4796 (1)	0,0953 (7)	0,1000 (6)	0,1833 (4)
2	0,1014 (5)	0,2015 (2)	0,0090 (23)	0,0050	0,0940 (8)
3	0,0635 (10)	0,0819 (9)	0,0009	0,0002	0,0544 (11)
4	0,0433 (12)	0,0295 (15)	~ 0	~ 0	0,0329 (13)
5	0,0310 (14)	0,0091 (22)	—	—	0,0202 (17)
6	0,0229 (16)	0,0024	—	—	0,0124 (20)
7	0,0172 (18)	0,0006	—	—	0,0076
8	0,0132 (19)	0,0001	—	—	0,0046
9	0,0102 (21)	~ 0	—	—	0,0028
10	0,0079 (24)	—	—	—	0,0016

Tabelle 10.3.16. Zusammenfassende Tabelle der Werte W und L in Abhängigkeit von N

Schritt-nummer N	Zahl der Reserveelemente x_i pro Abschnitt					Gesamt-gewicht $W^{(N)}$	Gesamtwert $L^{(N)}$
	1	2	3	4	5		
0	0	0	0	0	0	22	−5,5090
1	0	1	0	0	0	24	−4,5499
2	0	2	0	0	0	26	−4,1469
3	1	2	0	0	0	29	−3,5592
4	1	2	0	0	1	34	−2,6430
5	2	2	0	0	1	37	−2,3387
6	2	2	0	1	1	38	−2,2385
7	2	2	1	1	1	39	−2,1431
8	2	2	1	1	2	44	−1,6730
9	2	3	1	1	2	46	−1,5092
10	3	3	1	1	2	49	−1,3188
11	3	3	1	1	3	54	−1,0469
12	4	3	1	1	3	57	−0,9169
13	4	3	1	1	4	62	−0,7526
14	5	3	1	1	4	65	−0,6596
15	5	4	1	1	4	67	−0,6006
16	6	4	1	1	4	70	−0,5320
17	6	4	1	1	5	75	−0,4312
18	7	4	1	1	5	78	−0,3794
19	8	4	1	1	5	81	−0,3399
20	8	4	1	1	6	86	−0,2779
21	9	4	1	1	6	89	−0,2477
22	9	5	1	1	6	91	−0,2294
23	9	5	2	1	6	92	−0,2204
24	10	5	2	1	6	95	−0,1963

Lösung

In Tabelle 10.3.14 wurden die Werte $L_i(x_i)$ für die verschiedenen x_i zusammengestellt. Zu ihrer Ermittlung konnte die Tabelle 10.3.5 unmittelbar verwendet werden.

Auf der Grundlage der Tabelle 10.3.14 stellen wir die Tabelle 10.3.15 der Werte $g_i(x_i)$ auf. Weiter numerieren wir in dieser Tabelle alle $g_i(x_i)$ in fallender Reihenfolge — beginnend mit dem größten Wert — durch. (Die entsprechenden Nummern wurden in runden Klammern angegeben.)

Zur Ermittlung der endgültigen Lösung der formulierten Aufgaben stellen wir die Tabelle 10.3.16 auf, in die die Ergebnisse des schrittweisen Lösungsprozesses eingetragen werden. Die Tabelle 10.3.16 wird wie folgt aufgebaut: Aus Tabelle 10.1.15 ermitteln wir den größten Wert der $g_i(x_i)$, der sich in unserem Beispiel für $i = 2$ ergibt. Die Zahl der Reservekomponenten, die in der zweiten Spalte steht, erhöhen wir um Eins. Im Beispiel ist also 0 durch 1 zu ersetzen. In der Summe $L^{(0)} = \sum_{i=1}^{m} L_i(0)$ ersetzen wir das Glied $L_2(0) = -1{,}6094$ durch $L_2(1) = -0{,}6503$ und berechnen den neuen Wert $L^{(1)} = L^{(0)} - L_2(0) + L_2(1)$, der in die Spalte der Werte $L^{(j)}$ eingetragen wird. In der Summe $W^{(0)} = \sum_{i=1}^{m} w_i(0)$ ersetzen wir das Glied $w_2(0)$ durch $w_2(1)$ und berechnen den neuen Wert $W^{(1)} = W^{(0)} - w_2(0) + w_2(1)$, der in die Spalte der Werte $W^{(j)}$ eingetragen wird.

Mit Hilfe der Tabelle 10.3.16 wird die Lösung der Aufgaben ganz einfach. Bei der ersten Aufgabe ermitteln wir aus den Werten für das Gewicht des Systems den größten, der 50 Einheiten noch nicht überschreitet. (Im Beispiel sind das 49 Einheiten.) Aus derselben Zeile entnehmen wir auch die anderen uns interessierenden Ergebnisse: $L^{(10)} = -1{,}3188$ oder, damit gleichwertig, $R^{(10)} = 0{,}267$; dabei gilt $x_1 = x_2 = 3$, $x_3 = x_4 = 1$, $x_5 = 2$.

Bei der zweiten Aufgabe ermitteln wir den ersten Wert $L^{(N)}$, der größer als log 0,45 ist. (Im Beispiel wird dieser Wert $L^{(13)} = -0{,}7526$.) Aus derselben Zeile entnehmen wir auch die anderen Daten, die uns interessieren: $W^{(13)} = 62$; dabei gilt $x_1 = 4$, $x_2 = 3$, $x_3 = x_4 = 1$, $x_5 = 4$.

10.3.3. Anwendung der Methode des stärksten Abstiegs (Näherungsalgorithmus)

Bei einem strengen Algorithmus, der auf der Methode des stärksten Abstiegs fußt, verwendet man die Funktion

$$\sum_{i=1}^{m} L_i(x_i) = \sum_{i=1}^{m} \ln R_i(x_i)$$

als Zielfunktion. Bei belasteter und unbelasteter Reservierung der Elemente kann man den Berechnungen die tabellierten Gamma- und Beta-Funktionen (die mit der Poissonschen beziehungsweise mit der Binominialverteilung korrespondieren) zugrunde legen. In diesem Falle ist die zusätzliche Operation des Logarithmierens nicht wünschenswert.

Beim Näherungsalgorithmus zur Methode des stärksten Abstiegs wird die Funktion

$$R(x_1, \dots, x_n) = \prod_{i=1}^{m} R_i(x_i)$$

als Zielfunktion verwendet. Sie erfordert keine zusätzliche Logarithmierung.

Die **Methodik** besteht in folgendem:

1. Für jeden i-ten Abschnitt des Systems mit Reserve werden für ein bestimmtes festes Zeitintervall t_0 bei unterschiedlicher Anzahl x_i der Reserveelemente die Werte der Wahrscheinlichkeit der ausfallfreien Arbeit $R_i(x_i)$ berechnet, wobei $x_i = 0, 1, 2, \dots$ gilt.

2. Es wird eine Aufstellung der Werte $R_i(x_i)$ für die verschiedenen x_i angefertigt (Tabelle 10.3.17).

3. Auf der Grundlage der Tabelle 10.3.17 und der bekannten Werte für die „Gewichte" w_i der Elemente wird eine Tabelle für die Werte $g_i(x_i)$ aufgestellt, die gemäß der Formel

$$g_i(x_i) = \frac{R_i(x_i) - R_i(x_i - 1)}{w_i R_i(x_i - 1)} \qquad (10.3.13)$$

für alle i und die verschiedenen Werte x_i berechnet werden (Tabelle 10.3.18).

Tabelle 10.3.17. Werte $R_i(x_i)$

x_i	$R_1(x_1)$	$R_2(x_2)$	...	$R_i(x_i)$	...	$R_m(x_m)$
0	$R_1(0)$	$R_2(0)$	...	$R_i(0)$	...	$R_m(0)$
1	$R_1(1)$	$R_2(1)$	...	$R_i(1)$	...	$R_m(1)$
2	$R_1(2)$	$R_2(2)$	...	$R_i(2)$	...	$R_m(2)$
...	...	...	...	...	...	...
l	$R_1(l)$	$R_2(l)$	...	$R_i(l)$	...	$R_m(l)$
...	...	...	...	...	...	...

Tabelle 10.3.18. Werte $g_i(x_i)$

x_i	$g_1(x_1)$	$g_2(x_2)$	...	$g_i(x_i)$	...	$g_m(x_m)$
0	—	—		—		—
1	$g_1(1)$	$g_2(1)$	...	$g_i(1)$	...	$g_m(1)$
2	$g_1(2)$	$g_2(2)$	...	$g_i(2)$	...	$g_m(2)$
...	...	...	...	...	...	...
l	$g_1(l)$	$g_2(l)$	...	$g_i(l)$	...	$g_m(l)$
...	...	...	...	...	...	...

Anmerkung: Für die in der Nähe von Eins liegenden Werte $R_i(x_i)$ kann die Berechnung der Werte $g_i(x_i)$ gemäß der Näherungsformel

$$g_i(x_i) \approx [Q_i(x_i - 1) - Q(x_i)]/w_i \tag{10.3.14}$$

erfolgen. In diesem Falle stimmen der strenge und der Näherungsalgorithmus zur Methode des stärksten Abstiegs völlig überein.

4. Alle Werte $g_i(x_i)$ in Tabelle 10.3.18 werden in fallender Reihenfolge durchnumeriert: $g^{(1)}, g^{(2)}, \ldots, g^{(N)}, \ldots$

5. Im weiteren wird ein Mehrschritt-Prozeß realisiert.

Erster Schritt:

— Es wird $g^{(1)} = g_j^{(1)}$, der Maximalwert der Größen $g_i(1)$, ausgewählt.
— In Tabelle 10.3.17 wird die zugehörende Größe $R_j(1)$ aufgesucht.
— Es wird der Wert

$$R^{(1)} = \frac{R_j(1)}{R_j(0)} R^{(0)} \tag{10.3.15}$$

berechnet, wobei $R^{(0)} = \prod_{k=1}^{m} R_k(0)$ der ursprüngliche Wert für die Wahrscheinlichkeit der ausfallfreien Arbeit des Systems ist.
— Es wird der Wert

$$W^{(1)} = W^{(0)} + w_j \tag{10.3.16}$$

berechnet, wobei $W^{(0)}$ das ursprüngliche Gewicht des Systems ist.

Zweiter Schritt:

— Es wird $g^{(2)}$, der Maximalwert unter den restlichen $g_k(1)$ (für $k \neq j$) oder $g_j(2)$, ausgewählt.
— In Tabelle 10.3.17 wird die entsprechende Größe $R_k(1)$ aufgesucht (oder $R_j(2)$, falls oben $g_j(2)$ gewählt wurde).

— Es wird der Wert

$$R^{(2)} = \frac{R_k(1)}{R_k(0)} R^{(1)} \tag{10.3.17}$$

$\left(\text{oder } R^{(2)} = \frac{R_j(2)}{R_j(1)} R^{(1)}, \text{ falls oben } g_j(2) \text{ gewählt wurde}\right)$ berechnet.

— Es wird der Wert

$$W^{(2)} = W^{(1)} + w_k \tag{10.3.18}$$

(oder $W^{(2)} = W^{(1)} + w_j$, falls oben $g_i(2)$ gewählt wurde) berechnet.

Der Prozeß wird nach demjenigen Schritt $N \left(N = \sum_{i=1}^{m} x_i\right)$ abgebrochen, bei dem für die erste Aufgabe der optimalen Reservierung die Bedingung

$$R^{(N-1)} < R_0 \leqq R^{(N)} \tag{10.3.19}$$

oder aber für die zweite Aufgabe die Bedingung

$$W^{(N)} \leqq W_0 < W^{(N+1)} \tag{10.3.20}$$

erfüllt wird.

Beispiel 10.3.3

Wir betrachten das gleiche System wie im Beispiel 10.3.1. Es soll die optimale Reserve je Abschnitt für die beiden folgenden Fälle bestimmt werden:

a) Die Gesamtkosten des Systems sollen 50 Währungseinheiten nicht übersteigen.
b) Die Wahrscheinlichkeit der ausfallfreien Arbeit soll nicht kleiner als 0,45 sein.

Lösung

Zur Lösung benutzen wir die Werte $R_i(x_i)$, die in Tabelle 10.3.5 notiert wurden.

Auf der Grundlage der Tabelle 10.3.5 wurde die Tabelle 10.3.19 aufgestellt. In sie wurden die gemäß Formel (10.3.13) berechneten Werte $g_i(x_i)$ eingetragen.

Tabelle 10.3.19. Werte $(g_i(x_i)$ für die verschiedenen Abschnitte

Zahl der Reserveelemente x_i pro Abschnitt	$g_i(x_i)$				
	$i = 1$	$i = 2$	$i = 3$	$i = 4$	$i = 5$
0	—	—	—	—	—
1	0,2667 (3)	0,8047 (1)	0,1000 (8)	0,1054 (7)	0,3000 (2)
2	0,1185 (6)	0,2482 (4)	0,0091 (23)	0,0050	0,1200 (5)
3	0,0699 (10)	0,0890 (9)	0,0009	0,0002	0,0625 (11)
4	0,0463 (12)	0,0304 (15)	—	—	0,0357 (13)
5	0,0325 (14)	0,0092 (12)	—	—	0,0212 (17)
6	0,0239 (16)	0,0024	—	—	0,0128 (20)
7	0,0177 (18)	0,0006	—	—	0,0077
8	0,0134 (19)	0,0001	—	—	0,0046
9	0,0103 (21)	—	—	—	0,0028
10	0,0080 (24)	—	—	—	0,0016

Die endgültigen Rechenergebnisse wurden in Tabelle 10.3.20 zusammengestellt. Sie gestattet es, sowohl die ursprüngliche als auch die inverse Aufgabe der optimalen Reservierung zu lösen.

Aus dieser Tabelle ist folgendes zu entnehmen:

a) Der Prozeß muß mit dem zehnten Schritt beendet werden. Dabei ergibt sich eine Wahrscheinlichkeit der ausfallfreien Arbeit des Systems von 0,267. Für die zugehörenden Werte x_i gilt: $x_1 = x_2 = 3$, $x_3 = x_4 = 1$, $x_5 = 2$.

Tabelle 10.3.20. Ergebnistafel für das Beispiel 10.2.3

Schritt-nummer N	Zahl der Reserveelemente pro Abschnitt x_i					Wahrscheinlichkeit für die ausfallfreie Arbeit des Systems $R^{(N)}$	Gewicht des Systems $W^{(N)}$
	1	2	3	4	5		
0	0	0	0	0	0	0,004	22
1	0	1	0	0	0	0,011	24
2	0	1	0	0	0	0,026	29
3	1	1	0	0	1	0,048	32
4	1	2	0	0	1	0,714	34
5	1	2	0	0	2	0,114	39
6	2	2	0	0	2	0,154	42
7	2	2	0	1	2	0,170	43
8	2	2	1	1	2	0,188	44
9	2	3	1	1	2	0,221	46
10	3	3	1	1	2	0,267	49
11	3	3	1	1	3	0,350	54
12	4	3	1	1	3	0,398	57
13	4	3	1	1	4	0,472	62
14	5	3	1	1	4	0,516	65
15	5	4	1	1	4	0,549	67
16	6	4	1	1	4	0,588	70
17	6	4	1	1	5	0,650	75
18	7	4	1	1	5	0,684	78
19	8	4	1	1	5	0,712	81
20	8	4	1	1	6	0,757	86
21	9	4	1	1	6	0,780	89
22	9	5	1	1	6	0,795	91
23	9	5	2	1	6	0,802	92
24	10	5	2	1	6	0,820	95

b) Der Prozeß muß mit dem dreizehnten Schritt abgebrochen werden, bei dem die Aufwendungen für das System 62 Gewichtseinheiten betragen. Die Werte x_i betragen: $x_1 = 4$, $x_2 = 3$, $x_3 = x_4 = 1$, $x_5 = 4$.

Bemerkung. Bei einer ganzen Reihe praktischer Problemstellungen kann die folgende Situation eintreten: Der $(N - 1)$-te Schritt ergibt noch nicht die geforderte Lösung. (Zum Beispiel ist das ganze „Gewicht" noch nicht ausgenutzt worden, oder der Vorgabewert für die Wahrscheinlichkeit der ausfallfreien Arbeit ist noch nicht erreicht worden.) Aber der N-te Schritt des Optimierungsprozesses erfordert die Einführung eines Elementes mit einem sehr großen „Gewicht".

So kann die Einführung des optimalen Elements für die Zuverlässigkeitskenngröße des Systems (zum Beispiel für die Wahrscheinlichkeit der ausfallfreien Arbeit) einen Wert ergeben, der weitaus größer ist als der geforderte. Andererseits gewährleistet die Reservierung anderer (im vorliegenden Schritt nicht optimaler) Systemabschnitte den Vorgabewert für die Wahrscheinlichkeit der ausfallfreien Arbeit mit geringeren Aufwendungen.

Wenn bei der Lösung der ersten Aufgabe derartige Situationen entstehen, so empfehlen sich die folgenden **Methoden zur Verteilung der verbliebenen restlichen Ressourcen:**

1. Wenn ein bestimmter Schritt N des optimalen Prozesses zu einer wesentlichen Überschreitung des „Gewichts" führt (oder zu einem unnötig großen Wert für R), so

wird im N-ten Schritt derjenige Abschnitt, der den maximalen Wert $g^{(N)}$ besitzt, aus der Betrachtung ausgeschlossen. Wenn dann noch immer eine wesentliche Überschreitung des „Gewichts" vorliegt oder ein unnötig hoher Wert R erreicht wird, so ist das Verfahren im gleichen Sinne fortzusetzen: Im N-ten Schritt werden aus der Betrachtung die beiden Abschnitte, die die größten Werte $g^{(N)}$ besitzen, ausgeschlossen und so weiter.

2. Wenn ein bestimmter Schritt N des optimalen Prozesses zu einer wesentlichen Überschreitung des „Gewichts" (oder zu einem unnötig hohen Wert für R) führt, so muß man das im $(N - 1)$-ten Schritt des Optimierungsprozesses hinzugenommene Element wieder „absetzen".

Anschließend wird der Prozeß nach dem $(N - 2)$-ten Schritt fortgesetzt, nachdem man denjenigen Abschnitt mit dem maximalen Wert für $g^{(N-1)}$ aus der Betrachtung ausgeschlossen hat. Wenn dann noch immer eine wesentliche Überschreitung des „Gewichts" oder ein unnötig hoher Wert R erreicht wird, so ist das Verfahren im gleichen Sinne fortzusetzen: Nach dem $(N - 2)$-ten Schritt werden aus der Betrachtung die beiden Abschnitte, die die größten Werte $g^{(N-1)}$ besitzen, ausgeschlossen und so weiter.

10.3.4. Vereinfachte Methodik einer näherungsweisen Lösung

Wenn als Ergebnis der Reservierung ein hoher Wert für die Wahrscheinlichkeit der ausfallfreien Arbeit des Systems erreicht werden soll, das heißt

$$1 - R_0 = Q_0 \ll 1 , \qquad (10.3.21)$$

so kann man **zwei Varianten einer Methodik** zur optimalen Reservierung anwenden, die auf einer näherungsweisen Lösung der Aufgabe basieren.

1. Bestimmung einer optimalen Reserve, um einen Vorgabewert R_0 für die Wahrscheinlichkeit der ausfallfreien Arbeit des Systems (oder einen zulässigen Wert Q_0 für die Ausfallwahrscheinlichkeit des Systems) zu erreichen:

1) Es wird die Größe g ermittelt:

$$g = Q_0 \Big/ \sum_{i=1}^{m} w_i ; \qquad (10.3.22)$$

2) Es wird die Größe c_i berechnet:

$$c_i = w_i g = \frac{w_i}{\sum_{j=1}^{m} w_j} Q_0 ; \qquad (10.3.23)$$

3) Aus der Gleichung

$$Q_i(x_i) = c_i \qquad (10.3.24)$$

wird der Wert x_i bestimmt.

Anmerkung: Normalerweise erhält man x_i als eine gebrochene Zahl. In diesem Falle kann man bei praktischen Berechnungen den gefundenen Wert auf die nächstliegende ganze Zahl runden. In Fällen, in denen der gebrochene Anteil der erhaltenen exakten Werte x_i in der Nähe von 0,5 liegt, empfiehlt es sich, die kleineren Werte der x_i auf die nächstgrößere ganze Zahl, aber die größeren Werte auf die nächstkleinere ganze Zahl zu runden. In einer Reihe von Fällen ist es bei Überschlagsrechnungen bequemer, die erhaltenen Werte auf die nächstgrößere ganze Zahl zu runden.

2. Bestimmung der optimalen Reserve bei vorgegebenem „Gewicht“ des Systems:

1) Der Anfangswert $g^{(1)}$ wird wie folgt bestimmt:

— Es wird

$$x^{(1)} = (W_0 - W^{(0)}) \Big/ \sum_{i=1}^{m} w_i$$

errechnet.

— Es wird

$$Q^{(1)} = \sum_{i=1}^{m} Q_i(x^{(1)})$$

errechnet.

— Es wird

$$g^{(1)} = Q^{(1)} \Big/ \sum_{i=1}^{m} w_i$$

bestimmt.

2) Für den gefundenen Wert $g^{(1)}$ werden mit den Formeln (10.3.22) bis (10.3.24) die Werte $x_1^{(1)}, x_2^{(1)}, \ldots, x_m^{(1)}$ berechnet.

3) Es wird eine Überprüfung des erhaltenen „Gewichts“ des Systems mit der Formel

$$W^{(1)} = W^{(0)} + \sum_{i=1}^{m} x_i^{(1)} w_i \tag{10.3.25}$$

vorgenommen.

Wenn $W^{(1)} > W_0$ gilt, so wird ein neuer Wert $g^{(2)} > g^{(1)}$ ausgewählt und für diesen werden wie früher die Zahlen $x_1^{(1)}, x_2^{(2)}, \ldots, x_m^{(2)}$ bestimmt. Gilt aber $W^{(1)} < W_0$, so wird ein neuer Wert $g^{(2)}$ derart ausgewählt, daß $g^{(2)} < g^{(1)}$ wird, und für diesen findet man auf analoge Weise $x_1^{(2)}, x_2^{(2)}, \ldots, x_m^{(2)}$.

Der beschriebene Prozeß wird solange fortgesetzt, bis mit dem N-ten Schritt eine Größe $W^{(N)}$ gefunden wird, die praktisch mit der Größe W_0 übereinstimmt.

Anmerkung: In praxi kann der Lösungssuchprozeß auf 3 bis 5 Schritte verkürzt werden, wenn zur Ermittlung des Wertes $W^{(k+1)}$, der gerade an der Reihe ist, die Methode der linearen Interpolation benutzt wird, falls

$$W^{(k+1)} < W_0 < W^{(k)} \tag{10.3.26}$$

oder

$$W^{(k)} < W_0 < W^{(k-1)}, \tag{10.3.27}$$

oder die Methode der linearen Extrapolation, falls

$$W^{(k-1)} < W_0, \qquad W^{(k)} < W_0 \tag{10.3.28}$$

oder

$$W^{(k-1)} > W_0, \qquad W^{(k)} > W_0 \tag{10.3.29}$$

gilt. Mit anderen Worten: Den gerade fälligen Wert $g^{(k+1)}$ ermittelt man aus der Beziehung

$$g^{(k+1)} = g^{(k)} + (g^{(k-1)} - g^{(k)}) \frac{W^{(k)} - W_0}{W^{(k)} - W^{(k-1)}}, \tag{10.3.30}$$

falls die Bedingungen (10.3.26) oder (10.3.28) erfüllt werden, oder aus der Beziehung

$$g^{(k+1)} = g^{(k-1)} + (g^{(k)} - g^{(k-1)}) \frac{W^{(k-1)} - W_0}{W^{(k-1)} - W^{(k)}}, \tag{10.3.31}$$

falls die Bedingungen (10.3.27) oder (10.3.29) erfüllt werden.

10.3.5. Praktische Methode zur Bestimmung der optimalen Anzahl von Ersatzkomponenten ohne Erneuerung

Es wird angenommen, daß sich die Ersatzkomponenten im Regime der **unbelasteten Reserve** befinden und daß im Arbeitsregime die Arbeitszeit bis zum Ausfall einer **Exponentialverteilung** genügt. Eine ausgefallene Komponente kann nur durch eine intakte ersetzt werden, sie kann selbst nicht repariert werden.

Für eine bestimmte Betriebsperiode t soll das System mit einer optimalen Anzahl von Ersatzkomponenten ausgestattet werden.

Die Rechenvorschrift läuft auf folgendes hinaus:

1. Es wird die Gesamtzahl n_i der Komponenten des i-ten Typs im System bestimmt.
2. Es wird die Gesamtausfallrate der Komponenten des i-ten Typs ermittelt,

$$\Lambda_i = n_i \lambda_i \, .$$

3. Es wird der Erwartungswert der Ausfallanzahl von Komponenten des i-ten Typs in der Zeit t_0 berechnet:

$$a_i = \Lambda_i t_0 = n_i \lambda_i t_0 \, .$$

4. Für jeden i-ten Typ der Komponenten werden Wertetabellen für $g_i^{(k)}$ bei verschiedenen $k = 1, 2, \ldots$ gemäß der Formel

$$g_i^{(k)} = \frac{p_k(a_i)}{w_i[1 - P_k(a_i)]}$$

aufgestellt, wobei man die $p_k(a_i)$ aus Tabelle A 8.7 und die $P_k(a_i)$ aus der Tabelle A 8.8 entnehmen kann.

Weiter wird das im Abschnitt 10.3.3 beschriebene Verfahren wiederholt.

Anmerkung: Die Tabellen A 8.7 und A 8.8 liefern die Werte nur für einen Parameter a, der im Bereich zwischen 0,1 und 20 liegt. Andererseits entsteht in der Praxis mitunter die Aufgabe, die Größen

$$p_k(a) = \frac{a^k}{k!} \mathrm{e}^{-a} , \qquad P_k(a) = \sum_{s=k}^{\infty} \frac{a^s}{s!} \mathrm{e}^{-a}$$

auch für Parameterwerte $a < 0{,}1$ und $a > 20$ zu bestimmen. In beiden Fällen kann die Berechnung nach Näherungsformeln erfolgen.

Der Fall $a < 0{,}1$:

1) $$p_k(a) \approx \frac{a^k}{k!} \, .$$

Die Werte $k!$ betragen für $k \leq 10$:

k	1	2	3	4	5	6	7	8	9	10
$k!$	1	2	6	24	$1{,}2 \cdot 10^2$	$7{,}2 \cdot 10^2$	$5{,}0 \cdot 10^3$	$4{,}0 \cdot 10^4$	$3{,}6 \cdot 10^5$	$3{,}6 \cdot 10^6$

Für $k > 10$ können die Werte für $k!$ näherungsweise aus der STIRLINGschen Formel (s. Anhang A 7) bestimmt werden.

2) $$P_k(a) \approx \frac{a^k}{k!} \, .$$

Wenn dabei $k > 1$ gilt, so kann man bei der Berechnung der optimalen Anzahl der erforderlichen Ersatzelemente praktisch für alle $a < 0{,}1$ mit der Beziehung

$$1 - P_k(a) \approx 1$$

rechnen.

Der Fall $a > 20$:

In diesem Falle kann die POISSONsche Verteilung mit Erfolg approximiert werden durch eine Normalverteilung mit dem Mittelwert a und der Standardabweichung $\sigma = \sqrt{a}$.

1)
$$p_k(a) \approx \varphi\left(\frac{|k - a|}{\sqrt{a}}\right),$$

wobei $\varphi(u)$ die Wahrscheinlichkeitsdichte der Normalverteilung symbolisiert, die in Tabelle A 8.4 tabelliert wurde.

2)
$$P_k(a) \approx 1 - \Phi\left(\frac{|k - a|}{\sqrt{a}}\right),$$

wobei $\Phi(u)$ die Verteilungsfunktion der Normalverteilung symbolisiert, die in Tabelle A 8.3 tabelliert wurde. Dabei kann man für $\frac{|k - a|}{\sqrt{a}} > 2 \div 2{,}5$ die Größe $P_k(a) \approx 0$ setzen.

Beispiel 10.3.4

Das System sei aus fünf Elementetypen zusammengesetzt. Das System enthält 2000 Elemente des 1. Typs, 250 Elemente des 2. Typs, 400 Elemente des 3. Typs, 300 Elemente des 4. Typs und 100 Elemente des 5. Typs. Die Ausfallraten der verschiedenen Elementetypen betragen

$$\lambda_1 = 1{,}5 \cdot 10^{-6}\,\mathrm{h}^{-1}, \quad \lambda_2 = 6 \cdot 10^{-5}\,\mathrm{h}^{-1}, \quad \lambda_3 = 1 \cdot 10^{-5}\,\mathrm{h}^{-1},$$
$$\lambda_4 = 1 \cdot 10^{-4}\,\mathrm{h}^{-1}, \quad \lambda_5 = 1 \cdot 10^{-4}\,\mathrm{h}^{-1}.$$

Die Kosten für ein Einzelelement belaufen sich je Typ auf (WE = Währungseinheit)

$$w_1 = 0{,}1\ \mathrm{WE}, \quad w_2 = 1\ \mathrm{WE}, \quad w_3 = 0{,}5\ \mathrm{WE}, \quad w_4 = 1\ \mathrm{WE}, \quad w_5 = 5\ \mathrm{WE}.$$

Das System soll für eine Betriebszeit von 1000 h mit einer optimalen Anzahl von Reserveelementen versorgt werden, und zwar für folgende Fälle:

a) Unter der Bedingung, daß die Gesamtaufwendungen für die Ersatzelemente 100 WE nicht übersteigen, soll die Wahrscheinlichkeit dafür, daß ausreichend Ersatzelemente vorhanden sind, maximal werden.

b) Bei einer Wahrscheinlichkeit von 0,995 dafür, daß die Ersatzelemente ausreichen, sollen die Aufwendungen minimal werden.

Lösung

Wir bestimmen für jeden Elementetyp die Größen a_i:

$$\begin{aligned}
a_1 &= 2000 \cdot 1{,}5 \cdot 10^{-6} \cdot 1000 = 3,\\
a_2 &= 250 \cdot 6 \cdot 10^{-5} \cdot 1000 = 15,\\
a_3 &= 400 \cdot 1 \cdot 10^{-5} \cdot 1000 = 4,\\
a_4 &= 300 \cdot 1 \cdot 10^{-4} \cdot 1000 = 30,\\
a_5 &= 100 \cdot 1 \cdot 10^{-4} \cdot 1000 = 10.
\end{aligned}$$

Mit Hilfe der Tabellen A 8.7 und A 8.8 berechnen wir die Werte $g_i^{(N)}$, die in Tabelle 10.3.21 notiert werden.

Nachdem wir bemerkt haben, daß dem optimalen Lösungsprozeß für irgendeinen Schritt N einige benachbarte Werte $g_i^{(N)}$ bei allen $i = 1, 2, \ldots, n$ entsprechen, führen wir gemäß Tabelle

Tabelle 10.3.21. Werte g_i

Schritt-nummer	$g_1^{(N)}$	$g_2^{(N)}$	$g_3^{(N)}$	$g_4^{(N)}$	$g_5^{(N)}$
1	$3{,}0 \cdot 10$	1	2,1	2,5	2
2	$1{,}1 \cdot 10$	$8{,}7 \cdot 10^{-1}$	1,6	2,5	$9{,}1 \cdot 10^{-1}$
3	5,2	$8{,}1 \cdot 10^{-1}$	1,2	2,5	$5{,}5 \cdot 10^{-1}$
4	2,6	$7{,}5 \cdot 10^{-1}$	$9{,}1 \cdot 10^{-1}$	2,5	$3{,}7 \cdot 10^{-1}$
5	1,2	$6{,}9 \cdot 10^{-1}$	$6{,}2 \cdot 10^{-1}$	2,5	$2{,}5 \cdot 10^{-1}$
6	$5{,}5 \cdot 10^{-1}$	$6{,}3 \cdot 10^{-1}$	$3{,}9 \cdot 10^{-1}$	2,5	$1{,}9 \cdot 10^{-1}$
7	$2{,}2 \cdot 10^{-1}$	$5{,}5 \cdot 10^{-1}$	$2{,}4 \cdot 10^{-1}$	2,5	$1{,}4 \cdot 10^{-1}$
8	$8{,}1 \cdot 10^{-2}$	$5{,}1 \cdot 10^{-1}$	$1{,}3 \cdot 10^{-1}$	2,5	$1{,}0 \cdot 10^{-1}$
9	$2{,}7 \cdot 10^{-2}$	$4{,}6 \cdot 10^{-1}$	$6{,}0 \cdot 10^{-2}$	2,5	$7{,}6 \cdot 10^{-2}$
10	$8{,}1 \cdot 10^{-3}$	$4{,}0 \cdot 10^{-1}$	$2{,}6 \cdot 10^{-2}$	2,1	$5{,}4 \cdot 10^{-2}$
11	$2{,}2 \cdot 10^{-3}$	$3{,}5 \cdot 10^{-1}$	$1{,}0 \cdot 10^{-2}$	1,9	$3{,}9 \cdot 10^{-2}$
12	$5{,}5 \cdot 10^{-4}$	$3{,}2 \cdot 10^{-1}$	$3{,}8 \cdot 10^{-2}$	1,6	$2{,}7 \cdot 10^{-2}$
13	$1{,}3 \cdot 10^{-4}$	$2{,}6 \cdot 10^{-1}$	$1{,}2 \cdot 10^{-3}$	1,4	$1{,}8 \cdot 10^{-2}$
14	$3{,}0 \cdot 10^{-5}$	$2{,}1 \cdot 10^{-1}$	$4{,}0 \cdot 10^{-4}$	1,3	$1{,}2 \cdot 10^{-2}$
15	$1{,}0 \cdot 10^{-5}$	$1{,}7 \cdot 10^{-1}$	$1{,}2 \cdot 10^{-4}$	1,1	$7{,}6 \cdot 10^{-2}$
16		$1{,}4 \cdot 10^{-1}$	$3{,}0 \cdot 10^{-5}$	$9{,}9 \cdot 10^{-1}$	$4{,}6 \cdot 10^{-2}$
17		$1{,}3 \cdot 10^{-1}$	$8{,}0 \cdot 10^{-4}$	$8{,}8 \cdot 10^{-1}$	$2{,}6 \cdot 10^{-3}$
18		$1{,}2 \cdot 10^{-1}$	$2{,}0 \cdot 10^{-4}$	$7{,}8 \cdot 10^{-1}$	$1{,}4 \cdot 10^{-3}$
19		$6{,}6 \cdot 10^{-2}$		$6{,}9 \cdot 10^{-1}$	$7{,}4 \cdot 10^{-4}$
20		$4{,}8 \cdot 10^{-2}$		$5{,}9 \cdot 10^{-1}$	$3{,}7 \cdot 10^{-4}$
21		$3{,}3 \cdot 10^{-2}$		$5{,}4 \cdot 10^{-1}$	$1{,}8 \cdot 10^{-4}$
22		$2{,}1 \cdot 10^{-2}$		$4{,}8 \cdot 10^{-1}$	$8{,}0 \cdot 10^{-5}$
23		$1{,}3 \cdot 10^{-2}$		$4{,}2 \cdot 10^{-1}$	$3{,}6 \cdot 10^{-5}$
24		$8{,}3 \cdot 10^{-3}$		$3{,}8 \cdot 10^{-1}$	$1{,}5 \cdot 10^{-5}$
25		$5{,}0 \cdot 10^{-3}$		$3{,}2 \cdot 10^{-1}$	$5{,}8 \cdot 10^{-6}$
26		$2{,}9 \cdot 10^{-3}$		$2{,}8 \cdot 10^{-1}$	$2{,}2 \cdot 10^{-6}$
27		$1{,}6 \cdot 10^{-3}$		$2{,}4 \cdot 10^{-1}$	$8{,}0 \cdot 10^{-7}$
28		$8{,}6 \cdot 10^{-4}$		$2{,}1 \cdot 10^{-1}$	$2{,}0 \cdot 10^{-7}$
29		$4{,}4 \cdot 10^{-4}$		$1{,}8 \cdot 10^{-1}$	
30		$2{,}2 \cdot 10^{-4}$		$1{,}5 \cdot 10^{-1}$	
31		$1{,}1 \cdot 10^{-4}$		$1{,}3 \cdot 10^{-1}$	
32		$5{,}0 \cdot 10^{-7}$		$1{,}1 \cdot 10^{-1}$	
33		$2{,}3 \cdot 10^{-7}$		$8{,}7 \cdot 10^{-2}$	
34		$4 \cdot 10^{-6}$		$7{,}1 \cdot 10^{-2}$	
35		$2 \cdot 10^{-6}$		$5{,}6 \cdot 10^{-2}$	
36		$1 \cdot 10^{-6}$		$4{,}5 \cdot 10^{-2}$	
37				$3{,}5 \cdot 10^{-2}$	
38				$2{,}6 \cdot 10^{-2}$	
39				$2{,}0 \cdot 10^{-2}$	
40				$1{,}5 \cdot 10^{-2}$	
41				$1{,}0 \cdot 10^{-2}$	
42				$1{,}3 \cdot 10^{-3}$	

Fortsetzung Tabelle 10.3.21

Schritt-nummer N	$g_1^{(N)}$	$g_2^{(N)}$	$g_3^{(N)}$	$g_4^{(N)}$	$g_5^{(N)}$
43				$5{,}1 \cdot 10^{-3}$	
44				$3{,}5 \cdot 10^{-3}$	
45				$2{,}3 \cdot 10^{-3}$	
46				$1{,}6 \cdot 10^{-3}$	
47				$9{,}6 \cdot 10^{-4}$	
48				$6{,}0 \cdot 10^{-4}$	
49				$3{,}7 \cdot 10^{-4}$	
50				$2{,}2 \cdot 10^{-4}$	
51				$1{,}3 \cdot 10^{-4}$	
52				$7{,}5 \cdot 10^{-5}$	
53				$4{,}2 \cdot 10^{-5}$	
54				$2{,}4 \cdot 10^{-5}$	
55				$1{,}3 \cdot 10^{-5}$	
56				$7{,}0 \cdot 10^{-6}$	
57				$4{,}0 \cdot 10^{-6}$	
58				$2{,}0 \cdot 10^{-6}$	
59				$1{,}0 \cdot 10^{-6}$	

Tabelle 10.3.22. Überschlägliche Abschätzung der Werte x_i, $R^{(N)}$ und $W^{(N)}$

$g^{(N)}$	x_1	x_2	x_3	x_4	x_5	$R^{(N)}$	$W^{(N)}$, WE
$1 \cdot 10^{-1}$	7	18	8	32	8	0,093	94,7
$1 \cdot 10^{-2}$	9	23	11	41	14	0,80	140,4
$1 \cdot 10^{-4}$	11	27	13	46	18	0,978	170,6
$1 \cdot 10^{-4}$	13	31	15	51	21	0,999	195,8
$1 \cdot 10^{-5}$	15	33	16	55	24	0,99981	217,5

10.3.21 überschlägliche Abschätzungen auf einigen Niveaus durch. Die Ergebnisse dieser überschläglichen Abschätzung fassen wir in Tabelle 10.3.22 zusammen.

Für den Fall der zuerst gestellten Aufgabe finden wir aus Tabelle 10.3.22, daß bei $g = 1 \cdot 10^{-1}$ der Preis für die zusätzlichen Elemente 94,7 WE beträgt. Die optimale Lösung hat dann die Werte $x_1 = 7$, $x_2 = 18$, $x_3 = 8$, $x_4 = 32$ und $x_5 = 8$. (Sie gehört also zum bereits 73-ten Schritt des optimalen Lösungsprozesses.) Mit Hilfe von Tabelle 10.3.21 erzeugen wir eine Aufstellung, die mit dem 74-ten Schritt des Prozesses beginnt und in die die endgültigen Ergebnisse eingetragen werden (Tabelle 10.3.23).

Für den zweiten Fall finden wir aus Tabelle 10.3.22, daß bei $g \approx 10^{-4}$ die gesuchte Wahrscheinlichkeit gleich 0,999 ist, wobei die optimale Lösung die Werte $x_1 = 13$, $x_2 = 31$, $x_3 = 15$, $x_4 = 51$ und $x_5 = 21$ ergibt. (Sie gehört also zum 131-ten Schritt des Optimierungsprozesses). Falls der bei

Tabelle 10.3.23. Ergebnistafel

Schritt-nummer N	x_1	x_2	x_3	x_4	x_5	$R^{(N)}$	$W^{(N)}$
74	7	18	8	33	8	–	95,7
75	8	18	8	33	8	–	95,8
76	8	18	8	33	9	0,160	105,8

Tabelle 10.3.24. Ergebnistafel

Schritt-nummer N	x_1	x_2	x_3	x_4	x_5	$R^{(N)}$	$W^{(N)}$
131	13	31	15	51	21	0,99788	—
130	13	30	15	51	21	0,99776	—
129	13	30	14	51	21	0,99760	—
128	12	30	14	51	21	0,99755	—
127	12	30	14	50	21	0,99733	—
126	12	30	14	50	20	0,99546	—
125	12	30	14	49	20	0,99509	186,7
124	12	30	13	49	20	0,99489	186,2

diesem Schritt erhaltene Wert für die Wahrscheinlichkeit den Vorgabewert übersteigt, so muß der Prozeß von diesem Niveau aus in umgekehrter Richtung geführt werden. Es sind also Elemente von denjenigen Abschnitten abzuziehen, für die die Werte $g^{(N-1)}$ am kleinsten sind. Beginnend mit dem 131-ten Schritt führen wir den Prozeß in der umgekehrten Richtung fort und stellen eine Tabelle auf, aus der auch die endgültigen Ergebnisse ersichtlich sind (Tabelle 10.3.24).

Anmerkung: Offenbar besteht in diesem Falle keine Notwendigkeit, die Kontrollwerte $W^{(N)}$ zu berechnen.

10.4. Näherungsmethode zur Bestimmung der optimalen Anzahl von Reserveelementen für den Fall einer Nebenbedingung und der Zuverlässigkeitskenngröße vom Typ der mittleren Arbeitszeit bis zum Ausfall des Systems

Die exakte Lösung kann hier nur durch direktes Durchmustern gewonnen werden. Für den Fall der unbelasteten Reserve kann man jedoch eine Näherungslösung finden, indem man die Tatsache ausnutzt, daß sich die Verteilung der Arbeitszeit bis zum Ausfall des i-ten Abschnitts bei einer hinreichend großen Zahl x_i asymptotisch einer Normalverteilung nähert. Dann kann man für die mittlere Arbeitszeit bis zum Ausfall des Systems die ziemlich offensichtlichen oberen ($\overline{T}$) und unteren ($\underline{T}$) Abschätzungen angeben,

$$\underline{T} = \min_{1 \leq i \leq n} (x_i T_i - b_n \sigma_i \sqrt{x_i}) \leq T \leq \min_{1 \leq i \leq n} x_i T_i = \overline{T}\,.$$

Dabei ist

T_i — die mittlere Arbeitszeit bis zum Ausfall einer i-ten Komponente,

σ_i — die Standardabweichung der Arbeitszeit bis zum Ausfall der i-ten Komponente,

x_i — die Anzahl der Komponenten vom i-ten Typ, einschließlich des Grundelements,

b_n — ein Koeffizient, der von der Anzahl verschiedener Elementetypen des Systems abhängt und bestimmt wird aus der Gleichung

$$\Phi_n(b) = \frac{1}{\sqrt{2\pi}} \int_{b_n}^{\infty} \mathrm{e}^{-t^2/2}\, \mathrm{d}t = 1 - \sqrt[n]{0{,}5}\,,$$

worin $\Phi(x)$ die Verteilungsfunktion der normierten und zentrierten Normalverteilung ist (Zahlenwerte s. Tab. A 8.3).

Man kann zwei grundlegende Fälle unterscheiden, wenn die wahre mittlere Arbeitszeit bis zum Ausfall des Systems in die Nähe einer der beiden Grenzen fällt:

1. Wenn alle (oder die meisten) Größen

$$T_i(x_i) = x_i T_i - b_n \sigma_i \sqrt{x_i}$$

fast gleich groß sind, so liegt der wahre Wert in der Nähe der unteren Grenze.

2. Wenn eine (oder eine sehr kleine Anzahl) der Größen $T_i(x_i)$ wesentlich kleiner ist als für die übrigen Komponenten, so liegt der wahre Wert in der Nähe der oberen Grenze.

Diese Empfehlungen tragen rein qualitativen Charakter, aber zutreffendere Abschätzungen des wahren Wertes T kann man nur durch direktes Rechnen erhalten.

Anmerkung: Bei der vorliegenden Aufgabe der optimalen Reservierung werden Komponenten desselben Typs, die schaltungsmäßig an unterschiedlicher Position stehen, nicht durch Vereinbarung zu einem Abschnitt für die Reservierung zusammengefaßt, wie das bei der optimalen Reservierung nach dem Kriterium der Wahrscheinlichkeit der ausfallfreien Arbeit (oder der Verfügbarkeit) der Fall war.

Die Methodik der optimalen Reservierung sieht in diesem Falle so aus:

1. Mit Hilfe der Tabelle A 8.5 finden wir den Wert des Koeffizienten b_n aus der Bedingung

$$\Phi(b_n) = 1 - \sqrt[n]{0,5}\,.$$

2. Es werden die Werte

$$T_i(x_i^{(1)}) = x_i^{(1)} T_i - b_n \sigma_i \sqrt{x_i^{(1)}}$$

für $x_i^{(1)} = 1, 2, \ldots$ und $i = 1, 2, \ldots, n$ berechnet und die Ergebnisse in Tabelle 10.4.1 eingetragen.

Tabelle 10.4.1. Werte $T_i(x)$

x	$T_1(x)$	...	$T_i(x)$	...	$T_n(x)$
1	$T_1(1)$	...	$T_i(1)$	...	$T_n(1)$
2	$T_1(2)$	...	$T_i(2)$	...	$T_n(2)$
3	$T_1(3)$	...	$T_i(3)$	...	$T_n(3)$

3. Mit dem ersten Schritt des Lösungsprozesses findet sich unter den Werten $T_i(x_i^{(1)})$ ein kleinster (sein Index sei j):

$$T^{(1)} = \min_{1 \leqq i \leqq n} T_i(x_i^{(1)}) = T_j(x_j^{(1)})\,.$$

4. In Tabelle 10.4.2 wurden die zusammengefaßten Werte $x_i^{(1)}$ für alle $i = 1, 2, \ldots, n$, $C^{(1)} = \sum_{i=1}^{n} c_i x^{(1)}$ und auch $T_j(x_j^{(1)})$ eingetragen.

Tabelle 10.4.2. Zusammenfassende Tafel der Werte $x_i^{(N)}$, $C^{(N)}$ und $T^{(N)}$

Schritt-nummer	$x_1^{(N)}$	...	$x_i^{(N)}$	...	$x_n^{(N)}$	$C^{(N)}$	$T^{(N)}$
1	1	...	1	...	1	$C^{(1)} = \sum_{i=1}^{n} c_i x_i^{(1)}$	$\min T_i(x_i^{(1)})$
2	1	...	2	...	1	$C^{(2)} = C^{(1)} + c_j$	$\min T_i(x_i^{(2)})$

5. Die neuen Werte $x_i^{(2)}$ findet man gemäß der Regel

$$x_i^{(2)} = \begin{cases} x_i^{(1)}, & \text{falls } i \neq j \\ x_i^{(1)} + 1, & \text{falls } i = j. \end{cases}$$

6. Es werden die Werte

$$T_i(x_i^{(2)}) = x_i^{(2)} T_i - b_n \sigma_i \sqrt{x_i^{(2)}}$$

für alle $i = 1, 2, \ldots, n$ berechnet, und das Verfahren wird mit Punkt 3 fortgesetzt.

Anmerkung: Natürlich sind alle $T_i(x_i^{(2)})$ für $i \neq j$ den entsprechenden Werten $T_i(x_i^{(1)})$ gleich.

Beispiel 10.4.1

Wir betrachten ein Seriensystem aus zehn Elementen, deren Charakteristiken in Tabelle 10.4.3 angegeben sind

Tabelle 10.4.3. Kennwerte der Systemelemente

Parameter	Nr. des Elements									
	1	2	3	4	5	6	7	8	9	10
T_i	10	10	10	10	30	30	30	30	30	30
σ_i	1	1	3	3	1	1	3	3	10	10
c_i	1	5	1	5	1	5	1	5	1	5

Es ist ein solcher optimaler Vorrat an Reserveelementen für das System festzulegen, daß die mittlere Arbeitszeit des Systems zwischen zwei Ausfällen nicht kleiner als 100 h ist.

Lösung

Mit Hilfe der Tabelle A 8.5 erhalten wir zunächst aus der Bedingung $\Phi(b_{10}) = 1 - \sqrt[10]{0{,}5}$ den Wert $b_{10} \approx 1{,}5$. In diesem Falle ist es unzweckmäßig, den schrittweisen Optimierungsprozeß mit den Werten $x_i = 1$ zu beginnen, weil klar ist, daß für Elemente mit $T_i = 10$ h mindestens 10 Ersatzelemente erforderlich sind, und für Elemente mit $T_i = 30$ h mindestens vier. Unter Berücksichtigung dieser Überlegung können wir schreiben

$$\begin{aligned}
x_1 &= x_2 = 10, & T_1^\Sigma &= T_2^\Sigma = 100 - 1{,}5 \cdot 1\sqrt{10} \approx 95;\\
x_1 &= x_2 = 11, & T_1^\Sigma &= T_2^\Sigma = 110 - 1{,}5 \cdot 1\sqrt{11} \approx 10{,}5;\\
x_3 &= x_4 = 10, & T_3^\Sigma &= T_4^\Sigma = 100 - 1{,}5 \cdot 3\sqrt{10} \approx 86;\\
x_3 &= x_4 = 11, & T_3^\Sigma &= T_4^\Sigma = 110 - 1{,}5 \cdot 3\sqrt{11} \approx 95;\\
x_3 &= x_4 = 12, & T_3^\Sigma &= T_4^\Sigma = 120 - 1{,}5 \cdot 3\sqrt{12} \approx 104;\\
x_5 &= x_6 = 4, & T_5^\Sigma &= T_6^\Sigma = 120 - 1{,}5 \cdot 1\sqrt{4} \approx 117;\\
x_7 &= x_8 = 4, & T_7^\Sigma &= T_8^\Sigma = 120 - 1{,}5 \cdot 3\sqrt{4} \approx 111;\\
x_9 &= x_{10} = 4, & T_9^\Sigma &= T_{10}^\Sigma = 120 - 1{,}5 \cdot 10\sqrt{4} \approx 90;\\
x_9 &= x_{10} = 5, & T_9^\Sigma &- T_{10}^\Sigma = 150 - 1{,}5 \cdot 10\sqrt{5} \approx 116.
\end{aligned}$$

Also ergibt sich als Lösung unserer Aufgabe der Wertesatz:

$$x_1 = x_2 = 11, \quad x_3 = x_4 = 12, \quad x_5 = x_6 = x_7 = x_8 = 4, \quad x_9 = x_{10} = 5.$$

Es sei bemerkt, daß bei der Mehrzahl praktischer Aufgaben zur optimalen Reservierung mit einer Zielfunktion in Gestalt der mittleren Arbeitszeit zwischen Ausfällen die Lösung in erster Linie abhängt von T_i und σ_i und in einem wesentlich geringeren Grade von der Kenngröße c_i der Aufwendungen.

10.5. Bestimmung der optimalen Anzahl von Reserveelementen für den Fall mehrerer Nebenbedingungen und der Zuverlässigkeitskenngröße vom Typ Wahrscheinlichkeit der ausfallfreien Arbeit (Verfügbarkeit, Intervallverfügbarkeit)

10.5.1. Rückführung des mehrdimensionalen Problems auf ein eindimensionales durch Einführung „abgeleiteter" Aufwendungen

Die vorgelegte Aufgabe kann nach den gleichen Verfahren, die im Abschnitt 10.3 beschrieben wurden, behandelt werden, wenn man die **mehrdimensionale Aufgabe zurückführt auf eine eindimensionale,** indem man „abgeleitete" Aufwendungen einführt.

Der Einfachheit halber betrachten wir den Fall zweier Nebenbedingungen ($M = 2$). Zur Bildung der „abgeleiteten" Aufwendungen benutzen wir nichtnegative Gewichtskoeffizienten ϱ_1 und ϱ_2 mit der Eigenschaft $\varrho_1 + \varrho_2 = 1$. Weiter wählen wir eine bestimmte Schrittweite für die Änderung der Gewichtskoeffizienten, zum Beispiel $1/k$, und notieren alle möglichen Paare der Gewichtskoeffizienten:

$$\begin{aligned}
\varrho_1^{(1)} &= 0\,, & \varrho_2^{(1)} &= 1\,,\\
\varrho_1^{(2)} &= 1/k\,, & \varrho_2^{(2)} &= 1 - 1/k;\\
\varrho_1^{(3)} &= 2/k\,, & \varrho_2^{(3)} &= 1 - 2/k;\\
&\cdots\cdots & &\cdots\cdots\cdots\\
\varrho_1^{(k+1)} &= 1\,, & \varrho_2^{(k+1)} &= 0\,.
\end{aligned}$$

Jetzt bilden wir $k + 1$ unterschiedliche „abgeleitete" Aufwendungen für jeden Komponententyp, das heißt,

$$\begin{aligned}
w_i^{(1)} &= w_{i1}\varrho_1^{(1)} + w_{2i}\varrho_2^{(1)}\,,\\
&\cdots\cdots\cdots\cdots\cdots\\
w_i^{(k+1)} &= w_{1i}\varrho_1^{(k+1)} + w_{2i}\varrho_2^{(k+1)}
\end{aligned}$$

für alle $i = 1, 2, \dots, m$.

Für jeden Satz „abgeleiteter" Aufwendungen $w_1^{(j)}, \dots, w_m^{(j)}$ ($j = 1, 2, \dots, k + 1$) lösen wir die Aufgabe der optimalen Reservierung ebenso wie bei einer Nebenbedingung. Der Lösungsprozeß wird beendet, wenn wenigstens eine der vorgegebenen Nebenbedingungen (in unserem Falle W_0^1 oder W_0^2) erstmalig verletzt wird. Für jede Art der „abgeleiteten" Aufwendungen finden wir einen Wert für die Zuverlässigkeitskenngröße und suchen dann unter diesen den größten aus, der sich zum Beispiel für das j-te Paar der Gewichtskoeffizienten $\varrho_1^{(j)}$ und $\varrho_2^{(j)}$ ergibt. Diese Lösung wird als näherungsweise optimale Lösung akzeptiert, und der zugehörende Wertesatz für die Zahl der Reserveelemente $x_1^{(j)}, x_2^{(j)}, \dots, x_n^{(j)}$ wird als der gesuchte angesehen.

Die Genauigkeit der Lösung wird durch die gewählte Schrittweite bestimmt. Es muß jedoch bemerkt werden, daß auf Grund der Diskretheit der zu ermittelnden Lösungen $x_1^{(j)}, \dots, x_n^{(j)}$ unterhalb eines ganz bestimmten Niveaus eine weitere Verkleinerung der Schrittweite keine Erhöhung der Genauigkeit mit sich bringt. (Der Zahlenwert für dieses Niveau hängt von der konkreten Aufgabe ab.)

Auch im Fall von mehr als zwei Nebenbedingungen ändert sich das Wesen des Lösungsverfahrens nicht: Es werden nichtnegative Gewichtsfaktoren $\varrho_1, \dots, \varrho_M$ mit der Eigenschaft $\sum_{j=1}^{M} \varrho_j = 1$ ausgewählt und mögliche Sätze dieser Faktoren gebildet, mit denen die „abgeleiteten" Aufwendungen berechnet werden. Im Prinzip handelt es sich um die gleiche Aufgabe wie im zweidimensionalen Fall ($M = 2$), es vergrößert sich nur der Rechenaufwand.

Beispiel 10.5.1

Es wird das gleiche System wie im Beispiel 10.3.1 betrachtet. Wie bereits in diesem Beispiel erläutert wurde, sind die Kosten für die Komponenten in den verschiedenen Systemabschnitten jeweils gleich und betragen in einer vereinbarten Währungseinheit:

$$w_{11} = 3\,, \qquad w_{12} = 2\,, \qquad w_{13} = 1\,, \qquad w_{14} = 1\,, \qquad w_{15} = 5\,.$$

Zusätzlich sollen auch die Werte für das Gewicht (ebenfalls in bestimmten vereinbarten Einheiten gemessen) dieser Komponenten bekannt sein:

$$w_{21} = 1\,, \qquad w_{22} = 3\,, \qquad w_{23} = 5\,, \qquad w_{24} = 5\,, \qquad w_{25} = 1\,.$$

Zu bestimmen ist die optimale Reserve in jedem Systemabschnitt für die folgenden drei Fälle:

a) Die zulässigen Kosten für das System betragen 55 Währungseinheiten (WE), und das zulässige Systemgewicht beträgt 45 Gewichtseinheiten (GE).
b) Die zulässigen Systemkosten betragen 55 WE und das zulässige Systemgewicht 40 GE.
c) Die zulässigen Systemkosten betragen 55 WE und das zulässige Systemgewicht 30 GE.

Lösung

Wir lösen diese Aufgabe nur mit Hilfe der strengen Methode des steilsten Abstiegs. (Das ist nur durch Erwägungen zur Einfachheit der Darstellung begründet. Die anderen Methoden sind hier mit größeren Zwischenrechnungen und einer platzaufwendigen Darstellung verbunden.) Für die Koeffizienten ϱ_1 und ϱ_2 wählen wir eine Schrittweite von 0,25; das heißt zum Beispiel $\varrho_2^{(1)} = 0$, $\varrho_2^{(2)} = 0{,}25, \ldots, \varrho_2^{(5)} = 1{,}00$. In diesem Falle ergeben sich die „abgeleiteten" Aufwendungen für jeden Elementetyp zu

$$\begin{array}{lllll}
w_1^{(1)} = 3\,, & w_2^{(1)} = 2\,, & w_3^{(1)} = 1\,, & w_4^{(1)} = 1\,, & w_5^{(1)} = 5;\\
w_1^{(2)} = 2{,}5\,, & w_2^{(2)} = 2{,}25\,, & w_3^{(2)} = 2\,, & w_4^{(2)} = 2\,, & w_5^{(2)} = 4;\\
w_1^{(3)} = 2\,, & w_2^{(3)} = 2{,}5\,, & w_3^{(3)} = 3\,, & w_4^{(3)} = 3\,, & w_5^{(3)} = 3;\\
w_1^{(4)} = 1{,}5\,, & w_2^{(4)} = 2{,}75\,, & w_3^{(4)} = 4\,, & w_4^{(4)} = 4\,, & w_5^{(4)} = 2;\\
w_1^{(5)} = 1\,, & w_2^{(5)} = 3\,, & w_3^{(5)} = 5\,, & w_4^{(5)} = 5\,, & w_5^{(5)} = 1\,.
\end{array}$$

Für $\varrho_2^{(1)} = 0$ geht die Aufgabe in eine eindimensionale über, und man kann, ohne die Werte $g_i^{(1)}(x_i)$ speziell zu berechnen, Tabelle 10.3.15 benutzen. Für die übrigen $\varrho_2^{(j)}$ wurde spezielle Tabellen für die Werte $g_i^{(j)}(x_i)$ zusammengestellt (Tabellen 10.5.1 bis 10.5.4). Wie früher wurde in diesen Tabellen nach den Werten $g_i^{(j)}(x_i)$ in runden Klammern die Schrittanzahl, nach der die optimale Lösung erreicht wird, angegeben.

Tabelle 10.5.1. Tafel der Werte $g_i^{(2)}(x_i)$ für die verschiedenen Abschnitte $\sigma_2^{(2)} = 0{,}25$

$x_i^{(2)}$	$g_1^{(2)}(x_1)$	$g_2^{(2)}(x_2)$	$g_3^{(2)}(x_3)$	$g_4^{(2)}(x_4)$	$g_5^{(2)}(x_5)$
0	–	–	–	–	–
1	0,2351 (2)	0,4230 (1)	0,0474 (12)	0,0500 (11)	0,2290 (3)
2	0,1288 (5)	0,1790 (4)	0,0045	0,0025	0,1175 (6)
3	0,0762 (7)	0,0727 (8)	0,0005	0,0001	0,0679 (9)
4	0,0527 (10)	0,0262 (16)	0	0	0,0412 (13)
5	0,0372 (14)	0,0081	–	–	0,0252 (17)
6	0,0275 (15)	0,0021	–	–	0,0155 (20)
7	0,0206 (18)	0,0005	–	–	0,0095 (22)
8	0,0158 (19)	0,0001	–	–	0,0058
9	0,0123 (21)	0	–	–	0,0035
10	0,0095 (23)	–	–	–	0,0020

Tabelle 10.5.2. Tafel der Werte $g_i^{(3)}(x_i)$ für die verschiedenen Abschnitte bei $\varrho_2^{(3)} = 0{,}50$

$x_i^{(3)}$	$g_1^{(3)}(x_1)$	$g_2^{(3)}(x_2)$	$g_3^{(3)}(x_3)$	$g_4^{(3)}(x_4)$	$g_5^{(3)}(x_5)$
0	–	–	–	–	–
1	0,2940 (4)	0,3818 (1)	0,0318 (16)	0,3333 (2)	0,3060 (3)
2	0,1520 (7)	0,1622 (5)	0,0032	0,0017	0,1568 (6)
3	0,0953 (8)	0,0655 (10)	0,0003	0,0001	0,0910 (9)
4	0,0650 (11)	0,0236 (18)	0	0	0,0548 (12)
5	0,0465 (13)	0,0073	–	–	0,0357 (14)
6	0,0344 (15)	0,0019	–	–	0,0207 (19)
7	0,0258 (17)	0,0005	–	–	0,0127 (22)
8	0,0198 (20)	0,0001	–	–	0,0077
9	0,0153 (21)	0	–	–	0,0047
10	0,0118 (23)	–	–	–	0,0027

Tabelle 10.5.3. Tafel der Werte $g_i^{(4)}(x_i)$ für die verschiedenen Abschnitte bei $\varrho_2^{(4)} = 0{,}75$

$x_i^{(4)}$	$g_1^{(4)}(x_1)$	$g_2^{(4)}(x_2)$	$g_3^{(4)}(x_3)$	$g_4^{(4)}(x_4)$	$g_5^{(4)}(x_5)$
0	–	–	–	–	–
1	0,3918 (2)	0,3490 (3)	0,0240 (19)	0,0250 (18)	0,4580 (1)
2	0,2028 (5)	0,1475 (6)	0,0022	0,0013	0,2350 (4)
3	0,1270 (8)	0,0595 (12)	0,0002	0,0001	0,1358 (7)
4	0,0866 (9)	0,0214 (20)	0	0	0,0820 (10)
5	0,0620 (11)	0,0066	–	–	0,0508 (13)
6	0,0458 (14)	0,0017	–	–	0,0310 (16)
7	0,0344 (15)	0,0004	–	–	0,0190 (22)
8	0,0264 (17)	0,0001	–	–	0,0115
9	0,0204 (21)	0	–	–	0,0070
10	0,0158 (23)	–	–	–	0,0040

Tabelle 10.5.4. Tafel der Werte $g_i^{(5)}(x_i)$ für die verschiedenen Abschnitte bei $\varrho_2^{(5)} = 1{,}00$

$x_i^{(5)}$	$g_1^{(5)}(x_1)$	$g_2^{(5)}(x_2)$	$g_3^{(5)}(x_3)$	$g_4^{(5)}(x_4)$	$g_5^{(5)}(x_5)$
0	–	–	–	–	–
1	0,5870 (2)	0,3200 (4)	0,0191	0,0200	0,9150 (1)
2	0,3042 (5)	0,1350 (9)	0,0018	0,0010	0,4700 (3)
3	0,1900 (7)	0,0547 (15)	0,0002	0	0,2720 (6)
4	0,1300 (10)	0,0197	0	–	0,1645 (8)
5	0,0930 (12)	0,0061	–	–	0,1010 (11)
6	0,0687 (13)	0,0016	–	–	0,0620 (14)
7	0,0516 (16)	0,0004	–	–	0,0380 (18)
8	0,0396 (17)	0	–	–	0,0230 (21)
9	0,0306 (19)	–	–	–	0,0140
10	0,0237 (20)	–	–	–	0,0080

Die Ergebnistabelle 10.5.5 wurde in kompakter Form aufgebaut:

Auf der Grundlage der Tabellen 10.3.15 und 10.5.1 bis 10.5.4 und der Vorgabewerte w_{1i} und w_{2i} werden für jeden Wert $\varrho_2^{(j)}$ die Größen W^1 und W^2 (Kosten und Gewicht) mit jedem Schritt angegeben. Gemäß dieser Tabelle kann man für beliebige $\varrho_i^{(j)}$ die Schrittnummer, bei der eine der vorgegebenen Beschränkungen W_0^1 oder W_0^2 verletzt wird, bestimmen und aus der entsprechenden Tabelle für die Werte $g_i^{(j)}$ (x_i) die Größen $x_i^{(j)}$ ermitteln.

Tabelle 10.5.5. Schrittweise Änderungen der Kosten und des Gewichts des Systems für verschiedene Fälle „abgeleiteter" Kosten

Schritt-Nr.	$\varrho_2^{(1)} = 0$		$\varrho_2^{(2)} = 0{,}25$		$\varrho_2^{(3)} = 0{,}50$		$\varrho_2^{(4)} = 0{,}75$		$\varrho_2^{(5)} = 1{,}00$	
	W^1	W^2	W^1	W^2	W^1	W^2	W^1	W^2	W^1	W^2
0	22	17	22	17	22	17	22	17	22	17
1	24	20	24	20	24	20	27	18	27	18
2	26	23	27	21	25	25	30	19	30	19
3	29	24	32	22	30	26	32	22	35	20
4	34	25	34	25	33	27	37	23	37	23
5	37	26	37	26	35	30	40	24	40	24
6	38	31	42	27	40	31	42	27	45	25
7	39	36	45	28	43	32	47	28	48	26
8	44	37	47	31	46	33	50	29	53	27
9	46	40	52	32	51	34	53	30	55	30
10	49	41	55	33	53	37	58	31	58	31
11	54	42	56	38	56	38	61	32	63	32
12	57	43	57	43	61	39	63	35	66	33
13	62	44	62	44	64	40	68	36	69	34
14	65	45	65	45	69	41	71	37	74	35
15	67	48	68	46	72	42	74	38	76	38
16	70	49	70	49	73	47	79	39	79	39
17	75	50	75	50	76	48	82	40	82	40
18	78	51	78	51	78	51	83	45	87	41
19	81	52	81	52	83	52	84	50	90	42
20	86	53	86	53	86	53	86	53	93	43

Für den Fall a) finden wir aus Tabelle 10.5.5, daß die Gewichtsbeschränkung nicht kritisch ist, weil sogar bei $\varrho_2^{(1)} = 0$ zuerst die Beschränkung bezüglich W_0^1, das heißt bezüglich der Ressource-Art, die in optimaler Weise verausgabt wurde, verletzt wird. Die Verletzung der Kostenbeschränkung geschieht mit dem 12-ten Schritt (s. Tab. 10.5.5). Aus Tabelle 10.3.16 finden wir, daß sich nach 11 Schritten des Lösungsprozesses ein System ergibt mit

$$x_1 = 3\,, \quad x_2 = 3\,, \quad x_3 = 1\,, \quad x_4 = 1\,, \quad x_5 = 3\,.$$

Für den Fall c) finden wir aus Tabelle 10.5.5, daß die Kostenbeschränkung nicht kritisch ist, weil sogar bei $\varrho_2^{(5)} = 1{,}0$ zuerst die Beschränkung bezüglich des Gewichts W_0^2, das heißt wiederum bezüglich der Ressource-Art, die in optimaler Weise verbraucht wird, verletzt wird. Die Lösung finden wir für diesen Fall aus Tabelle 10.5.4. Die Verletzung der Beschränkung erfolgt mit dem 10-ten Schritt. Nach 9 Schritten des Lösungsprozesses ergibt sich ein System mit

$$x_1 = 3\,, \quad x_2 = 2\,, \quad x_3 = 0\,, \quad x_4 = 0\,, \quad x_5 = 4\,.$$

Der Fall b) ist am kompliziertesten. Für ihn finden wir aus Tabelle 10.5.5 die bedingt optimalen Lösungen für alle Werte $\varrho_2^{(j)}$ und können sie vergleichen.

Tabelle 10.5.6. Zusammenfassung der Werte x_i und L

$\varrho_2^{(j)}$	Schrittnr. bei Beendigung des Prozesses	x_1	x_2	x_3	x_4	x_5	L
0	9	2	3	1	1	2	1,509
0,25	10	4	3	0	0	3	1,112
0,50	10	3	3	0	1	3	1.142
0,75	9	4	2	0	0	3	1,275
1,0	9	3	2	0	0	4	1,241

Mit den Werten $x_i^{(j)}$ aus der Tabelle 10.3.14 kann man unschwer für jede bedingt optimale Lösung die Größe $L = \sum_{i=1}^{s} \ln R_i(x_i)$ berechnen, die in die letzte Spalte der Tabelle 10.5.6 eingetragen wurde.

Aus dem Vergleich der Werte L in der letzten Spalte ergibt sich, daß als Lösung

$$x_1 = 4\,, \qquad x_2 = 3\,, \qquad x_3 = 0\,, \qquad x_4 = 0\,, \qquad x_5 = 3$$

zu wählen ist.

Im allgemeinen braucht diese Lösung nicht die wirklich optimale zu sein, weil die ausgewählte Wertereihe für die $\varrho_2^{(j)}$ ziemlich grobmaschig ist. Zur Verbesserung der Lösung kann man die Werte $\varrho_2 = 0{,}20$ und $\varrho_2 = 0{,}30$ nehmen. Es muß jedoch beachtet werden, daß geringfügige Änderungen der Werte für ϱ_2 zum früheren Ergebnis führen können, weil die Größen x_i ihrer Natur nach diskret sind.

10.5.2. Anwendung einer Modifikation der dynamischen Optimierung[1])

Zur Maximierung des Zielfunktionals

$$R(\boldsymbol{x}) = R(x_1, x_2, \dots, x_m) = \prod_{i=1}^{m} R_i(x_i)$$

unter den M Nebenbedingungen

$$W^j(\boldsymbol{x}) \leqq W_0^j \qquad (j = 1, 2, \dots, M)$$

können die in den Abschnitten 10.2 und 10.3.1 für $M = 1$ Nebenbedingung beschriebenen Modifikationen der dynamischen Optimierung ohne Schwierigkeit auf den Fall $M > 1$ ausgedehnt werden.

Zunächst werden nur zwei Teilsysteme, zum Beispiel die Abschnitte 1 und 2, betrachtet. Es wird ein Tableau aufgebaut, dessen Spalten zulässigen Werten der Komponenten x_1 und dessen Zeilen zulässigen Werten der Komponente x_2 des Entscheidungsvektors $\boldsymbol{x}$ entsprechen. Im Schnittpunkt der x_1-Spalte und der x_2-Zeile werden $(M + 1)$-Zahlentupel mit den Elementen

$$W^j(x_1, x_2) = W_1^j(x_1) + W_2^j(x_2) \qquad \text{für } j = 1, \dots, M$$

und

$$R_1(x_1) \cdot R_2(x_2)$$

notiert. Von allen $(M + 1)$-Tupeln des Tableaus werden die von anderen übertroffenen (im Sinne der im Abschnitt 10.2 auf Seite 279 gegebenen Erklärung) für die weitere Durchführung der Optimierungsaufgabe nicht mehr benötigt. Die übrigen $(M + 1)$-Tupel bilden eine übertreffende Menge. Aus dieser und den Charakteristiken des Abschnitts 3 kann eine neue Matrix gebildet und daraus eine übertreffende Menge für das Untersystem aus den Abschnitten 1, 2 und 3 entnommen werden. ...

Allgemein kommt man so zur übertreffenden Menge von k-komponentigen Entscheidungsvektoren für das Unteresystem aus den Abschnitten $1, 2, \dots, k - 1$ und den Angaben über den k-ten Abschnitt: Man konstruiert ein Tableau, dessen Zeilen zulässigen Realisierungen der Komponente x_k und dessen Spalten übertreffenden Entscheidungsvektoren $\boldsymbol{x}_{(k-1)} = (x_1, \dots, x_{k-1})$ für die Abschnitte $1, 2, \dots, k - 1$ entsprechen. Im Schnittpunkt der Zeile x_k und der Spalte $\boldsymbol{x}_{(k-1)}$ werden $(M + 1)$-Tupel

[1]) Anmerkung d. Herausg.: Dieser Abschnitt 10.5.2 ist im russischen Original des Handbuches nicht enthalten und wurde vom Herausgeber hinzugefügt.

mit den Elementen

$$W^j(\boldsymbol{x}_{(k-1)}, x_k) = W^j(\boldsymbol{x}_{(k-1)}) + W^j_k(x_k) = \sum_{i=1}^{k} W^j_i(x_i) \qquad (j = 1, \dots, M)$$

und

$$\prod_{i=1}^{k} R_i(x_i)$$

notiert. Diejenigen $(M + 1)$-Tupel des Tableaus, die von anderen nicht übertroffen werden, bilden die übertreffende Menge für das Untersystem aus den Abschnitten $1, 2, \dots, k$. Für $k = m$ liefert die Konstruktionsvorschrift schließlich die übertreffende Menge M für das Gesamtsystem. Ordnet man die Elemente von M nach dem Betrag der Werte des Zielfunktionals $\prod_{i=1}^{m} R_i(x_i)$, so ergeben die Elemente mit dem größten Wert für das Zielfunktional die maximal erreichbare Zuverlässigkeit des Gesamtsystems unter den gegebenen Restriktionen. Gemäß dem Optimalitätsprinzip erhält man den gesuchten optimalen Entscheidungsvektor, indem man die konstruierten Tableaus in der umgekehrten Reihenfolge ihrer Entstehung durchläuft.

Beispiel 10.5.2

Ein Seriensystem (im Sinne der Zuverlässigkeit) bestehe aus vier Elementen unterschiedlichen Typs. Die Überlebenswahrscheinlichkeit $R_i(0)$ des i-ten Elementes ist bekannt,

$$R_1(0) = 0{,}8; \qquad R_2(0) = 0{,}7; \qquad R_3(0) = 0{,}75; \qquad R_4(0) = 0{,}85\,.$$

Die Überlebenswahrscheinlichkeit des Gesamtsystems wird

$$R(0, 0, 0, 0) = \prod_{i=1}^{4} R_i(0) = 0{,}315\,.$$

Die einzelnen Glieder des Systems sollen „verstärkt" werden durch Einsatz von x_i Reserveelementen, die vom gleichen Typ sind wie das ursprünglich vorhandene i-te Element und in heißer Reserve betrieben werden. Laut Abschnitt 2.1 gilt dann für die Überlebenswahrscheinlichkeit des „verstärkten" Systems,

$$R(\boldsymbol{x}) = R(x_1, x_2, x_3, x_4) = \prod_{i=1}^{4} R_i(x_i) = \prod_{i=1}^{4} \left(1 - (1 - R_i(0))^{x_i+1}\right).$$

Als Nebenbedingungen mögen ein Kostenlimit von 47 Währungseinheiten und ein „Gewichts"-Limit von 20 Masseneinheiten für das Gesamtsystem vorgeschrieben sein. Die angenommenen Preise und Massen der vier verschiedenen Elementtypen lassen sich aus den folgenden Restriktionsbedingungen ablesen,

$$\sum_{i=1}^{4} w_{1i} x_i = 1{,}2x_1 + 2{,}3x_2 + 3{,}4x_3 + 4{,}5x_4 = 47 - (1{,}2 + 2{,}3 + 3{,}4 + 4{,}5) = 35{,}6 = W_0^1\,,$$

$$\sum_{i=1}^{4} w_{2i} = x_1 + x_2 + x_3 + x_4 = 20 - (1 + 1 + 1 + 1) = 16 = W_0^2\,.$$

Gesucht wird eine optimale Entscheidungspolitik $\boldsymbol{x}^*$, die bei Erfüllung dieser Nebenbedingungen das Zielfunktional $R(\boldsymbol{x})$ maximiert.

Lösung

Zur Festlegung der Mindestwerte x_i^0 $(i = 1, 2, 3, 4)$ erhöhen wir beginnend mit dem Entscheidungsvektor (0, 0, 0, 0) in der Reihenfolge der Indizes jede Komponente um 1 und überprüfen laufend, ob die Restriktionen noch nicht verletzt werden. So kommen wir bis zum Entscheidungsvektor (4, 3, 3, 3), der den Nebenbedingungen noch genügt. (Der nachfolgende Vektor (4, 4, 3, 3) verletzt die erste Nebenbedingung). Der Wert R des Zielfunktionals wird $R = R(4, 3, 3, 3) = 0{,}9872$. Aus $1 - 0{,}2^{x_1+1} \geqq 0{,}9872$ folgt $x_1^0 = 2$ und analog $x_2^0 = x_3^0 = 3$, $x_4^0 = 2$.

Mit der oben erläuterten Konstruktionsvorschrift erhält man die unten niedergeschriebenen Tableaus der Tabelle 10.5.7. Es wurden zuerst die Abschnitte 1 und 2 und die Abschnitte 3 und 4 jeweils für sich zusammengefaßt. Mit Rücksicht auf die spezielle Form der Optimierungsaufgabe wurde in den Tableaus stets die Gesamtzahl der Elemente vom Typ i, also $x_i + 1$, angegeben. Als optimale Entscheidungspolitik erhält man

$$(x_1^* + 1, x_2^* + 1, x_3^* + 1, x_4^* + 1) = (5, 6, 4, 3)$$

oder

$$x^* = (x_1^*, x_2^*, x_3^*, x_4^*) = (4, 5, 3, 2)\,.$$

Diese erteilt dem Zielfunktional den Wert

$$R(4, 5, 3, 2) = (1 - 0{,}2^5)\,(1 - 0{,}3^6)\,(1 - 0{,}25^4)\,(1 - 0{,}15^3) = 0{,}99167;$$

Die Gesamtkosten betragen 46,9 Währungseinheiten, die Gesamtmasse beträgt 18 Masseneinheiten.

Tabelle 10.5.7. 3 Tableaus zur Lösung des Beispiels 10.5.2

Abschnitt 1 (Spalten); Abschnitt 2 (Zeilen)

C_1 C_2 R	3,6 3 0,992000	4,8 4 0,998400	6,0 5 0,999680	7,2 6 0,999936	8,4 7 0,999987
9,2 4 0,99190	12,8 7 0,98396	14,0 8 0,99031	15,2 9 0,99158	16,4 10 0,99183	17,6 11 0,99189
11,5 5 0,99757	15,1 8 0,98959	16,3 9 0,99597	17,5 10 0,99725	18,7 11 0,99751	19,9 12 0,99756
13,8 6 0,99927	17,4 9 0,99128	18,6 10 0,99767	19,8 11 0,99895	21,0 12 0,99921	22,2 13 0,99926
16,1 7 0,99978	19,7 10 0,99178	20,9 11 0,99818	22,1 12 0,99946	23,3 13 0,99972	24,5 14 0,99977

Abschnitt 3 (Spalten); Abschnitt 4 (Zeilen)

C_1 C_2 R	13,6 4 0,99610	17,0 5 0,99903	20,4 6 0,99976	23,8 7 0,99994
13,5 3 0,99660	27,1 7 0,99271	30,5 8 0,99563	33,9 9 0,99636	37,3 10 0,99654
18,0 4 0,99955	31,6 8 0,99565	35,0 9 0,99858	38,4 10 0,99931	41,8 11 0,99949
22,5 5 0,99992	36,1 9 0,99602	39,5 10 0,99895	42,9 11 0,99968	46,3 12 0,99986

Tabelle 10.5.7. (Fortsetzung)

Teilsystem 1/2

Teilsystem 3/4						
C_1 C_2 R	15,2 9 0,99158	16,3 9 0,99597	17,5 10 0,99725	18,6 10 0,99767	19,8 11 0,99895	21,0 12 0,99921
27,1 7 0,99271	42,3 16 0,98435	43,4 16 0,98871	44,6 17 0,98998	45,7 17 0,99040	46,9 18 0,99167	48,1 19 0,99193
31,6 8 0,99569	46,8 17 0,98131	47,9 17 0,99168	49,1 18 0,99295	50,2 18 0,99337	51,4 19 0,99464	52,6 20 0,99490
30,5 8 0,99563	45,7 17 0,98725	46,8 17 0,99162	48,0 18 0,99289	49,1 18 0,99331	50,3 19 0,99458	51,5 20 0,99484

Die Bereiche der Tableaus, die zu übertreffenden Entscheidungsvektoren gehören, wurden halbfett umrandet. Die Kästchen, die der optimalen Entscheidungspolitik entsprechen, wurden durch zwei geschwärzte Ecken charakterisiert.

Anmerkung: Obwohl eine so gefundene Entscheidungspolitik die formulierte Aufgabe eindeutig löst, erscheint es jedoch ratsam, sich bei praktischen Aufgabenstellungen vor der endgültigen Entscheidung neben der optimalen auch die „benachbarten" übertreffenden Entscheidungspolitiken anzusehen. Im Beispiel 10.5.2 würde man gegebenenfalls die übertreffende Entscheidungspolitik $(x_1, x_2, x_3, x_4) = (3, 4, 2, 4)$ mit der Systemzuverlässigkeit $R(3, 4, 2, 4) = 0{,}99162$, den Gesamtsystemkosten von 46,8 Währungseinheiten und der Gesamtmasse von nur 17 Masseneinheiten der optimalen Entscheidungspolitik vorziehen.

10.6. Bestimmung der optimalen Anzahl von Reserveelementen bei einem System mit mehreren Arbeitsweisen für den Fall einer Nebenbedingung und der Zuverlässigkeitskenngröße vom Typ Wahrscheinlichkeit der ausfallfreien Arbeit (Verfügbarkeit, Intervallverfügbarkeit)

Für diese Aufgabe kann der Algorithmus für eine näherungsweise Lösung dargestellt werden. Dieser Algorithmus liefert in den folgenden beiden Grenzfällen exakte Ergebnisse:

a) Falls bei Arbeitsfähigkeit aller n Elemente des Systems sämtliche Arbeitsweisen möglich sind,

b) falls für die Realisierung jeder Arbeitsweise ganz verschiedene (sich nicht überdeckende) Teilmengen von Elementen arbeitsfähig sein müssen.

Für die dazwischen liegenden Fälle kann über die Genauigkeit des Algorithmus nichts ausgesagt werden.

Unter Verwendung der im Abschnitt 10.1.4 eingeführten Bezeichnungen kann der **Algorithmus zur Lösung dieser Aufgabe** in der folgenden Form formuliert werden:

a) Es werden k Aufgaben der Gestalt

$$\min \sum_{i \in G_j} w_i x_i$$

unter der Bedingung $\prod_{i \in G_j} R_i(x_i) \geqq R_j$ für alle $j = 1, 2, \ldots, k$ gelöst. Die zugehörenden optimalen Werte $x_1^j, \ldots, x_n^j$ werden für jede j-te Aufgabe mit irgendeiner der im Abschnitt 10.2. beschriebenen Methoden gelöst.

b) Für jedes i-te Element werden die größten Werte bestimmt, das heißt,

$$x_i^* = \max_{1 \leq j \leq k} x_i^j .$$

c) Für jede Elementeteilmenge G_j wird derjenige Teil G_j^{**} ermittelt, der gerade zur Erfüllung der j-ten Arbeitsweise notwendig ist. Mit G_j^* bezeichnen wir den übrigen Teil der Teilmenge G_j.

d) Für jede Teilmenge G_j^* wird der Wert

$$\prod_{i \in G_j^*} r_i(x_i^*) = R_j^*$$

ermittelt.

Anmerkung: Wenn die Teilmenge G_j^* leer ist, wenn also die j-te Arbeitsweise durch eine unabhängige Gruppe von Elementen realisiert wird, so setzen wir $R_j^* = 1$.

e) Für jede Menge G_j wird der Wert

$$R_j^{**} = R_j / R_j^*$$

berechnet, der eine Forderung an die Wahrscheinlichkeit der ausfallfreien Arbeit für die Elemente, die zur Teilmenge G_j gehören, darstellt.

f) Zusätzlich werden k Aufgaben der folgenden Gestalt gelöst:

$$\min \sum_{i \in G_j^{**}} w_i x_i$$

unter der Bedingung

$$\prod_{i \in G_j^{**}} R_i(x_i) \geqq R_j^{**} \quad \text{für alle } j = 1, 2, \ldots, k .$$

Die gefundenen Werte für die verbliebenen x_i^{**} stellen die Lösung dar.
Die Lösung ergibt sich also aus den Werten x_i^{**}, die unter Punkt b) gefunden wurden, und den Werten x_i^{**}, die unter Punkt f) gefunden wurden.

Beispiel 10.6.1

Das System besteht aus 5 Elementen (s. Abb. 10.6.1) mit folgenden Kenngrößen für die Zuverlässigkeit und die Kosten:

$$\begin{aligned} r_1 &= 0{,}85 , & c_1 &= 1; \\ r_2 &= 0{,}90 , & c_2 &= 2; \\ r_3 &= 0{,}97 , & c_3 &= 1; \\ r_4 &= 0{,}95 , & c_4 &= 5; \\ r_5 &= 0{,}99 , & c_5 &= 3 . \end{aligned}$$

Das System realisiert drei Arbeitsweisen, die jeweils die Arbeitsfähigkeit folgender Elemente erfordern:

$$G_1 = \{4, 5\} , \quad G_2 = \{1, 2, 4\} , \quad G_3 = \{1, 3, 5\} .$$

Die geforderten Wahrscheinlichkeiten für eine ausfallfreie Erfüllung dieser Arbeitsweisen (die Zuverlässigkeitskenngrößen der entsprechenden Teilsysteme) sind gegeben durch die Ungleichungen $R_1 \geqq 0{,}9999$, $R_2 \geqq 0{,}9975$ beziehungsweise $R_3 \geqq 0{,}9995$. Eine Erhöhung der Zuverlässigkeit jedes Systemelements durch Anwendung der belasteten Reservierung ist möglich.

Es soll die optimale Anzahl von Ersatzelementen gefunden werden, die die vorgegebenen Zuverlässigkeitsforderungen bei minimalen Aufwendungen gewährleisten.

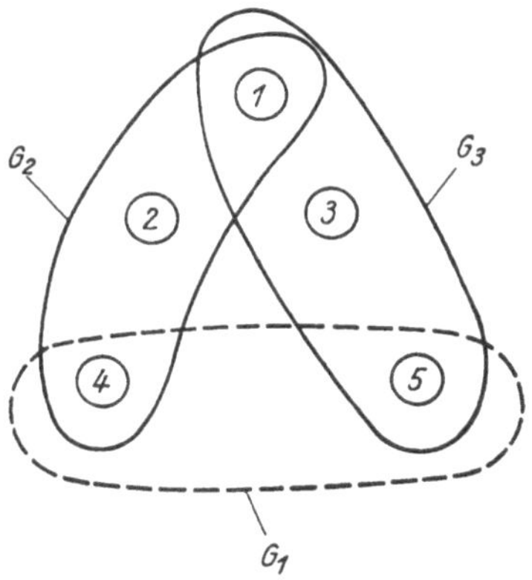

Abb. 10.6.1. Strukturdarstellung des Systems im Beispiel 10.6.1

Lösung

Wir verwenden einen modifizierten Algorithmus der dynamischen Optimierung und finden
- für das erste Teilsystem $x_4^1 = 4$, $x_5^1 = 3$,
- für das zweite Teilsystem $x_1^2 = 3$, $x_2^2 = 3$, $x_4^2 = 3$,
- für das dritte Teilsystem $x_1^3 = 5$, $x_3^3 = 3$, $x_5^3 = 2$.

Weiterhin berechnen wir

$$x_1^* = \max(x_1^2, x_1^3) = 5\,,$$
$$x_2^* = \max(x_2^2) = 3\,,$$
$$x_3^* = \max(x_3^3) = 3\,,$$
$$x_4^* = \max(x_4^1, x_4^2) = 4\,,$$
$$x_5^* = \max(x_5^1, x_5^3) = 3\,.$$

Wir überprüfen, ob man die Vielfachheit der Reserve bei den Elementen 2 und 3, die nur zur Ausübung der zweiten und dritten Arbeitsweise benötigt werden, verringern kann. Dazu berechnen wir

$$R_2^{**} = \frac{0{,}995}{[1-(0{,}15)^5]\,[1-(0{,}05)^4]} \approx 0{,}99501\,,$$

$$R_3^{**} = \frac{0{,}9995}{[1-(0{,}15)^5]\,[1-(0{,}01)^3]} \approx 0{,}99958\,.$$

Um $R_2^{**} \geqq 0{,}99501$ zu erreichen, muß $x_2 = 3$ sein, und für $R_3^{**} \geqq 0{,}99958$ muß $x_3 = 3$ sein. Folglich kann die erhaltene Lösung in diesem Falle nicht verbessert werden.

10.7. Optimierung bei zwei Fehlerarten und mehreren Ausfallursachen[1])

Für Relais- und Schaltsysteme ist charakteristisch, daß für Elemente und Systeme **zwei verschiedene Fehlerarten** zugelassen waren, nämlich fälschliches Schließen und fälschliches Öffnen der Schalter (vgl. Abschnitt 3.1.1). Bei einem Seriensystem (Parallelsystem) von Schaltern führt das fälschliche Öffnen (Schließen) eines einzigen Schalters zum Systemausfall durch fälschliches Öffnen (Schließen), während nur das

---

[1]) Anmerkung d. Herausg.: Dieser Abschnitt 10.7 ist im russischen Original des Handbuches nicht enthalten und wurde vom Herausgeber hinzugefügt.

fälschliche Schließen (Öffnen) sämtlicher Schalter zum Systemausfall durch fälschliches Schließen (Öffnen) führt. Durch Verwendung von Parallel-Serien-Systemen beziehungsweise Serien-Parallel-Systemen läßt sich erreichen, daß das Gesamtsystem gegen beide Ausfallarten der Einzelschalter weniger empfindlich ist.

Die Wahrscheinlichkeit, daß ein Einzelschalter durch fälschliches Schließen ausfällt, sei $p_1 > 0$; die Wahrscheinlichkeit, daß ein Einzelschalter durch fälschliches Öffnen ausfällt, sei $q_2 = 1 - p_2 > 0$.

Bei allen technischen Realisierungen von Schaltsystemen kann die übliche Voraussetzung,

$$0 < p_1 < p_2 < 1 ,$$

meist bedenkenlos akzeptiert werden. Weiterhin soll das Ausfallverhalten der einzelnen Schalter voneinander unabhängig sein. Jeder Schalter kann nur auf eine der beiden Ausfallarten ausfallen und soll – einmal ausgefallen – nicht wieder funktionstüchtig werden können.

Die Vorgehensweise zum optimalen Entwurf einfacher Systeme mit zwei Fehlerarten kann an Hand von Parallel-Serien-Schaltsystemen (s. Abb. 10.7.1) erläutert werden.

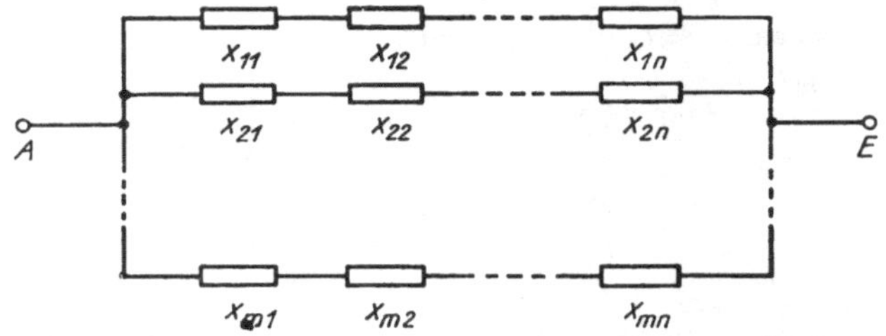

Abb. 10.7.1. Prinzipdarstellung des zu optimierenden Parallel-Serien-Schaltsystems

Es sei die Aufgabe gestellt, die Zahl der m Parallelzweige bei festem n so zu wählen, daß die Ausfallwahrscheinlichkeit P_S des Parallel-Serien-Systems minimiert, also die Systemzuverlässigkeit $R_S = 1 - P_S$ maximiert wird.

Bei vorgegebenen Werten für n und m gilt unter den genannten Voraussetzungen für die Systemzuverlässigkeit folgendes:

$$\begin{aligned}
R_S &= 1 - \mathcal{P}\,\{\text{System schließt fälschlich}\} - \mathcal{P}\,\{\text{System öffnet fälschlich}\} \\
&= \mathcal{P}\,\{\text{System schließt nicht fälschlich}\} - \mathcal{P}\,\{\text{System öffnet fälschlich}\} \\
&= \prod_{\mu=1}^{m} \mathcal{P}\,\{\mu\text{-tes Teilseriensystem schließt nicht fälschlich}\} \\
&\quad - \prod_{\mu=1}^{m} \mathcal{P}\,\{\mu\text{-tes Teilseriensystem öffnet fälschlich}\} \\
&= \prod_{\mu=1}^{m} (1 - \mathcal{P}\,\{\mu\text{-tes Teilseriensystem schließt fälschlich}\}) \\
&\quad - \prod_{\mu=1}^{m} (1 - \mathcal{P}\,\{\mu\text{-tes Teilseriensystem öffnet nicht fälschlich}\}) \\
&= \prod_{\mu=1}^{m} (1 - p_1^n) - \prod_{\mu=1}^{m} (1 - p_2^n) \\
&= (1 - p_1^n)^m - (1 - p_2^n)^m . \qquad (10.7.1)
\end{aligned}$$

Zunächst könnte man daran denken, ein Tupel (m, n) zu suchen, das den Ausdruck (10.7.1) maximiert. Eine genauere Analyse zeigt jedoch, daß bei unbeschränktem m und n der zugehörende Wert für R_S beliebig nahe an Eins gebracht werden kann. (Man setze $m = m(n) = \text{entier}\,[(p_1 p_2)^{-n/2}]$ und führe anschließend in (10.7.1) den Grenzübergang für $n \to \infty$ durch:

$$R_S = (1 - p_1^n)^{(p_1 p_2)^{-n/2}} - (1 - p_2^n)^{(p_1 p_2)^{-n/2}}$$
$$= \left((1 - p_1^n)^{-p_1^{n}}\right)^{-(p_1/p_2)^{n/2}} - \left((1 - p_2^n)^{-p_2^{-n}}\right)^{-(p_2/p_1)^{n/2}}$$
$$\to \mathrm{e}^{-0} - \mathrm{e}^{-\infty} = 1 \qquad \text{für } n \to \infty.)$$

Wir suchen nun denjenigen Wert für m, der bei festem n die Systemzuverlässigkeit $R(m)$ maximiert. Die Lösung liefert der

Satz 1: Für feste Werte p_1, p_2 und n erreicht die Systemzuverlässigkeit $R(m)$ ihr Maximum an der Stelle

$$m_{\max} = [m_0] + 1 \quad \text{mit} \quad m_0 = n \frac{\ln p_2 - \ln p_1}{\ln(1 - p_1^n) - \ln(1 - p_2^n)}. \tag{10.7.2}$$

Ist m_0 ganzzahlig, so wird $R(m)$ für die Argumente m_0 und $m_0 + 1$ maximiert.

Der folgende Satz gibt eine einfache Aussage über den Verlauf der Funktion $m_0(n)$ und weist auf die bekannte Tatsache hin, daß die Wahl von mehreren Parallelzweigen ($m > 1$) nur dann einen zuverlässigkeitserhöhenden Effekt für das System bringt, wenn die Einzelschalter gewissen Mindestzuverlässigkeitsanforderungen genügen.

Satz 2: Das Verhältnis $\frac{m_0}{n}$ mit m_0 aus (10.7.2) ist eine streng monoton wachsende Funktion in n.

Es gilt $m_0 \gtreqless 1$, wenn $p_2^n + p_1^n \gtreqless 1$ ausfällt.

Die bisherigen Überlegungen gehen davon aus, daß die Wahrscheinlichkeiten des Auftretens einer der beiden Fehlerarten bekannt sind. Tatsächlich aber wird die Lebensdauer jedes Schalters (Zeitdauer von der Inbetriebnahme zum Zeitpunkt $t = 0$ bis zum Auftreten des Fehlers) einer Verteilungsfunktion $F_{\mu\nu}(t) = F(t)$ ($\mu = 1, \ldots, m$; $\nu = 1, \ldots, n$) mit $F(+0) = 0$ genügen. Dann ergibt sich die Wahrscheinlichkeit, daß ein Schalter bis zum Zeitpunkt t durch fälschliches Schließen beziehungsweise Öffnen ausgefallen ist, zu

$$p_1(t) = qF(t) \quad \text{beziehungsweise} \quad 1 - p_2(t) = (1 - q)\,F(t) = pF(t)\,. \tag{10.7.3}$$

Damit wird auch die im Satz 2 abgeleitete Größe m, die die optimale Anzahl der Parallelzweige der in Abb. 10.7.1 skizzierten Struktur bestimmt, eine Funktion der Zeit,

$$m_0(t) = n \frac{\ln\left(1 - pF(t)\right) - \ln\left(qF(t)\right)}{\ln\left(1 - (qF(t))^n\right) - \ln\left(1 - (1 - pF(t))^n\right)}\,. \tag{10.7.4}$$

Mit der Regel von Bernoulli-L'Hospital erhält man die beiden Grenzwerte

$$\lim_{t \to 0} m_0(t) = n\,, \qquad \lim_{t \to \infty} m_0(t) = \frac{1 - q^n}{q^n}\,. \tag{10.7.5}$$

Der Projektierungsingenieur muß sich also vor der Festlegung der Zahl der Parallelzweige überlegen, für welche Betriebsdauer das Gesamtsystem ausgelegt werden soll, da die optimale Anzahl der redundanten Parallelzweige davon wesentlich abhängt.

Weiterhin kann man zeigen, daß $m_0(t)$ für jeden Zeitpunkt t mit $0 < F(t) < 1$ eine streng fallende Funktion des Parameters q, $0 \leqq q \leqq 1$, ist. Dieses Ergebnis — die Zahl der Parallelzweige ist zu reduzieren, wenn die Fehlerwahrscheinlichkeit eines Ausfalls durch fälschliches Schließen wächst — ist auch anschaulich einleuchtend.

In den Abschnitten 10.2 bis 10.6 wurde das Problem der optimalen Anzahl der Reserveelemente für ein m-stufiges Seriensystem (bei einer Fehlerart) ausführlich behandelt. Die dort erhaltenen Verfahren und Ergebnisse lassen sich ohne weiteres auf den Fall, daß die Elemente zwei Fehlerarten besitzen, erweitern. Die einzelnen Faktoren $R_i(x_i)$ des zu maximierenden Funktionals $\prod_{i=1}^{m} R_i(x_i)$ (vgl. (10.2.1)) ergeben sich aus (10.7.1) zu

$$R_i(x_i) = (1 - p_1^{(i)})^{x_i+1} - (1 - p_2^{(i)})^{x_i+1} = (1 - p_1^{(i)})^{x_i+1} - (q_2^{(i)})^{x_i+1} . \quad (10.7.6)$$

An den Nebenbedingungen, zum Beispiel (10.2.2) oder (10.2.16), ändert sich nichts.

Abschließend wollen wir noch über die **Berücksichtigung mehrerer Ausfallursachen** sprechen. Für das einzelne Element mit zwei Ausfallarten gilt folgendes. Es mögen insgesamt s_1 Ursachen zur ersten Ausfallart (beim Schalter fälschliches Schließen) beitragen, und zwar die σ-te Ursache mit der Wahrscheinlichkeit $p_{1\sigma}$ ($\sigma = 1, \dots, s_1$). Also gilt $p_1 = \sum_{\sigma=1}^{s_1} p_{1\sigma}$.

Es mögen insgesamt s_2 Ursachen zur zweiten Ausfallart (beim Schalter fälschliches Öffnen) beitragen, also gilt $q_2 = \sum_{\sigma=1}^{s_2} q_{2\sigma}$. Die Gesamtausfallwahrscheinlichkeit des Einzelelementes wird folglich

$$Q = \sum_{\sigma=1}^{s_1} p_{2\sigma} + \sum_{\sigma=1}^{s_2} q_{2\sigma} .$$

Bei Systemen aus mehreren Elementen muß man bei der Aufschlüsselung nach einzelnen Ausfallursachen unterscheiden, ob die Ursache auf die einzelnen Elemente getrennt wirkt (zum Beispiel schlechte Kontaktierung, Oberflächen- und Volumeneffekte am Einzelelement)oder auf das Gesamtsystem wirkt (zum Beispiel mechanische Erschütterungen, unzulässige Umgebungstemperatur).

Als Beispiel betrachten wir ein Parallelsystem aus m Komponenten. Wirken die Ausfallursachen nur auf die einzeinen Komponenten, so ergibt sich als Ausfallwahrscheinlichkeit Q_S des Systems (vergleiche (10.7.6))

$$Q_S' = 1 - \left(1 - \sum_{\sigma=1}^{s_1} p_{1\sigma}\right)^m + \left(\sum_{\sigma=1}^{s_2} q_{2\sigma}\right)^m . \quad (10.7.8)$$

Wirken die Ausfallursachen hingegen auf das Gesamtsystem, so trägt eine Ausfallursache, die zur ersten beziehungsweise zweiten Ausfallart führt, mit der Wahrscheinlichkeit

$$Q_{S\sigma} = 1 - (1 - p_{1\sigma})^m \quad \text{beziehungsweise} \quad Q_{S\sigma} = (q_{2\sigma})^m$$

zum Systemausfall bei. Mithin bewirken sämtliche, das Gesamtsystem beeinflussende Ausfallursachen die Ausfallwahrscheinlichkeit (Näherung für kleine $Q_{S\sigma}$)

$$Q_S' = s_1 - \sum_{\sigma=1}^{s_1} (1 - p_{1\sigma})^m + \sum_{\sigma=1}^{s_2} (q_{2\sigma})^m . \quad (10.7.9)$$

Weiterhin sind Kombinationen zwischen den Beziehungen (10.7.8) und (10.7.9) möglich. Wir gehen darauf nicht weiter ein, da es sich nur um Anwendungen der Kombinatorik und der elementaren Grundlagen der Wahrscheinlichkeitsrechnung handelt.

Grundsätzlich können bei den behandelten Methoden der Zuverlässigkeitsoptimierung stets mehrere Ausfallursachen berücksichtigt werden.

10.8. Steuerung der Elementevorräte bei zufälligem Bedarf

10.8.1. Vorbemerkungen

Die Schaffung eines Elementevorrats ist mit zwei einander widersprechenden Faktoren verknüpft. Einerseits fordert ein überschüssiger Vorrat Aufwendungen für die Anschaffung und den Unterhalt, andererseits wird durch eine unterschwellige Vorratshaltung häufig ein Defizit geschaffen, das mit Ausfallzeiten und den damit verbundenen Ausgaben gekoppelt ist.

Der Verbrauch von Elementen (die Nachfrage nach Elementen) ergibt sich in Form eines zufälligen Prozesses, des sogenannten Forderungsstromes. Meist wird angenommen, daß die Intensität dieses Stromes nicht vom Vorratsbestand im Lager abhängt. Eine der einfachsten Formen der Abhängigkeit zwischen dem Verbrauch von Elementen und ihrem Vorhandensein im Vorrat ist der Abbruch des Forderungsstromes, falls das Lager aufgelöst wird. (Zum Beispiel kann der Mangel an Elementen zum Ausfall und zur Abschaltung des Objektes führen und damit setzt der Verbrauch dieser Elemente aus.)

Die Vorschrift zur Ausführung einer Bestellung gibt den Zeitpunkt für die Bestellung des Loses, die Zeitverzögerung bis zur Lieferung des bestellten Loses und den Umfang des Loses an.

10.8.2. Elementevorrat in einem Einzellager

Wir verwenden folgende Bezeichnungen:

ξ_i	— zufällige unabhängige und identisch verteilte Intervalle zwischen den Zeitpunkten für das Eintreffen von Anforderungen für ein Element,
$F(x)$	— die Verteilungsfunktion der Zufallsgröße ξ_i,
a	— der zugehörende Erwartungswert,
$F^{*k}(x)$	— die k-fache Faltung von $F(x)$,
$z(t)$	— der Vorratspegel zum Zeitpunkt t (negative Werte geben die Länge der „Warteschlange" an),
z	— mittlerer stationärer Vorratspegel,
$V = \mathcal{P}\{z \geqq 0\}$	— Dauerverfügbarkeit des Lagers (Wahrscheinlichkeit dafür, daß im Lager zu einem „hinreichend fernen" Zeitpunkt kein Defizit an vorrätigen Elementen besteht, oder Zeitanteil, während dessen kein derartiges Defizit vorhanden ist,
τ	— zufällige Lieferzeit eines bestellten Loses,
$G(x)$	— Verteilungsfunktion der Zufallsgröße τ,
η	— zufällige Zeit bis zur ersten Auflösung des Lagers,
$P(t) = \mathcal{P}\{\eta \geqq t\}$	— Wahrscheinlichkeit für eine Arbeitsweise ohne Unterbrechungen.

Wir wollen annehmen, daß die erste Bestellung vom Umfang n ausgelöst wird, wenn der Vorratspegel $z(t)$ bis auf das „Bestellniveau" m abgesunken ist. Alle weiteren Be-

Tabelle 10.8.1. Kenngrößen für die unterbrechungsfreie Arbeit eines Einzellagers

Kenngröße	Modell mit Abbruch des Eingangsstromes		Modell ohne Abbruch des Eingangsstromes	
	allgemeiner Fall	POISSONscher Strom und konstante Lieferzeit	POISSONscher Strom und konstante Lieferzeit	Anmerkung
T	$\frac{na}{\gamma} - (n - m)\, a$	$\frac{na}{\sum_{k=m}^{\infty} p_k} - (n - m)\, a$	$\frac{na}{\gamma} - (n - m)\, a$	–
$\tilde{P}(t)$	$e^{-t/T}$	$e^{-t/T}$	$e^{-t/T}$	Formel gilt für $\gamma \ll 1$
V	$\frac{1}{1 + \frac{a_0}{na}}$	$\frac{1}{1 + \frac{t_l \sum_{k=m}^{\infty} p_k}{n(m+1)}}$	$\frac{m+n}{n} \sum_{k=m+1}^{m+n+1} p_k - \frac{\lambda t_l}{n} \sum_{k=m}^{m+n-2} p_k + \sum_{k=0}^{m} p_k$	–
z	$\left[\frac{n + 2m + 1}{2} - \frac{1}{a} \int_0^{\infty} \int_0^{y} [1 - F^{*m}(x)]\, dx\, dG(y)\right] V$	$\frac{n + 2m + 1}{2} - \frac{1}{a} \int_0^{t_l} \sum_{k=m}^{\infty} p_k(x)\, dx$	$\frac{n + 2m + 1}{2} - \frac{t_l}{a}$	–

Vereinbarte Bezeichnungen

γ – Wahrscheinlichkeit dafür, daß in der Lieferzeit t_l mehr als $m - 1$ Bestellungen eintreffen $\gamma = \int_0^{\infty} [1 - G(x)]\, dF^{*m}(x)$,

a_0 – mittlere Ausfalldauer in Erwartung der Lieferung einer Bestellung $a_0 = \int_0^{\infty} [1 - G(x)]\, F^{*m}(x)\, dx$,

p_k – Wahrscheinlichkeit dafür, daß bei einem POISSONschen Strom in der fixierten Lieferzeit t_l genau k Forderungen eintreffen $p_k = \frac{(\lambda t_l)^k}{k!} e^{-\lambda t_l}$

stellungen haben den Umfang n und werden nach Eintreffen von n hintereinander liegenden Anforderungen ausgelöst.

Eine derartige Bestellvorschrift nennen wir der Kürze halber (m, n)-Vorschrift.

Wir betrachten zwei Fälle:

1. ein Modell mit Unterbrechung des einlaufenden Forderungsstromes (für $n \geqq m$)
2. ein Modell ohne Unterbrechung des einlaufenden Forderungsstromes.

Die zu diesen Fällen gehörenden Formeln wurden in der Tabelle 10.8.1 zusammengestellt.

10.8.3. Zentralisierte Systeme der Versorgung mit Elementen

Wir betrachten zwei Fälle:

1. Ein Zentrallager verteilt N Elemente, um damit k Unterlager im Laufe einer fixierten Zeitspanne t_0 zu versorgen. Die ausfallfreie Arbeitszeit ξ eines Elementes hat die Verteilungsfunktion $F(x)$. Die Lieferzeit vom Zentrallager zu den Objekten ist konstant und gleich t_l. In jedem Unterlager wird eine (m, n)-Bestellvorschrift benutzt (für $n \geqq m$).

Es bezeichne $P(t_0)$ die Wahrscheinlichkeit dafür, daß in der Zeit t_0 in keinem Unterlager eine Unterbrechung in der Versorgung mit Elementen vorkommt und das Zentrallager rechtzeitig die bestellten Lose abschicken wird. Dann gilt

$$P(t_0) \approx \mathrm{e}^{-kt_0/na}\, F^{*m}(t_l)\, \Phi\left(\frac{N - \dfrac{kt_0}{a} - M}{\sqrt{\dfrac{\sigma^2 kt_0}{a^3} + D}}\right) \tag{10.8.1}$$

mit den Abkürzungen $M = \dfrac{1}{2}(n+1)(k-1)$, $D = \dfrac{1}{12}(k-1)(n^2-1)$ und $\Phi(x)$ für die Verteilungsfunktion der normierten und zentrierten Normalverteilung.

Die Formel (10.8.1) liefert eine gute Näherung, falls

1. $F^{*m}(t_l) \ll 1$ gilt, das heißt, während der Lieferzeit für ein bestelltes Los ist die Wahrscheinlichkeit dafür, daß mehr als m Anforderungen auftreten, gering,
2. die Gesamtzahl der Anforderungen, die während der Zeit t_0 aus allen Unterlagen eintreffen, hinreichend groß ist (dann kann näherungsweise mit einer normalverteilten Anzahl der eintreffenden Anforderungen gerechnet werden).

2. Es besteht die Möglichkeit, vom Zentrallager aus Bestellungen für eine Auffüllung der Vorräte zu verschicken. Die Belieferung erfolgt dann in einer fixierten Zeit T_l. Das Zentrallager benutzt eine (M, N)-Bestellvorschrift, und die Unterlager eine (m, n)-Vorschrift, wobei $n \geqq m$, $N \geqq M$ gilt. Weil die in das Zentrallager einlaufenden Anforderungen stets n Elemente auf einmal betreffen, kann man zweckmäßigerweise zu den abgeleiteten Parametern $M' = M/n$, $N' = N/n$ übergehen und diese als ganzzahlig ansehen.

Die Wahrscheinlichkeit $P(t)$ für eine unterbrechungsfreie Belieferung in der Zeit t kann man unter der Voraussetzung $k \gg 1$ berechnen. Dann ist es gestattet, für die Beschreibung des Gesamtstromes der Bestellungen von den Unterlagern zum Zentrallager eine POISSONsche Approximation zu benutzen. Der Parameter Λ' dieses Näherungsstromes ergibt sich aus der Beziehung $\Lambda' = \frac{k}{na'}$, wobei $a' \approx a[1 + m/nF^{*m}(t_l)]$ gilt und $F^{*m}(t_l) \ll 1$ vorausgesetzt wird.

Nimmt man zusätzlich an, daß

$$A_{M'-1}(\Lambda' T_l) = 1 - \mathrm{e}^{-\Lambda' T_l} \sum_{j=0}^{M'-1} \frac{(\Lambda' T_l)^j}{j!} \ll 1$$

gilt, so kann man die gesuchte Funktion $P(t)$ gut durch eine Exponentialfunktion

$$P(t) \approx \mathrm{e}^{-\lambda_\Sigma t}$$

mit den Parameter

$$\lambda_\Sigma = \frac{k}{na} F^{*m}(t_l) + \frac{\Lambda'}{N'} A_{M'-1}(\Lambda' T_l) .$$

approximieren.

Literatur

[1] AWRAMTSCHENKO, R. F. – Аврамченко Р. Ф.: Выбор оптимального расписания включений запасных элементов в нагруженный режим. — «Известия АН СССР. Техническая кибернетика», 1970, № 3.

[2] ALEXSEJEW, O. G. – Алексеев О. Г.: Об одной задаче оптимального резервирования. — «Известия АН СССР. Техническая кибернетика», 1967, № 1.

[3] ALEXSEJEW, O. G. – Алексеев О. Г.: Оптимизация надежности сложных систем при нескольких ограничениях. — «Автоматика и телемеханика», 1967, № 12.

[4] ALEXSEJEW, O. G., JAKUSCHEW, W. I. – Алексеев О. Г., Якушев В. И.: Комбинированный метод расчета оптимального резервирования. — «Изв. высш. учебн. заведений. Приборостроение», 1964, т. 7, № 4.

[5] GAGANOW, P. G., IWLEW, W. W. – Гаганов П. Г., Ивлев В. В.: Определение оптимального объема запасных элементов для сложных технических систем. — «Автоматика и телемеханика», 1969, № 3.

[6] GERZBACH, I. B. – Герцбах И. Б.: Динамическое резервирование. Оптимальное управление включением резервных элементов. — «Автоматика и вычислительная техника», 1970, № 1.

[7] ISSAJEW, L. K., MAMED-SADE, N. A. – Исаев Л. К., Мамед-Заде Н. А.: Об оптимизации надежности резервированной системы. — «Известия АН СССР. Техническая кибернетика», 1967, № 1.

[8] KARSCHTEDT, I. M., KOGAN, L. M. – Карштедт И. М., Коган Л. М.: Задача оптимального резервирования с выбором вариантов исполнения. — «Известия АН СССР. Техническая кибернетика», 1971, № 2.

[9] KARSCHTEDT, I. M., KOGAN, L. M. – Карштедт И. М., Коган Л. М.: Оптимальное нагруженное резервирование элементов многофункциональной системы. — «Известия АН СССР. Техническая кибернетика», 1972, № 4.

[10] KOGAN, L. M., ZEITLIN, W. A. – Коган Л. М., Цейтлин В. А.: Алгоритмический подход к рациональному резервированию информационной системы. — «Автоматика и телемеханика», 1970, № 1.

[11] KORMAN, A. G. – Корман А. Г.: Об оптимальном резервировании аппаратуры. — «Известия АН СССР. Техническая кибернетика», 1964, № 4.

[12] KUSNEZOW, I. N. – Кузнецов И. Н.: Алгоритм решения задачи наилучшего резервирования. — В кн.: Прикладные задачи технической кибернетики. Под ред. И. А. Ушакова, Б. С. Флейшмана. М., «Сов. радио», 1966.

[13] KULAKOW, N. N., SAGORUIKO, A. S. – Кулаков Н. Н., Загоруйко А. С.: Мэтод определения оптимального распределения надежности между отдельными элементами системы. — «Известия АН СССР. Техническая кибернетика», 1966, № 6.

[14] Lotozki, W. A., Raikin, A. L., Sawizki, J. P. – Лотоцкий В. А., Райкин А. Л., Савицкий Ю. П.: Оптимальная структура эксплуатации систем с резервными элементами. — «Автоматика и телемеханика», 1968, № 4.

[15] Raikin, A. L. – Райкин А. Л.: Оптимизация избыточности при иаличии ограничений. — «Автоматика и телемеханика», 1965, № 2.

[16] Raikin, A. L. – Райкин А. Л.: Определение оптимального резерва. — «Автоматика и телемеханика», 1962, № 11.

[17] Raikin, A. L. – Райкин А. Л.: Определение оптимального резерва системы с учетом повреждения в резервном режиме. — «Автоматика и телемеханика», 1962, № 11.

[18] Rubalski, G. B., Uschakow, I. A. – Рубальский Г. Б., Ушаков И. А.: Приближенная формула для вероятности бесперебойного снабжения в централизованной системе управления запасами. — «Автоматика и вычислительная техника», 1971, № 6.

[19] Ryshikow, J. I. – Рыжиков Ю. И.: Оптимальное планирование запасов резервных ячеек и элементов ЭВМ для вычислительных центров. — В кн.: Прикладные задачи технической кибернетики. Под ред. И. А. Ушакова, Б. С. Флейшмана. М., «Сов. радио», 1966.

[20] Smolizki, Ch. L., Tschukrejew, P. A. – Смолицкий Х. Л., Чукреев П. А.: К вопросу об оптимальном резервировании аппаратуры. — «Энергетика и автоматика», 1959, № 8.

[21] Topolski, M. W. – Топольский М. В.: Об одном алгоритме решения задачи оптимального резервирования. — «Надежность и контроль качества», 1969, № 5.

[22] Uschakow, I. A. – Ушаков И. А.: О задаче оптимального резервирования с немультипликативной целевой функцией. — «Автоматика и вычислительная техника», 1967, № 3.

[23] Uschakow, I. A. – Ушаков И. А.: Оптимальные задачи надежности. — «Надежность и контроль качества», 1969, № 1.

[24] Uschakow, I. A. – Ушаков И. А.: Оптимизация надежности сложных систем методом наискорейшего спуска. — В кн.: Прикладные задачи технической кибернетики. Под ред. И. А. Ушакова, Б. С. Флейшмана. М., «Сов. радио», 1966.

[25] Uschakow, I. A. – Ушаков И. А.: Приближенный алгоритм для построения оптимально надежных систем с произвольной структурой. — «Известия АН СССР. Техническая кибернетика», 1965, № 2.

[26] Uschakow, I. A. – Ушаков И. А.: Приближенное решение задачи об оптимизации среднего времени безотказной работы системы. — «Надежность и контроль качества», 1971, № 11.

[27] Uschakow, I. A. – Ушаков И. А.: Приближенное решение задачи оптимального резервирования. — «Радиотехника», 1965, т. 20, № 12.

[28] Uschakow, I. A. – Ушаков И. А.: Расчет оптимального количества запасных элементов. — «Стандарты и качество», 1967, № 2.

[29] Uschakow, I. A. – Ушаков И. А.: Эвристический метод оптимизации резервирования многофункциональных систем. — «Известия АН СССР. Техническая кибернетика», 1972, № 4.

[30] Uschakow, I. A., Topolski, M. W. – Ушаков И. А., Топольский М. В.: Оптимизация среднего времени безотказной работы системы. — «Надежность и контроль качества», 1974, № 3.

Ergänzungsliteratur

[1] Barlow, R. E., Hunter, L. C., Proschan, F.: Optimum checking procedures. J. Soc. Indust. Appl. Math. **11** (1963) 1078–1095.

[2] Barlow, R. E., Proschan, F.: Mathematical theory of reliability. New York: John Wiley & Sons 1965.

[3] Bellman, R. E., Dreyfus, S. E.: Applied dynamic programming. Princeton 1962.

[4] Bodin, L. D.: Optimization procedure for the analysis of coherent structures. IEEE Trans. R-18 (1969) 118–126.
[5] Derman, C., Lieberman, G. J., Ross, S. M.: Optimal allocation of resources in systems. Proc. Confer. Reliab. & Fault Tree Analysis ed. by R. E. Barlow, J. B. Fussell, N. D. Singpurwalls, p. 307–326, SIAM, Philadelphia 1975.
[6] Kettele, J. D. jr.: Least-cost allocation of reliability investment. Operations Research **10** (1962) 249–265.
[7] Kurassow, B. G., Fedjakin, A. I. – Курасов Б. Г., Федякин А. И.: О построении неполной заминирующей последовательности размещения резервных элементов. Стр. 65—70 в сб. «Надежность сложных технических систем». Киев: Наукова думка — 1974г.
[8] Korte, B., Krelle, W., Oberhofer, W.: Ein lexikographischer Suchalgorithmus zur Lösung allgemeiner ganzzahliger Programmierungsaufgaben. Unternehmensforschung **13** (1969) H. 2/3.
[9] Mizukami, K.: Optimum redundancy for maximum system reliability by the method of convex and integer programming. Operations Research **16** (1968) 392–406.
[10] Peschel, M., Riedel, C.: Polyoptimierung. Berlin: VEB Verlag Technik 1975.
[11] Proschan, F., Bray, T.: Optimum redundancy under multiple constraints. Operations Research **13** (1965), 800–814.
[12] Tillman, F. A.: Optimization by integer programming of constrained reliability problems with several modes of failures. IEEE Trans. R-18 (1969) 47–53.
[13] Tillman, F. A., Littschwager, J. M.: Integer programming formulation of constrained reliability problems. Management Science **13** (1967) 887–899.
[14] Tillman, F. A., Hwang, C. L., Fan, L. T., Balbale, S. A.: Systems reliability subject to multiple nonlinear constraints. IEEE Trans. R-17 (1968) 153–157.
[15] Wolgin, B. N., Juchimtschuk, S. A. – Волгин Б. Н., Юхимчук С. А.: Оптимизация поблочного резервирования по схеме с кворум-элементом для аппаратуры с двумя видами отказов, неравноценными по ущербу. Стр. 155—167 в сб. «Основные вопросы теории и практики надежности». Москва: Советское радио — 1971г.

11. AUFGABEN DER OPTIMALEN INSTANDHALTUNG

11.0. Vorbemerkungen

11.0.1. Aufgabenstellung

Im Verlauf des Einsatzes technischer Erzeugnisse verändern sich unter dem Einfluß diverser zufälliger Faktoren die Parameter, einzelne Komponenten altern oder fallen gar aus. Dadurch verringert sich die Qualität der Arbeitsweise des Systems. Es gelangt aus einem Zustand, der durch die Nominalwerte eines Parameters gekennzeichnet wird, im Verlauf des Einsatzes nach und nach in Zustände mit schlechteren Qualitätscharakteristiken. Die Produktivität des Systems wird geringer, das System erfüllt seine Aufgaben in schlechterer Qualität und so weiter.

Durch rechtzeitige und hinsichtlich Intensität und Umfang zweckmäßige prophylaktische Arbeiten kann man nicht nur die technischen Parameter und die Zuverlässigkeitskenngrößen der im Einsatz befindlichen Systeme verbessern, sondern auch die Betriebskosten senken. In einer Reihe von Fällen lassen sich die geforderten Zuverlässigkeitskenngrößen überhaupt nur durch eine entsprechende Organisation optimaler Instandhaltungsarbeiten erreichen.

Nachjustierungen, das Ersetzen ausgefallener Elemente und ähnliches sind mit ganz bestimmten Aufwendungen verbunden, die nicht nur aus der Verschlechterung der Qualität der Arbeitsweise des Systems herrühren, sondern sich auch unmittelbar aus der Durchführung von prophylaktischen Erneuerungen und Havarie-Erneuerungen ergeben. Außerdem treten in hinreichend komplizierten Systemen oft „verdeckte" Ausfälle auf, deren Entdeckung eine spezielle Überprüfung erfordert, die ihrerseits zu zusätzlichen Aufwendungen führt.

So steht das Personal, das die technischen Systeme wartet und instandhält, vor einem Dilemma: Wenn die Effektivität der Arbeitsweise des Systems auf ein bestimmtes Niveau abgesunken ist (oder der Verdacht besteht, daß das der Fall ist), dann muß entschieden werden, ob das System weiterhin eingesetzt wird oder ob spezielle prophylaktische Maßnahmen durchgeführt werden. In der Praxis gibt es in der Mehrzahl der Fälle eine Möglichkeit, die prophylaktischen Maßnahmen derart durchzuführen, daß die Gesamtkosten, die die Aufwendungen für die Instandhaltung selbst und die durch Verschlechterung der Effektivität der Arbeitsweise des Systems bedingten Kosten berücksichtigen, minimiert werden. Es sind auch andere Zielfunktionen, zum Beispiel Zuverlässigkeitskenngrößen, möglich, deren Optimierung durch entsprechende Festsetzung der Instandhaltungsarbeiten erreicht wird.

Üblicherweise wird angenommen, daß zwei Grundtypen von Instandhaltungsarbeiten durchgeführt werden können: die planmäßig vorbeugende Instandsetzung (**prophylaktische Erneuerung**, PE), die vorher auf einen Zeitpunkt festgelegt wird, zu dem das System eine vorgegebene Laufzeit (oder, allgemeiner, Arbeitsmenge) absolviert hat, und die außerplanmäßige Havarie-Reparatur (**Havarie-Erneuerung**, HE), die zum Zeitpunkt der Entdeckung eines Ausfalls erfolgt. Die Entdeckung des Ausfalls im System kann sofort (im Falle einer laufenden Überprüfung) oder eine gewisse Zeit nach Eintritt des Ausfalls (im Falle einer periodischen Überprüfung) erfolgen. Es gibt Situationen, in denen es praktisch unmöglich ist, einen Ausfall ohne Demontage des Systems zu erkennen. Dann kann man im System nur die prophylaktische Erneuerung anwenden, in deren Rahmen im Falle eines Ausfalls auch die Havarie-Erneuerung erfolg.

Üblicherweise wird angenommen, daß durch eine prophylaktische Instandsetzung oder eine Reparatur das entsprechende Objekt vollständig wiederhergestellt wird.[1])

Durch Wahl einer geeigneten Instandhaltungsperiode (= Nutzungsdauer zwischen zwei aufeinander folgenden prophylaktischen Erneuerungen) kann man die maximal möglichen Werte für die ausgewählten Kenngrößen der Arbeitsweise des Systems erreichen. Als Hauptkenngrößen für die Qualität der Funktionsweise des Systems werden **zwei** grundlegende **Zuverlässigkeitskenngrößen,** die Verfügbarkeit **und** die Intervallverfügbarkeit, genommen, aber auch **zwei ökonomische Kenngrößen,** der mittlere spezifische Gewinn, den das System in der Zeiteinheit liefert, und die auf die Zeiteinheit der Arbeit bezogenen mittleren Gesamtausgaben. Die erstgenannte ökonomische Kenngröße erweist sich als günstig, wenn sowohl der Ausgangseffekt des Systems als auch die für seinen Einsatz erforderlichen Aufwendungen in ein und denselben Einheiten gemessen werden.

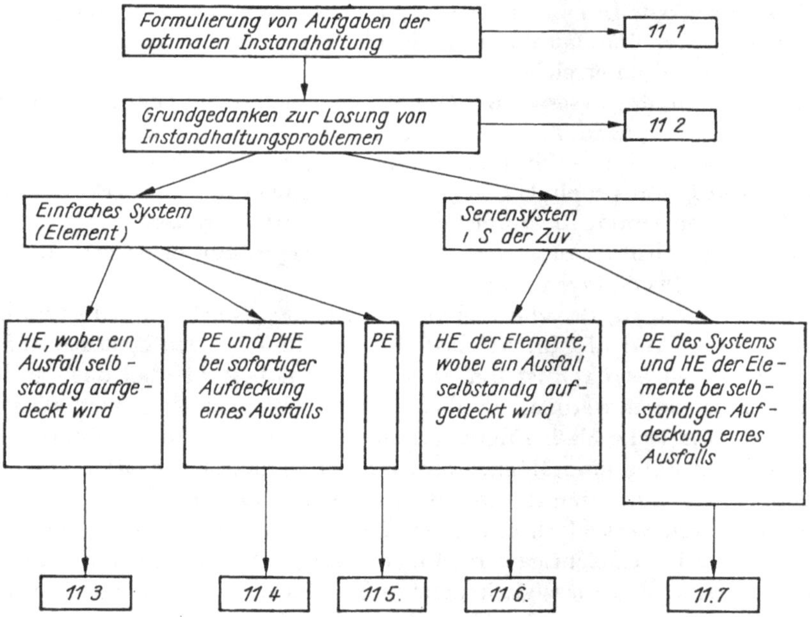

Abb. 11.0.1. Wegweiser durch das Kapitel 11

Vereinbarte Bezeichnungen PE prophylaktische Erneuerung, HE Havarie-Erneuerung, PHE prophylaktische Havarie-Erneuerung

[1]) Anmerkung d. Herausg.: Das heißt, das erneuerte Exemplar besitzt die gleichen Zuverlässigkeitskennwerte wie das ursprüngliche.

Für die Darlegungen dieses Kapitels ist es gleichgültig, ob die „Erneuerung" durch Auswechseln, Reparatur oder Überholung der betrachteten technischen Erzeugnisse erfolgt.

In diesem Kapitel werden fünf grundlegende Instandhaltungsmodelle betrachtet. Davon betreffen die ersten drei die Instandhaltung von Elementen (einfachen Systemen) und die beiden letzten Seriensysteme im Sinne der Zuverlässigkeit.

11.0.2. Wegweiser durch das Kapitel 11

Um das Aufsuchen und Benutzen des im Kapitel 11 behandelten Stoffes zu erleichtern, wurde in Abb. 11.0.1 eine schematische Übersicht angegeben, die den inneren Zusammenhang der einzelnen Abschnitte erläutert und gleichzeitig auf die Stellung der einzelnen Abschnitte innerhalb des Handbuches hinweist.

11.0.3. Zusätzliche Bezeichnungen für das Kapitel 11

C — mittlerer spezifischer Gewinn, den das System in einer Einheit der Kalenderzeit liefert;
C^* — mittlere Gesamtverluste und Aufwendungen für das System, die auf eine Einheit der Benutzungszeit bezogen sind;
c_h — Verluste in der Zeiteinheit bei Durchführung einer Havarie-Erneuerung innerhalb des Systems;
c_0 — Gewinn, der bei ausfallfreier Arbeit des Systems in der Zeiteinheit erhalten wird;
c_p — Verluste in der Zeiteinheit bei Durchführung einer prophylaktischen Erneuerung;
c_v — Verluste in der Zeiteinheit, wenn im System ein verdeckter Ausfall vorhanden ist;
$F(t)$ — Verteilungsfunktion der Arbeitszeit des Systems bis zum Ausfall;
$H_i(t)$ — Erneuerungsfunktion des i-ten Elements;
t_i — mittlere Dauer einer Havarie-Erneuerung des i-ten Elements bei dessen Ausfall;
t_0 — operative Arbeitszeit, die zur Erfüllung einer Aufgabe erforderlich ist;
t_v — mittlere Zeit bis zur Entdeckung eines verdeckten Ausfalls;
T — mittlere Arbeitszeit des Systems bis zum Ausfall;
T_h — mittlere Dauer einer Havarie-Erneuerung des Systems;
T_{ph} — mittlere Dauer einer prophylaktischen Havarie-Erneuerung;
T_p — mittlere Dauer einer prophylaktischen Erneuerung;
$\lambda(t)$ — Ausfallrate des Systems;
τ_0 — optimale Periode der prophylaktischen Erneuerung.

11.1. Formulierung von Aufgaben der optimalen Instandhaltung

Modell 1: Havarie-Erneuerungen, die die vollständige Wiederherstellung des Systems gewährleisten, werden nur dann durchgeführt, wenn ein Ausfall von selbst eingetreten ist.

Modell 2: Das System wird durch prophylaktische Erneuerungen und Havarie-Erneuerungen vollständig wiederhergestellt, wobei letztere unmittelbar nach Eintritt eines Ausfalls begonnen werden.

Modell 3: Es werden nur prophylaktische Erneuerungen, die das System vollständig wiederherstellen, durchgeführt, wobei bei Entdeckung eines Ausfalls die erforderliche Havarie-Erneuerung des Systems ausgeführt wird.

Modell 4: In einem Seriensystem im Sinne der Zuverlässigkeit werden Havarie-Erneuerungen durchgeführt, nachdem die Ausfälle der Elemente von selbst eingetreten sind.

Modell 5: In einem Seriensystem werden Havarie-Erneuerungen der ausgefallenen Elemente durchgeführt, aber auch prophylaktische Erneuerung des ganzen Systems zu Zeitpunkten, bei denen die Laufzeit (oder, allgemeiner, die Arbeitsmenge) des Systems einen Vorgabewert erreicht. (Als Ergebnis einer solchen prophylaktischen Instandhaltungsmaßnahme ist das System vollständig wiederhergestellt.)

Eine ausführliche Beschreibung der Instandhaltungsmethoden wird zu jedem der genannten Modelle in den entsprechenden Abschnitten des vorliegenden Kapitels gebracht.

11.2. Grundgedanken zur Lösung von Problemen der optimalen Instandhaltung[1])

Betrachten wir ein technisches System, das aus mehreren gleichartigen Elementen besteht (zum Beispiel die Kraftwagen eines Taxi-Unternehmens). Infolge des Ausfalls von Elementen machen sich gleichartige Neuanschaffungen erforderlich. Die gesamte Anzahl der Elemente kann sich im Laufe der Zeit ändern, und zwar nicht nur ausfallbedingt, sondern auch saisonabhängig oder durch gezielte Erhöhungen, um einem gestiegenen volkswirtschaftlichen Bedarf Rechnung zu tragen, oder auch durch bewußtes Abklingenlassen, weil das Systemkonzept technisch überholt oder moralisch verschlissen ist u. a.

Kennt man die Wahrscheinlichkeitsverteilung der Arbeitszeit der Elemente — sie kann zum Beispiel durch die zeitabhängige Überlebenswahrscheinlichkeit $P(t)$ (vgl. Abschn. 1.2) gegeben sein — und die gewünschte Gesamtzahl $N(t)$ der Elemente, so kann man daraus die **Anzahl der Erneuerungen, die in bestimmten Zeiträumen** im Mittel **erforderlich werden,** berechnen. Wir wollen den Grundgedanken durch eine elementare Überlegung erläutern.

Auf der Zeitachse werden die äquidistanten Zeitpunkte $t_0 = 0, t_1, t_2, \ldots$ markiert. Der zum Zeitpunkt t_i geforderte Bestand wird mit $N(t_i)$ bezeichnet (vgl. Abb. 11.2.1). Die Erneuerungen sollen so vorgenommen werden, daß der Erwartungswert des Ist-Bestandes an arbeitsfähigen Elementen für die interessierenden Zeitpunkte mit dem gewünschten Soll-Bestand übereinstimmt. Wir führen für die mittlere Anzahl der Erneuerungen, die im Intervall $(t_{i-1}, t_i]$ erfolgen, die Bezeichnung $\tilde{h}(t_i)$ ein. Dann setzt sich der zur Zeit t_n zu erwartende Bestand $N(t_n)$ wie folgt zusammen:

$$N(t_n) = N(0) \cdot P(t_n) + \sum_{i=1}^{n} \tilde{h}(t_i) \cdot P(t_n - t_i) . \qquad (11.2.1)$$

Dabei ist $N(0) \cdot P(t_n)$ die zu erwartende Anzahl der vom Anfangsbestand $N(0)$ zur Zeit t_n noch arbeitsfähigen Elemente und $\hat{h}(t_i) \cdot P(t_n - t_i)$ die zu erwartende Anzahl

[1]) Anmerkung d. Herausg.: Dieser Abschnitt 11.2 ist im russischen Original des Handbuches nicht enthalten und wurde vom Herausgeber hinzufügt.

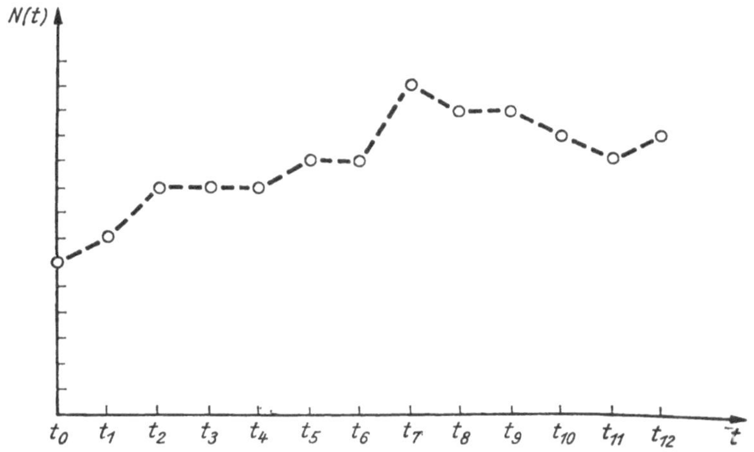

Abb. 11.2.1. Vorgegebener Bestand $N(t_i)$ in Abhängigkeit von den Zeitpunkten t_i

der von den im Intervall $(t_{i-1}, t_i]$ neu hinzugekommenen Elementen zur Zeit t_n noch arbeitsfähigen.

Die Beziehung (11.2.1) gilt offenbar nur dann exakt, wenn die Erneuerungen im Intervall $(t_{i-1}, t_i]$ erst zum Endpunkt t_i erfolgen. Weiß man Genaueres und kann man die Folge $\{h(t_i)\}$ auf Grund der praktischen Gegebenheiten durch $\tilde{h}(x)\,dx$ für $x \in (t_{i-1}, t_i]$, $i = 1, 2, \ldots$ ersetzen, wobei die Funktion $h(x)$ dann eine ,,Erneuerungsdichte" darstellt, so geht die Beziehung (11.2.1) über in

$$N(t) = N(0) \cdot P(t) + \int_0^t h(x)\, P(t-x)\, dx\,. \tag{11.2.2}$$

Der Einfachheit halber diskutieren wir hier die Formel (11.2.1), obwohl sie mitunter nur als Näherungsbeziehung aufzufassen ist. Da die Überlebenswahrscheinlichkeiten ein Charakteristikum des Erzeugnistyps sind und hier ebenso wie der zeitabhängige Bestand als bekannt vorausgesetzt werden, erhält man aus (11.2.1) die folgende Rekursionsbeziehung für die Erneuerungen pro Zeiteinheit:

$$\tilde{h}(t_n) = N(t_n) - N(0) \cdot P(t_n) - \sum_{i=1}^{n-1} \tilde{h}(t_i) \cdot P(t_n - t_i)\,. \tag{11.2.3}$$

Die Erneuerungstheorie betrachtet nun den Fall eines zeitlich konstanten Bestands N. Unter dieser Annahme geht (11.2.3) über in

$$\tilde{h}(t_n) = N \cdot \big(1 - P(t_n)\big) - \sum_{i=1}^{n-1} \tilde{h}(t_i) \cdot P(t_n - t_i)\,. \tag{11.2.4}$$

Beispiel 11.2.1

Wir knüpfen an das Beispiel 2.1.1 an. Die Überlebenswahrscheinlichkeit läßt sich aus dem Ausfallverhalten eines Bestandes von $N(0) = 35$ Exemplaren empirisch angeben:

t_i	0	1	2	3	4	5	6	7	8	9
$P(t_i)$	0	1	0,9143	0,8286	0,6857	0,4571	0,2571	0,0857	0,0296	0

Zu ermitteln ist die Anzahl der Erneuerungen pro Zeiteinheit, um den Bestand von $N = 35$ Exemplaren ununterbrochen aufrechtzuerhalten. Dabei wollen wir hier der Bequemlichkeit halber annehmen, daß der Erneuerungsvorgang selbst keine Zeit beansprucht.

Lösung

Gemäß der Formel (11.2.4) ergeben sich für $h(t_n)$, $n = 1, 2, \ldots$, die folgenden Werte:

t_n	t_1	t_2	t_3	t_4	t_5	t_6	t_7	t_8	t_9
$h(t_n)$	0	3,0	3,0	5,2571	8,514	8,136	8,295	5,464	5,941

t_n	t_{10}	t_{11}	t_{12}	t_{13}	t_{14}	t_{15}	t_{16}	t_{17}
$h(t_n)$	6,025	6,884	7,172	6,898	6,645	6,398	6,532	6,648

t_n	t_{18}	t_{19}	t_{20}	t_{21}	t_{22}	t_{23}	t_{24}	t_{25}
$h(t_n)$	6,763	6,737	6,658	6,623	6,614	6,674	6,678	6,664

t_n	t_{26}	t_{27}	t_{28}	t_{29}
$h(t_n)$	6,651	6,648	6,653	6,661

Aus Abb. 11.2.2 ist zu erkennen, daß die Werte der Folge $\{\tilde{h}(t_i)\}$ nach anfänglichen stärkeren Schwankungen immer weniger von dem Grenzwert $\frac{35}{5{,}25\ \mathrm{h}} = 6{,}67/\mathrm{h}$ abweichen. Der Nenner gibt gerade die mittlere Arbeitszeit für das betrachtete Erzeugnis an (vgl. Abschn. 2.1.1).

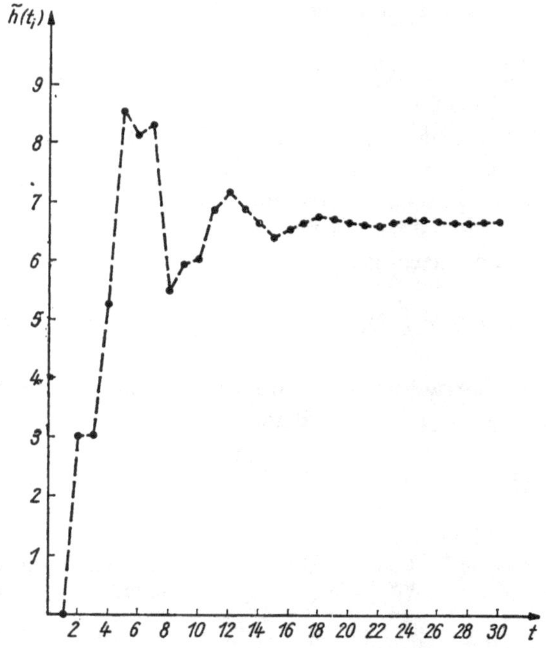

Abb. 11.2.2. Graphische Darstellung der in der Zeiteinheit notwendigen Erneuerungen, um einen konstanten Bestand aufrechtzuerhalten

Es läßt sich zeigen, daß die im Beispiel erkannte Gesetzmäßigkeit allgemein gilt. Bei Erneuerungssituationen der beschriebenen Art gibt es für $t \to \infty$ stets einen **Grenzwert**, und er hat den Wert

$$\lim_{n \to \infty} \tilde{h}(t_n) = N \cdot \frac{\Delta t}{T}, \tag{11.2.5}$$

wobei T die mittlere Arbeitszeit des entsprechenden Erzeugnistyps und $\Delta t = t_n - t_{n-1}$ die Zeiteinheit ist.

Betrachtet man die erforderlichen Erneuerungen in k Zeiteinheiten Δt, so gilt mit $t_{n+k} = t_n + k \cdot \Delta t$ die umfassendere Beziehung

$$\lim_{n \to \infty} [H(t_{n+k}) - H(t_n)] = N \cdot k \frac{\Delta t}{T}, \tag{71.2.6}$$

wobei $H(t_n)$ die mittlere Anzahl der Erneuerungen im Intervall $(0, t_n]$ bezeichnet.

Die in einem bestimmten Zeitintervall zu erneuernden Elemente ergeben sich durch die Ausfälle bereits betriebener Elemente. Jedes ausgefallene Element wird durch ein neues ersetzt. Diese ausfallenden Elemente können — vom Anfangszeitpunkt t_0 der Betrachtung an gerechnet — der ersten Generation (das heißt, die betreffenden Exemplare waren von Anfang an in Betrieb), der zweiten Generation (das heißt, die Vorläufer dieser Exemplare waren von Anfang an in Betrieb, gehörten also zur ersten Generation), der dritten Generation (das heißt, die Vorläufer gehörten zur zweiten Generation), . . . angehören. Bezeichnet man den zufälligen Ausfallzeitpunkt der ersten Generation mit $\xi^{(1)}$, so wird der zufällige Ausfallzeitpunkt der zweiten Generation $\xi^{(2)} = \xi_1^{(1)} + \xi_2^{(1)}$ (beide Summanden sind voneinander unabhängig und ebenso verteilt wie $\xi^{(1)}$), ..., der zufällige Ausfallzeitpunkt der i-ten Generation

$$\xi^{(i)} = \xi_1^{(1)} + \xi_2^{(1)} + \dots + \xi_i^{(1)}$$

(die Summanden sind voneinander unabhängig und ebenso verteilt wie $\xi^{(1)}$). Die Ausfalldichten zur 1., 2., ..., i-ten Generation wollen wir mit $f^{(1)}(t), f^{(2)}(t), \dots, f^{(1)}(t)$ bezeichnen. Im infinitesimalen Zeitintervall $(t, t + \mathrm{d}t]$ beträgt der Erwartungswert der Ausfälle von Exemplaren der i-ten Generation gerade $N \cdot f^{(i)}(t)\,\mathrm{d}t$, insgesamt sind also $N\big(f^{(1)}(t) + f^{(2)}(t) + \dots f^{(i)}(t) + \dots\big)\,\mathrm{d}t$ Ausfälle zu erwarten. Also gilt für die „**Erneuerungsdichte**“, wenn ein zeitlich konstanter Bestand aufrechterhalten bleiben soll:

$$h(t) = N \sum_{j=1}^{\infty} f^{(j)}(t). \tag{11.2.7}$$

Wir wollen uns die Verhältnisse für den wichtigen Fall klarmachen, daß die Arbeitszeit durch Abnutzung oder andere typische Verschleiß-Erscheinungen begrenzt wird. Wenn der Verschleiß $v(t)$ einen Wert v_0 erreicht hat, so muß das entsprechende Exemplar durch ein neues ersetzt werden. In Abb. 11.2.3a wurden drei mögliche Verschleiß-Zeit-Trajektorien eingetragen. Die Kurve 1 repräsentiert ein Exemplar mit extrem hohem Verschleiß, die Kurve 2 zeigt ein mittleres Verhalten und die Kurve 3 einen extrem geringen Verschleiß. Die zugehörende Ausfalldichte $f(t)$ und Überlebenswahrscheinlichkeit $P(t)$ des Erzeugnistyps wurden in Abb. 11.2.3b eingetragen.

Nehmen wir an, daß die zufällige Arbeitszeit $\xi^{(1)}$ einen Erwartungswert T und eine Standardabweichung σ besitzt. Die zweite Generation besitzt dann eine Arbeitszeit

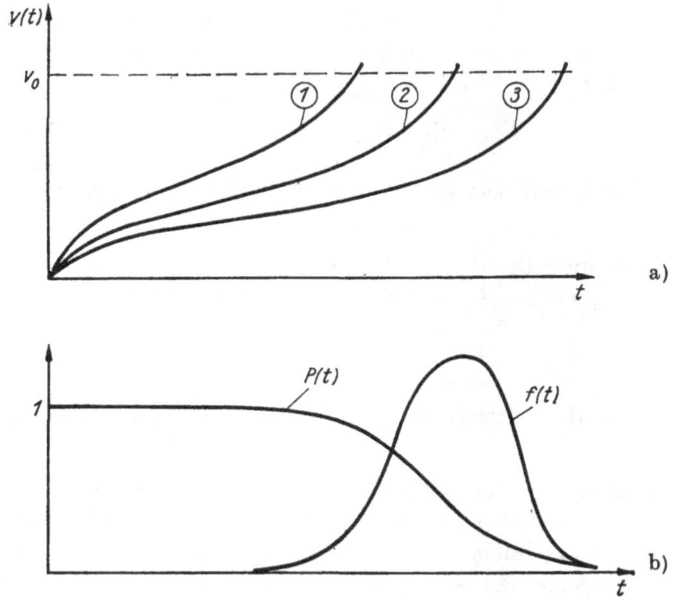

Abb. 11.2.3. a) Drei repräsentative Kurven für den zeitabhängigen Verschleiß; b) Zugehörende Ausfalldichte und Überlebenswahrscheinlichkeit

mit dem Erwartungswert $2T$ und der Standardabweichung $\sqrt{2}\,\sigma$, ... , und die i-te Generation gehorcht einer Verteilung mit dem Erwartungswert iT und der Standardabweichung $\sqrt{i}\,\sigma$, ... Die Standardabweichungen werden verständlicherweise von Generation zu Generation größer, da die Zeitpunkte für die Inbetriebnahme der Exemplare der entsprechenden Generation immer weiter auseinander fallen. Die Verteilungsdichten werden immer flacher und auseinandergezogener. Die Erneuerungsdichte ergibt sich gemäß Formel (11.2.7) aus der Summe der einzelnen Verteilungsdichten. Die Erneuerungsdichte kann mit praktisch ausreichender Genauigkeit von der Zeit ab durch ihren Grenzwert, vergleiche (11.2.5) und (11.2.6), ersetzt werden, zu der die Ausfallzeitpunkte der Generation mit dem bisher höchsten Index im wesentlichen über ein Zeitintervall der Länge $2T$ „verteilt“ sind. (Die Wahrscheinlichkeit dafür, daß Ausfallzeitpunkte dieser Generation außerhalb des Intervalls liegen, soll sehr klein sein.)

Beispiel 11.2.2

Wir betrachten ein großes Kollektiv gleichartiger Leuchtstoffröhren (zum Beispiel $N = 500$ Stück) mit einer mittleren Brenndauer von $T = 3600$ h und einer Standardabweichung von $\sigma = 600$ h. Wir wollen annehmen, daß man die Brenndauer in guter Näherung als normalverteilt ansehen kann. Alle ausgefallenen Röhren werden sofort durch neue ersetzt.

Gesucht wird der Verlauf der „Erneuerungsdichte“ $h(t)$, außerdem soll der Grenzwert der pro Brennstunde zu erwartenden Ersetzungen berechnet werden.

Lösung

Der Verlauf der Funktion $\frac{h(t)}{N}$ wurde in Abb. 11.2.3 dargestellt. Für große Zeiten strebt die „Erneuerungsdichte“ gegen den Grenzwert $\frac{N}{T} = \frac{500}{3600\text{ h}} = \frac{1}{7{,}2\text{ h}}$. Das heißt, im Mittel ist aller 7,2 h eine Röhre auszuwechseln.

Bei der Normalverteilung ist praktisch die gesamte Wahrscheinlichkeit auf das Intervall $(T - 2\sigma,\ T + 2\sigma)$ konzentriert. Gemäß der oben angeführten Regel kann man daher mit dem Grenzwert von einer Zeit $t = T_i$ an rechnen, für den die Verteilung der i-ten Generation eine „Breite" $2T$ erreicht hat. Aus dem Ansatz

$$4\sigma_i = 2T$$

erhält man hier

$$2\sqrt{i}\,\sigma = T$$

und damit

$$i = \left(\frac{T}{2\sigma}\right)^2 = \left(\frac{3600}{2 \cdot 600}\right)^2 = 9\,.$$

Nach insgesamt $t = T_9 = 9 \cdot T = 32400$ Brennstunden liegen stationäre Erneuerungsverhältnisse vor (vgl. Abb. 11.2.4).

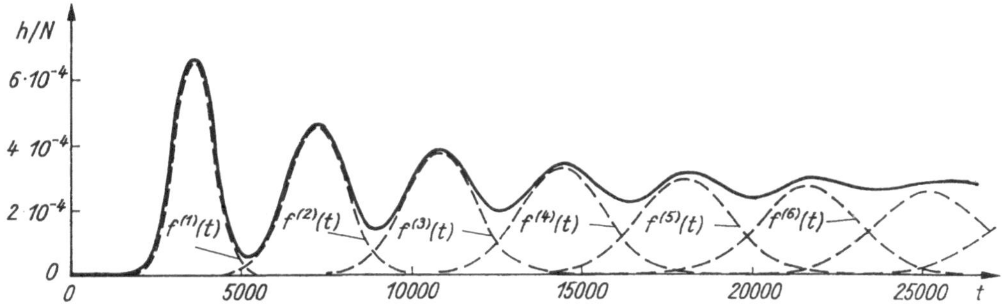

Abb. 11.2.4. Erläuterung des Grenzwertsatzes für die Erneuerungsdichte

Berücksichtigt man auch für den Erneuerungsvorgang selbst eine gewisse Zeitdauer, so tritt an die Stelle der mittleren Arbeitszeit T der Erwartungswert der Zeit zwischen zwei aufeinanderfolgenden Erneuerungspunkten. (Das soll die Zeitdauer vom Arbeitsbeginn eines Elements bis zum Zeitpunkt des Abschlusses der Erneuerungsarbeiten sein, zu dem der Nachfolger des ausgefallenen Elements tatsächlich zu arbeiten beginnt.) Diesen Erwartungswert bezeichnen wir mit $M(\zeta)$ und erhalten anstelle von (11.2.5) die Beziehung

$$\lim_{n \to \infty} \tilde{h}(t_n) = N \cdot \frac{\Delta t}{M(\zeta)}\,. \tag{11.2.8}$$

Für endliche Zeiten, zu denen der Erneuerungsprozeß noch nicht „eingeschwungen" ist, können die pro Zeiteinheit auftretenden Erneuerungen jedoch wesentlich größer oder kleiner sein als der asymptotische Wert gemäß (11.2.8), vergleiche Beispiel 11.2.1 und Beispiel 11.2.3.

Wir wollen unser Augenmerk nochmals auf die Formel (11.2.1) richten und sie für ein beliebiges Einzelelement und dessen Nachfolger interpretieren. Dazu dividieren wir durch den Anfangsgesamtbestand $N(t_0) = N$ und erhalten

$$\frac{N(t_n)}{N} = P(t_n - t_0) + \sum_{i=1}^{n} \frac{\tilde{h}(t_i)}{N} P(t_n - t_i)\,.$$

Das Verhältnis $\dfrac{N(t_n)}{N}$ läßt sich als (Punktschätzung für die) Wahrscheinlichkeit deuten, daß ein zur Zeit t_0 arbeitsfähiges Element zur Zeit t_n noch selbst oder ein Nachfolger arbeitsfähig ist. Das Verhältnis $\frac{\tilde{h}(t_i)}{N}$ läßt sich als (Punktschätzung für die) Wahrscheinlichkeit deuten, daß das betreffende Element in der Zeiteinheit $(t_{i-1}, t_i]$ erneuert wird. Falls während der Zeiteinheiten $(t_n, t_{n+1}], (t_{n+1}, t_{n+2}], \ldots, (t_{n+k-1}, t_{n+k}]$ keine Erneuerungen erfolgen, so wird die Zahlenfolge $N(t_n), N(t_{n+1}), \ldots, N(t_{n+k})$ monoton fallen. Das Verhältnis $\frac{N(t_{n+k})}{N}$ läßt sich als (Punktschätzung der) Wahrscheinlichkeit deuten, daß das Element über den Zeitraum $(t_n, t_{n+k}]$ ohne Erneuerungen arbeitsfähig bleibt. Mit anderen Worten: Durch $\frac{N(t_{n+k})}{N}$ wird die **Intervallverfügbarkeit** für das Intervall $(t_n, t_{n+k}]$ abgeschätzt. Auch für sie läßt sich ein einfacherer Ausdruck für $t_n \to \infty$ angeben.

Wegen $\tilde{h}(t_{n+1}) = \tilde{h}(t_{n+2}) = \ldots = \tilde{h}(t_{n+k}) = 0$ folgt aus (11.2.1):

$$\frac{N(t_{n+k})}{N} = P(t_{n+k}) + \sum_{i=1}^{n} \frac{\tilde{h}(t_i)}{N} P(t_{n+k} - t_i) = P(t_{n+k}) + \sum_{i=1}^{n} \frac{\tilde{h}(t_i)}{N} P(t_{n+k-i}) \,. \tag{11.2.9}$$

Unter Ausnutzung bekannter Aussagen der Theorie unendlicher Folgen und Reihen sowie Formel (11.2.8) kann man den asymptotischen Wert für $n \to \infty$ wie folgt berechnen:

$$\begin{aligned}
\lim_{n\to\infty} \frac{N(t_{n+k})}{N} &= \lim_{n\to\infty} P(t_{n+k}) + \lim_{n\to\infty} \sum_{i=1}^{n} \frac{\tilde{h}(t_i)}{N} P(t_{n+k-i}) \\
&= 0 + \lim_{n\to\infty} \frac{\tilde{h}(t_n)}{N} \lim_{n\to\infty} \sum_{i=1}^{n} P(t_{n+k-i}) \\
&= \frac{\Delta t}{M(\zeta)} \sum_{j=k}^{\infty} P(t_j) \\
&= \frac{1}{M(\zeta)} \sum_{j=k}^{\infty} P(t_j) \cdot \Delta t \,.
\end{aligned} \tag{11.2.10}$$

Unter den erwähnten Voraussetzungen

— es wird nur unterschieden zwischen Ausfall und Arbeitsfähigkeit
— die erneuerten Elemente zeigen das gleiche Ausfallverhalten wie ihre Vorgänger, und es gibt keine gegenseitige Beeinflussung (damit kann unter anderem eine systematische Verbesserung des Erzeugnistyps durch Beseitigung erkannter Schwachstellen im Rahmen der Theorie nicht berücksichtigt werden!)
— es soll ein konstanter Bestand aufrechterhalten werden,

spielt sich der betrachtete Erneuerungsprozeß auf ein stationäres Verhalten ein. (Details können in der mathematischen Literatur über Erneuerungstheorie nachgelesen werden.)

Die in diesem Kapitel behandelten Optimierungsverfahren gehen stets davon aus, daß stationäre Verhältnisse vorliegen. Der Ingenieur hat daher zu prüfen, ob im konkreten Falle diese Grundvoraussetzung angenommen werden darf oder nicht. Eine entscheidende Rolle spielt dabei der Verteilungstyp der zufälligen Arbeitszeit bis zum Ausfall der Elemente (hier widergespiegelt durch die Funktion $P(t)$).

Die bisher erläuterte Instandhaltungsstrategie, die sogenannte „Ausfallmethode", stellt die denkbar einfachste Methode dar. Sind die mit ihr erreichbaren Ergebnisse für den konkreten technischen Anwendungsfall nicht ausreichend, so lassen sich häufig mit Hilfe der **vorbeugenden Instandhaltung,** die zum Beispiel im planmäßigen Auswechseln noch arbeitsfähiger Elemente besteht, ökonomisch und/oder technisch günstigere Resultate erzielen. Vorteile der prophylaktischen Erneuerungen sind dann zu vermuten, wenn die mit einer prophylaktischen Erneuerung verbundenen Kosten niedriger sind als für eine Havarie-Erneuerung. Darüber hinaus sollte die Ausfallrate des entsprechenden Erzeugnistyps eine steigende Tendenz zeigen. (Bei konstanter Ausfallrate hat es keinen Sinn, an prophylaktische Erneuerungen zu denken, weil bei diesem Verteilungstyp der vorangehende Gebrauch eines noch nicht ausgefallenen Erzeugnisses für sein künftiges Ausfallverhalten keine Rolle spielt. Mit anderen Worten: Bei konstanter Ausfallrate zeigen sich keinerlei Alterungserscheinungen.)

Erzeugnisse, bei denen Alterungs- und Verschleißausfälle dominieren, lassen besonders große Effekte durch prophylaktische Instandhaltungsmaßnahmen erwarten.

Die Länge einer Instandhaltungsperiode, nach deren Ablauf eine vorbeugende Erneuerung erfolgt, wird mit τ bezeichnet. Nun können folgende Instandhaltungsmethoden sinnvoll sein:

a) Zu den Zeitpunkten $0, \tau, 2\tau, \ldots$ werden sämtliche Exemplare erneuert (zum Beispiel durch Auswechseln). Die während einer Periode ausgefallenen Exemplare werden ebenfalls nur zu den genannten Zeitpunkten durch neue ersetzt.
Den möglichen Lebenslauf eines Exemplars und seiner Nachfolger zeigt Abb. 11.2.5a.

b) Für jedes Exemplar wird die Arbeitszeit getrennt registriert. Die Erneuerung erfolgt sofort bei Ausfall, spätestens jedoch nach Absolvierung einer Arbeitszeit τ.
Den möglichen Lebenslauf eines Exemplars und seiner Nachfolger zeigt Abb. 11.2.5b.

Wir wollen für beide Fälle den durch die Ausfallzeitpunkte gegebenen Punktprozeß betrachten.

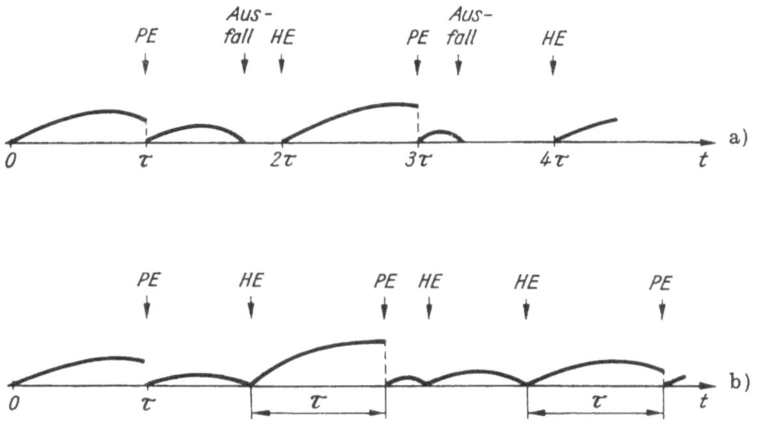

Abb. 11.2.5. Veranschaulichung zweier Instandhaltungsmethoden

Besitzen die Elemente eine Verteilungsdichte $f(t)$ und eine Überlebenswahrscheinlichkeit $P(t) = \int_t^\infty f(x)\,dx$, so lautet im Falle a die Wahrscheinlichkeit dafür, daß bis zum Zeitpunkt t der erste Ausfall noch nicht eingetreten ist,

$$[P(\tau)]^j \cdot P(t - j\tau) \quad \text{für} \quad j\tau \leqq t \leqq (j+1)\,\tau; \qquad j = 0, 1, 2, \ldots$$

Damit wird die mittlere Zeit bis zum ersten Ausfall

$$T^{(a)} = \int_0^\infty P^{(a)}(t)\,dt = \sum_{j=0}^\infty [P(\tau)]^j \int_0^\tau P(t)\,dt = \frac{\int_0^\tau P(t)\,dt}{1 - P(\tau)}.$$

Die mittlere Verweilzeit im Ausfallzustand ergibt sich zu

$$t_v = \tau - \int_0^\tau P(t)\,dt\,.$$

Daraus erhält man die mittlere Zeit zwischen zwei Ausfallzeitpunkten

$$t_v + T^{(a)}$$

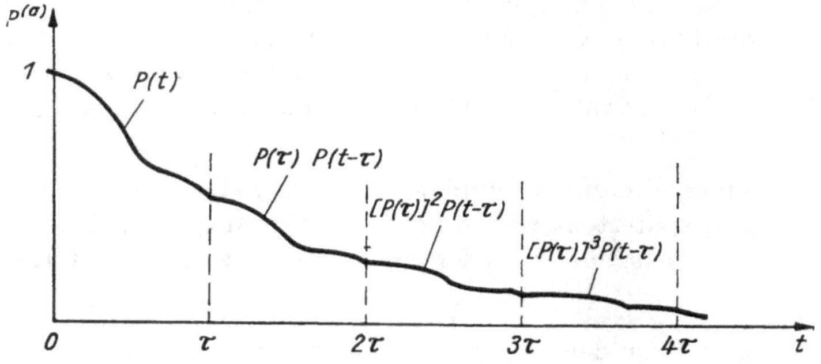

Abb. 11.2.6. Darstellung der Funktion $P^{(a)}(t)$

Nach Einspielen des stationären Zustandes sind im Fall a während einer Zeiteinheit Δt insgesamt

$$\frac{N \cdot \Delta t}{t_v + T^{(a)}} = \frac{N \cdot \Delta t\big(1 - P(\tau)\big)}{\tau\big(1 - P(\tau)\big) + P(\tau) \int_\tau^0 P(t)\,dt} \tag{11.2.11}$$

Ausfälle zu erwarten.

Im Fall b entfällt die Verweilzeit im Ausfallzustand. Die mittlere Zeit bis zum ersten Ausfall und die mittlere Zeit zwischen zwei Ausfällen lauten übereinstimmend

$$T^{(b)} = T^{(a)} = \frac{\int_0^\tau P(t)\,dt}{1 - P(\tau)}.$$

Im stationären Zustand sind in der Zeiteinheit Δt insgesamt

$$\frac{N}{T^{(b)}} \Delta t = \frac{N \Delta t(1 - P(\tau))}{\int_0^\tau P(t) \, dt} \tag{11.2.12}$$

Ausfälle zu erwarten.

Beispiel 11.2.3

Wir gehen vom Beispiel 11.2.2 aus. Dort hatten wir die sogenannte „Ausfallmethode" angewandt und festgestellt, daß (nach längerer Zeit) im Mittel alle 7,2 h ein Ausfall eintritt.

Für die erläuterten Fälle a und b ist zu berechnen, wie viele Ausfälle in der Zeiteinheit Δt (bei stationär gewordenen Verhältnissen) zu erwarten sind, wenn

$$\tau_1 = T - 2\sigma = 2400 \text{ h}$$

beziehungsweise

$$\tau_2 = T + 2\sigma = 4800 \text{ h}$$

beziehungsweise

$$\tau_3 = T \quad = 3600 \text{ h}$$

festgelegt wird.

Lösung

Unter der Voraussetzung der Normalverteiltheit der Arbeitszeit der Elemente gilt für $\tau = \tau_1 = 2400$ h:

$$P(\tau_1) = 1 - 0{,}0228 = 0{,}9772 ,$$

$$\int_0^{\tau_1} P(t) \, dt = \tau_1 \cdot 0{,}9976 = 2394{,}24 \text{ h} .$$

Innerhalb einer Brennstunde sind bei einem Bestand von $N = 500$ Exemplaren folgende Ausfallzahlen zu erwarten, vergleiche Formeln (11.2.11) und (11.2.12).

a) $$\frac{500 \cdot 0{,}0228}{2400 \cdot [0{,}0228 + 0{,}9772 \cdot 0{,}9976]} = 0{,}004761 ,$$

das heißt im Mittel alle 210 Brennstunden ein Ausfall,

b) $$\frac{500 \cdot 0{,}0228}{2400 \cdot 0{,}9976} = 0{,}004761 ,$$

das heißt ebenfalls im Mittel aller 210 Brennstunden ein Ausfall,

Für $\tau = \tau_2 = 4800$ h wird

$$P(\tau_2) = 0{,}0228 , \qquad \int_0^{\tau_2} P(t) \, dt = 3594 \text{ h}$$

und damit

a) $$\frac{500 \cdot 0{,}9772}{4800 \cdot 0{,}9772 + 0{,}0228 \cdot 3594} = 0{,}1024 ,$$

das heißt im Mittel alle 9,77 Brennstunden ein Ausfall,

b) $$\frac{500 \cdot 0{,}9772}{3594} = 0{,}1359 ,$$

das heißt im Mittel alle 7,36 Brennstunden ein Ausfall.

Für $\tau = \tau_3 = 3600$ h wird

$$P(\tau_3) = 0{,}500 \quad \text{und} \quad \int_0^{\tau_3} P(t) \, dt = 3360{,}63 \text{ h}$$

und damit

a) $$\frac{500 \cdot 0{,}5}{3600 \cdot 0{,}5 + 0{,}05 \cdot 3360{,}63} = 0{,}07183\,,$$

das heißt im Mittel alle 13,92 Brennstunden ein Ausfall,

b) $$\frac{500 \cdot 0{,}5}{3360{,}63} = 0{,}07439\,,$$

das heißt im Mittel alle 13,44 Brennstunden ein Ausfall.

Bei den bisherigen Überlegungen sind die mit einer Havarie-Erneuerung oder einer prophylaktischen Erneuerung verbundenen Aufwendungen (an Zeit und/oder Kosten) noch nicht berücksichtigt worden. Bei den Instandhaltungsmodellen, die in den folgenden Abschnitten behandelt werden, wird das getan.

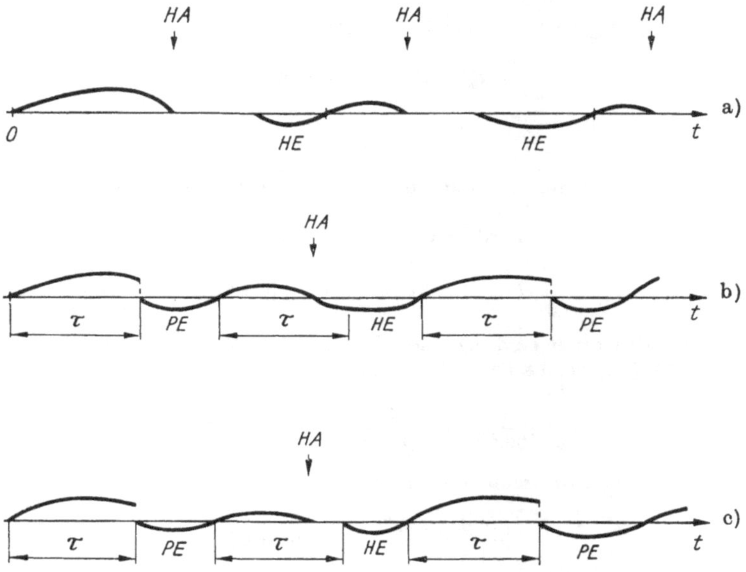

Abb. 11.2.7. Veranschaulichung der „Lebensgeschichte" eines Exemplars und seiner Nachfolger bei einer Instandhaltungsmethode

a) gemäß Abschnitt 11 3
b) gemäß Abschnitt 11.4
c) gemäß Abschnitt 11.5

Die Abbildungen 11.2.7a, 11.2.7b beziehungsweise 11.2.7c zeigen zur Erläuterung eine mögliche Lebensgeschichte eines Exemplars und seiner Nachfolger, wenn die Instandhaltungsmethoden der Abschnitte 11.3, 11.4 beziehungsweise 11.5 angewendet werden. Stets wechseln ein Intervall der Arbeitsfähigkeit und ein Intervall der Nichtarbeitsfähigkeit (Zeit vom Ausfalleintritt bis zum Abschluß der Erneuerung) einander ab. Auch für derartige „alternierende" Erneuerungsprozesse stellen sich für $t \to \infty$ stationäre Verhältnisse ein. Bezeichnet man die (zufällige) Intervallänge einer ununterbrochenen Ausfallzeit mit η, so wird die oben eingeführte Zufallsgröße $\zeta = \xi + \eta$. Auf Grund der erläuterten Zusammenhänge sind die folgenden Beziehungen unmittelbar einleuchtend. (Die exakten Beweise sind nicht einfach und in mathematischen Darstellungen der Erneuerungstheorie nachlesbar.)

Intervallverfügbarkeit eines Elements (= Wahrscheinlichkeit für die ununterbrochene Arbeitsfähigkeit während eines Intervalls $(t, t + t_0)$ für hinreichend großes t), vergleiche (11.2.10):

$$R(t_0) = \frac{1}{M(\zeta)} \cdot \int_{t_0}^{\infty} P(\xi > t)\,\mathrm{d}t = \frac{1}{M\xi + M\eta} \int_{t_0}^{\infty} P(t)\,\mathrm{d}t\,. \tag{11.2.13}$$

(Dauer-) Verfügbarkeit eines Elements (= Intervallverfügbarkeit für $t_0 = 0$):

$$V = \frac{1}{M\xi + M\eta} \int_0^{\infty} P(t)\,\mathrm{d}t = \frac{M\xi}{M\xi + M\eta}\,. \tag{11.2.14}$$

Bewertungsfunktion $\boldsymbol{K}$, die die auf die Zeiteinheit bezogenen Kosten, den Gewinn oder ähnliches mißt:

$$K = C_h M(z_h) + C_p M(z_p)\,, \tag{11.2.15}$$

wobei z_h beziehungsweise z_p die Anzahl der Havarie- beziehungsweise prophylaktischen Erneuerungen pro Zeiteinheit und C_h beziehungsweise C_p Bewertungsfaktoren sind.

Wir wollen die entsprechenden Größen zum Beispiel für die Instandhaltungsmethode des Abschnitts 11.4 (vgl. Abb. 11.2.7b) ermitteln. Hier wird

$$M\xi = \int_0^{\tau} P(t)\,\mathrm{d}t\,, \qquad M\eta = F(\tau) \cdot T_h + P(\tau) \cdot T_p\,, \tag{11.2.16}$$

$$M(z_h) = \frac{F(\tau)}{M(\xi + \eta)} = \frac{1 - P(\tau)}{M(\xi + \eta)}\,,$$

$$M(z_p) = \frac{P(\tau)}{M(\xi + \eta)}\,.$$

Wir setzen die Aufwendungen für eine Havarie-Erneuerung beziehungsweise prophylaktische Erneuerung mit

$$C_h = c_h \cdot T_h \quad \text{beziehungsweise} \quad C_p = c_p \cdot T_p$$

an, das heißt, die Aufwendungen für erneuerungsbedingte Stillstandszeiten sollen der mittleren Dauer der Stillstandszeiten proportional sein. Dann erhalten wir für die **Aufwendungen pro Zeiteinheit** die Beziehung

$$C^* = \frac{c_h T_h(1 - P(\tau)) + c_p T_p \cdot P(\tau)}{\int_0^{\tau} P(t)\,\mathrm{d}t + T_h(1 - P(\tau)) + T_p P(\tau)}\,. \tag{11.2.17}$$

Wenn die Aufwendungen je Einheit der ausfallfreien Arbeit betrachtet werden, dann ergibt sich

$$C^{**} = \frac{c_h T_h + P(\tau) \cdot (c_p T_p - c_h T_h)}{\int_0^{\tau} P(t)\,\mathrm{d}t}\,. \tag{11.2.18}$$

Setzen wir auch den (Brutto-)Gewinn pro Einheit der ausfallfreien Arbeit als Konstante c_0 an, so ergibt sich als Gewinn pro (Kalender-)Zeiteinheit die Beziehung

$$C = \frac{c_0 M(\xi)}{M(\xi + \eta)} - C^* ,$$

$$C = \frac{c_0 \int_0^\tau P(t)\,dt - c_h T_h(1 - P(\tau)) - c_p T_p \cdot P(\tau)}{\int_0^\tau P(t)\,dt + T_h(1 - P(\tau)) + T_p P(\tau)} . \tag{11.2.19}$$

Der Gewinn je Einheit der ausfallfreien Arbeit wird

$$C' = c_0 - C^{**} . \tag{11.2.20}$$

Berücksichtigt man den Wiederverkaufserlös der noch arbeitsfähigen, prophylaktisch erneuerten Elemente und setzt ihn ihrer restlichen Lebensdauer proportional, das heißt, jede prophylaktische Erneuerung bringt einen Gewinn durch Wiederverkauf von

$$c_w \int_\tau^\infty P(t)\,dt / P(\tau) ,$$

so wird der Gesamtgewinn pro (Kalender-)Zeiteinheit

$$C'' = \frac{c_0 \int_0^\tau P(t)\,dt + c_w \int_\tau^\infty P(t)\,dt + (c_h T_h - c_p T_p)\,P(t) - c_h T_h}{\int_0^\tau P(t)\,dt + T_h + (T_p - T_h) \cdot P(\tau)} . \tag{11.2.21}$$

Es lassen sich noch viele weitere sinnvolle Bewertungsfunktionen bilden.

In jedem Falle wird man versuchen, die Instandhaltungsperiode so festzulegen, daß das interessierende Bewertungsmaß K einen optimalen Wert erhält. Meist läßt sich aus der Beziehung $\frac{dK}{d\tau} = 0$ eine eindeutig lösbare Bestimmungsgleichung für das optimale τ_0 angeben.

Als Beispiel soll diejenige Instandhaltungsperiode τ_0 bestimmt werden, durch die die Verfügbarkeit

$$V = \frac{\int_0^\tau P(t)\,dt}{\int_0^\tau P(t)\,dt + P(\tau) \cdot (T_p - T_h) + T_h} \tag{11.2.22}$$

optimiert wird.

Aus $\frac{dV}{d\tau} = 0$ folgt die Bestimmungsgleichung

$$\varphi(\tau) = -F(\tau) + \lambda(\tau) \cdot \int_0^\tau P(t)\,dt = \frac{T_p}{T_h - T_p} . \tag{11.2.23}$$

Für $T_h \leqq T_p$ wächst $V(\tau)$ monoton mit τ, und die maximale Verfügbarkeit wird ersichtlich für $\tau \to \infty$ erreicht, das heißt, bei Verzicht auf prophylaktische Erneuerungen. Die zugehörende Verfügbarkeit wird

$$V_{\text{opt}} = \frac{T}{T + T_h}, \qquad \text{falls } T_h' \leqq T_p . \tag{11.2.24}$$

Bei wachsender Ausfallrate $\lambda(\tau)$ wächst auch die Funktion $\varphi(\tau)$, denn es gilt $\frac{\mathrm{d}}{\mathrm{d}\tau}\varphi = \int_0^\tau P(t)\,\mathrm{d}t \cdot \frac{\mathrm{d}}{\mathrm{d}\tau}\lambda$. Für $T_h > T_p$ besitzt daher die Bestimmungsgleichung (11.2.23) eine eindeutige Lösung τ_0. Die zugehörende Verfügbarkeit wird

$$V_{\text{opt}} = V(\tau_0) = [1 + (T_h - T_p) \cdot \lambda(\tau_0)]^{-1}, \text{ falls } T_p < T_h . \tag{11.2.25}$$

Bei anderen Bewertungsfunktionen ergeben sich im allgemeinen auch andere Werte für τ_0. Doch spielt die Funktion $\varphi(\tau)$ auch sonst eine wichtige Rolle. Sie wurde deshalb in der Literatur (z. B. bei Glasser, 1967) für die WEIBULL-Verteilung, die abgeschnittene Normalverteilung und die Gamma-Verteilung (als Verteilungstypen der ausfallfreien Arbeitszeit) tabelliert.

Es kann vorkommen, daß unterschiedliche Bewertungsfunktionen bei den gleichen Werten τ_0 ihr Optimum annehmen. Beispielsweise werden bei einer Instandhaltungsperiode τ_0, die die Verfügbarkeit maximiert, zugleich auch die oben angeführte Bewertungsfunktion $C^{**}(\tau)$ minimiert und die Bewertungsfunktion $C'(\tau)$ maximiert.

Bisher sind wir davon ausgegangen, daß die Instandhaltungsperiode τ eine konstante Größe ist. Mitunter ist eine derartige streng periodische Instandhaltungsstrategie nicht möglich und man wird dem praktischen Sachverhalt besser gerecht, wenn τ als Zufallsgröße mit einer Verteilungsfunktion $G(t) = P\,(\tau \leqq t)$ angesehen wird. Auch auf eine solche **zufällige periodische Instandhaltungsstrategie** lassen sich die oben skizzierten Überlegungen erweitern. Dabei gelten die folgenden Entsprechungen:

$$\begin{aligned} P(\tau) &\to \int_0^\infty P(t)\,\mathrm{d}G(t)\,, \\ 1 - P(\tau) &\to 1 - \int_0^\infty G(t)\,\mathrm{d}P(t)\,, \\ \int_0^\tau P(t)\,\mathrm{d}t &\to \int_0^\infty P(t) \cdot (1 - G(t))\,\mathrm{d}t\,. \end{aligned} \tag{11.2.26}$$

Es läßt sich allerdings unter sehr allgemeinen Voraussetzungen zeigen, daß man als optimale Strategie stets eine streng periodische benutzen kann. Deshalb werden in den folgenden Abschnitten nur streng periodische Erneuerungsstrategien betrachtet.

Die zahlreichen unten angegebenen **Formeln** dürfen nicht dazu verleiten, sie **in der Praxis** bedenkenlos anzuwenden. Die Ergebnisse basieren auf Grenzwertsätzen der Erneuerungstheorie und gelten nur dann, wenn die praktischen Gegebenheiten einem alternierenden Erneuerungsprozeß im eingeschwungenen (stationären) Zustand entsprechen. Man muß sich vergegenwärtigen, daß die Erneuerungen häufig durch Reparaturen an ein und demselben Exemplar realisiert werden (zum Beispiel bei Kraftfahrzeugen und vielen anderen komplizierten technischen Erzeugnissen). Die Instandsetzungskosten wachsen jedoch in der Regel progressiv mit der Nutzungsdauer. Damit ist die Voraussetzung — nach jeder Erneuerung ist das Erzeugnis einem (fabrik-)neuen gleichwertig — verletzt. Es ist üblich, das Erzeugnis nach einer bestimmten Nutzungsdauer zu verschrotten. Für die Aufwendungen K innerhalb t Zeiteinheiten wird häufig der folgende Ansatz gemacht:

$$K = K_1 + K_2 t + K_3 t^n . \tag{11.2.27}$$

Der erste Term entspricht den Anschaffungs- und Verschrottungskosten, der zweite Term den zeitproportionalen Aufwendungen für Betriebsstoff, Pflege, Steuern u. a., der dritte Term den progressiv ansteigenden Instandsetzungskosten ($n > 1$). Als günstigste Dauer des Einsatzes wird man das Zeitintervall von 0 bis t_{opt} festlegen, für das die Gesamtaufwendungen pro Zeiteinheit minimal werden, vgl. Abb. 11.2.8. Aus

$$\frac{\mathrm{d}}{\mathrm{d}t}\left(\frac{K}{t}\right) = \frac{\mathrm{d}}{\mathrm{d}t}\left(\frac{K_1}{t} + K_2 + K_3 t^{n-1}\right) = 0$$

folgt

$$t_{\text{opt}} = \sqrt[n]{\frac{K_1}{(n-1)\,K_3}} . \tag{11.2.28}$$

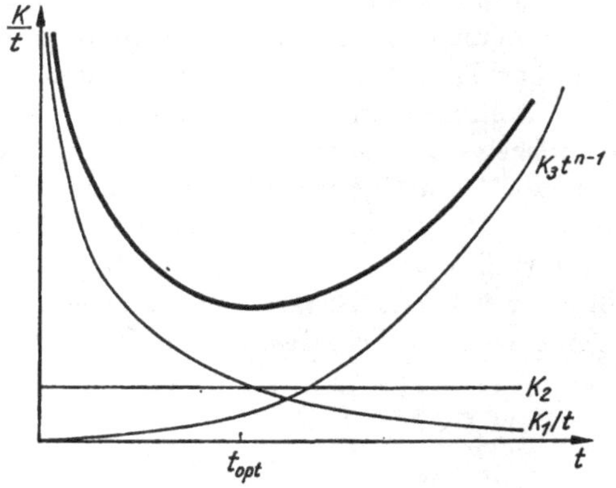

Abb. 11.2.8. Gesamtaufwendungen (Kosten) pro Zeiteinheit

Nach Erreichen der Zeit t_{opt}, die häufig in der Größenordnung von Jahren liegt, wird das betreffende Exemplar verschrottet. Das neue Nachfolgeexemplar wird aber auf Grund des technischen Fortschritts auf dem entsprechenden Fachgebiet meist andere technische Parameter und auch eine andere Verteilungsfunktion der ausfallfreien Arbeit, andere Instandsetzungsgegebenheiten und so weiter besitzen ...

Zum Abschluß sei darauf hingewiesen, daß man in vielen Fällen versuchen wird, sich durch individuelle Überprüfungen Aufschluß über den Zustand der eingesetzten oder für den Einsatz vorgesehenen Erzeugnisse zu verschaffen. Da derartige Überprüfungen auch mit Kosten verbunden sind, die gegen den damit erreichten Nutzeffekt abgewogen werden müssen, entsteht das Problem der optimalen Planung von Überprüfungen. Auch hier erweisen sich Ergebnisse der mathematischen Erneuerungstheorie als nützlich. In diesem Kapitel wird darauf nicht näher eingegangen. Wir bringen lediglich eine Übersicht, die vier verschiedene Instandhaltungsmethoden nach verschiedenen praktischen Gesichtspunkten vergleicht (Tabelle 11.2.1).

Merkmale	Ausfallmethode	streng periodische prophylaktische Erneuerung	prophylaktische Erneuerung nach Überprüfung: streng periodische Überprüfung	prophylaktische Erneuerung nach Überprüfung: laufende Überprüfung
Charakteristikum	Element arbeitet bis zum Ausfall und wird anschließend ersetzt	Element wird nach festgelegter Arbeitszeit erneuert	Elemente werden zu starr festgelegten Terminen erneuert, falls restliche Lebenserwartung kleiner als eine Überprüfungsperiode ist	Überwachungseinrichtung signalisiert kurz vor Ausfallzeitpunkt
Anteil der Havarie-Ausfälle	100%	100%; abhängig von der Länge einer Instandhaltungsperiode	klein; abhängig von Überprüfungsperiode und Verteilungstyp der Arbeitszeit sowie Qualität der Überprüfung	sehr klein; abhängig von der Qualität der Überwachung
Ausnutzung der Materialreserven	100%	i. a. gering; mit steigenden HE-Kosten abnehmend	hoch	fast 100%
notwendige Kenntnisse über Abnutzungszustand	keine	keine	hoch	hoch
Überprüfungsaufwand	kein	kein	hoch	sehr hoch
ökonomische Gesichtspunkte	Aufwand schlecht planbar; HE-Kosten sollten kleiner sein als PE-Kosten und Überprüfungskosten	Aufwand gut planbar; Summe aus HE- und PE-Kosten sollten kleiner sein als Überprüfungskosten	Aufwand gut planbar; Überprüfungskosten sollten kleiner sein als HE-Kosten	Aufwand gut planbar; Überwachungskosten sollten kleiner sein als erzielte Einsparungseffekte
technischer Anwendungsbereich	schnell austauschbare Elemente; kleine Folgeschäden; Abnutzungszustand nicht einfach bestimmbar Bsp.: Glühlampen, Keilriemen u. a.	Abnutzungszustand nicht einfach bestimmbar Bsp.: Zündkerzen	Abnutzungszustand mit vertretbarem Aufwand bestimmbar Bsp.: Verschleißteile, deren Abnutzungszustand zyklisch überprüft wird	Abnutzungszustand mit vertretbarem Aufwand überwachbar Bsp.: automatische Grenzwertmelder, die einen bevorstehenden Betriebsausfall signalisieren

11.3. Havarie-Erneuerungen[1])

11.3.1. Beschreibung der Instandhaltungsmethode

Es wird ein System betrachtet, in dem nur Havarie-Erneuerungen durchgeführt werden können. Es wird angenommen, daß ein Ausfall im Mittel nach der Zeit t_a (Zeit vom Eintritt bis zur Entdeckung des Ausfalls) angezeigt wird. Im Laufe dieser Zeit befindet sich das System in einem nicht arbeitsfähigen Zustand. (Es liegt ein verdeckter Ausfall vor.) Im zufälligen Zeitpunkt der Anzeige (Aufdeckung) des Ausfalls wird mit der Havarie-Erneuerung begonnen, die im Mittel eine Zeitdauer T_h beansprucht. Nach dieser Erneuerung ist das System vollständig wiederhergestellt. Nach der Beendigung der Erneuerung wiederholt sich der gesamte Prozeß des Funktionsablaufes des Systems und seiner Instandhaltung.

11.3.2. Ausgangsdaten und Ergebnisse

Für die Rechnung werden folgende Ausgangsdaten benötigt:

- Verteilungsfunktion $F(t)$ der Arbeitszeit des Systems bis zum Ausfall,
- mittlere Arbeitszeit T des Systems bis zum Ausfall,
- mittlere Zeit t_a bis zur Aufdeckung eines Ausfalls,
- mittlere Dauer T_h einer Havarie-Erneuerung,
- Verluste c_v in der Zeiteinheit, falls im System ein verdeckter Ausfall vorhanden ist,
- Verluste c_h in der Zeiteinheit, wenn im System eine Havarie-Erneuerung durchgeführt wird,
- Gewinn c_0, der bei ausfallfreier Arbeit des Systems in der Zeiteinheit erhalten wird,
- operative Arbeitszeit t_0 des Systems, die zur Erfüllung der Aufgabe erforderlich ist.

Die Formeln zur Berechnung der Kenngrößen für die Qualität der Arbeitsweise des Systems wurden in der Tabelle 11.3.1 zusammengestellt.

Tabelle 11.3.1. Hauptkenngrößen für die Qualität der Arbeitsweise bei Havarie-Erneuerungen

Kenngröße	Berechnungsformel	Kenngröße	Berechnungsformel
V	$\dfrac{T}{T + t_v + T_h}$	C^*	$\dfrac{c_v t_v + c_h T_h}{T}$
$R(t_0)$	$\dfrac{T - \int_0^{t_0} [1 - F(x)]\, dx}{T + t_v + T_h}$	C	$V(c_0 - C^*) = \dfrac{c_0 T - c_v t_v - c_h T_h}{T + t_v + T_h}$

11.3.3. Anmerkungen

a) In einem System, das gemäß der angegebenen Vorschrift betrieben wird, werden nur außerplanmäßige Erneuerungsarbeiten, die mit dem Eintreten von Ausfällen ver-

[1]) Anmerkung d. Herausg.: In der deutschsprachigen Literatur wird die hier behandelte Instandhaltungsstrategie häufig als „Ausfallmethode“ bezeichnet.

knüpft sind, durchgeführt. Daher beschränkt sich die Aufgabe auf die Ermittlung von Zahlenwerten für die Kenngrößen der Qualität.

b) Wenn ein im System aufgetretener Ausfall sofort entdeckt wird, so muß $t_v = 0$ gesetzt werden.

c) Wenn ein im System aufgetretener Ausfall von selbst nicht aufgedeckt werden kann ($t_v = \infty$), so läßt sich ein solches System nicht nach der formulierten Vorschrift betreiben, weil in diesem Falle $V = R(t_0) = 0$, $C = 0$ und $C^* = \infty$ gilt.

Beispiel 11.3.1

Das System wird durch die folgenden Ausgangsdaten charakterisiert:

$P(t)$	T/h	T_h/h	t_v/h	c_h Einh./h	c_v Einh./h	c_0 Einh./h	t_0/h
$e^{-0,1t}$	10	1	1	1	2	2	2

Es sollen die Kennwerte für die Qualität der Arbeitsweise des Systems ermittelt werden.

Lösung

Wir berechnen die Kennwerte für die Qualität der Arbeitsweise des Systems (vgl. Tab. 11.3.1):

1) Verfügbarkeit.

$$V = \frac{10}{10 + 1 + 1} = \frac{10}{12} \approx 0,8333 .$$

2) Intervallverfügbarkeit

$$R(2) = \frac{10 - \int\limits_0^2 e^{-0,1x} \, dx}{10 + 1 + 1} = \frac{10}{12} e^{-0,2} = 0,6822 .$$

3) Mittlere spezifische Aufwendungen

$$C^* = \frac{2 \cdot 1 + 1 \cdot 1}{10} = 0,3000 .$$

4) Mittlerer spezifischer Gewinn

$$C = \frac{10}{12} (2 - 0,3) = \frac{17}{12} = 1,415 .$$

11.4. Planmäßige prophylaktische Erneuerung bei außerplanmäßiger Havarie-Erneuerung

11.4.1. Beschreibung der Instandhaltungsmethode

Es wird angenommen, daß im System sowohl planmäßig-prophylaktische Erneuerungen als auch Havarie-Erneuerungen möglich sind. Ein eingetretener Ausfall wird sofort angezeigt. Die Erneuerungsarbeiten werden in der folgenden Reihenfolge durchgeführt.

Zum Zeitpunkt des Arbeitsbeginns wird die Durchführung der Instandhaltung geplant. Wenn das System zu einem festgesetzten Zeitpunkt noch nicht ausgefallen ist, dann wird eine prophylaktische Erneuerung durchgeführt, deren mittlere Dauer gleich T_p ist. Falls aber der Ausfall des Systems schon früher eingetreten ist, so beginnt im Augenblick des Ausfalls die Havarie-Erneuerung, die im Mittel eine Zeit T_h beansprucht. Nach Ausführung einer der möglichen Erneuerungsarbeiten ist das System vollständig wiederhergestellt. Zum Zeitpunkt der Beendigung der Erneuerungsarbeiten wird die nächste Instandsetzung geplant, und im weiteren wiederholt sich der gesamte Instandsetzungsprozeß. Es wird angenommen, daß das System sowohl während einer prophylaktischen als auch während einer Havarie-Erneuerung nicht arbeitsfähig ist.

11.4.2. Ausgangsdaten und Ergebnisse

Für die Berechnung werden die folgenden Ausgangsdaten benötigt:

— Verteilungsfunktion $F(t)$ der Arbeitszeit des Systems bis zum Ausfall,
— mittlere Arbeitszeit T des Systems bis zum Ausfall,
— Ausfallrate $\lambda(t)$ des Systems,
— mittlere Dauer T_p einer prophylaktischen Erneuerung,
— mittlere Dauer T_h einer Havarie-Erneuerung,
— Verluste pro Zeiteinheit c_p bei der Durchführung einer prophylaktischen Erneuerung,
— Verluste pro Zeiteinheit c_h bei der Durchführung einer Havarie-Erneuerung,
— Gewinn pro Zeiteinheit c_0, der bei ausfallfreier Arbeit des Systems erhalten wird,
— operative Arbeitszeit t_0 des Systems, die zur Erfüllung der Aufgabe erforderlich ist.

Die Formeln zur Berechnung optimaler Werte der Kenngrößen für die Qualität der Arbeitsweise und optimaler Instandsetzungsperioden wurden in Tabelle 11.4.1 zusammengestellt.

11.4.3. Anmerkungen

a) Die betrachtete Vorschrift kann nur bei solchen Systemen benutzt werden, in denen ein eingetretener Ausfall sofort angezeigt wird.

b) Zur Ermittlung optimaler Instandsetzungsperioden empfiehlt es sich, die Gleichungen, die in Tabelle 11.3.1 angegeben wurden, graphisch zu lösen. Aus diesem Grunde wurden die Gleichungen in einer für die graphische Lösung günstigen Form geschrieben: rechts steht eine Zeitfunktion (die von der Instandhaltungsperiode τ abhängt) und links eine konstante Größe.

c) Wenn die Zeit der ausfallfreien Arbeit des Systems einer Exponentialverteilung genügt, so ist in diesem Falle die Durchführung einer prophylaktischen Erneuerung unzweckmäßig.

Beispiel 11.4.1

Das System wird durch folgende Ausgangsdaten charakterisiert:

$P(t)$	$\lambda(t)$/h	T/h	T_p/h	T_h/h	c_p Einh./h	c_h Einh./h	c_0 Einh./h	t_0/h
$e^{-0{,}00025t^2}$	$0{,}0005t$	56,05	5	30	1	2	2	1,0

Für dieses System sollen optimale Instandhaltungsperioden ermittelt werden.

Lösung

Wir berechnen die optimalen Kenngrößen für die Qualität der Arbeitsweise:

1) Verfügbarkeit

Wir entnehmen die Ausgangsdaten der eben angegebenen Tabelle, setzen sie in die Gleichung zur Ermittlung der bezüglich V optimalen Instandhaltungsperiode τ_0 ein (vgl. Tab. 11.4.1, links oben) und erhalten

$$\varphi(\tau) = -1 + e^{-0{,}00025\tau^2} + 0{,}0005\tau \int_0^\tau e^{-0{,}00025x^2}\,dx = \frac{5}{30-5} = 0{,}2\,.$$

Die angegebene Gleichung besitzt eine eindeutig bestimmte Lösung. Diese Lösung wird aus der graphischen Darstellung der Funktion $\varphi(\tau)$, die auf der rechten Seite der Bestimmungsgleichung steht, ermittelt (vgl. Abb. 11.4.1). In unserem Falle wird $\tau_0 \approx 29$ h.

Daraus berechnen wir den optimalen Wert der Verfügbarkeit zu

$$V(\tau_0) = \frac{1}{1 + (T_h - T_p)\,\lambda(\tau_0)} = \frac{1}{1 + (30-5)\,0{,}0005 \cdot 29} = 0{,}734\,.$$

Zum Vergleich wird der Wert der Verfügbarkeit angegeben, wenn keine prophylaktischen Erneuerungen durchgeführt werden

$$V(\infty) = V = \frac{T}{T + T_h} = \frac{56{,}05}{56{,}05 + 30} = 0{,}650\,.$$

Es sei bemerkt, daß der Vorteil der prophylaktischen Erneuerung um so stärker zutage tritt, je kleiner die mittlere Zeit zur Durchführung der prophylaktischen Erneuerung ist. So erhält man zum Beispiel für $T_p = 2$ h die Werte $\tau_0 = 17$ h und V (17 h) $= 0{,}810$.

2) Intervallverfügbarkeit

Aus der Tabelle der Ausgangsdaten ist ersichtlich, daß $t_0 \ll T$ gilt. Deshalb können wir die in der Tabelle 11.4.1 angegebene Näherungsbeziehung zur Ermittlung der optimalen Instandhaltungsperiode, bei der $R(t_0)$ sein absolutes Maximum erreicht, benutzen. Durch Einsetzen der Ausgangsdaten in diese Gleichung erhalten wir

$$\frac{5}{30-5+1} = -1 + e^{-0{,}00025\tau^2} + 0{,}0005\tau \int_0^\tau e^{-0{,}00025x^2}\,dx - \frac{5\cdot 1}{30-5+1}\,0{,}0005\tau$$

oder

$$0{,}192 = \varphi(\tau) - 0{,}0001\tau\,.$$

Die graphische Darstellung der Funktion $\varphi(\tau) - 0{,}0001\tau$ stimmt für den uns interessierenden Wertebereich von τ im Rahmen der Zeichengenauigkeit mit der Darstellung von $\varphi(\tau)$ überein, so daß das zweite Glied vernachlässigt werden kann.

Folglich kann man auch in diesem Falle die Lösung τ_0 der Gleichung mit Hilfe der in Abb. 11.4.1 angegebenen graphischen Darstellung von $\varphi(\tau)$ ermitteln. Die optimale Periode ergibt sich zu $\tau_0 = 28{,}5$ h, und der maximale Wert der Aufgabenverfügbarkeit wird

$$R_{\tau_0}(t_0 = 1\text{ h}) = \frac{\int_0^{28,5} e^{-0{,}00025(x+1)^2}\,dx}{\int_0^{28,5} e^{-0{,}00026x^2}\,dx + 5 + 25(1 - e^{-0{,}00025(28,5)})} = 0{,}730\,.$$

Zum Vergleich wird die Wahrscheinlichkeit für die Aufgabenerfüllung angegeben, wenn keine prophylaktischen Erneuerungen durchgeführt werden:

$$R_\infty(t_0) = \frac{T - \int_0^{t_0} P(x)\,dx}{T + T_h} = \frac{56{,}05 - \int_0^1 e^{-0{,}00025x^2}\,dx}{56{,}05 + 30{,}0} = \frac{55{,}048}{86{,}05} = 0{,}640\,.$$

Wir möchten auch hier darauf hinweisen, daß infolge der Kleinheit von t_0 der optimale Wert für die Wahrscheinlichkeit der Aufgabenerfüllung in der Nähe der optimalen Verfügbarkeit liegt.

Tabelle 11.4.1. Hauptkenngrößen für die Qualität der Arbeitsweise bei planmäßiger Havarie-Erneuerung

Kenngröße	Bestimmungsgleichung für die optimale Instandhaltungsperiode τ_0	Formel zur Berechnung der Kenngröße bei eindeutiger Lösung τ_0	Formel zur Berechnung der Kenngröße, falls kein τ_0 gefunden werden kann ($\tau_0 = \infty$)	Anmerkung
V	$\frac{T_p}{T_h - T_p} = -F(\tau) + \lambda(\tau) \int\limits_0^\tau P(x)\,dx$	$\frac{1}{1 + (T_h - T_p)\lambda(\tau_0)}$	$\frac{T}{T + T_h}$	Im Falle mehrerer Lösungen $\tau_{01}, \ldots, \tau_{0s}$ wird der optimale Wert τ_{0i} ermittelt, indem man jede Lösung in die Formel zur Berechnung der Kenngröße bei eindeutiger Lösung einsetzt und unter Berücksichtigung von $\tau_0 = \infty$ den günstigsten Kennwert durch Vergleich feststellt.
$R(t_0)$	$\frac{T_p}{T_h - T_p + t_0} = -F(\tau) + \lambda(\tau) \int\limits_0^\tau P(x)\,dx - \frac{T_p t_0 \lambda(\tau)}{T_h - T_p + t_0}$ (Näherungsbeziehung unter der Bedingung $t_0 \ll T$)	$\frac{\int_0^{\tau_0} P(x + t_0)\,dx}{\int_0^{\tau_0} P(x)\,dx + T_p + (T_h - T_p) F(t_0)}$	$\frac{T - \int_0^{t_0} P(x)\,dx}{T + T_h}$	
C^*	$\frac{c_p T_p}{c_h T_h - c_p T_p} = -F(\tau) + \lambda(\tau) \int\limits_0^\tau P(x)\,dx$	$(c_h T_h - c_p T_p)\lambda(\tau_0)$	$\frac{c_h T_h}{T}$	
C	$\frac{(c_0 + c_p) T_p}{(c_0 + c_h) T_h - (c_0 + c_p) T_p} = -F(\tau) + \lambda(\tau) \int\limits_0^\tau P(x)\,dx + \lambda(\tau) \frac{(c_h - c_p) T_p T_h}{(c_0 + c_h) T_h - (c_0 + c_p) T_p}$	$\frac{c_0 - (c_h T_h - c_p T_p)\lambda(\tau_0)}{1 + (T_h - T_p)\lambda(\tau_0)}$	$\frac{c_0 T - c_h T_h}{T + T_h}$	

Deshalb unterscheiden sich auch die Perioden, für die jeweils das Optimum erreicht wird, nur sehr wenig.

3) Mittlere spezifische Aufwendungen

Wir setzen die Ausgangsdaten in die Gleichung zur Ermittlung der bezüglich C^* optimalen Periode τ_0 ein (s. Tab. 11.4.1) und erhalten

$$\frac{1 \cdot 5}{2 \cdot 30 - 1 \cdot 5} = -1 + e^{-0{,}00025\tau^2} + 0{,}0005\tau \int_0^\tau e^{-0{,}00025x^2}\,dx$$

oder

$$0{,}091 = \varphi(\tau)\,,$$

wenn die oben eingeführten Bezeichnungen verwendet werden.

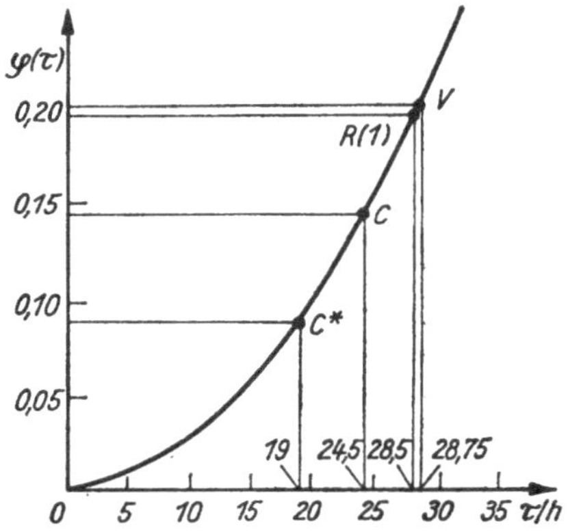

Abb. 11.4.1. Graphische Darstellung von $\varphi(\tau)$ zur Ermittlung der optimalen Instandhaltungsperiode für das Beispiel 11.4.1

Auf Grund der Monotonie der Ausfallrate besitzt die angegebene Gleichung eine eindeutige Lösung, die aus der graphischen Darstellung der Funktion $\varphi(\tau)$ bestimmt wird (s. Abb. 11.4.1). Die Periode, bei der die mittleren spezifischen Aufwendungen minimiert werden, ergibt sich zu $\tau_0 = 19$ h.

Wir berechnen den minimalen Wert der Aufwendungen:

$$\min C^*(\tau) = C^*(\tau_0) = (c_h T_h - c_p T_p)\,\lambda(\tau_0) = (2 \cdot 30 - 1 \cdot 5) \cdot 0{,}0005 \cdot 19 = 0{,}5225\,.$$

Zum Vergleich wird der Wert der mittleren spezifischen Aufwendungen angegeben, wenn im System keine prophylaktischen Erneuerungen durchgeführt werden:

$$C^*(\infty) = \frac{c_h T_h}{T} = \frac{2 \cdot 30}{56{,}05} = 1{,}07\,.$$

4) Mittlerer spezifischer Gewinn

Wir setzen die Ausgangsdaten in die Gleichung zur Ermittlung der bezüglich C optimalen Periode τ_0 ein (s. Tab. 11.4.1) und erhalten

$$0{,}143 = -1 + e^{-0{,}00025\tau^2} + 0{,}0005\tau \int_0^\tau e^{-0{,}00025x^2}\,dx + 0{,}000715\tau$$

oder

$$0{,}143 = \varphi(\tau) + 0{,}000715\tau\,.$$

Die graphische Darstellung der Funktion $\varphi(\tau) + 0{,}000715\tau$ stimmt für den uns interessierenden Wertebereich von τ im Rahmen der Zeichengenauigkeit mit der Darstellung von $\varphi(\tau)$ überein, so daß der zweite Term vernachlässigt werden kann. Folglich kann man im betrachteten Falle die

Lösung τ_0 der Gleichung mit Hilfe der in der Abb. 11.4.1 angegebenen graphischen Darstellung von $\varphi(\tau)$ ermitteln.

Wir erhalten eine optimale Periode $\tau_0 = 24{,}5$ h und einen maximalen mittleren spezifischen Gewinn von

$$\max C(\tau) = C(\tau_0) = \frac{c_0 - (c_h T_h - c_p T_p)\,\lambda(\tau_0)}{1 + (T_h - T_p)\,\lambda(\tau_0)} = \frac{2 - (2 \cdot 30 - 1 \cdot 5) \cdot 0{,}0005 \cdot 24{,}5}{1 + (30 - 5) \cdot 0{,}0005 \cdot 24{,}5} = 1{,}020\,.$$

Zum Vergleich geben wir den Wert des mittleren spezifischen Gewinns an, falls im System keine prophylaktischen Erneuerungen durchgeführt werden,

$$C(\infty) = \frac{c_0 T - c_h T_h}{T + T_h} = \frac{2 \cdot 56{,}05 - 2 \cdot 30}{56{,}05 + 30} = \frac{52{,}10}{86{,}05} = 0{,}605\,.$$

11.5. Prophylaktische Erneuerungen

11.5.1. Beschreibung der Instandhaltungsmethode

Es gibt Systeme, in denen Ausfälle nur durch spezielle Überprüfungen entdeckt werden können.

Zur Vorbeugung, Aufdeckung und Beseitigung von Ausfällen werden im System nur prophylaktische Erneuerungen vorgesehen, während der erforderlichenfalls auch eine Havarie-Erneuerung erfolgt, falls das System bis zum Erneuerungsbeginn bereits ausgefallen ist. Die mittlere Dauer einer prophylaktischen beziehungsweise einer Havarie-Erneuerung wird mit T_p beziehungsweise T_h bezeichnet.

Zur Durchführung der Erneuerungsarbeiten wird folgendes vereinbart: Zu Beginn wird festgelegt, daß prophylaktische Erneuerungsarbeiten nach einer bestimmten Zeit durchzuführen sind. Wenn das System bis zum festgesetzten Zeitpunkt nicht ausgefallen ist, so wird die prophylaktische Erneuerung ausgeführt. Falls aber das System bis zu diesem Zeitpunkt ausgefallen sein sollte, so wird anstelle der prophylaktischen Erneuerung eine Havarie-Erneuerung durchgeführt. Vom Zeitpunkt des Ausfalleintritts bis zum Beginn der prophylaktischen Havarie-Erneuerung verbleibt das System im nichtarbeitsfähigen Zustand. Nach Abschluß der Erneuerungsarbeiten wird ein neuer Zeitpunkt für die Durchführung prophylaktischer Erneuerungsarbeiten in der nächsten Einsatzperiode des Systems eingeplant, und der gesamte Instandhaltungsprozeß beginnt von vorn.

11.5.2. Ausgangsdaten und Ergebnisse

Für die Berechnung werden die folgenden Ausgangsdaten benötigt:

— Verteilungsfunktion $F(t)$ der Arbeitszeit des Systems bis zum Ausfall;
— Ausfallrate $\lambda(t)$ des Systems;
— mittlere Dauer T_p einer prophylaktischen Erneuerung;
— mittlere Dauer T_h einer Havarie-Erneuerung;
— Verluste pro Zeiteinheit c_p bei der Durchführung einer prophylaktischen Erneuerung;
— Verluste pro Zeiteinheit c_h bei der Durchführung einer Havarie-Erneuerung;
— Verluste pro Zeiteinheit c_v, falls im System ein verdeckter Ausfall vorhanden ist;
— Gewinn c_0, der bei ausfallfreier Arbeit des Systems in der Zeiteinheit erhalten wird;
— operative Arbeitszeit t_0 des Systems, die zur Erfüllung der Aufgabe erforderlich ist.

Tabelle 11.5.1. Hauptkenngrößen für die Qualität der Arbeitsweise bei prophylaktischer Erneuerung

Kenngröße	Bestimmungsgleichung für die optimale Instandhaltungsperiode τ_0	Formel zur Berechnung der Kenngröße bei eindeutig bestimmtem τ_0	Anmerkungen
V	$\frac{T_p}{T_h - T_p} = - F(\tau) + \lambda(\tau) \int\limits_0^\tau P(x)\,\mathrm{d}x + \frac{\int_0^\tau x\,\mathrm{d}F(x)}{(T_h - T_p)\,P(\tau)}$	$\frac{P(\tau_0)}{1 + (T_h - T_p)\,f(\tau_0)}$	
$R(t_0)$	$\frac{T_p}{T_h - T_p} = - F(\tau) + \lambda(\tau) \frac{P(\tau)}{P(\tau + t_0)} \times$ $\times \int\limits_0^\tau P(x + t_0)\,\mathrm{d}x + \frac{\int_0^\tau x\,\mathrm{d}F(x + t_0)}{(T_h - T_p)\,P(\tau + t_0)}$	$\frac{P(\tau_0 + t_0)}{1 + (T_h - T_p)\,f(\tau_0)}$	1. Im vorliegenden Falle sind alle Lösungen τ_0 endlich. 2. Im Falle mehrerer Wurzeln $\tau_{01}, \dots, \tau_{0s}$ wird der optimale Wert τ_{0i} ermittelt, indem man jede Wurzel in die Formel zur Berechnung der Kenngröße bei eindeutig bestimmter Kenngröße einsetzt und den günstigsten Kennwert durch Vergleich feststellt.
C^*	$\frac{c_p T_p}{(c_h T_h - c_p T_p)} = - F(\tau) + \lambda(\tau) \int\limits_0^\tau P(x)\,\mathrm{d}x + \frac{c_v \int_0^\tau x\,\mathrm{d}F(x)}{(c_h T_h - c_p T_p)\,P(\tau)}$	$c_v \frac{F(\tau_0)}{P(\tau_0)} + (c_0 T_h - c_p T_p)\,\lambda(\tau_0)$	
C	$\frac{(c_0 + c_p T_p)}{(c_0 + c_v)\,(T_h - T_p)} = - F(\tau) + \lambda(\tau) \int\limits_0^\tau P(x)\,\mathrm{d}x + \frac{\int_0^\tau x\,\mathrm{d}F(x)}{(T_h - T_p)\,P(\tau)} +$ $+ \frac{(c_v - c_p)\,T_h F(\tau)}{(c_0 + c_v)\,(T_h - T_p)\,P(\tau)} +$ $+ \lambda(\tau) \frac{T_h T_p (c_h - c_p) + \tau[T_h(c_h - c_v) + T_p(c_v - c_p)]}{(c_0 + c_v)\,(T_h - T_p)\,(c_0 + c_v)\,(T_h - T_p)}$	$\frac{c_0 P(\tau_0) - c_v F(\tau_0) - (c_h T_h - c_p T_p)\,f(t_0)}{1 + (T_h - T_p)\,f(\tau_0)}$	

Die Formeln zur Berechnung optimaler Werte für die Qualitätskenngrößen und optimaler Instandhaltungsperioden wurden in Tabelle 11.5.1 zusammengestellt.

11.5.3. Anmerkungen

a) Die betrachtete Vorschrift kann bei Systemen verwendet werden, in denen keine selbständige Anzeige eingetretener Ausfälle erfolgt. Der tatsächliche Zustand eines solchen Systems wird erst eine gewisse Zeit nach Beginn der Instandhaltungsmaßnahme bekannt.

b) Zur Festlegung der Fristen für die Durchführung der Erneuerungsarbeiten ist es zweckmäßig, die oben angegebenen Gleichungen graphisch zu lösen. Die Hauptschwierigkeit besteht hier in der graphischen Darstellung der Funktionen, die auf den rechten Seiten der Gleichungen stehen.

c) Die prophylaktischen Erneuerungsarbeiten müssen im betrachteten Fall nach einer endlichen Zeit durchgeführt werden.

Beispiel 11.5.1

Das System wird durch folgende Ausgangsdaten charakterisiert:

$P(t)$	$\lambda(t)$/h	$f(t)$	T_p/h	T_h/h	c_p Einh./h	c_h Einh./h	c_v Einh./h	c_0 Einh./h	t_0/h
$e^{-0{,}01t}$	0,01	$0{,}01e^{-0{,}01t}$	20	30	1	2	2	3	10

Für dieses System sollen optimale Instandhaltungsperioden ermittelt werden.

Lösung

Wir bestimmen die optimalen Kenngrößen für die Qualität der Arbeitsweise:

1) Verfügbarkeit

Bei Einsetzen der Exponentialverteilung $F(t) = 1 - e^{-\lambda t}$ in die Gleichung zur Ermittlung von τ_0 bezüglich $R(t_0)$ ergibt sich für $t_0 = 0$ aus Tabelle 11.5.1, daß die ersten beiden Summanden auf der rechten Seite der Gleichung identisch verschwinden. Die Gleichung nimmt dann die folgende Gestalt an:

$$\frac{T_p}{T_h - T_p} = \frac{\int_0^\tau x \, dF(x)}{(T_h - T_p)\, P(\tau)}$$

oder

$$T_p = \frac{1}{P(\tau)} \int_0^\tau x \, dF(x) = e^{\lambda t} \int_0^\tau x \, d(1 - e^{-\lambda x}) = \frac{1}{\lambda} (e^{\lambda\tau} - 1) - \tau \,,$$

$$\lambda T_p = (e^{\lambda\tau} - 1) - \lambda\tau = \varphi(\lambda\tau) \,.$$

Die Lösung dieser Gleichung kann man leicht ermitteln, wenn man die auf der rechten Seite stehende Funktion $\varphi(\lambda\tau)$ graphisch darstellt (Abb. 11.5.1). Für $T_p = 20$ h und $\lambda = 0{,}01$ h^{-1} erhalten

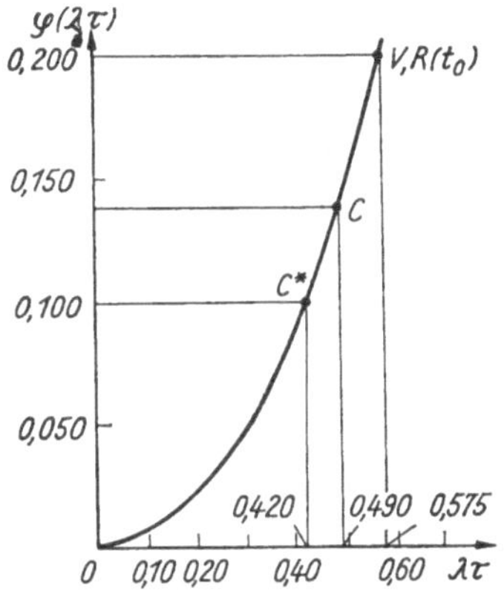

Abb. 11.5.1. Graphische Darstellung von $\varphi(\tau)$ zur Ermittlung der optimalen Instandhaltungsperiode für das Beispiel 11.5.2

wir aus der graphischen Darstellung der Funktion $\varphi(\lambda\tau)$ den Wert $\lambda\tau_0 = 0{,}575$. Daraus ergibt sich die optimale Instandhaltungsperiode zu

$$\tau_0 = \frac{0{,}575}{\lambda} = \frac{0{,}575}{0{,}01} = 57{,}5\ \text{h}\,.$$

Der zugehörende Wert für die maximale Verfügbarkeit wird

$$V(\tau_0) = \frac{P(\tau_0)}{1 + (T_h - T_p)\,f(\tau_0)} = \frac{\mathrm{e}^{-0{,}575}}{1 + (30 - 20)\cdot 10^{-2}\,\mathrm{e}^{-0{,}575}} = 0{,}530\,.$$

2) Intervallverfügbarkeit

Wenn im betrachteten Falle das System eine exponentialverteilte ausfallfreie Arbeitszeit besitzt, so stimmt die Periode, bei der die Intervallverfügbarkeit ihr Maximum erreicht, mit der Periode, die die Verfügbarkeit maximiert, überein: $\tau_0 = 57{,}5$ h. Wir setzen τ_0 in den Ausdruck für $R(t_0)$, der in Tabelle 11.5.1 angegeben wurde, ein und bestimmen so den Maximalwert der gesuchten Wahrscheinlichkeit,

$$R_{\tau_0}(t_0) = V(\tau_0)\cdot \mathrm{e}^{-0{,}100} = 0{,}530\cdot 0{,}9048 = 0{,}480\,.$$

3) Mittlere spezifische Aufwendungen

Wir setzen die Verteilungsfunktion $F(t) = 1 - \mathrm{e}^{-\lambda t}$ in die Gleichung zur Ermittlung der bezüglich C^* optimalen Periode τ_0 ein (s. Tab. 11.5.1) und erhalten nach einfachen Umformungen

$$\frac{c_p}{c_v}\,T_p = \frac{\int\limits_0^\tau x\,\mathrm{d}F(x)}{P(\tau)} = \frac{\int\limits_0^\tau x\,\mathrm{d}[1 - \mathrm{e}^{-\lambda x}]}{\mathrm{e}^{-\lambda\tau}} = \frac{1}{\lambda}\,(\mathrm{e}^{\lambda t} - 1) - \tau$$

oder

$$\frac{c_p}{c_h}\,\lambda T_p = (\mathrm{e}^{\lambda\tau} - 1) - \lambda\tau = \varphi(\lambda\tau)\,.$$

(Die Funktion $\varphi(\lambda\tau)$ wurde in Abb. 11.5.1 graphisch dargestellt). Für $T_p = 20$ h, $c_p = 1$ Einh./h, $c_v = 2$ Einh./h und $\lambda = 0{,}01\ \text{h}^{-1}$ erhalten wir

$$\frac{c_p}{c_v}\,\lambda T_p = 0{,}1\,.$$

Aus der graphischen Darstellung von $\varphi(\lambda\tau)$ lesen wir $\lambda\tau_0 = 0{,}420$ ab. Damit wird die optimale Periode, die die mittleren spezifischen Aufwendungen minimiert, gleich

$$\tau_0 = \frac{0{,}420}{\lambda}\,\text{h} = \frac{0{,}420}{0{,}010}\,\text{h} = 42\ \text{h}\,.$$

Den Wert der minimalen Aufwendungen kann man gemäß der in der Tabelle 11.5.1 angegebenen Formel für C^* wie folgt ermitteln:

$$C^*(\tau_0) = c_v \frac{F(\tau_0)}{P(\tau_0)} + (c_h T_h - c_p T_p)\,\lambda$$

$$= 2\,\frac{1 - e^{-0,420}}{e^{-0,420}} + (2 \cdot 30 - 1 \cdot 20) \cdot 0,01 = 2 \cdot 0,522 + 0,400 = 1,444\,.$$

4) Mittlerer spezifischer Gewinn

Wir setzen die vorgegebene Verteilungsfunktion $F(t) = 1 - e^{-\lambda t}$ in die Gleichung zur Ermittlung der bezüglich C optimalen Periode τ_0 ein (s. Tab. 11.5.1) und erhalten nach einigen Umformungen

$$\frac{(c_0 + c_p)\,T_p - \lambda T_h T_p (c_h - c_p)}{\dfrac{c_0 + c_v}{\lambda} + (c_v + c_p)\,T_h} = (e^{\lambda\tau} - 1) - \lambda\tau + \lambda\tau\,\frac{T_h(c_h - c_p) + T_p(c_v - c_p)}{\dfrac{c_0 + c_v}{\lambda} + T_h(c_v - c_p)}\,. \qquad (11.5.1)$$

Wenn der Koeffizient

$$\frac{T_h(c_h - c_p) + T_p(c_v - c_p)}{\dfrac{c_0 + c_v}{\lambda} + T_h(c_v - c_p)} \ll 1$$

ausfällt, so kann man den letzten Summanden auf der rechten Seite der Gleichung (11.5.1) vernachlässigen. Dann erhalten wir eine Gleichung der Gestalt

$$\frac{(c_0 + c_p)\,T_p - \lambda T_h T_p (c_h - c_p)}{\dfrac{c_0 + c_v}{\lambda} + (c_v - c_p)\,T_h} = (e^{\lambda\tau} - 1) - \lambda\tau = \varphi(\lambda\tau)\,. \qquad (11.5.2)$$

Im betrachteten Beispiel wird

$$\frac{T_h(c_h - c_p) + T_p(c_v - c_p)}{\dfrac{c_0 + c_v}{\lambda} + T_h(c_v - c_p)} = \frac{30(2 - 1) + 20(2 - 1)}{\dfrac{3 + 2}{0,01} + 30(2 - 1)} = \frac{50}{530} = 0,0943 \ll 1\,.$$

Deshalb lösen wir die Näherungsbeziehung (11.5.2):

$$\varphi(\lambda\tau) = \frac{4 \cdot 20 - 0,01 \cdot 20 \cdot 30 \cdot 1}{100 \cdot 5 + 30 \cdot 1} = \frac{74}{530} = 0,140\,.$$

Weiterhin ermitteln wir aus der graphischen Darstellung der Funktion $\varphi(\lambda\tau)$ die Lösung der zuletzt angegebenen Gleichung zu

$$\lambda\tau_0 = 0,490\,.$$

Damit wird die optimale Instandhaltungsperiode, die den mittleren spezifischen Gewinn maximiert, gleich

$$\tau_0 = \frac{0,490}{\lambda} = \frac{0,49}{0,01}\,\mathrm{h} = 49\,\mathrm{h}\,.$$

Der Maximalwert des mittleren spezifischen Gewinns wird aus der Formel für C, die in Tabelle 11.5.1 angegeben wurde, bestimmt. In unserem Beispiel wird

$$C(\tau_0) = \frac{3 \cdot e^{-0,49} - 2(1 - e^{-0,49}) - (2 \cdot 30 - 1 \cdot 20)\,0,01\,e^{-0,49}}{1 + (30 - 20)\,0,01\,e^{-0,49}} = 0,771\,.$$

11.6. Havarie-Erneuerungen der ausgefallenen Elemente (Teilsysteme) eines Seriensystems

11.6.1. Beschreibung der Instandhaltungsmethode

Es wird ein System aus m Elementen betrachtet, die im Sinne der Zuverlässigkeit in Reihe geschaltet sind. Der Ausfall eines einzigen Elements führt zum Systemausfall. Wir wollen annehmen, daß der Ausfall eines Elements nicht sofort offenbar wird, sondern im Mittel nach einer Zeit t_v, die von der Nummer des ausgefallenen Elementes nicht abhängt. Bei der Entdeckung, daß das i-te Element ausgefallen ist, wird eine außerplanmäßige Havarie-Erneuerung (das i-te Element wird durch ein neuwertiges ersetzt) durchgeführt, die im Mittel eine Zeitdauer t_i ($i = 1, \dots, m$) beansprucht. Arbeitsablauf und Instandhaltungsprozeß des Systems können wie folgt beschrieben werden.

Das System, das zum Zeitpunkt Null neu ist, arbeitet bis zum Ausfall. Anschließend befindet es sich vom Zeitpunkt des Eintritts bis zum Zeitpunkt der Entdeckung des Ausfalls in einem nichtarbeitsfähigen Zustand. Im zufälligen Zeitpunkt der Entdeckung des Ausfalls beginnt die Havarie-Erneuerung (Ersatz) des ausgefallenen Elements. Nach der Wiederherstellung der Arbeitsfähigkeit arbeitet das System erneut bis zum Ausfall, und der gesamte Instandhaltungsprozeß wiederholt sich. Es wird vorausgesetzt, daß während des Stillstands des Systems und während des Ersetzens des ausgefallenen Elements die arbeitsfähigen Elemente abgeschaltet werden, so daß sich ihre Charakteristiken der Ausfallfreiheit nicht verschlechtern.

Wir machen auf eine wesentliche Besonderheit der betrachteten Instandhaltungsvorschrift aufmerksam: Die Durchführung von Wiederherstellungsarbeiten, die das System insgesamt erneuern, wird nicht vorgesehen.

11.6.2. Ausgangsdaten und Ergebnisse

Für die Berechnung werden die folgenden Ausgangsdaten benötigt:

- Mittlere Arbeitszeit T_i bis zum Ausfall des i-ten Elements ($i = 1, \dots, m$);
- mittlere Dauer t_i für die Durchführung einer Havarie-Erneuerung (Ersatz) des i-ten Elements ($i = 1, \dots, m$);
- mittlere Stillstandszeit t_v des Systems bei einem verdeckten Ausfall;
- Verluste c_v pro Zeiteinheit bei einem verdeckten Ausfall;
- Verluste c_i pro Zeiteinheit während des Ersetzens des i-ten Elements nach einem Ausfall;
- Gewinn c_0 pro Zeiteinheit, der bei ausfallfreier Arbeit des Systems erzielt wird.

Die Formeln zur Berechnung der Kenngrößen für die Qualität der Arbeitsweise wurden in Tabelle 11.6.1 zusammengestellt.

11.6.3. Anmerkungen

a) In diesem Falle werden im System keine prophylaktischen Erneuerungsarbeiten durchgeführt. Daher beschränkt sich die Aufgabe auf die Ermittlung von Zahlenwerten für die Kenngrößen der Qualität der Arbeitsweise.

Tabelle 11.6.1. Hauptkenngrößen für die Qualität der Arbeitsweise, falls in einem Seriensystem Havarie-Erneuerungen der ausgefallenen Elemente (Teilsysteme) vorgenommen werden

Kenngröße	Berechnungsformel
V	$\dfrac{1}{1 + \sum\limits_{i=1}^{m} \dfrac{1}{T_i}(t_i + t_v)}$
C^*	$\sum\limits_{i=1}^{m} \dfrac{c_i t_i + c_v t_v}{T_i}$
C	$(c_0 - C^*)\, V = \dfrac{c_0 - \sum\limits_{i=1}^{m} \dfrac{1}{T_i}(c_i t_i + c_v t_v)}{1 + \sum\limits_{i=1}^{m} \dfrac{1}{T_i}(t_i + t_v)}$

b) Wenn ein im System eingetretener Ausfall sofort entdeckt wird, so muß man $t_v = 0$ setzen.

c) Wenn ein im System aufgetretener Ausfall von selbst nicht entdeckt werden kann ($t_v = \infty$), so läßt sich ein solches System nicht nach der formulierten Vorschrift betreiben, weil in diesem Falle $V = 0$, $C = 0$ und $C^* = \infty$ gilt.

Beispiel 11.6.1

Das System wird durch folgende Ausgangsdaten charakterisiert:

N	T_i/h	t_i/h	t_v/h	c_i Einh./h	c_v Einh./h	c_0 Einh./h
1	15	2	1	0,5	1,5	2
2	10	1	1	1,0	1,5	2
3	8	1	1	0,8	1,5	2
4	5	1	1	0,3	1,5	2

Es sollen die Kennwerte für die Qualität des Systems ermittelt werden.

Lösung

Wir berechnen die Kennwerte für die Qualität der Arbeitsweise.

1) Verfügbarkeit

$$V = \frac{1}{1 + \frac{1+2}{15} + \frac{1+1}{10} + \frac{1+1}{8} + \frac{1+1}{5}} = \frac{20}{37} = 0{,}541\,.$$

2) Mittlere spezifische Aufwendungen

$$C^* = \frac{0{,}5 \cdot 2 + 1{,}5 \cdot 1}{15} + \frac{1 \cdot 1 + 1{,}5 \cdot 1}{10} + \frac{0{,}8 \cdot 1 + 1{,}5 \cdot 1}{8} + \frac{0{,}3 \cdot 1 + 1{,}5 \cdot 1}{5}$$

$$= \frac{2{,}5}{15} + \frac{2{,}5}{10} + \frac{2{,}3}{8} + \frac{1{,}8}{5} = 1{,}06 \text{ Einh./h}\,.$$

3) Mittlerer Gewinn

$$C = (2 - 1{,}06) \cdot 0{,}541 \text{ Einh./h} = 0{,}509 \text{ Einh./h}\,.$$

11.7. Havarie-Erneuerungen der ausgefallenen Elemente (Teilsysteme) und prophylaktische Erneuerung des gesamten Seriensystems

11.7.1. Beschreibung der Instandhaltungsmethode

Es wird ein Seriensystem betrachtet, das aus m Elementen besteht. Ebenso wie früher wollen wir unter einem Element einen solchen Teil des Systems verstehen, der bei der Erneuerung als ein einheitliches Ganzes ersetzt werden kann.

Wir setzen voraus, daß im System prophylaktische Erneuerungen möglich sind, durch die das System vollständig erneuert wird, und außerdem außerplanmäßige Havarie-Erneuerungen der Elemente (Ersatz eines ausgefallenen Elements durch ein neues), wobei ein eingetretener Ausfall sofort angezeigt wird.

Zur Durchführung der Erneuerungsarbeiten wird folgendes vereinbart: Zu Beginn wird eine prophylaktische Erneuerung nach Erreichen einer bestimmten, vorher vorgegebenen Laufzeit (allgemeiner: Arbeitsmenge) festgesetzt. (Während des Einsatzes des Systems ist trotzdem der Kalenderzeitpunkt, zu dem es die vorgegebene Laufzeit erreicht hat und die prophylaktische Erneuerung durchzuführen ist, vorher nicht bekannt.) Wenn noch vor Beginn der prophylaktischen Erneuerung ein Systemausfall erfolgt, so wird eine Havarie-Erneuerung des ausgefallenen Systemelements durchgeführt. Wir wollen voraussetzen, daß das System während der Havarie-Reparatur abgeschaltet wird, so daß sich die Zuverlässigkeitsparameter der Elemente nicht verschlechtern und die Laufzeit des Systems nicht erhöht. So wird solange vorgegangen, bis die Laufzeit den Vorgabewert erreicht. In diesem Augenblick wird mit der prophylaktischen Erneuerung begonnen — unabhängig von übrigen Faktoren einschließlich der Anzahl der Havarie-Erneuerungen in der jeweiligen Periode. Im Ergebnis der prophylaktischen Erneuerung ist das System vollständig erneuert. Zur Zeit des Abschlusses der prophylaktischen Erneuerung wird erneut ein Wert der Laufzeit des Systems für die folgende Periode festgelegt. Bei Erreichen dieses Wertes muß die nächste prophylaktische Erneuerung durchgeführt werden, und der gesamte Instandhaltungsprozeß wird wiederholt.

11.7.2. Ausgangsdaten und Ergebnisse

Für die Berechnung werden die folgenden Ausgangsdaten benötigt:

- Verteilungsfunktion $F_i(t)$ der Arbeitszeit bis zum Ausfall des i-ten Elements (Teilsystems), $i = 1, \ldots, m$;
- mittlere Arbeitszeit T_i bis zum Ausfall des i-ten Elements;
- mittlere Dauer t_i einer Havarie-Erneuerung des i-ten Elements;
- mittlere Dauer T_p einer prophylaktischen Erneuerung;
- Verluste c_i pro Zeiteinheit bei Durchführung einer Havarie-Erneuerung des i-ten Elements;
- Verluste c_p pro Zeiteinheit bei Durchführung einer prophylaktischen Erneuerung;
- Gewinn c_0 pro Zeiteinheit, der bei ausfallfreier Arbeit des Systems erzielt wird;
- operative Arbeitszeit t_0 des Systems, die zur Erfüllung der Aufgabe erforderlich ist.

Tabelle 11.7.1. Hauptkenngrößen für die Qualität der Arbeitsweise bei Havarie-Erneuerungen der ausgefallenen Elemente (Teilsysteme) und prophylaktischen Erneuerungen des gesamten Seriensystems

Kenngröße	Bestimmungsgleichung für die optimale Instandhaltungsperiode τ_0	Formel zur Berechnung der Kenngröße bei eindeutiger Lösung τ_0	Formel zur Berechnung der Kenngröße, falls kein τ_0 gefunden werden kann ($\tau_0 = \infty$)	Anmerkung
V	$\tau \sum_{i=1}^{m} t_i H_i'(\tau) - \sum_{i=1}^{m} t_i H_i(\tau) = T_p$	$\frac{1}{1 + \sum_{i=1}^{m} t_i H_i'(\tau_0)}$	$\frac{1}{1 + \sum_{i=1}^{m} \frac{t_i}{T_i}}$	
$R(t_0)$	$\frac{\int_0^{\tau} \prod_{i=1}^{m} \left[P_i(x + t_0) + \int_0^{x} P_i(x + t_0 - y)\,\mathrm{d}H_i(y) \right] \mathrm{d}x}{\tau + T_p + \sum_{i=1}^{m} t_i H_i(\tau)} = \frac{\prod_{i=1}^{m} \left[P_i(\tau + t_0) + \int_0^{\tau} P_i(\tau + t_0 - y)\,\mathrm{d}H_i(y) \right]}{1 + \sum_{i=1}^{m} t_i H_i'(\tau)}$	$\frac{\prod_{i=1}^{m} \left[[P(\tau_0 + t_0) + \int_0^{\tau_0} P_i(\tau_0 + t_0 - y)\,\mathrm{d}H_i(y) \right]}{1 + \sum_{i=1}^{m} t_i H_i'(\tau_0)}$	$\frac{\prod_{i=1}^{m} \frac{\int_0^{\infty} P_i(x + t_0)\,\mathrm{d}x}{T_i}}{1 + \sum_{i=1}^{m} \frac{t_i}{T_i}}$	Im Falle mehrerer Lösungen $\tau_{01}, \ldots, \tau_{0s}$ wird der optimale Wert ermittelt, indem man jede Lösung in die Formel zur Berechnung der Kenngröße bei eindeutiger Lösung einsetzt und unter Berücksichtigung von $\tau_0 = \infty$ den günstigsten Kennwert durch Vergleich feststellt
C^*	$\tau \sum_{i=1}^{m} c_i t_i H_i'(\tau) - \sum_{i=1}^{m} c_i t_i H_i(\tau) - c_p T_p$	$\sum_{i=1}^{m} c_i t_i H_i'(\tau_0)$	$\sum_{i=1}^{m} \frac{c_p t_i}{T_i}$	
C	$\sum_{i=1}^{m} \sum_{j=1}^{m} t_i t_j H_i(\tau) H_j'(\tau)(c_j - c_i) + T_{pp} \sum_{i=1}^{m} t_i H_i'(\tau)(c_i - c_p) + \tau \sum_{i=1}^{m} t_i H_i'(\tau)(c_0 + c_i) - \sum_{i=1}^{m} t_i H_i(\tau)(c_0 + c_i) = T_p(c_0 + c_p)$	$\frac{c_0 - \sum_{i=1}^{m} T_i c_i H_i'(\tau_0)}{1 + \sum_{i=1}^{m} t_i H_i'(\tau_0)}$	$\frac{c_0 - \sum_{i=1}^{m} c_p \frac{t_i}{T_i}}{1 + \sum_{i=1}^{m} \frac{t_v}{T_i}}$	

Hilfsoperationen

Für jedes Element i wird die sogenannte Erneuerungsfunktion $H_i(t)$ aus der Integralgleichung

$$H_i(t) = F_i(t) + \int_0^t H_i(t - x)\,\mathrm{d}F_i(x)$$

bestimmt. Das kann mit Hilfe der LAPLACE-Transformation geschehen:

$$H_i^*(\varkappa) = \frac{F_i^*(\varkappa)}{1 - F_i^*(\varkappa)},$$

wobei $H_i^*(\varkappa)$ die LAPLACE-Transformierte der Funktion $H_i(t)$ und $F_i^*(\varkappa)$ die LAPLACE-Transformierte der Funktion $F_i(t)$ ist.

Die Formeln zur Berechnung der Kenngrößen für die Qualität der Arbeitsweise wurden in der Tabelle 11.7.1 zusammengestellt.

Beispiel 11.7.1

Das System wird durch folgende Ausgangsdaten charakterisiert:

N	$F(t)$	λ/h	$t_i = T_h$/h	T_p/h	c_h Einh./h	c_p Einh./h	c_0 Einh./h	t_0/h
1	$(1 - e^{-\lambda t})^2$	10^{-2}	10	1	2	1	3	2

Es sollen die optimalen Kennwerte für die Qualität der Arbeitsweise bestimmt werden.

Lösung

Wir führen zunächst einige Hilfsoperationen durch. Wir berechnen

$$F^*(\varkappa) = \varkappa \int_0^\infty e^{-\varkappa t} F(t)\mathrm{d}t = \frac{2\lambda^2}{\varkappa^2 + 3\lambda\varkappa + 2\lambda^2}.$$

Damit wird

$$H^*(\varkappa) = \frac{F^*(\varkappa)}{1 - F^*(\varkappa)} = \frac{2\lambda^2}{\varkappa(\varkappa + 3\lambda)} = \frac{2\lambda}{3\varkappa} - \frac{2\lambda}{3(\varkappa + 3\lambda)}$$

und

$$H(t) = \frac{2}{3}\lambda t - \frac{2\lambda}{3}\frac{1 - e^{-3\lambda t}}{3\lambda} = \frac{2}{3}\lambda t - \frac{2}{9} + \frac{2}{9}e^{-3\lambda t},$$

$$H'(t) = \frac{2}{3}\lambda - \frac{2}{3}\lambda e^{-3\lambda t} = \frac{2}{3}\lambda(1 - e^{-3\lambda t}).$$

1) Verfügbarkeit

Wir setzen die Ausgangsdaten in die Gleichung zur Ermittlung der bezüglich V optimalen Periode τ_0 ein (s. Tab. 11.7.1) und erhalten

$$\tau T_h \frac{3}{2}\lambda(1 - e^{-3\lambda t}) - T_h\left[\frac{2}{3}\lambda\tau - \frac{2}{9} + \frac{2}{9}e^{-3\lambda t}\right] = T_p$$

oder

$$\frac{9T_p}{2T_h} = 1 - e^{-3\lambda t}(1 + 3\lambda t).$$

Eine graphische Darstellung der rechten Seite der angegebenen Gleichung, die die Funktion

$$\varphi(x) = [1 - (1 + x)\,e^{-x}]$$

wiedergibt, wurde in Abb. 11.7.1 gebracht. Bei

$$\frac{9T_p}{2T_h} = 0{,}45$$

wird

$$x_0 = 1{,}524$$

und

$$\tau_0 = \frac{x_0}{3\lambda} = \frac{1{,}524}{0{,}03}\,\mathrm{h} = 50{,}8\,\mathrm{h}\,.$$

Der Maximalwert der Verfügbarkeit wird bei $\tau_0 = 50{,}8$ h erreicht und ergibt sich zu

$$V_{\tau_0} = \frac{1}{1 + T_h H'(\tau_0)} = 0{,}9505\,.$$

Zum Vergleich berechnen wir den Wert der Verfügbarkeit für $\tau = \infty$ (wenn keine prophylaktischen Erneuerungen durchgeführt werden):

$$V = \frac{T}{T + T_h} = \frac{15}{16} = 0{,}9375\,.$$

2) Intervallverfügbarkeit

Wir setzen die in Tabelle 11.7.1 angegebenen Ausdrücke für die Funktionen $H(t)$ und $H'(t)$ in die Gleichung zur Ermittlung von τ_0 bezüglich $R(t_0)$ ein:

$$\frac{6\lambda T_p(1 - 0{,}25\,\mathrm{e}^{-\lambda t_0}) - \frac{4}{3}\lambda T_h(1 - \mathrm{e}^{-\lambda t_0})}{(1 + 2\lambda T_h) - (1 + \lambda T_h)\,\mathrm{e}^{-\lambda t_0}} = 1 - (1 + 3\lambda\tau)\,\mathrm{e}^{-3\lambda\tau} - \frac{3\lambda T_p(1 - \mathrm{e}^{-\lambda t_0})}{(1 + 2\lambda T_h) - (1 + \lambda T_h)\,\mathrm{e}^{-\lambda t_0}}\,.$$

Wenn man in diese Gleichung für die Parameter die Zahlenwerte dieses Beispiels einsetzt, so kann man sich davon überzeugen, daß der zweite Term auf der rechten Seite der Gleichung vernachlässigt werden darf. (Der Koeffizient bei $\mathrm{e}^{-3\lambda\tau}$ wird näherungsweise gleich 0,0006.) Deshalb können wir den Wert der Wurzel $x_0 = 3\lambda\tau_0$ aus Abb. 11.7.1 bestimmen.

Für die gegebenen Werte der Parameter wird die linke Seite der Gleichung gleich

$$\frac{6\lambda T_h(1 - 0{,}25\,\mathrm{e}^{-\lambda t_0}) - \frac{4}{3}\lambda T_h(1 - \mathrm{e}^{-\lambda t_0})}{(1 + 2\lambda T_h) - (1 + \lambda T_h)\,\mathrm{e}^{-\lambda t_0}} = 0{,}3502\,.$$

Damit erhalten wir $x_0 = 3\lambda\tau_0 = 1{,}236$. Folglich wird $\tau_0 = 41{,}2$ h. Der zu diesem Wert von τ_0 gehörende Optimalwert für $R(t_0)$ kann aus der entsprechenden Formel der Tabelle 11.7.1 berechnet werden und wird

$$R_{\tau_0}(t_0) = 0{,}973\,.$$

Zum Vergleich berechnen wir die Wahrscheinlichkeit der Aufgabenerfüllung, falls keine prophylaktischen Erneuerungen durchgeführt werden, mit der Formel für $R(t_0)$ aus Tabelle 11.7.1 bei $\tau = \infty$):

$$R(t_0) = 0{,}925\,.$$

Es sei bemerkt, daß für ein neues System sich die Wahrscheinlichkeit der Aufgabenerfüllung zu

$$R(t_0) = \mathrm{e}^{-\lambda t_0} = 0{,}9802$$

ergibt.

3) Mittlere spezifische Verluste

Wir setzen die Ausgangsdaten in die in Tabelle 11.7.1 angegebene Gleichung zur Ermittlung des bezüglich C^* optimalen Wertes τ_0 ein und erhalten

$$\frac{9}{2}\,\frac{c_p T_p}{c_h T_h} = 1 - \mathrm{e}^{-3\lambda\tau}(1 + 3\lambda\tau)\,.$$

Bei $\frac{9}{2}\,\frac{c_p T_p}{c_h T_h} = 0{,}225$ bestimmen sich die Werte aus Abb. 11.7.1 zu $x_0 = 3\lambda\tau_0 = 0{,}888$ oder

$$\tau_0 = \frac{0{,}888}{0{,}03}\,\mathrm{h} = 29{,}6\,\mathrm{h}\,.$$

Demnach ist die prophylaktische Erneuerung nach einer Laufzeit von 29,6 h durchzuführen, und es wird $C^*(29{,}6\ \mathrm{h}) = 0{,}0786$ Einh./h. Werden keine prophylaktischen Erneuerungen durchgeführt (das heißt $\tau = \infty$), so ergeben sich die mittleren Verluste zu

$$C^*(\infty) = \frac{c_h T_p}{T} = \frac{2 \cdot 10}{150} = 0{,}1333 \text{ Einh./h} .$$

4) Mittlerer spezifischer Gewinn

Wir setzen die Ausgangsdaten in die in Tabelle 11.7.1 angegebene Gleichung zur Ermittlung des bezüglich C optimalen Wertes τ_0 ein und erhalten nach einigen Umformungen

$$0{,}354 = 1 - (1 + 0{,}006 + 3 \cdot 10^{-2}\tau)\, e^{3\ 10^{-2}\tau} .$$

Die Lösung dieser Gleichung wird $\lambda\tau_0 = 1{,}248$ und damit

$$\tau_0 = \frac{1{,}248}{3 \cdot 10^{-2}}\ \mathrm{h} = 41{,}6\ \mathrm{h} .$$

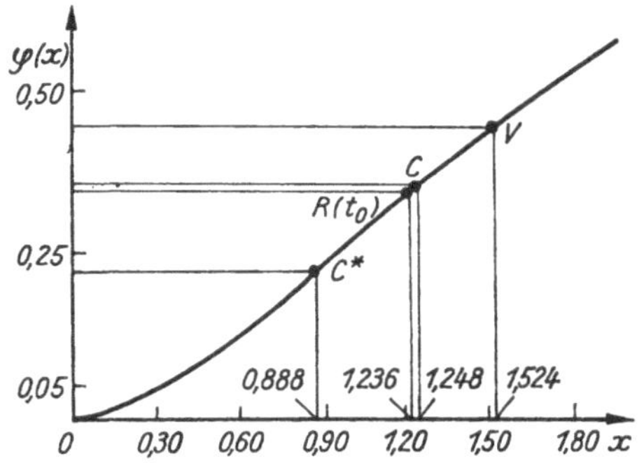

Abb. 11.7.1. Graphische Darstellung von $\varphi(\tau)$ zur Ermittlung der optimalen Instandhaltungsperiode für das Beispiel 11.7.1

(Diese Lösung kann näherungsweise aus der graphischen Darstellung der Abb. 11.7.1 bestimmt werden, weil die Funktion auf der rechten Seite der zu untersuchenden Bestimmungsgleichung und die Funktion $\varphi(x)$ im Rahmen der Zeichengenauigkeit übereinstimmen.)

Im vorliegenden Falle müssen die prophylaktischen Erneuerungen nach 41,6 h Laufzeit durchgeführt werden, und man erhält

$$\max_\tau C(\tau) = C(41{,}6\ \mathrm{h}) = \frac{c_0 - c_h T_h H'(\tau_0)}{1 + T_h H'(\tau_0)} = 2{,}78 \text{ Einh./h} .$$

Zum Vergleich geben wir den Wert des mittleren spezifischen Gewinns an, falls keine prophylaktischen Erneuerungen durchgeführt werden ($\tau = \infty$):

$$C(\infty) = \frac{3 - 2\,\dfrac{10}{150}}{1 + \dfrac{10}{150}} = \frac{430}{160} = 2{,}68 \text{ Einh./h} .$$

Literatur

[1] Barsilowitsch, E. J. – Барзилович Е. Ю.: Определение оптимальных сроков профилактических работ на автоматических системах. — «Известия АН СССР. Техническая кибернетика», 1964, № 3.

[2] Barsilowitsch, E. J. – Барзилович Е. Ю.: Оптимизация периодичности контроля систем, недоступных непрерывным проверкам. — «Автоматика и телемеханика», 1969, № 8.

[3] Barsilowitsch, E. J., Woskobojew, W. F. – Барзилович Е. Ю., Воскобоев В. Ф.: Организация профилактики технических комплексов с учетом ограничений на средства обслуживания. — В кн.: Теория надежности и массовое обслуживание. Под ред. Б. В. Гнеденко. М., «Наука», 1969.
[4] Barsilowitsch, E. J., Woskobojew, W. F., Simakow, W. G. – Барзилович Е. Ю., Воскобоев В. Ф., Симаков В. Г.: Об оптимальной профилактике с неполным восстановлением. — В кн.: Теория надежности и массовое обслуживание. Под ред. Б. В. Гнеденко. М., «Наука», 1969.
[5] Barsilowitsch, E. J., Kaschtanow, W. A., Kowalenko, I. N. – Барзилович Е. Ю., Каштанов В. А., Коваленко И. Н.: О минимаксных критериях в задачах надежности. — «Известия АН СССР. Техническая кибернетика», 1971, № 3.
[6] Gerzbach, I. B. – Герцбах И. Б.: О выборе оптимального режима обслуживания группы однотипных элементов в автоматической системе. — «Автоматика и телемеханика», 1964, № 9.
[7] Gerzbach, I. B. – Герцбах И. Б.: Оптимальное правило обслуживания системы со многими состояниями. — «Известия АН СССР. Техническая кибернетика», 1964, № 3.
[8] Gerzbach, I. B. – Герцбах И. Б.: О профилактике по прогнозирующему параметру. — «Известия АН СССР. Техническая кибернетика», 1967, № 1.
[9] Drushinin, G. W. – Дружинин Г. В.: О профилактических работах в устройствах автоматики. — «Автоматика и телемеханика», 1962, № 5.
[10] Duchowni, I. M. – Духовный И. М.: Об оптимальных профилактиках в однолинейных системах массового обслуживания с ожиданием. В кн.: Теория надежности и массовое облсуживание. Под ред. Б. В. Гнеденко. М., «Наука», 1969.
[11] Kopelewitsch, B. M. – Копелевич Б. М.: Задача оптимизации профилактика на конечном времени. — «Автоматика и вычислительная техника», 1967, №6.
[12] Leontjew, L. P. – Леонтьев Л. П.: Оценка критериев выбора оптимальных харастеристик профилактики. — «Автоматика и вычислительная техника», 1967, № 3.
[13] Marno, I. B. – Марно И. Б.: О цикличности оптимального управления в задачах о профилактиках. — «Известия АН СССР. Техническая кибернетика», 1969, № 5.
[14] Perrote, A. I. – Перроте А. И.: О режиме оптимальной профилактики системы длительного использования. — «Автоматика», 1961, № 3.
[15] Solowjew, A. D. – Соловьев А. Д.. Определение оптимальных профилактик для системы с резервом. — В кн.: Прикладные задачи технической кибернетики. Под ред. И. А. Ушакова, Б. С. Флейшмана. М., «Сов. радно», 1966.
[16] Sklarewitsch, A. N., Zwetkowa, E. I. – Скляревич А. Н., Цветкова Э. И.: Оптимальные сроки полной профилактики системы с возможными нарушениями структуры. — «Автоматика и вычислительная техника», 1967, № 4.
[17] Uschakow, I. A. – Ушаков И. А.: Оптимальные задачи надежности. — «Надежность и контроль кочества», 1969, № 1.

Ergänzungsliteratur

[1] Barsilowitsch, E. J., Kaschtanow, W. A. – Барзилович Е. Ю., Каштанов В. А.: Организация обслуживания при ограниченной информации о надежности системы. Москва: Советское радио — 1975 г.
[2] Barlow, R. E., Proschan, F.: The mathematical theory of reliability. New York: John Wiley & Sons 1965.
[3] Beichelt, F.: Optimale Instandhaltung. (Reihe AT 159). Berlin: VEB Verlag Technik 1974.
[4] Glasser, G. J.: The age replacement problem. Technometrics 9 (1967) 83–91.

[5] Jorgenson, D. W., McCall, J. J., Radner, R.: Optimal replacement policy. Amsterdam: North-Holland Publishing Company 1967.
[6] Kalman, P. J.: A stochastic constrained optimal replacement model: The case of ship replacement. Operations research **20** (1972) 327–334.
[7] Kaufmann, A.: La confiance technique. Théorie mathématique de la fiabilité. Paris: Dunod 1969 (deutsche Übers.: München 1970).
[8] Scheaffer, R. L.: Optimum age replacement policies with an increasing cost factor. Technometrics **13** (1971) 139–144.
[9] Wolff, M.: Optimale Instandhaltungspolitiken in einfachen Systemen. Berlin: Springer-Verlag 1970.

12. OPTIMALE FEHLERSUCHE

12.0. Aufgabenstellung

Das System, das als Objekt der Kontrolle dient, wird aus einer Gesamtheit von n Elementen (der Menge G) gebildet. Zwischen diesen Elementen bestehen funktionelle Zusammenhänge. Jedes Element des Systems kann sich in einem von zwei möglichen Zuständen befinden: Funktionsfähigkeit oder Ausfall. Die Wahrscheinlichkeit, daß sich das i-te Element im funktionsfähigen Zustand befindet, wird mit p_i bezeichnet, und die Wahrscheinlichkeit des Ausfalls mit q_i ($q_i = 1 - p_i$). Es wird vorausgesetzt, daß die Ausfälle der einzelnen Elemente des Systems unabhängig voneinander erfolgen.

Die Kontrolle des Systems besteht in der sukzessiven Anwendung spezieller Tests. Jeder dieser Tests überprüft die Funktionsfähigkeit einer ganz bestimmten Teilmenge der Elemente.

Die Prüfung wird mit folgenden **Zielen** durchgeführt:

- Überprüfen der Funktionsfähigkeit des Systems (Erkennung eines beliebigen vorhandenen Fehlers),
- Fehlersuche (Lokalisierung aller ausgefallenen Elemente).

Im ersten Falle genügt es, einen Test anzuwenden, der das ganze System prüft (sogenannter globaler Test). Manchmal jedoch ist die Durchführung eines solchen Tests prinzipiell unmöglich oder unzweckmäßig, weil er ganz erhebliche Aufwendungen an Zeit und (oder) Mitteln fordert. Deshalb erweist es sich als günstiger, eine Folge einiger einfacher Tests zu benutzen.

Das Ergebnis eines Tests T_i nennen wir **erfolgreich,** wenn in der durch ihn geprüften Teilmenge G_i von Elementen keine fehlerhaften Elemente entdeckt werden. Falls fehlerhafte Elemente entdeckt werden, nennen wir das Ergebnis des Tests **erfolglos.** In diesem Falle befindet sich unter den zu prüfenden Elementen wenigstens ein fehlerhaftes Element.

Im allgemeinen können sich die Teilmengen G_i', die sich durch verschiedene Tests T_i' prüfen lassen, überschneiden.

Die Gesamtheit von Tests, die zur Ausführung eines geforderten Kontrollverfahrens ausreicht, kann man günstig in Form einer Tabelle angeben, deren Zeilen den Tests und deren Spalten den Elementen entsprechen. Dabei bedeutet das Zeichen „+" in einem Schnittpunkt, daß das damit festgelegte Element durch den damit festgelegten Test geprüft werden kann (vgl. Tab. 12.2.1).

Die Aufgabe besteht im Aufbau eines solchen Prüfverfahrens, das das Ziel dieser Prüfung mit im Mittel minimalen Aufwendungen für die Durchführung der Prüfung erreicht.

Die Aufstellung des Kontrollverfahrens besteht in der Auswahl einer notwendigen Testgruppe aus der Gesamtmenge $\{T\}$ von Tests und einer solchen Festlegung der Reihenfolge ihrer Anwendung, daß der Prüfprozeß bezüglich eines angenommenen Kriteriums optimal wird.

12.1. Allgemeine Beschreibung des Prüfverfahrens

Die Reihenfolge der Anwendung der Tests stellt ein rekurrentes Verfahren folgender Art dar: Gemäß einer bestimmten Regel wird eine vereinbarte optimale Folge von Prüfungen für die Ausgangsmenge G von Elementen bestimmt. Die erste Etappe des Prüfverfahrens dauert solange an, bis sich der laufende Test als erfolglos erweist. Bei der Prüfung der Funktionsfähigkeit des Systems wird der Prüfprozeß daraufhin abgeschlossen.

Bei der Fehlersuche wird der Übergang zur folgenden Etappe vollzogen. Die Gesamtmenge der Elemente des zu prüfenden Systems zerfällt in diesem Falle in folgende drei Teilmengen:

G' — Teilmenge der noch nicht geprüften Elemente.

G^* — Teilmenge der Elemente, die durch den vorliegenden erfolglosen Test erfaßt werden, abzüglich derjenigen Elemente dieser Teilmenge, die bisher durch erfolgreiche Tests überprüft wurden.

G^0 — Teilmenge von Elementen, deren Funktionsfähigkeit durch die vorangehenden erfolgreichen Tests bestätigt wurde.

In der zweiten Etappe spielt G^* die Rolle der Ausgangsteilmenge. Für alle Tests einer Gesamtheit $\{T\}$ werden die Wahrscheinlichkeiten für eine erfolgreiche Realisierung abgeschätzt, wobei von der Bedingung ausgegangen wird, daß sie auf die genannte Teilmenge G^* angewendet werden. Nach der Lokalisierung aller fehlerhaften Elemente in der Teilmenge G^* wird der Prozeß der Fehlersuche in der Teilmenge G' fortgesetzt. Wieder werden für alle Tests der Gesamtheit $\{T\}$ die zugehörenden Wahrscheinlichkeiten abgeschätzt und die Fehler unter Verwendung des oben beschriebenen rekurrenten Verfahrens aufgesucht.

12.2. Lokalisierung eines einzigen fehlerhaften Elements

Das zu prüfende System besteht aus n Elementen. Vor Beginn der Prüfung ist bekannt, daß im System genau ein Element ausgefallen ist. (Eine solche Situation kann vorliegen, wenn der Ausfall eines beliebigen Elements zum Blockieren und Abschalten des ganzen Systems führt.) Das fehlerhafte Element soll mit minimalen mittleren Aufwendungen gesucht werden.

12.2.1. Näherungsalgorithmus bei beliebigen sich überschneidenden Tests

Zu Beginn des M-ten Schrittes des Prüfprozesses sei die Testfolge $\sigma^{(0)} = \{T_1, .., T_{M-1}\}$ bereits absolviert. Die Aufgabe besteht im Aufsuchen des fehlerhaften

Elements in der Teilmenge $G^{(0)}$. (Vor Beginn des Prüfprozesses gilt $G^{(0)} = G$, das heißt $G^{(0)}$ enthält alle Elemente des Systems, und $\sigma^{(0)}$ enthält keinen einzigen Test.)

Der **Algorithmus** zum Aufsuchen des fehlerhaften Elements besteht im folgenden:

1. Es werden die bedingten Wahrscheinlichkeiten $\tilde{q}_i^{(0)}$ dafür bestimmt, daß gerade das i-te Element ausfällt, falls sich in der zu prüfenden Menge $G^{(0)}$ genau ein ausgefallenes Element befindet.

$$q_i^{(0)} = \frac{q_i}{p_i} \left(\sum_{k \in G^{(0)}} \frac{q_k}{p_k} \right)^{-1} .$$

Anmerkung: Im Prinzip genügt es bei dem im weiteren verwendeten Verfahren, nur die Größen

$$\tilde{q}_i = q_i/p_i$$

zu berechnen, weil im Abschnitt 5 in jedem Schritt nur die relativen Größen $\tilde{q}_i$ (und nicht die absoluten Größen $\tilde{q}_i^{(0)}$) wesentlich sind. Das kürzt die Rechnungen erheblich ab, da die Umrechnung dieser Größen nach jedem Schritt des Prozesses entfallen kann.

2. Für jeden Test T_j wird die Wahrscheinlichkeit seines erfolglosen Ausgangs in der zu prüfenden Teilmenge $G^{(0)}$ berechnet:

$$Q_j^{(0)} = \sum_{i \in G_j \cap G^{(0)}} \tilde{q}_i^{(0)} .$$

3. Für jeden Test T_j werden die mit ihm verbundenen Aufwendungen $\tau_j^{(0)}$ ermittelt unter Berücksichtigung dessen, daß die Testfolge $\sigma^{(0)}$ schon absolviert wurde. (Im allgemeinen können die Aufwendungen für die Durchführung des Tests T_j infolge der Durchführung anderer Tests sowohl fallen als auch steigen. Z. B. kann es sein, daß die für den betrachteten Test notwendigen Geräte bereits bei den vorangehenden Prüfungen angeschlossen wurden; oder umgekehrt kann durch vorangehende Prüfungen der Zugang zu dem erforderlichen Teil des Systems erschwert worden sein.)

4. Für jeden Test T_j wird die Größe

$$g_j = \tau_j^{(0)}/Q_j^{(0)}$$

bestimmt.

5. Es wird ein solcher Test T_k ausgewählt, für den g_k minimal wird:

$$g_k = \min_{1 \leq j \leq m} g_i .$$

6. Es wird der Test T_k angewendet:

a) falls der Test T_k erfolgreich beendet wird, so führt die Aufgabenstellung zur Suche des ausgefallenen Elements in der Teilmenge $G^{(1)} = G^{(0)} \setminus G_k$;

b) falls der Test T_k erfolglos beendet wird, so führt die Aufgabenstellung zur Suche des ausgefallenen Elements in der Teilmenge $G^{(1)} = G_k \cap G^{(0)}$.

Anmerkung: Falls im Falle *a* oder *b* die Teilmenge $G^{(1)}$ aus einem einzigen Element besteht, so wurde damit das ausgefallene Element gefunden und das Problem gelöst.

7. Es wird eine neue Testfolge $\sigma^{(1)}$ fixiert, die die vorangehende Folge $\sigma^{(0)}$ und den zuletzt angewendeten Test T_k umfaßt

$$\sigma^{(1)} = \{\sigma^{(0)}, T_k\} .$$

8. Auf die Teilmenge $G^{(1)}$ wird das Prüfverfahren angewendet, indem man bei Punkt 1 beginnt, mit der entsprechenden Änderung des oberen Index (0) in den Index (1).

Das Prüfverfahren wird solange fortgesetzt, bis nach einem bestimmten Schritt k im Punkt 6 eine einelementige Teilmenge $G^{(k)}$ entsteht.

Das beschriebene Verfahren kann man in Abhängigkeit vom Entwicklungsstand des Prüfablaufes realisieren. Es empfiehlt sich vor allem dann, wenn für die laufenden Berechnungen und die Auswahl des nächsten Tests eine EDVA verwendet werden kann, für die die notwendige Software vorhanden ist und in deren Speicher vorher die Ausgangsdaten (Ausfallwahrscheinlichkeiten, Prüfdauern, Testcharakterisierungen) eingegeben werden.

Das gleiche Verfahren kann man im voraus durchspielen und eine Anweisung über die Reihenfolge der Anwendung der Tests in Abhängigkeit von den Ergebnissen der vorangehenden Tests aufstellen, zum Beispiel: „Falls der Test T_k erfolgreich ist, so ist anschließend der Test T_i durchzuführen; falls aber der Test T_k erfolglos ist, so ist alsdann der Test T_j durchzuführen" (Abb. 12.2.1).

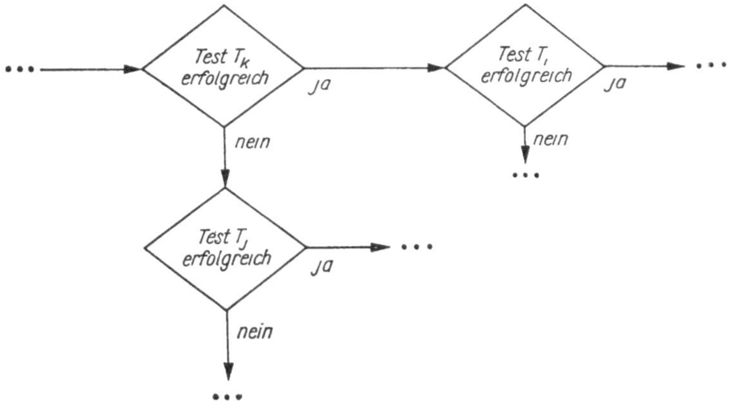

Abb. 12.2.1. Beispiel für die Prüfvorschrift eines Systems

Beispiel 12.2.1

Das System besteht aus 8 Elementen und kann durch 6 Tests geprüft werden. Sie werden in Tabelle 12.2.1 dargestellt. Die mit der Durchführung jedes Tests verbundenen Aufwendungen sind bekannt,

$$\tau_1 = 1 , \quad \tau_2 = 2 , \quad \tau_3 = 1{,}2 , \quad \tau_4 = 1{,}5 , \quad \tau_5 = 2{,}5 , \quad \tau_6 = 1 .$$

Dabei wird vorausgesetzt, daß die Größen τ_i von der Reihenfolge der Testanwendung nicht abhängen.

Die a-priori-Wahrscheinlichkeiten für den Ausfall der Elemente sind auch bekannt, und zwar

$$q_1 = 0{,}1 , \quad q_2 = 0{,}1 , \quad q_3 = 0{,}2 , \quad q_4 = 0{,}3 ,$$
$$q_5 = 0{,}1 , \quad q_6 = 0{,}05 , \quad q_7 = 0{,}05 , \quad q_8 = 0{,}2 .$$

Es ist bekannt, daß sich in dem System genau ein ausgefallenes Element befindet.

Dieses Element soll mit minimalen mittleren Aufwendungen, die zur Durchführung der dafür notwendigen Tests erforderlich sind, gefunden werden.

Lösung

Die Größen $\tilde{q}_i$ ergeben sich für jedes Element zu

$$\tilde{q}_1 = 0{,}11 , \quad \tilde{q}_2 = 0{,}11 , \quad \tilde{q}_3 = 0{,}25 , \quad \tilde{q}_4 = 0{,}43 ,$$
$$\tilde{q}_5 = 0{,}11 , \quad \tilde{q}_6 = 0{,}053 , \quad \tilde{q}_7 = 0{,}053 , \quad \tilde{q}_8 = 0{,}25 .$$

Tabelle 12.2.1. Tests und die durch sie überprüften Elemente des Systems

Nr. des Elements	Test					
	T_1	T_2	T_3	T_4	T_5	T_6
1	+			+	+	
2	+	+				
3			+		+	
4		+			+	
5	+		+		+	+
6	+		+	+		
7		+				+
8				+		+

Wir können die Größen $Q_j^{(0)}$ für jeden Test berechnen:

$$Q_1^{(0)} = \tilde{q}_1 + \tilde{q}_2 + \tilde{q}_5 + \tilde{q}_6 = 0{,}383\,, \qquad Q_2^{(0)} = \tilde{q}_2 + \tilde{q}_4 + \tilde{q}_7 = 0{,}593\,,$$
$$Q_3^{(0)} = \tilde{q}_3 + \tilde{q}_5 + \tilde{q}_6 = 0{,}413\,, \qquad Q_4^{(0)} = \tilde{q}_1 + \tilde{q}_6 + \tilde{q}_8 = 0{,}413\,,$$
$$Q_5^{(0)} = \tilde{q}_1 + \tilde{q}_3 + \tilde{q}_4 + \tilde{q}_5 = 0{,}9\,, \qquad Q_6^{(0)} = \tilde{q}_5 + \tilde{q}_7 + \tilde{q}_8 = 0{,}413\,.$$

Weiter erhalten wir die Größen g_i für jeden Test zu

$$g_1^{(0)} = 1/0{,}383 \approx 2{,}61\,, \qquad g_2^{(0)} = 2/0{,}593 \approx 3{,}38\,,$$
$$g_3^{(0)} = 1{,}2/0{,}413 \approx 2{,}90\,, \qquad g_4^{(0)} = 1{,}5/0{,}413 \approx 3{,}62\,,$$
$$g_5^{(0)} = 2{,}5/0{,}9 \approx 2{,}78\,, \qquad g_6^{(0)} = 1/0{,}413 \approx 2{,}41\,.$$

Ersichtlich muß T_6 der erste Test sein, da g_6 der kleinste aller Werte ist.

Die Durchführung des Tests T_6 kann erfolgreich oder erfolglos sein. Wir wollen die erste Variante betrachten; d. h., das fehlerhafte Element befindet sich unter denjenigen Elementen, die vom Test T_6 nicht erfaßt werden. Dann ist die Teilmenge von Elementen $G^{(1)} = \{1, 2, 3, 4, 6\}$ übrig geblieben. Wir berechnen nun die Größen $Q_j^{(1)}$ für jeden der verbliebenen Tests

$$Q_1^{(1)} = \tilde{q}_1 + \tilde{q}_2 + \tilde{q}_6 = 0{,}273\,, \qquad Q_2^{(1)} = \tilde{q}_2 + \tilde{q}_4 = 0{,}54\,,$$
$$Q_3^{(1)} = \tilde{q}_3 + \tilde{q}_6 = 0{,}303\,, \qquad Q_4^{(1)} = \tilde{q}_6 = 0{,}053\,,$$
$$Q_5^{(1)} = \tilde{q}_1 + \tilde{q}_3 + \tilde{q}_4 = 0{,}79\,,$$

und daraus die Größen

$$g_1^{(1)} = 1/0{,}273 = 3{,}66\,, \qquad g_2^{(1)} = 2/0{,}54 = 3{,}70\,,$$
$$g_3^{(1)} = 1{,}2/0{,}303 = 3{,}96\,, \qquad g_4^{(1)} = 1{,}5/0{,}053 = 38{,}3\,,$$
$$g_5^{(1)} = 2{,}5/0{,}79 = 3{,}17\,.$$

Man erkennt, daß nach dem erfolgreich verlaufenden Test T_6 der Test T_5 durchgeführt werden muß. Die Durchführung dieses Tests kann seinerseits erfolgreich oder erfolglos sein. Wir wollen diesmal die zweite Möglichkeit betrachten. Das fehlerhafte Element soll sich in derjenigen Teilmenge von $G^{(1)} = \{1, 2, 3, 4, 6\}$ befinden, die durch den Test T_5 geprüft wird. Es ist also eines der Elemente $G^{(2)} = \{1, 3, 4\}$.

Wir berechnen die Größen $Q_j^{(2)}$ für jeden der verbliebenen Tests

$$Q_1^{(2)} = \tilde{q} = 0{,}11\,, \qquad Q_2^{(2)} = \tilde{q}_4 = 0{,}43\,, \qquad Q_3^{(2)} = \tilde{q}_3 = 0{,}413\,, \qquad Q_4^{(2)} = \tilde{q}_1 = 0{,}11$$

und daraus die Größen

$$g_1^{(2)} = 1/0{,}11 = 9\,, \qquad g_2^{(2)} = 2/0{,}43 = 4{,}7\,, \qquad g_3^{(2)} = 1{,}2/0{,}413 = 2{,}9\,, \qquad g_4^{(2)} = 1{,}5/0{,}11 = 13{,}5\,.$$

Also muß nun der Test T_3 durchgeführt werden.

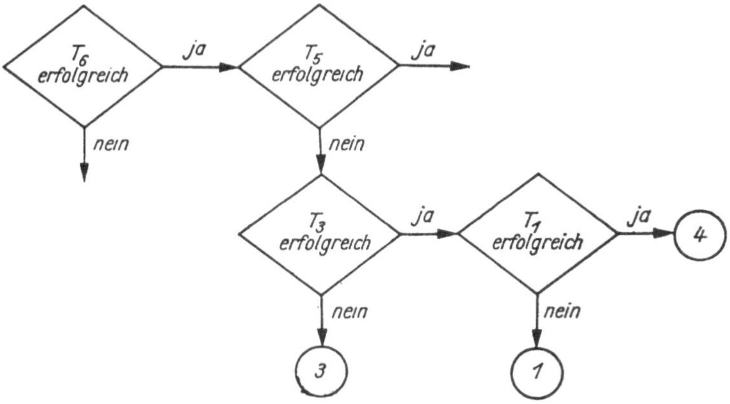

Abb. 12.2.2. Erster Teil der Prüfvorschrift für das Beispiel 12.2.1.

In den Kreisen wurden die Indizes der ausgefallenen Elemente angegeben, die durch die entsprechende Überprüfung entdeckt werden

Falls dieser Test erfolglos verläuft, so hat man den Fehler gefunden: Es ist das Element 3. Falls aber der Test T_3 erfolgreich verläuft, so können die Elemente 1 oder 4 fehlerhaft sein. Hier kann man die Tests T_1, T_2, oder T_4 anwenden. Es ist klar, mit jedem von ihnen kann das fehlerhafte Element gefunden werden (entweder unmittelbar oder nach der Methode des Ausschlusses). Deshalb muß man denjenigen Test auswählen, der durch minimale Aufwendungen charakterisiert wird, d. h. T_1.

Wenn wir eine Anweisung aufstellen müssen, die die Reihenfolge der Prüfungen angibt, so muß man zunächst die bei der vorliegenden Lösung erhaltene Reihenfolge festhalten (Abb. 12.2.2). Dann geht man zum Zeitpunkt der Durchführung des Tests T_5 zurück, nimmt aber jetzt an, daß er sich als erfolgreich erweist. Das ausgefallene Element ist dann in der Teilmenge $G^{(2)} = \{2, 6\}$ zu suchen.

Aus Tabelle 12.2.1 ist leicht zu sehen, daß man zur Unterscheidung der Elemente 2 und 6 die Tests T_2, T_3 und T_4 verwenden kann. Von ihnen erfordert T_3 die geringsten Aufwendungen. Folglich muß man T_3 durchführen. Wenn der Test T_3 erfolglos ausgeht, so ist das Element 6 ausgefallen. Wenn er aber erfolgreich ist, so ist das Element 2 ausgefallen (gemäß der Methode des Ausschlusses). Als Ergebnis hat man ein weiteres Teilstück der geforderten Anweisung erhalten (Abb. 12.2.3).

Dann muß man zum Zeitpunkt der Durchführung des Tests T_6 zurückgehen, muß aber jetzt ansetzen, daß er erfolglos ausgeht. Folglich wird $G^{(1)} = \{5, 7, 8\}$. Zur Unterscheidung dieser Elemente kann man die Tests T_1, T_2, T_3 und T_4 einsetzen, wie aus der Tabelle 12.2.1 hervorgeht. Jeder dieser Tests lokalisiert den Fehler bis auf das Element exakt. Man findet leicht, daß die Anwendung des Tests T_4 am zweckmäßigsten ist. Falls er erfolglos ausgeht, so bedeutet das den Ausfall des Elements 8. Falls er erfolgreich ausgeht, so kann entweder das Element 5 oder das Element 7 ausgefallen sein. In diesem Falle muß man den Test mit den geringsten Aufwendungen

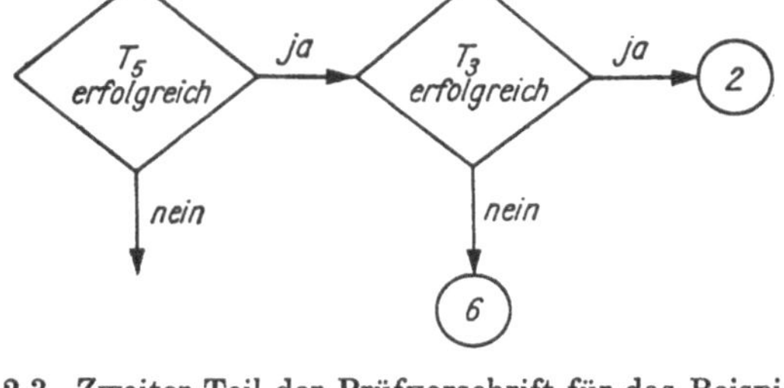

Abb. 12.2.3. Zweiter Teil der Prüfvorschrift für das Beispiel 12.2.1

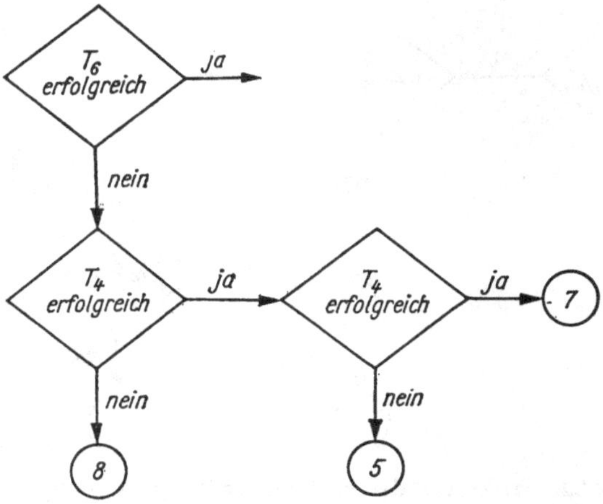

Abb. 12.2.4. Dritter Teil der Prüfvorschrift für das Beispiel 12.2.1

durchführen: T_1. Falls er erfolgreich ist, so ist das Element 7 ausgefallen, und falls erfolglos — das Element 5.

Als Ergebnis hat man das letzte geforderte Teilstück der angegebenen Darstellung (Abb. 12.2.4) bestimmt. Durch Zusammenfügen aller dieser Fragmente zu einem einheitlichen Ganzen erhalten wir schließlich die Prüfanweisung für das System (Abb. 12.2.5).

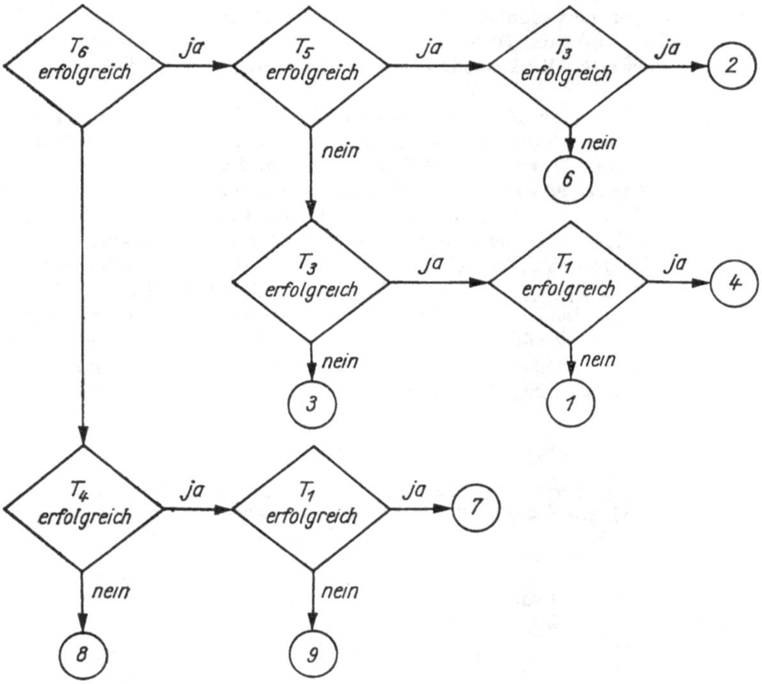

Abb. 12.2.5. Vollständige Prüfvorschrift für das Beispiel 12.2.1

12.2.2. Elementweise Prüfung des Systems

Wenn man die Möglichkeit hat, mit jedem Test nur ein Systemelement zu prüfen, so entspricht die beste Reihenfolge der Elementeprüfung zur Fehlersuche ihrer Numerierung nach wachsenden Größen

$$g_i = \tau_i p_i / q_i .$$

Beispiel 12.2.2

Wir betrachten ein System, das aus 5 Elementen besteht, die durch folgende Kenngrößen charakterisiert werden:

$$r_1 = 0{,}2\,, \quad \tau_1 = 10\text{ min}; \quad r_2 = 0{,}3\,, \quad \tau_2 = 20\text{ min};$$
$$r_3 = 0{,}4\,, \quad \tau_3 = 10\text{ min}; \quad r_4 = 0{,}5\,, \quad \tau_4 = 5\text{ min};$$
$$r_5 = 0{,}6\,, \quad \tau_5 = 10\text{ min}\,.$$

Es ist festzulegen, in welcher Reihenfolge die Elemente geprüft werden müssen, um die in ihnen enthaltenen fehlerhaften Elemente herauszufinden.

Lösung

Wir berechnen die Größen g_i:

$$g_1 = \frac{0{,}2}{0{,}8} \cdot 10 = 2{,}5\,, \quad g_2 = \frac{0{,}3}{0{,}7} \cdot 20 = 8{,}6\,, \quad g_3 = \frac{0{,}4}{0{,}6} \cdot 10 = 6{,}7\,,$$
$$g_4 = \frac{0{,}5}{0{,}5} \cdot 5 = 5{,}0\,, \quad g_5 = \frac{0{,}6}{0{,}4} \cdot 10 = 15{,}0\,.$$

Aus der Rechnung folgt, daß man zur Minimierung der mittleren Zeit für das Auffinden der fehlerhaften Elemente die Elemente des gegebenen Systems immer in folgender Reihenfolge prüfen muß: 1, 4, 3, 2 und 5.

12.2.3. Durchführung beliebiger Tests bei gleichen Aufwendungen

Wenn man die Möglichkeit hat, beliebige Kombinationen von Elementen zu prüfen, und dabei die Aufwendungen zur Durchführung der einzelnen Tests übereinstimmen, so führt man das optimale **Prüfverfahren** in folgender Reihenfolge durch:

1. die Elemente werden umgekehrt zur Reihenfolge des Wachstums der Größen $\tilde{q}_i$ angeordnet;
2. die beiden letzten Elemente werden zu einem einzigen Hilfselement zusammengefaßt, für das $\tilde{q} = \tilde{q}_n + \tilde{q}_{n-1}$ gilt;
3. das Hilfselement wird entsprechend der Größe $\tilde{q}$ in die ursprüngliche Folge eingeordnet;
4. der Prozeß wird solange fortgesetzt, bis alle Elemente in einem einzigen Hilfselement zusammengefaßt sind;
5. ein bezüglich der Suche des ausgefallenen Elements optimales Prüfprogramm für das System erhält man, wenn es möglich ist, das zuletzt erhaltene Hilfselement wieder zu zerlegen, und zwar in der umgekehrten Reihenfolge seiner Entstehung.

Beispiel 12.2.3

Eine Anlage möge aus 7 Elementen bestehen, für die die Werte q^* jeweils bekannt sind:

$$q_1^* = 0{,}3\,, \quad q_2^* = 0{,}3\,, \quad q_3^* = 0{,}1\,, \quad q_4^* = 0{,}1\,, \quad q_5^* = 0{,}1\,, \quad q_6^* = 0{,}05 \quad \text{und} \quad q_7^* = 0{,}05\,.$$

Es ist ein solches System von Kontrollprüfungen zu finden, mit dem man das fehlerhafte Element in kürzester Zeit auffinden kann.

Lösung

Gemäß der oben beschriebenen Methode stellen wir ein Diagramm für den Ablauf der optimalen Prüfungen auf (Abb. 12.2.6). Aus diesem Diagramm ist ersichtlich, daß die erste Prüfung T_1 eine Einteilung der Gesamtheit der Elemente in zwei Teilmengen gestatten muß, in 1 und 2 einerseits, und 3 bis 7 andererseits. Wenn sich der Fehler in der Teilmenge der Elemente 1 und 2 befindet, so muß man die Prüfung T_2 anwenden. Wenn sich der Fehler aber in der Teilmenge der Elemente 3 bis 7 befindet, so muß die folgende Prüfung T_3 eine Trennung der Elemente 3 und 4 von den Elementen 5, 6 und 7 ermöglichen usw.

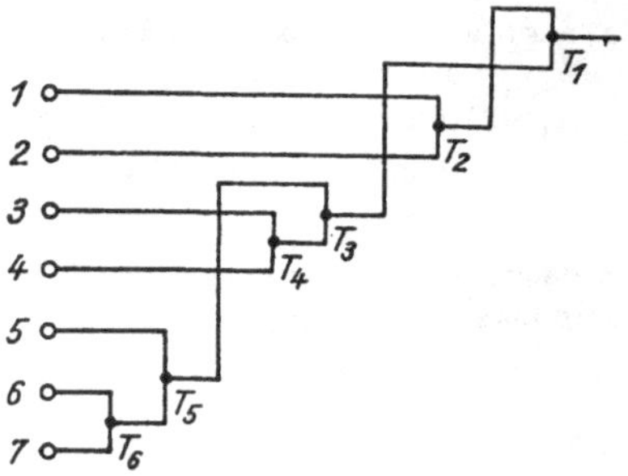

Abb. 12.2.6. Diagramm des optimalen Prüfprozesses für das Beispiel 12.2.3

12.2.4. „Informationstheoretische" Methode (Näherungslösung)

Diese Näherungsmethode sollte man in jenen Fällen anwenden, bei denen verschiedene Prüfungen unterschiedliche Dauer (τ_i) besitzen, und auch dann, wenn das zur Verfügung stehende System von Prüfungen nicht hinreichend anpassungsfähig ist und die Realisierung des im Abschnitt 12.2.3 beschriebenen Verfahrens nicht zuläßt.

Zur optimalen Suche eines einzigen fehlerhaften Elements wird folgender **Algorithmus** vorgeschlagen:

1. Es wird eine Ausgangsmenge von n Elementen betrachtet, die zu einer Einrichtung gehören. Für jede mögliche i-te Prüfung, die eine gewisse Teilmenge A_i von Elementen erfaßt, wird die Größe

$$g_i = \Delta H_i / \tau_i$$

errechnet. Hier ist $\Delta H_i = P_i \ln P_i + Q_i \ln Q_i$, wobei Q_i die Wahrscheinlichkeit dafür ist, daß das ausgefallene Element zur Teilmenge A_i gehört und $P_i = 1 - Q_i$ gilt.

2. Als erste wird diejenige Prüfung ausgewählt, für die der Wert g_i maximal wird.

3. Mit der restlichen Menge von Elementen der Einrichtung (und mit der Menge A_i selbst) wird das gleiche Verfahren wiederholt, das auch auf die Ausgangsmenge von n Elementen angewendet wurde.

Beispiel 12.2.4

Betrachtet wird die gleiche Anlage wie im Beispiel 12.2.3. Man kann jedoch nur folgende Prüfungen durchführen:

T_1 . . . Trennen der Elemente 1, 5 von den Elementen 2, 3, 4, 6, 7;
T_2 . . . Trennen der Elemente 1, 2, 4 von den Elementen 3, 5, 6, 7;
T_3 . . . Trennen der Elemente 6, 7 von den Elementen 1, 2, 3, 4;
T_4 . . . Trennen der Elemente 2, 7 von den Elementen 1, 3, 4, 5, 6;
T_5 . . . Trennen der Elemente 2, 3, 5 von den Elementen 1, 4, 6, 7,

wobei $\tau_1 = 3$ min, $\tau_2 = 1{,}5$ min, $\tau_3 = 1$ min, $\tau_4 = 2$ min, $\tau_5 = 3$ min gilt.

Es ist ein System optimaler Prüfungen zu finden.

Lösung

Wir ermitteln die Größen g_i für den ersten Schritt des Prozesses zur Lokalisierung des ausgefallenen Elements (bei Verwendung dekadischer Logarithmen)

$$g_1^{(1)} = \frac{1}{3} (0{,}4 \cdot 0{,}398 + 0{,}6 \cdot 0{,}222) = 0{,}098\,,$$

$$g_2^{(1)} = \frac{1}{1{,}5} (0{,}7 \cdot 0{,}155 + 0{,}3 \cdot 0{,}523) = 0{,}177\,,$$

$$g_3^{(1)} = 1 \cdot (0{,}1 \cdot 1 + 0{,}9 \cdot 0{,}056) = 0{,}150\,,$$

$$g_4^{(1)} = \frac{1}{2} (0{,}35 \cdot 0{,}456 + 0{,}65 \cdot 0{,}187) = 0{,}142\,,$$

$$g_5^{(1)} = \frac{1}{3} (0{,}5 \cdot 0{,}301 + 0{,}5 \cdot 0{,}301) = 0{,}100\,.$$

Wir wählen als erste Prüfung T_2.

Es möge sich das ausgefallene Element in der Elementgruppe 1, 2 und 4 befinden. In diesem Falle erlaubt die Prüfung T_1 eine Trennung des Elements 1 von den Elementen 2, 4. T_3 ermöglicht keine weitere Lokalisierung des ausgefallenen Elements. T_4 und T_5 trennen das Element 2 von den Elementen 1, 4.

Unter der Maßgabe, daß sich das ausgefallene Element unter den Elementen 1, 2, 4 befindet, gehen wir nun zur Berechnung der Werte q_1^*, q_2^* und q_4^* über:

$$q_1^* = \frac{0{,}3}{0{,}3 + 0{,}3 + 0{,}1} = \frac{3}{7} = 0{,}43\,,$$

$$q_2^* = \frac{0{,}3}{0{,}3 + 0{,}3 + 0{,}1} = \frac{3}{7} = 0{,}43\,,$$

$$q_4^* = \frac{0{,}3}{0{,}3 + 0{,}3 + 0{,}1} = \frac{1}{7} = 0{,}14\,.$$

In diesem Falle wird

$$g_1^{(1)} = \frac{1}{3} (0{,}43 \cdot 0{,}366 + 0{,}57 \cdot 0{,}244) = 0{,}099\,,$$

$$g_2^{(1)} = 0\,,$$

$$g_3^{(1)} = 0\,,$$

$$g_4^{(1)} = \frac{1}{2} (0{,}43 \cdot 0{,}366 + 0{,}57 \cdot 0{,}244) = 0{,}148\,,$$

$$g_5^{(1)} = \frac{1}{3} (0{,}43 \cdot 0{,}366 + 0{,}57 \cdot 0{,}244) = 0{,}099\,.$$

Es ist zu sehen, daß man als zweiten Schritt im Prozeß zur Lokalisierung des fehlerhaften Elements den Test T_4 anwenden muß. Falls sich das Element 2 als fehlerhaft erweist, so ist damit das Verfahren beendet. Falls das ausgefallene Element aber 1 oder 4 ist, so wird der Prozeß fortgesetzt. Dabei kann man — wie unschwer festzustellen ist — für die Prüfung im dritten Schritt nur T_1 verwenden.

12.3. Lokalisierung einer unbekannten Zahl fehlerhafter Elemente

Das zu prüfende System besteht aus n Elementen. Vor Beginn der Prüfung ist bekannt, daß sich in dem System ausgefallene Elemente befinden können, jedoch nicht wie viele. Beim Herausfinden eines ausgefallenen Elements ersetzt man es durch ein funktionsfähiges und setzt das Suchverfahren für die übrigen Elemente fort.

Alle vorhandenen fehlerhaften Elemente sind mit minimalen mittleren Aufwendungen herauszufinden.

Anmerkung: Bei unbekannter Anzahl ausgefallener Elemente muß man zu ihrer Entdeckung im allgemeinen Fall die Möglichkeit haben, jedes Element einzeln zu prüfen. Deshalb wird im Abschnitt 12.3.2 nur der genaue Algorithmus zur Fehlerlokalisierung mit Hilfe einer elementweisen Prüfung gebracht.

12.3.1. Näherungsalgorithmus bei beliebigen sich überschneidenden Tests

Zu Beginn des M-ten Schrittes des Prüfprozesses sei die Testfolge $\sigma^{(0)} = \{T_1, \ldots, T_{M-1}\}$ absolviert. Die Aufgabe besteht im Aufsuchen der fehlerhaften Elemente in der Teilmenge $G^{(0)}$. (Vor Beginn des Prüfprozesses gilt $G^{(0)} = G$, d. h., $G^{(0)}$ enthält alle Elemente des Systems, und $\sigma^{(0)}$ enthält keinen einzigen Test.)

Der **Algorithmus** zum Aufsuchen der fehlerhaften Elemente besteht im folgenden:

1. Es wird (falls das möglich ist) ein globaler Test durchgeführt, um festzustellen, ob sich in der noch nicht geprüften Teilmenge $G^{(0)}$ wenigstens ein fehlerhaftes Element befindet. Falls der globale Test erfolgreich verläuft, so wird daraufhin das Prüfverfahren beendet. Falls aber der globale Test erfolglos ausgeht, so wird die unten dargestellte Hauptprozedur begonnen.

Anmerkung: Streng gesprochen ist die Anwendung eines globalen Tests nicht immer gerechtfertigt, weil er mehr Aufwand erfordern kann als die Lokalisierung aller möglichen (oder vorhandenen) Ausfälle in der zu prüfenden Teilmenge $G^{(0)}$ von Elementen. Für die praktische Methode werden wir eine solche Möglichkeit nicht berücksichtigen, um das anzuwendende Verfahren zur Ermittlung fehlerhafter Elemente zu vereinfachen. Außerdem sind die Aufwendungen für einen globalen Test infolge seiner geringen Spezialisiertheit gewöhnlich nicht so wesentlich.

2. Falls der globale Test erfolglos ausgeht, so wird für jeden Test T_j die Wahrscheinlichkeit für seine Erfolglosigkeit in der zu prüfenden Teilmenge $G^{(0)}$ ausgerechnet.

$$Q_j^{(0)} = \frac{1 - \prod\limits_{i \in G_j \cap G^{(0)}} p_i}{1 - \prod\limits_{i \in G^{(0)}} p_i}$$

unter der Bedingung, daß die Testfolge $\sigma^{(0)}$ schon absolviert wurde.

Anmerkung: Im Prinzip ist es bei der im weiteren verwendeten Prozedur ausreichend, nur die Größen

$$Q_j^{(0)} = 1 - \prod_{i \in G_j \cap G^{(0)}} p_i \,.$$

zu berechnen, da im Punkt 5 nur die relativen, aber nicht die absoluten Größen der $Q_j^{(0)}$ von Bedeutung sind.

3. Für jeden Test T_j werden die mit ihm verbundenen Aufwendungen $\tau_j^{(0)}$ unter der Bedingung ermittelt, daß die Testfolge $\sigma^{(0)}$ bereits absolviert wurde.

Anmerkung: Vor Beginn des Prüfprozesses gilt

$$\tau_j^{(0)} = \tau_j \,.$$

4. Für jeden Test T_j wird die Größe

$$g_j = \tau_j^{(0)} / Q_j^{(0)}$$

bestimmt.

5. Es wird ein solcher Test T_k ausgewählt, für den g_k minimal ist:

$$g_k = \min_{1 \leq j \leq m} g_j \,.$$

6. Es wird der Test T_k angewendet:

a) wird der Test T_k erfolgreich beendet, so wird der Prozeß des Suchens ausgefallener Elemente für die restliche Teilmenge $G^{(1)} = G^{(0)} \setminus G_k$ fortgesetzt,

b) wird der Test T_k erfolglos beendet, so zerfällt die Aufgabe in zwei Teile:
 - sukzessive Lokalisierung aller in der Teilmenge $G^{(1)} = G^{(0)} \setminus G_k$ vorhandenen ausgefallenen Elemente;
 - danach wird der Prozeß des Suchens ausgefallener Elemente für die neue Rest-Teilmenge $G^{(1)} = G^{(0)} \setminus G_k$ fortgeführt.

7. Es wird die neue Folge $\sigma^{(1)}$ der angewendeten Tests fixiert, die die vorangehende Folge $\sigma^{(0)}$ und den zuletzt angewendeten Test T_k enthält:

$$\sigma^{(1)} = \{\sigma^{(0)}, T_k\} .$$

8. Auf die im Punkt 6 eingeführte Teilmenge $G^{(1)}$ wird erneut das Prüfverfahren angewendet, und zwar beginnend mit Punkt 1, wenn die letzte Prüfung T_k erfolglos war, und beginnend mit Punkt 2, wenn sie erfolgreich war. Der obere Index (0) ist jeweils durch den Index (1) zu ersetzen.

Der Prüfprozeß wird solange fortgeführt, bis alle fehlerhaften Elemente des Systems gefunden wurden.

Anmerkung: Das beschriebene Verfahren kann — ebenso wie das früher behandelte Verfahren zum Herausfinden eines einzigen fehlerhaften Elements — in Abhängigkeit vom Entwicklungsstand des Prüfablaufes realisiert werden. Es kann aber auch im voraus durchgespielt und eine Anweisung über die Reihenfolge der Anwendung der Tests aufgestellt werden. Jedoch kann sich eine entsprechende Anweisung in diesem Falle als außerordnetlich umfangreich erweisen.

Beispiel 12.3.1

Es wird ein System betrachtet, das jenem, das im Beispiel 12.2.1 gebracht wurde, analog ist. Die Tests, mit deren Hilfe die Systemelemente überprüft werden, wurden in Tabelle 12.2.1 angegeben.

Die Anzahl der im System ausgefallenen Elemente ist zunächst unbekannt. Der Konkretheit wegen wollen wir ansetzen, daß die Elemente 1, 3 und 6 fehlerhaft sind. Aber demjenigen, der die Prüfung durchführt, ist das nicht bekannt.

Es sollen alle ausgefallenen Elemente bei minimalen mittleren Aufwendungen zur Durchführung der dafür notwendigen Tests ermittelt werden.

Lösung

Wir berechnen die Größen $Q_j^{(0)}$ nach der Formel

$$Q_j^{(0)} = 1 - \prod_{i \in G_j \cap G^{(0)}} p_i$$

und finden

$$Q_1^{(0)} = 0{,}31 , \quad Q_2^{(0)} = 0{,}40 , \quad Q_3^{(0)} = 0{,}315 ,$$
$$Q_4^{(0)} = 0{,}315 , \quad Q_5^{(0)} = 0{,}545 , \quad Q_6^{(0)} = 0{,}315 .$$

Dann ermitteln wir für jeden Test die Größe $g_j^{(0)}$:

$$g_1^{(0)} = 1/0{,}31 = 3{,}24 , \quad g_2^{(0)} = 2/0{,}4 = 5{,}0 ,$$
$$g_3^{(0)} = 1{,}2/0{,}315 = 3{,}52 , \quad g_4^{(0)} = 1{,}5/0{,}315 = 4{,}77 ,$$
$$g_5^{(0)} = 2{,}5/0{,}545 = 4{,}6 , \quad g_6^{(0)} = 1/0{,}316 = 3{,}18 .$$

Ersichtlich muß man als ersten Test T_6 nehmen, weil $g_6^{(0)}$ am kleinsten ist. Der Test muß erfolgreich ablaufen, weil wir in den Bedingungen der Aufgabe die Elemente 1 und 3 als ausgefallen festgelegt haben. In Verbindung damit wird die Aufgabe auf die Ermittlung der ausgefallenen Elemente innerhalb der verbliebenen Teilmenge $G^{(1)} = \{1, 2, 3, 4, 6\}$ zurückgeführt.

Die Größen $Q_j^{(1)}$ finden wir aus der Formel

$$Q_j^{(1)} = 1 - \prod_{i \in G_j \cap G^{(0)}} p_i .$$

Sie werden gleich

$$Q_1^{(1)} = 0{,}23 , \quad Q_2^{(1)} = 0{,}37 , \quad Q_3^{(1)} = 0{,}24 , \quad Q_4^{(1)} = 0{,}145 , \quad Q_5^{(1)} = 0{,}495 .$$

Dann berechnen wir die neuen Größen $g_j^{(1)}$:

$$g_1^{(1)} = 1/0{,}23 = 4{,}35 , \quad g_2^{(1)} = 2/0{,}37 = 5{,}4 , \quad g_3^{(1)} = 1{,}2/0{,}23 = 5{,}0 ,$$

$$g_4^{(1)} = 1{,}5/0{,}145 = 10{,}05 , \quad g_5^{(1)} = 2{,}5/0{,}495 = 5{,}05 .$$

Den minimalen Wert $g_j^{(1)}$ hat der Test T_1, der die Elemente 1, 2 und 6 prüft. Gemäß den angenommenen Bedingungen des Beispiels erweist sich dieser Test als nicht erfolgreich. Darauf wird das Prüfverfahren im gegebenen Falle abgeschlossen.

Unter dem Gesichtspunkt der Gesamtprüfdauer müßte man im schlimmsten Falle alle Elemente des Systems überprüfen. Wenn sich dann auch der Test T_1 als erfolgreich erwiese, so müßten nur noch die übrigen ungeprüften Elemente 3 und 4 kontrolliert werden. Dazu kann man nacheinander die Tests T_2 und T_3 oder den Test T_5 verwenden.

Wir berechnen die entsprechenden Größen $g_j^{(2)}$:

$$g_2^{(2)} = \frac{\tau_2}{q_4} = \frac{2}{0{,}3} = 6{,}66 , \qquad g_3^{(2)} = \frac{\tau_2}{q_3} = \frac{1{,}2}{0{,}2} = 6 ,$$

$$g_5^{(2)} = \frac{\tau_5}{1 - (1 - q_3)(1 - q_4)} = \frac{2{,}5}{0{,}28} = 8{,}9 .$$

Demnach muß man den Test T_3 durchführen. Als letzten Test muß man einen beliebigen Test nehmen, der das Element 4 mit minimalen Aufwendungen prüft. In unserem Falle wird das T_2. Darauf wird die Prüfung beendet.

Wir bemerken, daß sich bei kleinen Ausfallwahrscheinlichkeiten der Elemente ein derartiges Verfahren der sukzessiven Anwendung der Tests T_3 und T_2 als ungünstig im Vergleich mit der Anwendung des Tests T_5 erweisen kann, der unmittelbar auf die gestellte Frage antwortet. Beispielsweise kann sich in unserem Falle das Element 3, das durch den Test T_3 überprüft wird, mit einer Wahrscheinlichkeit 0,8 als intakt erweisen, und das Verfahren muß fortgesetzt werden. Das bedeutet, daß beim gewählten Verfahren im Mittel

$$0{,}8(1{,}2 + 2) + 0{,}2 \cdot 1{,}2 = 2{,}6 \text{ Einheiten}$$

aufgewendet werden müssen.

Damit erweist sich das gewählte Verfahren im Mittel schlechter als eine direkte Anwendung des Tests T_5.

Fehler dieser Art entstehen bei dem angegebenen Näherungsalgorithmus auch in anderen Schritten des Prozesses. Dennoch liefert dieser Algorithmus für praktische Zwecke annehmbare Resultate.

12.3.2. Methode der seriellen Überprüfungen zum Herausfinden fehlerhafter Elemente

Es wird angenommen, daß in einem bestimmten System, z. B. während eines Betriebsablaufes ohne ständige Beobachtung, einige Ausfälle stattfinden können. Es gibt die Möglichkeit, eine vollständige Überprüfung des Systems nach einer bestimmten Zeit und eine Überprüfung der einzelnen Elemente (nach der Zeit τ_i für jedes i-te Element) durchzuführen.

Der Prüfvorgang läuft auf folgende Weise ab. Es wird eine vollständige Überprüfung durchgeführt. Wenn sich das System als fehlerhaft erweist, so wird die serielle Überprüfung solange fortgesetzt, bis ein fehlerhaftes Element gefunden wurde. Das entdeckte Element wird erneuert (repariert, durch ein neues ersetzt) und erneut eine vollständige Überprüfung durchgeführt. Wenn das System noch immer fehlerhaft ist,

d. h., es ist noch mindestens ein fehlerhaftes Element im System enthalten, so wird das Verfahren fortgesetzt. Es ist eine Prüfreihenfolge der Systemelemente derart zu finden, daß die Lokalisierung aller fehlerhaften Elemente im Mittel in einer minimalen Zeitdauer abläuft.

Dazu wird der folgende **Algorithmus** vorgeschlagen:

1. Für jedes Element werden die Werte

$$g_i = \tau_i r_i / q_i$$

berechnet.

2. Die Elemente werden nach wachsender Ordnung der Größen g_i durchnumeriert. Die gewonnene Reihenfolge ist auch die Reihenfolge der optimalen Prüfungen.

Beispiel 12.3.2

Wir betrachten ein System, das aus 5 Elementen besteht, die durch folgende Kenngrößen charakterisiert werden:

$$r_1 = 0{,}2\,, \quad \tau_1 = 10 \text{ min}\,; \quad r_2 = 0{,}3\,, \quad \tau_2 = 20 \text{ min}\,;$$
$$r_3 = 0{,}4\,, \quad \tau_3 = 10 \text{ min}\,; \quad r_4 = 0{,}5\,, \quad r_4 = 5 \text{ min}\,;$$
$$r_5 = 0{,}6\,, \quad \tau_5 = 10 \text{ min}\,.$$

Es ist festzulegen, in welcher Reihenfolge die Elemente zu prüfen sind, um alle fehlerhaften unter ihnen herauszufinden.

Lösung

Wir berechnen die Größen g_i

$$g_1 = \frac{0{,}2}{0{,}8} \cdot 10 = 2{,}5\,, \qquad g_2 = \frac{0{,}3}{0{,}7} \cdot 20 = 8{,}6\,, \qquad g_3 = \frac{0{,}4}{0{,}6} \cdot 10 = 6{,}7\,,$$

$$g_4 = \frac{0{,}5}{0{,}5} \cdot 5 = 5{,}0\,, \qquad g_5 = \frac{0{,}6}{0{,}4} \cdot 10 = 15{,}0\,.$$

Aus der Rechnung ist ersichtlich, daß man zur Minimierung der mittleren Zeit für die Lokalisierung der fehlerhaften Elemente die Elemente des Systems stets in folgender Reihenfolge überprüfen muß: 1, 4, 3, 2 und 5.

12.4. Erkennung eines fehlerhaften Elements

Das zu überprüfende System besteht aus n Elementen. Das Ziel der Überprüfung besteht darin, sich zu überzeugen, ob das System intakt ist oder nicht. Wenn es fehlerhaft sein sollte, so soll das im Mittel nach einer minimalen Zeit erkannt sein. (Bereits bei Aufdeckung des ersten Fehlers wird die Überprüfung beendet.)

Es wird vorausgesetzt, daß ein globaler Test nicht durchgeführt werden kann, oder seine Anwendung unzweckmäßig ist (mit hohen Aufwendungen verbunden).

12.4.1. Näherungsalgorithmus bei beliebigen sich überschneidenden Tests

Zu Beginn eines M-ten Schrittes des Prüfprozesses sei eine Folge von Tests $\sigma^{(0)} = \{T_1, \dots, T_{M-1}\}$ bereits durchgeführt, und die Aufgabe führt auf die Erkennung wenigstens eines Fehlers in der verbliebenen Teilmenge $G^{(0)}$. (Vor dem Beginn des Prüfprozesses für das System überhaupt ist $G^{(0)} = G$, d. h., die ursprüngliche Menge umfaßt alle Systemelemente, und $\sigma^{(0)}$ enthält keinen Test.)

Der **Algorithmus** zur Entdeckung eines Fehlers besteht im Folgenden:

1. Für jeden Test T_j wird die Wahrscheinlichkeit des nichterfolgreichen Ausgangs in der zu überprüfenden Teilmenge $G^{(0)}$ unter der Bedingung berechnet, daß die Testfolge $\sigma^{(0)}$ bereits durchgeführt wurde,

$$Q_j^{(0)} = 1 - \prod_{i \in G_j \cap G^{(0)}} p_i \,.$$

2. Zu jedem Test T_j werden die mit ihm verknüpften Aufwendungen unter der Bedingung angegeben, daß die Testfolge $\sigma^{(0)}$ bereits durchgeführt wurde.

3. Für jeden Test T_j wird die Größe

$$g_i = \tau_j^{(0)}/Q_j^{(0)}$$

bestimmt.

4. Es wird ein solcher Test T_k ausgewählt, für den g_k minimal wird,

$$g_k = \min_{1 \leq j \leq m} g_j \,.$$

5. Der Test T_k wird angewendet:

a) falls der Test T_k erfolgreich beendet wird, so wird der Prozeß der Fehlererkennung in der verbliebenen Teilmenge

$$G^{(1)} = G^{(0)} \setminus G_k$$

fortgesetzt;

b) falls der Test T_k nicht erfolgreich beendet wird, so wird der Prozeß abgebrochen, weil die Elementeteilmenge G_k wenigstens ein fehlerhaftes Element enthält.

6. Es wird die neue Folge $\sigma^{(1)}$ der angewendeten Tests festgelegt, die die vorangehende Folge $\sigma^{(0)}$ und den zuletzt angewendeten Test T_k enthält:

$$\sigma^{(1)} = \{\sigma^{(0)}, T_k\} \,.$$

7. Auf die Teilmenge $G^{(1)}$, die im Punkt 5 angegeben wurde, wird das Prüfverfahren von neuem — beginnend mit Punkt 1 — angewendet, wobei der obere Index (0) entsprechend durch den Index (1) zu ersetzen ist.

Der Prüfprozeß wird bis zur Erkennung wenigstens eines Fehlers oder bis zur vollständigen Überprüfung der Arbeitsfähigkeit des Systems fortgesetzt.

Anmerkung: Das beschriebene Verfahren kann man in Abhängigkeit vom Entwicklungsstand des Prüfprozesses realisieren. Insbesondere kann man für die laufenden Rechnungen und die Auswahl des nächsten Tests eine EDVA benutzen, wenn die Ausgangsdaten (Ausfallwahrscheinlichkeiten, Prüfdauern, Testcharakteristiken) vorher gespeichert werden und die erforderliche Programmierung gewährleistet ist.

Das gleiche Verfahren kann man vorab durchführen und eine Vorschrift aufstellen, die die Reihenfolge der Testanwendung in Abhängigkeit von den vorangehenden Resultaten festlegt. Im vorliegenden Falle stimmt das Verfahren zur Entdeckung eines ausgefallenen Elements praktisch überein mit dem Näherungsverfahren zum Herausfinden einer unbekannten Anzahl fehlerhafter Elemente. Deshalb kann auf ein Zahlenbeispiel verzichtet werden.

12.4.2. Überprüfung des Systems durch sich nicht überschneidende Tests

Wenn die Möglichkeit besteht, nur sich nicht überschneidende Tests, d. h., jedes Systemelement kann nur durch irgendeinen bestimmten Test überprüft werden, zu verwenden, so ist die beste Prüfreihenfolge zur Erkennung eines Fehlers durch eine Numerierung gemäß dem Anwachsen der Größen

$$g_i = \tau_i/q_i$$

gegeben.

Beispiel 12.4.1

Wir betrachten das im Beispiel 12.3.2 beschriebene System.
Es ist festzulegen, in welcher Reihenfolge die Elemente zu prüfen sind, um die Intaktheit des Systems zu kontrollieren.

Lösung

Wir berechnen die Größen g_i:

$$g_1 = \frac{1}{0{,}8} 10 = 12{,}5\,, \qquad g_2 = \frac{1}{0{,}7} 20 = 28{,}6\,, \qquad g_3 = \frac{1}{0{,}6} 10 = 16{,}7\,,$$

$$g_4 = \frac{1}{0{,}5} 5 = 10{,}0\,, \qquad g_5 = \frac{1}{0{,}4} 10 = 25{,}0\,.$$

Aus der Rechnung ist ersichtlich, daß zur Minimierung der mittleren Zeit für die Intaktheitsprüfung des Systesm seine Elemente stets in der folgenden Reihenfolge überprüft werden müssen: 4, 1, 3, 5 und 2.

Literatur

[1] Beljajew, J. K., Uschakow, I. A. – Беляев Ю. К., Ушаков И. А.: Математические модели для задач обнаружения и локализации неисправностей. В кн.: «Кибернетику — на службу коммунизму». Под ред. А. И. Берга, Н. Г. Бруевича, Б. В. Гнеденко. Т. 2. «Энергия», 1964.
[2] Karibski, W. W. – Карибский В. В.: Анализ систем для контроля работоспособности и диагностики неисправностей. — «Автоматика и телемеханика», 1965, т. 26, № 2.
[3] Karibski, W. W., Parchomenko, P. P., Sogomonjan, E. S. – Карибский В. В., Пархоменко П. П., Согомонян Е. С.: Вопросы контроля работоспособности и поиска неисправностей в конечных автоматах. — «ДАН СССР», 1965, т. 161, № 1.
[4] Kinscht, N. W. – Киншт Н. В.: О критериях оптимизации процесса поиска неисправностей. — «Известия СО АН СССР. Сер. техн. наук», 1965, № 10.
[5] Kusnezow, P. I., Ptschelinzew, L. A., Gaidenko, W. S. – Кузнецов П. И., Пчелинцев Л. А., Гайденко В. С.: О статистических задачах контроля работоспособности и поиска неисправностей (обзор). — В кн.: Теория надежности и массовое обслуживание. Под ред. Б. В. Гнеденко. М., «Наука», 1969.
[6] Linkowski, G. B., Krapiwin, W. W. – Линковский Г. Б., Крапивин В. В.: О поиске неисправности в сложных системах. — «Энергетика», 1962, № 3.
[7] Linkowski, G. B. – Линковский Г. Б.: Элементарное обоснование принципа Беллмана для поиска неисправности в системе блоков с разными вероятностями отказа и временами поиска. — «Известия вузов, Энергетика», 1961, № 3.
[8] Linkowski, G. B., Krapiwin, B. F. – Линковский Г. Б., Крапивин В. Ф.: Среднее время поиска неисправности в системе электрических блоков. — «Известия вузов. Электромеханика», 1962, № 9.

Ergänzungsliteratur

[1] Bennets, R. G., Lewin, D. W.: Fault diagnosis of digital systems – a review. The Computer J. 14 (1971) 199–206.

[2] Bogomolow, A. M., Twerdochlebow, W. A. — Богомолов А. М., Твердохлебов В. А.: Диагностика сложных систем. Киев: Наукова думка — 1974 г.
[3] Chang, H. Y., Manning, E., Metze, G.: Fault diagnosis of digital systems. New York: Wiley-Interscience 1970.
[4] Friedman, A., Menon, P. R.: Fault detection in digital circuits. New York: Prentice Hall 1971.
[5] Görke, W.: Fehlerdiagnose digitaler Schaltungen. Stuttgart: B. G. Teubner 1973.

13. MATHEMATISCH-STATISTISCHE METHODEN ZUR AUSWERTUNG EXPERIMENTELLER DATEN ÜBER DIE ZUVERLÄSSIGKEIT

13.1. Erfassung von Ausfällen und einfachste Methoden der Datenaufbereitung[1])

13.1.1. Gewinnung von Daten aus Lebenslaufakten

Wir betrachten Geräte, Anlagen usw., die sich bereits längere Zeit in Betrieb befinden und von denen Lebenslaufakten oder ähnliche Dokumente vorliegen. Es sollen statistische Untersuchungen bezüglich der (zufälligen) Zeit zwischen zwei aufeinanderfolgenden Ausfällen (Ausfallabstand) vorgenommen werden. Lebenslaufakten können neben den von uns benötigten Daten noch viele andere Angaben (z. B. über Ausfallursachen, Reparaturmaßnahmen und über das Betriebsverhalten während der Arbeitsphasen) enthalten. Am Beispiel der Tabelle 13.1.1 soll gezeigt werden, welche der Angaben für uns interessant sind.

Aus den Angaben solcher (oder ähnlicher) Tabellen kann das Zeitdiagramm des Ausfallstroms gebildet werden. Abb. 13.1.1 gibt dafür ein Beispiel. Die Grafik zeigt die Ausfallzeitpunkte für jedes der betrachteten Geräte.

Tabelle 13.1.1. Beispiel für eine Tabelle, in der das Ausfallverhalten eines bestimmten Gerätes registriert wurde*)

Nr. des Ausfalls	Datum	bis dahin geleistete Arbeitszeit (in h)	Nr. des Blocks	Wodurch wurde Ausfall festgestellt ?	Ausfallursache	ergriffene Maßnahmen
1	5. 1. 73	21	01	Ausgangsspannung entspricht nicht TУ	Im ИМС 1УТ221 ist das Basiselement durchgeschlagen	ИМС ausgewechselt
2	10. 1. 73	52	02	Relais P-1 arbeitet nicht	Transistor durchgeschlagen	Transistor ausgewechselt
3	7. 11. 73	65	01	periodisches Verschwinden des Ausgangssignals	Wackelkontakt im Innern von ИМС 1ИР141А	ИМС ausgewechselt
4	13. 11. 73	83	03	АРУ fehlt	Widerstand МЛТ durchgebrannt	Widerstand ausgewechselt
5	22. 11. 73	98	03	der Verstärkungsfaktor ist abgefallen	Kondensator К-53-1 durchgeschlagen	Kondensator ausgewechselt
6	...	...	...	...	...	...

*) Alle Bezeichnungen wurden aus dem russischen Original übernommen.

[1]) Anmerkung d. Herausg.: Das Kapitel 13 wurde für die deutsche Ausgabe des Handbuches weitgehend neu formuliert und gegenüber dem russischen Original wesentlich erweitert. Diese Arbeit wurde dankenswerterweise von den Herren Dipl.-Math. B. Gerlach und Dipl.-Math. B. Lisek unter der Anleitung und Verantwortung von Herrn Prof. Dr. P. Franken durchgeführt.

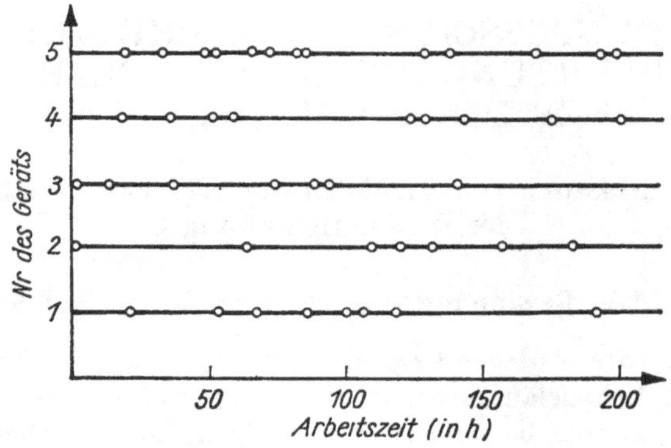

Abb. 13.1.1. Zeitdiagramm des Ausfallstroms für fünf gleichartige Geräte

Tabelle 13.1.2. Ausfallabstände von fünf bestimmten Geräten

Nr. des Ausfalls	Ausfallabstand (in h)				
	Gerät 1	Gerät 2	Gerät 3	Gerät 4	Gerät 5
1	21	1	1	18	19
2	31	63	13	18	12
3	13	45	22	15	16
4	18	11	37	5	1
5	15	12	15	66	15
6	5	25	3	3	5
7	12	25	51	16	10
8	74	64	26	30	1
9	27	3	42	27	46
10	7	24	21	21	7
11	10	55	5	1	33
12	3	48	84	27	25
13	8	72	30	5	4
14	86	18	17	1	9
15	16	3	50	21	1
16	32	45	36	1	10
17	20		18	21	
18	12		11	9	
19	31		2	16	
20	62		6	21	
21	1		7	23	
22	3		16	9	
23	104		27	8	
24			15	11	
25			6	9	
26			31	10	
27			24	1	
28			18		
29			6		
30			6		
31			5		
32			27		
33			5		

Tabelle 13.1.3. Der Größe nach geordnete Ausfallabstände für die fünf Geräte gemäß Tab. 13.1.2

Nr.	Ausfallabstand (in h)				
	Gerät 1	Gerät 2	Gerät 3	Gerät 4	Gerät 5
1	1	1	1	1	1
2	3	3	2	1	1
3	3	3	3	1	1
4	5	11	5	1	4
5	7	12	5	3	5
6	8	18	5	5	7
7	10	24	6	5	9
8	12	25	6	8	10
9	12	25	6	9	10
10	13	45	6	9	12
11	15	45	7	9	15
12	16	48	11	10	16
13	18	55	13	11	19
14	20	63	15	15	25
15	21	64	15	16	33
16	27	72	16	16	46
17	31		17	18	
18	31		18	18	
19	32		18	21	
20	62		21	21	
21	74		22	21	
22	86		24	21	
23	104		26	23	
24			27	27	
25			27	27	
26			30	30	
27			31	66	
28			36		
29			37		
30			42		
31			50		
32			51		
33			84		

Entweder aus dem Zeitdiagramm oder direkt aus den Lebenslaufakten werden Tabellen in der Form der Tabellen 13.1.2 und 13.1.3 gebildet.

13.1.2. Bestimmung der Abhängigkeit der Ausfallintensität von der Zeit

Aus dem Zeitdiagramm des Stroms der Ausfälle (s. Abb. 13.1.1) oder direkt aus den Lebenslaufakten kann man die (empirische) Abhängigkeit der Ausfallintensität von der Zeit ermitteln. Für die Bildung der empirischen Ausfallintensitätsfunktion $\hat{h}(t)$ wird die Zeitachse in Intervalle gleicher Länge Δt (am Beispiel 50 h)

$$[0, t_1),\ [t_1, t_2),\ [t_2, t_3),\ \ldots$$

eingeteilt und die Anzahl m_k der Ausfälle bestimmt, die im Zeitintervall $[t_{k-1}, t_k)$ aufgetreten sind ($k = 1, 2, 3, \ldots$). M sei die Anzahl der erfaßten Geräte. Dann ist

$$\hat{h}(t) = \frac{m_k}{M(t_k - t_{k-1})} \qquad \text{für } t_{k-1} \leqq t < t_k\,. \tag{13.1.1}$$

Bei unübersichtlichem Datenmaterial ist es für die Berechnung der empirischen Ausfallintensitätsfunktion eventuell günstig, zunächst aus den Daten entsprechend Tabelle 13.1.1 bzw. Abb. 13.1.1 die Tabelle der Ausfallzeitpunkte aufzustellen. Abb. 13.1.1 entspricht dann z. B. Tabelle 13.1.4. Daraus lassen sich die Ausfallzahlen m_k in den entsprechenden Zeitintervallen sehr leicht entnehmen.

Tabelle 13.1.4. Ausfallzeitpunkte von fünf bestimmten Geräten

Nr. des Ausfalls	Zeitpunkt des Ausfalls (in h)				
	Gerät 1	Gerät 2	Gerät 3	Gerät 4	Gerät 5
1	21	1	1	1	19
2	52	64	14	36	31
3	65	109	36	51	47
4	83	120	73	56	48
5	98	132	88	122	63
6	103	157	91	125	68
7	115	182	142	141	78
8	189	246	168	171	79
9	216	249	210	198	125
10	223	273	231	219	132
11	233	328	236	220	165
12	236	376	320	247	190
13	244	448	350	252	194
14	330	466	367	253	203
15	346	469	417	274	204
16	378	514	453	235	214
17	392		471	296	
18	410		482	305	
19	441		484	321	
20	503		490	342	
21	504		497	365	
22	507		513	374	
23	611		540	382	
24			555	393	
25			561	402	
26			592	412	
27			616	413	
28			634		
29			640		
30			646		
31			651		
32			678		
33			683		

Bemerkung 1: Die empirische Ausfallintensitätsfunktion $\hat{h}(t)$ hängt stark von der gewählten Intervallänge Δt ab.

Bemerkung 2: Die Funktion $\hat{h}(t)$ liefert erste Informationen über Alterungseffekte, die die geprüften Geräte während ihres gesamten Einsatzes gezeigt haben.

Bemerkung 3: Zeigt die empirische Ausfallintensitätsfunktion $\hat{h}(t)$ einen deutlichen Aufwärts- oder Abwärtstrend, so ist das weitere Vorgehen entsprechend der Abschnitte 13.1.3 und 13.1.4 nicht gerechtfertigt. Dann ist nämlich zu vermuten, daß die betrachteten Ausfallabstände nicht identisch verteilt sind. Die in den folgenden

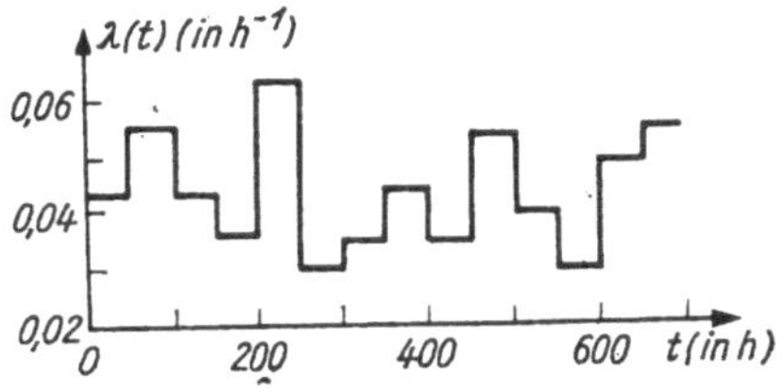

Abb. 13.1.2. Empirische Ausfallintensitätsfunktion entsprechend den Daten aus Abb. 13.1.1 für $\Delta t = 50$ h

Abschnitten beschriebenen statistischen Untersuchungen haben aber nur dann einen Sinn, wenn vorausgesetzt werden kann, daß alle betrachteten Ausfallabstände der gleichen Verteilung genügen und stochastisch unabhängig sind. Für unser Beispiel zeigt die in Abb. 13.1.2 dargestellte Funktion $\hat{h}(t)$ keinen Trend.

13.1.3. Bildung der empirischen Dichtefunktion der Verteilung des Ausfallabstands[1])

Die empirische Dichtefunktion (Histogramm) der Verteilung des Ausfallabstands wird auf der Grundlage der Daten von Tabelle 13.1.3 (geordnete Ausfallabstände) gebildet. Dafür wird die Zeitachse in Intervalle $[0, t_1)$, $[t_1, t_2)$, $[t_2, t_3)$, ... gleicher Länge Δt (am Beispiel 10 h) eingeteilt. Zu jedem dieser Intervalle bestimmt man die Anzahl der beobachteten Ausfallabstände, die in diesem Intervall liegen, d. h. die Anzahl der Werte aus Tabelle 13.1.3, die in das betreffende Intervall $[t_{k-1}, t_k)$ fallen. Es sei N die Gesamtzahl der beobachteten Ausfälle und n_k die Anzahl der Ausfallabstände, die zum Intervall $[t_{k-1}, t_k)$ gehören ($k = 1, 2, \ldots$). Dann ist die empirische Dichtefunktion

$$f(t) = \frac{n_k}{N(t_k - t_{k-1})} \qquad \text{für } t_{k-1} \leqq t < t_k \,. \tag{13.1.2}$$

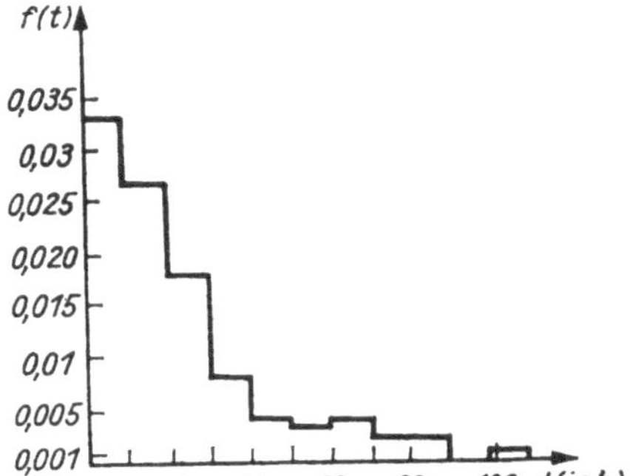

Abb. 13.1.3. Empirische Dichtefunktion der Verteilung des Ausfallabstands entsprechend den Daten aus Tab. 13.1.3 für $\Delta t = 10$ h

[1]) Die im folgenden eingeführten empirischen Dichtefunktionen, empirischen Verteilungsfunktionen und empirischen Ausfallraten sind Schätzungen für die weiter vorn eingeführten Dichtefunktionen, Verteilungsfunktionen und Ausfallraten. Die theoretischen Zusammenhänge zwischen diesen Funktionen (vgl. Tab. 1.2.1) gelten für die geschätzten Funktionen nur näherungsweise. Es ist wenig sinnvoll, solche Schätzungen einzuführen, für die alle Zusammenhänge genau erfüllt sind, denn mit diesen wäre statistisch kaum etwas anzufangen.

Für unser Beispiel (Werte aus Tab. 13.1.3) ist die empirische Dichtefunktion in Abb. 13.1.3 dargestellt.

Bemerkung: Die empirische Dichtefunktion hängt stark von der gewählten Intervallänge Δt ab.

13.1.4. Bildung der empirischen Verteilungsfunktion des Ausfallabstands

Auf der Grundlage von entsprechend Tabelle 13.1.3 aufbereiteten Daten kann man auch die empirische Verteilungsfunktion $F_N(t)$ des Ausfallabstands bilden. Ist N die Gesamtzahl der beobachteten Ausfälle und $n(t)$ die Anzahl der beobachteten Ausfallabstände, die kleiner als t sind, so ist

$$F_N(t) = \frac{n(t)}{N}. \tag{13.1.3}$$

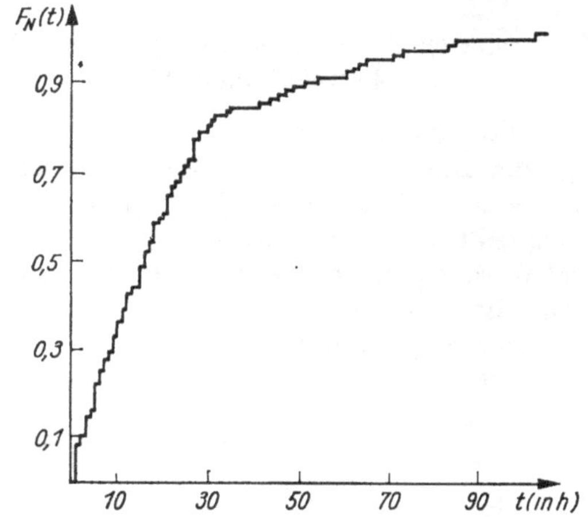

Abb. 13.1.4. Empirische Verteilungsfunktion des Ausfallabstands entsprechend den Daten aus Tab. 13.1.3

In Abb. 13.1.4 ist die empirische Verteilungsfunktion des Ausfallabstands entsprechend den Daten aus Tabelle 13.1.3 angegeben.

Bemerkung: Die empirische Funktion der Wahrscheinlichkeit der ausfallfreien Arbeit $P_N(t)$ ist gleich $1 - F_N(t)$.

13.1.5. Bildung der empirischen Ausfallrate

Auf der Grundlage von entsprechend Tab. 13.1.3 aufbereiteten Daten kann man auch die empirische Ausfallrate $\hat{\lambda}(t)$ bilden. Dafür wird die Zeitachse in Intervalle $[0, t_1)$, $[t_1, t_2)$, $[t_2, t_3)$, ... gleicher Länge Δt (am Beispiel 10 h) geteilt. Zu jedem dieser Intervalle bestimmt man die Anzahl der beobachteten Ausfallabstände, die in diesem Intervall liegen (d. h. die Anzahl der Werte aus Tabelle 13.1.3, die in das betreffende Intervall $[t_{k-1}, t_k)$ fallen). Es sei n_k die Anzahl der Ausfallabstände, die zum Intervall $[t_{k-1}, t_k)$ gehören ($k = 1, 2, ...$) und N die Gesamtzahl der beobachteten Ausfälle.

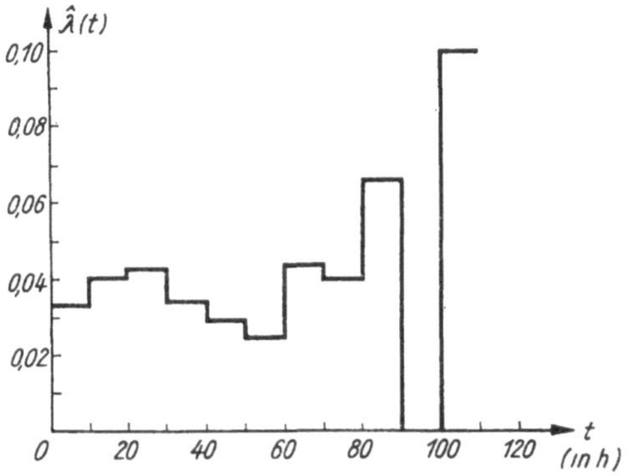

Abb. 13.1.5. Empirische Ausfallrate der Verteilung des Ausfallabstands entsprechend den Daten aus Tab. 13.1.3 für $\Delta t = 10$ h

Dann ist die empirische Ausfallrate

$$\hat{\lambda}(t) = \frac{n_k}{(N - n_1 - \ldots - n_{k-1})\,(t_k - t_{k-1})} \qquad \text{für } t_{k-1} \leqq t < t_k\,. \qquad (13.1.4)$$

Für unser Beispiel (Werte aus Tab. 13.1.3) ist die empirische Ausfallrate in Abb. 13.1.5 dargestellt.

Bemerkung: Die empirische Ausfallrate hängt stark von der gewählten Intervalllänge Δt ab.

13.2. Bestimmung des Verteilungstyps des zufälligen Ausfallabstands

13.2.1 Einige Vorbemerkungen

Im vorigen Abschnitt zeigten wir einige Möglichkeiten der Erfassung von Ausfalldaten. Im weiteren wollen wir darangehen, diese Daten mit den Methoden der mathematischen Statistik auszuwerten. Wir setzen voraus, daß eine zufällige Stichprobe $\boldsymbol{\theta} = (\theta_1, \ldots, \theta_N)$ gegeben ist, d. h., $\theta_1, \ldots, \theta_N$ seien unabhängige, identisch verteilte Zufallsgrößen, deren (unbekannte) Verteilungsfunktion die Zufälligkeit der Arbeitszeit θ beschreibt. Eine solche Stichprobe erhält man, wenn aus einem (großen) Posten gleichartiger Bauelemente, Geräte, o. ä. N Exemplare zufällig ausgewählt werden. Das Ergebnis einer Lebensdauerprüfung dieser Exemplare auf einem Prüfstand sind N unabhängige Realisierungen der zufälligen Arbeitszeit θ.

Die zufällige Größe θ wird vollständig durch ihre Verteilungsfunktion beschrieben. Alle interessierenden Zuverlässigkeitskenngrößen (z. B. mittlerer Ausfallabstand) lassen sich aus ihr berechnen.

Man bestimmt das Verteilungsgesetz einer zufälligen Größe im allgemeinen in zwei Etappen:

1. Bestimmung des Verteilungstyps (der parameterabhängigen Klasse von Verteilungen, z. B. Exponentialverteilung),
2. bei Kenntnis des Typs Bestimmung der fehlenden Parameter.

Will man die Verteilung einer zufälligen Arbeitszeit (eines zufälligen Ausfallabstandes) bestimmen, so müssen die folgenden wichtigen Verteilungstypen betrachtet werden:

Exponentialverteilung mit der Verteilungsfunktion

$$F(t, T) = \begin{cases} 1 - e^{-\frac{t}{T}} & t \geqq 0 \\ 0 & \text{sonst}, \end{cases} \tag{13.2.1}$$

Weibull-Verteilung[1]) mit der Verteilungsfunktion

$$F(t, \lambda, \alpha) = \begin{cases} 1 - e^{-\left(\frac{t}{\lambda}\right)^\alpha} & t \geqq 0 \\ 0 & \text{sonst}, \end{cases} \tag{13.2.2}$$

Normalverteilung[2]) mit der Verteilungsfunktion

$$F(t, \mu, \sigma) = \int_{-\infty}^{t} \frac{1}{\sqrt{2\pi}\,\sigma} \exp\left(-\frac{1}{2}\left(\frac{z-\mu}{\sigma}\right)^2\right) dz, \tag{13.2.3}$$

Lognormalverteilung (logarithmische Normalverteilung) mit der Verteilungsfunktion

$$F(t, \mu, \beta) = \begin{cases} \displaystyle\int_0^t \frac{1}{\sqrt{2\pi}\,\beta z} \exp\left\{-\frac{1}{2}\left(\frac{\ln z-\mu}{\beta}\right)^2\right\} dz & t \geqq 0 \\ 0 & \text{sonst}, \end{cases} \tag{13.2.4}$$

Gammaverteilung mit der Verteilungsfunktion

$$F(t, \alpha, \lambda) = \begin{cases} \displaystyle\int_0^t \frac{1}{\Gamma(\alpha)} \lambda^\alpha z^{\alpha-1} e^{-\lambda z}\, dz & t \geqq 0 \\ 0 & \text{sonst}. \end{cases} \tag{13.2.5}$$

Man sieht, daß die Exponentialverteilung ein Spezialfall der WEIBULL- sowie der Gammaverteilung ist ($\alpha = 1$).

Die Exponentialverteilung besitzt eine konstante Ausfallrate. Es gilt

$$\lambda(t) = \frac{f(t)}{1 - F(t)} = \frac{\frac{1}{T} e^{-\frac{1}{T}t}}{e^{-\frac{1}{T}t}} = \frac{1}{T}. \tag{13.2.6}$$

---

[1]) Die Verteilungsfunktion der WEIBULL-Verteilung wird oft auch in einer anderen Form geschrieben. Die hier angegebene Darstellung stimmt mit dem im folgenden Abschnitt hergeleiteten Wahrscheinlichkeitspapier überein.

[2]) Als Verteilungsfunktion der zufälligen Arbeitszeit θ, einer nichtnegativen zufälligen Größe, kommt nur die bei 0 abgeschnittene (gestutzte) Normalverteilung

$$\widetilde{F}(t, \mu, \sigma) = \frac{F(t, \mu, \sigma) - F(0, \mu, \sigma)}{1 - F(0, \mu, \sigma)}$$

in Betracht. Gilt aber $\mu \gg 3\sigma$, so kann in guter Näherung die Normalverteilung (13.2.3) angewendet werden.

Die Exponentialverteilung charakterisiert das Ausfallverhalten von Exemplaren ohne „Alterung" und ohne „Verjüngung". Sie ist also bei Auftreten irreversibler Verschleißerscheinungen kaum anwendbar.

13.2.2. Die Anwendung von Wahrscheinlichkeitspapier

Ist eine Stichprobe $\boldsymbol{\theta} = (\theta_1, \dots, \theta_N)$ und damit die entsprechende geordnete Stichprobe (Variationsreihe) $\tilde{\boldsymbol{\theta}} = (\theta_{(1)}, \dots, \theta_{(N)})$ mit $\theta_{(i)} \leqq \theta_{(i+1)}$, $i = 1, \dots, N-1$ gegeben, so bildet die empirische Verteilungsfunktion

$$F_N(t) = \frac{n(t)}{N} \tag{13.2.7}$$

eine erwartungstreue und konsistente Schätzung für $F(t)$. Dabei bezeichnen wir mit $n(t)$ die Anzahl der Werte θ_i, $i = 1, \dots, N$, mit $\theta_i < t$.

Nach dem Satz von Gliwenko gilt

$$P\left(\lim_{N\to\infty} \sup_{-\infty<t<\infty} |F_N(t) - F(t)| = 0\right) = 1\,.$$

Für einige Verteilungstypen (z. B. Exponential-, Weibull-, Normal- und Lognormalverteilung) ist es möglich, die von einem bzw. zwei Parametern abhängenden Familien von Verteilungen $F(t, a, b)$ durch stetige Transformationen in Geraden zu transformieren. Die Transformationen h und k müssen für jeden Verteilungstyp so gewählt werden, daß man von $\big(t, F(t, a, b)\big)$ zu $\big(h(t) = t',\ k(F(t, a, b)) = p(a, b)\, t' + q(a, b)\big)$ übergeht. Es stellt sich dann ein bestimmter Verteilungstyp (die von den unbekannten Parametern abhängende Familie von Verteilungen) als ein System von Geraden mit dem Anstieg $p(a, b)$ und dem konstanten Glied $q(a, b)$ dar. Benutzt man jetzt den Satz von Gliwenko und wendet man die Transformationen h und k auf die empirische Verteilungsfunktion an, so müssen die Punkte $\left(h(\theta_{(i)}),\ k\left(\frac{i}{N}\right)\right)$, $i = 1, \dots, N$, annähernd auf einer Geraden liegen, wenn wirklich die Verteilungsfunktion $F(t, a, b)$ vorliegt.

a) **Exponentialverteilung mit der Verteilungsfunktion (13.2.1)**

Man benutzt die Transformationen

$$h(t) = t \quad \text{und} \quad k\big(F(t, T)\big) = -\ln\big(1 - F(t, T)\big) = \frac{1}{T}\, t\,.$$

Trägt man die Werte $\left(\theta_{(i)}, \frac{i}{N}\right)$, $i = 1, \dots, N$, in ein Exponentialpapier (die Koordinatenachsen sind durch $h(t)$ und $k\big(F(t, T)\big)$ transformiert) bzw. die Werte $\left(\theta_{(i)},\ -\ln\left(\frac{N-i}{N}\right)\right)$ in ein normales Koordinatensystem ein, so liegen die Punkte gestreut um eine Gerade mit dem Anstieg $\frac{1}{T}$, falls wirklich die Exponentialverteilung[1]) vorliegt. Zu große Abwei-

[1]) Die benötigten Wahrscheinlichkeitspapiere (Wahrscheinlichkeitsnetze) kann man über den Verlag „Schäfers Feinpapier", DDR-Plauen/Vogtl., unter den folgenden Bestellnummern beziehen: 687 für die Weibull-Verteilung (auch als Exponentialpapier geeignet), 500 für die Normalverteilung und 485 für die Lognormalverteilung.

chungen von einer Geraden (besonders tendenzielle Abweichungen) führen zu einer Ablehnung der Hypothese der Exponentialverteilung. Hierbei getroffene Entscheidungen haben natürlich subjektiven Charakter, da sie nach dem „Augenmaß" getroffen werden.

b) **WEIBULL-Verteilung mit der Verteilungsfunktion (13.2.2)**

Die Transformationen lauten

$$h(t) = \ln t \quad \text{und} \quad k\big(F(t, \lambda, \alpha)\big) = \ln\big(-\ln(1 - F(t, \lambda, \alpha))\big)\ (= \alpha \ln t - \alpha \ln \lambda)\,.$$

Mit diesen Transformationen geht man analog a) vor, je nachdem, ob ein Wahrscheinlichkeitspapier[1]) der WEIBULL-Verteilung vorliegt oder nicht.

c) **Normal- und Lognormalverteilung mit den Verteilungsfunktionen (13.2.3) bzw. (13.2.4)**

Für die Verteilungsfunktion der Normalverteilung gilt

$$F_1(t, \mu, \sigma) = \Phi\left(\frac{t - \mu}{\sigma}\right),$$

dabei bezeichnet $\Phi(t)$ die Verteilungsfunktion der Standardnormalverteilung ($\mu = 0$, $\sigma^2 = 1$). Benutzt man diese Beziehung auch für die Lognormalverteilung[1]), so erhält man

$$F_2(t, \mu, \beta) = \Phi\left(\frac{\ln t - \mu}{\beta}\right).$$

Die Transformationen lauten damit für

$$F_1\colon h(t) = t\,, \qquad k\big(F_1(t, \mu, \sigma)\big) = \Phi^{-1}\big(F_1(t, \mu, \sigma)\big) = \frac{t}{\sigma} - \frac{\mu}{\sigma}$$

und für

$$F_2\colon h(t) = \ln t\,, \qquad k\big(F_2(t, \mu, \beta)\big) = \Phi^{-1}\big(F_2(t, \mu, \beta)\big) = \frac{1}{\beta}\ln t - \frac{\mu}{\beta}\,.$$

Bei der Anwendung dieses graphischen Verfahrens ist es natürlich wichtig, daß der Stichprobenumfang möglichst groß ist, damit auftretende tendenzielle Abweichungen gut erkannt werden können. Der Anstieg und das konstante Glied der ermittelten Geraden können als einfache Schätzungen für $p(a, b)$ und $q(a, b)$ benutzt werden. Jede spezielle Gammaverteilung läßt sich ebenfalls auf eine Gerade transformieren. Dabei sind die benötigten Transformationen h und k jedoch parameterabhängig, so daß ein allgemeines Wahrscheinlichkeitspapier der Gammaverteilung nicht aufgestellt werden kann.

Beispiel 13.2.1

Bei einer Messung wurden folgende Arbeitszeiten registriert (zur Vereinfachung sei $N = 10$):

$\theta_{(1)} = 250$ h	$\theta_{(6)} = 2240$ h
$\theta_{(2)} = 510$ h	$\theta_{(7)} = 2850$ h
$\theta_{(3)} = 890$ h	$\theta_{(8)} = 4200$ h
$\theta_{(4)} = 1100$ h	$\theta_{(9)} = 5700$ h
$\theta_{(5)} = 1800$ h	$\theta_{(10)} = 7010$ h .

Es soll überprüft werden, ob eine Exponentialverteilung vorliegt (Abb. 13.2.1).

[1]) Die benötigten Wahrscheinlichkeitspapiere (Wahrscheinlichkeitsnetze) kann man über den Verlag „Schäfers Feinpapiere", DDR-Plauen/Vogtl., unter folgenden Bestellnummern beziehen: 687 für die WEIBULL-Verteilung (auch als Exponentialpapier geeignet), 500 für die Normalver- und 485 für die Lognormalverteilung.

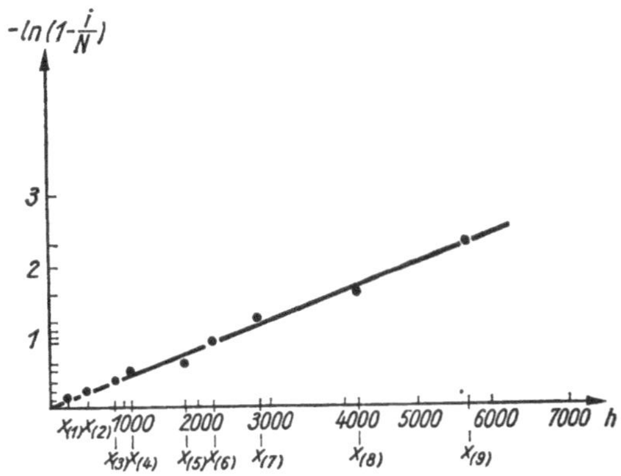

Abb. 13.2.1. Graphische Auswertung der Arbeitszeiten von Beispiel 13.2.1

Die Punkte liegen annähernd auf einer Geraden. Es ist daher zu vermuten, daß die Ausfallabstände exponentiell verteilt sind. Als einfache Schätzung für den Parameter T erhält man 2475 h.

Beispiel 13.2.2

Bei einer Messung wurden die folgenden Arbeitszeiten registriert ($N = 10$):

$$\theta_{(1)} = 270\text{ h} \qquad \theta_{(6)} = 2200\text{ h}$$
$$\theta_{(2)} = 800\text{ h} \qquad \theta_{(7)} = 2750\text{ h}$$
$$\theta_{(3)} = 1350\text{ h} \qquad \theta_{(8)} = 3000\text{ h}$$
$$\theta_{(4)} = 1500\text{ h} \qquad \theta_{(9)} = 3420\text{ h}$$
$$\theta_{(5)} = 1800\text{ h} \qquad \theta_{(10)} = 3900\text{ h}\,.$$

Es soll überprüft werden, ob die Ausfallabstände einer Exponentialverteilung genügen (Abb. 13.2.2).

Es ist nicht anzunehmen, daß die Daten einer Exponentialverteilung genügen, da die Punkte klar von einer Geraden abweichen.

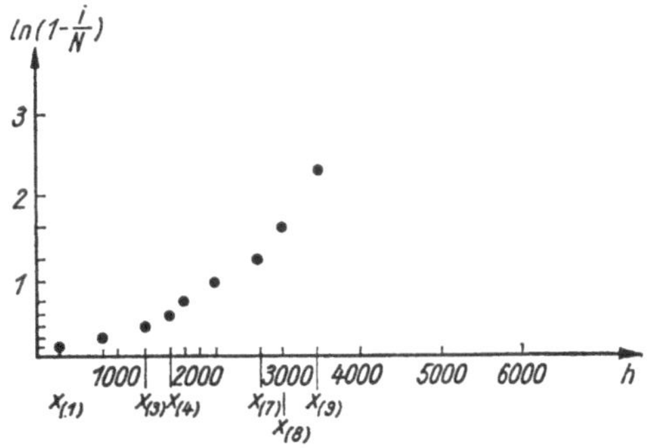

Abb. 13.2.2. Graphische Auswertung der Arbeitszeiten von Beispiel 13.2.2

13.2.3. Tests zur Überprüfung des Verteilungstyps

Aufgrund des Ergebnisses der Untersuchung mit Wahrscheinlichkeitspapier bzw. auch aufgrund von Erfahrungen über das Ausfallverhalten kann man Hypothesen über die zugrundeliegende Verteilungsfunktion bzw. über den Verteilungstyp aufstellen. Aufgrund einer Stichprobe $\boldsymbol{\theta} = (\theta_1, \dots, \theta_N)$ soll nun darüber eine Entscheidung getroffen werden, ob die hypothetische Verteilung abgelehnt wird oder ob gegen sie nichts einzuwenden ist. Die Wahrscheinlichkeit des Fehlers 1. Art, d. h. die Wahrscheinlichkeit der Ablehnung der Hypothese, obwohl sie richtig ist, soll kleiner als ein vorgegebener Wert α sein. Eine solche Entscheidungsregel wird in der mathematischen Statistik als α-Test bezeichnet. Wir schreiben kurz $\varphi(\boldsymbol{\theta}) = 1$, wenn die Hypothese abgelehnt wird, und $\varphi(\boldsymbol{\theta}) = 0$, wenn gegen sie nichts einzuwenden ist.

13.2.3.1. Der χ^2-Anpassungstest

Es sei die Stichprobe $\boldsymbol{\theta} = (\theta_1, \dots, \theta_N)$ gegeben. Wir wollen die Hypothese

$$H: F_H(t) = \mathcal{P}_H\{\theta < t\}$$

überprüfen. Wir unterteilen die Achse $(-\infty, +\infty)$ in k Intervalle $I_1 = (-\infty, a_1)$, $\dots, I_k = [a_{k-1}, +\infty)$ und bezeichnen die Wahrscheinlichkeit dafür, daß die zufällige Arbeitszeit θ unter der Hypothese H im Intervall I_j endet, mit p_j $(j = 1, \dots, k)$; d. h., es gilt $\mathcal{P}_H\{\theta \in I_j\} = p_j$. Obwohl die Einteilung der Achse $(-\infty, +\infty)$ willkürlich ist, sollte sie doch so vorgenommen werden, daß für jedes Intervall I_j gilt $Np_j \geqq 5$ $(j = 1, \dots, k)$. Np_j ist die unter der Hypothese H zu erwartende Anzahl von Stichprobenwerten, die im Intervall I_j liegen. Demgegenüber bezeichnen wir die wirklich im Intervall I_j liegende Anzahl mit m_j $(j = 1, \dots, k)$. Unter der Hypothese H besitzt die Teststatistik

$$\mathrm{T}(\boldsymbol{\theta}) = \sum_{i=1}^{k} \frac{(m_i - Np_i)^2}{Np_i} \tag{13.2.8}$$

für $N \to \infty$ eine χ^2-Verteilung mit $k - 1$ Freiheitsgraden [12]. Bei gegebenem α lautet der α-Test

$$\varphi(\boldsymbol{\theta}) = \begin{cases} 1 & \text{für } \mathrm{T}(\boldsymbol{\theta}) \geqq \chi^2_{1-\alpha}(k-1) \\ 0 & \text{für } \mathrm{T}(\boldsymbol{\theta}) < \chi^2_{1-\alpha}(k-1)\,. \end{cases} \tag{13.2.9}$$

Hierbei bezeichnet $\chi^2_{1-\alpha}(k - 1)$ das $(1 - \alpha)$-Quantil der χ^2-Verteilung mit $k - 1$ Freiheitsgraden.

Bei der Benutzung von Tabelle A 8.12 muß man $\chi^2_{1-\alpha}(k - 1)$ als $\chi^2(k - 1, \alpha)$ ablesen. Ist der Wert der Teststatistik größer als das Quantil $\chi^2_{1-\alpha}(k - 1)$, so wird die Hypothese H also abgelehnt.

Nach Definition des Quantils $\chi^2_{1-\alpha}(k - 1)$ gilt unter der Hypothese H für $N \to \infty$

$$\mathcal{P}_H\big(\mathrm{T}(\boldsymbol{\theta}) \geqq \chi^2_{1-\alpha}(k-1)\big) = \alpha\,;$$

d. h., der angegebene Test ist asymptotisch ein α-Test.

Wir hatten bisher vorausgesetzt, daß die hypothetische Verteilungsfunktion $F_H(t)$ exakt gegeben ist. Für die Überprüfung einer Verteilung $F_H(t, \alpha_1, \dots, \alpha_s)$, wobei die Parameter $(\alpha_1, \dots, \alpha_s)$ unbekannt sind, läßt sich der χ^2-Test ebenfalls anwenden. Beispiele für solche von unbekannten Parametern abhängenden Hypothesen sind

$$H: F_H(t, T) = \begin{cases} 1 - \mathrm{e}^{-\frac{1}{T}t} & t \geqq 0 \\ 0 & \text{sonst} \end{cases} \qquad (T \text{ unbekannt})$$

(Exponentialverteilung)

oder

$$H: F_H(t, \mu, \sigma) = \int_0^t \frac{1}{\sqrt{2\pi}\,\sigma} \exp\left\{-\frac{1}{2}\left(\frac{x-\mu}{\sigma}\right)^2\right\} dx \qquad (\mu, \sigma^2 \text{ unbekannt})$$

(Normalverteilung).

Wir gehen wieder von einer Einteilung $I_1, \ldots, I_k$ der Achse $(-\infty, +\infty)$ aus und berechnen die jetzt von den unbekannten Parametern $(\alpha_1, \ldots, \alpha_s)$ abhängigen theoretischen Wahrscheinlichkeiten $p_j(\alpha_1, \ldots, \alpha_s)$ der Einteilungsintervalle I_j für $j = 1, \ldots, k$. Analog zu Formel (13.2.8) erhalten wir

$$\mathbf{T}(\boldsymbol{\theta}, \alpha_1, \ldots, \alpha_s) = \sum_{i=1}^{k} \frac{(m_i - Np_i(\alpha_1, \ldots, \alpha_s))^2}{Np_i(\alpha_1, \ldots, \alpha_s)}. \tag{13.2.10}$$

Die unbekannten Parameter $(\alpha_1, \ldots, \alpha_s)$ werden durch ihre Minimum-χ^2-Schätzung $(\alpha_1^*, \ldots, \alpha_s^*)$ ersetzt. Diese Schätzung bestimmt man aus der Gleichung

$$\min_{(\alpha_1, \ldots, \alpha_s)} \mathbf{T}(\boldsymbol{\theta}\alpha_1, \ldots, \alpha_s) = T(\boldsymbol{\theta}, \alpha_1^*, \ldots, \alpha_s^*).$$

Es gilt, daß die Teststatistik

$$\mathbf{T}(\boldsymbol{\theta}, \alpha_1^*, \ldots, \alpha_s^*) = \sum_{i=1}^{k} \frac{(m_i - Np_i(\alpha_1^*, \ldots, \alpha_s^*))^2}{Np_i(\alpha_1^*, \ldots, \alpha_s^*)} \tag{13.2.11}$$

für $N \to \infty$ asymptotisch χ^2-verteilt ist mit $(k - s - 1)$ Freiheitsgraden (s ist die Anzahl der geschätzten Parameter). Der entsprechende asymptotische α-Test lautet

$$\varphi(\boldsymbol{\theta}) = \begin{cases} 1 & \text{falls } \mathbf{T}(\boldsymbol{\theta}, \alpha_1^*, \ldots, \alpha_s^*) \geqq \chi^2_{1-\alpha}(k - s - 1) \\ 0 & \text{falls } \mathbf{T}(\boldsymbol{\theta}, \alpha_1^*, \ldots, \alpha_s^*) < \chi^2_{1-\alpha}(k - s - 1). \end{cases}$$

Im Unterschied zum ursprünglichen χ^2-Test hat sich die Anzahl der Freiheitsgrade um die Anzahl der geschätzten Parameter verringert.

Die Berechnung der in (13.2.11) benötigten Schätzung $(\alpha_1^*, \ldots, \alpha_s^*)$ ist meist mit einem großen Rechenaufwand verbunden. Wir empfehlen deshalb, die fehlenden Parameter durch eine einfachere konsistente Schätzung $(\hat{\alpha}_1, \ldots, \hat{\alpha}_s)$ aus der gegebenen Stichprobe zu bestimmen und in die Teststatistik (13.2.10) einzusetzen. Im allgemeinen benutzt man die Maximum-Likelihood-Schätzung (vgl. Anhang 1.2). Wir erhalten

$$\mathbf{U} = \sum_{i=1}^{k} \frac{(m_i - Np_i(\alpha_1, \ldots, \alpha_s))^2}{Np_i(\hat{\alpha}_1, \ldots, \hat{\alpha}_s)}.$$

Diese Größe $\mathbf{U}$ besitzt asymptotisch keine χ^2-Verteilung.

In [13], [51] wird gezeigt, daß man bei Benutzung der Maximum-Likelihood-Schätzung $(\hat{\alpha}_1, \ldots, \hat{\alpha}_s)$ den Test

$$\varphi(\mathbf{U}) = \begin{cases} 1 & \text{für } \mathbf{U} \geqq \chi^2_{1-\alpha}(k - 1) \\ 0 & \text{sonst} \end{cases}$$

als α-Test anwenden kann (der Fehler 1. Art und die Güte verringern sich). Diese Entscheidungsregel stimmt dann mit (13.2.9) überein.

13.2.3.2. Der Kolmogorow-Smirnow-Test

Wir wollen die Hypothese überprüfen, daß die zufällige Arbeitszeit θ eine bestimmte stetige Verteilungsfunktion $F_H(t)$ besitzt. Der Kolmogorow-Smirnow-Test beruht ebenfalls auf einem Vergleich der theoretischen und der empirischen Verteilungsfunktion.

Wir bestimmen aus der Stichprobe $\boldsymbol{\theta} = (\theta_1, \dots, \theta_N)$ die empirische Verteilung (13.2.7). Unter der Hypothese H hat die Größe

$$\mathbf{D}_N = \sup_{-\infty<t<+\infty} |F_N(t) - F_H(t)| = \max_{1\leq i\leq N} \left\{\left|\frac{i}{N} - F_H(\theta_{(i)})\right|, \left|F_H(\theta_{(i)}) - \frac{i-1}{N}\right|\right\}$$

eine von H unabhängige Verteilung. Bei gegebenem α kann man für $N \leqq 50$ mit Hilfe der Tabelle A 8.14 einen Wert $A(N, \alpha)$ finden, für den

$$P(\mathbf{D}_N > A(N, \alpha)) = \alpha$$

gilt. Ist der aus der Stichprobe berechnete Wert von $\mathbf{D}_N$ größer als $A(N, \alpha)$, so muß die Hypothese H abgelehnt werden.

In unserer Kurzschreibweise lautet der α-Test

$$\varphi(\mathbf{D}_N) = \begin{cases} 1 & \text{für } \mathbf{D}_N \geqq A(N, \alpha) \\ 0 & \text{sonst}. \end{cases} \tag{13.2.12}$$

Ist der Stichprobenumfang N größer als 50, so wird im allgemeinen der Grenzwertsatz von Kolmogorow angewendet. Unter der Voraussetzung, daß die Hypothese H erfüllt ist, gilt

$$\lim_{N\to\infty} P(\sqrt{N}\,\mathbf{D}_N < y) = K(y).$$

Die Grenzverteilung $K(y)$ ist z. B. in Tabelle A 8.15 angegeben.

Zum gegebenen Testniveau α lautet der α-Test

$$\alpha(\mathbf{D}_N) = \begin{cases} 1 \text{ für } D_N \geqq \dfrac{A_\alpha}{\sqrt{N}} \\ \\ 0 \text{ sonst,} \end{cases}$$

dabei wird A_α durch die Gleichung $K(A_\alpha) = 1 - \alpha$ festgelegt (man kann die Tabelle A 8.15 benutzen).

Beim Kolmogorow-Smirnow-Test ist es nicht gestattet, fehlende Parameter aus der gleichen Stichprobe zu schätzen. Es kann zwar ebenfalls gezeigt werden, daß $\mathbf{D}_N$ in vielen Fällen auch bei Schätzung von Parametern als Teststatistik benutzt werden kann, die angegebenen kritischen Werte (Tabellen A 8.14 und A 8.15) sind jedoch nicht mehr gültig. Lilliefors [14], [15] stellte für die Überprüfung der Exponentialverteilung, sowie auch der Normalverteilung, neue Tabellen kritischer Werte mit Hilfe der Monte-Carlo-Methode auf.

a) Wollen wir die Hypothese der Exponentialverteilung überprüfen, so schätzen wir zuerst den fehlenden Parameter T durch

$$\hat{T} = \frac{1}{N} \sum_{i=1}^{N} \theta_i$$

aus der Stichprobe $\theta = (\theta_1, \dots, \theta_N)$. Wir berechnen

$$\hat{\mathbf{D}}_N = \sup_{-\infty<t<\infty} |F_N(t) - F_H(t, \hat{T})| = \max_{1\leq i\leq N} \left\{\left|\frac{i}{N} - F_H(\theta_{(i)}, \hat{T})\right|, \left|\frac{i-1}{N} - F_H(\theta_{(i)}, \hat{T})\right|\right\},$$

dabei ist $F_H(t, \hat{T})$ die durch $\hat{T}$ exakte festgelegte Verteilungsfunktion der Exponentialverteilung (13.2.1). Als α-Test benutzt man

$$\varphi(\hat{\mathbf{D}}_N) = \begin{cases} 1 & \text{für } \hat{\mathbf{D}}_N \geqq d_{N,\alpha} \\ 0 & \text{sonst.} \end{cases} \tag{13.2.13}$$

Die kritischen Werte $d_{N,\alpha}$ sind in [15] angegeben.

b) Will man eine Normalverteilung überprüfen, so geht man analog vor. Als Schätzung benutzen wir

$$\mu = \frac{1}{N} \sum_{i=1}^{N} \theta_i \quad \text{und} \quad \hat{\sigma}^2 = \frac{1}{N} \sum_{i=1}^{N} (\theta_i - \mu)^2 .$$

Die Teststatistik erhält die Form

$$\begin{aligned} \hat{\mathbf{D}}_N &= \sup_{-\infty<t<\infty} |F_N(t) - F_H(t, \mu, \sigma)| \\ &= \max_{1\le i\le N} \left\{ \left| \frac{i}{N} - F_H(\theta_{(i)}, \mu, \hat{\sigma}) \right|, \left| \frac{i-1}{N} - F_H(\theta_{(i)}, \mu, \hat{\sigma}) \right| \right\}; \end{aligned}$$

dabei ist $F_H(t, \mu, \hat{\sigma})$ die Normalverteilung mit Erwartungswert $\hat{\mu}$ und Streuung $\hat{\sigma}^2$.

Zu gegebenem Testniveau α lautet der α-Test

$$\varphi(\hat{\mathbf{D}}_N) = \begin{cases} 1 & \text{für } \hat{\mathbf{D}}_N \geqq k_{N,\alpha} \\ 0 & \text{sonst.} \end{cases}$$

Die kritischen Werte $k_{N,\alpha}$ wurden in [14] angegeben.

Ausgehend von einer anderen Schätzung der hypothetischen Verteilung wurde in [19] eine weitere Modifikation des Kolmogorow-Smirnow-Tests zur Überprüfung der Normalverteilung sowie auch der Exponentialverteilung hergeleitet.

Beispiel 13.2.3

Bei der Beobachtung einer Anlage wurden die folgenden 42 Arbeitszeiten (in Stunden) festgestellt. Die Zeiten wurden bereits geordnet.

15	93	147	201	281
24	111	149	204	297
28	114	155	225	
37	121	168	231	
49	127	170	243	
54	130	173	248	
60	134	189	249	
75	138	192	256	
87	140	197	265	
92	144	198	274	

Es soll die Hypothese überprüft werden, daß die zufällige Arbeitszeit θ einer Exponentialverteilung genügt. Das Testniveau sei hierbei $\alpha = 0{,}01$.

Lösung

Wir teilen die Achse $[0, \infty)$ in 6 Intervalle ein: $I_1 = [0, 50)$, $I_2 = [50, 100)$, $I_3 = [100, 150)$, $I_4 = [150, 200)$, $I_5 = [200, 250)$, $I_6 = [250, \infty)$. Die Schätzung $\hat{T}$ für T wird nach der Formel

$\hat{T} = \frac{1}{N} \sum_{i=1}^{n} \theta_i$ gebildet, und wir erhalten

$$\hat{T} = \frac{6485}{42} = 154{,}4 .$$

Die Ergebnisse der Berechnungen von m_i und $p_i(\hat{T})$ sind in der folgenden Tabelle aufgeführt:

i	m_i	$p_i(\hat{T})$	$Np_i(\hat{T})$	$\frac{(m_i - Np_i(\hat{T}))^2}{Np_i(T)}$
1	5	0,278	11,54	3,71
2	6	0,200	8,40	0,69
3	11	0,145	6,10	3,94
4	8	0,105	4,42	2,90
5	7	0,075	3,15	4,70
6	5	0,107	8,27	1,29

Die Teststatistik $\mathbf{U} = \sum_{i=1}^{6} \frac{(m_i - Np_i(\hat{T}))^2}{Np_i(\hat{T})}$ nimmt den Wert 17,23 an. Aufgrund des vorgegebenen Testniveaus $\alpha = 0{,}01$ erhalten wir aus Tabelle A 8.12 $\chi^2(k - 1, \alpha) = \chi^2(5, 0{,}01) = 15{,}09$, d. h. wir lehnen die Hypothese der Exponentialverteilung ab.

Beispiel 13.2.4

Es soll überprüft werden, ob die geordneten Arbeitszeiten aus Beispiel 13.2.3 einer Normalverteilung genügen. Das Testniveau sei $\alpha = 0{,}01$.

Lösung

Als Einteilung der Achse $(-\infty, +\infty)$ wählen wir ähnlich wie in Beispiel 13.2.3

$$I_1 = (-\infty, 50) , \quad I_2 = [50, 100) , \quad I_3 = [100, 150) ,$$
$$I_4 = [150, 200) , \quad I_5 = [200, 250) , \quad I_6 = [250, +\infty) .$$

Wir schätzen den Erwartungswert μ und die Varianz σ^2 mit Hilfe der Maximum-Likelihood-Schätzung und erhalten

$$\hat{\mu} = \frac{1}{N} \sum_{i=1}^{N} \theta_i = 154{,}4$$

und

$$\hat{\sigma}^2 = \frac{1}{N} \sum_{i=1}^{N} (\theta_i - \hat{\mu})^2 = 5791 .$$

Schreiben wir für das j-te Intervall $I_j = [a_{j-1}, a_j)$, $j = 1, \dots, 6$, mit $a_0 = -\infty$ und $a_6 = +\infty$ und benutzen die Beziehung

$$F(t, \mu, \sigma) = \int_{-\infty}^{t} \frac{1}{\sqrt{2\pi}\,\sigma} \exp\left(-\frac{1}{2}\left(\frac{z-\mu}{\sigma}\right)^2\right) dz = \Phi\left(\frac{t-\mu}{\sigma}\right)$$

($\Phi(t)$ bezeichnet die Verteilungsfunktion der Standardnormalverteilung und ist in Tabelle A 8.3 angegeben), so gilt für die theoretischen Intervallwahrscheinlichkeiten

$$p_i(\hat{\mu}, \hat{\sigma}) = \Phi\left(\frac{a_i - \hat{\mu}}{\hat{\sigma}}\right) - \Phi\left(\frac{a_{i-1} - \hat{\mu}}{\hat{\sigma}}\right), \qquad i = 1, \dots, 6 .$$

Mit Hilfe der Tabelle A 8.3 erhalten wir die folgende Tabelle:

i	m_i	$p_i(\hat{\mu}, \hat{\sigma})$	$Np_i(\hat{\mu}, \hat{\sigma})$	$\frac{(m_i - Np_i(\hat{\mu}, \hat{\sigma}))^2}{Np_i(\hat{\mu}, \hat{\sigma})}$
1	5	0,08	3,36	0,800
2	6	0,15	6,30	0,014
3	11	0,24	10,08	0,078
4	8	0,25	10,50	0,595
5	7	0,17	7,14	0,004
6	5	0,11	4,62	0,034

Die Teststatistik $\mathbf{U} = \sum_{i=1}^{6} \frac{(m_i - Np_i(\hat{\mu}, \hat{\sigma}))^2}{Np_i(\hat{\mu}, \hat{\sigma})}$ nimmt den Wert 1,53 an. Da $\chi(k - 1, \alpha) = \chi^2(5, 0{,}01) = 15{,}09 > 1{,}53$ gilt, ist gegen die Hypothese der Normalverteilung nichts einzuwenden.

Beispiel 13.2.5

Mit Hilfe des Kolmogorow-Smirnow-Tests soll die Hypothese überprüft werden, daß die Daten aus Beispiel 13.2.3 auf dem Intervall [0, 300] gleichverteilt sind. Das Testniveau sei wieder $\alpha = 0{,}01$.

Lösung

Nach Tabelle A 8.14 gilt $A(N, \alpha) = A(42, 0{,}01) = 0{,}246$. Wir erhalten für die Teststatistik

$$\mathbf{D}_{42} = \max_{0 \leq t \leq 1} \left| F_{42}(t) - \frac{t}{300} \right| = 0{,}07 < 0{,}246 .$$

Gegen die Hypothese der Gleichverteilung auf [0, 300] ist also nichts einzuwenden.

13.2.4. Einige spezielle Tests zur Überprüfung der Exponentialverteilung

Die häufige Anwendung der Exponentialverteilung beruht weitgehend auf ihren charakteristischen Eigenschaften (z. B. konstante Ausfallrate). Viele Berechnungen in der Zuverlässigkeitstheorie sind unter Voraussetzung der Exponentialverteilung bedeutend einfacher durchzuführen als bei beliebigen Lebensdauerverteilungen. Dies führte in der Vergangenheit oft dazu, daß die Exponentialverteilung kritiklos angewendet wurde, obwohl die Realität dieser Modellannahme widersprach. Daraus ergibt sich, daß die Exponentialverteilung nur nach gründlicher Prüfung angewendet werden sollte.

Im folgenden wollen wir nur ganz kurz auf einige Tests zur Überprüfung der Exponentialverteilung eingehen. Sehr umfassende Darlegungen zu diesem Problem kann man z. B. in [16] oder [3] finden. In [3] wird außerdem gezeigt, wie aus Prüfplänen gewonnene Daten (Prüfpläne werden im Abschnitt 13.3 eingeführt) angewendet werden können.

a) Bildet $\boldsymbol{\theta} = (\theta_1, \ldots, \theta_N)$ eine Stichprobe einer exponentiell verteilten zufälligen Größe, so ist

$$\mathbf{U} = (U_{(1)}, \ldots, U_{(N)}) = \left(\frac{\theta_1}{\sum_{i=1}^{N} \theta_i}, \ldots, \frac{\sum_{i=1}^{N-1} \theta_i}{\sum_{i=1}^{N} \theta_i} \right) \qquad (13.2.14)$$

eine geordnete Stichprobe vom Umfang $N - 1$ einer auf dem Intervall $[0; 1]$ gleichverteilten Zufallsgröße U und umgekehrt. D. h. die Überprüfung der Hypothese

$$H\colon \theta \text{ besitzt eine Exponentialverteilung}$$

aufgrund einer Stichprobe $\boldsymbol{\theta}$ ist äquivalent zur Untersuchung der Hypothese

$$H\colon U \text{ ist auf } [0; 1] \text{ gleichverteilt}$$

mit Hilfe der durch die Transformation (13.2.14) gewonnenen Stichprobe $\mathbf{U}$.

Diese äquivalente Umformulierung unseres Problems ist insofern günstig, daß die Verteilung unter der Hypothese H ganz exakt festgelegt ist. Die Tests (13.2.9) und (13.2.12) können ohne die Schätzung fehlender Parameter angewendet werden. Weitere Tests zur Überprüfung der Hypothese H sind z. B. der CRAMER-v. MISES-Test [17] und der ANDERSON-DARLING-Test [18].

b) Ist $\tilde{\boldsymbol{\theta}} = (\theta_{(1)}, \ldots, \theta_{(N)})$ eine geordnete Stichprobe einer exponentiell verteilten Zufallsgröße, so besitzt

$$\mathbf{Q}_{r_1, r_2} = \frac{\sum_{i=1}^{r_1} (N - i + 1)\,(\theta_{(i)} - \theta_{(i-1)})}{\sum_{i=r_1+1}^{N} (N - i + 1)\,(\theta_{(i)} - \theta_{(i-1)})}$$

mit $r_1 + r_2 = N$ und $\theta_{(0)} = 0$ eine F-Verteilung mit $(2r_1, 2r_2)$ Freiheitsgraden. Die Dichte einer F-Verteilung mit $(2r_1, 2r_2)$ Freiheitsgraden lautet

$$f_{2r_1, 2r_2}(x) = \frac{\Gamma(r_1 + r_2) \left(\dfrac{r_1}{r_2}\right)^{r_1} x^{r_1 - 1}}{\Gamma(r_1)\,\Gamma(r_2) \left(1 + \dfrac{r_1}{r_2}\,x\right)^{r_1 + r_2}}, \qquad x \geqq 0\,. \tag{13.2.15}$$

Die Quantile dieser Verteilung sind in den meisten statistischen Tabellen für verschiedene Freiheitsgrade enthalten (z. B. in [3] und [49]).

Ein α-Test für die Hypothese der Exponentialverteilung ist

$$\varphi(\mathbf{Q}_{r_1, r_2}) = \begin{cases} 1 & \text{für } \mathbf{Q}_{r_1, r_2} \leqq f_{\alpha/2}(2r_1, 2r_2) \text{ oder } \mathbf{Q}_{r_1, r_2} > f_{1-\alpha/2}(2r_1, 2r_2) \\ 0 & \text{für } f_{\alpha/2}(2r_1, r_2) < \mathbf{Q}_{r_1, r_2} \leqq f_{1-\alpha/2}(2r_1, 2r_2)\,. \end{cases}$$

Dabei bezeichnet $f_\beta(2r_1, 2r_2)$ das β-Quantil der F-Verteilung mit $(2r_1, 2r_2)$ Freiheitsgraden. In Worten formuliert lautet also die Entscheidungsregel: Ist der Wert der Stichprobenfunktion $\mathbf{Q}_{r_1, r_2}$ größer als das $(1 - \alpha/2)$-Quantil oder kleiner als das $\alpha/2$-Quantil der $F(2r_1, 2r_2)$-Verteilung, so wird die Hypothese der Exponentialverteilung abgelehnt. Im allgemeinen wählt man für r_1 die größte ganze Zahl, die in $\frac{N}{2}$ enthalten ist.

c) Ein sehr guter Test zur Überprüfung der Exponentialverteilung wurde in [20] vorgeschlagen. Wir benutzen für T die Schätzung $\hat{T} = \frac{1}{N} \sum_{i=1}^{N} \theta_i$ und betrachten die Abstände

$$\delta_i = \max \left\{ \left| \frac{i}{N} - F(\theta_{(i)}, \hat{T}) \right|, \left| F(\theta_{(i)}, \hat{T}) - \frac{i-1}{N} \right| \right\}$$

der empirischen Verteilung von der durch $\hat{T}$ festgelegten Exponentialverteilung. Im Gegensatz zum KOLMOGOROW-SMIRNOW-Test $\hat{\mathbf{D}}_N$ (13.2.13), wo wir das Maximum der Werte δ_i ($i = 1, \dots, N$) betrachteten, benutzen wir jetzt die Teststatistik

$$\mathbf{S}_N = \sum_{i=1}^{N} \delta_i \,.$$

Für große Werte von $\mathbf{S}_N$ wird die Hypothese der Exponentialverteilung abgelehnt, der resultierende α-Test lautet

$$\varphi(\mathbf{S}_N) = \begin{cases} 1 & \text{für } \mathbf{S}_N \geqq s_{N,\alpha} \\ 0 & \text{sonst.} \end{cases}$$

Die kritischen Werte $s_{N,\alpha}$ sind z. B. in [20] und [21] angegeben.

Beispiel 13.2.6

Die folgenden geordneten Ausfallabstände sind gegeben ($N = 20$):

$\theta_{(1)} = 25$	$\theta_{(6)} = 111$	$\theta_{(11)} = 276$	$\theta_{(16)} = 447$
$\theta_{(2)} = 38$	$\theta_{(7)} = 147$	$\theta_{(12)} = 293$	$\theta_{(17)} = 483$
$\theta_{(3)} = 57$	$\theta_{(8)} = 152$	$\theta_{(13)} = 324$	$\theta_{(18)} = 530$
$\theta_{(4)} = 69$	$\theta_{(9)} = 196$	$\theta_{(14)} = 371$	$\theta_{(19)} = 541$
$\theta_{(5)} = 93$	$\theta_{(10)} = 232.$	$\theta_{(15)} = 408$	$\theta_{(20)} = 605$

Es soll die Hypothese überprüft werden, daß diese Daten einer Exponentialverteilung genügen. Das Testniveau sei $\alpha = 0{,}02$.

Lösung

Wir benutzen den Test 13.2.4b, wobei wir $r_1 = r_2 = 10$ wählen. Bezeichnen wir mit S_i die Größen

$$S_i = (N - i + 1)\,(\theta_{(i)} - \theta_{(i-1)}) \,,$$

so erhalten wir die Tabelle

i	S_i	i	S_i
1	500	11	340
2	247	12	153
3	342	13	248
4	204	14	336
5	384	15	222
6	270	16	195
7	504	17	144
8	65	18	141
9	408	19	22
10	396	20	64
Σ	3320	Σ	1865

Es gilt damit

$$\mathbf{Q}_{10,10} = \frac{3300}{1865} = 1{,}77 \,.$$

Nach Tabelle VII aus [49] gilt

$$F_{0{,}01}(20, 20) = 2{,}94 \geqq 1{,}77 \,.$$

Damit muß die Hypothese der Exponentialverteilung abgelehnt werden.

13.2.5. Tests auf Exponentialität bei eingeschränkten Alternativen

Neben der allgemeinen Überprüfung der Exponentialverteilung interessieren oft auch α-Tests bei einer eingeschränkten Alternative.

Die Exponentialverteilung besitzt eine konstante Ausfallrate (13.2.6). Eine spezielle Alternative bildet die Klasse der Verteilungen mit steigender Ausfallrate. Solche Verteilungen bezeichnen wir als IFR-Verteilungen (increasing failure rate distribution). Wir wollen diese Klasse noch einmal exakt definieren.

Bezeichnet man die Überlebenswahrscheinlichkeit $1 - F(x)$ mit $P(x)$, so ist F eine IFR-Verteilung, wenn $\frac{P(x + t)}{P(x)}$ für $t > 0$ in x monoton fällt. Besitzt $F(t)$ eine Dichte $f(t)$, so fällt diese allgemeine Definition mit dem Begriff der steigenden Ausfallrate zusammen.

Wir wollen jetzt die Hypothese

$$H: \theta \text{ ist exponentiell verteilt (13.2.1) } (T \text{ unbekannt})$$

gegen die Alternative

$$K: \theta \text{ ist IFR-verteilt (nicht exponentiell)}$$

ausgehend von einer geordneten Stichprobe $\tilde{\boldsymbol{\theta}} = (\theta_{(1)}, \dots, \theta_{(N)})$ testen. Im weiteren benutzen wir die Bezeichnungen

$$S_i = (N - i + 1)(\theta_{(i)} - \theta_{(i-1)}), \qquad i = 1, \dots, N$$

mit $\theta_{(0)} = 0$.

a) Wir definieren

$$v_{ij} = \begin{cases} 1 & \text{für } s_i > s_j \\ 0 & \text{sonst} \end{cases} \qquad i, j = 1, \dots, N$$

und benutzen die in [22] vorgeschlagene Teststatistik

$$\mathbf{V}_N = \sum_{i<j} v_{ij}\,.$$

Es kann gezeigt werden [23], daß V_N unter H für große Werte von N normalverteilt ist mit dem Erwartungswert

$$\mu_N = \frac{N(N-1)}{4}$$

und der Streuung

$$\sigma_N^2 = \frac{(2N + 5)(N - 1)N}{72}$$

Der entsprechende α-Test lautet

$$\varphi(\mathbf{V}_N) = \begin{cases} 1 & \text{für } \mathbf{V}_N > v_{N,\alpha} \\ 0 & \text{sonst}\,. \end{cases}$$

Die kritischen Werte $v_{N,\alpha}$ können für $N \leqq 10$ aus den Tabellen von KENDALL [50] abgelesen werden. Für großen Stichprobenumfang N kann man die Quantile der Normalverteilung benutzen und erhält $v_{N,\alpha} = u_{1-\alpha}\sigma_N + \mu_N$, wobei $u_{1-\alpha}$ das $(1 - \alpha)$-Quantil der Standardnormalverteilung bezeichnet (vgl. Tabelle A 8.5).

b) Wir führen noch einen weiteren Test für das obige Problem an. Dieser Test wurde in [26] hergeleitet. Man benötigt die ersten k Elemente $(1 \leqq k \leqq N)$ der geordneten

Stichprobe $\tilde{\boldsymbol{\theta}}$. Aus der Teststatistik

$$\mathbf{W}_k = \frac{\sum_{i=1}^{k-1} \sum_{j=1}^{i} S_j}{\sum_{j=1}^{k} S_j}$$

erhält man zu gegebenem Testniveau α den Test

$$\varphi(\mathbf{W}_k) = \begin{cases} 1 & \text{für } \mathbf{W}_k \geqq w_{k,\alpha} \\ 0 & \text{sonst.} \end{cases}$$

Die kritischen Werte $w_{k,\alpha}$ sind für $N \leqq 13$ in [24] angegeben.

W_k besitzt den Erwartungswert

$$M(\mathbf{W}_k) = \frac{k-1}{2}$$

und die Streuung $D^2(\mathbf{W}_k) = \dfrac{k-1}{12}$. Für großen Stichprobenumfang N und große k äßt sich der zentrale Grenzwertsatz anwenden, und man erhält zu gegebenem α

$$W_{k,\alpha} = \sqrt{\frac{k-1}{12}}\, u_{1-\alpha} + \frac{k-1}{2}$$

als kritischen Wert. Dabei bezeichnet $u_{1-\alpha}$ das $(1-\alpha)$-Quantil der Standardnormalverteilung (vgl. Tabelle A 8.5).

Neben der IFR-Eigenschaft kann man auch andere Alterungseigenschaften von Lebensdauerverteilungen betrachten und als Alternativen zur Exponentialverteilung untersuchen, vgl. z. B. die Arbeiten [25], [26], [27] und [28].

13.2.6. Literaturhinweise zu weiteren Tests

In [29], [30], [32] und [53] wurden weitere Tests zur Untersuchung der Normalverteilung angegeben. Ein Gütevergleich verschiedener Normalitätstests erfolgte in [33] und [34].

Einige Tests zur Überprüfung der Weibull-Verteilung wurden gerade in letzter Zeit hergeleitet. Wir verweisen auf die Arbeiten [21], [36] und [37].

In [38] und [39] wird ein Likelihood-Quotiententest zur Trennung (Unterscheidung) verschiedener Verteilungstypen mit Orts- und Skalenparameter angewendet. Die benötigten kritischen Werte wurden mit Hilfe der Monte-Carlo-Methode errechnet.

Eine vergleichende Studie für einige in [3] und [16] angegebene Exponentialitätstests wurde in [40] veröffentlicht.

13.3. Bestimmung von Zuverlässigkeitskennziffern auf der Grundlage von Prüfplänen

13.3.1. Problemstellung

Es sei ein (großer) Posten von gleichartigen Bauelementen, Geräten o. ä. gegeben. Daraus soll eine relativ zum Postenumfang kleine Anzahl von Exemplaren geprüft werden. Ergebnis der Prüfung sollen bestimmte Aussagen über Zuverlässigkeitskenngrößen (z. B. mittlere Lebensdauer bzw. mittlerer Ausfallabstand) sein. Es ist oft wenig sinnvoll, eine bestimmte Anzahl N von Exemplaren in Betrieb zu setzen (d. h. einer Betriebsbelastung auszusetzen) und zu warten, bis alle diese Prüflinge ausgefallen sind. Meist ist die mittlere Arbeitszeit der betrachteten Exemplare für ein solches Vorgehen zu groß, so daß die Prüfung eine unreal große Zeit in Anspruch nehmen würde. In diesem Fall bieten sich die im folgenden beschriebenen Prüfpläne an.

13.3.2. Beschreibung der gebräuchlichsten Prüfpläne

Es muß zunächst die Anzahl N der Prüfplätze festgelegt werden. Zu Beginn der Prüfung werden dann auf den N Prüfplätzen Prüflinge in Betrieb gesetzt. Außerdem ist es wichtig, ob ausgefallene Prüflinge repariert bzw. durch neue ersetzt werden oder nicht. Schließlich ist eine Bedingung für den Abbruch der Prüfung anzugeben. Die Gesamtheit dieser Festlegungen bezeichnen wir als Prüfplan. Wir beschränken uns hier auf einige der einfachsten Prüfplantypen, nämlich $(N, E, \boldsymbol{T})$, (N, E, r), $(N, E, (r, \boldsymbol{T}))$, $(N, O, \boldsymbol{T})$, (N, O, r), $(N, O, (r, \boldsymbol{T}))$ und (N, O, T_Σ). N wurde bereits erklärt. Mit dem Buchstaben E werden Prüfpläne bezeichnet, bei denen ausgefallene Prüflinge ersetzt bzw. repariert werden (kurz „Pläne mit Ersetzen" genannt). Analog bezeichnet O Pläne ohne Ersetzen bzw. Reparatur ausgefallener Prüflinge. $(N, E, \boldsymbol{T})$ bzw. $(N, O, \boldsymbol{T})$ bedeutet, daß die Prüfung im Zeitpunkt $\boldsymbol{T}$ abzubrechen ist. Soll die Prüfung im Zeitpunkt des r-ten Ausfalls abgebrochen werden, so schreiben wir (N, E, r) bzw. (N, O, r). Bei Prüfungen nach Plänen vom Typ $(N, E, (r, \boldsymbol{T}))$ bzw. $(N, O, (r, \boldsymbol{T}))$ erfolgt der Abbruch der Prüfung im Zeitpunkt des r-ten Ausfalls oder im Zeitpunkt $\boldsymbol{T}$, wenn bis dahin weniger als r Prüflinge ausgefallen sind. (N, O, T_Σ) bedeutet, daß die Prüfung als beendet zu betrachten ist, wenn die kumulative Arbeitszeit (d. h. die Summe der während der Prüfung von allen Prüflingen geleisteten Arbeitszeiten) den Wert T_Σ erreicht. Die Abbildungen 13.3.1 bis 13.3.7 zeigen mögliche Ausgänge von Prüfungen nach solchen Prüfplänen.

13.3.3. Beschreibung der Prüfpläne im Falle exponentialverteilter Arbeitszeit

Die Verteilungsfunktion der Arbeitszeit der Elemente des betrachteten Postens sei

$$F_\lambda(t) = 1 - e^{-\lambda t} \qquad \text{für } t \geqq 0\,. \tag{13.3.1}$$

Dann ist

$$T = \frac{1}{\lambda} \tag{13.3.2}$$

der Erwartungswert der Arbeitszeit. Es wird von Anfang an vorausgesetzt, daß eventuelle Reparaturen bzw. Ersatz ausgefallener Prüflinge im Moment des Ausfalls (ohne nennenswerten Zeitaufwand) erfolgen. Wir führen die folgenden Bezeichnungen ein:

d sei die Anzahl der Ausfälle, die während der Prüfung aufgetreten sind.
t_i bezeichne den Zeitpunkt des i-ten Ausfalls und
T_p die Dauer der Prüfung.
S sei die kumulative Arbeitszeit am Ende der Prüfung, d. h.

$$S = N T_p \tag{13.3.3}$$

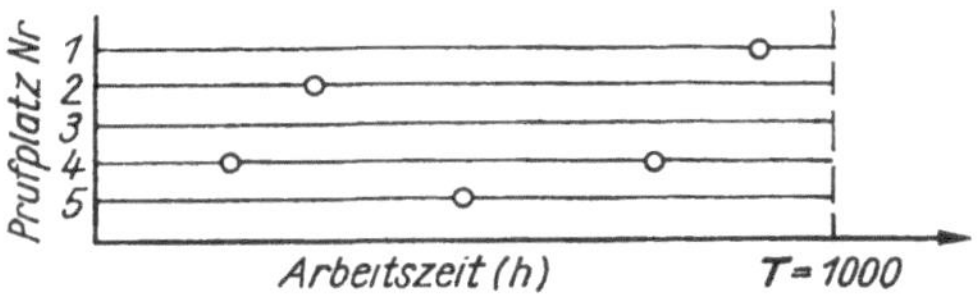

Abb. 13.3.1. Schema einer Prüfung nach einem Plan (N, E, T) für $N = 5$, $T = 1000$ h

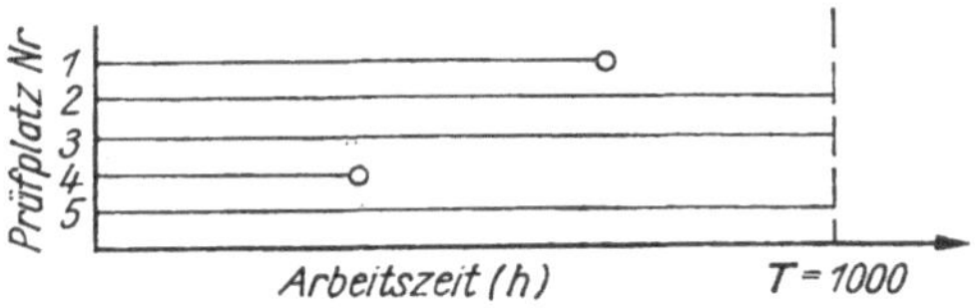

Abb. 13.3.2. Schema einer Prüfung nach einem Plan (N, O, T) für $N = 5$, $T = 1000$ h

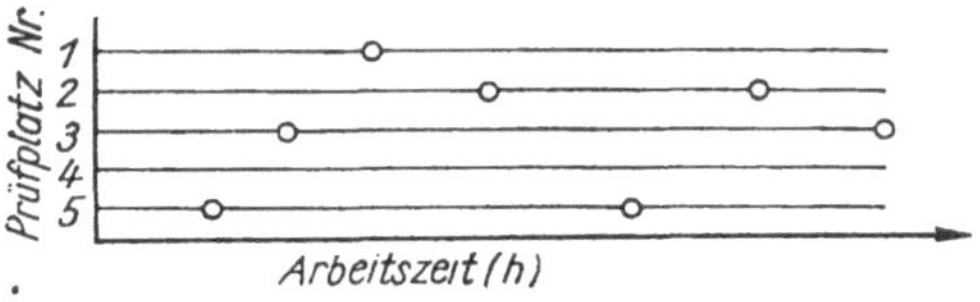

Abb. 13.3.3. Schema einer Prüfung nach einem Plan (N, E, r) für $N = 5$, $r = 7$

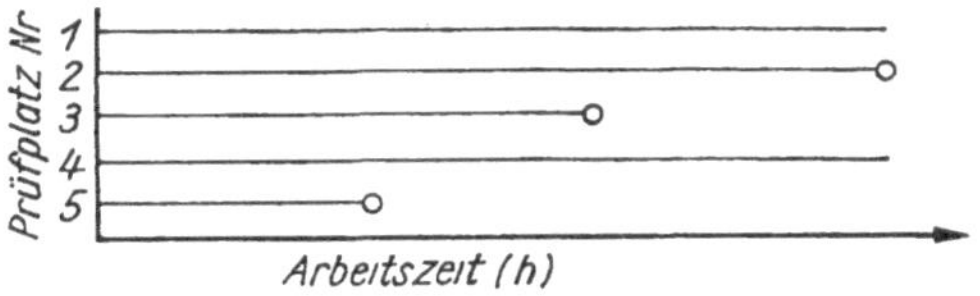

Abb. 13.3.4. Schema einer Prüfung nach einem Plan (N, O, r) für $N = 5$, $r = 3$

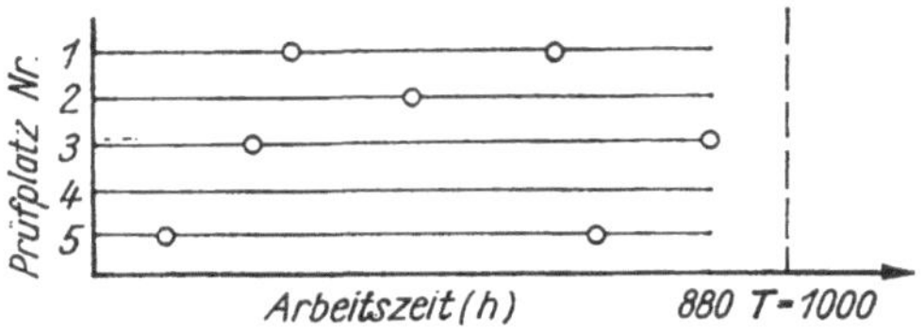

Abb. 13.3.5. Schema einer Prüfung nach einem Plan $\big(N, E, (r, T)\big)$ für $N = 5$, $r = 7$, $T = 1000$ h

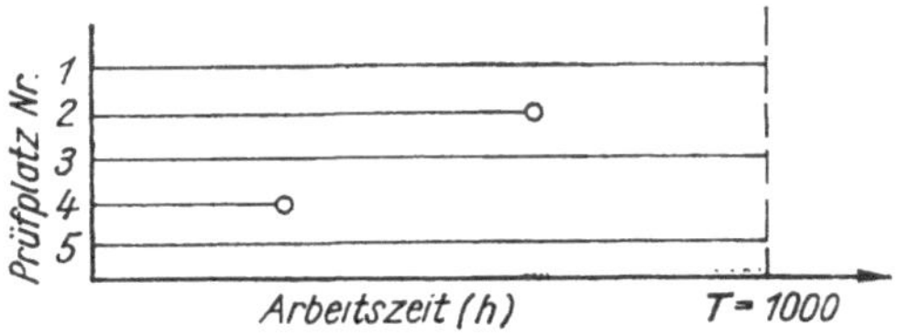

Abb. 13.3.6. Schema einer Prüfung nach einem Plan $\big(N, O, (r, T)\big)$ für $N = 5$, $r = 3$, $T = 1000$ h

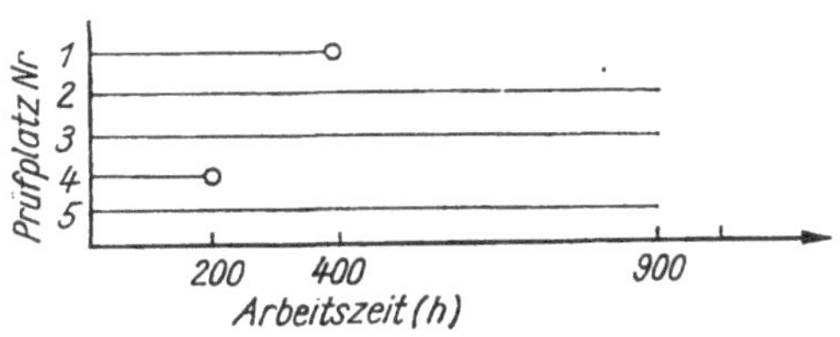

Abb. 13.3.7. Schema einer Prüfung nach einem Plan (N, O, T_Σ) für $N = 5$, $T_\Sigma = 3300$ h

für Pläne mit Ersetzen und

$$S = (N - d)\, T_p + \sum_{i=1}^{d} t_i \tag{13.3.4}$$

für Pläne ohne Ersetzen.

Wir betrachten nun die im Abschnitt 13.3.2 eingeführten Prüfpläne im einzelnen.

1. $(N, E, \boldsymbol{T})$. Die Zufallsgröße d besitzt die (Poisson-) Verteilung

$$P_k = \mathcal{P}\{d = k\} = \frac{(\lambda N\boldsymbol{T})^k}{k!}\, \mathrm{e}^{-\lambda N\boldsymbol{T}}, \qquad k = 0, 1, 2, \dots, \tag{13.3.5}$$

$$M(d) = \lambda N\boldsymbol{T}, \qquad D^2(d) = \lambda N\boldsymbol{T}.$$

2. (N, E, r). Die Zufallsgröße t_r $(= T_p)$ besitzt die Verteilungsdichte

$$f(t) = \frac{(\lambda N)^r\, t^{r-1}}{(r-1)!}\, \mathrm{e}^{-\lambda N t} \qquad \text{für } t \geqq 0, \tag{13.3.6}$$

$$M(t_r) = \frac{r}{N\lambda}, \qquad D^2(t_r) = \frac{r}{(N\lambda)^2}.$$

3. $(N, O, \boldsymbol{T})$. Die Zufallsgröße d besitzt eine Binomialverteilung:

$$P_k = \mathcal{P}\{d = k\} = \binom{N}{k} (1 - \mathrm{e}^{-\lambda\boldsymbol{T}})^k\, \mathrm{e}^{-\lambda\boldsymbol{T}(N-k)} \qquad \text{für } k = 0, 1, 2, \dots, N, \tag{13.3.7}$$

$$M(d) = N(1 - \mathrm{e}^{-\lambda\boldsymbol{T}}), \qquad D^2(d) = N(1 - \mathrm{e}^{-\lambda\boldsymbol{T}})\, \mathrm{e}^{-\lambda\boldsymbol{T}}.$$

4. $(N, E, (r, \boldsymbol{T}))$. Die Zufallsgröße d hat die (diskrete) Verteilung

$$P_k = \mathcal{P}\{d = k\} = \begin{cases} \dfrac{(\lambda N\boldsymbol{T})^k}{k!}\, \mathrm{e}^{-\lambda N\boldsymbol{T}} & \text{für } k = 0, 1, \dots, r-1 \\ 1 - \displaystyle\sum_{i=0}^{r-1} \frac{(\lambda N\boldsymbol{T})^i}{i!}\, \mathrm{e}^{-\lambda N\boldsymbol{T}} & \text{für } k = r. \end{cases} \tag{13.3.8}$$

5. (N, O, r). Die Zufallsgröße S hat die Verteilungsdichte

$$f(t) = \frac{\lambda^r t^{r-1}}{(r-1)!}\, \mathrm{e}^{-\lambda t} \qquad \text{für } t \geqq 0, \tag{13.3.9}$$

$$M(S) = \frac{r}{\lambda}, \qquad D^2(S) = \frac{r}{\lambda^2}.$$

6. $(N, O, (r, \boldsymbol{T}))$. Die Zufallsgröße d besitzt die (diskrete) Verteilung

$$P_k = \mathcal{P}\{d = k\} = \begin{cases} \dbinom{N}{k} (1 - \mathrm{e}^{-\lambda\boldsymbol{T}})^k\, \mathrm{e}^{-\lambda\boldsymbol{T}(N-k)} & \text{für } k = 0, 1, \dots, r-1 \\ 1 - \displaystyle\sum_{i=0}^{r-1} \binom{N}{i} (1 - \mathrm{e}^{-\lambda\boldsymbol{T}})^i\, \mathrm{e}^{-\lambda\boldsymbol{T}(N-i)} & \text{für } k = r. \end{cases} \tag{13.3.10}$$

7. (N, O, T_Σ). Die Zufallsgröße d hat die Verteilung

$$P_k = \mathcal{P}\{d = k\} = \begin{cases} \dfrac{(\lambda T_\Sigma)^k}{k!}\, \mathrm{e}^{-\lambda T_\Sigma} & \text{für } k = 0, 1, \dots, N-1 \\ 1 - \displaystyle\sum_{i=0}^{N-1} \frac{(\lambda T_\Sigma)^i}{i!}\, \mathrm{e}^{-\lambda T_\Sigma} & \text{für } k = N. \end{cases} \tag{13.3.11}$$

13.3.4. Punktschätzungen für die Ausfallrate und den Erwartungswert der Arbeitszeit im Falle der Exponentialverteilungen

In Tabelle 13.3.1 sind Punktschätzungen für die Ausfallrate λ und den Erwartungswert T auf der Grundlage von Daten, die mit Hilfe von Prüfplänen gewonnen wurden, angegeben (λ und T wie in Abschn. 13.3.3 definiert). Alle Schätzungen sind asymptotisch erwartungstreu, konsistent und asymptotisch effektiv, wobei wir unter asymptotisch verstehen:

für $N\boldsymbol{T} \to \infty$	bei Plänen $(N, E, \boldsymbol{T})$,
für $r \to \infty$	bei Plänen (N, E, r),
für $\min(r, \boldsymbol{T}) \to \infty$	bei Plänen $(N, E, (r, \boldsymbol{T}))$,
für $\min(N, \boldsymbol{T}) \to \infty$	bei Plänen $(N, O, \boldsymbol{T})$,
für $\min(N, r) \to \infty$	bei Plänen (N, O, r),
für $\min(N, r, \boldsymbol{T}) \to \infty$	bei Plänen $(N, O, (r, \boldsymbol{T}))$,
für $\min(N, T_\Sigma) \to \infty$	bei Plänen (N, O, T_Σ).

Dabei ist d die Anzahl der Ausfälle während der Prüfung, S die kumulative Arbeitszeit am Ende der Prüfung, t_r der Zeitpunkt des r-ten Ausfalls und T_Σ die vorgegebene kumulative Arbeitszeit bei (N, O, T_Σ). Falls $d = 0$, so wird, um $\hat{T}$ zu berechnen, $d = 1$ gesetzt.

Für die Wahrscheinlichkeit der ausfallfreien Arbeit bis zum Zeitpunkt t kann man als Schätzung

$$\hat{P}(t) = \mathrm{e}^{-\hat{\lambda} t} \tag{13.3.12}$$

benutzen, wobei $\hat{\lambda}$ die Schätzung für die Ausfallrate λ ist. Die Schätzung $\hat{P}(t)$ ist asymptotisch erwartungstreu, konsistent und asymptotisch effektiv.

Beispiel 13.3.1. Plan $(N, E, \boldsymbol{T})$

Während der Prüfung nach dem Plan $(N = 500, E, \boldsymbol{T} = 100\ \mathrm{h})$ seien 5 Ausfälle eingetreten. Es sollen λ und $\boldsymbol{T}$ geschätzt werden.

Lösung

$$\hat{\lambda} = \frac{d}{N\boldsymbol{T}} = \frac{5}{500 \cdot 100} = 10^{-4}\ \mathrm{h}^{-1},$$

$$\hat{T} = \frac{N\boldsymbol{T}}{d} = \frac{500 \cdot 100}{5} = 10000\ \mathrm{h}.$$

Beispiel 13.3.2. Plan (N, E, r)

Bei $r = 15$ und $N = 500$ brach die Prüfung nach 1211 h ab. Es sollen λ, T und $P(100)$ geschätzt werden.

Lösung

$$\hat{\lambda} = \frac{r-1}{Nt_r} = \frac{14}{500 \cdot 1211} = 2{,}3 \cdot 10^{-5}\ \mathrm{h}^{-1},$$

$$\hat{T} = \frac{Nt_r}{r} = \frac{500 \cdot 1211}{15} = 40367\ \mathrm{h},$$

$$\hat{P}(100) = \mathrm{e}^{-\hat{\lambda}\, 100} = 0{,}998.$$

Tabelle 13.3.1. Punktschätzungen für λ und T bei exponentialverteilter Arbeitszeit

Prüfplantyp	Schätzung für die Ausfallrate	Schätzung für den Erwartungswert
$(N, E, \boldsymbol{T})$	$\hat{\lambda} = \frac{d}{N\boldsymbol{T}}$ Die Schätzung ist erwartungstreu und effektiv.	$\hat{T} = \frac{N\boldsymbol{T}}{d}$
(N, E, r)	$\hat{\lambda} = \frac{r-1}{Nt_r}$ Die Schätzung ist erwartungstreu für $r > 1$.	$\hat{T} = \frac{Nt_r}{r}$ Die Schätzung ist erwartungstreu und effektiv
$(N, E, (r, \boldsymbol{T}))$	$\hat{\lambda} = \begin{cases} \frac{d}{N\boldsymbol{T}}, & \text{falls } t_r > \boldsymbol{T} \\ \frac{r-1}{Nt_r}, & \text{falls } t_r \leqq \boldsymbol{T} \end{cases}$ Die Schätzung ist erwartungstreu für $r > 1$.	$\hat{T} = \begin{cases} \frac{N\boldsymbol{T}}{d}, & \text{falls } t_r > \boldsymbol{T} \\ \frac{Nt_r}{r}, & \text{falls } t_r \leqq \boldsymbol{T} \end{cases}$
$(N, O, \boldsymbol{T})$ mit Registrierung aller Ausfallzeitpunkte	$\hat{\lambda} = \frac{d}{S}$	$\hat{T} = \frac{S}{d}$
$(N, O, \boldsymbol{T})$ nur d wurde registriert	$\hat{\lambda} = -\frac{\ln\left(1 - \frac{d}{N}\right)}{\boldsymbol{T}}$	$\hat{T} = -\frac{\boldsymbol{T}}{\ln\left(1 - \frac{d}{N}\right)}$
(N, O, r)	$\hat{\lambda} = \frac{r-1}{S}$ Die Schätzung ist erwartungstreu für $r > 1$.	$\hat{T} = \frac{S}{r}$ Die Schätzung ist erwartungstreu
$(N, O, (r, \boldsymbol{T}))$	$\hat{\lambda} = \begin{cases} \frac{d}{S}, & \text{falls } t_r > \boldsymbol{T} \\ \frac{r-1}{S}, & \text{falls } t_r \leqq \boldsymbol{T} \end{cases}$	$\hat{T} = \begin{cases} \frac{S}{d}, & \text{falls } t_r > \boldsymbol{T} \\ \frac{S}{r}, & \text{falls } t_r \leqq \boldsymbol{T} \end{cases}$
(N, O, T_Σ)	$\hat{\lambda} = \begin{cases} \frac{d}{T_\Sigma}, & \text{falls } d < N \\ \frac{N-1}{S}, & \text{falls } d = N \end{cases}$	$\hat{T} = \begin{cases} \frac{T_\Sigma}{d}, & \text{falls } d < N \\ \frac{S}{N}, & \text{falls } d = N \end{cases}$

Beispiel 13.3.3. Plan $(N, O, \boldsymbol{T})$

Bei $N = 500$ und $\boldsymbol{T} = 100$ h wurden 5 Ausfälle, nämlich in den Zeitpunkten 15, 31, 47, 62 und 96 h, festgestellt. Es sollen λ, T und $P(100)$ geschätzt werden.

Lösung

$$\hat{\lambda} = \frac{d}{s} = \frac{5}{15 + 31 + 47 + 62 + 96 + 100 \cdot 495} = \frac{5}{49751} = 1{,}01 \cdot 10^{-3}\,\mathrm{h}^{-1},$$

$$\hat{T} = \frac{s}{d} = \frac{49751}{5} = 9950\,\mathrm{h},$$

$$\hat{P}(100) = \mathrm{e}^{-\hat{\lambda} \cdot 100} = 0{,}9899.$$

Beispiel 13.3.4. Plan $(N, O, \boldsymbol{T})$

Bei $N = 500$ und $\boldsymbol{T} = 100$ h wurden 5 Ausfälle festgestellt, ohne daß die Ausfallzeitpunkte registriert wurden. λ, T und $P(100)$ sollen geschätzt werden.

Lösung

$$\hat{\lambda} = -\frac{\ln\left(1 - \frac{d}{N}\right)}{\boldsymbol{T}} = -\frac{\ln\left(1 - \frac{5}{500}\right)}{100} = 10^{-4}\,\mathrm{h}^{-1},$$

$$\hat{T} = -\frac{\boldsymbol{T}}{\ln\left(1 - \frac{d}{N}\right)} = 10000\,\mathrm{h},$$

$$\hat{P}(100) = \mathrm{e}^{-\hat{\lambda} \cdot 100} = \mathrm{e}^{-0{,}0001 \cdot 100} = 0{,}99.$$

Beispiel 13.3.5. Plan (N, O, r)

Bei $N = 150$, $r = 5$ wurde zum Ende der Prüfung die kumulative Arbeitszeit 13202 h erreicht. λ, T und $P(100)$ sollen geschätzt werden.

Lösung

$$\hat{\lambda} = \frac{r-1}{S} = \frac{4}{13202} = 3{,}03 \cdot 10^{-4}\,\mathrm{h}^{-1},$$

$$\hat{T} = \frac{S}{r} = \frac{13202}{5} = 2640{,}4\,\mathrm{h},$$

$$\hat{P}(100) = \mathrm{e}^{-\hat{\lambda} \cdot 100} = 0{,}97.$$

Beispiel 13.3.6. Plan $\left(N, E, (r, \boldsymbol{T})\right)$

Bei $N = 50$, $r = 5$, $\boldsymbol{T} = 100$ h wurde die Prüfung nach 40 h abgebrochen, da zu diesem Zeitpunkt der fünfte Ausfall eintrat. λ, T und $P(100)$ sind zu schätzen.

Lösung

$$\hat{\lambda} = \frac{r-1}{Nt_r} = \frac{4}{50 \cdot 40} = 2 \cdot 10^{-3}\,\mathrm{h}^{-1},$$

$$\hat{T} = \frac{Nt_r}{r} = \frac{50 \cdot 40}{5} = 400\,\mathrm{h},$$

$$\hat{P}(100) = \mathrm{e}^{-\hat{\lambda} \cdot 100} = 0{,}82.$$

13.3.5. Tests für Hypothesen über den Parameter der Exponentialverteilung

Es wird wieder vorausgesetzt, daß die zu prüfenden Exemplare eine exponentialverteilte Arbeitszeit (bzw. Ausfallabstand) mit dem Erwartungswert T besitzen.

T sei unbekannt. Es soll ein Test für die Hypothese

$$H: T \geqq T_u$$

gegen die Alternativhypothese

$$K: T < T_u$$

angegeben werden. Falls der wahre Parameter T kleiner als T_u (d. h. „schlecht") ist, so soll der Posten höchstens mit der Wahrscheinlichkeit β angenommen werden. (Annahme des Postens möge Annahme der Hypothese H bedeuten). Außerdem sei ein („guter") Wert $T_o > T_u$ gegeben, und es wird gefordert, daß der Posten, falls der wahre Parameter T größer als T_o ist, höchstens mit der Wahrscheinlichkeit α abgelehnt wird. α wird häufig Herstellerrisiko und β Abnehmerrisiko genannt. Die Prüfung wird nach einem der angegebenen Prüfpläne durchgeführt. Als Teststatistik dient meist die Schätzung $\hat{T}$. Dann kann als Test angesetzt werden:

$$\varphi(\hat{T}) = \begin{cases} 1, & \text{falls } \hat{T} < c \\ 0, & \text{falls } \hat{T} \geqq c\,. \end{cases} \tag{13.3.13}$$

$\varphi(\hat{T}) = 1$ bedeutet Ablehnung der Hypothese H zugunsten der Hypothese K, $\varphi(\hat{T}) = 0$ bedeutet Annahme von H und damit des Postens. (Zu den Grundlagen der Testtheorie siehe z. B. [1], [2].)

Der kritische Wert c und die Prüfbedingungen, d. h. der konkrete Prüfplan, müssen also so gewählt werden, daß

$$\mathcal{P}_T\{\hat{T} \geqq c\} \leqq \beta \qquad \text{für } T < T_u \tag{13.3.14}$$

und

$$\mathcal{P}_T\{\hat{T} < c\} \leqq \alpha \qquad \text{für } T > T_o \tag{13.3.15}$$

erfüllt sind.

Aufgrund der Eigenschaften der Exponentialverteilung ist dafür hinreichend, daß

$$\mathcal{P}_{T_u}\{\hat{T} \geqq c\} \leqq \beta \tag{13.3.16}$$

und

$$\mathcal{P}_{T_o}\{\hat{T} < c\} \leqq \alpha \tag{13.3.17}$$

gilt (s. [1]).

Wir betrachten zunächst Prüfpläne vom Typ (N, E, r) und (N, O, r). Nach (13.3.6), (13.3.9) und Tabelle 13.3.1 ist die Zufallsgröße

$$\frac{2r}{T}\hat{T}$$

$\chi^2(2r)$-verteilt, unabhängig davon, ob mit oder ohne Ersetzen geprüft wurde. Diese Zufallsgröße besitzt also die Verteilungsdichte

$$f(t) = \begin{cases} 0 & \text{für } t \leqq 0\,, \\ \dfrac{t^{r-1}}{2^r} e^{-\frac{t}{2}} & \text{für } t > 0\,, \end{cases} \tag{13.3.18}$$

$$M\left(\frac{2r}{T}\hat{T}\right) = 2r\,, \qquad D^2\left(\frac{2r}{T}\hat{T}\right) = 4r\,.$$

$\chi^2_{1-\beta}(2r)$ sei das $(1 - \beta)$-Quantil der $\chi^2(2r)$-Verteilung, also definiert durch

$$1 - \beta = \int_0^{\chi^2_{1-\beta}(2r)} f(t)\,dt\,. \tag{13.3.19}$$

($f(t)$ ist dabei die Dichte der $\chi^2(2r)$-Verteilung).

Wir verwenden auch im folgenden stets die Bezeichnung $\chi^2_{1-Q}(m)$ für das $(1 - Q)$-Quantil der $\chi^2(m)$-Verteilung. Im Anhang (Tabelle A 8.12) sind die Werte

$$\chi^2(r, Q) = \chi^2_{1-Q}(r)$$

zu finden. Aus (13.3.16) folgt nun

$$c \geqq \frac{T_u}{2r}\,\chi^2_{1-\beta}(2r)\,. \tag{13.3.20}$$

Berücksichtigt man dazu noch (13.3.17), so erhält man

$$\frac{T_u}{2r}\,\chi^2_{1-\beta}(2r) \leqq c \leqq \frac{T_o}{2r}\,\chi^2_{\alpha}(2r)\,. \tag{13.3.21}$$

Allerdings gilt im allgemeinen nicht für alle r

$$\frac{T_u}{2r}\,\chi^2_{1-\beta}(2r) \leqq \frac{T_o}{2r}\,\chi^2_{\alpha}(2r)\,. \tag{13.3.22}$$

Deshalb muß für r

$$\frac{\chi^2_{\alpha}(2r)}{\chi^2_{1-\beta}(2r)} \geqq \frac{T_u}{T_o} \tag{13.3.23}$$

gefordert werden. Praktisch ist also so vorzugehen: Es wird das kleinste r gewählt, das (13.3.23) erfüllt. Dann wird ein kritischer Wert c so festgelegt, daß (13.3.21) gilt. Bei Plänen (N, E, r) kann N beliebig gewählt werden, bei Plänen (N, O, r) muß natürliche $N \geqq r$ sein.

Die kumulative Arbeitszeit $S(t)$ in einem beliebigen Zeitpunkt t ist definiert als

$$S(t) = Nt \qquad \text{bei Plänen mit Ersetzen,} \tag{13.3.24}$$

$$S(t) = \big(N - d(t)\big)\,t + \sum_{i=1}^{d(t)} t_i \qquad \text{bei Plänen ohne Ersetzen} \tag{13.3.25}$$

($d(t)$ — Anzahl der Ausfälle bis zum Zeitpunkt t). Aus Tabelle 13.3.1 geht hervor, daß bei den beschriebenen Prüfplänen

$$\hat{T} = \frac{S}{d} = \frac{S(T_p)}{d(T_p)} \tag{13.3.26}$$

gilt. $S(t)$ wächst monoton mit der Zeit. Daraus folgt mit Hilfe von (13.3.26) und Tabelle 13.3.1: Wenn $S(t)$ den Wert cr während der Prüfung überschreitet, so gilt im Zeitpunkt t_r des r-ten Ausfalls $\hat{T} \geqq c$. Also ist schon in diesem Zeitpunkt das Ergebnis des Tests klar. Setzt man nun

$$\boldsymbol{T} = \frac{cr}{N}\,, \tag{13.3.27}$$

dann ist bei Plänen mit Ersetzen

$$S(\boldsymbol{T}) = N\boldsymbol{T} = cr\,. \tag{13.3.28}$$

Damit ist das Vorgehen bei Plänen vom Typ $(N, E, (r, \boldsymbol{T}))$ geklärt: r, c und $\boldsymbol{T}$ werden aus (13.3.23), (13.3.21) und (13.3.27) bestimmt, N kann beliebig sein, und der Test (13.3.13) wird benutzt. Dabei gestaltet sich die Entscheidung über Annahme oder Ablehnung der Hypothese H besonders einfach: Wurde die Prüfung vor der Zeit $\boldsymbol{T}$ durch das Eintreten des r-ten Ausfalls beendet, so wird die Hypothese H abgelehnt. Ist bei Erreichen der Zeit $\boldsymbol{T}$ die Ausfallzahl $d < r$, so wird H angenommen.

Berücksichtigt man die Abbruchmöglichkeit beim Erreichen des r-ten Ausfalls nicht, so erhält man mit denselben Werten $\boldsymbol{T}$ und c einen $(N, E, \boldsymbol{T})$-Plan und den zugehörigen Test. Dabei wird H genau dann angenommen, wenn $d < r$ gilt. Setzt man

$$\boldsymbol{T} = \frac{cr}{N - r + 1}, \tag{13.3.29}$$

dann gilt bei Plänen ohne Ersetzen

$$\begin{aligned} S(\boldsymbol{T}) &= \left(N - d(\boldsymbol{T})\right) \boldsymbol{T} + \sum_{i=1}^{d(\boldsymbol{T})} t_i \\ &= (N - r + 1)\, \boldsymbol{T} + \left(r - d(\boldsymbol{T}) - 1\right) \boldsymbol{T} + \sum_{i=1}^{d(\boldsymbol{T})} t_i \\ &\geqq (N - r + 1)\, \boldsymbol{T} + \left(r - d(\boldsymbol{T}) - 1\right) \boldsymbol{T} \\ &\geqq (N - r + 1)\, \boldsymbol{T} \\ &= cr\,, \end{aligned} \tag{13.3.30}$$

falls bis zum Zeitpunkt $\boldsymbol{T}$ weniger als r Prüflinge ausgefallen sind, d. h. für $d(\boldsymbol{T}) < r$. Man kann also zum Plan $(N, O, (r, \boldsymbol{T}))$ übergehen. r, c und $\boldsymbol{T}$ werden nach (13.3.23), (13.3.21) und (13.3.29) gewählt. N muß mindestens so groß wie r sein. Außerdem ist N so groß festzulegen, daß

$$\boldsymbol{T} = \frac{cr}{N - r + 1}$$

in einer praktikablen Größenordnung bleibt. Der Übergang zum $(N, O, \boldsymbol{T})$-Plan ist hier aber nicht so einfach möglich. Für viele praktische Fälle leistet jedoch eine Näherung gute Dienste. Ist N sehr groß und

$$1 - \mathrm{e}^{-\frac{cr}{N T_u}}$$

sehr klein (r und c aus (13.3.23), (13.3.21)), so führt die Formel

$$\boldsymbol{T} = \frac{cr}{N}$$

auf einen $(N, O, \boldsymbol{T})$-Plan, für den folgender Test sinnvoll ist:

H wird angenommen, falls $d < r$ gilt, andernfalls wird H abgelehnt. (Es wird hierbei nur die Anzahl der Ausfälle benutzt, nicht aber die Ausfallzeitpunkte. Dieser Test besitzt nicht die Gestalt (13.3.13)). Es läßt sich aber auch ein Test der Gestalt (13.3.13) mit

$$\hat{T} = -\frac{\boldsymbol{T}}{\ln\left(1 - \frac{d}{N}\right)} = -\frac{cr}{N \ln\left(1 - \frac{d}{N}\right)}$$

(s. Tab. 13.3.1) anwenden. Dieser Test leistet annähernd das Verlangte, falls die angegebenen Bedingungen hinreichend gut erfüllt sind. Andere Tests auf der Basis von

(N, O, T)-Plänen (auch unter Ausschöpfung der Kenntnis aller Ausfallzeitpunkte t_i; $i = 1, 2, \dots; d(\boldsymbol{T})$) werden in [3] hergeleitet.

Setzt man

$$T_\Sigma = cr \tag{13.3.31}$$

(r und c aus (13.3.23), (13.3.21)), so ist der Test (13.3.13) auf der Basis eines (N, O, r)-Plans äquivalent mit folgendem Test:

$$\varphi(S) = \begin{cases} 1, & \text{falls } S < T_\Sigma, \\ 0, & \text{falls } S \geqq T_\Sigma. \end{cases} \tag{13.3.32}$$

Spätestens wenn $S(t)$ den Wert T_Σ erreicht hat, liegt das Ergebnis vor. Deshalb kann zum Plan (N, O, T_Σ) übergegangen werden. Dazu bestimmt man r und c aus (13.3.23) und (13.3.21) und T_Σ aus (13.3.31). Man entscheidet sich für die Hypothese H genau dann, wenn $d < r$ gilt. Natürlich kann die Prüfung auch abgebrochen werden, wenn der r-te Ausfall eintritt, bevor $S(t)$ den Wert T_Σ erreicht. Ein solcher Prüfplan wird mit $(N, O, (r, T_\Sigma))$ bezeichnet.

In [3] wurden alle hier nur kurz gestreiften Tests ausführlich behandelt. Tabellen zur Bestimmung von r und c aus T_o, T_u, α und β sind in [7] enthalten. Neben den behandelten Prüfplänen sind sequentielle Prüfungen von Bedeutung. Diese führen zumeist in kürzerer Zeit zum Ziel. Wir verweisen den interessierten Leser in diesem Zusammenhang auf [5] und [6]. Bevor wir Beispiele für Tests angeben, wenden wir uns noch kurz der Konstruktion von Konfidenzgrenzen zu.

13.3.6. Bestimmung einer unteren Konfidenzgrenze für den Parameter der Exponentialverteilung auf der Grundlage von Prüfplänen

Wir geben eine untere Konfidenzgrenze zum Konfidenzniveau $1 - \alpha$ für den Erwartungswert T der Arbeitszeit der Elemente unseres Postens an, d. h. eine Zufallsgröße $\underline{T}$, deren Realisierungen mit einer Wahrscheinlichkeit von mindestens $1 - \alpha$ kleiner als der wahre Parameter T sind, also

$$\mathcal{P}_T\{T \geqq \underline{T}\} \geqq 1 - \alpha\,. \tag{13.3.33}$$

Es möge eine Prüfung nach einem der betrachteten Prüfpläne durchgeführt worden sein. S und d seien wie in Abschnitt 13.3.3 definiert. Dann gilt

$$\begin{aligned} \mathcal{P}_T\left\{T \geqq \frac{2S}{\chi^2_{1-\alpha}(2d+2)}\right\} &\geqq \mathcal{P}_T\left\{T \geqq \frac{2S(t_{d+1})}{\chi^2_{1-\alpha}(2d+2)}\right\} \\ &= \mathcal{P}_T\left\{\frac{2}{T}\,S(t_{d+1}) \leqq \chi^2_{1-\alpha}(2d+2)\right\} = 1 - \alpha\,, \end{aligned} \tag{13.3.34}$$

da $\frac{2}{T}\,S(t_{d+1})$, wie bereits bemerkt wurde, $\chi^2(2(d+1))$-verteilt ist. (t_{d+1} ist der Zeitpunkt des nächsten Ausfalls, wenn man den Prüfprozeß weiterführt, obwohl die Abbruchbedingung eingetreten ist). Folglich ist

$$\underline{T}_1 = \frac{2S}{\chi^2_{1-\alpha}(2d+2)} \tag{13.3.35}$$

eine untere Konfidenzgrenze zum Niveau $1 - \alpha$ für T. Eine andere untere Konfidenzgrenze zum Niveau $1 - \alpha$ ist trivialerweise

$$\underline{T}_2 = \frac{2S(t_d)}{\chi^2_{1-\alpha}(2d)} . \tag{13.3.36}$$

Ist der Abbruchzeitpunkt der Prüfung ein Ausfallzeitpunkt, so ist $\underline{T}_2$ „besser" (d. h. größer) als $\underline{T}_1$.

In [3] sind auch zweiseitige Konfidenzintervalle hergeleitet.

13.3.7. Beispiele für die Berechnung von Tests und Konfidenzgrenzen auf der Grundlage von Prüfplänen

Beispiel 13.3.7. Plan (N, O, r)

Es sei vorgegeben

$$T_u = 15000\text{ h}, \qquad \beta = 0{,}1,$$
$$T_o = 30000\text{ h}, \qquad \alpha = 0{,}1,$$
$$N = 65 .$$

Für das so gegebene Testproblem soll ein Test bestimmt werden.

Lösung

Mit Hilfe von (13.3.23) erhält man (unter Benutzung einer geeigneten Tabelle) $r = 15$ und als eine mögliche Lösung von (13.3.21)

$$c = \frac{T_u}{2r}\chi^2_{1-\beta}(2r) = \frac{15000}{30}\chi^2_{0,9}(30) = 20130\text{ h} .$$

Angenommen, die Prüfung wurde nach dem Plan $(N = 65, O, r = 15)$ durchgeführt, und es wurden folgende Ergebnisse registriert

$t_1 = 20$ h	$t_9 = 2980$ h
$t_2 = 650$ h	$t_{10} = 3170$ h
$t_3 = 860$ h	$t_{11} = 3840$ h
$t_4 = 1190$ h	$t_{12} = 4010$ h
$t_5 = 1470$ h	$t_{13} = 4790$ h
$t_6 = 1630$ h	$t_{14} = 4880$ h
$t_7 = 2020$ h	$t_{15} = 5300$ h.
$t_8 = 2350$ h.	

Ist der Posten anzunehmen oder zurückzuweisen?

Der Posten ist anzunehmen, denn

$$\hat{T} = \frac{1}{r}\left((N - r)\,t_r + \sum_{i=1}^{r} t_i\right)$$
$$= \frac{1}{15}\left((65 - 15)\cdot 5300 + 20 + 650 + 860 + \dots + 4880 + 5300\right)\text{h}$$
$$= 20270\text{ h} > 20130\text{ h} = c .$$

Also führt der Test zur Annahme des Postens.

Beispiel 13.3.8. Plan (N, E, r)

Die Vorgaben und die Aufgabenstellung seien die gleichen wie bei Beispiel 13.3.7.

Lösung

Man erhält wieder analog $r = 15$ und $c = 20130$ h. Angenommen, die Prüfung wurde nach dem Plan ($N = 65$, E, $r = 15$) durchgeführt, und der fünfzehnte Ausfall trat nach 4700 h ein. Ist der Posten als gut ($\hat{T} \geqq T_u$) oder schlecht ($\hat{T} < T_u$) einzuschätzen?

Der Posten wird als gut angesehen; denn

$$\hat{T} = \frac{Nt_r}{r} = \frac{65 \cdot 4700}{15} = 20367\ h > 20130\ \mathrm{h} = c\,.$$

Also führt der Test zur Annahme des Postens.

Beispiel 13.3.9. Plan $(N, E, (r, \boldsymbol{T}))$

Die Vorgaben und die Aufgabenstellung seien die gleichen wie bei Beispiel 13.3.7 und 13.3.8.

Lösung

Analog zu den vorigen Beispielen erhält man wieder $r = 15$ und $c = 20130$ h. Aus (13.3.27) berechnet man

$$\boldsymbol{T} = \frac{cr}{N} = \frac{20130 \cdot 15}{65} = 4645\ \mathrm{h}\,.$$

Angenommen, es wurde nach dem Plan $(N = 65, E, (r = 15, \boldsymbol{T} = 4645\ \mathrm{h}))$ geprüft, und der Abbruch erfolgte nach 4300 h durch das Eintreten des fünfzehnten Ausfalls. Dann ist der Posten abzulehnen. Wäre die Prüfung erst nach der Zeit $\boldsymbol{T} = 4645$ h (d. h. mit weniger als 15 Ausfällen) abgebrochen, so hätte man den Posten annehmen können.

Beispiel 13.3.10. Plan $(N, E, \boldsymbol{T})$

Die Vorgaben und die Aufgabenstellung seien die gleichen wie in den Beispielen 13.3.7 bis 13.3.9. Außerdem soll der Wert einer unteren Konfidenzgrenze zum Niveau $1 - \alpha = 90\%$ für T angegeben werden.

Lösung

Analog Beispiel 13.3.9 erhält man $r = 15$, $c = 20130$ h, $\boldsymbol{T} = 4645$ h.

Bei der Prüfung nach dem Plan ($N = 65$, E, $\boldsymbol{T} = 4645$ h) mögen $d = 10$ Ausfälle aufgetreten sein. Ist der Posten anzunehmen oder abzulehnen?

Der Posten wird angenommen, denn es ist $d = 10 < 15 = r$. Wir berechnen die Realisierung der Konfidenzgrenze $\underline{T}_1$:

$$\underline{T}_1 = \frac{2S}{\chi^2_{1-\alpha}(2d + 2)} = \frac{2 \cdot 305925}{30{,}81}\ \mathrm{h} = 19859\ \mathrm{h}\,.$$

Beispiel 13.3.11. Plan $(N, O, (r, \boldsymbol{T}))$

Die Vorgaben und die Aufgabenstellung seien die gleichen wie bei Beispiel 13.3.10.

Lösung

Analog den Beispielen 13.3.7 und 13.3.8 erhält man $r = 15$, $c = 20130$ h. Aus (13.3.29) berechnet man

$$\boldsymbol{T} = \frac{cr}{N - r + 1} = \frac{20130 \cdot 15\ \mathrm{h}}{65 - 15 + 1} = 5921\ \mathrm{h}\,.$$

Bei der Prüfung nach dem Plan $(N = 65, O, (r = 15, \boldsymbol{T} = 5921\ \mathrm{h}))$ mögen die im Beispiel 13.3.7 angegebenen Resultate registriert worden sein. Völlig analog zu Beispiel 13.3.7 erhält man

$$\hat{T} = 20270\ \mathrm{h} > 20130\ \mathrm{h} = c$$

und somit eine Annahme des Postens.

$$\underline{T}_2 = \frac{2S}{\chi^2_{1-\alpha}(2d)} = \frac{2 \cdot 304060\ \mathrm{h}}{40{,}26} = 15105\ \mathrm{h}\,.$$

Beispiel 13.3.12. Plan (N, O, T_Σ)

Die Vorgaben und die Aufgabenstellung seien die gleichen wie in den Beispielen 13.3.7 bis 13.3.9.

Lösung

Analog zu Beispiel 13.3.7 erhält man $r = 15$, $c = 20130$ h. Man berechnet mit Hilfe von (13.3.31)

$$T_\Sigma = cr = 301\,950 \text{ h}\,.$$

Die Prüfung nach dem Plan ($N = 65$, Q, $T_\Sigma = 301\,950$ h) habe folgende Ergebnisse:

$$\begin{aligned} t_1 &= 20 \text{ h} & t_8 &= 2350 \text{ h}\\ t_2 &= 650 \text{ h} & t_9 &= 2980 \text{ h}\\ t_3 &= 860 \text{ h} & t_{10} &= 3170 \text{ h}\\ t_4 &= 1190 \text{ h} & t_{11} &= 3840 \text{ h}\\ t_5 &= 1470 \text{ h} & t_{12} &= 4010 \text{ h}\\ t_6 &= 1630 \text{ h} & t_{13} &= 4790 \text{ h}\\ t_7 &= 2020 \text{ h} & t_{14} &= 4880 \text{ h}\,. \end{aligned}$$

Nach $t = 5257$ h ist

$$\begin{aligned} S(t) &= \bigl(N - d(t)\bigr)\, t + \sum_{i=1}^{d(t)} t_i \\ &= (65 - 14) \cdot 5257 + 20 + 650 + \dots + 4790 + 4880 \\ &= 301\,967 \text{ h} > 301\,950 \text{ h} = T_\Sigma \end{aligned}$$

und damit die Prüfung beendet. Da $d = 14 < 15 = r$ ist, wird der Posten angenommen.

Beispiel 13.3.13. Plan $(N, O, \boldsymbol{T})$

Es sei vorgegeben

$$\begin{aligned} T_u &= 500\,000 \text{ h}\,, & \beta &= 0{,}4\,,\\ T_o &= 1\,080\,000 \text{ h}\,, & \alpha &= 0{,}1\,,\\ N &= 500\,. \end{aligned}$$

Bei diesen Vorgaben soll ein Test bestimmt werden.

Lösung

Mit Hilfe von (13.3.23) erhält man (unter Benutzung einer geeigneten Tabelle) $r = 5$ und als eine mögliche Lösung von (13.3.21):

$$c = \frac{T_u}{2r}\,\chi^2_{1-\beta}(2r) = \frac{500\,000}{2 \cdot 5}\,\chi^2_{0,6}(10) = 525\,000 \text{ h}\,.$$

Wir wenden die im Text angegebene Näherung an (die Voraussetzungen sind hier sehr gut erfüllt):

$$\boldsymbol{T} = \frac{cr}{N} = \frac{525\,000 \cdot 5}{500} = 5250 \text{ h}\,.$$

Jetzt wird nach dem Plan ($N = 500$, O, $\boldsymbol{T} = 5250$ h) geprüft. Es seien während der Prüfung $d = 4$ Prüflinge ausgefallen. Dann wird wegen $d = 4 < 5 = r$ der Posten angenommen.

13.4. Einige Bemerkungen zur Normalverteilung

Es seien $\theta_1, \theta_2, \dots, \theta_n$ unabhängige, identisch verteilte Zufallsgrößen. θ_i sei normalverteilt mit den Parametern a und σ^2. Dann besitzt das empirische Mittel

$$\overline{\theta} = \frac{1}{n} \sum_{i=1}^{n} \theta_i\,. \tag{13.4.1}$$

eine Normalverteilung mit den Parametern a und $\frac{\sigma^2}{n}$.

$$Y = \frac{\bar{\theta} - a}{\sigma} \sqrt{n} \tag{13.4.2}$$

ist also normalverteilt mit den Parametern 0 und 1.

Die Werte der Verteilungsfunktion der Standardnormalverteilung ($a = 0$, $\sigma^2 = 1$) sind im Anhang angegeben (Tabelle A 8.3). Die Stichprobenfunktion

$$s^2 = \frac{1}{n-1} \sum_{i=1}^{n} (\theta - \bar{\theta})^2 \tag{13.4.3}$$

besitzt die Verteilungsdichte

$$f(t) = \begin{cases} \dfrac{\left(\dfrac{n-1}{2}\right)^{\frac{n-1}{2}} t^{\left(\frac{n-1}{2}\right)-1}}{\sigma^{n-1}\,\Gamma\left(\dfrac{n-1}{2}\right)} \mathrm{e}^{-\frac{(n-1)}{2\sigma^2} t} & \text{für } t > 0 \\ 0 & \text{für } t \leqq 0\,, \end{cases} \tag{13.4.4}$$

$$M(s^2) = \sigma^2\,, \qquad D^2(s^2) = \frac{2\sigma^4}{(n-1)^2}\,.$$

Die Stichprobenfunktion

$$\chi^2 = \frac{(n-1)\,s^2}{\sigma^2} \tag{13.4.5}$$

ist $\chi^2(n-1)$-verteilt.

Die Stichprobenfunktion

$$t = \frac{\bar{\theta} - a}{\sqrt{s^2}} \sqrt{n} \tag{13.4.6}$$

besitzt eine t-Verteilung (Student-Verteilung) mit $n - 1$ Freiheitsgraden. Die Dichtefunktion der t-Verteilung mit n Freiheitsgraden ist

$$f(t) = \frac{1}{\sqrt{\pi n}} \frac{\Gamma\left(\dfrac{n+1}{2}\right)}{\Gamma\left(\dfrac{n}{2}\right)} \left(1 + \frac{t^2}{n}\right)^{-\frac{n+1}{2}}, \tag{13.4.7}$$

$$M(t) = 0\,, \qquad D^2(t) = \frac{n}{n-2}\,.$$

Tabellen der t-Verteilung für verschiedene Freiheitsgrade findet man z. B. in [8]. In Tabelle A 8.13 (Anhang) sind die Werte $t(n, Q)$ für verschiedene n und Q angegeben, die durch folgende Beziehung definiert sind:

$$Q = 2 \int_{t(n,Q)}^{\infty} f(t)\,\mathrm{d}t\,. \tag{13.4.8}$$

(Dabei ist $f(t)$ die Dichte der t_n-Verteilung.)

Mit Hilfe der angegebenen Beziehungen lassen sich nun auch Tests konstruieren (siehe z. B. [2]).

13.5. Konfidenzintervalle für die Parameter einiger in der Zuverlässigkeitstheorie nützlicher Verteilungen

13.5.1. Ein Konfidenzintervall für den Parameter der Poisson-Verteilung

Es sei d eine Realisierung einer Poisson-verteilten Zufallsgröße X, d. h., die Wahrscheinlichkeit, daß der Wert k angenommen wird, ist

$$\mathcal{P}\{X = k\} = \frac{\lambda^k}{k!} e^{-\lambda}, \qquad k = 0, 1, 2, \ldots \tag{13.5.1}$$

(vgl. (13.3.5)). Ein Konfidenzintervall $[\underline{\lambda}, \bar{\lambda}]$ für den unbekannten Parameter λ zum Niveau von mindestens $1 - \alpha$ soll gefunden werden. Dazu bestimmt man $\underline{\lambda}$ und $\bar{\lambda}$ aus folgenden Gleichungen:

$$\sum_{k=0}^{d} \frac{\bar{\lambda}^k}{k!} e^{-\bar{\lambda}} = \frac{\alpha}{2}, \qquad \sum_{k=d}^{\infty} \frac{\underline{\lambda}}{k!} e^{-\underline{\lambda}} = \frac{\alpha}{2}. \tag{13.5.2}$$

Als Lösung ergeben sich:

$$\underline{\lambda} = \frac{1}{2} \chi^2_{\frac{\alpha}{2}}(2d), \qquad \bar{\lambda} = \frac{1}{2} \chi^2_{1-\frac{\alpha}{2}}(2d + 2). \tag{13.5.3}$$

Dabei sind $\chi^2_{\cdot}(.)$ wieder die entsprechenden χ^2-Quantile. Ist $d = 0$, so setzen wir $\lambda = 0$. (Zur Herleitung siehe [3].)

Die Werte $\underline{\lambda}$ und $\bar{\lambda}$ sind für verschiedene N, d und $1 - \alpha$ aus dem Anhang (Tabelle A 8.11) zu entnehmen.

13.5.2. Konfidenzintervalle für die Parameter der Normalverteilung

Es sei $\theta_1, \theta_2, \ldots, \theta_n$ eine Stichprobe, wobei θ_i normalverteilt mit den Parametern a und σ^2 ist. $D^2(\theta_i) = \sigma^2$ sei bekannt. Dann ergibt sich als Konfidenzintervall für $a = M(\theta_i)$ zum Niveau $1 - \alpha$:

$$\left[\bar{\theta} - \frac{\sigma}{\sqrt{n}} u_{1-\frac{\alpha}{2}}, \ \bar{\theta} + \frac{\sigma}{\sqrt{n}} u_{1-\frac{\alpha}{2}}\right]. \tag{13.5.4}$$

Dabei ist $\bar{\theta}$ der empirische Mittelwert (13.4.1) und $u_{1-\frac{\alpha}{2}}$ das $\left(1 - \frac{\alpha}{2}\right)$-Quantil der Standardnormalverteilung, das bekanntlich definiert ist durch

$$1 - \frac{\alpha}{2} = \frac{1}{\sqrt{2\pi}} \int_{-\infty}^{u_{1-\frac{\alpha}{2}}} e^{-\frac{t^2}{2}} \, dt. \tag{13.5.5}$$

Diese Quantile sind aus Tabelle A 8.5 (Anhang) zu entnehmen.

Wir betrachten nun den Fall, daß σ^2 unbekannt ist. Dann ergibt sich als Konfidenzintervall zum Niveau $1 - \alpha$ für a:

$$[\underline{a}, \bar{a}] = \left[\bar{\theta} - \frac{\sqrt{s^2}}{\sqrt{n}} t(n - 1, \alpha), \ \bar{\theta} + \frac{\sqrt{s^2}}{\sqrt{n}} t(n - 1, \alpha)\right]. \tag{13.5.6}$$

Dabei ist s^2 definiert durch (13.4.3), und $t(n-1,\alpha)$ das $\left(1-\frac{\alpha}{2}\right)$-Quantil der t-Verteilung mit $n-1$ Freiheitsgraden. Im Anhang sind die Werte $t(n-1,\alpha)$ für verschiedene n und α zu finden (Tabelle A 8.13).

Bei gegebener Stichprobe und gegebenem Konfidenzniveau $1-\alpha$ erhalten wir folgendes Konfidenzintervall für σ^2:

$$[\underline{D}^2, \bar{D}^2] = \left[\frac{(n-1)\,s^2}{\chi^2_{1-\frac{\alpha}{2}}(n-1)}, \frac{(n-1)\,s^2}{\chi^2_{\frac{\alpha}{2}}(n-1)}\right]. \tag{13.5.7}$$

(Die entsprechenden χ^2-Quantile sind aus Tabelle A 8.12 im Anhang zu entnehmen.)

13.5.3. Ein Konfidenzintervall für den Parameter der Binominalverteilung

Es sei p die Wahrscheinlichkeit dafür, daß ein bestimmtes Element (Gerät, Anlage o. ä.) in der Zeit t ausfällt. Nun werden N solcher Elemente betrieben. Dann ist die Anzahl d der in der Zeit t ausfallenden Elemente binomialverteilt:

$$\mathcal{P}\{d = k\} = \binom{N}{k} p^k (1-p)^{N-k}, \qquad k = 0, 1, \ldots, N\,. \tag{13.5.8}$$

Ein Konfidenzintervall $[\underline{p}, \bar{p}]$ für den Parameter p zum Niveau von mindestens $1-\alpha$ erhält man, indem man $\underline{p}$ und $\bar{p}$ aus folgenden Gleichungen bestimmt:

$$\sum_{k=0}^{d} \binom{N}{k} \bar{p}^k (1-\bar{p})^{N-k} = \frac{\alpha}{2}, \qquad \sum_{k=d}^{N} \binom{N}{k} \underline{p}^k (1-\underline{p})^{N-k} = \frac{\alpha}{2} \tag{13.5.9}$$

(zur Herleitung siehe [9]). Dabei ist d die Anzahl der beobachteten Ausfälle. Die Werte $\underline{p}$ und $\bar{p}$ sind für verschiedene N, d und $1-\alpha$ im Anhang angegeben (Tabelle A 8.7). Tabellen für einseitige Konfidenzintervalle findet man in [10].

Ist bekannt, daß der Parameter p sehr klein ist (das ist z. B. bei hochzuverlässigen Bauelementen der Fall), erhält man eine gute Näherung für ein Konfidenzintervall, indem man entsprechend (13.5.3) Werte $\underline{\lambda}$ und $\bar{\lambda}$ bestimmt und als genähertes Konfidenzintervall

$$\left[\frac{\underline{\lambda}}{N}, \frac{\bar{\lambda}}{N}\right] \tag{13.5.10}$$

benutzt. Diese Näherung ist um so besser, je größer N und je kleiner p ist.

Sind $\theta_1, \theta_2, \ldots, \theta_n$ unabhängige Realisierungen einer mit den Parametern N und p binomialverteilten Zufallsgröße und ist n hinreichend groß, so erhält man unter Benutzung der Resultate von Abschnitt 13.5.2 ein genähertes Konfidenzintervall für p auf folgendem Wege: Man bestimmt entsprechend (13.5.6) Werte $\underline{a}$ und $\bar{a}$ und benutzt als Konfidenzintervall für p

$$\left[\frac{\underline{a}}{N}, \frac{\bar{a}}{N}\right]. \tag{13.5.11}$$

Diese Näherung ist besonders gut, wenn p in der Nähe von $\frac{1}{2}$ liegt.

Beispiel 13.5.1

Es wurden 20 Erzeugnisse 100 h geprüft. 2 davon fielen aus. Während der Prüfung wurde nicht ersetzt. Es soll die Realisierung eines Konfidenzintervalls für die Wahrscheinlichkeit p eines Ausfalls des Erzeugnisses in 100 h angegeben werden. Das Konfidenzniveau soll nicht weniger als 0,95 betragen.

Lösung

Aus Tabelle A 8.7 (Anhang) liest man ab: $\underline{p} = 0{,}012$, $\bar{p} = 0{,}317$. Die gesuchte Realisierung des Konfidenzintervalls ist also $[0{,}012;\ 0{,}317]$.

Beispiel 13.5.2

Die kumulative Arbeitszeit einer Gruppe von Erzeugnissen eines bestimmten Typs habe den Wert $S = 10^5$ h erreicht. In dieser Zeit traten 10 Ausfälle auf. Die Realisierung eines Konfidenzintervalls zum Niveau von mindestens 0,95 für die Intensität λ des Stroms der Ausfälle ist gesucht.

Lösung

Aus Tabelle A 8.11 bestimmt man die Realisierung eines Konfidenzintervalls für Λ ($\Lambda = \lambda S$). Es ist $\underline{\Lambda} = 4{,}8\ \text{h}^{-1}$; $\bar{\Lambda} = 18{,}39\ \text{h}^{-1}$. Daraus erhält man $\underline{\lambda} = 4{,}8/10^5 = 4{,}8 \cdot 10^{-5}\ \text{h}^{-1}$; $\bar{\lambda} = 18{,}39 \times$ $\times\ 10^{-5}\ \text{h}^{-1}$. Dann ist das gesuchte Intervall $[4{,}8 \cdot 10^{-5}\ \text{h}^{-1};\ 18{,}39 \cdot 10^{-5}\ \text{h}^{-1}]$.

Beispiel 13.5.3

Wir haben Erzeugnisse mit normalverteilter Lebensdauer. Bei einer Prüfung wurden folgende Realisierungen erhalten (in h): 120, 110, 80, 130, 120, 140, 80, 150, 130 und 140. Es sollen Realisierungen von Konfidenzintervallen zum Niveau 0,9 für die Parameter a und σ^2 berechnet werden.

Lösung

Es ist

$$\bar{\theta} = \frac{1}{10}\sum_{i=1}^{10} \theta_i = 120\ \text{h}\,, \qquad s^2 = \frac{1}{n-1}\sum_{i=1}^{n} (\theta_i - \bar{\theta})^2 = 576\ \text{h}^2\,.$$

$$\sqrt{s^2} = 24\ \text{h}\,,$$

$$t(n-1, \alpha) = t(9;\ 0{,}1) = 1{,}83\,,$$

$$\bar{\theta} - \frac{\sqrt{s^2}}{\sqrt{n}}\, t(n-1, \alpha) = 120 - \frac{24}{\sqrt{10}} \cdot 1{,}83 = 106{,}1\ \text{h}\,,$$

$$\bar{\theta} + \frac{\sqrt{s^2}}{\sqrt{n}}\, t(n-1, \alpha) = 120 + \frac{24}{\sqrt{10}} \cdot 1{,}83 = 133{,}9\ \text{h}\,.$$

Das gesuchte Intervall für a ist also $[106{,}1\ \text{h};\ 133{,}9\ \text{h}]$. Als Realisierungen der Konfidenzgrenzen für σ^2 erhält man

$$\underline{D}^2 = \frac{(n-1)\, s^2}{\chi^2_{1-\frac{\alpha}{2}}(n-1)} = \frac{9 \cdot 576}{\chi^2_{0,95}(9)}\,, \qquad \bar{D}^2 = \frac{(n-1)\, s^2}{\chi^2_{\frac{\alpha}{2}}(n-1)} = \frac{9 \cdot 576}{\chi^2_{0,05}(9)}$$

Es ist

$$\chi^2_{0,95}(9) = 16{,}92\,, \qquad \chi^2_{0,05}(9) = 3{,}33\,.$$

Das gesuchte Intervall für σ^2 ist $[306\ \text{h}^2;\ 1555\ \text{h}^2]$.

13.6. Konfidenzintervalle für die stationäre Verfügbarkeit eines reparierbaren Systems

Das Verhalten eines reparierbaren Systems (eines Systems mit Erneuerung) wird durch eine Folge (θ_k, ξ_k) zufälliger Arbeits- und Ausfallzeiten beschrieben. Hierbei bezeichnet θ_k die k-te Arbeitszeit und ξ_k die k-te Ausfallzeit, vgl. Abb. 2.2.1.

Wie in Abschnitt 2.2 setzen wir voraus, daß die zufälligen Größen θ_k (bzw. ξ_k) ($k = 1, 2, \ldots$) gemäß einer $F(x)$ (bzw. $F_E(y)$) verteilt und unabhängig sind. Weiterhin ist die Unabhängigkeit der Arbeits- und Ausfallzeiten vorausgesetzt. Unter diesen Voraussetzungen kann man $\boldsymbol{\theta} = (\theta_1, \ldots, \theta_n)$ (bzw. $\boldsymbol{\xi} = (\xi_1, \ldots, \xi_y)$) als Stichprobe vom Umfang $n(m)$ einer gemäß $F(F_E)$ verteilten zufälligen Größe $\theta(\xi)$ betrachten.

Bezeichnet $V(t)$ die Wahrscheinlichkeit dafür, daß sich das System zum Zeitpunkt t in einem Arbeitszustand befindet, so gilt

$$\lim_{t\to\infty} V(t) = V = \frac{M(\theta)}{M(\theta) + M(\xi)}. \tag{13.6.1}$$

Dabei bezeichnet $M(\theta)$ ($M(\xi)$) den Erwartungswert der zufälligen Arbeitszeit θ (Ausfallzeit ξ). Die stationäre Verfügbarkeit V ist eine wichtige Zuverlässigkeitskenngröße.

Eine allgemeine Schätzung für V lautet

$$\hat{V} = \frac{\frac{1}{n}\sum_{i=1}^{n} \theta_i}{\frac{1}{n}\sum_{i=1}^{n} \theta_i + \frac{1}{m}\sum_{i=1}^{m} \xi_i}.$$

a) Unter der Voraussetzung, daß die Größen θ und ξ exponentiell verteilt sind mit den Dichten

$$f(x) = \begin{cases} \frac{1}{T}\,e^{-\frac{1}{T}x} & x \geqq 0 \\ 0 & \text{sonst} \end{cases} \quad \text{und} \quad f_E(y) = \begin{cases} \frac{1}{\tau}\,e^{-\frac{1}{\tau}y} & y \geqq 0 \\ 0 & \text{sonst} \end{cases} \tag{13.6.2}$$

erhält man nach Formel (13.6.1)

$$V = \frac{T}{T+\tau} = \frac{1}{1 + \frac{\tau}{T}}. \tag{13.6.3}$$

Ausgehend von den Stichproben $\boldsymbol{\theta} = (\theta_1, \ldots, \theta_n)$ und $\boldsymbol{\xi} = (\xi_1, \ldots, \xi_m)$ wurde in [41] das folgende Verfahren zur Aufstellung von Konfidenzintervallen für V angegeben. Es werden die bekannten Schätzungen für die Parameter der Exponentialverteilung

$$\hat{T} = \frac{1}{n}\sum_{i=1}^{n} \theta_i \quad \text{und} \quad \hat{\tau} = \frac{1}{m}\sum_{i=1}^{m} \xi_i$$

benutzt. Da die unabhängigen Größen

$$\frac{2n\hat{T}}{T} \quad \text{und} \quad \frac{2m\hat{\tau}}{\tau}$$

χ^2-verteilt sind mit $2n$ bzw. $2m$ Freiheitsgraden, besitzt die zufällige Größe

$$\frac{\hat{T}\tau}{T\hat{\tau}} = \frac{\tau \frac{1}{n}\sum_{i=1}^{n} \theta_i}{T \frac{1}{m}\sum_{i=1}^{m} \xi_i}$$

eine F-Verteilung mit $(2n, 2m)$ Freiheitsgraden (vgl. (13.2.15)). Wir bezeichnen das $(1-\alpha)$-Quantil der $F(2n, 2m)$-Verteilung mit $f_{1-\alpha}(2n, 2m)$ und erhalten folgende

Gleichung

$$\mathcal{P}\left\{\frac{\hat{T}\tau}{T\hat{\tau}} \leqq f_{1-\alpha}(2n, 2m)\right\} = \mathcal{P}\left\{\frac{1}{1+\frac{\hat{\tau}}{\hat{T}} f_{1-\alpha}(2n, 2m)} \leqq \frac{1}{1+\frac{\tau}{T}}\right\} = 1 - \alpha\,.$$

Also ist (vgl. (13.6.3))

$$\underline{V} = \frac{1}{1+\frac{\hat{\tau}}{\hat{T}} f_{1-\alpha}(2n, 2m)} \tag{13.6.4}$$

bei vorgegebenem Konfidenzniveau $(1-\alpha)$ eine untere Konfidenzschranke für die stationäre Verfügbarkeit V.

Eine obere $(1-\alpha)$-Konfidenzschranke für V erhält man auf analoge Art ausgehend vom α-Quantil der F-Verteilung. Sie lautet

$$\bar{V} = \frac{1}{1+\frac{\hat{\tau}}{\hat{T}} f_{\alpha}(2n, 2m)}\,.$$

Damit bildet

$$\left[\frac{1}{1+\frac{\hat{\tau}}{\hat{T}} f_{1-\frac{\alpha}{2}}(2n, 2m)}, \frac{1}{1+\frac{\hat{\tau}}{\hat{T}} f_{\frac{\alpha}{2}}(2n, 2m)}\right]$$

ein zweiseitiges $(1-\alpha)$-Konfidenzintervall für die stationäre Verfügbarkeit V.

Das angegebene Verfahren läßt sich auf die Anwendung der Daten aus den Prüfplänen (N, E, r) und $(N, 0, r)$ mit Hilfe der entsprechenden Schätzungen für T und τ verallgemeinern.

b) Sind die zufälligen Größen θ und ξ exponentiell verteilt mit den Dichten (13.6.2) und betrachtet man nur die Datenpaare (θ_k, ξ_k) $(k = 1, \ldots, n)$ (es sei $n = m$), so ist auch ein gröberes Herangehen möglich [42].

Unter der obigen Voraussetzung der Exponentialverteilung gilt

$$\mathcal{P}\{\xi_k \leqq \theta_k \cdot a\} = \frac{aT}{aT+\tau},$$

d. h., es ist

$$\mathcal{P}\{\xi_k \leqq \theta_k\} = \frac{T}{T+\tau} = V\,.$$

Setzt man nun ausgehend von $(\theta_1, \xi_1, \ldots, \theta_n, \xi_n)$

$$G_i = \begin{cases} 1 & \text{für } \xi_i \leqq \theta_i \\ 0 & \text{sonst} \end{cases} \qquad i = 1, 2, \ldots, n\,,$$

so erhält man eine Stichprobe $(G_1, \ldots, G_n)$ einer Zweipunktverteilung mit Erfolgswahrscheinlichkeit $p = V$. Das Problem der Bestimmung eines $(1-\alpha)$-Konfidenzintervalls für V hat sich damit auf die Aufgabe der Konstruktion eines Konfidenzintervalls für den Parameter p einer Zweipunktverteilung reduziert. Setzt man

$$\sum_{i=1}^{n} G_i = d \quad \text{und } n = N\,,$$

so sind die Ergebnisse aus dem Abschnitt 13.5.1 direkt anwendbar.

c) Besitzt θ eine Exponentialverteilung mit der Dichte

$$f(x) = \begin{cases} \frac{1}{T} e^{-\frac{1}{T}x} & x \geqq 0 \\ 0 & \text{sonst} \end{cases}$$

und ist ξ lognormalverteilt mit der Dichte

$$f_E(y) = \begin{cases} \frac{1}{\sqrt{2\pi}\,\beta y} \exp\left\{-\frac{1}{2}\left(\frac{\ln y - \alpha}{\beta}\right)^2\right\} & y \geqq 0 \\ 0 & \text{sonst} \end{cases}$$

(wir schreiben kurz ξ ist LN(α, β^2)-verteilt), so gilt

$$N = \frac{M(\theta)}{M(\theta) + M(\xi)} = \frac{T}{T + \exp\left(\alpha + \frac{1}{2}\beta^2\right)}.$$

Ist der Parameter β der Lognormalverteilung gegeben, so kann das folgende Verfahren [43] ausgehend von den Stichproben $\boldsymbol{\theta} = (\theta_1, \dots, \theta_n)$ und $\boldsymbol{\xi} = (\xi_1, \dots, \xi_m)$ aufgestellt werden.

Wir bezeichnen mit $w_\alpha\left(2n, \frac{\beta^2}{m}\right)$ das α-Quantil der zufälligen Größe $W\left(2n, \frac{\beta^2}{m}\right) = \frac{Q_1}{Q_2}$, dabei seien Q_1 χ^2-verteilt mit $2n$ Freiheitsgraden und Q_2 LN$\left(0, \frac{\beta^2}{m}\right)$-verteilt. Die Quantile $w_\alpha\left(2n, \frac{\beta^2}{m}\right)$ sind für verschiedene Werte von $2n$ und $\frac{\beta^2}{m}$ in [43] und [44] dargestellt.

Aus der Gleichung

$$\mathcal{P}\left\{\frac{2n\hat{T}}{T} \cdot \left[e^\alpha \left(\prod_{i=1}^m \xi_i\right)^{\frac{1}{m}}\right]^{-1} \leqq w_{1-\alpha}\left(2n, \frac{\beta^2}{m}\right)\right\} = 1 - \alpha$$

erhält man

$$\underline{V} = \frac{1}{1 + \frac{w_{1-\alpha}\left(2n, \frac{\beta^2}{m}\right) \exp\left(\frac{1}{2}\beta^2\right) \left(\prod_{i=1}^m \xi_i\right)^{\frac{1}{m}}}{2n\hat{T}}}$$

als untere Konfidenzschranke für V zum Niveau $(1 - \alpha)$. Analog bildet

$$\overline{V} = \frac{1}{1 + \frac{w_\alpha\left(2n, \frac{\beta^2}{m}\right) \exp\left(\frac{\beta^2}{2}\right) \left(\prod_{i=1}^m \xi_i\right)^{\frac{1}{m}}}{2n\hat{T}}}$$

eine obere Konfidenzschranke für V zum Niveau $(1 - \alpha)$. Damit ist

$$[\underline{V}\ \overline{V}]$$

ein zweiseitiges $(1 - 2\alpha)$-Konfidenzintervall für die stationäre Verfügbarkeit V.

Weitere statistische Untersuchungen zur stationären Verfügbarkeit findet man in [42], [45], [46], [47], [48] und [52].

Beispiel 13.6.1

Die folgenden Meßwerte

— Für die zufällige Arbeitszeit θ
2000 h, 500 h, 1500 h, 3100 h, 11300 h, 9450 h, 1100 h, 3750 h, 650 h, 4800 h und

— für die zufällige Ausfallzeit ξ
250 h, 2240 h, 1100 h, 7010 h, 4200 h, 510 h, 2000 h, 890 h, 5700 h, 3250 h

sind gegeben.

Es wurde festgestellt, daß die zufällige Arbeitszeit θ sowie die zufällige Ausfallzeit ξ exponentiell verteilt sind. Gesucht ist eine untere Kofidenzschranke für V zum Niveau 0,95.

Lösung

Wir benutzen das Verfahren 13.6. a).
Als Schätzungen für T und τ erhalten wir

$$\hat{T} = \frac{1}{10} \sum_{i=1}^{10} \theta_i = 3400 \quad \text{und} \quad \hat{\tau} = \frac{1}{10} \sum_{i=1}^{10} \xi_i = 2715 .$$

Benutzt man die Beziehung $f_{1-\alpha}(n, m) = [f_\alpha(m, n)]^{-1}$, so erhält man mit Hilfe von Tabelle VII aus [49] $f_{0,95}(20, 20) = 0,472$. Nach Formel (13.6.4) hat die untere Konfidenzschranke dann den Wert $V = 0,266$.

Literatur

[1] Kolmogorow, A. N. — Колмогоров А. Н.: Несмещенные оценки. — «Известия АН СССР. Сер. матем.», 1950, вып. 14, с. 303—326.

[2] Sirashdinow, S. Ch., Eidelnant, M. I. — Сираждинов С. Х., Эйдельнант М. И.: К вопросу об оценках качества продукции по результатам выборочного контроля.— В кн.: Тругы ин-та матем. АН УзССР. Ташкент, 1961, вып. 22.

[3] Mirny, R. A., Solowjew, A. D. — Мирный Р. А., Соловьев А. Д.: Оценка надежности системы по результатам испытаний ее компонент. — В кн.: Кибернетику — на службу коммунизма. Под ред. А. И. Берга, Н. Г. Бруевича, Б. В. Гнеденко. Т. II. М., «Энергия», 1964, с. 213—218.

[4] Borowkow, A. A., Sytschewa, N. M. — Боровков А. А., Сычева Н. М.: О некоторых асимптотически оптимальных непараметрических критериях. — «Теория, вероятностей и ее применения» 1968, т. XIII, вып. 3, с. 385—418.

[5] Cholewo, A. S. — Холево А. С.: Об оценках коэффициентов регрессии. — «Теория вероятностей и ее применения», 1969, т. XIV, вйп. 1, с. 78—100.

[6] Lumelski, J. P., Saposhnikow, P. N. — Лумельский Я. П., Сапожников П. Н.: Несмещенные оценки для плотностей распределений. — «Теория вероятностей и ее применения», 1969, т. XIV, вып. 2, с. 372—380.

[7] Lumelski, J. P. — Лумельский Я. П.: Доверительные границы для линейных функций от неизвестных параметров. — «Теория веоятностей и ее применения». 1969, т. XIV, вып. 2, с. 381—384.

[8] Tschibissow, D. M. — Чибисов Д. М.: Некоторые критерия типа хи-крадрат для непрерывных распределений. — «Теория вероятностей и ее применения», 1971, т. XVI, вып. 1, с. 3—20.

[9] Konakow, W. D. — Конаков В. Д.: Непараметрическая оценка плотности распределения вероятностей. — «Теория вероятностей и ее применения», 1972, т. XVII, вып. 2, с. 377—379.

[10] Cholewo, A. S. — Холево А. С.: Об оценивании функций от среднего значения. — «Теория вероятностей и ее применения», 1972, т. XVII, вып. 3, с. 572—576.

[11] Tschibissow, D. M. — Чибисов Д. М.: Асимптотическое разложение для одного класса оценок, включающего оценки максимального правдоподобия. — «Теория вероятностей и ее применения», 1973, т. XVIII, вып. 2, с. 303—311.

Ergänzungsliteratur

[1] Lehmann, E. L.: Testing statistical hypotheses. New York: J. Wiley & Sons 1960.
[2] Fisz, M.: Wahrscheinlichkeitsrechnung und mathematische Statistik. Berlin: VEB Deutscher Verlag der Wissenschaften 1973.
[3] Gnedenko, B. W., Beljajew, J. K., Solowjew, A. D.: Mathematische Methoden der Zuverlässigkeitstheorie I, II. Berlin: Akademie-Verlag 1968.
[4] Epstein, B., Sobel, M.: Life Testing. J. Amer. Stat. Assoc. **48** (1953) 486–502.
[5] Epstein, B., Sobel, M.: Sequential Life Tests in the Exponential Case. Ann. Math. Statist. **26**, 1 (1955) 82–93.
[6] Kiefer, J., Wolfowitz, I.: Sequential tests of hypotheses about the mean occurrence time of a continuous parameter Poisson process. Naval Research Logistics Quarterly **3**, 3 (1956) 205–219.
[7] TGL 26096/06 (Entwurf 1975).
[8] Müller, P. H., Neumann, P., Storm, R.: Tafeln der mathematischen Statistik. Leipzig: VEB Fachbuchverlag 1973.
[9] Clopper, J., Pearson, C.: The use of confidence or fiducial limits illustrated in the case of the binominal. Biometrica **26** (1934) 404–413.
[10] Lloid, D., Lipow, M.: Reliability: Management, methods and mathematics. New Jersey: Prentice-Hall, Englewood Cliffs 1962.
[11] Bolschew, L. H., Smirnow, N. W. – Болшев Л. Н., Смирнов Н. В.: Таблица математической статистики М., ВЦ АН СССР, 1968.
[12] Witting, H., Nölle, G.: Angewandte Mathematische Statistik. Stuttgart 1970.
[13] V. d. Waerden, B. L.: Mathematische Statistik. Berlin-Göttingen-Heidelberg: Springer-Verlag 1957.
[14] Lilliefors, H. W.: On the Kolmogorow-Smirnow Test for normality with mean and variance unknown. J. Amer. Stat. Ass. **62**, (1967) 399–402.
[15] Lilliefors, H. W.: On the Kolmogorow-Smirnow Test for the exponential distribution with with mean unknown. J. Amer. State. Ass. **64** (1969) 387–389.
[16] Epstein, B.: Testing for the validity of the assumption that the underlying distribution of life is exponential. Technometrics **2** (1960) 83–101.
[17] Darling, D. A.: The Kolmogorow-Smirnow, Cramer-v. Mises tests, Ann. Math. Statist. **28** (1957) 823–838.
[18] Lewis, P. A. W.: The distribution of the Anderson-Darling statistic. Ann. Math. Statist. **32** (1961) 1118–1123.
[19] Srinivasan, R.: An approach to testing the goodness of fit of incompletely specified distributions. Biometrika **57** (1970) 605–611.
[20] Finklestein, J. M., Schafer, R. E.: Improved goodness of fit tests. Biometrika **58** (1971) 641–645.
[21] Mann, N. R., Schafer, R. E., Singpurwalla, N. D.: Methods for Statistical Analysis of Reliability and Life Data. New York-London-Sydney-Toronto: J. Wiley & Sons 1974.
[22] Barlow, R. E., Proschan, F.: Mathematical Theory of Reliability, London: J. Wiley & Sons 1965.
[23] Mann, H. B.: Nonparametric tests against trend. Econometrica **13** (1949) 245–249.
[24] Barlow, R. E., Bartholomew, D. J., u. a.: Statistical Inference under Order Restrictions. London: J. Wiley and Sons 1972.
[25] Hollander, M., Proschan, F.: Tests for mean residual life. Biometrika **62** (1975) 585–593.
[26] Bickel, P., Doksum, K.: Tests on monotone failure rate based on normalized spacings. Ann. Math. Statist. **40** (1969) 1216–1235.
[27] Hollander, M., Proschan, F.: Testing wether new is better than used. Ann. Math. Statist. **43** (1972) 1136–1146.
[28] Hollander, M., Proschan, F.: A test for superadditivity of the mean value function of a non-homogeneous poisson process. Stochastic Processes and their Applications **2** (1974) 195–209.
[29] D'Agostino, R. B.: An omnibus test of normality for moderate and large size samples Biometrika **58** (1971) 341–348.

[30] FILLIBEN, J. J.: The probability plot correlation coeffizient test for normality. Technometrics **17** (1975) 111–117.

[31] SHAPIRO, S. S., WILK, M. B.: An analysis of variance test for the exponential distribution. Technonometrics **14** (1972) 355–371.

[32] SHAPIRO, S. S., WILK, M. B.: An analysis of variance test for normality. Biometrika **52** (1965) 591–611.

[33] THEUNE, J. A.: Comparison of power for the D'Agostino and Wilk-Shapiro test of normality for small and moderate samples. Statistica Neerlandica **27** (1973) 000–000.

[34] SHAPIRO, S. S., WILK, M. B., CHEN, J.: A comparative study of various tetss for normality. J. Amer. Statist. Ass. **63** (1968) 1343–1372.

[35] CSÖRGÖ, M., SESHADRI, V., YALOWSKI, M.: Some exact tests for normality in the presence of unknown Parameters. J. Roy. Statist. Soc. B **35** (1973) 507–522.

[36] MANN, N. R., FERTIG, K. W.: A goodness of fit test for the two parameter vs. three parameter weibull; confidence bounds for threshold. Technometrics **17** (1975) 237–245.

[37] ENGELHARDT, M., BAIN, L.: Tests of two-parameter exponentiality against three-parameter weibull alternatives. Technometrics **17** (1975) 353–356.

[38] DUMONCEAUX, R., ANTLE, C. H., HAAS, G.: Likelihood ratio test for discrimination between two models with unknown location and scale parameters. Technometrics **15** (1973) 19–27.

[39] DUMONCEAUX, R., ANTLE, C. E.: Discrimination between the log-normal and the weibull distributions. Technometrics **15** (1973) 923–926.

[40] FERCHO, W. W., RINGER, L. J.: Small sample power of some tests of constant failure rate. Technometrics **14** (1972) 713–724.

[41] THOMPSON, M.: Lower confidence limits and a test of hypotheses for sy.tem availability. IEEE Transaction on Rel. **15** (1966) 32–36.

[42] SCHAFER, R. E., TAKENAGA, R.: A sequential probability ratio test for availability. Technometrics **14** (1972) 123–135.

[43] GRAY, H. L., SCHUCAMY, W. R.: Lower confidence limits for availability assuming lognormally distributed repair times. IEEE Transaction on Rel. **18** (1968) 157–162.

[44] GRAY, H. L., LEWIS, T. O.: A confidence interval for availability ratio. Technometrics **9** (1967) 465–471.

[45] NELSON, W.: A statistical test for equality of two availabilities, Technometrics **10** (1968) 594–596.

[46] CHASE, G. R., HEWETT, J. E.: On testing for equality of two availabilities. Technometrics **15** **15** (1973) 889–896.

[47] NELSON, W.: A statistical prediction interval for availability. IEEE Transaction on Rel. **19** **19** (1970) 179–182.

[48] COX, D. R.: Fieller's theorem and a generalization. Biometrika **54** (1967) 567–572.

[49] STORM, R.: Wahrscheinlichkeitstheorie, mathematische Statistik und statistische Qualitätskontrolle. Leipzig: VEB Fachbuchverlag 1972.

[50] KENDALL, M. G.: A new measure of rank correlation. Biometrika **30** (1938) 81–93.

[51] CHERNOFF, H., LEHMANN, E. L.: The use of maximum likelihood estimates in χ^2-Tests for goodness of fit. Ann. Math. Statist. **25** (1954) 579–586.

[52] GERLACH, B., WARMUTH, W.: Some Remarks to System Availability. Math. Operationsforsch. u. Statist 7 (1976) 601–606.

[53] SHAPIRO, S. S., FRANCIA, R. S.: Approximate analysis of variance test for normality. J. Amer. Statist. Ass. **67** (1972) 215–216.

14. ZUVERLÄSSIGKEIT TECHNISCHER ERZEUGNISSE IN ABHÄNGIGKEIT IHRER UMGEBUNGS- UND EINSATZBEDINGUNGEN[1])

14.0. Vorbemerkungen

Die in diesem Handbuch behandelten Berechnungsmethoden sind prinzipiell in beliebigen Objektbereichen — sei es in der Elektronik, im Maschinenbau oder in anderen technischen Disziplinen, ja sogar im biologischen und sozialen Bereich — anwendbar. Der große Vorteil dieser Methoden, zu ihrer Anwendung nur geringfügige Detailkenntnisse des entsprechenden Fachgebietes zu benötigen, begrenzt aber auch ihre praktische Brauchbarkeit im Gesamtrahmen der Zuverlässigkeitsarbeit. Für eine begründete Prognose über die Arbeitsfähigkeit eines technischen Erzeugnisses während eines bevorstehenden Zeitraumes — das ist das Grundanliegen der Zuverlässigkeitsarbeit — ist es meist unerläßlich, die tatsächliche Wirkungsweise des konkreten Systems genau zu kennen und das Zusammenspiel seiner Komponenten mit den angemessenen Arbeitsmitteln der entsprechenden Fachdisziplin zu analysieren. Hochzuverlässige Erzeugnisse lassen sich nur dann schaffen, wenn jeder Entwickler, Konstrukteur, Technologe im Rahmen seiner täglichen Arbeit den Zuverlässigkeitsaspekt gebührend berücksichtigt.

Es ist eine bekannte Tatsache, daß die Zuverlässigkeit eines technischen Erzeugnisses auf allen Etappen seines Werdegangs beeinflußt wird. Dabei ist die Verantwortung der produktionsvorbereitenden Abteilungen besonders groß, zumal hier ja auch die Wartungs- und Instandhaltungsstrategien festgelegt und der Service konzipiert wird. Während der Fertigung beeinflussen das zu verarbeitende Material, die Kontinuität des Fertigungsablaufes und die sachgemäße Ausführung der einzelnen Arbeitsgänge die Zuverlässigkeit des Erzeugnisses wesentlich. Im Laufe des praktischen Einsatzes der produzierten Erzeugnisse ist die tatsächliche Einsatzzuverlässigkeit sorgfältig zu ermitteln, um daraus Rückschlüsse zur Verbesserung von künftigen Serien oder Neuentwicklungen zu ziehen.

Die meisten der in diesem Handbuch bisher behandelten Methoden werden vor allem für Systemingenieure, deren Tätigkeit der eigentlichen Erzeugnisentwicklung vorgelagert ist, sowie bei der Projektierung und dem Variantenvergleich kompletter Anlagen sehr nützlich sein. In diesem Schlußkapitel soll noch kurz auf Berechnungsmethoden hingewiesen werden, die der Entwicklungsingenieur als Bestandteil seiner Zuverlässigkeitsarbeit ansehen sollte. Die Erläuterung erfolgt am Beispiel der Entwicklung elektronischer Geräte.

14.1. Aufgabenstellung

In Tabelle 14.1.1 wird skizziert, wie sich Zuverlässigkeitsarbeiten in den Werdegang elektronischer Geräte eingliedern. Zu den vor Beginn der eigentlichen Entwicklung

[1]) Anmerkung d. Herausg.: Das Kapitel 14 ist im sowjetischen Original des Handbuches nicht enthalten und wurde vom Herausgeber für die deutsche Ausgabe hinzugefügt.

Tabelle 14.1.1. Wesentliche Zuverlässigkeitsarbeiten während des Entwicklungs- und Lebenslaufes technischer Erzeugnisse

Bearbeitungsstufe		Zuverlässigkeitsarbeit
Anforderungen für ein neues Erzeugnis		Absteckung des Zuverlässigkeitszieles Festlegung der Betriebs- und Umgebungsbedingungen
Studienentwurf		Aufteilung der Zuverlässigkeitsforderungen auf Teilsysteme
Forschungsthema		Anwendung BOOLEscher Zuv.-Modelle — Zuv.-Ersatzschaltungen/Fehlerbäume — Erneuerungstheorie Zustandsanalyse Anwendung MARKOWscher Modelle
TÖA für Entwicklung		Festlegung der Ausfallkriterien für Teilsysteme
	→	Zuv.-Arbeit während der Schaltungsentwicklung: — BE-Analyse bez. Umgebungsbed. und Belastung (vollständige Analyse!) — Ausfallarten-Analyse (Simulation, große Toleranzen) — Toleranzanalyse (Worst-Case, stochastisch) — Toleranzoptimierung — Nahtstellenanalyse
Erprobung Labormuster	→	Zuv.-Arbeit während der Konstruktion:
Erprobung Funktionsmuster	← →	Fehlerauswertung technologische Zuverlässigkeitsarbeit
Erprobung Fertigungsmuster	←	Fehlerauswertung
Nullserie	→	letzte Überarbeitung Fertigungsunterlagen
Serienfertigung	←	Qualitätskontrolle
Praktischer Einsatz	←	Wartung/Instandhaltung Datenrückmeldung

liegenden Aktivitäten wurden ein paar Stichworte genannt. Die zugehörenden probabilistischen Modelle wurden in früheren Kapiteln ausführlich dargestellt. Wir gehen nun davon aus, daß die technisch-ökonomische Aufgabenstellung (TÖA) für die Entwicklung ganz bestimmter Funktionseinheiten vorliegt, und daß das Pflichtenheft die Ausfallkriterien dieser Teilsysteme fixiert. Als ein solches konkretes Teilsystem wollen wir im folgenden eine zu entwickelnde elektronische Schaltung betrachten.

In einigen Industriezweigen ist es seit Jahren üblich, die Zuverlässigkeit elektronischer Geräte rechnerisch abzuschätzen, indem man die Ausfallraten sämtlicher Bauelemente einschließlich Lötstellen und Kontakten aus Tabellen (betriebliche oder industriezweigverbindliche Standards) entnimmt, addiert und das Ergebnis als Ausfallrate des Gerätes deutet. Mit anderen Worten: Man interpretiert das Gerät als

Seriensystem im Sinne der o. g. BOOLEschen Zuverlässigkeitsmodelle und berechnet die Ausfallrate des Systems aus der Gleichung (A 4.4.5). Die Berechtigung einer solchen Vorgehensweise ist in mehr als einer Hinsicht fragwürdig:

1. Nicht jeder Bauelementeausfall führt notwendig zu einem Geräteausfall (im Gegensatz zur Annahme eines Seriensystems im Sinne der Zuverlässigkeit).
2. Eine zeitlich konstante Ausfallrate bei elektronischen Bauelementen liegt meist nicht vor.
3. Bei einem Nichtseriensystem ist selbst bei konstanter Ausfallrate der Komponenten die Ausfallrate des Systems eine zeitabhängige Funktion.

Noch schwerwiegender erscheint folgende Überlegung: Auf Grund der Ergebnisse der Studien- und Forschungsarbeit liegen die Ausfallkriterien der zu entwickelnden Schaltung fest. Sie sind dem Entwickler im Pflichtenheft vorgegeben. Angaben über die Ausfallraten der Bauelemente entnimmt er einem für ihn verbindlichen Katalog. Bei der Ermittlung der Ausfallraten der Bauelemente durch den Bauelementehersteller wurden bestimmte Ausfallkriterien für das Bauelement zugrunde gelegt: Liegt der das Bauelement charakterisierende Parameter p außerhalb eines gewissen zulässigen Bereiches, der meist durch eine obere und eine untere Toleranzgrenze festgelegt wird, so zählt das Bauelement als ausgefallen. Bei der Ermittlung der Bauelemente-Ausfallrate wird das Bauelement bestimmten, vereinbarten Beanspruchungen unterworfen. Abb. 14.1.1a soll die Verhältnisse veranschaulichen. Zum Zeitpunkt $t = 0$ mögen die Werte des Parameters p (z. B. Widerstandswert oder Kapazität) für sämtliche Bauelemente der betrachteten Charge im zulässigen Toleranzbereich liegen. Es wurde die Wahrscheinlichkeitsdichte f_p über der p-Achse aufgetragen. Die p-Achse wurde unterbrochen dargestellt, um auch die Punkte $p = 0$ ($\triangleq$ z. B. Kurzschluß) und $p = \infty$ ($\triangleq$ z. B. Unterbrechung) veranschaulichen zu können. Die Wahrscheinlichkeitsdichte f_p wird ihre Gestalt im Laufe der Zeit verändern. Zu den Zeitpunkten $t = t_1$, t_2 und t_3 sind die jeweils schräg, parallel zur p-Achse schraffierten Anteile ausgefallen. Der jeweils noch nicht ausgefallene Anteil liefert den Wert der Überlebenswahrscheinlichkeit $P(t)$ zu dem entsprechenden Zeitpunkt. In Abb. 14.1.1b wurde die für alle inter-

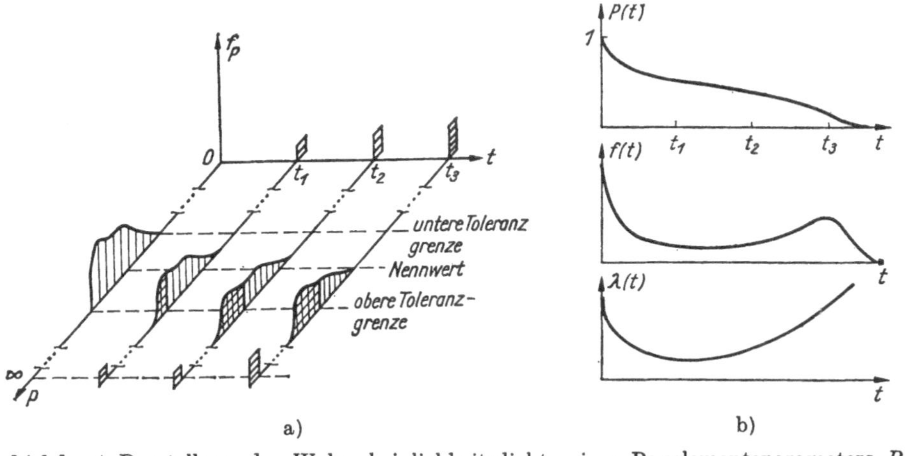

Abb. 14.1.1. a) Darstellung der Wahrscheinlichkeitsdichte eines Bauelementeparameters P für verschiedene Zeitpunkte; b) Zugehörende Zuverlässigkeitsfunktion $R(t)$, Ausfalldichte $f(t)$ und Ausfallrate $\lambda(t)$

essierenden Zeitpunkte ergänzte Zuverlässigkeitsfunktion aufgetragen. Mit der Festlegung von $P(t)$ sind auch die Ausfalldichte $f(t)$ und die Ausfallrate $\lambda(t)$ eindeutig festgelegt, vgl. Tabelle 1.2.1. Sie wurden nach Augenmaß in Abb. 14.1.1b eingetragen.

Das Verhalten der Dichtefunktion f_p im Zeitverlauf ist stark von der Beanspruchung des Bauelementes abhängig. Bei geänderter Beanspruchung können sich zu den angegebenen Zeitpunkten t_1, t_2, t_3 andere Ausfallanteile ergeben, wodurch der Verlauf der in Abb. 14.1.1 beingetragenen Kurven wesentlich beeinflußt werden kann. Daher hängt die Ausfallrate stark von der Beanspruchung des Bauelementes ab. Diese läßt sich jedoch nur durch eine vollständige Analyse der Wirkungsweise und der Einsatzbedingungen der Schaltung bestimmen. Noch offensichtlicher ist die Abhängigkeit des Verlaufes der Ausfallrate von der Wahl der Toleranzgrenzen der Bauelementeparameter. Eine geringfügige Verschiebung der oberen Toleranzgrenze in Abb. 14.1.1a würde die Kurvenverläufe der Abb. 14.1.1b stark ändern.

Die Wirkung der Toleranz eines Bauelementeparameters auf die interessierenden Zeit- und/oder Frequenzcharakteristiken der Schaltung hängt wesentlich davon ab, in welcher Schaltung und an welcher Stelle der Schaltung das fragliche Bauelement eingesetzt wird. Begründete Ausfallkriterien für die Bauelemente kann der Schaltungsentwickler erst dann nennen, wenn er die Wirkungsweise seiner Schaltung genau kennt. Er muß wissen, wie die Bauelemente beansprucht werden und wie empfindlich sich Änderungen der Schaltelementeparameter auf die Systemparameter auswirken.

Aus der vorstehenden Überlegung lassen sich einige Fragestellungen ableiten, die der Entwicklungsingenieur im Rahmen der von ihm zu leistenden Zuverlässigkeitsarbeit beachten sollte:

1. Welchen Beanspruchungen sind die Bauelemente während der Fertigung und während des praktischen Einsatzes der zu entwickelnden Funktionseinheit (Schaltung) unterworfen?
2. Wie beeinflussen die Beanspruchungen die Zuverlässigkeitseigenschaften der Bauelemente?
3. Lassen sich auf der Grundlage erkannter oder angenommener Ausfallmechanismen Äquivalenzbeziehungen angeben, gemäß denen verschiedene Beanspruchungsniveaus bei unterschiedlicher Einwirkungsdauer die gleiche Schadenswirkung hervorrufen?
4. Wie wirken sich Änderungen der Bauelementeparameter auf die Ausgangsparameter der zu entwickelnden Funktionseinheit aus?
5. Läßt sich der Einfluß der Umgebungs- und Beanspruchungsbedingungen, denen die gesamte Funktionseinheit unterworfen ist, auf die Ausgangsparameter der Funktionseinheit schon während der Entwicklung quantitativ erfassen?

Auf die erste Frage soll hier nur ganz kurz eingegangen werden. Die einzelnen technologischen Arbeitsgänge, die bei der Fertigung elektronischer Geräte üblich sind (z. B.: Vorverzinnen von Bauelementeanschlüssen, Profilieren und Beschneiden von Bauelementen, maschinelles Löten, Montieren und nicht zuletzt die Nacharbeitsgänge), beanspruchen die Bauelemente mitunter sehr stark und mindern damit ihre Zuverlässigkeitseigenschaften im eingebauten Zustand. Die Vermeidung übermäßiger zuverlässigkeitsmindernder Beanspruchungen ist ein wesentlicher Teil der technologischen Zuverlässgikeitsarbeit. Die Berechnungsmethoden spielen hier im Verhältnis zu werkstoffkundlichen und verfahrenstechnischen Fragen eine untergeordnete Rolle. — Die Beanspruchungsbedingungen der Bauelemente während des Einsatzes der Funktionseinheit ergeben sich teilweise unmittelbar aus dem Pflichtenheft, das die Einsatzbedingungen der Funktionseinheit — zulässige Umgebungstemperaturen, Feuchtigkeitsbereich, mechanische Beanspruchung, Strahlungsbeanspruchung, vorgesehene Einsatzdauer, ... — festlegt. Andere, insbesondere die elektrischen Beanspruchungen — Einschaltspannungsspitzen, die die Bauelemente durchfließenden Ströme und der damit verbundene Leistungsumsatz, ... — lassen sich jedoch nur durch eine detaillierte Analyse der Arbeitsweise des Gesamtsystems ermitteln. Als Hilfsmittel sind hier die Methoden des rechnergestützten Systementwurfs zu empfehlen. Für elektronische Schaltungen ist dazu in den letzten Jahren eine umfangreiche Literatur entstanden.

Mit den Fragen 2 bis 5 beschäftigen sich die folgenden Abschnitte 14.2 bis 14.5.

14.2. Quantitative Erfassung verschiedener Einflußfaktoren auf die Zuverlässigkeit elektronischer Bauelemente

Es ist in der industriellen Praxis weit verbreitet, die Zuverlässigkeit elektronischer Bauelemente durch eine einzige Zahl, die zeitunabhängige Ausfallrate λ, zu beschreiben. Damit wird stillschweigend angenommen, daß die „Lebensdauer" der Bauelemente einer **Exponentialverteilung** genügt. Diese Annahme impliziert, daß ein schon längere Zeit benutztes, aber noch nicht ausgefallenes Bauelement bez. seines künftigen Zuverlässigkeitsverhaltens einem noch nicht benutzten Bauelement vom selben Typ gleichwertig ist. Diese Voraussetzung steht **im Widerspruch zu** elementaren **werkstoffkundlichen Tatsachen,** gemäß denen in Bauelementen im Laufe der Zeit diverse physikalische und chemische Vorgänge stattfinden, die zu irreversiblen Eigenschaftsänderungen, d. h. zu einer „Alterung", führen. Das zeigt sich u. a. auch darin, daß gerade bei ausgereiften Bauelemente-Herstellungstechnologien das Driften (= allmähliche Änderung) der Bauelemente-Parameter gegenüber Total- und Sprungausfällen oft an Bedeutung gewinnt. Der Driftausfallzeitpunkt aber ist bei festgelegten Ausfallkriterien weitgehend vorhersehbar. Auch das spricht gegen den Ansatz einer konstanten Ausfallrate.

Ein Vergleich verschiedener Ausfallraten-Listen zeigt mitunter für gleichartige Bauelemente Differenzen um mehrere Zehnerpotenzen. Das hat seine Ursachen darin, daß

- mitunter nur Totalausfälle, mitunter Total- und Driftausfälle berücksichtigt werden
- die Toleranzgrenzen für Driftausfälle unterschiedlich gewählt werden
- sich die funktions- und umgebungsbedingten Beanspruchungen beim Zuverlässigkeitstest unterscheiden
- von Konfidenzintervallen zu unterschiedlichem Konfidenzniveau ausgegangen wird.

Die korrekte Berücksichtigung der Driftausfälle wird noch dadurch erschwert, daß **Driftvorgänge** nicht immer im Sinne einer monotonen Zeitfunktion ablaufen. Prinzi-

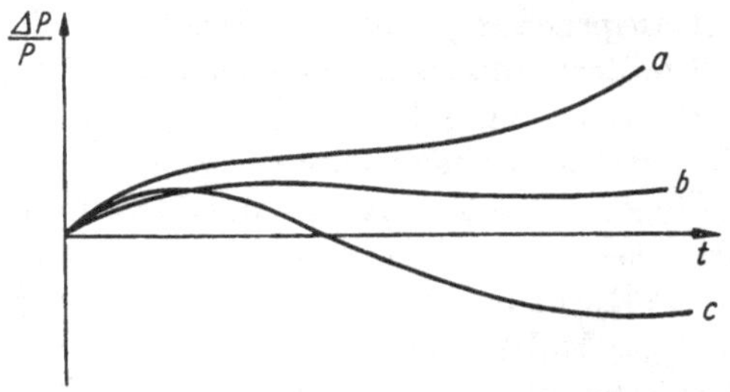

Abb. 14.2.1. Drei Beispiele für prinzipielle Driftverläufe

piell mögliche (und beobachtete) Driftverläufe zeigt Abb. 14.2.1. Die Kurve a) entspricht einer gleichsinnigen monotonen „Alterung". Die Kurve b) spricht für das Einpegeln in einen neuen Gleichgewichtszustand mit retardierter Alterung, während Kurve c) möglicherweise als Wechselwirkung zweier gegenläufiger Alterungsmechanismen deutbar ist.

Schließlich sei auch noch auf typische **Selbstheilungseffekte** bei einigen elektronischen Bauelementen hingewiesen:

Bei Metall-Papier- und Lack-Papier-Kondensatoren verdampft bei einem Durchschlag an einer bestimmten Stelle die umliegende Metallschicht. Dadurch beseitigt sich der Kurzschluß von selbst. Bei Kontakten bewirkt die Betätigung eine gewisse Selbstreinigung von Oberflächenreaktionsprodukten, so daß — in gewissen Grenzen — die regelmäßige Betätigung zuverlässigkeitserhöhend wirkt. Hingegen sind längere Lagerung oder Betriebspausen außerordentlich zuverlässigkeitsgefährdend.

Das übliche **Arbeiten mit Ausfallraten-Listen,** über deren Ursprung der Anwender meist wenig weiß, erscheint aus den angedeuteten Gründen sehr suspekt. Die praktischen Konsequenzen dieser prinzipiellen Einwände sind nicht so groß, wie man zunächst denkt: Selbst wenn die Zahlenwerte „falsch" sind, ist es richtig, sie verbindlich festzulegen, weil die damit errechneten Ergebnisse vor allem zum Variantenvergleich verschiedener Systemkonzepte und zur Schwachstellenanalyse herangezogen werden. Dort kommt es weniger auf die absoluten Werte als vielmehr auf das relative Verhältnis der auf der gleichen Berechnungsgrundlage ermittelten Ergebnisse an.

Bei vielen Anwendungen ist der interessierende Zeitbereich $(0, t)$ klein gegenüber der mittleren Arbeitszeit der Bauelemente. Für die Ausfallwahrscheinlichkeit gilt dann

$$Q(t) \approx \lambda t\,.$$

Bei festgehaltenem t stimmt das Verhältnis der Ausfallraten, z. B. bei unterschiedlicher Belastung, mit dem Verhältnis der entsprechenden Ausfallwahrscheinlichkeiten überein. Nicht selten verwendet der Praktiker den Begriff „Ausfallrate" im genannten Sinne, d. h., er meint eigentlich die Ausfallwahrscheinlichkeiten.

In anderen Fällen wird die Eigenschaft der Exponentialverteilung

$$T = \frac{1}{\lambda}$$

unzulässig erweitert: Man spricht von der "Ausfallrate" meint aber in Wirklichkeit ihren Kehrwert und versteht diesen als mittlere Arbeitszeit.

In beiden Fällen sollte der in Zuverlässigkeitstheorie Geschulte den Kern der Aussage, die entweder für Ausfallwahrscheinlichkeiten oder mittlere Arbeitszeiten richtig ist, akzeptieren und die erforderlichen praktischen Konsequenzen verwirklichen helfen — und sich nicht nur am fehlerhaften Gebrauch des Begriffs Ausfallrate stoßen.

Der Elektronik-Entwickler findet in seinen Bauelemente-Ausfallratenlisten heute meist auch Angaben über den **Einfluß unterschiedlicher Einsatzbedingungen.** Man erhält die Ausfallrate bei Einsatzbedingungen, λ_{Einsatz}, aus der Ausfallrate bei Nennbedingungen, λ_{Nenn}, in der Regel aus einem Ansatz

$$\frac{\lambda_{\text{Einsatz}}}{\lambda_{\text{Nenn}}} = \prod_i \delta_i \,. \tag{14.2.1}$$

Die Größen δ_i werden als **„Derating"-Faktoren** (= Unterlastungs-Faktoren) bezeichnet. Sie beziehen sich vor allem auf

- die elektrische Belastung B (Verlustleistung η bei Widerständen, Spannung U bei Kondensatoren, Sperrschichttemperatur bei Halbleitern),
- die Umgebungstemperatur ϑ,
- die mechanische Beanspruchung (Labor, Eisenbahn, Kraftfahrzeug, Schiff, Flugzeug, Flugkörper),
- die zeitliche Beanspruchung des Bauelementes im Einsatz.

Mitunter werden die δ_i-Werte in Form von Zahlentabellen für einige charakteristische Werte, z. B. für $B = 100\%$, 50%, 25%, 10%, angegeben, mitunter aber auch als analytische Funktionen, z. B. für Kohleschichtwiderstände $\delta_B = \exp\{2{,}3(\eta - 1)\}$. Abb. 14.1.1 legt es nahe, auch die zulässigen Toleranzgrenzen der Bauelementeparameter, die ja vor allem von der Struktur der Schaltung, in der das Bauelement arbeitet, abhängen, durch einen „Derating"-Faktor zu berücksichtigen. Insbesondere bei digitalen Schaltungen sind häufig viel weitere Bauelementetoleranzen zulässig als bei Filtern oder anderen analogen Schaltungen.

In den letzten Jahren haben die Zuverlässigkeitsbearbeiter in der Bauelemente-Industrie einen anderen Weg verfolgt, um sich Klarheit über das Einsatzverhalten elektronischer Bauelemente zu verschaffen. Dieser Zugang orientiert nicht von vornherein auf eine spezielle Kenngröße aus dem Denkansatz der BOOLEschen Zuverlässigkeitstheorie, sondern stellt die wesentlichen **Bauelemente-Parameter in Abhängigkeit von den Einsatzbedingungen** dar.

Als konkrete Anwendung betrachten wir Kondensatoren. Hier lautet das Problem: Wie ändern sich Kapazität und Verlustfaktor in Abhängigkeit von der Temperatur, der anliegenden Spannung und der Zeit.

Man legt zunächst das **Interessengebiet** fest, d. h. den Bereich der Einflußgrößen (z. B. Temperatur, Spannung). Dann macht man einen Ansatz für die Abhängigkeit der Zielgröße y (z. B. relative Kapazitätsänderung) von den Einflußgrößen:

$$y = f(x_1, \dots, x_k; t) \,. \tag{14.2.2}$$

Dieser Ansatz enthält noch unbestimmte Parameter. Sie werden mit Hilfe von Beobachtungsergebnissen gemäß den bekannten Methoden der Ausgleichsrechnung bestimmt. Die so festgelegte Funktion y wird als (mehrdimensionale) **„Wirkungsfläche"** bezeichnet. Durch Anwendung der optimalen Versuchsplanung kann man den Beobachtungsaufwand minimieren.

Wir wollen die Verhältnisse etwas genauer für den **Ansatz** eines (quasi-) linearen Regressionsmodells betrachten:

$$y = \sum_{j=1}^{k} c_j f_j(x_j) . \tag{14.2.3}$$

Die x_j symbolisieren dabei die (physikalischen) Einflußgrößen und Funktionen von ihnen, z. B. $x_1 = \vartheta$, $x_2 = U$, $x_3 = \vartheta \cdot U$, $x_4 = \sqrt[3]{\vartheta}$. Wesentlich am Ansatz (14.2.3) ist die Linearität in den zu bestimmenden Parametern $c_1, c_2, \dots, c_k$.

Für die Beobachtungswerte, die bei der Versuchsdurchführung registriert werden, gilt

$$y_i = \sum_{j=1}^{k} c_j f_j(x_{ji}) + \varepsilon_i \qquad (i = 1, 2, \dots, n) \tag{14.2.4}$$

oder in Matrizenschreibweise,

$$\boldsymbol{y} = \boldsymbol{F}\boldsymbol{c} + \boldsymbol{\varepsilon} . \tag{14.2.5}$$

Für den Vektor $\boldsymbol{\varepsilon}$ der zufälligen Beobachtungsfehler werden die Voraussetzungen

$$M(\boldsymbol{\varepsilon}) = 0 , \qquad M(\boldsymbol{\varepsilon}\boldsymbol{\varepsilon}^T) = \sigma^2 \boldsymbol{I} \tag{14.2.6}$$

(mit $\boldsymbol{I}$ = Einheitsmatrix) gemacht.

Der Koeffizientenvektor $\mathbf{c}$ soll nun so bestimmt werden, daß gilt

$$\psi = \sum_{i=1}^{n} (y - y_i)^2 = \boldsymbol{\varepsilon}^T \boldsymbol{\varepsilon} \to \min . \tag{14.2.7}$$

Der Ansatz $\dfrac{\partial \varphi}{\partial \boldsymbol{c}} = 0$ liefert nach kurzer Rechnung die **„Normal-Gleichung"**

$$\boldsymbol{F}^T \boldsymbol{\varepsilon} = 0$$

und mit (14.2.5)

$$\boldsymbol{F}^T \boldsymbol{F} \hat{\boldsymbol{c}} = \boldsymbol{F}^T \boldsymbol{y} \tag{14.2.8}$$

oder

$$\hat{\boldsymbol{c}} = (\boldsymbol{F}^T \boldsymbol{F})^{-1} \boldsymbol{F}^T \boldsymbol{y} . \tag{14.2.9}$$

Man rechnet leicht nach:

$$M(\hat{\boldsymbol{c}}) = \boldsymbol{c} ,$$

$$D^2(\hat{\boldsymbol{c}}) = \sigma^2 (\boldsymbol{F}^T \boldsymbol{F})^{-1} . \tag{14.2.10}$$

Ein **optimaler Versuchsplan** bemüht sich darum, die Kovarianzmatrix $D^2(\hat{\mathbf{c}})$ möglichst „klein" zu machen. Sehr häufig wird die Forderung det $(\boldsymbol{F}^T\boldsymbol{F}) \Rightarrow$ min gestellt. Man erhält so die sog. D-optimalen Versuchspläne. Der Auswertungsaufwand verringert sich stark, wenn die Matrix $\boldsymbol{F}^T\boldsymbol{F}$ zur Diagonalmatrix wird. Dann sind die Schätzgrößen $\hat{c}_j$ unkorreliert und der Versuchsplan wird als orthogonal bezeichnet.

Bezüglich weiterer Einzelheiten der optimalen Versuchsplanung und auch praktischer Erfahrungen mit der Wirkungsflächenmethode muß auf die unten angegebene Literatur verwiesen werden. Wir bringen nur noch ein Beispiel.

Beispiel 14.2.1

Für Keramikkondensatoren eines bestimmten Typs sollen der Einfluß der Umgebungstemperatur

ϑ für 25 °C $\leqq \vartheta \leqq$ 100 °C und der Spannung
U für $0 \leqq U \leqq 700$ V im Zeitbereich
t für $0 \leqq t \leqq 7500$ h auf Kapazität und Verlustfaktor ermittelt werden.

Dabei ist es zweckmäßig, für die Messungen nur bestimmte Zeitpunkte vom Bauelementefachmann sinnvoll vorgeben zu lassen. Diese Festlegung könnte z. B. so aussehen:

$$t = 0,\ 250\ \text{h},\ 500\ \text{h},\ 1000\ \text{h},\ 2500\ \text{h},\ 4000\ \text{h},\ 5000\ \text{h und } 7500\ \text{h}\ .$$

Für jeden Zeitpunkt gilt es im Interessengebiet

$$\vartheta:\ 25 \dots 100\ °\text{C}\ ,$$
$$U:\ \ 0 \dots 700\ \text{V}$$

die Versuchspunkte, an denen gemessen wird, gemäß den Regeln der optimalen Versuchsplanung zu wählen.

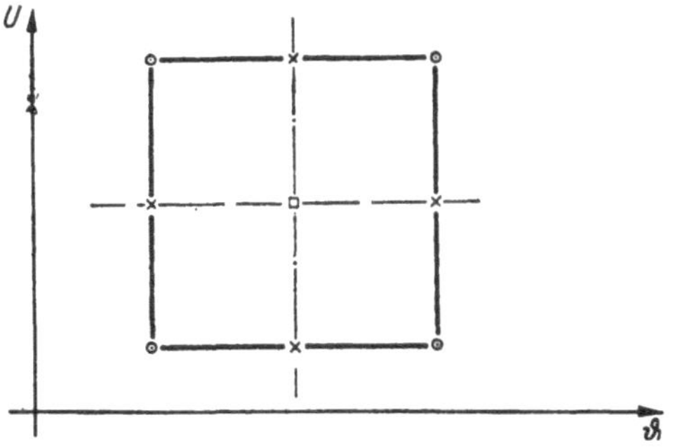

Abb. 14.2.2. Wahl der Versuchspunkte in einem zweidimensionalen rechteckigen Interessengebiet

Man kann zeigen, daß man im vorliegenden Falle eines zweidimensionalen rechteckigen Interessengebietes einen näherungsweise D-optimalen Versuchsplan erhält, wenn man 9 Versuchspunkte gemäß Abb. 14.2.2 wählt und im Zentrum „□" sowie an den „Sternpunkten" „×" je einen, an den Ecken „○" je 2 Versuche durchführt. Die Gesamtzahl n der durchzuführenden Versuche ist also ein Vielfaches von 13.

Eine besondere Schwierigkeit, deren Lösung man dem erfahrenen Fachmann überlassen sollte, besteht in der konkreten Wahl des Ansatzes (14.2.2) bzw. (14.2.3) für die Wirkungsflächen. Im vorliegenden Falle brachte ein quadratischer Ansatz (mit gemischten Gliedern) sowohl für die Änderung der Kapazität C als auch für die Änderung des Verlustfaktors $\tan \delta$ gute Ergebnisse.

Ansatz:

$$\Delta C = c_0 + c_1\vartheta + c_2\vartheta^2 + c_3 U + c_4 U^2 + c_5 U\vartheta\ , \tag{14.2.11}$$
$$\Delta \tan \delta = c_0' + c_1'\vartheta + c_2'\vartheta^2 + c_3' U + c_4' U^2 + c_5' U\vartheta\ .$$

Die unbekannten Parametervektoren $\boldsymbol{c} = (c_0, c_1, \ldots, c_5)^T$ und $\boldsymbol{c}' = (c_0', c_1', \ldots, c_5')^T$ werden mit Hilfe der Beziehung (14.2.9) berechnet. Die Matrix

$$\boldsymbol{F} = \begin{pmatrix} 1 & \vartheta_1 & \vartheta_1^2 & U_1 & U_1^2 & U_1\vartheta_1 \\ 1 & \vartheta_2 & \vartheta_2^2 & U_2 & U_2^2 & U_2\vartheta_2 \\ \vdots & & & & & \vdots \\ 1 & \vartheta_n & \vartheta_n^2 & U_n & U_n^2 & U_n\vartheta_n \end{pmatrix}$$

ergibt sich aus dem Ansatz (14.2.11) und der Wahl der Versuchspunkte (ϑ_i, U_i) für $i = 1, 2, \ldots, n$. Die Beobachtungswerte ΔC_i und $\Delta\,(\tan\delta)_i$ für $i = 1, \ldots, n$ bilden den Vektor $\boldsymbol{y}$ bzw. $\boldsymbol{y}'$. Wir geben die Ergebnisse nur für $y = \Delta C$ nach einer Belastungszeit von $t = 250$ h und $t = 2500$ h an.

$t = 250$ h:

$$\Delta C = 98765 - 29406\vartheta + 1824\vartheta^2 + 150{,}51U - 8{,}97U^2 + 219{,}49U\vartheta\,,$$

$t = 2500$ h:

$$\Delta C = 133947 - 23734\vartheta + 914{,}1\vartheta^2 - 1830{,}2U + 10{,}898U^2 + 340{,}78U\vartheta\,.$$

Dabei wird U in Einheiten von 10^{-1} V, ϑ in 10^{-1} °C und C in Einheiten von 10^{-11} F gemessen.

Die „Wirkungsflächen" wurden in den Abb. 14.2.3a und b skizziert. Weniger Darstellungsaufwand kosten die Linien gleicher ΔC-Änderungen („Höhenlinien"-Darstellung). Sie wurden in den Abbildungen 14.2.4 a und b angegeben.

Aus einem gründlichen Studium der „Wirkungsflächen" kann der Fachmann offenbar viele nützliche Informationen gewinnen:

- Für beliebige Beanspruchungskombinationen ist die zu erwartende Änderung der Zielgröße bestimmbar.
- Kritische Beanspruchungsbereiche, die besonders große Änderungen der Zielgröße bewirken, können festgestellt werden.

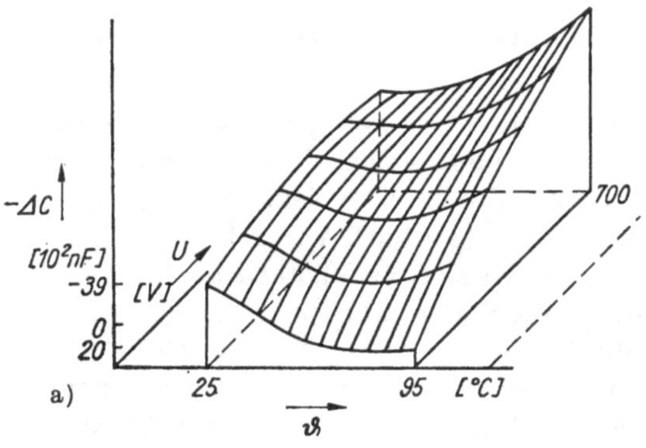

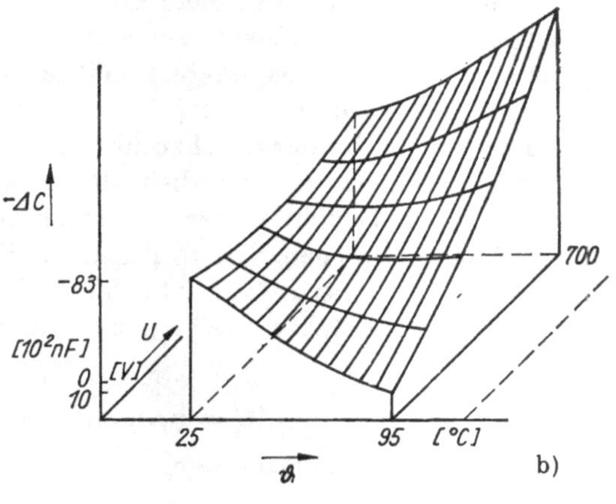

Abb. 14.2.3. Wirkungsfläche der Kapazitätsänderung

a) nach $t = 250$ h
b) nach $t = 2500$ h

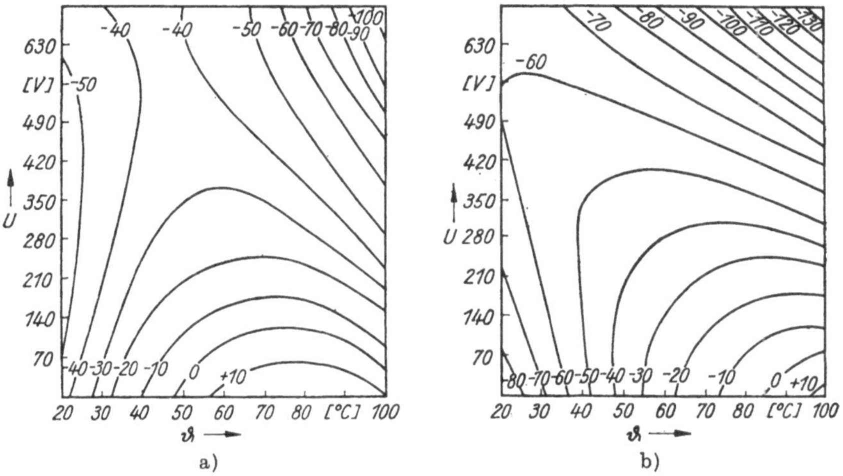

Abb. 14.2.4. „Höhenlinien"-Darstellung der Kapazitätsänderung

a) nach $t = 250$ h
b) nach $t = 2500$ h

- Aussagekraft und Schärfegrad von Bauelementeprüfbedingungen können eingeschätzt werden.
- Durch Gegenüberstellung der Wirkungsflächen zu verschiedenen Belastungszeiten können unterschiedliche Prüfbedingungen verglichen und zeitraffende Prüfbedingungen abgeleitet werden.

14.3. Modelle für Ausfallmechanismen und Ermittlung der Schadensäquivalenz bei unterschiedlicher Beanspruchungshöhe

Durch die Ermittlung der „Wirkungsflächen" ist es möglich, die Beanspruchungsabhängigkeit der interessierenden Parameter zu analysieren. Damit allein können zwar die technologischen, physikalischen oder chemischen Ausfallmechanismen nicht aufgedeckt werden, doch kann der Fachmann so Vermutungen und Denkansätze bestätigen und quantifizieren.

In diesem Abschnitt wollen wir die **Beanspruchungen elektronischer Erzeugnisse in bezug auf mechanische Umwelteinflüsse** betrachten und dabei erläutern, daß man auch mit sehr einfachen Modellvorstellungen zu technisch brauchbaren Ergebnissen kommen kann.

Es ist wohlbekannt, daß die mechanische Beanspruchung eines elektronischen Gerätes dessen Betriebszuverlässigkeit ganz wesentlich beeinflußt. Es ist üblich, pauschale Korrekturfaktoren in Abhängigkeit vom Einsatzfall zu verwenden, vgl. Gleichung (14.2.1). Für elektronische Meßgeräte werden z. B. die in der folgenden Tabelle zusammengestellten Ausfallraten-Korrekturfaktoren empfohlen. Offensichtlich sind die Einsatzorte vor allem nach den mechanischen Beanspruchungen, denen das Meßgerät im Einsatz unterworfen ist, geordnet worden. (In der Literatur werden für die angegebenen Einsatzorte teilweise stark abweichende Korrekturfaktoren genannt!) Man erkennt, welchen gewaltigen Einfluß die mechanischen Beanspruchungen auf die Zuverlässigkeit technischer Erzeugnisse haben. Die Größenordnung der Korrekturfaktoren gibt einen aufschlußreichen Hinweis auf die praktische Aussagekraft von „exakten" Zuverlässigkeitsberechnungen, wie sie z. B. auf der Grundlage von BOOLEschen und MARKOWschen Modellen möglich sind.

Meßgeräte-Einsatzort	Ausfallraten-Korrekturfaktor
Labor	1
Fabrik	10
Schiff	17
Kraftfahrzeug	25
Eisenbahn	30
Flugzeug	120 – 150
Rakete	900 – 1000

Solche empirisch gefundenen Ausfallraten-Korrekturfaktoren könnte man als ein sehr grobes „Black-Box-Modell" zur Abschätzung der Einsatzzuverlässigkeit technischer Erzeugnisse bezeichnen. Dem Wesen der Sache gemäß müßte man die durch unterschiedliche mechanische Beanspruchung hervorgerufenen unterschiedlichen Schädigungen an den Erzeugnissen ermitteln und vergleichbar machen. Dabei stellt man fest, daß es unterschiedliche Schädigungsmechanismen gibt. Beschränkt man sich beispielsweise auf Schäden, die durch Ermüdungsbrüche verursacht werden, so könnte man daran denken, die entsprechenden Theorien der Werkstoffkunde oder

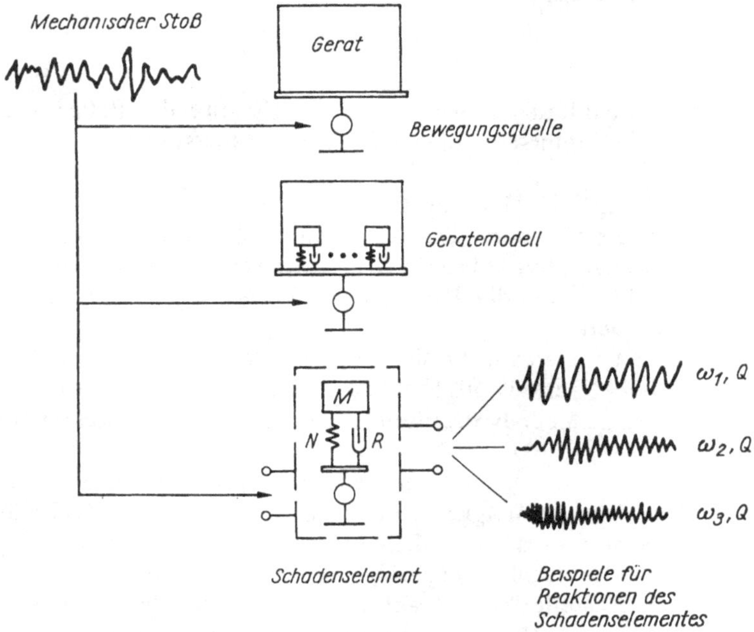

Abb. 14.3.1. Modell zur mathematischen Erfassung mechanischer Stoßbeanspruchungen von elektronischen Geräten

Metallphysik, die das Phänomen der Ermüdung durch gekoppelte Platzwechselvorgänge erklären, heranzuziehen. Da dieser Zugang beim gegenwärtigen Erkenntnisstand leider noch nicht praktikabel ist, ist es für die technische Praxis notwendig, ein Modell zur Erfassung der mechanischen Schädigungen zu benutzen, das zwischen dem erwähnten empirischen Black-Box-Modell und der Betrachtungsweise der Metallphysik steht. Es wurde ein relativ einfaches technisches Modell entwickelt, das in der DDR bereits in der TGL 200-0057 „Stoßfolge- und Schwingungsprüfung" seinen Niederschlag fand:

Die Bauelemente und Funktionsgruppen in elektronischen Geräten werden hinsichtlich ihrer mechanischen Beanspruchung als gedämpfte harmonische Oszillatoren unterschiedlicher Eigenfrequenz ω_i, aber etwa gleicher mechanischer Güte Q aufgefaßt, vgl. Abb. 14.3.1. Eine Beschleunigung $a_0(t)$ des Gerätes führt zu bestimmten Antwortschwingungen der einzelnen Elemente. Als schädigende mechanische Größe wird die maximal im Bauelement auftretende mechanische Spannung aufgefaßt, die als proportional zur Massenbeschleunigung a_m angesetzt wird. Die „Lebensdauer" $\theta_S(\hat{a}_m)$ eines Bauteiles bei sinusförmiger Massenbeschleunigung (fester Frequenz) mit dem Spitzenwert $\hat{a}_m$ wird als eine Konstante angesehen, die sich aus der WÖHLER-Kurve ergibt. Der während des Intervalls $(t, t + \mathrm{d}t) \subset (0, \theta_S(\hat{a}_m))$ auflaufende Schadensanteil ergibt sich aus

$$\mathrm{d}S = \frac{\mathrm{d}t}{\theta_S(\hat{a}_m)} . \tag{14.3.1}$$

Werden für den Spitzenwert $\hat{a}_m$ „zufällige" Schwankungen zugelassen und diese durch die Dichtefunktion $f(\hat{a}_m)$ erfaßt, dann wird der Schadensanteil

$$\mathrm{d}S = \mathrm{d}t \int\limits_0^\infty \frac{f(a_m)\,\mathrm{d}\hat{a}_m}{\theta_S(\hat{a}_m)} . \tag{14.3.2}$$

Gemäß der MINER-Hypothese wird lineare Schadensakkumulation angenommen. Demnach bewirken mehrere mechanische Beanspruchungen des Bauteiles jeweils eine Teilschädigung. Diese addieren sich linear zum Gesamtschaden. Der Bruch entspricht dem Schaden $S = 1$. Die bis zum Schadenseintritt abgelaufene Zeit θ ergibt sich dann zu

$$\theta = \left(\int\limits_0^\infty \frac{f(\hat{a}_m)\,\mathrm{d}\hat{a}_m}{\theta_S(\hat{a}_m)} \right)^{-1} .$$

Im Rahmen der genannten Annahmen ist prinzipiell die Berechnung der „Lebensdauer" θ für jede Beanspruchungsart möglich.

Zwei mechanische Anregungen I und II werden als äquivalent angesetzt, wenn sie am Bauteil die gleiche Schädigung hervorrufen. In diesem Sinne kann man verschiedene Prüfverfahren (Festsinus, Gleitsinus, Stoßfolgen, Schmalbandrauschen, ...) bezüglich ihrer Wirkungen vergleichen. Sind zwei Prüfverfahren in ihren Wirkungen gleich, so lassen sie sich gegeneinander austauschen. Auf dieser Grundlage wird es möglich, Prüfungen zur mechanischen Beanspruchbarkeit unter dem Gesichtspunkt der Zugänglichkeit von Prüfeinrichtungen, der Qualifikation des Prüfpersonals und der Prüfkosten zu optimieren. Äquivalenzbeziehungen zwischen den industriell üblichen Prüfverfahren wurden hergeleitet.

Da elektronische Geräte den unterschiedlichsten Einsatz- und Transportbedingungen unterworfen sind, ist es erforderlich, solche „Feldbedingungen“ untereinander vergleichbar zu machen. Auf der Grundlage einer Feldbeanspruchungsanalyse lassen sich die Schadenskenngrößen für Feldbedingungen ermitteln. Durch Vergleich mit den Schadenskenngrößen für die Prüfverfahren wird es möglich, eine (im Rahmen des beschriebenen Modells) schadensäquivalente Prüfung durchzuführen. Mehrjährige Erfahrung hat gezeigt, daß mit diesem einfachen Modell praktisch brauchbare Ergebnisse erzielt werden können.

14.4. Parameterempfindlichkeit und Toleranzanalyse technischer Systeme

Der Entwickler eines elektronischen Gerätes oder anderen technischen Erzeugnisses kann sich nicht damit begnügen, ein Muster des Erzeugnisses aufzubauen, das zu einem bestimmten Zeitpunkt und unter den Bedingungen des Entwicklungslabors die geforderten Systemcharakteristiken erfüllt. Er muß vielmehr den Einfluß der Umgebungsbedingungen im gesamten vorgeschriebenen Arbeitsbereich und den Alterungseinfluß während der geplanten Nutzungsdauer des Erzeugnisses von vornherein berücksichtigen und sichern, daß das Erzeugnis in jedem Falle vorschriftsmäßig funktioniert. Bei einem Erzeugnis, das serienmäßig gefertigt werden soll, kommen die unvermeidlichen Herstellungstoleranzen der Bauelemente hinzu.

Zur Lösung der angeschnittenen Probleme sind **Toleranzuntersuchungen** des konzipierten technischen Systems erforderlich. Wir beschreiben die Vorgehensweise zunächst allgemein und wählen anschließend eine elektronische Schaltung als Beispiel.

Ein System gegebener Struktur wird durch gewisse Parameterwerte charakterisiert. Diese lassen sich als Element $\boldsymbol{p}$ eines geeignet gewählten Parameterraumes charakterisieren. Mit der Festlegung von $\boldsymbol{p}$ wird auch das Verhalten des Systems eindeutig festgelegt. Das Systemverhalten aber läßt sich durch ein Element $\boldsymbol{x}$ eines entsprechend zu wählenden abstrakten Zustandsraumes deuten. Durch ein Verfahren der mathematischen Systemanalyse soll die durch das System vermittelte Abbildung des Parameterraumes in den Zustandsraum widergespiegelt werden.

Der Realität wird viel besser entsprochen, wenn man **nicht** von einem **Punkt des Parameterraumes** ausgeht, **sondern** von einem **Parametergebiet** G_p, das die prinzipiell nicht vermeidbaren Abweichungen der Parameterwerte von angesetzten Nennwerten $\boldsymbol{p}$ berücksichtigt, vgl. Abb. 14.4.1.

Zu bestimmen ist das Teilgebiet G_x des Zustandsraumes, in das das Parametergebiet G_p infolge der durch das System vermittelten Transformation abgebildet wird. Es wäre ideal, wenn man aus einer ermittelten Wahrscheinlichkeitsverteilung der Parameterwerte über dem Gebiet G_p die transformierte Wahrscheinlichkeitsverteilung über G_x im Zustandsraum ermitteln könnte.

Wenn die zulässigen Schwankungen des Parametervektors $\boldsymbol{p}$ sehr klein sind, so wird man normalerweise erwarten, daß auch der zugehörende Schwankungsbereich G_x des Zustandsvektors $\boldsymbol{x}$ sehr klein ist. Es zeigt sich jedoch, daß man bei praktischen Problemstellungen relativ häufig auf mathematische Modellsysteme geführt wird, deren Lösungsvektor $\boldsymbol{x}$ außerordentlich empfindlich auf geringfügige Änderungen

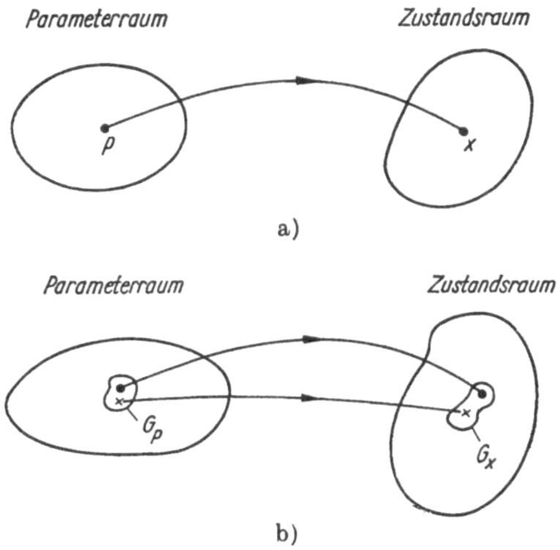

Abb. 14.4.1. Abbildung von den Parameterwerten der Systemelemente in den Systemzustand
a) bei festen Zahlenwerten für die Parameter
b) bei „fehlerhaften" Parameterwerten

des Parametervektors $\boldsymbol{p}$ reagiert. Solche Systeme bezeichnet man als „krankhaft" oder „bösartig" oder – versachlicht in Anlehnung an den englischen und französischen Sprachgebrauch – als **schlechtkonditioniert** (engl.: ill-conditioned, franz.: mal conditionne, russ.: плохо обусловленно). Ob ein System schlecht konditioniert ist oder nicht, das läßt sich meist erst nach Durchführung einer Toleranzanalyse vorhersagen.

Für jedes Element $\boldsymbol{p} \in G_p$ erhält man das zugehörende Element $\boldsymbol{x} \in G_x$ durch eine Analyse. In Abb. 14.4.1 b wurde das für zwei verschiedene Elemente aus G_p – charakterisiert durch einen Punkt und durch ein Kreuz – angedeutet. Führt man die Analyse für sehr viele geeignet gewählte $\boldsymbol{p}_i \in G_p$ durch, so kann man hoffen, daß die zugehörenden Elemente $\boldsymbol{x}_i \in G_x$ in ihrer Gesamtheit eine hinreichend gute Vorstellung vom gesuchten Gebiet G_x liefern. Von diesem Grundgedanken geht die sog. **Monte-Carlo-Methode** zur Toleranzanalyse aus. Bei praktischen Problemstellungen müssen auf diese Weise sehr oft mehrere tausend Analysen durchgeführt werden, und die Aufwendungen für eine solche Toleranzanalyse werden rasch unvertretbar hoch.

Unter der Voraussetzung, daß der Systemzustand stetig von den Parameterwerten abhängt und das Parametergebiet G_p hinreichend klein ist, kann man die Abweichungen des Systemzustandes $\boldsymbol{x}$ vom Nennwert $\tilde{\boldsymbol{x}}$ in Abhängigkeit von der Abweichung des Parametervektors $\boldsymbol{p}$ vom Nennwert $\tilde{\boldsymbol{p}}$ oft näherungsweise darstellen:

$$\boldsymbol{x} - \tilde{\boldsymbol{x}} \approx \boldsymbol{E}(\tilde{\boldsymbol{p}})\,(\boldsymbol{p} - \tilde{\boldsymbol{p}})\,. \tag{14.4.1}$$

Durch den Operator $\boldsymbol{E}(\tilde{\boldsymbol{p}})$ werden die sog. **Empfindlichkeitsfunktionen** der Systemkenngrößen gegenüber Parameteränderungen definiert.

Die **Grundgedanken der Empfindlichkeitsanalyse** wollen wir nun formulieren. (Die folgenden niedergeschriebenen Beziehungen sehen auf den ersten Blick recht einfach aus, können aber bei konkreten Anwendungen sehr komplizierte Operatorgleichungen darstellen. Auf die Diskussion mathematischer Voraussetzungen, z. B. FRECHÉT-

Differenzierbarkeit, wird völlig verzichtet, da es hier nur um die Vermittlung der Grundgedanken geht.)

Das zu untersuchende System möge durch eine implizite Vektorgleichung beschrieben werden,

$$\boldsymbol{f}\big(t, \boldsymbol{p}, \boldsymbol{v}(t), \boldsymbol{x}(\boldsymbol{p}, t)\big) = 0 . \tag{14.4.2}$$

Dabei symbolisiert t die Zeit (oder einen anderen skalaren Parameter, z. B. die komplexe Frequenz s), $\boldsymbol{p}$ den Vektor der Parameterwerte der Systemelemente, $\boldsymbol{v}(t)$ den Vektor der Erregungsgrößen des Systems, während der Vektor $\boldsymbol{x}(\boldsymbol{p}, t)$ den Systemzustand vollständig beschreiben soll.

Zur Ermittlung der Empfindlichkeit des Zustandsvektors $\boldsymbol{x}$ gegenüber Änderungen eines Parameters P_ϱ soll der Vektor $\dfrac{\partial \boldsymbol{x}}{\partial P_\varrho}$ bestimmt werden. Eine Bestimmungsgleichung für diesen Vektor erhält man durch Differentiation der Gl. (14.4.2) nach P_ϱ:

$$\frac{\partial \boldsymbol{f}}{\partial \boldsymbol{x}} \frac{\partial \boldsymbol{x}}{\partial P_\varrho} = - \frac{\partial \boldsymbol{f}}{\partial P_\varrho} . \tag{14.4.3}$$

Das Gleichungssystem (14.4.3) hat einige bemerkenswerte Eigenschaften:

1. Die linke Seite hängt vom Parameter P_ϱ gar nicht ab. Bei der Ermittlung der Empfindlichkeiten gegenüber einem anderen Parameter muß daher nur die rechte Seite abgeändert werden.
2. (14.4.3) ist ein **lineares** Gleichungssystem für den unbekannten Vektor $\dfrac{\partial \boldsymbol{x}}{\partial P_\varrho}$, unabhängig davon, ob die Relationen (14.4.2) linear sind oder nicht.
3. Falls (14.4.2) eine lineare Beziehung für den Zustandsvektor $\boldsymbol{x}$ darstellt, gilt

$$\frac{\partial \boldsymbol{f}}{\partial \boldsymbol{x}} \boldsymbol{x} = \boldsymbol{g}\big(t, \boldsymbol{p}, \boldsymbol{v}(t)\big) , \tag{14.4.2'}$$

d. h., die linken Seiten des Gleichungssystems zur Berechnung des Vektors $\boldsymbol{x}$ und des Gleichungssystems zur Berechnung der Vektoren $\dfrac{\partial \boldsymbol{x}}{\partial P_\varrho}$ ($\varrho = 1, 2, \ldots$) stimmen überein.

Die infolge kleiner Änderungen der Parameterwerte hervorgerufene Änderung des Zustandsvektors erhält man aus

$$\Delta \boldsymbol{x} = \boldsymbol{x} - \tilde{\boldsymbol{x}} \approx \sum_\varrho \left(\frac{\partial \boldsymbol{x}}{\partial P_\varrho} \right) \bigg|_{\tilde{\boldsymbol{p}}} (P_\varrho - \tilde{P}_\varrho) = \left(\frac{\partial \boldsymbol{x}}{\partial \boldsymbol{p}} \right) \bigg|_{\tilde{\boldsymbol{p}}} (\boldsymbol{p} - \tilde{\boldsymbol{p}}) . \tag{14.4.4}$$

Die hier vorgenommene Linearisierung, die einer nach den linearen Gliedern abgebrochenen Taylor-Reihe entspricht, liefert in den meisten praktischen Anwendungsfällen hinreichend genaue Ergebnisse. Mitunter muß man auch die Empfindlichkeitsfunktionen höherer Ordnung ermitteln, um die Glieder zweiter und höherer Ordnung in der Taylor-Entwicklung berücksichtigen zu können.

Durch Differentiation von (14.4.3) nach den Systemparametern ergeben sich Beziehungen für die **Empfindlichkeitsfunktionen höherer Ordnung.** Zum Beispiel erhält man durch Differentiation nach dem Parameter P_λ für die Empfindlichkeitsfunktionen zweiter Ordnung $\frac{\partial^2 \boldsymbol{x}}{\partial P_\lambda \, \partial P_\varrho} = \frac{\partial^2 \boldsymbol{x}}{\partial P_\varrho \, \partial P_\lambda}$ die Bestimmungsgleichung

$$\frac{\partial \boldsymbol{f}}{\partial \boldsymbol{x}} \frac{\partial^2 \boldsymbol{x}}{\partial P_\lambda \, \partial P_\varrho} = - \frac{\partial^2 \boldsymbol{f}}{\partial P_\lambda \, \partial P_\varrho} - \frac{\partial}{\partial P_\lambda} \left(\frac{\partial \boldsymbol{f}}{\partial \boldsymbol{x}} \right) \frac{\partial \boldsymbol{x}}{\partial P_\varrho} . \tag{14.4.5}$$

Offenbar sind auch die Bestimmungsgleichungen für die Empfindlichkeitsfunktionen höherer Ordnung stets linear. Die linken Seiten der Relationen (14.4.5) hängen weder von der Ordnung der Empfindlichkeitsfunktion noch von den gewählten Parametern ab. Auf der rechten Seite erscheinen Empfindlichkeitsfunktionen niedrigerer Ordnung.

Als **Anwendung** betrachten wir den in Abb. 14.4.2a dargestellten Stromlaufplan eines elektrischen Oktavfilters. Die Nennwerte der (normierten) Schaltelemente wurden angegeben. Die lt. IEC-Empfehlung an die Dämpfung

$$a = 20 \lg |A| \quad \text{mit} \quad A = \frac{2U}{U^e}$$

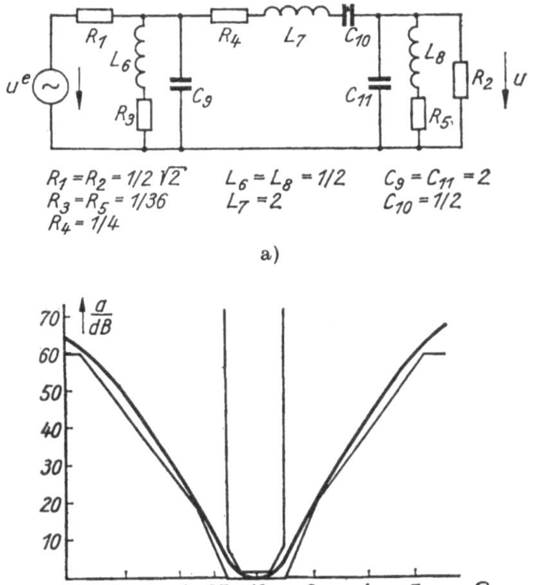

Abb. 14.4.2. Oktavfilter mit normierten Schaltelementewerten

a) Stromlaufplan des elektrischen Filters

b) Toleranzschema für die Dämpfung des Filters mit eingetragenem Dämpfungsverlauf bei Nennwerten der Schaltelemente

gestellten Forderungen wurden in Abb. 14.4.2b skizziert. Der Dämpfungsverlauf bei Nennwerten der Schaltelemente wurde über der normierten Frequenz Ω dargestellt und in das vorgeschriebene IEC-Toleranzschema eingetragen. Die Gl. (14.4.4) erhält hier die aus der Fehlerrechnung bekannte Gestalt

$$\Delta a \approx \sum_{\varrho=1}^{11} \frac{\partial a}{\partial P_\varrho} \Delta P_\varrho = \sum_{\varrho=1}^{11} \left(\frac{\partial a}{\partial P_\varrho} P_\varrho \right) \frac{\Delta P_\varrho}{P_\varrho} . \tag{14.4.6}$$

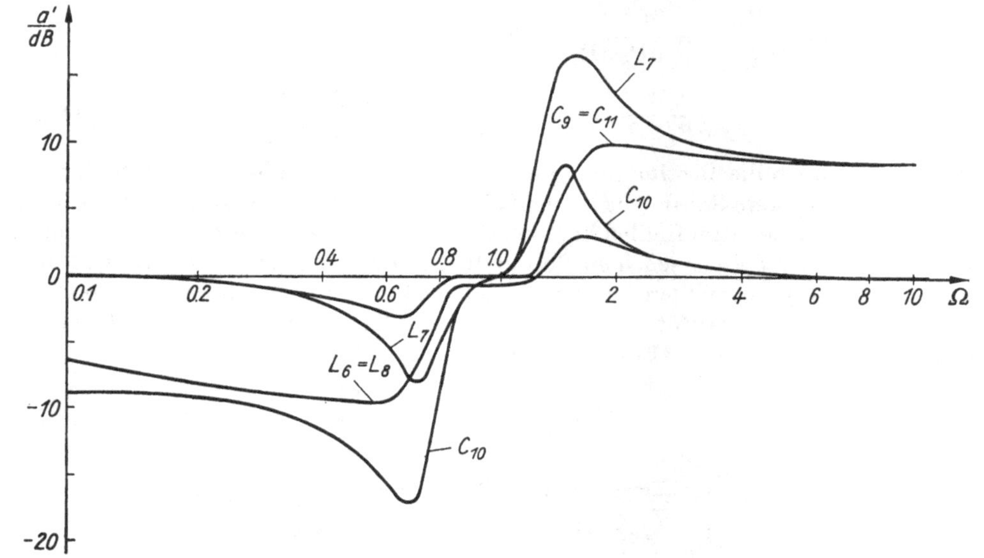

Abb. 14.4.3. Einflußfunktionen der Schaltelemente L_6, L_7, L_8, L_9, C_9, C_{10} und C_{11} auf die Dämpfung

In Abb. 14.4.3 wurden einige Einflußfunktionen $\frac{\partial a}{\partial P_\varrho} P_\varrho$ angegeben und jeweils durch den Schaltelementeparameter P_ϱ gekennzeichnet.

Bei der Berücksichtigung des kombinierten Einflusses der Toleranzen mehrerer Schaltelemente kann man Gl. (14.4.6) unterschiedlich auswerten. Will man auch die ungünstigsten Kombinationen berücksichtigen, so spricht man von einer sog. **Worst-Case-Analyse** (zu deutsch: Schlimmst-Fall-Analyse). Beim Oktavfilter wurde für die Frequenz $\Omega = 1{,}7$ das (im Sinne der Gl. 14.4.6 linearisierte) Worst-Case-Schwankungsgebiet des Übertragungsfaktors A infolge vorgegebener Schaltelementetoleranzen, und zwar R_3, R_4 und R_5 zu je $\pm$ 10%, während für die übrigen Schaltelemente je $\pm$ 2% Toleranzen angesetzt wurden, berechnet. Es ergab sich der äußere Polygonzug von Abb. 14.4.4.

Eine solche Worst-Case-Toleranzanalyse ist oft unrealistisch, da sich vor allem bei vielen Schaltelementen **statistische Überlagerungs- und Kompensationseffekte** stark

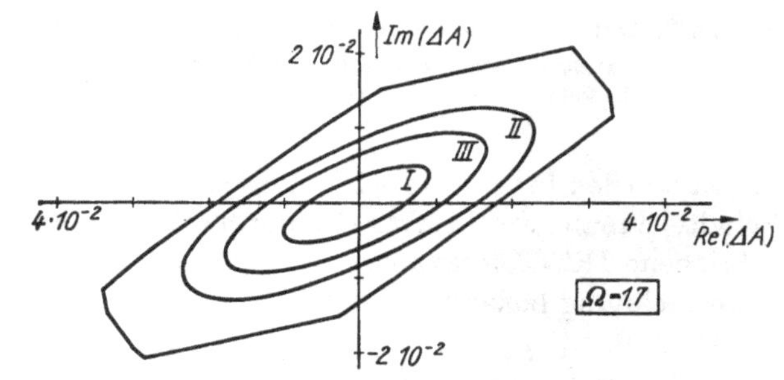

Abb. 14.4.4. Schwankungsbereich des Übertragungsfaktors A bei der Frequenz $\Omega = 1{,}7$

bemerkbar machen. Nimmt man in unserem Beispiel an, daß die Schaltelementewerte in dem eben angegebenen Toleranzbereich gleichverteilt sind, so liegt der Übertragungsfaktor A von 50% der Gesamtheit aller gefertigten Oktavfilter innerhalb der Ellipse I und von 99% innerhalb der Ellipse II. Nimmt man an, daß die angegebenen Toleranzgrenzen der Schaltelemente mit den 3σ-Schranken der entsprechenden Wahrscheinlichkeitsverteilungen zusammenfallen, so wird der Übertragungsfaktor von 99,9% aller gefertigten Oktavfilter innerhalb der Ellipse III liegen.

Jeder Schaltungsentwickler wird sich bemühen, Schaltungen zu entwickeln, die möglichst unempfindlich gegenüber Toleranzen der Bauelementeparameter sind. Man kann mit Hilfe der Empfindlichkeitsfunktionen den zulässigen Bereich der Bauelementetoleranzen (in linearisierter Näherung) angeben. Bei r zu berücksichtigenden Schaltelementeparametern ist das ein r-dimensionaler Bereich, der sich (für $r > 3$) der geometrischen Veranschaulichung entzieht. Man erhält jedoch einen guten Einblick in die vorliegenden Verhältnisse, wenn man die Durchschnitte dieses r-dimensionalen Bereiches mit den zweidimensionalen Koordinatenebenen bestimmt. Mit anderen Worten: Man erhält den zulässigen Schwankungsbereich der Toleranzen von zwei Parametern, wenn alle Parameter bis auf diese zwei bei ihren Nennwerten festgehalten werden.

Für unser Beispiel wurde in Abb. 14.4.5a der zweidimensionale Bereich auf Grund der zulässigen Toleranzen von L_7 und C_{10} aufgetragen. Die Abb. 14.4.5b zeigt den zulässigen Toleranzbereich für L_6 und C_9, der aus Symmetriegründen mit dem der Toleranzen von L_8 und C_{11} zusammenfällt. In den Abbildungen 14.5 c bzw. d wurde

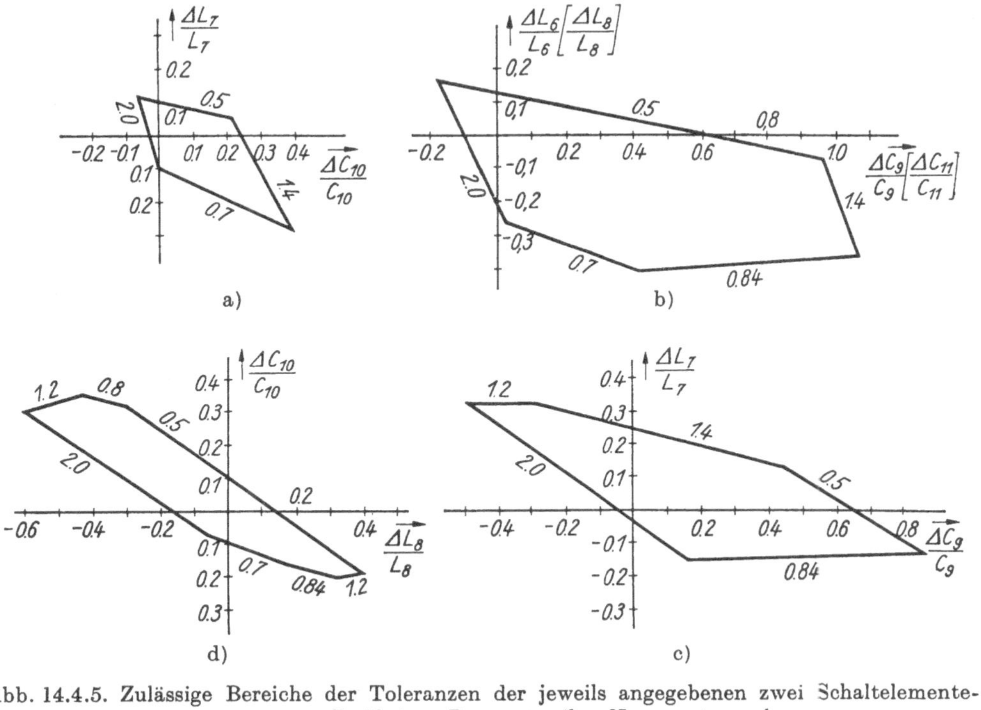

Abb. 14.4.5. Zulässige Bereiche der Toleranzen der jeweils angegebenen zwei Schaltelementeparameter, wenn alle übrigen Parameter ihre Nennwerte nnahmen

der zulässige Toleranzbereich von L_8 und C_{10} bzw. von L_7 und C_9 eingetragen. Die an den Begrenzungsgeraden der Bereiche notierten Zahlen bedeuten die (normierten) Frequenzen, an denen das Oktavfilter-Toleranzschema gemäß Abb. 14.4.2b verletzt würde, wenn die Parameteränderungen über die Begrenzungslinie hinausgingen.

An den Abbildungen 14.4.5 a bis d fällt auf, daß die Nennwerte der Bauelementeparameter des Oktavfilters durchaus nicht im „Zentrum" des zulässigen Bereiches liegen. Deshalb können bereits relativ kleine Parameterabweichungen in ungünstiger Richtung zum Systemausfall führen. Es ist daher im Sinne einer **Toleranzoptimierung** anzustreben, die Nennwerte der Parameter so zu verändern, daß sie im Zentrum des zulässigen r-dimensionalen Parameterbereiches liegen. Auf Rechenverfahren zur Durchführung einer solchen Toleranzoptimierung kann hier nicht mehr eingegangen werden.

14.5. Berücksichtigung der Umgebungsbedingungen beim Systementwurf

Zum Schluß sei noch kurz auf die Berücksichtigung der Umgebungsbedingungen in Form globaler Parameter beim Systementwurf hingewiesen. Im Abschnitt 14.3 wurde erläutert, daß sich die Schaltelementewerte in Abhängigkeit von globalen Parametern wie Umgebungstemperatur, Luftfeuchte, Alterung, . . . stark ändern. Die Abhängigkeiten sind häufig stark nichtlinear und betreffen sämtliche Bauelemente zugleich. Die Koeffizienten des Gleichungssystems (14.4.2), das das Systemverhalten beschreibt, sind sehr komplizierte Funktionen der globalen Parameter. Das Verhalten der interessierenden **Ausgangsgrößen in Abhängigkeit einzelner globaler Parameter** wird im Englischen als „tracking sensitivity" (zu deutsch: Mitlaufempfindlichkeit) bezeichnet. Es läßt sich eine Reihe von Berechnungsverfahren zur Lösung derartiger Probleme heranziehen. In der Regel reichen die Methoden der oben skizzierten Empfindlichkeitsanalyse nicht mehr aus. Für Systeme, die sich als lineare Netzwerke beschreiben lassen, können vor allem folgende Berechnungsmethoden empfohlen werden:

Wird die Analyse des technischen Systems (semi-)symbolisch durchgeführt (d. h., die Systemausgangsgrößen werden als analytische Funktionen der interessierenden Bauelementeparameter gewonnen), so kann man anschließend die bestehenden Abhängigkeiten der Bauelemente vom globalen Parameter einsetzen und die interessierenden Zahlenwerte durch geeignete Tabellierung erhalten.

Da Rechenprogramme zur symbolischen Systemanalyse den Entwicklern z. Z. nur in seltenen Fällen zur Verfügung stehen, so wird man auf die weitverbreiteten Rechenprogramme zur numerischen Systemanalyse bei fest vorgegebenen Schaltelementewerten zurückgreifen: Man ermittelt für k charakteristische Werte des globalen Parameters die zugehörenden Bauelementewerte und daraus die Koeffizienten des Gleichungssystems (14.4.2). Anschließend wird dieses Gleichungssystem k mal gelöst. Damit liegen die (bis auf die Rundungsfehler) exakten Werte der Ausgangsgröße für insgesamt k Werte des globalen Parameters vor. Diese Information reicht in der Regel aus.

Beispiel 14.5.1

Abb. 14.5.1 zeigt eine aktive RC-Schaltung, die das Verhalten eines LC-Schwingkreises nachbildet. Mit den normierten Schaltelementewerten $R = 4$, $R_1 = 646$, $R_2 =$

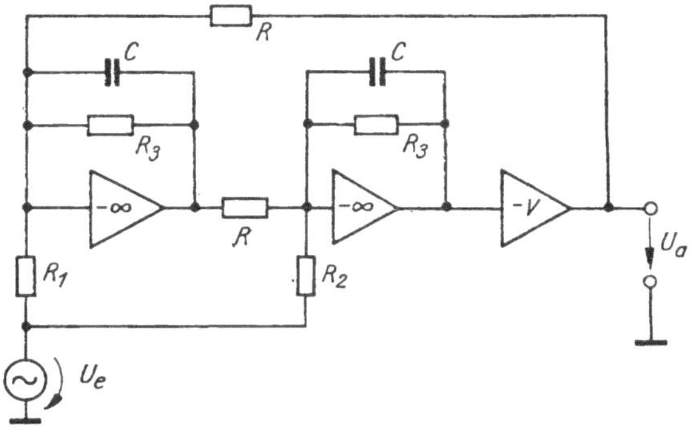

Abb. 14.5.1. Beispiel für eine aktive *RC*-Schaltung

35,88, $R_3 = 72$, $C = 0{,}25$, $V = 0{,}996914$ ergibt sich eine Resonanzfrequenz von $\Omega_0 = 1$; die Güte, beträgt $Q = 9$.

Es soll das Verhalten der Schaltung bei Temperaturänderungen untersucht werden. Für die Temperaturabhängigkeiten der Schaltelemente kann eine lineare Abhängigkeit der Widerstände (TK-Wert $\alpha_C = 10^{-3}/°C$) und der Kondensatoren ($\alpha_C = -2 \times 10^{-4}/°C$) angesetzt werden.

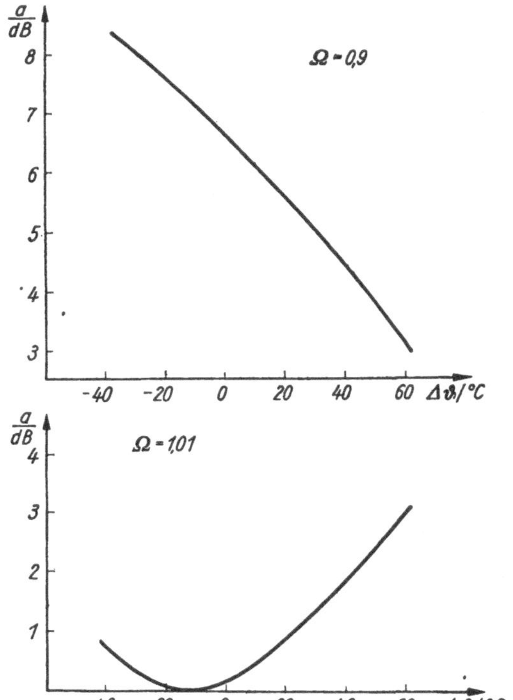

Abb. 14.5.2. Temperaturabhängigkeit der Dämpfung der elektronischen Schaltung gemäß Abb. 14.5.1

a) bei = 0,9, b) bei = 1,01

Abb. 14.5.2 zeigt den Verlauf der Dämpfung $a = -20 \lg |U_a/U^e|$ bei der Frequenz $\Omega = 0{,}9$. Wegen des fast geradlinigen Verlaufs reicht die Berechnung der Empfindlichkeitsfunktionen bereits aus. Die Berücksichtigung der 2. Ableitungen führt zu Ergebnissen, die sich zeichnerisch nicht von den exakten unterscheiden.

Abb. 14.5.2b zeigt den Verlauf der Dämpfung bei $\Omega = 1{,}01$. In unmittelbarer Nähe der Resonanzfrequenz ergibt sich ein stark nichtlinearer Kurvenverlauf, so daß die Empfindlichkeitsfunktionen nicht ausreichen, die Temperaturabhängigkeit der Dämpfung zu beschreiben.

Für den praktischen Schaltungsentwurf zeigen die Rechenergebnisse, daß die Temperaturabhängigkeit der Schaltungseigenschaften unzulässig groß ist. Es ist nötig, Widerstände mit einem kleinen positiven Temperaturkoeffizienten zu verwenden (z. B. Metallschichtwiderstände). Zur zweckmäßigen Festlegung der Temperaturkoeffizienten empfiehlt sich der Einsatz eines Rechenprogramms zur Toleranzanalyse (Berechnung des Einflusses von Änderungen der einzelnen Schaltelementewerte auf die Ausgangsgröße). Dann gelingt u. U. eine weitgehende Kompensation der Einflüsse der einzelnen Schaltelemente.

Literatur

[1] Becker, P. W., Jensen, F.: Design of systems and circuits for maximum reliability or maximum production yield. Lyngby: Polyteknisk Forlag 1974.

[2] Bolotin, W. W. – Болотин В. В.: Применение методов теории вероятностей и теории надежности в расчетах сооружений. Москва: Литература по строительству 1966 г.

[3] Bryant, P. R.: Tracking sensitivity: an alternative algorithm for linear nonreciprocal circuits. Electronic Letters **11** (1975) 114–116.

[4] Bulowski, P. I., Saidenberg, M. G. – Буловский П. И., Зайденберг, М. Г.: Надежность систем управления. Ленинград: Машиностроение — 1975 г.

[5] Finkelstein, E. J. – Финкельштейн Е. Я.: Параметрические оценки надежности. Рига: Зинатне — 1975 г.

[6] Gastinel, N.: Conditionnement d'une systeme d'équations linéaires. C.R. Acad. sci. **248** (1959) 2707–09.

[7] Härtler, G.: Versuchsplanung und statistische Datenanalyse. Berlin: Akademie-Verlag 1976.

[8] Hochwald, W., McQuade, K. F., Scheffler, H. S.: Methoden der Simulation und Analyse mit dem Digitalrechner beim Entwurf zuverlässiger Schaltungen. Techn. Zuv. in Einzeldarstellungen, H. 6, S. 11–52 (München 1965).

[9] Dorleans, J., Ligeron, J. C., Grange, J. M.: Etude du taux de défaillance des composants électroniques en fonction des contraintes électriques et thermiques. L-Onde Électrique **51** (1971) 275–286.

[10] Jöstel, E.: Erfahrungen mit der Methode der Wirkungsflächen bei der Ermittlung der Zuverlässigkeit keramischer Kondensatoren. V. Zuverlässigkeitskolloquium, Hiddensee/DDR, 5.–10. 4. 1976.

[11] Konenkow, J. K., Uschakow, I. A. – Коненков Ю. К., Ушаков И. А.: Вопросы надежности радиоэлектронной аппаратуры при механических нагрузках. Москва: Советское радио — 1975 г.

[12] Lenk, A., Rehnitz, J.: Schwingungsprüftechnik. Berlin: VEB Verlag Technik 1974.

[13] Leung, K. H., Spence, R.: Tracking sensitivity: an efficient algorithm for linear nonreciprocal circuits. Electronic Letters **10** (1974) 377–378.

[14] Melamedow, I. M. – Меламедов И. М.: Физические основы надежности. Ленинград: Энергия — 1970 г.

[15] Maslow, A. J., Tatarski, W. J. – Маслов А. Я., Татарский В. Ю.: Повышение надежности радиоэлектронной аппаратуры. Москва: Советское радио — 1972 г.

[16] Nowopaschenni, G. N., Nowizki, P. W. — Новопашенный Г. Н., Новицкий П. В.: Электронные измерительные приборы. Ленинград: Энергия — 1966 г.

[17] Pampuro, W. I. — Пампуро В. И.: Анализ радиоцепей и их схемной надежности. Киев: Техника — 1967 г.

[18] Pinel, J. F., Roberts, K. A.: Tolerance assignment in linear networks using nonlinear programming. IEEE Trans. CT-**19** (1972) 475–479.

[19] Reinschke, K.: Zuverlässigkeit von Systemen. Band 2: Toleranzanalyse linearer stetiger Systeme. Berlin: VEB Verlag Technik 1974.

[20] Reinschke, K., Schwarz, P.: Berücksichtigung der Umgebungsbedingungen bei der Schaltungsberechnung. Nachrichtentechnik · Elektronik **26** (1976) 95–99.

[21] Reinschke, K., Schwarz, P.: Sensitivity analysis of linear and nonlinear networks. Elektron. Inf.-Verarb. u. Kybernetik **11** (1975) 405–421.

[22] Rips, J. A., Saweljew, B. A. — Рипс Я. А., Савельев Б. А.: Анализ и расчет надежности систем управления электроприводами. Москва: Энергия — 1974 г.

[23] Tretter, J.: Zum Driftverhalten von Bauelementen und Geräten. Qualität und Zuverlässigkeit **19** (1974) 73–79.

[24] Turkeltaub, P. M. — Туркельтауб П. М.: Методы исследования точности и надежности схем аппаратуры. Москва: Энергия — 1966 г.

[25] Wasiljew, B. W., Koslow, B. A., Tkatschenko, L. G. — Вазилев Б. В., Козлов, Б. А., Ткаченко Л. Г.: Надежность и эффективность радиоэлектронных устройств. Москва: Советское радио — 1964 г.

ANHANG 1. GRUNDBEGRIFFE UND KLEINER WISSENSSPEICHER DER WAHRSCHEINLICHKEITSTHEORIE

A 1.1. Zufällige Ereignisse (Bezeichnungen und Definitionen)

Zufällige Ereignisse sind Ereignisse, die als Ergebnis eines durchgeführten Versuchs eintreten können oder nicht. Wir werden ein zufälliges Ereignis mit dem Symbol A bezeichnen.

Das **sichere Ereignis** ist ein solches Ereignis, das unbedingt eintreten muß. Wir werden das sichere Ereignis mit dem Symbol E bezeichnen.

Das **unmögliche Ereignis** ist ein solches Ereignis, das niemals eintreten kann. Wir werden das unmögliche Ereignis mit dem Symbol U bezeichnen.

Vereinbare (unvereinbare) **Ereignisse** sind solche Ereignisse, bei denen das Eintreten des einen Ereignisses die Möglichkeit des Eintretens des anderen nicht ausschließt (ausschließt).

Abhängige (unabhängige) **Ereignisse** sind solche Ereignisse, bei denen das Eintreten des einen Ereignisses das Eintreten des anderen beeinflußt (nicht beeinflußt).

Das **Komplementärereignis** zu einem gewissen herausgegriffenen Ereignis A ist das Ereignis, das im Nichteintreten des gewählten Ereignisses A besteht. Wir werden das Komplementärereignis mit $\bar{A}$ bezeichnen. (Das Komplementärereignis $\bar{A}$ heißt auch Negation des Ereignisses A.)

Ein **vollständiges System von Ereignissen** ist eine solche Ereignismenge, von der im Ergebnis des Versuchs notwendig mindestens eines ihrer Ereignisse eintreten muß.

Anmerkung: Die Ereignisse A und $\bar{A}$ stellen ein vollständiges System von Ereignissen dar, weil als Versuchsergebnis nur zwei Möglichkeiten bestehen: Entweder das Ereignis A tritt ein, oder das Ereignis A tritt nicht ein (d. h., es tritt $\bar{A}$ ein).

Die **Summe der Ereignisse** $A_1, A_2, \ldots, A_n$ ist ein solches Ereignis A, dessen Eintreten in einem Versuch dem Eintreten wenigstens irgendeines der Ereignisse $A_1, A_2, \ldots, A_n$ im gleichen Versuch gleichwertig ist. Wir werden die Summe der Ereignisse mit

$$A = A_1 \vee A_2 \vee \ldots \vee A_n = \bigcup_{i=1}^{n} A_i$$

bezeichnen, wobei $\vee$ das Zeichen für die logische Addition von Ereignissen und $\bigcup$ das Zeichen für die logische Summe von Ereignissen ist.

Wenn die Ereignisse A_i für $i = 1, 2, \ldots, n$ ein vollständiges System von Ereignissen bilden, so gilt

$$\bigcup_{i=1}^{n} A_i = E\,.$$

Insbesondere gilt $A_i \vee \bar{A}_i = E$.

Die Summe von Ereignissen wird auch **Vereinigung** von Ereignissen genannt. Für die logische Summe von Ereignissen gelten die folgenden Gleichungen:

$$A \vee A = A;$$
$$A \vee U = A;$$
$$A \vee E = E;$$

Das **Produkt der Ereignisse** $A_1, A_2, \dots, A_n$ ist ein solches Ereignis A, dessen Eintreten in einem Versuch dem gleichzeitigen Eintreten aller Ereignisse $A_1, A_2, \dots, A_n$ im gleichen Versuch gleichwertig ist. Wir werden das Produkt der Ereignisse mit

$$A = A_1 \wedge A_2 \wedge \dots \wedge A_n = \bigcap_{i=1}^{n} A_i$$

bezeichnen, wobei $\wedge$ das Zeichen für die logische Multiplikation von Ereignissen und $\bigcap$ das Zeichen für das logische Produkt von Ereignissen ist.

Das Produkt von Ereignissen wird auch **Durchschnitt** von Ereignissen genannt. Für das logische Produkt von Ereignissen gelten die folgenden Gleichungen:

$$A \wedge A = A,$$
$$A \wedge E = A,$$
$$A \wedge U = U,$$
$$A_i \wedge A_j = U,$$

falls A_i und A_j unvereinbar sind.

A 1.2. Wahrscheinlichkeit eines Ereignisses

Die **Wahrscheinlichkeit** eines Ereignisses ist eine zahlenmäßige Charakterisierung für den Grad der Möglichkeit, daß das zufällige Ereignis unter bestimmten Bedingungen realisiert wird.

Klassische Definition

Wir betrachten „gleichmögliche" Ereignisse $A_1, A_2, \dots, A_n$, d. h. solche Ereignisse, bei denen keinerlei objektive Gründe für ein häufigeres Eintreten irgendeines von ihnen existieren. (Es wird vorausgesetzt, daß alle diese Ereignisse unvereinbar sind und ein vollständiges System von Ereignissen bilden.) Solche Ereignisse werden elementar genannt. Das uns interessierende Ereignis A möge in eine gewisse Zahl k von Elementarereignissen $A_1, A_2, \dots, A_k$ zerlegbar sein. D. h., das Eintreten irgendeines dieser Elementarereignisse ist dem Eintreten des Ereignisses A gleichwertig. Einen Versuchsausgang, bei dem das Ereignis A beobachtet wird, nennen wir günstig. Der Quotient aus der Zahl k der günstigen Ausgänge zur Gesamtzahl m aller elementaren Ausgänge heißt Wahrscheinlichkeit des Ereignisses A:

$$\mathcal{P}(A) = \frac{k}{m}. \qquad \text{(A 1.2.1)}$$

Grundlegende Eigenschaften der Wahrcheinlichkeit

Die Wahrscheinlichkeiten zufälliger Ereignisse besitzen die folgenden grundlegenden Eigenschaften:

$$\begin{aligned}&\mathcal{P}(U) = 0;\\&\mathcal{P}(E) = 1;\\&0 = \mathcal{P}(U) \leqq \mathcal{P}(A) \leqq \mathcal{P}(E) = 1;\\&\mathcal{P}(A) + \mathcal{P}(\bar{A}) = 1\,.\end{aligned} \tag{A 1.2.2}$$

Additionstheorem für Wahrscheinlichkeiten

Wenn $A_1, A_2, \ldots, A_n$ unvereinbare Ereignisse sind und A die Summe dieser Ereignisse ist, dann ist die Wahrscheinlichkeit des Ereignisses A gleich der Summe der Wahrscheinlichkeiten der Ereignisse $A_1, A_2, \ldots, A_n$, d. h.

$$\mathcal{P}(A) = \mathcal{P}\left(\bigcup_{i=1}^{n} A_i\right) = \mathcal{P}(A_1) + \mathcal{P}(A_2) + \ldots + \mathcal{P}(A_n) = \sum_{i=1}^{n} \mathcal{P}(A_i)\,. \tag{A 1.2.3}$$

Folgerung A 1.2.1. Wenn die unvereinbaren zufälligen Ereignisse $A_1, A_2, \ldots, A_n$ ein vollständiges System von Ereignissen bilden, so gilt

$$\mathcal{P}\left(\bigcup_{i=1}^{n} A_i\right) = \mathcal{P}(E) = 1\,. \tag{A 1.2.4}$$

Folgerung A 1.2.2. Für beliebige zufällige Ereignisse A_1 und A_2 gilt

$$\mathcal{P}(A_1 \wedge A_2) + \mathcal{P}(A_1 \wedge \bar{A}_2) = \mathcal{P}(A_1); \tag{A 1.2.5}$$

denn

$$\begin{aligned}\mathcal{P}(A_1 \wedge A_2) + \mathcal{P}(A_1 \wedge \bar{A}_2) &= \mathcal{P}\big((A_1 \wedge A_2) \wedge (A_1 \wedge \bar{A}_2)\big)\\&= \mathcal{P}\big(A_1 \wedge (A_2 \vee \bar{A}_2)\big) = \mathcal{P}(A_1 \wedge E) = \mathcal{P}(A_1)\,.\end{aligned}$$

Die **bedingte Wahrscheinlichkeit** des Ereignisses A_1 bei Eintritt des Ereignisses A_2 ist die Wahrscheinlichkeit des Ereignisses A_1, die unter der Voraussetzung, daß das Ereignis A_2 eingetreten ist, berechnet wird. Wir werden diese bedingte Wahrscheinlichkeit mit $\mathcal{P}(A_1 \mid A_2)$ bezeichnen,

$$\mathcal{P}(A_1 \mid A_2) = \frac{\mathcal{P}(A_1 \wedge A_2)}{\mathcal{P}(A_2)}\,. \tag{A 1.2.6}$$

Folgerung A 1.2.3. Für unabhängige Ereignisse A_1 und A_2 gilt

$$\mathcal{P}(A_1 \mid A_2) = \mathcal{P}(A_1 \mid \bar{A}_2) = \mathcal{P}(A_1) \quad \text{und} \quad \mathcal{P}(A_2 \mid A_1) = \mathcal{P}(A_2 \mid \bar{A}_1) = \mathcal{P}(A_2)\,.$$

Der **Regressionskoeffizient** des Ereignisses A_1 bezüglich des Ereignisses A_2 charakterisiert den Grad der Abhängigkeit dieser Ereignisse und wird so definiert,

$$\varrho(A_1, A_2) = \mathcal{P}\{A_1 \mid A_2\} - P\{A_1 \mid \bar{A}_2\} = \frac{\mathcal{P}\{A_1 \wedge A_2\} - \mathcal{P}\{A_1\}\,P\{A_2\}}{\mathcal{P}\{A_2\}\,\mathcal{P}\{\bar{A}_2\}}\,.$$

Der **Korrelationskoeffizient** der Ereignisse A_1 und A_2 charakterisiert den Grad der Abhängigkeit dieser Ereignisse und wird so definiert,

$$r(A_1, A_2) = \sqrt{\varrho(A_1, A_2)\,\varrho(A_2, A_1)} = \frac{\mathcal{P}(A_1 \wedge A_2) - \mathcal{P}(A_1)\,P(A_2)}{\sqrt{\mathcal{P}(A_1)\,P(\bar{A}_1)\,\mathcal{P}(A_2)\,P(\bar{A}_2)}}\,.$$

Der Korrelationskoeffizient besitzt folgende Eigenschaften:

1. $r(A_1, A_2) = 0$, falls die Ereignisse unabhängig sind;
2. $r(A_1, A_2) = 1$, falls die Ereignisse A_1 und A_2 gleichwertig sind;
3. $r(A, \bar{A}) = -1$;
4. $r(\bar{A}_1, A_2) = r(A_1, \bar{A}_2) = -r(A_1, A_2)$;
5. $r(A_1, A_2) = r(\bar{A}_1, \bar{A}_2)$.

Multiplikationstheorem für Wahrscheinlichkeiten

Die Wahrscheinlichkeit für das gemeinsame Eintreten zweier Ereignisse A_1 und A_2 in einem gegebenen Versuch ist gleich der Wahrscheinlichkeit eines der Ereignisse multipliziert mit der bedingten Wahrscheinlichkeit des anderen, die unter der Voraussetzung, daß das erste Ereignis eingetreten ist, berechnet wird; d. h.,

$$\mathcal{P}(A_1 \wedge A_2) = \mathcal{P}(A_1 \mid A_2) \cdot \mathcal{P}(A_2)\,. \tag{A 1.2.7}$$

Verallgemeinert kann das Multiplikationstheorem in folgender Form geschrieben werden,

$$\begin{aligned}\mathcal{P}\left(\bigcap_{i=1}^{n} A_i\right) &= \mathcal{P}(A_1 \wedge A_2 \wedge \ldots \wedge A_n)\\ &= \mathcal{P}(A_1 \mid A_2 \wedge \ldots \wedge A_n)\, \mathcal{P}(A_2 \mid A_3 \wedge \ldots \wedge A_n) \ldots \mathcal{P}(A_{n-1} \mid A_n) \cdot \mathcal{P}(A_n)\,.\end{aligned} \tag{A 1.2.8}$$

Die Formel (A 1.2.8) kann man in Form der folgenden äquivalenten Ausdrücke umschreiben:

$$\begin{aligned}\mathcal{P}\left\{\bigcap_{i=1}^{n} A_i\right\} &= \sum_{i=1}^{n} \mathcal{P}(A_i) - \sum \mathcal{P}(A_i \vee A_j) + \sum \mathcal{P}(A_i \vee A_j \vee A_k)\\ &\quad - \ldots + (-1)^{n+1}\, \mathcal{P}\left(\bigcup_{i=1}^{n} A_i\right)\end{aligned}$$

oder

$$\mathcal{P}\left\{\bigcap_{i=1}^{n} A_i\right\} = 1 - \mathcal{P}\left\{\bigcup_{i=1}^{n} \bar{A}_i\right\}.$$

Im letzten Falle wird eine Verallgemeinerung des aus der mathematischen Logik bekannten Satzes von DE MORGAN verwendet,

$$A_1 \wedge A_2 = \overline{\bar{A}_1 \vee \bar{A}_2}$$

oder in gleichwertiger Schreibweise

$$\overline{A_1 \vee A_2} = \bar{A}_1 \wedge \bar{A}_2\,.$$

Folgerung A 1.2.4. Nach Vertauschen von A_1 und A_2 in der Formel (A 1.2.7) erhalten wir

$$\mathcal{P}(A_1 \wedge A_2) = \mathcal{P}(A_2 \mid A_1) \cdot \mathcal{P}(A_1)\,,$$

d. h.,

$$\mathcal{P}(A_1) \cdot \mathcal{P}(A_2 \mid A_1) = \mathcal{P}(A_2) \cdot \mathcal{P}(A_1 \mid A_2)\,. \tag{A 1.2.9}$$

Multiplikationstheorem für unabhängige Ereignisse

Für unabhängige Ereignisse kann man das Multiplikationstheorem für Wahrscheinlichkeiten in der Form

$$\mathcal{P}\left(\bigcap_{i=1}^{n} A_i\right) = \mathcal{P}(A_1 \wedge A_2 \wedge \dots \wedge A_n)$$

$$= \mathcal{P}(A_1)\,\mathcal{P}(A_2) \dots \mathcal{P}(A_n) = \prod_{i=1}^{n} \mathcal{P}(A_i) \qquad \text{(A 1.2.10)}$$

schreiben. (Es wurde die Folgerung A 1.2.3 benutzt.)

Folgerung A 1.2.5. Für unvereinbare Ereignisse A_1 und A_2 gilt

$$\mathcal{P}(A_1 \wedge A_2) = \mathcal{P}(U) = 0\,. \qquad \text{(A 1.2.11)}$$

Folgerung A 1.2.6. Unabhängige zufällige Ereignisse A_1 und A_2 sind immer vereinbar wegen

$$\mathcal{P}(A_1 \wedge A_2) = \mathcal{P}(A_1) \cdot \mathcal{P}(A_2) > 0\,.$$

(Es gilt $\mathcal{P}(A_1) > 0$, $\mathcal{P}(A_2) > 0$, falls A_1 und A_2 nicht unmögliche Ereignisse sind.)

Additionstheorem für vereinbare zufällige Ereignisse

Wir betrachten zwei vereinbare zufällige Ereignisse A_1 und A_2. Für sie gilt

$$\mathcal{P}(A_1 \vee A_2) = \mathcal{P}(A_1) + \mathcal{P}(A_2) - \mathcal{P}(A_1 \wedge A_2)\,. \qquad \text{(1.2.13)}$$

Für n vereinbare zufällige Ereignisse $A_1, A_2, \dots, A_n$ erhält die Additionsformel der Wahrscheinlichkeiten (A 1.2.13) folgendes Aussehen:

$$\mathcal{P}\left(\bigcup_{i=1}^{n} A_i\right) = \sum_{i=1}^{n} \mathcal{P}(A_i) - \sum_{i=1}^{n-1} \sum_{j=i+1}^{n} \mathcal{P}(A_i \wedge A_j)$$

$$+ \sum_{i=1}^{n-2} \sum_{j=i+1}^{n-1} \sum_{k=j+1}^{n} \mathcal{P}(A_i \wedge A_j \wedge A_k) - \dots + (-1)^{n+1}\,\mathcal{P}\left(\bigcap_{i=1}^{n} A_i\right). \qquad \text{(A 1.2.14)}$$

Die Formel (A 1.2.14) kann man umschreiben in den Ausdruck

$$\mathcal{P}\left(\bigcup_{i=1}^{n} A_i\right) = 1 - \mathcal{P}\left(\bigcap_{i=1}^{n} \bar{A}_i\right),$$

der auch auf der Grundlage des Theorems von DE MORGAN erhalten wurde.

Die **Formel der totalen Wahrscheinlichkeit** ist eine Verallgemeinerung der Formel für Multiplikation und Addition von Wahrscheinlichkeiten. Falls ein Ereignis A_0 nur unter der Bedingung realisiert werden kann, daß irgendein Ereignis A_i aus einem vollständigen System unvereinbarer Ereignisse $A_1, A_2, \dots, A_n$, deren Wahrscheinlichkeiten bekannt sind, eingetreten ist, und wenn die bedingten Wahrscheinlichkeiten $\mathcal{P}(A_0 \mid A_i)$ (für alle $i = 1, 2, \dots, n$) bekannt sind, dann kann die Ereigniswahrscheinlichkeit $\mathcal{P}(A_0)$ gemäß der Formel der totalen Wahrscheinlichkeit berechnet werden,

$$\mathcal{P}(A_0) = \sum_{i=1}^{n} \mathcal{P}(A_i) \cdot \mathcal{P}(A_0 \mid A_i)\,. \qquad \text{(A 1.2.15)}$$

In der Tat gilt

$$A_0 = \bigcup_{i=1}^{n} (A_0 \wedge A_i)\,.$$

Auf der Grundlage der Additionsregel für Wahrscheinlichkeiten haben wir

$$\mathcal{P}(A_0) = \mathcal{P}\left(\bigcup_{i=1}^{n} (A_0 \wedge A_i)\right) = \sum_{i=1}^{n} \mathcal{P}(A_0 \wedge A_i) ,$$

und gemäß der Multiplikationsregel für Wahrscheinlichkeiten stellen wir jeden Summanden in der Form

$$\mathcal{P}(A_0 \wedge A_i) = \mathcal{P}(A_i) \cdot \mathcal{P}(A_0 \mid A_i)$$

dar. Damit erhalten wir schließlich

$$\mathcal{P}(A_0) = \sum_{i=1}^{n} \mathcal{P}(A_i) \cdot \mathcal{P}(A_0 \mid A_i) .$$

Formel für a-posteriori-Wahrscheinlichkeiten (Bayessche Formel)

Die unvereinbaren Ereignisse $A_1, A_2, \ldots, A_n$ mögen ein vollständiges System von Ereignissen bilden. Die Wahrscheinlichkeit $\mathcal{P}(A_i)$ für die Realisierung eines Ereignisses A_i, die ohne Bezug auf das Ereignis A_0 berechnet wird, heißt a-priori-Wahrscheinlichkeit.

Die bedingte Wahrscheinlichkeit für das Ereignis A_i, die unter der Voraussetzung, daß das Ereignis A_0 eintrat, berechnet wird, heißt a-posteriori-Wahrscheinlichkeit und wird gemäß der Formel

$$P(A_i \mid A_0) = \frac{\mathcal{P}(A_i)\, \mathcal{P}(A_0 \mid A_i)}{\sum_{j=1}^{n} \mathcal{P}(A_j)\, \mathcal{P}(A_0 \mid A_j)} \quad (i = 1, 2, \ldots, n) \qquad \text{(A 1.2.16)}$$

bestimmt.

A 1.3. Zufallsgrößen und Verteilungsfunktionen, zufällige Vektoren, Zufallsfunktionen[1])

In vielen Fällen läßt sich das Ergebnis eines Versuchs durch eine einzige Zahl eindeutig widerspiegeln. Dabei ergibt sich die Zuordnungsvorschrift oft in natürlicher Weise. (Beispiel: Die in Stunden gemessene Brenndauer einer Glühlampe.) Mitunter muß erst eine geeignete Vereinbarung getroffen werden. (Beispiel: Bei der Endprüfung gefertigter Erzeugnisse wird in einem qualitätsgerechten Exemplar eine Eins, einem Ausschußstück eine Null zugeordnet.) Da das Ergebnis des Versuchs von zufälligen Einflüssen abhängt und deshalb vor der Versuchsdurchführung ungewiß ist, überträgt sich diese Unbestimmtheit auch auf die zuzuordnenden Zahlenwerte. Deshalb sagt man, daß durch die Zuordnungsvorschrift eine **Zufallsgröße** (auch zufällige Variable oder zufällige Veränderliche genannt) definiert wird. Jedem konkreten Versuchsergebnis entspricht ein Zahlenwert x als Realisierung der Zufallsgröße ξ. Sind die Wahrscheinlichkeiten aller möglichen zufälligen Ereignisse bekannt, so wird durch die Zuordnungsvorschrift eine **Wahrscheinlichkeitsverteilung** über der Zahlengeraden erzeugt. Diese wird **Verteilung der Zufallsgröße** ξ genannt. Man kann zeigen, daß die Verteilung einer Zufallsgröße ξ eindeutig festgelegt ist, wenn man die Wahrschein-

[1]) Anmerkung d. Herausg.: Der Abschnitt A 1.3 wurde vom Herausgeber für die deutsche Ausgabe des Handbuches neu formuliert.

lichkeiten der Ereignisse $\{\xi \leqq x\}$ für $-\infty < x < +\infty$ kennt. Diese Angaben werden zusammengefaßt in der sogenannten **Verteilungsfunktion**

$$F(x) = \mathcal{P}\{\xi \leqq x\}\,, \qquad -\infty < x < +\infty\,. \tag{A 1.3.1}$$

Folgerung A 1.3.1. Aus der Definition der Verteilungsfunktion folgt

$$F(-\infty) = 0;$$
$$F(+\infty) = 1;$$
$$0 \leqq F(x) \leqq 1\,. \tag{A 1.3.2}$$

Umgekehrt ist jede Funktion einer reellen Variablen, die diese drei Eigenschaften besitzt, eine Verteilungsfunktion.

Folgerung A 1.3.2. Aus der Definition der Verteilungsfunktion erhält man

$$\mathcal{P}\{x_1 < \xi \leqq x_2\} = F(x_2) - F(x_1)\,. \tag{A 1.3.3}$$

Bei vielen Anwendungen ist es zweckmäßig und üblich, zwischen diskreten und stetigen Zufallsgrößen zu unterscheiden.

Eine Zufallsgröße heißt **diskret,** wenn sie endlich viele oder abzählbar unendlich viele verschiedene Werte $x_1, x_2, \ldots, x_i, \ldots$ mit positiver Wahrscheinlichkeit annehmen kann. Ihre Wahrscheinlichkeitsverteilung läßt sich durch folgendes Schema darstellen:

$$\begin{pmatrix} x_1 & x_2 & \ldots & x_i & \ldots \\ p_1 & p_2 & \ldots & p_i & \ldots \end{pmatrix}$$

mit $p_i = \mathcal{P}\{\xi = x_i\}$ und $\sum\limits_i p_i = 1$.

Folgerung A 1.3.3. Die Verteilungsfunktion einer diskreten Zufallsgröße ξ mit dem Wertebereich $x_1, x_2, \ldots, x_n$ kann wie folgt notiert werden:

$$F(x) = \begin{cases} 0 & x < x_1 \\ p_1 & x_1 \leqq x < x_2 \\ p_1 + p_2 & x_2 \leqq x < x \\ p_1 + p_2 + p_3 & x_3 \leqq x < x_4 \\ \ldots\ldots\ldots\ldots & \ldots\ldots \\ p_1 + p_2 + \ldots + p_{n-2} = 1 - p_{n-1} - p_n & x_{n-2} \leqq x < x_{n-1} \\ 1 - p_n & x_{n-1} \leqq x < x_n \\ 1 & x > x_n \end{cases} \tag{A 1.3.4}$$

Es handelt sich ersichtlich um eine rechtsseitig stetige Treppenfunktion mit den Sprunghöhen p_i an den Sprungstellen x_i.

Anmerkung: Wenn eine diskrete Zufallsgröße ξ im Ausnahmefall einen und nur einen Wert c annehmen kann, so entartet die Zufallsgröße im Grunde in eine nichtzufällige, determinierte Größe. Man spricht hier von einer sogenannten **Einpunktverteilung,** die durch die Verteilungsfunktion

$$F(x) = \begin{cases} 0, & x < c, \\ 1, & x \geqq c, \end{cases} \tag{A 1.3.5}$$

charakterisiert werden kann.

Eine Zufallsgröße heißt **stetig**, wenn sich ihre Verteilungsfunktion in der Form

$$F(x) = \int_{-\infty}^{x} f(u)\,\mathrm{d}u \tag{A 1.3.6}$$

schreiben läßt. Die Funktion $f(x)$ bezeichnet man als **Verteilungsdichte** oder auch als **Wahrscheinlichkeitsdichte** der entsprechenden stetigen Zufallsgröße.

Gleichwertig mit (A 1.3.6) ist die Beziehung

$$f(x) = \frac{\mathrm{d}}{\mathrm{d}x} F(x) = \lim_{\Delta x \to 0} \frac{F(x + \Delta x) - F(x)}{\Delta x}\,. \tag{A 1.3.7}$$

Folgerung A 1.3.4. Die Verteilungsdichte hat die folgenden Eigenschaften:

1. $f(x) \geqq 0 \quad$ für $-\infty < x < +\infty$;
2. $\int_{-\infty}^{\infty} f(x)\,\mathrm{d}x = 1$.

Umgekehrt ist jede Funktion einer reellen Variablen, die diese beiden Eigenschaften besitzt, eine Verteilungsdichte.

Folgerung A 1.3.5. Aus (A 1.3.3) erhält man für stetige Zufallsgrößen die Beziehung

$$\mathcal{P}\{a < \xi \leqq b\} = F(b) - F(a) = \int_{a}^{b} f(x)\,\mathrm{d}x\,. \tag{A 1.3.8}$$

Insbesondere gilt

$$\mathcal{P}\{x - 0 < \xi \leqq x\} = F(x) - F(x - 0) = 0\,,$$

das heißt, die Wahrscheinlichkeit dafür, daß eine stetige Zufallsgröße ξ einen bestimmten konkreten Wert x annimmt, ist gleich Null.

Der Wert $f(x)\,\mathrm{d}x$ gibt die Wahrscheinlichkeit dafür an, daß die Realisierung der Zufallsgröße ξ in das infinitesimale Intervall $(x, x + \mathrm{d}x]$ fällt.

Von Interesse ist oft auch die bedingte Wahrscheinlichkeit dafür, daß die Realisierung von ξ in das Intervall $(x, x + \mathrm{d}x]$ fällt unter der Bedingung $\{\xi > x\}$:

$$\lambda(x)\,\mathrm{d}x = \mathcal{P}\{x < \xi \leqq x + \mathrm{d}x \mid \xi > x\} = \frac{\mathcal{P}\{x < \xi \leqq x + \mathrm{d}x\}}{\mathcal{P}\{\xi > x\}}$$
$$= \frac{F(x + \mathrm{d}x) - F(x)}{1 - F(x)} = \frac{f(x)}{1 - F(x)}\,\mathrm{d}x\,.$$

Stellt ξ die zufällige Arbeitszeit eines bestimmten Objekts dar, so wird die Funktion

$$\lambda(x) = \frac{f(x)}{1 - F(x)} \tag{A 1.3.9}$$

als **Ausfallrate** des Objekts bezeichnet.

Anmerkung: Es ist nicht gerechtfertigt, die Funktion $\lambda(x)$ als bedingte Verteilungsdichte zu bezeichnen; denn diese Funktion erfüllt die Bedingungen für eine Verteilungsdichte (vgl. Folgerung A 1.3.4) nicht.

Wenn das Ergebnis eines Versuchs nicht mit einer einzigen (reellen) Zahl adäquat wiedergegeben werden kann, so werden wir auf zufällige Elemente geführt, die allgemeinerer Natur sind als die Zufallsgrößen. Der nächsteinfache Fall liegt vor, wenn das

Versuchsergebnis durch ein Zahlenpaar beschrieben werden kann. Solche Zahlenpaare lassen sich nach Einführung eines Koordinatensystems als Punkte oder Ortsvektoren in der Ebene deuten. Durch die Zuordnungsvorschrift Versuchsergebnis-Zahlentupel wird ein zweidimensionaler **zufälliger Vektor** (ξ, η) definiert. Aus den Wahrscheinlichkeiten aller möglichen zufälligen Ereignisse wird durch die Zuordnungsvorschrift eine Wahrscheinlichkeitsverteilung über der Ebene erzeugt. Sie wird durch die Wahrscheinlichkeiten

$$\mathcal{P}\{\xi \leqq x, \eta \leqq y\} \qquad \text{für } -\infty < x, y < \infty$$

eindeutig festgelegt.

Die beiden Zufallsgrößen ξ und η heißen **unabhängig**, wenn für beliebige Zahlenpaare (x, y) gilt

$$\mathcal{P}\{\xi \leqq x, \eta \leqq y\} = \mathcal{P}\{\xi \leqq x\} \cdot \mathcal{P}\{\eta \leqq y\} . \tag{A 1.3.10}$$

Die vorstehenden Überlegungen lassen sich ohne Schwierigkeiten auf n-dimensionale zufällige Vektoren erweitern. Insbesondere heißen die Zufallsgrößen $\xi_1, \xi_2, \dots, \xi_n$ unabhängig, wenn für beliebige n-Tupel $(x_1, x_2, \dots, x_n)$ gilt

$$\mathcal{P}\{\xi_1 \leqq x_1, \xi_2 \leqq x_2, \dots, \xi_n \leqq x_n\} = \prod_{i=1}^{n} \mathcal{P}\{\xi_i \leqq x_i\} . \tag{A 1.3.11}$$

Zur angemessenen Beschreibung diverser Phänomene in Natur und Technik müssen noch allgemeinere zufällige Funktionen herangezogen werden. Wir denken beispielsweise an Vorgänge, die sich in der Zeit entwickeln und dabei fortwährend zufälligen Einflüssen unterliegen. Allgemein sei T eine beliebige Menge von Elementen t (z. B. Zeitpunkten). Als **Zufallsfunktion** auf T bezeichnet man jede Funktion $\xi(t)$, deren Funktionswerte Zufallsgrößen sind. Ist T eine abzählbare Menge, so spricht man von einer **zufälligen Folge,** sonst von einem **zufälligen Prozeß.**

A 1.4. Numerische Charakterisierungen von Zufallsgrößen

Der **Erwartungswert** (Mittelwert) einer Zufallsgröße wird so definiert,

a) für diskrete Zufallsgrößen ξ:

$$M_1(\xi) = \sum_i x_i \mathcal{P}\{x = x_i\} ; \tag{A 1.4.1}$$

b) für stetige Zufallsgrößen ξ:

$$M_1(\xi) = \int_{-\infty}^{+\infty} x f(x) \, \mathrm{d}x ; \tag{A 1.4.2}$$

c) für nichtnegative Zufallsgrößen:

$$M_1(\xi) = \int_0^\infty \bigl(1 - F(x)\bigr) \, \mathrm{d}x = \int_0^\infty P(x) \, \mathrm{d}x . \tag{A 1.4.3}$$

Es ist zweckmäßig, $M_1(\xi)$ in allgemeingültiger Form zu schreiben,

$$M_1(\xi) = \int_{-\infty}^{\infty} x \, \mathrm{d}F(x) .$$

Anmerkung: Der Erwartungswert wird oft gewöhnliches Moment erster Ordnung für die Verteilung $F(x)$ genannt.

Das **gewöhnliche Moment n-ter Ordnung** der Zufallsgröße ξ wird wie folgt definiert:

$$M_n(\xi) = \int_{-\infty}^{\infty} x^n \, dF(x) , \qquad n = 0, 1, 2, \ldots$$

Folgerung A 1.4.1. Aus den Formeln (A 1.3.5) und (A 1.4.3) erhält man

$$M_1(c) = c . \tag{A 1.4.4}$$

Folgerung A 1.4.2. Aus der Regel über das Herausziehen einer Konstanten vor das Integralzeichen folgt

$$M_1(c\xi) = cM_1(\xi) . \tag{A 1.4.5}$$

Folgerung A 1.4.3. Aus der Integrationsregel für endliche Summen erhält man für eine endliche Summe beliebiger Zufallsgrößen

$$M_1\left(\sum_{i=1}^{n} \xi_i\right) = \sum_{i=1}^{n} M_1(\xi_i) . \tag{A 1.4.6}$$

Folgerung A 1.4.4. Aus den Folgerungen A 1.4.2 und A 1.4.3 folgt

$$M_1(c + \xi) = c + M_1(\xi) . \tag{A 1.4.7}$$

Folgerung A 1.4.5. Für das Produkt unabhängiger Zufallsgrößen folgt aus (A 1.3.11 die Beziehung

$$M_1\left(\prod_{i=1}^{n} \xi_i\right) = \prod_{i=1}^{n} M_1(\xi_i) . \tag{A 1.4.8}$$

Die **Streuung** einer Zufallsgröße, auch Dispersion oder Varianz genannt, ist eine Kenngröße für die ,,Ausbreitung'' der Wahrscheinlichkeitsverteilung von ξ. Die Streuung wird so definiert:

$$D^2\xi = M_1(\xi - M_1(\xi))^2 \tag{A 1.4.9}$$

oder

$$D^2\xi = M_1(\xi^2) - (M_1(\xi))^2 . \tag{A 1.4.10}$$

a) Für diskrete Zufallsgrößen ξ wird

$$D^2\xi = \sum_{i=1}^{n} \mathcal{P}\{\xi = x_i\} \, (x_i - M_1(\xi))^2 \tag{A 1.4.11}$$

oder

$$D^2\xi = \sum_{i=1}^{n} \mathcal{P}\{\xi = x_i\} \, x_i^2 - \left(\sum_{i=1}^{n} \mathcal{P}\{\xi = x_i\} \cdot x_i\right)^2 . \tag{A 1.4.12}$$

b) Für stetige Zufallsgrößen ξ wird

$$D^2\xi = \int_{-\infty}^{\infty} f(x) \, (x - M_1(\xi))^2 \, dx \tag{A 1.4.13}$$

oder

$$D^2(\xi) = \int_{-\infty}^{\infty} x^2 f(x) \, dx - \left(\int_{-\infty}^{\infty} x f(x) \, dx\right)^2 . \tag{A 1.4.14}$$

Es ist zweckmäßig, $D^2\xi$ in allgemeingültiger Form zu schreiben:

$$D^2\xi = \int_{-\infty}^{\infty} (x - M_1(\xi))^2 \, dF(x) .$$

Anmerkung: Die Streuung wird oft zentrales Moment zweiter Ordnung für die Verteilung $F(x)$ genannt.

Das **zentrale Moment n-ter Ordnung** der Zufallsgröße wird wie folgt definiert:

$$D^n\xi = \int_{-\infty}^{\infty} (x - M_1(\xi))^n \, \mathrm{d}F(x) \,.$$

Folgerung A 1.4.6. Aus der Definition der Streuung und aus (A 1.4.4) folgt

$$D^2 c = 0 \,. \tag{A 1.4.15}$$

Folgerung A 1.4.7. Aus (A 1.4.9) und aus (A 1.4.5) erhält man

$$D^2(c\xi) = c^2 D^2\xi \,. \tag{A 1.4.16}$$

Folgerung A 1.4.8. Aus (A 1.4.11) und (A 1.4.15) folgt

$$D^2(c + \xi) = D^2\xi \,. \tag{A 1.4.17}$$

Folgerung A 1.4.9. Für die Summe unabhängiger Zufallsgrößen gilt

$$D^2\left(\sum_{i=1}^{n} \xi_i\right) = \sum_{i=1}^{n} D^2(\xi_i) \,. \tag{A 1.4.18}$$

Die **Standardabweichung** (Wurzel aus der „mittleren quadratischen Abweichung" = Streuung) wird durch die folgende Formel definiert:

$$\sigma = |\sqrt{D^2\xi}| \,.$$

Der **Variationskoeffizient** einer Zufallsgröße wird durch die folgende Formel definiert:

$$v = \frac{\sigma}{M_1(\xi)} \,.$$

Die zentrierte Zufallsgröße ξ^0 ist eine Zufallsgröße, die man so aus der ursprünglichen Zufallsgröße ξ erhält,

$$\xi^0 = \xi - M_1(\xi) \,.$$

Die normierte Zufallsgröße ξ^* ist eine Zufallsgröße, die man so aus der ursprünglichen Zufallsgröße ξ erhält,

$$\xi^* = \xi/\sigma \,.$$

Bei der Tabellierung von Verteilungsfunktionen verwendet man sehr oft zentrierte und normierte Zufallsgrößen.

Das **p-Quantil** einer Zufallsgröße ξ ist ein solcher Wert x_p, für den gilt

$$\mathcal{P}\{\xi \leqq x_p\} \geqq p \,,$$

$$\mathcal{P}\{\xi \geqq x_p\} \geqq 1 - p \,.$$

Insbesondere wird bei stetigen Zufallsgrößen

$$F(x_p) = p \,.$$

Der **Median** einer Zufallsgröße ξ ist ein solcher Wert Me, für den gilt

$$\mathcal{P}\{\xi \leqq \mathrm{Me}\} \geqq 0{,}5 \,,$$

$$\mathcal{P}\{\xi \geqq \mathrm{Me}\} \geqq 0{,}5 \,.$$

Tabelle A 1.5.1. Wesentliche Verteilungstypen stetiger Zufallsgrößen

Name der Verteilung	Wertebereich der Realisierungen	Formel der Verteilungsdichte	Erwartungswert	Streuung	Modalwert
gleichmäßige (Rechteck-) Verteilung	(a, b)	$\frac{1}{b-a}$	$\frac{a+b}{2}$	$\frac{(b-a)^2}{12}$	—
GAUSSsche Normal-Verteilung	$(-\infty, \infty)$	$\frac{1}{\sigma\sqrt{2\pi}} e^{-\frac{(x-a)^2}{2\sigma^2}}$	a	σ^2	a
Logarithmische Normal-Verteilung	$(0, \infty)$	$\frac{1}{x\sigma\sqrt{2\pi}} e^{-\frac{(\ln x-a)^2}{2\sigma^2}}$	$e^{a+\frac{\sigma^2}{2}}$	$e^{2a+\sigma^2}(e^{\sigma^2}-1)$	$e^a - \sigma^2$
WEIBULL-Verteilung	$(0, \infty)$	$acx^{a-1} - e^{-cx^a}$	$\frac{\Gamma\left(1+\frac{1}{a}\right)}{c^{1/a}}$	$\frac{\Gamma\left(1+\frac{2}{a}\right) - \Gamma^2\left(1+\frac{1}{a}\right)}{c^{2/a}}$	$\sqrt[a]{a-1/ca}$ (für $a > 1$)
Gamma-Verteilung	$(0, \infty)$	$\frac{\beta^a}{\Gamma(a)} x^{a-1} e^{-\beta x}$	$\frac{a}{\beta}$	$\frac{a}{\beta^2}$	$\frac{a-1}{\beta}$ (für $a > 1$)
Exponential-Verteilung	$(0, \infty)$	$\lambda e^{-\lambda x}$	$\frac{1}{\lambda}$	$\frac{1}{\lambda^2}$	—
χ^2-Verteilung	$(0, \infty)$	$\frac{z^{\frac{k}{2}-1}}{\Gamma\left(\frac{k}{2}\right) 2^{\frac{k}{2}}} e^{-\frac{r}{2}}$	k	$2k$	$k - 2$
Beta-Verteilung	$(0, 1)$	$x^{a-1}(1-x)^{b-1}$	$\frac{a}{a+b}$	$\frac{ab}{(a+b)^2(a+b+1)}$	$\frac{a-1}{a+b-2}$
Student-Verteilung	$(-\infty, \infty)$	$\left[2^{\frac{n-1}{2}} \Gamma\left(\frac{n}{2}\right)\sqrt{\pi n}\right]^{-1} \times \left(1+\frac{x^2}{2}\right)^{-\frac{n+1}{2}}$	0	$\frac{1}{\frac{n}{2}-2}$	0

Insbesondere wird bei stetigen Zufallsgrößen

$$F(\mathrm{Me}) = 0{,}5 .$$

Der **Modalwert** einer stetigen Zufallsgröße ξ ist ein solcher Wert Mo, für den die Verteilungsdichte ein Maximum annimmt.

A 1.5. Zusammenstellung der Charakteristiken von Verteilungsfunktionen

In Tabelle A 1.5.1 wurden Ausdrücke für die Dichten verschiedener stetiger Verteilungen und auch für die Hauptkenngrößen — Erwartungswert, Streuung und Modalwert — angegeben.

Tabelle A 1.5.2. Wesentliche Verteilungstypen diskreter Zufallsgrößen

Name der Verteilung	Wertebereich der Realisierungen m	Wahrscheinlichkeiten	Erwartungswert	Streuung
Binomial-Verteilung	$0, 1, 2, \ldots, n$	$\mathcal{P}\{\xi = m\} = P_m = \binom{n}{m} p^m q^{n-m}$	np	npq
Hypergeometrische Verteilung	$0, 1, \ldots, \min(M, n)$	$P_m = \dfrac{\binom{M}{m}\binom{N-M}{n-m}}{\binom{N}{n}}$	$n\dfrac{M}{N}$	$\dfrac{M(N-M)\,n(N-n)}{N^2(N-1)}$
Poisson-Verteilung	$0, 1, 2, \ldots$	$P_m = \dfrac{\lambda^m}{m!} e^{-\lambda}$	λ	λ
Geometrische Verteilung	$0, 1, 2, \ldots$	$P_m = pq^{m-1}$	$1/p$	q/p^2
Negative Binomial-Verteilung	$r, r+1, \ldots$	$P_m = \binom{m-1}{r-1} p^r q^{m-r}$	r/p	qr/p^2

Die Tabelle A 1.5.2 bringt eine analoge Zusammenstellung für diskrete Verteilungen. (Es wurden nur die Verteilungen gebracht, die für Wahrscheinlichkeitsberechnungen und statistische Abschätzungen bei Zuverlässigkeitsproblemen am häufigsten verwendet werden.)

A 1.6. Grenzwertsätze der Wahrscheinlichkeitstheorie

Tschebyscheffsche Ungleichung. Für eine nichtnegative Funktion $w(\xi)$ einer Zufallsgröße ξ und beliebiges $k > 0$ gilt die Ungleichung

$$\mathcal{P}\{w(\xi) \geqq k\} \leqq \frac{1}{k} M_1\{w(\xi)\} .$$

Insbesondere wird

$$\mathcal{P}\{|\xi - M_1(\xi)| \geqq k\sigma\} \leqq \frac{1}{k^2},$$

wobei σ die Standardabweichung und $M_1(\xi)$ der Erwartungswert der Zufallsgröße ξ sind.

Satz von Bernoulli. Wenn man n unabhängige Versuche durchführt und in jedem Versuch ein gewisses Ereignis mit der Wahrscheinlichkeit p realisiert wird, so strebt die relative Häufigkeit $\hat{p}$ für das Eintreten des Ereignisses mit $n \to \infty$ der Wahrscheinlichkeit nach gegen p. Bei beliebigem $\varepsilon > 0$ wird demnach

$$\lim_{n\to\infty} \mathcal{P}\{|\hat{p} - p| \geqq \varepsilon\} = 0 .$$

Satz von Poisson. Wenn man n unabhängige Versuche durchführt und die Wahrscheinlichkeit für die Realisierung des Ereignisses im i-ten Versuch ist gleich p_i, so strebt die relative Häufigkeit $\hat{p}$ für das Eintreten des Ereignisses mit $n \to \infty$ der Wahrscheinlichkeit nach gegen das arithmetische Mittel der Wahrscheinlichkeit p_i. Bei beliebigem $\varepsilon > 0$ wird demnach

$$\lim_{n\to\infty} \mathcal{P}\left\{\left|\hat{p} - \frac{1}{n}\sum_{i=1}^{n} p_i\right| \geqq \varepsilon\right\} = 0 .$$

Satz von Tschebyschew. Wenn in n unabhängigen Versuchen die identisch verteilten Zufallsgrößen $\xi_1, \xi_2, \ldots, \xi_n$ realisiert werden, so strebt für $n \to \infty$ ihr arithmetisches Mittel der Wahrscheinlichkeit nach gegen den Erwartungswert von ξ_i. Bei beliebigem $\varepsilon > 0$ wird demnach

$$\lim_{n\to\infty} \mathcal{P}\left\{\left|\frac{1}{n}\sum_{j=1}^{n} \xi_j - M_1(\xi_i)\right| \geqq \varepsilon\right\} = 0 .$$

Zentraler Grenzwertsatz. Wenn $\xi_1, \xi_2, \ldots, \xi_n$ unabhängige, identisch verteilte Zufallsgrößen mit dem Erwartungswert M_1 und der Streuung σ^2 sind, so strebt mit $n \to \infty$ die Verteilung ihrer normierten Summe $\xi = \sum_{i=1}^{n} \xi_i$ gegen die Normalverteilung

$$\lim_{n\to\infty} \mathcal{P}\left\{a < \frac{\xi - nM_1}{\sigma\sqrt{n}} < b\right\} = \frac{1}{\sqrt{2\pi}} \int_a^b \mathrm{e}^{-t^2/2}\,\mathrm{d}t = \Phi(b) - \Phi(a) .$$

Unter bestimmten Bedingungen ist auch die normierte Summe nicht-identisch verteilter Zufallsgrößen asymptotisch normalverteilt.

Satz von Laplace. Wenn man n unabhängige Versuche durchführt und in jedem Versuch ein gewisses Ereignis mit der Wahrscheinlichkeit p realisiert wird, so gilt

$$\lim_{n\to\infty} \mathcal{P}\left\{a < \frac{\nu_n - np}{\sqrt{np(1-p)}} < b\right\} = \Phi(b) - \Phi(a) ,$$

wobei ν_n angibt, wie oft das interessierende Ereignis bei n Versuchen eingetreten ist.

ANHANG 2. GRUNDBEGRIFFE UND KLEINER WISSENSSPEICHER DER MATHEMATISCHEN STATISTIK

Die statistische Beschreibung einer beliebigen physikalischen Erscheinung besitzt die Eigenschaft, daß — obwohl das Ergebnis einer Einzelmessung x einer physikalischen Größe nicht mit ausreichender Genauigkeit vorhergesagt werden kann — der Wert einer gewissen „passenden" Funktion $y(x_1, x_2, \dots, x_n)$ von einer Gesamtheit von Ergebnissen $x_1, x_2, \dots, x_n$ wiederholter Messungen mit wesentlich größerer Genauigkeit vorhergesagt werden kann. Eine solche „passende" Funktion heißt **Stichprobenfunktion** (oder auch Statistik) und die erläuterte Eigenschaft des physikalischen Prozesses seine statistische Stabilität.

Ein **Versuch** (ein Test) ist die Realisierung irgendeines Komplexes von Bedingungen in der Praxis.

Die **Realisierung eines zufälligen Ereignisses** ist ein Ereignis, das als Ergebnis der Versuchsdurchführung zustande kam.

Die **Grundgesamtheit** ist eine Menge, die alle gleichartigen Exemplare, die die interessierenden Eigenschaften besitzen, umfaßt.

Eine **zufällige Stichprobe** ist ein Teil der Grundgesamtheit, der „auf gut Glück" ausgewählt wurde.

Eine **repräsentative Stichprobe** ist eine Stichprobe, in der die Proportionen der Exemplare verschiedenen Typs im Mittel den Proportionen in der Grundgesamtheit entsprechen. Interessiert man sich für ein reellwertiges Merkmal der gegebenen Grundgesamtheit, so faßt man es als eine Zufallsgröße ξ auf. Die beobachteten Werte $x_1, \dots, x_n$ des Merkmals, die den n Exemplaren der Stichprobe entsprechen, kann man dann als Realisierung von n unabhängigen und wie ξ verteilten Zufallsgrößen $\xi_1, \dots, \xi_n$ auffassen.

Statistische Schätzungen sind numerische Kenngrößen $\varphi(x_1, x_2, \dots, x_n)$ der empirischen Verteilung, die durch Verarbeitung der beobachteten Werte einer zufälligen Stichprobe vom Umfang n gewonnen werden.

Relative Häufigkeit eines zufälligen Ereignisses

Wenn ein Versuch, in dem ein bestimmtes Ereignis A eintreten kann, N mal durchgeführt wird und dabei dieses Ereignis tatsächlich n_N mal stattfand, so wird die relative Häufigkeit für das Eintreten des genannten Ereignisses gleich

$$W_N(A) = \frac{n_N}{N}.$$

Wahrscheinlichkeit eines zufälligen Ereignisses (statistische Definition)

Man kann feststellen, daß sich bei Vergrößerung der Versuchsanzahl N der Wert von $W_N(A)$ mehr und mehr um eine bestimmte Zahl $\mathcal{P}(A)$ zu stabilisieren beginnt.

Die Wahrscheinlichkeit des zufälligen Ereignisses A kann definiert werden als Grenzwert von $W_N(A)$ bei unbegrenztem Wachstum der Versuchsanzahl N:

$$\lim_{N \to \infty} W_N(A) = \lim_{N \to \infty} \frac{n_N}{N} = \mathcal{P}(A) .$$

Die Größe W_N konvergiert der Wahrscheinlichkeit nach gegen die Größe P, wenn für irgendein hinreichend kleines ε ein solches N ausgewählt werden kann, daß die Wahrscheinlichkeit für die Erfüllung der Ungleichung $|W_N - P| < \varepsilon$ hinreichend dicht an Eins liegt, d. h.,

$$\lim_{N \to \infty} \mathcal{P}\{|W_N - P| < \varepsilon\} = 1 .$$

Die **Variationsreihe** zu n Realisierungen einer Zufallsgröße ξ ist die Gesamtheit der beobachteten Größen, die in wachsender (oder fallender) Reihenfolge angeordnet wurden:

$$x_{(1)} \leqq x_{(2)} \leqq \dots \leqq x_{(n)} .$$

Die Spannweite der empirischen Verteilung ist die Größe

$$x_{(n)} - x_{(1)} .$$

Die **empirische Verteilungsfunktion** (für n Realisierungen der Zufallsgröße) ist die Funktion $F_n(x)$, die durch folgende Gleichungen definiert wird:

$$F_n(x) = \begin{cases} 0 & x < x_{(1)} ; \\ \dfrac{i}{n} & \text{für } x_{(i)} \leqq x < x_{(i+1)} , \quad 1 \leqq i \leqq n-1 ; \\ 1 & x \geqq x_{(n)} . \end{cases}$$

Wächst die Anzahl der Versuche unbegrenzt, dann konvergiert die maximale Abweichung der empirischen Verteilungsfunktion von der theoretischen mit Wahrscheinlichkeit Eins gegen Null (Satz von GLIWENKO):

$$\mathcal{P}\left\{\lim_{n \to \infty} \max_x |F(x) - F_n(x)| = 0\right\} = 1 .$$

Das **Histogramm** (für n Realisierungen der Zufallsgröße) ist eine Funktion $f_n(x)$, die durch folgende Gleichungen definiert wird:

$$f_n(x) = \frac{a_j}{n \, \Delta x_j} \quad \text{für } x^{(j)} - \frac{\Delta x_j}{2} < x \leqq x^{(j)} + \frac{\Delta x_j}{2} ; \qquad 1 \leqq j \leqq m .$$

Hier sind

a_j die Anzahl der Beobachtungen, die der Ungleichung

$$x^{(j)} - \frac{\Delta x_j}{2} < x \leqq x^{(j)} + \frac{\Delta x_j}{2}$$

genügen;

$\Delta x_1, \Delta x_2, \dots , \Delta x_m$ die Intervall-Längen gemäß Klasseneinteilung (Klassenbreiten),

$x^{(1)}, x^{(2)}, \dots , x^{(m)}$ die Klassenmitten.

Eine **Klasseneinteilung** ist eine bestimmte Zerlegung des Intervalls, das alle n Beobachtungsergebnisse $x_1, x_2, \dots , x_n$ enthält, in m Intervalle, die Klassen genannt werden.

Eine **Punktschätzung** eines Parameters φ ist eine Schätzung φ, die nur von den Versuchsergebnissen $(x_1, x_2, \ldots, x_n)$ und bekannten Größen, aber nicht von dem unbekannten Parameter, abhängt.

Eine **erwartungstreue** (unverfälschte) **Schätzung** φ des Parameters φ ist eine solche Schätzung, deren Erwartungswert mit dem zu schätzenden Parameter zusammenfällt, unabhängig von der Anzahl der Beobachtungen. Für beliebiges n gilt also

$$M_1\{\varphi(x_1, x_2, \ldots, x_n)\} = \varphi .$$

Eine **asymptotisch erwartungstreue Schätzung** ist eine solche Schätzung, deren Erwartungswert für $n \to \infty$ mit dem zu schätzenden Parameter zusammenfällt.

Eine **konsistente Schätzung** $\hat{\varphi}$ ist eine solche Schätzung, die bei unbegrenzt wachsender Anzahl der Versuche der Wahrscheinlichkeit nach gegen den zu schätzenden Parameter φ konvergiert; d. h., bei beliebigen $\varepsilon > 0$ gilt die Beziehung

$$\lim_{n\to\infty} \mathscr{P}\{|\varphi - \hat{\varphi}| > \varepsilon\} = 0 .$$

Eine **effektive Schätzung** φ ist eine solche Schätzung, die sich unter allen möglichen Schätzungen durch einen minimalen Wert der Streuung von $\hat{\varphi}$ bezüglich des Parameters φ auszeichnet.

Ist φ eine effektive Schätzung, so bezeichnet man die Schätzung $\tilde{\varphi}$ als **asymptotisch effektiv**, wenn gilt

$$\lim_{n\to\infty} \frac{D^2\hat{\varphi}}{D^2\tilde{\varphi}} = 1 .$$

Eine **erschöpfende** (suffiziente) **Schätzung** (Statistik) ist eine solche Schätzung $\hat{\varphi}$ des Parameters φ, bei der die bedingte Verteilung des Vektors der Versuchsergebnisse $(x_1, x_2, \ldots, x_n)$ bei bekanntem Wert von $\hat{\varphi}$ vom Parameter φ nicht abhängt. Jede effektive Schätzung ist gleichzeitig auch erschöpfend.

Die **Maximum-Likelihood-Methode** ist eine Methode zur Ermittlung einer sogenannten Maximum-Likelihood-Schätzung:

Die Zufallsgröße ξ möge die Verteilungsdichte $f(x, \alpha)$ haben, beobachtet wurden die Werte $x_1, x_2, \ldots, x_n$. Die Funktion

$$\mathscr{L}(x_1, x_2, \ldots, x_n; \alpha) = \prod_{k=1}^{n} f(x_k, \alpha)$$

heißt Likelihood-Funktion.

Wenn die Zufallsgröße diskret ist und die Werte $z_1, z_2, \ldots, z_m$ mit den jeweils zugehörenden Wahrscheinlichkeiten $p_1(\alpha), p_2(\alpha), \ldots, p_m(\alpha)$ annehmen kann (also $\sum_{k=1}^{m} p_k(\alpha) = 1$), so wird die Likelihood-Funktion in der Form

$$\mathscr{L}(z_{k_1}, z_{k_2}, \ldots, z_{k_n}; \alpha) = \sum_{i=1}^{n} p_{k_i}(\alpha)$$

gewählt. Die Indizes bei den Wahrscheinlichkeiten zeigen an, daß die Werte $z_{k_1}, z_{k_2}, \ldots, z_{k_n}$ beobachtet wurden.

Die Maximum-Likelihood-Methode besteht darin, als Schätzung des Parameters α denjenigen Wert α zu wählen, für den die Funktion $\mathscr{L}$ ihr Maximum erreicht. Weil $\mathscr{L}$ und $\ln \mathscr{L}$ ihre Extrema bei ein und demselben Wert α annehmen, kann man die gesuchten Werte α auch aus der Likelihood-Gleichung bestimmen:

$$\frac{\partial \ln \mathcal{L}}{\partial \alpha} = 0 .$$

Wenn für den Parameter α eine effektive Schätzung $\hat{\alpha}$ existiert, so besitzt die Likelihood-Gleichung die eindeutige Lösung $\hat{\alpha}$.

Die **Momenten-Methode** ist eine allgemeine Methode zur Punktschätzung unbekannter Parameter (bei bekanntem Verteilungstyp). Sie besteht darin, daß die Momente der Verteilung, die von den uns unbekannten Parametern abhängen, den empirischen Momenten gleichgesetzt werden. Nachdem man die Anzahl der Momente gleich der Zahl der unbekannten Parameter genommen und die entsprechenden Gleichungen aufgestellt hat, erhält man die erforderliche Anzahl von Gleichungen.

Die **Methode der Quantile** (ebenso rein empirisch wie die Momenten-Methode) besteht darin, daß ein Quantil der theoretischen Verteilung mit einem Quantil der empirischen Verteilung gleichgesetzt wird. (Wenn der Schätzung mehrere Parameter zugrunde liegen, so schreibt man die entsprechenden Gleichungen für mehrere Quantile.)

Ein **Konfidenzintervall** (Vertrauensintervall) ist ein (zufälliges) Intervall, das den unbekannten Wert des zu schätzenden Parameters φ mit einer vorgegebenen Mindestwahrscheinlichkeit überdeckt.

Die Konfidenzgrenzen (die obere und die untere) sind die äußersten Punkte des Konfidenzintervalls.

Ein zweiseitiges Konfidenzintervall für den Parameter φ mit einem **Konfidenzniveau** nicht kleiner als α ist ein zufälliges Intervall $[\underline{\varphi}(x), \bar{\varphi}(x)]$, dessen Endpunkte

$$\underline{\varphi}(x) \leqq \varphi \leqq \bar{\varphi}(x)$$

nur von den Versuchsausgängen x abhängen, und für beliebiges $0 < \alpha < 1$ wird

$$\mathcal{P}\{\underline{\varphi}(x) \leqq \varphi \leqq \bar{\varphi}(x)\} \geqq \alpha .$$

Ein oberes $[-\infty, \bar{\varphi}(x)]$ beziehungsweise ein unteres $[\underline{\varphi}(x), +\infty]$ einseitiges Intervall ist ein zufälliges Intervall, für das bei beliebigem $0 < \alpha < 1$ gilt

$$\mathcal{P}\{\varphi < \bar{\varphi}(x)\} \geqq \alpha$$

bzw.

$$\mathcal{P}\{\underline{\varphi}(x) < \varphi\} \geqq \alpha .$$

Die **Irrtumswahrscheinlichkeit** ist die Wahrscheinlichkeit β dafür, daß der Parameter φ außerhalb der Konfidenzgrenzen liegt:

$$\beta = 1 - \alpha ,$$

wobei α das Konfidenzniveau ist.

Das **arithmetische Mittel** von Realisierungen einer Zufallsgröße ist die wie folgt definierte Größe:

$$\bar{x} = \frac{1}{n} \sum_{i=1}^{n} x_i .$$

Eine erwartungstreue **Schätzung für die Streuung** einer Zufallsgröße ist die folgende Größe:

$$s^2 = \frac{1}{n-1} \sum_{i=1}^{n} (x_i - \bar{x})^2 .$$

Die **Fehlerwahrscheinlichkeit erster Art** ist die Wahrscheinlichkeit dafür, eine bestimmte Hypothese abzulehnen, obwohl sie wahr ist.

Die **Fehlerwahrscheinlichkeit zweiter Art** ist die Wahrscheinlichkeit dafür, eine bestimmte Hypothese anzunehmen, obwohl sie falsch ist.

Das **Signifikanzniveau** gibt die Wahrscheinlichkeit dafür an, eine zu überprüfende Hypothese H abzulehnen, obwohl sie wahr ist.

ANHANG 3. STRÖME (PUNKTPROZESSE)

A 3.1. Definitionen

Als **Strom homogener Ereignisse** bezeichnet man einen zufälligen Prozeß, der durch die Menge der zufälligen Zeitpunkte $s_1, s_2, \ldots, s_k, s_{k+1}, \ldots$ des Eintritts dieser Ereignisse gebildet wird. Dabei ist $s_{k+1} \geqq s_k$, $k \geqq 1$.

In der Zuverlässigkeitstheorie werden zwei Arten von Strömen untersucht: der Strom der Ausfallzeitpunkte (einer Einrichtung) und der Strom der Zeitpunkte der Reparaturbeendigung (einer ausgefallenen Einrichtung). Diese beiden Ströme können

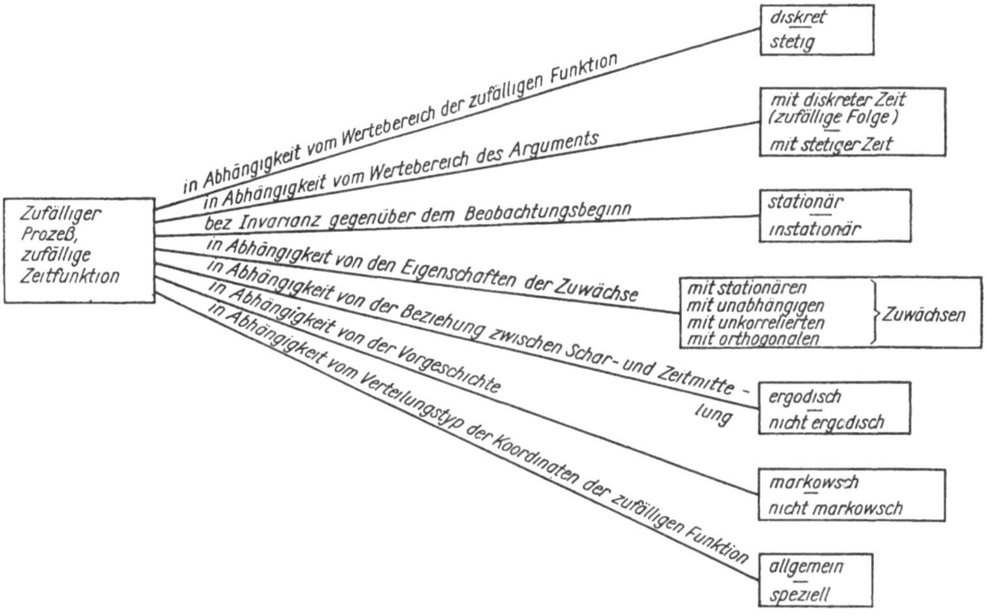

Abb. A 3.1.1. Klassifizierung zufälliger Prozesse

durch einen zufälligen Prozeß $\eta(t)$ charakterisiert werden, der die Anzahl der im Zeitintervall $(0, t)$ stattfindenden Ausfälle beziehungsweise durchgeführten Reparaturen angibt.[1]) Daher gehören in der allgemeinen Klassifikation zufälliger Prozesse (Abb. A 3.1.1) die in der Zuverlässigkeitstheorie betrachteten Ströme zu den diskreten zufälligen Prozessen (gemäß dem Wertebereich der zufälligen Funktion) mit stetiger Zeit (gemäß dem Wertebereich des Arguments).

---

[1]) Anmerkung d. Herausg.: In der deutschsprachigen Literatur wird der zufällige Prozeß $\eta(t)$ häufig als Punktprozeß bezeichnet.

Im allgemeinen Fall ist es zur Vorgabe des Stromes notwendig, die Verteilung des zufälligen Vektors $(\xi_1, \xi_2, \dots, \xi_n)$ für jedes $n \geqq 1$ anzugeben, wobei gilt

$$\xi_k = s_k - s_{k-1}, \qquad k \geqq 1\,, \qquad s_0 = 0\,. \tag{A.3.1.1}$$

Wenn die Zufallsgrößen $\xi_1, \xi_2, \dots, \xi_n$ in ihrer Gesamtheit unabhängig sind, d. h., für eine beliebige Gruppe $\xi_{i_1}, \xi_{i_2}, \dots, \xi_{i_m}$ $(i_1 < i_2 < \dots < i_m)$ dieser Zufallsgröße gilt die Gleichung:

$$\begin{aligned} &\mathcal{P}\{\xi_{i_1} \leqq t_{i_1}, \xi_{i_2} \leqq t_{i_2}, \dots, \xi_{i_m} \leqq t_{i_m}\} \\ &= \mathcal{P}\{\xi_{i_1} \leqq t_{i_1}\}\, \mathcal{P}\{\xi_{i_2} \leqq t_{i_2}\} \dots \mathcal{P}\{\xi_{i_m} \leqq t_{i_m}\}\,, \end{aligned} \tag{A 3.1.2}$$

so nennt man den entsprechenden Strom einen **Strom mit beschränkter Nachwirkung.** Zur Angabe eines solchen Stromes ist es offensichtlich ausreichend, die Verteilungsfunktionen

$$F_k(t) = P\{\xi_k \leqq t\}\,, \qquad k \geqq 1\,, \tag{A 3.1.3}$$

anzugeben.

Ein Strom mit beschränkter Nachwirkung, für den

$$F_2(t) = F_3(t) = \dots = F(t) \tag{A 3.1.4}$$

gilt, heißt allgemeiner **rekurrenter Strom.** Er wird durch die Verteilungsfunktionen $F_1(t)$ und $F(t)$ definiert. Ein allgemeiner rekurrenter Strom, für den

$$F_1(t) = F(t) \tag{A 3.1.5}$$

gilt, heißt **einfacher rekurrenter Strom.** In diesem Falle ist $F(t)$ die Verteilungsfunktion der Intervallänge zwischen zwei beliebigen aufeinanderfolgenden Zeitpunkten des Eintritts von Ereignissen.

Ein einfacher rekurrenter Strom, für den

$$F(t) = 1 - \mathrm{e}^{-\alpha t}\,, \qquad \alpha > 0\,, \tag{A 3.1.6}$$

gilt, heißt **Poissonscher Strom.** Dabei ist α (die mittlere Zahl der in der Zeiteinheit eintretenden Ereignisse) die sog. Intensität des Poissonschen Stromes. Für einen Poissonschen Strom ist die Wahrscheinlichkeit $p_k(t_0, t)$, $k \geqq 0$, daß im Zeitabschnitt $(t_0, t_0 + t)$ genau k Ereignisse eintreten, gleich

$$p_k(t_0, t) = p_k(t) = \frac{(\alpha t)^k}{k!}\,\mathrm{e}^{-\alpha t} \tag{A 3.1.7}$$

und hängt nicht von t_0 ab. Bei einem Poissonschen Strom hängt demnach die Wartezeit bis zum Eintritt eines neuen Ereignisses nicht davon ab, wieviel Zeit seit dem Eintritt des letzten Ereignisses vergangen ist. Diese Eigenschaft heißt Nachwirkungsfreiheit. Wenn insbesondere θ_{t_0} die Wartezeit bis zum ersten auf t_0 folgenden Ereignis bedeutet, so wird

$$\mathcal{P}\{\theta_{t_0} \leqq t\} = 1 - \mathrm{e}^{-\alpha t}\,. \tag{A 3.1.8}$$

Für einen poissonschen Strom wird der Erwartungswert der zufälligen Anzahl $\eta(t)$ von Ereignissen, die während der Zeit t eingetreten sind, gleich

$$M(\eta(t)) = \sum_{k=0}^{\infty} k p_k(t) = \alpha t\,. \tag{A 3.1.9}$$

Einen POISSONschen Strom kann man auch durch drei charakteristische Eigenschaften definieren, die qualitative Eigenschaften im bekannten Sinne sind und auf die oben angegebene strenge Definition führen. Diese charakteristischen Eigenschaften sind die folgenden:

1) Eigenschaft der **Stationarität**, die bedeutet, daß die Wahrscheinlichkeitskenngrößen des Stromes für ein beliebiges Zeitintervall nur von der Länge, aber nicht vom Anfangszeitpunkt des Intervalls abhängen;

2) Eigenschaft der **Ordinarität**, die bedeutet, daß die Wahrscheinlichkeit für das Eintreten von mehr als einem Ereignis während eines infinitesimalen Zeitintervalls von höherer Ordnung kleiner ist als die Wahrscheinlichkeit für das Eintreten von genau einem Ereignis;

3) Eigenschaft der **Nachwirkungsfreiheit**, die bedeutet, daß die Wahrscheinlichkeit für das Eintreten eines Ereignisses in einem Strom, der von irgendeinem beliebigen Zeitpunkt an beobachtet wird, nicht von der vorangehenden Realisierung dieses Stromes abhängt.

Die exakten Definitionen dieser Eigenschaften (die natürlich für einen beliebigen Strom gelten) können in folgender Weise formuliert werden:

1. Wir bezeichnen mit $\eta(t)$ die Zahl der Ereignisse, die im Intervall $(0, t)$ eingetreten sind. Der Strom heißt stationär, wenn für jede natürliche Zahl $n \geqq 1$, jeden Satz von Zahlen $\tau_1, \tau_2, \ldots, \tau_n$ mit

$$0 < \tau_1 < \tau_2 < \ldots < \tau_n$$

und jedes $\tau > 0$ die Verteilung des zufälligen Vektors

$$\{\eta(\tau + \tau_1) - \eta(\tau), \eta(\tau + \tau_2) - \eta(\tau), \ldots, \eta(\tau + \tau_n) - \eta(\tau)\}$$

nicht von τ abhängt. Aus der Additivitätseigenschaft des Erwartungswertes folgt, daß für einen stationären Strom eine solche nichtnegative Zahl α existiert, daß gilt

$$M(\eta(t)) = \alpha t\,. \tag{A 3.1.10}$$

Hierbei wird die Zahl α die Intensität des stationären Stromes genannt.

2. Der Strom heißt ordinär, wenn gilt

$$\lim_{\tau \to 0} \mathcal{P}\{\eta(\tau) > 1\}/\tau = 0\,. \tag{A 3.1.11}$$

3. Wir bezeichnen mit Δ das Intervall $(t_0, t_0 + t)$. Der Ereignisstrom heißt Strom mit fehlender Nachwirkung, wenn für einen beliebigen Satz sich nicht überschneidender Intervalle $\Delta_1, \Delta_2, \ldots, \Delta_n$ die zufälligen Zahlen $\eta(\Delta_1), \eta(\Delta_2), \ldots, \eta(\Delta_n)$ von Ereignissen in diesen Intervallen unabhängig sind.

Ein Ereignisstrom ist dann und nur dann ein stationärer, ordinärer Strom mit fehlender Nachwirkung, wenn er POISSONsch ist.

Ein stationärer, ordinärer Strom mit beschränkter Nachwirkung heißt ein **PALMscher Strom.** Ein Strom homogener Ereignisse wird zum PALMschen Strom, wenn er ein allgemeiner rekurrenter Strom ist, der durch die Funktionen

$$F_1(t) = \alpha \int_0^t (1 - F(u))\, du \quad \text{und} \quad F(t) \tag{A 3.1.12}$$

mit

$$\alpha^{-1} = \int_0^\infty (1 - F(u))\, du$$

definiert wird.

Als Beispiel für einen beschränkten Strom kann der **Bernoullische Strom** dienen. Es möge in jeder von insgesamt n unabhängigen „Quellen“ im Zeitintervall $(0, t_0)$ garantiert nur ein Ereignis stattfinden, wobei für jede „Quelle“ die Wahrscheinlichkeit für den Ereigniseintritt in einem beliebigen in $(0, t_0)$ enthaltenen Intervall der Länge Δ gleich Δ/t_0 ist. Der Summenstrom, der durch Überlagerung dieser Ströme erhalten wird, ist dann ein Bernoullischer Strom.

Es sei $p_k(t)$ die Wahrscheinlichkeit für das Eintreten von k Ereignissen eines Bernoullischen Stromes im Intervall $(0, t) < (0, t_0)$. Weil die Wahrscheinlichkeit dafür, daß ein bestimmtes Ereignis in $(0, t)$ stattfindet, gleich $\frac{t}{t_0}$ ist und die Ereignisse unabhängig voneinander eintreten, wird

$$p_k(t) = \binom{n}{k} \left(\frac{t}{t_0}\right)^k \left(1 - \frac{t}{t_0}\right)^{n-k}. \qquad \text{(A 3.1.13)}$$

Alternierender Erneuerungsprozeß. Vom Zuverlässigkeitsstandpunkt aus kann man sich den Prozeß des Funktionierens einer beliebigen Einrichtung in Form einer abwechselnden Folge von Intervallen des normalen Funktionierens und Intervallen des Stillstands (der Reparatur) der Einrichtung $\theta_1, \xi_1, \ldots, \theta_k, \xi_k, \ldots$ vorstellen. Dabei ist θ_k die zufällige Arbeitszeit der Einrichtung vom Beendigungszeitpunkt der vorangehenden Reparatur bis zum Augenblick des Eintritts des nachfolgenden k-ten Ausfalls, und ξ_k ist die zufällige Zeit des Stillstandes (der Reparatur), der auf den k-ten Ausfall folgt.

Wenn alle Zufallsgrößen θ_k ein und dieselbe Verteilung $F(t)$ und alle Zufallsgrößen ξ_k ein und dieselbe Verteilung $G(t)$ besitzen, wobei alle betrachteten Zufallsgrößen voneinander unabhängig sind, so sagt man, daß ein alternierender Erneuerungsprozeß vorliegt.

Bei der mathematischen Modellierung der Arbeitsweise hochzuverlässiger Einrichtungen trifft man oft auf solche alternierenden Erneuerungsprozesse, bei denen die Perioden der normalen Funktionstüchtigkeit im Mittel weitaus größer sind als die Perioden des Stillstands. In einem solchen Falle kann man manchmal den Prozeß des Funktionierens betrachten, der allein aus den Zeitabschnitten θ_k besteht, wenn man annimmt, daß die Ausfälle der Einrichtung praktisch augenblicklich behoben werden. Ein solcher Prozeß heißt einfach **Erneuerungsprozeß**. Der Ausfallstrom wird in diesem Falle ein einfacher rekurrenter Strom.

Für viele Zuverlässigkeitsaufgaben ist es manchmal notwendig, die Verteilung $R(t)$ der verbleibenden Zeit von einem willkürlich gewählten Punkt bis zum nächsten Ereignis in einem stationären rekurrenten Strom (der durch eine Verteilungsfunktion $F(t)$ definiert wird) zu kennen:

$$R(t) = \mathcal{P}\{\zeta > t\},$$

wobei ζ der zufällige Abstand von dem willkürlichen Zeitpunkt bis zum Augenblick des Eintretens des nächsten Ereignisses ist (restliche Zeit, Vorwärtsrekurrenzzeit).

Man kann zeigen, daß

$$R(t) = \alpha \int_t^\infty (1 - F(u))\, du \qquad \text{(A 3.1.14)}$$

mit

$$\alpha^{-1} = \int_0^\infty (1 - F(u))\, du$$

gilt.

A 3.2. Durchsieben (Verdünnen) eines Stromes

Wir geben zu jedem Augenblick eines Ereigniseintritts s_k, $k \geqq 1$, eine Zahl $\delta_k = \delta(s_k)$ an, die den Wert 0 oder 1 annimmt. Der Strom von Ereignissen, die in den Augenblicken s_k, für die $\delta_k = 1$ gilt, eingetreten sind, heißt **gesiebter (verdünnter) Strom.** Das k-te Ereignis geht demzufolge bei $\delta_k = 0$,,verloren'', während es bei $\delta_k = 1$ erhalten bleibt.

Zur vollständigen Definition eines gesiebten Stromes muß man (außer der Angabe des ursprünglichen Stromes) für jedes $n \geqq 1$ folgende Wahrscheinlichkeiten vorgeben:

$$p(\delta_1, \delta_2, \dots, \delta_n) = \mathcal{P}\{\delta(s_1) = \delta_1, \quad \delta(s_2), = \delta_2, \dots, \delta(s_n) = \delta_n\}, \qquad \text{(A 3.2.1)}$$

$$\delta_i = 0 \text{ oder } 1, \qquad i = 1, 2, \dots$$

Es möge der ursprüngliche Strom rekurrent sein und durch die Verteilungsfunktion $F(t)$ definiert werden. Dann wird eine rekurrente Operation des Durchsiebens definiert durch die Beziehungen

$$\begin{aligned} p(1) &= a_0;\\ p(0, 1) &= a_1;\\ p(0, 0, 1) &= a_2;\\ &\dots\dots\dots\\ p(\underbrace{0, 0, \dots, 0, 1}_{k}) &= a_k;\\ \sum_{k=0}^{\infty} a_k &= 1. \end{aligned} \qquad \text{(A 3.2.2)}$$

Der Sinn der rekurrenten Operation des Durchsiebens besteht im folgenden. Wenn eine Zufallsgröße l die Werte 0, 1, 2, ... annehmen kann und $\mathcal{P}\{l = k\} = a_k$, $k \geqq 0$ gilt, dann erhält man den gesiebten Strom so:

Zuerst geht eine zufällige Anzahl l von Ereignissen des ursprünglichen Stromes ,,verloren'', das darauf folgende Ereignis bleibt bestehen, darauf geht erneut eine zufällige Anzahl l (die dem gleichen Verteilungsgesetz genügt) ,,verloren'', das folgende Ereignis des ursprünglichen Stromes bleibt usw. Der Strom der verbliebenen Ereignisse ist dann ein gesiebter Strom.

Die Funktion $R(z)$, die durch

$$R(z) = \sum_{k=0}^{\infty} a_k z^k, \qquad R(1) = 1, \qquad \text{(A 3.2.3)}$$

definiert wird, gibt die rekurrente Operation des Durchsiebens eindeutig wieder.

Es gelten die beiden folgenden Behauptungen:

1. Ein Strom, der aus einem rekurrenten Strom mit Hilfe einer rekurrenten Operation des Durchsiebens gewonnen wird, ist rekurrent.
2. Wenn ein Strom, der aus einem rekurrenten Strom auf dem Wege des Durchsiebens (Verdünnens) erhalten wird, wiederum rekurrent ist, so existiert eine solche rekurrente Operation des Durchsiebens, mit deren Hilfe man denselben Strom erhalten kann.

Wenn der ursprüngliche Strom POISSONsch mit dem Parameter α ist, und die Operation des Durchsiebens wird gegeben durch die Funktion

$$R(z) = \frac{1-p}{1-zp} = (1-p) + (1-p)\,zp + (1-p)\,z^2p^2 + \dots \qquad \text{(A 3.2.4)}$$

(sie bedeutet, daß ein beliebiges eingetretenes Ereignis des ursprünglichen Stromes mit der Wahrscheinlichkeit p „verloren" geht und mit der Komplementärwahrscheinlichkeit $1 - p = q$ bleibt), dann wird der gesiebte Strom poissonsch mit dem Parameter $q\alpha$.

Beim Durchsieben irgendeines rekurrenten Stromes, der durch die Verteilungsfunktion $F(t)$ mit dem Erwartungswert $\alpha^{-1} = \int\limits_0^\infty (1 - F(u))\,du$ definiert ist, wird auch der gesiebte Strom wiederum rekurrent. Wenn jetzt der Zeitmaßstab des gesiebten Stromes so geändert wird, daß die mittlere Länge des Intervalls zwischen zwei aufeinander folgenden Zeitpunkten des Ereigniseintritts mit der entsprechenden Intervallänge des ursprünglichen Stromes zusammenfällt, so wird der auf diese Weise erhaltene Strom rekurrent und durch eine bestimmte Verteilungsfunktion $F^{(1)}(t)$ definiert. Wenn wir diese Operation fortsetzen, erhalten wir schließlich einen POISSONschen Strom, d. h.

$$\lim_{n\to\infty} F^{(n)}(t) = 1 - e^{-\alpha t}\,. \qquad \text{(A 3.2.5)}$$

Wenn der ursprüngliche Strom poissonsch mit dem Parameter α ist, und die Operation des Durchsiebens durch die Funktion

$$R(z) = z^k \qquad \text{(A 3.2.6)}$$

gegeben wird (sie bedeutet, daß die ersten k Ereignisse des ursprünglichen Stromes „verloren" gehen, das $(k + 1)$-te Ereignis bleibt, darauf gehen erneut k Ereignisse „verloren", das folgende Ereignis bleibt usw.), dann wird der gesiebte Strom ein (rekurrenter) ERLANGscher Strom k-ter Ordnung. Bei diesem Strom lautet die Verteilungsdichte $f_{k+1}(t)$ des Intervalls zwischen benachbarten Ereignissen

$$f_{k+1}(t) = \frac{\alpha(\alpha t)^k}{k!}\,e^{-\alpha t}\,. \qquad \text{(A 3.2.7)}$$

Für den Erwartungswert R_k und die Streuung σ_k^2 einer Zufallsgröße, die diesem Verteilungsgesetz genügt, gelten die Beziehungen

$$R_k = \frac{k+1}{\alpha}\,; \qquad \sigma_k^2 = \frac{k+1}{\alpha^2}\,. \qquad \text{(A 3.2.8)}$$

A 3.3. Überlagerung von Strömen

Wir betrachten n „Quellen", die Ereignisse erzeugen. Der Strom, dessen Ereignisse die von allen „Quellen" stammenden Ereignisse sind, heißt **Summenstrom.** Der Summenstrom ergibt sich also durch Überlagerung (Superposition) der Ereignisströme, die von den „Quellen" ausgesendet werden.

Wenn die Summandenströme voneinander unabhängig sind und jeweils einen POISSONschen Strom bilden, so ist der Summenstrom ebenfalls poissonsch mit der Intensität α_Σ, die gleich der Summe der Intensitäten der Summandenströme ist, d. h.,

$$\alpha_\Sigma = \sum_{i=1}^{n} \alpha_i\,, \tag{A 3.3.1}$$

wobei α_i die Intensität des i-ten POISSONschen Summandenstromes und n die Anzahl der Summandenströme ist.

In der Erneuerungstheorie wird gezeigt, daß die Überlagerung beliebiger Ströme asymptotisch gegen einen POISSONschen Strom konvergiert bei verhältnismäßig schwachen Bedingungen an die Summandenströme. Die Intensität des Summenstromes α_Σ wird dabei gleich

$$\alpha_\Sigma = \sum_{i=1}^{n} \frac{1}{T_i}\,,$$

wobei T_i der mittlere Abstand zwischen zwei benachbarten Ereignissen im i-ten Summandenstrom und n die Anzahl der Summandenströme sind.

ANHANG 4. ABRISS DER BOOLESCHEN ZUVERLÄSSIGKEITSTHEORIE VON SYSTEMEN[1])

A 4.1. Modellbildung

Es wird angenommen, daß sich das zu untersuchende technische System durch das folgende **Modell** hinreichend gut beschreiben läßt:

> Das System S besteht aus einer endlichen Zahl von Elementen x_ν ($\nu = 1, 2, \ldots, n$). Sowohl für das System als auch für die Elemente werden lediglich zwei Zustände — arbeitsfähig und ausgefallen — unterschieden. Der Zustand des Systems S wird allein durch die Zustände seiner Elemente bestimmt, $S = S(x_1, x_2, \ldots, x_n)$. Diese Systemfunktion ist monoton; d. h., wenn bei Ausfall einer Teilmenge M_1 der Elemente das System noch arbeitet, so bleibt es auch arbeitsfähig, wenn lediglich eine kleinere Teilmenge M_2 ($\subset M_1$) ausgefallen ist. Sind alle Elemente arbeitsfähig (ausgefallen), so ist auch das System arbeitsfähig (ausgefallen).

Dieses Modell ist offensichtlich auf eine Anwendung der BOOLEschen Algebra zugeschnitten. Der **Zustand des Systems und jedes Elements** läßt sich jeweils **durch eine BOOLEsche Variable eindeutig beschreiben.** Die möglichen Realisierungen der BOOLEschen Variablen sind Arbeitsfähigkeit und Ausfall. Als Rechenoperationen zwischen den BOOLEschen Variablen kann man z. B. die BOOLEsche Addition (Disjunktion, ODER-Operation), die BOOLEsche Multiplikation (Konjunktion, UND-Operation) und die Negation verwenden. Weiterhin ist es möglich, die BOOLEsche Systemfunktion $S(x_1, \ldots, x_n)$ in einen reell-algebraischen Ausdruck zu überführen, indem man den Zuständen ausgefallen beziehungsweise arbeitsfähig die reellen Zahlen 0 beziehungsweise 1 zuordnet und die folgenden **Rechenregeln** beachtet:

$$x_\nu = 1 - x_\nu \,, \tag{A 4.1.1}$$

$$\bigwedge_{\nu=1}^{n} x_\nu = \min_{1 \leqq \nu \leqq n} x_\nu = \prod_{\nu=1}^{n} x_\nu \,, \tag{A 4.1.2}$$

$$\bigvee_{\nu=1}^{n} x_\nu = \max_{1 \leqq \nu \leqq n} x_\nu = 1 - \prod_{\nu=1}^{n} (1 - x_\nu) \,. \tag{A 4.1.3}$$

Außerdem ist die Idempotenz-Eigenschaft BOOLEscher Variabler zu berücksichtigen, die sich z. B. in folgender Beziehung äußert:

$$x_\nu \cdot x_\nu = x_\nu \tag{A 4.1.4}$$

A 4.2. Darstellungsformen BOOLEscher Systemfunktionen

Ein Hauptproblem bei Anwendungen der BOOLEschen Zuverlässigkeitstheorie besteht in der zweckmäßigen Darstellung der BOOLEschen Systemfunktionen. Wir sind

---

[1]) Anmerkung d. Herausg.: Der Anhang A 4 ist im russischen Original des Handbuches nicht enthalten und wurde vom Herausgeber für die deutsche Ausgabe ergänzt.

hier in erster Linie an reell-algebraischen Darstellungen interessiert, weil man mit ihrer Hilfe die Zeitabhängigkeit von Zuverlässigkeitskenngrößen leicht berücksichtigen kann, vgl. Abschn. A 4.4.

Der Einfluß eines Elements x_i auf die Systemfunktion spiegelt sich in der folgenden evidenten Beziehung wieder:

$$S(x_1, \dots, x_{i-1}, x_i, x_{i+1}, \dots, x_n)$$
$$= x_i S(x_1, \dots, x_{i-1}, 1, x_{i+1}, \dots, x_n) + (1 - x_i)\, S(x_1, \dots, x_{i-1}, 0, x_{i+1}, \dots, x_n) .$$

Mit den Abkürzungen

$$\boldsymbol{x} = (x_1, \dots, x_{i-1}, x_i, x_{i+1}, \dots, x_n) ,$$
$$(1_i, \boldsymbol{x}) = (x_1, \dots, x_{i-1}, 1, x_{i+1}, \dots, x_n) ,$$
$$(0_i, \boldsymbol{x}) = (x_1, \dots, x_{i-1}, 0, x_{i+1}, \dots, x_n)$$

läßt sich diese Beziehung, die häufig als **Reduktions- oder Entwicklungssatz** bezeichnet wird, so schreiben:

$$S(\boldsymbol{x}) = x_i S(1_i, \boldsymbol{x}) + (1 - x_i)\, S(0_i, \boldsymbol{x}) . \tag{A 4.2.1}$$

Durch (A 4.2.1) wird eine Systemfunktion in n Variablen auf eine Linearkombination zweier Systemfunktionen in $(n - 1)$ Variablen zurückgeführt. Eine sinngemäße Anwendung des gleichen Reduktionsschrittes auf die Funktionen $S(1_i, \boldsymbol{x})$ und $S(0_i, \boldsymbol{x})$ liefert

$$S(\boldsymbol{x}) = x_i x_j S(1_i, 1_j, \boldsymbol{x}) + x_i(1 - x_j)\, S(1_i, 0_j, \boldsymbol{x}) + (1 - x_i)\, x_j S(0_i, 1_j, \boldsymbol{x})$$
$$+ (1 - x_i)\,(1 - x_j)\, S(0_i, 0_j, \boldsymbol{x}) .$$

Nach n-facher Anwendung dieser Überlegung hängen die Systemfunktionen auf der rechten Seite von keiner Variablen mehr ab und stellen die Funktionswerte $S(\boldsymbol{x}^k)$ zu allen 2^n denkbaren konkreten Realisierungen $\boldsymbol{x}^k$ des BOOLEschen Vektors $\boldsymbol{x}$ dar. Von den 2^n Summanden können natürlich diejenigen mit $S(\boldsymbol{x}^k) = 0$ fortgelassen werden. Damit erhalten wir die folgende **disjunktive Normalform** der BOOLEschen Systemfunktion:

$$S(\boldsymbol{x}) = \sum_{\substack{k \\ \text{mit} \\ S(\boldsymbol{x}^k)=1}} \prod_{\substack{\nu \\ \text{mit} \\ x_\nu^k=1}} x_\nu \prod_{\substack{\nu \\ \text{mit} \\ x_\nu^k=0}} (1 - x_\nu) . \tag{A 4.2.2}$$

Man kann die Entwicklung der BOOLEschen Systemfunktion auch so beginnen:

$$S(\boldsymbol{x}) = [1 - x_i(1 - S(1_i, \boldsymbol{x}))]\,[1 - (1 - S(0_i, \boldsymbol{x}))] . \tag{A 4.2.3}$$

Die n-fache Anwendung dieser Entwicklungsart führt auf eine **konjunktive Normalform:**

$$S(\boldsymbol{x}) = \prod_{\substack{k \\ \text{mit} \\ S(\boldsymbol{x}^k)=0}} \left[1 - \prod_{\substack{\nu \\ \text{mit} \\ x_\nu^k=1}} x_\nu \prod_{\substack{\nu \\ \text{mit} \\ x_\nu^k=0}} (1 - x_\nu)\right] . \tag{A 4.2.4}$$

Die beiden angegebenen Normalformen lassen sich durch elementare Umformungen (Auflösen der Klammern und Berücksichtigung der Idempotenz Boolescher Variabler bei der konjunktiven Normalform) überführen in eine eindeutig bestimmte **Linear-**

form der Gestalt

$$S(\boldsymbol{x}) = \sum_j a_j \prod_{\substack{\nu \\ \text{mit} \\ x_\nu^j = 1}} x_\nu \,. \tag{A 4.2.5}$$

Beispiel A 4.2.1

Wir betrachten ein System aus 3 Elementen. Das System ist arbeitsfähig, solange mindestens zwei Elemente arbeitsfähig sind. Für dieses sogenannte 2- aus -3-System ist die BOOLEsche Systemfunktion in Gestalt der drei erläuterten Normalformen anzugeben.

Lösung

Disjunktive Normalform:

$$S(\boldsymbol{x}) = x_1x_2x_3 + x_1x_2(1 - x_3) + x_1(1 - x_2)\, x_3 + (1 - x_1)\, x_2x_3 \,.$$

Konjunktive Normalform:

$$S(\boldsymbol{x}) = [1 - x_1(1 - x_2)]\,[(1 - x_3)\cdot 1 - (1 - x_1)\, x_2(1 - x_3)]\cdot[1 - (1 - x_1)\,(1 - x_2)\, x_3] \times$$
$$\times\, [1 - (1 - x_1)\,(1 - x_2)\,(1 - x_3)] \,.$$

Linearform:

$$S(\boldsymbol{x}) = x_1x_2 + x_1x_3 + x_2x_3 - 2x_1x_2x_3 \,.$$

Bei den reell-algebraischen Darstellungen BOOLEscher Systemfunktionen entstehen auch schon bei relativ einfachen technischen Anwendungen häufig sehr viele Terme, die nur noch schwer zu bewältigen sind. Es besteht daher das Bedürfnis, die Zahl der Terme zu reduzieren. Dazu kann man passende Teilmengen von Elementen zu Hyperelementen, sogenannten Moduln, zusammenfassen.

Ein **Modul** wird wie folgt erklärt: Eine Teilmenge M der Elemente bildet einen Modul, wenn sich für den zugehörenden Teilvektor $\boldsymbol{x}^M$ (er wird von denjenigen Komponenten von $\boldsymbol{x}$ gebildet, die Elementen aus M entsprechen) eine monotone BOOLEsche Funktion K und eine monotone BOOLEsche Funktion L derart angeben lassen, daß für die BOOLEsche Systemfunktion $S(\boldsymbol{x})$ gilt

$$S(\boldsymbol{x}) = L[K(\boldsymbol{x}^M), \boldsymbol{x}^{\overline{M}}] \,. \tag{A 4.2.6}$$

Im Teilvektor $\boldsymbol{x}^{\overline{M}}$ sind die nicht zu $\boldsymbol{x}^M$ gehörenden Komponenten von $\boldsymbol{x}$ zusammengefaßt worden. Ein Beispiel wird im folgenden Abschnitt A 4.3 gebracht.

Bei der disjunktiven Normalform (A 4.2.2) wurden bei der Summation gerade diejenigen Realisierungen $\boldsymbol{x}^k$ des BOOLEschen Vektors $\boldsymbol{x}$ berücksichtigt, die zur Arbeitsfähigkeit des Systems führen. Die Komponenten von $\boldsymbol{x}^k$ mit dem Wert 1 entsprechen einem „Weg". Ein **Weg** ist also eine Teilmenge von Elementen, deren gemeinsame Arbeitsfähigkeit bewirkt, daß auch das System arbeitsfähig ist. Die Ermittlung der disjunktiven Normalform läuft daher im wesentlichen auf die Bestimmung sämtlicher Wege hinaus.

Bei der konjunktiven Normalform (A 4.2.3) wurden bei der Produktbildung über k gerade diejenigen Realisierungen $\boldsymbol{x}^k$ des BOOLEschen Vektors $\boldsymbol{x}$ berücksichtigt, die zum Ausfall des Systems führen. Die Komponenten von $\boldsymbol{x}^k$ mit dem Wert 0 entsprechen einem „Schnitt". Ein **Schnitt** ist also eine Teilmenge von Elementen, deren gemeinsamer Ausfall bewirkt, daß auch das System ausfällt. Die Ermittlung der konjunktiven Normalform läuft daher im wesentlichen auf die Bestimmung sämtlicher Schnitte hinaus.

Neben den Wegen und Schnitten haben die sogenannten Minimalwege und Minimalschnitte eine besondere Bedeutung erlangt.

Ein **Minimalweg** ist ein Weg mit der folgenden Minimalitätseigenschaft: verkleinert man die Teilmenge der arbeitsfähigen Elemente des Weges auch nur um ein einziges Element, so fällt das System aus. Offenbar ist das System genau dann arbeitsfähig, wenn sämtliche Elemente mindestens eines Minimalweges arbeitsfähig sind. Berechnet man die Minimalwege mit W_μ und indiziert sie mit den natürlichen Zahlen $\mu = 1, 2, \ldots, m$, so gilt für die Systemfunktion

$$S(\boldsymbol{x}) = \bigvee_{\mu=1}^{m} \bigwedge_{x_\nu \in W_\mu} x_\nu = \max_{1 \leqq \mu \leqq m} \min_{x_\nu \in W_\mu} x_\nu . \qquad \text{(A 4.2.7)}$$

Ein **Minimalschnitt** ist ein Schnitt mit der folgenden Minimalitätseigenschaft: verkleinert man die Teilmenge der ausgefallenen Elemente des Schnittes auch nur um ein einziges Element, so wird das System arbeitsfähig. Offenbar ist das System genau arbeitsfähig, wenn mindestens ein Element jedes Minimalschnittes arbeitsfähig ist. Bezeichnet man die Minimalschnitte mit M_σ und indiziert sie mit den natürlichen Zahlen $\sigma = 1, 2, \ldots, s$, so gilt für die Systemfunktion

$$S(\boldsymbol{x}) = \bigwedge_{\sigma=1}^{s} \bigvee_{x_\nu \in W_\sigma} x_\nu = \min_{1 \leqq \sigma \leqq s} \max_{x_\nu \in M_\sigma} x_\nu . \qquad \text{(A 4.2.8)}$$

In der Literatur wurden verschiedene Verfahren zur Ermittlung sämtlicher Wege, Schnitte, Minimalwege und Minimalschnitte angegeben und auch die zugehörenden Rechenprogramme veröffentlicht. Wir begnügen uns hier mit dem Hinweis auf die Literatur und werden im folgenden Abschnitt nach der Behandlung der Fehlerbäume lediglich zwei Verfahren zur Bestimmung der Minimalwege und Minimalschnitte erläutern.

A 4.3. Zuverlässigkeitsersatzschaltungen und Fehlerbäume

Zur graphischen Veranschaulichung des Zuverlässigkeitsverhaltens des Systems ist es üblich, **Zuverlässigkeitsersatzschaltungen** anzugeben. Sie werden als zwei-terminale Graphen — zwischen einem Anfangspunkt A und einem Endpunkt E — dargestellt. Das System funktioniert, wenn von A nach E mindestens eine Verbindung, die von arbeitsfähigen Elementen gebildet wird, besteht.

Es sei betont, daß die Zuverlässigkeitsersatzschaltung eines Systems nicht mit einem Blockschaltbild, Signalflußplan oder anderen Darstellung der technischen Wirkungsweise des Systems verwechselt werden darf. Als **Beispiel** wurde in Abb. A 4.3.1a das Funktionsschaltbild eines Überlagerungsempfängers mit den Elementen HF Hochfrequenzteil (Antenne, Eingangskreis und HF-Verstärker), MiS Mischstufe, Os Oszillator, ZF Zwischenfrequenz-Teil, DM Demodulator, NF Niederfrequenzteil mit Lautsprecher, SV Stromversorgung und Not-SV Notstromversorgung angegeben.

Die zugehörende Zuverlässigkeitsersatzschaltung zeigt Abb. A 4.3.1b. Es ist eine sehr einfache Kombination von einem Serien- und einem Parallelsystem (im Sinne der Zuverlässigkeit!).

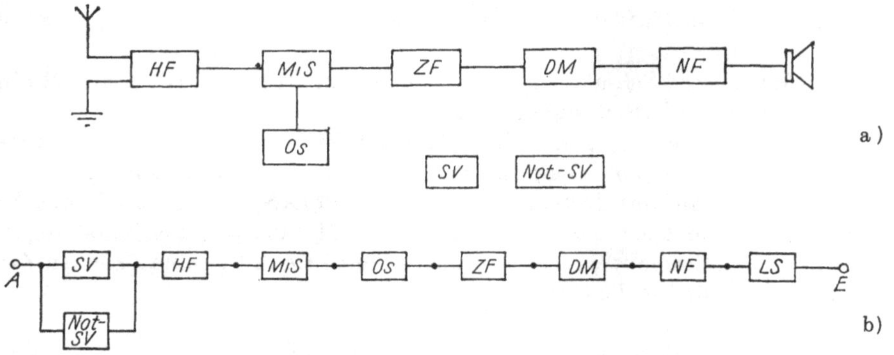

Abb. A 4.3.1. Überlagerungsempfänger mit Not-Stromversorgung

a) Darstellung des prinzipiellen Zusammenwirkens der Funktionsblöcke
b) Zuverlässigkeitsersatzschaltung des Überlagerungsempfängers

Zu ein und derselben technischen Problemstellung kann man häufig **mehrere Zuverlässigkeitsersatzschaltungen** unterschiedlichen Aussehens aufzeichnen. Als **Beispiel** betrachten wir eine Wasserversorgungsanlage, die aus einer Pumpe P1, einem Motor M1 und einer Stromversorgung SV besteht. Um die Betriebssicherheit der Anlage zu erhöhen, wird noch ein zweites System mit der gleichen Stromversorgung SV, aber einer zweiten Pumpe P2 und einem zweiten Motor M2 aufgebaut. Weiterhin wird ein Motor M3 bereitgestellt, der bei Bedarf sowohl mit P1 als auch mit P2 gekoppelt werden kann. Außerdem soll es für den Motor M1 eine Umschalteinrichtung U geben, die bei Ausfall von P1 ein Zusammenspiel von M1 und P2 ermöglicht.

Bei der Aufstellung der Zuverlässigkeitsersatzschaltung wurde zunächst versucht, für jedes der genannten Elemente auch im Ersatzschaltbild bez. der Arbeitsfähigkeit (vgl. Abb. A 4.3.2a) jeweils nur einen Block vorzusehen. Das Beispiel zeigt, daß es im allgemeinen erforderlich ist, die Zweige der Zuverlässigkeitsersatzschaltung zu orientieren. (Sonst würde hier die Komponente U auch ein Zusammenspiel zwischen M2 und P1 ermöglichen!) Nur bei sehr einfachen Anwendungen (vgl. Abb. A 4.3.1) kann die Orientierung der Zuverlässigkeitsersatzschaltung unbeachtet bleiben.

Um Mißverständnisse zu vermeiden und die Übersichtlichkeit zu erhöhen, ist es oft vorteilhaft, das Symbol ein und desselben technischen Elements in die Zuverlässigkeitsersatzschaltung wiederholt einzutragen. Zwei Möglichkeiten zeigen für unser Beispiel die Abbildungen A 4.3.2b und A 4.3.2d.

Neben den Ersatzschaltungen bez. der Arbeitsfähigkeit des Systems kann man auch **Ersatzschaltungen bez. des Ausfalls** betrachten. Es sind ebenfalls zwei-terminale orientierte Graphen mit den Endpunkten $\bar{A}$ und $\bar{E}$. Das System fällt aus, wenn von $\bar{A}$ nach $\bar{E}$ mindestens eine Verbindung, die von ausgefallenen Elementen gebildet wird, besteht. In den Abbildungen A 4.3.2c und A 4.3.2e wurden für das Beispiel zwei Ersatzschaltungen bez. des Ausfalls skizziert, deren Gleichwertigkeit leicht einzusehen ist. Abb. 4.3.2c geht durch eine Dualitätstransformation aus Abb. A 4.3.2b hervor. Schließlich wurde in Abb. A 4.3.2f wieder eine Ersatzschaltung bez. der Arbeitsfähigkeit angegeben, die zu Abb. A 4.3.2e dual ist.

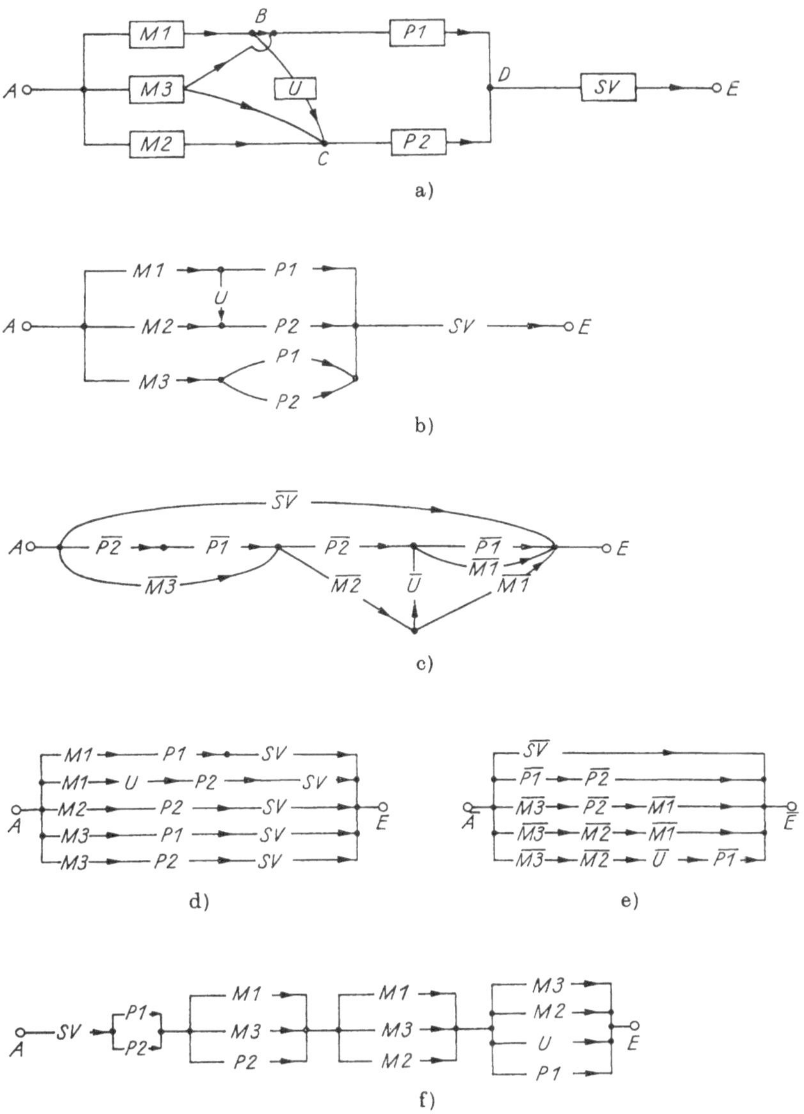

Abb. A 4.3.2. Redundante Wasserversorgungsanlage

a) Zuverlässigkeitsersatzschaltung, in der jede Komponente nur einmal vorkommt
b) andere Darstellung der Zuverlässigkeitsersatzschaltung
c) Ersatzschaltung bez. des Ausfalls (statt A und E ein $\bar{A}$ und $\bar{E}$)
d) Ersatzschaltung bez. der Funktionstüchtigkeit, die sämtliche Minimalwege verwendet
e) Ersatzschaltung bez. des Ausfalls, die sämtliche Minimalschnitte verwendet
f) Ersatzschaltung bez. der Funktionstüchtigkeit, die sämtliche Minimalschnitte verwendet

Zuverlässigkeitsersatzschaltungen sind generell zwei-terminale, orientierte Graphen. Um das Zuverlässigkeitsverhalten eines technischen Systems graphisch zu veranschaulichen, ist man jedoch an diese Struktur nicht gebunden.

Eine andere Möglichkeit liefert das in der Sicherungstechnik seit mehr als 15 Jahren bekannt gewordene Konzept der **„Fehlerbäume“**. Das sind orientierte Graphen mit Baumstruktur. Ein bestimmtes „Hauptereignis H“, dessen Eintreten dem Systemausfall entspricht, wird in einem deduktiven Entwicklungsprozeß zurückgeführt bis auf gewisse „Basisereignisse“, die im Rahmen der durchzuführenden Zuverlässigkeitsanalyse als primär angesehen und nicht weiter zerlegt werden.

Als **Beispiel** wollen wir die Arbeitsfähigkeit einer Handarmatur (z. B. Absperrventil) in einem Rohrleitungssystem betrachten. Das Hauptereignis H besteht im Ausfall der Armatur, d. h., die mit Hilfe der Armatur zu erzielende Absperrwirkung wird nicht erreicht. Bei ausreichender Kenntnis der Wirkungsweise einer solchen

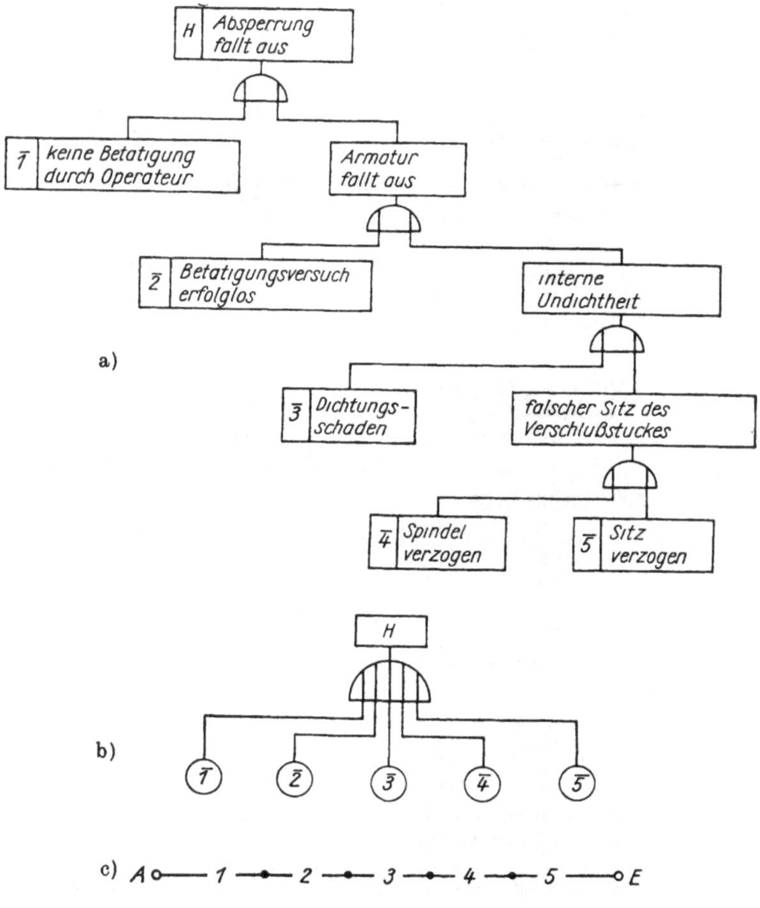

Abb. A 4.3.3. Handarmatur (z. B. Absperrventil) in einem Rohrleitungssystem

a) Entwicklung des Hauptereignisses „Absperrung fällt aus“ in einem Fehlerbaum
b) Fehlerbaum zur Darstellung des Zusammenwirkens der Basisereignisse $\bar{1}$, $\bar{2}$, $\bar{3}$, $\bar{4}$, $\bar{5}$
c) Korrespondierende Zuverlässigkeitsersatzschaltung zum Fehlerbaum aus Abb. A 4.3.b

Armatur ist die Aufstellung eines Fehlerbaumes nicht schwer (vgl. Abb. A 4.3.3a). Bei Bedarf könnte man die Basisereignisse $\bar{1}$, $\bar{2}$, $\bar{3}$, $\bar{4}$, $\bar{5}$ durchaus noch weiter entwickeln. Beispielsweise kann man sich das Ereignis 2 durch disjunktive Verknüpfung der elementareren Ereignisse „Klemmen der Spindel“, „Klemmen des Verschlußstückes“ entstanden denken. Die Gestalt des Fehlerbaumes wird durch das Hauptereignis allein keineswegs eindeutig festgelegt. In Abb. A 4.3.3b wurde für das Beispiel ein zweiter Fehlerbaum angegeben, bei dem alle „Zwischenereignisse“ von Abb. A 4.3.3a fortgelassen wurden.

In der Regel fällt es nicht schwer, Zuverlässigkeitsersatzschaltungen in Fehlerbäume umzuzeichnen und umgekehrt. Abb. A 4.3.3c zeigt die der Abb. A 4.3.3b entsprechende Ersatzschaltung bez. der Arbeitsfähigkeit. Der mit der in Abb. A 4.3.1b angegebenen Zuverlässigkeitsersatzschaltung korrespondierende Fehlerbaum wurde in Abb. A 4.3.4 skizziert.

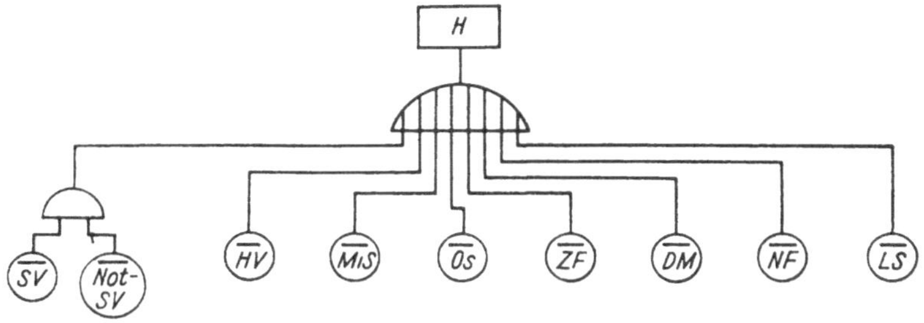

Abb. A 4.3.4. Fehlerbaum für den Überlagerungsempfänger gemäß Abb. A 4.3.1

Um in die **Systematik zur Aufstellung von Fehlerbäumen** einzuführen, wurde in Abb. A 4.3.5a ein Fehlerbaum aus der Zuverlässigkeitsersatzschaltung von Abb. A 4.3.2a entwickelt. In Abb. A 4.3.5b wurde für das gleiche Beispiel des Wasserversorgungssystems angegeben, wie man durch systematisches Abarbeiten der verbal formulierten Ausfallmöglichkeiten unmittelbar zu einem Fehlerbaum kommen kann.

Ein Vergleich der Abbildungen A 4.3.2c, A 4.3.2e mit den Abbildungen A 4.3.5a und 5b macht deutlich, daß die Fehlerbäume offenbar nur eine andere (häufig zweckmäßigere!) Darstellungsform für die Zuverlässigkeitsersatzschaltungen bez. des Ausfalls sind. Durch duale Umwandlung eines Fehlerbaumes erhält man einen **„Erfolgsbaum“** (Beispiel s. Abb. A 4.3.5c), der einer Ersatzschaltung bez. der Arbeitsfähigkeit entspricht.

Als **weiteres Beispiel** wurde in Abb. A 4.3.6a die Zuverlässigkeitsersatzschaltung einer redundant ausgelegten Wechselstromversorgungsanlage eines Flugzeugs skizziert. Als Elemente der Anlage wurden zwei Antriebe (AN), zwei Wechselstromgeneratoren (WG), zwei Transformatoren (TR), eine Batterie (BAT), ein Wechselrichter (WR) und ein Gleichrichter (GR) eingesetzt. Wählt man für dieses Beispiel den Ausfall der einzelnen Elemente als Basisereignisse und bezeichnet diese Ereignisse sinnfällig mit $\overline{\text{BAT}}$, $\overline{\text{GR}}$, $\overline{\text{AN2}}$, ... , so ergibt sich ein Fehlerbaum gemäß Abb. A 4.3.6b. Um die Zusammenhänge zwischen Fehlerbäumen und Zuverlässigkeitsersatzschaltungen auch für dieses Beispiel deutlich sichtbar zu machen, wurden in Abb. A 4.3.6c die „Ersatzschaltung bez. des Ausfalls“ und in Abb. A 4.3.6d der „duale Fehlerbaum“ (= Er-

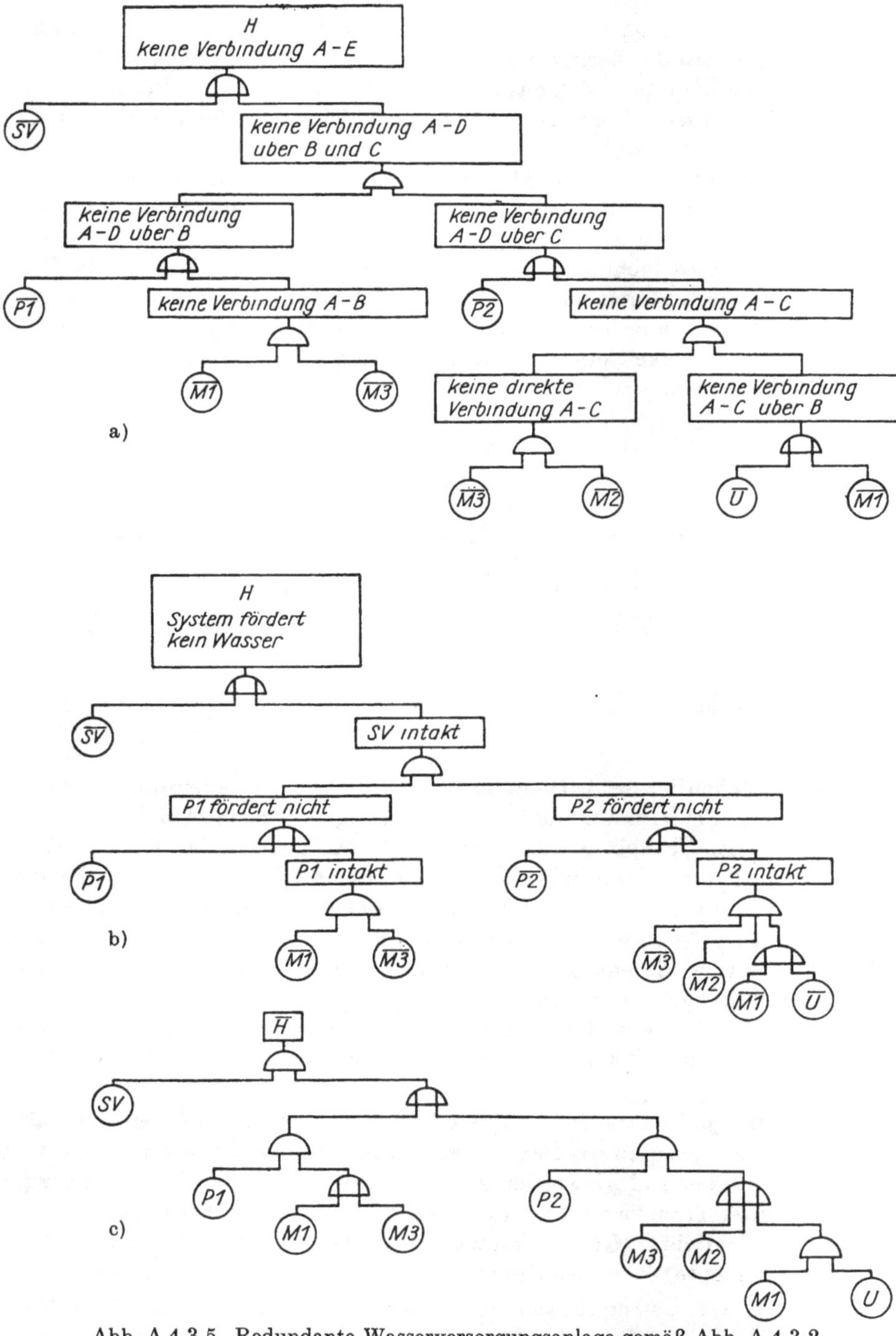

Abb. A 4.3.5. Redundante Wasserversorgungsanlage gemäß Abb. A 4.3.2

a) Fehlerbaum, der durch systematisches Auswerten der Abb. A 4.3.2.a gewonnen wurde
b) Fehlerbaum, der durch systembezogene Entwicklung des Hauptereignisses *H* erhalten wurde
c) Erfolgsbaum, der durch eine Dualitätstransformation aus den o. a. Fehlerbäumen hervorgeht

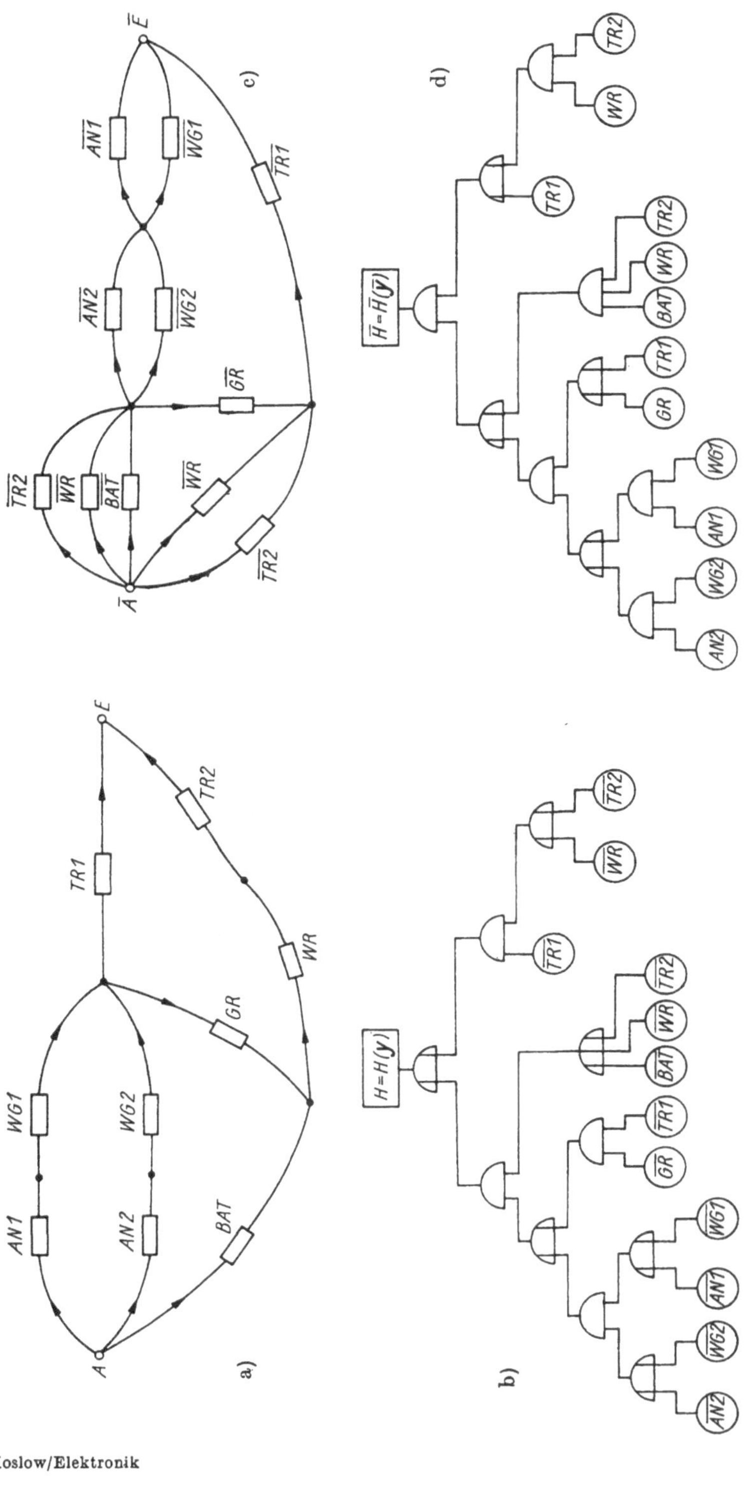

Abb. A 4.3.6. Vereinfachte Stromversorgungsanlage eines Flugzeugs

a) Zuverlässigkeitsersatzschaltung
b) Fehlerbaum
c) Ersatzschaltung bezüglich des Ausfalls
d) Erfolgsbaum

folgsbaum) angegeben. Die Korrespondenz zwischen den Abbildungen A 4.3.6a und 6d sowie zwischen A 4.3.6b und 6c ist offensichtlich.

In der Literatur werden gelegentlich Fehlerbäume angegeben, die kompliziertere logische Verknüpfungen als nur UND- und ODER-Glieder enthalten. Doch kann man sich auf UND- und ODER-Verknüpfungen beschränken, da jede monotone Systemfunktion dadurch darstellbar ist, vgl. die Darstellungsformen (A 4.2.7) und (A 4.2.8).

Die manuelle Aufstellung von Fehlerbäumen ist bei größeren technischen Systemen im allgemeinen zeitraubend, setzt Übung und ein volles Verständnis der Wirkungsweise des Systems voraus. Der Aufwand sollte jedoch nicht gescheut werden, da mit Hilfe dieses graphischen Hilfsmittels nicht nur Ausfälle vermieden, sondern auch Wartungsmaßnahmen und Systemmodifikationen begründet werden können. Es gibt auch bereits Rechenprogramme, um für gewisse Klassen von Systemen die Fehlerbäume rechnergestützt aufzustellen.

Auch auf der Grundlage des Konzepts der Fehlerbäume lassen sich die BOOLEschen Systemfunktionen ermitteln. In Ergänzung zum Abschnitt A 4.2 kann man den Basisereignissen der Fehlerbäume die BOOLEschen Variablen y_ν zuordnen und vereinbaren

$$y_\nu = \begin{cases} 1, & \text{falls das } \nu\text{-te Basisereignis eintritt} \\ 0, & \text{falls das } \nu\text{-te Basisereignis nicht eintritt,} \end{cases}$$

$$H = H(y_1, \dots, y_n) = H(\boldsymbol{y}) = \begin{cases} 1, & \text{falls das Hauptereignis eintritt} \\ 0, & \text{falls das Hauptereignis nicht eintritt.} \end{cases}$$

Offenbar gelten bei geeigneter Indizierung die Beziehungen

$$y_\nu = \bar{x}_\nu = 1 - x_\nu\,, \qquad \text{(A 4.3.1)}$$

$$H(\boldsymbol{y}) = 1 - S(\boldsymbol{x}) = 1 - S(\bar{\boldsymbol{y}})\,. \qquad \text{(A 4.3.2)}$$

Von den verschiedenen Möglichkeiten zur systematischen Ermittlung der BOOLEschen Funktionen seien hier lediglich die **Minimalschnitt-** und die **Minimalwegmethode für Fehlerbäume** erwähnt:

Als Schnittmenge (Weg) wird eine Teilmenge der Basisereignisse bezeichnet, deren gemeinsames Eintreten (Ausbleiben) das Hauptereignis bewirkt (verhindert). Eine Schnittmenge (ein Weg) heißt minimal, wenn bei einer Verkleinerung dieser Teilmenge das Hauptereignis nicht mehr eintritt (nicht mehr verhindert wird). Man überlegt sich schnell, daß die Minimalschnitte (Minimalwege) eines Fehlerbaumes den Minimalwegen (Minimalschnitten) im gleichwertigen Erfolgsbaum entsprechen.

Bezeichnet man die Minimalschnitte mit M_σ, $\sigma = 1, \dots, s$, und die Minimalwege mit W_μ, $\mu = 1, \dots, m$, so gelten in Analogie zu (A 4.2.7) und (A 4.2.8) die Beziehungen

$$H(\boldsymbol{y}) = \min_{1 \leqq \mu \leqq m} \max_{y_\nu \in W_\mu} y_\nu \qquad \text{(A 4.3.3)}$$

und

$$H(\boldsymbol{y}) = \max_{1 \leqq \sigma \leqq s} \min_{y_\nu \in M_\sigma} y_\nu\,. \qquad \text{(A 4.3.4)}$$

Man kann die **Minimalschnitte** eines Fehlerbaumes ermitteln, indem man — beginnend beim Hauptereignis H — die „Zweige" des Fehlerbaumes in geeigneter Weise durchläuft. Trifft man dabei auf ein ODER-Glied, so vergrößert sich die Anzahl der Schnittmengen, während mit jeder UND-Verknüpfung die Elementanzahl in den Schnittmengen wächst. Zur Erläuterung der Vorgehensweise betrachten wir Abb. A 4.3.7a

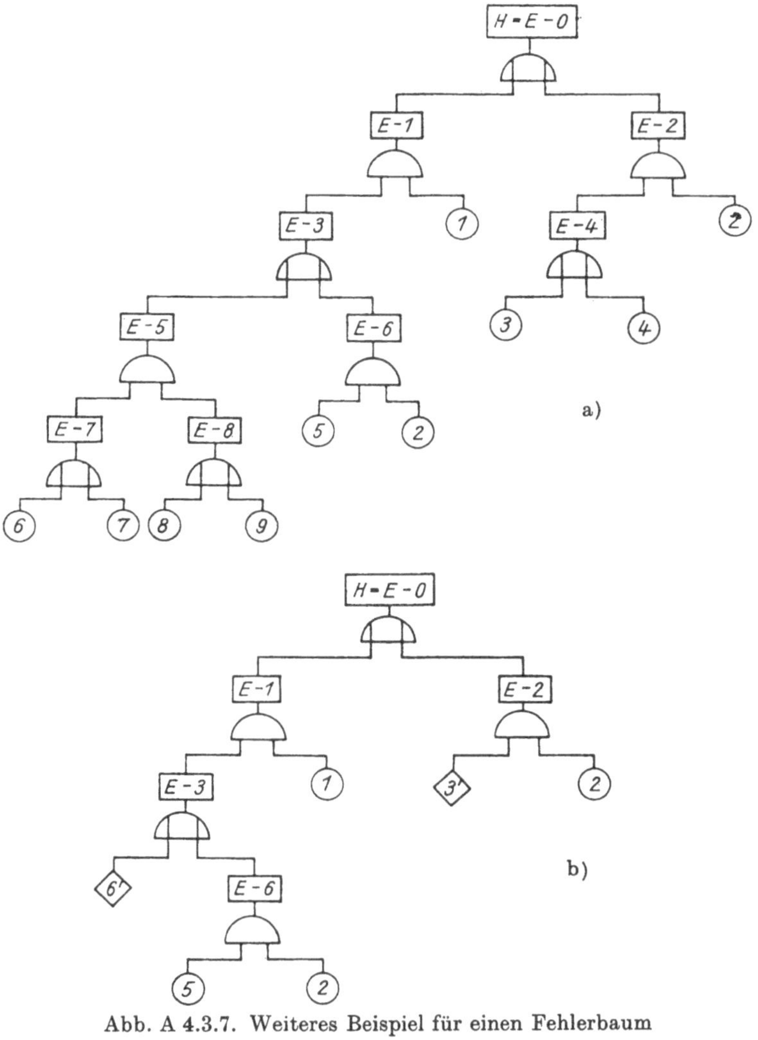

Abb. A 4.3.7. Weiteres Beispiel für einen Fehlerbaum

a) Vollständige Darstellung, in der auch „Zwischenereignisse" notiert wurden

b) durch Verwendung von Moduln verkürzter Fehlerbaum

als Beispiel. (Außer dem Hauptereignis $H = E$-0 und den Basisereignissen 1, 2, ..., 9 wurden der Übersichtlichkeit halber die Zwischenereignisse E-1, E-2, ..., E-8 eingetragen.) Die Minimalschnitte erhält man in folgenden Schritten:

E-1	E-3, 1	E-5, 1	E-7, E-8, 1	6, E-8, 1	6, 8, 1
E-2 →	E-4, 2 →	E-6, 1 →	5, 2, 1 →	7, E-8, 1 →	6, 9, 1
		3, 2	3, 2	5, 2, 1	7, 8, 1
		4, 2	4, 2	3, 2	7, 9, 1
				4, 2	5, 2, 1
					3, 2
					4, 2

Es gibt also insgesamt 7 Minimalschnitte:

$$M_1 = \{4, 2\}, \quad M_2 = \{3, 2\}, \quad M_3 = \{5, 2, 1\}, \quad M_4 = \{7, 9, 1\}, \quad M_5 = \{7, 8, 1\},$$
$$M_6 = \{6, 9, 1\}, \quad M_7 = \{6, 8, 1\}\,.$$

Da in einem Fehlerbaum ein und dieselben Basisereignisse an verschiedenen Stellen vorkommen können, kann das erläuterte Verfahren mitunter zusätzliche Schnittmengen liefern, die nicht minimal sind. Diese müssen nachträglich eliminiert werden.

Die **Anzahl der Minimalschnitte** kann man wie folgt nach oben abschätzen: Jedem Basisereignis wird die Zahl 1 zugeordnet. Beginnend mit den Basisereignissen werden die Baumzweige aufsteigend (auf das Hauptereignis H zu) durchlaufen. Dem Ausgang jedes UND-Gliedes (ODER-Gliedes) wird das Produkt (die Summe) der Zahlen, die an den Eingängen notiert wurden, zugeordnet. Im Beispiel erscheint auf diese Weise bei E-8 eine 2, bei E-7 eine 2, bei E-6 eine 1, bei E-5 eine 4, ... , bei E-0 eine 7.

Analoge Überlegungen kann man bei der **Ermittlung der Minimalwege** einsetzen. Für das Beispiel wird

E-1, E-2 → E-1, E-4 → E-1, 3, 4 → ... →	1, 2		1, 2
E-1, 2 E-1, 2	1, 3, 4	Reduktion	1, 3, 4
	6, 7, 5, 3, 4	⟶	6, 7, 5, 3, 4
	6, 7, 3, 2, 4		
	8, 9, 5, 3, 4	überflüss.	8, 9, 5, 3, 4
	6, 7, 5, 2	Terme	
	6, 7, 2, 2		6, 7, 2
	8, 9, 5, 2		8, 9, 2
	8, 9, 2, 2		
	8, 9, 2, 3, 4		

Das Verfahren liefert zunächst 10 Weg-Terme. Nach Elimination überflüssiger Ausdrücke – sie sind bedingt durch das zweimalige Auftreten des Basis-Elements 2 im Fehlerbaum! – bleiben 6 Minimalwege übrig.

Bei größeren komplexen Systemen wächst auch die Anzahl der Minimalschnitte und Minimalwege rasch an. Es empfiehlt sich daher, Basisereignisse zu Moduln zusammenzufassen. Die von einem Modul zusammengefaßten Basisereignisse dürfen natürlich außerhalb des Moduls im Fehlerbaum nicht mehr vorkommen. In unserem Beispiel (Abb. A 4.3.7a) ist es möglich, den „unter" E-5 und „unter" E-4 liegenden Teil jeweils zusammenzufassen (Modul 3′ und Modul 6′ in Abb. A 4.3.7b).

Im Beispiel ergibt sich für den Modul 6′ die Darstellung (vgl. Gl. (A 4.2.6))

$$H(\boldsymbol{y}) = H(y_1, \dots, y_9) = L(y_1, y_2, y_3, y_4, y_5, y_{6'})$$

mit

$$y_{6'} = K(y_6, y_7, y_8, y_9) = (y_6 \vee y_7) \wedge (y_8 \vee y_9)$$

und

$$L(y_1, \dots, y_5, y_{6'}) = [(y_{6'} \vee (y_5 \wedge y_2)) \wedge y_1] \wedge [y_2 \wedge (y_3 \vee y_4)]\,.$$

Es gibt Algorithmen, um optimale Modulzerlegungen zu finden. Hier kann darauf nicht eingegangen und nur auf die Literatur verwiesen werden.

Zum Abschluß dieses Abschnittes sei auf eine weitere Möglichkeit zur **Ermittlung aller Minimalschnitte und Minimalwege** hingewiesen. Orientierte Graphen sind bei ganz unterschiedlichen Anwendungen nützlich. Häufig sind „Pfade" zwischen zwei

Knoten i und j zu bestimmen. (Ein solcher „Pfad" ist ein zusammenhängender, schleifenloser Teilgraph, der — wenn man der Orientierung der Pfadzweige folgt — vom Knoten i zum Knoten j führt und keinen Knoten mehrfach berührt.) Wenn man derartige **Pfad-Suchverfahren** auf eine Zuverlässigkeitsersatzschaltung bez. der Arbeitsfähigkeit (bez. des Ausfalls) anwendet, so entsprechen die Minimalwege (Minimalschnitte) den Pfaden zwischen den Knoten A und E ($\bar{A}$ und $\bar{E}$).

Wir wollen den Grundgedanken eines sehr bekannten Pfad-Suchverfahrens[1]) an einem Beispiel erläutern. Die in Abb. A 4.3.8 angegebene Zuverlässigkeitsersatzschaltung entspricht dem Fehlerbaum in Abb. A 4.3.6.

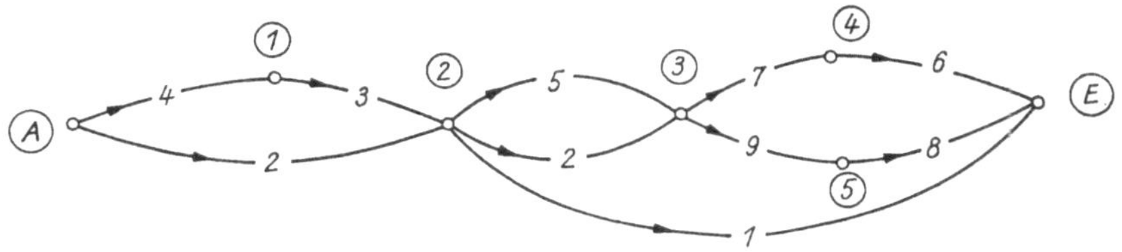

Abb. A 4.3.8. Zuverlässigkeitsersatzschaltung zur Erläuterung des Pfadsuchverfahrens

Im orientierten Graphen (Abb. A 4.3.8) sind alle Pfade vom Anfangsknoten A zum Endknoten E zu suchen. Der Graph läßt sich durch eine „Knoten-Nachbarknoten-Liste" beschreiben. Diese lautet für das Beispiel:

Knoten	Nachbarknoten
A	2, 1
1	2
2	E, 3
3	5, 4
4	E
5	E

Man beginnt mit der Pfadsuche in der Zeile A. Dort findet man eine „2". Man sucht nun in der Zeile 2 einen Nachbarknoten zum Knoten 2 und findet ein „E", d. h., der Endknoten ist erreicht. Der erste Pfad enthält die Knoten $A - 2 - E$. Den nächsten Pfad findet man, indem man im zuletzt gefundenen Pfad vom vorletzten Knoten (2) aus eine neue Fortsetzung sucht: das nächste Element der Zeile 2 ist eine „3". Aus Zeile 3 entnimmt man den ersten Nachbarknoten „5", in Zeile 5 findet man ein „E". Damit ist der zweite Pfad durch die Knotenfolge $A - 2 - 3 - 5 - E$ beschrieben. Man versucht, vom vorletzten Knoten (5) aus eine neue Fortsetzung, findet aber keine. (Zeile 5 enthält nur ein „E"). Nun geht man im Pfad einen weiteren Schritt zurück und sucht eine neue Fortsetzung vom Knoten 3 aus. Man findet in Zeile 3 als nächstes eine „4" und in Zeile 4 ein „E". Also führt der dritte Pfad über die Knoten $A - 2 - 3 - 4 - E$. Bei der Suche nach möglichen Fortsetzungen muß man beachten, daß ein Knoten, der schon im angefangenen Pfad enthalten ist, nicht ein zweites Mal berührt werden darf.

[1]) Anmerkung d. Herausg.: Mein Kollege Dr. P. Schwarz hat ein Rechenprogramm für dieses Suchverfahren geschrieben, das ursprünglich zur Lösung von Gleichungssystemen mit Hilfe von Flußgraphen und Signalflußgraphen bestimmt war. Wir haben dieses Suchverfahren wiederholt für ganz unterschiedliche Aufgabenstellungen erfolgreich einsetzen können.

Der erläuterte Algorithmus liefert die nachstehend aufgeführten Pfade:

$$
\begin{aligned}
&A - 2 - E\\
&A - 2 - 3 - 5 - E\\
&A - 2 - 3 - 4 - E\\
&A - 1 - 2 - E\\
&A - 1 - 2 - 3 - 5 - E\\
&A - 1 - 3 - 3 - 4 - E\,.
\end{aligned}
$$

Ersetzt man die Knotenfolgen durch die Zweige, so ist zu beachten, daß zwischen den Knoten 2 und 3 zwei parallele Zweige, nämlich 5 und 2, liegen. Nun lauten die Pfade:

2, 1
2, 5, 9, 8
2, 2, 9, 8
2, 5, 7, 8
2, 2, 7, 6
4, 3, 1
4, 3, 5, 9, 8
4, 3, 2, 9, 8
4, 3, 5, 7, 6
4, 3, 2, 7, 6 .

Ebenso wie auf S. 496 müssen die überflüssigen Pfade nun noch entfernt werden. Damit erhält man die gesuchten Minimalwege zu

2, 1
2, 9, 8
2, 7, 6
4, 3, 1
4, 3, 5, 9, 8
4, 3, 5, 7, 6 .

A 4.4. Berücksichtigung der Zeitabhängigkeit

A 4.4.0. Vorbemerkungen

Wir wollen nun die **Zustände** der Elemente und des Gesamtsystems **als Funktionen der Zeit** betrachten. Der Zustand des ν-ten Elements läßt sich als zufälliger Prozeß $X_\nu(t)$ beschreiben, der in jedem Zeitpunkt $t \geqq 0$ den Wert 1 ($\triangleq$ Arbeitsfähigkeit) oder den Wert 0 ($\triangleq$ Ausfall) annehmen kann.

Bei Systemen ohne Erneuerung stehen die zufälligen Prozesse $X_\nu(t)$ $(\nu = 1, \ldots, n)$ in einem einfachen Zusammenhang zur Arbeitszeit θ_ν der entsprechenden Elemente:

$$X_\nu(t) = \begin{cases} 1, & \text{falls } \theta_\nu > t\,, \\ 0, & \text{falls } \theta_\nu \leqq t\,. \end{cases}$$

Wenn die ausgefallenen Elemente erneuert werden können, so folgt auf den Ausfall des ν-ten Elements eine gewisse Zeit $\xi_{1,\nu}$ für die Entdeckung des Fehlers, die Durchführung der Reparatur oder das Ersetzen des ausgefallenen Elements. Nach Ablauf dieser Frist beginnt wieder eine Spanne $\theta_{2,\nu}$ der Arbeitszeit. Darauf folgt eine Ausfallzeit $\xi_{2,\nu}$, dann eine Arbeitszeit $\theta_{3,\nu}$, ... (vgl. Abschn. 2.2). Unter der Voraussetzung, daß die Zufallsgrößen $\theta_{i,\nu}$ für $i = 2, 3, \ldots$ und die Zufallsgrößen $\xi_{i,\nu}$ für $i = 1, 2, \ldots$ jeweils eine Folge identisch verteilter Zufallsgrößen bilden und die Zufallsgrößen $\theta_{1,\nu}, \xi_{1,\nu}, \theta_{2,\nu}, \xi_{2,\nu}, \ldots$ voneinander unabhängig sind, stellt der Prozeß $X_\nu(t)$ einen alternierenden Erneuerungsprozeß dar, vgl. S. 480.

A 4.4.1. Systeme ohne Erneuerung

Um Fallunterscheidungen zu vermeiden, gehen wir davon aus, daß sich zum Zeitpunkt $t = 0$ jedes Element im arbeitsfähigen Zustand befindet. Wird die Wahrscheinlichkeit der Arbeitsfähigkeit des ν-ten Elements zum Zeitpunkt t mit $P_\nu(t)$ bezeichnet, dann gilt

$$P_\nu(t) = \mathcal{P}\{X_\nu(t) = 1\} = \mathcal{P}\{\theta_\nu > t\} = M(X_\nu(t))$$

$$P_\nu(v) = 1 \qquad (\nu = 1, 2, \ldots, n)\,. \tag{A 4.4.1}$$

Aus der gemäß Abschn. A 4.1 stets erfüllten Bedingung $S(1, 1, \ldots, 1) = 1$ folgt für die Wahrscheinlichkeit $P_S(t)$ der Arbeitsfähigkeit des Systems der Anfangswert

$$P_S(0) = 1\,.$$

Die Monotonie-Eigenschaft der Booleschen Systemfunktion bewirkt ferner die Beziehungen

$$\begin{aligned} P_S(t) &= \mathcal{P}\{S(t) = 1\} = \mathcal{P}\{\theta_S > t\} \\ &= M(S(t))\,. \end{aligned} \tag{A 4.4.2}$$

Dabei symbolisieren

$S(t)$ den Systemzustand zur Zeit t,
θ_S die Arbeitszeit des Systems und
M den Erwartungswertoperator.

Die Funktionswahrscheinlichkeit $P_S(t)$ des Systems läßt sich wie folgt aus den Funktionswahrscheinlichkeiten $P_\nu(t)$ der Systemelemente berechnen.

Unter der Voraussetzung der Unabhängigkeit der zufälligen Prozesse $X_\nu(t)$ für $\nu = 1, 2, \ldots, n$ gilt

$$P_S(t) = S(P_1(t), P_2(t), \ldots, P_n(t))\,. \tag{A 4.4.3}$$

Dabei ergibt sich die Systemfunktion S auf der rechten Seite, indem man die Boolesche Systemfunktion $S(x_1, x_2, \ldots, x_n)$ zunächst in eine geeignete reell-algebraische Darstellungsform bringt und dann statt der Booleschen Variablen $x_1, \ldots, x_n$ die Funktionswahrscheinlichkeiten $P_1, \ldots, P_n$ einsetzt. Eine geeignete reell-algebraische Darstellungsform liegt vor, wenn kein Produkt ein und dieselbe Boolesche Variable in mehreren Faktoren enthält. (Sowohl die disjunktive Normalform (A 4.2.2) als auch die Linearform (A 4.2.5) sind geeignete Darstellungsformen im genannten Sinne.)

Man kann die Beziehung (A 4.4.3) rasch beweisen, indem man auf die Boolesche Systemfunktion in zulässiger Darstellungsform den Erwartungswertoperator anwendet und die Formeln (A 4.4.2) und (A 4.4.1) beachtet.

Aus der Relation (A 4.4.3) lassen sich viele wichtige Schlußfolgerungen ziehen, von denen einige hier genannt seien.

Für ein **Seriensystem** SS im Sinne der Zuverlässigkeit gilt

$$S_S(\boldsymbol{x}) = \prod_{\nu=1}^{n} x_\nu$$

und damit

$$P_{SS}(t) = \prod_{\nu=1}^{n} P_\nu(t) . \tag{A 4.4.4}$$

Gleichwertig ist die folgende Beziehung für die Ausfallraten:

$$\lambda_{SS}(t) = \sum_{\nu=1}^{n} \lambda_\nu(t) . \tag{A 4.4.5}$$

Die Umrechnung von (A 4.4.4) auf (A 4.4.5) ist nicht schwer und kann mit Hilfe der aus dem Kap. 1 bekannten Relationen $\lambda(t) = -\frac{\mathrm{d}}{\mathrm{d}t}(\ln P(t))$ bzw. $P(t) = \exp\left(-\int_0^t \lambda(x)\,\mathrm{d}x\right)$ erfolgen, vgl. Tabelle 1.2.1.

Es sei ausdrücklich darauf hingewiesen, daß die **Ausfallrate eines Systems sich dann und nur dann als Summe der Ausfallraten der Systemelemente** ergibt, **wenn** es sich um ein **Seriensystem** mit unabhängigen Elementen handelt. Dabei ist es ohne Belang, welchen Wahrscheinlichkeitsverteilungen die zufälligen Arbeitszeiten der Elemente genügen.

Für ein **Parallelsystem** SP im Sinne der Zuverlässigkeit gilt

$$P_{SP}(t) = 1 - \prod_{\nu=1}^{n} \left(1 - P_\nu(t)\right) . \tag{A 4.4.6}$$

Für den Fall **exponentialverteilter Elementearbeitszeiten**, d. h. $P_\nu(t) = \exp(-\lambda_\nu t)$, lassen sich auch für **beliebige Systemstrukturen** explizite Ausdrücke für wichtige Zuverlässigkeits-Kenngrößen notieren. Die BOOLEsche Systemfunktion möge in ihrer Linearform gegeben sein,

$$S(\boldsymbol{x}) = \sum_j a_j \prod_{\substack{\nu \\ \text{mit} \\ x_\nu^j = 1}} x_\nu = \sum_j a_j \prod_{\nu(j)} x_\nu . \tag{A 4.2.5}$$

Damit folgt aus (A 4.4.3):

$$P_S(t) = \sum_j a_j \exp\left(-\sum_{\nu(j)} \lambda_\nu t\right), \tag{A 4.4.7}$$

$$\lambda_S(t) = -\frac{P_S'(t)}{P_S(t)} = \frac{\sum_j a_j \left(\sum_{\nu(j)} \lambda_\nu\right) \exp\left(-\sum_{\nu(j)} \lambda_\nu t\right)}{\sum_j a_j \exp\left(-\sum_{\nu(j)} \lambda_\nu t\right)} . \tag{A 4.4.8}$$

Für den Erwartungswert und die höheren Momente erhält man

$$M(\theta_S) = \sum_j a_j \left(\sum_{\nu(j)} \lambda_\nu\right)^{-1} , \tag{A 4.4.9}$$

$$M(\theta_S^m) = M_m(\theta_S) = m \int_0^\infty t^{m-1} P_S(t)\,\mathrm{d}t$$
$$= m! \sum_j a_j \left(\sum_{\nu(j)} \lambda_\nu\right)^{-m} . \tag{A 4.4.10}$$

Beispiel A 4.4.1

Betrachtet wird ein 2-aus-3-System ohne Erneuerung. Die Arbeitszeiten der drei Elemente genügen jeweils einer Exponentialverteilung und sind voneinander unabhängig. Zu ermitteln sind die Funktionswahrscheinlichkeiten des Systems, die Ausfallrate des Systems und das m-te Moment der Arbeitszeit des Systems, und zwar zunächst allgemein und dann für den Fall gleichartiger Elemente.

Lösung

Die Linearform der BOOLEschen Systemfunktion wurde im Abschnitt A 4.2 berechnet,

$$S(\boldsymbol{x}) = x_1x_2 + x_1x_3 + x_2x_3 - 2x_1x_2x_3 .$$

Daraus erhält man mit (A 4.4.7) die Funktionswahrscheinlichkeit

$$P_S(t) = \exp\left(-(\lambda_1 + \lambda_2)\, t\right) + \exp\left(-(\lambda_1 + \lambda_3)\, t\right) + \exp\left(-(\lambda_2 + \lambda_3)\, t\right) - 2 \exp\left(-(\lambda_1 + \lambda_2 + \lambda_3)\, t\right),$$

mit (A 4.4.8) die Ausfallrate

$$\lambda_S(t) = \frac{(\lambda_1 + \lambda_2)\, e^{\lambda_3 t} + (\lambda_1 + \lambda_3)\, e^{\lambda_2 t} + (\lambda_2 + \lambda_3)\, e^{\lambda_1 t} - 2(\lambda_1 + \lambda_2 + \lambda_3)}{e^{\lambda_3 t} + e^{\lambda_2 t} + e^{\lambda_1 t} - 2},$$

mit (A 4.4.10) das m-te Moment

$$M_m(\theta_S) = m![(\lambda_1 + \lambda_2)^{-m} + (\lambda_1 + \lambda_3)^{-m} + (\lambda_2 + \lambda_3)^{-m} - 2(\lambda_1 + \lambda_2 + \lambda_3)^{-m}] .$$

Für den Fall gleichartiger Elemente, d. h. $\lambda_1 = \lambda_2 = \lambda_3 = \lambda$, ergeben sich

$$P_S(t) = 3\, e^{-2\lambda t} - 2\, e^{-3\lambda t} ,$$

$$\lambda_S(t) = 2\lambda \frac{3\, e^{\lambda t} - 3}{3\, e^{\lambda t} - 2},$$

$$M_m(\theta_S) = m![3(2\lambda)^{-m} - 2(3\lambda)^{-m}] ,$$

und speziell für $m = 1$

$$M(\theta_S) = \frac{1}{\lambda}\left(\frac{3}{2} - \frac{2}{3}\right) = \frac{5}{6\lambda} .$$

Für die im Anhang A 4 betrachtete Klasse von Systemen gilt stets:

> Durch eine Erhöhung der Funktionswahrscheinlichkeit eines Elements kann die Funktionswahrscheinlichkeit des Gesamtsystems niemals abnehmen.

Zum Beweis wenden wir auf den Reduktionssatz (A 4.2.1) den Erwartungswertoperator an und finden

$$\begin{aligned} P_S &= P_i M\left(S(1_i, \boldsymbol{x})\right) + (1 - P_i)\, M\left(S(0_i, \boldsymbol{x})\right) \\ &= M\left(S(0_i, \boldsymbol{x})\right) + P_i \cdot M[S(1_i, \boldsymbol{x}) - S(0_i, \boldsymbol{x})] . \end{aligned} \quad \text{(A 4.4.11)}$$

Da der in eckigen Klammern stehende Ausdruck niemals negativ werden kann, wächst P_S monoton mit P_i.

Die **Funktionswahrscheinlichkeit des Systems** läßt sich wie folgt grob abschätzen:

$$\prod_{\nu=1}^{n} P_\nu \leqq P_S \leqq 1 - \prod_{\nu=1}^{n} (1 - P_\nu) . \quad \text{(A 4.4.12)}$$

Denn wegen $S(1, 1, \ldots, 1) = 1$ bzw. $S(0, 0, \ldots, 0) = 0$ gibt es in der disjunktiven Normalform (A 4.2.2) stets den Summanden $\prod_{\nu=1}^{n} x_\nu$ bzw. in der konjunktiven Normalform (A 4.2.4) stets den Faktor $\left[1 - \prod_{\nu=1}^{n} (1 - x_\nu)\right]$. Also wird

$$\prod_{\nu=1}^{n} x_\nu \leqq S(\boldsymbol{x}) \leqq 1 - \prod_{\nu=1}^{n} (1 - x_\nu) .$$

Daraus folgt (A 4.4.12) durch Bildung des Erwartungswertes.

Wesentlich verbesserte Einschließungen von P_S kann man aus der Minimalwegdarstellung (A 4.2.7) und der Minimalschnittdarstellung (A 4.2.8) ableiten:

$$\prod_{\sigma=1}^{s} \left[1 - \prod_{\substack{\nu \\ \text{mit} \\ x_\nu \in M_\sigma}} (1 - P_\nu)\right] \leqq P_S \leqq 1 - \prod_{\mu=1}^{m} \left[1 - \prod_{\substack{\nu \\ \text{mit} \\ x_\nu \in W_\mu}} P_\nu\right] . \qquad \text{(A 4.4.13)}$$

Beispiel A 4.4.2

Abb. A 4.4.1 zeigt eine Zuverlässigkeitsersatzschaltung. Unter der Annahme, daß die Funktionswahrscheinlichkeiten aller Elemente übereinstimmen, d. h. $P_\nu = p$ für $\nu = 1, \dots, n$, soll die Funktionswahrscheinlichkeit des Systems P_S auf der Grundlage der Formeln (A 4.4.12) und (A 4.4.13) abgeschätzt werden.

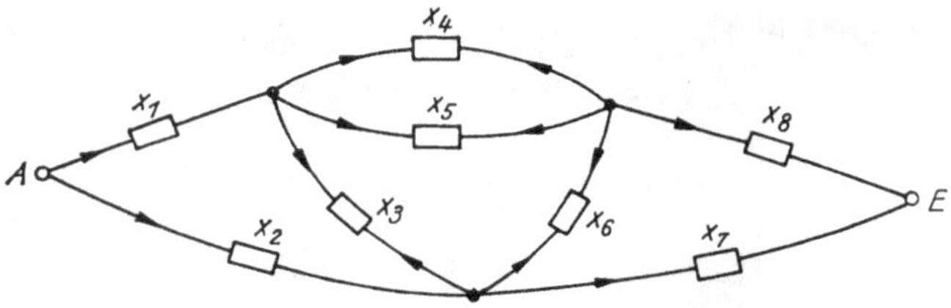

Abb. A 4.4.1. Zuverlässigkeitsersatzschaltung eines Systems mit $n = 7$ unabhängigen Elementen

Lösung

Das System besitzt $n = 7$ Elemente. Folglich folgt aus (A 4.4.12)

$$p^7 \leqq P_S \leqq 1 - (1 - p)^7 .$$

Zur Anwendung von (A 4.4.13) müssen zunächst die Minimalwege W_μ und die Minimalschnitte M_σ ermittelt werden. Man findet $m = 10$ Minimalwege:

$$\{x_1, x_4, x_7\}, \quad \{x_1, x_4, x_6, x_8\}, \quad \{x_1, x_5, x_8\}, \quad \{x_1, x_5, x_6, x_7\},$$
$$\{x_1, x_3, x_7\}, \quad \{x_1, x_3, x_6, x_8\}, \quad \{x_2, x_7\}, \quad \{x_2, x_6, x_8\},$$
$$\{x_2, x_3, x_5, x_8\}, \quad \{x_2, x_3, x_4, x_8\}$$

und $s = 6$ Minimalschnitte:

$$\{x_1, x_2\}, \quad \{x_2, x_3, x_4, x_5\}, \quad \{x_2, x_3, x_6, x_8\}, \quad \{x_7, x_8\}$$
$$\{x_4, x_5, x_6, x_7\}, \quad \{x_1, x_3, x_6, x_7\} .$$

Da alle Elemente voraussetzungsgemäß die gleiche Funktionswahrscheinlichkeit besitzen, erhalten wir aus (A 4.4.13) die Beziehung

$$[1 - (1 - p)^2]^2 \, [1 - (1 - p)^4]^4 \leqq P_S \leqq 1 - (1 - p^2) \, (1 - p^3)^4 \, (1 - p^4)^5 .$$

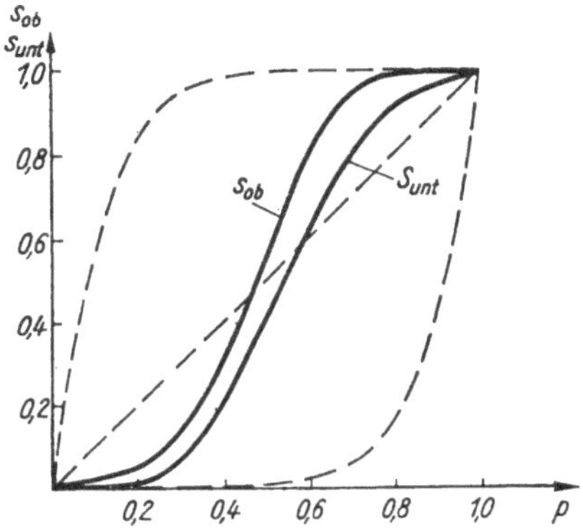

Abb. A 4.4.2. Untere und obere Abschätzungen der Systemfunktion $P_S(p)$

In Abb. A 4.4.2 wurden die gewonnenen Abschätzungen für P_S in Abhängigkeit von den Elemente-Funktionswahrscheinlichkeiten p graphisch dargestellt. Erwartungsgemäß ist die Abschätzung gemäß (A 4.4.13) weitaus besser als gemäß (A 4.4.12).

Abb. 4.4.2 läßt vermuten, daß auch der exakte Funktionsverlauf $P_S(p)$ eine „S-förmige" Gestalt aufweist. Diese Vermutung läßt sich bestätigen. Die Aussage soll hier ohne Beweis formuliert werden:

Es sei $S(\boldsymbol{x}) = S(x_1, x_2, \ldots, x_n)$ eine Boolesche Systemfunktion in geeigneter reell-algebraischer Darstellungsform. Dann gilt für die Funktionswahrscheinlichkeit des Systems $S(\boldsymbol{P}) = S(P_1, P_2, \ldots, P_n)$ die Ungleichung

$$\sum_{\nu=1}^{n} P_\nu(1 - P_\nu) \frac{\partial S(\boldsymbol{P})}{\partial P_\nu} > S(\boldsymbol{P}) \left(1 - S(\boldsymbol{P})\right) . \qquad \text{(A 4.4.14)}$$

Für $P_\nu = p$, $\nu = 1, 2, \ldots, n$, setzen wir $S(\boldsymbol{P}) = S(p)$. Gilt $S(p_0) = p_0$ für ein $p_0 \in (0, 1)$, so wird

$$S(p) \begin{matrix} < \\ > \end{matrix} p , \quad \text{falls} \begin{matrix} 0 < p < p_0 \\ p_0 < p < 1 \end{matrix} , \qquad \text{(A 4.4.15)}$$

und

$$\frac{S(p)\left(1 - S(p)\right)}{p(1 - p)} < \frac{\mathrm{d}S(p)}{\mathrm{d}p} < \sqrt{\frac{n}{p(1 - p)} S(p) \left(1 - S(p)\right)} . \qquad \text{(A 4.4.16)}$$

Bei der graphischen Darstellung einer Systemfunktion $S(p)$ kann demnach die Gerade p höchstens einmal im offenen p-Intervall (0, 1) geschnitten werden. Der Anstieg der Funktion $S(p)$ im Schnittpunkt ist gemäß der linken Ungleichung (A 4.4.16) größer als Eins. Für $p < p_0$ ist die Funktionswahrscheinlichkeit $S(p)$ des Systems kleiner als die des Einzelelements, für $p > p_0$ ist sie größer.

Mit Hilfe der disjunktiven Normalform (A 4.2.2) kann man auch einen exakten Ausdruck für $S(p)$ angeben. Bezeichnet man die Anzahl der „Wege der Länge k" ($\triangleq$ Realisierung von $\boldsymbol{x}$ mit k 1-Komponenten) mit c_k, so wird

$$S(p) = \sum_{k=1}^{n} c_k p^k (1 - p)^{n-k} , \qquad \text{(A 4.4.17)}$$

wobei $c_k \leqq \binom{n}{k}$ gilt.

Es ist untersucht worden, wie sich verschiedene **Kombinationsmöglichkeiten** von Zuverlässigkeitsersatzschaltungen in den Systemfunktionen $S(p)$ widerspiegeln.

Schaltet man eine Zuverlässigkeitsersatzschaltung mit der Systemfunktion S_1 in eine Reihe mit einer Zuverlässigkeitsersatzschaltung mit der Systemfunktion S_2, so gilt für die Systemfunktion des Gesamtsystems

$$S(p) = S_1(p)\, S_2(p)\,. \tag{A 4.4.18}$$

Schaltet man eine Zuverlässigkeitsersatzschaltung mit der Systemfunktion S_1 parallel zu einer Zuverlässigkeitsersatzschaltung mit der Systemfunktion S_2, so gilt für die Systemfunktion des Gesamtsystems

$$S(p) = 1 - \big(1 - S_1(p)\big)\,\big(1 - S_2(p)\big)\,. \tag{A 4.4.19}$$

Diese Gleichungen sind unmittelbar verständlich. Von besonderer Bedeutung ist jedoch eine dritte Kombinationsart durch **„Komposition“:**

Jedes einzelne Element der Ersatzschaltung 1 wird durch ein Exemplar der Ersatzschaltung 2 ersetzt. Wenn sich die einzelnen Exemplare der Ersatzschaltung 2 in ihrem Ausfallverhalten nicht beeinflussen, gilt für die Komposition

$$S(p) = S_1\big(S_2(p)\big)\,. \tag{A 4.4.20}$$

Insbesondere erhält man durch n-fache Komposition ein und derselben Ersatzschaltung 1 das n-fach iterierte System mit der Systemfunktion

$$S_1^{(n)}(p) = S_1\big(S_1^{(n-1)}(p)\big) = S_1\big(S_1 \ldots S_1(S_1(p)) \ldots\big)\,. \tag{A 4.4.21}$$

Beispiel

In Abb. A 4.4.3 wurde eine S-förmige Systemfunktion $S(p)$ eingetragen und die zugehörende Systemfunktion $S^{(2)}(p)$ konstruiert. Generell bleibt bei der Iteration der Schnittpunkt p_0 mit der Geraden p erhalten. Der Anstieg der iterierten Systemfunktionen an der Stelle p_0 wird mit jeder weiteren Iteration steiler. Daraus ergibt sich zwangsläufig eine mit der Iteration verbundene Zuverlässigkeitserhöhung (bei ausreichend guten Einzelelementen). Die n-fach iterierte Funktion $S^{(n)}(p)$ nähert sich mehr und mehr der Einheitssprungfunktion mit der Sprungstelle im Punkte p_0, genauer

$$\lim_{n\to\infty} S^{(n)}(p) = \begin{cases} 0 & 0 \leqq p < p_0\,, \\ p_0 \quad \text{für} & p = p_0\,, \\ 1 & p_0 < p \leqq 1\,. \end{cases} \tag{A 4.4.22}$$

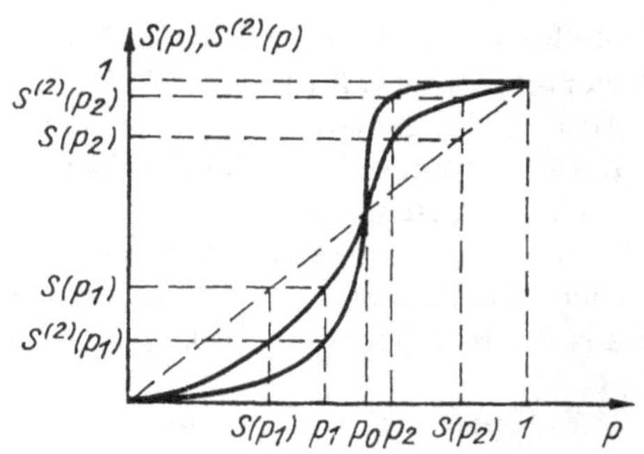

Abb. A 4.4.3. Zur Konstruktion der Systemfunktion $S^{(2)}(p)$ aus einer gegebenen Systemfunktion $S(p)$

Bei den im Anschluß an die grundlegende Formel (A 4.4.3) durchgeführten Erörterungen wurde stets davon ausgegangen, daß sich die Arbeitszeiten der verschiedenen Elemente des Systems gegenseitig nicht beeinflussen. Da jedoch die Elemente ein und desselben Systems in vieler Hinsicht den gleichen äußeren Beanspruchungen (z. B. durch Transport) und Umgebungsbedingungen (insbesondere Temperatureinfluß) unterworfen sind, ist die Unabhängigkeitsannahme mitunter eine unzulässige Idealisierung. Es kommt hinzu, daß nach Ausfall einzelner Elemente die verbleibenden intakten Elemente oft stärker beansprucht werden. In solchen Fällen sind die Elemente nicht stochastisch unabhängig, sondern im Sinne einer positiven Korrelation miteinander **„assoziiert"**.

Man nennt die Komponenten des zufälligen Vektors $\boldsymbol{X} = (X_1, X_2, \dots, X_n)$ assoziiert, wenn

$$\operatorname{cov}\,[S_1(\boldsymbol{X}), S_2(\boldsymbol{X})] \geqq 0 \tag{A 4.4.23}$$

für alle (monotonen) Systemfunktionen S_1 und S_2 gilt.

Offenbar sind auch verschiedene Minimalschnitte bzw. Minimalwege, die gemeinsame Elemente enthalten, miteinander assoziiert.

Unter der Voraussetzung der Assoziiertheit der Elemente kann man die folgende Abschätzung beweisen:

$$\max_{1 \leqq \mu \leqq m} \prod_{\substack{\nu \\ \text{mit} \\ x_\nu \in W_\mu}} P_\nu \leqq P_S \leqq \min_{1 \leqq \sigma \leqq s} \left[1 - \prod_{\substack{\nu \\ \text{mit} \\ x_\nu \in M_\sigma}} (1 - P_\nu)\right]. \tag{A 4.4.24}$$

Die rechte Ungleichung folgt aus (A 4.2.8) unter Beachtung von (A 4.4.23)

$$P_S = E(S(\boldsymbol{X})) = E\left(\min_{1 \leqq \sigma \leqq s} \max_{x_\nu \in M_\sigma} X_\nu\right) \leqq \min_{1 \leqq \sigma \leqq s} E\left(\max_{x_\nu \in M_\sigma} X_\nu\right)$$
$$\leqq \min_{1 \leqq \sigma \leqq s} \left[1 - \prod_{\nu \in M_\sigma} (1 - P_\nu)\right].$$

Die linke Ungleichung erhält man analog aus (A 4.2.7).

Beispiel A 4.4.3

Wir gehen vom Beispiel A 4.4.2 aus (s. Abb. A 4.4.1). Unter der Annahme, daß die Elemente miteinander assoziiert sind und gleiche Funktionswahrscheinlichkeiten besitzen, d. h. $P_\nu = p$ für $\nu = 1, 2, \dots, n$, ist die Funktionswahrscheinlichkeit P_S in Abhängigkeit von p nach oben und unten abzuschätzen. Das Ergebnis ist mit den Resultaten des Beispiels A 4.4.2 zu vergleichen.

Lösung

Aus der Formel (A 4.4.24) erhalten wir

$$p^2 \leqq P_S \leqq 1 - (1 - p)^4 .$$

Die Einschließungen (A 4.4.24) sind generell für alle p enger als die Grob-Einschließungen gemäß (A 4.4.12). Der Vergleich mit den Einschließungen gemäß (A 4.4.13) zeigt, daß (A 4.4.24) für kleine p eine günstigere untere Abschätzung und für große p eine günstigere obere Abschätzung liefert.

A 4.4.2. Systeme mit Erneuerung

Wie im Einführungsabschnitt A 4.4.0 bereits gesagt wurde, soll der **Zustand** $X_\nu(t)$ **des** ν**-ten Elements** ($\nu = 1, \dots, n$) **als alternierender Erneuerungsprozeß** beschrieben werden können. **An die Stelle der Funktionswahrscheinlichkeit** $P_\nu(t)$ aus dem vorherigen Abschnitt A 4.4.1 tritt jetzt die Verfügbarkeit $V_\nu(t)$ zum Zeitpunkt t. Um Fallunterscheidungen zu vermeiden, gehen wir wieder davon aus, daß sich z. Z. $t = 0$ jedes Element im arbeitsfähigen Zustand befindet.

Wird der Erwartungswert der 1-Erneuerungen des ν-ten Elements, die im Intervall $(0, t]$ stattfinden, mit $H_\nu(t)$ bezeichnet, so gilt für die Verfügbarkeit $V_\nu(t)$ die Beziehung

$$V_\nu(t) = \mathcal{P}\{\theta_{\nu,1} > t\} + \int_0^t P_\nu(t - x)\,\mathrm{d}H_\nu(x)\,. \qquad \text{(A 4.4.25)}$$

Dabei gibt die Funktion $P_\nu(t - x)$ die Wahrscheinlichkeit dafür an, daß bis zur Zeit t kein Ausfall des ν-ten Elements erfolgte, wenn dessen letzte 1-Erneuerung zum Zeitpunkt x stattfand.

Für $t \to \infty$ bilden sich im Ablauf des Erneuerungsprozesses bekanntlich stationäre Verhältnisse heraus. Die augenblickliche Verfügbarkeit kann durch die **Dauerverfügbarkeit** V_ν ersetzt werden:

$$\lim_{t\to\infty} V_\nu(t) = V_\nu = \frac{M(\theta_\nu)}{M(\theta_\nu) + M(\xi_\nu)} = \frac{T_\nu}{T_\nu + \tau_\nu}\,. \qquad \text{(A 4.4.26)}$$

Dieses Ergebnis folgt unmittelbar aus (A 4.4.25) mit Hilfe des Fundamentalsatzes der Erneuerungstheorie, vgl. Abschnitte 2.2, 11 und A 3.

Den **Zeitanteil des Ausfalls** des ν-ten Elements innerhalb des Intervalls $(0, t]$ bezeichnen wir mit $\alpha_\nu(t)$. Der Erwartungswert dieser Zufallsgröße kann leicht aus der Verfügbarkeit berechnet werden:

$$M\big(\alpha(t)\big) = \int_0^t \big(1 - V(x)\big)\,\mathrm{d}x\,. \qquad \text{(A 4.4.27)}$$

Für **stationäre Verhältnisse** gilt

$$\lim_{t\to\infty} \frac{M\big(\alpha_\nu(t)\big)}{t} = 1 - V_\nu = \frac{\tau_\nu}{T_\nu + \tau_\nu}\,. \qquad \text{(A 4.4.28)}$$

Die Streuung genügt der asymptotischen Beziehung

$$\lim_{t\to\infty} \frac{D^2\big(\alpha_\nu(t)\big)}{t} = \frac{\tau_\nu^2 D^2(\theta_\nu) + T_\nu^2 \cdot D^2(\xi_\nu)}{(T_\nu + \tau_\nu)^3}\,. \qquad \text{(A 4.4.29)}$$

Eine noch genauere Aussage liefert der zentrale Grenzwertsatz

$$\lim_{t\to\infty} \mathcal{P}\left\{\frac{\alpha_\nu(t) - \dfrac{\tau_\nu}{T_\nu + \tau_\nu}\,t}{\sqrt{\dfrac{\tau_\nu^2 D^2(\theta_\nu) + T_\nu^2 D^2(\xi_\nu)}{(T_\nu + \tau_\nu)^3}\,t}} \leqq x\right\} = \frac{1}{\sqrt{2\pi}} \int_{-\infty}^{x} \exp\left(-u^2/2\right)\mathrm{d}u\,. \qquad \text{(A 4.4.30)}$$

Der **Zustand des Systems** wird durch den zufälligen Prozeß $S(t) = S\big(X_1(t), \ldots, X(t)\big)_n$ beschrieben, der ebenfalls nur die Werte 0 und 1 annehmen kann. Während die Elemente durch die alternierenden Erneuerungsprozesse $X_\nu(t)$ beschrieben wurden, wird $S(t)$ im allgemeinen kein alternierender Erneuerungsprozeß sein, weil die aufeinander folgenden Zeitspannen der Arbeitsfähigkeit und des Ausfalls nicht voneinander unabhängig sind.

Für die **Verfügbarkeit des Systems** ergibt sich in Analogie zu (A 4.4.3) und unter den dort genannten Bedingungen:

$$V_S(t) = S(V_1(t), \dots, V_n(t)) . \tag{A 4.4.31}$$

Wenn der Prozeß „eingeschwungen" (stationär) ist, wird

$$V_S = \lim_{t \to \infty} V(t) = S(V_1, \dots, V_n) . \tag{A 4.4.32}$$

Für den **Systemausfall-Zeitanteil** $\alpha_S(t)$ im Intervall $(0, t]$ gilt in Analogie zu (A 4.4.27):

$$M(\alpha_S(t)) = \int_0^t (1 - V_S(x)) \, dx . \tag{A 4.4.33}$$

Für den Erwartungswert der Gesamtintaktheit $\beta_S(t)$ des Systems während des Intervalls $(0, t]$ gilt entsprechend

$$M(\beta_S(t)) = \int_0^t V_S(x) \, dx \tag{A 4.4.34}$$

und für große Zeiten

$$\lim_{t \to \infty} \frac{M(\beta_S(t))}{t} = V_S . \tag{A 4.4.35}$$

Von besonderem Interesse für viele praktische Anwendungen ist die **Dauer einer ununterbrochenen Intaktzeit** (bzw. Ausfallzeit) des Systems. Die zufällige Arbeitszeit zwischen dem Zeitpunkt einer 1-Erneuerung und dem nachfolgenden Ausfallzeitpunkt wird meist kurz als Ausfallabstand oder Intaktzeit bezeichnet. Bei der Berechnung des Ausfallabstandes muß die Art und Weise der Systemerneuerung beachtet werden. Erfolgt die Erneuerung nach jedem Ausfall so, daß das System in seinen ursprünglichen Zustand, den es z. Z. $t = 0$ besaß, zurückversetzt wird, so ist der Ausfallabstand ebenso verteilt wie die Zeit bis zum 1. Ausfall.

In diesem Abschnitt gehen wir jedoch davon aus, daß die Funktionstüchtigkeit der einzelnen Elemente jeweils durch einen alternierenden Erneuerungsprozeß beschrieben wird. Es werden also für die einzelnen ausgefallenen Elemente Erneuerungen veranlaßt und durchgeführt, und zwar unbeeinflußt vom Zustand der übrigen Elemente des Systems. Ist das System schon sehr lange im Einsatz, so darf man sicher ansetzen, daß sich stationäre Verhältnisse eingestellt haben.

Wir betrachten einen hinreichend „fernen" Zeitpunkt t und einen weiteren Zeitpunkt $x > t$. Wir wollen die Wahrscheinlichkeit $P_S(x \mid t)$ dafür berechnen, daß das System mit einem 1-Erneuerungspunkt in $(t - dt, t]$ bis zur Zeit x ununterbrochen arbeitsfähig bleibt. Dazu wird als Hilfsgröße die Wahrscheinlichkeit $P_\nu(x, t)$ dafür ermittelt, daß das System im infinitesimalen Intervall $(t - dt, t]$ durch eine Erneuerung des ν-ten Elements wieder arbeitsfähig wird und bis zur Zeit x ununterbrochen arbeitsfähig bleibt.

Offenbar gilt

$$P_S(x \mid t) = \frac{\sum_{\nu=1}^{n} P_\nu(x, t)}{\sum_{\nu=1}^{n} P_\nu(t, t)} . \tag{A 4.4.36}$$

Die Größe $P_\nu(x, t)$ ergibt sich als Wahrscheinlichkeit für das gleichzeitige Eintreten dreier unabhängiger Ereignisse A, B und C:

A = im Intervall $(t - \mathrm{d}t, t]$ erfolgt eine 1-Erneuerung des ν-ten Elements,
B = die Erneuerung des ν-ten Elements führt zur Systemerneuerung und
C = das so erneuerte System bleibt im Intervall $(t, x]$ arbeitsfähig, d. h., die sinnfällig bezeichnete Zufallsgröße $\theta_S(\nu)$ wird größer als $x - t$.

Auf Grund der vorausgesetzten Stationarität werden

$$\mathcal{P}(A) = \frac{1}{T_\nu + \tau_\nu}\,\mathrm{d}t = \frac{V_\nu}{T_\nu}\,\mathrm{d}t\,,$$

$$\begin{aligned}\mathcal{P}(B) &= \mathcal{P}\big(S(1_\nu, \boldsymbol{X}(t)) - S(0_\nu, \boldsymbol{X}(t)) = 1\big)\\ &= \mathcal{P}\left(\frac{\partial}{\partial x_\nu} S(\boldsymbol{X}(t)) = 1\right) = \mathcal{P}\big(S_{(\nu)}(\boldsymbol{X}(t)) = 1\big) = S_{(\nu)}(\boldsymbol{V})\end{aligned}$$

(die Bezeichnungen $S_{(\nu)}(\boldsymbol{X}(t))$ und $S_{(\nu)}(\boldsymbol{V})$ symbolisieren die Ableitung der Systemfunktion nach dem ν-ten Element),

$$\mathcal{P}(C) = \mathcal{P}\{\theta_S(\nu) > x - t\}\,.$$

Wir setzen diese Ergebnisse in (A 4.4.36) ein,

$$P_S(x \mid t) = \frac{\sum\limits_{\nu=1}^{n} \frac{V_\nu}{T_\nu} S_{(\nu)}(\boldsymbol{V}) \cdot \mathcal{P}\{\theta_S(\nu) > x - t\}}{\sum\limits_{\nu=1}^{n} \frac{V_\nu}{T_\nu} S_{(\nu)}(\boldsymbol{V})} = P_S(x - t)\,, \qquad \text{(A 4.4.37)}$$

und erkennen, daß die gesuchte Wahrscheinlichkeit nur von der Zeitdifferenz $t - x$ abhängt. Also wurde nachgewiesen, daß (bei stationären Verhältnissen!) die Verteilungsfunktion einer Intaktzeit unabhängig vom Zeitpunkt ihres Beginns ist.

Mit Hilfe der Formel (A 4.4.37) läßt sich der mittlere Ausfallabstand (= mittlere Intaktzeit) berechnen. Für die Verfügbarkeit zu einem beliebigen Zeitpunkt x gilt

$$\begin{aligned}V_S(x) &= \mathcal{P}\{S(t) = 1 \text{ für alle } t \leqq x\} + \sum_{\nu=1}^{n} \int\limits_{t=0}^{x} P(x, t)\,\mathrm{d}t\\ &= \mathcal{P}\{S(t) = 1 \text{ für alle } t \leqq x\} + \sum_{\nu=1}^{n} \frac{V_\nu}{T_\nu} S_{(\nu)}(\boldsymbol{V}) \int\limits_{t=0}^{x} \mathcal{P}_\nu\{\theta_S(\nu) > x - t\}\,\mathrm{d}t\\ &= \mathcal{P}\{S(t) = 1 \text{ für alle } t \leqq x\} + \sum_{\nu=1}^{n} \frac{V_\nu}{T_\nu} S_{(\nu)}(\boldsymbol{V}) \int\limits_{t=0}^{x} P_S(x - t)\,\mathrm{d}t\,.\end{aligned}$$

Bei der letzten Umformung wurde die Beziehung (A 4.4.37) ausgenutzt. Für $x \to \infty$ erhält man

$$V_S = 0 + \sum_{\nu=1}^{n} \frac{V_\nu}{T_\nu} S_{(\nu)}(\boldsymbol{V}) \cdot \int\limits_{0}^{\infty} P_S(t')\,\mathrm{d}t'\,.$$

Das rechts stehende Integral ist gerade der mittlere Ausfallabstand T_S und ergibt sich damit zu

$$T_S = V_S \left[\sum_{\nu=1}^{n} \frac{V_\nu}{T_\nu} S_{(\nu)}(V) \right]^{-1} . \tag{A 4.4.38}$$

Noch einprägsamer ist die Darstellung

$$\frac{V_S}{T_S} = \sum_{\nu=1}^{u} \frac{V_\nu}{T_\nu} S_{(\nu)}(V) . \tag{A 4.4.39}$$

Für die mittlere Ausfallzeit τ_S ergibt sich im stationären Regime wegen

$$V_S = \frac{T_S}{T_S + S}$$

die Beziehung

$$\tau_S = \frac{1 - V_S}{V_S} T_S = U_S \frac{T_S}{V_S} = \left[\sum_{\nu=1}^{n} \frac{V_\nu}{T_\nu} S_{(\nu)}(V) \right]^{-1} \cdot U_S . \tag{A 4.4.40}$$

Eine geeignete reell-algebraische Darstellungsform der BOOLEschen Systemfunktion $S(\boldsymbol{x})$ ist die disjunktive Normalform (A 4.2.2). Ausgehend von dieser Normalform nehmen die Formeln (A 4.4.32) und (A 4.4.38) die folgende Gestalt an:

$$V_S = \sum_{\substack{i \\ \text{mit} \\ S(\boldsymbol{x}^i)=1}} \prod_{\substack{\mu \\ \text{mit} \\ x_\mu^i=1}} V_\mu \prod_{\substack{\mu \\ \text{mit} \\ x_\mu^i=0}} U_\mu \tag{A 4.4.41}$$

bzw.

$$T_S = V_S \left[\sum_{\nu=1}^{n} \frac{1}{T_\nu} \sum_{\substack{i \\ \text{mit} \\ S(1_\nu, \boldsymbol{x}^i) - S(0_\nu, \boldsymbol{x}^i)=1}} \prod_{\substack{\mu \\ \text{mit} \\ x_\mu^i=1}} V_\mu \prod_{\substack{\mu \\ \text{mit} \\ x_\mu^i=0}} U_\mu \right] . \tag{A 4.4.42}$$

Beispiel A 4.4.4

Wir betrachten wieder ein 2-aus-3 System, vgl. Beispiel A 4.4.1, mit drei gleichartigen Komponenten. Sie besitzen übereinstimmende mittlere Arbeitszeiten $T_\nu = 90\,\text{h}$ und mittlere Ausfallzeiten $\tau_\nu = 10$ h ($\nu = 1, 2, 3$). Zu ermitteln sind die Dauerverfügbarkeiten der Elemente und des Systems sowie die mittlere Intaktzeit des Systems.

Lösung

Im eingeschwungenen Zustand besitzen die Elemente eine Verfügbarkeit von

$$V_\nu = \frac{T_\nu}{T_\nu + \tau_\nu} = \frac{90}{90 + 10} = 90\% .$$

Die Verfügbarkeit des Systems ergibt sich aus der BOOLEschen Systemfunktion

$$S(x_1, x_2, x_3) = x_1x_2 + x_1x_3 + x_2x_3 - 2x_1x_2x_3$$

über die Beziehung (A 4.4.32) zu

$$\begin{aligned} V_S &= V_1V_2 + V_1V_3 + V_2V_3 - 2V_1V_2V_3 \\ &= 3(0{,}9)^2 - 2(0{,}9)^3 = 2{,}43 - 1{,}458 = 97{,}2\% . \end{aligned}$$

Zur Anwendung der Formel (A 4.4.38) bestimmen wir zunächst

$$S_{(1)}(V) = V_2 + V_3 - 2V_1V_3 = 0{,}18\,,$$

$$S_{(2)}(V) = V_1 + V_3 - 2V_1V_3 = 0{,}18$$

und

$$S_{(3)}(V) = V_1 + V_2 - 2V_1V_2 = 0{,}18\,.$$

Daraus erhält man

$$T_S = 0{,}972\left[\frac{0{,}90}{90\text{ h}}\cdot 0{,}18\cdot 3\right]^{-1} = 0{,}972\,\frac{100\text{ h}}{0{,}54} = 180\text{ h}\,.$$

A 4.5. Abschätzung des Einflusses der einzelnen Komponenten des Systems

A 4.5.0. Vorbemerkungen

Die Gesamtzuverlässigkeit eines Systems wird im allgemeinen durch die Zuverlässigkeit der verschiedenen Elemente unterschiedlich beeinflußt. Zur Charakterisierung der Zuverlässigkeit wollen wir in diesem Abschnitt von der Ausfallwahrscheinlichkeit ausgehen. Das System soll durch die BOOLEsche Ausfallfunktion $H(y_1, y_2, \dots, y_n) = H(\boldsymbol{y})$, die in geeigneter reell-algebraischer Darstellungsform vorliegen möge, in Abhängigkeit von den Basisereignissen y_ν, $\nu = 1, 2, \dots, n$, beschrieben werden (vgl. Abschn. A 4.3).

Für die Ausfallwahrscheinlichkeiten (zu einem festen Zeitpunkt, der der Bequemlichkeit halber in den Formeln fortgelassen wird) gilt

$$p_\nu = \mathcal{P}\{y_\nu = 1\} = M(y_\nu)\,,$$

$$p_S = \mathcal{P}\{H(\boldsymbol{y}) = 1\} = M\big(H(\boldsymbol{y})\big) = H(\boldsymbol{p}) = H(p_1, \dots, p_n)\,, \qquad \text{(A 4.5.1)}$$

wobei M den Erwartungswertoperator symbolisiert.

Die **Frage nach dem Einfluß der Komponenten auf das System** kann unterschiedlich formuliert werden:

1. Wie ändert sich $H(\boldsymbol{p})$ bei einer bestimmten Änderung einer Element-Ausfallwahrscheinlichkeit p_i?
2. Der Systemausfall fällt stets mit dem Eintreten eines bestimmten Basisereignisses y_i zusammen. Man kann diesen Sachverhalt rein phänomenologisch interpretieren und erklären, daß das Element i das Eintreten des Hauptereignisses hervorruft. Die Wahrscheinlichkeit dafür, daß i den Systemausfall hervorruft (unter der Bedingung, daß das System überhaupt ausfällt) läßt sich berechnen und wird im allgemeinen von i abhängen.
3. Zur Fehlererkennung und -diagnose ist die Reihenfolge, in der die Bestandteile des Systems getestet werden, bedeutungsvoll. Ist das System ausgefallen, so möchte man den Reparaturprozeß bei derjenigen Komponente i beginnen, deren Erneuerung das System mit der größten Wahrscheinlichkeit in den funktionstüchtigen Zustand zurückbringt.

In Anlehnung an den internationalen Sprachgebrauch wollen wir den Einfluß von i auf das System im Sinne der

- Problemstellung 1 als „marginale Importanz",
- Problemstellung 2 als „kompetitive Importanz",
- Problemstellung 3 als „diagnostische Importanz"

bezeichnen.

A 4.5.1. Marginale Importanz

Die Reduktionsformel (A 4.2.1) läßt sich umschreiben in

$$H(\boldsymbol{y}) = y_i[H(1_i, \boldsymbol{y}) - H(0_i, \boldsymbol{y})] + H(0_i, \boldsymbol{y}) .$$

Daraus folgt durch Erwartungswertbildung

$$H(\boldsymbol{p}) = p_i[H(1_i, \boldsymbol{p}) - H(0_i, \boldsymbol{p})] + H(0_i, \boldsymbol{p}) .$$

Mithin gilt offenbar

$$\begin{aligned} \Delta H &= H(p_1, \dots, p_i + \Delta p_i, \dots, p_n - H(p_1, \dots, p_i, \dots, p_n) \\ &= [H(1_i, \boldsymbol{p}) - H(0_i, \boldsymbol{p})] \, \Delta p_i = \frac{\partial H(\boldsymbol{p})}{\partial p_i} \Delta p_i \end{aligned}$$

für beliebige Änderungen Δp_i.

Auch die höheren Ableitungen von $H(\boldsymbol{p})$ nach p_i lassen sich in geschlossener Form und exakt durch $H(\boldsymbol{p})$ selbst ausdrücken, vgl. Abschnitt 10.2.

Wir wollen

$$I^m(i) = \frac{\partial H(\boldsymbol{p})}{\partial p_i} \qquad \text{(A 4.5.2)}$$

als **„marginale Importanz"** des Elements i in bezug auf die Systemfunktion $H(\boldsymbol{p})$ bezeichnen und einige Eigenschaften dieses Einflußmaßes diskutieren.

Stets gilt

$$0 \leqq I^m(i) \leqq 1 ;$$

denn es ist $0 \leqq H(1_i, \boldsymbol{p}) \leqq 1$; $0 \leqq H(0_i, \boldsymbol{p}) \leqq 1$; und wegen der Monotonie von $H(\boldsymbol{p})$ wird $H(1_i, \boldsymbol{p}) \geqq H(0_i, \boldsymbol{p})$. Die Einflußfunktion $I^m(i)$ hängt vom Wert p_i nicht ab, wohl aber von den übrigen $p_\nu \neq p_i$.

Die Einflußfunktion $I^m(i)$ ist der Erwartungswert der BOOLEschen Funktion $H(1_i, \boldsymbol{y}) - H(0_i, \boldsymbol{y})$.

Die möglichen Argumentwerte dieser BOOLEschen Funktion lassen sich als die 2^{n-1} Eckpunkte eines $n - 1$ dimensionalen Einheitswürfels deuten. Setzt man die Ausfallwahrscheinlichkeiten p_ν ($\nu \neq i$) alle gleich 1/2, so wird jeder Eckpunkt mit der gleichen Wahrscheinlichkeit 2^{-n+1} angenommen. Man kann dann von einer **„strukturellen marginalen Importanz"** $I_s^m(i)$ sprechen. Für sie gilt

$$I_s^m(i) = I^m(i)|_{p_1 = \;\; = p_n = 1/2} = \frac{1}{2^{n-1}} \sum_{\boldsymbol{y}} [H(1_i, \boldsymbol{y}) - H(0_i, \boldsymbol{y})] . \qquad \text{(A 4.5.3)}$$

Zu der rechts stehenden Summe tragen gerade alle Minimalschnitte, die i enthalten etwas bei. Teilt man diese Minimalschnitte nach ihrer Elementzahl z ein und setzt

$$n_z(i) = \sum_{\sum_{\nu \neq i} y_\nu = z-1} [H(1_i, \boldsymbol{y}) - H(0_i, \boldsymbol{y})] ,$$

so geht (A 4.5.3) über in

$$I_s^m(i) = 2^{-n+1} \cdot \sum_{z=0}^{n-1} n_z(i) \,. \tag{A 4.5.4}$$

Als **Anwendung** betrachten wir ***k*-aus-*n*-Systeme**, d. h., das Hauptereignis tritt ein, wenn wenigstens k Basisereignisse eintreten. Hier gibt es $\binom{n-1}{k-1}$ Minimalschnitte, die das Element i enthalten. Diese Minimalschnitte besitzen alle die „Länge" k. Mithin erhält die strukturelle marginale Importanz den (für alle i übereinstimmenden) Wert

$$I_s^m(i) = 2^{-n+1} \binom{n-1}{k-1} . \tag{A 4.5.5}$$

Stellt der Fehlerbaum speziell eine reine ODER-Verknüpfung der Basisereignisse dar, d. h. $k = 1$, oder eine reine UND-Verknüpfung, d. h. $k = n$, so wird

$$I_s^m(i) = 2^{-n+1} \,.$$

Dieses auf den ersten Blick verwunderliche Ergebnis kommt durch die spezielle Wahl der Ausfallwahrscheinlichkeiten $p_1 = \dots = p_{i-1} = p_{i+1} = \dots = p_n = 1/2$ zustande. Allgemein gilt für die marginale Importanz eines Elements einer ODER-Verknüpfung ($\triangleq$ Serienschaltung bez. der Arbeitsfähigkeit) bzw. einer UND-Verknüpfung ($\triangleq$ Parallelschaltung bez. der Arbeitsfähigkeit)

$$I^m(i) = \frac{\partial}{\partial p_i} \left[1 - \prod_{\nu=1}^{n} (1 - p_\nu) \right] = \prod_{\nu \neq i} (1 - p_\nu)$$

bzw.

$$I^m(i) = \frac{\partial}{\partial p_i} \prod_{\nu=1}^{n} p_\nu = \prod_{\nu \neq i} p_\nu \,.$$

Werden im Fehlerbaum Module eingeführt und fragen wir nach dem **Einfluß eines Elements *i*, das in einem Modul *M* enthalten** ist, so erhält man durch Anwendung der Kettenregel auf die Formel

$$H(\boldsymbol{y}) = L[K(\boldsymbol{y}^M), \boldsymbol{y}^{\overline{M}}]$$

die Beziehung

$$I_{(H)}^m(i) = I_{(L)}^m\big(K(\boldsymbol{y}^M)\big) \cdot I_{(K)}^m(i) \,. \tag{A 4.5.6}$$

Bei **Systemen mit Erneuerung** tritt an die Stelle der Ausfallwahrscheinlichkeit p_ν die Unverfügbarkeit U_ν. Für große Zeiten ($t \to \infty$) gilt unter den üblichen Voraussetzungen der Erneuerungstheorie (vgl. Abschn. A 4.4.2)

$$1 - V_\nu = U_\nu = \frac{\tau_\nu}{T_\nu + \tau_\nu} ,$$

wobei die Größen τ_ν bzw. T_ν die mittleren Zeitdauern des (ununterbrochenen) Ausfalls bzw. der Arbeitsfähigkeit des ν-ten Elements symbolisieren. Für das System gilt dann (vgl. Gl. (A 4.4.31))

$$1 - V_S = U_S = H(U_1, U_2, \dots, U_n) = H(\boldsymbol{U}) \,.$$

Den **Einfluß der mittleren Ausfallzeit** τ_i **des** i**-ten Elements** auf die Unverfügbarkeit U_S des Systems erhält man aus

$$\frac{\partial H(\boldsymbol{U})}{\partial \tau_i} = \frac{\partial H(\boldsymbol{U})}{\partial U_i} \cdot \frac{\partial U_i}{\partial \tau_i} = \frac{\partial H(\boldsymbol{U})}{\partial U_i} \cdot \frac{-T_i}{(T_i + \tau_i)^2}.$$

Ersetzt man schließlich U_i durch p_i, so kann die oben eingeführte marginale Importanz verwendet werden, und man erhält

$$\frac{\partial H(\boldsymbol{U})}{\partial \tau_i} = -I^m(i) \cdot \frac{T_i}{(T_i + \tau_i)^2}. \qquad \text{(A 4.5.7)}$$

Analog ergibt sich der **Einfluß der mittleren Arbeitszeit** T_i **des** i**-ten Elements** auf die Systemverfügbarkeit aus

$$\frac{\partial H(\boldsymbol{U})}{\partial T_i} = I^m(i) \cdot \frac{\tau_i}{(T_i + \tau_i)^2}. \qquad \text{(A 4.5.8)}$$

Die Formeln (A 4.5.7) und (A 4.5.8) können bei der Entscheidung helfen, ob man zweckmäßiger auf den Erneuerungsvorgang (Warte- und Reparaturzeiten, Ersatzteilbeschaffung etc.) oder auf die Dauer der (ununterbrochenen) Arbeitsfähigkeit des Elements i Einfluß nehmen sollte.

Die marginale Importanz spielt — ohne daß dieser Terminus explizit eingeführt wird — seit Jahren bei der Zuverlässigkeitsoptimierung von Systemen eine wichtige Rolle (vgl. Kap. 10).

A 4.5.2. Kompetitive Importanz

Wir betrachten zunächst wieder die Systeme ohne Erneuerung und nehmen an, daß die Zeitabhängigkeit der Ausfallwahrscheinlichkeit des Elements i durch eine Wahrscheinlichkeitsverteilung mit der Verteilungsfunktion $F_i(t)$ und der Dichtefunktion $f_i(t)$ beschrieben werden kann.

Die Wahrscheinlichkeit, daß das System z. Z. t nur dann ausgefallen ist, falls auch das Element i ausgefallen ist, erhält man aus

$$\begin{aligned} &\mathcal{P}\{H(1_i, \boldsymbol{y}(t)) - H(0_i, \boldsymbol{y}(t)) = 1\} \\ &= M(H(1_i, \boldsymbol{y}(t)) - H(0_i, \boldsymbol{y}(t))) \\ &= H(1_i, \boldsymbol{F}(t)) - H(0_i, \boldsymbol{F}(t)). \end{aligned}$$

Damit wird die Wahrscheinlichkeit, daß das Element i den Systemausfall im infinitesimalen Intervall $(t, t + \mathrm{d}t)$ hervorruft, gleich

$$[H(1_i, \boldsymbol{F}(t)) - H(0_i, \boldsymbol{F}(t))]\, \mathrm{d}F_i(t),$$

wobei $\mathrm{d}F_i(t) = f_i(t)\, \mathrm{d}t$ gilt.

Für ein endliches Intervall $(0, t)$ ergibt sich

$$\int_0^t [H(1_i, \boldsymbol{F}(t)) - H(0_i, \boldsymbol{F}(t))]\, \mathrm{d}F_i(t).$$

Daraus erhält man die Wahrscheinlichkeit, daß i in $(0, t)$ den Systemausfall hervorruft unter der Bedingung, daß das System in $(0, t)$ ausfällt, zu

$$\frac{\int\limits_0^t [H(1_i, \boldsymbol{F}(t)) - H(0_i, \boldsymbol{F}(t))] \, \mathrm{d}F_i(t)}{\sum\limits_{\nu=1}^{n} \int\limits_0^t [H((1_\nu, \boldsymbol{F}(t)) - H(0_\nu, \boldsymbol{F}(t))] \, \mathrm{d}F_\nu(t)}$$

Für $t \to \infty$ erhalten wir die Wahrscheinlichkeit dafür, daß i den Systemausfall hervorruft, falls das System überhaupt ausfällt. Der Nenner wird damit zu Eins.

Wir definieren nun die „**kompetitive Importanz**" des Elements i:

$$I^k(i) = \int\limits_0^\infty [H(1_i, \boldsymbol{F}(t)) - H(0_i, \boldsymbol{F}(t))] \, \mathrm{d}F_i(t) . \tag{A 4.5.9}$$

Dieses Einflußmaß hat offensichtlich die Eigenschaften

$$0 \leqq I^k(i) \leqq 1 \tag{A 4.5.10}$$

und

$$\sum_{i=1}^{n} I^k(i) = 1 . \tag{A 4 5.11}$$

Als **Anwendung** wird eine reine ODER-Verknüpfung der n Basisereignisse ($\triangleq$ Seriensystem i. S. der Arbeitsfähigkeit) betrachtet. Dafür gilt

$$H(1_i, \boldsymbol{y}) - H(0_i, \boldsymbol{y}) = 1 - \left[1 - \prod_{\nu \neq i} (1 - y_\nu)\right] = \prod_{\nu \neq i} (1 - y_\nu)$$

und damit

$$I^k(i) = \int\limits_0^\infty \prod_{\nu \neq i} (1 - F_\nu(t)) \, \mathrm{d}F_i(t) .$$

Im Spezialfall konstanter Ausfallraten, d. h. $F_\nu(t) = 1 - \mathrm{e}^{\lambda_\nu t}$, läßt sich diese Beziehung leicht auswerten:

$$I^k(i) = \int\limits_0^\infty \left(\prod_{\nu \neq i} \mathrm{e}^{-\lambda_\nu t}\right) \lambda_i \, \mathrm{e}^{-\lambda_i t} \, \mathrm{d}t = \lambda_i \int\limits_0^\infty \exp\left(-\sum_{\nu=1}^{n} \lambda_\nu t\right) \mathrm{d}t$$
$$= \lambda_i \left(\sum_{\nu=1}^{n} \lambda_\nu\right)^{-1} .$$

Nimmt man übereinstimmende Ausfallverteilungen für alle Elemente an, d. h. $F_1(t) = F_2(t) = \ldots = F_n(t) = F(t)$, so geht (A 4.5.9) über in die sog. „**strukturelle kompetitive Importanz**" des Elements i. Mit den Abkürzungen $p = F(t)$, $H(1_i, \boldsymbol{F}(t)) = H(1_i, p)$ und $H(0_i, \boldsymbol{F}(t)) = H(0_i, p)$ erhält man für die strukturelle kompetitive Importanz

$$I_s^k(i) = \int\limits_0^1 [H(1_i, p) - H(0_i, p)] \, \mathrm{d}p . \tag{A 4.5.12}$$

Als **Anwendung** sei dieses Einflußmaß wiederum für ein k-aus-n-System ermittelt. Da hier die Systemfunktion $H(p)$ eine symmetrische Funktion der Element-Ausfallwahrscheinlichkeiten $p_1 = p_2 = \ldots = p_n = p$ ist, muß $I_s^k(i)$ für alle Elemente i übereinstimmen. Mit (A 4.5.11) wird deshalb

$$I_s^k(i) = \frac{1}{n} .$$

Die in der Beziehung (A 4.5.4) für die strukturelle marginale Importanz vorkommende Elementeanzahl $(n_z(i))$ in den Minimalschnitten, die i enthalten, kann auch zur Berechnung der strukturellen kompetitiven Importanz herangezogen werden. Man kann nachrechnen, daß

$$I_s^k(i) = \frac{1}{n} \sum_{z=1}^{z=n} \frac{n_z(i)}{\binom{n-1}{z-1}} \tag{A 4.5.13}$$

gilt.

Interessant ist ein Vergleich der strukturellen kompetitiven Importanz mit der strukturellen marginalen Importanz. Der Zusammenhang wird bei der folgenden Schreibweise recht deutlich,

$$I_s^m(i) = \left.\frac{\partial H(\boldsymbol{p})}{\partial p_i}\right|_{p_1=p_2=\ldots=p_n=\frac{1}{2}} \tag{A 4.5.14}$$

und

$$I_s^k(i) = \int_0^1 \left.\frac{\partial H(\boldsymbol{p})}{\partial p_i}\right|_{p_1=p_2=\ldots=p_n=p} \mathrm{d}p\,. \tag{A 4.5.15}$$

Etwas verallgemeinert kann man daher ein **Maß der strukturellen Importanz** $I_s(i)$ einführen, wenn man voraussetzt, daß alle Elemente i die gleiche Ausfallwahrscheinlichkeit p besitzen und diese einer beliebigen Verteilungsfunktion G genügt:

$$I_s(i) = \int_0^1 \left.\frac{\partial H(\boldsymbol{p})}{\partial p_i}\right|_{p_1=p_2=\ldots=p_n=p} \mathrm{d}G(p)\,. \tag{A 4.5.16}$$

Aus (A 4.5.16) erhält man im Falle $G(p) = p$ die Beziehung (A 4.5.15) und im Falle $G(p) = 0$ für $p < 1/2$, $G(p) = 1$ für $p > 1/2$ die Beziehung (A 4.5.14).

Auch für **Systeme mit Erneuerung** kann man ein Maß der kompetitiven Importanz definieren. Folgt man den zu Beginn des Abschnittes A 4.5.2 formulierten Gedankengängen und nutzt die Stationaritätseigenschaften aus, die Erneuerungsprozesse für $t \to \infty$ zeigen, so erhält man

$$I^k(i) = \frac{[H(1_i, \boldsymbol{U}) - H(0_i, \boldsymbol{U})]\,[T_i + \tau_i]^{-1}}{\sum_{\nu=1}^{n} [H(1_\nu, \boldsymbol{U}) - H(0_\nu, \boldsymbol{U})]\,[T_\nu + \tau_\nu]^{-1}}\,. \tag{A 4.5.17}$$

Als erste **Anwendung** wird eine ODER-Verknüpfung der n Basisereignisse ($\triangleq$ Seriensystem i. S. der Arbeitsfähigkeit) betrachtet. Nach leichter Rechnung erhält man

$$I^k(i) = \frac{1/T_i}{\sum_{\nu=1}^{n} 1/T_\nu}\,.$$

Für eine UND-Verknüpfung (= Parallelsystem) erhält man

$$I^k(i) = \frac{1/\tau_i}{\sum_{\nu=1}^{n} 1/\tau_\nu}\,.$$

Diese Beziehungen sagen, daß die kompetitive Importanz $I^k(i)$ bei einem erneuerungsfähigen Serien- bzw. Parallelsystem nur von den mittleren Arbeitszeiten bzw. von den mittleren Ausfallzeiten abhängt.

A 4.5.3. Diagnostische Importanz

Betrachtet man den Zustand aller Systemelemente unmittelbar nach einem Systemausfall, so müssen — bei Voraussetzung stetiger Ausfallverteilungen für die Elemente — sämtliche Elemente eines Minimalschnittes ausgefallen sein. Erneuert man wenigstens ein Element dieses Minimalschnitts, so wird damit die Funktionstüchtigkeit des Systems wiederhergestellt. Ein bestimmtes Element i hat daher einen großen diagnostischen Einfluß auf das System, wenn einer der Minimalschnitte, die i enthalten, mit hoher Wahrscheinlichkeit den Systemausfall „hervorruft".

Wir definieren als **„diagnostische Importanz"** des Elementes i (bez. des durch $H(\boldsymbol{y})$ beschriebenen Systems) die folgende bedingte Wahrscheinlichkeit:

$$I^d(i) = \mathcal{P}\,\{\text{Ausfall eines Minimalschnitts, der } i \text{ enthält} \mid \text{Systemausfall}\}$$

$$= \frac{\mathcal{P}\,\{\text{Ausfall eines Minimalschnitts, der } i \text{ enthält}\}}{\mathcal{P}\,\{\text{System fällt aus}\}}\,. \qquad \text{(A 4.5.18)}$$

Offenbar gilt

$$0 \leqq I^d(i) \leqq 1\,.$$

Um aus dem Ansatz (A 4.5.18) eine quantitativ auswertbare Beziehung zu machen, wird man von einer geeigneten reell-algebraischen Darstellungsform der BOOLEschen Systemfunktion $H(\boldsymbol{y})$ ausgehen. In Abhängigkeit vom praktischen Anwendungsfall können dabei unterschiedliche Darstellungsmöglichkeiten zweckmäßig sein. Für den allgemeinen Fall wollen wir von der disjunktiven Normalfunktion (vgl. Formel (A 4.2.2)) für $H(\boldsymbol{y})$ ausgehen. Daraus ergibt sich für die Ausfallwahrscheinlichkeit des Systems (Nenner in (A 4.5.18)) der Ausdruck

$$H(\boldsymbol{p}) = \sum_{\boldsymbol{y}} H(\boldsymbol{y}) \left[\prod_{\nu=1}^{n} p_\nu^{y_\nu}(1 - p_\nu)^{1-y_\nu}\right]. \qquad \text{(A 4.5.19)}$$

Die Summe erstreckt sich de facto nur über die Realisierungen des Vektors $\boldsymbol{y}$, für die $H(\boldsymbol{y}) = 1$ wird; d. h. über alle Schnitte. Im Zähler von (A 4.5.18) erscheint im Prinzip der gleiche Ausdruck wie im Nenner. Die Summe darf jetzt aber nur über diejenigen Schnitte erstreckt werden, die Obermengen eines Minimalschnitts, der i enthält, sind. Der Zahlenwert der diagnostischen Importanz läßt sich demnach stets angeben, wenn man die Ausfallwahrscheinlichkeiten der einzelnen Elemente und sämtliche Schnitte kennt.

Liegt die Systemfunktion $H(\boldsymbol{y})$ in Modulbeschreibung vor,

$$H(\boldsymbol{y}) = L[K(\boldsymbol{y}^M), \boldsymbol{y}^{\bar{M}}]\,,$$

so erhält man die diagnostische Importanz eines Elements i, das zum Modul M gehört, durch Anwendung der „Kettenregel"

$$I^d_{(H)} = I^d_{(L)}(K(\boldsymbol{y}^M)) \cdot I^d_{(K)}(i)\,. \qquad \text{(A 4.5.20)}$$

In Analogie zur Definition der strukturellen marginalen Importanz kann man die **„strukturelle diagnostische Importanz“** $I_s^d(i)$ wie folgt definieren:

$$I_s^d(i) = I^d(i)|_{p_1 = .. = p_n = 1/2} . \quad \text{(A 4.5.21)}$$

Jetzt wird der auf der rechten Seite von (A 4.5.19) in eckigen Klammern stehende Faktor offenbar für alle Schnitte gleich, und zwar 2^{-n}. Mithin kann man $I_s^d(i)$ berechnen, indem man die Anzahl der Schnitte, die Obermengen eines i enthaltenden Minimalschnitts sind, auf die Gesamtzahl der Schnitte bezieht.

A 4.6. Grenzen und Mängel der BOOLEschen Zuverlässigkeitsmodelle

Die Voraussetzungen für die Anwendbarkeit der BOOLEschen Zuverlässigkeitstheorie wurden in den Abschnitten A 4.1 und A 4.4.0 formuliert. Leider sind diese Voraussetzungen in der technischen Praxis oft nicht erfüllt.

Die **Unterscheidung lediglich zweier Zustände** — Arbeitsfähigkeit und Ausfall — ist häufig eine **ungerechtfertigte Idealisierung.** (Beispielsweise kann der Totalausfall eines elektronischen Bauelements durch Kurzschluß oder Leerlauf bedingt sein.) Durch Alterungs- und einsatzbedingte Drifterscheinungen kommt es zu einer Verschlechterung der Eigenschaften der technischen Bauelemente, die sich allein durch die Alternative — arbeitsfähig oder ausgefallen — nicht adäquat beschreiben läßt ...) Verschiedene Ausfallmodi lassen sich ggf. im Rahmen der BOOLEschen Modelle berücksichtigen, indem man für ein technisches Bauelement im Zuverlässigkeitsmodell mehrere Elemente vorsieht, die dann jeweils nur noch einen Ausfallmodus besitzen. Da mehrere Ausfallarten in der Regel einander ausschließen, dürfen die Modellelemente dann freilich nicht mehr als voneinander unabhängig betrachtet werden.

Die für die BOOLEschen Systemfunktionen grundlegende **Monotonie-Eigenschaft ist nicht immer erfüllt.** Beispielsweise kann durch die fehlerhafte Arbeit eines Kontrollorgans ein Produktionsprozeß ungerechtfertigt „abgeschaltet“ werden. Dieser Ausfall des Kontrollelements bleibt wirkungslos, wenn der „Schalter“ schon vorher ausgefallen ist, so daß der Schaltbefehl nicht ausgeführt wird. Dieses Beispiel zeigt zugleich, daß die **zeitliche Reihenfolge, in der** die einzelnen **Elemente ausfallen**, wesentlich sein kann. Es ist daher ein weiterer Mangel der BOOLEschen Zuverlässigkeitstheorie, daß die zeitliche Reihenfolge der Ausfälle unberücksichtigt bleibt.

Im Anhang 5 werden Zuverlässigkeitsmodelle behandelt, die die Mängel der BOOLEschen Modelle nicht besitzen. Es wird zwischen einer endlichen Anzahl von Systemzuständen unterschieden und untersucht, welche Übergangsmöglichkeiten zwischen den einzelnen Zuständen bestehen.

Literatur

[1] BIRNBAUM, Z. W., ESARY, J. D., SAUNDERS, S. C.: Multicomponent systems and structures and their reliability. Technometrics 3 (1961) 1, 55—77.

[2] BARLOW, R. E., FUSSELL, J. B., SINGPURWALLA, N. D. (eds.): Reliability and fault tree analysis. Proc. Conference held at the Univ. of California, Berkeley, Sept. 3—7, 1974. Soc. Ind. Appl. Mathem., Philadelphia 1975.

[3] ISPHORDING, U.: Methoden zur Berechnung von Zuverlässigkeitsgrößen redundanter Systeme. A.E.Ü. 22 (1968) 7, 337—342.

[4] STÖRMER, H.: Mathematische Theorie der Zuverlässigkeit. Berlin: Akademie-Verlag 1970.

[5] REINSCHKE, K.: Aufstellen von Zuverlässigkeitsersatzschaltungen und Fehlerbäume. Berlin: Verlag Technik 1977.

ANHANG 5. SYSTEMBESCHREIBUNG DURCH ZUFÄLLIGE PROZESSE MIT ENDLICH VIELEN ZUSTÄNDEN[1])

A 5.1. Modellbildung

Das zu untersuchende System möge sich durch das folgende **Modell** beschreiben lassen:

> Es ist eine endliche Anzahl von möglichen Systemzuständen zugelassen. Wir wollen die Gesamtzahl der Zustände mit m und die Zustandsmenge mit $M = \{z_1, z_2, \dots, z_m\}$ bezeichnen. Der Zustand $Z(t)$ des Systems wird für jeden festen Zeitpunkt $t \geqq 0$ als Zufallsgröße interpretiert. (Der Parameter „Zeit" kann natürlich auch eine zurückgelegte Strecke, eine bearbeitete Fläche oder ein anderes Maß der vom System geleisteten Arbeit bedeuten.) Dann kann man den Zustand des Systems in seinem zeitlichen Verlauf als **zufälligen Prozeß** $\{Z(t), t \geqq 0\}$ **mit endlich vielen Zuständen und stetigem Parameterbereich** interpretieren.

Zur Veranschaulichung wird in Abb. A 5.1.1 eine denkbare Realisierung $z(t)$ eines solchen Prozesses skizziert. Offenbar läßt sich diese Realisierung auch durch Angabe der „markierten" Punkte $[s_\nu, z(s_\nu + 0)]$ für $s_0 = 0 < s_1 < s_2 < \dots$, d. h. durch die Sprungstellen und den jeweils unmittelbar nach dem Sprung angenommenen Zustand, die sogenannten „Marken", eindeutig charakterisieren, vgl. Abb. A 5.1.2.

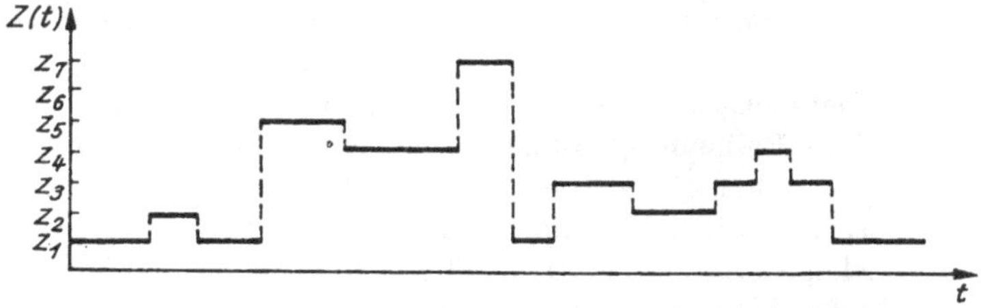

Abb. A 5.1.1. Realisierung des zufälligen Prozesses $\{Z(t), t \geqq 0\}$

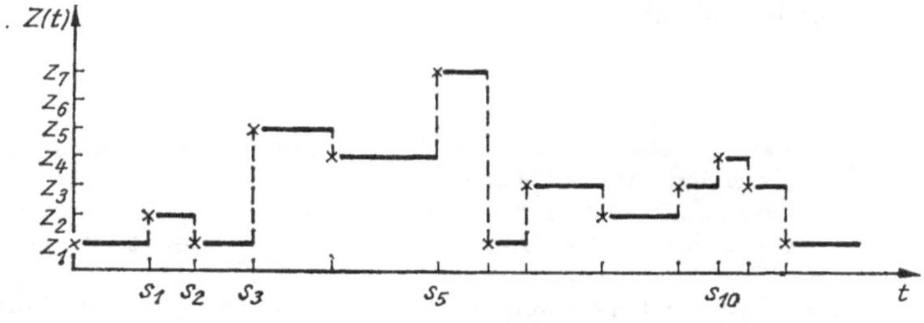

Abb. A 5.1.2. Darstellung der markierten Punkte $[s_\nu, z(s_\nu + 0)]$ zur Abb. A 5.1.1

[1]) Anmerkung d. Herausg.: Der Anhang 5 wurde für die deutsche Ausgabe des Handbuches vom Herausgeber neu formuliert und gegenüber dem russischen Original wesentlich ergänzt.

Mithin kann man den Prozeß $\{Z(t), t \geqq 0\}$ auch gleichwertig durch einen **„zufälligen markierten Punktprozeß“** über der nichtnegativen t-Achse, d. i. die Folge $\{[(S_\nu, Z_\nu], \nu = 0, 1, 2, \ldots\}$ der zufälligen markierten Punkte $[S_\nu, Z_\nu]$ mit $S_0 = 0 < S_1 < S_2 < \ldots$ und $Z_\nu = Z(S_\nu + 0) \in M$, beschreiben. Die Verweildauer im ν-ten Zustand wird ersichtlich gleich $S_{\nu+1} - S_\nu = \xi_{\nu+1}$. Statt der Folge $\{[S_\nu, Z_\nu]\}$ kann auch die Folge $\{[\xi_\nu, Z_\nu]; \nu = 0, 1, 2, \ldots\}$ betrachtet werden.

Wir setzen weiter voraus, daß die Sprungpunkte $\{S_\nu; \nu = 0, 1, 2, \ldots\}$ im Endlichen keine Häufungspunkte besitzen.

Um zu Aussagen über den untersuchten Prozeß zu kommen, erweist es sich oft als nützlich, gewisse „eingebettete“ Prozesse einfacherer Natur zu betrachten. Ignoriert man die Verweilzeiten S_ν, so bleibt nur die **eingebettete zufällige Folge** $\{Z_\nu; \nu = 0, 1, 2, \ldots\}$ zu untersuchen, vgl. Abb. A 5.1.3.

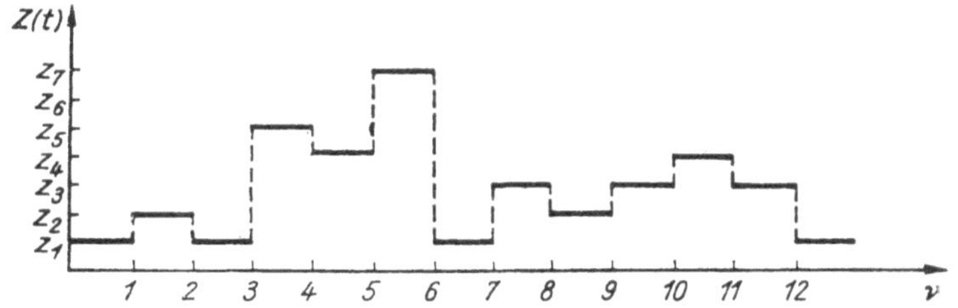

Abb. A 5.1.3. Realisierung der eingebetten zufälligen Folge $\{Z_\nu, \nu = 0, 1, 2, \ldots\}$

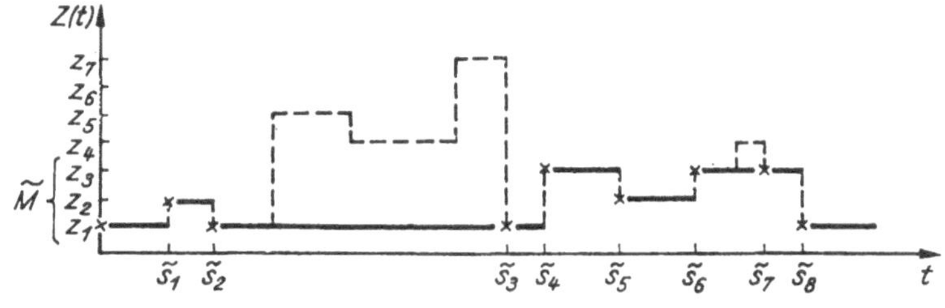

Abb. A 5.1.4. Realisierung des eingebetteten Prozesses $\{\tilde{Z}(t); t \geqq 0\}$

Berücksichtigt man nur die markierten Punkte $[S_\nu, Z_\nu]$, für die Z_ν einer bestimmten Zustandsmenge $\tilde{M}$ angehört, so ergibt sich ein **eingebetteter Prozeß** $\{\tilde{Z}(t); t \geqq 0\}$, der nur Zustände aus $\tilde{M}$ annimmt. Abb. A 5.5.4 zeigt für $\tilde{M} = \{z_1, z_2, z_3\}$ eine Realisierung $\tilde{z}(t)$, die zu der gestrichelt dargestellten Realisierung $z(t)$, vgl. A 5.1.1, gehört. Es ist offenbar nicht ausgeschlossen, daß im eingebetteten Prozeß $\{\tilde{Z}(t), t \geqq 0\}$ gleiche Zustände aufeinander folgen, auch wenn das im ursprünglichen Prozeß $\{Z(t); t \geqq 0\}$ nicht der Fall ist.

Sehr gründlich werden in der Wahrscheinlichkeitstheorie solche Klassen zufälliger Prozesse behandelt, die die sogenannte **Markow-Eigenschaft** besitzen:

> Die Zukunft des Prozesses wird von seiner Gegenwart, nicht aber von seiner Vergangenheit beeinflußt.

Das läßt sich durch folgende Formel ausdrücken (die „Gegenwart" ist die Zeit nach dem $(\nu - 1)$-ten Zustandswechsel):

$$P\{(\xi_\nu \leqq t) \wedge (Z_\nu = z_j) \mid Z_0 = z_l, \xi_1 = t_l, \dots, Z_{\nu-2} = z_k, \xi_{\nu-1} = t_k, Z_{\nu-1} = z_i\}$$
$$= P\{(\xi_\nu \leqq t) \wedge (Z_\nu = z_j) \mid Z_{\nu-1} = z_i\} \qquad \text{(A 5.1.1)}$$
$$\text{für } i, j, k, \dots, l = 1, \dots, m .$$

Meist wird noch eine **Homogenitätsforderung** hinzugenommen, gemäß der die rechte Seite von (A 5.1.1) nicht von der Schrittzahl ν abhängen soll,

$$P\{(\xi_\nu \leqq t) \wedge (Z_\nu = z_j) \mid Z_{\nu-1} = z_i\} = Q_{ji}(t) \quad \text{für } i, j = 1, \dots, m \text{ und } \nu = 2, 3, \dots \qquad \text{(A 5.1.2)}$$

Lediglich für die Zeit bis zum ersten Übergang wird eine andere Wahrscheinlichkeitsverteilung zugelassen,

$$P\{(\xi_1 \leqq t) \wedge (Z_1 = z_j) \mid Z_0 = z_i\} = \check{Q}_{ji}(t) \quad \text{für } i, j = 1, \dots, m . \qquad \text{(A 5.1.3)}$$

Die Übergangswahrscheinlichkeiten aus einem Zustand z_i in einen Zustand z_j ergeben sich für $\nu > 1$ aus

$$p_{ji} = P\{Z_\nu = z_j \mid Z_{\nu-1} = z_i\} = Q_{ji}(\infty) . \qquad \text{(A 5.1.4)}$$

Gilt $p_{ji} > 0$, so kann man die bedingte Verteilungsfunktion der Dauer ξ_{ji} des Zustandes z_i, falls dieser in den Zustand z_j übergeht, berechnen:

$$F_{ji}(t) = P\{\xi_{ji} \leqq t\} = P\{\xi_\nu \leqq t \mid (Z_j = z_j) \wedge (Z_{\nu-1} = z_i)\}$$
$$= \frac{1}{p_{ji}} Q_{ji}(t) \quad \text{für } i, j = 1, \dots, m \text{ und } \nu > 1 . \qquad \text{(A 5.1.5)}$$

Für $\nu = 1$ ergeben sich analog

$$\check{p}_{ji} = \check{Q}_{ji}(\infty) \qquad \text{(A 5.1.6)}$$

und

$$\check{F}_{ji}(t) = \frac{1}{\check{p}_{ij}} \check{Q}_{ij}(t) . \qquad \text{(A 5.1.7)}$$

Für die Zustandswahrscheinlichkeiten

$$P\{Z(t) = z_i\} = p_i(t)$$

gilt zu jedem Zeitpunkt

$$\sum_{i=1}^{m} p_i(t) = 1 . \qquad \text{(A 5.1.8)}$$

Die Anfangszustandswahrscheinlichkeiten bezeichnen wir mit $p_i(0)$. Führen wir zur Abkürzung den Vektor $\boldsymbol{p}(t) = (p_1(t), p_2(t), \dots, p_m(t))^T$ und die Matrizen

$$\boldsymbol{Q}(t) = (Q_{ji}(t))_{i,j=1,\dots,m} , \qquad \check{\boldsymbol{Q}}(t) = (\check{Q}_{ji}(t))_{i,j=1,\dots,m}$$

ein, so wird durch die Angaben

$$\{M, \boldsymbol{p}(0), \check{\boldsymbol{Q}}(t), \boldsymbol{Q}(t); t \geqq 0\} \qquad \text{(A 5.1.9)}$$

ein **Semi-Markowscher Prozeß** (mitunter auch Markowscher Erneuerungsprozeß genannt) eindeutig beschrieben.

Besteht die Zustandsmenge M nur aus $m = 2$ Zuständen, so handelt es sich speziell um einen **alternierenden Erneuerungsprozeß**, vgl. Abschnitt A 4.5.

Stimmen $\check{Q}(t)$ und $Q(t)$ überein und genügen die bedingten Verweildauern ξ_{ji} einer (nur von i abhängigen) Exponentialverteilung, d. h.

$$F_{ji}(t) = 1 - e^{-\lambda_i t}, \qquad \text{(A 5.1.10)}$$

so handelt es sich um einen sogenannten **homogenen Markowschen Prozeß mit stetigem Parameterbereich.**

Stimmen $\check{Q}(t)$ und $Q(t)$ überein und werden die bedingten Verweildauern ξ_{ji} ignoriert oder — damit gleichwertig — werden ihnen Einheitswerte zugeordnet, d. h.

$$F_{ji}(t) = \begin{cases} 0 & \text{für } t < 1, \\ 1 & \phantom{\text{für }} t \geqq 1, \end{cases} \qquad \text{(A 5.1.11)}$$

so spricht man von einer **homogenen Markowschen Kette.** Da hier ersichtlich nur das Verhalten der zufälligen Folge $\{Z_\nu, \nu = 0, 1, 2, \ldots\}$ beschrieben wird, handelt es sich gerade um die in den Semi-Markowschen Prozeß $\{M, \boldsymbol{p}(0), Q(t) = (p_{ji} F_{ji}(t)); t \geqq 0\}$ eingebettete Markowsche Kette. Sie wird durch die Angaben

$$\{M, \boldsymbol{p}(0), \boldsymbol{P} = (p_{ji})\} \qquad \text{(A 5.1.12)}$$

charakterisiert.

Nicht selten stößt man bei Zuverlässigkeitsberechnungen auf Situationen, bei denen die Markow-Eigenschaft (A 5.1.1) nur für eine Teilmenge $\tilde{M}$ der Systemzustände erfüllt ist. Der zugehörende eingebettete zufällige Prozeß $\{\tilde{Z}(t); t \geqq 0\}$, vgl. S. 519, wird dann als eingebetteter Semi-Markowscher Prozeß bezeichnet.

A 5.2. Klassifizierung der Zustände

Ein weiteres übliches Hilfsmittel bei der Beschreibung von Systemen, die eine endliche Anzahl m von Zuständen annehmen können, ist der **Graph der Zustandsübergänge des Systems.** Darunter versteht man einen orientierten Graphen, dessen m Knoten jeweils einen Zustand des Systems repräsentieren. Ein orientierter Zweig (= Kante) symbolisiert eine direkte Übergangsmöglichkeit zwischen dem Zustand, der dem Anfangsknoten des Zweiges entspricht, und dem Zustand, der dem Zielknoten des Zweiges entspricht. Abb. A 5.2.1 gibt einen Ausschnitt aus einem solchen Übergangsgraphen an.

Wir wollen uns nun Klarheit über die möglichen Verknüpfungen zwischen den Zuständen verschaffen und so eine gewisse **Ordnung in die Gesamtheit der Zustände bringen.**

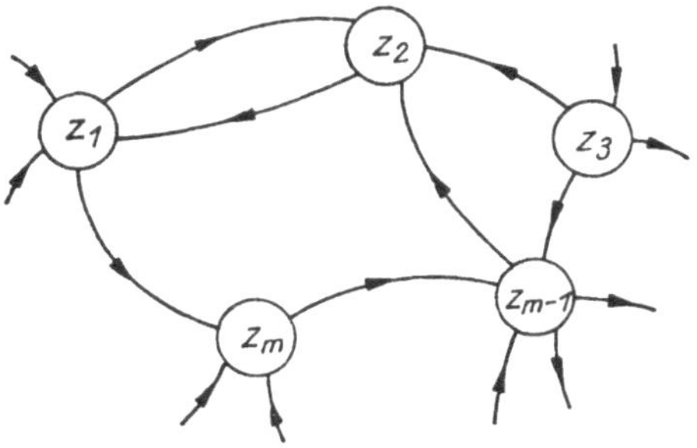

Abb. A 5.2.1. Ausschnitt aus einem Übergangsgraphen

Alle Zustände, die von einem Zustand z_i aus direkt oder über mehrere Zwischenzustände erreichbar sind, wollen wir als **„Hülle"** $\mathfrak{H}(z_i)$ bezeichnen. Umgekehrt wollen wir alle Zustände, von denen aus der Zustand z_i direkt oder über mehrere Zwischenzustände erreichbar ist, als **„inverse Hülle"** $\mathfrak{H}^-(z_i)$ bezeichnen. Zwei Zustände z_i und z_j heißen miteinander verbunden (oder streng zusammenhängend), wenn man den Zustand z_j vom Zustand z_i aus erreichen kann, d. h. $z_j \in \mathfrak{H}(z_i)$, und wenn umgekehrt auch z_i von z_j erreichbar ist, d. h. $z_j \in \mathfrak{H}^-(z_i)$. Im Übergangsgraphen schlagen sich diese Gegebenheiten wie folgt nieder: Es existiert ein Pfad, d. i. eine Hintereinanderfolge orientierter Zweige, vom Knoten i zum Knoten j und außerdem ein Pfad vom Knoten j zum Knoten i.

Die binäre Relation „Zustand z_i und Zustand z_j sind miteinander verbunden (streng zusammenhängend)" ist offenbar eine Äquivalenzrelation. Wir können nun zu jedem Zustand z_i die zugehörende maximale streng zusammenhängende Zustandsteilmenge

$$\mathfrak{K}(z_i) = \mathfrak{H}(z_i) \wedge \mathfrak{H}^-(z_i)$$

betrachten. Die Teilmengen $\mathfrak{K}(z_i)$ bilden **Äquivalenzklassen** innerhalb der Gesamtzustandsmenge M.

Verfahren zur **Ermittlung der Äquivalenzklassen** lassen sich am zweckmäßigsten an einem Beispiel erklären. Wir wählen dazu den Übergangsgraphen gemäß Abb. A 5.2.2. Die in Abb. A 5.2.3 enthaltene Information gibt ersichtlich auch das folgende Matrixschema wieder:

Ziel	Start								$\mathfrak{H}^-(z_4)$
	z_1	z_2	z_3	z_4	z_5	z_6	z_7	z_8	
z_1									2
z_2	×		×						1
z_3	×	×		×					1
z_4		×	×						0
z_5					×		×		—
z_6				×			×		—
z_7					×			×	—
z_8	×			×					
$\mathfrak{H}(z_4)$	—	2	1	0	3	1	2	1	

Zu einem beliebigen Zustand z_i soll die zugehörende Äquivalenzklasse bestimmt werden. Wir verwenden eine zusätzliche Zeile zur Ermittlung von $\mathfrak{H}(z_i)$ und eine zusätzliche Spalte zur Ermittlung von $\mathfrak{H}^-(z_i)$. Der Aufbau dieser Zeile und Spalte wird am Beispiel erklärt. Wir wählen $z_i = z_4$ und beginnen mit der Zeile für $\mathfrak{H}(z_4)$. Als vierte Komponente des Zusatz-Zeilenvektors wird eine Null eingetragen. Aus der z_4-Spalte der Matrix geht hervor, daß die Zustände z_3, z_6 und z_8 unmittelbar von z_4 aus erreicht werden können. Als 3., 6. und 8. Komponente der Zusatz-Zeile werden je eine 1 eingetragen. Die z_3-Spalte der Matrix besitzt Kreuze für z_2 und z_4. Wir versuchen daher, als 2. und 4. Komponente der Zusatzzeile eine 2 einzutragen. Da die vierte Komponente aber bereits festgelegt wurde, entfällt dort eine weitere Eintragung. Die z_6-Spalte

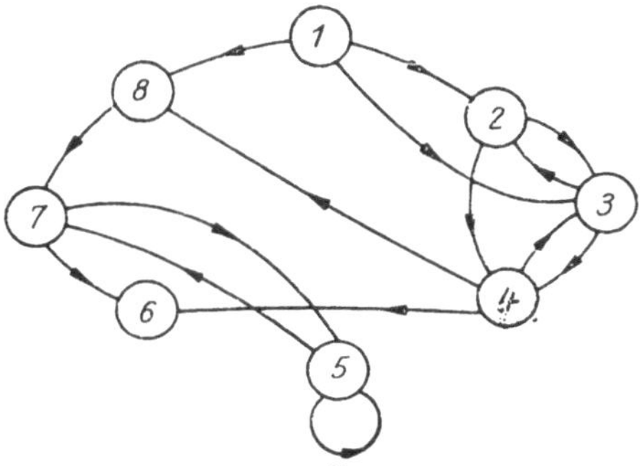

Abb. A 5.2.2. Beispiel für einen Übergangsgraphen mit 8 Knoten

enthält keine Kreuze. Folglich ergeben sich daraus keine weiteren Eintragungen in der Zusatzzeile. Die z_8-Spalte besitzt ein Kreuz in der Zeile 7. Folglich wird die Komponente 7 der Zusatzzeile auf 2 festgelegt. Wir prüfen nun, ob man von den Zuständen z_2 und z_7, denen in der Zusatzzeile die 2 zugeordnet wurde, zu weiteren Zuständen gelangen kann, denen bisher keine Zahl zugeordnet wurde. Dabei zeigt sich, daß man noch von z_7 nach z_5 gelangen kann. Der 5. Komponente wird daher eine 3 zugeordnet. Jetzt sind die Plätze für alle Komponenten ausgefüllt bis auf die erste. Da man auch von z_5 aus nicht nach z_1 gelangen kann, wird für die erste Komponente ein Strich eingetragen.

Man macht sich leicht klar, daß die Eintragungen folgende Bedeutung haben: Wurde eine Zahl eingetragen, so ist der entsprechende Zustand von z_4 aus erreichbar. Der Wert der Zahl gibt die ,,Länge" des kürzesten Verbindungspfades an. Ein Strich bedeutet, daß der entsprechende Zustand von z_4 aus nicht erreichbar ist.

Zur Ermittlung der Zusatzspalte für $\mathfrak{H}^-(z_i)$ führt man den bisher spaltenweise durchgeführten Prozeß nun zeilenweise durch. Für das Beispiel ergibt sich die angegebene Zusatzspalte für $\mathfrak{H}^-(z_4)$. Sie besagt, daß man aus z_2 und z_3 in einem Schritt zu z_4 gelangen kann, während von z_1 aus ein Pfad der ,,Länge" 2 benötigt wird. Von z_5, z_6, z_7 und z_8 aus ist z_4 überhaupt nicht erreichbar. Die zu z_4 gehörende Äquivalenzklasse ergibt sich damit zu

$$\begin{aligned}\mathfrak{K}(z_4) &= \mathfrak{H}(z_4) \wedge \mathfrak{H}^-(z_4)\\ &= \{z_2, z_3, z_4, z_5, z_6, z_7, z_8\} \wedge \{z_1, z_2, z_3, z_4\}\\ &= \{z_2, z_3, z_4\}\,.\end{aligned}$$

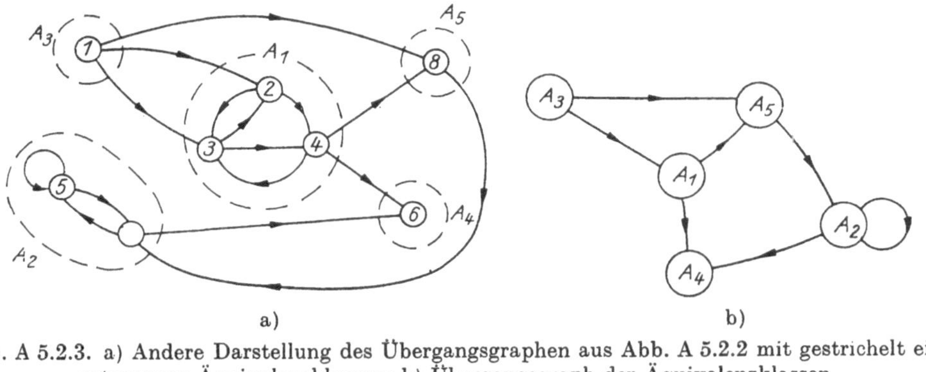

Abb. A 5.2.3. a) Andere Darstellung des Übergangsgraphen aus Abb. A 5.2.2 mit gestrichelt eingetragenen Äquivalenzklassen; b) Übergangsgraph der Äquivalenzklassen

Man kann sich rasch davon überzeugen, daß

$$\mathfrak{K}(z_4) = \mathfrak{K}(z_3) = \mathfrak{K}(z_2)$$

gilt.

Für die Ermittlung der übrigen Äquivalenzklassen können die Knoten 2, 3, 4 und alle diese Knoten berührenden Zweige aus der Betrachtung ausgeschlossen werden. Der Restgraph wird durch das folgende Matrixschema charakterisiert:

Ziel	Start					$\mathfrak{H}^-(z_5)$
	z_1	z_5	z_6	z_7	z_8	
z_1						3
z_5		×		×		0
z_6				×		–
z_7		×			×	1
z_8	×					2
$\mathfrak{H}(z_5)$	–	0	2	1	–	

Außerdem wurden die Zusatzzeile und Zusatzspalte zur Ermittlung der Äquivalenzklasse $\mathfrak{K}(z_5)$ angegeben:

$$\begin{aligned}\mathfrak{K}(z_5) &= \mathfrak{H}(z_5) \wedge \mathfrak{H}^-(z_5)\\ &= \{z_5, z_6, z_7\} \wedge \{z_1, z_5, z_7, z_8\}\\ &= \{z_5, z_7\}\,.\end{aligned}$$

Für die Ermittlung der restlichen Äquivalenzklassen können nun noch die Knoten 5, 7 und die diese Knoten berührenden Zweige fortgelassen werden. Der Restgraph läßt sich durch das folgende Matrixschema beschreiben:

Ziel	Start			$\mathfrak{H}^-(z_1)$
	z_1	z_6	z_8	
z_1				0
z_6				–
z_8	×			–
$\mathfrak{H}(z_1)$	0	–	1	

Für die Äquivalenzklasse zu z_1 wird

$$\begin{aligned}\mathfrak{K}(z_1) &= \mathfrak{H}(z_1) \wedge \mathfrak{H}^-(z_1)\\ &= \{z_1, z_8\} \wedge \{z_1\}\\ &= \{z_1\}\,.\end{aligned}$$

Weiterhin erhält man

$$\mathfrak{K}(z_6) = \{z_6\}\,,$$
$$\mathfrak{K}(z_8) = \{z_8\}\,.$$

Nach Konstruktion sämtlicher Äquivalenzklassen kann man einen **Graphen** angeben, **dessen Knoten die Äquivalenzklassen symbolisieren.** Bezeichnen wir in unserem Beispiel die Äquivalenzklassen wie folgt,

$$A_1 = \{z_2, z_3, z_4\}\,, \qquad A_2 = \{z_5, z_7\}\,,$$
$$A_3 = \{z_1\}\,, \qquad A_4 = \{z_6\}\,, \qquad A_5 = \{z_8\}\,,$$

so ergibt sich der in der Abb. A 5.2.2b dargestellte Graph. Es ist möglich, daß man von einer Äquivalenzklasse in eine andere gelangen kann. (Der ,,Rückweg" ist jedoch nicht möglich, da es sich sonst um die gleiche Äquivalenzklasse handeln würde!) Man macht sich leicht klar, daß es mindestens eine Äquivalenzklasse geben muß, die — einmal angenommen — im folgenden nicht mehr verlassen werden kann. Die Elemente einer solchen Äquivalenzklasse heißen **ergodische Zustände.** Besteht eine ergodische Zustandsmenge nur aus einem Zustand, so nennt man diesen Zustand **absorbierend.** Die Äquivalenzklassen, von denen ein Übergang in eine andere Äquivalenzklasse möglich ist, bilden eine **transiente Zustandsmenge.**

Die Gesamtzustandsmenge M kann man nun wie folgt (teilweise) ordnen:

> Zunächst werden alle ergodischen Zustände erfaßt. Nachdem sämtliche ergodischen Zustände berücksichtigt worden sind, werden die Zustände derjenigen Äquivalenzklassen erfaßt, von denen lediglich ein Übergang in die ergodischen Zustandsmengen, aber nicht in andere transiente Mengen möglich ist. Anschließend werden jeweils alle Zustände derjenigen Äquivalenzklassen berücksichtigt, von denen lediglich Übergänge in die bereits erfaßten Äquivalenzklassen möglich sind.

In unserem Beispiel ist demnach mit den Zuständen der Äquivalenzklasse A_4 zu beginnen. Es folgen die Äquivalenzklassen A_2, dann A_5, dann A_1 und schließlich A_3. Durch die so vorgenommene Umordnung der Zustände erhält auch das oben angegebene Matrixschema eine übersichtlichere Struktur.

		Start							
	Ziel	A_4	A_2		A_5	A_1			A_3
		z_6	z_5	z_7	z_8	z_2	z_3	z_4	z_1
A_4	z_6			×				×	
A_2	z_5		×	×					
	z_7		×		×				
A_5	z_8							×	×
A_1	z_2						×		
	z_3					×		×	
	z_4					×	×		
A_3	z_1								

Man macht sich leicht klar, daß nach der angegebenen Neuordnung der Zustände stets eine Quasi-Dreiecksstruktur des Matrixschemas auftreten muß. Das ist am Beispiel gut zu erkennen. Zur Verdeutlichung wurden im Matrixschema die Quasi-Diagonalelemente gestrichelt hervorgehoben.

Systeme können nun nach ihren Systemzuständen wie folgt klassifiziert werden.

a) **Systeme ohne transiente Zustände**

Solche Systeme bestehen aus einer oder mehreren ergodischen Zustandsmengen. Gibt es mehrere ergodische Mengen, so können zwischen ihnen keine Übergänge vorkommen. Jede ergodische Menge muß für sich untersucht werden.

Bei einem System, dessen Zustände eine einzige ergodische Menge bilden, ist jeder Zustand von jedem anderen aus erreichbar. Solche Systeme nennt man **unzerlegbar** oder **irreduzibel**.

b) **Systeme mit transienten Zuständen**

Jedes System mit transienten Zuständen muß nach einer mehr oder minder großen Anzahl von Übergängen in einer ergodischen Zustandsmenge landen, die anschließend nicht wieder verlassen werden kann. Nach Erreichen einer ergodischen Menge unterscheidet sich das Verhalten des Systems nicht mehr von dem eines Systems ohne transiente Zustände. – Von Interesse sind daher hier Aussagen über das Systemverhalten bis zum Erreichen einer ergodischen Menge. Dabei spielt die Art der ergodischen Menge keine Rolle, insbesondere kann man der Einfachheit halber sämtliche ergodischen Zustände als absorbierend annehmen. Ein System, dessen sämtliche ergodischen Zustände absorbierend sind, nennt man ein absorbierendes System. Nach der Ermittlung der Äquivalenzklassen steht fest, welche Zustandsmengen von einem vorgegebenen Startzustand aus erreichbar sind. Ist nach dem Systemverhalten bis zum Erreichen einer bestimmten Äquivalenzklasse gefragt, so kann man die Zustände dieser Äquivalenzklasse und aller von ihr aus erreichbaren Äquivalenzklassen als absorbierend annehmen.

Die beiden vorstehenden Absätze a) und b) zeigen, daß man die Untersuchung des Systemsverhaltens stets zurückführen kann auf die Untersuchung unzerlegbarer Systeme einerseits und absorbierender Systeme andererseits.

Noch ein paar Bemerkungen zu den unzerlegbaren Systemen. Da jeder Zustand mit Sicherheit nach einer endlichen Anzahl von Übergängen wiederkehrt, sagt man auch, daß ein unzerlegbares System nur wiederkehrende oder rekurrente Zustände besitzt. Es ist möglich, daß die Wiederkehr eines Zustandes nur in gewissen periodischen Zyklen erfolgt. Eine genauere Betrachtung zeigt, daß entweder alle Zustände eines unzerlegbaren Systems periodisch sind, und zwar mit der gleichen Periodenlänge, oder daß alle Zustände aperiodisch sind.

A 5.3. Homogene Markowsche Ketten

Eine homogene Markowsche Kette wird beschrieben durch die Gesamtzustandsmenge M, den Vektor der Anfangswahrscheinlichkeitsverteilung $\boldsymbol{p}(0) = (p_1(0), p_2(0), \ldots, p_m(0))^T$ und die Matrix der Übergangswahrscheinlichkeiten $\boldsymbol{P}$, vgl. Abschn. A 5.1. Der Zustand des Systems kann sich nur in diskreten (Zeit-)Schritten ändern.

Der Vektor $\boldsymbol{p}(\nu) = (p_1(\nu), p_2(\nu), \dots, p_m(\nu))^T$ gibt die Wahrscheinlichkeitsverteilung der Systemzustände nach n Schritten an. Er ergibt sich aus der Anfangsverteilung $\boldsymbol{p}(0)$ und der Übergangsmatrix $\boldsymbol{P}$ gemäß der Vorschrift

$$\boldsymbol{p}(\nu) = \boldsymbol{P}^\nu \boldsymbol{p}(0) , \qquad \nu = 0, 1, 2, \dots \tag{A 5.3.1}$$

Zur Analyse des Verhaltens einer MARKOWschen Kette ist es demnach ausreichend, sämtliche Potenzen der Übergangsmatrix $\boldsymbol{P}$ zu berechnen. Das ist praktisch natürlich nicht ausführbar. Man kann alle wünschenswerten Aussagen jedoch auch bei vertretbarem Rechenaufwand mit Hilfe der Theorie MARKOWscher Ketten gewinnen.

Wir betrachten zunächst **unzerlegbare MARKOWsche Ketten.** Dann ist $\boldsymbol{P}$ eine unzerlegbare Matrix mit nichtnegativen Elementen, deren Spaltensumme jeweils Eins ergibt. Von derartigen Matrizen ist bekannt, daß sie einen einfachen Eigenwert 1 besitzen und daß der zugehörende Eigenvektor nur positive Komponenten hat (Satz von F. G. FROBENIUS). Wir wollen dieses Ergebnis wie folgt ausführlich formulieren:

Es gibt genau einen Wahrscheinlichkeitsvektor $\boldsymbol{\pi}$ mit

$$\boldsymbol{P\pi} = \boldsymbol{\pi} . \tag{A 5.3.2}$$

Genügt ein Zeilenvektor $\boldsymbol{z}^T$ der Bedingung

$$\boldsymbol{z}^T\boldsymbol{P} = \boldsymbol{z}^T , \qquad \text{so gilt } \boldsymbol{z}^T = c(1, 1, \dots, 1) = c\boldsymbol{1}^T$$

mit $c = \text{const.}$

Unter Verwendung der Matrix $\boldsymbol{\Pi} = \boldsymbol{\pi 1}^T$ lassen sich beide Aussagen zusammenfassen zu

$$\boldsymbol{P\Pi} = \boldsymbol{\Pi P} = \boldsymbol{\Pi} . \tag{A 5.3.3}$$

Zur numerischen Ermittlung des Wahrscheinlichkeitsvektors $\boldsymbol{\pi}$ benutzt man zweckmäßig das homogene algebraische Gleichungssystem

$$(\boldsymbol{P} - \boldsymbol{I})\,\boldsymbol{\pi} = 0 \qquad (\text{vgl. A 5.3.2})$$

unter Beachtung von

$$\sum_{i=1}^{m} \pi_i = 1 .$$

Setzt man die Anfangszustandsverteilung $\boldsymbol{p}(0) = \boldsymbol{\pi}$, so bleibt wegen (A 5.3.2) die Zustandsverteilung während des Prozeßablaufs unverändert,

$$\boldsymbol{p}(\nu) = \boldsymbol{P}^\nu \boldsymbol{p}(0) = \boldsymbol{P}^\nu \boldsymbol{\pi} = \boldsymbol{\pi} \qquad \text{für alle } \nu \geqq 1 .$$

Die MARKOWsche Kette befindet sich dann gewissermaßen „im Gleichgewicht", es herrschen stationäre Verhältnisse.

Als sehr nützlich erweist sich die folgende Fragestellung:

Gegeben seien zwei (nicht notwendig elementfremde) Zustandsteilmengen M_1 und M_2 sowie eine Zustandsteilmenge M_3, die M_1 enthält. In den Teilmengen M_1, M_2 bzw. M_3 mögen m_1, m_2 bzw. m_3 Elemente enthalten sein. Die MARKOWsche Kette wird in einem Zustand $z_i \in M_3$ gestartet. Gefragt wird nach der Schrittzahl N_i, bei der erstmalig ein Übergang von M_1 nach M_2 zustande kommt, ohne daß vorher die Menge M_3 verlassen wurde.

Durch Spezialisierung der Teilmengen M_1, M_2 und M_3 erkennt man die praktische Bedeutung der allgemeinen Fragestellung: Für $M_1 = M_3 = M = \{z_1, z_2, \dots, z_m\}$ und

$M_2 = \{z_k\}$, $k \neq i$, bedeutet N_i die Schrittzahl bis zum erstmaligen Übergang in den Zustand z_k. Für $M_1 = M_3 = M$ und $M_2 = \{z_i\}$ wird N_i die Schrittzahl zwischen zwei aufeinander folgenden Übergängen in den Zustand z_i. Für $M_3 = M_1 \neq M$, $M_2 = M \setminus M_1$ stellt N_i die Schrittzahl bis zum Übergang in die Komplementärmenge M_2 (= „Verweildauer" in M_1) dar. Für $M_3 = M$, $M_1 = \{z_j\}$, $M_2 = \{z_i\}$ gibt N_i die Schrittzahl bis zum nächsten (direkten) z_j,z_i-Übergang an.

Die **Wahrscheinlichkeitsverteilung der Schrittzahl** N_i wird wie folgt bezeichnet:

$$F_i(0) = 0\,, \qquad F_i(\nu) = P\{N_i \leqq \nu\} \qquad \text{für } \nu = 1, 2, \ldots \tag{A 5.3.3}$$

Die Funktionen $F_i(\nu)$ werden für alle m_3 Zustände $z_i \in M_3$ zum m_3-dimensionalen Zeilenvektor $\boldsymbol{F}^T(\nu)$ zusammengefaßt.

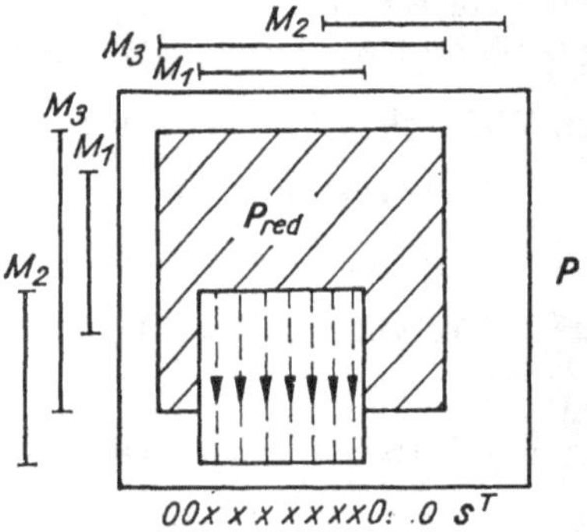

Abb. A 5.3.1. Veranschaulichung der durch die Zustandsteilmengen M_1, M_2 und M_3 bewirkten Partitionierung der Übergangsmatrix $\boldsymbol{P}$

Die Übergangsmatrix $\boldsymbol{P}$ wird entsprechend den gewählten Teilmengen M_1, M_2 und M_3 partioniert, s. Abb. A 5.3.1. Die Elemente des schraffierten Bereichs der Matrix $\boldsymbol{P}$ bilden die (nicht notwendigen verschwindenden Elemente der) Matrix $\boldsymbol{P}_{\text{red}}$ (lies: P — reduziert) der Ordnung m_3. Die Elemente von $\boldsymbol{P}$, die sowohl zu den mit M_1 korrespondierenden Spalten als auch zu den mit M_2 korrespondierenden Zeilen gehören, werden spaltenweise addiert (in Abb. A 5.3.1 durch Pfeile angedeutet). Die Summen bilden m_1 Komponenten des m_3-dimensionalen Zeilenvektors $\boldsymbol{s}^T$, die restlichen $(m_3 - m_1)$ Komponenten von $\boldsymbol{s}^T$ verschwinden.

Unter Verwendung der soeben eingeführten Bezeichnungen erhält man — der Beweis wird hier nicht abgedruckt — für die Wahrscheinlichkeitsverteilung der Schrittzahlen N_i die folgenden Aussagen:

$$\boldsymbol{F}^T(0) = (0, 0, \ldots, 0)\,,$$

$$\boldsymbol{F}^T(\nu) = \boldsymbol{s}^T \sum_{\varkappa=0}^{\nu-1} \boldsymbol{P}_{\text{red}}^{\varkappa} \qquad \text{für } \nu = 1, 2, \ldots \tag{A 5.3.4}$$

Die Wahrscheinlichkeiten, daß der fragliche Übergang von M_1 nach M_2 — ohne vorher M_3 zu verlassen — überhaupt stattfindet, ergeben sich aus

$$\lim_{n \to \infty} \boldsymbol{F}^T(n) = \boldsymbol{s}^T(\boldsymbol{I} - \boldsymbol{P}_{\text{red}})^{-1}\,. \tag{A 5.3.5}$$

Für die μ-ten Momente, $\mu = 0, 1, 2, \ldots$, der Schrittzahlen $N_i (i = 1, 2, \ldots, m_3)$ gilt

$$\boldsymbol{M}_\mu = \sum_{n=1}^{\infty} n^\mu \left(\boldsymbol{F}^T(n) - \boldsymbol{F}^T(n-1)\right)$$

$$= \left(\sum_{\varkappa=0}^{\mu-1} \binom{\mu}{\varkappa} \boldsymbol{M}_\varkappa \boldsymbol{P}_{\text{red}} + \boldsymbol{s}^T\right)(\boldsymbol{I} - \boldsymbol{P}_{\text{red}})^{-1}, \qquad \text{(A 5.3.6)}$$

insbesondere

$$\boldsymbol{M}_0 = \boldsymbol{s}^T(\boldsymbol{I} - \boldsymbol{P}_{\text{red}})^{-1},$$

$$\boldsymbol{M}_1 = \boldsymbol{s}^T(\boldsymbol{I} - \boldsymbol{P}_{\text{red}})^{-2},$$

$$\boldsymbol{M}_2 = 2\boldsymbol{s}^T(\boldsymbol{I} - \boldsymbol{P}_{\text{red}})^{-3} - \boldsymbol{s}^T(\boldsymbol{I} - \boldsymbol{P}_{\text{red}})^{-2}.$$

Die Matrix $\boldsymbol{I}$ symbolisiert die Einheitsmatrix, der Vektor $\boldsymbol{e}_i$ die i-te Spalte von $\boldsymbol{I}$.

Anmerkung: Durch $F_i(\nu) = \boldsymbol{F}^T(\nu)\, \boldsymbol{e}_i = P\{N_i \leqq \nu\}$ wird nur dann eine (diskrete) Verteilungsfunktion im Sinne der Terminologie der Wahrscheinlichkeitsrechnung, vgl. Anhang A 1, definiert, wenn

$$\lim_{n \to \infty} F_i^T(\nu) = \boldsymbol{M}_0 \boldsymbol{e}_i = \boldsymbol{s}^T(\boldsymbol{I} - \boldsymbol{P}_{\text{red}})^{-1}\, \boldsymbol{e}_i = 1$$

gilt. Wird dieser Wert kleiner als Eins, so kann man die Schrittzahl unter der Bedingung, daß der fragliche Übergang überhaupt stattfindet, betrachten:

$$P\{N_i \leqq \nu \mid \text{Übergang findet statt}\} = \frac{\boldsymbol{F}^T(\nu)\, \boldsymbol{e}_i}{\boldsymbol{M}_0 \boldsymbol{e}_i}.$$

Die bedingten Momente ergeben sich aus

$$\boldsymbol{M}_\mu \boldsymbol{e}_i / \boldsymbol{M}_0 \boldsymbol{e}_i .$$

Folgerung 1: Setzt man in der allgemeinen Fragestellung (siehe S. 527) $M_1 = M_3 = M$, $M_2 = \{z_k\}$, so gibt N_i die Schrittzahl an, nach der die in $z_i \in M_3$ startende unzerlegbare MARKOWsche Kette erstmalig den Zustand z_k erreicht.

Die Matrix $\boldsymbol{P}_{\text{red}}$ hat hier die Ordnung m. Sie geht aus $\boldsymbol{P}$ durch Nullsetzen der k-ten Zeile hervor. Der Zeilenvektor $\boldsymbol{s}^T$ ergibt sich aus der k-ten Zeile von $\boldsymbol{P}$.

Für diesen Spezialfall ergibt die oben formulierte Aussage

$$\boldsymbol{M}_0 = \boldsymbol{1}^T,$$

$$\boldsymbol{M}_1 = \boldsymbol{1}^T(\boldsymbol{I} - \boldsymbol{P}_{\text{red}})^{-1},$$

$$\boldsymbol{M}_2 = 2 \cdot \boldsymbol{1}^T(\boldsymbol{I} - \boldsymbol{P}_{\text{red}})^{-2} - \boldsymbol{M}_1. \qquad \text{(A 5.3.7)}$$

Wird der Prozeß in z_k gestartet, so gilt für den Erwartungswert der Schrittzahl bis zur erstmaligen Wiederkehr des Zustandes z_k die einprägsame Relation

$$\boldsymbol{M}_1 e_k = \pi_k^{-1},$$

wobei π_k die k-te Komponente des in (A 5.3.2) eingeführten Vektors $\boldsymbol{\pi}$ ist.

Folgerung 2: Mitunter sind von den m Zuständen einer unzerlegbaren MARKOWschen Kette nur die $\tilde{m}(< m)$ Zustände einer Teilmenge M für bestimmte Aussagen von Interesse. Die Übergangsmatrix $\boldsymbol{P}$ besitzt dann – ggf. nach einer Umnumerierung der Zustände — die natürliche Partitionierung

$$P = \begin{pmatrix} P_{11} & P_{12} \\ P_{21} & P_{22} \end{pmatrix} \begin{matrix} \tilde{M} \\ M \setminus \tilde{M} \end{matrix} \quad \text{(Spalten: } \tilde{M},\ M \setminus \tilde{M}\text{)}.$$

Mit Hilfe der oben formulierten Aussage kann man zeigen, daß für die Übergangsmatrix $\tilde{\boldsymbol{P}}$ der Ordnung $\tilde{m}$ zwischen den Zuständen der Teilmenge $\tilde{M}$ gilt

$$\tilde{\boldsymbol{P}} = \boldsymbol{P}_{11} + \boldsymbol{P}_{12}(\boldsymbol{I} - \boldsymbol{P}_{22})^{-1} \boldsymbol{P}_{21}\,. \tag{A 5.3.8}$$

Die Matrix $\tilde{\boldsymbol{P}}$ repräsentiert wiederum eine unzerlegbare Markowsche Kette mit der Zustandsmenge $\tilde{M}$.

Besitzt $\boldsymbol{P}$ den Zustands-Fixvektor $\boldsymbol{\pi}$ (vgl. (A 5.3.2)), so bestimmen die ersten m Komponenten von $\boldsymbol{\pi}$ den Zustands-Fixvektor $\boldsymbol{\pi}$ von $\tilde{\boldsymbol{P}}$,

$$\boldsymbol{\pi} = \left(\sum_{i=1}^{\tilde{m}} \pi_i\right)^{-1} (\pi_1, \pi_2, \ldots, \pi_{\tilde{m}})^T\,. \tag{A 5.3.9}$$

Wir wollen uns nun einer etwas anderen Fragestellung zuwenden:

Die in einem Zustand z_i startende unzerlegbare Markowsche Kette möge sich N_{ji}-mal im Zustand z_j befinden, bevor erstmalig der Zustand z_k ($k \neq i$, $k \neq j$) angenommen wird.

Gesucht werden Aussagen über die **Wahrscheinlichkeitsverteilung der Zufallsgrößen** N_{ij}.

Mit den Abkürzungen

$\boldsymbol{Q}$ ist eine Matrix der Ordnung $m - 1$, die aus $\boldsymbol{P}$ durch Weglassen der k-ten Zeile und der k-ten Spalte hervorgeht,

$$(\boldsymbol{I} - \boldsymbol{Q})^{-1} = \boldsymbol{N}\,,$$

$\boldsymbol{N}_{\mathrm{dg}}$ ist eine Diagonalmatrix, deren Diagonalelemente mit den Diagonalelementen von $\boldsymbol{N}$ übereinstimmen,

$\boldsymbol{E}$ ist eine Matrix der Ordnung $m - 1$, deren sämtliche Elemente den Wert 1 haben,

$$\delta_{ij} = \begin{cases} 1 & \text{für } i = j\,, \\ 0 & \text{für } i \neq j\,, \end{cases}$$

gelten die Aussagen, deren Beweis hier nicht wiedergegeben wird:

Das zufällige Ereignis, daß der in z_i gestartete Prozeß nach z_j gelangt, bevor erstmalig z_k erreicht wird, hat die Wahrscheinlichkeit

$$e_j^T \boldsymbol{N}_{\mathrm{dg}}(\boldsymbol{N} - \boldsymbol{I})\, e_i\,.$$

Für den Erwartungswert gilt

$$M(N_{ji}) = \boldsymbol{e}_j \boldsymbol{N} \boldsymbol{e}_i^T = n_{ji}\,. \tag{A 5.3.10}$$

Interessanterweise kann man aus der Kenntnis sämtlicher Erwartungswerte, die in der Matrix $\boldsymbol{N}$ zusammengefaßt sind, die Wahrscheinlichkeitsverteilungen der Zufallsgrößen N_{ji} vollständig berechnen.

$$P\{N_{ji} = n + \delta_{ij}\} = \begin{cases} \boldsymbol{e}_j^T(\boldsymbol{E} - \boldsymbol{N}_{\mathrm{dg}}^{-1}(\boldsymbol{N} - \boldsymbol{I}))\, \boldsymbol{e}_i & \text{für } n = 0\,, \\ \boldsymbol{e}_j^T(\boldsymbol{I} - \boldsymbol{N}_{\mathrm{dg}}^{-1})^{n-1} \boldsymbol{N}_{\mathrm{dg}}^{-2}(\boldsymbol{N} - \boldsymbol{I})\, \boldsymbol{e}_i & \text{für } n = 1, 2, \ldots \end{cases} \tag{A 5.3.11}$$

Als leichte **Folgerung** kann man auch berechnen, wie oft sich die MARKOWsche Kette zwischen zwei aufeinander folgenden Übergängen im Mittel im Zustand $z_j(\neq z_k)$ befindet.

Für den gesuchten Erwartungswert gilt

$$\sum_{\substack{i=1 \\ i \neq k}}^{m} p_{ik} M(N_{ji}) = \frac{\pi_j}{\pi_k} \tag{A 5.3.12}$$

(π_j und π_k sind Komponenten des Zustands-Fixvektors $\boldsymbol{\pi}$, vgl. (A 5.3.2).)

Registriert man im Ablauf der MARKOWschen Kette nur die Zahl der Schritte und die dabei erfolgenden Übergänge in den Zustand z_j, so liegt quasi ein z_j-**Erneuerungsprozeß** vor. Für ihn gelten folgende asymptotische Aussagen (vgl. die Analogien zu Abschnitt A 4.4.2).

Bei insgesamt n Schritten möge sich die unzerlegbare MARKOWsche Kette (einschließlich Anfangszustand) $N_j(n)$-mal im Zustand z_j befinden. Dann gilt – mit dem Fixvektor $\boldsymbol{\pi}$ und der Hilfsmatrix $\boldsymbol{H} = (\boldsymbol{I} - \boldsymbol{P} + \boldsymbol{\pi 1}^T)^{-1}$ – bei beliebiger Verteilung $\boldsymbol{p}(0)$ der Anfangszustände

$$\lim_{n\to\infty} \frac{1}{n} M\big(N_j(n)\big) = \pi_j\,, \tag{A 5.3.13}$$

$$\lim_{n\to\infty} \frac{1}{n} D^2\big(N_j(n)\big) = \pi_j(2z_{jj} - 1 - \pi_j)\,, \tag{A 5.3.14}$$

$$\lim_{n\to\infty} \left[M\big(N_j(n)\big) - n\pi_j\right] = \big(\boldsymbol{Hp}(0)\big)_j - \pi_j\,. \tag{A 5.3.15}$$

Falls $b_j = \pi_j(2z_{jj} - 1 - \pi_j) \neq 0$ ist, so gilt für zwei beliebige reelle Zahlen $x_1 < x_2$

$$\lim_{n\to\infty} P\left\{x_1 < \frac{N_j(n) - n\pi_j}{\sqrt{nb_j}} < x_2\right\} = \frac{1}{\sqrt{2\pi}} \int\limits_{x_1}^{x_2} \exp\left(-\frac{x^2}{2}\right) \mathrm{d}x\,. \tag{A 5.3.16}$$

Zum Abschluß dieses Abschnittes noch einige kurze Bemerkungen zu den **absorbierenden MARKOWschen Ketten.** Bei ihnen interessiert man sich in erster Linie für das Verhalten bis zum Eintritt der Absorption. Auf den Seiten 527ff. wurden verschiedene Fragestellungen für unzerlegbare MARKOWsche Ketten beantwortet, die das Verhalten des Prozesses bis zum erstmaligen Eintreten in eine gewisse Zustandsmenge betreffen. Die Antworten können selbstverständlich nicht davon abhängen, ob die fraglichen Zustände, die noch nicht eingetreten sein dürfen, absorbierend sind oder nicht. Folglich kann man mit den Aussagen auf S. 528 und ihren Folgerungen auch die typischen Problemstellungen bei absorbierenden MARKOWschen Ketten lösen.

A 5.4. Homogene MARKOWsche Prozesse mit stetigem Parameterbereich

Eine homogene MARKOWsche Kette mit stetigem Parameterbereich wird beschrieben durch die Gesamtzustandsmenge M, den Vektor der Anfangswahrscheinlichkeitsverteilung $\boldsymbol{p}(0)$ und die Matrix der Übergangswahrscheinlichkeiten $\boldsymbol{Q}(t) = \big(Q_{ji}(t)\big) = \big(p_{ji}(1 - \mathrm{e}^{-\lambda_i t})\big)$ $(i, j = 1, \dots, m)$, vgl. Abschn. A 5.1.

Bei Anwendungen in der Zuverlässigkeitstheorie entfallen normalerweise Übergänge in den gleichen Zustand, so daß man hier

$$p_{jj} = 0 \qquad \text{für } j = 1, 2, \ldots, m \tag{A 5.4.1}$$

voraussetzen darf.

Der Zustandsvektor

$$\boldsymbol{p}(t) = \left(p_1(t), p_2(t), \ldots, p_m(t)\right)^T$$

genügt für $t > 0$ dem **Differentialgleichungssystem**

$$\dot{p}_j(t) = \frac{\mathrm{d}}{\mathrm{d}t} p_j(t) = \sum_{i=1}^{m} \Lambda_{ji} \cdot p_i(t)\,, \qquad j = 1, \ldots, m\,,$$

mit den Übergangsraten

$$\Lambda_{ji} = \frac{1}{\mathrm{d}t} P\left(Z(t + \mathrm{d}t) = z_j \mid Z(t) = z_i\right) = p_{ji}\lambda_i \qquad \text{für } i \neq j \tag{A 5.4.2}$$

und

$$\Lambda_{jj} = -\sum_{\substack{i=1\\ i\neq j}}^{m} \Lambda_{ij}\,,$$

oder, in Matrizenschreibweise,

$$\dot{\boldsymbol{p}}(t) = \boldsymbol{\Lambda}\boldsymbol{p}(t)\,. \tag{A 5.4.3}$$

Die Herleitung des Differential-Gleichungssystems fällt mit den oben bereits angegebenen Fakten nicht schwer:

$$\begin{aligned}
\dot{p}_j(t) &= \frac{1}{\mathrm{d}t}\left[P\left(Z(t+\mathrm{d}t) = z_j\right) - P\left(Z(t) = z_j\right)\right] \\
&= \frac{1}{\mathrm{d}t}\left[\sum_{i=1}^{m} P\left(Z(t+\mathrm{d}t) = z_j \mid Z(t) = z_i\right) \cdot P\left(Z(t) = z_i\right) - P\left(Z(t) = z_j\right)\right] \\
&= \frac{1}{\mathrm{d}t}\sum_{\substack{i=1\\ i\neq j}}^{m} P\left(Z(t+\mathrm{d}t) = z_j \mid Z(t) = z_i\right) \cdot P\left(Z(t) = z_i\right) \\
&\quad + \frac{1}{\mathrm{d}t}\left[P\left(Z(t+\mathrm{d}t) = z_j \mid Z(t) = z_j\right) - 1\right] \cdot P\left(Z(t) = z_j\right) \\
&= \frac{1}{\mathrm{d}t}\sum_{\substack{i=1\\ i\neq j}}^{m} P\left(Z(t+\mathrm{d}t) = z_j \mid Z(t) = z_i\right) \cdot p_i(t) \\
&\quad + \frac{1}{\mathrm{d}t} - \left[P\left(Z(t+\mathrm{d}t) = z_j \mid Z(t) = z_j\right)\right] p_j(t) \\
&= \frac{1}{\mathrm{d}t}\left[\sum_{\substack{i=1\\ i\neq j}}^{m} Q_{ji}(\mathrm{d}t)\, p_i(t) + \left(-\sum_{\substack{i=1\\ i\neq j}}^{m} Q_{ji}(\mathrm{d}t)\right) p_j(t)\right] \\
&= \frac{1}{\mathrm{d}t}\sum_{\substack{i=1\\ i\neq j}}^{m} p_{ji}\lambda_i\,\mathrm{d}t\, p_i(t) + \left(-\sum_{\substack{i=1\\ i\neq j}}^{m} p_{ji}\lambda_i\,\mathrm{d}t\right) p_j(t) \\
&= \sum_{\substack{i=1\\ i\neq j}}^{m} p_{ji}\lambda_i \cdot p_i(t) + \left(-\sum_{\substack{i=1\\ i\neq j}}^{m} p_{ji}\lambda_i\right) p_j(t) \\
&= \sum_{\substack{i=1\\ i\neq j}}^{m} \Lambda_{ji} p_i(t) + \Lambda_{jj} p_j(t) = \sum_{i=1}^{m} \Lambda_{ji} p_i(t)\,.
\end{aligned}$$

Offenbar haben sämtliche Spaltensummen der Matrix Λ den Wert 0. Diese Eigenschaft sichert, daß bei beliebig vorgegebenem Wahrscheinlichkeitsvektor $\boldsymbol{p}(0)$ gilt:

$$\sum_{i=1}^{m} p_i(t) = 1 \quad \text{für alle } t \geqq 0;$$
$$p_i(t) \geqq 0 \quad \text{für alle } t \geqq 0; \quad i = 1, 2, \ldots, m. \tag{A 5.4.4}$$

Beispiel A 5.4.1

Wir betrachten ein dubliertes System mit Erneuerung, das aus Elementen unterschiedlicher Zuverlässigkeit besteht. Das Zuverlässigkeitsverhalten der beiden Elemente wird durch ihre Ausfallraten λ_1 bzw. λ_2 und durch ihre Erneuerungsraten μ_1 bzw. μ_2 beschrieben, vgl. Abb. A 5.4.1. Den Übergangsgraphen zeigt Abb. A 5.4.2.

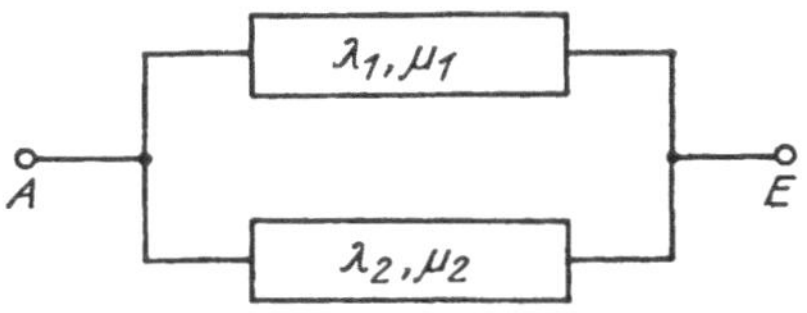

Abb. A 5.4.1. Zuverlässigkeitsersatzschaltung zum Beispiel A 5.4.1

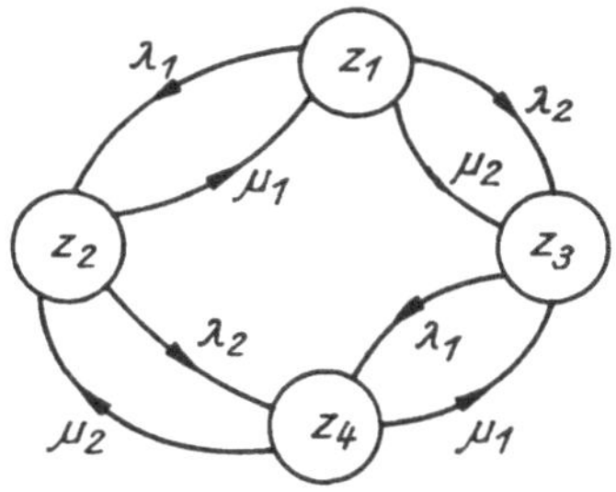

Abb. A 5.4.2. Übergangsgraph zum Beispiel A 5.4.1

Dabei bezeichnen

z_1 den Systemzustand, in dem kein Element ausgefallen ist,

z_2 den Systemzustand, in dem das erste Element ausgefallen ist,

z_3 den Systemzustand, in dem das zweite Element ausgefallen ist,

z_4 den Systemzustand, in dem beide Elemente ausgefallen sind.

Wie lauten die Differentialgleichungssysteme zur Berechnung der Zustandswahrscheinlichkeiten $p_i(t)$, $i = 1, 2, 3, 4$, wenn der Zustand z_4

a) als absorbierend und

b) als „reflektierend"

angesehen wird? (Aus einem „reflektierenden" Zustand sind Übergänge in andere Zustände möglich.)

Lösung

Das Gleichungssystem (A 5.4.3) erhält für das Beispiel folgendes Aussehen:

Fall a)

$$\begin{pmatrix} \dot p_1(t) \\ \dot p_2(t) \\ \dot p_3(t) \\ \dot p_4(t) \end{pmatrix} = \begin{pmatrix} -(\lambda_1+\lambda_2) & \mu_1 & \mu_2 & 0 \\ \lambda_1 & -(\lambda_2+\mu_1) & 0 & 0 \\ \lambda_2 & 0 & -(\lambda_1+\mu_2) & 0 \\ 0 & \lambda_2 & \lambda_1 & 0 \end{pmatrix} \begin{pmatrix} p_1(t) \\ p_2(t) \\ p_3(t) \\ p_4(t) \end{pmatrix}$$

Fall b)

$$\begin{pmatrix} \dot p_1(t) \\ \dot p_2(t) \\ \dot p_3(t) \\ \dot p_4(t) \end{pmatrix} = \begin{pmatrix} -(\lambda_1+\lambda_2) & \mu_1 & \mu_2 & 0 \\ \lambda_1 & -(\lambda_2+\mu_1) & 0 & \mu_1 \\ \lambda_2 & 0 & -(\lambda_1+\mu_2) & \mu_2 \\ 0 & \lambda_2 & \lambda_1 & -(\mu_1+\mu_2) \end{pmatrix} \begin{pmatrix} p_1(t) \\ p_2(t) \\ p_3(t) \\ p_4(t) \end{pmatrix}$$

Das **Differential-Gleichungssystem** (A 4.5.3) **hat die Lösung**

$$\boldsymbol{p}(t) = \exp(\boldsymbol{\Lambda} t) \cdot \boldsymbol{p}(0) \qquad \text{(A 5.4.5)}$$

mit der Exponentialmatrix

$$\exp(\boldsymbol{\Lambda} t) = \boldsymbol{I} + \boldsymbol{\Lambda} t + \boldsymbol{\Lambda}^2 \frac{t^2}{2} + \dots = \sum_{\varkappa=0}^{\infty} \frac{t}{\varkappa!} \boldsymbol{\Lambda}^{\varkappa} .$$

In der numerischen Mathematik wurden viele Verfahren zur zahlenmäßigen Auswertung der Gleichung (A 5.4.5) oder, etwas allgemeiner, zur numerischen Lösung des Anfangswertproblems (A 5.4.3) bei vorgegebenem Anfangsvektor $\boldsymbol{p}(0)$ entwickelt. In jedem größeren Rechenzentrum, das sich mit wissenschaftlich-technischen Berechnungen beschäftigt, dürften einsatzbereite Rechenprogramme zur Lösung dieses Problems vorliegen. – Wir wollen hier nur ein Lösungsverfahren skizzieren, das vor allem von Elektroingenieuren gern verwendet wird.

Die Zeitfunktionen $p_i(t)$ werden über ihre LAPLACE-Transformierten

$$a_i(\varkappa) = \int_0^{\infty} p_i(t)\, \mathrm{e}^{-\varkappa t}\, \mathrm{d}t \qquad \text{(A 5.4.6)}$$

berechnet. Durch **Anwendung der LAPLACE-Transformation** auf (A 5.4.3) erhält man

$$\varkappa \boldsymbol{a}(\varkappa) - \boldsymbol{p}(0) = \boldsymbol{\Lambda} \boldsymbol{a}(\varkappa)$$

oder

$$(\varkappa \boldsymbol{I} - \boldsymbol{\Lambda})\, \boldsymbol{a}(\varkappa) = \boldsymbol{p}(0) . \qquad \text{(A 5.4.7)}$$

Die Lösung ist in folgenden Schritten möglich:

1. Die Auflösung des Gleichungssystems (A 5.4.7) liefert

$$\boldsymbol{a}(\varkappa) = \frac{\boldsymbol{A}_0 + \boldsymbol{A}_1 \varkappa + \boldsymbol{A}_2 \varkappa^2 + \dots + \boldsymbol{A}_{m-1} \varkappa^{m-1}}{B_0 + B_1 \varkappa + B_2 \varkappa + \dots + \varkappa^m}, \qquad \text{(A 5.4.8)}$$

wobei die $\boldsymbol{A}_j$ konstante Vektoren und die B_j Skalare sind.

2. Die Nullstellen des Polynoms

$$B_0 + B_1 \varkappa + B_2 \varkappa^2 + \dots + B_{m-1} \varkappa^{m-1} + \varkappa^m = 0 \qquad \text{(A 5.4.9)}$$

werden berechnet. Im einfachsten Falle sind sie voneinander verschieden: $b_1, b_2, \dots, b_m$. Dann gilt

$$B_0 + B_1\varkappa + \dots + \varkappa^m = \prod_{j=1}^{m} (\varkappa - b_j) . \qquad \text{(A 5.4.10)}$$

3. Es existiert eine Partialbruchzerlegung

$$\boldsymbol{a}(\varkappa) = \frac{\boldsymbol{\beta}_1}{\varkappa - b_1} + \frac{\boldsymbol{\beta}_2}{\varkappa - b_2} + \dots + \frac{\boldsymbol{\beta}_m}{\varkappa - b_m} . \qquad \text{(A 5.4.11)}$$

4. Zur Ermittlung der Vektoren $\boldsymbol{\beta}_1, \dots, \boldsymbol{\beta}_m$ schreiben wir $\boldsymbol{a}(\varkappa)$ in der Form

$$\boldsymbol{a}(\varkappa) = \frac{\sum_{j=1}^{m} \boldsymbol{\beta}_j \prod_{i \neq j} (\varkappa - b_i)}{(\varkappa - b_1)(\varkappa - b_2)\dots(\varkappa - b_m)} . \qquad \text{(A 5.4.12)}$$

5. Nach Ausklammern des Zählers und anschließendem Koeffizientenvergleich in der Beziehung

$$\boldsymbol{A}_0 + \boldsymbol{A}_1\varkappa + \dots + \boldsymbol{A}_{m-1}\varkappa^{m-1} = \sum_{j=1}^{m} \boldsymbol{\beta}_j \prod_{i \neq j} (\varkappa - b_i) \qquad \text{(A 5.4.13)}$$

erhält man die gesuchten Vektoren $\boldsymbol{\beta}_j$.

6. Nun wird die Umkehrung der LAPLACE-Transformation (s. Anhang A 7.7) auf die Relation (A 5.4.11) angewendet und ergibt

$$\boldsymbol{p}(t) = \sum_{j=1}^{m} \boldsymbol{\beta}_j \, e^{+b_j t} . \qquad \text{(A 5.4.14)}$$

Anmerkung: Wenn das Nennerpolynom von $\boldsymbol{a}(\varkappa)$ mehrfache Nullstellen besitzt, d. h., es gibt unter den $b_1, \dots, b_m$ übereinstimmende Werte, dann erscheinen in der Partialbruchzerlegung auch Terme der Form $\frac{\boldsymbol{\beta}_j}{(\varkappa - b_j)^k}$, wobei k höchstens gleich der Vielfachheit der Wurzel b_j ist. Auf diese Terme läßt sich auch eine Umkehrformel der LAPLACE-Transformation anwenden (s. Anhang A 7.7):

$$\frac{\boldsymbol{\beta}_j}{(\varkappa - b_j)^k} \circ\!\!-\!\!\circ \; \boldsymbol{\beta}_j \frac{t^{k-1}}{(k-1)!} e^{b_j t} . \qquad \text{(A 5.4.15)}$$

Ist jeder Zustand des Systems von jedem anderen Zustand aus erreichbar, d. h., das **System ist unzerlegbar** (vgl. Abschnitt A 4.2), so liefern bekannte Ergebnisse der Matrizenrechnung die Aussagen (vgl. Formel (A 5.3.2) und nachfolgenden Text):

$$\lim_{t \to \infty} \exp \boldsymbol{\Lambda}(t) = \boldsymbol{\pi} \boldsymbol{1}^T \qquad \text{(A 5.4.16)}$$

und damit

$$\lim_{t \to \infty} \boldsymbol{p}(t) = \boldsymbol{\pi} \quad \text{unabhängig vom Anfangszustand des Systems.} \qquad \text{(A 5.4.17)}$$

Der Wahrscheinlichkeitsvektor $\boldsymbol{\pi}$ hat lauter positive Komponenten und wird zweckmäßig aus den Beziehungen

$$0 = \boldsymbol{\Lambda}\boldsymbol{\pi} , \qquad \sum_{i=1}^{m} \pi_i = 1 \qquad \text{(A 5.4.18)}$$

berechnet.

In Analogie zu der bereits im Abschnitt A 5.3 auf S. 527 behandelten allgemeinen Fragestellung wird nun folgendes Problem für unzerlegbare MARKOWsche Prozesse formuliert.

Gegeben seien zwei (nicht notwendig elementfremde) Zustandsteilmengen M_1 und M_2 sowie eine Zustandteilmenge M_3, die M_1 enthält. In den Teilmengen M_1, M_2 bzw. M_3 mögen m_1, m_2 bzw. m_3 Elemente enthalten sein. Zu einem beliebigen Startpunkt $t = 0$ bestehe ein Zustand aus M_3. Gefragt wird nach der zufälligen Zeit θ, zu der ein erstmaliger direkter Übergang von M_1 nach M_2 stattfindet, ohne daß vorher M_3 verlassen wurde.

Diese Problemstellung enthält wieder viele praktische Fragestellungen als Spezialfälle, vgl. Abschnitt A 5.3, S. 528.

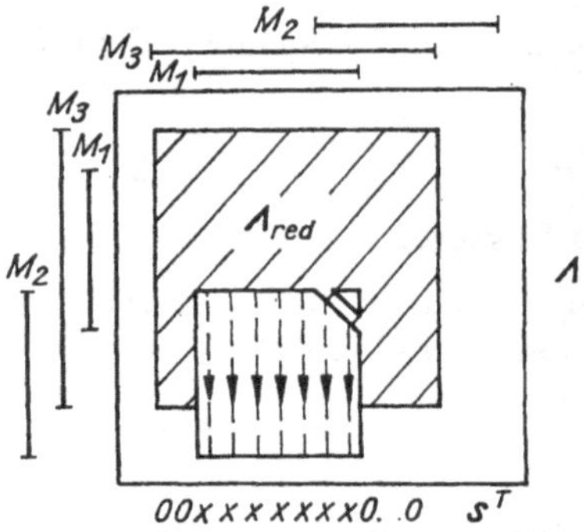

Abb. A 5.4.3. Partitionierung der Matrix Λ auf Grund der eingeführten Zustandsteilmengen M_1, M_2 und M_3

In Abb. A 5.4.3 wurde die Partitionierung der Matrix Λ, die der beschriebenen Einteilung der Systemzustände entspricht, angegeben. Gewisse Teile der Matrix Λ wurden durch Schraffur hervorgehoben. Daraus ergibt sich die quadratische Matrix Λ_{red} (lies: Λ — reduziert) der Ordnung m_3, wobei die nicht aus Λ übernommenen Elemente durch Nullen aufzufüllen sind. Den mit M_3 korrespondierenden Teil des Zustandsvektors $\boldsymbol{p}$ wollen wir mit $\boldsymbol{p}_{\text{red}}$ bezeichnen. Die m_3 Komponenten des Vektors $\boldsymbol{p}_{\text{red}}(t)$ geben die Wahrscheinlichkeiten dafür an, daß sich das System zum Zeitpunkt $t \geqq 0$ in dem durch den Komponentenindex angezeigten Zustand aus der Menge M_3 befindet, unter der Bedingung, daß die Menge M_3 noch nicht verlassen wurde und ein Übergang von M_1 nach M_2 ebenfalls noch nicht stattgefunden hat.

Um unwesentliche Fallunterscheidungen zu vermeiden, setzen wir voraus, daß der Prozeß z. Z. $t = 0$ mit Sicherheit in einem Zustand aus M_3 gestartet wird und ein unmittelbarer Übergang von M_1 nach M_2 prinzipiell möglich ist.

Unter Verwendung der in Abb. A 5.4.3 eingeführten Bezeichnungen kann man sowohl für die Verteilungsdichte f_θ als auch für die Momente der Zeit θ geschlossene Formeln herleiten:

$$f_\theta(t) = \boldsymbol{s}^T \boldsymbol{p}_{\text{red}}(t) = \boldsymbol{s}^T \exp\left(\boldsymbol{\Lambda}_{\text{red}}(t)\right) \boldsymbol{p}_{\text{red}}(0)\,, \qquad \text{(A 5.4.19)}$$

$$M_\mu = M(\theta^\mu) = (-1)^{\mu+1}\, \mu!\, \boldsymbol{s}^T \Lambda_{\text{red}}^{-\mu-1} \boldsymbol{p}_{\text{red}}(0)\,, \qquad \mu = 0, 1, 2, \ldots \qquad \text{(A 5.4.20)}$$

Anmerkung: Der Wert $M_0 = -\boldsymbol{s}^T \boldsymbol{\Lambda}_{\text{red}}^{-1} \boldsymbol{p}_{\text{red}}(0)$ gibt die Wahrscheinlichkeit dafür an, daß der fragliche Übergang überhaupt stattfindet. Fällt dieser Wert kleiner als Eins aus, so ist θ keine Zufallsgröße im Sinne der Terminologie der Wahrscheinlichkeitsrechnung. Man kann dann θ unter der Bedingung, daß der fragliche Übergang überhaupt stattfindet, betrachten und erhält z. B. die bedingten Momente aus M_μ / M_0.

Folgerung 1: Setzt man $M_1 = M_3$, $M_2 = M \setminus M_1$, so bilden die Teilmengen M_1 und M_2 eine disjunkte Zerlegung der Zustandsmenge M, und θ hat die Bedeutung der ununterbrochenen Verweildauer in der Teilmenge M_1. Wird der Prozeß im Zustand $z_i \in M_3$ gestartet, so besitzt der m_1-dimensionale Vektor $\boldsymbol{p}_{\text{red}}(0)$ eine Eins für die zu z_i gehörende Komponente und sonst nur Nullen.

Die Matrix $\boldsymbol{\Lambda}_{\text{red}}$ der Ordnung m_1 ergibt sich aus $\boldsymbol{\Lambda}$ durch Ausblenden einer Teilmatrix, die zu den mit M_1 korrespondierenden Zeilen und zu den mit M_1 korrespondierenden Spalten gehört. Der Vektor $\boldsymbol{s}^T$ ergibt sich aus der spaltenweisen Addition der zu den M_2-Zeilen gehörenden Elemente der M_1-Spalten.

Lassen sich die Elemente von M_1 als Zustände der Arbeitsfähigkeit und die Elemente von M_2 als Zustände des Ausfalls interpretieren, so kann man auch die von den BOOLEschen Zuverlässigkeitsmodellen her bekannten Zuverlässigkeitskenngrößen berechnen. Betrachtet man die Ausfallzustände als absorbierend, so entspricht diese Situation den Systemen ohne Erneuerung und θ ist die Zeit bis zum (ersten) Systemausfall. Handelt es sich aber um einen unzerlegbaren MARKOWschen Prozeß, so sind offensichtlich Erneuerungen möglich. Die Zufallsgröße θ ist die Zeit bis zum nächsten Systemausfall. Die augenblickliche Verfügbarkeit wird

$$\begin{aligned} V(t) &= \sum_{i \in M_1} p_i(t) = \boldsymbol{e}_{M_1}^T \boldsymbol{p}(t) \\ &= \boldsymbol{e}_{M_1}^T \exp(\boldsymbol{\Lambda} t)\, \boldsymbol{p}(0)\,. \end{aligned} \tag{A 5.4.21}$$

Die Komponenten des Zeilenvektors $\boldsymbol{e}_{M_1}^T$ sind Eins, falls die entsprechenden Zustände zu M_1 gehören, sonst Null. Die Dauerverfügbarkeit folgt unmittelbar aus dem Zustandsfixvektor $\boldsymbol{\pi}$ zu

$$V = \sum_{i \in M_1} \pi_i = \boldsymbol{e}_{M_1}^T \boldsymbol{\pi}\,. \tag{A 5.4.22}$$

Folgerung 2: Setzt man $M_1 = M_3 = M = \{z_1, \ldots, z_m\}$, $M_2 = \{z_k\}$ und startet den Prozeß z. Z. $t = 0$ im Zustand z_i, so bedeutet die Zufallsgröße θ die Wartezeit bis zum erstmaligen Eintreten des Zustandes z_k, falls $k \neq i$. Für $k = i$ bedeutet θ die Zeit bis zum erstmaligen Wiedereintreten des Zustandes z_i.

Der hier m-komponentige Vektor $\boldsymbol{p}_{\text{red}}(0)$ wird der Einheitsvektor $\boldsymbol{e}_i$, d. h., die mit z_i korrespondierende Komponente wird Eins, die übrigen verschwinden. Man erhält $\boldsymbol{\Lambda}_{\text{red}}$ aus $\boldsymbol{\Lambda}$, indem man sämtliche Nichthauptdiagonalelemente der mit z_i korrespondierenden Zeile von $\boldsymbol{\Lambda}$ durch Nullen ersetzt. Die gestrichene Zeile von $\boldsymbol{\Lambda}$ bildet den Vektor $\boldsymbol{s}^T$; an der Stelle des Hauptdiagonalelements (dieser Zeile in der ursprünglichen Matrix $\boldsymbol{\Lambda}$) steht im Vektor $\boldsymbol{s}^T$ eine Null.

Folgerung 3: Setzt man $M_1 = \{z_j\}$, $M_2 = \{z_k\}$, $j \neq k$, $M_3 = M$ und startet den Prozeß z. Z. $t = 0$ im Zustand z_i, so bedeutet die Zufallsgröße θ die Wartezeit bis zum ersten z_j,z_k-Übergang. (Ein solcher Übergang ist natürlich nur möglich, wenn die Übergangsrate $\Lambda_{kj} \neq 0$ ist!) In diesem Falle wird der m-komponentige Vektor $\boldsymbol{p}_{\text{red}}(0)$ gleich dem Einheitsvektor $\boldsymbol{e}_i$. Die Matrix $\boldsymbol{\Lambda}_{\text{red}}$ entsteht aus $\boldsymbol{\Lambda}$ durch Nullsetzen des Elements Λ_{kj}. Die j-Komponente des Vektors $\mathbf{s}$ erhält den Wert Λ_{kj}, die übrigen $(m-1)$ Komponenten verschwinden.

Beispiel A 5.4.2

Für das dublierte System mit Erneuerung, das im Beispiel A 5.4.1 beschrieben wurde, sind folgende Zuverlässigkeitskenngrößen zu ermitteln:

a) die mittlere Zeit bis zum erstmaligen Übergang in den Zustand z_4,

b) die mittlere Zeit zwischen zwei aufeinander folgenden Übergängen in den Zustand z_4,

c) die Dauerverfügbarkeit des Systems.

Lösung

a) Mit $M_1 = M_3 = \{z_1, z_2, z_3\}$ und $M_2 = \{z_4\}$ erhalten wir aus (A 5.4.20) den Ausdruck

$$M(\theta) = T = \mathbf{s}^T \Lambda_{\text{red}}^{-2} \boldsymbol{p}_{\text{red}}(0)$$

$$= (0, \lambda_2, \lambda_1) \begin{pmatrix} -(\lambda_1 + \lambda_2) & \mu_1 & \mu_2 \\ \lambda_1 & -(\lambda_2 + \mu_1) & 0 \\ \lambda_2 & 0 & -(\lambda_1 + \mu_2) \end{pmatrix}^{-2} \begin{pmatrix} p_1(0) \\ p_2(0) \\ p_3(0) \end{pmatrix}$$

$$= -(1, 1, 1) \begin{pmatrix} -(\lambda_1 + \lambda_2) & \mu_1 & \mu_1 \\ \lambda_1 & -(\lambda_2 + \mu_1) & 0 \\ \lambda_2 & 0 & -(\lambda_1 + \mu_2) \end{pmatrix}^{-1} \begin{pmatrix} p_1(0) \\ p_2(0) \\ p_3(0) \end{pmatrix}$$

b) Mit $M_3 = \{z_1, z_2, z_3, z_4\}$, $M_1 = \{z_1, z_2, z_3\}$, $M_2\{z_4\}$ und $\boldsymbol{p}^T(0) = (0, 0, 0, 1)$ erhalten wir aus (A 5.4.20) den Ausdruck

$$T^{(0)} = \mathbf{s}_T \Lambda_{\text{red}}^{-2} \boldsymbol{p}_{\text{red}}(0)$$

$$= (0, \lambda_2, \lambda_1, 0) \begin{pmatrix} -(\lambda_1 + \lambda_2) & \mu_1 & \mu_2 & 0 \\ \lambda_1 & -(\lambda_2 + \mu_1) & 0 & \mu_1 \\ \lambda_2 & 0 & -(\lambda_1 + \mu_2) & \mu_2 \\ 0 & 0 & 0 & -(\mu_1 + \mu_2) \end{pmatrix}^{-2} \begin{pmatrix} 0 \\ 0 \\ 0 \\ 1 \end{pmatrix}$$

$$= -(1, 1, 1, 1) \begin{pmatrix} -(\lambda_1 + \lambda_2) & \mu_1 & \mu_2 & 0 \\ \lambda_1 & -(\lambda_2 + \mu_1) & 0 & \mu_1 \\ \lambda_2 & 0 & -(\lambda_1 + \mu_2) & \mu_2 \\ 0 & 0 & 0 & -(\mu_1 + \mu_2) \end{pmatrix}^{-1} \begin{pmatrix} 0 \\ 0 \\ 0 \\ 1 \end{pmatrix}$$

c) Aus (A 5.4.18) erhält man z. B. folgendes Gleichungssystem für den Zustandsfixvector $\boldsymbol{\pi}$:

$$\begin{pmatrix} -(\lambda_1 + \lambda_2) & \mu_1 & \mu_2 & 0 \\ \lambda_1 & -(\lambda_2 + \mu_1) & 0 & \mu_1 \\ \lambda_2 & 0 & -(\lambda_1 + \pi_2) & \mu_2 \\ 1 & 1 & 1 & 1 \end{pmatrix} \begin{pmatrix} \pi_1 \\ \pi_2 \\ \pi_3 \\ \pi_4 \end{pmatrix} = \begin{pmatrix} 0 \\ 0 \\ 0 \\ 1 \end{pmatrix}$$

Die Dauerverfügbarkeit V des Systems wird gemäß (A 5.4.22):

$$V = \pi_1 + \pi_2 + \pi_3 = (1, 1, 1, 0) \begin{pmatrix} -(\lambda_1 + \lambda_2) & \mu_1 & \mu_2 & 0 \\ \lambda_1 & -(\lambda_2 + \mu_1) & 0 & \mu_1 \\ \lambda_2 & 0 & -(\lambda_1 + \mu_2) & \mu_2 \\ 1 & 1 & 1 & 1 \end{pmatrix}^{-1} \begin{pmatrix} 0 \\ 0 \\ 0 \\ 1 \end{pmatrix}$$

Im vorliegenden Beispiel ist es noch ohne weiteres möglich, die angegebenen Beziehungen symbolisch aufzulösen, d. h. bis zu einem geschlossenen elementaren algebraischen Ausdruck umzuschreiben. Die so erhaltenen Formeln werden aber bereits hier recht umfangreich. Bei größeren Beispielen werden die Relationen rasch so kompliziert, daß man sich am schnellsten durch Einsetzen charakteristischer Zahlenwerte einen Überblick über die numerischen Verhältnisse verschaffen kann. Es empfiehlt sich daher in den meisten Anwendungsfällen, sofort die ermittelten oder angenommenen Zahlenwerte für die Übergangsraten in die Beziehungen (A 5.4.18), (A 5.4.20) usw. einzusetzen und sie mit den geläufigen numerischen Methoden der linearen Algebra aufzulösen. Bei größeren praktischen Anwendungen enthalten die auftretenden Koeffizientenmatrizen in der Regel sehr viele Nullen. Dann empfiehlt sich die Anwendung der Technik schwach besetzter Matrizen.

A 5.5. Anwendung auf Geburt- und Tod-Prozesse

A 5.5.1. Beschreibung des Modells

Das Verhalten einer großen Zahl realer redundanter Systeme mit Erneuerung kann mit Hilfe des folgenden **Modells** beschrieben werden.

Es wird ein System aus k arbeitenden und n Reserveelementen betrachtet. Ein solches System kann sich in einer endlichen Anzahl von Zuständen (entsprechend der Zahl der ausgefallenen Elemente) befinden. Wir bezeichnen sie in diesem Abschnitt mit $H_0, H_1, \ldots, H_{n+1}$, wobei H_j gerade dem Systemzustand mit j ausgefallenen Elementen entspricht. Der Zustand H_{n+1}, bei dem es im System $n + 1$ ausgefallene Elemente gibt (d. h., es sind sämtliche Reserveelemente und noch ein Arbeitselement ausgefallen), ist ein Zustand des Systemausfalls.

Das Verhalten des Systems wird durch folgende Bedingungen charakterisiert: Wenn sich das System zum Zeitpunkt t im Zustand H_j befindet, so geht es im nachfolgenden Zeitabschnitt Δt mit der Wahrscheinlichkeit $\Lambda_j\, \Delta t + 0(\Delta t)$ über in den Zustand H_{j+1}, mit der Wahrscheinlichkeit $M_j\, \Delta t + 0(\Delta t)$ geht es über in den Zustand H_{j-1}; mit der Wahrscheinlichkeit $1 - (\Lambda_j + M_j)\, \Delta t + 0(\Delta t)$ bleibt es im Zustand H_j.

Wir wollen im folgenden 2 Fälle betrachten: Der Zustand H_{n+1} des Systemausfalls ist einmal absorbierend und einmal reflektierend. Den Übergangsgraphen des be-

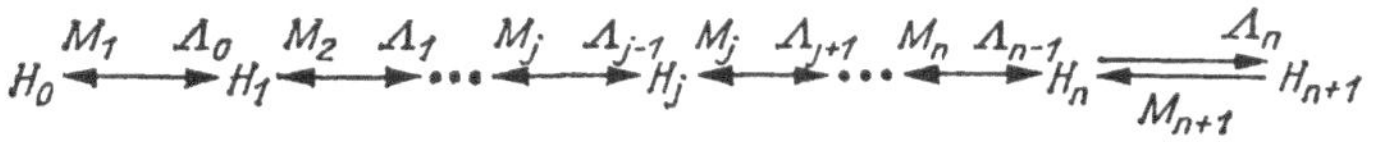

Abb. A 5.5.1. Übergangsgraph für ein System, das aus k arbeitenden und n Reserveelementen besteht schriebenen Systems zeigt Abb. A 5.5.1. Darin bedeuten

H_j $0 \leqq j \leqq n+1$, den Systemzustand, in dem von sämtlichen $N = k + n$ Elementen j ausgefallen sind;

Λ_j $0 \leqq j \leqq n$, die Übergangsrate aus einem Systemzustand mit j ausgefallenen Elementen in einen Systemzustand mit $j+1$ ausgefallenen Elementen;

M_j $1 \leqq j \leqq n+1$, die Übergangsrate aus einem Systemzustand mit j ausgefallenen Elementen in einen Systemzustand mit $j-1$ ausgefallenen Elementen.

A 5.5.2. Der Ausfallzustand H_{n+1} ist absorbierend

Das Verhalten des Systems wird durch das folgende Differentialgleichungssystem beschrieben (vgl. A 5.4.3):

$$\dot{p}_j(t) = \Lambda_{j-1} p_{j-1}(t) - (\Lambda_j + M_j)\, p_j(t) + M_{j+1} p_{j+1}(t)\,, \qquad 0 \leqq j \leqq n+1\,,$$

$$\sum_{j=0}^{n+1} p_j(t) = 1\,,$$

$$\Lambda_{-1} = \Lambda_{n+1} = M_0 = M_{n+1} = M_{n+2} = 0\,, \tag{A 5.5.1}$$

wobei $p_j(t)$ die Wahrscheinlichkeit dafür ist, daß sich das System zum Zeitpunkt t im Zustand H_j befindet.

Die Wahrscheinlichkeiten $p_j(t)$ mögen den Anfangsbedingungen

$$p_j(t=0) = p_j(0)\,, \qquad 0 \leqq j \leqq n+1 \tag{A 5.5.2}$$

genügen.

Zur **Ermittlung des Verteilungsgesetzes** $\mathcal{P}\{\theta_{n+1} \leqq t\} = p_{n+1}(t)$ **der Zufallsgröße** θ_{n+1} — das ist die zufällige Zeitdauer, nach der das System erstmalig in den absorbierenden Ausfallzustand H_{n+1} gelangt — wenden wir auf das Differentialgleichungssystem (A 5.5.1) die LAPLACE-Transformation an. Dadurch wird (A 5.5.1) in ein algebraisches Gleichungssystem transformiert,

$$\Lambda_{j-1} a_{j-1}(\varkappa) - (\Lambda_j + M_j + \varkappa)\, a_j(\varkappa) + M_{j+1} a_{j+1}(\varkappa) = -p_j(0)\,, \qquad 0 \leqq j \leqq n+1\,,$$

$$\Lambda_{-1} = \Lambda_{n+1} = M_0 = M_{n+1} = M_{n+2} = 0\,. \tag{A 5.5.3}$$

Mit der CRAMERschen Regel erhalten wir

$$a_{n+1}(\varkappa) = D_{n+1}(\varkappa)/\varkappa\, \Delta_{n+1}(\varkappa)\,, \tag{A 5.5.4}$$

wobei

$$\Delta_{n+1}(\varkappa) =$$

$$\begin{vmatrix} -(\Lambda_0+\varkappa) & M_1 & 0 & . & 0 & 0 \\ \Lambda_0 & -(\Lambda_1+M_1+\varkappa) & M_2 & . & 0 & 0 \\ 0 & \Lambda_1 & -(\Lambda_2+M_2+\varkappa) & . & 0 & 0 \\ . & . & . & . & . & . \\ 0 & 0 & 0 & . & -(\Lambda_{n-1}+M_{n-1}+\varkappa) & M_n \\ 0 & 0 & 0 & . & \Lambda_{n-1} & -(\Lambda_n+M_n+\varkappa) \end{vmatrix}$$

$$= (-1)^{n+1} \prod_{s=1}^{n+1} (\varkappa + x_s^{(n+1)})\,, \tag{A 5.5.5}$$

$$D_{n+1}(\varkappa) = \begin{vmatrix} -(\Lambda_0+\varkappa) & M_1 & 0 & . & 0 & 0 & -p_0(0) \\ \Lambda_0 & -(\Lambda_1+M_1+\varkappa) & M_2 & . & 0 & 0 & -p_1(0) \\ 0 & \Lambda_1 & -(\Lambda_2+M_2+\varkappa) & . & 0 & 0 & -p_2(0) \\ . & . & . & . & . & . & \\ 0 & 0 & 0 & . & -(\Lambda_{n-1}+M_{n-1}+\varkappa) & M_n & -p_{n-1}(0) \\ 0 & 0 & 0 & . & \Lambda_{n-1} & -(\Lambda_n+M_n+\varkappa) & -p_n(0) \\ 0 & 0 & 0 & . & 0 & \Lambda_n & -p_{n+1}(0) \end{vmatrix} \qquad \text{(A 5.5.6)}$$

Es läßt sich zeigen, daß die Determinante $\Delta_{n+1}(\varkappa)$ ein Polynom vom Grade n ist, dessen sämtliche Wurzeln

$$\varkappa_s^{(n+1)} = -x_s^{(n+1)}\,, \qquad x_s^{(n+1)} > 0\,, \qquad 1 \leqq s \leqq n+1\,, \qquad \text{(A 5.5.7)}$$

voneinander verschieden und negativ sind, und daß sich die Wurzeln bez. n benachbarter Polynome abwechseln.

Durch Entwicklung der Determinante $D_{n+1}(\varkappa)$ nach der letzten Zeile erhalten wir eine Rekurrenzbeziehung

$$D_{n+1}(\varkappa) = -\,p_{n+1}(0)\,\Delta_{n+1}(\varkappa) - \Lambda_n D_n(\varkappa)\,,$$

aus der wir sukzessive das folgende Resultat finden:

$$D_{n+1}(\varkappa) = -p_{n+1}(0)\,\Delta_{n+1}(\varkappa) + \sum_{i=0}^{n} (-1)^{n-i}\, p_i(0)\, \Delta_i(\varkappa) \prod_{s=i}^{n} \Lambda_s\,. \qquad \text{(A 5.5.8)}$$

Die gesuchte Wahrscheinlichkeit $p_{n+1}(t)$ wird durch LAPLACE-Rücktransformation bestimmt:

$$p_{n+1}(t) = \mathscr{L}^{-1}\{a_{n+1}(\varkappa)\}\,. \qquad \text{(A 5.5.9)}$$

Wegen (A 5.5.5) haben wir

$$p_{n+1}(t) = -\frac{D_{n+1}(0)}{\Delta_{n+1}(0)} + (-1)^{n+1} \sum_{i=1}^{n+1} \frac{D_{n+1}\left(-x_i^{(n+1)}\right) \mathrm{e}^{-x_i^{(n+1)}t}}{x_i^{(n+1)} \prod\limits_{\substack{s=1\\ s\neq i}}^{n+1} \left(x_s^{(n+1)} - x_i^{(n+1)}\right)}\,. \qquad \text{(A 5.5.10)}$$

Wenn wir zur ersten Zeile der durch den Ausdruck (A 5.5.5) gegebenen Determinante $\Lambda_{n+1}(0)$ alle übrigen Zeilen addieren und sie zunächst nach den Elementen der ersten Zeile, aber dann sukzessive nach den Elementen der ersten Spalte entwickeln, finden wir

$$\Delta_{n+1}(0) = (-1)^{n+1} \prod_{i=0}^{n} \Lambda_i\,. \qquad \text{(A 5.5.11)}$$

Wir können die gleichen Überlegungen mit der durch (A 5.5.6) gegebenen Determinante $D_{n+1}(0)$ durchführen und erhalten

$$D_{n+1}(0) = -\Delta_{n+1}(0)\,. \qquad \text{(A 5.5.12)}$$

Damit ergibt sich aus (A 5.5.10)

$$p_{n+1}(t) = 1 - (-1)^n \sum_{i=1}^{n+1} \frac{D_{n+1}\left(-x_i^{(n+1)}\right) \mathrm{e}^{-x_i^{(n+1)}t}}{x_i^{(n+1)} \prod\limits_{\substack{s=1\\ s\neq i}}^{n+1} \left(x_s^{(n+1)} - x_i^{(n+1)}\right)}\,. \qquad \text{(A 5.5.13)}$$

Daraus erhalten wir mit (A 5.5.8) für die Wahrscheinlichkeit $P(t) = 1 - p_{n+1}(t)$ der ausfallfreien Arbeit des Systems

$$P(t) = \sum_{i=0}^{n} p_i(0) \prod_{j=i}^{n} \Lambda_j \sum_{k=1}^{n+1} \frac{e^{-x_k^{(n+1)}t}}{x_k^{(n+1)}} \frac{\prod_{m=1}^{i} (x_m^{(i)} - x_k^{(n+1)})}{\prod_{\substack{l=1\\l\neq k}}^{n} (x_l^{(n+1)} - x_k^{(n+1)})}, \qquad \text{(A 5.5.14)}$$

wobei man

$$\prod_{m=1}^{0} (x_m^{(0)} - x_k^{(n+1)}) = 1$$

zu setzen hat.

Wir merken **zwei** wichtige **Spezialfälle** an.

1. Wenn das System seine Arbeit vollständig intakt beginnt, d. h.,

$$p_0(0) = 1\,, \qquad p_i(0) = 0\,, \qquad 1 \leqq i \leqq n + 1$$

so finden wir aus (A 5.5.6) und (A 5.5.14)

$$P^{(0)}(t) = \Lambda_0 \Lambda_1 \dots \Lambda_n \sum_{i=1}^{n+1} \frac{e^{-x_i^{(n+1)}t}}{x_i^{(n+1)} \prod_{\substack{s=1\\s\neq i}}^{n+1} (x_s^{(n+1)} - x_i^{(n+1)})}. \qquad \text{(A 5.5.15)}$$

2. Wenn das System seine Arbeit zu einem Zeitpunkt beginnt, an dem es eben erst aus dem Ausfallzustand herausgekommen ist, d. h.,

$$p_n(0) = 1\,, \qquad p_i(0) = 0\,, \qquad i = 0, 1, \dots, n-1, n+1\,,$$

so wird

$$P^{(n)}(t) = (-1)^n \Lambda_n \sum_{i=1}^{n+1} \frac{\Delta_n(-x_i^{(n+1)})\, e^{-x_i^{(n+1)}t}}{x_i^{(n+1)} \prod_{\substack{s=1\\s\neq i}}^{n+1} (x_s^{(n+1)} - x_i^{(n+1)})}. \qquad \text{(A 5.5.16)}$$

Jetzt wollen wir den Erwartungswert T der Zeitdauer, bis das System in den absorbierenden Ausfallzustand H_{n+1} fällt, bei beliebigen Anfangsbedingungen (A 5.5.2) bestimmen. Gemäß (A 5.4.20) wird

$$T = (0, \dots, 0, \Lambda_n)\, \Lambda_{\text{red}}^{-2} (\boldsymbol{p}_{\text{red}}(0))^T = -\boldsymbol{1}^T \Lambda_{\text{red}}^{-1} (p_0(0), \dots, p_n(0))^T\,, \qquad \text{(A 5.5.17)}$$

wobei die Matrix Λ_{red} (in Übereinstimmung mit (A 5.5.1)) folgende Gestalt annimmt:

$$\Lambda_{\text{red}} = \begin{vmatrix} -\Lambda_0 & M_1 & 0 & \dots & 0 & 0 \\ \Lambda_0 & -(\Lambda_1 + M_1) & M_2 & \dots & 0 & 0 \\ 0 & \Lambda_1 & -(\Lambda_2 + M_2) & \dots & 0 & 0 \\ \cdot & \cdot & \cdot & \cdot & \cdot & \cdot \\ 0 & 0 & 0 & \dots & -(\Lambda_{n-1} + M_{n-1}) & M_n \\ 0 & 0 & 0 & \dots & \Lambda_{n-1} & -(\Lambda_n + M_n) \end{vmatrix}. \qquad \text{(A 5.5.18)}$$

Nach leichter Rechnung erhalten wir aus (A 5.5.17) und (A 5.5.18)

$$T = \sum_{j=0}^{n} \frac{\pi_j(0) \sum_{l=0}^{j} \theta_l}{\Lambda_j \theta_j}\,, \qquad \text{(A 5.5.19)}$$

wobei

$$\pi_j(0) = \sum_{i=0}^{j} p_i(0) , \qquad \theta_j = \frac{\Lambda_0\Lambda_1 \dots \Lambda_{j-1}}{M_1M_2 \dots M_j} , \qquad \theta_0 = 1 . \tag{A 5.5.20}$$

Aus dieser allgemeinen Formel finden wir als Spezialfälle die entsprechenden Formeln für die mittlere Arbeitszeit $T^{(0)}$ des Systems bis zum Ausfall und für die mittlere Arbeitszeit $T^{(n)}$ des Systems zwischen Ausfällen.

Im ersten Spezialfall erhalten wir für

$$p_0(0) = 1 \tag{A 5.5.21}$$

aus (A 5.5.19) die Beziehung

$$T^{(0)} = \sum_{j=0}^{n} \frac{\sum_{l=0}^{j} \theta_l}{\Lambda_j\theta_j} . \tag{A 5.5.22}$$

Im zweiten Spezialfall für

$$p_n(0) = 1 \tag{A 5.5.23}$$

geht (A 5.5.19) über in

$$T^{(n)} = \frac{\sum_{l=0}^{n} \theta_l}{\Lambda_n\theta_n} . \tag{A 5.5.24}$$

Es sei darauf hingewiesen, daß beim vorliegenden Modell die mittlere Arbeitszeit zwischen dem i-ten und dem $(i + 1)$-ten Ausfall (das System gelangt dabei jeweils in den absorbierenden Ausfallzustand) für $i \geqq 1$ nicht von i abhängt.

A 5.5.3. Der Ausfallzustand H_{n+1} ist reflektierend

Wir wollen jetzt ein System betrachten, bei dem der Ausfallzustand H_{n+1} reflektierend ist. Das Verhalten eines solchen Systems wird durch das gleiche Differentialgleichungssystem beschrieben, das in (A 5.5.1) notiert wurde, mit Ausnahme der letzten beiden Gleichungen, die jetzt das folgende Aussehen haben:

$$\dot{p}_n(t) = \Lambda_{n-1}p_{n-1}(t) - (\Lambda_n + M_n)\, p_n(t) + M_{n+1}p_{n+1}(t) ,$$
$$\dot{p}_{n+1}(t) = \Lambda_n p_n(t) - M_{n+1}p_{n+1}(t) . \tag{A 5.5.25}$$

Wir wollen die **stationäre Verfügbarkeit** ermitteln, für die per definitionem gilt

$$V = 1 - \lim_{t\to\infty} p_{n+1}(t) .$$

Mit (A 5.4.22), (A 5.4.18) und (A 5.5.18) erhalten wir nach leichten Umformungen

$$V = \left(1 + \frac{\theta_{n+1}}{\sum_{i=0}^{n} \theta_i}\right)^{-1} . \tag{A 5.5.26}$$

Im allgemeinen können die **stationären Wahrscheinlichkeiten** leicht auf folgende Weise berechnet werden. Für $t \to \infty$ können wir anstelle der Differentialgleichungen (A 5.5.1) und (A 5.5.25) schreiben:

$$(\Lambda_j + M_j)\, p_j = \Lambda_{j-1}p_{j-1} + M_{j+1}p_{j+1} , \qquad 0 \leqq j \leqq n + 1 ,$$
$$\Lambda_{-1} = M_0 = \Lambda_{n+1} = M_{n+2} = 0 .$$

Daraus ergibt sich

$$p_j = \theta_j p_0 ,$$

wobei Θ_j zuvor aus der Formel (A 5.5.20) bestimmt wird. Weil aus der Normierungsbedingung

$$p_0 = \left(\sum_{j=0}^{n+1} \theta_j\right)^{-1}$$

folgt, so wird schließlich

$$p_j = \frac{\theta_j}{\sum\limits_{i=0}^{n+1} \theta_i}, \qquad 0 \leqq j \leqq n+1 . \tag{A 5.5.27}$$

Wir wollen noch die **stationäre mittlere Zeit T der ausfallfreien Arbeit** bestimmen. Das ist die mittlere Arbeitszeit bis zum Ausfall des Systems, das unter den Anfangsbedingungen

$$p_j(0) = \lim_{t\to\infty} p_j(t) = p_j , \qquad 0 \leqq j \leqq n+1 , \tag{A 5.5.28}$$

zu arbeiten begann, wobei die p_j durch die Formel (A 5.5.27) festgelegt werden.

Mit (A 5.5.19), (A 5.5.20) und (A 5.5.27) erhalten wir

$$T^{(R)} = \frac{1}{\sum\limits_{s=0}^{n+1} \theta_s} \sum_{j=0}^{n} \frac{\left(\sum\limits_{l=0}^{j} \theta_l\right)^2}{\Lambda_j \theta_j} . \tag{A 5.5.29}$$

A 5.5.4. Ein System mit mehreren Ausfallzuständen

Ein System mit einem etwas allgemeineren Ausfallkriterium – verglichen mit dem in den Abschnitten A 5.5.1 bis A 5.5.3 betrachteten System – ist ein **System mit k Arbeits- und n Reserveelementen**, bei dem es nicht nur einen, sondern mehrere Ausfallzustände gibt: $H_{n+1}, H_{n+2}, \ldots, H_{N=n+k}$. Das ist offenbar ein solches System, bei dem nach dem Ausfall aller Reserve- und eines der k Arbeitselemente die restlichen intakten Elemente im „eingeschaltenen" Zustand verbleiben und abwarten, bis das System wiederhergestellt ist. Diese Situation ist vor allem für komplizierte Systeme, z. B. für Rechenanlagen, charakteristisch, die in der Regel während der Zeit der Reparatur der ausgefallenen Elemente nicht „stillgelegt" werden.

Den **Übergangsgraphen** des vorgelegten Systems zeigt Abb. A 5.5.2, wobei die Ausfallzustände von H_{n+1} (es sind $n+1$ Elemente ausgefallen) bis $H_{N=n+k}$ (es sind sämtliche N Elemente ausgefallen) reichen.

Es ist leicht einzusehen, daß in diesem Falle solche **Zuverlässigkeitskenngrößen** des Systems, wie die mittlere Arbeitszeit des Systems $T^{(0)}$ bis zum Ausfall, die mittlere

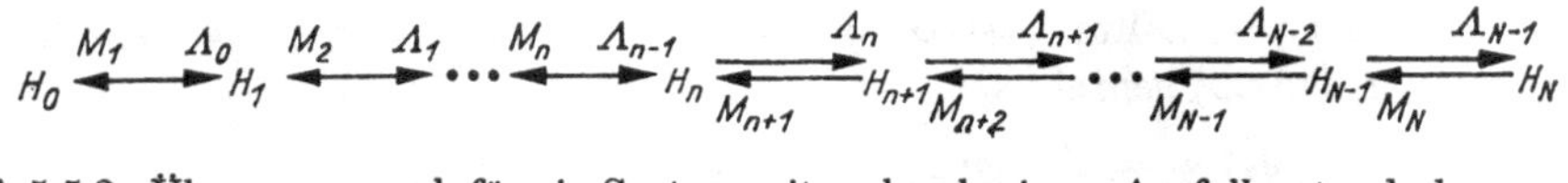

Abb. A 5.5.2. Übergangsgraph für ein System mit mehr als einem Ausfallzustand, das aus k arbeitenden und n Reserveelementen besteht

Arbeitszeit des Systems $T^{(n)}$ zwischen Ausfällen und die Wahrscheinlichkeit der ausfallfreien Arbeit $P(t)$ des Systems, die gleichen werden wie bei dem System der Abschnitte A 5.5.1 bis A 5.5.3.

Es ist ebenso offensichtlich, daß in diesem Falle

$$p_j = \lim_{t\to\infty} p_j(t) = \frac{\theta_j}{\sum_{s=0}^{N} \theta_s}, \qquad 0 \leqq j \leqq N, \tag{A 5.5.30}$$

gilt, wobei θ_j durch die Formel (A 5.5.20) bestimmt wird. Also wird die Verfügbarkeit des Systems gleich

$$V = \sum_{j=0}^{n} p_j = \frac{\sum_{j=0}^{n} \theta_j}{\sum_{s=0}^{N} \theta_s}. \tag{A 5.5.31}$$

A 5.6. Einführung fiktiver Zustände, um bei beliebigen Verteilungen eine Beschreibung durch Markowsche Prozesse zu ermöglichen

Mitunter sind die Voraussetzungen der Exponentialverteiltheit (insbesondere für Reparaturzeiten!) nicht gerechtfertigt. Außerdem kann man auch nicht davon ausgehen, daß die Stillstandszeiten klein gegenüber den Zeiten der ausfallfreien Arbeit sind. In diesem Falle läßt sich der folgende Kunstkniff anwenden: Es werden zusätzliche fiktive Zustände (Phasen) eingeführt, die das nichtexponentielle System mit bestimmten Näherungen zu beschreiben gestatten. Der Grundgedanke bei der Einführung fiktiver Zustände besteht darin, Verteilungen mit wachsender Ausfallrate erhalten zu können, wenn wir einige exponentialverteilte Zufallsgrößen addieren (d. h., eine ,,alternde" Verteilung kann durch Faltung von Exponentialverteilungen erhalten werden), und Verteilungen mit fallender Ausfallrate werden gewonnen durch geeignetes ,,Wichten" mehrerer Exponentialverteilungen. (Die Frage der Genauigkeit und der Anwendbarkeit einer solchen Approximation muß in jedem konkreten Falle gesondert betrachtet werden.)

Einerseits vereinfachen wir das Problem, wenn wir ein Markowsches Modell bei beliebigen Verteilungen verwenden, und andererseits machen wir es komplizierter, indem wir zusätzliche Zustände einführen. Wir wollen sehr einfache Übergangsgraphen

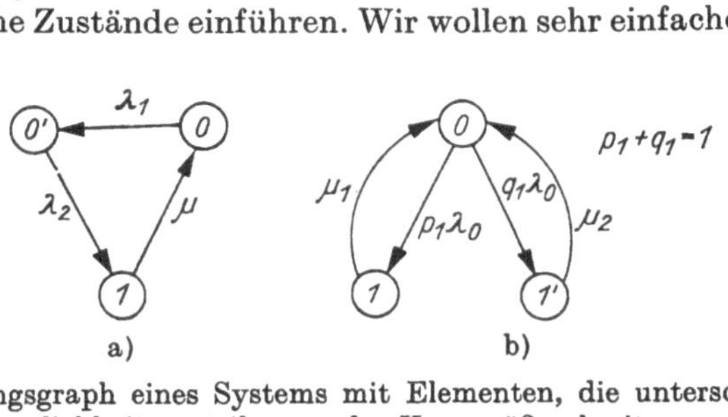

Abb. A 5.6.1. Übergangsgraph eines Systems mit Elementen, die unterschiedliche Wahrscheinlichkeitsverteilungen der Kenngrößen besitzen

a) mit einer ,,alternden" Verteilung der Arbeitszeit

b) mit einer ,,sich verjüngenden" Verteilung der Erneuerungszeit

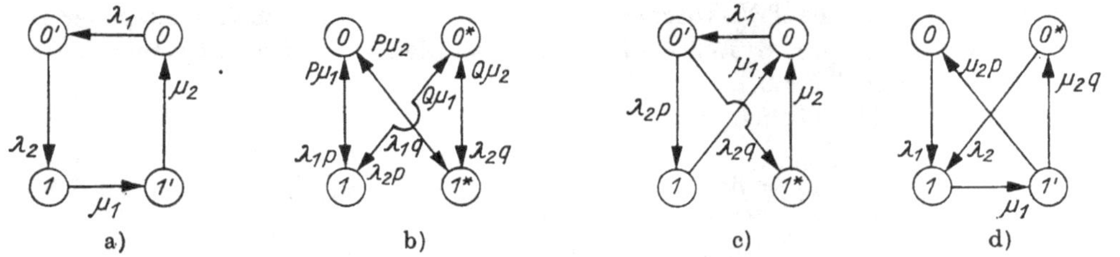

Abb. A 5.6.2. Übergangsgraph eines Systems aus Elementen, die unterschiedliche Wahrscheinlichkeitsverteilungen der Kenngrößen besitzen

a) mit einer „alternden“ Verteilung der Arbeitszeit und der Erneuerungszeit
b) mit einer „sich verjüngenden“ Verteilung der Arbeitszeit und der Erneuerungszeit
c) mit einer „alternden“ Verteilung der Arbeitszeit und einer „sich verjüngenden“ Verteilung der Erneuerungszeit
d) mit einer „sich verjüngenden“ Verteilung der Arbeitszeit und einer „alternden“ Verteilung der Erneuerungszeit

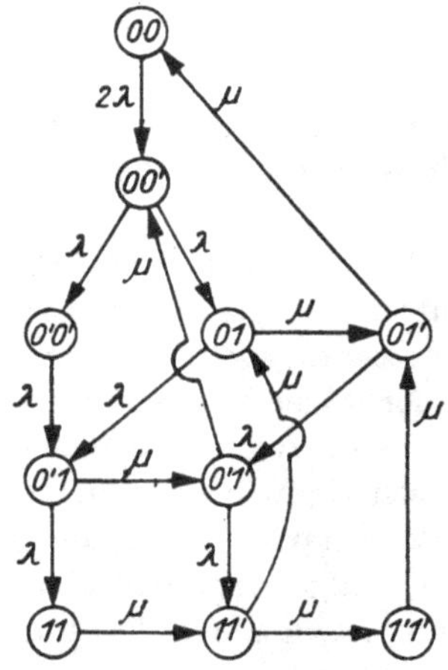

Abb. A 5.6.3. Übergangsgraph eines dublierten Systems aus Elementen, die eine „alternde“ Verteilung der Arbeitszeit und der Erneuerungszeit besitzen

für typische Fälle angeben (einzelnes Element, dubliertes System), wenn die Verteilungen der ausfallfreien Arbeitszeit und der Erneuerungszeit wachsende oder fallende Ausfallraten besitzen (Abbildungen A 5.6.1 bis A 5.6.3). Auf diesen Bildern entspricht der Index „0“ dem Zustand der Arbeitsfähigkeit und der Index „1“ dem Ausfallzustand.

A 5.7. Semi-Markowsche Prozesse

Wir betrachten einen **unzerlegbaren zufälligen Prozeß** $\{Z(t);\, t \geqq 0\}$, der vollständig beschrieben wird durch die Gesamtzustandsmenge M, den Anfangszustandsvektor $\boldsymbol{p}(0)$ und die Wahrscheinlichkeiten $(i, j = 1, \ldots, m)$:

$$P\{(\xi_\nu \leqq t) \wedge (Z_\nu = z_j) \mid Z_{\nu-1} = z_i\} = Q_{ji}(t) = p_{ji}F_{ji}(t) \qquad \text{für } \nu = 2, 3, \ldots$$

und

$$P\{(\xi_1 \leqq t) \wedge (Z_1 = z_j) \mid Z_0 = z_i\} = \check{Q}_{ji}(t) = p_{ji}\check{F}_{ji}(t)\,, \qquad \text{(A 5.7.1)}$$

vgl. Abschn. A 5.1.

Die Tatsache, daß die Angaben (A 5.7.1) zur Prozeßbeschreibung genügen — genauer ist damit die Gültigkeit der Beziehungen (A 5.1.1) und (A 5.1.2) gemeint — läßt sich so interpretieren: Das an einem Übergang in einen Zustand z_i ($i = 1, \dots, m$) anschließende Prozeßverhalten wird nicht davon beeinflußt, wie lange und auf welche Weise der Prozeß vorher verlaufen ist. Es spielt keine Rolle, zum wievielten Male der Prozeß den Zustand i annimmt. In diesem Sinne sind die Zeitpunkte des Übergangs in einen Zustand z_i echte „Regenerations"- oder Erneuerungspunkte. Registriert man z. B. nur die Zeitpunkte des Übergangs in einen bestimmten Zustand z_j, so wird dadurch ein Erneuerungsprozeß (vgl. Abschn. A 3.1) definiert; denn die Zeiten zwischen aufeinander folgenden z_j-Übergängen sind voneinander unabhängig und identisch verteilt.

Unter Ausnutzung der Grenzwertsätze der Erneuerungstheorie (vgl. Abschn. A 4.4.2) kann man nachweisen, daß sich auch **in Semi-MARKOWschen Prozessen nach längerer Zeit** gewisse **Stationaritätseigenschaften** herausbilden.

Es sei $P_{kj,i}(t + \Delta t, t)$ die Wahrscheinlichkeit, daß sich der z. Z. $t = 0$ im Zustand z_i gestartete Semi-MARKOWsche Prozeß zur Zeit $t (> 0)$ im Zustand z_j befindet und im Intervall $(t, t + \Delta t]$ ein direkter Übergang vom Zustand z_j in den Zustand z_k erfolgt. Dann gilt für $t \to \infty$

$$\lim_{t\to\infty} P_{kj,i}(t + \Delta t, t) = \frac{p_{kj}}{L_{jj}} \int\limits_0^{\Delta t} (1 - F_{kj}(x))\,\mathrm{d}x\,. \qquad \text{(A 5.7.2)}$$

Dabei ist

$$L_{jj} = \frac{1}{\pi_j} \sum_{k=1}^{m} T_k \pi_k\,. \qquad \text{(A 5.7.3)}$$

Der Erwartungswert der Zeit zwischen zwei aufeinander folgenden z_j-Übergängen, π ist der Fixvektor zur eingebetteten MARKOWschen Kette, d. h.

$$\boldsymbol{P\pi} = \boldsymbol{\pi}\,, \qquad \text{(A 5.7.4)}$$

und

$$T_k = \sum_{k=1}^{m} p_{kj} \int\limits_0^{\infty} (1 - F_{kj}(x))\,\mathrm{d}x \qquad \text{(A 5.7.5)}$$

ist der Erwartungswert einer ununterbrochenen Verweildauer im Zustand k, $k = 1, 2, \dots, m$.

Der Grenzwertsatz (A 5.7.2) besagt, daß nach hinreichend langer Zeit der Startzustand z_i keine Rolle mehr spielt und nur die Länge des Intervalls $(t, t + \Delta t]$ wesentlich ist.

Die Wahrscheinlichkeit, daß der z. Z. $t = 0$ im Zustand z_i gestartete Semi-MARKOWsche Prozeß nach längerer Zeit im Zustand z_i angetroffen wird, ergibt sich aus

$$\lim_{t\to\infty} P_{ji}(t) = \frac{T_j}{L_{jj}}\,. \qquad \text{(A 5.7.6)}$$

Um Klarheit über den Gültigkeitsbereich der asymptotischen Aussagen (A 5.7.2) und (A 5.7.6) zu gewinnen, werden die **Beweise** skizziert.

Wenn im Intervall $(0, t]$ kein Übergang in den Zustand z_j erfolgt, erhält man zur gesuchten Wahrscheinlichkeit $P_{kj,i}(t + \Delta t, t)$ einen Beitrag

$$\check{Q}_{kj}(t + \Delta t) - \check{Q}_{kj}(t)\,, \qquad \text{falls } i = j$$

oder

$$0, \qquad \text{falls } i \neq j\,.$$

Wenn im Intervall $(0, t]$ wenigstens ein z_j-Erneuerungspunkt liegt, so bezeichnen wir den Zeitpunkt der letzten z_j-Erneuerung mit y. Mit Hilfe des stetigen Analogons der Formel der totalen Wahrscheinlichkeit ergibt sich nun folgender Beitrag zur gesuchten Wahrscheinlichkeit:

$$\int\limits_{y=0}^{t} P\{(Z(t) = z_j) \wedge (\text{Übergang nach } z_k \text{ in } (t, t + \Delta t]) \mid z_j\text{-Erneuerung in } (y - \mathrm{d}y, y]\} \times$$
$$\times\; P\{z_j\text{-Erneuerung in } (y - \mathrm{d}y, y]\} = \int\limits_0^t [Q_{kj}(t + \Delta t - y) - Q_{kj}(t - y)]\, \mathrm{d}H_{ji}(y)\,.$$

Dabei gibt $\mathrm{d}H_j(y)$ die Wahrscheinlichkeit dafür an, daß im infinitesimalen Intervall $(y - \mathrm{d}y, y]$ ein z_j-Erneuerungspunkt liegt. In der Sprechweise der Erneuerungstheorie ist $H_j(y)$ gerade die zum z_j-Erneuerungsprozeß gehörende Erneuerungsfunktion.

Zusammengefaßt gilt also

$$P_{kj,i}(t + \Delta t, t) = (\check{Q}_{kj}(t + \Delta t) - \check{Q}_{kj}(t))\, \delta_{ij} + \int\limits_0^t (Q_{kj}(t + \Delta t - x) - Q_{kj}(t - x))\, \mathrm{d}H_j(x)\,.$$

Der Grenzwert des ersten Terms auf der rechten Seite verschwindet wegen

$$\lim_{t\to\infty} \check{Q}_{kj}(t + \Delta t) = \lim_{t\to\infty} \check{Q}_{kj}(t)\,.$$

Für das Integral erhält man mit dem Fundamentalsatz der Erneuerungstheorie

$$p_{kj} \lim_{t\to\infty} \int\limits_0^t [F_{kj}(t + \Delta t - y) - F_{kj}(t - y)]\, \mathrm{d}H_j(y)$$
$$= p_{kj} \lim_{t\to\infty} \int\limits_0^t [1 - F_{kj}(t - y) - (1 - F_{kj}(t + \Delta t - y))]\, \mathrm{d}H_j(y)$$
$$= \frac{p_{kj}}{L_{jj}} \int\limits_0^\infty [1 - F_{kj}(y) - (1 - F_{kj}(\Delta t + y))]\, \mathrm{d}y$$
$$= \frac{p_{kj}}{L_{jj}} \int\limits_0^{\Delta t} (1 - F_{kj}(x))\, \mathrm{d}x\,.$$

Damit wurde (A 5.7.2) bestätigt.

Die Beziehung (A 5.7.3) für L_{jj} kann man so nachweisen: Für den Erwartungswert L_{ij} der Zeitdauer zwischen einem Übergang in den Zustand z_j bis zum nächstfolgenden

Übergang in den Zustand z_i gilt offenbar

$$L_{ij} = T_j + \sum_{\substack{k=1\\k\neq 1}}^{m} L_{ik}p_{kj} \qquad (i, j = 1, \dots, m), \tag{A 5.7.7}$$

in Matrizenschreibweise zusammengefaßt,

$$\boldsymbol{L} = \boldsymbol{1}(T_1, T_2, \dots, T_m) + (\boldsymbol{L} - \boldsymbol{L}_{\mathrm{dg}})\,\boldsymbol{P}$$

mit der Diagonalmatrix $\boldsymbol{L}_{\mathrm{dg}} = \langle L_{11}, \dots, L_{mm}\rangle$ und einem aus lauter Einsen bestehenden m-komponentigen Spaltenvektor $\boldsymbol{1}$. Durch Multiplikation der letzten Gleichung mit dem Fixvektor $\boldsymbol{\pi}$ erhält man wegen (A 5.7.4)

$$\boldsymbol{L}_{\mathrm{dg}}\boldsymbol{\pi} = \boldsymbol{1}(T_1, T_2, \dots, T_m)\,\boldsymbol{\pi}$$

oder, komponentenweise geschrieben,

$$L_{jj} = \frac{1}{\pi_j} \sum_{k=1}^{m} T_k \pi_k .$$

Für die Erwartungswerte der ununterbrochenen Verweildauer in einem Zustand z_k gilt unter Beachtung von (A 5.1.6):

$$T_k = M\left(\sum_{j=1}^{m} p_{jk}\xi_{jk}\right) = \sum_{j=1}^{m} p_{jk}M(\xi_{jk}) = \sum_{j=1}^{m} p_{jk} \int_0^\infty (1 - F_{jk}(x))\,\mathrm{d}x .$$

Nachzuweisen bleibt nur noch die Beziehung (A 5.7.6). Die Wahrscheinlichkeit $P_{ji}(t)$ ergibt sich aus $P_{kj,i}(t + \Delta t, t)$, wenn man die Intervallänge Δt unbeschränkt wachsen läßt und Übergänge in alle möglichen Zustände z_k zuläßt:

$$\lim_{t\to\infty} P_{ji}(t) = \lim_{t\to\infty} \sum_{k=1}^{m} P_{kj,i}(t + \infty, t) = \sum_{k=1}^{m} \frac{p_{kj}}{L_{jj}} \int_0^\infty (1 - F_{kj}(x))\,\mathrm{d}x = \frac{T_j}{L_{jj}}. \tag{A 5.7.8}$$

Wir wollen uns nun der bereits in den Abschnitten A 5.3 und A 5.4 behandelten **Problemstellung** für den Fall Semi-MARKOWscher Prozesse zuwenden.

> Gegeben seien zwei (nicht notwendig elementfremde) Zustandsteilmengen M_1 ,M_2 und eine Zustandsteilmenge $M_3 \supset M_1$. In den Teilmengen M_1, M_2 bzw. M_3 mögen m_1, m_2 bzw. m_3 Elemente enthalten sein. Zu einem beliebigen Startzeitpunkt (> 0) möge der Übergang in die Teilmenge M_3 erfolgt sein. Gefragt wird nach der nachfolgenden Zeitdauer Θ bis zum erstmaligen Übergang von M_1 nach M_2, ohne daß vorher die Zustandsmenge M_3 verlassen wurde.

Die Problemstellung ist natürlich nur für solche Prozesse sinnvoll, bei denen ein direkter Übergang von M_1 nach M_2 möglich ist. Weiter wurde hier die Formulierung so gewählt, daß die Anfangsverteilungen $\check{Q}(t) = (\check{Q}_{ji}(t))$ keine Rolle spielen können. Die Verallgemeinerung auf den Fall, daß $t = 0$ der Startpunkt ist, bereitet keine besonderen Schwierigkeiten und kann auch in der Spezialliteratur nachgelesen werden.

Im folgenden benötigen wir noch ein paar **Abkürzungen:**

$G_i(t)$ sei die Verteilungsfunktion von Θ, falls der Start im Zustand $z_i \in M_3$ erfolgt, die m_3 Verteilungsfunktionen $G_i(t)$ werden im Zeilenvektor $\boldsymbol{G}^T(t)$ zusammengefaßt, die zugehörenden μ-ten Momente im Zeilenvektor $\boldsymbol{M}_\mu^T$,

* symbolisiert die Faltungsoperation, z. B.

$$F_{ji}(t) * G_i(t) = \int_{-\infty}^{\infty} F_{ji}(t-x)\, dG_i(x) = \int_0^t F_{ji}(t-x)\, dG_i(x) = \int_0^t G_i(t-x)\, dF_{ji}(x)\,,$$

und schließlich die Matrizen

$$\boldsymbol{P}^{(\mu)} = \left(p_{ji} M(\xi_{ji}^{\mu})\right) \qquad \text{für } \mu = 1, 2, \ldots$$

und

$$\boldsymbol{P}^{(0)} = \boldsymbol{P}\,.$$

Die Matrizen $\boldsymbol{P}^{(\mu)}$ und $\boldsymbol{Q}(t) = \left(p_{ji} F_{ji}(t)\right)$ werden entsprechend den Zustandsteilmengen, M_1, M_2, M_3 partitioniert (s. Abb. A 5.7.1). Die Elemente des schraffierten Bereichs der Matrizen $\boldsymbol{P}^{(\mu)}$ bzw. $\boldsymbol{Q}(t)$ bilden die (nicht notwendig verschwindenden) Elemente der reduzierten Matrizen $\boldsymbol{P}_{\text{red}}^{(\mu)}$ bzw. $\boldsymbol{Q}_{\text{red}}(t)$ der Ordnung m_3, $\boldsymbol{P}_{\text{red}}^{(0)} = P_{\text{red}}$ (vgl. Abb. A 5.3.1).

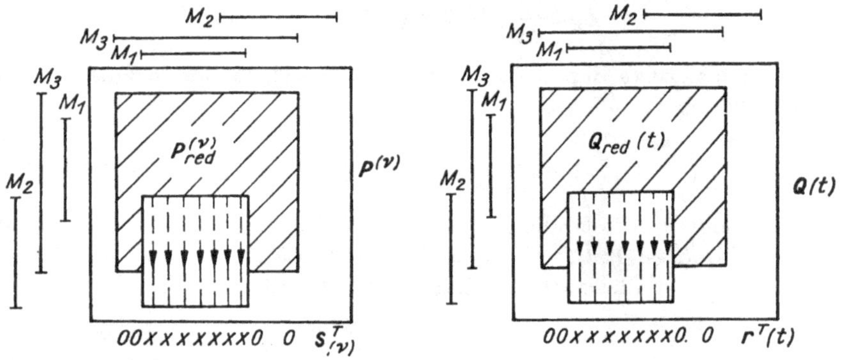

Abb. A 5.7.1. Veranschaulichung der durch die Zustandteilmengen M_1, M_2 und M_3 bewirkten Partitionierung der Matrizen $\boldsymbol{P}^{\nu}$, $\nu = 0, 1, 2, \ldots$, und $\boldsymbol{Q}(t)$

Die Elemente von $\boldsymbol{P}^{(\mu)}$ bzw. $\boldsymbol{Q}(t)$, die sowohl zu den mit M_1 korrespondierenden Spalten als auch zu den mit M_2 korrespondierenden Zeilen gehören, wurden spaltenweise addiert (in Abb. A 5.7.1 durch Pfeile angedeutet). Die Summen bilden m_1 Komponenten des m_3-dimensionalen Zeilenvektors $\boldsymbol{s}_{(\mu)}^T$ bzw. $\boldsymbol{r}^T(t)$, die restlichen $(m_3 - m_1)$ Komponenten von $\boldsymbol{s}_{(\mu)}^T$ bzw. $\boldsymbol{r}^T(t)$ verschwinden, $\boldsymbol{s}_{(0)}^T = \boldsymbol{s}^T$ (vgl. Abb. A 5.3.1).

Mit den eingeführten Bezeichnungen erhält man — der Beweis wird hier nicht wiedergegeben — für die **Wahrscheinlichkeitsverteilung und die Momente der fraglichen Zeit** θ die folgenden Aussagen:

Der Vektor $\boldsymbol{G}^T(t)$ genügt dem Gleichungssystem

$$\boldsymbol{G}^T(t) = \boldsymbol{G}^T(t) * \boldsymbol{Q}_{\text{red}}(t) + \boldsymbol{r}^T(t)\,. \tag{A 5.7.9}$$

Die Werte $G_i(\infty) = \boldsymbol{G}^T(\infty)\, \boldsymbol{e}_i$ geben die Wahrscheinlichkeit an, daß der in der Problemstellung beschriebene Übergang überhaupt stattfindet. Fällt dieser Wert kleiner als Eins aus, so ist $G_i(t)$ keine Verteilungsfunktion und die zugehörende Zeitdauer θ keine Zufallsgröße im Sinne der Wahrscheinlichkeitsrechnung. Man kann dann die durch $G_i(t)$ repräsentierte Verteilung mit $G_i(\infty)$ normieren.

Die μ-ten Momente $\boldsymbol{M}_\mu^T \boldsymbol{e}_i = \int_0^\infty t^\mu \, \mathrm{d}G_i(t)$ erhält man so:

$$\boldsymbol{M}_\mu^T = \left[\boldsymbol{s}_{(\mu)}^T + \sum_{\varkappa=0}^{\mu-1} \binom{\mu}{\varkappa} \boldsymbol{M}_\varkappa^T \boldsymbol{P}_{\text{red}}^{(\mu-\varkappa)}\right] (\boldsymbol{I} - \boldsymbol{P}_{\text{red}})^{-1} \tag{A 5.7.10}$$

für $\mu = 1, 2, \ldots$ und

$$\boldsymbol{M}_0^T = \boldsymbol{s}^T (\boldsymbol{I} - \boldsymbol{P}_{\text{red}})^{-1} .$$

Mitunter ist es vorteilhaft, mit LAPLACE-Transformierten zu arbeiten. Dadurch geht das lineare Integralgleichungssystem (A 5.7.9) über in ein lineares algebraisches Gleichungssystem. Mit

$$\boldsymbol{g}^T(s) = \int_0^\infty \mathrm{e}^{-st} \boldsymbol{G}^T(t) \, \mathrm{d}t ,$$

$$\boldsymbol{\varrho}^T(s) = \int_0^\infty \mathrm{e}^{-st} \boldsymbol{r}^T(t) \, \mathrm{d}t ,$$

$$\boldsymbol{Q}_{\text{red}}(s) = \int_0^\infty \mathrm{e}^{-st} \boldsymbol{Q}_{\text{red}}(t) \, \mathrm{d}t$$

wird

$$\boldsymbol{g}^T(s) = \boldsymbol{g}^T(s) \cdot \boldsymbol{Q}_{\text{red}}(s) + \boldsymbol{\varrho}_T(s) \tag{A 5.7.11}$$

oder

$$\boldsymbol{g}^T(s) = \boldsymbol{\varrho}^T(s) \cdot \left(\boldsymbol{I} - \boldsymbol{Q}_{\text{red}}(s)\right)^{-1} .$$

Durch Spezialisierung der Teilmengen M_1, M_2 und M_3 läßt sich wie in den Abschnitten A 5.3 und A 5.4 eine Reihe von Folgerungen mit unmittelbar praktischer Anwendbarkeit ziehen.

So bedeutet θ z. B. für $M_3 = M_1 \mp M$, $M_2 = M \setminus M_1$ die Verweildauer in der Zustandsmenge M_1. Auch das oben auf andere Weise gewonnene Ergebnis (A 5.7.3) ergibt sich im Spezialfall von (A 5.7.910) für $\mu = 1, \ldots$

Bei der Untersuchung **absorbierender Semi-MARKOWscher Prozesse** interessiert man sich in erster Linie für das Verhalten des Prozesses bis zum Eintritt der Absorption. Solche Fragen lassen sich ebenfalls mit den Beziehungen (A 5.7.9) bis (A 5.7.11) beantworten, wenn man die Zustandsteilmengen M_1, M_2 und M_3 geeignet wählt. Setzt man M_2 gleich der Menge der absorbierenden Zustände, so gibt die oben eingeführte Größe θ gerade die Zeitdauer bis zur Absorption an.

Anwendung: Wir betrachten ein System, das aus n wiederherstellbaren Elementen besteht. Die 2^n verschiedenen Zustände des Systems werden in der Menge M zusammengefaßt, die in zwei Klassen eingeteilt werden können: die Zustände der Arbeitsfähigkeit des Systems (Teilmenge M_+)und die Ausfallzustände des Systems (Teilmenge M_-). Während seines Funktionsprozesses geht das System von einem Zustand in einen anderen über, wechselt zwischen den Zuständen innerhalb einer Klasse und gelangt schließlich in die andere Zustandsklasse. Der Übergang aus der Teilmenge M_+ in die Teilmenge M_- kann nicht von jedem beliebigen Zustand der Arbeitsfähigkeit aus erfolgen, sondern nur von einem Grenzzustand aus (Teilmenge m_+). Ebenso kann der Übergang aus der Teilmenge M_- in die Teilmenge M_+ nur von einem Zustand aus erfolgen, der zur Teilmenge der Grenzzustände m_- gehört. (Zur

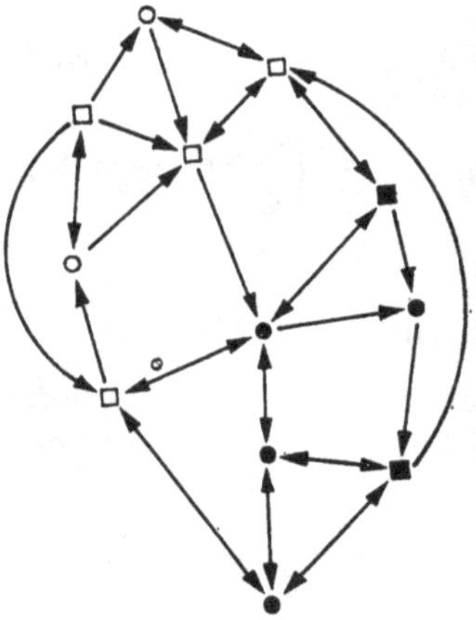

Abb. A 5.7.2. Beispiele für die Teilmengen M_+, M_-, m_+ und m_- in einem vorgegebenen Übergangsgraphen:

○ – Zustand der Arbeitsfähigkeit (Teilmenge M_+);
● – Zustand des Ausgefallenseins (Teilmenge M_-);
□ – Grenzzustand der Arbeitsfähigkeit (Teilmenge m_+);
■ – Grenzzustand des Ausgefallenseins (Teilmenge m_-).

Erläuterung wurden die Teilmengen M_+, M_-, m_+, m_- in Abb. A 5.7.2, die einen angenommenen Übergangsgraphen zeigt, eingetragen.)

Der zufällige Prozeß der „Irrfahrt" durch die Zustände der Arbeitsfähigkeit und des Ausfalls des Systems entspricht einem alternierenden Prozeß $\{\theta, \xi\}$, wobei θ die zufällige Arbeitszeit zwischen Ausfällen und ξ die zufällige Stillstandszeit des Systems ist. Nach längerer Laufzeit stellen sich stationäre Verhältnisse ein.

Es sollen Formeln für die Erwartungswerte und höheren Momente der Größen θ und ξ des stationären Prozesses angegeben werden, wenn er als Semi-Markowscher Prozeß beschrieben werden kann. Schließlich sind die gleichen Angaben für einen homogenen Markowschen Prozeß zu machen. Zur Ermittlung der Verteilungsfunktion und der Momente von θ kann man die allgemeine Fragestellung auf S. 549 und ihre Lösung benutzen. Bei der hier interessierenden Anwendung wird $M_1 = M_3 = M_+$ und $M_2 = M_-$.

Wir fragen zunächst nach der bedingten Wahrscheinlichkeit dafür, daß der Prozeß im Intervall $(t, t + x)$ in die Teilmenge M_- übergeht – unter der Bedingung, daß er z. Z. t in den Zustand $z_i \in M_+$ übergegangen ist. Auf Grund der vorausgesetzten Stationarität kann diese Wahrscheinlichkeit nicht vom Zeitpunkt t abhängen, sondern nur von der Intervallänge x.

Verteilungsfunktion und Momente der (bedingten) Verweildauer θ_i ergeben sich für alle $z_i \in M_+$ aus den Beziehungen (A 5.7.9) und (A 5.7.10). Die Partitionierung der Matrizen läßt sich hier sinnfällig durch „+" und „–" charakterisieren und ergibt

$$\boldsymbol{G}^T(t) = \boldsymbol{G}^T(t) * \boldsymbol{Q}_{++}(t) + \boldsymbol{1}^T \boldsymbol{Q}_{-+}(t)\,, \qquad \text{(A 5.7.12)}$$

$$\boldsymbol{M}_\mu^T = \boldsymbol{M}_\mu^T \boldsymbol{P}_{++} + \boldsymbol{1}^T \boldsymbol{P}_{-+}^{(\mu)} + \sum_{\varkappa=0}^{\mu-1} \binom{\mu}{\varkappa} \boldsymbol{M}_\varkappa^T \boldsymbol{P}_{++}^{(\mu-\varkappa)}\,. \qquad \text{(A 5.7.13)}$$

Der Vektor $\boldsymbol{M}_0^T$ besteht aus lauter Einsen. Das Gleichungssystem

$$\boldsymbol{s}^T = \boldsymbol{1}^T \boldsymbol{P}_{-+} = \boldsymbol{M}_0^T(\boldsymbol{I} - \boldsymbol{P}_{++})$$

besitzt die eindeutige Lösung $\boldsymbol{M}_0^T = \boldsymbol{1}^T$, da sämtliche Spaltensummen von $\boldsymbol{P}$ den Wert 1 ergeben.

Auch der Wahrscheinlichkeits-Fixvektor $\boldsymbol{\pi}$ der eingebetteten MARKOWschen Kette läßt sich in $\boldsymbol{\pi}_+$ und $\boldsymbol{\pi}_-$ zerlegen, $\boldsymbol{\pi}^T = (\boldsymbol{\pi}_+^T, \boldsymbol{\pi}_-^T)$. Die Beziehung $\boldsymbol{P\pi} = \boldsymbol{\pi}$ geht damit über in

$$\left.\begin{aligned} \boldsymbol{P}_{++}\boldsymbol{\pi}_+ + \boldsymbol{P}_{+-}\boldsymbol{\pi}_- &= \boldsymbol{\pi}_+ , \\ \boldsymbol{P}_{-+}\boldsymbol{\pi}_+ + \boldsymbol{P}_{--}\boldsymbol{\pi}_- &= \boldsymbol{\pi}_- . \end{aligned}\right\} \qquad \text{(A 5.7.14)}$$

Durchmultiplikation der Gl. (A 5.7.13) mit $\boldsymbol{\pi}_+$ ergibt mit (A 5.7.14):

$$\boldsymbol{M}_\mu^T \boldsymbol{\pi}_+ = \boldsymbol{M}_\mu^T(\boldsymbol{\pi}_+ - \boldsymbol{P}_{+-}\boldsymbol{\pi}_-) + \boldsymbol{1}^T \boldsymbol{P}_{-+}\boldsymbol{\pi}_+ + \sum_{\varkappa=0}^{\mu-1} \binom{\mu}{\varkappa} \boldsymbol{M}_\varkappa^T \boldsymbol{P}_{++}^{(\mu-\varkappa)}$$

oder

$$\boldsymbol{M}_\mu^T \boldsymbol{P}_{+-}\boldsymbol{\pi}_- = \boldsymbol{1}^T \boldsymbol{P}_{-+}^{(\mu)} \boldsymbol{\pi}_+ + \sum_{\varkappa=0}^{\mu-1} \binom{\mu}{\varkappa} \boldsymbol{M}_\varkappa^T \boldsymbol{P}_{++}^{(\mu-\varkappa)} \boldsymbol{\pi}_+ . \qquad \text{(A 5.7.15)}$$

Insbesondere erhält man für $\mu = 1$ mit $\boldsymbol{M}_0^T = \boldsymbol{1}^T$:

$$\boldsymbol{M}_1^T \boldsymbol{P}_{+-}\boldsymbol{\pi}_- = \boldsymbol{1}^T \boldsymbol{P}_{-+}^{(1)} \boldsymbol{\pi}_+ + \boldsymbol{1}^T \boldsymbol{P}_{++}^{(1)} \boldsymbol{\pi}_+ = \boldsymbol{T}_+^T \boldsymbol{\pi}_+ . \qquad \text{(A 5.7.16)}$$

Dabei faßt der Vektor $\boldsymbol{T}_+^T$ die mittleren absoluten Verweilzeiten in den Zuständen aus M_+ zusammen.

Zur Berechnung der Verteilungsfunktion und der Momente der Zeit θ müssen noch die Anfangszustands-Wahrscheinlichkeiten berücksichtigt werden. Bisher waren wir davon ausgegangen, daß der Prozeß zu einem (hinreichend „fernen") Zeitpunkt t aus der Teilmenge M_- in einen bestimmten Zustand $z_i \in M_+$ übergeht. Nun müssen die verschiedenen Möglichkeiten $z_i \in M_+$ noch richtig gewichtet werden. Gemäß den Beziehungen (A 5.7.2) und (A 5.7.3) ist die Wahrscheinlichkeit, daß bei stationären Verhältnissen im infinitesimalen Intervall $(t, t + \mathrm{d}t)$ ein Übergang von M_- in einen bestimmten Zustand $z_i \in M_+$ erfolgt, proportional

$$\sum_{j \in M_-} p_{ij}\pi_j \, \mathrm{d}t .$$

Folglich erhalten wir für die Verteilungsfunktion und die Momente der zufälligen Zeit θ die Beziehungen

$$F_\theta(x) = \frac{\sum\limits_{i \in M_+} G_i(x) \sum\limits_{j \in M_-} p_{ij}\pi_j}{\sum\limits_{i \in M_+} \sum\limits_{j \in M_-} p_{ij}\pi_j} = \frac{\boldsymbol{G}^T(x)\, \boldsymbol{P}_{+-}\boldsymbol{\pi}_-}{\boldsymbol{1}^T \boldsymbol{P}_{+-}\boldsymbol{\pi}_-} \qquad \text{(A 5.7.17)}$$

und

$$M(\theta^\mu) = \frac{\boldsymbol{M}_\mu^T \boldsymbol{P}_{+-}\boldsymbol{\pi}_-}{\boldsymbol{1}^T \boldsymbol{P}_{+-}\boldsymbol{\pi}_-} = \frac{\boldsymbol{1}^T \boldsymbol{P}_{-+}^{(\mu)} \boldsymbol{\pi}_+ + \sum\limits_{\varkappa=0}^{\mu-1} \binom{\mu}{\varkappa} \boldsymbol{M}_\varkappa^T \boldsymbol{P}_{++}^{(\mu-\varkappa)} \boldsymbol{\pi}_+}{\boldsymbol{1}^T \boldsymbol{P}_{+-}\boldsymbol{\pi}_-} . \qquad \text{(A 5.7.18)}$$

Für $\mu = 1$ erhält man mit (A 5.7.16)

$$M(\theta) = T = \frac{\boldsymbol{T}_+^T \boldsymbol{\pi}_+}{\boldsymbol{1}^T \boldsymbol{P}_{+-}\boldsymbol{\pi}_-} . \qquad \text{(A 5.7.19)}$$

Analoge Beziehungen kann man mit den gleichen Überlegungen für die zufällige Ausfallzeit ξ und ihre Momente herleiten:

$$F_\xi(x) = \frac{\tilde{\boldsymbol{G}}^T(x)\, \boldsymbol{P}_{-+}\boldsymbol{\pi}_+}{\boldsymbol{1}_\mu^T \boldsymbol{P}_{-+}\boldsymbol{\pi}_+} \qquad \text{(A 5.7.17')}$$

mit

$$\tilde{\boldsymbol{G}}^T(t) = \tilde{\boldsymbol{G}}^T(t) * \boldsymbol{Q}_{--}(t) + \boldsymbol{1}^T \boldsymbol{Q}_{+-}(t);$$

$$M(\xi^\mu) = \frac{\tilde{\boldsymbol{M}}_\mu^T \boldsymbol{P}_{-+}\boldsymbol{\pi}_+}{\boldsymbol{1}_\mu^T \boldsymbol{P}_{-+}\boldsymbol{\pi}_+} \qquad \text{(A 5.7.18')}$$

mit

$$\tilde{\boldsymbol{M}}_\mu^T = \tilde{\boldsymbol{M}}_\mu^T \boldsymbol{P}_{--} + \boldsymbol{1}^T \boldsymbol{P}_{+-}^{(\mu)} + \sum_{\varkappa=0}^{\mu-1} \binom{\mu}{\varkappa} \tilde{\boldsymbol{M}}_\varkappa^T \boldsymbol{P}_{--}^{(\mu-\varkappa)};$$

speziell für $\mu = 1$:

$$M(\xi) = \tau = \frac{\boldsymbol{T}_-^T \boldsymbol{\pi}_-}{\boldsymbol{1}^T \boldsymbol{P}_{-+}\boldsymbol{\pi}_+}. \qquad \text{(A 5.7.19')}$$

Bisher wurden die Teilzustandsmengen m_+ und m_- nicht benutzt. Sie spiegeln sich in den Matrizen $\boldsymbol{P}_{-+}$ und $\boldsymbol{P}_{+-}$ wider: Ist m_+ eine echte Untermenge von M_+, so sind die nicht zu m_+ gehörenden Spalten von $\boldsymbol{P}_{-+}$ Nullspalten. Ist m_- eine echte Untermenge von M_-, so sind die nicht zu m_- gehörenden Spalten von $\boldsymbol{P}_{+-}$ Nullspalten.

Unter Ausnutzung dieser Teilmengen kann man z. B. die Formeln (A 5.7.19) und (A 5.7.19') wie folgt schreiben:

$$\left.\begin{aligned} T &= \sum_{j \in M_+} T_j \pi_j \Big(\sum_{i \in M_+} \sum_{j \in m_-} p_{ij}\pi_j\Big)^{-1}, \\ \tau &= \sum_{j \in M_-} T_j \pi_j \Big(\sum_{i \in M_-} \sum_{j \in m_+} p_{ij}\pi_j\Big)^{-1}. \end{aligned}\right\} \qquad \text{(A 5.7.19'')}$$

Ist der betrachtete Prozeß ein homogener MARKOWscher Prozeß, so lassen sich die gesuchten Beziehungen auf ähnliche Art und Weise mit Hilfe der Ergebnisse des Abschn. A 5.4 herleiten. Schneller kommt man jedoch zum Ziel, wenn man bedenkt, daß die homogenen MARKOWschen Prozesse Spezialfälle der Semi-MARKOWschen Prozesse sind. Diesen Spezialfall kann man wie folgt charakterisieren: Für die Elemente der Matrix $\boldsymbol{P}$ gilt

$$p_{ij} = \frac{\Lambda_{ij}}{\sum\limits_{k \neq j} \Lambda_{kj}} \qquad \text{für } i \neq j,$$

$$p_{jj} = 0.$$

Der Wahrscheinlichkeits-Fixvektor $\boldsymbol{\pi}$ ergibt sich wie bisher aus

$$\boldsymbol{P}\boldsymbol{\pi} = \boldsymbol{\pi}.$$

Für die absoluten Verweilzeiten T_j gilt

$$T_j = \Big(\sum_{k \neq j} \Lambda_{kj}\Big)^{-1}.$$

Damit erhält man z. B. aus (A 5.7.19″) die Beziehungen

$$T = \sum_{j \in M_+} \frac{\pi_j}{\left(\sum\limits_{\substack{k \in M \\ k \neq j}} \Lambda_{kj}\right)} \left(\sum_{i \in M_+} \sum_{j \in m_-} \frac{\Lambda_{ij} \pi_j}{\left(\sum\limits_{\substack{k \in M \\ k \neq j}} \Lambda_{kj}\right)} \right)^{-1}, \tag{A 5.7.20}$$

$$\tau = \sum_{j \in M_-} \frac{\pi_j}{\left(\sum\limits_{\substack{k \in M \\ k \neq j}} \Lambda_{kj}\right)} \left(\sum_{i \in M_-} \sum_{j \in m_+} \frac{\Lambda_{ij} \pi_j}{\left(\sum\limits_{\substack{k \in M \\ k \neq j}} \Lambda_{kj}\right)} \right)^{-1}. \tag{A 5.7.20'}$$

A 5.8. Eingebettete und vergröberte Semi-MARKOWsche Prozesse

Mitunter sind von den m Zuständen eines unzerlegbaren Semi-MARKOWschen Prozesses nur die $\tilde{m}$ ($< m$) Zustände einer Teilmenge $\tilde{M}$ für bestimmte Aussagen von Belang. Die Matrix der zeitabhängigen Übergangswahrscheinlichkeiten $\boldsymbol{Q}(t)$ und ebenso ihre LAPLACE-Transformierte $\boldsymbol{Q}(s)$ besitzen dann — ggf. nach einer Umnumerierung der Zustände — die natürliche Partitionierung

$$\begin{array}{cc} \tilde{M} & M \setminus \tilde{M} \end{array}$$

$$\boldsymbol{Q} = \begin{pmatrix} \boldsymbol{Q}_{11} & \boldsymbol{Q}_{12} \\ \boldsymbol{Q}_{21} & \boldsymbol{Q}_{22} \end{pmatrix} \begin{matrix} \tilde{M} \\ M \setminus \tilde{M} \end{matrix}. \tag{A 5.8.1}$$

Mit Hilfe der oben formulierten Relation (A 5.5.11) kann man zeigen, daß die LAPLACE-Transformierte $\tilde{\boldsymbol{Q}}(s)$ der Übergangsmatrix $\tilde{\boldsymbol{Q}}(t)$ zwischen den Zuständen der Teilmenge $\tilde{M}$ gilt

$$\tilde{\boldsymbol{Q}}(s) = \boldsymbol{Q}_{11}(s) + \boldsymbol{Q}_{12}(s) \left(\boldsymbol{I} - \boldsymbol{Q}_{22}(s)\right)^{-1} \boldsymbol{Q}_{21}(s) \,. \tag{A 5.8.2}$$

Die Matrix $\tilde{\boldsymbol{Q}}$ repräsentiert wiederum einen unzerlegbaren Semi-MARKOWschen Prozeß mit der Zustandsmenge $\tilde{M}$.

Mit jedem Zustandsübergang wird bei einem Semi-MARKOWschen Prozeß quasi die gesamte Vorgeschichte „ausgelöscht“. Jeder Übergangszeitpunkt ist ein echter Regenerationspunkt innerhalb des Prozeßablaufes. Bei vielen technischen Anwendungen aber ist diese charakteristische Semi-MARKOWsche Eigenschaft

$$P\{(\xi_\nu \leqq t) \wedge (Z_\nu = z_j) \mid \xi_{\nu-1}, Z_{\nu-1} = z_i\} = P\{(\xi_\nu \leqq t) \wedge (Z_\nu = z_j) \mid Z_{\nu-1} = z_i\} \tag{A 5.8.3}$$

nicht für alle Zustände z_i erfüllt, weil die Verweildauer $\xi_{\nu-1}$ im Vorläuferzustand eben doch eine Rolle spielt.

Beispiel A 5.8.1

Ein System besteht aus zwei gleichartigen Einheiten. Repariert oder überprüft kann auf Grund der gegebenen Arbeitskräftesituation jeweils nur eine Einheit werden. Sind beide Einheiten arbeitsfähig, so wird eine im on-line-Betrieb, die andere im off-line-Betrieb benutzt. Bei Ausfall der on-line-Einheit wird die andere Einheit augenblicklich auf on-line-Betrieb umgestellt. Ein Ausfall der off-line-Einheit kann nur durch eine spezielle Überprüfung, die in zufälligen Zeitabständen erfolgt, entdeckt werden. Während also ein Ausfall der on-line-Einheit sofort entdeckt wird, kann ein Ausfall der off-line-Einheit nur zum Zeitpunkt einer Überprüfung oder beim Umschalten erkannt werden.

Die Untersuchung soll unter den folgenden idealisierenden Bedingungen erfolgen. Die Arbeitszeiten der beiden Einheiten sind jeweils exponentialverteilt, und zwar möglicherweise mit unterschiedlichen Ausfallraten für on-line und off-line Betrieb. Die Arbeitszeiten, die Reparaturzeiten und die Überprüfungsintervalle sind voneinander unabhängige Zufallsgrößen, die Zeitdauer einer Überprüfung ist vernachlässigbar klein. Durch eine Reparatur wird der Neuzustand der Einheit wiederhergestellt.

Eine sinnvolle Wahl der Systemzustände ist die folgende:

z_1 — eine Einheit arbeitet im on-line-Betrieb, für die andere im off-line-Betrieb wurde ebenfalls noch kein Ausfall festgestellt;

z_2 — eine Einheit ist ausgefallen und wird repariert, die andere arbeitet im on-line-Betrieb;

z_3 — die on-line-Einheit ist ausgefallen; beim Umschalten wurde bemerkt, daß auch die off-line-Einheit ausgefallen war; eine Einheit wird nun repariert;

z_4 — die on-line-Einheit ist während der Reparatur der anderen Einheit ausgefallen.

Offenbar sind die Zustände z_1 und z_2 Zustände der Arbeitsfähigkeit des Systems, während z_3 und z_4 Ausfallzustände darstellen. Mit jedem Übergang in den Zustand z_1 liegen zwei quasi neuwertige Einheiten vor. Die Vorgeschichte bis zu diesem Übergang spielt für das weitere keine Rolle.

Mit jedem Übergang in den Zustand z_2 liegt eine quasi neuwertige Einheit vor, während die Reparatur der anderen begonnen wird. Die Vorgeschichte bis zu diesem Übergang spielt für das weitere keine Rolle.

Mit jedem Übergang in den Zustand z_3 liegen zwei ausgefallene Einheiten vor; die Reparatur der einen wird gerade begonnen. Die Vorgeschichte bis zu diesem Übergang spielt für das weitere keine Rolle.

Mit jedem Übergang in den Zustand z_4 finden wir eine soeben ausgefallene Einheit vor und die Reparatur der anderen Einheit ist noch nicht beendet. Offenbar hängt die Verweilzeit im Zustand z_4 davon ab, wie lange sich der Prozeß im Vorgängerzustand z_2 befunden hat. Die Semi-MARKOWsche Eigenschaft (A 5.8.1) ist hier verletzt.

Also ist der betrachtete Prozeß kein Semi-MARKOWscher Prozeß. Wenn der Prozeß kein Semi-MARKOWscher Prozeß ist, so wird man prüfen, ob eingebettete Semi-MARKOWsche Prozesse existieren, vgl. Abschn. A 5.1, insbesondere Abb. A 5.1.4. Das ist der Fall, wenn es eine Teilzustandsmenge $\widetilde{M}$ gibt, für die der eingebettete Prozeß $\{\widetilde{Z}(t); t \geqq 0\}$, der nur die Übergänge in Zustände aus $\widetilde{M}$ berücksichtigt, ein Semi-MARKOWscher Prozeß ist. Dann muß also gelten

$$P\{(\widetilde{\xi}_\nu \leqq (t) \wedge (\widetilde{Z}_\nu = z_j) \mid \widetilde{\xi}_{\nu-1}, \widetilde{Z}_{\nu-1} = z_i) = P\{(\widetilde{\xi}_\nu \leqq t) \wedge (\widetilde{Z}_\nu = z_j) \mid Z_{\nu-1} = z_i\}$$

$$\text{für alle } z_i, z_j \in \widetilde{M} \,. \tag{A 5.8.4}$$

Beispiel A 5.8.2

Man gebe zum Beispiel A 5.8.1 Zustandsteilmengen $\tilde{M}$ an, für die der zugehörende eingebettete Prozeß $\{\tilde{Z}(t); t \geqq 0\}$ semi-MARKOWsch wird.

Lösung

Auf Grund der oben geführten Diskussion ist erkennbar, daß der zu $\tilde{M} = \{z_1, z_2, z_3\}$ oder der zu einer beliebigen nichtleeren Teilmenge von $\tilde{M}$, also zu $\{z_1\}$, $\{z_2\}$, $\{z_3\}$, $\{z_1, z_2\}$, $\{z_1, z_3\}$ oder $\{z_2, z_3\}$, gehörende eingebettete Prozeß semi-MARKOWsch ist. Gehört ein Zustand z_i zu einer solchen Teilmenge $\tilde{M}$, so lassen sich alle Zeitpunkte des Übergangs in den Zustand z_i als z_i-Erneuerungen im Sinne echter Regenerationspunkte interpretieren. Durch die einelementige Menge $\{z_i\}$ wird ein z_i-Erneuerungsprozeß festgelegt. Die Abstände zwischen aufeinander folgenden z_i-Erneuerungen sind stets dieselben, unabhängig davon, ob man den zuletzt genannten z_i-Erneuerungsprozeß für sich, ob man einen eingebetteten Semi-MARKOWschen Prozeß $\{\tilde{Z}(t); t \geqq 0\}$ mit einer mehrelementigen Zustandsmenge $\tilde{M}$, die auch z_i enthält, oder ob man den ursprünglichen Prozeß $\{Z(t); t \geqq 0\}$ mit der Gesamtzustandsmenge M betrachtet.

Nach diesen Vorbereitungen fällt es leicht, den Gültigkeitsbereich der im Abschn. A 5.7 gebrachten Formeln (A 5.7.2) bis (A 5.7.6) auf der Grundlage des oben skizzierten Beweises klarer zu formulieren:

Die Formel (A 5.7.2) gilt für diejenigen Zustände z_j eines Prozesses $\{Z(t); t \geqq 0\}$, dessen Übergangszeitpunkte in den Zustand z_j einen Erneuerungsprozeß definieren und dessen Übergangswahrscheinlichkeit, im nachfolgenden Intervall der Länge x in den Zustand z_k zu gelangen, gleich $Q_{kj}(x) = p_{kj}F_{kj}(x)$ ist.

L_{jj} ist der mittlere Abstand zwischen zwei benachbarten z_j-Erneuerungspunkten. Er kann aus jedem eingebetteten Semi-MARKOWschen Prozeß, zu dessen Zustandsmenge auch z_j gehört, berechnet werden. L_{jj} kann aber auch aus der Formel (A 5.7.3) ermittelt werden, wenn $\{Z(t); t \geqq 0\}$ nicht unbedingt ein Semi-MARKOWscher Prozeß ist. Die oben angeführte Herleitung der Formel (A 5.7.3) basiert auf dem Ansatz (A 5.7.7) und der Beziehung (A 5.7.4). Damit wird von dem Prozeß $\{Z(t); t \geqq 0\}$ aber nur vorausgesetzt, daß er unzerlegbar ist und daß eine eingebettete MARKOWsche Kette, die durch die Matrix $\boldsymbol{P}$ beschrieben wird, existiert. Bei der Berechnung der ununterbrochenen Verweildauer T_k in einem Zustand z_k, der der semi-MARKOWschen Eigenschaft (A 5.8.1) nicht genügt, kann die Formel (A 5.5.5) nicht verwendet werden.

Beispiel A 5.8.3

Für das Beispiel A 5.8.1 soll die Wahrscheinlichkeit dafür berechnet werden, daß das dublierte System nach längerer Zeit im Zustand z_1 angetroffen wird.

Die Rechnung soll auf dreierlei Wegen erfolgen:

a) auf der Grundlage des ursprünglichen Prozesses $\{Z(t); t \geqq 0\}$, der nicht semi-MARKOWsch ist,

b) auf der Grundlage des eingebetteten Semi-MARKOWschen Prozesses $\{\tilde{Z}(t); t \geqq 0\}$ mit der Zustandsmenge $\tilde{M} = \{z_1, z_2\}$,

c) auf der Grundlage des z_1-Erneuerungsprozesses, d. h. des eingebetteten Semi-MARKOWschen Prozesses mit der Zustandsmenge $\{z_1\}$.

Lösung

Im folgenden bedeuten:

θ_a die Arbeitszeit einer Einheit im on-line Regime,

θ_r die Arbeitszeit einer Einheit im off-line Regime (heiße Reserve),

η die Reparaturzeit einer Einheit,

ζ die Zeit bis zur Entdeckung eines Ausfalls der Reserveeinheit – gerechnet vom Zeitpunkt der Inbetriebnahme der arbeitsfähigen Einheit im off-line Regime.

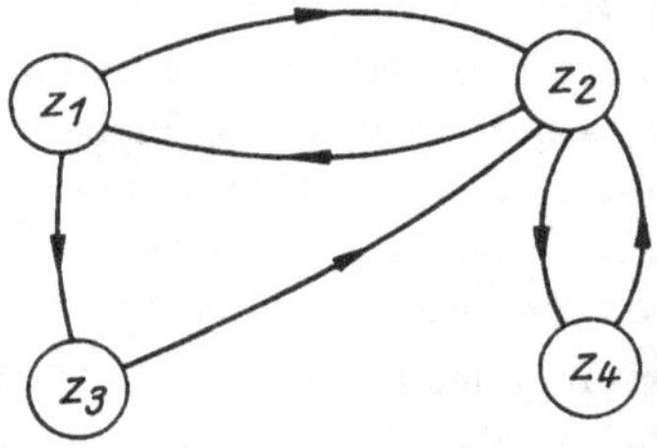

Abb. A 5.8.1. Übergangsgraph zum Beispiel A 5.8.1

a) Aus Abb. A 5.8.1 kann man ohne Rechnung die zum Prozeß $\{Z(t); t \geqq 0\}$ gehörende Matrix $\boldsymbol{P}$, die die eingebettete MARKOWsche Kette beschreibt, entnehmen:

$$\boldsymbol{P} = \begin{array}{c|cccc} & z_1 & z_2 & z_3 & z_4 \\ \hline z_1 & 0 & p_{12} & 0 & 0 \\ z_2 & p_{21} & 0 & p_{23} & p_{34} \\ z_3 & p_{31} & 0 & 0 & 0 \\ z_4 & 0 & p_{42} & 0 & 0 \end{array} = \begin{pmatrix} 0 & p_{12} & 0 & 0 \\ p_{21} & 0 & 1 & 1 \\ 1 - p_{21} & 0 & 0 & 0 \\ 0 & 1 - p_{12} & 0 & 0 \end{pmatrix}.$$

Aus $\boldsymbol{P\pi} = \boldsymbol{\pi}$ und $\sum_{i=1}^{4} \pi_i = 1$ erhält man den Zustandsfixvektor

$$\boldsymbol{\pi} = \frac{1}{2 + p_{12}(1 - p_{21})} \begin{pmatrix} p_{12} \\ 1 \\ p_{12}(1 - p_{21}) \\ 1 - p_{12} \end{pmatrix}.$$

Für die Übergangswahrscheinlichkeiten p_{12} und p_{21} ergeben sich gemäß der oben gegebenen Beschreibung des Systemverhaltens die Beziehungen

$$p_{21} = P\{\theta_a < \theta_r\} + P\{\zeta < \theta_a\},$$

$$p_{12} = P\{\eta \leqq \theta_a\},$$

während für die mittleren Aufenthaltszeiten in den Zuständen z_1, z_2, z_3, z_4 gilt:

$$T_1 = M(\min(\theta_a, \zeta)), \qquad T_2 = M(\min(\theta_a, \eta)),$$

$$T_3 = M(\eta), \qquad T_4 = M(\eta - \theta_a \mid \eta > \theta_a).$$

Für die mittlere Zeit zwischen zwei aufeinander folgenden Übergängen in den Zustand z_1 erhalten wir damit

$$L_{11} = \frac{1}{\pi_1} \sum_{i=1}^{4} \pi_i T_i = T_1 + \frac{1}{p_{12}} T_2 + (1 - p_{21}) T_3 + \frac{1 - p_{12}}{p_{12}} T_4. \qquad \text{(A 5.8.5)}$$

Die gesuchte Wahrscheinlichkeit ergibt sich aus

$$\lim_{t\to\infty} P\{Z(t) = z_1\} = \frac{T_1}{L_{11}}.$$

b) Der eingebettete semi-MARKOWsche Prozeß $\{\tilde{Z}(t); t \geqq 0\}$ mit der Zustandsmenge $\tilde{M} = \{z_1, z_2\}$ besitzt eine eingebettete MARKOWsche Kette mit der Matrix

$$\begin{aligned}\tilde{\boldsymbol{P}} &= \begin{pmatrix} 0 & p_{12} \\ p_{21} & 0 \end{pmatrix} + \begin{pmatrix} 0 & 0 \\ 1 & 1 \end{pmatrix} (\boldsymbol{I} - \boldsymbol{0})^{-1} \begin{pmatrix} 1 - p_{21} & 0_2 \\ 0 & 1 - p_{12} \end{pmatrix} \\ &= \begin{pmatrix} 0 & p_{12} \\ p_{21} & 0 \end{pmatrix} + \begin{pmatrix} 0 & 0 \\ 1 - p_{21} & 1 - p_{12} \end{pmatrix} = \begin{pmatrix} 0 & p_{12} \\ 1 & 1 - p_{12} \end{pmatrix}.\end{aligned}$$

Natürlich kann man $\tilde{\boldsymbol{P}}$ für dieses einfache Beispiel ohne Rechnung hinschreiben, hier wurde jedoch bewußt die Formel (A 5.3.8) angewendet. Aus $\tilde{\boldsymbol{P}}\tilde{\boldsymbol{\pi}} = \tilde{\boldsymbol{\pi}}$ und $\tilde{\pi}_1 + \tilde{\pi}_2 = 1$ erhält man den Zustandsfixvektor,

$$\tilde{\boldsymbol{\pi}} = \frac{1}{1 + p_{12}} \begin{pmatrix} p_{12} \\ 1 \end{pmatrix}.$$

Für die Verweildauern des Prozesses $\{\tilde{Z}(t); t \geqq 0\}$ in den Zuständen z_1 und z_2 gilt

$$\begin{aligned}\tilde{T}_1 &= T_1 + p_{31} T_3 = T_1 + (1 - p_{21})\, T_3, \\ \tilde{T}_2 &= T_2 + p_{42} T_4 = T_2 + (1 - p_{12})\, T_4 = T_3.\end{aligned}$$

Die letzte Umformung sieht man wie folgt ein:

$$\begin{aligned}T_2 + (1 - p_{12})\, T_4 &= M(\min(\theta_a, \eta)) + P\{\eta > \theta_a\} \cdot M(\eta - \theta_a \mid \eta > \theta_a) \\ &= M(\eta) = T_3.\end{aligned}$$

Die mittlere Zeit zwischen zwei aufeinander folgenden Übergängen in den Zustand z_1 wird

$$\begin{aligned}L_{11} &= \frac{1}{\tilde{\pi}_1} \sum_{i=1}^{2} \tilde{\pi}_i \tilde{T}_i \\ &= \tilde{T}_1 + \frac{1}{p_{12}} \tilde{T}_2 = T_1 + (1 - p_{21})\, T_3 + \frac{1}{p_{12}} [T_2 + (1 - p_{12})\, T_4] \\ &= T_1 + \left[1 - p_{21} + \frac{1}{p_{12}}\right] T_3. \qquad \text{(A 5.8.6)}\end{aligned}$$

Die Ergebnisse (A 5.8.6) und (A 5.8.5) stimmen offensichtlich überein. Auf dem Lösungsweg b) erhält man also das gleiche Resultat wie auf dem Lösungsweg a),

$$\lim_{t\to\infty} P\{Z(t) = z_1\} = \frac{T_1}{L_{11}}.$$

c) Bezeichnen wir den z_1-Erneuerungsprozeß mit $\{\tilde{\tilde{Z}}(t); t \geqq 0\}$, so entartet die Matrix $\tilde{\tilde{\boldsymbol{P}}}$ der zugehörenden eingebetteten MARKOWschen Kette natürlich zum Wert 1. Das läßt sich aber auch mit der Formel (A 5.3.8) aus der unter a) angegebenen Matrix $\boldsymbol{P}$ oder der unter b) angegebenen Matrix $\tilde{\boldsymbol{P}}$ herleiten. Gehen wir z. B. von $\tilde{P}$ aus, so wird

$$\tilde{\tilde{\boldsymbol{P}}} = 0 + p_{12}(1 - (1 - p_{12}))^{-1} \cdot 1 = 1.$$

Der Fixvektor $\tilde{\tilde{\boldsymbol{\pi}}}$ ist einkomponentig mit dem Wert 1.

Für die mittlere ununterbrochene Verweilzeit des Prozesses $\{\tilde{\tilde{Z}}(t); t \geqq 0\}$ im Zustand z_1 gilt

$$\begin{aligned}\tilde{\tilde{T}}_1 &= \tilde{T}_1 + \tilde{T}_2 + \tilde{p}_{22}(\tilde{T}_2 + \tilde{p}_{22}[\tilde{T}_2 + \tilde{p}_{22}\{\ldots\}]) \\ &= \tilde{T}_1 + (1 - \tilde{p}_{22})^{-1}\,\tilde{T}_2 \\ &= T_1 + (1 - p_{21})\,T_3 + p_{12}^{-1}T_3\,.\end{aligned}$$

Das ist zugleich die mittlere Zeit zwischen zwei aufeinander folgenden Übergängen in den Zustand z_1:

$$L_{11} = \frac{1}{\tilde{\tilde{\pi}}_1}\,\tilde{\tilde{\pi}}_1\tilde{\tilde{T}}_1 = \tilde{\tilde{T}}_1\,.$$

Auf dem Lösungsweg c) erhält man also das gleiche Resultat wie auf den Lösungswegen b) und a):

$$\lim_{t\to\infty} P\{Z(t) = z_1\} = \frac{T_1}{L_{11}}\,.$$

Auch die Formeln (A 5.7.9), (A 5.7.10) und (A 5.7.11) kann man unter Umständen bei Prozessen anwenden, die nicht semi-MARKOWsch sind. Es muß lediglich gewährleistet sein, daß sich der Prozeß bis zum fraglichen Übergang in die Zustandsteilmenge M_2 wie ein semi-MARKOWscher Prozeß verhält. Das anschließende Verhalten kann auf die zufällige Zeit θ keinen Einfluß ausüben.

Beispiel A 5.8.4

Das im Beispiel A 5.8.1 beschriebene dublierte System möge zu einem Startzeitpunkt $t = 0$ in den Zustand z_1 bzw. z_2 übergegangen sein. Gefragt wird nach der Zeit θ_1 bzw. θ_2 bis zum nächstfolgenden Übergang in einen Ausfallzustand. Es sind Formeln zur Berechnung der Verteilungsfunktion und der Momente von θ_1 und θ_2 anzugeben.

Lösung

Die Aufgabe ordnet sich der auf S. 549 formulierten Problemstellung unter. Als Zustandsteilmengen haben wir zu wählen:

$$M_1 = M_3 = \{z_1, z_2\}\,, \qquad M_2 = \{z_3, z_4\}\,.$$

Vor dem erstmaligen Übergang in M_2 verhält sich das dublierte System offensichtlich wie ein Semi-MARKOWscher Prozeß, so daß die Formeln (A 5.7.9), (A 5.7.10) und (A 5.7.11) anwendbar sind:

$$\boldsymbol{Q}_{\text{red}}(t) = \begin{pmatrix} Q_{11}(t) & Q_{12}(t) \\ Q_{21}(t) & Q_{22}(t)\end{pmatrix} = \begin{pmatrix} 0 & p_{12}F_{12}(t) \\ p_{21}F_{21}(t) & 0\end{pmatrix},$$

$$\begin{aligned}\boldsymbol{r}^T(t) &= \big(Q_{31}(t) + Q_{41}(t), Q_{32}(t) + Q_{42}(t)\big) \\ &= \big((1 - p_{21})\cdot F_{31}(t), (1 - p_{12})\cdot F_{42}(t)\big)\,.\end{aligned}$$

Bezeichnen wir die LAPLACE-Transformierten der Verteilungsfunktionen $F_{ji}(t)$ mit $\psi_{ji}(s)$ und lassen aus $\boldsymbol{r}^T(t)$ den LAPLACE-transformierten Vektor $\boldsymbol{\varrho}^T(s)$ hervorgehen, so erhält (A 5.7.11) für das vorliegende Beispiel die Gestalt

$$(g_1(s), g_2(s)) = (g_1(s), g_2(s)) \begin{pmatrix} 0 & p_{12}\psi_{12}(s) \\ p_{21}\psi_{21}(s) & 0 \end{pmatrix} + ((1 - p_{21})\,\psi_{31}(s), (1 - p_{12})\,\psi_{42}(s)),$$

$$g_1(s) = + p_{21}\psi_{21}(s)\, g_2(s) + (1 - p_{21})\,\psi_{31}(s),$$

$$g_2(s) = p_{12}\psi_{12}(s) + (1 - p_{12})\,\psi_{42}(s).$$

Gemäß (A 5.7.10) berechnen wir zunächst

$$\boldsymbol{M}_0^T = \mathbf{s}^T(\boldsymbol{I} - \boldsymbol{P}_{\text{red}})^{-1} = (1 - p_{21}, 1 - p_{12}) \begin{pmatrix} 1 & -p_{12} \\ -p_{21} & 1 \end{pmatrix}^{-1} = (1, 1).$$

Das Ergebnis bestätigt, daß der fragliche Übergang in einen Ausfallzustand mit Sicherheit stattfindet — gleichgültig, ob man in z_1 oder z_2 startet.

Folglich sind auch die uns interessierenden Größen θ_1 bzw. θ_2 Zufallsgrößen im üblichen Sinne der Wahrscheinlichkeitsberechnung. Ihre Verteilungsfunktionen ergeben sich durch LAPLACE-Rücktransformation von $g_i(s)$:

$$P\{\theta_i \leqq t\} = \mathscr{L}^{-1}\{g_i(s)\}, \qquad i = 1, 2.$$

Die μ-ten Momente von θ_i ergeben sich jeweils als die i-ten Komponenten der Vektoren $\boldsymbol{M}_\mu^T$ auf der Grundlage der Formel (A 5.7.10). Insbesondere erhält man für $\mu = 1$ die Erwartungswerte

$$\begin{aligned} \boldsymbol{M}_1^T &= \left[\mathbf{s}_{(1)}^T + (1, 1)\begin{pmatrix} 0 & p_{12}^{(1)} \\ p_{21}^{(1)} & 0 \end{pmatrix}\right]\begin{pmatrix} 1 & -p_{12} \\ -p_{21} & 1 \end{pmatrix}^{-1} \\ &= [p_{31}^{(1)} + p_{21}^{(1)}, p_{42}^{(1)} + p_{12}^{(1)}]\begin{pmatrix} 1 & -p_{12} \\ -p_{21} & 1 \end{pmatrix}^{-1} \\ &= (T_1, T_2)\begin{pmatrix} 1 & -p_{12} \\ -p_{21} & 1 \end{pmatrix}^{-1} \\ &= \frac{1}{1 - p_{12}p_{21}}(t_1 + T_2p_{21}, T_2 + T_1 + T_1p_{12}). \end{aligned}$$

Bei der vorletzten Umformung wurde die Beziehung (A 5.7.5) ausgenutzt.

Oft interessieren Aussagen über einen stochastischen Prozeß, der aus einem ursprünglichen Prozeß durch **Vergröberungen** hervorgegangen ist. Man faßt Zustandsteilmengen gewissermaßen als Hyperzustände zusammen, z. B. alle Ausfallzustände und alle Zustände der Arbeitsfähigkeit, und fragt nur noch nach den Übergangsmöglichkeiten zwischen diesen Teilmengen. Leider können bei einer derartigen Einteilung der Gesamtzustandsmenge $M = \{z_1, \ldots, z_m\}$ in elementfremde Teilmengen $\{M_1, M_2, \ldots, M_s\} = M$, $s < m$, wesentliche Eigenschaften des ursprünglichen Prozesses verloren gehen. Wir wollen uns die Verhältnisse an der in den Prozeß $\{Z(t); t \geqq 0\}$ eingebetteten MARKOWschen Kette vergegenwärtigen. Eine MARKOWsche Kette mit der Übergangsmatrix $\boldsymbol{P}$ heißt vergröberbar in bezug auf eine elementefremde Einteilung $\{M_1, \ldots, M_s\}$ der Zustände, wenn für jeden beliebigen Anfangsvektor $\boldsymbol{p}(0)$ der ursprünglichen MARKOWschen Kette für die vergröberte Folge gilt:

$$\begin{aligned} &P\{Z_\nu \in M_j \mid Z_{\nu-1} \in M_i, \ldots, Z_1 \in M_k, Z_0 \in M_l\} \\ &= P\{Z_\nu \in M_j \mid Z_{\nu-1} \in M_i\}. \end{aligned}$$

Man kann zeigen, daß eine MARKOWsche Kette in bezug auf eine disjunkte Zustandseinteilung $\{M_1, \dots, M_s\}$ genau dann vergröberbar ist, wenn für jedes Paar M_i und M_j der Wert $\sum_{z_l \in M_j} p_{lk}$ für alle k mit $z_k \in M_i$ übereinstimmt. Diese gemeinsamen Werte $(\check{p}_{ji})$ bilden die Übergangsmatrizen $\check{P}$ s-ter Ordnung der vergröberten MARKOWschen Kette.

Es ist einleuchtend, daß die vorstehenden Bedingungen notwendig auch für die Vergröberungen von Semi-MARKOWschen Prozessen erfüllt sein müssen.

Beispiel A 5.8.5

Bei dem in den vorangehenden Beispielen diskutierten dublierten System erscheint vor allem eine Vergröberung in Zustände der Arbeitsfähigkeit und des Ausfalls technisch sinnvoll, d. h. eine Zustandseinteilung

$$\{M_1, M_2\} = \{\{z_1, z_2\}, \{z_3, z_4\}\}.$$

Es ist zu prüfen, ob die in denProzeß eingebettete MARKOWsche Kette bei der Vergröberung eine MARKOWsche Kette bleibt.

Lösung

Die Werte $\sum_{l=3}^{4} p_{lk}$ stimmen für $k = 1$ und $k = 2$ im allgemeinen nicht überein. Die durch $\{M_1, M_2\}$ charakterisierte vergröberte Folge bildet daher keine MARKOWsche Kette.

Generell kann man feststellen, daß bei einer Vergröberung häufig die charakteristischen Eigenschaften des ursprünglichen Prozesses verloren gehen. Doch auch dann lassen sich für den vergröberten Prozeß viele praktisch bedeutungsvolle Fragestellungen beantworten. Als nützlich erweisen sich auch hier die auf S. 549 formulierte Problemstellung und die zu ihrer Lösung angegebenen Formeln (A 5.7.9), (A 5.7.10) und (A 5.7.11).

Literatur

[1] ARNDT, K., FRANKEN, P.: Some applications of random point processes to reliability analysis of redundant systems with repair. IEEE Trans. Reliability (im Druck).
[2] BARLOW, R. E., PROSCHAN, F.: Mathematical theory of reliability. New York: John Wiley & Sons 1965 (russ. Übers.: Moskau 1969).
[3] BERGE, C.: La théorie des graphes et ses applications. 2. Ed. Paris: Dunod 1965.
[4] KAUFMANN, A.: Introduction a la combinatorique en vue des applications. Paris: Dunod 1968 (russ. Übers.: Moskau 1975).
[5] KOWALENKO, I. N. — Коваленко И. Н.: Исследования по анализу надежности сложных систем. Киев: Наукова Дулиса — 1975 г.
[6] PYKE, R.: Markow renewal processes: Definitions and preliminary properties. Markow renewal processes with finitely many states. Ann. Math. Statist. 32 (1961) 4, 1231—1259.
[7] REINSCHKE, K.: Zuverlässigkeit von Systemen. Band 1: Systeme mit endlich vielen Zuständen. Berlin: Verlag Technik 1973.
[8] STÖRMER, H.: Semi-Markow-Prozesse mit endlich vielen Zuständen. Lecture Notes in Operations Research and Mathematical Systems, No. 34, Berlin: Springer-Verlag 1970.
[9] KAUFMANN, A., GROUCHKO, D., CRUON, R.: Modèles mathématiques pour l'étude de la fiabilité des systèmes. Paris: Masson et Cie. 1975.

ANHANG 6. HEURISTISCHE METHODE ZUR ABSCHÄTZUNG DER ZUVERLÄSSIGKEIT VON SYSTEMEN MIT ERNEUERUNG

A 6.1. Vorbemerkungen

In der Praxis trifft man bei der Abschätzung von Zuverlässigkeitskenngrößen für Systeme mit Erneuerung häufig die Situation an, daß die Elemente, die das System bilden, verhältnismäßig zuverlässig sind. Erforderlichenfalls wird man dafür sorgen, daß die mittlere ausfallfreie Arbeitszeit jedes Elements des Systems weitaus größer ist als die mittlere Erneuerungszeit. Dabei zeigt sich üblicherweise, daß auch das System selbst, das aus solchen Elementen aufgebaut ist, hinreichend zuverlässig im gleichen Sinne ist. Mit anderen Worten kann man sagen, daß sowohl die Verfügbarkeiten der einzelnen Elemente als auch die des Systems ziemlich dicht am Wert Eins liegen.

Man kann unter dieser Voraussetzung Näherungsausdrücke für die verschiedenen Zuverlässigkeitskenngrößen erhalten, ohne die häufig recht großen Gleichungssysteme aufstellen und lösen zu müssen. Außerdem gelingt es in einer Reihe von Fällen, ziemlich gute Abschätzungen auch für nicht-exponentialverteilte Arbeits- und Erneuerungszeiten zu erhalten. Die Genauigkeit der aus diesen Näherungsausdrücken erhaltenen Lösungen ist um so größer, je zuverlässiger im genannten Sinne die Systemelemente sind. Jedoch gelingt es hier (wie auch bei vielen anderen heuristischen Methoden) nicht, eine Fehlerabschätzung zu erhalten.

Das Verfahren zur Gewinnung von **Näherungsformeln zur Berechnung verschiedener Zuverlässigkeitskenngrößen** für Systeme mit Erneuerung besteht im folgenden. Beliebige zwei Elemente des Systems, die auf bestimmte Weise miteinander durch die Struktur des Systems (d. h., sie sind auf irgendeine Art zusammengeschaltet), durch den Algorithmus des Funktionierens (z. B. belastete oder unbelastete Reserve) und durch den Algorithmus der Erneuerung (Möglichkeit einer Reparatur-Warteschlange, Priorität innerhalb der Schlange, Anzahl der die Erneuerung durchführenden Organe u. a. m.) verbunden sind, können durch Vereinbarung zu einem äquivalenten Ersatzelement zusammengefaßt werden. Dieses Element kann durch einen alternierenden Erneuerungsprozeß charakterisiert werden, der sich als Folge von Intervallen der Arbeitsfähigkeit und Intervallen des Stillstands darstellt. Das System selbst, das aus n Elementen bestand, besteht nunmehr, einschließlich dem äquivalenten Ersatz-Element, aus $(n - 1)$ Elementen. Durch solche sukzessiven Vereinigungen von Elementen gelingt es oft, das ganze System in ein einziges äquivalentes Ersatz-Element zu überführen, für das sich auch der zugehörende angenäherte alternierende Erneuerungsprozeß konstruieren läßt. Mit anderen Worten, für ein solches äquivalentes Element sind die mittlere Arbeitszeit zwischen Ausfällen und die mittlere Erneuerungszeit bekannt, woraus die grundlegenden Zuverlässigkeitskenngrößen bestimmt werden können.

Unter der Bedingung, daß die ausfallfreie Arbeitszeit jedes einzelnen Elements für sich weitaus größer ist als die korrespondierende Stillstandszeit, kann man den Funktionsprozeß eines solchen Elements als Folge verhältnismäßig schmaler Stillstands-„Impulse“, die durch Intervalle der ausfallfreien Arbeit voneinander getrennt sind, darstellen. Der Funktionsprozeß des Systems insgesamt kann als die Gesamtheit derartiger Impulsströme aufgefaßt werden, die in Übereinstimmung mit der Systemstruktur den Operationen (s. Anhang 3) der Superposition (Überlagerung), des Verdünnens (Durchsiebens) und gewissen komplizierteren Operationen (z. B. die sogenannten Verzögerungen) unterworfen werden. Unten bringen wir 3 Standardspezialfälle der Vereinigung eines Elementepaars des Systems in ein ihm äquivalentes Einzelelement.

A 6.2. In Serie geschaltete Elemente

Wir betrachten ein System, das aus m in Serie geschalteten Elementen besteht. Die Arbeitsweise jedes Elements wird durch einen alternierenden Erneuerungsprozeß beschrieben, der aus relativ schmalen „Impulsen“ des Stillstands und dazwischen liegenden großen „Pausen“ (den Intervallen der Arbeitsfähigkeit) besteht (Abb. A 6.2.1 für $m = 2$).

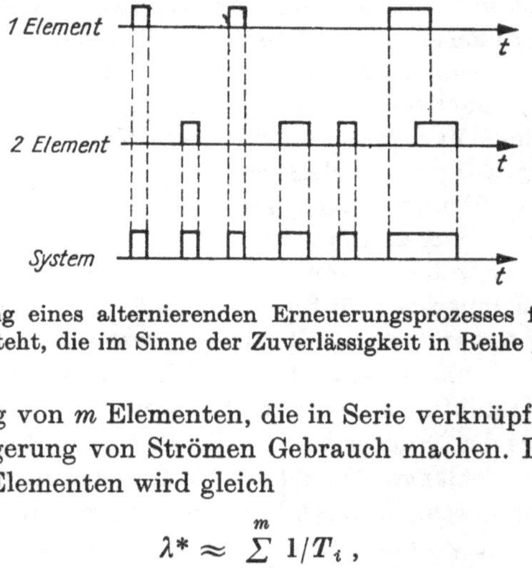

Abb. A 6.2.1. Realisierung eines alternierenden Erneuerungsprozesses für ein System, das aus zwei Elementen besteht, die im Sinne der Zuverlässigkeit in Reihe geschaltet sind

Bei der Betrachtung von m Elementen, die in Serie verknüpft sind, kann man von der Regel der Überlagerung von Strömen Gebrauch machen. Die Ausfallrate λ^* des Seriensystems aus m Elementen wird gleich

$$\lambda^* \approx \sum_{i=1}^{m} 1/T_i ,$$

wobei T_i die mittlere ausfallfreie Arbeitszeit des i-ten Elements ist.

Wenn die Elemente exponentialverteilte Arbeitszeiten mit den Intensitäten λ_i besitzen, so wird

$$\lambda^* \approx \sum_{i=1}^{m} \lambda_i .$$

Die mittlere Erneuerungszeit des Systems wird

$$\tau^* = \frac{\sum_{i=1}^{m} \tau_i/T_i}{\sum_{i=1}^{m} 1/T_i} ,$$

wobei τ_i die mittlere Erneuerungszeit des i-ten Elements ist. Für exponentialverteilte Zeiten der ausfallfreien Arbeit wird

$$\tau^* \approx \frac{\sum_{i=1}^{m} \lambda_i \tau_i}{\sum_{i=1}^{m} \lambda_i} .$$

In erster Näherung spielt das Erneuerungsregime (beschränkte oder unbeschränkte Erneuerungskapazität) keine Rolle.

A 6.3. Parallel geschaltete Elemente

Wir betrachten zwei parallel geschaltete Elemente. Die mittlere Zeit der ausfallfreien Arbeit und die mittlere Stillstandszeit des äquivalenten Elements, das sich aus diesen beiden Elementen zusammensetzt, wird im allgemeinen Falle festgelegt durch die Art der entsprechenden Verteilungsfunktionen, ihr Arbeitsregime (belastet oder unbelastet) und das Erneuerungsregime (beschränkt oder unbeschränkt).

In Tabelle A 6.3.1 werden Näherungswerte für die Ausfallrate und die mittlere Stillstandszeit des äquivalenten Elements gebracht.

Tabelle A 6.3.1. Ausfallraten und mittlere Stillstandszeiten für ein System mit Reserve

Arbeitsregime des Reserve-elements	Erneuerung der Elemente	Ausfallraten	mittlere Stillstandszeit	
			Exponential-verteilung	konstante Erneuerungszeit
Belastet	unbeschränkt	$\lambda_1\lambda_2(\tau_1 + \tau_2)$	$\frac{\tau_1\tau_2}{\tau_1 + \tau_2}$	$\frac{\tau_1\tau_2}{\tau_1 + \tau_2}$
Unbelastet*)	unbeschränkt	$\lambda^2\tau$	$\frac{\tau}{2}$	$\frac{\tau}{2}$
Belastet	vollständig beschränkt	$\lambda_1\lambda_2(\tau_1 + \tau_2)$	$\frac{\tau_1^2 + \tau_2^2}{\tau_1 + \tau_2}$	$\frac{\tau_1^2 + \tau_2^2}{2(\tau_1 + \tau_2)}$
Unbelastet*)	vollständig beschränkt	$\lambda^2\tau$	τ	$\frac{\tau}{2}$

*) Bei unbelasteter Reserve werden beide Elemente (das Grundelement und das Reserveelement) als identisch vorausgesetzt.

Anmerkung: Wenn bekannt ist, daß die Erneuerungszeit der Elemente einer „alternden" Verteilung genügt, dann liefert die mittlere Stillstandszeit für die Exponentialverteilung eine obere Abschätzung, und für konstante Zeit eine untere.

A 6.4. Element mit Verzögerung

Den Begriff „Element mit Verzögerung" wollen wir am folgenden konkreten Beispiel erklären. Oft trifft man in Systemen Elemente an, die keiner ständigen Kontrolle ihrer Arbeitsfähigkeit unterliegen, sondern nur nach gewissen Zeitintervallen t_k überprüft werden. Die Art der Kontrolle der Arbeitsfähigkeit eines Einzelelements beeinflußt die Stillstandszeit des Elements (Verweilen im Zustand des nicht entdeckten Ausfalls), aber nicht die Zeit der ausfallfreien Arbeit. Dieses Schema entspricht dem Fall, daß das Ereignis, das von einem Strom gebildet wird, ohne Änderung solange erhalten bleibt (verzögert wird), bis das nächste Ereignis des anderen Stromes eintritt (unentdeckter Ausfall bzw. Überprüfung des betrachteten konkreten Modells). Hier kann man die beiden folgenden Hauptfälle unterscheiden.:

a) Überprüfung nach einem festen Zeitintervall. Die mittlere Stillstandszeit wird gleich

$$\tau_\Sigma = \tau + t_k/2;$$

b) Überprüfung nach einer zufälligen Zeit, die exponentialverteilt ist. Die mittlere Stillstandszeit wird gleich

$$\tau_\Sigma = \tau + Mt_k .$$

Beispiel A 6.4.1

Wir betrachten ein dubliertes System, dessen Grundelement ununterbrochen, aber nicht vollständig, sondern nur teilweise kontrolliert wird, wobei der Kontrollumfang $1 - \alpha = 0{,}99$ beträgt. Vollständig wird dieses Element periodisch nach einem festen Zeitintervall $t_k = 2$ h überprüft. Das Reserveelement wird ununterbrochen und vollständig kontrolliert. Bei Entdeckung eines Ausfalls des Grundelements wird auf das Reserveelement umgeschaltet. Das wird in einer endlichen und konstanten Zeit $t_u = 0{,}1$ h realisiert. Zur Reparatur der ausgefallenen Elemente gibt es eine Reparaturbrigade, die die Erneuerung in der Reihenfolge des Elementeausfalls ausführt. Wir setzen voraus, daß das Reserveelement im belasteten Regime arbeitet. Die ausfallfreie Arbeitszeit ist exponentialverteilt mit dem Parameter $\lambda = 0{,}01$ h^{-1}. Die Erneuerungszeit ist konstant gleich $\tau = 3$ h. Die Zuverlässigkeitskenngrößen des Systems sollen ermittelt werden.

Lösung

Zunächst bemerken wir, daß im gegebenen dublierten System de facto bei jedem Ausfall des Grundelements ein Systemausfall eintritt, weil das Umschalten auf die Reserve eine endliche Zeit erfordert. Das Vorhandensein der Reserve garantiert im Prinzip nur eine sehr schnelle Wiederherstellung der Arbeitsfähigkeit des Systems (nach der Umschaltzeit), eine ununterbrochene Arbeit des Systems kann auch dann nicht gesichert werden, wenn ein vollständig intaktes Reserveelement vorhanden ist. Daher kann man sogleich notieren

$$\lambda_\Sigma = \lambda = 0{,}01 \text{ h}^{-1} .$$

Außerdem zieht ein beliebiger Ausfall des Grundelements stets eine Stillstandsdauer t_u nach sich. Das bedeutet, daß die mittlere Ausfallzeit des Systems bei idealer Umschaltung ($t_u = 0$) abzuschätzen ist, und dann ist ihr die Größe t_u hinzuzufügen.

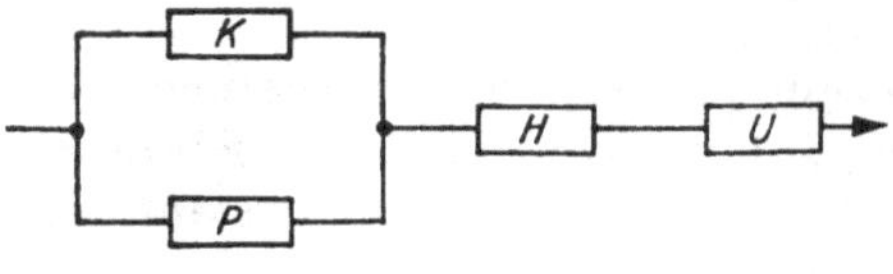

Abb. A 6.4.1. Zuverlässigkeitsersatzschaltbild für das Beispiel A 6.4.1

Das System kann man näherungsweise als Parallel-Serien-Ersatzschaltung (Abb. A 6.4.1) darstellen, wobei folgende Bezeichnungen verwendet wurden:

K ist der ununterbrochen kontrollierte Teil des Grundelements mit der Ausfallrate $(1 - \alpha)\,\lambda$ und der konstanten Erneuerungszeit τ;

P ist das Reserveelement mit der Ausfallrate λ und der konstanten Erneuerungszeit τ;

H ist der unkontrollierte Teil des Grundelements (Umfang $\alpha \cdot 100\%$), der nur periodisch nach der Zeit t_k kontrolliert wird, mit der Ausfallrate $\alpha\lambda$ und der Stillstandszeit $t_k/2$;

U ist ein vereinbartes Element mit der Ausfallrate λ und der Stillstandszeit t_u, das den absolut zuverlässigen Umschalter mit der endlichen Umschaltzeit t_u ersetzt.

Nun lösen wir das Problem wie folgt:

1. Wir vereinigen die parallel geschalteten Elemente *K* und *P* zu einem äquivalenten, indem wir die Formeln der Tabelle A 6.3.1 für belastete Reserve und vollständig beschränkte Erneuerung bei konstanter Erneuerungszeit verwenden:

$$\lambda_1^* \approx 2(1-\alpha)\,\lambda^2\tau = 0{,}00059\ \text{h}^{-1};$$

$$\tau_1^* \approx \tau/2 = 1{,}5\ \text{h}\,.$$

2. Wir vereinigen die in Serie geschalteten Elemente, das gewonnene äquivalente Element, das Element *H* und das Element *U*:

$$\lambda^* \approx \lambda + 2(1-\alpha)\,\lambda^2\tau + \alpha\lambda = 0{,}0116\ \text{h}^{-1};$$

$$\tau^* \approx \frac{\lambda t_u + 2(1-\alpha)\,\lambda^2\tau(\tau/2) + \alpha\lambda(t_k/2)}{\lambda + 2(1-\alpha)\,\lambda^2\tau + \alpha\lambda} = 0{,}241\ \text{h}\,.$$

Damit ergibt sich für dieses System z. B.

$$P(t_0) \approx \mathrm{e}^{-0{,}0116 t_0};$$

$$V \approx \frac{1}{1 + \lambda^*\tau^*} = 0{,}9971\,.$$

ANHANG 7. EINIGE KONSTANTEN UND FORMELN, DIE BEI DER LÖSUNG VON ZUVERLÄSSIGKEITSAUFGABEN HÄUFIG VORKOMMEN

A 7.1. Konstante

1.	$e = 2{,}718$	$1/e = 0{,}368$
	$e^2 = 7{,}389$	$1/e^2 = 0{,}135$
	$\sqrt{e} = 1{,}649$	$1/\sqrt{e} = 0{,}607$
2.	$\pi = 3{,}142$	$1/\pi = 0{,}318$
	$2\pi = 6{,}283$	$1/2\pi = 0{,}159$
	$\pi/2 = 1{,}571$	$2/\pi = 0{,}637$
	$\pi^2 = 9{,}870$	$1/\pi^2 = 0{,}101$
	$\sqrt{\pi} = 1{,}772$	$1/\sqrt{\pi} = 0{,}564$
	$\sqrt{2\pi} = 2{,}507$	$1/\sqrt{2\pi} = 0{,}399$
	$2/\pi = 1{,}128$	$\sqrt{\pi}/2 = 0{,}886$
	$\sqrt{\pi/2} = 1{,}253$	$\sqrt{2/\pi} = 0{,}798$
3.	$\log e = 0{,}434$	$\log \sqrt{e} = 0{,}217$
4.	$\log \pi = 0{,}497$	$\log \sqrt{\pi} = 0{,}249$

5. EULERsche Konstante

$$C = \lim_{n\to\infty}\left(\sum_{k=1}^{n}\frac{1}{k} - \ln n\right) = 0{,}577 .$$

A 7.2. Elementare Formeln der Kombinatorik

6. $n! = 1\cdot 2\cdot \ldots \cdot n$.
7. $0! = 1$.
8. $(-n)! = 0$.
9. STIRLINGsche Formel

$$n! \approx (n/e)^n \sqrt{2\pi n}(1 + 1/12n) .$$

10. $\ln(n!) \approx (n + 1/2)\ln n - n + 0.92$.
11. $\binom{n}{m} = \dfrac{m!}{m!\,(n-m)!}$
12. $\binom{n}{1} = n$

13. $\binom{n}{n} = \binom{n}{0} = 1$

14. $\binom{n}{n+m} = 0 \qquad$ für $m \geqq 1$.

15. $\binom{n}{m} = \binom{n}{n-m}$

16. $\sum_{k=0}^{n} \binom{n}{k} = 2^n$

17. $\sum_{k=0}^{s} \binom{n}{k}\binom{m}{s-k} = \binom{n+m}{s}$

18. $\sum_{k=0}^{m} \binom{n+k}{n} = \binom{n+m+1}{n+1}$

19. Werte für $n!$ und $\frac{1}{n!}$

n	$n!$	$1/n!$	n	$n!$	$1/n!$
1	1	1	7	5040	$0{,}0^32$
2	2	0,5	8	40320	$0{,}0^42$
3	6	0,167	9	362880	$0{,}0^53$
4	24	0,042	10	3628800	$0{,}0^63$
5	120	$0{,}0^28$	11	39916800	$0{,}0^73$
6	720	$0{,}0^21$	12	479001600	$0{,}0^82$

A 7.3. Endliche Summen

20. Arithmetische Reihe

$$\sum_{k=0}^{n-1} (a + kr) = \frac{n}{2}\,[2a + (n-1)\,r] = \frac{n}{2}\,(a + l)$$

[l ist das letzte Glied der Summe]

21. Geometrische Reihe

$$\sum_{k=1}^{n} aq^{k-1} = \frac{a(q^n - 1)}{q - 1} .$$

22. $\sum_{k=0}^{n-1} (a + kr)\, q^k = \frac{a - [a + (n-1)\,r]\, q^n}{1 - q} + \frac{rq(1 - q^{n-1})}{(1 - q)^2}$.

23. Binomialformel

$$(a + b)^n = \sum_{k=0}^{n} \binom{n}{k} a^{n-k} b^k .$$

24. $\sum_{k=1}^{n} k = \frac{n(n+1)}{2}$.

25. $\sum_{k=1}^{n} k^2 = \frac{n(n+1)(2n+1)}{6}$.

26. $\sum_{k=1}^{n} \frac{1}{k} \approx 0{,}577 + \ln n + \frac{1}{2n} - \frac{1}{12n(n+1)}$.

A 7.4. Reihen

27. TAYLOR-Reihe (für Funktionen einer Veränderlichen)

$$f(x) = f(a) + \frac{x-a}{1!} f'(a) + \frac{(x-a)^2}{2!} f''(a) + \dots + \frac{(x-a)^n}{n!} f^{(n)}(a) + \dots$$

oder

$$f(a+h) = f(a) + \frac{h}{1!} f'(a) + \frac{h^2}{2!} f''(a) + \dots + \frac{h^n}{n!} f^{(n)}(a) + \dots$$

28. $(1 \pm x)^q = 1 \pm qx + \frac{q(q-1)}{2!} x^2 \pm \dots$

$$+ (\pm 1)^k \frac{q(q-1)\dots(q-k+1)}{k!} x^k + \dots \; [|x| \leqq 1] .$$

29. $(1 \pm x)^{-q} = 1 \mp qx + \frac{q(q+1)}{2!} x^2 \mp \dots$

$$+ (\mp 1)^k \frac{q(q+1)\dots(q+k-1)}{k!} x^k \pm \dots \; [|x| < 1] .$$

30. $(1+x)^{-n} = \sum_{k=0}^{\infty} (-1)^k \binom{n}{k} x^k$.

31. $(1-x)^{-n} = \sum_{k=0}^{\infty} \binom{n}{k} x^k$.

32. $(1 \pm x)^{-1} = 1 \mp x + x^2 \mp x^3 + x^4 \mp \dots \; [|x| < 1]$.

33. $(1 \pm x)^2 = 1 \mp 2x + 3x^2 \mp 4x^3 + 5x^4 \mp \dots \; [|x| < 1]$.

34. $(1+x)^{1/2} = 1 + \frac{1}{2} x - \frac{1 \cdot 1}{2 \cdot 4} x^2 + \frac{1 \cdot 1 \cdot 3}{2 \cdot 4 \cdot 6} x^3 - \frac{1 \cdot 1 \cdot 3 \cdot 5}{2 \cdot 4 \cdot 6 \cdot 8} x^4 + \dots$

35. $(1+x)^{-1/2} = 1 - \frac{1}{2} x + \frac{1 \cdot 3}{2 \cdot 4} x^2 - \frac{1 \cdot 3 \cdot 5}{2 \cdot 4 \cdot 6} x^3 + \dots$

36. $\frac{1}{x-1} = \sum_{k=1}^{\infty} \frac{2^{k-1}}{x^{2^{k-1}} + 1}, \qquad x^2 > 1$.

37. $\sum_{k=0}^{\infty} aq^k = \frac{a}{1-q}$.

38. $\sum_{k=0}^{\infty} (a+kr)\, q^k = \frac{a}{1-q} + \frac{rq}{(1-q)^2}$.

39. $\sum_{k=0}^{\infty} \frac{1}{k!} = \mathrm{e} = 2{,}718\,\ldots$

40. $\sum_{k=0}^{\infty} \frac{(-1)^k}{k!} = \frac{1}{\mathrm{e}} = 0{,}368\,\ldots$

41. $\mathrm{e}^x = 1 + \frac{x}{1!} + \frac{x^2}{2!} + \frac{x^2}{3!} + \ldots = \sum_{k=0}^{\infty} \frac{x^k}{k!}\,.$

42. $\mathrm{e}^{-x} = 1 - \frac{x}{1!} + \frac{x^2}{2!} - \frac{x^3}{3!} + \ldots = \sum_{k=0}^{\infty} (-1)^k \frac{x^k}{k!}\,.$

43. $\mathrm{e}^{-x^2} = \sum_{k=0}^{\infty} (-1)^k \frac{x^{2k}}{k!}\,.$

44. $a^x = \sum_{k=0}^{\infty} \frac{(x \ln a)^k}{k!}\,.$

45. $\sum_{k=0}^{\infty} a^{kx} = \frac{1}{1 - a^x} \qquad [a > 1,\, x < 0]\,.$

46. $\ln (1 + x) = x - \frac{1}{2} x^2 + \frac{1}{3} x^3 - \frac{1}{4} x^4 + \ldots$

$= \sum_{k=1}^{\infty} (-1)^{k+1} \frac{x^k}{k!} \qquad [-1 < x \leqq 1]\,.$

47. $\ln x = (x - 1) - \frac{1}{2} (x - 1)^2 + \frac{1}{3} (x - 1)^3 - \ldots$

$= \sum_{k=1}^{\infty} (-1)^{k+1} \frac{(x - 1)^k}{k} \qquad [0 < x \leqq 2]\,.$

48. $\ln x = \frac{x - 1}{x} + \frac{1}{2} \left(\frac{x - 1}{x}\right)^2 + \frac{1}{3} \left(\frac{x - 1}{x}\right)^3 + \ldots = \sum_{k=1}^{\infty} \frac{1}{k} \left(\frac{x - 1}{x}\right)^k \qquad \left[x \geqq \frac{1}{2}\right].$

A 7.5. Unbestimmte Integrale

49. $\int \mathrm{e}^{ax}\, \mathrm{d}x = \frac{1}{a} \mathrm{e}^{ax}\,.$

50. $\int x\, \mathrm{e}^{ax}\, \mathrm{d}x = \mathrm{e}^{ax} \left(\frac{x}{a} - \frac{1}{a^2}\right).$

51. $\int x^2\, \mathrm{e}^{ax}\, \mathrm{d}x = \mathrm{e}^{ax} \left(\frac{x^2}{a} - \frac{2x}{a^2} + \frac{2}{a^3}\right).$

52. $\int x^n\, \mathrm{e}^{ax}\, \mathrm{d}x = \mathrm{e}^{ax} \left[\frac{x^n}{a} + \sum_{k=1}^{n} (-1)^k \frac{1}{a^{k+1}} \frac{n!}{(n - k)!} x^{n-k}\right].$

53. $\int \ln x\, \mathrm{d}x = x \ln x - x\,.$

A 7.6. Bestimmte Integrale

54. $$\int_{t_1}^{t_2} e^{-ax}\,dx = \frac{1}{a} e^{-at_1}(1 - e^{-a(t_2-t_1)}) .$$

55. $$\int_0^t e^{-ax}\,dx = \frac{1}{a}(1 - e^{-at}) .$$

56. $$\int_0^\infty e^{-ax}\,dx = \frac{1}{a} .$$

57. $$\int_{t_1}^{t_2} x\,e^{-ax}\,dx = \frac{e^{-at_1}}{a^2}[1 + at_1 - e^{-a(t_2-t_1)}(1 + at_2)] .$$

58. $$\int_0^t x\,e^{-ax}\,dx = \frac{1}{a^2}[1 - e^{-at}(1 + at)] .$$

59. $$\int_0^\infty x\,e^{-ax}\,dx = \frac{1}{a^2} .$$

60. $$\int_0^t x^n\,e^{-ax}\,dx = \frac{n!}{a^{n+1}} - e^{-at}\sum_{k=0}^{n}\frac{n!}{k!}\frac{t^k}{a^{n-k+1}} .$$

61. $$\int_u^\infty x^n\,e^{-\mu x}\,dx = e^{-u\mu}\sum_{k=0}^{n}\frac{n!}{k!}\frac{u^k}{\mu^{n-k+1}} .$$

62. $$\int_0^\infty x^n\,e^{-ax}\,dx = n!\,a^{-(n+1)} .$$

63. $$\int_0^u e^{-x^2}\,dx = \sum_{k=0}^{\infty}\frac{(-1)^k u^{2k+1}}{k!\,(2k+1)} .$$

64. $$\int_0^u e^{-q^2x^2}\,dx = \frac{\sqrt{\pi}}{2q}\Phi^*(qu) , \qquad q > 0 ,$$

wobei

$$\Phi^*(x) = \frac{2}{\sqrt{\pi}}\int_0^x e^{-t^2}dt .$$

65. $$\int_0^\infty e^{-a^2x^2}\,dx = \frac{\sqrt{\pi}}{2q} , \qquad q > 0 .$$

$$66. \quad \int_0^\infty x^n \, e^{-ax^2} \, dx = \begin{cases} \dfrac{1 \cdot 3 \ldots (2k-1)\sqrt{\pi}}{2^{k+1} a^{k+1/2}}, & \text{für gerades } n; \\ \dfrac{k!}{2a^{k+1}}, & \text{für ungerades } n. \end{cases}$$

$$67. \quad \int_0^\infty e^{-a^2x^2} \, dx = \frac{\sqrt{\pi}}{2a}, \qquad a > 0 .$$

$$68. \quad \int_0^\infty x^2 \, e^{-a^2x^2} \, dx = \frac{\sqrt{\pi}}{4a^3}, \qquad a > 0 .$$

$$69. \quad \int_0^\infty \Phi^*(qt) \, e^{-pt} \, dt = \frac{1}{p} \left[1 - \Phi^*\left(\frac{p}{2q}\right) \right] e^{p^2/4q^2} .$$

$$70. \quad \frac{d}{dy} \int_{\alpha(y)}^{\beta(y)} f(x, y) \, dx = \int_{\alpha(y)}^{\beta(y)} \frac{\partial f(x, y)}{\partial y} \, dx + \beta'(y) f(\beta(y), y) - \alpha'(y) f(\alpha) (y), y) .$$

A 7.7. LAPLACE-Transformation

Durch die LAPLACE-Transformation wird zu jeder Funktion $p(t)$ einer reellen Veränderlichen t (Originalfunktion) eine (Bild-) Funktion $a(\varkappa)$ einer komplexen Veränderlichen $\varkappa$ in Beziehung gesetzt gemäß der Formel

$$a(\varkappa) = \int_0^\infty p(t) \, e^{-\varkappa t} \, dt , \qquad t \geqq 0 .$$

Für die Bilder und ihre Originale gelten die folgenden beiden Aussagen

$$\lim_{\varkappa \to 0} \varkappa a(\varkappa) = \lim_{t \to \infty} p(t) ;$$

$$\lim_{\varkappa \to \infty} \varkappa a(\varkappa) = p(0) .$$

Wir bringen eine Tabelle mit Formeln der LAPLACE-Transformierten der wesentlichsten Funktionen, die bei Zuverlässigkeitsberechnungen vorkommen.

Tabelle A 7.7.1. Formeln der LAPLACE-Transformation

Bild	Original
$\alpha a_1(\varkappa) + \beta a_2(\varkappa)$	$\alpha p_1(t) + \beta p_2(t)$
$-p(0) + \varkappa a(\varkappa)$	$p'(t)$
$\frac{a(\varkappa)}{\varkappa} + \frac{C}{\varkappa}$	$\int_0^t p(x)\,\mathrm{d}x + C$
$\frac{1}{b}\,a\left(\frac{\varkappa}{b}\right),\ b > 0$	$p(bt)$
$\mathrm{e}^{-b\varkappa}\,a(\varkappa),\ b \geqq 0$	$p(t - b)$
$a_1(\varkappa)\,a_2(\varkappa)$	$\int_0^t p_1(x)\,p_2(t - x)\,\mathrm{d}x$
$a^{(k)}(\varkappa)$	$(-1)^k\,t^k p(t)$
$a(\varkappa - \alpha)$	$\mathrm{e}^{\alpha t}\,p(t)$
$\frac{1}{\varkappa^n} \quad n = 1, 2, \ldots$	$\frac{t^{n-1}}{(n-1)!}$
$\frac{1}{(\varkappa - b)^n} \quad n = 1, 2, \ldots$	$\frac{t^{n-1}}{(n-1)!}\,\mathrm{e}^{bt}$
$\frac{1}{\varkappa^2 + b^2}$	$\frac{1}{b}\sin bt$
$\frac{\varkappa}{\varkappa^2 + b^2}$	$\cos bt$
$\frac{1}{\varkappa^2 - b^2}$	$\frac{1}{b}\,\mathrm{sh}\,bt$
$\frac{\varkappa}{\varkappa^2 - b^2}$	$\mathrm{ch}\,bt$
$\frac{1}{\varkappa(\varkappa^2 + b^2)}$	$\frac{1}{b^2}(1 - \cos bt)$

Tabelle A 7.7.1 (Fortsetzung)

Bild	Original	
$\frac{1}{\varkappa(\varkappa - b)}$	$A\,\mathrm{e}^{bt} + K$	$A = \frac{1}{b}, \quad K = -\frac{1}{b}$
$\frac{\varkappa + d}{\varkappa(\varkappa - b)}$		$A = \frac{b + d}{b}, \quad K = -\frac{d}{b}$
$\frac{1}{(\varkappa - b)(\varkappa - c)}$	$A\,\mathrm{e}^{bt} + B\,\mathrm{e}^{ct}$	$A = \frac{1}{b - c}, \quad B = \frac{1}{c - b}$
$\frac{\varkappa + d}{(\varkappa - b)(\varkappa - c)}$		$A = \frac{b + d}{b - c}, \quad B = \frac{c + d}{c - b}$
$\frac{1}{\varkappa(\varkappa - b)(\varkappa - c)}$	$A\,\mathrm{e}^{bt} + B\,\mathrm{e}^{ct} + K$	$A = \frac{1}{b(b - c)}, \quad B = \frac{1}{c(c - b)}, \quad K = \frac{1}{bc}$
$\frac{\varkappa + d}{\varkappa(\varkappa - b)(\varkappa - c)}$	$A\,\mathrm{e}^{bt} + B\,\mathrm{e}^{ct} + K$	$A = \frac{b + d}{b(b - c)}, \quad B = \frac{c + d}{c(c - b)}, \quad K = \frac{d}{bc}$
$\frac{\varkappa^2 + g\varkappa + d}{\varkappa(\varkappa - b)(\varkappa - c)}$		$A = \frac{b^2 + gb + d}{b(b - c)}, \quad B = \frac{c^2 + gc + d}{c(c - b)}, \quad K = \frac{d}{bc}$
$\frac{1}{(\varkappa - b)(\varkappa - c)(\varkappa - d)}$	$A\,\mathrm{e}^{bt} + B\,\mathrm{e}^{ct} + C\,\mathrm{e}^{dt}$	$A = \frac{1}{(b - c)(b - d)}, \quad B = \frac{1}{(c - b)(c - d)}, \quad C = \frac{1}{(d - b)(d - c)}$
$\frac{\varkappa + e}{(\varkappa - b)(\varkappa - c)(\varkappa - d)}$		$A = \frac{b + e}{(b - c)(b - d)}, \quad B = \frac{c + e}{(c - b)(c - d)}, \quad C = \frac{d + e}{(d - b)(d - c)}$
$\frac{\varkappa^2 + g\varkappa + e}{(\varkappa - b)(\varkappa - c)(\varkappa - d)}$		$A = \frac{b^2 + bg + e}{(b - c)(b - d)}, \quad B = \frac{c^2 + cg + e}{(c - b)(c - d)}, \quad C = \frac{d^2 + dg + e}{(d - b)(d - c)}$

ANHANG 8. ZAHLENTAFELN

Tabelle A 8.1. Funktion e^{-x}

x	0	1	2	3	4	5	6	7	8	9
0,00	1,000	0,999	0,998	0,997	0,996	0,995	0,994	0,993	0,992	0,991
0,0	1,000	0,990	0,980	0,970	0,961	0,951	0,942	0,932	0,923	0,914
0,1	0,905	0,896	0,887	0,878	0,869	0,861	0,852	0,844	0,835	0,827
0,2	0,819	0,811	0,802	0,795	0,787	0,779	0,771	0,763	0,756	0,748
0,3	0,741	0,733	0,726	0,719	0,712	0,705	0,698	0,691	0,684	0,677
0,4	0,670	0,664	0,657	0,651	0,644	0,638	0,631	0,625	0,619	0,613
0,5	0,606	0,600	0,594	0,589	0,583	0,577	0,571	0,566	0,560	0,554
0,6	0,549	0,543	0,538	0,533	0,527	0,522	0,517	0,512	0,507	0,502
0,7	0,497	0,492	0,487	0,482	0,477	0,472	0,468	0,463	0,458	0,454
0,8	0,449	0,445	0,440	0,436	0,432	0,427	0,423	0,419	0,415	0,411
0,9	0,407	0,403	0,398	0,395	0,391	0,387	0,383	0,379	0,375	0,372
1,	0,368	0,333	0,301	0,273	0,247	0,223	0,202	0,183	0,165	0,150
2,	0,135	0,122	0,111	0,100	0,091	0,082	0,074	0,067	0,061	0,055
3,	0,050	0,045	0,041	0,037	0,033	0,030	0,027	0,025	0,022	0,020
4,	0,018	0,017	0,015	0,014	0,012	0,011	0,010	0,009	0,008	0,007
5,	0,0067	0,0061	0,0055	0,0050	0,0045	0,0041	0,0037	0,0033	0,0030	0,0027
6,	0,0025	0,0022	0,0020	0,0018	0,0017	0,0015	0,0014	0,0012	0,0011	0,0010

Tabelle A 8.2. Funktion $\ln \frac{1}{x}$ (Umkehrfunktion zu e^{-x})

x	0	1	2	3	4	5	6	7	8	9
0,999	0,0010	0,0009	0,0008	0,0007	0,0006	0,0005	0,0004	0,0003	0,0002	0,0001
0,99	0,010	0,009	0,008	0,007	0,006	0,005	0,004	0,003	0,002	0,001
0,9	0,105	0,094	0,083	0,073	0,062	0,051	0,041	0,030	0,020	0,010
0,8	0,223	0,211	0,198	0,186	0,174	0,162	0,151	0,139	0,128	0,117
0,7	0,357	0,342	0,329	0,314	0,301	0,288	0,274	0,261	0,248	0,236
0,6	0,512	0,494	0,478	0,462	0,446	0,431	0,416	0,400	0,386	0,371
0,5	0,693	0,673	0,654	0,635	0,616	0,598	0,580	0,562	0,545	0,528
0,4	0,916	0,892	0,867	0,844	0,821	0,798	0,777	0,755	0,734	0,713
0,3	1,204	1,171	1,139	1,109	1,079	1,050	1,022	0,994	0,968	0,942
0,2	1,609	1,561	1,514	1,470	1,427	1,386	1,347	1,309	1,273	1,238
0,1	2,303	2,207	2,120	2,040	1,966	1,897	1,833	1,772	1,715	1,661
0,0	∞	4,605	3,912	3,506	3,219	2,996	2,813	2,659	2,526	2,408
0,00	—	6,908	6,215	5,809	5,521	5,298	5,116	4,962	4,823	4,711
0,000	∞	9,210	8,517	8,111	7,824	7,601	7,419	7,264	7,131	7,013

Tabelle A 8.3. Verteilungsfunktion der Normalverteilung

$$\Phi(x) = \frac{1}{\sqrt{2\pi}} \int_{-\infty}^{x} e^{-u^2/2}\, du$$

x	0,	1,	2,	3,
,00	0,500	0,841	0,9773	$0,9^2865$
,05	520	853	798	886
,10	540	864	821	$0,9^3032$
,15	560	875	842	184
,20	573	885	861	313
,25	599	894	878	423
,30	618	0,9032	893	517
,35	637	115	906	596
,40	655	192	$0,9^2180$	663
,45	674	265	286	720
,50	692	332	379	767
,55	709	394	461	807
,60	726	452	534	841
,65	742	505	598	860
,70	758	554	653	892
,75	773	599	702	912
,80	788	641	745	$0,9^4277$
,85	802	678	781	409
,90	816	713	813	519
,95	829	744	841	609

Anmerkung: $0,0^k a$; $0,9^k a$ bedeuten die Ziffern $0,\underbrace{0\ldots0}_{k}a$ bzw. $0,\underbrace{9\ldots9}_{k}a$; z. B. $0,9^4277 = 0,9999277$.

Tabelle A 8.4. Wahrscheinlichkeitsdichte der Normalverteilung

$$\varphi(x) = \frac{1}{\sqrt{2\pi}} e^{-x^2/2}$$

x	0,	1,	2,
,00	0,399	0,242	0,0540
,05	398	230	488
,10	397	218	440
,15	395	206	396
,20	391	194	355
,25	387	183	317
,30	381	171	283
,35	375	160	252
,40	368	150	224
,45	361	140	198
,50	352	130	175
,55	343	120	155
,60	333	111	136
,65	323	102	119
,70	312	0,0941	104
,75	301	863	$0,0^2910$
,80	290	790	792
,85	278	721	687
,90	266	656	595
,95	254	596	514

Tabelle A 8.5. Quantile U_p der Normalverteilung

$$P = \frac{1}{\sqrt{2\pi}} \int_{-\infty}^{U_p} e^{-x^2/2}\, dx = \Phi(U_p)$$

P	U_p	P	U_p
0,50	0	0,98	2,054
0,55	0,126	0,99	2,326
0,60	0,253	$0{,}9^{2}5$	2,58
0,65	0,385	$0{,}9^{3}$	3,09
0,70	0,524	$0{,}9^{3}5$	3,29
0,75	0,674	$0{,}9^{4}$	3,72
0,80	0,842	$0{,}9^{4}5$	3,89
0,85	1,036	$0{,}9^{5}$	4,27
0,90	1,282	$0{,}9^{5}5$	4,42
0,91	1,341	$0{,}9^{6}$	4,75
0,92	1,405	$0{,}9^{6}5$	4,89
0,93	1,476	$0{,}9^{7}$	5,20
0,94	1,555	$0{,}9^{7}5$	5,33
0,95	1,645	$0{,}9^{8}$	5,61
0,96	1,751	$0{,}9^{8}5$	5,73
0,97	1,881	$0{,}9^{9}$	6,00

Tabelle A 8.6. Summenwerte der Binomialverteilung

$$Q_d = \sum_{k=d}^{n} \binom{n}{k} p^k q^{n-k}$$

n	d	p									
		0,01	0,02	0,03	0,04	0,05	0,06	0,07	0,08	0,09	0,10
5	1	0,0490	0,0961	0,1413	0,1846	0,2262	0,2661	0,3043	0,3409	0,3760	0,4005
	2	0010	0038	0085	0148	0226	0319	0425	0544	0674	0815
	3	0000	0001	0003	0006	0012	0020	0031	0045	0063	0086
	4	0000	0000	0000	0000	0000	0001	0001	0002	0003	0005
	1	0,0585	0,1142	0,1670	0,2172	0,2649	0,3101	0,3530	0,3936	0,4321	0,4686
	2	0015	0057	0125	0216	0328	0459	0608	0773	0952	1143
6	3	0000	0002	0005	0012	0022	0038	0058	0085	0118	0159
	4	0000	0000	0000	0000	0001	0002	0003	0005	0009	0013
	5	0000	0000	0000	0000	0000	0000	0000	0000	0000	0001
	1	0,0679	0,1319	0,1920	0,2486	0,3017	0,3515	0,3983	0,4422	0,4832	0,5217
	2	0020	0079	0171	0294	0444	0618	0813	1026	1255	1497
7	3	0000	0003	0009	0020	0038	0063	0097	0140	0193	0257
	4	0000	0000	0000	0001	0002	0004	0007	0012	0018	0027
	5	0000	0000	0000	0000	0000	0000	0000	0001	0001	0002
	1	0,0773	0,1492	0,2163	0,2786	0,3366	0,3904	0,4404	0,4868	0,5298	0,5695
	2	0027	0103	0223	0382	0572	0792	1035	1298	1577	1869
8	3	0001	0004	0014	0031	0058	0096	0147	0211	0289	0381
	4	0000	0000	0001	0002	0004	0008	0013	0022	0034	0050
	5	0000	0000	0000	0000	0000	0000	0001	0002	0003	0004
	1	0,0865	0,1663	0,2398	0,3075	0,3698	0,4270	0,4796	0,5278	0,5721	0,6126
	2	0034	0131	0282	0478	0712	0978	1271	1583	1912	2252
9	3	0001	0006	0020	0045	0084	0138	0209	0298	0405	0530
	4	0000	0000	0001	0003	0006	0013	0023	0037	0057	0083
	5	0000	0000	0000	0000	0000	0001	0002	0003	0006	0009

Tabelle A 8.6 (Fortsetzung)

n	d	p									
		0,01	0,02	0,03	0,04	0,05	0,06	0,07	0,08	0,09	0,10
10	1	0,0956	0,1829	0,2626	0,3352	0,4013	0,4614	0,5160	0,5656	0,6106	0,6513
	2	0043	0162	0345	0582	0861	1176	1517	1879	2255	2639
	3	0001	0009	0028	0062	0115	0188	0283	0401	0540	0702
	4	0000	0000	0002	0004	0010	0020	0036	0058	0088	0128
	5	0000	0000	0000	0000	0001	0002	0003	0006	0010	0016
11	1	0,1047	0,1993	0,2847	0,3618	0,4312	0,4937	0,5499	0,6004	0,6456	0,6862
	2	0052	0195	0414	0692	1019	1382	1772	2181	2601	3026
	3	0002	0012	0037	0083	0152	0248	0370	0519	0695	0896
	4	0000	0000	0002	0007	0016	0030	0053	0085	0129	0185
	5	0000	0000	0000	0000	0001	0003	0005	0010	0017	0028
12	1	0,1136	02153	0,3062	0,3873	0,4596	0,5241	0,5814	0,6323	0,6775	0,7176
	2	0062	0231	0487	0809	1184	1595	2033	2487	2948	3410
	3	0002	0015	0049	0107	0196	3016	0468	0652	0866	1109
	4	0000	0001	0003	0010	0022	0043	0075	0120	0180	0256
	5	0000	0000	0000	0001	0002	0004	0009	0016	0027	0043
13	1	0,1225	0,2310	0,3270	0,4118	0,4867	0,5526	0,6107	0,6618	0,7066	0,7458
	2	0073	0270	0564	0932	1354	1814	2298	2794	3293	3787
	3	0003	0020	0062	0135	0245	0393	0577	0799	1054	1339
	4	0000	0001	0004	0014	0031	0060	0103	0163	0242	0342
	5	0000	0000	0000	0001	0003	0007	0013	0024	0041	0065
14	1	0,1313	0,2464	0,3472	0,4353	0,5123	0,5795	0,6380	0,6888	0,7330	0,7712
	2	0084	0310	0645	1059	1530	2037	2565	3100	3632	4154
	3	0003	0025	0077	0167	0301	0478	0698	0958	1255	1584
	4	0000	0001	0006	0019	0042	0080	0136	0214	0315	0441
	5	0000	0000	0000	0002	0004	0010	0020	0035	0059	0092
15	1	0,1399	0,2614	0,3668	0,4579	0,5367	0,6047	0,6633	0,7137	0,7570	0,7941
	2	0096	0353	0730	1191	1710	2262	2832	3493	3935	4510
	3	0004	0030	0094	0203	0362	0571	0829	1130	1469	1841
	4	0000	0002	0009	0025	0005	0194	0175	0273	0399	0556
	5	0000	0000	0001	0002	0006	0014	0028	0050	0082	0127

Tabelle A 8.7. Konfidenzgrenzen für den Parameter p der Binomialverteilung.
Konfidenzniveau 0,95

$N - n$	n						
	0	1	2	3	4	5	6
1	0,975	0,987	0,992	0,994	0,995	0,996	0,996
	0,000	0,013	0,094	0,194	0,284	0,359	0,421
2	0,842	0,906	0,932	0,947	0,957	0,963	0,968
	0,000	0,008	0,068	0,147	0,223	0,290	0,349
3	0,708	0,806	0,853	0,882	0,901	0,915	0,925
	0,000	0,006	0,053	0,118	0,184	0,245	0,299
4	0,602	0,716	0,777	0,816	0,843	0,863	0,878
	0,000	0,005	0,043	0,099	0,157	0,212	0,262
5	0,522	0,641	0,710	0,755	0,788	0,813	0,833
	0,000	0,004	0,037	0,085	0,137	0,187	0,234
6	0,459	0,579	0,651	0,701	0,738	0,766	0,789
	0,000	0,004	0,032	0,075	0,122	0,167	0,211
7	0,410	0,527	0,600	0,652	0,692	0,723	0,749
	0,000	0,003	0,028	0,067	0,109	0,151	0,192

Tabelle A 8.7 (Fortsetzung)

N − n	n						
	0	1	2	3	4	5	6
8	0,369	0,483	0,556	0,610	0,651	0,684	0,711
	0,000	0,003	0,025	0,060	0,099	0,139	0,177
9	0,336	0,445	0,518	0,572	0,614	0,649	0,677
	0,000	0,003	0,023	0,055	0,091	0,128	0,163
10	0,308	0,413	0,484	0,538	0,581	0,616	0,646
	0,000	0,002	0,021	0,050	0,084	0,118	0,152
11	0,285	0,385	0,454	0,508	0,551	0,587	0,617
	0,000	0,002	0,019	0,047	0,078	0,110	0,142
12	0,265	0,360	0,428	0,481	0,524	0,560	0,590
	0,000	0,002	0,018	0,043	0,073	0,103	0,133
13	0,247	0,339	0,405	0,456	0,499	0,535	0,565
	0,000	0,002	0,017	0,040	0,068	0,097	0,126
14	0,232	0,383	0,383	0,434	0,476	0,512	0,543
	0,000	0,002	0,016	0,038	0,064	0,091	0,119
15	0,218	0,302	0,364	0,414	0,456	0,491	0,522
	0,000	0,002	0,015	0,036	0,061	0,087	0,133
16	0,206	0,287	0,347	0,396	0,437	0,741	0,502
	0,000	0,001	0,014	0,034	0,057	0,082	0,107
17	0,195	0,273	0,331	0,379	0,419	0,453	0,484
	0,000	0,001	0,013	0,032	0,054	0,078	0,102
18	0,185	0,260	0,317	0,363	0,403	0,436	0,467
	0,000	0,001	0,012	0,030	0,052	0,075	0,098
19	0,176	0,249	0,304	0,349	0,388	0,421	0,451
	0,000	0,001	0,012	0,029	0,050	0,071	0,094
20	0,168	0,238	0,292	0,336	0,374	0,407	0,436
	0,000	0,001	0,011	0,208	0,047	0,068	0,090
21	0,161	0,228	0,280	0,324	0,360	0,393	0,423
	0,000	0,001	0,010	0,027	0,045	0,066	0,086
22	0,154	0,219	0,270	0,312	0,349	0,381	0,410
	0,000	0,001	0,010	0,025	0,044	0,063	0,083
23	0,148	0,211	0,260	0,301	0,338	0,369	0,397
	0,000	0,001	0,010	0,024	0,042	0,061	0,080
24	0,142	0,203	0,251	0,292	0,327	0,358	0,386
	0,000	0,001	0,009	0,024	0,040	0,058	0,077
25	0,137	0,196	0,243	0,282	0,317	0,347	0,375
	0,000	0,001	0,009	0,023	0,939	0,056	0,075
26	0,132	0,190	0,235	0,274	0,307	0,337	0,364
	0,000	0,001	0,009	0,022	0,030	0,055	0,072
27	0,127	0,184	0,228	0,265	0,298	0,328	0,355
	0,000	0,001	0,008	0,021	0,036	0,053	0,070
28	0,123	0,178	0,221	0,257	0,290	0,319	0,345
	0,000	0,001	0,008	0,020	0,035	0,051	0,068
29	0,119	0,172	0,215	0,250	0,282	0,311	0,336
	0,000	0,001	0,008	0,020	0,034	0,050	0,066
30	0,116	0,167	0,208	0,243	0,275	0,303	0,328
	0,000	0,001	0,008	0,019	0,033	0,048	0,064

Tabelle A 8.7 (Fortsetzung)

$N - n$	n = 0	1	2	3	4	5	6
35	0,100 0,000	0,145 0,001	0,182 0,007	0,214 0,017	0,242 0,029	0,268 0,042	0,292 0,056
40	0,088 0,000	0,129 0,001	0,162 0,006	0,191 0,015	0,217 0,025	0,241 0,037	0,263 0,049
45	0,079 0,000	0,115 0,001	0,145 0,005	0,172 0,013	0,196 0,023	0,218 0,033	0,239 0,044
50	0,071 0,000	0,104 0,001	0,132 0,005	0,157 0,012	0,179 0,021	0,200 0,030	0,219 0,040
60	0,060 0,000	0,088 0,000	0,112 0,004	0,133 0,010	0,152 0,017	0,170 0,025	0,187 0,034
80	0,045 0,000	0,067 0,000	0,085 0,008	0,102 0,008	0,118 0,013	0,132 0,019	0,145 0,026
100	0,036 0,000	0,054 0,000	0,069 0,002	0,083 0,006	0,096 0,011	0,108 0,016	0,119 0,021
200	0,018 0,000	0,027 0,000	0,035 0,001	0,043 0,003	0,049 0,005	0,056 0,008	0,062 0,011
500	0,007 0,000	0,011 0,000	0,014 0,000	0,017 0,001	0,020 0,002	0,023 0,003	0,026 0,004

Tabelle A 8.8. Konfidenzgrenzen für den Parameter p der Binomialverteilung. Konfidenzniveau 0,99

$N - n$	n = 0	1	2	3	4	5	6
1	0,995 0,000	0,997 0,003	0,998 0,041	0,999 0,111	0,999 0,185	0,999 0,254	0,999 0,315
2	0,929 0,000	0,959 0,002	0,971 0,029	0,977 0,083	0,981 0,144	0,984 0,203	0,986 0,258
3	0,829 0,000	0,889 0,001	0,917 0,023	0,934 0,066	0,945 0,118	0,953 0,170	0,958 0,219
4	0,734 0,000	0,815 0,001	0,856 0,019	0,882 0,055	0,900 0,100	0,913 0,146	0,923 0,191
5	0,653 0,000	0,746 0,001	0,797 0,016	0,830 0,047	0,854 0,087	0,872 0,128	0,886 0,169
6	0,586 0,000	0,685 0,001	0,742 0,014	0,781 0,042	0,809 0,077	0,831 0,114	0,848 0,152
7	0,531 0,000	0,632 0,001	0,693 0,012	0,735 0,037	0,767 0,069	0,791 0,103	0,881 0,138
8	0,484 0,000	0,585 0,001	0,648 0,011	0,693 0,033	0,728 0,062	0,755 0,094	0,777 0,127
9	0,445 0,000	0,544 0,001	0,608 0,010	0,655 0,030	0,691 0,057	0,720 0,087	0,744 0,117
10	0,411 0,000	0,509 0,000	0,573 0,009	0,621 0,028	0,658 0,053	0,688 0,080	0,714 0,109
11	0,382 0,000	0,477 0,000	0,541 0,008	0,589 0,026	0,627 0,049	0,658 0,075	0,685 0,101

Tabelle A 8.8 (Fortsetzung)

$N - n$	n						
	0	1	2	3	4	5	6
12	0,357 0,000	0,449 0,000	0,512 0,008	0,561 0,024	0,599 0,045	0,631 0,070	0,658 0,095
13	0,335 0,000	0,424 0,000	0,486 0,007	0,534 0,022	0,573 0,043	0,605 0,065	0,633 0,090
14	0,315 0,000	0,402 0,000	0,463 0,007	0,510 0,021	0.549 0,040	0,582 0,062	0,610 0,085
15	0,298 0,000	0,381 0,000	0,441 0,006	0,488 0,020	0,527 0,038	0,560 0,058	0,588 0,080
16	0,282 0,000	0,363 0,000	0,422 0,006	0,468 0,019	0,507 0,036	0,539 0,055	0,567 0,076
17	0,268 0,000	0,346 0,000	0,404 0,006	0,449 0,018	0,488 0,034	0,520 0,053	0,548 0,073
18	0,255 0,000	0,331 0,000	0,387 0,005	0,432 0,017	0,470 0,032	0,502 0,050	0,531 0,069
19	0,243 0,000	0,317 0,000	0,372 0,005	0,416 0,016	0,453 0,031	0,485 0,048	0,514 0,066
20	0,233 0,000	0,304 0,000	0,358 0,005	0,401 0,015	0,438 0,029	0,470 0,046	0,498 0,064
21	0,223 0,000	0,292 0,000	0,345 0,005	0,387 0,015	0,423 0,028	0,455 0,044	0,483 0,061
22	0,214 0,000	0,281 0,000	0,332 0,004	0,374 0,014	0,410 0,027	0,441 0,042	0,469 0,059
23	0,206 0,000	0,271 0,000	0,321 0,004	0,362 0,013	0,397 0,026	0,428 0,041	0,455 0,056
24	0,198 0,000	0,262 0,000	0,310 0,004	0,351 0,013	0,385 0,025	0,416 0,039	0,443 0,054
25	0,191 0,000	0,253 0,000	0,300 0,004	0,340 0,012	0,374 0,024	0,404 0,038	0,431 0,053
26	0,184 0,000	0,245 0,000	0,291 0,004	0,330 0,012	0,363 0,023	0,393 0,037	0,420 0,051
27	0,178 0,000	0,237 0,000	0,282 0,004	0,320 0,012	0,353 0,023	0,382 0,035	0,409 0,049
28	0,172 0,000	0,230 0,000	0,274 0,004	0,311 0,011	0,344 0,022	0,373 0,034	0,398 0,048
29	0,167 0,000	0,223 0,000	0,266 0,003	0,303 0,011	0,335 0,021	0,363 0,033	0,389 0,046
30	0,162 0,000	0,216 0,000	0,259 0,003	0,295 0,011	0,326 0,020	0,354 0,032	0,379 0,045
35	0,140 0,000	0,189 0,000	0,227 0,003	0,260 0,009	0,289 0,018	0,315 0,028	0,339 0,039
40	0,124 0,000	0,168 0,000	0,203 0,002	0,233 0,008	0,260 0,016	0,284 0,025	0,306 0,035
45	0,111 0,000	0,151 0,000	0,183 0,002	0,210 0,007	0,235 0,014	0,258 0,022	0,279 0,031
50	0,101 0,000	0,137 0,000	0,166 0,002	0,192 0,006	0,215 0,013	0,237 0,020	0,257 0,028

Tabelle A 8.8. (Fortsetzung)

$N - n$	n						
	0	1	2	3	4	5	6
60	0,085	0,116	0,141	0,164	0,184	0,203	0,229
	0,000	0,000	0,002	0,005	0,011	0,017	0,024
80	0,064	0,088	0,108	0,126	0,143	0,158	0,173
	0,000	0,000	0,001	0,003	0,008	0,013	0,018
100	0,052	0,071	0,088	0,100	0,116	0,129	0,142
	0,000	0,000	0,001	0,430	0,007	0,010	0,015
200	0,026	0,036	0,045	5,300	0,061	0,068	0,075
	0,000	0,000	0,001	0,002	0,003	0,005	0,008
500	0,011	0,015	0,018	0,022	0,025	0,028	0,031
	0,000	0,000	0,001	0,001	0,001	0,002	0,003

Tabelle A 8.9. POISSON-Verteilung $p_k = \frac{a^k}{k!} e^{-a} = 0, \ldots$

k	a						
	0,001	0,002	0,003	0,004	0,005	0,006	0,007
0	9990	9980	9970	9960	9950	9940	9930
1	0^3999	0^2200	0^2299	0^2398	0^2498	0^2596	0^2695
2	0^51	0^5200	0^5449	0^5797	0^5124	0^4179	0^4243

k	a						
	0,008	0,009	0,010	0,020	0,030	0,040	0,050
0	9920	9910	9900	9802	9704	9608	9512
1	0^2794	0^2892	0^2990	0196	0291	0384	0476
2	0^4317	0^4401	0^4495	0^3196	0^3437	0^3769	0^2119
3	—	—	—	0^5131	0^5437	0^4102	0^4198

k	a						
	0,06	0,07	0,08	0,09	0,10	0,20	0,30
0	9418	9324	9231	9139	9048	8187	7408
1	0565	0653	0738	0823	0905	1637	2222
2	0^2170	0^2228	0^2295	0^2370	0^2452	0164	0333
3	0^4339	0^4533	0^4788	0^3111	0^3151	0^2109	0^2333
4	0^51	0^693	0^5158	0^5250	0^5377	0^4546	0^3250
5	—	—	—	—	—	0^5218	0^4150

k	a						
	0,4	0,5	0,6	0,7	0,8	0,9	1,0
0	6703	6065	5488	4966	4493	4066	3679
1	2681	3033	2393	3476	3595	3659	3679
2	0536	0758	0988	1217	1438	1647	1839
3	0^2715	0126	0198	0284	0383	0494	0613
4	0^3715	0^2158	0^2296	0^2497	0^2767	0111	0153
5	0^4572	0^3158	0^3356	0^3696	0^2123	0^2200	0^2307

Tabelle A 8.9 (Fortsetzung)

k	a						
	0,4	0,5	0,6	0,7	0,7	0,9	1,0
6	$0^{5}381$	$0^{4}132$	$0^{4}356$	$0^{4}811$	$0^{3}164$	$0^{3}300$	$0^{3}511$
7	—	$0^{5}1$	$0^{5}305$	$0^{5}811$	$0^{4}187$	$0^{4}386$	$0^{4}730$
8	—	—	—	$0^{5}1$	$0^{5}187$	$0^{5}434$	$0^{5}912$
9	—	—	—	—	—	—	$0^{5}101$

k	a								
	2	3	4	5	5	7	8	9	10
0	1353	0498	0183	$0^{2}674$	$0^{2}248$	$0^{3}912$	$0^{3}335$	$0^{3}123$	$0^{4}454$
1	2707	1494	0733	0337	0149	$0^{2}638$	$0^{2}268$	$0^{2}111$	$0^{3}454$
2	2707	2240	1465	0842	0446	0223	0107	$0^{2}500$	$0^{2}227$
3	1804	2240	1954	1404	0892	0521	0286	0150	$0^{2}757$
4	0902	1680	1954	1755	1339	0912	0573	0337	0189
5	0361	1008	1563	1755	1606	1277	0916	0607	0378
6	0120	0504	1042	1462	1606	1490	1221	0911	0631
7	$0^{2}344$	0216	0595	1044	1377	1490	1396	1171	0901
8	$0^{2}859$	$0^{2}810$	0298	0653	1033	1304	1396	1318	1126
9	$0^{3}191$	$0^{2}270$	0132	0363	0688	1014	1241	1318	1251
10	$0^{4}382$	$0^{3}810$	$0^{2}529$	0181	0413	0710	0993	1186	1251
11	$0^{5}694$	$0^{3}221$	$0^{2}192$	$0^{2}824$	0225	0452	0722	0970	1137
12	$0^{5}116$	$0^{4}524$	$0^{3}642$	$0^{2}343$	0113	0263	0481	0728	0948
13	—	$0^{4}127$	$0^{3}197$	$0^{2}132$	$0^{2}520$	0142	0296	0504	0729
14	—	$0^{5}273$	$0^{4}564$	$0^{3}472$	$0^{2}223$	$0^{2}709$	0169	0324	0521
15	—	$0^{5}1$	$0^{4}150$	$0^{3}157$	$0^{3}891$	$0^{2}331$	$0^{2}903$	0194	0347
16	—	—	$0^{5}376$	$0^{4}491$	$0^{3}334$	$0^{2}145$	$0^{2}451$	0109	0217
17	—	—	$0^{5}1$	$0^{4}144$	$0^{3}118$	$0^{3}596$	$0^{2}212$	$0^{2}579$	0128
18	—	—	—	$0^{5}401$	$0^{4}393$	$0^{3}232$	$0^{3}944$	$0^{2}289$	$0^{2}709$
19	—	—	—	$0^{5}106$	$0^{4}124$	$0^{4}854$	$0^{3}397$	$0^{2}137$	$0^{2}373$
20	—	—	—	—	$0^{5}373$	$0^{4}299$	$0^{3}159$	$0^{3}617$	$0^{2}187$
21	—	—	—	—	$0^{5}106$	$0^{5}997$	$0^{4}606$	$0^{3}264$	$0^{3}889$
22	—	—	—	—	—	$0^{5}317$	$0^{4}220$	$0^{3}108$	$0^{3}404$
23	—	—	—	—	—	$0^{5}1$	$0^{5}766$	$0^{4}423$	$0^{3}176$
24	—	—	—	—	—	—	$0^{5}255$	$0^{4}159$	$0^{4}732$
25	—	—	—	—	—	—	$0^{5}1$	$0^{5}571$	$0^{4}293$
26	—	—	—	—	—	—	—	$0^{5}198$	$0^{5}113$
27	—	—	—	—	—	—	—	$0^{5}1$	$0^{5}417$
28	—	—	—	—	—	—	—	—	$0^{5}149$
29	—	—	—	—	—	—	—	—	$0^{5}1$

Tabelle A 8.10. Summenwerte der POISSON-Verteilung $Q_d = \sum_{k=d}^{\infty} \frac{a^k}{k!} e^{-a} = 0, \ldots$

d	a						
	0,001	0,002	0,003	0,004	0,005	0,006	0,007
1	$0^{3}999$	$0^{2}200$	$0^{2}300$	$0^{2}399$	$0^{2}499$	$0^{2}598$	$0^{2}698$
2	$0^{5}10$	$0^{5}200$	$0^{5}449$	$0^{5}798$	$0^{4}125$	$0^{4}179$	$0^{4}244$

Tabelle A 8.10 (Fortsetzung)

d	a						
	0,008	0,009	0,010	0,020	0,030	0,040	0,050
1	$0^{2}797$	$0^{2}896$	$0^{2}995$	0198	0296	0392	0488
2	$0^{4}318$	$0^{4}403$	$0^{4}497$	$0^{3}197$	$0^{3}441$	$0^{3}779$	$0^{2}121$
3	—	—	—	$0^{5}131$	$0^{5}440$	$0^{4}104$	$0^{4}201$

d	a						
	0,06	0,07	0,08	0,09	0,10	0,20	0,30
1	0582	0676	0769	0861	0952	1813	2592
2	$0^{2}173$	$0^{2}234$	$0^{2}303$	$0^{2}382$	$0^{2}468$	0175	0369
3	$0^{4}344$	$0^{4}542$	$0^{4}804$	$0^{3}114$	$0^{3}155$	$0^{2}115$	$0^{2}360$
4	$0^{5}1$	$0^{5}1$	$0^{5}160$	$0^{5}254$	$0^{5}385$	$0^{4}568$	$0^{3}266$
5	—	—	—	—	—	$0^{5}226$	$0^{4}158$
6	—	—	—	—	—	—	$0^{5}1$

d	a						
	0,4	0,5	0,6	0,7	0,8	0,9	1,0
1	3297	3935	4512	5034	5507	5934	6321
2	0616	0902	1219	1558	1912	2275	2642
3	$0^{2}793$	0144	0231	0341	0474	0629	0803
4	$0^{3}776$	$0^{2}175$	$0^{2}336$	$0^{2}575$	$0^{2}908$	0135	0190
5	$0^{4}612$	$0^{3}172$	$0^{3}394$	$0^{3}786$	$0^{2}141$	$0^{2}234$	$0^{2}366$
6	$0^{5}404$	$0^{4}142$	$0^{4}388$	$0^{4}900$	$0^{3}184$	$0^{3}343$	$0^{3}594$
7	—	$0^{5}100$	$0^{5}329$	$0^{5}888$	$0^{4}207$	$0^{4}434$	$0^{4}832$
8	—	—	—	$0^{5}1$	$0^{5}205$	$0^{5}482$	$0^{4}102$
9	—	—	—	—	—	—	$0^{5}113$

d	a								
	2	3	4	5	6	7	8	9	10
1	8647	9502	9817	9933	9975	9991	9997	9999	—
2	5940	8009	9084	9596	9826	9927	9970	9988	9995
3	3233	5768	7619	8753	9380	9704	9862	9938	9972
4	1429	3528	5665	7350	8488	9182	9576	9788	9897
5	0527	1847	3712	5595	7149	8270	9004	9450	9707
6	0166	0839	2149	3840	5543	6993	8088	8843	9329
7	$0^{2}453$	0335	1107	2378	3937	5503	6866	7932	8699
8	$0^{2}110$	0119	0511	1334	2560	4013	5470	6761	7798
9	$0^{3}237$	$0^{2}380$	0214	0681	1528	2709	4075	5443	6672
10	$0^{4}465$	$0^{2}110$	$0^{2}813$	0318	0839	1695	2834	4126	5421
11	$0^{5}831$	$0^{3}292$	$0^{2}284$	0137	0426	0985	1841	2940	4170
12	$0^{5}136$	$0^{4}714$	$0^{3}915$	$0^{2}545$	0201	0533	1119	1970	3032
13	—	$0^{4}162$	$0^{3}274$	$0^{2}202$	$0^{2}883$	0270	0638	1242	2084
14	—	$0^{5}340$	$0^{4}763$	$0^{3}698$	$0^{2}363$	0128	0342	0739	1355
15	—	$0^{5}1$	$0^{4}199$	$0^{3}226$	$0^{2}140$	$0^{2}572$	0173	0415	0835
16	—	—	$0^{5}489$	$0^{4}690$	$0^{3}509$	$0^{2}241$	$0^{2}823$	0220	0487
17	—	—	$0^{5}113$	$0^{4}199$	$0^{3}175$	$0^{3}958$	$0^{2}372$	0111	0270
18	—	—	—	$0^{5}542$	$0^{4}569$	$0^{3}362$	$0^{2}159$	$0^{2}532$	0143
19	—	—	—	$0^{5}140$	$0^{4}176$	$0^{3}130$	$0^{3}650$	$0^{2}243$	$0^{2}719$
20	—	—	—	—	$0^{5}518$	$0^{4}444$	$0^{3}253$	$0^{2}106$	$0^{2}345$

Tabelle A 8.10 (Fortsetzung)

d	a								
	2	3	4	5	6	7	8	9	10
21	—	—	—	—	$0^{5}146$	$0^{4}145$	$0^{4}940$	$0^{3}439$	$0^{2}159$
22	—	—	—	—	—	$0^{5}453$	$0^{4}334$	$0^{3}175$	$0^{3}700$
23	—	—	—	—	—	$0^{5}135$	$0^{4}114$	$0^{4}668$	$0^{3}296$
24	—	—	—	—	—	—	$0^{5}373$	$0^{4}245$	$0^{3}120$
25	—	—	—	—	—	—	$0^{5}117$	$0^{5}865$	$0^{4}470$
26	—	—	—	—	—	—	—	$0^{5}294$	$0^{4}177$
27	—	—	—	—	—	—	—	$0^{5}1$	$0^{5}642$
28	—	—	—	—	—	—	—	—	$0^{5}225$
29	—	—	—	—	—	—	—	—	$0^{5}1$

Tabelle A 8.11. Konfidenzgrenzen für den Parameter λ der Poisson-Verteilung

Anzahl der Ausfälle n	Konfidenzniveau							
	0,999		0,99		0,95		0,90	
0	7,60	0,0000	5,30	0,0000	3,69	0,0000	3,00	0,0000
1	10,00	0,0005	7,43	0,0050	5,57	0,0253	4,74	0,0513
2	12,05	0,0320	9,27	0,103	7,22	0,242	6,30	0,355
3	13,93	0,149	10,98	0,338	8,77	0,619	7,75	0,818
4	15,71	0,355	12,59	0,672	10,24	1,09	9,15	1,37
5	17,41	0,63	14,15	1,08	11,67	1,62	10,51	1,97
6	19,05	0,97	15,66	1,54	13,06	2,20	11,84	2,61
7	20,65	1,35	17,13	2,04	14,42	2,81	13,15	3,29
8	22,22	1,77	18,58	2,57	15,76	3,45	14,43	3,98
9	23,75	2,22	20,00	3,13	17,08	4,12	15,71	4,70
10	25,26	2,70	21,40	3,72	18,39	4,80	16,96	5,43
11	26,74	3,20	22,78	4,32	19,68	5,49	18,21	6,17
12	28,20	3,73	24,14	4,94	20,96	6,20	19,44	6,92
13	29,65	4,27	25,50	5,58	22,23	6,92	20,67	7,69
14	31,08	4,83	26,84	6,23	23,49	7,65	21,89	8,46
15	32,50	5,40	28,16	6,89	24,74	8,40	23,10	9,25
16	33,90	5,99	29,48	7,57	25,98	9,15	24,30	10,04
17	35,29	6,59	30,79	8,25	27,22	9,90	25,50	10,83
18	36,68	7,20	32,09	8,94	28,45	10,67	26,69	11,63
19	38,05	7,82	33,38	9,64	29,67	11,44	27,88	12,44
20	39,41	8,45	34,67	10,35	30,89	12,22	29,06	13,25
21	40,76	9,09	35,95	11,07	32,10	13,00	30,24	14,07
22	42,11	9,74	37,22	11,79	33,31	13,79	31,42	14,89
23	43,45	10,40	38,48	12,52	34,51	14,58	32,59	15,72
24	44,78	11,06	39,74	13,25	35,71	15,38	33,75	16,55
25	46,11	11,73	41,00	14,00	36,90	16,18	34,92	17,38
26	47,42	12,41	42,25	14,74	38,10	16,98	36,08	18,22
27	48,74	13,09	43,50	15,49	39,28	17,79	37,23	19,06
28	50,05	13,78	44,74	16,24	40,47	18,61	38,39	19,90
29	51,35	14,47	45,98	17,00	41,65	19,42	39,54	20,75
30	52,64	15,17	47,21	17,77	42,83	20,24	40,69	21,59

Tabelle A 8.12. Kritische Werte $\chi^2(r, q)$ der χ^2-Verteilung

$$q = \frac{1}{2^{\frac{r}{2}}\,\Gamma\left(\frac{r}{2}\right)} \int\limits_{\chi^2(r,\,q)}^{\infty} x^{\frac{r}{2}-1}\, e^{-\frac{x}{2}}\, dx$$

r	q													
	0,99	0,98	0,95	0,90	0,80	0,70	1,50	0,30	0,20	0,10	0,05	0,02	0,01	0,001
1	0,000	0,001	0,004	0,016	0,064	0,148	0,455	1,074	1,642	2,71	3,84	5,41	6,63	10,83
2	0,020	0,040	0,103	0,211	0,446	0,713	1,386	2,41	3,22	4,60	5,99	7,82	9,21	13,82
3	0,115	0,185	0,352	0,584	1,005	1,424	2,37	3,66	4,64	6,25	7,81	9,84	11,34	16,27
4	0,297	0,429	0,711	1,064	1,649	2,20	3,36	4,88	5,99	7,78	9,49	11,67	13,28	18,46
5	0,554	0,752	1,145	1,610	2,34	3,00	4,35	6,06	7,29	9,24	11,07	13,39	15,09	20,5
6	0,872	1,134	1,635	2,20	3,07	3,83	5,35	7,23	8,56	10,64	12,59	15,03	16,81	22,5
7	1,239	1,564	2,17	2,83	3,82	4,67	6,35	8,38	9,80	12,02	14,07	16,62	18,48	24,3
8	1,646	2,03	2,73	3,49	4,59	5,53	7,34	9,52	11,03	13,36	15,51	18,17	20,1	26,1
9	2,09	2,53	3,33	4,17	5,38	6,39	8,34	10,66	12,24	14,68	16,92	19,68	21,7	27,9
10	2,56	3,06	3,94	4,86	6,18	7,27	9,34	11,78	13,44	15,99	18,31	21,2	23,2	29,6
11	3,05	3,61	4,58	5,58	6,99	8,15	10,34	12,90	14,63	17,28	19,68	22,6	24,7	31,3
12	3,57	4,18	5,23	6,30	7,81	9,03	11,34	14,01	15,81	18,55	21,0	24,1	26,2	32,9
13	4,11	4,76	5,89	7,04	8,63	9,93	12,34	15,12	16,98	19,81	22,4	25,5	27,7	34,6
14	4,66	5,37	6,57	7,79	9,47	10,82	13,34	16,22	18,15	21,1	23,7	26,9	29,1	36,1
15	5,23	5,98	7,26	8,55	10,31	11,72	14,34	17,32	19,31	22,3	25,0	28,3	30,6	37,7
16	5,81	6,61	7,96	9,31	11,15	12,62	15,34	18,42	70,5	23,5	26,3	29,6	32,0	39,3
17	6,41	7,26	8,67	10,08	12,00	13,53	16,34	19,51	21,6	24,8	27,6	31,0	33,4	40,8
18	7,01	7,91	9,39	10,86	12,86	14,44	17,34	20,6	22,8	26,0	28,9	32,3	34,8	42,3
19	7,63	8,57	10,11	11,65	13,72	15,35	18,34	21,7	23,9	27,2	30,1	33,7	36,2	43,8
20	8,26	9,24	10,85	12,44	14,58	16,27	19,34	22,8	25,0	28,4	31,4	35,0	37,6	45,3
21	8,90	9,92	11,59	13,24	15,44	17,18	20,3	23,9	26,2	29,6	32,7	36,3	38,9	46,8
22	9,54	10,60	12,34	14,04	16,31	18,10	21,3	24,9	27,3	30,8	33,9	37,7	40,3	48,3
23	10,20	11,29	13,09	14,85	17,19	19,02	22,3	26,0	28,4	32,0	35,2	39,0	41,6	49,7
24	10,86	11,99	13,85	15,66	18,06	19,94	23,3	27,1	29,5	33,2	36,4	40,3	43,0	51,2
25	11,52	12,70	14,61	16,47	18,94	20,9	24,3	28,2	30,7	34,4	37,7	41,7	44,3	52,6
26	12,20	13,41	15,38	17,29	19,82	21,8	25,3	29,2	31,8	35,6	38,9	42,9	45,6	54,1
27	12,88	14,12	16.15	18,11	20,7	22,7	26,3	30,3	32,9	36,7	40,1	44,1	47,0	55,5
28	13,56	14,85	16,93	18,94	21,6	23,6	27,3	31,4	34,0	37,9	41,3	45,4	48,3	56,9
29	14,26	15,57	17,71	19,77	22,5	24,6	28,3	32,5	35,1	39,1	42,6	46,6	49,6	58,3
30	14,95	16,31	18,49	20,6	23,4	25,5	29,3	33,5	36,2	40,3	43,8	48,0	50,9	59,7

Tabelle A 8.13. Kritische Werte $t(n, q)$ der Student-Verteilung

$$q = 2\,\frac{\Gamma\left(\frac{n+1}{2}\right)}{\Gamma\left(\frac{n}{2}\right)\sqrt{\pi n}} \int\limits_{t(n,\,q)}^{\infty} \left(1 + \frac{x^2}{n}\right)^{-\frac{n+1}{2}} dx$$

n	q							
	0,80	0,40	0,20	0,10	0,05	0,02	0,01	0,001
1	0,325	1,376	3,078	6,314	12,706	31,821	63,657	636,619
2	0,289	1,061	1,886	2,920	4,303	6,965	9,925	31,598
3	0,277	0,978	1,638	2,353	3,182	4,541	5,841	12,941
4	0,271	0,941	1,533	2,132	2,776	3,747	4,604	8,610
5	0,267	0,920	1,476	2,015	2,571	3,365	4,032	6,859

Tabelle A 8.13 (Fortsetzung)

n	q							
	0,80	0,40	0,20	0,10	0,05	0,02	0,01	0,001
6	0,265	0,906	1,440	1,943	2,447	3,143	3,707	5,959
7	0,263	0,896	1,415	1,895	2,365	2,998	3,499	5,405
8	0,262	0,889	1,397	1,860	2,306	2,896	3,355	5,041
9	0,261	0,883	1,383	1,833	2,262	2,821	3,250	4,781
10	0,260	0,879	1,372	1,812	2,228	2,764	3,169	5,578
11	0,260	0,876	1,363	1,796	2,201	2,718	3,106	4,437
12	0,259	0,873	1,356	1,782	2,179	2,681	3,054	4,318
13	0,259	0,870	1,350	1,771	2,160	2,650	3,012	4,221
14	0,258	0,868	1,345	1,761	2,145	2,624	2,977	4,140
15	0,258	0,866	1,341	1,753	2,131	2,602	2,947	4,073
16	0,258	0,865	1,337	1,746	2,120	2,583	2,921	4,015
17	0,257	0,863	1,333	1,740	2,110	2,567	2,898	3,965
18	0,257	0,862	1,330	1,734	2,101	2,552	2,878	3,922
19	0,257	0,861	1,328	1,729	2,093	2,539	2,861	3,883
20	0,257	0,860	1,325	1,725	2,086	2,528	2,845	3,850
21	0,257	0,859	1,323	1,721	2,080	2,518	2,831	3,819
22	0,256	0,858	1,321	1,717	2,074	2,508	2,819	3,792
23	0,256	0,858	1,319	1,714	2,069	2,500	2,807	3,767
24	0,256	0,857	1,318	1,711	2,064	2,492	2,797	3,745
25	0,256	0,856	1,316	1,708	2,060	2,485	2,787	3,725
26	0,256	0,856	1,315	1,706	2,056	2,479	2,779	3,707
27	0,256	0,855	1,314	1,703	2,052	2,473	2,771	3,690
28	0,256	0,855	1,313	1,701	2,048	2,467	2,763	3,674
29	0,256	0,854	1,311	1,699	2,045	2,462	2,756	3,659
30	0,256	0,854	1,310	1,697	2,042	2,457	2,750	3,646
40	0,255	0,851	1,303	1,684	2,021	2,423	2,704	3,551
60	0,254	0,848	1,296	1,671	2,000	2,390	2,660	3,460
120	0,254	0,845	1,289	1,658	1,980	2,358	2,617	3,373
	0,253	0,842	1,282	1,645	1,960	2,326	2,576	3,291

Tabelle A 8.14. Kritische Werte $A(n, q)$ für die größte Abweichung der empiririschen Verteilung von der theoretischen (Kriterium von Kolmogorow)

$$P\{\sup |F_n(x) - F(x)| > A(n, q)\} = q$$

n	q			n	q		
	0,1	0,05	0,01		0,1	0,05	0,01
1	0,950	0,975	0,995	26	0,233	0,259	0,311
2	776	842	929	27	229	254	305
3	636	708	829	28	225	250	300
4	565	624	734	29	221	246	295
5	509	563	668	30	218	242	290
6	468	519	617	31	214	238	285
7	436	483	576	32	211	234	281
8	410	454	542	33	208	231	277
9	387	430	513	34	205	227	273
10	369	409	489	35	202	224	269
11	352	391	468	36	199	221	265

Tabelle A 8.14 (Fortsetzung)

n	q			n	q		
	0,1	0,05	0,01		0,1	0,05	0,01
12	338	375	449	37	196	218	262
13	325	361	432	38	194	215	258
14	314	349	418	39	191	213	255
15	304	338	404	40	189	210	252
16	295	327	392	41	187	208	249
17	286	318	381	42	185	205	246
18	279	309	371	43	183	203	243
19	271	301	361	44	181	201	241
20	265	294	352	45	179	198	238
21	259	287	344	46	177	196	235
22	253	281	337	47	175	194	233
23	247	275	330	48	173	192	231
24	242	269	323	49	171	190	228
25	238	264	317	50	170	188	226

Tabelle A 8.15. Kritische Werte k_q für die KOLMOGOROW-Verteilung

$$K(k_q) = 1 - q$$

q	0,50	0,40	0,30	0,20	0,10	0,05	0,02	0,01	0,001
k_q	0,828	0,895	0,974	1,073	1,224	1,358	1,520	1,627	1,950

Tabelle A 8.16. WEIBULL-Verteilung

$$P(t) = \exp\left[-\left(\frac{t}{a}\right)^b\right]$$

t/a	b					
	0,1	0,3	0,5	0,7	0,9	1,1
0,1	0,452	0,606	0,729	0,819	0,882	0,924
0,2	0,427	0,540	0,639	0,723	0,791	0,843
0,3	0,412	0,498	0,578	0,650	0,713	0,766
0,4	0,402	0,468	0,531	0,591	0,645	0,694
0,5	0,393	0,444	0,493	0,540	0,585	0,627
0,6	0,387	0,424	0,461	0,497	0,532	0,566
0,7	0,381	0,407	0,433	0,459	0,484	0,509
0,8	0,376	0,392	0,409	0,425	0,441	0,457
0,9	0,372	0,380	0,387	0,395	0,403	0,410
1,0	0,368	0,368	0,368	0,368	0,368	0,368
1,5	0,353	0,323	0,294	0,265	0,237	0,210
2,0	0,342	0,292	0,243	0,197	0,155	0,117
2,5	0,334	0,268	0,206	0,150	0,102	0,065

Tabelle A 8.16 (Fortsetzung)

t/a	b					
	1,3	1,5	1,7	2,0	3,0	4,0
0,1	0,951	0,969	0,980	0,990	0,999	1,000
0,2	0,884	0,914	0,937	0,961	0,992	0,998
0,3	0,811	0,848	0,879	0,914	0,973	0,992
0,4	0,738	0,776	0,810	0,852	0,938	0,975
0,5	0,666	0,702	0,735	0,779	0,882	0,939
0,6	0,598	0,628	0,657	0,698	0,806	0,878
0,7	0,533	0,557	0,580	0,613	0,710	0,786
0,8	0,473	0,489	0,504	0,527	0,599	0,664
0,9	0,418	0,426	0,433	0,445	0,482	0,519
1,0	0,368	0,368	0,368	0,368	0,368	0,368
1,5	0,184	0,159	0,136	0,105	0,034	0,006
2,0	0,085	0,059	0,039	0,018	0,000	—
2,5	0,037	0,019	0,009	0,002	—	—

Tabelle A 8.17. Raleigh-Verteilung $F(x) = 1 - \exp(-x^2/2\sigma^2)$

x/σ	$F(x)$	x/σ	$F(x)$	x/δ	$F(x)$
0	0,000	1,5	0,675	3,0	0,9889
0,1	005	1,6	722	3,1	9918
0,2	020	1,7	764	3,2	9940
0,3	044	1,8	802	3,3	9957
0,4	077	1,9	836	3,4	9969
0,5	117	2,0	865	3,5	9978
0,6	165	2,1	890	3,6	9985
0,7	217	2,2	911	3,7	9990
0,8	274	2,3	929	3,8	9993
0,9	333	2,4	944	3,9	9995
1,0	393	2,5	956	4,0	9997
1,1	454	2,6	966	4,01	99978
1,2	513	2,7	974	4,02	99985
1,3	570	2,8	980	4,04	99994
1,4	0,625	2,9	0,985	4,06	0,99998

Tabelle A 8.18. Zufallszahlen (gleichmäßige Verteilung)

218	167	737	498	237
155	844	335	308	003
512	480	704	201	345
635	342	658	752	481
331	485	402	864	398
205	360	181	402	657
682	674	459	904	295
831	304	043	132	766
705	767	185	517	215
564	532	937	594	319

Tabelle A 8.18 (Fortsetzung)

825	354	514	505	152
613	739	043	284	528
131	485	232	356	453
515	248	325	786	176
424	429	930	479	394
340	716	108	056	839
654	958	790	703	499
805	154	202	368	925
337	376	471	473	701
931	069	322	301	595
217	258	688	308	632
684	352	164	744	611
148	723	383	913	102
634	633	136	102	389
048	758	603	204	857
360	914	378	194	260
674	579	436	939	724
304	936	506	651	677
767	672	239	422	936
532	797	366	819	204
354	813	648	347	392
739	345	692	352	142
207	334	851	934	837
512	290	316	645	283
406	054	726	965	031
008	877	841	295	475
561	917	428	279	133
707	354	381	848	370
475	090	376	637	997
109	831	031	151	018
982	472	819	659	881
569	793	888	980	052
094	880	615	538	288
217	508	912	020	713
670	290	636	701	612
321	425	136	884	677
989	102	242	634	606
121	192	026	719	760
323	707	189	490	653
597	307	656	992	197

SACHWORTVERZEICHNIS

Kolibri 360 GmbH
Ferdinand-Jühlke-Straße 7
99095 Erfurt, Deutschland
produktsicherheit@kolibri360.de